物理化學 第六版

Physical Chemistry, 6e

Ira N. Levine
著

黃孟樑
譯

國家圖書館出版品預行編目(CIP)資料

物理化學 / Ira N. Levine 著；黃孟棟譯. – 初版. -- 臺北市：
麥格羅希爾, 臺灣東華, 2021.01
　　面；　公分
譯自：Physical chemistry, 6th ed.
ISBN 978-986-341-455-1 (平裝)

1. 物理化學

348　　　　　　　　　　　　　109019582

物理化學 第六版

繁體中文版© 2021 年，美商麥格羅希爾國際股份有限公司台灣分公司版權所有。本書所有內容，未經本公司事前書面授權，不得以任何方式（包括儲存於資料庫或任何存取系統內）作全部或局部之翻印、仿製或轉載。

Traditional Chinese adaptation edition copyright © 2021 by McGraw-Hill International Enterprises, LLC., Taiwan Branch
Original title: Physical Chemistry, 6e (ISBN: 978-0-07-253862-5)
Original title copyright © 2009 by McGraw-Hill Education.
All rights reserved.
Previous editions © 2002, 1995, 1988, 1983 and 1978.

作　　者	Ira N. Levine
譯　　者	黃孟棟
合作出版	美商麥格羅希爾國際股份有限公司台灣分公司
暨發行所	台北市 104105 中山區南京東路三段 168 號 15 樓之 2
	客服專線：00801-136996
	臺灣東華書局股份有限公司
	100004 台北市重慶南路一段 147 號 3 樓
	TEL: (02) 2311-4027　　FAX: (02) 2311-6615
	郵撥帳號：00064813
	門市：100004 台北市重慶南路一段 147 號 1 樓
	TEL: (02) 2371-9320
總 經 銷	臺灣東華書局股份有限公司
出版日期	西元 2021 年 1 月 初版一刷

ISBN：978-986-341-455-1

譯者簡介

黃孟棟

學歷
國立臺灣科技大學化學工程所博士

經歷
國立臺北科技大學化學工程與生物科技系副教授

研究專長
電子材料、電子構裝

序

  這本物理化學是提供給大學課程使用的教科書。

  在編寫這本書時，我一直牢記清晰、準確和深入的目標。為了使內容易於理解，本書對概念進行了仔細的定義和解釋，大部分的公式都有詳細的推導，並且在數學和物理相關的主題上具有評論。膚淺的處理會使學生對物理化學無法真正的了解。我的目標是要提供一種準確、基礎和最新的處理方法，使本書在大學階段很容易的閱讀。

學習輔助

  物理化學對許多學生來說是一門充滿挑戰的課程。為了幫助學生，本書提供了許多學習輔助工具：

- 每章都有要點摘要。摘要列出了學生應學習的特定計算方法。
- 學生應記住的方程式帶有星號，這些是基本方程式，應提醒學生不要盲目記住未加星號的方程式。
- 含有大量的例題。大多數例題後面都有給出答案的練習，以使學生測試他們的理解。
- 含有各種各樣的習題。除了能夠求解計算問題外，對學生來說，對課文有良好的概念性理解是很重要的。為此，包括了許多定性問題，例如對或錯的習題。許多習題是由於我發現學生有誤解而產生的。習題有答案供學生參考。
- 儘管學生學習過微積分，但其中許多人並沒有在科學課程上使用微積分的豐富經驗，因此已經忘記了他們學到的很多知識。本書回顧了微積分的相關部分。同時，還包括對物理學中重要主題的評論。
- 詳細推導公式，以便學生可以輕鬆地遵循它們。清楚地陳述了所作的假設和近似值，以便學生知道何時可應用結果。
- 在熱力學中，許多學生並未注意到使用方程式時所需的條件，因此產生錯誤。為了防止這種情況的發生，在列出重要的熱力學方程式時，同時也列出其適用條件。
- 系統地列出計算 q、w、ΔU、ΔH 和 ΔS 的程序。
- 使用狀態方程計算平衡狀態下液體和蒸氣的蒸氣壓和莫耳體積，並利用最小化 G 計算液－液的相圖。
- 儘管處理方法是深入的，但數學一直保持在合理的水平，避免使用學生不熟悉的高等數學。
- 量子化學的介紹是採用介於過度數學處理和純定性處理之間的中間路線，過度數學處理會掩蓋大多數大學生的物理觀念，純定性處理幾乎沒有重複學生在以前的課程中所學的

內容。討論了密度泛函、半經驗和分子力學方法，這樣學生就可以體會到這種計算對非理論化學家的價值。

第六版的改進

- 學生通常會發現，如果他們在學習完該節後立即求解習題，則可解出該節的習題，但是當他們面對包含幾個章節中的問題的測驗時，就會遇到麻煩。為了應對這種情況，約每隔3章的末尾就添加了複習的習題。
- 新版的目標是避免增加書的厚度，而最終產生笨重的書籍。為此，刪除了第13章的表面化學，而將本章中的某些內容放在相平衡（第7章）和反應動力學（第16章）的章節中，其餘的省略。刪除了第4.2節（非平衡系統的熱力學性質）、第10.5節（非電解質活性係數模型）和第17.19節（核衰變），現在將這些內容放在習題，並且縮短了其他幾個章節。
- 本書已進行了擴展和更新，包含有關納米顆粒的教材（第7.4節），擴散控制的酶反應(16.16節)等。

致謝

　　許多人員為第六版提供了評論和審閱，並且提供關於此版本和以前版本的有用建議，我感謝所有這些人提供的巨大幫助。

　　非常感謝我從McGraw-Hill的開發編輯Shirley Oberbroeckling和計劃協調員Melissa Leick那裡獲得的幫助。

　　我歡迎任何有關改進書的建議。

Ira N. Levine
INLevine@brooklyn.cuny.edu

目次

譯者簡介 iii
序 v

CHAPTER 1
熱力學 1

1.1 物理化學 1
1.2 熱力學 3
1.3 溫度 6
1.4 莫耳 9
1.5 理想氣體 11
1.6 微分 18
1.7 狀態方程式 23
1.8 積分 28
1.9 總結 33

習題 34

CHAPTER 2
熱力學第一定律 37

2.1 古典力學 37
2.2 P-V 功 42
2.3 熱 46
2.4 熱力學第一定律 48
2.5 焓 52
2.6 熱容量 53
2.7 焦耳和焦耳－湯姆生實驗 56
2.8 理想氣體和第一定律 59
2.9 第一定律數量的計算 66
2.10 狀態函數和線積分 69
2.11 總結 71

習題 72

CHAPTER 3
熱力學第二定律 75

3.1 熱力學第二定律 75
3.2 熱機 77
3.3 熵 81
3.4 熵變化的計算 83
3.5 熵、可逆性和不可逆性 91
3.6 熱力學溫標 94
3.7 總結 96

習題 96
複習題 98

CHAPTER 4
物質平衡 101

4.1 物質平衡 101
4.2 熵和平衡 102
4.3 吉布斯和亥姆霍茲能量 103
4.4 平衡系統的熱力學關係 107
4.5 計算狀態函數的變化 118
4.6 化勢和物質平衡 121
4.7 相平衡 125
4.8 反應平衡 128
4.9 總結 131

習題 132

CHAPTER 5
反應的標準熱力學函數 135

5.1 純物質的標準狀態 135
5.2 標準反應焓 136

vii

- 5.3 標準生成焓　137
- 5.4 確定標準生成焓與標準反應焓　139
- 5.5 反應熱隨溫度的變化　147
- 5.6 規定熵和第三定律　150
- 5.7 標準反應吉布斯能　157
- 5.8 總結　158

習題　159

CHAPTER 6

理想氣體混合物中的反應平衡　161

- 6.1 理想氣體混合物中的化勢　162
- 6.2 理想氣體反應平衡　164
- 6.3 平衡常數隨溫度的改變　170
- 6.4 理想氣體平衡計算　174
- 6.5 總結　180

習題　181

CHAPTER 7

單成分相平衡和表面　183

- 7.1 相律　183
- 7.2 單成分相平衡　188
- 7.3 CLAPEYRON 方程式　192
- 7.4 表面和奈米顆粒　198
- 7.5 相之間的界面區域　198
- 7.6 彎曲的界面　202
- 7.7 膠體　206
- 7.8 總結　209

習題　210

CHAPTER 8

真實氣體　213

- 8.1 壓縮因子　213
- 8.2 真實氣體狀態方程式　214
- 8.3 冷凝　218
- 8.4 臨界數據和狀態方程式　220
- 8.5 液體－蒸氣平衡的計算　223
- 8.6 臨界狀態　224
- 8.7 對應狀態定律　225
- 8.8 真實氣體與理想氣體熱力學性質之間的差異　228
- 8.9 泰勒級數　229
- 8.10 總結　231

習題　231

CHAPTER 9

溶液　233

- 9.1 溶液組成　233
- 9.2 部分莫耳量　235
- 9.3 混合量　242
- 9.4 部分莫耳量的確定　244
- 9.5 理想溶液　247
- 9.6 理想溶液的熱力學性質　250
- 9.7 理想稀薄溶液　255
- 9.8 理想稀薄溶液的熱力學性質　256
- 9.9 總結　261

習題　262
複習題　264

CHAPTER 10

非理想溶液　265

- 10.1 活性和活性係數　265
- 10.2 過剩函數　269
- 10.3 活性和活性係數的確定　269
- 10.4 關於重量莫耳濃度和莫耳濃度的活性係數　278

10.5 電解質溶液 280
10.6 電解質活性係數的測定 284
10.7 電解質溶液的 DEBYE-HÜCKEL 理論 285
10.8 離子結合 290
10.9 溶液成分的標準狀態熱力學性質 293
10.10 非理想氣體混合物 296
10.11 總結 299
習題 301

CHAPTER 11
在非理想系統中的反應平衡　303

11.1 平衡常數 303
11.2 非電解質溶液的反應平衡 304
11.3 電解質溶液中的反應平衡 305
11.4 涉及純固體或純液體的反應平衡 310
11.5 非理想氣體混合物中的反應平衡 313
11.6 平衡常數隨溫度和壓力的變化 314
11.7 標準狀態摘要 316
11.8 反應的吉布斯能量變化 316
11.9 總結 318
習題 318

CHAPTER 12
多成分相平衡　321

12.1 依數性質 321
12.2 蒸氣壓降低 321
12.3 凝固點下降和沸點上升 322
12.4 滲透壓 327
12.5 雙成分相圖 332
12.6 雙成分液－氣平衡 332
12.7 雙成分液－液平衡 341

12.8 雙成分固－液平衡 344
12.9 三成分系統 352
12.10 總結 354
習題 354

CHAPTER 13
電化學系統　357

13.1 靜電學 357
13.2 電化學系統 361
13.3 電化學系統的熱力學 363
13.4 伽凡尼電池 366
13.5 可逆電極的類型 372
13.6 伽凡尼電池的熱力學 375
13.7 標準電極電位 381
13.8 液界電位 385
13.9 EMF 測量的應用 386
13.10 總結 389
習題 390

CHAPTER 14
氣體動力學理論　393

14.1 氣體的動力－分子理論 393
14.2 理想氣體的壓力 393
14.3 溫度 397
14.4 理想氣體中分子速度的分佈 398
14.5 MAXWELL 分佈的應用 408
14.6 與壁的碰撞和逸散 410
14.7 分子碰撞和平均自由徑 413
14.8 氣壓公式 417
14.9 波茲曼分佈定律 418
14.10 理想多原子氣體的熱容量 419
14.11 總結 420
習題 421

CHAPTER 15

輸送過程　425

15.1　動力學　425
15.2　導熱係數　426
15.3　黏度　431
15.4　擴散和沉澱　439
15.5　電導率　446
15.6　電解質溶液的電導率　448
15.7　總結　463

習題　464

CHAPTER 16

反應動力學　467

16.1　反應動力學　467
16.2　反應速率的測量　471
16.3　速率定律的積分　472
16.4　尋找速率定律的方法　480
16.5　基本反應的速率定律和平衡常數　485
16.6　反應機制　486
16.7　速率常數隨溫度的變化　492
16.8　複合反應的速率常數和平衡常數之間的關係　497
16.9　非理想系統的速率定律　498
16.10　單分子反應　499
16.11　三分子反應　501
16.12　鏈反應和自由基聚合　502
16.13　快速反應　508
16.14　液體溶液中的反應　512
16.15　催化　516
16.16　酶催化　519
16.17　氣體在固體上的吸附　522
16.18　異相催化　527
16.19　總結　531

習題　533
複習題　536

CHAPTER 17

量子力學　537

17.1　黑體輻射和能量量化　538
17.2　光電效應和光子　540
17.3　氫原子的波耳理論　541
17.4　德布羅意假設　543
17.5　不確定性原理　544
17.6　量子力學　546
17.7　與時間無關的薛丁格方程式　551
17.8　一維框中的粒子　553
17.9　三維框中的粒子　558
17.10　退化　560
17.11　算子　561
17.12　一維諧波振盪器　567
17.13　兩粒子問題　570
17.14　兩粒子剛性轉子　571
17.15　近似法　572
17.16　HERMITIAN 算子　576
17.17　總結　579

習題　581

習題解答　584
索引　588

第 1 章

熱力學

1.1 物理化學

物理化學 (physical chemistry) 是研究控制化學系統的性質和行為的基本物理原理。

化學系統可以從微觀或宏觀的角度來研究。**微觀觀點** (microscopic) 是基於分子的概念。**宏觀觀點** (macroscopic) 研究物質的大規模性質而不明確使用分子概念。本書的前半部分主要使用宏觀的觀點；下半部分主要是用微觀觀點。

我們可以將物理化學分為四個領域：熱力學、量子化學、統計力學和動力學 (圖 1.1)。**熱力學** (thermodynamics) 是研究系統各種平衡性質與過程中平衡性質變化之間相互關係的宏觀科學。熱力學在第 1 章至第 13 章中討論。

分子和構成它們的電子和核子不遵守古典力學。反之，它們的運動受量子力學定律的支配 (第 17 章)。量子力學在原子結構、分子鍵結和光譜學中的應用為我們提供了**量子化學** (quantum chemistry)。

熱力學的宏觀科學是在分子 (微觀) 層次上發生的事情的結果。分子和宏觀層次由稱為**統計力學** (statistical mechanics) 的科學分支相互關聯。統計力學揭示了為什麼熱力學定律成立並且可以從分子性質計算宏觀熱力學性質。我們將在第 14、15 章中研究統計力學。

動力學 (kinetics) 是對速率過程的研究，例如化學反應、擴散和電化學電池中的電荷流動。速率過程的理論並不像熱力學、量子力學和統計力學理論那樣發達。動力學使用熱力學、量子化學和統計力學的相關部分。第 15、16 章討論動力學。

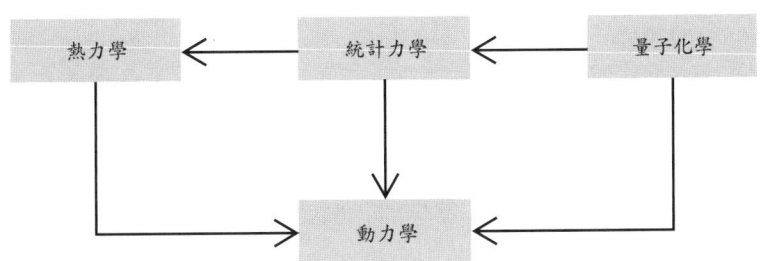

圖 1.1
物理化學的四個分支。統計力學是量子化學微觀方法到熱力學宏觀方法的橋樑，動力學使用三個分支的一部分。

物理化學的原理為所有化學分支提供了一個框架。

有機化學家使用動力學研究來找出反應機構，使用量子化學計算來研究反應中間體的結構和穩定性，使用從量子化學中推導出的對稱規則來預測許多反應的過程，並使用核磁共振 (NMR) 和紅外光譜來幫助確定化合物的結構。無機化學家使用量子化學和光譜學來研究鍵結。分析化學家使用光譜分析樣品。生物化學家利用動力學來研究酶催化反應的速率；利用熱力學研究生物能量轉化、滲透和薄膜平衡，並確定生物分子的分子量；使用光譜法研究分子層次的過程 [例如，使用 NMR 研究蛋白質中的分子內 (intramolecular) 運動]；並使用 X 射線繞射來確定蛋白質和核酸的結構。

環境化學家利用熱力學來找到湖泊和溪流的平衡組成，利用化學動力學來研究大氣中污染物的反應，並利用物理動力學來研究污染物在環境中的散佈 (dispersion) 速率。

化學工程師使用熱力學來預測反應混合物的平衡組成，使用動力學計算產物的形成速率，並使用熱力學相 (phase) 平衡原理來設計分離程序，如分餾。地球化學家使用熱力學相圖來了解地球上的過程。聚合物化學家使用熱力學、動力學和統計力學來研究聚合反應的動力學、聚合物的分子量、聚合物溶液的流動以及聚合物分子的構造分佈。

物理化學作為一門學科的普遍認可開始於 1887 年，由 Wilhelm Ostwald 和 J. H. van't Hoff 共同編寫的期刊 *Zeitschrift für Physikalische Chemie* 創刊。Ostwald 研究了化學平衡、化學動力學和溶液，並撰寫了第一本物理化學教科書。他在關注 Gibbs 在化學熱力學領域的開創性工作中發揮了重要作用，並首次提名愛因斯坦獲得諾貝爾獎。令人驚訝的是，Ostwald 反對物質的原子理論，直到 1908 年才接受原子和分子的現實。Ostwald、van't Hoff、Gibbs 和 Arrhenius 通常被認為是物理化學的奠基人 (在 Sinclair Lewis 1925 年的小說 *Arrowsmith* 中，醫學院教授 Max Gottlieb 宣稱：「物理化學就是力量，它是正確的，它就是生命」)。

早年，物理化學研究主要在宏觀層次進行。隨著 1925~1926 年量子力學定律的發現，重點開始轉向分子層次 [《化學物理學報》(*Journal of Chemical Physics*) 成立於 1933 年，是對《物理化學期刊》(*Journal of Physical Chemistry*) 編輯拒絕發表理論論文的回應]。目前，物理化學的力量已經藉由研究分子層次上的性質和過程的實驗技術以及藉由快速計算機極大地提高了 (a) 處理和分析光譜和 X 射線晶體學實驗數據；(b) 精確計算不太大的分子的性質，以及 (c) 對數百個分子的集合進行模擬。

目前，奈米 (nano) 字首廣泛用於奈米科學、奈米技術、奈米材料、奈米尺度等領域。奈米級 (nanoscale)[或奈米觀 (nanoscopic)] 系統是至少有一個尺寸在 1~100 nm 範圍內的系統，其中 1 nm = 10^{-9} m。(原子直徑通常為 0.1~0.3 nm) 奈米級系統通常包含數千個原子。奈米級系統的內含性質 (intensive property) 通常取決於其尺寸，並且與具有相同組成的宏觀系統的性質大不相同。例如，宏觀固體金為黃色，是一種良好的導電體，在 1336 K 時熔化，並且是化學惰性；然而，半徑 2.5 nm 的金奈米粒子在

930 K 熔化，並且催化許多反應；半徑 100 nm 的金奈米粒子是紫-粉紅色，半徑 20 nm 是紅色，半徑 1 nm 是橙色；1 nm 或更小半徑的金粒子是電絕緣體。術語「細觀」(mesoscopic) 有時用於指大於奈米但小於宏觀的系統。因此，我們有逐步變大的尺寸級別：原子→奈米→細觀→宏觀。

1.2 熱力學

熱力學

我們從熱力學開始研究物理化學。**熱力學** (thermodynamics)(來自希臘語中的「熱」和「動力」) 是研究熱量、功、能量以及它們在系統狀態中所產生的變化。從更廣泛的意義上講，熱力學研究系統宏觀性質之間的關係。熱力學的一個關鍵性質是溫度，熱力學有時被定義為研究溫度與物質的宏觀性質的關係。

我們將研究**平衡熱力學** (equilibrium thermodynamics)，它處理平衡系統 [**不可逆熱力學** (irreversible thermodynamics) 涉及非平衡系統和速率過程]。平衡熱力學是宏觀科學，與分子結構的任何理論無關。嚴格地說，「分子」這個詞不是熱力學詞彙的一部分。然而，我們不會採取純粹主義者的態度，但會經常使用分子概念來幫助我們理解熱力學。熱力學不適用於僅含有少量分子的系統；一個系統必須包含很多分子才能用熱力學處理。本書中的「熱力學」一詞是意味著平衡熱力學。

熱力學系統

在熱力學中，欲研究的宇宙的宏觀部分稱為**系統** (system)。宇宙中可以與系統相互作用的部分稱為**外界** (surroundings)。換言之，系統是正在研究的宇宙的一部分，而外界是宇宙中與系統相互作用的其餘部分。一個系統及其外界可以像南美洲的雨林一樣大，或者像實驗室中的燒杯一樣小。

例如，為了研究水的蒸氣壓與溫度的函數關係，我們可以將一個密封容器中的水 (撤離任何空氣) 置於恆溫槽中，並將壓力計連接到容器上以測量壓力 (圖 1.2)。這裡，系統由容器中的液態水和水蒸氣組成，外界是恆溫槽和壓力計中的水銀。

一個**開放系統** (open system) 可以在系統和外界之間進行物質轉移。一個**封閉系統** (closed system) 是系統和外界之間不會發生物質轉移。一個**孤立系統** (isolated system) 不會以任何方式與外界相互作用。一個孤立系統顯然是一個封閉系統，但並不是每個封閉系統都是孤立的。例如，在圖 1.2 中，密封容器中的液態水加水蒸氣系統是封閉的 (因為沒有物質可以進入或離開)，但不是孤立的 (因為它可以被周圍恆溫槽加熱或冷卻，並且可以由汞壓縮或擴大)。對於一個孤立系統，無論是物質還是能量都無法在系統和外界之間傳遞。對於一個封閉系統，能量而不是物質可以在系統和外界之間傳遞。對於一個開放系統，物質和能量都可以在系統和外界之間傳遞。

熱力學系統可以是開放的也可以是封閉的，可以是孤立的也可以是非孤立的。最常見的是，我們將處理封閉系統。

☕ 壁

系統可以藉由各種壁 (wall) 與外界分離 (在圖 1.2 中，系統藉由容器壁與浴槽分開)。壁可以是**剛性的** (rigid) 也可以是**非剛性的** (nonrigid)(可移動的)。壁可以是**可滲透的** (permeable) 或**不可滲透的** (impermeable)，「不可滲透」我們指的是它不允許物質通過它。最後，壁可能是**絕熱** (adiabatic) 或**非絕熱** (nonadiabatic)。用通俗易懂的語言，絕熱壁是一種根本不傳熱的壁，而非絕熱壁則可傳導熱量。然而，我們還沒有定義熱量，因此要有一個邏輯上正確的熱力學發展，必須定義絕熱和非絕熱壁而不涉及熱量。這可如下完成。

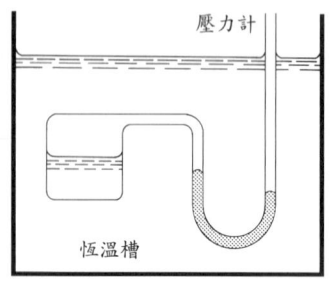

圖 1.2
熱力學系統及其外界。

假設我們有兩個獨立的系統 A 和 B，每個系統的性質都不隨時間變化。然後，我們經由一個堅硬不可滲透的壁將 A 和 B 接觸 (圖 1.3)。如果不管 A 和 B 的性質的初始值是什麼，我們觀察到這些性質的值 (例如，壓力、體積) 不隨時間改變，則分離 A 和 B 的壁被認為是**絕熱的** (adiabatic)。如果我們觀察到當 A 和 B 經由堅硬不可滲透的壁接觸時，A 和 B 的性質隨著時間改變，則該壁稱為**非絕熱** (nonadiabatic) 或**導熱** (thermally conducting) (另外，當兩個不同溫度的系統經由導熱壁接觸時，熱量從較熱的系統流向較冷的系統，從而改變兩個系統的溫度和其他性質；利用絕熱壁，任何溫差仍然存在。由於熱量和溫度仍未定義，這些說法在邏輯上是不合適的，但它們已被納入以澄清絕熱和導熱壁的定義)。絕熱壁是理想化的，但它可以近似，例如，由近似真空隔開的杜瓦瓶 (Dewar flask) 或熱水瓶的雙壁。

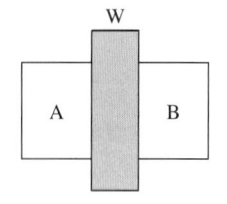

圖 1.3
系統 A 和 B 被壁 W 分隔。

在圖 1.2 中，容器壁是不可滲透的 (以保持系統封閉) 但可導熱 (以使系統的溫度可以調整到周圍浴池的溫度)。容器壁基本上是剛性的，但如果壓力計中的水蒸氣與汞之間的界面被認為是「壁」，那麼該壁是可移動的。我們經常會處理藉由活塞將系統與外界隔開的系統，此活塞的作用就像活動壁一樣。

被堅硬不可滲透的絕熱壁圍繞的系統，不能與外界相互作用而被隔離。

☕ 平衡

平衡熱力學涉及**平衡** (equilibrium) 系統。當孤立系統其宏觀性質隨時間保持恆定時，則處於平衡狀態。當以下兩個條件成立時，非隔離系統處於平衡狀態：(a) 系統的宏觀性質隨時間保持恆定；(b) 系統與外界的接

觸不會導致系統性質的改變。如果條件 (a) 成立但 (b) 不成立，則系統處於穩定狀態 (steady state)。穩定狀態的一個例子是金屬桿，其一端與 50°C 大的物體接觸，另一端與 40°C 大的物體接觸。經過足夠的時間後，金屬棒滿足條件 (a)；沿桿建立了均勻的溫度梯度。但是，如果我們移除桿與外界的接觸，則桿的溫度會發生變化，直到桿全部達到 45°C。

平衡概念可以分為以下三種平衡。對於**機械平衡** (mechanical equilibrium)，系統中或內部不會有不平衡的力量作用；因此系統沒有加速，系統內也沒有亂流。對於**物質平衡** (material equilibrium) 而言，系統中不會發生淨化學反應，也不會有物質從系統的一部分傳遞到另一部分或系統與其外界之間有物質的淨傳遞；系統各部分的化學物質濃度在時間上是恆定的。對於系統與其外界之間的**熱平衡** (thermal equilibrium)，當系統與外界之間被導熱壁隔開時，系統或外界的性質不會發生變化。同樣，我們可以在系統的兩個部分之間插入導熱壁，以測試這兩個部分是否彼此處於熱平衡狀態。對於熱力學平衡，所有三種平衡均必須存在。

☕ 熱力學性質

熱力學用什麼性質來描述平衡系統？顯然，**組成** (composition) 必須指定。這可以藉由陳述每個相中存在的每種化學物質的質量來完成。**體積** (volume) V 是系統的一個性質。壓力 P 是另一個熱力學變數。**壓力** (pressure) 定義為系統對外界施加的單位面積垂直力的大小：

$$P \equiv F/A \tag{1.1}*$$

其中 F 是施加在面積 A 的邊界壁上的垂直力大小。符號 $\equiv$ 表示定義。有星號的方程式表示是要記住的。壓力是一個純量，而不是一個向量。對於一個處於機械平衡狀態的系統來說，整個系統的壓力是均勻的，並等於外界的壓力 (我們忽略了地球重力場的影響，當系統從頂部到底部時，會引起壓力的輕微增加)。如果外部電場或磁場作用於系統，則場的強度是熱力學變數；我們不會考慮具有這樣的場的系統。稍後，將定義更多的熱力學性質 (例如，溫度、內能、熵)。

> 系統性質分為兩類，一類如質量、體積、內能等，其數值和系統中物質的量成正比，這類性質稱為**外延** (extensive) 性質，另一類如密度、壓力、溫度和黏度等，這類性質的數值和系統內物質的量無關，稱為**內含** (intensive) 性質。

外延熱力學性質是其值等於系統各部分值的總和。因此，如果我們把一個系統分成幾個部分，那麼系統的質量就是各部分質量的總和；質量是一個外延性質，體積也是。**內含**熱力學性質是指其值與系統的大小無關，其中只要系統保持宏觀大小 (第 1.1 節)。密度和壓力是內含性質的例子。一滴水或一個充滿水的游泳池，兩個系統的密度都相同。

如果每個內含宏觀性質在整個系統中都是恆定的，那麼系統是**同質的** (homogene-

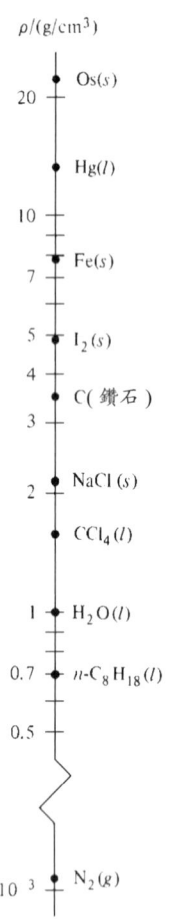

圖 1.4
在 25°C 和 1 atm 下的密度。比例尺採用對數。

ous)。如果一個系統不是同質的，它可能由許多同質的部分組成。系統的同質部分稱為**相** (phase)。例如，如果系統由與 AgBr 水溶液平衡的 AgBr 晶體組成，則該系統具有兩個相：固體 AgBr 和溶液。一個相可以由幾個不相連的部分組成。例如，在由幾種與水溶液平衡的 AgBr 晶體組成的系統中，所有的晶體都是同一相的一部分。請注意，相的定義沒有提到固體、液體或氣體。一個系統可以完全是液體 (或完全固體)，仍然有多個相。例如，由幾乎不混溶的液體 H_2O 和 CCl_4 組成的系統具有兩個相。由固體金剛石和石墨組成的系統具有兩個相。

由兩個或更多相組成的系統為**異質的** (heterogeneous)。

質量 m 和體積 V 的相的**密度** (density) ρ(rho) 為

$$\rho \equiv m/V \qquad (1.2)*$$

圖 1.4 繪製了室溫和壓力下的一些密度。符號 s、l 和 g 代表固體、液體和氣體。

假設某個熱力學系統中每個熱力學性質的值等於第二個系統中相應性質的值，則稱系統處於相同的**熱力學狀態** (thermodynamic state)。熱力學系統的狀態藉由指定其熱力學性質的值來定義。但是，沒有必要指定所有性質來定義狀態。指定某個最小數量的性質將固定所有其他性質的值。例如，假設我們在 1 atm (大氣壓) 和 24°C 下取 8.66 g 純 H_2O，發現在沒有外部場的情況下，所有剩餘的性質 (體積、熱容量、折射率等) 都是固定的 (這一陳述忽略了表面效應的可能性，這將在第 7 章考慮)。兩個熱力學系統，每個由 24°C 和 1 atm 下的 8.66 g H_2O 組成，處於相同的熱力學狀態。實驗證明，對於含有特定固定數量的非反應物質的單相系統，如果外部場不存在並且表面效應可忽略不計，那麼兩個額外的熱力學性質通常足以確定熱力學狀態。

在給定平衡狀態下的熱力學系統對於每個熱力學性質具有特定值，因此這些性質也稱為狀態函數，因為它們的值是系統的**狀態函數** (state function)。狀態函數的值僅與系統目前的狀態有關，而與其過去的歷史無關。我們可以在 1 atm 和 24°C 下獲得 8.66 g 水，方法是將冰塊融化並加熱水或將蒸汽冷凝再冷卻水。

1.3 溫度

假設由可移動壁分開的兩個系統彼此機械平衡。因為我們有機械平衡，所以不存在不平衡力，且每個系統在分隔壁上施加相等且相反的力。因此，每個系統都會在此壁上施加相同的壓力。彼此機械平衡的系統具有

相同的壓力。哪些系統是處於熱平衡狀態(第1.2節)呢？

正如在機械 (mechanical) 平衡中的系統有一個共同的壓力 (pressure) 一樣，在熱 (thermal) 平衡中系統有一些共同的熱力學性質似乎是合理的。這個性質就是我們定義的**溫度** (temperature)，由 θ (theta) 表示。根據定義，兩個彼此熱平衡的系統具有相同的溫度；兩個不處於熱平衡的系統具有不同的溫度。

雖然我們已經聲稱溫度是一個熱力學狀態函數，它決定了系統之間是否存在熱平衡，但我們需要實驗證據來證明這種狀態函數確實存在。假設系統 A 和 B 經由導熱壁接觸時彼此處於熱平衡狀態，進一步假設系統 B 和 C 彼此處於熱平衡狀態，根據我們對溫度的定義，我們將分配相同的溫度給 A 和 B ($\theta_A = \theta_B$)，同樣的溫度分配給 B 和 C ($\theta_B = \theta_C$)。因此，系統 A 和 C 將具有相同的溫度 ($\theta_A = \theta_C$)，並且當它們經由導熱壁接觸時，我們期望 A 和 C 處於熱平衡狀態。如果 A 和 C 彼此不處於熱平衡狀態，那麼我們對溫度的定義將是無效的。這是一個實驗事實：

若兩個系統與第三個系統處於熱平衡，則這兩個系統也必須處於熱平衡。

這種從經驗中推廣的是熱力學的**第零定律** (the zeroth law of thermodynamics)。會如此命名是因為在製定了熱力學第一、第二和第三定律之後，才意識到第零定律是熱力學發展所需要的。此外，第零定律的陳述在邏輯上應排在其他三個定律之前。第零定律允許我們將溫度作為一種狀態函數。

確定了溫度後，我們如何測量它？當然，您熟悉將液汞溫度計與系統接觸的過程，等待汞的體積變化停止 (表明溫度計和系統之間的熱平衡已經達到)，並讀取溫度計刻度。讓我們分析一下這其中的原理。

為了建立一個溫標，我們選擇一個參考系統 r，我們稱之為**溫度計** (thermometer)。為了簡單起見，我們選擇 r 是均勻的，具有固定的組成和固定的壓力。此外，我們要求溫度計的物質在加熱時會膨脹。這個要求確保了在固定壓力下，溫度計 r 的體積將唯一確定系統 r 的狀態——在固定壓力下具有不同體積的 r 的兩種狀態不會處於熱平衡狀態，並且必須分配不同的溫度。液態水不適用於溫度計，因為在 1 atm 下加熱時，它會在低於 4°C 的溫度下收縮並在 4°C 以上膨脹 (圖 1.5)。1 atm 和 3°C 的水與 1 atm 和 5°C 的水的體積相同，因此水的體積不能用於測量溫度。液體汞在加熱時總是膨脹，所以我們選擇 1 atm 壓力下的固定量的液態汞作為我們的溫度計。

我們現在給溫度計 r 的每個不同的體積 V_r 分配一個不同的溫度 θ 的數值。我們這樣做的方式是任意的。最簡單的方法是取 θ 為 V_r 的線性函

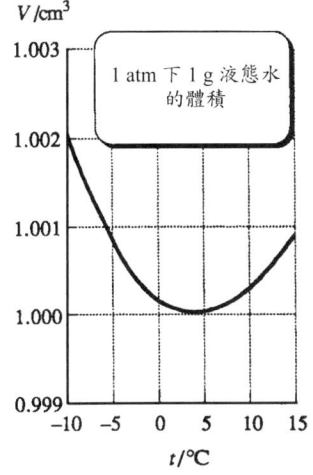

圖 1.5
1 atm 下 1 g 水的體積與溫度的關係。低於 0°C 時，水被過度冷卻。

數。因此，我們將溫度定義為 $\theta \equiv aV_r + b$，其中 V_r 是 1 atm 壓力下固定量液態汞的體積，a 和 b 是常數，a 是正數 (因此生理上感覺較熱的狀態將具有較大的 θ 值)。一旦指定了 a 和 b，溫度計體積 V_r 的測量結果就是溫度 θ。

我們的溫度計的水銀放在一個玻璃容器中，玻璃容器由連接到一個細管的燈球組成。令管的截面積為 A，並令管內的汞升至長度 l。汞體積等於球和管中汞體積的總和，所以

$$\theta \equiv aV_r + b = a(V_{bulb} + Al) + b = aAl + (aV_{bulb} + b) \equiv cl + d \tag{1.3}$$

其中 c 和 d 是常數，定義為 $c \equiv aA$ 且 $d = aV_{bulb} + b$。

為了固定 c 和 d，我們定義純冰和 1 atm 壓力下與溶解空氣飽和的液態水之間的平衡溫度為 0°C (攝氏度)，並且我們將 1 atm 壓力下的純液態水和水蒸氣之間的平衡溫度 (水的標準沸點) 定義為 100°C。這些點稱為冰點 (ice point) 和蒸汽點 (steam point)。由於我們的標度與汞柱的長度呈線性關係，因此我們在 0°C 和 100°C 之間標出 100 個相等的間隔，並在這些溫度的上下延伸標記。

我們準備了溫度計，現在我們可以找到任何系統 B 的溫度。為此，我們令系統 B 與溫度計接觸，等待達到熱平衡，然後從刻度尺讀取溫度計的溫度。由於 B 與溫度計處於熱平衡狀態，因此 B 的溫度等於溫度計的溫度。

請注意我們定義刻度的任意方式。這個刻度取決於特定物質，液態汞的膨脹特性。如果我們選擇了乙醇而不是汞作為測溫流體，那麼乙醇刻度上的溫度與汞刻度上的溫度略有不同。此外，除了簡單之外，沒有任何理由選擇溫度和汞體積之間的關係是線性。我們也可以選擇 $\theta \equiv aV_r^2 + b$。溫度是熱力學的一個基本概念，人們自然而然地認為任意制定應該減少。一些任意性將在第 1.4 節定義的理想氣體溫標中刪除。最後，在第 3.6 節，我們將定義最基本的溫標，熱力學溫標。本節中定義的汞攝氏溫標不在當前的科學用途中，但我們將使用它，直到我們在第 1.4 節中定義了更好的溫標。

令系統 A 和 B 具有相同的溫度 ($\theta_A = \theta_B$)，並令系統 B 和 C 具有不同的溫度 ($\theta_B \neq \theta_C$)。假設我們為溫度計使用不同的流體設置了第二個溫標，並以不同的方式分配溫度值。雖然系統 A、B 和 C 的溫度在第二個溫標上的溫度數值與第一個溫標上的溫度數值不同，但是從第零定律，在第二個溫標上系統 A 和 B 仍然具有相同的溫度，系統 B 和 C 將具有不同的溫度。因此，儘管任何溫標的數值都是任意的，但第零定律保證我們溫標將履行其判斷兩個系統是否處於熱平衡狀態的功能。

由於幾乎所有的物理性質都隨溫度變化，因此可以使用體積以外的特性來測量溫度。用電阻溫度計 (resistance thermometer) 測量金屬絲的電阻。熱敏電阻 (thermistor) (用於數字體溫計) 是基於半導體金屬氧化物的溫度相關電阻。熱電偶 (thermocouple) 涉及兩種不同金屬之間的接觸其電位差的溫度依賴性 (圖 13.4)。可以用光學高溫計 (optical pyrometer) 測量非常高的溫度，該高溫計檢查熱固體發出的光。這種光的強度和頻率分佈取決於溫度 (圖 17.1b)，由此可以找到固體的溫度 (參見 Quinn，第 7 章；

參考文獻和作者姓名的斜體列在參考書目中)。

溫度是一個不直接測量的抽象性質。相反，我們測量一些與溫度有關的其他性質 (例如體積、電阻、發出的輻射)，而 (使用溫標的定義和對該溫標的測量性質的校正) 從測量的性質中推斷溫度值。

熱力學是宏觀科學，並不能解釋分子的溫度含義。我們將在第 14.3 節中看到增加溫度對應於增加平均分子動能，只要選擇溫標以使較高溫度對應較熱狀態。

溫度的概念不適用於單一原子，並且可以分配溫度的最小尺寸系統並不明確。一個非常簡單的模型系統的統計力學計算指出，對於一些奈米系統，溫度可能不是一個有意義的概念 [M. Hartmann, *Contemporary Physics,* **47,** 89 (2006); X. Wang et al., *Am. J. Phys.,* **75,** 431 (2007)]。

1.4 莫耳

現在我們回顧在化學熱力學中使用的莫耳的概念。

元素原子的平均質量與某些選定標準的質量之比稱為該元素的**原子量** (atomic weight) 或**相對原子質量** (relative atomic mass) A_r (r 代表「相對」)。自 1961 年以來使用的標準是同位素 ^{12}C 質量的 $\frac{1}{12}$ 倍。因此，根據定義，^{12}C 的原子量正好為 12。物質分子的平均質量與 ^{12}C 原子質量的 $\frac{1}{12}$ 倍之比稱為該物質的**分子量** (molecular weight) 或**相對分子質量** (relative molecular mass) M_r。H_2O 的分子量為 18.015 的說法表示，水分子的平均質量為 ^{12}C 原子質量的 18.015/12 倍。我們說「平均」是為了承認 H 和 O_2 的天然同位素的存在。原子和分子量是相對質量，這些「重量」是無因次的數字。對於離子化合物，在分子量的定義中，一個分子單元的質量代替一個分子的質量。因此，即使 NaCl 晶體中沒有單獨的 NaCl 分子，我們也可以說 NaCl 的分子量為 58.443。

12 克 ^{12}C 所含的原子數量稱為**亞佛加厥數** (Avogadro's number)。亞佛加厥數的定義是一莫耳物質中所含的組成粒子數 (一般為原子或分子)。實驗給出了 6.02×10^{23} 作為亞佛加厥的數值。具有亞佛加厥數的 ^{12}C 原子的質量為 12 g。具有亞佛加厥數的氫原子的質量是多少？氫的原子量為 1.0079，每個 H 原子的質量為 1.0079/12 乘以 ^{12}C 原子的質量。由於 H 和 ^{12}C 原子的數目相等，因此氫的總質量為 1.0079/12 乘以 ^{12}C 原子的總質量，即 (1.0079/12)(12 g) = 1.0079 g；此質量 (克) 在數值上等於氫的原子量。同樣的道理表明，亞佛加厥原子數的任何元素均具有 A_r 克質量，其中 A_r 是元素的原子量。同樣，亞佛加厥分子數的物質其分子量為 M_r 將具有 M_r 克的質量。

原子或分子的平均質量稱為**原子質量** (atomic mass) 或**分子質量** (molecular mass)。分子質量通常以**原子質量單位** (atomic mass units, amu) 為單位表示，其中 1 amu 是 ^{12}C 原子質量的十二分之一。根據此定義，C 的原子質量為 12.011 amu，H_2O 的分子質量為 18.015 amu。由於 12 g 的 ^{12}C 含有 6.02×10^{23} 原子，因此 ^{12}C 原子的質量為 (12g)/(6.02×10^{23}) 而 1 amu = (1 g)/(6.02×10^{23}) = 1.66×10^{-24} g。1 amu 的量被生物化學家稱

為 1 道爾頓 (dalton)，他們以道爾頓為單位表示分子質量。

一莫耳 (mole) 物質的定義是：亞佛加厥數的基本實體數量。例如，一莫耳氫原子含有 6.02×10^{23} 個 H 原子；一莫耳水分子含有 6.02×10^{23} 個 H_2O 分子。我們在本節前面已經表明，若 $M_{r,i}$ 是物質 i 的分子量，則 1 莫耳物質 i 的質量等於 $M_{r,i}$ 克。每莫耳純物質的質量稱為其**莫耳質量** (molar mass) M。例如，對於 H_2O，$M = 18.015$ g/mole。物質 i 的莫耳質量為

$$M_i \equiv \frac{m_i}{n_i} \tag{1.4}*$$

其中 m_i 是樣品中物質 i 的質量，n_i 是樣品中 i 的莫耳數。i 的莫耳質量 M_i 和分子量 $M_{r,i}$ 之間的關係為 $M_i = M_{r,i} \times 1$ g/mole，其中 $M_{r,i}$ 是無因次數。

在方程式 (1.4) 之後，n_i 被稱為物質 i 的「莫耳數」。嚴格來說，這是不正確的。在正式推薦的 SI 單位 (第 2.1 節) 中，**物質的量** (amount of substance)[也稱為**化學量** (chemical amount)] 被視為基本物理量 (以及質量、長度、時間等) 之一，而此物理量的單位是 mole，簡寫為 mol。就像質量的國際單位是千克一樣，物質的量的國際單位是莫耳。正如符號 m_i 代表物質 i 的質量，符號 n_i 代表物質 i 的量。m_i 不是純數字，而是數字乘以質量單位；例如，m_i 可能是 4.18 kg。同樣，n_i 不是純數字，而是數字乘以物質的量的單位；例如，n_i 可能是 1.26 mol (1.26 moles)。因此，正確的說法是 n_i 是物質 i 的量。i 的莫耳數是純數並且等於 n_i/mol，因為 n_i 本身含有 mol 單位。

由於亞佛加厥數是一莫耳中的分子數，因此系統中物質 i 的分子數 N_i 是

$$N_i = (n_i/\text{mol}) \cdot (\text{亞佛加厥數})$$

其中 n_i/mol 是系統中物質 i 的莫耳數。亞佛加厥數 /mol 稱為**亞佛加厥常數** (Avogadro constant) N_A。我們有

$$N_i = n_i N_A \quad \text{其中 } N_A = 6.02 \times 10^{23} \text{ mol}^{-1} \tag{1.5}*$$

亞佛加厥數是純數字，而亞佛加厥常數 N_A 的單位為 mol^{-1}。

(1.5) 式適用於任何基本實體集合，無論它們是原子、分子、離子、自由基、電子、光子等。可寫為 $n_i = N_i/N_A$ 的形式，(1.5) 式給出了第 i 種物質 n_i 的數量的定義。在此式中，N_i 是物質 i 的基本實體的數量。

如果系統含有 n_i 莫耳的物質 i，並且 n_{tot} 是所有物質的總莫耳數，則物質 i 的**莫耳分率** (mole fraction) x_i 為

$$x_i \equiv n_i/n_{tot} \tag{1.6}*$$

所有物質的莫耳分率之和等於 1；$x_1 + x_2 + \cdots = n_1/n_{tot} + n_2/n_{tot} + \cdots = (n_1 + n_2 + \cdots)/n_{tot} = n_{tot}/n_{tot} = 1$。

1.5 理想氣體

熱力學定律是廣義的,並不涉及所研究系統的具體性質。在研究這些定律之前,我們將描述某種特定系統的特性,即理想氣體。然後,我們能夠說明熱力學定律在理想氣體系統中的應用。理想氣體也提供比第 1.3 節的液汞溫標更基本的溫標。

波義耳定律

波義耳 (Boyle) 在 1662 年探討了氣體壓力和體積之間的關係,發現對於固定溫度的氣體,P 和 V 成反比:

$$PV = k \qquad 溫度\ \theta \text{、質量}\ m\ 為常數 \tag{1.7}$$

其中 k 是常數,m 是氣體質量。仔細的研究顯示,對於真實氣體而言,波義耳定律只是近似成立,在零壓力的極限內,定律的偏差接近於零。圖 1.6a 顯示在兩種溫度下 28 g N_2 的一些觀察到的 P 對 V 曲線。圖 1.6b 顯示 28 g N_2 中 PV 與 P 的關係圖。請注意低壓 (低於 10 atm) 下 PV 的近恆定性和高壓下 Boyle 定律的顯著偏差。

請注意圖 1.6 中的軸是如何標記的。數量 P 等於純數乘以一個單位;例如,P = 4.0 atm = 4.0 × 1 atm。因此,P/atm (其中斜線表示「除以」) 是純數字,而軸上的標尺用純數字標記。若 P = 4.0 atm,則 P/atm = 4.0 (如果表格中的行標記為 $10^3\ P$/atm,那麼在此行中的 5.65 意味著 $10^3\ P$/atm = 5.65 由簡單代數可得 $P = 5.65 \times 10^{-3}$ atm)。

波義耳定律可以從氣體圖像中理解,此氣體基本上包含彼此獨立移動的大量分子。氣體施加的壓力是由於分子對壁的碰撞。體積減小會使分子更頻繁地撞擊壁,從而增加壓力。我們將從第 14 章的分子圖像中推導出波義耳定律,並從非相互作用點

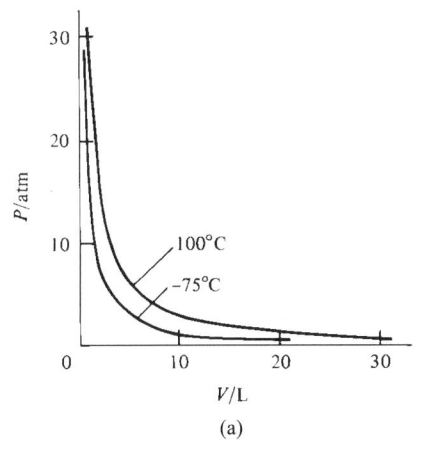
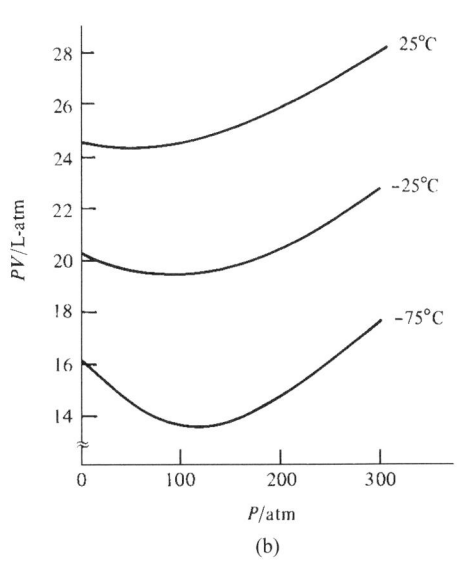

圖 1.6
(a) P 對 V 的曲線和 (b) 恆溫下 1 莫耳 N_2 氣體的 PV 對 P 的圖。

粒子組成的氣體模型開始。實際上，氣體分子彼此具有吸引力，所以波義耳定律並不準確。在零密度的極限(壓力趨近於零或溫度趨近於無窮大)，氣體分子彼此無限遠離，分子之間的力變為零，並且遵循波義耳定律。我們說此氣體在零密度的極限下變為**理想** (ideal)。

☕ 壓力和體積單位

從定義 $P \equiv F/A$ [(1.1) 式]，壓力具有力除以面積的因次。在 SI 系統 (第 2.1 節) 中，其單位是牛頓/每平方米 (N/m²) 所謂的**帕斯卡** (pascal) 或帕(Pa)：

$$1 \text{ Pa} \equiv 1 \text{ N/m}^2 \tag{1.8}*$$

由於 1 m² 是一個大面積，帕斯卡是一個不方便使用的小的壓力單位，通常使用其倍數千帕 (kPa) 和兆帕 (MPa)：1 kPa ≡ 10³ Pa 和 1 MPa = 10⁶ Pa。

化學家通常使用其他單位。一**托** (torr)(或 1 mmHg) 是當重力加速度的標準值為 $g = 980.665$ cm/s² 時，在 0°C 由 1 毫米高的汞柱施加的壓力。汞施加的向下力等於它的質量 m 乘以 g。因此，由高度 h、質量 m、截面積 A、體積 V 和密度 ρ 施加的壓力 P 如下：

$$P = F/A = mg/A = \rho Vg/A = \rho Ahg/A = \rho gh \tag{1.9}$$

0°C 和 1 atm 下的汞密度為 13.5951 g/cm³。將此密度轉換為 kg/m³ 且使用 (1.9) 式與 $h = 1$ mm，我們有

$$1 \text{ torr} = \left(13.5951 \frac{\text{g}}{\text{cm}^3}\right)\left(\frac{1 \text{ kg}}{10^3 \text{ g}}\right)\left(\frac{10^2 \text{ cm}}{1 \text{ m}}\right)^3 (9.80665 \text{ m/s}^2)(10^{-3} \text{ m})$$

$$1 \text{ torr} = 133.322 \text{ kg m}^{-1} \text{ s}^{-2} = 133.322 \text{ N/m}^2 = 133.322 \text{ Pa}$$

因為 1 N = 1 kg m s⁻² [(2.7) 式]。一**大氣壓** (atmosphere, atm) 定義為 760 torr：

$$1 \text{ atm} \equiv 760 \text{ torr} = 1.01325 \times 10^5 \text{ Pa} \tag{1.10}$$

另一個廣泛使用的壓力單位是 **bar**：

$$1 \text{ bar} \equiv 10^5 \text{ Pa} = 0.986923 \text{ atm} = 750.062 \text{ torr} \tag{1.11}$$

1 bar 略低於 1 atm。近似值

$$1 \text{ bar} \approx 750 \text{ torr} \tag{1.12}*$$

通常對於我們的目的來說足夠準確。見圖 1.7。

體積的常見單位是立方厘米 (cm³)、立方分米 (dm³)、立方米 (m³) 和升 (L 或 l)。**升** (liter) 定義為恰好 1000 cm³。一升等於 10³cm³ = 10³(10⁻²m)³

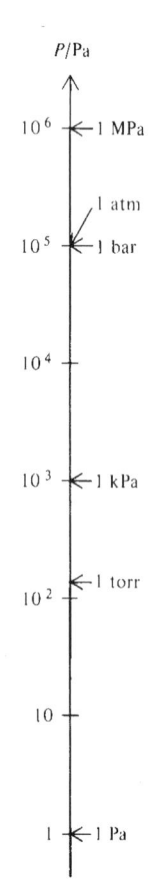

圖 1.7
壓力的單位。比例尺是對數。

$= 10^{-3} \text{ m}^3 = (10^{-1}\text{m})^3 = 1 \text{ dm}^3$，其中一個分米 (dm) 等於 0.1m。

$$1 \text{ liter} = 1 \text{ dm}^3 = 1000 \text{ cm}^3 \tag{1.13}*$$

查理定律

查理 (Charles)(1787) 和給呂薩克 (Gay-Lussac)(1802) 測量了氣體的熱膨脹，發現在恆定壓力和固定量的氣體下，體積隨著溫度線性增加 (在汞的攝氏溫標測量)：

$$V = a_1 + a_2\theta \qquad P, m \text{ 恆定} \tag{1.14}$$

其中 a_1 和 a_2 是常數。例如，圖 1.8 顯示了在某些壓力下，28 g 氮氣的 V 和 θ 之間的關係。注意曲線的近似線性，處於低壓狀態。查理定律的內容就是氣體和液態汞的熱膨脹非常相似。查理定律的分子解釋在於溫度升高意味著分子運動更快，更頻繁地撞擊牆壁。因此，如果壓力保持不變，則體積必定增加。

理想氣體絕對溫標

查理定律 (1.14) 式在零壓極限下是最準確的；但甚至在這個極限內，氣體仍然表現出與 (1.14) 式有小的偏差。這些偏差是由於理想氣體的熱膨脹行為與液態汞的熱膨脹行為之間的微小差異造成的，而液態汞是 θ 溫標的基礎。然而，在零壓極限下，不同氣體對查理定律的偏差是相同的。在零壓力的極限，所有氣體在恆壓下都表現出相同的溫度對體積的特性。

將圖 1.8 中 V 對 θ 的曲線外推到低溫，則顯示它們都與 θ 軸在同一點相交，此點在汞的攝氏溫標上約為 $-273°$。此外，任何氣體 (不僅是 N_2) 的這種曲線的外推顯示它們在 $-273°$ 處與 θ 軸相交。在此溫度下，任何理想氣體的體積預計都是零 (當然，在達到這個溫度之前，氣體會液化，將不遵循查理定律)。

如上所述，在零壓力的極限下，所有的氣體都具有相同的溫度對體積的特性。因此，為了獲得與任何一種物質的性質無關的溫標，在零壓力的極限下，我們將利用氣

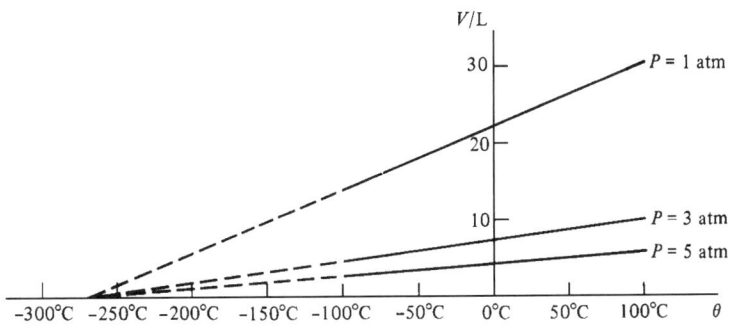

圖 1.8

在恆壓下，1 莫耳 N_2 氣體的體積對攝氏溫度的關係圖。

體的 T 對 V 特性為完全線性的要求來定義理想氣體溫標 T（即遵循查理定律）。此外，由於預計理想氣體的體積為零的溫度似乎很可能具有根本意義，因此我們應將理想氣體溫標的零點與零體積的溫度重合。因此，我們定義**絕對理想氣體溫度**（absolute ideal-gas temperature）T 時，要求在零壓力極限內，$T \equiv BV$ 的關係應精確地成立，其中對於在恆壓 P 下，固定的氣體量而言，B 是常數，V 是氣體體積。任何氣體都可以使用。

為了完成定義，我們利用選擇一個固定的參考點來確定 B 並指定其溫度。1954 年，國際上同意使用水的三相點 (tr) 作為參考點，並在此處定義絕對溫度 T_{tr}，三相點恰好為 273.16 K。K 代表絕對溫度的單位，K 即**開爾文**（kelvin），以前稱為開爾文度（°K）（水的三相點是純液態水、冰和水蒸氣相互平衡的溫度）。在水的三相點，我們有 273.16 K $\equiv T_{tr} = BV_{tr}$ 而 $B = (273.16\ \text{K})/V_{tr}$，其中 V_{tr} 是氣體在 T_{tr} 的體積。因此定義絕對理想氣體溫標的方程式 $T \equiv BV$ 變成

$$T \equiv (273.16\ \text{K}) \lim_{P \to 0} \frac{V}{V_{tr}} \qquad P, m \text{ 為定值} \qquad (1.15)$$

在 (1.15) 式中，如何求極限 $P \to 0$ 的值？我們在一定壓力 P 下，例如 200 torr，取固定量的氣體，該氣體與溫度為 T 的物體保持熱平衡，P 保持在恆定 200 torr，並測量氣體的體積 V。然後將氣體溫度計與水三相點 273.16K 進行熱平衡，保持氣體的 P 在 200 torr，並測量 V_{tr}。對於 $P = 200$ torr 可算出 V/V_{tr}。接下來，氣體壓力降低到例如 150 torr，在此壓力下，量測在溫度 T 的氣體體積和在溫度 273.16 K 的氣體體積；則可得在 $P = 150$ torr 的 V/V_{tr}。在連續較低壓力下重複操作，可進一步得到 V/V_{tr}。然後將這些比率 V/V_{tr} 與 P 作圖，曲線外推到 $P = 0$ 可得 V/V_{tr} 的極限（見圖 1.9）。將這個極限值乘以 273.16 K，可得物體的理想氣體絕對溫度 T 在實際應用上，恆容氣體溫度計比恆壓更容易使用；此時，(1.15) 式中恆壓 P 的 V/V_{tr} 由恆容 V 的 P/P_{tr} 取代。

用理想氣體溫度計精確測量物體的溫度是單調乏味，而這種溫度計對日常實驗室工作並不實用。反之，使用理想氣體溫度計來確定涵蓋很寬溫度範圍的幾個固定點的精確值。固定點為某些純物質（例如 O_2、Ar、Zn、Ag）的三相點和正常熔點。這些固定點的指定值以及使用鉑電阻溫度計測量固定點之間溫度的指定插值公式構成 1990 年國際溫標 (ITS-90)。ITS-90 溫標旨在重現實驗誤差範圍內的理想氣體絕對溫標，並用於校準實驗室溫度計。ITS-90 的細節在 B. W. Mangum, *J. Res. Natl. Inst. Stand. Technol.*, **95**, 69 (1990)；*Quinn*，第 2-12 節和附錄 II 中給出。

由於理想氣體溫標與任何物質的性質無關，它優於第 1.3 節中定義的汞攝氏溫標。然而，理想氣體溫標仍然與氣體的極限有關。定義於第

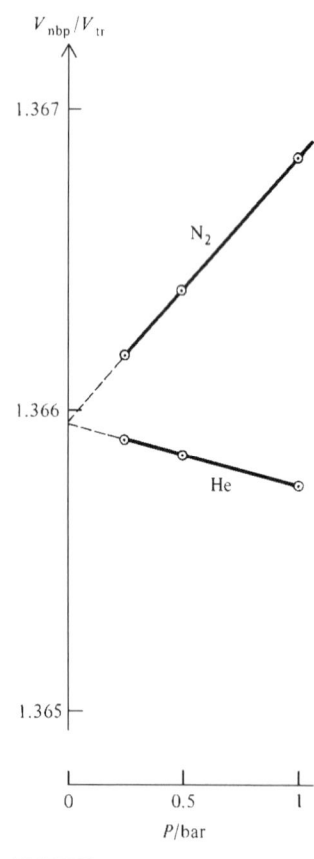

圖 1.9
測量水的正常沸點 (nbp) 的恆壓氣體溫度計圖。外推得到 $V_{nbp}/V_{tr} = 1.36595$，所以 $T_{nbp} = 1.3659(273.16\ \text{K}) = 373.124\ \text{K} = 99.974°C$。

3.6 節的熱力學溫標，與任何特定類型的物質的性質無關。現在我們將使用理想氣體溫標。

目前**攝氏溫標** [(Celsius (centigrade) scale] t 的定義是根據理想氣體絕對溫標 T 表示如下：

$$t/°C \equiv T/K - 273.15 \qquad (1.16)^*$$

對於水三相點攝氏溫度 t_{tr}，我們有 $t_{tr}/°C = (273.16\ K)/K - 273.15 = 0.01$，因此 t_{tr} 恰好為 0.01°C。在目前的攝氏溫標和凱氏溫標上，冰點和蒸氣點 (第 1.3 節) 不是固定的，而是由實驗決定的，並且沒有保證這些點將在 0°C 和 100°C。但是，選擇水三相點 273.16 K 和 (1.16) 式中的 273.15 是為了與舊的攝氏溫標達到良好的一致，所以我們預計冰點和蒸氣點與舊值相比幾乎沒有變化。實驗給出冰點為 0.00009°C，蒸氣點在熱力學溫標為 99.984°C 而在 ITS-90 溫標為 99.974°C。

由於絕對理想氣體溫標是基於物質的一般類別的性質 (氣體處於零壓力極限，其中分子間作用力消失)，人們可能會懷疑這個溫標具有的根本意義。這是真實的，我們將在 (14.14) 式和 (14.15) 式中看到，分子通過氣體中的空間，其運動的平均動能與絕對溫度成正比。此外，絕對溫度 T 以一種簡單的方式出現在定律中，控制分子在能接之間的分佈。

從 (1.15) 式，在恆定 P 和 m 下，我們有 $V/T = V_{tr}/T_{tr}$。這個方程式只在零壓力的極限內成立，但如果壓力不是很高，這個方程式仍然相當準確。由於在固定 P 下，固定量的氣體，V_{tr}/T_{tr} 是常數，所以我們有

$$V/T = K \qquad P, m\ 為定值$$

其中 K 是常數。這是查理定律。然而，從邏輯上講，這個方程式不是自然定律，而只是體現了理想氣體絕對溫標 T 的定義。定義了熱力學溫標後，我們可以再次看到 $V/T = K$ 作為自然定律。

☕ 一般理想氣體方程式

當 T 和 m 保持不變時適用波義耳定律而當 P 和 m 保持不變時適用查理定律。現在考慮理想氣體狀態的更普遍的變化，其中壓力、體積和溫度全部變化，從 P_1、V_1、T_1 到 P_2、V_2、T_2，其中 m 保持不變。應用波義耳和查理定律，我們想像這個過程分兩步進行：

$$P_1, V_1, T_1 \xrightarrow{(a)} P_2, V_a, T_1 \xrightarrow{(b)} P_2, V_2, T_2$$

由於步驟 (a) 中的 T 和 m 是不變的，所以適用波義耳定律，並且 $P_1V_1 = k = P_2V_a$；因此 $V_a = P_1V_1/P_2$。對步驟 (b) 使用查理定律可得 $V_a/T_1 = V_2/T_2$。將 $V_a = P_1V_1/P_2$ 代入這個方程式得到 $P_1V_1/P_2T_1 = V_2/T_2$，且

$$P_1V_1/T_1 = P_2V_2/T_2 \qquad m \text{ 為常數,理想氣體} \tag{1.17}$$

如果我們在保持 P 和 T 不變的情況下,改變理想氣體的質量 m 會發生什麼?體積是一個外延量,所以在 T 和 P 恆定時,對於任何一相,單成分系統,V 都與 m 成正比。因此 V/m 在 T 和 P 為常數時是恆定的。將這個事實與常數 m 的 PV/T 的恆定性結合起來,我們很容易找到 PV/mT 對任何純理想氣體的 P、V、T 和 m 的任何變化保持不變:$PV/mT = c$,其中 c 是常數。對於不同的理想氣體,c 沒有任何理由相同,事實上並非如此。為了獲得每種理想氣體具有相同常數的理想氣體定律,我們需要另一種實驗觀察。

Gay-Lussac 在 1808 年指出,當所有體積都在相同的溫度和壓力下測量時,反應氣體和氣體產物的體積比可以用簡單的整數表示。例如,人們發現兩升氫氣與一升氧氣反應形成水。這個反應是 $2H_2+O_2 \rightarrow 2H_2O$,因此反應的氫分子數是反應的氧分子數的兩倍。兩升氫氣含有的分子數是一升氧氣的兩倍,因此一升氫氣在相同的溫度和壓力下具有與一升氧氣相同數量的分子。對於其他氣相反應亦得相同的結果。我們得出結論:在相同的溫度和壓力下,等體積的不同氣體含有相同數量的分子。這個概念在 1811 年首次被亞佛加厥 (Avogadro) 認可 (Gay-Lussac 的結合體積定律與亞佛加厥假設對於真實氣體來說,只有在極限 $P \rightarrow 0$ 的情況下是嚴格正確的)。由於分子的數量與莫耳數成正比,所以亞佛加厥的假設指出,在相同的 T 和 P,等體積的不同氣體具有相同的莫耳數。

由於純氣體的質量與莫耳數成正比,理想氣體定律 $PV/mT = c$ 可以重寫為 $PV/nT = R$ 或 $n = PV/RT$,其中 n 是氣體莫耳數,R 是其他常數。亞佛加厥的假設認為,如果 P、V 和 T 對於兩種不同的氣體是相同的,那麼 n 必須相同。但是,只有當 R 對每種氣體具有相同的值時,這才能成立。因此 R 是一個通用常數,稱為**氣體常數** (gas constant)。理想氣體法的最終形式是

$$PV = nRT \qquad \text{理想氣體} \tag{1.18}*$$

方程式 (1.18) 結合了波義耳定律、查理定律 (更準確地說,T 的定義) 和亞佛加厥的假設。

理想的氣體是遵循 $PV = nRT$ 的氣體。真實氣體只有在零密度的極限下才遵循這個定律,當零密度極限時,分子間作用力可忽略不計。

使用 $M \equiv m/n$ [(1.4) 式],引入氣體的莫耳質量 M,我們可以將理想氣體定律寫成

$$PV = mRT/M \qquad \text{理想氣體}$$

這種形式使我們能夠藉由在已知的 T 和 P 下,測量已知質量占據的體積來找到氣體的分子量。為了得到準確的結果,我們可以在不同的壓力下進行一系列測量,並將結果外推到零壓力 (參見習題 1.13)。我們也可以用密度 $\rho = m/V$ 來表示理想氣體定律,如

$$P = \rho RT/M \quad \text{理想氣體}$$

唯一值得記住的形式是 $PV = nRT$，因為所有其他形式都很容易由此式導出。

氣體常數 R 的計算可以藉由在已知溫度下，將已知莫耳數的一些氣體在連續較低的壓力下進行一系列壓力 – 容積測量。計算在零壓力的 PV/nT，可得 R（習題 1.12）。實驗結果是

$$R = 82.06 \, (\text{cm}^3 \, \text{atm})/(\text{mol K}) \quad (1.19)^*$$

由於 1 atm = 101325 N/m² [(1.10) 式]，我們有 1 cm³atm = $(10^{-2}\text{m})^3 \times$ 101325 N/m² = 0.101325 m³N/m² = 0.101325 J [一牛頓米 = 一焦耳 (J)；見第 2.1 節]。因此 $R = 82.06 \times 0.101325$ J/(mol K)，或

$$R = 8.314 \, \text{J/(mol K)} = 8.314 \, (\text{m}^3 \, \text{Pa})/(\text{mol K}) \quad (1.20)^*$$

使用 1 atm = 760 torr 且 1 bar ≈ 750 torr，我們從 (1.19) 式發現 $R = 83.14 \, (\text{cm}^3 \, \text{bar})/(\text{mol K})$。使用 1 卡 (cal) = 4.184 J [(2.44) 式]，我們得到

$$R = 1.987 \, \text{cal/(mol K)} \quad (1.21)^*$$

物理常數的實際值列在封底內頁。

理想氣體混合物

到目前為止，我們只考慮過純理想氣體。1810 年道爾頓 (Dalton) 發現，氣體混合物的壓力等於如果將氣體單獨放置在容器中，每種氣體施加的壓力之和 (這個定律只在零壓力的極限下成立)。如果將 n_1 莫耳的氣體 1 單獨放置在容器中，此氣體將施加 n_1RT/V 的壓力 (我們假定壓力足夠低，以使氣體基本上表現得像理想氣體)。道爾頓定律斷言氣體混合物中的壓力是 $P = n_1RT/V + n_2RT/V + \cdots = (n_1 + n_2 + \cdots)RT/V = n_{\text{tot}}RT/V$，所以

$$PV = n_{\text{tot}}RT \quad \text{理想氣體混合物} \quad (1.22)^*$$

道爾頓定律從氣體的分子圖像中是有意義的。理想氣體分子沒有互相影響，所以氣體 2, 3… 的存在對氣體 1 沒有影響，它對壓力的貢獻與單獨存在一樣。每種氣體獨立行事，壓力是各氣體貢獻的總和。真實氣體，混合物中的分子間相互作用不同於純氣體中的相互作用，道爾頓定律對於真實氣體並不準確。

氣體混合物中的氣體 i 的**分壓** (partial pressure) P_i (理想的或非理想的) 定義為

$$P_i \equiv x_iP \quad \text{任何氣體混合物} \quad (1.23)^*$$

其中 $x_i = n_i/n_{\text{tot}}$ 是混合物中氣體 i 的莫耳分率，P 是混合物的壓力。對於理想氣體混合物，$P_i = x_iP = (n_i/n_{\text{tot}})(n_{\text{tot}}RT/V)$ 而

$$P_i = n_iRT/V \quad \text{理想氣體混合物} \quad (1.24)^*$$

n_iRT/V 是混合物的氣體 i 單獨存在於容器中所施加的壓力。然而，對於非理想氣體混合物，由 (1.23) 式定義的分壓 P_i 不一定等於單獨存在的氣體所施加的壓力。

例 1.1　理想氣體的密度

求 F_2 氣體在 $20.0°C$ 和 188 torr 的密度。

未知數是密度 ρ，通常先寫出我們想要找的未知數的定義：$\rho \equiv m/V$。既不是 m 也不是 V 為已知，所以我們試圖將這些數與已知的資訊聯繫起來。該系統是在相對較低的壓力下的氣體，把它當作理想氣體是一個很好的近似處理。對於理想的氣體，我們知道 $V = nRT/P$。將 $V = nRT/P$ 代入 $\rho = m/V$ 可得 $\rho = mP/nRT$。在 ρ 的這個表達式中，我們知道 P 和 T，但不知道 m 或 n。但是，m/n 是每莫耳的質量，即莫耳質量 M。因此，$\rho = MP/RT$。此式僅含已知數，所以我們準備用數字代入。F_2 的分子量為 38.0，其莫耳質量為 $M = 38.0$ g/mol。絕對溫度為 $T = 20.0° + 273.15° = 293.2$ K。由於我們知道涉及大氣的 R 值，我們將 P 轉換成大氣壓：$P = (188\text{ torr})(1\text{ atm}/760\text{ torr}) = 0.247$ atm。所以

$$\rho = \frac{MP}{RT} = \frac{(38.0\text{ g mol}^{-1})(0.247\text{ atm})}{(82.06\text{ cm}^3\text{ atm mol}^{-1}\text{ K}^{-1})(293.2\text{ K})} = 3.90 \times 10^{-4}\text{ g/cm}^3$$

請注意溫度、壓力和物質數量的單位(莫耳)互相消去。事實上，最後的單位是每立方厘米克數，這是密度的正確單位，也可以作為驗算。強烈建議在計算時記下每個物理量的單位。

習題

在 $25.0°C$ 和 880 torr，求密度為 1.80 g/L 的氣體的莫耳質量。
(答案：38.0 g/mol)

1.6 微分

物理化學廣泛使用微積分。因此，我們回顧一下微積分的一些概念(在小說 *Arrowsmith* 中，Max Gottlieb 問 Martin Arrowsmith，「如果沒有數學你怎麼能夠了解物理化學？」)。

函數和極限

要說變數 y 是變數 x 的**函數** (function)，則意味著對於 x 的任何給定值，有確定的 y 值；我們以 $y = f(x)$ 表示。例如，圓的面積是其半徑 r 的函數，因為可以藉由表達式 πr^2 從 r 計算出面積。變數 x 稱為自變數或函數 f 的自變數，而 y 為因變數。由於我們可以根據 y 求解 x 以獲得 $x = g(y)$，因此將哪個變數視為自變數依據方便而定。通常可用 $y = y(x)$ 代替 $y = f(x)$。

當 x 趨近於 a 時函數 $f(x)$ 的**極限** (limit) 等於 c [寫為 $\lim_{x \to a} f(x) = c$]，表示對於所有足夠接近 a(但不一定等於 a)的 x，可以使 $f(x)$ 和 c 之間的差盡可能小。例如，假設我們想要求當 x 趨近於 0 時，$(\sin x)/x$ 的極限。注意，$(\sin x)/x$ 在 $x = 0$ 是無定義

的，因為 0/0 無定義。但是，此事實與求極限無關。為了找到極限，我們計算 (sin x)/x 的以下值，其中 x 以弧度為單位：x = ±0.1 時 (sin x)/x 為 0.99833，x = ±0.05 時為 0.99958，x = ±0.01 時為 0.99998，等等。因此

$$\lim_{x \to 0} \frac{\sin x}{x} = 1$$

當然，這不是嚴格的證明。注意類似於在 (1.15) 式中當 $P \to 0$ 的極限。在此極限中，當 P 趨近於零時，V 和 V_{tr} 都變為無窮大，但是即使 ∞/∞ 無定義，該極限也具有明確定義的值。

☕ 斜率

將 y 繪製在垂直軸上，而 x 在水平軸上，直線的**斜率** (slope) 定義為 $(y_2 - y_1)/(x_2 - x_1) = \Delta y/\Delta x$，其中 (x_1, y_1) 和 (x_2, y_2) 是圖形上任意兩點的坐標，並且 Δ (δ 的大寫) 表示變數的變化。如果我們將直線方程以 $y = mx + b$ 的形式表示，則根據此定義，直線的斜率等於 m。y 軸上線的**截距** (intercept) 等於 b，因為當 $x = 0$ 時 $y = b$。

任何曲線在某點 P 的**斜率** (slope) 定義為在 P 點與曲線相切的直線的斜率。有關求斜率的例子，請參見圖 9.3。學生們有時會錯誤地嘗試藉由計算方格紙上的空格來求斜率 $\Delta y/\Delta x$，忘記了在物理應用中 y 軸的比例通常與 x 軸的比例不同。

在物理化學中，人們經常想定義新變數來轉換方程式變成直線的形式，然後使用新變數繪製實驗數據，並使用直線的斜率或截距來確定一些數量。

例 1.2　將方程式轉換為線性形式

根據 Arrhenius 方程式 (16.66)，化學反應的速率係數 k 根據 $k = Ae^{-E_a/RT}$，隨絕對溫度變化，其中 A 和 E_a 為常數，R 為氣體常數。假設我們在幾個溫度下測量了 k 值。將 Arrhenius 方程轉換為直線方程的形式，其斜率和截距將可求得 A 和 E_a。

變數 T 出現在指數部分。方程式兩邊取對數，我們消去了指數。$k = Ae^{-E_a/RT}$ 的兩邊取自然對數，我們得到 $\ln k = \ln(Ae^{-E_a/RT}) = \ln A + \ln(e^{-E_a/RT}) = \ln A - E_a/RT$，其中使用了 (1.67) 式。將方程式 $\ln k = \ln A - E_a/RT$ 轉換為直線形式，我們根據原始變數 k 和 T 定義新變數如下：$y \equiv \ln k$ 且 $x \equiv 1/T$。得出 $y = (-E_a/R)x + \ln A$。與 $y = mx + b$ 比較可知，將 y 軸上的 $\ln k$ 對 x 軸上的 $1/T$ 作圖，直線斜率為 $-E_a/R$ 而截距為 $\ln A$。從該圖的斜率和截距，可以求得 E_a 和 A。

習題

被吸附的氣體的莫耳數 n 除以固體吸附劑的質量 m 通常根據 $n/m = aP/(1 + bP)$ 隨氣壓 P 變化，其中 a 和 b 為常數。將此方程式轉換為直線形式，說明作圖的內容，並說明斜率和截距與 a 和 b 的關係。
(提示：兩邊取倒數)

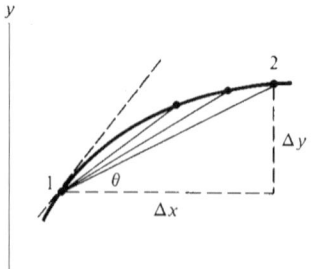

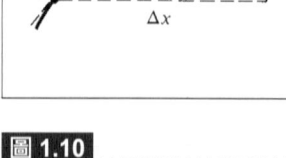

圖 1.10
當點 2 趨近於點 1 時，$\Delta y/\Delta x =$ tan x 趨近於曲線在點 1 的切線的斜率。

☕ 導數

令 $y = f(x)$。令自變量的值從 x 改變為 $x + h$；則 y 從 $f(x)$ 改變為 $f(x + h)$。在此區間 y 對 x 的平均變化率等於 y 的變化除以 x 的變化，即為

$$\frac{\Delta y}{\Delta x} = \frac{f(x+h) - f(x)}{(x+h) - x} = \frac{f(x+h) - f(x)}{h}$$

y 對 x 的瞬時變化率是當 x 的變化趨近於零時，y 對 x 的平均變化率的極限。瞬時變化率稱為函數 f 的**導數** (derivative)，用 f' 表示：

$$f'(x) \equiv \lim_{h \to 0} \frac{f(x+h) - f(x)}{h} = \lim_{\Delta x \to 0} \frac{\Delta y}{\Delta x} \qquad (1.25)*$$

圖 1.10 顯示在給定點上函數 $y = f(x)$ 的導數等於 y 的曲線在點 x 的斜率。

舉一個簡單的例子，令 $y = x^2$。則

$$f'(x) = \lim_{h \to 0} \frac{(x+h)^2 - x^2}{h} = \lim_{h \to 0} \frac{2xh + h^2}{h} = \lim_{h \to 0} (2x + h) = 2x$$

x^2 的導數為 $2x$。

函數在某點具有突然跳升的值稱為在該點**不連續** (discontinuous)。如圖 1.11a 所示的例子，考慮函數 $y = |x|$，其圖如圖 1.11b 所示。此函數在任何地方都沒有值的跳躍，因此在任何地方都是**連續** (continuous)。但是，曲線的斜率在 $x = 0$ 時突然改變。因此，導數 y' 在這一點是不連續的。對於負數 x，函數 y 等於 $-x$，y' 等於 -1，而對於正數 x，函數 y 等於 x，y' 等於 $+1$。

由於將 $f'(x)$ 定義為當 Δx 趨近於零，$\Delta y/\Delta x$ 的極限，所以我們知道，對於 x 和 y 的微小變化，導數 $f'(x)$ 大約等於 $\Delta y/\Delta x$。因此，對於 Δx 很小，則 $\Delta y \approx f'(x)\Delta x$。隨著 Δx 變小，此方程變得越來越精確。我們可以設想 x 的無限小變化，用 dx 表示。用 dy 表示 y 的相應無限小的變化，我們有 $dy = f'(x)\, dx$，或

$$dy = y'(x)\, dx \qquad (1.26)*$$

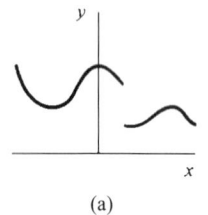

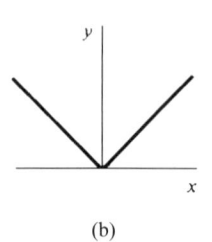

圖 1.11
(a) 不連續函數。(b) 函數 $y = |x|$。

dy 和 dx 稱為**微分** (differentials)。(1.26) 式給出了導數的另一種符號 dy/dx。實際上，dx 和 dy 的嚴格數學定義並不要求這些量無限小。它們可以是任何大小。但是，在將微積分用於熱力學的應用中，我們將 dy 和 dx 視為無窮小變化。

令 a 和 n 為常數，令 u 和 v 為 x 的函數；$u = u(x)$ 且 $v = v(x)$。使用定義 (1.25) 式，可以求得以下導數：

$$\frac{da}{dx} = 0, \quad \frac{d(au)}{dx} = a\frac{du}{dx}, \quad \frac{d(x^n)}{dx} = nx^{n-1}, \quad \frac{d(e^{ax})}{dx} = ae^{ax}$$

$$\frac{d\ln x}{dx} = \frac{1}{x}, \quad \frac{d\sin ax}{dx} = a\cos ax, \quad \frac{d\cos ax}{dx} = -a\sin ax$$

$$\frac{d(u+v)}{dx} = \frac{du}{dx} + \frac{dv}{dx}, \quad \frac{d(uv)}{dx} = u\frac{dv}{dx} + v\frac{du}{dx} \tag{1.27}*$$

$$\frac{d(u/v)}{dx} = \frac{d(uv^{-1})}{dx} = -uv^{-2}\frac{dv}{dx} + v^{-1}\frac{du}{dx}$$

鏈規則 (chain rule) 通常用於求導數。令 z 為 x 的函數，其中 x 是 r 的函數；$z = z(x)$，其中 $x = x(r)$。則 z 可以表示為 r 的函數；$z = z(x) = z\,[x(r)] = g(r)$，其中 g 是某一函數。鏈規則指出 $dz/dr = (dz/dx)(dx/dr)$。例如，假設我們想要求 $(d/dr)\sin 3r^2$。令 $z = \sin x$ 且 $x = 3r^2$。則 $z = \sin 3r^2$，由鏈規則可得 $dz/dr = (\cos x)(6r) = 6r\cos 3r^2$。

(1.26) 和 (1.27) 式給出了以下微分公式：

$$d(x^n) = nx^{n-1}dx, \quad d(e^{ax}) = ae^{ax}dx$$
$$d(au) = a\,du, \quad d(u+v) = du+dv, \quad d(uv) = u\,dv + v\,du \tag{1.28}*$$

我們經常想要找到某個函數 $y(x)$ 的極大值或極小值。對於具有連續導數的函數，曲線的斜率在極大或極小點處為零 (圖 1.12)。因此，為了找到極值，我們尋找 $dy/dx = 0$ 的點。

函數 dy/dx 是 y 的一階導數。將**二階導數** (second derivative) d^2y/dx^2 定義為一階導數的導數：$d^2y/dx^2 \equiv d(dy/dx)/dx$。

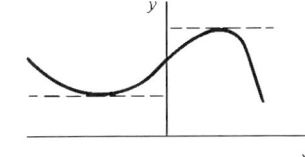

圖 1.12
在極大點和極小點的水平切線。

☕ 偏導數

在熱力學中，我們通常處理兩個或多個變數的函數。設 z 為 x 和 y 的函數；$z = f(x, y)$ 我們定義 z 相對於 x 的**偏導數** (partial derivative) 為

$$\left(\frac{\partial z}{\partial x}\right)_y \equiv \lim_{\Delta x \to 0}\frac{f(x+\Delta x, y) - f(x, y)}{\Delta x} \tag{1.29}$$

此定義類似於普通導數的定義 (1.25) 式，因為如果 y 是常數而不是變數，則偏導數 $(\partial z/\partial x)_y$ 將變為只是普通的導數 dz/dx。在偏導數中保持不變的變數通常可省略，$(\partial z/\partial x)_y$ 可以只寫為 $\partial z/\partial x$。在熱力學中，有許多可能的變數，為避免混淆，必須指出哪些變數在偏導數中保持恆定。同理，在 x 恆定下，z 相對於 y 的偏導數其定義與 (1.29) 式相似：

$$\left(\frac{\partial z}{\partial y}\right)_x \equiv \lim_{\Delta y \to 0}\frac{f(x, y+\Delta y) - f(x, y)}{\Delta y}$$

可能有兩個以上的自變數。例如，設 $z = g(w, x, y)$。在 w 和 y 恆定

下，z 相對於 x 的偏導數為

$$\left(\frac{\partial z}{\partial x}\right)_{w,y} \equiv \lim_{\Delta x \to 0} \frac{g(w, x + \Delta x, y) - g(w, x, y)}{\Delta x}$$

如何求得偏導數？求 $(\partial z/\partial x)_y$，我們取 z 相對於 x 的普通導數，而將 y 視為常數。例如，若 $z = x^2y^3 + e^{yx}$，則 $(\partial z/\partial x)_y = 2xy^3 + ye^{yx}$；同樣，$(\partial z/\partial y)_x = 3x^2y^2 + xe^{yx}$。

令 $z = f(x, y)$。假設 x 變化無窮小的量 dx 而 y 保持不變。x 的無窮小變化 dx 會使 z 有多少無窮小變化 dz？若 z 只是 x 的函數，則 [(1.26) 式] 我們有 $dz = (dz/dx)\,dx$。因為 z 也與 y 有關，所以當 y 固定，z 的無窮小變化由類似的方程式 $dz = (\partial z/\partial x)_y\,dx$ 給出。同樣，若 y 在 x 固定的情況下經歷無窮小的變化 dy，則我們有 $dz = (\partial z/\partial y)_x\,dy$。如果現在 x 和 y 都經歷了無窮小的變化，那麼 z 中的無窮小變化就是 dx 和 dy 引起的無窮小變化之和：

$$dz = \left(\frac{\partial z}{\partial x}\right)_y dx + \left(\frac{\partial z}{\partial y}\right)_x dy \tag{1.30}*$$

在這個方程式中，dz 稱為 $z(x, y)$ 的**全微分** (total differential)。(1.30) 式經常用於熱力學。一個類似的方程式適用於兩個以上變數的函數的全微分。例如，若 $z = z(r, s, t)$，則

$$dz = \left(\frac{\partial z}{\partial r}\right)_{s,t} dr + \left(\frac{\partial z}{\partial s}\right)_{r,t} ds + \left(\frac{\partial z}{\partial t}\right)_{r,s} dt$$

(1.30) 式可以導出三個有用的偏導數恆等式。對於 y 不變的無窮小過程，無窮小變化 dy 為 0，而 (1.30) 式變成

$$dz_y = \left(\frac{\partial z}{\partial x}\right)_y dx_y \tag{1.31}$$

其中 dz 和 dx 上的下標 y 表示這些無窮小變化發生在固定 y 處。除以 dz_y 得到

$$1 = \left(\frac{\partial z}{\partial x}\right)_y \frac{dx_y}{dz_y} = \left(\frac{\partial z}{\partial x}\right)_y \left(\frac{\partial x}{\partial z}\right)_y$$

因為根據偏導數的定義，無窮小的比 dx_y/dz_y 等於 $(\partial x/\partial z)_y$。因此

$$\left(\frac{\partial z}{\partial x}\right)_y = \frac{1}{(\partial x/\partial z)_y} \tag{1.32}*$$

請注意，在 (1.32) 式中，相同的變數 y 在兩個偏導數中都保持固定不變。當 y 保持不變時，只有兩個變數 x 和 z，因此 $dz/dx = 1/(dx/dz)$。

對於 z 保持不變的無窮小過程，(1.30) 式變成

$$0 = \left(\frac{\partial z}{\partial x}\right)_y dx_z + \left(\frac{\partial z}{\partial y}\right)_x dy_z \tag{1.33}$$

除以 dy_z 並認識到 dx_z/dy_z 等於 $(\partial x/\partial y)_z$，我們得到

$$0 = \left(\frac{\partial z}{\partial x}\right)_y \left(\frac{\partial x}{\partial y}\right)_z + \left(\frac{\partial z}{\partial y}\right)_x \quad \text{和} \quad \left(\frac{\partial z}{\partial x}\right)_y \left(\frac{\partial x}{\partial y}\right)_z = -\left(\frac{\partial z}{\partial y}\right)_x = -\frac{1}{(\partial y/\partial z)_x}$$

其中使用了 (1.32) 式只是將 x 和 y 互換。上式乘以 $(\partial y/\partial z)_x$ 可得

$$\left(\frac{\partial x}{\partial y}\right)_z \left(\frac{\partial y}{\partial z}\right)_x \left(\frac{\partial z}{\partial x}\right)_y = -1 \tag{1.34}*$$

(1.34) 式看起來很嚇人，但實際上很容易記住，因為變數的簡單模式：$\partial x/\partial y$、$\partial y/\partial z$、$\partial z/\partial x$；在每個偏導數中固定的變數是不出現在該導數中的變數。

有時候，學生們想知道為什麼 (1.34) 式中的 ∂y、∂z 和 ∂x 消去後不是 $+1$ 而是 -1，因為只有在每個偏導數中的固定變數相同時，才能消去 ∂y、∂z 和 ∂x。當 z 固定，y 的微小變化 dy_z 與當 x 固定，y 的微小變化 dy_x 不同 [注意 (1.32) 式可以寫成 $(\partial z/\partial x)_y (\partial x/\partial z)_y = 1$；這裡可以消去]。

最後，令 (1.30) 式中的 dy 為零，則 (1.31) 式成立。令 u 為其他變數。將 (1.31) 式除以 du_y 可得

$$\frac{dz_y}{du_y} = \left(\frac{\partial z}{\partial x}\right)_y \frac{dx_y}{du_y}$$

$$\left(\frac{\partial z}{\partial u}\right)_y = \left(\frac{\partial z}{\partial x}\right)_y \left(\frac{\partial x}{\partial u}\right)_y \tag{1.35}*$$

(1.35) 式中的 ∂x 可以消去，因為在每個偏導數中保持恆定的變數相同。

兩個自變數的函數 $z(x, y)$ 具有以下四個二階偏導數：

$$\left(\frac{\partial^2 z}{\partial x^2}\right)_y \equiv \left[\frac{\partial}{\partial x}\left(\frac{\partial z}{\partial x}\right)_y\right]_y, \qquad \left(\frac{\partial^2 z}{\partial y^2}\right)_x \equiv \left[\frac{\partial}{\partial y}\left(\frac{\partial z}{\partial y}\right)_x\right]_x$$

$$\frac{\partial^2 z}{\partial x \, \partial y} \equiv \left[\frac{\partial}{\partial x}\left(\frac{\partial z}{\partial y}\right)_x\right]_y, \qquad \frac{\partial^2 z}{\partial y \, \partial x} \equiv \left[\frac{\partial}{\partial y}\left(\frac{\partial z}{\partial x}\right)_y\right]_x$$

只要 $\partial^2 z/(\partial x\, \partial y)$ 和 $\partial^2 z/(\partial y\, \partial x)$ 是連續的，這在物理應用上通常是正確的，可以證明它們相等：

$$\frac{\partial^2 z}{\partial x \, \partial y} = \frac{\partial^2 z}{\partial y \, \partial x} \tag{1.36}*$$

偏微分的順序無關緊要。

分數有時用斜線書寫。例如

$$a/bc + d \equiv \frac{a}{bc} + d$$

1.7 狀態方程式

實驗通常顯示當指定兩個變數 P 和 T 時，具有固定組成的均勻系統的熱力學狀態即被指定。如果熱力學狀態被指定，這意味著系統的體積 V 被指定。給予固定組成系統的 P 和 T 的值，可確定 V 的值，這正是陳述 V 是 P 和 T 的函數的意思。因此，$V = u(P, T)$，其中 u 是取決於系統性質的函數。如果去除固定成分的限制，系統的狀態將

取決於其組成以及 P 和 T，因此我們有

$$V = f(P, T, n_1, n_2, \cdots) \tag{1.37}$$

其中 $n_1, n_2, \ldots$ 是均勻系統中物質 $1, 2, \cdots$ 的莫耳數，f 是某一函數。P、T、n_1、$n_2\cdots$ 和 V 之間的這種關係稱為**體積狀態方程式** (volumetric equation of state)，或者更簡單地說，是一個**狀態方程式** (equation of state)。如果系統是異質 (heterogeneous) 的，則每一相都有自己的狀態方程。

對於由 n 莫耳單一純物質組成的單相系統，狀態方程式 (1.37) 變成 $V = f(P, T, n)$，其中函數 f 取決於系統的性質；液態水的 f 與冰的 f 不同且與液態苯的 f 不同。當然，我們可以求解 P 或 T 的狀態方程式，以得到替代形式 $P = g(V, T, n)$ 或 $T = h(P, V, n)$，其中 g 和 h 是某些函數。熱力學定律是一般的，不能用來推導特定系統的狀態方程式。狀態方程式必須由實驗確定。人們還可以使用統計力學來推導出一個近似的狀態方程式，該推導是從系統中分子間相互作用的假設形式開始。

狀態方程式的一個例子是 $PV = nRT$，即理想氣體狀態方程式。實際上，沒有任何一種氣體遵循這個狀態方程式。

單相單成分系統的體積是與任何給定的 T 和 P 下的莫耳數 n 成正比。因此，任何純單相系統的狀態方程式都可以寫成如下的形式

$$V = nk(T, P)$$

其中函數 k 取決於正在考慮的物質。由於我們通常處理的是封閉系統 (n 固定)，因此消去 n 而僅使用內含變數來寫出狀態方程式。為此，我們將任何純單相系統的**莫耳體積** (molar volume) V_m 定義為每莫耳體積：

$$V_m \equiv V/n \tag{1.38}*$$

V_m 是 T 和 P 的函數；$V_m = k(T, P)$。對於理想氣體，$V_m = RT/P$。當明確指出莫耳體積時，V_m 中的下標 m 有時會省略 (V_m 常用的替代符號是 $\overline{V}$)。

對於純單相系統的任何外延性質，我們可以定義相應的莫耳量。例如，物質的莫耳質量是 m/n [(1.4) 式]。那麼真實氣體的狀態方程式為何？我們將在第 14 章中看到，忽略分子之間的作用力導致了理想氣體狀態方程式 $PV = nRT$。事實上，分子最初會在它們接近時相互吸引然後在相撞時相互排斥。為了考慮分子間的力，凡德瓦在 1873 年修改了理想氣體方程式，給出**凡德瓦方程式** (van der Waals equation)。

$$\left(P + \frac{an^2}{V^2}\right)(V - nb) = nRT \tag{1.39}$$

每種氣體都有自己的 a 和 b 值。從實驗數據中確定 a 和 b 將在第 8.4 節討論，其中列出了一些 a 和 b 值。從 V 中減去 nb 校正了分子間的排斥。由於這種排斥，氣體分子可用的體積小於容器的體積 V。常數 b 大約是一莫耳氣體分子本身的體積 (在液體

中，分子非常接近，因此 b 與液體的莫耳體積大致相同)。an^2/V^2 允許分子間有吸引力。這些吸引力傾向於使氣體施加的壓力 [由 van derWaals 方程式給出的 $P = nRT/(V-nb) - an^2/V^2$] 小於理想氣體方程式預測的壓力。參數 a 是分子間吸引力強度的量度；b 是分子大小的量度。

對於大多數液體和固體在常溫常壓下，近似的狀態方程式為

$$V_m = c_1 + c_2T + c_3T^2 - c_4P - c_5PT \qquad (1.40)$$

其中 $c_1, \ldots, c_5$ 是正的常數，必須藉由觀測到的 V_m 對 T 和 P 的數據進行計算。c_1 項比每個其他項大得多，因此液體或固體的 V_m 僅隨 T 和 P 而緩慢變化。在大多數使用固體或液體的研究中，壓力仍然接近 1 atm。在這種情況下，涉及 P 的項可以忽略而得到 $V_m = c_1 + c_2T + c_3T^2$。這個方程式通常寫成 $V_m = V_{m,0}(1 + At + Bt^2)$ 的形式，其中 $V_{m,0}$ 是 0°C 時的莫耳體積，t 是攝氏溫度。常數 A 和 B 的值列於手冊中。(1.40) 式中的項 $c_2T + c_3T^2$ 指出 V_m 通常隨著 T 的增加而增加。$-c_4P - c_5PT$ 項表示 V_m 隨著 P 的增加而減小。

對於單相純物質的封閉系統，系統的狀態方程式可以寫成 $V_m = k(T, P)$ 的形式。可以將 P、T 和 V_m 繪於 x、y 和 z 軸上來繪製狀態方程式的三維圖。系統的每種可能狀態都給出了一個空間點，所有這些點的軌跡給出了一個表面，其方程式是狀態方程式。圖 1.13 顯示了理想氣體狀態方程式的表面。

如果我們保持三個變數中的一個不變，我們可以做出二維的圖形。例如，保持 T 恆定在 T_1 值，我們有 $PV_m = RT_1$ 作為理想氣體狀態方程式。一個方程式的形式若為 $xy = $ 常數，則繪製時會產生雙曲線。選擇其他 T 值，我們得到一系列雙曲線 (圖 1.6a)。恆溫線稱為**等溫線** (isotherm)，恆溫過程稱為**等溫過程** (isothermal process)。我們也可以將 P 或 V_m 保持常數，並繪製**等壓線** (isobar)(P 為常數) 或等容線 (isochores)(V_m 為常數)。

圖 1.14 顯示了液態水的一些等溫線和等壓線。

我們將發現熱力學使我們能夠將物質的許多熱力學性質與 P、V_m 和 T 相對於彼此的偏導數連繫起來。這很有用，因為這些偏導數可以很容易地測量。這裡有六個這樣的偏導數：

$$\left(\frac{\partial V_m}{\partial T}\right)_P, \quad \left(\frac{\partial V_m}{\partial P}\right)_T, \quad \left(\frac{\partial P}{\partial V_m}\right)_T, \quad \left(\frac{\partial P}{\partial T}\right)_{V_m}, \quad \left(\frac{\partial T}{\partial V_m}\right)_P, \quad \left(\frac{\partial T}{\partial P}\right)_{V_m}$$

關係式 $(\partial z/\partial x)_y = 1/(\partial x/\partial z)_y$ [(1.32) 式] 顯示其中三個是另外三個的倒數：

$$\left(\frac{\partial T}{\partial P}\right)_{V_m} = \frac{1}{(\partial P/\partial T)_{V_m}}, \quad \left(\frac{\partial T}{\partial V_m}\right)_P = \frac{1}{(\partial V_m/\partial T)_P}, \quad \left(\frac{\partial P}{\partial V_m}\right)_T = \frac{1}{(\partial V_m/\partial P)_T}$$

$$(1.41)$$

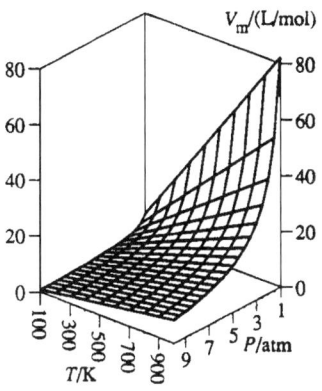

圖 1.13
理想氣體狀態方程式的曲面。

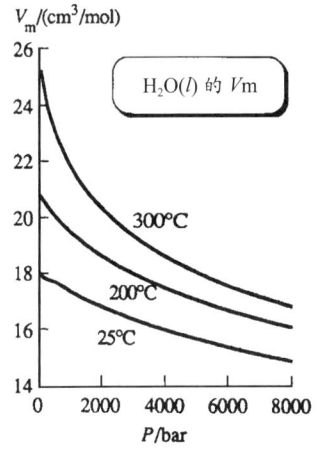

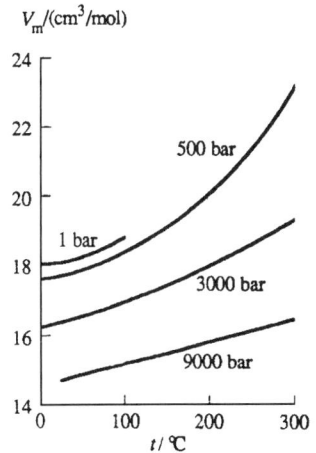

圖 1.14
$H_2O(l)$ 的莫耳體積對 P 和對 T。

此外，將關係式 $(\partial x/\partial y)_z(\partial y/\partial z)_x(\partial z/\partial x)_y = -1$ [(1.34) 式] 中的 x、y、z 分別以 P、V_m、T 取代，可得

$$\left(\frac{\partial P}{\partial V_m}\right)_T \left(\frac{\partial V_m}{\partial T}\right)_P \left(\frac{\partial T}{\partial P}\right)_{V_m} = -1$$

$$\left(\frac{\partial P}{\partial T}\right)_{V_m} = -\left(\frac{\partial P}{\partial V_m}\right)_T \left(\frac{\partial V_m}{\partial T}\right)_P = -\frac{(\partial V_m/\partial T)_P}{(\partial V_m/\partial P)_T} \quad (1.42)$$

其中 $(\partial z/\partial x)_y = 1/(\partial x/\partial z)_y$ 使用了兩次。

因此，只有兩個獨立的偏導數：$(\partial V_m/\partial T)_P$ 與 $(\partial V_m/\partial P)_T$。其他四個可以從這兩個計算出來而不需要測量。我們定義物質的**熱膨脹係數** (thermal expansivity) 或**立方膨脹係數** (cubic expansion coefficient) α (alpha) 和**等溫壓縮係數** (isothermal compressibility) κ (kappa) 如下：

$$\alpha(T, P) \equiv \frac{1}{V}\left(\frac{\partial V}{\partial T}\right)_{P,n} \equiv \frac{1}{V_m}\left(\frac{\partial V_m}{\partial T}\right)_P \quad (1.43)*$$

$$\kappa(T, P) \equiv -\frac{1}{V}\left(\frac{\partial V}{\partial P}\right)_{T,n} \equiv -\frac{1}{V_m}\left(\frac{\partial V_m}{\partial P}\right)_T \quad (1.44)*$$

α 是在恆壓下溫度每升高一單位時，體積增加的百分率，κ 是在恆溫下壓力每增加一單位時，體積減小的百分率。α 說明在恆壓下物質的體積隨溫度的升高有多快，而 κ 說明在恆溫下物質的體積隨著壓力的增加而降低。$1/V$ 因子在其定義中的目的是使它們成為內含的性質。通常，α 為正；然而，在 1 atm 下，隨著溫度在 0°C 和 4°C 之間升高，液態水的體積減小。人們可以從熱力學定律證明 κ 必為正數 (見 Zemansky and Dittman，第 14-9 節，證明)。(1.42) 式可以寫成

$$\left(\frac{\partial P}{\partial T}\right)_{V_m} = \frac{\alpha}{\kappa} \quad (1.45)$$

由上式可知，物質的 P-V-T 關係可用熱膨脹係數和壓縮率表示。

對於氣體，$(\partial P/\partial T)_{V_m}$ 很容易由實驗測得，只要將定量的氣體置於密閉的恆容容器中，然後在不同溫度下量測氣體的壓力。但對於固體或液體，要進行上述量測是困難的，因為溫度改變會引起體積變化，恆容條件不易實現。然而，藉由固體或液體的熱膨脹係數 α 和壓縮率 κ，我們能求出恆容下壓力隨溫度的變化關係。

例 1.3 理想氣體的 α 和 κ

對於理想氣體，求 α 和 κ 的表達式並驗證 (1.45) 式成立。

要從定義 (1.43) 式和 (1.44) 式中求 α 和 κ，我們需要 V_m 的偏導數。因此，我們求解理想氣體狀態方程式 $PV_m = RT$ 中的 V_m，然後微分 V_m。我們有 $V_m = RT/P$。將 V_m 對 T 微分可得 $(\partial V_m/\partial T)_P = R/P$。因此

$$\alpha = \frac{1}{V_m}\left(\frac{\partial V_m}{\partial T}\right)_P = \frac{1}{V_m}\left(\frac{R}{P}\right) = \frac{P}{RT}\frac{R}{P} = \frac{1}{T} \quad (1.46)$$

$$\kappa = -\frac{1}{V_m}\left(\frac{\partial V_m}{\partial P}\right)_T = -\frac{1}{V_m}\left[\frac{\partial}{\partial P}\left(\frac{RT}{P}\right)\right]_T = -\frac{1}{V_m}\left(-\frac{RT}{P^2}\right) = \frac{1}{P} \quad (1.47)$$

$$\left(\frac{\partial P}{\partial T}\right)_{V_m} = \left[\frac{\partial}{\partial T}\left(\frac{RT}{V_m}\right)\right]_{V_m} = \frac{R}{V_m} \tag{1.48}$$

但是從 (1.45) 式，我們有：$(\partial P/\partial T)_{V_m} = \alpha/\kappa = T^{-1}/P^{-1} = P/T = nRTV^{-1}/T = R/V_m$ 這與 (1.48) 式一致。

習題

一氣體遵循狀態方程式 $V_m = RT/P + B(T)$，其中 $B(T)$ 是 T 的某一函數，(a) 求 α 和 κ；(b) 以兩種不同的方式求 $(\partial P/\partial T)_{V_m}$。
[答案：$\alpha = (R/P + dB/dT)V_m$；$\kappa = RT/V_mP^2$；$(\partial P/\partial T)_{V_m} = P/T + P^2(dB/dT)/RT$]

對於固體，α 通常為 $10^{-5} \sim 10^{-4}$ K^{-1}。對於液體，α 通常為 $10^{-3.5} \sim 10^{-3}$ K^{-1}。對於氣體，α 可以由理想氣體的 α 估算，即 $1/T$；對於 100~1000 K 的溫度，氣體的 α 位於 $10^{-2} \sim 10^{-3}$ K^{-1} 的範圍內。

對於固體，κ 通常為 $10^{-6} \sim 10^{-5}$ atm^{-1}。對於液體，κ 通常為 10^{-4} atm^{-1}。當 P 分別等於 1 和 10 atm 時，對於理想氣體，(1.47) 式給出 κ 分別為 1 和 0.1 atm^{-1}。固體和液體的壓縮性比氣體小得多，因為液體和固體中的分子之間沒有太多空間。

α 和 κ 可用於求當 T 或 P 改變時產生的體積變化。

例 1.4　由於溫度升高引起的膨脹

估計液體溫度升高 10°C 所產生的體積增加百分比，α 的值為 0.001 K^{-1}，其大致與溫度無關。

(1.43) 式給出 $dV_P = \alpha V\, dT_P$。由於我們只需要近似值的答案，並且由於 T 和 V 的變化很小 (α 很小)，我們可以用有限變化的比 $\Delta V_P/\Delta T_P$ 來近似 dV_P/dT_P 得到 $\Delta V_P/V \approx \alpha \Delta T_P = (0.001 \text{ K}^{-1})(10 \text{ K}) = 0.01 = 1\%$。

習題

對於 80°C 和 1 atm 的水，$\alpha = 6.412_7 \times 10^{-4}$ K^{-1} 且 $\rho = 0.971792$ g/cm^3。使用近似 $dV_P/dT_P \approx \Delta V_P/\Delta T_P$，其中 ΔT_P 很小，求出水在 81°C 和 1 atm 下的密度，並與真實值 0.971166 g/cm^3 進行比較。
(答案：0.971169 g/cm^3)

延伸例題

汞在 0°C 的熱膨脹係數 α 為 18×10^{-5} °C^{-1}，等溫壓縮率係數 κ 為 5.32×10^{-6} (bar)$^{-1}$。若汞在恆容系統中從 0°C 加熱到 1°C，則產生的壓力變化是多少？

解： 從問題陳述中，我們欲求 $(\partial P/\partial T)_V$。
使用乘積規則，

$$(\partial P/\partial T)_V = -(\partial V/\partial T)_P\,(\partial P/\partial V)_T$$

由定義，$\alpha = 1/V(\partial V/\partial T)_P$，$\kappa = -1/V(\partial V/\partial P)_T$
則 $(\partial P/\partial T)_V = \alpha/\kappa = 18 \times 10^{-5}/5.32 \times 10^{-6} = 33.8$ bar°C^{-1}
對上述方程式進行積分，並假設 α 和 κ 在整個溫度範圍內保持不變，我們可以得到

$$\Delta P = (\alpha/\kappa)\Delta T$$

對於 $\Delta T = 1$，可得

$$\Delta P = 33.8 \text{ bar}$$

1.8 積分

微分學在 1.6 節中進行了回顧。在復習積分之前，我們回憶一些關於總和的事實。

求和

總和符號的定義是

$$\sum_{i=1}^{n} a_i \equiv a_1 + a_2 + \cdots + a_n \qquad (1.49)^*$$

例如，$\Sigma_{i=1}^{3} i^2 = 1^2 + 2^2 + 3^2 = 14$。當總和的極限清楚時，通常將其省略。(1.49) 式之後的一些恆等式為

$$\sum_{i=1}^{n} ca_i = c \sum_{i=1}^{n} a_i, \qquad \sum_{i=1}^{n} (a_i + b_i) = \sum_{i=1}^{n} a_i + \sum_{i=1}^{n} b_i \qquad (1.50)^*$$

$$\sum_{i=1}^{n} \sum_{j=1}^{m} a_i b_j = \sum_{i=1}^{n} a_i \sum_{j=1}^{m} b_j \qquad (1.51)$$

積分

人們常常想找到一個函數 $y(x)$，其導數為已知函數 $f(x)$；$dy/dx = f(x)$。滿足此方程式的最廣義函數 y 為稱為 $f(x)$ 的**不定積分** (indefinite integral)（或反導數），用 $\int f(x)dx$ 表示。

$$\text{若 } dy/dx = f(x) \qquad \text{則 } y = \int f(x) \, dx \qquad (1.52)^*$$

在 (1.52) 式中被積分的函數 $f(x)$ 稱為**被積分的數** (integrand)。

由於常數的導數為零，因此任何函數的不定積分都含有任意常數。例如，若 $f(x) = x$，則其不定積分 $y(x)$ 等於 $\frac{1}{2}x^2 + C$，其中 C 為任意常數。可以容易地驗證 y 滿足 (1.52) 式，即驗證 $(d/dx)(\frac{1}{2}x^2 + C) = x$。為了節省空間，不定積分的表通常省略任意常數 C。

從第 1.6 節中給出的導數。可得

$$\int af(x)\,dx = a\int f(x)\,dx, \qquad \int [f(x) + g(x)]\,dx = \int f(x)\,dx + \int g(x)\,dx \qquad \textbf{(1.53)}*$$

$$\int dx = x + C, \qquad \int x^n\,dx = \frac{x^{n+1}}{n+1} + C \qquad 其中 n \neq -1 \qquad \textbf{(1.54)}*$$

$$\int \frac{1}{x}\,dx = \ln x + C, \qquad \int e^{ax}\,dx = \frac{e^{ax}}{a} + C \qquad \textbf{(1.55)}*$$

$$\int \sin ax\,dx = -\frac{\cos ax}{a} + C, \qquad \int \cos ax\,dx = \frac{\sin ax}{a} + C \qquad \textbf{(1.56)}*$$

其中 a 和 n 是非零常數，C 是任意常數。比 (1.53) 式到 (1.56) 式更複雜的積分，請使用積分表或網站 integrals.wolfram.com，該網站免費提供不定積分的值。

積分演算的第二個重要概念是定積分。令 $f(x)$ 為連續函數，令 a 和 b 為 x 的任意兩個值。f 在極限 a 和 b 之間的**定積分** (definite integral) 用符號

$$\int_a^b f(x)\,dx \qquad \textbf{(1.57)}$$

表示。與不定積分的符號相似的原因很快就會清楚。定積分 (1.57) 式是一個數，其值可以從以下定義求得。我們將 a 到 b 的區間分為 n 個子區間，每個子區間寬度為 Δx，其中 $\Delta x = (b-a)/n$ (見圖 1.15)。在每個子區間中，我們選擇任意一點，用 $x_1, x_2, \ldots$ 表示選擇的點。我們在 n 個選定點上估算 $f(x)$ 並形成總和

$$\sum_{i=1}^{n} f(x_i)\Delta x = f(x_1)\Delta x + f(x_2)\Delta x + \cdots + f(x_n)\Delta x \qquad \textbf{(1.58)}$$

現在，當子區間的數目 n 達到無窮大時，因此，隨著每個子區間的寬度 Δx 趨近於零。我們取 (1.58) 式的極限。根據定義，此極限是定積分 (1.57) 式：

$$\int_a^b f(x)\,dx \equiv \lim_{\Delta x \to 0} \sum_{i=1}^{n} f(x_i)\Delta x \qquad \textbf{(1.59)}$$

這樣定義的動機是 (1.59) 式右邊的數出現在物理問題上非常頻繁。

總和 (1.58) 式中的每一項是寬度為 Δx 且高度為 $f(x_i)$ 的矩形的面積。圖 1.15 中的

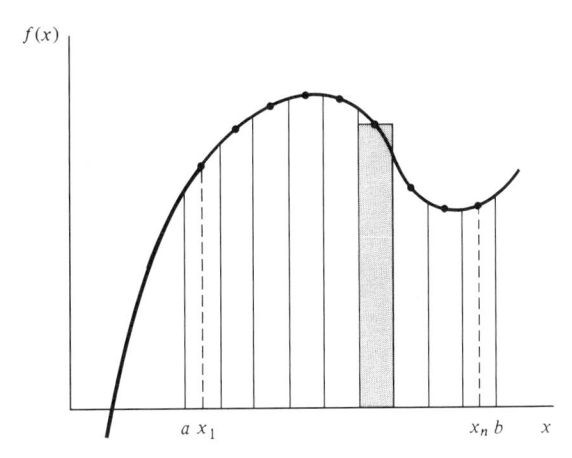

圖 1.15
定積分的定義。

陰影表示一個典型的矩形。當取 $\Delta x \to 0$ 的極限，這 n 個矩形的總面積等於介於 a 和 b 之間的 $f(x)$ 曲線下的面積。因此，我們可以將定積分解釋為面積。位於 x 軸下方的面積 [其中 $f(x)$ 為負] 對定積分做出負貢獻。

使用定義 (1.59) 式估算定積分將是乏味的。微積分的基本定理 (在任何微積分課本都有證明) 使我們能夠根據 $f(x)$ 的不定積分 $y(x)$ 求 $f(x)$ 的定積分，如

$$\int_a^b f(x)\, dx = y(b) - y(a) \quad \text{其中} y(x) = \int f(x)\, dx \tag{1.60}*$$

例如，若 $f(x) = x$，$a = 2$，$b = 6$，我們可以取 $y = \frac{1}{2}x^2$ (或 $\frac{1}{2}x^2$ 加上常數)，而 (1.60) 式給出 $\int_2^6 x\, dx = \frac{1}{2}x^2 \big|_2^6 = \frac{1}{2}(6^2) - \frac{1}{2}(2^2) = 16$。

(1.60) 式左側定積分中的積分變數 x 不出現在最終結果中 (該方程式的右側)。因此，變數用什麼符號都沒有關係。如果我們用 $\int_2^6 z\, dz$ 計算，我們仍然得到 16。一般而言，$\int_a^b f(x)\, dx = \int_a^b f(z)\, dz$。因此，定積分中的積分變數稱為**虛擬變數** (dummy variable) (不定積分中的積分變數不是虛擬變數)。同理，我們在 (1.49) 式中用什麼指標符號求和也沒關係。將 i 改為 j 時，右側的總和完全相同，(1.49) 式中的 i 是虛擬指標。

容易從 (1.60) 式得出的兩個恆等式是 $\int_a^b f(x)\, dx = -\int_b^a f(x)\, dx$ 和 $\int_a^b f(x)\, dx + \int_b^c f(x)\, dx = \int_a^c f(x)\, dx$。

計算積分的一種重要方法是改變變數。例如，假設我們要求 $\int_2^3 x \exp(x^2)\, dx$。令 $z \equiv x^2$；$dz = 2x\, dx$，則

$$\int_2^3 x e^{x^2}\, dx = \frac{1}{2}\int_4^9 e^z\, dz = \frac{1}{2} e^z \Big|_4^9 = \frac{1}{2}(e^9 - e^4) = 4024.2$$

請注意，極限值根據代換 $z = x^2$ 進行了更改。

從 (1.52) 式可知，不定積分的導數等於被積分數：$(d/dx)\int f(x)dx = f(x)$。但是請注意，定積分只是一個數值，而不是一個函數。因此 $(d/dx)\int_a^b f(x)\, dx = 0$。

對於兩個變數的函數，對於 x 的積分的定義類似於 (1.52) 和 (1.59) 式。若 $y(x, z)$ 是滿足

$$\left[\frac{\partial y(x, z)}{\partial x}\right]_z = f(x, z) \tag{1.61}$$

的函數，則 $f(x, z)$ 對於 x 的不定積分為

$$\int f(x, z)\, dx = y(x, z) \tag{1.62}$$

例如，若 $f(x, z) = xz^3$，則 $y(x, z) = \frac{1}{2}x^2 z^3 + g(z)$，其中 g 是 z 的任意函數。若 y 滿足 (1.61) 式，則可以證明 [類似於 (1.60) 式] $f(x, z)$ 的定積分為

$$\int_a^b f(x, z)\, dx = y(b, z) - y(a, z) \tag{1.63}$$

例如，$\int_2^6 xz^3\,dx = \frac{1}{2}(6^2)z^3 + g(z) - \frac{1}{2}(2^2)z^3 - g(z) = 16z^3$。

(1.62) 式和 (1.63) 式的積分與單一變數的函數 $f(x)$ 的積分相似，因為在積分過程中我們將第二個獨立變數 z 視為不變；z 充當參數而不是變數 [**參數** (parameter) 是在特定情況下恆定的量，但其值可以從一種情況改變為另一種情況。例如，在牛頓第二定律 $F = ma$ 中，質量 m 是一個參數。對於任何一個特定物體，m 為不變，但是 m 的值隨物體而變]。與積分 (1.62) 式和 (1.63) 式相反，在熱力學中，我們通常會積分兩個或多個變數的函數，其中所有變數在積分過程中都在變化。這種積分稱為線積分，將在第 2 章中進行討論。

一種極為常見的物理化學問題是使用已知的導數 dz/dx 來找出當 Δx 變化時產生 Δz 變化。這種問題藉由積分來解決。典型地，性質 z 是兩個變數 x 和 y 的函數，並且我們希望 Δz 的變化是由於 Δx 產生的而性質 y 保持不變。我們使用偏導數 $(\partial z/\partial x)_y$，而將這種偏導數寫成

$$\left(\frac{\partial z}{\partial x}\right)_y = \frac{dz_y}{dx_y} \tag{1.64}*$$

其中 dz_y 和 dx_y 是 z 和 x 中的微小變化，而 y 保持不變。

例 1.5　施加壓力的體積變化

對於 25°C 的液態水，壓力範圍為 1~401 bar 的等溫－壓縮係數數據的方程式為 $\kappa = a + bP + cP^2$，其中 $a = 45.259 \times 10^{-6}\,\text{bar}^{-1}$，$b = -1.1706 \times 10^{-8}\,\text{bar}^{-2}$，$c = 2.3214 \times 10^{-12}\,\text{bar}^{-3}$。在 25°C 和 1 bar 下 1 克水的體積為 $1.002961\,\text{cm}^3$。求在 25°C 和 401 bar 下 1 克水的體積。將該值與實驗值 $0.985846\,\text{cm}^3$ 進行比較。

我們需要找到當 T 為常數時，由壓力變化 ΔP 產生的體積變化 ΔV。壓縮係數是在 T 為常數時，V 相對於 P 的變化率。由 κ 的定義 (1.44) 式給出

$$\kappa \equiv -\frac{1}{V}\left(\frac{\partial V}{\partial P}\right)_T = -\frac{1}{V}\frac{dV_T}{dP_T} \tag{1.65}$$

其中微分上的下標表示在恆定 T 的變化。欲求 ΔV 必須對這個方程式積分。V 和 P 是兩個變數，而 T 是常數。為了積分，我們首先需要分離變數 (separate the variables)，把所有與 V 有關的變數放在一邊而與 P 有關的變數放在另一邊。κ 是與 T 和 P 有關的內含量，而 T 是常數，所以 κ 與 P 同側，這從問題陳述中給出的 κ 的等式中可以明顯看出。為了分離變數，我們將 (1.65) 式乘以 dP_T 得到

$$\kappa\,dP_T = -\frac{1}{V}dV_T$$

接下來，將上式兩側從初始狀態 P_1, V_1 積分到最終狀態 P_2, V_2，其中 P_1、V_1 和 P_2 為已知，而 T 是常數：

$$-\int_{V_1}^{V_2}\frac{1}{V}dV = \int_{P_1}^{P_2}\kappa\,dP = \int_{P_1}^{P_2}(a + bP + cP^2)dP$$

$$-\ln V\Big|_{V_1}^{V_2} = (aP + \tfrac{1}{2}bP^2 + \tfrac{1}{3}cP^3)\Big|_{P_1}^{P_2}$$

$$-(\ln V_2 - \ln V_1) = \ln(V_1/V_2) = a(P_2 - P_1) + \tfrac{1}{2}b(P_2^2 - P_1^2) + \tfrac{1}{3}c(P_2^3 - P_1^3)$$

$$\ln[(1.002961 \text{ cm}^3)/V_2] = 45.259 \times 10^{-6} \text{ bar}^{-1} (400 \text{ bar})$$
$$- \tfrac{1}{2}(1.1706 \times 10^{-8} \text{ bar}^{-2})(401^2 - 1^2)\text{bar}^2$$
$$+ \tfrac{1}{3}(2.3214 \times 10^{-12} \text{ bar}^{-3})(401^3 - 1^3)\text{bar}^3$$
$$\ln[(1.002961 \text{ cm}^3)/V_2] = 0.0172123$$
$$(1.002961 \text{ cm}^3)/V_2 = 1.017361$$
$$V_2 = 0.985846 \text{ cm}^3$$

此值與實際值 0.985846 cm³ 一致。

習題

具有熱膨脹係數 α 的液體最初處於溫度 T_1 和體積 V_1。如果液體在恆壓下從 T_1 加熱到 T_2，求 V_2 的表達式，其中 α 與 T 無關。
[答案：$\ln V_2 \approx \ln V_1 + \alpha(T_2 - T_1)$]

習題

對於 1 atm 的液態水，於 25°C~50°C 的範圍其熱膨脹係數數據符合方程式 $\alpha = e + f(t/°C) + g(t/°C)^2$，其中 t 是攝氏溫度，$e = -1.00871 \times 10^{-5}$ K^{-1}，$f = 1.20561 \times 10^{-5}$ K^{-1}，$g = -5.4150 \times 10^{-8}$ K^{-1}。在 30°C 和 1 atm 下，1 克水的體積為 1.004372 cm³。求 1 克水在 50°C 和 1 atm 下的體積。與實驗值 1.012109 cm³ 進行比較。(答案：1.012109 cm³)

☕ 對數

$1/x$ 的積分得到自然對數 $\ln x$。因為對數在物理化學推導和計算中經常使用，我們現在回顧它們的性質。若 $x = a^s$，則指數 s 稱為以 a 為底的 x 的**對數** (logarithm) (log)：若 $a^s = x$，則 $\log_a x = s$。最重要的底是無理數 $e = 2.71828\ldots$，定義為當 $b \to 0$ 時，$(1 + b)^{1/b}$ 的極限。以 e 為底的對數稱為**自然對數** (natural logarithms)，並寫為 $\ln x$。為了進行實際計算，我們經常使用以 10 為底的對數，稱為**常用對數** (common logarithms)，寫為 $\log x$、$\log_{10} x$ 或 $\lg x$。我們有

$$\ln x \equiv \log_e x, \quad \log x \equiv \log_{10} x \tag{1.66}*$$
$$\text{如 } 10^t = x \text{，則 } \log x = t \text{，如 } e^s = x \text{，則 } \log x = s \tag{1.67}$$

由 (1.67) 式，我們有

$$e^{\ln x} \equiv x \text{ 和 } 10^{\log x} \equiv x \tag{1.68}$$

由 (1.67) 式可知，$\ln e^s = s$。由於 $e^{\ln x} = x = \ln e^x$ 因此指數和自然對數函數彼此是反函數。函數 e^x 通常寫成 $\exp x$。因此，$\exp x \equiv e^x$。由於 $e^1 = e$，$e^0 = 1$，並且 $e^{-\infty} = 0$，因此我們有 $\ln e = 1$、$\ln 1 = 0$ 和 $\ln 0 = -\infty$。我們只能對無因次的數取對數指數。

以下是根據定義 (1.67) 式得出的一些恆等式

$$\ln xy = \ln x + \ln y \quad \ln(x/y) = \ln x - \ln y \tag{1.69}*$$

$$\ln x^k = k \ln x \tag{1.70}*$$

$$\ln x = (\log_{10} x)/(\log_{10} e) = \log_{10} x \ln 10 = 2.3026 \log_{10} x \tag{1.71}$$

欲求大於 10^{100} 或小於 10^{-100} 的數的對數，該對數不能在大多數計算器上輸入時，我們使用 $\log(ab) = \log a + \log b$ 和 $\log 10^b = b$。例如，

$$\log_{10}(2.75 \times 10^{-150}) = \log_{10} 2.75 + \log_{10} 10^{-150} = 0.439 - 150 = -149.561$$

欲求大於 100 或小於 -100 的反對數，我們進行如下。若已知 $\log_{10} x = -184.585$，則

$$x = 10^{-184.585} = 10^{-0.585} 10^{-184} = 0.260 \times 10^{-184} = 2.60 \times 10^{-185}$$

1.9 總結

物理化學的四個分支是熱力學、量子化學、統計力學和動力學。

熱力學涉及系統宏觀平衡性質之間的關係。熱力學中的一些重要概念是系統（開放與封閉；隔離與非隔離；均質與非均質）；外界；壁（剛性與非剛性；滲透與不滲透；絕熱與導熱）；平衡（機械，材料，熱）；狀態函數（外延與內含）；相；和狀態方程式。

溫度定義為一個內含的狀態函數，它對於兩個熱平衡系統具有相同的值，且對於不是熱平衡的兩個系統具有不同的值。溫標的設置是任意的，但我們選擇使用由方程式 (1.15) 定義的理想氣體絕對溫標。

理想氣體是遵循狀態方程式 $PV = nRT$。真實氣體只在零密度的極限遵循這個方程式。在常溫常壓下，理想氣體的近似值通常適用於我們的要求。對於理想氣體混合物，$PV = n_{tot}RT$。氣體 i 在任何混合物中的分壓是 $P_i \equiv x_i P$，其中 i 的莫耳分率是 $x_i \equiv n_i/n_{tot}$。

對於固定組成的系統，熱力學性質 α（熱膨脹係數）和 κ（等溫壓縮係數）定義為 $\alpha \equiv (1/V)(\partial V/\partial T)_P$ 和 $\kappa \equiv -(1/V)(\partial V/\partial P)_T$。

理解，而不是無意識的記憶，是學習物理化學的關鍵。

本章中處理的重要類型的計算包括：

- 使用 $PV = nRT$ 計算理想氣體或理想氣體混合物的 P（或 V 或 T）。
- 使用 $PV = nRT$ 和 $n = m/M$ 計算理想氣體的莫耳質量。
- 計算理想氣體的密度。
- 涉及分壓的計算。
- 使用 α 或 κ 來求改變 T 或 P 所產生的體積變化。
- 函數的微分和偏微分。
- 函數的定積分和不定積分。

習題

第 1.2 節

1.1 對或錯？(a) 封閉的系統不能與其外界相互作用；(b) 密度是一項內含性質；(c) 大西洋是一個開放系統；(d) 同質系統必須是純物質；(e) 只包含一個物質的系統必須是同質的。

1.2 說明以下每個系統是封閉還是開放，是隔離或非隔離：(a) 一個封閉在剛性、不滲透、導熱壁中的系統；(b) 人類；(c) 地球的行星。

1.3 由下列組成的系統含有多少相？(a) $CaCO_3(s)$、$CaO(s)$ 和 $CO_2(g)$；(b) 三塊固體 AgBr，一塊固體 AgCl 和這些鹽的飽和水溶液。

1.4 在室溫和 1 atm 下，Au 的密度為 19.3 g/cm^3。(a) 以 kg/m^3 表示該密度；(b) 若黃金售價為每 troy ounce 800 美元，則一立方米的售價是多少？一 troy ounce = 480 grains，1 grain = $\frac{1}{7000}$ 磅，1 磅 = 453.59 g。

第 1.5 節

1.5 對或錯？(a) 在攝氏溫標上，水的沸點溫略低於 100.00°C；(b) 固定理想氣體的體積和數量時，將理想氣體的絕對溫度加倍會使壓力加倍；(c) 對於零壓力範圍內的所有氣體，其 PV/mT 是相同的；(d) 在零壓極限，所有氣體的 PV/nT 都是相同的；(e) 在 25°C 和 1 bar 時，所有理想氣體具有相同的密度；(f) 在 25°C 和 10 bar 下，所有理想氣體每單位體積的分子數相同。

1.6 進行這些轉換：(a) 5.5 m^3 轉換至 cm^3；(b) 1.0 GPa 轉換至 bar (其中 1 GPa $\equiv 10^9$ Pa)；(c) 1.000 hPa 轉換至 torr (其中 1 hPa $\equiv 10^2$ Pa)；(d) 1.5 g/cm^3 轉換至 kg/m^3。

1.7 在圖 1.2 中，如果從壓力計的底部算起，壓力計左右臂的汞含量分別為 30.43 和 20.21 cm，並且如果氣壓為 754.6 torr，求系統中的壓力。忽略溫度校正壓力計和氣壓計讀數。

1.8 (a) 一位 17 世紀的物理學家修建了一個水壓計從他房子屋頂的一個洞裡投射出來，使得他的鄰居可以由水的高度預測天氣。假設在 25°C 水銀氣壓計讀數為 30.0 in. 則水壓表中柱的相應高度是多少？25°C 時，汞和水的密度分別為 13.53 和 0.997 g/cm^3。(b) 在 25°C 下，在 g = 978 cm/s^2 的位置處，相當於 30.0 in. 水銀氣壓計讀數的大氣壓力是多少？

1.9 (a) 在 0°C，5.00 L 容器，24.0 g 二氧化碳所施加的壓力是多少？(b) 粗略的經驗法則是在室溫和壓力下 (25°C 和 1 atm) 1 莫耳的氣體占有 1 ft^3。計算此法則的錯誤百分比。1 in. = 2.54 cm。

1.10 在 25°C，500 cm^3 容器中，20.0 mg 的某碳氫化合物氣體施加壓力為 24.7 torr。求莫耳質量以及分子量並識別氣體。

1.11 在 20°C 和 0.667 bar，求 N_2 的密度。

1.12 在 0.00°C，對於 1.0000 莫耳的 N_2 氣體，下列體積是壓力的函數：

P/atm	1.0000	3.0000	5.0000
V/cm^3	22405	7461.4	4473.1

計算並繪製這三個點的 PV/nT 對 P 的關係曲線，並進行外推至 $P = 0$ 來計算 R。

1.13 在 0°C，測得某氣態胺其密度為壓力的函數如下：

P/atm	0.2000	0.5000	0.8000
ρ/(g/L)	0.2796	0.7080	1.1476

繪製 P/ρ 對 P 並外推到 $P = 0$，求氣態胺的分子量。

1.14 在 25°C，將 1.60 mol NH_3 氣體置於 1600 cm^3 的箱子中，將箱子加熱到 500 K 在這個溫度下，氨被部分分解成 N_2 和 H_2，以及壓力測量結果為 4.85 MPa。求每個組分在 500 K 的莫耳數。

1.15 某種氣體混合物的壓力為 3450 kPa，而此氣體由 20.0 g O_2 和 30.0 g CO_2 組成。求 CO_2 的分壓。

1.16 10.0 kPa 的 1.00 L 甲烷燈泡與 20.0 kPa 的 3.00-L 氫燈泡連接；兩燈泡處於相同的溫度。(a) 氣體混合後，總壓力為何？(b) 混合物中每種組分的莫耳分率是多少？

1.17 學生分解 $KClO_3$ 並在 23°C 水上收集 36.5 cm^3 的 O_2。實驗室氣壓計讀數為 751 torr，水在 23°C 的蒸氣壓為 21.1 torr。求在 0°C 和 1.000 atm 下，乾燥的氧氣所占的體積。

1.18 兩個相同體積的真空燈泡用管子連接在一起，管子的體積可以忽略不計。一個燈泡放置在 200-K 的恆溫槽，另一個放置在 300 K 的槽中，然後將 1.00 莫耳的理想氣體注入系統中。求每個燈泡中氣體的最終莫耳數。

1.19 由機械前級泵輔助的油擴散泵可以容易地產生壓力 10^{-6} torr 的「真空」。各種特殊的真空泵可將 P 降低到 10^{-11} torr。在 25°C，以及在 (a) 1 atm；(b) 10^{-6} torr；(c) 10^{-11} torr 下，計算氣體中每 cm^3 的分子數。

1.20 在 20.0°C 和 748 torr，356 cm^3 燈泡中 He 和 Ne 的某混合物重量為 0.1480 g，求 He 的質量和莫耳分率。

1.21 在 25°C 和 101.3 kPa 下，N_2 和 O_2 的某種混合物的密度為 1.185 g/L。求混合物中 O_2 的莫耳分率 (提示：給定的數據和未知數都是內含性質，所以問題可以藉由考慮任何方便的定量混合物求解)。

1.22 在海平面，乾空氣中主要成分的莫耳分率為 $x_{N_2} = 0.78$，$x_{O_2} = 0.21$，$x_{Ar} = 0.0093$，$x_{CO_2} = 0.0004$。(a) 在 1.00 atm 和 20°C，求這些氣體在乾空氣中的分壓。(b) 如果氣壓計讀數為 740 torr，相對濕度為零，在 20°C，體積為 15 ft × 20 ft × 10 ft 的房間內，求這些氣體的質量。並求屋內的空氣密度。

第1.7節

1.23 求理想氣體在 20.0°C 和 1.000 bar 的莫耳體積。

1.24 對於符合狀態方程式 $V_m = c_1 + c_2T + c_3T^2 - c_4P - c_5PT$ 的液體，求 α 和 κ 的表達式。

1.25 對於 50°C 和 1 atm 的 H_2O，$\rho = 0.98804$ g/cm^3 且 $\kappa = 4.4 \times 10^{-10}$ Pa^{-1}。(a) 求水在 50°C 和 1 atm 的莫耳體積。(b) 求水在 50°C 和 100 atm 的莫耳體積。忽略 κ 的壓力相關性。

1.26 假設的氣體遵循狀態方程式 $PV = nRT(1 + aP)$，其中 a 是常數。對於這種氣體：(a) 證明 $\alpha = 1/T$ 且 $\kappa = 1/P(1+aP)$；(b) 驗證 $(\partial P/\partial T)_V = \alpha/\kappa$。

1.27 使用以下密度的水作為 T 和 P 的函數來估計水在 25°C 和 1 atm 的 α、κ 和 $(\partial P/\partial T)_{V_m}$：水在 25°C 和 1 atm 的密度為 0.997044 g/cm^3；在 26°C 和 1 atm 為 0.996783 g/cm^3；在 25°C 和 2 atm 下為 0.997092 g/cm^3。

1.28 對於 17°C 和 1 atm 的 H_2O，$\alpha = 1.7 \times 10^{-4}$ K^{-1} 且 $k = 4.7 \times 10^{-5}$ atm^{-1}。一個封閉的、剛性的容器在 14°C 和 1 atm 下完全充滿液態水。如果溫度升至 20°C，估計容器內的壓力。忽略 α 和 κ 的壓力和溫度相關性。

第 2 章

熱力學第一定律

第 1 章介紹了一些熱力學詞彙並定義了重要的狀態函數溫度。熱力學中另一個關鍵的狀態函數是內能 U，它的存在是由熱力學的第一定律假定的；這個定律是第 2 章的主要話題。第一定律指出系統加周圍環境的總能量保持不變 (是守恆的)。與內能密切相關的是狀態函數焓 H，定義於第 2.5 節。本章介紹的其他重要狀態函數是恆定體積和恆定壓力下的熱容量，C_V 和 C_P (第 2.6 節)，它們給出了內能和焓隨溫度變化的速率 [(2.53) 式]。作為本章主要工作的初步部分，第 2.1 節回顧古典力學。

熱力學系統的內能是分子能量的總和。能量是物理化學所有領域的關鍵概念。在量子化學中，計算分子性質的關鍵步驟是求解薛丁格 (Schrödinger) 方程，該方程式給出分子允許的能階的方程。在統計力學中，從分子性質評估熱力學性質的關鍵是找到一種分配函數 (partition function)，它是系統能階的某些總和。化學反應的速率很大程度上取決於反應的活化能。更一般地說，反應動力學是由稱為反應的勢能面決定的。

能源在經濟中的重要性顯而易見。世界能源消耗從 1980 年的 3.0×10^{20} J 增加到 2005 年的 4.9×10^{20} J，化石燃料 (石油、煤炭、天然氣) 占 2005 年總量的 86%。

能量轉換在生物有機體的運作中起著關鍵作用。

2.1 古典力學

熱力學中兩個重要的概念是功和能量。由於這些概念起源於古典力學，因此我們在繼續使用熱力學之前回顧這個主題。

古典力學 (classical mechanics)(首先由煉金術士、神學家、物理學家和科學家牛頓制定) 涉及與光速 c 相比速度較小的宏觀物體的運動定律。對於速度不小於 c 的物體，必須使用愛因斯坦的**相對論力學** (relativistic mechanics)。由於我們認為熱力學系統不會高速運動，所以我們不必擔心相對論效應。對於非宏觀物體 (例如電子)，必須使用**量子力學** (quantum mechanics)。熱力學系統具有宏觀尺寸，所以在這一點上我們不需要量子力學。

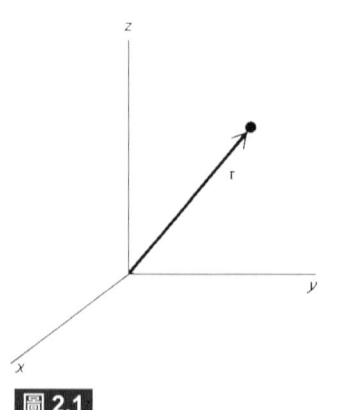

☕ 牛頓第二定律

古典力學的基本方程是**牛頓第二運動定律** (Newton's second law of motion)：

$$\mathbf{F} = m\mathbf{a} \tag{2.1}*$$

其中 m 是物體的質量，$\mathbf{F}$ 是在某一瞬間作用於物體上的所有力的向量和，$\mathbf{a}$ 是在那個瞬間物體經歷的加速度。$\mathbf{F}$ 和 $\mathbf{a}$ 是向量，如粗體字所示。**向量** (vectors) 既有大小又有方向。**純量** (scalars)(例如，m) 只有大小。為了定義加速度，我們建立一個具有三個相互垂直的軸 x、y 和 z 的坐標系。令 $\mathbf{r}$ 是從坐標原點到粒子的向量 (圖 2.1)。粒子的**速度** (velocity) $\mathbf{v}$ 是它的位置向量 $\mathbf{r}$ 相對於時間的瞬時變化率：

$$\mathbf{v} \equiv d\mathbf{r}/dt \tag{2.2}*$$

向量 $\mathbf{v}$ 的大小 (長度) 是粒子的**速度** (speed) v。粒子的**加速度** (acceleration) $\mathbf{a}$ 是其速度的瞬時變化率：

$$\mathbf{a} \equiv d\mathbf{v}/dt = d^2\mathbf{r}/dt^2 \tag{2.3}*$$

三維空間中的向量有三個分量，每一坐標軸有一個分量。向量的相等意味著它們相應的分量相等，所以一個向量方程相當於三個純量方程。牛頓第二定律 $\mathbf{F} = m\mathbf{a}$ 等於三個方程

$$F_x = ma_x, \quad F_y = ma_y, \quad F_z = ma_z \tag{2.4}$$

其中 F_x 和 a_x 是力和加速度的 x 分量。位置向量 $\mathbf{r}$ 的 x 分量只是 x，即粒子的 x 坐標的值。所以由 (2.3) 式得到 $a_x = d^2x/dt^2$，而 (2.4) 式變成

$$F_x = m\frac{d^2x}{dt^2}, \quad F_y = m\frac{d^2y}{dt^2}, \quad F_z = m\frac{d^2z}{dt^2} \tag{2.5}$$

物體的重量 W 是地球所施加的重力。如果 g 是由於重力產生的加速度，牛頓第二定律給出

$$W = mg \tag{2.6}$$

☕ 單位

1960 年度度量衡大會建議採用單一系統用於科學的單位。這個系統稱為**國際系統單位** (International System of Units)，縮寫為 **SI**。在力學中，SI 的長度使用米 (m)，質量使用公斤 (kg)，時間使用秒 (s)。施力於 1 kg 的質量時，產生的加速度為 1 m/s^2，則此力定義為 1 **牛頓** (newton, N)：

圖 2.1
從原點到粒子的位移向量 $\mathbf{r}$。

$$1 \text{ N} \equiv 1 \text{ kg m/s}^2 \tag{2.7}$$

如果堅持國際單位制，則壓力為 N/m² (pascals)。然而，很明顯，許多科學家將繼續使用諸如 atm 和 torrs 這樣的單位很多年。目前的科學文獻越來越多地使用國際單位制，但由於許多非國際單位制繼續存在使用時，熟悉 SI 單位和常用的非 SI 單位是有幫助的。之前引入的一些數量的 SI 單位是體積使用立方米 (m³)、密度是 kg/m³、壓力是 pascals、溫度是 kelvins、莫耳量物質和莫耳質量使用 kg/mol。

功

假設力 **F** 作用於物體而物體在 x 方向上經歷無窮小的位移 dx。藉由力 **F** 對物體所做的無限小的**功** (work) dw 定義為

$$dw \equiv F_x \, dx \tag{2.8}*$$

其中 F_x 是力在位移方向上的分量。如果無窮小位移在所有三個方向上都有分量，則

$$dw \equiv F_x \, dx + F_y \, dy + F_z \, dz \tag{2.9}$$

現在考慮一個非無限的位移。為了簡單起見，令粒子在一維上移動。這個粒子受到一個大小為 $F(x)$ 的作用力，而作用力取決於粒子的位置。由於我們使用的是一維，因此 F 只有一個分量而不必視為向量。粒子從 x_1 到 x_2 的位移期間，力 F 所作的功 w 為位移期間無限小量功 (2.8) 式的總和：$w = \Sigma \, F(x) \, dx$。但是這個無窮小的總和量是定積分的定義 [(1.59) 式]，所以

$$w = \int_{x_1}^{x_2} F(x) \, dx \tag{2.10}$$

在位移過程中 F 恆定的特殊情況下，(2.10) 式變成

$$w = F(x_2 - x_1) \qquad F \text{ 為常數} \tag{2.11}$$

由 (2.8) 式可知，功的單位是力乘以長度。功的 SI 單位是**焦耳** (joule, J)：

$$1 \text{ J} \equiv 1 \text{ N m} = 1 \text{ kg m}^2/\text{s}^2 \tag{2.12}$$

功率 P 定義為功完成的速率。如果一個事件在時間 dt 所做的功為 dw，則 $P \equiv dw/dt$。功率的 SI 單位是瓦特 (watt, W)：$1 \text{ W} \equiv 1 \text{ J/s}$。

機械能

我們現在要證明功 - 能量定理 (work-energy theorem)。設 **F** 是作用於粒子上的總力，並令粒子從點 1 移動到點 2。將 (2.9) 式積分得到作用於粒子上的總功：

$$w = \int_1^2 F_x \, dx + \int_1^2 F_y \, dy + \int_1^2 F_z \, dz \tag{2.13}$$

由牛頓第二定律可知 $F_x = ma_x = m(dv_x/dt)$。另外，$dv_x/dt = (dv_x/dx)(dx/dt) = (dv_x/dx)v_x$。所以 $F_x = mv_x(dv_x/dx)$，對於 F_y 和 F_z 具有相似的方程。我們有 $F_x\,dx = mv_x\,dv_x$，而 (2.13) 式變成

$$w = \int_1^2 mv_x\,dv_x + \int_1^2 mv_y\,dv_y + \int_1^2 mv_z\,dv_z$$

$$w = \tfrac{1}{2}m(v_{x2}^2 + v_{y2}^2 + v_{z2}^2) - \tfrac{1}{2}m(v_{x1}^2 + v_{y1}^2 + v_{z1}^2) \tag{2.14}$$

我們現在將粒子的**動能** (kinetic energy) K 定義為

$$K \equiv \tfrac{1}{2}mv^2 = \tfrac{1}{2}m(v_x^2 + v_y^2 + v_z^2) \tag{2.15}*$$

(2.14) 式的右邊是最終動能 K_2 減去初始動能 K_1：

$$w = K_2 - K_1 = \Delta K \qquad 單粒子系統 \tag{2.16}$$

其中 ΔK 是動能的變化。功－能量定理 (2.16) 式指出力對粒子所做的功等於粒子的動能變化。這是成立的，因為我們以這種方式定義動能以使其成立。

除了動能之外，古典力學中還有另外一種能量。假設我們把一個物體扔到空中。隨著物體的升高，它的動能會下降，而在高點達到零。物體由於上升而失去動能會有什麼現象發生？我們可以介紹一個場 (field) 的概念 (在這種情況下，重力場)，並且說物體動能的減少是伴隨該場的位能 (potential energy) 的相應增加。同樣，當物體回落到地球，它獲得動能，重力場失去了相應的位能。通常，我們不明確提到該場而只是將一定量的位能歸於物體本身，此位能取決於物體在場的位置。

為了在定量基礎上提出位能的概念，我們按如下進行。令作用在粒子上的力只取決於粒子的位置和而不是速度、時間或其他變數。具有 $F_x = F_x(x, y, z)$，$F_y = F_y(x, y, z)$，$F_z = F_z(x, y, z)$ 的這種力 **F** 稱為保守力 (conservative force)，理由很快就會被發現。保守力的例子是重力、電力和虎克定律的彈簧力。一些非保守力是空氣阻力、摩擦力以及踢足球時所施加的力。對於保守力，我們將**位能** (potential energy) $V(x, y, z)$ 定義為 x、y 和 z 的函數，其偏導數滿足

$$\frac{\partial V}{\partial x} \equiv -F_x, \qquad \frac{\partial V}{\partial y} \equiv -F_y, \qquad \frac{\partial V}{\partial z} \equiv -F_z \tag{2.17}$$

由於只定義了 V 的偏導數，所以 V 本身具有任意額外的常數。我們可以在任何地方設定位能的零階。

從 (2.13) 和 (2.17) 式可以看出

$$w = -\int_1^2 \frac{\partial V}{\partial x}\,dx - \int_1^2 \frac{\partial V}{\partial y}\,dy - \int_1^2 \frac{\partial V}{\partial z}\,dz \tag{2.18}$$

由於 $dV = (\partial V/\partial x)\,dx + (\partial V/\partial y)\,dy + (\partial V/\partial z)\,dz$ [(1.30) 式]，我們有

$$w = -\int_1^2 dV = -(V_2 - V_1) = V_1 - V_2 \tag{2.19}$$

但是，由 (2.16) 式知 $w = K_2 - K_1$。因此 $K_2 - K_1 = V_1 - V_2$，或

$$K_1 + V_1 = K_2 + V_2 \tag{2.20}$$

只有保守力作用時，粒子的動能和位能的總和在運動過程中保持不變。這是機械能的守恆定律。我們使用 E_{mech} 來表示總**機械能** (mechanical energy)，

$$E_{\text{mech}} = K + V \tag{2.21}$$

如果只有保守力作用，E_{mech} 會保持不變。

物體在地球引力場中的位能是多少？令 x 軸從地球指向外，原點位於地球表面。我們有 $F_x = -mg$，$F_y = F_z = 0$。由 (2.17) 式可得 $\partial V/\partial x = mg$，$\partial V/\partial y = 0 = \partial V/\partial z$。積分得到 $V = mgx + C$，其中 C 是常數 (在進行積分時，我們假定物體距離地球表面的距離足夠小而認為 g 是不變的)。選擇任意常數為零，我們得到

$$V = mgh \tag{2.22}$$

其中 h 是物體在地球表面以上的高度。當一個物體落到地上時，它的位能 mgh 減小，動能 $\frac{1}{2}mv^2$ 增加。當物體落下時，只要空氣摩擦效應可忽略不計，總機械能 $K + V$ 保持不變。

我們已經考慮了單粒子系統。類似的結果適用於多粒子系統 (參閱 H.Goldstein, *Classical Mechanics*, 2d ed., Addison-Wesley, 1980 第 1.2 節的推導)。n 粒子系統的動能是單一粒子動能的和：

$$K = K_1 + K_2 + \cdots + K_n = \frac{1}{2} \sum_{i=1}^{n} m_i v_i^2 \tag{2.23}$$

令粒子彼此施加保守力。該系統的位能 V 不是單一粒子的位能的總和。V 反而是整個系統的一個性質。V 原來是由於粒子之間的成對相互作用而產生的貢獻總和。由於粒子 i 和 j 之間的作用力，令 V_{ij} 對 V 產生貢獻。則可發現

$$V = \sum_{i} \sum_{j>i} V_{ij} \tag{2.24}$$

雙和表示我們除了 i 等於或大於 j 以外對所有 i 和 j 值求和。省略 $i = j$ 因為粒子不對自己本身施力。此外，只包含 V_{12} 和 V_{21} 中的一個，以避免計數粒子 1 和 2 之間的交互作用兩次。例如，在三個粒子的系統中，$V = V_{12} + V_{13} + V_{23}$。如果外力作用於系統的粒子，它們對 V 的貢獻也必須包括在內 [V_{ij} 由類似於 (2.17) 式的方程定義]。

我們發現只有保守力作用時，多粒子系統的 $K + V = E_{\text{mech}}$ 是恆定的。

機械能 $K + V$ 是衡量系統可以做的功。當粒子的動能降低，功 – 能量定理 $w = \Delta K$ [(2.16) 式] 說 w 是負的；也就是說，粒子對周圍環境作功等於其動能的損失。由於位能可轉換為動能，位能最終也可以轉化為對周圍環境的功。動能是由於運動產生的。位能是由於粒子的位置改變產生的能量變化。

例 2.1 功

某人將 30.0 kg 的物體緩緩抬起至高於其最初位置 2.00 m 的高度。求此人對物體所做的功,以及地球所做的功。

此人所施的力等於物體的重量,由 (2.6) 式知,$F = mg = (30.0\text{kg})(9.81\text{m/s}^2) = 294$ N。由 (2.10) 式和 (2.11) 式,此人對物體所做的功為

$$w = \int_{x_1}^{x_2} F(x)\,dx = F\Delta x = (294\text{ N})(2.00\text{ m}) = 588 \text{ J}$$

與此人相比,地球對物體施加了相等而相反的力,所以地球對物體做 −588 的功。這個功是負值,因為力和位移方向相反。所有力對物體做的總功為零。由功−能量定理 (2.16) 式得知 $w = \Delta K = 0$,這與物體從靜止開始並於靜止結束的事實一致 (我們推導出單粒子的功−能量定理,但此定理也適用於完美的剛體)。

習題

質量 m 的球連接到一個彈簧上,彈簧對球體施加 $F = -kx$ 的力,其中 k (稱為力常數) 是彈簧的恆定特性,和 x 是球體從其平衡位置 (彈簧對球體不施加力的位置) 量起的位移。球體最初在其平衡位置為靜止。若某人緩慢地將球置於與平衡位置距離 d 處,求此人所做的功。若 $k = 10$ N/m 且 $d = 6.0$ cm,求 w。(答案:$\frac{1}{2}kd^2$,0.018J)

2.2 P-V 功

熱力學中功的定義如同古典力學。當外界的一部分對系統中的物質施加宏觀可測量的力 **F** 時,這個物質在 **F** 的施力點處移動距離 dx,那麼外界已經對系統作**功** (work) $dw = F_x\,dx$ [(2.8) 式],其中 F_x 是 **F** 在位移方向上的分量。**F** 可能是一種機械力、電力或磁力,可能作用於整個系統或只是部分系統。當 F_x 和位移 dx 在同一個方向時,則對系統作正功:$dw > 0$,當 F_x 和 dx 方向相反時,dw 為負值。

可逆的 P-V 功

對熱力學系統作功最常見的方式是改變系統的體積。考慮圖 2.2 的系統。該系統由包含在活塞和氣缸壁內的物質組成,並具有壓力 P 令無摩擦活塞上的外部壓力也是 P 相等的反作用力作用於活塞上,活塞處於機械平衡狀態。設 x 表示活塞的位置。如果活塞上的外部壓力現在增加了一個微小的量,這種增加將在活塞上產生無窮小的不平衡力。活塞將向內移動無窮小距離 dx,從而減小系統的體積並增加其壓力,直到系統壓力再次平衡外部壓力。在這個無限小的過程中,這個過程以無窮小的速率發生,系統將無限小的接近平衡。

作為外界一部分的活塞對系統中的物質施加了一個力 F_x,使物質移動距離 dx。因此外界對系統作功 $dw = F_x\,dx$。令 F 是系統施加在活塞的力的大小。由牛頓的第三定

律 (作用力 = 反作用力) 得知 $F = F_x$。系統壓力 P 的定義 $P = F/A$ 給出 $F_x = F = PA$，其中 A 是活塞的截面積。因此圖 2.2 中，作用於系統的功 $dw = F_x\,dx$ 為

$$dw = PA\,dx \tag{2.25}$$

該系統具有截面積 A 和長度 $l = b - x$ (圖 2.2)，其中 x 是活塞的位置，b 是系統固定端的位置。這個圓柱系統的體積是 $V = Al = Ab - Ax$。當活塞移動 dx 時，系統體積的變化是 $dV = d(Ab - Ax) = -A\,dx$。(2.25) 式變成

$$dw_{\text{rev}} = -P\,dV \qquad 封閉系統，可逆過程 \tag{2.26}*$$

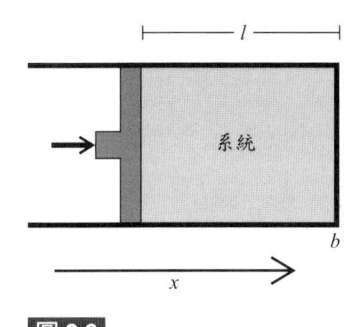

圖 2.2
一個由活塞封閉的系統。

下標 rev 表示可逆。「可逆」的含義將在短期內討論。在導出 (2.26) 式時，我們隱式地假設了一個封閉系統。當物質在系統和外界之間輸送時，功的含義會變得模糊不清；我們不考慮這種情況。我們對特定形狀的系統推導出 (2.26) 式，但可以證明對每種形狀的系統都是成立的 (參閱 Kirkwood and Oppenheim，第 3.1 節)。

我們藉由考慮壓縮系統的體積 ($dV < 0$) 來推導 (2.26) 式。對於膨脹 ($dV > 0$)，活塞向外 (負 x 方向) 移動，並且在系統 – 活塞的物質的位移 dx 為負 ($dx < 0$)。由於 F_x 為正值 (活塞對系統施加的力為正 x 方向)，所以系統膨脹時 $dw = F_x\,dx$ 為負。對於膨脹，系統的體積變化仍然是 $dV = -A\,dx$ (其中 $dx < 0$ 且 $dV > 0$) 而 (2.26) 式仍然成立。

壓縮時，外界對系統作功為正 ($dw > 0$)。膨脹時，系統對外界作功為負 ($dw < 0$)。(壓縮功為正功，膨脹功為負功)。

到目前為止，我們只考慮了無限小的體積變化。假設我們在外壓下進行無限次數的連續無窮小變化。在每次這樣的變化時，系統的體積變化為 dV，並且系統對外界作功 $-P\,dV$，其中 P 是系統壓力的當前值。系統對外界所作的總功是無限小量功的總和，而這個無限小量的總和即為下面的定積分：

$$w_{\text{rev}} = -\int_1^2 P\,dV \qquad 封閉系統，可逆過程 \tag{2.27}$$

其中 1 和 2 分別是系統的初始狀態和最終狀態。

(2.27) 式適用的有限體積變化包括無限次數的無限小步驟並需要無限的時間來進行。在這個過程中，活塞兩側的壓力差始終很小，因此有限的不平衡力不會發揮作用，系統在整個過程中始終保持接近平衡狀態。而且，該過程可以在任何階段藉由無限小的條件變化來逆轉，即藉由無限小的改變外部壓力。過程的逆轉將恢復系統和外界的初始狀態。

一個**可逆過程** (reversible process) 就是系統總是無限接近平衡的一個

過程,並且條件的微小變化可以逆轉過程,從而將系統和外界恢復到它們的初始狀態。可逆過程顯然是一種理想化。

(2.26) 式和 (2.27) 式僅適用於可逆的膨脹和壓縮。更明確地說,它們適用於機械可逆的體積變化。在膨脹過程中可能存在一個化學不可逆過程,例如化學反應,但只要機械力只是無限小的不平衡,(2.26) 式和 (2.27) 式仍然適用。

在體積變化所作的功 (2.27) 式稱為 **P-V 功** (P-V work)。稍後,我們會處理電功和改變系統表面積的功,但現在,只考慮系統的 P-V 功。

我們定義了符號 w 代表外界對系統作功。有些教科書使用 w 來表示系統對其外界作功。他們使用的 w 其正負號和我們相反。

☕ 線積分

(2.27) 式中的積分 $\int_1^2 P\,dV$ 不是普通的積分。對於一個固定組成的密閉系統,系統的壓力 P 是其溫度和體積的函數:$P = P(T, V)$。要計算 w_{rev},我們必須計算

$$\int_1^2 P(T, V)\,dV \tag{2.28}$$

的負值。被積函數 $P(T, V)$ 是兩個獨立變數 T 和 V 的函數。在普通的定積分中,被積函數是單變數的函數,一旦確定了函數 f 和極限 a 和 b。則普通定積分 $\int_b^a f(x)\,dx$ 的值就確定了,例如 $\int_1^3 x^2\,dx = 3^3/3 - 1^3/3 = 26/3$。反之,在 $\int_1^2 P(T, V)\,dV$ 中,獨立變數 T 和 V 可以在體積變化過程中變化,並且積分值取決於 T 和 V 如何變化。例如,如果系統是理想氣體,則 $P = nRT/V$ 且 $\int_1^2 P(T, V)\,dV = nR\int_1^2 (T/V)\,dV$。在我們要計算 $\int_1^2 (T/V)\,dV$ 之前,我們必須知道在這個過程中 T 和 V 如何變化。

積分 (2.28) 式稱為**線積分** (line integral)。有時候把字母 L 放在線積分的積分符號下面。線積分 (2.28) 式的值定義為用於從狀態 1 到狀態 2 的特定過程的無窮小量 $P(T, V)\,dV$ 之和。該總和等於繪製 P 對 V 的曲線下方的面積。圖 2.3 顯示了三種可能方式,其中我們可以在相同的初始狀態 (具有壓力 P_1 和體積 V_1 的狀態 1) 開始並在相同的最終狀態 (狀態 2) 結束時執行可逆體積的變化。

在過程 (a) 中,我們首先將體積保持在 V_1 並藉由冷卻氣體將壓力從 P_1 降低到 P_2。我們將壓力保持在 P_2,然後加熱氣體使其從 V_1 膨脹到 V_2。在過程 (b) 中,我們首先在 P_1 處保持 P 不變,並加熱氣體直至其體積達到 V_2。然後我們在 V_2 處保持 V 不變,並冷卻氣體直到它的壓力下降到 P_2。在過程 (c) 中,自變數 V 和 T 以不規則的方式變化,因變數 P 也

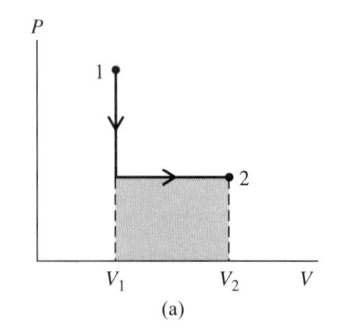

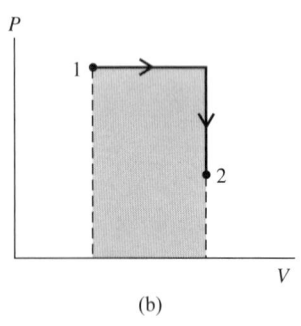

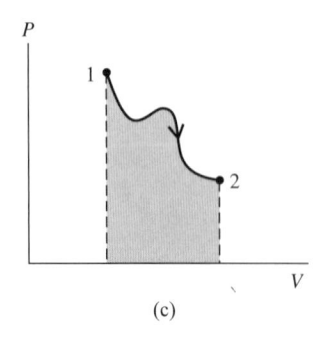

圖 2.3
在可逆過程中,系統對外所作的功 (粗線) 等於 P 對 V 曲線下的陰影面積的負值。功取決於從狀態 1 到狀態 2 的過程。

是如此。

對於每個過程,積分 $\int_1^2 P\,dV$ 等於 P 對 V 曲線下的陰影面積。這些面積明顯不同,對於過程 (a)、(b) 和 (c),積分 $\int_1^2 P\,dV$ 具有不同的值。因此,對於每一過程 (a)、(b) 和 (c),可逆功 $w_{rev} = -\int_1^2 P\,dV$ 具有不同的值。我們說 w_{rev}(等於 P-V 曲線下的陰影面積的負值)取決於從狀態 1 到狀態 2 的路徑,這意味著它取決於所使用的具體過程。從狀態 1 到狀態 2 有無數種方式,對於給定的狀態變化,w_{rev} 可以有任何正值或負值。

圖 2.3 的曲線暗示了在該過程中系統內的壓力平衡。在不可逆膨脹(參閱例 2.2 之後),系統可能沒有單一明確的壓力,我們不能在 P-V 圖上繪製這樣一個過程。

例 2.2 P-V 功

若 $P_1 = 3.00$ atm,$V_1 = 500$ cm³,$P_2 = 1.00$ atm,$V_2 = 2000$ cm³,求圖 2.3 的過程 (a) 和 (b) 的功 w_{rev}。另外,求 (a) 的相反過程的 w_{rev}。

我們有 $w_{rev} = -\int_1^2 P\,dV$。線積分 $\int_1^2 P\,dV$ 等於 P 對 V 曲線下的面積。在圖 2.3a 中,這個面積是矩形並且等於

$$(V_2 - V_1)P_2 = (2000\text{ cm}^3 - 500\text{ cm}^3)(1.00\text{ atm}) = 1500\text{ cm}^3\text{ atm}$$

因此 $w_{rev} = -1500$ cm³ atm。單位 cm³ atm 通常不用於功,所以我們將藉由乘以氣體常數 $R = 8.314$ J/(mol K) 和除以 $R = 82.06$ cm³ atm /(mol K) [(1.19) 和 (1.20) 式] 將其轉換為焦耳:

$$w_{rev} = -1500\text{ cm}^3\text{ atm}\,\frac{8.314\text{ J mol}^{-1}\text{ K}^{-1}}{82.06\text{ cm}^3\text{ atm mol}^{-1}\text{ K}^{-1}} = -152\text{ J}$$

另一種方法是注意在過程 (a) 的定容期間沒有作功;所有的功都是在過程的第二步驟,其中 P 保持恆定在 P_2。因此

$$w_{rev} = -\int_1^2 P\,dV = -\int_{V_1}^{V_2} P_2\,dV = -P_2\int_{V_1}^{V_2} dV = -P_2 V\Big|_{V_1}^{V_2}$$
$$= -P_2(V_2 - V_1) = -(1.00\text{ atm})(1500\text{ cm}^3) = -152\text{ J}$$

同樣,對於過程 (b) 我們求出 $w = -4500$ cm³ atm $= -456$ J(參閱這個例子中的習題)。

過程 (a) 和 (b) 是膨脹。因此,系統對外界作負功。

與 (a) 相反的過程,所有的功都是在第一步驟中完成的,其中 P 恆定在 1.00 atm,V 開始於 2000 cm³ 並結束於 500 cm³。於是

$$w = -\int_{2000\text{ cm}^3}^{500\text{ cm}^3}(1.00\text{ atm})\,dV = -(1.00\text{ atm})(500\text{ cm}^3 - 2000\text{ cm}^3) = 152\text{ J}$$

習題

使用過程 (a) 給定的 P_1、V_1、P_2、V_2 值,求圖 2.3 的過程 (b) 的 w_{rev}。
(答案:-4500 cm³ atm $= -456$ J)

☕ 不可逆的 P-V 功

在機械不可逆的體積變化中，功 w 有時不能用熱力學來計算。

例如，假設圖 2.2 中活塞的外壓突然減少了一定的量，並且此後保持固定。然後活塞的內壓大於外壓一定的量，並且活塞向外加速。活塞遠離系統的初始加速度將破壞封閉氣體中的均勻壓力。活塞附近的系統壓力低於遠離活塞的系統壓力。而且，活塞的加速度會使氣體產生亂流。因此我們無法給出系統狀態的熱力學描述。

我們有 $dw = F_x dx$。對於 P-V 功，F_x 是系統與外界的邊界處的力，這是產生位移 dx 的位置。這個邊界是活塞的內表面，所以 $dw_{irrev} = -P_{surf} dV$，其中 P_{surf} 是系統施加在活塞內表面上的壓力 (根據牛頓第三定律，P_{surf} 也是活塞內表面對系統施加的壓力)。因為在亂流期間我們不能用熱力學來計算不可逆膨脹的 P_{surf}，所以我們無法從熱力學中找到 dw_{irrev}。

能量守恆定律可以用來證明，對於無摩擦的活塞，

$$dw_{irrev} = -P_{ext} dV - dK_{pist} \quad (2.29)$$

其中 P_{ext} 是活塞外表面的外部壓力，而 dK_{pist} 是活塞動能無窮小的變化。(2.29) 式的積分式是 $w_{irrev} = -\int_1^2 P_{ext} dV - \Delta K_{pist}$。如果我們等待足夠長的時間，活塞的動能將藉由氣體中的內部摩擦 (黏度) 消散。氣體將被加熱，並且活塞最終會停止 (也許在經歷振盪之後)。一旦活塞停下來，我們有 $\Delta K_{pist} = 0 - 0 = 0$，因為活塞由靜止開始並在靜止時結束。我們有 $w_{irrev} = -\int_1^2 P_{ext} dV$。因此，我們可以在活塞停下來後找到 w_{irrev}。但是，如果在活塞停下來之前，活塞的一部分動能轉移到外界的其他物體上，那麼熱力學無法計算系統和外界之間交換的功。有關進一步討論，請參閱 D. Kivelson and I. Oppenheim, *J. Chem. Educ.*, **43**, 233 (1966); G. L. Bertrand, ibid., **82**, 874 (2005); E. A. Gislason and N. C. Craig, ibid., **84**, 499 (2007)。

☕ 摘要

目前，我們只處理由於體積變化所作的功。在一個無限小的機械可逆過程中對封閉系統所作的功是 $dw_{rev} = -P dV$。功 $w_{rev} = -\int_1^2 P dV$ 取決於由初始狀態 1 到最終狀態 2 所經的路徑 (過程)。

2.3 熱

當兩個不同溫度的物體接觸時，它們最終在一個共同的中間溫度下達到熱平衡。我們說熱量從較熱的物體流向較冷的物體。令物體 1 和 2 具有質量 m_1 和 m_2 以及初始溫度 T_1 和 T_2，其中 $T_2 > T_1$；令 T_f 為最終的平衡溫度。若兩物體與宇宙的其餘部分隔離並且沒有發生相變或化學反應，則由實驗觀察，對於所有的 T_1 和 T_2，下式成立：

$$m_2c_2(T_2-T_f) = m_1c_1(T_f-T_1) \equiv q \tag{2.30}$$

其中 c_1 和 c_2 是常數 (根據實驗評估)，且與物體 1 和 2 的組成有關。我們稱 c_1 為物體 1 的**比熱容** (specific heat capacity) 或**比熱** (specific heat)。我們定義 q 為從物體 2 流到物體 1 的**熱量** (heat)，等於 $m_2c_2(T_2-T_f)$。

在 19 世紀和 20 世紀初，常用的熱量單位是**卡路里** (cal)，定義為在 1 atm 下將一克的水從 14.5°C 升高到 15.5°C 所需的熱量 (這個定義不再使用，我們將在第 2.4 節得知)。根據定義，在 15°C 和 1 atm 下，$c_{H_2O} = 1.00 \text{cal}/(\text{g°C})$。一旦確定了水的比熱，任何其他物質的比熱 c_2 可以從 (2.30) 式中求得，其中使用水作為物質 1。當比熱為已知時，則可以由 (2.30) 式計算在過程中傳遞的熱量 q。

實際上，(2.30) 式並不完全成立，因為物質的比熱是溫度和壓力的函數。在恆定壓力 P 下，當無窮小熱量 dq_P 流入質量為 m 的物體且定壓下的比熱為 c_p 時，物體溫度升高 dT，

$$dq_P \equiv mc_p dT \tag{2.31}$$

其中 c_P 是 T 和 P 的函數。將無限小的熱量相加，我們得到總熱量，亦即如下的定積分：

$$q_P = m \int_{T_1}^{T_2} c_P(T)\, dT \qquad \text{密閉系統,} P \text{為常數} \tag{2.32}$$

省略了 c_p 與壓力的關聯性，因為 P 在過程中保持固定。數量 mc_p 是物體在恆壓下的熱容量 C_p：$C_p \equiv mc_p$。由 (2.31) 式我們有

$$C_p = dq_P/dT \tag{2.33}$$

(2.30) 式可以更準確地寫為

$$m_2 \int_{T_f}^{T_2} c_{P2}(T)\, dT = m_1 \int_{T_1}^{T_f} c_{P1}(T)\, dT = q_P \tag{2.34}$$

如果 c_{p2} 和 c_{p1} 與 T 無關，則 (2.34) 式可化簡為 (2.30) 式。

我們在第 2.2 節給出了以可逆和不可逆的方式對系統作功的例子。同樣地，熱量也可以用可逆或不可逆傳遞。可逆的熱量傳遞要求兩個物體之間的溫差是無限小。當物體之間存在有限的溫差時，熱流是不可逆的。

兩個物體不需要直接接觸，熱量就可以從一個物體流向另一個物體。輻射是不同溫度下的兩個物體 (例如太陽和地球) 之間的熱傳遞。利用一個物體發射電磁波並利用另一個物體吸收這些波來發生傳遞。絕熱的牆必須能夠阻擋輻射。

(2.32) 式是假設系統為密閉 (m 固定)。如同功一樣，熱量的含義對於開放系統是不明確的 (參閱 R. Haase, *Thermodynamics of Irreversible Processes,* Addison-Wesley, 1969, pp. 17-21，開放系統的討論)。

2.4 熱力學第一定律

當一塊岩石落向地球時，其位能轉化為動能。當它撞擊地球並靜止時，它的運動能量會有什麼變化？或者考慮撞球在撞球桌上滾動。最終它會靜止，它的運動能量又有何變化？或者想像一下，我們在燒杯中攪拌一些水，最終水會靜止，我們再次問：它的運動能量發生了什麼改變？仔細測量會顯示岩石、撞球和水（以及它們外界）的溫度非常微小的增加。知道物質是由分子組成的，我們發現很容易相信岩石、球體和水的宏觀運動能量在分子層面上轉化為能量。物體內的平均分子平移能、旋轉能和振動能稍微增加，而這些增加反映在溫度上升中。

因此，除了第 2.1 節討論的宏觀動能 K 和位能 V 之外，我們把**內能** (internal energy) U 歸於物體。這個內能包括：分子平移、旋轉、振動和電子能量；電子和核子的相對論靜止質量能量 $m_{rest}c^2$；和分子之間相互作用的位能。

因此，一個物體的總能量 E 是

$$E = K + V + U \tag{2.35}$$

其中 K 和 V 是物體的宏觀（而非分子）動能和位能（由於物體通過空間的運動和作用於物體的場的存在）U 是物體的內能（由於分子運動和分子間相互作用）。由於熱力學是一門宏觀科學，因此熱力學的發展不需要關於 U 的性質的知識。所需要的只是量測一個過程的 U 變化。這將由熱力學第一定律提供。

在我們要考慮的大多數熱力學應用中，系統將處於靜止狀態，外部場將不存在。因此，K 和 V 將為零，並且總能量 E 等於內能 U（然而，參見第 14.8 節；地球重力場對熱力學系統的影響通常可以忽略不計，而重力通常會被忽略）。化學工程師經常處理流動的流體系統；此時 $K \neq 0$。

根據我們對物質分子結構的現有知識，我們認為理所當然的是兩個物體之間的熱量流動涉及它們之間的內能轉移。然而，在 18 世紀和 19 世紀，物質的分子理論是有爭議的。直到 1850 年左右，熱的性質才得到很好的理解。在 1700 年代後期，大多數科學家接受了熱量的卡路里 (caloric) 理論（有些學生仍然不樂意）。卡路里是物質中存在的一種假想的流體物質，從熱的物體流到冷的物體。熱物體失去的熱量等於冷物體獲得的熱量。在所有的過程中，卡路里總量被認為是守恆的。

羅姆福德伯爵 (Count Rumford) 在 1798 年提供了有力的證據來反對卡路里理論。他負責巴伐利亞 (Bavaria) 的軍隊，他觀察到，在對一門大砲進行鑽孔時，摩擦產生了幾乎無限量的熱量，這與熱量守恆的卡路里理論概念相矛盾。Rumford 發現由一匹馬駕駛的砲膛經 2.5 hr 可將 27 lb 冰水加熱至其沸點。Rumford 在倫敦皇家學會的演講中辯稱，他的實驗證明了卡路里理論的不正確性。

儘管 Rumford 的工作，卡路里理論一直持續到 1840 年代。於 1842 年，德國醫生 Julius Mayer 指出，有機體消耗的食物部分是為了產生熱量來維持體溫，另一部分是

為了產生有機體的機械功。然後他推測，功和熱量都是能量的形式，並且能量的總量是守恆的。Mayer 的論點沒有令人信服，James Joule 對卡路里理論的致命打擊仍然存在。

焦耳是富有的英國釀酒商的兒子。在與釀酒廠相鄰的實驗室工作，焦耳在 1840 年代做過實驗，證明將物質加熱產生的變化也可以藉由對物質作機械工來產生，而不必傳遞熱量。他最著名的實驗是用降低重量來轉動液體中的槳輪，重量的位能轉化為液體的動能。液體的黏度 (內部摩擦) 將液體的動能轉化為內能，從而升高溫度。焦耳發現，將一磅水的溫度升高華氏一度需要耗費 772 英尺－磅的機械能。根據焦耳的工作，德國外科醫生、生理學家和物理學家 Helmholtz 於 1847 年首次發表了關於能量守恆定律的清晰令人信服的聲明。

系統的內能可以採用多種方式進行改變。內能是一個外延的性質 (extensive property)，因此與系統中物質的數量有關。在已知的 T 和 P 下，20 g H_2O 的內能是 10 克的內能的兩倍。對於純物質，**莫耳內能** (molar internal energy) U_m 定義為

$$U_m = U/n \qquad (2.36)$$

其中 n 是純物質的莫耳數。U_m 是內含性質 (intensive property)，它與 P 和 T 有關。

我們通常處理密閉系統時，系統的質量保持不變。

除了藉由添加或移除物質來改變系統的質量外，我們也可以對系統作功或加熱來改變系統的能量。**熱力學第一定律** (first law of thermodynamics) 認為，存在一個外延的狀態函數 E (稱為系統的**總能量**)，使得對於密閉系統中的任何過程

$$\Delta E = q + w \qquad \text{密閉系統} \qquad (2.37)$$

其中 ΔE 是過程中系統經歷的能量變化，q 是在此過程中流入系統的熱量，w 是在此過程期間對系統所作的功。第一定律也聲稱系統的能量變化 ΔE 是伴隨外界能量的變化 $-\Delta E$，所以系統加上外界的總能量保持不變 (保守)。對於任何過程，

$$\Delta E_{syst} + \Delta E_{surr} = 0 \qquad (2.38)$$

在沒有外力場的情況下，我們將限制自己於靜止的系統。此時 $K = 0 = V$，從 (2.35) 式我們有 $E = U$，(2.37) 式變成

$$\Delta U = q + w \qquad \text{密閉系統，靜止，無外力場} \qquad (2.39)^*$$

其中 ΔU 是系統內能的變化。U 是一個外延的狀態函數。

請注意，當我們寫 ΔU 時，我們的意思是 U_{syst}。我們一直把重點放在系統，除非另有指定，否則所有熱力學狀態函數都是指系統 (all thermodynamic state functions refer to the system)。q 和 w 符號的約定從系統的角度來設置。當過程中熱量從外界流入系統時，q 是正值 ($q > 0$)；熱量從系統流向外界意味著 q 是負值。當外界對系統作功

(例如,外界對系統壓縮),w 是正值;當系統對外界作功,w 是負值。正 q 和正 w 各增加系統的內能。

對於無窮小的過程,(2.39) 式變成

$$dU = dq + dw \quad \text{密閉系統} \tag{2.40}$$

其中 (2.39) 式的其他兩個條件隱含的理解。dU 是在過程中系統能量無窮小的變化,其中無窮小熱量 dq 流入系統且對系統作無限小的功 dw。

內能 U (就像 P 或 V 或 T) 是系統的狀態函數。對於任何過程,ΔU 因此只與系統的最終狀態和初始狀態有關,而與系統從初始狀態轉移到最終狀態的路徑無關。如果系統藉由任何過程從狀態 1 變為狀態 2,則

$$\Delta U = U_2 - U_1 = U_{\text{final}} - U_{\text{initial}} \tag{2.41}*$$

符號 Δ 表示最終值減去初始值。

系統的最終狀態與初始狀態相同的過程稱為**循環過程** (cyclic process);此時 $U_2 = U_1$,且

$$\Delta U = 0 \quad \text{循環過程} \tag{2.42}$$

這顯然對於循環過程中任何狀態函數的變化都是正確的。

與 U 相反,q 和 w 不是狀態函數。只給出系統的最初和最終狀態,我們無法求得 q 或 w。熱量 q 和功 w 取決於從狀態 1 到狀態 2 的路徑。

例如,假設我們在 25.0°C,1.00 atm 下取 1.00 莫耳液態水並升溫至 30.0°C,最終壓力為 1.00 atm,則 q 值為何?答案是我們不能計算 q,因為這個過程沒有被指定。如果我們願意,我們可以在 1 atm 下用加熱來提高溫度。在這種情況下,$q = mc_p\Delta T =$ 18.0 g × 1.00 cal/(g°C) × 5.0°C = 90 cal。但是,我們可以改為效仿詹姆斯焦耳 (James Joule),僅對水作功來增加 T,利用槳 (由絕熱物質製成) 攪拌水直到水達到 30.0°C。在這種情況下,$q = 0$。或者我們可以將水加熱到 25°C 和 30°C 之間的某個溫度,然後做足夠的攪拌使水溫達到 30°C。在這種情況下,q 介於 0 到 90 cal 之間。這些過程中的每一個也具有不同的 w 值。但是,不管我們如何將水從 25°C 和 1.00 atm 加熱到 30.0°C 和 1.00 atm,只要在每個過程中最終狀態和初始狀態都是相同,則 ΔU 始終是相同。

例 2.3 計算 *ΔU*

將 1.00 莫耳 H_2O 從 25.0°C、1.00 atm 加熱到 30.0°C、1.00 atm,計算 ΔU。

由於 U 是狀態函數,我們可以使用任何我們喜歡的過程來計算 ΔU。方便的選擇是在固定壓力 1 atm 下,從 25°C 至 30°C 進行可逆加熱。對於這個過程,$q = 90$ cal,如上述計算的那樣。在加熱過程中,水

略微膨脹，對外界大氣作功。在恆定 P，我們有

$$w = w_{rev} = -\int_1^2 P\,dV = -P\int_1^2 dV = -P(V_2 - V_1)$$

其中使用 (2.27) 式。因為 P 是恆定的，所以 P 可以提出到積分之外。體積變化是 $\Delta V = V_2 - V_1 = m/\rho_2 - m/\rho_1$，其中 ρ_2 和 ρ_1 是水的最終密度和初始密度且 $m = 18.0$ g。由手冊得知 $\rho_2 = 0.9956$ g/cm^3，$\rho_1 = 0.9970$ g/cm^3。我們求得 $\Delta V = 0.025$ cm^3，且

$$w = -0.025 \text{ cm}^3 \text{ atm} = -0.025 \text{ cm}^3 \text{ atm} \frac{1.987 \text{ cal mol}^{-1} \text{ K}^{-1}}{82.06 \text{ cm}^3 \text{ atm mol}^{-1} \text{ K}^{-1}}$$
$$= -0.0006 \text{ cal} \tag{2.43}$$

其中兩個 R 值用於將 w 轉換成卡路里。w 與 q 相比可以完全忽略不計，因此，$\Delta U = q + w = 90$ cal。因為液體和固體的體積變化很小，通常只有對氣體而言 P-V 功才會顯著。

習題

在 1 atm 的固定壓力下，當 1.00 mol 水從 0°C 加熱到 100°C 時，計算 q、w 和 ΔU。0°C 時水的密度為 0.9998 g/cm^3 在 100°C 為 0.9854 g/cm^3。
(答案：1800 cal，-0.006 cal，1800 cal)

雖然從狀態 1 變化到狀態 2 的 q 和 w 的值取決於使用的過程，$q + w$ 的值等於 ΔU，此值對於從狀態 1 到狀態 2 的每一過程均相同，這是第一定律的實驗內容。

由於 q 和 w 不是狀態函數，因此詢問系統包含多少熱量是沒有意義的 (或包含多少功)。雖然人們經常說「熱和功都是能量的形式」，除非有適當的理解，否則這種語言會誤導認為熱量和功是狀態函數。熱和功僅是根據過程定義。在系統與外界之間的能量轉移過程之前和之後，不存在熱量和功。熱量是由於溫度差異，造成系統與外界之間的能量傳遞。功是由宏觀力作用一段距離，造成系統與外界之間的能量傳遞。熱和功是能量傳遞的形式，而不是能源的形式。功是由宏觀力的作用產生的能量轉移。熱量是由分子層次的力的作用產生的能量轉移。當不同溫度的物體接觸時，兩個物體分子之間的碰撞產生能量從較熱的物體轉移到較冷的物體，熱物體中分子的平均動能比冷物體中的大。熱是在分子層次上所作的功。

大部分熱量術語都是誤導性的，因為它是熱量錯誤的卡路里理論遺跡。因此，人們經常提到系統和外界之間的「熱流」。實際上，所謂的熱流只是由於溫度差引起的能量流動。同樣，C_p 的術語「熱容量」是誤導性的，因為它意味著物體儲存熱量，而熱量僅指過程中能量的傳遞；物體含有內能但不含熱量。

熱量和功都是能量傳遞的量度，均具有與能量相同的單位。因此，熱量單位可以用焦耳來定義。第 2.3 節給出的卡路里定義不再使用。目前的定義是

$$1 \text{ cal} \equiv 4.184 \text{ J} \tag{2.44}*$$

其中選擇 4.184 的值與舊的卡路里定義非常一致。由 (2.44) 式定義的卡路里稱為熱化

學卡路里 (thermochemical calorie) 通常指定為 cal_{th} (多年來，使用了幾種稍有不同的卡路里)。

沒有必要以卡路里來表示熱量。焦耳可以用作熱的單位。這是正式推薦的 SI 單位 (第 2.1 節) 所做的，但是一些可用的熱化學表使用卡路里，我們將使用焦耳和卡路里作為熱量、功和內能的單位。

2.5 焓

內能 U、壓力 P 和體積 V 的熱力學系統的**焓** (enthalpy) H 定義為

$$H \equiv U + PV \tag{2.45}*$$

由於 U、P 和 V 是狀態函數，因此 H 是狀態函數。注意，$dw_{rev} = -P\,dV$，P 和 V 的乘積具有功的因次，其單位是能量。因此 U 和 PV 相加是合理的。H 的單位是能量。

當然，我們可以將任何因次相同的狀態函數組合定義一個新的狀態函數。因此，我們可以將 $(3U - 5PV)/T^3$ 定義為狀態函數 "enwhoopee"。給狀態函數 $U + PV$ 賦予一個特殊名字的動機是 U、P 和 V 的這種組合經常出現在熱力學中。例如，令 q_P 為封閉系統中恆壓過程中吸收的熱量。第一定律 $\Delta U = q + w$ [(2.39) 式] 給出

$$U_2 - U_1 = q + w = q - \int_{V_1}^{V_2} P\,dV = q_P - P\int_{V_1}^{V_2} dV = q_P - P(V_2 - V_1)$$

$$q_P = U_2 + PV_2 - U_1 - PV_1 = (U_2 + P_2V_2) - (U_1 + P_1V_1) = H_2 - H_1$$

$$\Delta H = q_P \quad \text{恆定 } P\text{，封閉系統，只作 } P\text{-}V \text{ 功} \tag{2.46}*$$

因為 $P_1 = P_2 = P$。在 (2.46) 式的推導中，對於功 w，我們使用了 (2.27) 式 ($w_{rev} = -\int_1^2 P\,dV$)。(2.27) 式給出了功與系統的體積變化之間的關聯性。除了體積變化之外，系統和外界還有其他方式可以交換功，但直到第 7 章我們才會考慮這些可能性。因此 (2.46) 式只有除了體積變化產生的功之外沒有其他的功才成立。注意 (2.27) 式也適用於機械可逆過程。恆壓過程是機械可逆的，因為如果有不平衡的機械力作用，系統的壓力 P 不會保持不變。(2.46) 式表示對於一個封閉的系統只能作 P-V 功，在恆壓過程中吸收的熱量 q_P 等於系統的焓變化。

對於任何狀態的改變，焓變化都是

$$\Delta H = H_2 - H_1 = U_2 + P_2V_2 - (U_1 + P_1V_1) = \Delta U + \Delta(PV) \tag{2.47}$$

其中 $\Delta(PV) \equiv (PV)_2 - (PV)_1 = P_2V_2 - P_1V_1$。對於恆壓過程，$P_2 = P_1 = P$ 且 $\Delta(PV) = PV_2 - PV_1 = P\Delta V$。因此

$$\Delta H = \Delta U + P\Delta V \quad \text{恆定 } P \tag{2.48}$$

學生有時會犯的錯誤是令 $\Delta(PV)$ 等於 $P\Delta V + V\Delta P$。我們有

$$\Delta(PV) = P_2V_2 - P_1V_1 = (P_1 + \Delta P)(V_1 + \Delta V) - P_1V_1$$
$$= P_1\Delta V + V_1\Delta P + \Delta P\Delta V$$

由於 $\Delta P\Delta V$ 項，$\Delta(PV) \neq P\Delta V + V\Delta P$。對於無限小的變化，我們有 $d(PV) = P\,dV + V\,dP$，因為 $d(uv) = u\,dv + v\,du$，但對於有限變化的對應方程式是不正確的 [對於無限小的變化，(2.48) 式之後的方程式變成 $d(PV) = P\,dV + V\,dP + dP\,dV = P\,dV + V\,dP$，因為兩個無窮小的積可以忽略]。

由於 U 和 V 是外延性質，所以 H 也是外延的。純物質的莫耳焓是 $H_m = H/n = (U+PV)/n = U_m + PV_m$。

現在考慮一個定體積過程。如果封閉的系統只能作 P-V 功，那麼 w 必須為零，因為在定體積過程中沒有 P-V 功。在定體積過程中，第一定律 $\Delta U = q + w$ 變成

$$\Delta U = q_V \qquad \text{封閉系統，只作 }P\text{-}V\text{ 功，}V\text{ 恆定} \tag{2.49}$$

其中 q_V 是恆定體積吸收的熱量。將 (2.49) 式和 (2.46) 式比較顯示，恆壓過程 H 扮演的角色類似於恆容過程 U 所扮演的角色。

從 (2.47) 式，我們有 $\Delta H = \Delta U + \Delta(PV)$。由於固體和液體的體積相對較小，而且體積只有很小的變化，幾乎所有在低或中等壓力下僅涉及固體或液體 (冷凝相) 的過程中，與 ΔU 項相比，$\Delta(PV)$ 項可忽略不計 (例如，回想一下第 2.4 節中的例子，加熱液態水，我們發現 $\Delta U = q_P$)。不是在高壓下的冷凝相，過程中的焓變化基本上是與內能變化相同：$\Delta H \approx \Delta U$。

2.6 熱容量

對於無窮小過程 pr 而言，密閉系統的**熱容量** (heat capacity) C_{pr} 定義如下

$$C_{pr} \equiv dq_{pr}/dT \tag{2.50}*$$

其中 dq_{pr} 和 dT 是過程中流入系統的熱量和系統的溫度變化。C 的下標表示熱容量與過程的性質有關。例如，對於恆壓過程，我們得到 C_p，**恆壓熱容量** (heat capacity at constant pressure) 或等壓熱容量 (isobaric heat capacity)：

$$C_p \equiv \frac{dq_P}{dT} \tag{2.51}*$$

類似地，密閉系統的**恆容熱容量** (heat capacity at constant volume) 或等容熱容量 (isochoric heat capacity) C_V 為

$$C_V \equiv \frac{dq_V}{dT} \tag{2.52}*$$

其中 dq_V 和 dT 是在一個無限小的恆容過程中添加到系統的熱量和系統的溫度變化。嚴格來說，(2.50) 式至 (2.52) 式僅適用於可逆過程。在不可逆的加熱中，系統可能會發展溫度梯度，然後將沒有單一的溫度可分配給系統。如果 T 不確定，溫度 dT 的微

小變化是不確定的。

對於無限小的過程，在恆壓下可將 (2.46) 式寫成 $dq_P = dH$ 且在恆容下可將 (2.49) 式寫成 $dq_V = dU$。因此 (2.51) 式和 (2.52) 式可以寫成

$$C_P = \left(\frac{\partial H}{\partial T}\right)_P, \quad C_V = \left(\frac{\partial U}{\partial T}\right)_V \quad \text{密閉系統，平衡，只作 P-V 功} \quad (2.53)^*$$

C_P 和 C_V 給出了 H 和 U 隨溫度的變化率。

為了測量固體或液體的 C_P，必須在絕熱封閉容器中將其保持在恆定壓力下，並用電加熱線圈加熱。對於流過時間 t 的電流 I，通過導線電壓降為 V 的導線，線圈產生的熱量為 VIt。如果測得的物質溫度升高 ΔT 很小，由 (2.51) 式可得 $C_P = VIt/\Delta T$，其中 C_P 是實驗平均溫度和實驗壓力下的值。藉由電加熱以已知速率流動的氣體而產生的溫度升高來求得氣體的 C_P。

在沒有施加外力場時，靜止平衡系統的熱力學狀態可藉由其組成（每個相中存在的每個組成的莫耳數）和三個變數 P、V 和 T 中的任何兩個來指定。通常，使用 P 和 T 對於固定組成的密閉系統，狀態由 P 和 T 指定．一旦指定了系統的狀態，任何狀態函數都有一個確定的值。因此，固定組成的密閉平衡系統的任何狀態函數都是 T 和 P 的函數。例如，對於這樣的系統，$H = H(T, P)$。偏導數 $(\partial H(T, P)/\partial T)_P$ 也是 T 和 P 的函數。因此 C_P 是 T 和 P 的函數，因此是狀態函數。同樣，U 可以看作 T 和 V 的函數，C_V 是一個狀態函數。

對於純物質，在恆壓 P，**莫耳熱容量** (molar heat capacities) 為 $C_{P,m} = C_P/n$，在恆容 V，莫耳熱容量為 $C_{V,m} = C_V/n$。在 25°C 和 1 atm 下的一些 $C_{P,m}$ 值繪製在圖 2.4。附錄給出了更多的值。顯然，$C_{P,m}$ 隨著分子大小的增加而增加。

對於質量為 m 的單相系統，**比熱容** (specific heat capacity) c_p 為 $c_p \equiv C_P/m$。形容詞**比** (specific) 意思是「除以質量」。因此，質量 m 的相的**比容** (specific volume) v 為 $v \equiv V/m = 1/\rho$ 而**比焓** (specific enthalpy) h 為 $h \equiv H/m$。

不要混淆熱容量 C_P（這是一個外延性質）和莫耳熱容量 $C_{P,m}$ 或比熱 c_p（這是內含性質）。我們有

$$C_{P,m} \equiv C_P/n \quad \text{純物質} \quad (2.54)^*$$
$$c_P \equiv C_P/m \quad \text{單相系統} \quad (2.55)^*$$

$C_{P,m}$ 和 c_P 是 T 和 P 的函數。圖 2.5 繪製了 H_2O (g) 的一些數據。這些曲線在第 8.6 節討論。

從熱力學定律可以證明，對於一個密閉系統，C_P 和 C_V 必須都是正

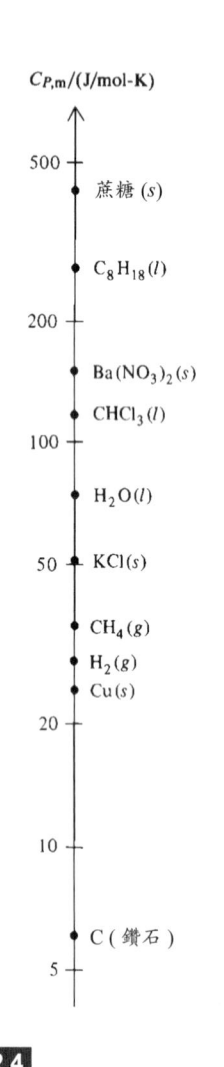

圖 2.4
在 25°C 和 1 bar 時的莫耳熱容量 $C_{P,m}$。比例尺是對數的。

$C_{P,m}$/(J/mol·K)

- 500 — 蔗糖 (s)
- — C_8H_{18} (l)
- 200 —
- — $Ba(NO_3)_2$ (s)
- — $CHCl_3$ (l)
- 100 —
- — H_2O (l)
- 50 — KCl (s)
- — CH_4 (g)
- — H_2 (g)
- — Cu (s)
- 20 —
- 10 —
- — C (鑽石)
- 5 —

(參閱 Münster，第 40 節)

$$C_P > 0 \qquad C_V > 0 \tag{2.56}$$

(2.56) 式的例外是引力效應很重要的系統。這樣的系統 (例如黑洞、星星和星團) 可能具有負熱容量 [D. Lynden-Bell, *Physica A*, **263**, 293 (1999)]。

C_P 和 C_V 之間的關係是什麼？我們有

$$C_P - C_V = \left(\frac{\partial H}{\partial T}\right)_P - \left(\frac{\partial U}{\partial T}\right)_V = \left(\frac{\partial (U+PV)}{\partial T}\right)_P - \left(\frac{\partial U}{\partial T}\right)_V$$

$$C_P - C_V = \left(\frac{\partial U}{\partial T}\right)_P + P\left(\frac{\partial V}{\partial T}\right)_P - \left(\frac{\partial U}{\partial T}\right)_V \tag{2.57}$$

我們預計 (2.57) 式中的 $(\partial U/\partial T)_P$ 和 $(\partial U/\partial T)_V$ 是相互關聯的。在 $(\partial U/\partial T)_V$，內能取為 T 和 V 的函數；$U = U(T, V)$。$U(T, V)$ 的全微分是 [(1.30) 式]

$$dU = \left(\frac{\partial U}{\partial T}\right)_V dT + \left(\frac{\partial U}{\partial V}\right)_T dV \tag{2.58}$$

(2.58) 式對於任何微小的過程都是成立的，但是因為我們想要將 $(\partial U/\partial T)_V$ 與 $(\partial U/\partial T)_P$ 形成關聯，我們對 (2.58) 式施加 P 為恆定的限制，得到

$$dU_P = \left(\frac{\partial U}{\partial T}\right)_V dT_P + \left(\frac{\partial U}{\partial V}\right)_T dV_P \tag{2.59}$$

其中 P 下標表示無窮小變化 dU、dT 和 dV 出現在恆定 P。除以 dT_P 得到

$$\frac{dU_P}{dT_P} = \left(\frac{\partial U}{\partial T}\right)_V + \left(\frac{\partial U}{\partial V}\right)_T \frac{dV_P}{dT_P}$$

無窮小 dU_P/dT_P 的比是偏導數 $(\partial U/\partial T)_P$，所以

$$\left(\frac{\partial U}{\partial T}\right)_P = \left(\frac{\partial U}{\partial T}\right)_V + \left(\frac{\partial U}{\partial V}\right)_T \left(\frac{\partial V}{\partial T}\right)_P \tag{2.60}$$

將 (2.60) 式代入 (2.57) 式得到所需的關係：

$$C_P - C_V = \left[\left(\frac{\partial U}{\partial V}\right)_T + P\right]\left(\frac{\partial V}{\partial T}\right)_P \tag{2.61}$$

(2.61) 式中的狀態函數 $(\partial U/\partial V)_T$ 具有壓力的因次，因此有時稱為內壓 (internal pressure)。顯然，$(\partial U/\partial V)_T$ 與有關內能 U 是由分子間位能引起的。系統體積 V 的變化將改變平均分子間距離並因此改變平均分子間位能。對於不是高壓的氣體，分子間作用力使 (2.61) 式中的 $(\partial U/\partial V)_T$ 變小。對於液體和固體，分子彼此接近，大的分子間作用力使 $(\partial U/\partial V)_T$ 變大。氣體中的 $(\partial U/\partial V)_T$ 的測量在第 2.7 節中討論。

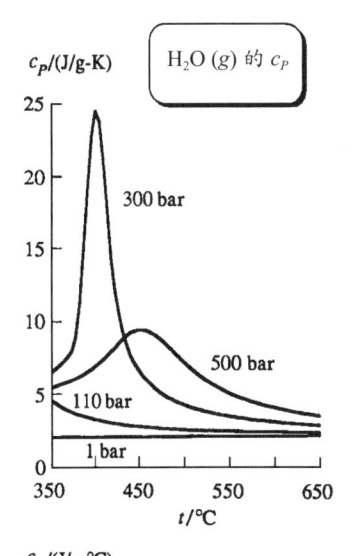

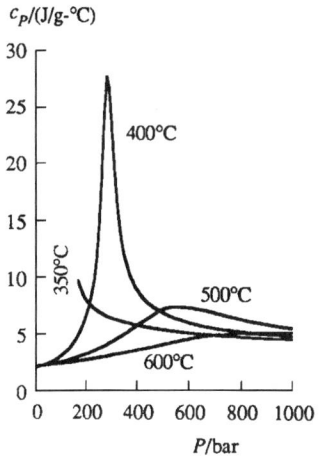

圖 2.5

H_2O (g) 的比熱相對於 T 和相對於 P。

2.7 焦耳和焦耳 – 湯姆生實驗

1843 年，焦耳 (Joule) 試圖藉由氣體對真空自由膨脹後，測量溫度的變化來確定氣體的 $(\partial U/\partial V)_T$。在 1924 年，Keyes 和 Sears 改進了裝置重複這個實驗 (圖 2.6)。

最初，室 A 充滿氣體，室 B 抽真空，然後兩室之間的閥門打開，達到平衡後，系統中溫度的變化由溫度計測量。因為系統被絕熱壁環繞，q 是 0；沒有熱量流入或流出系統。該膨脹到真空是高度不可逆的。有限的不平衡力在系統內部作用，當氣體衝入 B 時，存在亂流和缺乏壓力平衡。所以 $dw = -P\,dV$ 不適用。但是，我們可以隨時計算系統所作的功 $-w$。發生的唯一動作是在系統本身。因此，氣體對外界不作功，反之亦然。因此對於膨脹到真空 $w = 0$。因為對於一個封閉的系統 $\Delta U = q + w$，因此我們有 $\Delta U = 0 + 0 = 0$。這是一個恆定能量過程。在恆定內能下，實驗量測溫度隨體積的變化，$(\partial T/\partial V)_U$。更準確地說，這個實驗在恆定 U 下，量測 $\Delta T/\Delta V$。從量測 $\Delta T/\Delta V$ 得到 $(\partial T/\partial V)_U$ 的方法與本節稍後所描述的 $(\partial T/\partial P)_H$ 類似。

圖 2.6 Keyes-Sears 修改焦耳實驗。

我們將焦耳係數 (Joule coefficient) μ_J (mu jay) 定義為

$$\mu_J \equiv (\partial T/\partial V)_U \tag{2.62}$$

如何將可量測的量 $(\partial T/\partial V)_U = \mu_J$ 與 $(\partial U/\partial V)_T$ 聯繫起來？這兩個偏導數中的變數是相同的 (即 T、U 和 V)。因此我們可以使用 $(\partial x/\partial y)_z(\partial y/\partial z)_x(\partial z/\partial x)_y = -1$ [(1.34) 式] 將這些偏導數聯繫起來。用 T、U 和 V 代替 x、y 和 z，可得

$$\left(\frac{\partial T}{\partial U}\right)_V \left(\frac{\partial U}{\partial V}\right)_T \left(\frac{\partial V}{\partial T}\right)_U = -1$$

$$\left(\frac{\partial U}{\partial V}\right)_T = -\left[\left(\frac{\partial T}{\partial U}\right)_V\right]^{-1}\left[\left(\frac{\partial V}{\partial T}\right)_U\right]^{-1} = -\left(\frac{\partial U}{\partial T}\right)_V\left(\frac{\partial T}{\partial V}\right)_U$$

$$\left(\frac{\partial U}{\partial V}\right)_T = -C_V \mu_J \tag{2.63}$$

其中 $(\partial z/\partial x)_y = 1/(\partial x/\partial z)_y$、$(\partial U/\partial T)_V = C_V$ 且 $\mu_J = (\partial T/\partial V)_U$ [使用 (2.53) 式和 (2.62) 式]。

焦耳 1843 年的實驗給出了 μ_J 的零值，因此 $(\partial U/\partial V)_T$ 的值為零。然而，他的設置非常糟糕，以至於他的結果毫無意義。1924 年 Keyes-Sears 實驗證明 $(\partial U/\partial V)_T$ 對氣體來說很小但絕對不為零。因為實驗困難，只做了一些粗略的測量。

1853 年，焦耳和威廉湯姆生 (後來的凱爾文勳爵) 做了一個類似於焦耳的實驗，但獲得更準確的結果。**焦耳 – 湯姆生實驗** (Joule-Thomson

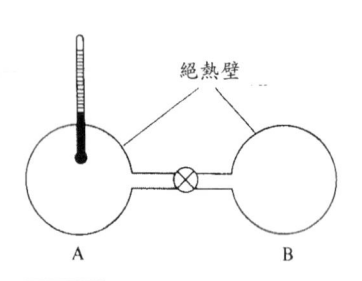

圖 2.7

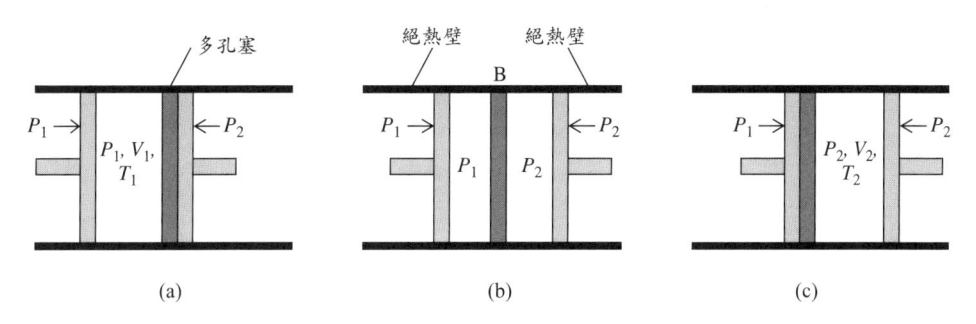

焦耳–湯姆生實驗。

experiment) 涉及氣體通過剛性多孔塞的緩慢節流 (throttling)。圖 2.7 顯示了實驗的理想化草圖。系統被封閉在絕熱壁內。左活塞保持在固定的壓力 P_1，右活塞保持在固定的壓力 $P_2 < P_1$。分隔塞 B 是多孔的，這可以使氣體從一室慢慢地流向另一室。因為節流過程緩慢，每一室保持壓力平衡，基本上所有從 P_1 到 P_2 的壓力降都出現在多孔塞中。將左側活塞緩慢推進，使左側體積為 V_1 的氣體通過多孔塞進入右側，由於右側壓力較低，氣體進入右側後體積膨脹為 V_2，氣體膨脹前後溫度的變化可以直接測出。

我們要計算氣體通過多孔塞節流時，活塞對氣體所作的功 w。整個過程是不可逆的，因為 P_1 大於 P_2 有限的數量，無限小的壓力變化不能將這一過程逆向進行。然而，壓力降幾乎完全發生在多孔塞中。塞子是剛性的，氣體對多孔塞不作功，反之亦然。系統與外界之間的功交換只發生在兩個活塞上。由於在每個活塞上保持壓力平衡，我們可以使用 $dw_{rev} = -P\,dV$ 來計算功。左側活塞推進，外界對氣體作功 w_L。我們有 $dw_L = -P_L dV = -P_1 dV$，對於左和右我們使用下標 L 和 R。令所有的氣體通過節流。左室的初始和最終體積為 V_1 和 0，故

$$w_L = -\int_{V_1}^{0} P_1\,dV = -P_1 \int_{V_1}^{0} dV = -P_1(0 - V_1) = P_1 V_1$$

氣體向右側膨脹時，氣體對外界作功 dw_R。我們有 $w_R = -\int_0^{V_2} P_2\,dV = -P_2 V_2$，整個程序外界對氣體作的淨功為 $w = w_L + w_R = P_1 V_1 - P_2 V_2$。

對於這個絕熱過程 $(q = 0)$，由第一定律可知 $U_2 - U_1 = q + w = w$，所以 $U_2 - U_1 = P_1 V_1 - P_2 V_2$ 或 $U_2 + P_2 V_2 = U_1 + P_1 V_1$。因為 $H \equiv U + PV$，我們有

$$H_2 = H_1 \quad 或 \quad \Delta H = 0$$

焦耳–湯姆生膨脹的初始和最終焓是相等的。

在焦耳–湯姆生實驗，量測溫度變化 $\Delta T = T_2 - T_1$ 給出恆定 H 的 $\Delta T/\Delta P$。這可以與焦耳實驗進行比較，焦耳實驗量測恆定 U 的 $\Delta T/\Delta V$。

我們定義**焦耳–湯姆生係數** (Joule–Thomson coefficient) μ_{JT} 為

$$\mu_{JT} \equiv \left(\frac{\partial T}{\partial P}\right)_H \tag{2.64}*$$

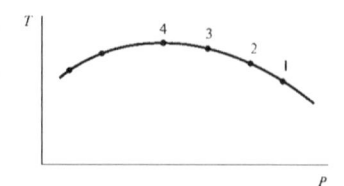

圖 2.8
從一系列焦耳–湯姆生實驗獲得的恆焓曲線。

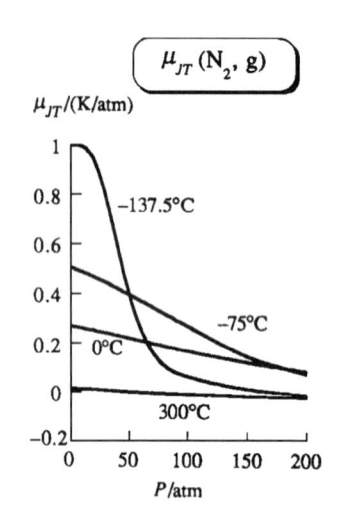

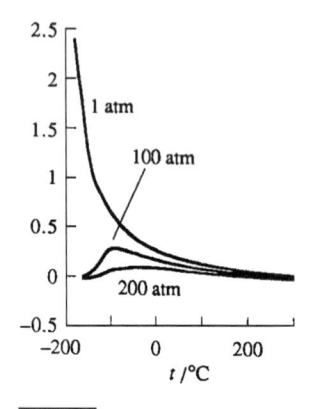

圖 2.9
$N_2(g)$ 的焦耳–湯姆生係數相對於 P 和相對於 T 的圖。

μ_{JT} 是兩個內含性質的無窮小變化的比，因此是內含性質。就像任何內含性質一樣，它是 T 和 P (以及氣體的本質) 的函數。

單一焦耳–湯姆生實驗僅產生 $(\Delta T/\Delta P)_H$。為了找到 $(\partial T/\partial P)_H$ 值，我們繼續如下。從初始的 P_1 和 T_1 開始，我們選擇小於 P_1 的值 P_2 並進行節流實驗，量測 T_2。然後我們在 T-P 圖上繪製 (T_1, P_1) 和 (T_2, P_2) 這兩個點；這些是圖 2.8 中的第 1 點和第 2 點。由於焦耳–湯姆生膨脹 $\Delta H=0$，所以狀態 1 和 2 具有相等的焓。用相同的初始 P_1 和 T_1 重複實驗，但是將右側活塞的壓力設置為新值 P_3 給出圖中的點 3。重複幾次，每次都有不同的最終壓力，產生幾個對應於等焓狀態的點。我們以平滑的曲線 [稱為恆焓曲線 (isenthalpic curve)] 連接這些點。曲線在任何點的斜率給出該點的 $(\partial T/\partial P)_H$。$\mu_{JT}$ 為負數的 T 和 P 的值 (指向點 4 的右邊) 對應於焦耳–湯姆生節流膨脹後的升溫。在點 4，μ_{JT} 為零。在點 4 的左邊，μ_{JT} 為正，氣體藉由節流被冷卻。為了生成更多的等焓曲線並獲得更多的 $\mu_{JT}(T, P)$ 值，我們可使用不同的初始溫度 T_1。

氣體的 μ_{JT} 值範圍從 +3 到 −0.1°C/atm，取決於氣體和氣體的溫度和壓力。圖 2.9 繪製了 N_2 氣體的一些 μ_{JT} 數據。

焦耳–湯姆生節流可用於液化氣體。對於要藉由焦耳–湯姆生膨脹 ($\Delta P < 0$) 冷卻的氣體，在 T 和 P 範圍內 μ_{JT} 必須為正。在焦耳–湯姆生液化氣體中，多孔塞被窄開口 (針形閥) 取代。氣體液化的另一種方法是抵抗活塞的近似可逆絕熱膨脹。

與用於推導 (2.63) 式的程序類似，可導出 (習題 2.17)

$$\left(\frac{\partial H}{\partial P}\right)_T = -C_P \mu_{JT} \tag{2.65}$$

我們可以使用熱力學恆等式將焦耳和焦耳–湯姆生係數聯繫起來。

延伸例題 節流膨脹

某氣體節流膨脹前 $P_1 = 3000$ kPa，$T_1 = 25$°C，節流膨脹後 $P_2 = 500$ kPa，$T_2 = 5$°C，假設該氣體 μ_{JT} 為常數，若氣體節流後壓力為 100 kPa，則溫度將降為多少？

解：假設 μ_{JT} 為常數，由公式

$$\mu_{JT} = (\partial T/\partial P)_H = (\Delta T/\Delta P)_H$$
$$= \frac{5-25}{500-3000}$$
$$= 0.008 \text{ K(kPa)}^{-1}$$

若氣體節流後壓力為 100 kPa，則

$$\Delta T = \mu_{JT}\Delta P$$
$$= 0.008 \times (100 - 3000)$$
$$= -23.2 \text{ K}$$

因此 $T_2 = 25 - 23.2 = 1.8°C$

習題

某氣體的 $\mu_{JT} = 0.003$ K(kPa)$^{-1}$，若此氣體由 25°C、3,000 kPa 節流膨脹至 100 kPa，則溫度將降為多少？
(答案：16.2°C)

2.8 理想氣體和第一定律

理想氣體

在第 1 章將理想氣體定義為符合狀態方程式 $PV = nRT$ 的氣體。理想氣體的分子描述是分子間沒有作用力。要是我們在保持 T 不變的情況下改變理想氣體的體積，我們改變了分子之間的平均距離，但是因為分子間作用力為零，所以這個距離變化不會影響內能 U。此外，氣體分子的平均平移動能只是 T 的函數（對於分子旋轉和振動能此亦為真）並且不會隨著體積而改變。因此，我們期望，對於理想氣體，在恆定 T 下 U 不會隨 V 變化，$(\partial U/\partial V)_T$ 將為零。但是，我們還沒有能力用熱力學證明這一點。為了保持熱力學的合理發展，因此我們現在將**理想氣體** (perfect gas) 定義為符合以下兩個方程式的氣體：

$$PV = nRT \quad 且 \quad (\partial U/\partial V)_T = 0 \quad \text{理想氣體} \tag{2.66}*$$

理想氣體只需要遵循 $PV = nRT$。一旦我們假設熱力學第二定律，我們將可由 $PV = nRT$ 證明 $(\partial U/\partial V)_T = 0$。

對於處於平衡狀態的密閉系統，內能（以及其他任何狀態函數）可以表示為溫度和體積的函數：$U = U(T, V)$。然而，(2.66) 式指出，對於一個理想氣體來說，U 與體積無關。所以理想氣體的 U 只與溫度有關：

$$U = U(T) \quad \text{理想氣體} \tag{2.67}*$$

由於對於理想氣體而言 U 與 V 無關，所以對於 C_V 來說，(2.53) 式的偏導數 $(\partial U/\partial T)_V$ 變成一個普通的導數：$C_V = dU/dT$ 且

$$dU = C_V dT \quad \text{理想氣體} \tag{2.68}*$$

由 (2.67) 式和 $C_V = dU/dT$ 可知，理想氣體的 C_V 只與 T 有關：

$$C_V = C_V(T) \quad \text{理想氣體} \tag{2.69}*$$

對於理想氣體，$H \equiv U + PV = U + nRT$。因此 (2.67) 式顯示，對於理想氣體而言，$H$ 只與 T 有關。使用 $C_P = (\partial H/\partial T)_P$ [(2.53) 式]，然後我們有

$$H = H(T), \qquad C_P = dH/dT, \qquad C_P = C_P(T) \qquad \text{理想氣體} \tag{2.70}*$$

在 $C_P - C_V = [(\partial U/\partial V)_T + P](\partial V/\partial T)_P$ [(2.61) 式] 中，使用 $(\partial U/\partial V)_T = 0$ [(2.66) 式] 可得

$$C_P - C_V = P(\partial V/\partial T)_P \qquad \text{理想氣體} \tag{2.71}$$

從 $PV = nRT$，我們得到 $(\partial V/\partial T)_P = nR/P$。因此，對於理想氣體 $C_P - C_V = nR$ 或

$$C_{P,m} - C_{V,m} = R \qquad \text{理想氣體} \tag{2.72}*$$

我們有 $\mu_J C_V = -(\partial U/\partial V)_T$ [(2.63) 式]。由於對於理想氣體而言，$(\partial U/\partial V)_T = 0$ 所以對於理想氣體，$\mu_J = 0$。此外，$\mu_{JT} C_P = -(\partial H/\partial P)_T$ [(2.65) 式]。由於對於完美的氣體，其 H 只與 T 有關，對於這樣的氣體，我們有 $(\partial H/\partial P)_T = 0$，即 $\mu_{JT} = 0$。令人驚訝的是，如圖 2.9 所示，當 P 趨近於零時，真實氣體的 μ_{JT} 確實不會趨近於零 (關於這個事實的分析，見習題 8.8)。

我們現在將第一定律應用於理想氣體。對於可逆的體積變化，$dw = -P\,dV$ [(2.26) 式]。此外，對於理想氣體 (2.68) 式給出 $dU = C_V\,dT$。對於固定量的完美氣體，第一定律 $dU = dq + dw$ (密閉系統) 變成

$$dU = C_V\,dT = dq - P\,dV \qquad \text{理想氣體，可逆過程，只作 } P-V \text{ 功} \tag{2.73}$$

例 2.4　q、w 和 ΔU 的計算

假設 0.100 mol 的理想氣體，具有與溫度無關的 $C_{V,m} = 1.50R$，經歷如圖 2.10 所示的可逆循環過程 $1 \to 2 \to 3 \to 4 \to 1$，其中 P 或 V 在每個步驟中保持不變。計算每個步驟和整個循環的 q、w 和 ΔU。

因為我們知道 P 在每一步驟中的變化，並且由於這些步驟是可逆的，我們可以將 $dw_{rev} = -PdV$ 積分，輕鬆找到每個步驟的 w。因為在每一步驟中，V 或 P 為不變，我們可以將 $dq_V = C_V\,dT$ 和 $dq_P = C_P\,dT$ [(2.51) 和 (2.52) 式] 積分，來找出每個步驟中的熱量。然後第一定律 $\Delta U = q + w$ 求出 ΔU。

計算像 $\int_1^2 C_V\,dT$ 這樣的積分，我們需要知道狀態 1、2、3 和 4 的溫度。因此我們開始使用 $PV = nRT$ 來求這些溫度。例如，$T_1 = P_1V_1/nR = 122$ K。同理，$T_2 = 366$ K，$T_3 = 732$ K，$T_4 = 244$ K。

步驟 $1 \to 2$ 處於恆定體積，沒有作功，並且 $w_{1 \to 2} = 0$。步驟 $2 \to 3$ 處於恆定壓力，且

$$w_{2 \to 3} = -\int_2^3 P\,dV = -P(V_3 - V_2) = -(3.00 \text{ atm})(2000 \text{ cm}^3 - 1000 \text{ cm}^3)$$

$$= -3000 \text{ cm}^3 \text{ atm } (8.314 \text{ J})/(82.06 \text{ cm}^3 \text{ atm}) = -304 \text{ J}$$

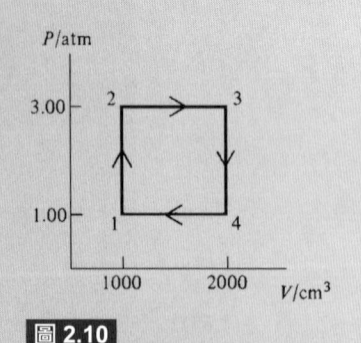

圖 2.10　一個可逆的循環過程。

其中兩個 R 值用於將功轉換為焦耳。同理，$w_{3\to4} = 0$ 且 $w_{4\to1} = 101$ J。完整循環的功 w 是四個步驟功的總和，所以 $w = -304$ J $+ 0 + 101$ J $+ 0 = -203$ J。

步驟 $1 \to 2$ 處於恆定體積，並且

$$q_{1\to2} = \int_1^2 C_V \, dT = nC_{V,m} \int_1^2 dT = n(1.50R)(T_2 - T_1)$$

$$= (0.100 \text{ mol})1.50[8.314 \text{ J/(mol K)}](366 \text{ K} - 122 \text{ K}) = 304 \text{ J}$$

步驟 $2 \to 3$ 處於恆定壓力，並且 $q_{2\to3} = \int_2^3 C_P \, dT$。由 (2.72) 式可得 $C_{P,m} = C_{V,m} + R = 2.50R$，並且求得 $q_{2\to3} = 761$ J。同理，$q_{3\to4} = -608.5$ J 且 $q_{4\to1} = -253.5$ J。循環的總熱量為 $q = 304$ J $+ 761$ J $- 608.5$ J $- 253.5$ J $= 203$ J。

我們有 $\Delta U_{1\to2} = q_{1\to2} + w_{1\to2} = 304$ J $+ 0 = 304$ J。同理，我們求得 $\Delta U_{2\to3} = 457$ J，$\Delta U_{3\to4} = -608.5$ J，$\Delta U_{4\to1} = -152\frac{1}{2}$ J。對於整個循環，$\Delta U = 304$ J $+ 457$ J $- 608\frac{1}{2}$ J $- 152\frac{1}{2}$ J $= 0$，這也可以從 $q + w$ 為 203 J $- 203$ J $= 0$ 中求得。另一種方法是使用理想氣體方程式 $dU = C_V dT$ 求每一步驟的 ΔU。

對於這個循環過程，我們求得 $\Delta U = 0$，$q \neq 0$ 和 $w \neq 0$。這些結果與 U 是狀態函數而 q 和 w 不是狀態函數的事實一致。

習題

使用理想氣體方程式 $dU = C_V dT$，於圖 2.10 求循環中每個步驟的 ΔU。
(答案：304 J，456 J，-609 J，-152 J)

習題

驗證在這個例子中可逆循環過程的 w 等於圖 2.10 中的線所圍面積的負值。

延伸例題　恆容冷卻

454 g-mol 的理想氣體在恆容下自 188°C、207 kPa 可逆冷卻到 18°C、100 kPa，該氣體的 $C_V = 5$ cal/g-mol°C。求此過程的 q、w、ΔU、ΔH。

解： 恆容下，

$w = 0$

$\Delta U = q$

$\Delta U = nC_V \Delta T = (454 \text{ g-mols})(5 \text{ cal/g-mol°C})(18 - 188\text{°C})$

$= -385.9 \text{ kcal}$

$q = -385.9 \text{ kcal}$

$C_P = C_V + R = 5 + 1.987 = 6.987$

$\Delta H = nC_P \Delta T = (454 \text{ g-mols})(6.987 \text{ cal/g-mol°C})(18 - 188\text{°C})$

$= -540.26 \text{ kcal}$

理想氣體的可逆等溫過程

考慮理想氣體可逆等溫(恆定 T)過程的特殊情況(在本節中,假定是密閉系統)。對於定量的理想氣體,U 只與 T 有關 [(2.67)式]。因此在理想氣體等溫下內能的改變 $\Delta U = 0$,這也來自理想氣體的 $dU = C_V dT$。因為 $\Delta U = 0$,所以第一定律 $\Delta U = q + w$ 變成 $0 = q + w$,而 $q = -w$。將 $dw_{rev} = -PdV$ 積分且利用 $PV = nRT$ 可得

$$w = -\int_1^2 P\,dV = -\int_1^2 \frac{nRT}{V}dV = -nRT\int_1^2 \frac{1}{V}dV = -nRT(\ln V_2 - \ln V_1)$$

$$w = -q = nRT \ln \frac{V_1}{V_2} = nRT \ln \frac{P_2}{P_1} \qquad \text{理想氣體可逆等溫過程} \qquad (2.74)$$

其中使用了波義耳定律。如果過程是膨脹 ($V_2 > V_1$),則氣體對外界作功 w 為負值,加入氣體的熱量 q 是正值。所有添加的熱量表現為由氣體對外界所作的功,對於理想氣體,U 維持為恆定值。

為了在可逆等溫的情況下進行氣體的體積變化,我們可以想像這種氣體置於裝有無摩擦活塞的氣缸中。我們把氣缸放在非常大的恆溫槽(圖2.11),並以無限小的速率改變活塞的外部壓力。如果我們增加壓力,氣體緩慢壓縮。對氣體所作的功會把能量傳遞給氣體,並且往往會以無窮小的速率增加氣體的溫度。這種微小的溫度升高將導致熱量從氣體流出到周圍的槽中,從而將氣體保持在基本恆定的溫度。如果我們降低壓力,氣體會緩慢膨脹,從而對外界作功,導致氣體溫度的微小下降,熱量從槽中流入氣體,使氣體維持恆定溫度。

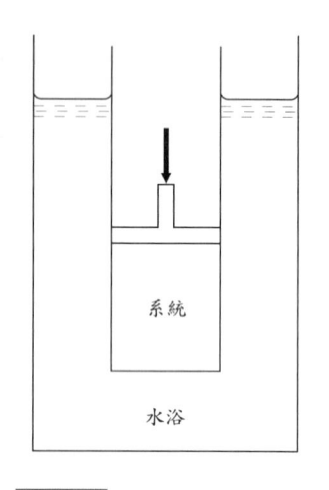

圖 2.11
等溫體積變化的設置。

例 2.5 計算 q、w 和 ΔU

裝有無摩擦活塞的氣缸在 $P = 1.00$ atm 下含有 3.00 莫耳 He 氣,並且在 400 K 下處於大的恆溫槽中。壓力是可逆增加到 5.00 atm。求這個過程的 w、q 和 ΔU。

將氦氣視為理想氣體是一個很好的近似。由於 T 是常數,ΔU 是零 [(2.68)式]。由 (2.74) 式可得

$$w = (3.00 \text{ mol})(8.314 \text{ J mol}^{-1} \text{ K}^{-1})(400 \text{ K}) \ln(5.00/1.00) = (9980 \text{ J})\ln 5.00$$
$$w = (9980 \text{ J})(1.609) = 1.61 \times 10^4 \text{ J}$$

此外,$q = -w = -1.61 \times 10^4$ J。當然,對於壓縮(對氣體作功)w 是正的。熱量 q 為負值,因為熱量必須從氣體流向周圍的恆溫槽,以使氣體在壓縮時保持在 400 K。

習題

0.100 mol 的理想氣體具有 $C_{V,m} = 1.50R$,在 300 K 進行可逆等溫膨脹從 1.00 L 到 3.00 L。在這個過程中求 q、w 和 ΔU。(答案:274 J,−274 J,0)

延伸例題　恆溫可逆膨脹

2 mol 理想氣體由 25°C、100 kPa 恆溫可逆膨脹至 50 kPa，求這個過程的 w、q 和 ΔU。

解：理想氣體恆溫過程 $\Delta U = 0$。

$$q = nRT \ln (P_1/P_2)$$
$$= 2 \times 8.314 \times 298 \ln (100/50)$$
$$= 3434.6 \text{ J}$$
$$w = -q = -3434.6 \text{ J}$$

理想氣體的可逆恆壓 P (或恆容 V) 過程

例 2.4 顯示了這些過程的 q、w 和 ΔU 的計算結果。

理想氣體的可逆絕熱過程

在絕熱過程中，$dq = 0$。對於系統中只有 P-V 功的可逆過程，$dw = -P\,dV$。對於理想氣體而言，$dU = C_V\,dT$ [(2.68) 式]。因此，對於理想氣體的可逆絕熱過程，第一定律 $dU = dq + dw$ 變成

$$C_V\,dT = -P\,dV = -(nRT/V)dV$$
$$C_{V,m}\,dT = -(RT/V)dV$$

其中 $PV = nRT$ 且 $C_{V,m} = C_V/n$。為了積分這個方程式，我們分離變數，把 T 的所有函數放在一邊，把 V 的所有函數放在另一邊。我們得到 $(C_{V,m}/T)dT = -(R/V)dV$。積分可得

$$\int_1^2 \frac{C_{V,m}}{T}\,dT = -\int_1^2 \frac{R}{V}\,dV = -R(\ln V_2 - \ln V_1) = R \ln \frac{V_1}{V_2} \quad (2.75)$$

對於理想氣體，$C_{V,m}$ 是 T 的函數 [(2.69) 式]。如果在過程中溫度變化很小，$C_{V,m}$ 不會發生很大的變化，可以看作近似不變。$C_{V,m}$ 幾乎不變的另一種情況是單原子氣體，其中在很寬的溫度範圍內 $C_{V,m}$ 基本上與 T 無關 (第 2.11 節和圖 2.15)。當 $C_{V,m}$ 為常數時，$\int_1^2 (C_{V,m}/T)dT = C_{V,m} \int_1^2 T^{-1}dT = C_{V,m} \ln (T_2/T_1)$，而 (2.75) 式變為 $C_{V,m} \ln (T_2/T_1) = R \ln (V_1/V_2)$ 或

$$\ln(T_2/T_1) = \ln(V_1/V_2)^{R/C_{V,m}}$$

因此

$$\frac{T_2}{T_1} = \left(\frac{V_1}{V_2}\right)^{R/C_{V,m}} \quad \text{理想氣體，可逆絕熱過程，}C_V \text{為常數} \quad (2.76)$$

由於 C_V 是正的 [(2.56) 式]，由 (2.76) 式得知，當 $V_2 > V_1$，我們將有 $T_2 < T_1$。理想氣體可利用可逆絕熱膨脹來冷卻。在絕熱膨脹時，氣體對外界作功，並且由於 q 為

零，U 必須減少；因此 T 下降。近乎可逆絕熱膨脹是一種用於致冷的方法。

使用 $P_1V_1/T_1 = P_2V_2/T_2$ 可得另一個方程式。(2.76) 式變成

$$P_2V_2/P_1V_1 = (V_1/V_2)^{R/C_{V,m}} \quad 且 \quad P_1V_1^{1+R/C_{V,m}} = P_2V_2^{1+R/C_{V,m}}$$

指數為 $1 + R/C_{V,m} = (C_{V,m} + R)/C_{V,m} = C_{P,m}/C_{V,m}$，因為對於理想氣體 $C_{P,m} - C_{V,m} = R$ [(2.72) 式]。定義熱容量比 γ 為

$$\gamma \equiv C_P/C_V$$

我們有

$$P_1V_1^\gamma = P_2V_2^\gamma \quad \text{理想氣體，可逆絕熱過程，} C_V \text{ 為常數} \quad (2.77)$$

對於絕熱過程，$\Delta U = q + w = w$。對於理想氣體，$dU = C_V dT$。對於恆定 C_V 的近似值，我們有

$$\Delta U = C_V (T_2 - T_1) = w \quad \text{理想氣體，絕熱過程，} C_V \text{ 為常數} \quad (2.78)$$

在氣體中進行可逆絕熱過程中，圖 2.11 中的周圍恆溫槽用絕熱壁代替，且外壓緩慢改變。

我們可以將理想氣體的可逆等溫膨脹與可逆絕熱膨脹作一比較。令氣體從相同的初始 P_1 和 V_1 膨脹到相同的 V_2。對於等溫過程，$T_2 = T_1$。對於絕熱膨脹，我們可證明 $T_2 < T_1$。因此絕熱膨脹的最終壓力 P_2 必小於等溫膨脹的 P_2 (圖 2.12)。

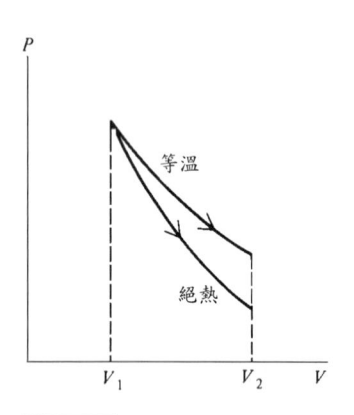

圖 2.12
理想氣體的可逆等溫膨脹和絕熱膨脹，從相同的狀態開始。

延伸例題 可逆絕熱膨脹

2 mol 理想氣體，由 350 K 經可逆絕熱膨脹至 300 K，已知該氣體 $C_V = \frac{3}{2}R$，求此膨脹程序的 q、w、ΔU 和 ΔH。

解：絕熱程序 $q = 0$，$\Delta U = w$。

$$\begin{aligned}
\Delta U &= \int nC_V dT = nC_V(T_2 - T_1) \\
&= 2 \times \tfrac{3}{2} \times 8.314 \times (300 - 350) \\
&= -1247.1 \text{ J} \\
w &= \Delta U = -1247.1 \text{ J} \\
\Delta H &= \int nC_P dT = n(C_V + R)(T_2 - T_1) \\
&= 2 \times \tfrac{5}{2} \times 8.314 \times (300 - 350) \\
&= -2078.5 \text{ J}
\end{aligned}$$

延伸例題　可逆絕熱膨脹

2 mol 理想氣體，自初態 $P_1 = 250$ kPa，$V_1 = 20$ dm³，經可逆絕熱膨脹至 $V = 50$ dm³，已知氣體的 $C_V = \frac{3}{2}R$，求 (a) 終態的溫度 T_2，(b) 膨脹過程氣體的 ΔH。

解：(a) 初溫為

$$T_1 = PV/nR = (250 \times 10_3 \times 20 \times 10^{-3})/(2 \times 8.314)$$
$$= 300.7 \text{ K}$$

由公式

$$C_V \ln (T_2/T_1) = R \ln (V_1/V_2)$$

因此

$$\tfrac{3}{2} \times 8.314 \ln (T_2/300.7) = 8.314 \ln (20/50)$$

解出 T_2 得

$$T_2 = 163.2 \text{ K}$$

(b) $\Delta H = \int nC_P\, dT = n(C_V + R)(T_2 - T_1) = 2 \times \tfrac{5}{2} \times 8.314 \times (163.2 - 300.7) = -5715.8$ J

延伸例題　可逆絕熱壓縮

2 mol 理想氣體，自初態 25°C、100 kPa，經可逆絕熱壓縮至 500 kPa，假設 $C_V = \tfrac{5}{2}R$，求外界對氣體所作的功。

解：可逆絕熱壓縮

$$C_P \ln (T_2/T_1) = R \ln (P_2/P_1)$$

其中 $C_P = C_V + R = \tfrac{7}{2}R$
因此 $\tfrac{7}{2}R \ln (T_2/T_1) = R \ln (P_2/P_1)$

$$\tfrac{7}{2} \ln (T_2/298) = \ln (500/100)$$

求解得　$T_2 = 471.97$ K

絕熱　$q = 0$，$\Delta U = w$
$$w = \Delta U = \int nC_V dT$$
$$= [2 \times 5/2 \times 8.314(471.97 - 298)]$$
$$= 7232 \text{ J}$$

或由公式

$$w = \frac{nR\ T_1}{\gamma - 1}\left[\left(\frac{P_2}{P_1}\right)^{\frac{\gamma-1}{\gamma}} - 1\right]$$

$$= \frac{2 \times 8.314 \times 298}{1.4 - 1}\left[\left(\frac{500}{100}\right)^{\frac{0.4}{1.4}} - 1\right]$$

$$= 7232 \text{ J}$$

其中 $\gamma = C_P/C_V$。

摘要

理想氣體遵循 $PV = nRT$，有 $(\partial U/\partial V)_T = 0 = (\partial H/\partial P)_T$，其中 U、H、C_V 和 C_P 只與 T 有關，且 $C_P - C_V = nR$，$dU = C_V\, dT$，$dH = C_P\, dT$。這些方程式僅適用於理想氣體。學生常犯的錯誤是在這些方程式不適用的情況下使用了這些方程式。

2.9 第一定律數量的計算

本節回顧熱力學過程，然後對於過程中計算 q、w、ΔU 和 ΔH 的方法作一總結。

熱力學過程

當一個熱力學系統經歷了一個狀態的變化，我們說它已經經歷了一個**過程** (process)。一個過程的**路徑** (path) 由一系列熱力學狀態組成，系統從初始狀態轉移到最終狀態。兩個過程從相同的初始狀態開始，並在相同的最終狀態結束，但經歷不同路徑 (例如，圖 2.3 中的 a 和 b) 是不同的過程。[術語「改變狀態」不應該與「相變」這個詞混淆。在熱力學中，每當定義系統狀態的一個或多個熱力學性質改變其值時，系統就會經歷**狀態的改變** (change of state)]。

在**循環** (cyclic) 過程中，系統的最終狀態與初始狀態相同。在循環中過程中，每個狀態函數的變化為零：$0 = \Delta T = \Delta P = \Delta V = \Delta U = \Delta H$ 等。然而，對於一個循環過程，q 和 w 未必是零 (回憶 2.8 節中的例 2.4)。

在**可逆** (reversible) 過程中，系統總是無限接近平衡，並且條件的微小變化可以恢復系統和外界的初始狀態。要執行可逆過程，必須只有無限小壓力和溫度的差異，使功和熱量緩慢流動。任何化學組成的變化必須緩慢且可逆地發生；此外，也不得有任何摩擦。我們發現在機械可逆過程中的功是由 $dw_{rev} = -P\, dV$ 求得。在第 3 章中，我們將把可逆過程中的熱量 dq_{rev} 與狀態函數聯繫起來 [參閱 (3.20) 式]。

在**等溫** (isothermal) 過程中，T 在整個過程中保持不變。要做到這一點，我們將系統封裝在導熱壁中，並將其置於大的恆溫槽。對於理想氣體來說，U 只是 T 的函數，所以 U 在等溫過程為常數；對於理想氣體以外的系統，這未必正確。

在**絕熱** (adiabatic) 過程中，$dq = 0$ 且 $q = 0$。這可以用絕熱壁圍繞系統來實現。

在**恆容** (constant-volume)(等容；isochoric) 過程中，V 在整個過程中保持不變。系統被封閉在堅硬壁上。只要系統只作 P-V 功，在等容過程中功 w 為零。

在**恆壓** (constant-pressure)(等壓；isobaric) 過程中，P 在整個過程中保持恆定。對固體和液體的實驗通常在系統對大氣開放的情況下進行；此時 P 在大氣壓下是恆定的。在氣體中執行恆壓 P 過程，將氣體用一個可移動的活塞封閉在氣缸中，將活塞上的外壓保持在氣體的初始壓力，並緩慢地加熱或冷卻氣體，從而在定壓 P 下使其體積和溫度不斷變化. 對於恆壓過程，我們發現 $\Delta H = q_P$。

學生常常因熱力學困惑，因為他們不明白此量是指某種特定熱力學狀態下系統的性質 (property)，還是指系統經歷的過程 (process)。例如，一旦定義了系統的狀態，H 是系統的一個性質，且具有確定的值；反之，$\Delta H \equiv H_2 - H_1$ 是系統從狀態 1 進入到狀態 2 的過程的焓變化。熱力學系統的每個狀態具有確定的值 H。每個狀態的變化有一個確定的 ΔH 值。

一個過程有兩種量。如 ΔH 的數值，是狀態函數的變化，與過程的路徑無關，而與最終狀態和初始狀態有關：$\Delta H = H_2 - H_1$。諸如 q 或 w 之類的數值 (它們不是狀態函數) 是與過程的路徑有關，並且不能從最終狀態和初始狀態中單獨找到。

我們現在回顧各種過程的 q、w、ΔU 和 ΔH 的計算。在這回顧中，我們假設系統為封閉且只作 P-V 功。

1. **定溫 T 和定壓 P 下的可逆相變**。**相變** (phase change) 或**相轉變** (phase transition) 是在系統中出現至少一個新相而不發生化學反應的過程。例子包括冰熔化成液態水，從斜方硫固體轉化為單斜硫固體 (第 7.4 節)，以及從水溶液中結冰 (第 12.3 節)。目前，我們只關心涉及純物質的相變。

    熱量 q 從相變的測量潛熱 (第 7.2 節) 中求得。功 w 由 $w = -\int_1^2 P \, dV = -P\Delta V$ 求得，其中 ΔV 是由兩相的密度計算而得。如果一個相是氣體，我們可以使用 $PV = nRT$ 求其體積 (除非氣體密度很高)。恆壓過程的 ΔH 可從 $\Delta H = q_P = q$ 值求得。最後，ΔU 從 $\Delta U = q + W$ 求得。例如，在 0°C 和 1 atm 下，H_2O 的熔化熱為 333 J/g。在該 T 和 P 下，1 mol (18.0 g) 冰的熔化熱為 $q = \Delta H = 6.01$ kJ。熱力學不能為我們提供相變潛熱或熱容量的值。這些數量必須被測量 (可以使用統計力學從理論上計算某些系統的熱容量，我們稍後會看到)。

2. **無相變化的恆壓加熱**。恆壓過程是機械可逆的，所以

$$w = w_{\text{rev}} = -\int_1^2 P \, dV = -P \Delta V \qquad \text{定壓 } P$$

其中 ΔV 由初始和最終溫度的密度或如果物質是理想氣體由 $PV = nRT$ 求出。如果加熱 (或冷卻) 是可逆的，那麼系統的 T 是明確的，$C_P = dq_P/dT$ 適用。積分這個方程式且使用 $\Delta H = q_P$ 可得

$$\Delta H = q_P = \int_{T_1}^{T_2} C_P(T) \, dT \qquad \text{定壓 } P \tag{2.79}$$

由於 P 是恆定的，我們不打算說明 C_P 與 P 以及 T 有關。C_P 和 C_V 對壓力的依賴性相當弱。除非在高壓下，在 1 atm 下測量的 C_P 值可用於其他壓力。ΔU 可從 $\Delta U = q + w = q_P + w$ 得到。

如果恆壓加熱是不可逆的 (例如，如果在加熱過程中系統和外界之間存在有限的溫差，或者如果系統中存在溫度梯度)，則關係 $\Delta H = \int_1^2 C_P \, dT$ 仍然適用，只要初始狀態和最終狀態是平衡狀態。這是因為 H 是狀態函數，ΔH 的值獨立於用

於連接狀態 1 和 2 的路徑 (過程)。若對於狀態 1 和 2 之間的可逆路徑 $\Delta H = \int_1^2 C_P \, dT$，則對於狀態 1 和 2 之間的不可逆路徑 ΔH 必等於 $\int_1^2 C_P \, dT$。而且，在推導出 $\Delta H = q_P$ [(2.46) 式]，我們沒有假設加熱是可逆的，只假設 P 是恆定的。因此，(2.79) 式適用於只有 P-V 功的密閉系統中的任何恆壓溫度變化。

由於 H 是一個狀態函數，對於任何初始狀態和最終狀態具有相同壓力的過程，無論是否整個過程在恆定壓力下進行，我們都可以用 (2.79) 式的積分求 ΔH。

3. **無相變化的恆容加熱**。由於 V 是恆定的，$w = 0$。積分 $C_V = dq_V/dT$ 且使用 $\Delta U = q + w = q_V$ 可得

$$\Delta U = \int_1^2 C_V \, dT = q_V \qquad 定容 V \qquad (2.80)$$

與 (2.79) 式一樣，不論加熱是否可逆 (2.80) 式成立。ΔH 可由 $\Delta H = \Delta U + \Delta(PV) = \Delta U + V\Delta P$ 求得。

4. **理想氣體的狀態改變**。因為理想氣體的 U 和 H 只與 T 有關，所以我們對 $dU = C_V \, dT$ [(2.68) 式] 和 $dH = C_P \, dT$ [(2.70) 式] 積分，可得

$$\Delta U = \int_{T_1}^{T_2} C_V(T) \, dT, \qquad \Delta H = \int_{T_1}^{T_2} C_P(T) \, dT \qquad 理想氣體 \qquad (2.81)$$

如果已知 $C_V(T)$ 或 $C_P(T)$，我們可以使用 $C_P - C_V = nR$ 並積分以找到 ΔU 和 ΔH。(2.81) 式適用於任何理想氣體狀態變化，包括不可逆的變化以及改變 P 和 V 的變化。q 和 w 的值與路徑有關。若這個過程是可逆的，則 $w = -\int_1^2 P \, dV = -nR \int_1^2 (T/V) \, dV$，若我們知道 T 是如何隨 V 變化，則我們可以求得 w。找到 w 後，我們使用 $\Delta U = q + w$ 找到 q。

5. **理想氣體的可逆等溫過程**。由於理想氣體的 U 和 H 只是 T 的函數，我們有 $\Delta U = 0$ 和 $\Delta H = 0$。此外，$w = -\int_1^2 P \, dV = -nRT \ln (V_2/V_1)$ [(2.74) 式] 且 $q = -w$，因為 $q + w = \Delta U = 0$。

6. **理想氣體的可逆絕熱過程**。這個過程是絕熱的，所以 $q = 0$。我們從 (2.81) 式找到 ΔU 和 ΔH。由第一定律可得 $w = \Delta U$。若 C_V 是常數，則氣體的最終狀態可以從 $P_1 V_1^\gamma = P_2 V_2^\gamma$ [(2.77) 式] 求得，其中 $\gamma \equiv C_P/C_V$。

7. **理想氣體對真空絕熱膨脹**。此時 (第 2.7 節) $q = 0$，$w = 0$，$\Delta U = q + w = 0$，且 $\Delta H = \Delta U + \Delta(PV) = \Delta U + nR\Delta T = 0$。

(2.79) 式和 (2.80) 式告訴我們溫度如何在恆定的 P 或恆定的 V 下影響 H 和 U。在這一點上，我們還無法找到 P 和 V 變化對 H 和 U 的影響。這將在第 4 章中討論。

關於單位，有時將熱容量和潛熱數據列入表中以卡為單位，所以 q 有時以卡計算。壓力通常以大氣壓為單位，所以 P-V 功通常以 cm^3 atm 計算。用於 q、w、ΔU 和 ΔH 的 SI 單位是焦耳。因此我們經常要在焦耳、卡和 cm^3 atm 之間轉換。我們藉由使用 (1.19) 式至 (1.21) 式中的 R 值來完成單位換算。參閱第 2.2 節中的例 2.2。

欲求一個過程的量如 ΔU 或 q 的有用策略是寫出這個過程相應的無窮小量的表達式，然後將這個表達式從初始狀態積分到最終狀態。例如，欲求理想氣體中 ΔU 狀態的改變，我們寫出 $dU = C_V dT$ 而 $\Delta U = \int_1^2 C_V(T)dT$；在恆壓過程求 q，我們寫出 $dq_P = C_P dT$ 而 $q_P = \int_1^2 C_P dT$。在常數 P 或 T 或 V 條件下狀態函數的微小變化通常可以從適當的偏導數中找到。例如，如果在恆容過程我們要求 dU 可使用 $(\partial U/\partial T)_V = C_V$ 而在 V 為常數的情況下寫出 $dU = C_V dT$，而 $\Delta U = \int_1^2 C_V dT$，其中積分時 V 為常數。

在計算從狀態 1 到狀態 2 的積分時，可將常數拿到積分之外，但在過程中發生變化的任何數都必須留在積分內。因此，對於恆壓過程，$\int_1^2 P\,dV = P\int_1^2 dV = P(V_2 - V_1)$，對於等溫過程，$\int_1^2 (nRT/V)dV = nRT\int_1^2 (1/V)dV = nRT\ln(V_2/V_1)$。然而，在計算 $\int_1^2 C_P(T)\,dT$ 時，我們不能把 C_P 拿到積分之外，除非我們知道從 T_1 到 T_2 的溫度範圍內 C_P 是恆定的。

例 2.6 計算 ΔH

在 1 bar 壓力下，溫度範圍為 250~500 K 的某物質的 $C_{P,m} = b + kT$，其中 b 和 k 是確定的已知常數。如果在 1 bar 壓力下將 n 莫耳此物質從 T_1 加熱到 T_2（其中 T_1 和 T_2 位於 250 至 500 K 的範圍內），求 ΔH 的表達式。

解： 由於是在恆壓 P 下加熱，我們使用 (2.79) 式得到

$$\Delta H = q_P = \int_1^2 nC_{P,m}\,dT = n\int_{T_1}^{T_2}(b + kT)\,dT = n\left(bT + \tfrac{1}{2}kT^2\right)\Big|_{T_1}^{T_2}$$

$$\Delta H = n[b(T_2 - T_1) + \tfrac{1}{2}k(T_2^2 - T_1^2)]$$

習題

當 n 莫耳物質在恆壓下由 T_1 加熱到 T_2，求 ΔH 的表達式，其中 $C_{P,m} = r + sT^{1/2}$，r 和 s 是常數。
[答案：$nr(T_2 - T_1) + \tfrac{2}{3}ns(T_2^{3/2} - T_1^{3/2})$]

2.10 狀態函數和線積分

我們現在討論測試某個數量是否為狀態函數的方法。藉由某個過程令系統從狀態 1 變化到狀態 2。我們將過程細分為無限小步。令 db 為與每個無限小步相關的無限小量。例如，db 可能是在一個微小的步驟中，流入系統的無限小的熱量 ($db = dq$) 或者它可能是系統中無限小的壓力變化 ($db = dP$)，或者可能是無窮小熱流除以系統溫度 ($db = dq/T$) 等。確定 db 是否是狀態函數的微分，我們考慮線積分 $_L\int_1^2 db$，其中 L 表示積分值通常取決於從狀態 1 到狀態 2 的過程 (路徑)。

線積分 $_L\int_1^2 db$ 等於我們將這個過程分割成無限小的步驟的無限小數量 db 的總和。若 b 是一個狀態函數，則 b 中無窮小變化的總和等於從初始狀態到最終狀態的整體變化 $\Delta b \equiv b_2 - b_1$。例如，若 b 是溫度，則 $_L\int_1^2 dT = \Delta T = T_2 - T_1$；同理，$_L\int_1^2 dU =$

$U_2 - U_1$。我們有

$$\int_L^2_1 db = b_2 - b_1 \qquad \text{如果 } b \text{ 是一個狀態函數} \tag{2.82}$$

既然 $b_2 - b_1$ 與從狀態 1 到狀態 2 的路徑無關而只與初始狀態 1 和最終狀態 2 有關，則當 b 是狀態函數時，線積分 $_L\int_1^2 db$ 的值與路徑無關。

假設 b 不是狀態函數。例如，令 $db = dq$，無窮小的熱量流入系統。無窮小熱量的總和等於從狀態 1 到狀態 2 的過程中流入系統的總熱量 q；我們有 $_L\int_1^2 dq = q$；同理，$_L\int_1^2 dw = w$，其中 w 是過程中的功。我們已經看到 q 和 w 不是狀態函數，而是與從狀態 1 到狀態 2 的路徑有關。積分值 $_L\int_1^2 dq$ 和 $_L\int_1^2 dw$ 與從 1 到 2 的路徑有關。一般來說，若 b 不是狀態函數，則 $_L\int_1^2 db$ 與路徑有關。狀態函數的微分，例如 dU，在數學中稱為正合微分 (exact differential)；dq 和 dw 為非正合 (inexact)。有些教科書使用特殊符號來表示非正合微分而以 đq 和 đw (或 Dq 和 Dw) 取代 dq 和 dw。

從 (2.82) 式可以看出，若線積分 $_L\int_1^2 db$ 的值與從狀態 1 到狀態 2 的路徑有關，則 b 不是狀態函數。

反之，若 $_L\int_1^2 db$ 對於從狀態 1 到狀態 2 的每條路徑都具有相同的值，則 b 是一個狀態函數，對於系統的任何狀態其值可以定義如下。我們選擇一個參考狀態 r，並賦予它某個 b 值，用 b_r 表示。然後，定義任意狀態 2 的 b 值為

$$b_2 - b_r = \int_r^2 db \tag{2.83}$$

因為，由假設，(2.83) 式中的積分與路徑無關，即 b_2 的值僅與狀態 2 有關；$b_2 = b_2(T_2, P_2)$，因此 b 是狀態函數。

若 A 是任何狀態函數，則對於任何循環過程，ΔA 必為零。為了表示循環過程，我們在線積分符號中添加一個圓。若 b 是狀態函數，則對於任何循環過程，由 (2.82) 式可得 $\oint db = 0$。例如，$\oint dU = 0$. 但請注意 $\oint dq = q$ 且 $\oint dw = w$，其中熱量 q 和功 w 對於循環過程不一定是零。

我們現在證明，若對於每個循環過程

$$\oint db = 0$$

則 $_L\int_1^2 db$ 的值與路徑無關，因此 b 是一個狀態函數。圖 2.13 顯示了連接狀態 1 和狀態 2 的三個過程。過程 I 和 II 構成一個循環。因此由方程式 $\oint db = 0$ 可得

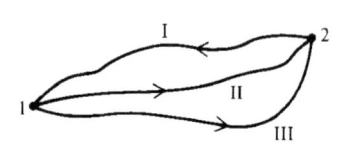

圖 2.13
連接狀態 1 和 2 的三個過程。

$$\int_{\substack{2\\ \text{I}}}^{1} db + \int_{\substack{1\\ \text{II}}}^{2} db = 0 \tag{2.84}$$

同樣，過程 I 和 III 構成一個循環，並且

$$\int_{\substack{2\\ \text{I}}}^{1} db + \int_{\substack{1\\ \text{III}}}^{2} db = 0 \tag{2.85}$$

從 (2.84) 式減去 (2.85) 式可得

$$\int_{\substack{1\\ \text{II}}}^{2} db = \int_{\substack{1\\ \text{III}}}^{2} db \tag{2.86}$$

因為過程 II 和 III 是連接狀態 1 和 2 的任意過程，(2.86) 式顯示，對於介於狀態 1 和 2 之間的每個過程，線積分 $_L\int_1^2 db$ 都有相同的值。因此 b 必須是狀態函數。

☕ 摘要

若 b 是狀態函數，則 $_L\int_1^2 db$ 等於 $b_2 - b_1$ 且與狀態 1 到狀態 2 的路徑無關。若 b 是狀態函數，則 $\oint db = 0$。

若 $_L\int_1^2 db$ 的值與從 1 到 2 的路徑無關，則 b 是狀態函數。若對於每個循環過程 $\oint db = 0$，則 b 是狀態函數。

2.11 總結

當系統經歷一個機械可逆無窮小的體積變化時，一個密閉系統對外界作功 $dw_{\text{rev}} = -P\, dV$。

線積分 $\int_1^2 P(T, V)\, dV$ (等於 $-w_{\text{rev}}$) 定義為從狀態 1 到狀態 2 的過程的無窮小量 $P(T, V)dV$ 的總和。一般來說，線積分的值取決於從狀態 1 到狀態 2 的路徑。

當在恆定壓力下經歷溫度變化 dT 時，傳遞給具有恆定組成的物體的熱量是 $dq_P = C_P\, dT$，其中 C_P 是恆壓下物體的熱容量。

熱力學的第一定律表達了系統加外界的總能量的守恆。對於在沒有場的情況下靜止的密閉系統，總能等於內能 U，並且 U 在過程中的變化為 $\Delta U = q + w$，其中 q 和 w 是流入系統的熱量和外界對系統作功。U 是狀態函數，但 q 和 w 不是狀態函數。內能 U 是存在於分子層次的能量，包括分子動能和位能。

狀態函數焓 H 定義為 $H \equiv U + PV$。對於恆壓過程，且只有 P-V 功的封閉系統中，$\Delta H = q_P$。

恆壓的熱容量為 $C_P = dq_P/dT = (\partial H/\partial T)_P$ 而恆容的熱容量 $C_V = dq_V/dT = (\partial U/\partial T)_V$。

焦耳實驗測量 $(\partial T/\partial V)_U$ 而焦耳－湯姆生實驗測量 $(\partial T/\partial P)_H$；這些導數與 $(\partial U/\partial V)_T$

和 $(\partial H/\partial P)_T$ 密切相關。

一個理想氣體遵循 $PV = nRT$ 和 $(\partial U/\partial V)_T = 0$。理想氣體可逆等溫和可逆絕熱過程的熱力學性質的變化很容易計算。

用於計算各種熱力學過程的 q、w、ΔU 和 ΔH 的方法總結在第 2.9 節。

線積分 $_L\int_1^2 db$ 與從狀態 1 到狀態 2 的路徑無關，若且唯若 b 是一個狀態函數。對於每個循環過程線積分 $\oint db$ 都為零，若且唯若 b 是一個狀態函數。

分子內和分子間能量解釋分子間能量在第二節討論。

本章處理的重要計算包括計算 q、w、ΔU 和 ΔH。

- 相變 (例如，熔化)。
- 在恆定壓力下加熱一種物質。
- 恆定加熱。
- 理想氣體中的等溫可逆過程。
- C_V 恆定的理想氣體中的絕熱可逆過程。
- 理想氣體向真空絕熱膨脹。
- 理想氣體中的恆壓可逆過程。
- 理想氣體中的恆定體積可逆過程。

習題

第 2.1 節

2.1 對或錯？(a) 幾個粒子的系統其動能等於個別粒子動能的和。(b) 相互作用的系統的位能等於個別粒子位能的和。

2.2 給出 (a) 能量；(b) 功；(c) 體積；(d) 力；(e) 速率；(f) 質量的 SI 單位。

2.3 將下列每一個單位：(a) 焦耳；(b) pascal；(c) 公升；(d) 牛頓；(e) 瓦特，以米、千克和秒的組合表示。

2.4 質量為 155 g 的蘋果從樹上掉下來，被一小男孩接住。如果蘋果落下 10.0 m，求 (a) 地球引力場對蘋果所作的功；(b) 被接住之前蘋果的動能；(c) 被接住之前蘋果的速率。

2.5 一個 102 g 的蘋果被磨成蘋果醬 (不添加糖) 並均勻分佈在地球表面的 1.00 m^2 的面積上。則蘋果醬所施的壓力是多少？

第 2.2 節

2.6 對或錯？(a) 在封閉系統的機械可逆過程中，P-V 功等於 $-P\Delta V$。(b) 本書中的符號 w 表示由外界對系統作功。(c) 在封閉系統的機械可逆過程中，無限小的 P-V 功等於 $-PdV$。(d) 如果我們知道系統的初始狀態和最終狀態，則在一個封閉系統的可逆過程中可求功 w 的值。(e) 一旦初始和最終狀態 1 和 2 以及狀態方程式 $P = P(T, V)$ 為已知，則積分值 $\int_1^2 P\, dV$ 是固定的。(f) 方程式 $w_{\text{rev}} = -\int_1^2 P\, dV$ 僅適用於恆壓過程。(g) 對於理想氣體中的每個可逆過程，$\int_1^2 P\, dV = \int_1^2 nR\, dT$。

2.7 非理想氣體緩慢加熱並在 275 torr 的恆定壓力下進行可逆膨脹，體積從 385 cm^3 膨脹至 875 cm^3。求 w (焦耳)。

第 2.3 節

2.8 比熱可以用滴定量熱計測量；在這裡，一個加熱的樣品被放入量熱計和冷凝器中測量最終溫度。當 45.0 g 的某金屬在 70.0°C 加入到含 24.0 g 水 (c_P = 1.00 cal/g-°C) 10.0°C 的絕熱容器中，最終溫度為 20.0°C。(a) 求金屬的比熱。(b) 有多少熱由金屬流入水中？注意：在 (a) 中，我們在實驗的溫度範圍內求平均 c_P 值。為了求 c_P 為 T 的函數，對於金屬，我們可使用不同的初始溫度重複多次試驗。

第 2.4 節

2.9 對或錯？(a) 對於每個過程，$\Delta E_{syst} = -\Delta E_{surr}$。(b) 對於每個循環過程，系統的最終狀態與初始狀態相同。(c) 對於每個循環過程，外界的最終狀態與外界的初始狀態相同。(d) 對於靜止無外力場的封閉系統，從給定狀態 1 到給定狀態 2 的每個過程，總和 $q+w$ 都具有相同的值。(e) 若系統 A 和 B 每個由 1bar 壓力下的純液態水組成且若 $T_A > T_B$，則系統 A 的內能大於系統 B。

2.10 儲存在彈簧中的位能為 $\frac{1}{2}kx^2$，其中 k 是彈簧的力常數，x 是彈簧從平衡 x 拉伸的距離。假設一個力常數為 125 N/m 的彈簧被拉伸 10.0 cm，放在含 112 g 水的絕熱容器中，然後釋放。彈簧的質量為 20 g，比熱為 0.30 cal/(g°C)。水和彈簧的初始溫度是 18.000°C。水的比熱為 1.00 cal/(g°C)。求水的最終溫度。

第 2.5 節

2.11 對或錯？(a) H、U、PV、ΔH 和 $P\Delta V$ 都具有相同的因次。(b) ΔH 僅定義於恆壓過程。(c) 對於封閉系統的恆容過程，$\Delta H = \Delta U$。

2.12 對於恆壓過程我們證明了 $\Delta H = q$。考慮一個 P 在整個過程中不是恆定的過程，但最終和最初的壓力相等，則 ΔH 是否會等於 q？(提示：回答此問題的一種方法是考慮一個循環過程)。

第 2.6 節

2.13 對或錯？(a) C_P 是一個狀態函數。(b) C_P 是一個外延性質。

第 2.7 節

2.14 (a) 在焦耳實驗中，什麼狀態函數必須保持常數？(b) 在焦耳－湯姆生實驗中，什麼狀態函數必須保持常數？

2.15 對於溫度接近 25°C 和壓力範圍為 0 到 50 bar 的空氣，μ_{JT} 值都相當接近 0.2°C/bar。如果在 25°C 和 50 bar 的 58 g 空氣經歷焦耳－湯姆生節流至 1 bar 的最終壓力，估算氣體的最終溫度。

2.16 Rossini 和 Frandsen 發現，在 28°C 和壓力範圍為 1 至 40 atm 的空氣，$(\partial U_m/\partial P)_T = -6.08$ J mol^{-1} atm^{-1}。計算空氣在 (a) 28°C 和 1.00 atm；(b) 28°C 和 2.00 atm 的 $(\partial U_m/\partial V_m)_T$ [提示：利用 (1.35) 式]。

2.17 (a) 導出 (2.65) 式 $(\partial H/\partial P)_T = -C_P \mu_{JT}$。(b) 證明 $\mu_{JT} = -(V/C_P)(\kappa C_V \mu_J - \kappa P + 1)$，其中 (1.44) 式 $\kappa \equiv -1/V(\partial V/\partial P)_T$ [提示：將 $H = U+PV$ 取 $(\partial/\partial P)_T$ 開始]。

2.18 μ_J 是內含性質嗎？μ_J 是外延性質嗎？

第 2.8 節

2.19 對於一定量的理想氣體，下列敘述何者為真？(a) U 和 H 僅與 T 有關。(b) C_P 是一個常數。(c) $P\,dV = nR\,dT$ 用於每一個無窮小的過程。(d) $C_{P,m} - C_{V,m} = R$。(e) $dU = C_V dT$ 用於可逆過程。

2.20 (a) 2.00 莫耳理想氣體在 300 K 下進行可逆等溫膨脹，從 500 cm^3 到 1500 cm^3，計算 q、w、ΔU 和 ΔH。(b) 若膨脹與 (a) 中的初始狀態和最終狀態相同，但是理想氣體向真空膨脹，則 ΔU 和 w 的值為何？

2.21 一莫耳 He 氣，$C_{V,m} = 3R/2$，從 24.6 L 和 300 K 可逆膨脹到 49.2 L。計算最終壓力和溫度，若膨脹是 (a) 等溫；(b) 絕熱。(c) 在 P-V 圖上畫出這兩個過程。

2.22 對於 N$_2(g)$，溫度範圍在 100 到 400 K 之間，低或中等壓力，$C_{P,m}$ 幾乎恆定在 3.5 R = 29.1 J/(mol K)。(a) 1.12 g 的 N$_2(g)$ 從 400 torr 與 1000 cm^3 可逆絕熱壓縮至最終體積 250 cm^3，假設理想氣體行為，計算 q、w、ΔU 和 ΔH。(b) 假設我們想在室溫 T 和 P (25°C 和 101 kPa) 使用可逆絕熱膨脹冷卻 N$_2(g)$ 的樣本至 100 K，則最終的壓力是多少？

第2.9節

2.23 真或假？(a) 一個熱力學過程是由最終狀態和初始狀態定義。(b) 對於每個等溫過程 $\Delta T = 0$。(c) 具有 $\Delta T = 0$ 的每個過程是一個等溫過程。(d) 在恆定 T 和 P 下，可逆相變的 $\Delta U = 0$。(e) 在等溫過程中 q 必為零。(f) 對於絕熱過程，ΔT 必為零。

2.24 敘述以下各項是否為熱力學系統的性質或是指非微小過程：(a) q；(b) U；(c) ΔH；(d) w；(e) C_V；(f) μ_{JT}；(g) H。

2.25 (這個問題特別有啟發性。) 對於每一個以下過程推斷每個量 q、w、ΔU 和 ΔH 是正數，零或負數。(a) 固態苯在 1 atm 和正常熔點的可逆熔化。(b) 冰在 1 atm 和 0°C 時的可逆熔化。(c) 理想氣體的可逆絕熱膨脹。(d) 理想氣體的可逆等溫膨脹。(e) 理想氣體向真空的絕熱膨脹 (焦耳實驗)。(f) 理想氣體的焦耳–湯姆生絕熱節流。(g) 恆壓 P 下，理想氣體的可逆加熱。(h) 恆容 V 下，理想氣體的可逆冷卻。

2.26 對於每個過程，下列敘述的 q、w 和 ΔU 是正數、零或負數。(a) 苯在具有堅固絕熱壁的密封容器中燃燒。(b) 苯在浸入水浴中的密封容器中燃燒，此容器在 25°C，並有剛性、導熱壁。(c) 非理想氣體向真空絕熱膨脹。

2.27 恆壓下，溫度範圍為 300 至 400 K，且適用於低壓或中等壓力，氧的莫耳熱容量可以近似為 $C_{P,m} = a+bT$，其中 $a = 6.15$ cal mol^{-1} K^{-1} 且 $b = 0.00310$ cal mol^{-1} K^{-2}。(a) 當 P 保持固定在 1.00 atm，2.00 莫耳的 O_2 從 27°C 可逆加熱到 127°C，計算 q、w、ΔU 和 ΔH。假設理想氣體行為。(b) 當 V 保持固定，最初在 1.00 atm 下的 2.00 mol O_2 從 27°C 可逆地加熱到 127°C，計算 q、w、ΔU 和 ΔH。

2.28 對於這個問題，使用 333.6 J/g 和 2256.7 J/g 作為水在正常熔點和沸點的**熔化熱**和汽化熱，液態水的 $c_P = 4.19$ J g^{-1} K^{-1}，冰在 0°C 和 1 atm 的 $\rho = 0.917$ g/cm^3，對於冰在 1 atm 和 0°C 和 100°C 的密度分別為 1.000 g/cm^3 和 0.958 g/cm^3。(對於液態水，c_P 隨著 T 的變化而略有變化，給出的是在 0°C 至 100°C 範圍內的平均值)。計算 q、w、ΔU 和 ΔH (a) 在 0°C 和 1 atm 下，熔化 1 莫耳的冰；(b) 在 1 atm 下，可逆恆壓加熱 1 莫耳液態水，從 0°C 加熱至 100°C；(c) 在 100°C 和 1 atm 下，蒸發 1 莫耳的水。

2.29 具有 $C_{V,m} = 1.5R$ 的 2.50 莫耳的理想單原子氣體，計算以下每個變化的 ΔU 和 ΔH：(a) (1.50 atm, 400 K) → (3.00 atm, 600 K)；(b) (2.50 atm, 20.0 L) → (2.00 atm, 30.0 L)；(c) (28.5 L, 400 K) → (42.0 L, 400 K)。

一般問題

2.30 理想氣體在定壓下膨脹，其內能是增加還是減少？證明你的答案。

2.31 將以下每個性質分類為內含或外延並給予每個 SI 單位：(a) 密度；(b) U；(c) H_m；(d) C_P；(e) c_P；(f) $C_{P,m}$；(g) P；(h) 莫耳質量；(i) T。

2.32 對或錯？(a) ΔH 是狀態函數。(b) 對於每一個理想氣體，C_V 與 T 無關。(c) 在沒有外部場的情況下，靜止的每一個熱力學系統其 $\Delta U = q + w$。(d) 最終溫度等於初始溫度的過程是等溫過程。(e) 在無外部場，靜止的封閉系統，$U = q+w$。(f) 在封閉系統的每個等溫過程中，U 保持不變。(g) 對於每個循環過程 $q = 0$。(h) 對於每個循環過程 $\Delta U = 0$。(i) 對於封閉系統中的每個絕熱過程 $\Delta T = 0$。(j) 藉由指定系統的初始狀態和最終狀態來指定熱力學過程。(k) 如果靜止的系統在無外部場的情況下經歷 $w = 0$ 的絕熱過程，那麼系統的溫度必須保持不變。(l) 固體和液體的 P-V 功通常可以忽略不計。(m) 如果熱量和物質都不能進入或離開系統，該系統必須是隔離系統。(n) 對於只有 P-V 功的封閉系統，具有 $q > 0$ 的恆壓過程必有 $\Delta T > 0$。(o) $\int_1^2 (1/V)dV = \ln(V_2 - V_1)$。(p) ΔU 的值與由狀態 1 到狀態 2 的路徑 (過程) 無關。(q) 對於任何過程，$\Delta T = \Delta t$，其中 T 和 t 是開爾文和攝氏溫度。(r) 若一過程 $q = 0$，則此過程必是等溫過程。(s) 對於可逆過程，P 必是恆定的。(t) $\int_{T_1}^{T_2}(1/T)\,dT = (\ln T_2)/(\ln T_1)$。(u) 如果最終溫度等於初始溫度，該過程必是等溫過程。(v) $\int_{T_1}^{T_2} T\,dT = \frac{1}{2}(T_2 \to T_1)^2$。

第 3 章

熱力學第二定律

$\mathbf{熱}$力學在化學中的主要應用是提供有關化學系統平衡的資訊。如果我們將氮氣和氫氣與催化劑一起混合，每種氣體的一部分反應形成氨。第一定律保證我們在反應過程中系統總能量加上外界的總能量保持不變，但第一定律不能說明最終的平衡濃度是多少。我們將看到第二定律提供了這樣的資訊。第二定律導致狀態函數熵 S 的存在，其具有對於孤立系統而言平衡位置對應於最大熵的性質。熱力學的第二定律在第 3.1 節中說明。從第二定律中推導出狀態函數 S 的存在是在第 3.2 和 3.3 節中進行。本章其餘部分將介紹如何計算過程中的熵變化 (第 3.4 節)，顯示熵與平衡之間的關係 (第 3.5 節)，以及定義熱力學溫標 (第 3.6 節)。在第 3.1、3.2 和 3.3 節中導出狀態函數 S 的細節並不重要。重要的是最後的結果，(3.20) 式和 (3.21) 式，以及使用這些方程式來計算過程中的熵變化。

能量既是分子性質也是宏觀性質，並在量子化學和熱力學中起著關鍵作用。熵是宏觀性質，而不是分子性質。單一分子不具有熵。只有大量分子的集合才能分配一個熵。熵比能量更不直觀明顯。熵的概念已經在物理科學以外的許多領域中得到應用，或許被誤用，例如可由熵和藝術、社會熵理論、城市和區域建模中的熵以及經濟學、熵和環境等書籍證明。

3.1 熱力學第二定律

1824 年，一位名叫薩迪‧卡諾 (Sadi Carnot) 的法國工程師發表了一項關於蒸汽機理論效率的研究。這本書 (*Reflections on the Motive Power of Fire*) 指出，對於熱機來說，要產生連續的機械功，它必須在不同溫度下與兩個物體進行熱交換，從熱體吸收熱量，並將熱量散發給冷體。如果沒有冷體散熱，機器不能連續工作。這是熱力學第二定律的一種基本思想。卡諾的作品在出版時幾乎沒有影響力。卡諾是在熱持續擺動的理論下進行實驗，他的書使用這個理論，錯誤地認為丟棄到冷體的熱量等於從熱體吸收的熱量。當卡諾的書在 1840 年被重新發現時，由於焦耳實驗推翻了卡路里理論，這引起了一段時間的困惑。最後，約 1850 年，魯道夫‧克勞修斯 (Rudolph Clausius) 和威廉‧湯姆森 (William Thomson)(凱爾文勳爵) 改正了卡諾的實驗，以符

合熱力學的第一定律。

有幾種等同的方式來陳述第二定律。我們將使用以下陳述，即**熱力學第二定律的凱爾文－普朗克的說法** (Kelvin-Planck statement of the second law of thermodynamics)，最初由威廉・湯姆森提出，後來由普朗克改寫：

一個系統不可能經歷一個循環過程，其唯一的作用是將熱量從熱源流入系統，而由系統對外界作等量的功。

亦即無法設計一個循環操作裝置，其唯一作用是從單一熱源吸收熱能並且提供等量的功。不可能從單一熱源吸收能量，使之完全變為有用功而不產生其他影響。

熱源 (heat reservoir) 或熱浴 (heat bath) 的意義，是指在恆溫下處於內部平衡狀態的物體，此物體足夠大以使其與系統之間有熱量流動時，熱源溫度不會有顯著的變化。

第二定律聲稱，建立一台可以將熱以 100% 的效率轉換為功的循環機器是不可能的 (圖 3.1)。請注意，這種機器的存在不會違反第一定律，因為在機器的操作過程中能量是守恆的。

如第一定律一樣，第二定律是經驗的推廣。有三種第二定律的證據。首先是沒有任何人可以建造像圖 3.1 那樣的機器。如果有這樣一台機器，則可以使用大氣作為熱源，不斷從大氣中提取能量並將其完全轉化為有用的功。有這樣一台機器應該會很高興，但沒有人能夠建造這一台。其次，更令人信服的是，第二定律導致化學系統平衡的許多結論，這些結論已被證實。例如，我們可以看到，第二定律證明純物質的蒸氣壓隨溫度依據 $dP/dT = \Delta H/(T\Delta V)$ 而變化，其中 ΔH 和 ΔV 是汽化熱和汽化的體積變化，並且該方程式已經由實驗驗證。第三，統計力學證明第二定律是遵循分子層次的某些假設的結果而產生的。

第一定律告訴我們，如果沒有等量的能量輸入則無法由循環機器產生功的輸出。第二定律告訴我們，不可能有循環機器將熱流的隨機分子能量完全轉化為機械功的有序運動。

請注意，第二定律並不禁止在一個非循環 (noncyclic) 過程中，將熱量完全轉換為功。因此，若我們可逆等溫加熱理想氣體，則氣體就會膨脹，且因為 $\Delta U = 0$，由氣體所作的功等於輸入的熱量 [(2.74) 式]。然而，這種膨脹不能成為連續操作的機器的基礎。最終，活塞會掉出氣缸。連續操作的機器必須使用循環過程。

熱源 →熱 q→ 循環機器（系統）→ 系統作功 = q

圖 3.1
一個違反熱力學第二定律而不違反第一定律的系統。

第二定律的另一種說法是克勞修斯 (Clausius) 的聲明：

> 一個系統不可能經歷一個循環過程，其唯一的作用是將熱量從低溫熱源流入系統，並且將等量熱量從系統流入高溫熱源。

亦即，不可能把熱量從低溫物體傳遞到高溫物體而不產生其他影響。

克勞修斯和凱爾文 – 普朗克聲明的等價證明可參閱 *Kestin*，第 9.3 節。

3.2 熱機

我們將用第二定律來推斷熱機效率的定理。化學家對熱機幾乎沒有興趣，但是我們對它們的研究是推理鏈中的一部分，這將導致確定系統中化學平衡位置的標準。此外，熱機效率的研究與熱轉換為功有什麼限制的基本問題有關。

熱機

熱機 (heat engine) 將熱流的一些隨機分子能量轉換成宏觀機械能 (功)。工作物質 (例如蒸汽機中的蒸汽) 在氣缸中加熱，其膨脹使活塞移動，從而完成機械功。如果熱機要連續運轉，那麼工作物質必須冷卻回到原來的狀態，活塞必須返回到原來的位置，然後才能再次加熱工作物質並獲得另一個膨脹功。因此，工作物質經歷循環過程。循環的基本要素是來自熱體 (例如鍋爐) 的工作物質吸收熱 q_H，工作物質對外界作功 $-w$，且由工作物質對冷體 (例如冷凝器) 釋放熱量 $-q_C$，工作物質在循環結束時恢復到原始狀態。系統是工作物質。

對於熱機，$q_H > 0$，$-w > 0$ 且 $-q_C > 0$，因此 $w < 0$ 且 $q_C < 0$。熱機的 w 為負值，因為熱機對其外界作正功；q_C 對熱機為負值，因為正熱量從系統流到冷體。

雖然這個討論是真實熱機如何工作的理想化，但它包含了真正熱機的基本特徵。

熱機的*效率* e 是有用的輸出功除以輸入能量。每個循環的輸入能量是輸入到熱機的熱量 q_H (這種能源的來源可能是燃燒石油或煤炭來加熱鍋爐)。我們有

$$e = \frac{\text{每個循環輸出的功}}{\text{每個循環輸入的能量}} = \frac{-w}{q_H} = \frac{|w|}{q_H} \tag{3.1}$$

對於一個操作循環，第一定律給出了 $\Delta U = 0 = q + w = q_H + q_C + w$，且

$$-w = q_H + q_C \tag{3.2}$$

(3.2) 式中的數量是對一個循環而言。(3.2) 式可以寫成 $q_H = -w + (-q_C)$；每個循環的輸入能量 q_H 等於輸出功 $-w$ 加上流到冷體的熱量 $-q_C$。將 (3.1) 式代入 (3.2) 式得到

$$e = \frac{q_H + q_C}{q_H} = 1 + \frac{q_C}{q_H} \tag{3.3}$$

由於 q_C 為負值且 q_H 為正，因此效率小於 1。

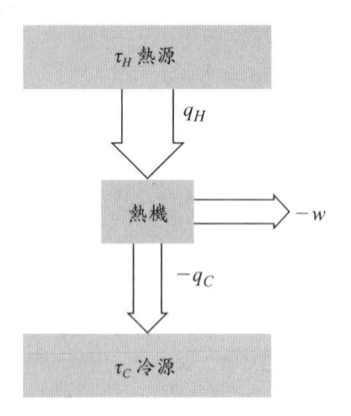

圖 3.2
熱機在兩個溫度之間操作。熱量和功是對一個循環而言。由箭頭可知 $q_H = -w - q_C$。

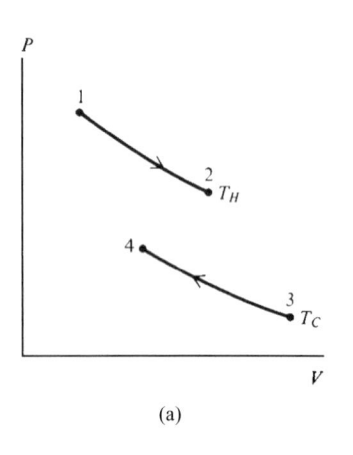

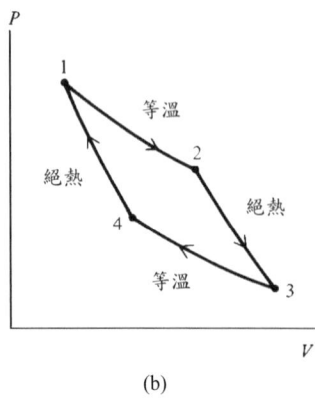

為了進一步簡化分析，我們假設熱量 q_H 從高溫熱源中吸收，並且 $-q_C$ 被排放到低溫熱源，每個熱源足夠大以確保與熱機相互作用後其溫度不變。圖 3.2 是熱機的示意圖。

由於我們現在的分析不需要指定溫標，所以不是用符號 T 表示溫度 (表示使用理想氣體溫標；第 1.5 節)，而是使用 τ (tau)。我們稱高低溫熱源的溫度分別為 τ_H 和 τ_C。τ 溫標可能是理想氣體溫標，也可能是基於液態汞的膨脹，也可能是其他溫標。我們設定的唯一限制是 τ 溫標所給出的讀數，會使得高溫熱源的溫度大於低溫熱源的溫度：$\tau_H > \tau_C$。未指定溫標的動機將在第 3.6 節中變得明確。

卡諾原理

卡諾原理：當兩個熱機在同一對溫度 τ_H 和 τ_C 之間工作時，沒有熱機比可逆熱機更有效率。同樣地，從給定的熱量供應中獲得的最大功是由可逆機獲得的。

計算 e_{rev}

由於任何可逆機在溫度 τ_H 和 τ_C 之間工作的效率是一樣的，這個效率 e_{rev} 只與 τ_H 和 τ_C 有關：

$$e_{rev} = f(\tau_H, \tau_C) \tag{3.4}$$

函數 f 取決於所使用的溫標。我們現在要找理想氣體溫標的 f，取 $\tau = T$。因為 e_{rev} 與工作物質的本質無關，所以我們可以使用任何工作物質來求 f。我們最了解理想氣體，所以我們選擇理想氣體作為工作物質。

首先考慮我們用來推導 (3.4) 式的循環性質。第一步涉及從溫度保持在 T_H 的熱源吸收熱量 q_H。由於我們正在考慮一種可逆機，因此由熱源吸熱的過程中，氣體也必須保持在溫度 T_H (具有有限溫差的兩個物體之間的熱流是不可逆的過程)。因此循環的第一步是等溫過程。而且，由於理想氣體等溫過程 $\Delta U = 0$ [(2.67) 式]，因此，為了保持 U 恆定，氣體必須膨脹並且對外界作功，而功的值必須與第一步吸收的熱量相等。因此，循環的第一步是可逆等溫膨脹，如圖 3.3a 中從狀態 1 到狀態 2 的線所示。同理，當氣體放熱，溫度降至 T_C 時，我們在 T_C 溫度下作可逆等溫壓縮。T_C 等溫線位於 T_H 等溫線之下，並且是圖 3.3a 中從狀態 3 到狀態 4 的線。要有一個完整的循環，我們必須有連接狀態 2 和狀態 3 以及狀態 4 和狀態 1 的步驟。我們假定熱量僅在 T_H 和 T_C 處傳遞。因此，圖 3.3a 中的兩個等溫線必須藉由兩個沒有熱傳遞的步驟連接，即藉由兩個可逆的**絕熱線** (adiabats)。

圖 3.3
(a) 可逆熱機循環的等溫階段。
(b) 完整的卡諾循環。(不按比例)。

這種可逆循環稱為**卡諾循環** (Carnot cycle)(圖 3.3b)。工作物質不一定是理想氣體。卡諾循環定義為可逆循環，它由兩個不同溫度的等溫階段和兩個絕熱階段組成。

我們現在計算理想氣體溫標下的卡諾循環效率 e_{rev}。我們使用理想氣體作為工作物質，並限制在 P-V 功。對於可逆體積變化，由第一定律可得 $dU = dq + dw = dq - P\,dV$。對於理想氣體，$P = nRT/V$ 且 $dU = C_V(T)dT$。對於理想氣體，第一定律成為

$$C_V\,dT = dq - nRT\,dV/V$$

除以 T 並且在卡諾循環上積分，我們得到

$$\oint C_V(T)\frac{dT}{T} = \oint \frac{dq}{T} - nR\oint \frac{dV}{V} \tag{3.5}$$

(3.5) 式中的每個積分是四個線積分的總和，每一線積分是圖 3.3b 中的卡諾循環的每一階段。我們有

$$\oint C_V(T)\frac{dT}{T} = \int_{T_1}^{T_2}\frac{C_V(T)}{T}dT + \int_{T_2}^{T_3}\frac{C_V(T)}{T}dT + \int_{T_3}^{T_4}\frac{C_V(T)}{T}dT + \int_{T_4}^{T_1}\frac{C_V(T)}{T}dT \tag{3.6}$$

(3.6) 式右邊的每個積分都有一個被積函數，它只是 T 的函數，因此每個這樣的積分是一個普通的定積分。(3.6) 式右邊前兩個積分的和為 $\int_{T_1}^{T_3}(C_V/T)\,dT$ 且最後兩個積分的和為 $\int_{T_3}^{T_1}(C_V/T)\,dT$。因此 (3.6) 式右邊等於 $\int_{T_1}^{T_3}(C_V/T)\,dT + \int_{T_3}^{T_1}(C_V/T)\,dT = \int_{T_1}^{T_1}(C_V/T)\,dT = 0$。因此 (3.6) 式變成

$$\oint C_V(T)\frac{dT}{T} = 0 \tag{3.7}$$

(3.7) 式中的環積分必須等於零，因為 $[C_V(T)/T]dT$ 是狀態函數的微分，即 T 的某個函數其導數為 $C_V(T)/T$。但是請注意，對於一個循環，$P\,dV$ 的積分不等於零，因為 $P\,dV$ 不是狀態函數的微分。

(3.5) 式右邊的第二個積分也必須等於零。這是因為 dV/V 是狀態函數 (即 $\ln V$) 的微分，因此其循環過程的線積分等於零。

因此 (3.5) 式變成

$$\oint \frac{dq}{T} = 0 \qquad \text{卡諾循環，理想氣體} \tag{3.8}$$

我們有

$$\oint \frac{dq}{T} = \int_1^2 \frac{dq}{T} + \int_2^3 \frac{dq}{T} + \int_3^4 \frac{dq}{T} + \int_4^1 \frac{dq}{T} \tag{3.9}$$

由於過程 $2 \to 3$ 和 $4 \to 1$ 是絕熱，$dq = 0$，(3.9) 式右邊的第二個和第四個積分為零。對於等溫過程 $1 \to 2$，我們有 $T = T_H$。由於 T 是常數，T 可以提到積分之外進行積分：$\int_1^2 T^{-1}\,dq = T_H^{-1}\int_1^2 dq = q_H/T_H$。同理，$\int_3^4 T^{-1}\,dq = q_C/T_C$。(3.8) 式變成

$$\oint \frac{dq}{T} = \frac{q_H}{T_H} + \frac{q_C}{T_C} = 0 \qquad \text{卡諾循環,理想氣體} \tag{3.10}$$

我們現在要求將熱量轉化為功的最大可能效率 e_{rev}。由 (3.3) 式和 (3.10) 式得到 $e = 1 + q_C/q_H$ 和 $q_C/q_H = -T_C/T_H$。於是

$$e_{rev} = 1 - \frac{T_C}{T_H} = \frac{T_H - T_C}{T_H} \qquad \text{卡諾循環} \tag{3.11}$$

我們使用理想氣體作為工作物質推導出 (3.11) 式,但是因為我們早些時候證明 e_{rev} 與工作物質無關,(3.11) 式必須適用於任何正在進行卡諾循環的工作物質。而且,由於等式 $e_{rev} = 1 + q_C/q_H$ 和 $e_{rev} = 1-T_C/T_H$ 適用於任何工作物質,所以對於任何工作物質,我們必須有 $q_C q_H = -T_C/T_H$ 或 $q_C/T_C + q_H/T_H = 0$。因此

$$\oint \frac{dq}{T} = \frac{q_C}{T_C} + \frac{q_H}{T_H} = 0 \qquad \text{卡諾循環} \tag{3.12}$$

(3.12) 式適用於任何經歷卡諾循環的封閉系統。我們將使用 (3.12) 式導出第 3.3 節中的狀態函數熵。

從 (3.11) 式中注意到,當 T_C 越小,T_H 越大,e_{rev} 越接近 1,表示輸入的熱完全轉化為輸出的功。當然,可逆熱機是真實熱機的理想化,真實熱機涉及一些不可逆的操作。(3.11) 式的效率是真實熱機效率的上限。

我們的大部分電力都是由蒸汽機生產的 (更準確地說,是蒸汽渦輪機),其通過磁場驅動導線,從而產生電流。現代化的蒸汽發電廠可能會在 550°C (壓力相應較高) 安裝鍋爐而在 40°C 安裝冷凝器。如果它在卡諾循環中操作,則 $e_{rev} = 1-(313\ \text{K})/(823\ \text{K}) = 62\%$。由於不可逆,蒸汽機的實際循環不是卡諾循環,而且熱量在 T_H 與 T_C 之間傳遞。這些因素使實際效率低於 62%。現代蒸汽發電廠的效率通常約為 40% (17 世紀末詹姆斯瓦特的蒸汽機的效率大約為 15%)。河水通常被用作發電廠的低溫熱源。1000-MW 的發電廠每分鐘使用大約 200 萬升冷卻水。美國約 10% 的河流被發電廠用於冷卻。熱電廠使用一些發電餘熱用於空間加熱等目的,從而提高整體效率。

每年從河流,湖泊和沿海攝取 10^{14} 加侖冷卻水,美國電廠和工業廠區的水域殺死了數十億條魚。大多數較新的發電廠在冷卻塔的水冷卻後將大部分冷卻水再循環,從而減少 95% 的魚死亡率。一些發電廠避免使用空氣來冷卻水,這比水冷要昂貴得多。

本節的分析僅適用於熱機,這是將熱量轉換為功的機器。並非所有的機器都是熱機。例如,在使用電池驅動馬達的機器,化學反應的能量在電池中被轉換成電能,電能進而轉化為機械能。因此,化學能轉化為功,而這不是熱機。人體將化學能轉化為功,也不是熱機。

延伸例題　熱機效率

某高溫熱源溫度為 $T_1 = 350$ K，低溫熱源溫度為 $T_2 = 300$ K，在兩熱源之間設置一卡諾熱機，若從高溫熱源吸熱 2000 J，求熱機效率 e 及熱機作的功。

解：$e = \dfrac{-w}{q_1} = \dfrac{T_1 - T_2}{T_1} = \dfrac{350 - 300}{350} = 0.142$

$$-w = eq_1 = 0.142 \times 2000 = 284 \text{ J}$$

◎ 練習題

某卡諾熱機的低溫熱源溫度為 20°C，若高溫熱源溫度為 150°C，求此卡諾熱機的效率。
(答案：30.7%)

3.3 熵

對於經歷卡諾循環的任何封閉系統，(3.12) 式證明循環內 dq_{rev}/T 的積分為零。下標提醒我們卡諾循環的可逆性質。

我們現在將這個結果推廣到任意的可逆循環，除去只有在 T_H 和 T_C 才能與外界進行熱交換的限制。這將證明 dq_{rev}/T 是狀態函數的微分。

圖 3.4a 中的曲線描述了一個任意的可逆循環過程。我們繪製可逆絕熱線 (如虛線所示) 將循環分成相鄰的線 (圖 3.4b)。考慮由頂部曲線 ab 和底部曲線 cd 所界定的虛線。我們繪製可逆等溫曲線 mn，使曲折曲線 $amnb$ 下方的面積等於平滑曲線 ab 下的面積。由於這些面積是在每個過程中系統所作可逆功 w 的負值，我們有 $w_{amnb} = w_{ab}$，其中 ab 是沿著光滑曲線的過程，$amnb$ 是沿著兩條絕熱線和兩條等溫線的曲折過程。ΔU 與從 a 到 b 的路徑無關，所以 $\Delta U_{amnb} = \Delta U_{ab}$。從 $\Delta U = q + w$ 可得 $q_{amnb} = q_{ab}$。由於 am 和 nb 是絕熱線，我們有 $q_{amnb} = q_{mn}$。因此 $q_{mn} = q_{ab}$。同樣，我們繪製可逆等溫線 rs 使得 $q_{rs} = q_{cd}$。由於 mn 和 rs 是可逆等溫線，ns 和 rm 是可逆絕熱線，我們可以用這四條曲線進行卡諾循環。然後 (3.12) 式給出 $q_{mn}/T_{mn} + q_{sr}/T_{sr} = 0$，和

$$\dfrac{q_{ab}}{T_{mn}} + \dfrac{q_{dc}}{T_{sr}} = 0 \tag{3.13}$$

我們可以對圖 3.4b 中的所有其他線進行完全相同的操作，以得到每條線的類似於 (3.13) 的方程式。

在圖 3.4b，現在考慮一下當我們將這些絕熱線越來越靠近在一起的極限，最終將循環劃分為無限多個無限小的窄線，在每條窄線中我們在頂部和底部繪製曲折線。當絕熱線 bd 接近絕熱線 ac 時，光滑曲線上的 b 點

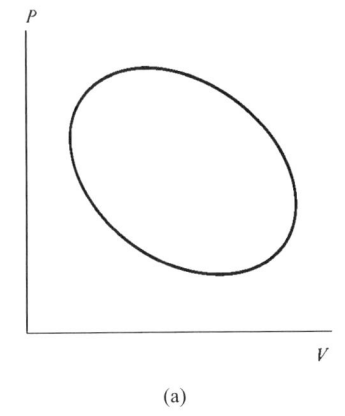

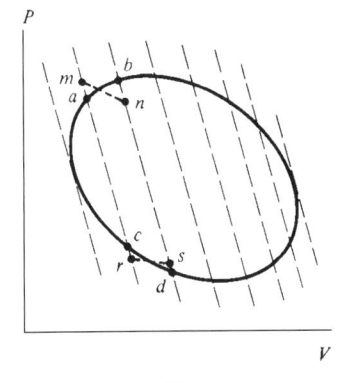

(a)

(b)

圖 3.4
一個任意的可逆循環與卡諾循環的關係。

接近 a 點，而在極限下，b 點的溫度 T_b 與 a 點的溫度僅有微小的差別。令 T_{ab} 表示這個基本恆定的溫度。此外，(3.13) 式中的 T_{mn} (位於 T_a 和 T_b 之間) 基本上與 T_{ab} 相同。同樣的事情發生在底部的線。而且，所傳遞的熱量在極限時變成無限小的量。因此 (3.13) 式變成這個極限

$$\frac{dq_{ab}}{T_{ab}} + \frac{dq_{dc}}{T_{dc}} = 0 \qquad (3.14)$$

當我們取極限時，每條帶狀線都會有同樣的結果，對於每一條無窮小的帶狀線都有一個類似於 (3.14) 式的等式。現在我們將每個帶狀線產生的如 (3.14) 式的方程式相加。總和中的每一項將是無窮小，並且是形式 dq/T，其中 dq 是沿著任意可逆循環的無窮小部分的熱傳遞，並且 T 是發生該熱傳遞的溫度。無窮小的和是環繞整個循環的線積分，我們可以得到

$$\oint \frac{dq_{\mathrm{rev}}}{T} = 0 \qquad (3.15)$$

下標 rev 提醒我們，所考慮的循環是可逆的。如果它是不可逆的，我們不能將它與卡諾循環聯繫起來，並且 (3.15) 式未必成立。除了要求可逆性外，(3.15) 式中的循環是任意的，(3.15) 式是 (3.12) 式的推廣。

由於 dq_{rev}/T 環繞任何可逆循環的積分都是零，所以線積分 $\int_1^2 dq_{\mathrm{rev}}/T$ 的值與介於狀態 1 和 2 之間的路徑無關而僅與初始狀態和最終狀態有關。因此 dq_{rev}/T 是狀態函數的微分。這個狀態函數稱為**熵** (entropy) S：

$$dS \equiv \frac{dq_{\mathrm{rev}}}{T} \qquad \text{封閉系統，可逆過程} \qquad (3.16)^*$$

從狀態 1 到狀態 2 的熵變化等於 (3.16) 式的積分：

$$\Delta S = S_2 - S_1 = \int_1^2 \frac{dq_{\mathrm{rev}}}{T} \qquad \text{封閉系統，可逆過程} \qquad (3.17)^*$$

在本章中，我們只考慮封閉系統；對於開放系統，q 是未定義的。

如果一個系統藉由不可逆過程從狀態 1 到狀態 2，它所通過的中間狀態可能不是熱力學平衡狀態，而中間狀態的熵、溫度等可能未定義。但是，由於 S 是狀態函數，因此系統如何從狀態 1 變為狀態 2 並不重要；對於連接狀態 1 和 2 的任何過程 (可逆或不可逆過程)，ΔS 是相同的。但是對於可逆過程來說，dq/T 的積分得到熵變化。下一節將考慮不可逆過程中 ΔS 的計算。

克勞修斯於 1854 年發現了狀態函數 S 並稱之為轉型內容 (transformation content) (*Verwandlungsinhalt*)。後來，他從希臘字 *trope* 重新命名為熵，這意味著「轉型」，因為 S 涉及到熱量轉化為功。

熵是一個外延狀態函數。要看到這一點，想像一個處於平衡狀態的系統分為兩部

分。當然，每個部分都處於相同的溫度 T 令第 1 部分和第 2 部分分別以可逆過程吸熱 dq_1 和 dq_2。從 (3.16) 式，兩部分的熵變化為 $dS_1 = dq_1/T$ 和 $dS_2 = dq_2/T$。但是整個系統的熵變化 dS 為

$$dS = dq/T = (dq_1 + dq_2)/T = dq_1/T + dq_2/T = dS_1 + dS_2 \qquad (3.18)$$

積分可得 $\Delta S = \Delta S_1 + \Delta S_2$。所以 $S = S_1 + S_2$，S 是外延的。

對於純物質，**莫耳熵** (molar entropy) 是 $S_m = S/n$。

(3.16) 式中 S 的常用單位是 J/K 或 cal/K。S_m 的相應單位是 J/(mol K) 或 cal/(mol K)。

從第二定律的推定到 S 的存在的路徑一直是很長的一段，所以讓我們回顧一下導致熵的推理鏈。

1. 經驗證明，在循環過程中，將熱量完全轉化為功是不可能的。這個聲明是第二定律凱爾文 – 普朗克的說法。
2. 從聲明 1 中，我們證明了任何操作在 (可逆) 卡諾循環的熱機的效率與工作物質的性質無關而僅與熱源的溫度有關：$e_{rev} = -w/q_H = 1 + q_C/q_H = f(\tau_C, \tau_H)$。
3. 我們在卡諾循環中使用了理想氣體作為工作物質，並使用理想氣體溫標來求 $e_{rev} = 1 - T_C/T_H$。從聲明 2 來看，這個方程式適用於任何系統作為工作物質。令聲明 1 的 e_{rev} 的表達式等於聲明 2 中的表達式，對於經歷卡諾循環的任何系統，我們得到 $q_C/T_C + q_H/T_H = 0$。
4. 我們證明了任意可逆循環可以分成無窮多個無限小的帶狀線，每個帶都是一個卡諾循環。因此，對於每個帶狀線，$dq_C/T_C + dq_H/T_H = 0$。將從每個帶狀線中的 dq/T 相加，可證明任何系統經歷的任何可逆循環 $\oint dq_{rev}/T = 0$。由此可知 dq_{rev}/T 的積分與路徑無關。因此 dq_{rev}/T 是狀態函數的微分，我們稱之為熵 S；$dS \equiv dq_{rev}/T$。

不要因為來自凱爾文 – 普朗克第二定律的聲明，對於 $dS = dq_{rev}/T$ 的冗長推導而感到灰心。讀者不需要記住這個推導，應該做的是能夠應用 $dS = dq_{rev}/T$ 來計算各種過程的 ΔS。如何做到這一點是下一節的主題。

3.4 熵變化的計算

從狀態 1 到狀態 2 的熵變化可由 (3.17) 式求得，即 $\Delta S = S_2 - S_1 = \int_1^2 dq_{rev}/T$，其中 T 是絕對溫度。對於一個可逆過程，我們可以直接應用 (3.17) 式來求 ΔS。對於一個不可逆過程 pr，我們不能積分 dq_{pr}/T 來獲得 ΔS，因為只有可逆過程 dS 等於 dq/T。對於不可逆過程，dS 不一定等於 dq_{irrev}/T。然而，S 是一個狀態函數，ΔS 僅與初始狀態和最終狀態有關。因此，如果我們可以構想一個從 1 到 2 的可逆過程，那麼我們就可以找到從狀態 1 到狀態 2 的不可逆過程的 ΔS。然後，我們計算這個從 1 到 2 的可逆變化的 ΔS，這與從 1 到 2 的不可逆變化的 ΔS 相同 (圖 3.5)。

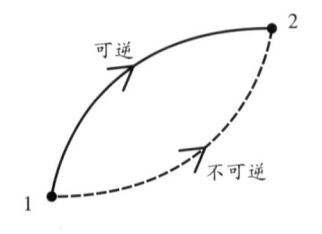

圖 3.6
從狀態 1 到 2 的可逆路徑和不可逆路徑。由於 S 是一個狀態函數，所以每個路徑的 ΔS 是相同的。

總之，欲計算任何過程的 ΔS；(a) 確定初始狀態和最終狀態。(b) 設計一條從 1 到 2 的方便可逆路徑。(c) 從 $\Delta S = \int_1^2 dq_{rev}/T$ 計算 ΔS。

讓我們計算一些過程的 ΔS。請注意，像以前一樣，所有狀態函數指的是系統，ΔS 意味著 ΔS_{syst}。(3.17) 式是指 ΔS_{syst} 並沒有包括外界可能發生的熵變化。

1. **循環過程**。由於 S 是狀態函數，所以對每個循環過程 $\Delta S = 0$。
2. **可逆絕熱過程**。此時 $dq_{rev} = 0$；因此

$$\Delta S = 0 \quad \text{可逆絕熱過程} \tag{3.19}$$

卡諾循環的四個步驟中的兩個是可逆絕熱過程。

3. **在恆定 T 和 P 下的可逆相變化**。當 T 恆定，由 (3.17) 式可得

$$\Delta S = \int_1^2 \frac{dq_{rev}}{T} = \frac{1}{T}\int_1^2 dq_{rev} = \frac{q_{rev}}{T} \tag{3.20}$$

由於 T 是常數，積分時我們將 $1/T$ 提到積分之外。q_{rev} 是過渡的潛熱。由於 P 是常數，$q_{rev} = q_p = \Delta H$ [(2.46) 式]。因此

$$\Delta S = \frac{\Delta H}{T} \quad \text{在恆定 T 和 P 下，可逆相變化} \tag{3.21}$$

由於對於固體的可逆熔化和液體的汽化 $\Delta H = q_P$ 是正的，所以對於這些過程 ΔS 是正的。

例 3.1 相變的 ΔS

在 0°C 和 1 atm 下，求融化 5.0 g 的冰 (熔化熱 = 79.7 cal/g) 的 ΔS。求逆向過程的 ΔS。

熔化是可逆的，由 (3.21) 式可得

$$\Delta S = \frac{\Delta H}{T} = \frac{(79.7 \text{ cal/g})(5.0 \text{ g})}{273 \text{ K}} = 1.46 \text{ cal/K} = 6.1 \text{ J/K} \tag{3.22}$$

在 0°C 和 1 atm 下，5.0 g 液態水的冷凍，q_{rev} 是負的，並且 $\Delta S = -6.1$ J/K。

習題

100°C 水的蒸發熱為 40.66 kJ/mol。在 100°C 和 1 atm 下，當 5.00 g 的水蒸氣冷凝成液體，求 ΔS。
(答案：-30.2 J/K)

4. **可逆等溫過程**。此時 T 是常數，而 $\Delta S = \int_1^2 T^{-1} dq_{rev} = T^{-1} \int_1^2 dq_{rev} = q_{rev}/T$。因此

$$\Delta S = q_{rev}/T \quad \text{可逆等溫過程} \tag{3.23}$$

例子包括可逆相變化 (如情況 3) 和卡諾循環中的兩個步驟。

5. 無相變化的恆壓加熱。首先，假設加熱是可逆地完成。在恆定壓力下 (假設沒有相變化)，$dq_{rev} = dq_P = C_P dT$ [(2.51) 式]。$\Delta S = \int_1^2 dq_{rev}/T$ [(3.17) 式] 成為

$$\Delta S = \int_{T_1}^{T_2} \frac{C_P}{T} dT \qquad \text{恆壓，無相變化} \tag{3.24}$$

若 C_P 在整個溫度範圍內為常數，則 $\Delta S = C_P \ln(T_2/T_1)$。

例 3.2　恆壓 P 下加熱的 ΔS

溫度範圍為 25°C 至 75°C 且在 1 atm 下，水中的比熱 c_P 幾乎恆定在 1.00 cal/(g°C)(圖 2.15)。(a) 在 1 atm 下，100 g 水從 25°C 可逆加熱到 50°C，求 ΔS。(b) 如不計算，說明在 1 atm 下將 100 g 水從 50°C 加熱到 75°C 其 ΔS 是否大於、等於或小於從 25°C 加熱至 50°C 的 ΔS。

(a) 系統的熱容量是 $C_P = mc_P = (100 \text{ g})[1.00 \text{ cal/(g°C)}] = 100 \text{ cal/K}$ (攝氏 1 度的溫度變化等於凱氏 1 度的溫度變化)。對於加熱過程，(3.24) 式，其中 C_P 為常數，可得

$$\Delta S = \int_{T_1}^{T_2} \frac{dq_{rev}}{T} = \int_{T_1}^{T_2} \frac{C_P}{T} dT = C_P \ln \frac{T_2}{T_1}$$

$$= (100 \text{ cal/K}) \ln \frac{323 \text{ K}}{298 \text{ K}} = 8.06 \text{ cal/K} = 33.7 \text{ J/K}$$

(b) 由於 C_P 是常數，當 $\Delta T = 25°C$ 時，每一可逆過程所需的熱量是相同的。與 25°C 至 50°C 的變化相比，對於 50°C 至 75°C 的變化，每個無限小熱量 dq_{rev} 都以較高的溫度流入。由於 $dS = dq_{rev}/T$ 中的 $1/T$ 因子，對於較高溫度的過程，每個 dq_{rev} 產生較小的熵增加，因此對於 50°C 至 75°C 的加熱，ΔS 較小。溫度越高，由一定量的可逆熱產生的熵變化越小。

習題

當 100 g 水在 1 atm 下從 50°C 可逆加熱到 75°C 時，求 ΔS。
(答案：31.2 J/K)

延伸例題　熵變化

水於 100°C、101.325 kPa 時沸騰，其汽化熱為 40.6 kJ mol^{-1}，將 1 mol、40 kPa 的水蒸氣於 100°C 恆溫壓縮至 101.325 kPa，然後凝結成水，求此過程的熵變化。

解：$\Delta S_1 = nR \ln (P_1/P_2) = 1 \times 8.314 \times \ln (40/101.325)$
$\qquad = -7.73 \text{ J K}^{-1}$

$\Delta S_2 = -\Delta H/T = -40.6 \times 10^3/373.15$
$\qquad = -108.8 \text{ J K}^{-1}$

$\Delta S = \Delta S_1 + \Delta S_2 = -7.73 - 108.8$
$\qquad = -116.53 \text{ J K}^{-1}$

現在假設我們在 1 atm 下將水從 25°C 不可逆加熱到 50°C (例如，使用本生燈火焰)。初始和最終狀態與可逆加熱相同。因此 (3.24) 式右邊的積分給出了不可逆加熱的 ΔS。請注意，(3.24) 式中的 ΔS 僅與 T_1、T_2 和 P 的值 (因為 C_P 有些取決於 P) 有關；也就是說，ΔS 僅與初始狀態和最終狀態有關。因此，無論加熱是可逆還是不可逆進行，在 1 atm 下將 100 g 水從 25°C 加熱至 50°C 的 ΔS 是 33.7 J/K。對於使用本生燈進行不可逆加熱的系統，靠近本生燈的系統部分溫度會高於遠離本生燈的部分，並且在加熱過程中系統不能指定單個 T 值。儘管如此，我們可以想像可逆地進行加熱並應用 (3.24) 式來求 ΔS，前提是初始狀態和最終狀態是平衡狀態。同樣，如果我們如焦耳所做的在恆壓下以攪拌進行狀態變化，而不是加熱，我們仍然可以使用 (3.24) 式。

為了可逆地加熱系統，我們用與系統相同溫度的大型恆溫槽來環繞它，並且我們無限緩慢地加熱槽。由於系統的溫度和外界的溫度在過程中僅有微小的差別，所以過程是可逆的。

6. **理想氣體狀態的可逆變化**。從第一定律和第 2.8 節，對於理想氣體的可逆過程，我們有

$$dq_{\text{rev}} = dU - dw_{\text{rev}} = C_V\, dT + P\, dV = C_V\, dT + nRT\, dV/V \qquad (3.25)$$
$$dS = dq_{\text{rev}}/T = C_V\, dT/T + nR\, dV/V$$

$$\Delta S = \int_1^2 C_V(T)\frac{dT}{T} + nR\int_1^2 \frac{dV}{V}$$

$$\Delta S = \int_{T_1}^{T_2} \frac{C_V(T)}{T}\, dT + nR \ln \frac{V_2}{V_1} \qquad \text{理想氣體} \qquad (3.26)$$

如果 $T_2 > T_1$，第一個積分是正，所以增加理想氣體的溫度增加其熵。如果 $V_2 > V_1$，第二項是正，所以增加理想氣體的體積增加其熵。如果溫度變化不大，取 C_V 為常數可能是一個很好的近似，在這種情況下，$\Delta S \approx C_V \ln(T_2/T_1) + nR \ln(V_2/V_1)$。在使用 (3.26) 式時，讀者有時忘記 T 正在改變而錯誤寫成 $\ln(V_2/V_1) = \ln(P_1/P_2)$。正確的表達式是 $\ln(V_2/V_1) = \ln(P_1 T_2/P_2 T_1)$。

延伸例題　熵變化

2 mol 理想氣體由 50°C 冷卻到 20°C，體積由 200 dm³ 變化到 50 dm³，假設該氣體的 $C_P = 28\ \text{JK}^{-1}\text{mol}^{-1}$，求此過程的 ΔS。

解：$\Delta S = nR \ln(V_2/V_1) + nC_V \ln(T_2/T_1)$
$= 2 \times 8.314 \ln(50/200) + 2 \times (28 - 8.314) \ln(293.15/323.15)$
$= -26.88\ \text{J k}^{-1}$

延伸例題　熵變化

2 mol 理想氣體由 273 K、50 dm³ 的初態變到 303 K、200 kPa 的終態，假設該氣體的 $C_V = 21$ J K^{-1}mol^{-1}，求此過程的熵變化。

解：由已知條件可求出終態體積

$$V_2 = nRT_2/P_2 = 2 \times 8.314 \times 303/200 = 25.19 \text{ dm}^3$$

$$\begin{aligned}\Delta S &= nR\ln(V_2/V_1) + nC_V \ln(T_2/T_1) \\ &= 2 \times 8.314 \times \ln \frac{25.19}{50} + 2 \times 21 \ln \frac{303}{273} \\ &= -7.02 \text{ J K}^{-1}\end{aligned}$$

7. 理想氣體狀態的不可逆變化。令 n 莫耳理想氣體，由狀態 P_1、V_1、T_1 不可逆改變為 P_2、V_2、T_2。我們很容易想到一個可逆過程來執行這種相同的狀態變化。例如，我們可以 (a) 將氣體 (封閉在裝有無摩擦活塞的氣缸中) 放入溫度為 T_1 的大恆溫槽中，並無限緩慢地改變活塞的壓力直到氣體達到體積 V_2；(b) 然後從中去除氣體與槽的接觸，使體積固定在 V_2，並可逆地加熱或冷卻氣體直至其溫度達到 T_2。由於 S 是狀態函數，因此從狀態 1 到狀態 2 的這種可逆變化的 ΔS 與從狀態 1 變為狀態 2 不可逆變化的 ΔS 相同，即使對於這兩個過程 q 不一定相同。因此 (3.26) 式給出了不可逆變化的 ΔS。請注意，(3.26) 式右側的值僅取決於 T_2、V_2 和 T_1、V_1，即最終狀態和初始狀態的狀態函數。

延伸例題　熵變化

5 mol 理想氣體，在絕熱不可逆的情況下，由 0°C、1.000 kPa，膨脹至 −60°C、0.1 kPa，若氣體的 $C_P = 30$ J K^{-1}mol^{-1}，求此過程的 ΔS。

解：
$$\begin{aligned}\Delta S &= nR\ln(P_1/P_2) + nC_P \ln(T_2/T_1) \\ &= 5 \times 8.314 \times \ln(1.000/0.1) + 5 \times 30 \times \ln(213.15/273.15) \\ &= 58.51 \text{ J K}^{-1}\end{aligned}$$

例 3.3　向真空膨脹的 ΔS

令 n 莫耳理想氣體向真空進行絕熱自由膨脹 (焦耳實驗)。(a) 以初始和最終溫度和體積表示 ΔS。(b) 若 $V_2 = 2V_1$，求 ΔS_m。

(a) 初始狀態是 T_1、V_1，最終狀態是 T_1、V_2，其中 $V_2 > V_1$。T 是恆定的，因為對於理想氣體 $\mu_J = (\partial T/\partial V)_U$ 為零。雖然過程是絕熱 ($q = 0$)，ΔS 不為零，因為過程是不可逆。由 (3.30) 式可得 $\Delta S = nR \ln(V_2/V_1)$，由於當 $T_2 = T_1$ 時，(3.26) 式中的溫度積分為零。(b) 如果原始容器和疏散容器是等體積，則 $V_2 = 2V_1$ 且 $\Delta S = nR \ln 2$ 我們有

$$\Delta S/n = \Delta S_m = R \ln 2 = [8.314 \text{ J/(mol K)}](0.693) = 5.76 \text{ J/(mol K)}$$

習題

在 89 torr 和 22°C 時，24 mg $N_2(g)$ 向真空絕熱膨脹至最終壓力為 34 torr，求 ΔS。假設理想氣體行為。
(答案：6.9 mJ/K)

8. **從 (P_1, T_1) 到 (P_2, T_2) 的一般狀態變化**。在第 5 段中，我們考慮了在恆壓下 ΔS 隨著溫度的變化。在這裡，我們也需要知道 ΔS 如何隨著壓力而變化。這將在第 4.5 節討論。

9. **不可逆的相變化**。考慮在 −10°C 和 1 atm 下將 1 莫耳過冷液態水轉變成在 −10°C 和 1atm 下 1 莫耳冰。這種轉變是不可逆的。中間狀態由 −10°C 的水和冰的混合物組成，這些不是平衡狀態。此外，在 −10°C 時從冰塊中回收的微量熱量不會導致任何冰塊在 −10°C 時回到過冷水中。要求 ΔS，我們使用下面的可逆路徑 (圖 3.6)。我們首先可逆地將過冷液體加熱至 0°C 和 1 atm (第 5 段)。然後我們在 0°C 和 1 atm 下將其可逆冷凍 (第 3 段)。最後，我們可逆地將冰塊冷卻至 −10°C 和 1 atm (第 5 段)。對於在 −10°C 下的不可逆變換，ΔS 等於三個可逆步驟的熵變總和，因為不可逆過程和可逆過程各自連接相同的兩個狀態。數值計算留作習題 (習題 3.10)。

10. **在恆定 P 和 T 下，不同惰性理想氣體的混合**。令 n_a 和 n_b 莫耳惰性理想氣體 a 和 b 的混合，每種氣體在相同的初始 P 和 T 下混合 (圖 3.7)。惰性氣體，我們的意

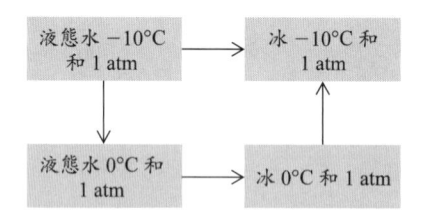

圖 3.6
在 −10°C 和 1 atm 下，從液態水到冰的不可逆和可逆的路徑。

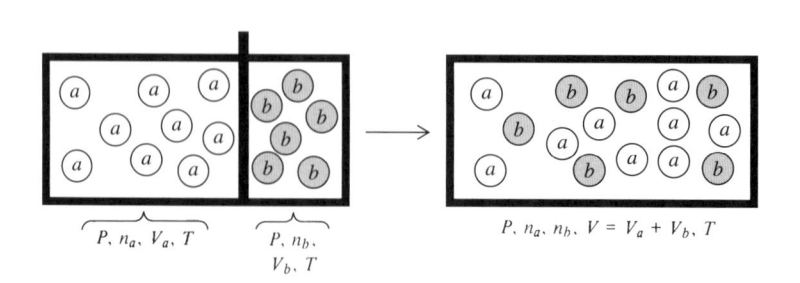

圖 3.7
在恆定的 T 和 P 下，理想氣體的混合。

思是在混合時不會發生化學反應。由於是理想氣體，所以在除去分隔物之前或之後，分子間都沒有相互作用。因此混合時總內能不變，且混合時 T 不變。

混合是不可逆的。要求 ΔS，我們必須找到一種方法來執行此可逆地狀態改變。這可以分兩步完成。在第 1 步中，我們將每種氣體放入恆溫槽中，並且每種氣體分別可逆等溫膨脹至最終體積 V。請注意，步驟 1 不是絕熱的。相反，熱量流入每種氣體以平衡每種氣體所作的功。由於 S 是外延的，因此步驟 1 的 ΔS 是每種氣體的 ΔS 的總和，而由 (3.26) 式可得

$$\Delta S_1 = \Delta S_a + \Delta S_b = n_a R \ln(V/V_a) + n_b R \ln(V/V_b) \tag{3.27}$$

步驟 2 是膨脹氣體的可逆等溫混合。這可以完成如下。我們假設有可能獲得兩種半透膜 (semipermeable)，一種只能由氣體 a 透過，一種只能由氣體 b 透過。例如，氫氣可透過加熱的鈀，但氧氣或氮氣則不可透過。我們設置了兩種氣體的未混合狀態，如圖 3.8a 所示。我們假設沒有摩擦。然後，我們將兩個耦合膜緩慢地移到左邊。圖 3.8b 顯示了系統的中間狀態。

由於膜移動緩慢，因此存在膜平衡，這意味著在膜的每一側上的氣體 a 的分壓是相等的，同理對於氣體 b 也是如此。圖 3.8b 區域 I 中的氣體壓力為 P_a，在區域 III 中是 P_b。由於每個半透膜達到膜平衡，區域 II 中的氣體 a 的分壓為 P_a，區域 II 中的氣體 b 的分壓為 P_b，區域 II 的總壓力因此是 $P_a + P_b$。兩個可移動耦合膜右側的總力是由於區域 I 和 III 中的氣體壓力，並且等於 $(P_a + P_b)A$，其中 A 是每個膜的面積。這些膜上左側的總力是由於區域 II 中的氣體壓力，且等於 $(P_a + P_b)A$，這兩股力是相等的。因此，任何中間狀態都是平衡狀態，只需要無限小的力來移動膜。既然我們通過平衡狀態並且只施與無窮小的力，步驟 2 是可逆的。最終狀態 (圖 3.8c) 是所需的混合物。

理想氣體的內能只與 T 有關，因為步驟 2 的 T 是恆定的，步驟 2 的 ΔU 為零。由於只有無窮小的力施加在步驟 2 上的膜，所以步驟 2 的 $w = 0$。因此步驟 2 的 $q =$

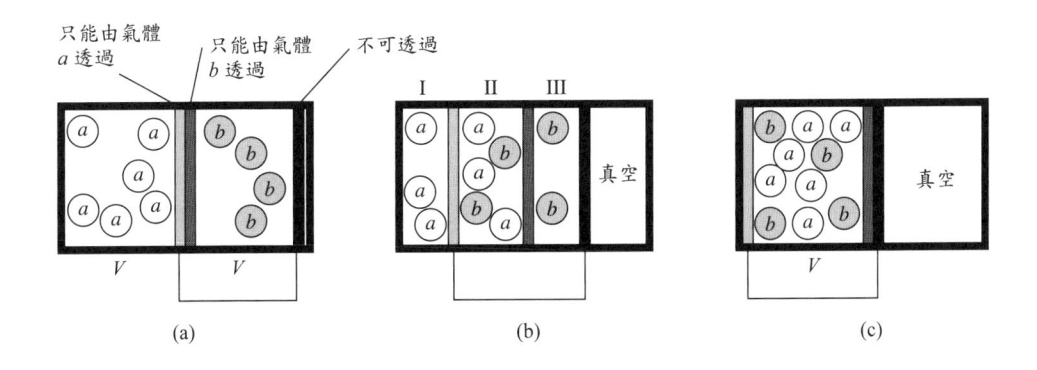

圖 3.8

理想氣體的可逆等溫混合。該系統在一個恆溫槽 (未顯示出)(為了使圖形適合頁面，框的大小與圖 3.7 中的大小並不匹配，但是最好是要匹配)。

$\Delta U - w = 0$。步驟 2 是絕熱以及可逆的。因此，對於兩理想氣體的可逆絕熱混合，由 (3.19) 式可知 $\Delta S_2 = 0$。

對於圖 3.7 的不可逆混合，ΔS 等於 $\Delta S_1 + \Delta S_2$，所以由 (3.27) 式可得

$$\Delta S = n_a R \ln(V/V_a) + n_b R \ln(V/V_b) \tag{3.28}$$

由理想氣體定律 $PV = nRT$ 可知 $V = (n_a + n_b)RT/P$ 且 $V_a = n_a RT/P$，所以 $V/V_a = (n_a + n_b)/n_a = 1/x_a$。同理，$V/V_b = 1/x_b$。代入 (3.28) 式，並使用 $\ln(1/x_a) = \ln 1 - \ln x_a = -\ln x_a$，我們得到

$$\Delta_{\mathrm{mix}} S = -n_a R \ln x_a - n_b R \ln x_b \quad \text{理想氣體}, T, P \text{ 恆定} \tag{3.29}$$

其中 mix 代表混合，x_a 和 x_b 是氣體在混合物中的莫耳分率。請注意，$\Delta_{\mathrm{mix}} S$ 對於理想氣體是正。

(3.29) 式中的 $\Delta_{\mathrm{mix}} S$「混合熵」一詞可能會產生誤解，熵變化完全來自每種氣體的體積變化 (步驟 1)，並且對於可逆混合 (步驟 2) 而言，熵變化為零。因為步驟 2 中 ΔS 為零，所以圖 3.8c 中混合物的熵等於圖 3.8a 中系統的熵。換句話說，理想氣體混合物的熵等於每種純氣體在混合物溫度下單獨占據混合物體積時熵的總和。請注意，(3.29) 式可以藉由將每個氣體應用 (3.26) 式與 $T_2 = T_1$ 的結果得到。

(3.29) 式僅適用於 a 和 b 是不同氣體的情況。若是相同的氣體，則在恆定的 T 和 P 下，「混合」對應於沒有狀態變化而 $\Delta S = 0$。

前面的例子證明以下的過程增加了物質的熵：加熱、熔化固體、蒸發液體或固體、增加氣體的體積 (包括氣體混合的情況)。

延伸例題

2 mol 體積為 V 的 O_2 與 2mol 體積為 V 的 N_2 混合，成為體積為 $2V$ 的混合氣體，假設兩氣體為理想氣體且在恆溫下混合，求 ΔS。

解：$\Delta S = \Delta S_{O_2} + \Delta S_{N_2}$
$= nR \ln (2V/V) + nR \ln (2V/V)$
$= 2 \times 8.314 \ln 2 + 2 \times 8.314 \ln 2$
$= 11.52 + 11.52$
$= 23.05 \text{ J K}^{-1}$

摘要

要計算 $\Delta S \equiv S_2 - S_1$，我們設計了一條從狀態 1 到狀態 2 的可逆路徑，而且我們使用 $\Delta S = \int_1^2 (1/T) \, dq_{\mathrm{rev}}$。若 T 是常數，則 $\Delta S = q_{\mathrm{rev}}/T$。若 T 不是常數，我們使用 dq_{rev} 的表達式來計算積分；例如，$dq_{\mathrm{rev}} = C_P \, dT$ 用於恆壓過程，或 $dq_{\mathrm{rev}} = dU - dw_{\mathrm{rev}} = C_V \, dT +$

(nRT/V) dV 用於理想氣體。

有些讀者會記住方程式 (3.19)、(3.20)、(3.21)、(3.23)、(3.24)、(3.26)、(3.28) 和 (3.29)。但是，這種行為通常會導致混亂、錯誤和失敗，因為很難在記憶中保留如此多的方程式，並且很難記住哪個方程式適用於哪種情況。相反，只學習方程式 $\Delta S = \int_1^2 (1/T) \, dq_{\text{rev}}$，並從這個方程式開始尋找一個可逆過程的 ΔS。為了計算這個積分，我們或者用 $1/T$ 做一些事情，或者用 dq_{rev} 做些事情。對於可逆等溫過程(包括可逆相變化)，我們取 $1/T$ 至積分之外。對於沒有相變化的恆壓加熱，我們使用 $C_P = dq_P/dT$ 寫成 $dq = C_P \, dT$ 然後積分 (C_P/T)。對於理想氣體的過程，我們用第一定律寫出 $dq = dU - dw = C_V \, dT + P \, dV$，將其代入 ΔS 方程式，使用 $PV = nRT$ 將 P/T 表示為 V 的函數，並進行積分。在 T 和 P 為常數的情況下，理想氣體混合的 (3.28) 式，可以藉由將每個理想氣體體積變化的熵變化相加來求得。

3.5 熵、可逆性和不可逆性

在第 3.4 節，我們計算系統在各種過程中的 ΔS。在本節中，我們將考慮一個過程中發生的總熵變；也就是說，我們將檢查系統和外界的熵變總和：$\Delta S_{\text{syst}} + \Delta S_{\text{surr}}$。

我們把這個總和稱為宇宙的熵變：

$$\Delta S_{\text{univ}} = \Delta S_{\text{syst}} + \Delta S_{\text{surr}} \qquad (3.30)*$$

其中下標 univ 代表宇宙。在這裡，「宇宙」是指系統加上可以與系統交互作用的世界部分。我們將分別檢查可逆過程和不可逆過程的 ΔS_{univ}。

☕ 可逆過程

在可逆過程中，系統和外界之間的任何熱流都必須發生，而沒有有限的溫差；否則熱流將不可逆。令 dq_{rev} 為在可逆過程的微小部分期間從外界進入系統的熱流。相應流入外界的熱量是 $-dq_{\text{rev}}$。我們有

$$dS_{\text{univ}} = dS_{\text{syst}} + dS_{\text{surr}} = \frac{dq_{\text{rev}}}{T_{\text{syst}}} + \frac{-dq_{\text{rev}}}{T_{\text{surr}}} = \frac{dq_{\text{rev}}}{T_{\text{syst}}} - \frac{dq_{\text{rev}}}{T_{\text{syst}}} = 0$$

積分可得

$$\Delta S_{\text{univ}} = 0 \qquad \text{可逆過程} \qquad (3.31)$$

儘管 S_{syst} 和 S_{surr} 都可能在可逆過程中發生變化，$S_{\text{syst}} + S_{\text{surr}} = S_{\text{univ}}$ 在可逆過程中保持不變。

☕ 不可逆過程

我們首先考慮一個封閉系統中絕熱不可逆過程的特例。這種特例會導致所需的總體結果。令系統在不可逆絕熱過程中從狀態 1 進入狀態 2。圖 3.9 中，從 1 到 2 的不

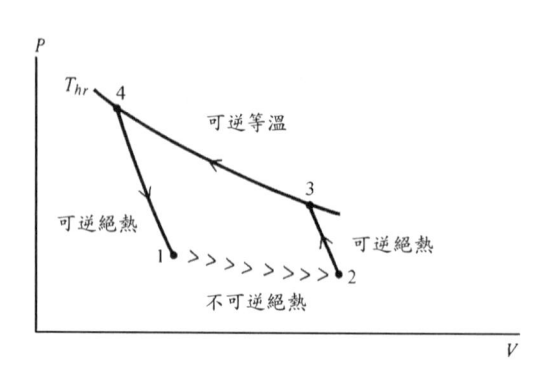

圖 3.9
狀態 1 和狀態 2 之間的不可逆和可逆路徑。

[圖：P-V 圖，顯示狀態 1、2、3、4 之間的可逆等溫、可逆絕熱和不可逆絕熱過程]

連貫的箭頭表示不可逆性，並且事實上不可逆的過程通常不能繪製在 P-V 圖上，因為它通常涉及非平衡狀態。

計算 $S_2 - S_1 = \Delta S_{\text{syst}}$，我們以下可逆路徑連接狀態 1 和 2。從狀態 2 開始，我們確實絕熱可逆地對系統作功，以將其溫度升高到某高溫熱源的溫度 T_{hr}。這使系統進入狀態 3 從 (3.19) 式，對於可逆絕熱過程，ΔS 為零。因此 $S_3 = S_2$（一如既往，除非另有說明，狀態函數指的是系統，因此 S_3 和 S_2 是系統在狀態 3 和 2 中的熵）。接下來，我們在溫度 T_{hr} 上等溫可逆地增加或提取足夠的熱 $q_{3 \to 4}$，以使系統的熵等於 S_1。這使系統到狀態 4 而 $S_4 = S_1$（如果在過程 3 → 4 期間熱量從熱源流入系統，$q_{3 \to 4}$ 為正值，如果在 3 → 4 期間熱量從系統流到熱源，則 $q_{3 \to 4}$ 為負值）。我們有

$$S_4 - S_3 = \int_3^4 \frac{dq_{\text{rev}}}{T} = \frac{1}{T_{hr}} \int_3^4 dq_{\text{rev}} = \frac{q_{3 \to 4}}{T_{hr}}$$

由於狀態 4 和狀態 1 具有相同的熵，所以它們位於常數 S 的一條線上，即等熵 (isentrop)。什麼是等熵？對於等熵，$dS = 0 = dq_{\text{rev}}/T$，因此 $dq_{\text{rev}} = 0$；等熵是一條可逆絕熱線。因此，從 4 到 1，我們執行可逆絕熱過程 (系統對外界作功)。由於 S 是狀態函數，所以我們有 1 → 2 → 3 → 4 → 1 的循環

$$0 = \oint dS_{\text{syst}} = (S_2 - S_1) + (S_3 - S_2) + (S_4 - S_3) + (S_1 - S_4)$$

$$\oint dS_{\text{syst}} = (S_2 - S_1) + 0 + q_{3 \to 4}/T_{hr} + 0 = 0$$

$$S_2 - S_1 = -q_{3 \to 4}/T_{hr}$$

$S_2 - S_1$ 的符號因此與 $-q_{3 \to 4}$ 的符號相同。我們有這個循環

$$\oint dU = 0 = \oint (dq + dw) = q_{3 \to 4} + w$$

因此，在循環系統中外界對系統作功 $w = -q_{3 \to 4}$。系統對外界作功 $-w = q_{3 \to 4}$。假設 $q_{3 \to 4}$ 是正，則系統對外界作功 $-w$ 為正，我們會有一個循環 (1 → 2 → 3 → 4 → 1)，其唯一的效果是從熱源中提取熱量 $q_{3 \to 4}$ 完全轉換為功 $-w = q_{3 \to 4} > 0$，這樣的循環是不可能的，因為它違反第二定律。因此 $q_{3 \to 4}$ 不能為正：$q_{3 \to 4} \leq 0$。因此

$$S_2 - S_1 = -q_{3 \to 4}/T_{hr} \geq 0 \qquad (3.32)$$

我們現在證明 S_2-S_1 不為零來強化這個結果。為此，請考慮可逆和不可逆過程的性質。在可逆過程中，我們可以藉由外界的微小變化使事情走向另一條路。當過程逆轉時，系統和外界都恢復到原來的狀態；也就是說，宇宙恢復到原來的狀態。在不可逆的過程中，宇宙不能恢復到原來的狀態。現在假設 $S_2-S_1 = 0$，則 $q_{3 \to 4} = -T_{hr}(S_2-S_1) = 0$。此外，$w = -q_{3 \to 4} = 0$（點 3 和 4 將重合）。在不可逆過程 $1 \to 2$ 之後，路徑 $2 \to 3 \to 4 \to 1$ 將系統恢復到狀態 1. 此外，對於循環 $1 \to 2 \to 3 \to 4 \to 1$，由於 $q = 0 = w$，這個循環對外界沒有影響，循環結束時，外界將恢復到原始狀態。因此我們將能夠將宇宙（系統＋環境）恢復到原始狀態。但由假設，過程 $1 \to 2$ 是不可逆的，所以宇宙不能恢復到這個過程發生後的原始狀態。因此 S_2-S_1 不為零。(3.32) 式告訴我們 S_2-S_1 必為正。

我們證明了封閉系統的熵在不可逆的絕熱過程中增加：

$$\Delta S_{syst} > 0 \qquad \text{不可逆絕熱過程，封閉系統} \qquad (3.33)$$

這個結果的特例很重要。隔離系統必須是封閉的，並且隔離系統中的任何過程必須是絕熱的（因為隔離系統與其外界之間不會有熱量流動）。因此 (3.33) 式適用，並且在任何不可逆過程中孤立系統的熵必增加：

$$\Delta S_{syst} > 0 \qquad \text{不可逆過程，孤立系統} \qquad (3.34)$$

現在考慮不可逆過程的 $\Delta S_{univ} = \Delta S_{syst} + \Delta S_{surr}$。因為我們想要檢查系統與外界之間相互作用對 S_{univ} 的影響，我們必須考慮到，在不可逆過程中，外界只與系統相互作用，而不與世界其他任何部分相互作用。因此，在不可逆過程期間，我們可以將系統加外界 (syst + surr) 看作是一個孤立的系統。對於不可逆過程，(3.34) 式給出 $\Delta S_{syst + surr} \equiv \Delta S_{univ} > 0$。我們已經證明，在不可逆過程中 S_{univ} 增加：

$$\Delta S_{univ} > 0 \qquad \text{不可逆過程} \qquad (3.35)$$

其中 ΔS_{univ} 是系統和外界的熵變總和。

對於可逆過程，我們以前證明過 $\Delta S_{univ} = 0$。因此

$$\Delta S_{univ} \geq 0 \qquad (3.36)^*$$

取決於過程是可逆還是不可逆。能量不能被創造或被毀滅。熵可以被創造但不能被毀滅。

dq_{rev}/T 是一個狀態函數 S 的微分，對於每個過程，它具有 $\Delta S_{univ} \geq 0$ 的性質

可以看作是熱力學第二定律的第三個表達式，相當於凱爾文－普朗克 (Kelvin-Planck) 和克勞修斯 (Clausius) 的陳述。

我們已經證明（作為第二定律凱爾文－普朗克聲明的一個推論），對於不可逆過

程，S_{univ} 增加，並且對於可逆過程，S_{univ} 保持不變。可逆過程是一種在實際過程中通常不能精確獲得的理想化過程。幾乎所有的真實過程都是不可逆的，因為摩擦，缺乏精確的熱平衡，少量的亂流和不可逆的混合等現象；參閱 *Zemansky and Dittman*，第 7 章，進行全面討論。由於幾乎所有的實際過程都是不可逆的，所以我們可以說 S_{univ} 隨著時間不斷增加是由第二定律導出的推論。

☕ 熵和平衡

(3.34) 式證明，對於在孤立系統中發生的任何不可逆過程，ΔS 為正。由於所有的實際過程都是不可逆的，當過程在孤立系統中發生時，其熵越來越大。不可逆的過程 (混合、化學反應、從熱到冷的物體的熱量流動等) 伴隨著 S 的增加將繼續在孤立系統中發生，直到 S 達到其最大可能值，受制於系統的限制。例如，從熱物體到冷物體的熱量流動伴隨著熵增加。因此，如果孤立系統的兩個部分處於不同溫度，熱量將從高溫部分流向低溫部分，直到兩部分溫度相等，並且這種溫度均衡使系統的熵最大化。當孤立系統的熵最大化時，在宏觀層面上事情就會停止，因為任何進一步的過程只能減少 S，這會違反第二定律。根據定義，當過程停止發生時，孤立系統已達到平衡。因此 (圖 3.10)：

當系統的熵最大化時，孤立系統達到熱力學平衡。

非孤立系統中的熱力學平衡在第 4 章中討論。

熱力學沒有提到達到平衡的速率。在沒有催化劑的情況下，在室溫下分離的 H_2 和 O_2 混合物將保持不變。但是，該系統並未處於真正的熱力學平衡狀態。當引入催化劑時，氣體反應產生 H_2O，熵增加。同樣，在室溫下，就轉化為石墨而言，金剛石在熱力學上不穩定，但轉化率為零，所以沒有人需要擔心失去訂婚戒指 (「鑽石是永恆的」)。甚至可以說純氫在某種意義上是在室溫下熱力學不穩定的，因為氫原子核熔化成氦原子核伴隨著 S_{univ} 的增加。當然，室溫下的核熔化速率為零，我們完全可以忽略這個過程的可能性。

| 3.6 | 熱力學溫標

在發展熱力學方面，迄今為止我們已經使用了理想氣體溫標，它基於特定物質－理想氣體的性質。狀態函數 P、V、U 和 H 沒有根據任何特定類型的物質來定義，並且希望以比理想氣體更通用的方式定義如溫度的基本性質。凱爾文勳爵指出，熱力學第二定律可以用來定義一個獨立於任何

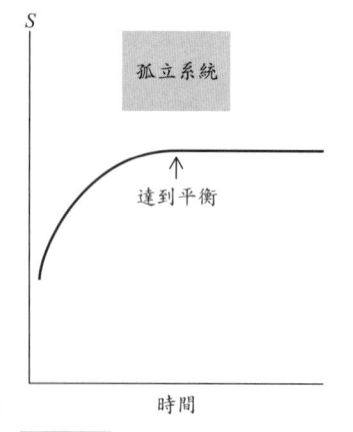

圖 3.10
平衡時，孤立系統的熵達到最大化。

物質性質的熱力學溫標。

我們在第 3.2 節證明，介於溫度 τ_C 和 τ_H 之間的卡諾循環，效率 e_{rev} 與系統 (工作物質) 的性質無關，僅與溫度有關：$e_{\text{rev}} = 1 + q_C/q_H = f(\tau_C, \tau_H)$，其中 τ 表示任何溫標。由此可見，熱比率 $-q_C/q_H$ (等於 $1-e_{\text{rev}}$) 與經歷卡諾循環的系統的性質無關。我們有

$$-q_C/q_H = 1 - f(\tau_C, \tau_H) \equiv g(\tau_C, \tau_H) \tag{3.37}$$

函數 g (定義為 $1-f$) 與溫標的選擇有關，但與系統的性質無關。考慮共同使用相同熱源的兩個卡諾機，可以證明卡諾原理：e (任意機) $\leq e$ (可逆機)(這是第二定律的結果) 要求 g 具有形式

$$g(\tau_C, \tau_H) = \phi(\tau_C)/\phi(\tau_H) \tag{3.38}$$

其中 ϕ(phi) 為函數。(3.37) 式變成

$$-q_C/q_H = \phi(\tau_C)/\phi(\tau_H) \tag{3.39}$$

我們現在使用 (3.39) 式以卡諾循環比 $-q_C/q_H$ 來定義溫標。為此，我們為 ϕ 選擇一個特定函數。ϕ 的最簡單選擇是「取一次方」。這個選擇給出了熱力學溫標 Θ (theta 的大寫)。因此，熱力學溫標上的溫度比率定義為

$$\frac{\Theta_C}{\Theta_H} \equiv \frac{-q_C}{q_H} \tag{3.40}$$

公式 (3.40) 僅確定比率 Θ_C/Θ_H。我們藉由選擇水三相點的溫度 $\Theta_{\text{tr}} = 273.16°$ 來完成 Θ 溫標的定義。

為了測量任意物體的熱力學溫度 Θ，我們使用它作為卡諾循環中的一個熱源，並使用由三相點組成的水體作為第二個熱源。然後，我們通過卡諾循環在這兩個熱源之間建立任何系統，並在 Θ 測量與熱源交換的熱量 q，以及在 $273.16°$ 測量與熱源交換的熱量 q_{tr}。然後從 (3.40) 式計算熱力學溫度 Θ

$$\Theta = 273.16° \frac{|q|}{|q_{\text{tr}}|} \tag{3.41}$$

由於 (3.41) 式中的熱比率與通過卡諾循環的系統性質無關，因此 Θ 溫標與任何物質的性質無關。

熱力學溫標 Θ 是如何與理想氣體溫標 T 相關的？我們在第 3.2 節中證明了對於經歷卡諾循環的任何系統，在理想氣體溫標上，$T_C/T_H = -q_C/q_H$；參閱 (3.12) 式。此外，我們選擇水三相點的理想氣體溫度為 273.16 K。因此，對於任意溫度 T 與三相點溫度之間的卡諾循環，我們有

$$T = 273.16 \text{ K} \frac{|q|}{|q_{\text{tr}}|} \tag{3.42}$$

其中 q 是在溫度 T 與熱源交換的熱量。由 (3.41) 式和 (3.42) 式的比較，證明理想氣體

溫標和熱力學溫標在數值上是相同的。我們今後將為每個溫標使用相同的符號 T 熱力學溫標是科學的基本溫標，但為了方便起見，使用外推的氣體測量，而不是卡諾循環測量，來精確測量溫度。

3.7 總結

我們假定凱爾文－普朗克 (Kelvin-Planck) 關於熱力學第二定律的陳述的真實性，該陳述聲稱在循環過程中熱量不能完全轉化為功。根據第二定律，我們證明了 dq_{rev}/T 是一個狀態函數的微分，此狀態函數我們稱之為熵 S 從狀態 1 到狀態 2 的過程中的熵變是 $\Delta S = \int_1^2 dq_{rev}/T$，其中積分必須使用從 1 到 2 的可逆路徑進行計算。計算 ΔS 的方法在第 3.4 節討論。

我們用第二定律來證明孤立系統的熵在不可逆的過程中必增加。因此，當系統的熵最大化時，則孤立系統達到熱力學平衡。本章中處理的重要的計算包括：

- 使用 $dS = dq_{rev}/T$ 計算可逆過程的 ΔS。
- 找到初始狀態和最終狀態之間的可逆路徑 (第 3.4 節第 5、7 和 9 段)，計算不可逆過程的 ΔS。
- 使用 $\Delta S = \Delta H/T$ 計算可逆相變的 ΔS。
- 使用 $dS = dq_{rev}/T = (C_P/T)dT$ 計算恆壓加熱的 ΔS。
- 使用 (3.26) 式計算理想氣體狀態變化的 ΔS。
- 使用 (3.29) 式計算在恆定 T 和 P 下混合理想氣體的 ΔS。

習題

第 3.2 節

3.1 對或錯？ (a) 增加卡諾循環機的高溫熱源的溫度必提高卡諾機的效率。(b) 降低卡諾循環機低溫熱源的溫度必提高卡諾機的效率。(c) 根據定義，卡諾循環是可逆循環。(d) 由於卡諾循環是一個循環過程，因此卡諾循環所作的功為零。

3.2 考慮使用 800°C 和 0°C 熱源的熱機。(a) 計算最大可能效率。(b) 如果 q_H 是 1000 J，找出 $-w$ 的最大值和 $-q_C$ 的最小值。

3.3 假設我們手頭最冷的熱源溫度為 10°C。若我們想要一個效率至少達到 90% 的熱機，則高溫熱源的最低溫度為何？

3.4 熱泵和致冷機是運行相反的熱機；輸入功 w 使系統由溫度為 T_C 的低溫熱源吸收熱 q_C，並將熱量排放到溫度為 T_H 的高溫熱源中。致冷機的性能係數 K 是 q_C/w，而熱泵的性能係數 ε 是 $-q_H/w$。(a) 對於可逆卡諾循環致冷機和熱泵，以 T_C 和 T_H 來表示 K 和 ε。(b) 證明 ε_{rev} 大於 1。(c) 假設可逆熱泵將室外 0°C 的熱量傳遞到 20°C 的室內。對於輸入到熱泵的每個焦耳功，將產生多少熱量存放在室內？(d) 當 T_C 變為 0 K 時，K_{rev} 會發生什麼變化？

第 3.4 節

3.5 對或錯？ (a) 從狀態 1 到狀態 2 的狀態變化，不可逆進行比可逆進行產生較大的熵增加。(b) 從狀態 1 到狀態 2，不可逆狀態變化的熱量 q 可能與可逆狀態變化的熱量不同。(c) 系統的絕

對溫度越高，熵增加越小，此熵由可逆熱流的正 dq_{rev} 產生。(d) 20g $H_2O(l)$ 在 300 K 和 1 bar 的熵是 10 g $H_2O(l)$ 在 300 K 和 1 bar 的熵的兩倍。(e) 20 g $H_2O(l)$ 在 300 K 和 1 bar 下的莫耳熵等於 10g $H_2O(l)$ 在 300 K 和 1 bar 下的莫耳熵。(f) 對於可逆等溫過程，在封閉的系統中，ΔS 必為零。(g) 積分 $\int_1^2 T^{-1} C_V dT$ 等於 $C_V \ln(T_2/T_1)$。(h) 於絕熱過程中，封閉系統的熵變化為零。(i) 熱力學不能計算不可逆過程的 ΔS。(j) 對於封閉系統中的可逆過程，dq 等於 $T dS$。(k) 第 3.4 節的公式使我們能夠計算各種過程的 ΔS，但不能使我們找到熱力學狀態的 S 值。

3.6 Ar 在正常沸點 87.3 K 下的莫耳蒸發熱是 1.56 kcal/mol。(a) 計算 1.00 莫耳 Ar 在 87.3 K 和 1 atm 下蒸發的 ΔS。(b) 計算 5.00 g 氬氣在 87.3 K 和 1 atm 下冷凝成液體的 ΔS。

3.7 將 2.00 莫耳的 O_2 從 27°C 加熱到 127°C，求 ΔS，其中 P 固定在 1.00 atm。使用習題 2.27 中的 $C_{P,m}$。

3.8 將 1.00 mol 冰在 0°C 和 1.00 atm 下轉化成 100°C 和 0.50 atm 下 1.00 mol 的水蒸氣，求 ΔS。使用習題 2.28 中的數據。

3.9 在所有溫度均具有 $C_{V,m} = 1.5R$ 的 2.50 莫耳理想單原子氣體，對於以下每個狀態變化，計算 ΔS：(a) (1.50 atm, 400 K) → (3.00 atm, 600 K)；(b) (2.50 atm, 20.0 L) → (2.00 atm, 30.0 L)；(c) (28.5 L, 400 K) → (42.0 L, 400 K)。

3.10 在 −10°C 和 1.00 atm 下，將 10.0 g 過冷水轉換為 −10°C 和 1.00 atm 下的冰。冰和過冷水的平均 c_P 值在 0°C 至 −10°C 的範圍內分別為 0.50 和 1.01 cal /(g°C)。參考習題 2.28。

3.11 120.0°C、200 g 黃金 [$c_P = 0.0313$ cal/(g°C)] 墜入 10.0°C，25.0 g 水中，該系統在絕熱容器中達到平衡。求 (a) 最終溫度；(b) ΔS_{Au}；(c) ΔS_{H_2O}；(d) $\Delta S_{Au} + \Delta S_{H_2O}$。

3.12 將 10.0 g He 與 10.0 g O_2 在 120°C，1.50 bar 下混合，求 ΔS。

3.13 系統由 1.00 mg ClF 氣體組成。質譜儀將氣體分離成 ^{35}ClF 和 ^{37}ClF 物質。求 ΔS。同位素組成：^{19}F = 100%；^{35}Cl = 75.8%；^{37}Cl = 24.2%。

第 3.5 節

3.14 對或錯？(a) 對於封閉系統，ΔS 永遠不會是負值。(b) 對於封閉系統中的可逆過程，ΔS 必為零。(c) 對於封閉系統中的可逆過程，ΔS_{univ} 必為零。(d) 對於封閉系統的絕熱過程，ΔS 不為負。(e) 在孤立系統的過程，ΔS 不為負。(f) 在封閉系統的絕熱過程，ΔS 必為零。(g) 絕熱過程不能減少封閉系統的熵。(h) 對於封閉系統，當 S 達到最大化時，則達到平衡。

3.15 對於以下每個過程，推斷出每個過程的 ΔS 和 ΔS_{univ} 是正數、零或負數。(a) 固態苯在 1 atm 和正常熔點下的可逆熔化。(b) 在 1atm 和 0°C 時，冰的可逆熔化。(c) 理想氣體的可逆絕熱膨脹。(d) 理想氣體的可逆等溫膨脹。(e) 理想氣體向真空絕熱膨脹 (焦耳實驗)。(f) 理想氣體的焦耳－湯姆生絕熱節流。(g) 恆壓 P 下，可逆加熱理想氣體。(h) 恆容 V 下，可逆冷卻理想氣體 (i) 苯於密封容器內燃燒，容器帶有堅固的絕熱壁。(j) 非理想氣體向真空絕熱膨脹。

第 3.6 節

3.16 Willard Rumpson (後來的生活 Melvin 男爵，K.C.B.) 用 (3.39) 式中的函數 ϕ 定義溫標「取平方根」且水三相點溫度定義為 200.00°M。(a) 在 Melvin 溫標，蒸氣點的溫度是多少？(b) 在 Melvin 溫標，冰點的溫度是多少？

一般問題

3.17 估計由效率為 40% 的 1000-MW 發電廠每分鐘使用的冷卻水體積。假設冷卻蒸氣時，冷卻水溫度上升 10°C。

3.18 某理想氣體的 $C_{V,m} = a + bT$，其中 $a = 25.0$ J/(mol K) 而 $b = 0.0300$ J/(mol K^2)。令 4.00 莫耳此氣體從 300 K 和 2.00 atm 到 500 K 和 3.00 atm。對於這種狀態改變，計算下列各值。如果是不可能從給定的資訊中計算出數值，請予以說明。(a) q；(b) w；(c) ΔU；(d) ΔH；(e) ΔS。

3.19 將下列過程區分為可逆或不可逆過程：(a) 在 0°C 和 1 atm 下冷凍水；(b) 在 10°C 和 1 atm 下冷凍過冷水；(c) 在 800 K 和 1 atm 下，在 O_2 中燃燒碳以產生 CO_2；(d) 在有摩擦的地板上滾動球；(e) 焦耳－湯姆生實驗；(f) 氣體向真空絕

熱膨脹 (焦耳實驗)；(g) 使用無摩擦活塞，以無限緩慢地增加 N_2、H_2 和 NH_3 平衡混合物上的壓力，從而轉移平衡。

3.22 對於以下每一對系統，說明哪一對系統 (如果有的話) 具有較大的 U 而哪一對系統具有較大的 S？(a) 在 20°C 和 1 atm 下 5 g Fe 或在 20°C 和 1 atm 下 10 g Fe；(b) 在 25°C 和 1 atm 下 2 g 液態水或在 25°C 和 20 torr 下 2 g 水蒸氣；(c) 25°C 和 1 bar 下 2 g 苯或 40°C 和 1 bar 下 2 g 苯；(d) 在 300 K 和 1 bar 下由 2 g 金屬 M 和在 310 K 和 1 bar 下 2 g 的 M 組成的系統或在 305 K 和 1 bar 下由 4 g 的 M 組成的系統。假設 M 的比熱在 300 至 310 K 範圍內保持不變，在此範圍內 M 的體積變化可以忽略不計；(e) 1 莫耳的理想氣體在 0°C 和 1 atm 或 1 莫耳相同的理想氣體在 0°C 和 5 atm。

3.21 假設在絕熱容器內，將冰的無限小結晶加到 $-10.0°C$ 的 10.0 g 過冷液態水中而系統在固定壓力 1 atm 下達到平衡。(a) 求此過程的 ΔH。(b) 平衡狀態將包含一些冰，因此將包含 0°C 的冰加液體或在 0°C 或低於 0°C 的冰。用 (a) 的答案準確地推斷出什麼是均衡狀態。(c) 計算過程的 ΔS。(參考習題 2.28 的數據)

3.22 寫出 (a) S；(b) S_m；(c) q；(d) P；(e) M_r(分子量)；(f) M (莫耳質量) 的 SI 單位。

3.23 下列哪些陳述可以從熱力學第二定律中獲得證明？(a) 對於任何封閉系統，平衡對應於系統最大熵的位置。(b) 孤立系統的熵必須保持不變。(c) 對於封閉在不滲透絕熱壁中的系統，系統的熵在平衡狀態下達到最大值。(d) 封閉系統的熵永遠不會減少。(e) 孤立系統的熵永遠不會減少。

3.24 對或錯？(a) 對於孤立系統中的每個過程，$\Delta T = 0$。(b) 對於沒有宏觀動能或位能的孤立系統中的每個過程，$\Delta U = 0$。(c) 對於孤立系統中的每一個過程，$\Delta S = 0$。(d) 若封閉系統經歷一個可逆過程，其中 $\Delta V = 0$，則系統在此過程所作的 P-V 功必為零。(e) 當 1 mol N_2 (g) 從 25°C 和 10 L 不可逆進行至 25°C 和 20 L 的 ΔS 與 1 mol N_2 (g) 從 25°C 和 10 L 可逆進行至 25°C 和 20 L 的 ΔS 相同。(f) 封閉系統中的每個絕熱過程，$\Delta S = 0$。(g) 對於封閉系統中的每個可逆過程，$\Delta S = \Delta H/T$。(h) 具有 $\Delta T = 0$ 的封閉系統過程，必有 $\Delta U = 0$。(i) 對於封閉系統中的每個等溫過程，$\Delta S = \Delta H/T$。(j) 封閉系統中的每個等溫過程，$q = 0$。(k) 在每個循環過程中，系統的最終狀態和初始狀態是相同的並且外界的最終狀態和初始狀態也是相同的。

複習題

R3.1 對於封閉系統，請舉例說明以下各項。如果不可能有這個過程的例子，請予以說明。(a) 具有 $q \neq 0$ 的等溫過程。(b) 具有 $\Delta T \neq 0$ 的絕熱過程。(c) 具有 $\Delta U \neq 0$ 的等溫過程。(d) 具有 $\Delta S \neq 0$ 的循環過程。(e) 具有 $\Delta S \neq 0$ 的絕熱過程。(f) 具有 $w \neq 0$ 的循環過程。

R3.2 如果 6.39 g 的氣體在 10°C 的 3450 cm³ 體積內的壓力為 0.888 bar，求氣體的莫耳質量 (假設為理想氣體)。

R3.3 真或假？(a) 在封閉系統中，S 永遠不可能是負。(b) $\Delta H = \Delta U + P\Delta V$ 適用於封閉系統中的每個過程。(c) 對於理想氣體中的等溫過程，q 必為零。(d) 對於理想氣體中的等溫過程，ΔU 必為零。(e) 對於每個可逆過程，ΔS_{univ} 必為零。(f) 封閉系統中的每個絕熱過程必為等溫過程。(g) 封閉系統中的每個等溫過程必為絕熱過程。(h) ΔS 對於每個循環過程都是零。(i) q 對於每個循環過程都是零。(j) ΔS 對於封閉系統中的每個絕熱過程都是零。

R3.4 寫出下列的 SI 單位 (a) 質量；(b) 密度；(c) 莫耳熵；(d) 熱膨脹係數；(e) $(\partial U/\partial V)_T$；(f) 莫耳質量；(g) 壓力；(h) C_P。

R3.5 若具有 $C_V = 1.5R$ 的 2.50 莫耳氦氣，從 25°C 和 1.00 bar 變為 60°C 和 2.00 bar，下列何者可由所予資訊求得：q、w、ΔU、ΔH、ΔS。假設是理想氣體。

R3.6 若在 0°C 和 1 atm 下將 2.00 莫耳的冰恆壓加熱，得到 50°C 和 1 atm 的液態水，求 q、w、ΔU、ΔH 和 ΔS。在 0°C 和 1 atm 下，冰的密度為 0.917 g/cm³，液態水的密度為 1.000 g/cm³。液

態水的比熱為 4.19 J/(g-K)，幾乎與 T 無關而冰在 0°C 的比熱為 2.11 J/(g-K)。冰的熔化熱為 333.6 J/g。

R3.7 某室內的空氣壓力為 1.01 bar 並含有 52.5 kg 的氮氣。氣體在乾空氣的莫耳分率對於 N_2 為 0.78，對於 O_2 為 0.21，對於其他氣體為 0.01（主要是 Ar）。求 O_2 在室內的質量和分壓（忽略水蒸氣）。是否需要假設空氣是理想氣體？

R3.8 說明以下每個過程的 q、w、ΔU 和 ΔS，何者是正、負或零。(a) 理想氣體向真空絕熱膨脹。(b) 在 0°C 和 1 atm 下，冰融化成液態水。(c) 在 1 atm 的恆壓下，水從 50°C 冷卻到 20°C。(d) 最初在相同 T 和 P 下的兩理想氣體，在恆定的 T 和 P 下絕熱混合。(e) 苯在剛性、絕熱壁的容器中的氧氣中燃燒。(f) 理想氣體等溫可逆膨脹。

R3.9 對於具有 $C_{P,m} = a + bT + c/T^2$ 的理想氣體，其中 a、b 和 c 是常數，當 n 莫耳此氣體從 P_1, T_1 變化到 P_2, T_2 時，求 ΔU、ΔH 和 ΔS 的表達式。

R3.10 一氣體遵循狀態方程式 $V_m = RTg(P)$，其中 $g(P)$ 是未指定的壓力的某個函數。證明此氣體的熱膨脹係數是 $\alpha = 1/T$。

R3.11 若一塊熱金屬掉入絕熱容器的冷水中，系統在恆壓下達到平衡，說明以下三個量中的每一個是正數、負數或零：水的 ΔS，金屬的 ΔS，金屬的 ΔS 加上水的 ΔS。

第 4 章

物質平衡

熱力學的第零定律、第一定律和第二定律為我們提供了狀態函數 T、U 和 S。第二定律使我們能夠確定給定的過程是否可能。減少 S_{univ} 的過程是不可能的；不可逆增加 S_{univ} 是可能的。可逆過程的 $\Delta S_{univ} = 0$，這樣的過程原則上是可能的，但很難實現。我們在本章中的目標是使用這個熵準則，推導出非孤立系統中物質平衡的具體條件，這些條件將根據系統的狀態函數制定。

4.1 物質平衡

物質平衡 (material equilibrium)(第 1.2 節) 意味著在封閉系統的每個相，每種物質的莫耳數在時間上保持不變。物質平衡被細分為 (a) **反應平衡** (reaction equilibrium)，關於將一組化學物質轉換成另一組化學物質是平衡的，和 (b) **相平衡** (phase equilibrium)，相對於系統各相之間的物質輸送而言是平衡的，而不會將一個物種轉換為另一個物種 (回顧第 1.2 節，一個相是系統的均勻部分)。物質平衡的條件將在第 4.6 節中導出，並應用於第 4.7 節的相平衡和第 4.8 節的反應平衡。

為了幫助討論物質平衡，我們將在第 4.3 節介紹兩個新的狀態函數。亥姆霍茲 (Helmholtz) 能量 $A \equiv U - TS$ 和吉布斯 (Gibbs) 能量 $G \equiv H - TS$。事實證明，反應平衡和相平衡的條件最方便使用稱為化勢 (chemical potential) 的狀態函數 (第 4.6 節) 表示，化勢與 G 密切相關。

本章的第二個主題是使用組合的第一和第二定律，根據易於測量的特性來導出熱力學量的表達式 (第 4.4 和 4.5 節)。

第 4 章有很多方程式，比較抽象，不容易掌握。後面的章節，如第 5、6 和 7 章，將第 4 章的總體結果應用於特定的化學系統，這些章節不像第 4 章那樣令人畏懼。

4.2 熵和平衡

考慮一個不是物質平衡的孤立系統。在該系統中發生的相之間的自發化學反應或物質輸送是增加熵的不可逆過程。這些過程一直持續到系統的熵最大化。一旦 S 最大化，任何進一步的過程只能減少 S，這將違反第二定律。孤立系統中的平衡準則是系統熵 S 的最大化。

當我們處理封閉系統中的物質平衡時，系統通常不是孤立的。相反，它可以和外界交換熱量和功。在這些條件下，我們可以將系統本身加上與它相互作用的外界構成一個孤立的系統，系統中物質平衡的條件是系統與其外界的總熵最大化：

$$S_{\text{syst}} + S_{\text{surr}} \text{ 於平衡時有最大值} \tag{4.1}*$$

化學反應和相之間的物質輸送在系統中繼續存在，直到 $S_{\text{syst}} + S_{\text{surr}}$ 達最大化。

處理系統的性質，而不必擔心外界熱力學性質的變化是最方便的。因此，雖然物質平衡的標準 (4.1) 式是完全成立並具一般性，但只有系統本身的熱力學性質才具有物質平衡的標準會更有用。由於對於一個孤立系統，S_{syst} 僅在平衡狀態具有最大值，因此考慮系統的熵並不能為我們提供一個均衡標準。我們必須尋找另一個系統狀態函數來尋找平衡標準。

通常在兩種條件之一下研究反應平衡。對於涉及氣體的反應，通常將化合物放入固定體積的容器中，並使系統在恆溫槽中在恆定的 T 和 V 下達到平衡。對於液體溶液中的反應，系統通常保持在大氣壓力，並在恆定的 T 和 P 下達到平衡。

為了找到這些條件的平衡標準，請考慮圖 4.1。將溫度為 T 的封閉系統置於溫度為 T 的槽中。系統和外界與世界其他地方隔離。該系統不處於物質平衡狀態，而是處於機械和熱平衡狀態。外界是物質，機械和熱平衡。系統和外界可以交換能量 (熱量和功)，但不可交換物質。令系統之間發生化學反應或相之間的物質輸送，其速率應足夠小，以保持熱平衡和機械平衡。令熱量 dq_{syst} 流入系統，造成系統在無窮小時間內發生變化。例如，如果發生吸熱化學反應，則 dq_{syst} 為正值。由於系統和外界與世界其他地方隔離，我們有

$$dq_{\text{surr}} = -dq_{\text{syst}} \tag{4.2}$$

由於非平衡系統內的化學反應或物質輸送是不可逆的，因此對於過程 dS_{univ} 必須是正的 [(3.35) 式]：

$$dS_{\text{univ}} = dS_{\text{syst}} + dS_{\text{surr}} \tag{4.3}$$

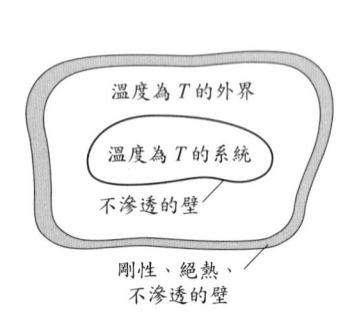

圖 4.1
處於機械和熱平衡狀態但未處於物質平衡狀態的封閉系統。

整個過程中外界處於熱力學平衡狀態。因此，就外界而言，熱傳是可逆的，且 [(3.16) 式]

$$dS_{surr} = dq_{surr}/T \quad (4.4)$$

但是，系統不處於熱力學平衡狀態，並且系統中的過程涉及不可逆變化。所以 $dS_{syst} \neq dq_{syst}/T$。(4.2) 式至 (4.4) 式給出 $dS_{syst} > -dS_{surr} = -dq_{surr}/T = dq_{syst}/T$。因此

$$dS_{syst} > dq_{syst}/T$$
$$dS > dq_{irrev}/T \quad \text{熱平衡與機械平衡的封閉系統} \quad (4.5)$$

我們從 S 和 q 中刪除了下標 syst，因為按照慣例，無下標的符號是指系統 [請注意，(4.5) 式中的熱平衡和機械平衡條件並不一定意味著 T 和 P 保持不變。例如，放熱反應可以提高系統和外界的溫度，但如果反應非常緩慢則熱平衡可以保持]。

當系統達到物質平衡時，任何微小的過程都是從平衡狀態轉變為非常接近平衡狀態的狀態，因此是一個可逆過程。在物質平衡我們有

$$dS = dq_{rev}/T \quad (4.6)$$

結合 (4.6) 式和 (4.5) 式，我們有

$$dS \geq \frac{dq}{T} \quad \text{物質改變，熱平衡與機械平衡的封閉系統} \quad (4.7)$$

只有當系統處於物質平衡時，等號才能成立。對於可逆過程，dS 等於 dq/T。對於不可逆的化學反應或相變，dS 大於 dq/T，因為由於不可逆物質改變使得系統產生了額外的混亂。

封閉系統的第一定律是 $dq = dU - dw$。將 (4.7) 式乘以 T (這是正數) 可得 $dq \leq T\,dS$。因此，對於機械和熱平衡的封閉系統，我們有 $dU - dw \leq T\,dS$，或

$$dU \leq T\,dS + dw \quad \text{物質改變，熱平衡與機械平衡的封閉系統} \quad (4.8)$$

等號僅適用於物質平衡。

4.3 吉布斯和亥姆霍茲能量

我們現在用 (4.8) 式從系統的狀態函數的角度推導物質平衡的條件。我們首先檢查系統在保持恆定的 T 和 V 時的物質平衡。此時 $dV = 0$ 且 $dT = 0$ 整個過程是以不可逆趨近平衡。不等式 (4.8) 式涉及 dS 和 dV，因為 $dw = -P\,dV$ 僅適用於 P-V 功。為了將 dT 引入 (4.8) 式，我們在右邊加上和減去 $S\,dT$。請注意，$S\,dT$ 具有熵乘溫度的因次，其因次與 (4.8) 式中出現的 $T\,dS$ 項相同，因此我們可以加減 $S\,dT$。我們有

$$dU \leq T\,dS + S\,dT - S\,dT + dw \quad (4.9)$$

因為 $d(TS) = TdS + SdT$，所以 (4.9) 式變成

$$dU \leq d(TS) - SdT + dw \tag{4.10}$$

因為 $dU - d(TS) = d(U-TS)$，所以 (4.10) 式變成

$$d(U-TS) \leq -SdT + dw \tag{4.11}$$

如果系統只作 P-V 功，則 $dw = -P\,dV$ (我們使用 dw_{rev}，因為我們假定機械平衡)。我們有

$$d(U-TS) \leq -SdT - P\,dV \tag{4.12}$$

在恆定的 T 和 V 下，我們有 $dT = 0 = dV$ 而 (4.12) 式變成

$$d(U-TS) \leq 0 \quad T\text{ 和 }V\text{ 恆定，熱平衡與機械平衡的封閉系統，只作 P-V 功} \tag{4.13}$$

其中在物質平衡時等號成立。

因此，對於保持在恆定 T 和 V 的封閉系統，狀態函數 $U-TS$ 在化學反應和相之間的物質輸送的自發、不可逆過程期間不斷降低，直到達到物質平衡。在物質平衡時，$d(U-TS)$ 等於 0，而 $U-TS$ 達到最小。在恆定的 T 和 V 上任何遠離均衡 (在任一方向) 的自發變化都將意味著 U 的增加。從 (4.13) 至 (4.3) 式的前述方程回溯，將意味著 $dS_{univ} = dS_{syst} + dS_{surr}$ 的減少。這種減少會違反第二定律。物質平衡的方法和實現是第二定律的結果。

只作 P-V 功且 T 和 V 保持恆定時，在一個封閉系統中物質平衡的條件是使系統的狀態函數 $U-TS$ 最小化。這種狀態函數稱為**亥姆霍茲自由能** (Helmholtz free energy)、**亥姆霍茲能** (Helmholtz energy)、**亥姆霍茲函數** (Helmholtz function) 或**功函數** (work function)，並以符號 A 表示：

$$A \equiv U - TS \tag{4.14}*$$

現在考慮在恆定 T 和 P 的條件下物質的平衡，此時 $dP = 0$，$dT = 0$。為了將 dP 和 dT 引入 (4.8) 式並用 $dw = -P\,dV$，我們加上和減去 $S\,dT$ 和 $V\,dP$：

$$dU \leq T\,dS + S\,dT - S\,dT - P\,dV + V\,dP - V\,dP$$
$$dU \leq d(TS) - S\,dT - d(PV) + V\,dP$$
$$d(U + PV - TS) \leq -S\,dT + V\,dP$$
$$d(H - TS) \leq -S\,dT + V\,dP \tag{4.15}$$

因此，對於處於機械和熱平衡且只能作 P-V 功的封閉系統，在恆定 T 和 P 下的物質變化，我們有

$$d(H-TS) \leq 0 \quad T\text{ 和 }P\text{ 恆定} \tag{4.16}$$

其中在物質平衡時等號成立。

因此，在恆定的 T 和 P 的物質變化期間，狀態函數 $H-TS$ 持續下降直到達到平衡。只作 P-V 功且 T 和 P 保持恆定時，在一個封閉系統中物質平衡的條件是使系統的狀態函數 $H-TS$ 最小化。這種狀態函數稱為**吉布斯函數** (Gibbs function)、**吉布斯能量** (Gibbs energy) 或**吉布斯自由能** (Gibbs free energy)，並以符號 G 表示：

$$G \equiv H-TS \equiv U+PV-TS \qquad (4.17)^*$$

在 T 和 P 恆定下，G 於趨近平衡期間下降，在平衡時達到最小值（圖 4.2）。在 T 和 P 恆定下，當系統的 G 減少，S_{univ} 增加 [見 (4.21) 式]。由於 U、V 和 S 是外延的，所以 G 是外延的。

A 和 G 的單位是能量 (J 或 cal)。然而，它們並不是保守意義上的能量。$G_{syst} + G_{surr}$ 在過程中不需要保持不變，也不需要 $A_{syst} + A_{surr}$ 保持不變。請注意，A 和 G 的定義適用於任何系統，其中指定 U、T、S、P、V 有意義的值，而不僅限於 T 和 V 保持常數或 T 和 P 保持常數的系統。

總結一下，我們已經證明：

在只能作 P-V 功的封閉系統中，T 和 V 恆定時，物質平衡條件是亥姆霍茲能量 A 的最小化，T 和 P 恆定時，物質平衡條件是吉布斯的能量 G 最小化：

$$dA = 0 \qquad 平衡，T 和 V 恆定 \qquad (4.18)^*$$

$$dG = 0 \qquad 平衡，T 和 P 恆定 \qquad (4.19)^*$$

其中 dG 是 G 的微小變化，在 T 和 P 恆定下，由於化學反應或相變的微小量。

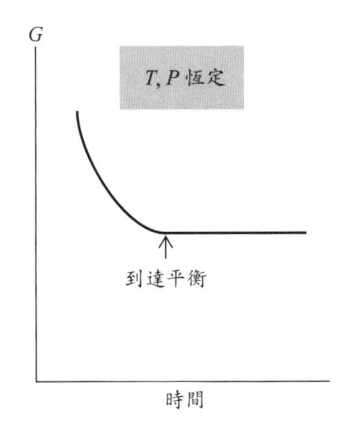

圖 4.2
對於只作 P-V 功的封閉系統，若在恆定 T 和 P 的條件下達到平衡，則吉布斯能量被最小化。

例 4.1 相變的 ΔG 和 ΔA

計算在 1.00 atm 和 100°C 下，1.00 莫耳 H_2O 蒸發的 ΔG 和 ΔA。使用習題 2.28 的數據。

我們有 $G \equiv H - TS$。對於這個過程，T 是恆定的，且 $\Delta G = G_2 - G_1 = H_2 - TS_2 - (H_1 - TS_1) = \Delta H - T\Delta S$：

$$\Delta G = \Delta H - T\Delta S \qquad T 恆定 \qquad (4.20)$$

這個過程是可逆等溫，所以 $dS = dq/T$ 且 $\Delta S = q/T$ [(3.20) 式]。由於 P 是恆定的，只作 P-V 功，我們有 $\Delta H = q_p = q$。因此 (4.20) 式給出了 $\Delta G = q - T(q/T) = 0$。$\Delta G = 0$ 的結果是有道理的，因為在 T 和 P 恆定下，系統中一個可逆（平衡）過程具有 $dG = 0$ [(4.19) 式]。

從 $A \equiv U - TS$，在恆定 T，我們得到 $\Delta A = \Delta U - T\Delta S$。使用 $\Delta U = q + w$ 和 $\Delta S = q/T$ 可得 $\Delta A = q + w - q = w$。功是在恆壓力下可逆的 P-V 功，所以 $w = -\int_1^2 P\,dV = -P\Delta V$。從習題 2.28 中 100°C 的密度，$H_2O(l)$ 在 100°C 下的莫耳體積是 18.8 cm^3/mol。我們可以根據理想氣體定律準確估計氣體的 V_m：$V_m = RT/P = 30.6 \times 10^3\ cm^3/mol$。因此 $\Delta V = 30.6 \times 10^3\ cm^3$ 且

$$w = (-30.6 \times 10^3 \text{ cm}^3 \text{ atm})(8.314 \text{ J})/(82.06 \text{ cm}^3 \text{ atm}) = -3.10 \text{ kJ} = \Delta A$$

習題

在 0°C 和 1 atm 下冷凍 1.00 mol H$_2$O，求 ΔG 和 ΔA。使用習題 2.28 的數據。
(答案：0，-0.16 J)

在恆定的 T 和 P 下，G 的最小化的平衡條件與 S_{univ} 最大化的平衡條件之間的關係是什麼？考慮一個處於機械和熱平衡狀態的系統，在恆定的 T 和 P 下經歷不可逆化學反應或相變。由於外界經歷了可逆等溫過程，所以 $\Delta S_{\text{surr}} = q_{\text{surr}}/T = -q_{\text{syst}}/T$。由於 P 不變，$q_{\text{syst}} = \Delta H_{\text{syst}}$ 且 $\Delta S_{\text{surr}} = -\Delta H_{\text{syst}}/T$。我們有 $\Delta S_{\text{univ}} = \Delta S_{\text{surr}} + \Delta S_{\text{syst}}$ 和

$$\Delta S_{\text{univ}} = -\Delta H_{\text{syst}}/T + \Delta S_{\text{syst}} = -(\Delta H_{\text{syst}} - T + \Delta S_{\text{syst}})/T = -\Delta G_{\text{syst}}/T$$

$$\Delta S_{\text{univ}} = -\Delta G_{\text{syst}}/T \quad \text{封閉系統，恆定的 } T \text{ 和 } P\text{，只作 } P\text{-}V \text{ 功} \tag{4.21}$$

其中使用了 (4.20) 式。隨著系統在恆定的 T 和 P 下達到平衡，G_{syst} 的減少對應於 S_{univ} 的成比例增加。S_{syst} 為正和 S_{surr} 為正有利於反應的發生。ΔH_{syst} 為負 (放熱反應) 有利於反應的發生，因為傳遞到外界的熱量增加了外界的熵 ($\Delta S_{\text{surr}} = -\Delta H_{\text{syst}}/T$)。

「功函數」和「吉布斯自由能」的名稱起源如下所示。讓我們放下僅限於 P-V 功的限制。從 (4.11) 式，對於熱平衡和機械平衡的封閉系統，我們有 $dA \leq -S\,dT + dw$。對於這種系統中的恆溫過程，$dA \leq dw$。對於有限等溫過程，$\Delta A \leq w$。我們的慣例是外界對系統所作的功為 w。系統對外界所作的功為 $w_{\text{by}} = -w$，且對於等溫過程，$\Delta A \leq -w_{\text{by}}$。不等式乘以 -1 顛倒了不等式的方向；因此

$$w_{\text{by}} \leq -\Delta A \quad \text{定溫 } T\text{，封閉系統} \tag{4.22}$$

A 的術語「功函數」(*Arbeitsfunktion*) 來自於 (4.22) 式。由系統在等溫過程中完成的功小於或等於狀態函數 A 變化的負值。(4.22) 式中的等號表示適用於可逆過程。而且，$-\Delta A$ 是一個給定狀態變化的固定量。因此，當過程可逆地進行時，對於兩個給定狀態之間的等溫過程，可獲得封閉系統的最大輸出功。

請注意，由系統所作的功可以大於或小於 $-\Delta U$，系統的內能減少。對於封閉系統中的任何過程，$w_{\text{by}} = -\Delta U + q$ 值。流入系統的熱量 q 是能量的來源，此能量使得 w_{by} 與 $-\Delta U$ 不同。回想一下卡諾循環，其中 $\Delta U = 0$ 且 $w_{\text{by}} > 0$。

現在考慮 G 從 $G = A + PV$，我們有 $dG = dA + P\,dV + V\,dP$，且對於熱和機械平衡的封閉系統，使用 (4.11) 式代替 dA 給出了 $dG \leq -S\,dT + dw + P\,dV + V\,dP$。在這樣的系統中，對於恆定 T 和 P 的過程

$$dG \leq dw + P\,dV \quad \text{恆定的 } T \text{ 和 } P\text{，封閉系統} \tag{4.23}$$

我們把功分成 P-V 功和非 P-V 功 $w_{\text{non-}P\text{-}V}$ (最常見的一種 $w_{\text{non-}P\text{-}V}$ 是電功)。如果 P-V 功

是以機械可逆方式完成的，則 $dw = -P\,dV + dw_{\text{non-}P\text{-}V}$；(4.23) 式變成 $dG \leq dw_{\text{non-}P\text{-}V}$ 或 $\Delta G \leq w_{\text{non-}P\text{-}V} = -w_{\text{by,non-}P\text{-}V}$。因此

$$\Delta G \leq w_{\text{non-}P\text{-}V} \text{ 且 } w_{\text{by,non-}P\text{-}V} \leq -\Delta G \qquad \text{恆定的 } T \text{ 和 } P\text{，封閉系統} \tag{4.24}$$

對於可逆變化，等號成立，且 $w_{\text{by,non-}P\text{-}V} = -\Delta G$。在很多情況下（例如電池、生物體），$P$-$V$ 膨脹功並不是有用的功，但 $w_{\text{by,non-}P\text{-}V}$ 是有用的功輸出。$-\Delta G$ 等於最大可能值非擴展工作輸出 w_{by}，系統在恆定 T 和 P 中完成的非 P-V 輸出處理。$-\Delta G$ 等於系統在恆定 T 和 P 過程中所作的最大可能非膨脹功輸出 $w_{\text{by,non-}P\text{-}V}$。因此，術語「自由能」（當然，對於只有 P-V 功的系統，$dw_{\text{by,non-}P\text{-}V} = 0$ 且對於可逆、等溫、等壓過程，$dG = 0$）。生物系統中非膨脹功的例子是收縮肌肉和傳遞神經脈衝的功。

☕ 摘要

S_{univ} 的最大化導致以下平衡條件。在恆定的 T 和 V 條件下，當只能作 P-V 功的封閉系統，物質平衡（意思是相平衡和反應平衡）的條件就是亥姆霍茲函數 A（由 $A \equiv U - TS$ 定義）最小化。當這樣的系統在恆定的 T 和 P 下，物質平衡的條件是吉布斯函數 $G \equiv H - TS$ 最小化。

4.4 平衡系統的熱力學關係

最後一節介紹兩個新的熱力學狀態函數 A 和 G。在第 4.6 節，我們將把條件 (4.18) 式和 (4.19) 式用於物質平衡。在此之前，我們研究 A 和 G 的性質。事實上，在本節中，我們將考慮平衡系統中所有狀態函數之間熱力學關係的更廣泛的問題。由於經歷可逆過程的系統僅通過平衡狀態，因此我們將在本節中考慮可逆過程。

☕ 基本方程

所有熱力學狀態－函數關係都可以從六個基本方程式推導出來。封閉系統的第一定律是 $dU = dq + dw$。若只作 P-V 功，並且是可逆功，則 $dw = dw_{\text{rev}} = -P\,dV$。對於可逆過程，關係式 $dS = dq_{\text{rev}}/T$ [(3.16) 式] 給出 $dq = dq_{\text{rev}} = T\,dS$。因此，在這些條件下，$dU = T\,dS - P\,dV$。這是第一個基本方程式；它結合了第一和第二定律。接下來的三個基本方程是 H、A 和 G 的定義 [(2.45) 式，(4.14) 式和 (4.17) 式]。最後，我們有 C_P 和 C_V 方程 $C_V = dq_V/dT = (\partial U/\partial T)_V$ 和 $C_P = dq_P/dT = (\partial H/\partial T)_P$ [(2.51) 式至 (2.53) 式]。六個基本方程式是

$$dU = T\,dS - P\,dV \qquad \text{封閉系統，可逆過程，只作 } P\text{-}V \text{ 功} \tag{4.25}*$$

$$H \equiv U + PV \tag{4.26}*$$

$$A \equiv U - TS \tag{4.27}*$$

$$G \equiv H - TS \tag{4.28}*$$

$$C_V = \left(\frac{\partial U}{\partial T}\right)_V \qquad \text{封閉系統，平衡，僅 } P\text{-}V \text{ 功} \qquad (4.29)^*$$

$$C_P = \left(\frac{\partial H}{\partial T}\right)_P \qquad \text{封閉系統，平衡，僅 } P\text{-}V \text{ 功} \qquad (4.30)^*$$

熱容量 C_V 和 C_P 具有替代表達式，它們也是基本方程式。考慮伴隨溫度變化 dT 的可逆熱流。根據定義，$C_X = dq_X/dT$，其中 X 是變數 (P 或 V) 保持不變。但是 $dq_{rev} = T\,dS$，我們有 $C_X = T\,dS/dT$，其中 dS/dT 是固定 X。令 X 等於 V 和 P，我們有

$$C_V = T\left(\frac{\partial S}{\partial T}\right)_V \qquad C_P = T\left(\frac{\partial S}{\partial T}\right)_P \qquad \text{封閉系統，平衡} \qquad (4.31)^*$$

熱容 C_P 和 C_V 是關鍵性質，因為它們使我們能夠找到 U、H 和 S 相對於溫度的變化率 [(4.29) 式至 (4.31) 式]。

(4.25) 式中的關係 $dU = T\,dS - P\,dV$ 適用於可逆過程的封閉系統。讓我們考慮改變系統組成的過程。組成可以經由兩種方式進行更改。首先，可以添加或移除一種或多種物質。然而，封閉系統 (開放系統的 $dU \neq dq + dw$) 的要求排除了物質的添加或移除。其次，組成可以藉由化學反應或藉由將物質從系統中的一相轉移到另一相而改變。進行化學反應的通常方法是混合化學物質並使其達到平衡。這種自發的化學反應是不可逆的，因為系統通過非平衡狀態。可逆性的要求 (對於不可逆的化學變化 $dq \neq T\,dS$) 排除了通常進行的化學反應。同樣，如果我們把幾個相放在一起並讓它們達到平衡，我們就有一個不可逆的組成變化。例如，如果我們將一小撮鹽投入水中，溶解過程就會經歷非平衡狀態並且是不可逆的。方程式 $dU = T\,dS - P\,dV$ 不適用於封閉系統中的這種不可逆組成變化。

如果我們願意的話，我們可以在封閉的系統中可逆地執行組成變化。如果我們從一個最初處於物質平衡的系統開始，並可逆地改變溫度或壓力，我們通常會在平衡位置上發生轉變，而且這種轉變是可逆的。例如，如果我們有 N_2、H_2 和 NH_3 (與催化劑一起) 的平衡混合物並且我們緩慢且可逆地改變 T 或 P，則化學反應平衡的位置移動。這種組成變化是可逆的，因為封閉系統只通過平衡狀態。對於這種可逆的組成變化，$dU = T\,dS - P\,dV$ 確實適用。

本節僅涉及封閉系統中的可逆過程。通常情況下，系統的組成是固定的，但本節的方程式也適用於封閉系統的組成可逆地變化，而系統僅通過平衡狀態。

☕ 吉布斯方程式

我們現在推導出與 $dU = T\,dS - P\,dV$ [(4.25) 式] 對應的 dH、dA 和 dG 的表達式。從 $H \equiv U + PV$ 和 $dU = T\,dS - P\,dV$，我們有

$$\begin{aligned} dH &= d(U + PV) = dU + d(PV) = dU + P\,dV + V\,dP \\ &= (T\,dS - P\,dV) + P\,dV + V\,dP \\ dH &= T\,dS + V\,dP \end{aligned} \qquad (4.32)$$

同理，

$$dA = d(U-TS) = dU - T\,dS - S\,dT = T\,dS - P\,dV - T\,dS - S\,dT$$
$$= -S\,dT - P\,dV$$
$$dG = d(H-TS) = dH - T\,dS - S\,dT = T\,dS + V\,dP - T\,dS - S\,dT$$
$$= -S\,dT + V\,dP$$

其中使用了 (4.32) 式。

收集 dU、dH、dA 和 dG 的表達式，我們有

$$\left.\begin{array}{l} dU = T\,dS - P\,dV \\ dH = T\,dS + V\,dP \\ dA = -S\,dT - P\,dV \\ dG = -S\,dT + V\,dP \end{array}\right\} \text{密閉系統，可逆過程，僅 } P\text{-}V \text{ 功}$$

(4.33)*
(4.34)
(4.35)
(4.36)*

(4.33)* 式至 (4.36)* 式適用於可逆過程、僅作 P-V 功的封閉系統。這些是**吉布斯方程式** (Gibbs equations)。第一個可以從第一定律 $dU = dq + dw$ 和 dw_{rev} 和 dq_{rev} 的表達式的知識寫下來。其他三個可以使用 H、A 和 G 的定義從第一個中快速導出。因此，它們不需要記憶。但是，dG 的表達式經常使用，記憶它可以節省時間。

吉布斯方程式 $dU = T\,dS - P\,dV$ 意味著 U 被認為是變數 S 和 V 的函數。由 $U = U(S, V)$，我們有 [(1.30) 式]

$$dU = \left(\frac{\partial U}{\partial S}\right)_V dS + \left(\frac{\partial U}{\partial V}\right)_S dV$$

由於 dS 和 dV 是任意的且彼此獨立，因此將上式與 $dU = T\,dS - P\,dV$ 進行比較可得

$$\left(\frac{\partial U}{\partial S}\right)_V = T, \qquad \left(\frac{\partial U}{\partial V}\right)_S = -P \tag{4.37}$$

得到這兩式的一種快速方法是首先在 $dU = T\,dS - P\,dV$ 中，令 $dV = 0$ 得到 $(\partial U/\partial S)_V = T$ 然後在 $dU = T\,dS - P\,dV$ 中，令 $dS = 0$ 得到 $(\partial U/\partial V)_S = -P$ [請注意，(4.37) 式中的第一個方程式，恆定體積內的內能隨著熵的增加而增加]。其他三個吉布斯方程 (4.34) 到 (4.36) 以類似的方式可得 $(\partial H/\partial S)_P = T$，$(\partial H/\partial P)_S = V$，$(\partial A/\partial T)_V = -S$，$(\partial A/\partial V)_T = -P$，而

$$\left(\frac{\partial G}{\partial T}\right)_P = -S, \qquad \left(\frac{\partial G}{\partial P}\right)_T = V \tag{4.38}$$

我們的目標是能夠以容易測量的數量來表達平衡系統的任何熱力學性質。熱力學的力量在於它使難以測量的性質能夠以容易測量的性質表示。最常用於此目的而容易測量的性質是 [(1.43) 式和 (1.44) 式]

$$C_P(T, P), \qquad \alpha(T, P) \equiv \frac{1}{V}\left(\frac{\partial V}{\partial T}\right)_P, \qquad \kappa(T, P) \equiv -\frac{1}{V}\left(\frac{\partial V}{\partial P}\right)_T \tag{4.39}*$$

由於這些是狀態函數，它們是 T、P 和組成的函數。我們主要考慮定組成系統，所以我們省略了組成的相關性。注意，如果狀態方程式 $V = V(T, P)$ 為已知，則 α 和 κ 可以從狀態方程式 $V = V(T, P)$ 求得。

☕ 歐拉互換關係

為了將期望的性質與 C_P、α 和 κ 相關聯，我們使用基本方程 (4.25) 式至 (4.31) 式和數學偏導數恆等式。在繼續之前，我們還需要另一個偏導數恆等式。若 z 是 x 和 y 的函數，則 [(1.30) 式]

$$dz = \left(\frac{\partial z}{\partial x}\right)_y dx + \left(\frac{\partial z}{\partial y}\right)_x dy \equiv M\,dx + N\,dy \qquad (4.40)$$

其中我們定義函數 M 和 N 為

$$M \equiv (\partial z/\partial x)_y, \qquad N \equiv (\partial z/\partial y)_x \qquad (4.41)$$

假設偏微分的順序並不重要：

$$\frac{\partial}{\partial y}\left(\frac{\partial z}{\partial x}\right) = \frac{\partial}{\partial x}\left(\frac{\partial z}{\partial y}\right) \qquad (4.42)$$

因此由 (4.40) 式至 (4.42) 式可得

$$\left(\frac{\partial M}{\partial y}\right)_x = \left(\frac{\partial N}{\partial x}\right)_y \qquad \text{其中 } dz = M\,dx + N\,dy \qquad (4.43)*$$

(4.43) 式稱為**歐拉互換關係** (Euler reciprocity relation)。

☕ 馬克斯威爾關係

dU 的吉布斯方程式 (4.33) 是

$$dU = T\,dS - P\,dV = M\,dx + N\,dy \qquad \text{其中 } M \equiv T, N \equiv -P, x \equiv S, y \equiv V$$

由歐拉關係 $(\partial M/\partial y)_x = (\partial N/\partial x)_y$ 可得

$$(\partial T/\partial V)_S = [\partial(-P)/\partial S]_V = -(\partial P/\partial S)_V$$

將歐拉關係應用於其他三個吉布斯方程式可得其他三個熱力學關係式。

$$\left(\frac{\partial T}{\partial V}\right)_S = -\left(\frac{\partial P}{\partial S}\right)_V, \qquad \left(\frac{\partial T}{\partial P}\right)_S = \left(\frac{\partial V}{\partial S}\right)_P \qquad (4.44)$$

$$\left(\frac{\partial S}{\partial V}\right)_T = \left(\frac{\partial P}{\partial T}\right)_V, \qquad \left(\frac{\partial S}{\partial P}\right)_T = -\left(\frac{\partial V}{\partial T}\right)_P \qquad (4.45)$$

這些是**馬克斯威爾** (Maxwell) **關係式** (James Clerk Maxwell，19 世紀最偉大的物理學家之一)。前兩種馬克斯威爾關係式很少使用。後兩者非常有價值，因為在等溫下，它們將熵隨壓力和體積的變化與可測量性質相關聯。

(4.45) 式提供我們熱力學上強大而顯著的關係。假設我們想知道在定溫下壓力變化對系統熵的影響，我們無法從庫房中檢查熵表來監測 S 如何隨 P 變化。但是，(4.45) 式中的關係式 $(\partial S/\partial P)_T = -(\partial V/\partial T)_P$ 告訴我們，我們所要做的就是測量當 P 恆定時，系統體積隨溫度的變化率，這個簡單的測量使我們能夠計算出在恆定 T 下，系統的熵隨壓力的變化率。

藉助於馬克斯威爾關係式和熱力學基本方程式，可導出重要的公式以及利用容易測量的物理量求出不易或不能直接測量的物理量，例如 $(\partial U/\partial V)_T$、$(\partial H/\partial P)_T$ 等。

狀態函數對 T、P 和 V 的變化

我們現在要找 U、H、S 和 G 對系統變數的變化。最常見的自變數是 T 和 P。我們將 H、S 和 G 隨溫度和壓力的變化與直接可測量的性質 C_P、α 和 κ 聯繫起來。對於 U 而言，$(\partial U/\partial V)_T$ 比 $(\partial U/\partial P)_T$ 更頻繁地發生，所以我們必須求得 U 隨溫度和體積的變化。

U 隨體積的變化

我們想要找 $(\partial U/\partial V)_T$，這在第 2.6 節末討論過。由吉布斯方程式 (4.33) 可得 $dU = T\,dS - P\,dV$。偏導數 $(\partial U/\partial V)_T$ 對應於等溫過程。對於等溫過程，方程式 $dU = T\,dS - P\,dV$ 變成

$$dU_T = T\,dS_T - P\,dV_T \tag{4.46}$$

其中下標 T 表示在恆溫 T 下，無窮小的變化過程 dU、dS 和 dV。由於要找的是 $(\partial U/\partial V)_T$，所以我們將 (4.46) 式除以 dV_T，在定溫 T 下，可得

$$\frac{dU_T}{dV_T} = T\frac{dS_T}{dV_T} - P$$

根據偏導數的定義，量 dU_T/dV_T 是偏導數 $(\partial U/\partial V)_T$，我們有

$$\left(\frac{\partial U}{\partial V}\right)_T = T\left(\frac{\partial S}{\partial V}\right)_T - P$$

應用歐拉互換關係 (4.43) 式於吉布斯方程式 $dA = -S\,dT - P\,dV$ [(4.35) 式] 可得馬克斯威爾關係式 $(\partial S/\partial V)_T = (\partial P/\partial T)_V$ [(4.45) 式]，因此

$$\left(\frac{\partial U}{\partial V}\right)_T = T\left(\frac{\partial P}{\partial T}\right)_V - P = \frac{\alpha T}{\kappa} - P \tag{4.47}$$

其中使用了 $(\partial P/\partial T)_V = \alpha/\kappa$ [(1.45) 式]。(4.47) 式是我們期望要找的 $(\partial U/\partial V)_T$ 的表達式，它具有容易測量的特性。

延伸例題

某氣體的狀態方程式為 $PV = RT + 0.2P$，其中 P 的單位為 Pa，而 V 的單位為 $m^3 mol^{-1}$。
(a) 證明 $(\partial U/\partial V)_T = 0$。
(b) 若 1 mol 的該氣體於 25°C，由 300 dm³ 膨脹到 600 dm³，求 ΔS。

解：(a) $dU = TdS - PdV$
恆溫下除以 dV，可得
$$(\partial U/\partial V)_T = T(\partial S/\partial V)_T - P$$
由馬克斯威爾關係式 $(\partial S/\partial V)_T = (\partial P/\partial T)_V$，得到
$$(\partial U/\partial V)_T = T(\partial P/\partial T)_V - P$$
因為 $PV = RT + 0.2P$，所以 $P = \dfrac{RT}{V-0.2}$
因此 $(\partial P/\partial T)_V = R/V - 0.2$
$$(\partial U/\partial V)_T = T(\partial P/\partial T)_V - P = \dfrac{RT}{V-0.2} - P = 0$$

(b) 由 (a) 可知，此氣體的內能是溫度的函數，恆溫下 $\Delta U = 0$，因此
$$q = -w = \int_{V_1}^{V_2} PdV = \int_{V_1}^{V_2} \dfrac{RT}{V-0.2}dV = RT\ln\dfrac{V_2-0.2}{V_1-0.2}$$
$$\Delta S = q/T = R\ln\dfrac{V_2-0.2}{V_1-0.2}$$
$$= 8.314 \ln\dfrac{0.6-0.2}{0.3-0.2}$$
$$= 11.52 \text{ J K}^{-1}$$

延伸例題

已知某物質在 0°C、1 atm 的熱膨脹係數 $\alpha = 170 \times 10^{-6}$ K^{-1}，壓縮係數 $\kappa = 3.75 \times 10^{-11}$ Pa^{-1}。
(a) 求此物質在 0°C、1 atm 的 $(\partial U/\partial V)_T$；
(b) 在 0°C、1 atm 下，若此物質的體積變化為 $\Delta V = 0.002$ m³，求內能的變化。

解：(a) 將 $V = V(T, P)$ 寫成全微分：
$$dV = \left(\dfrac{\partial V}{\partial T}\right)_P dT + \left(\dfrac{\partial V}{\partial P}\right)_T dP$$
恆容時 $dV = 0$，故
$$\left(\dfrac{\partial P}{\partial T}\right)_V = \dfrac{\left(\dfrac{\partial V}{\partial T}\right)_P}{-\left(\dfrac{\partial V}{\partial P}\right)_T} = \dfrac{\alpha V}{\kappa V} = \dfrac{\alpha}{\kappa}$$
因此
$$(\partial U/\partial V)_T = T(\partial P/\partial T)_V - P$$
$$= \alpha T/\kappa - P$$
$$= \dfrac{170 \times 10^{-6} \times 273.15}{3.75 \times 10^{-11}} - 101325$$
$$= 1.23 \times 10^9 \ Pa$$

(b) $\Delta U = \int (\partial U/\partial V)_T dV = (\partial U/\partial V)_T \Delta V$
$$= 1.23 \times 10^9 \times 0.002$$
$$= 2.46 \times 10^6 \text{ J mol}^{-1}$$

❧ U 隨溫度的變化

基本方程式 (4.29) 即為 U 隨溫度變化的關係式：$(\partial U/\partial T)_V = C_V$。

❧ H 隨溫度的變化

基本方程式 (4.30) 即為 H 隨溫度變化的關係式：$(\partial H/\partial T)_P = C_P$。

❧ H 隨壓力的變化

欲求 $(\partial H/\partial P)_T$。由吉布斯方程式 $dH = TdS + VdP$ [(4.34) 式]，強加恆定 T 的條件，並除以 dP_T，我們得到 $dH_T/dP_T = T\, dS_T/dP_T + V$ 或

$$\left(\frac{\partial H}{\partial P}\right)_T = T\left(\frac{\partial S}{\partial P}\right)_T + V$$

將歐拉互換關係應用於吉布斯方程式 $dG = -S\,dT + V\,dP$ 可得 $(\partial S/\partial P)_T = -(\partial V/\partial T)_P$ [(4.45) 式]，因此

$$\left(\frac{\partial H}{\partial P}\right)_T = -T\left(\frac{\partial V}{\partial T}\right)_P + V = -TV\alpha + V \tag{4.48}$$

延伸例題

某一非理想氣體，其狀態方程式為：

$$P(V - 0.20) = RT$$

則在 120°C，焓隨著壓力的增加而增加或減少？

解： 已知 $V - 0.20 = RT/P$

$$V = 0.20 + RT/P$$
$$(\partial V/\partial T)_P = R/P$$

將上式代入公式 $(\partial H/\partial P)_T = -T(\partial V/\partial T)_P + V$

可得 $(\partial H/\partial P)_T = -T(R/P) + V = V - RT/P = 0.20$

因此，在恆溫下，焓隨著壓力的增加而增加。

❧ S 隨溫度的變化

C_P 的基本方程式 (4.31) 即為所需的關係式：

$$\left(\frac{\partial S}{\partial T}\right)_P = \frac{C_P}{T} \tag{4.49}$$

❧ S 隨壓力的變化

將歐拉互換關係應用於吉布斯方程式 $dG = -S\,dT + V\,dP$ 可得

$$\left(\frac{\partial S}{\partial P}\right)_T = -\left(\frac{\partial V}{\partial T}\right)_P = -\alpha V \tag{4.50}$$

正如 (4.45) 式中所示。

☕ G 隨溫度和壓力的變化

在 $dG = -SdT + VdP$，令 $dP = 0$ 可得 $(\partial G/\partial T)_P = -S$。在 $dG = -S\,dT + V\,dP$，令 $dT = 0$ 可得 $(\partial G/\partial P)_T = V$。因此 [(4.38) 式]

$$\left(\frac{\partial G}{\partial T}\right)_P = -S, \quad \left(\frac{\partial G}{\partial P}\right)_T = V \tag{4.51}$$

☕ 求狀態函數隨 T、P 和 V 變化的總結

欲求 U、H、A 或 G 的 $(\partial/\partial P)_T$、$(\partial/\partial V)_T$、$(\partial/\partial T)_V$ 或 $(\partial/\partial T)_P$，可由 dU、dH、dA 或 dG 的吉布斯方程式開始，強加恆定的 T、V 或 P 的條件，除以 dP_T、dV_T、dT_V 或 dT_P，且，如有必要，使用馬克斯威爾關係 (4.45) 式的其中之一或熱容量關係 (4.31) 式來消去 $(\partial S/\partial V)_T$、$(\partial S/\partial P)_T$、$(\partial S/\partial T)_V$ 或 $(\partial S/\partial T)_P$。欲求 $(\partial U/\partial T)_V$ 和 $(\partial H/\partial T)_P$，只是簡單快速地寫下 (4.29) 式和 (4.30) 式中的 C_V 和 C_P。

在推導熱力學恆等式中，記住 S 隨溫度的變化 [導數 $(\partial S/\partial T)_P$ 和 $(\partial S/\partial T)_V$] 與 C_P 和 C_V 有關是有幫助的，而 S 隨壓力和體積的變化 [導數 $(\partial S/\partial P)_T$ 和 $(\partial S/\partial V)_T$] 由馬克斯威爾關係 (4.45) 式給出。(4.45) 式不需要記憶，因為它可以很快藉由使用歐拉互惠關係從 dA 和 dG 的吉布斯方程式中找到。

提醒一下，本節的方程式適用於固定組成的封閉系統，也適用於組成可逆變化的封閉系統。

☕ U、H、S 和 G 隨 T、P 和 V 的大小變化

我們有 $(\partial U_m/\partial T)_V = C_{V,m}$ 且 $(\partial H_m/\partial T)_P = C_{P,m}$。熱容量 $C_{P,m}$ 和 $C_{V,m}$ 是正的，通常不會很小。因此，U_m 和 H_m 隨著 T 的增加迅速增加（見圖 5.11）。一個例外是在非常低的 T，因為當 T 趨近於絕對零度時，$C_{P,m}$ 和 $C_{V,m}$ 趨近於零（參閱第 2.11 和 5.6 節）。

使用 (4.47) 式和實驗數據，可以發現（如本節後面所討論的）$(\partial U/\partial V)_T$（它是分子間作用力強度的量度）對於理想氣體為零，對於低壓和中等壓力下的實際氣體是小的，對於高壓下的氣體是相當大的，並且對於液體和固體來說非常大。

使用 (4.48) 式和典型的實驗數據（習題 4.5），我們發現對於固體和液體而言 $(\partial H_m/\partial P)_T$ 很小。對固體或液體的內能和焓產生實質性變化需要非常高的壓力。對於理想氣體 $(\partial H_m/\partial P)_T = 0$ 而對於真實氣體 $(\partial H_m/\partial P)_T$ 一般很小。

從 $(\partial S/\partial T)_P = C_P/T$，隨著 T 增加，熵 S 迅速增加（見圖 5.9）。

我們有 $(\partial S_m/\partial P)_T = -\alpha V_m$。如第 1.7 節所述，$\alpha$ 對於氣體而言比對於濃縮相（液體或固體）略大一些。此外，在通常的溫度和壓力下，V_m 對於氣體來說是液體和固體的

約 10^3 倍。因此,對於液體和固體而言,熵隨著壓力的變化很小,但對於氣體而言是相當大的。由於 α 對於氣體是正的,所以氣體的熵隨著壓力的增加(體積減小)而迅速減小;回想理想氣體的 (3.30) 式。

對於 G,我們有 $(\partial G_m/\partial P)_T = V_m$。對於固體和液體,莫耳體積相對較小,因此濃縮相(液體或固體)的 G_m 對壓力的適度變化相當不敏感,這是我們經常使用的一個事實。對於氣體,V_m 很大且 G_m 隨著 P 的增加而迅速增加(主要是由於 P 增加時 S 減少)。

我們也有 $(\partial G/\partial T)_P = -S$。然而,熱力學並沒有定義絕對的熵,只有熵的差異。熵 S 具有任意的附加常數。因此 $(\partial G/\partial T)_P$ 在熱力學中沒有物理意義,並且不可能測量系統的 $(\partial G/\partial T)_P$。但是,從 $(\partial G/\partial T)_P = -S$,我們可以導出 $(\partial \Delta G/\partial T)_P = -\Delta S$。這個方程式具有物理意義。

總之:對於固體和液體,溫度變化通常對熱力學性質有顯著的影響,但除非涉及非常大的壓力變化,否則壓力影響很小。對於非高壓氣體,溫度變化通常對熱力學性質有顯著影響,而壓力變化對涉及熵的性質(例如 S、A、G)有顯著影響,但通常對不涉及 S 的性質(例如,U、H、C_P)僅有輕微影響。

☕ 焦耳－湯姆生係數

我們現在用易於測量的數量來表達更多的熱力學性質。我們從焦耳－湯姆生係數 $\mu_{JT} \equiv (\partial T/\partial P)_H$ 開始。由 (2.65) 式可知 $\mu_{JT} = -(\partial H/\partial P)_T/C_P$。將 (4.48) 式中的值代入 $(\partial H/\partial P)_T$ 可得

$$\mu_{JT} = (1/C_P)[T(\partial V/\partial T)_P - V] = (V/C_P)(\alpha T - 1) \tag{4.52}$$

這將 μ_{JT} 與 α 和 C_P 相關聯。

延伸例題　節流膨脹

證明氣體經節流膨脹過程系統的熵值增加。

解: 因為節流膨脹式恆焓過程,故 $dH = 0$。又 $dH = T dS + V dP$,因此

$$(\partial S/\partial P)_H = -V/T < 0$$

已知節流膨脹 $dP < 0$,由上式可知 $dS > 0$,亦即氣體經節流膨脹過程系統的熵值增加。

☕ 熱容量的差

由 (2.61) 式可知 $C_P - C_V = [(\partial U/\partial V)_T + P](\partial V/\partial T)_P$,將 $(\partial U/\partial V)_T = \alpha T/\kappa - P$ [(4.47) 式] 代入可得 $C_P - C_V = (\alpha T/\kappa)(\partial V/\partial T)_P$。利用 $\alpha \equiv V^{-1}(\partial V/\partial T)_P$ 得到

$$C_P - C_V = TV\alpha^2/\kappa \tag{4.53}$$

對於濃縮相 (液體或固體)，C_P 很容易測量，但 C_V 很難測量。(4.53) 式給出了一種從測量的 C_P 計算 C_V 的方法。換言之，除氣體外，液體或固體的 C_V 是不容易測量的。通常固體的 C_P 與 C_V 相差不大，但是液體的 C_P 與 C_V 則有明顯的差別。可以利用 (4.53) 式中的 T、V、α、κ 和 C_P 等容易測量的量計算出液體的 C_V。

注意以下幾點：(1) 當 $T \to 0$ 時，$C_P \to C_V$。(2) 可證明壓縮性 κ 是正的 (*Zemansky and Dittman*，第 14.9 節)。因此 $C_P \geq C_V$。(3) 若 $\alpha = 0$，則 $C_P = C_V$。對於 1 atm 的液態水，莫耳體積在 3.98°C 達到最小值 (圖 1.5)。因此在此溫度下的水 $(\partial V/\partial T)_P = 0$ 並且 $\alpha = 0$。因此對於 1 atm 和 3.98°C 的水，$C_P = C_V$。

例 4.2 $C_P - C_V$

對於 30°C 和 1 atm 的水：$\alpha = 3.04 \times 10^{-4}$ K^{-1}，$\kappa = 4.52 \times 10^{-5}$ atm^{-1} = 4.46×10^{-10} m^2/N，$C_{P,m} = 75.3$ J/(mol K)，$V_m = 18.1$ cm^3/mol。在 30°C 和 1 atm 下，求水的 $C_{V,m}$。

將 (4.53) 式除以水的莫耳數可得 $C_{P,m} - C_{V,m} = TV_m\alpha^2/\kappa$。我們求得

$$\frac{TV_m\alpha^2}{\kappa} = \frac{(303 \text{ K})(18.1 \times 10^{-6} \text{ m}^3 \text{ mol}^{-1})(3.04 \times 10^{-4} \text{ K}^{-1})^2}{4.46 \times 10^{-10} \text{ m}^2/\text{N}}$$

$$TV_m\alpha^2/\kappa = 1.14 \text{ J mol}^{-1} \text{ K}^{-1}$$

$$C_{V,m} = 74.2 \text{ J/(mol K)} \tag{4.54}$$

對於 1 atm 和 30°C 的液態水，$C_{P,m}$ 和 $C_{V,m}$ 之間幾乎沒有差別。這是由於 30°C 水的 α 值相當小；α 在 4°C 時為零在 30°C 仍然很小。

習題

對於 95.0°C 和 1 atm 的水：$\alpha = 7.232 \times 10^{-4}$ K^{-1}、$\kappa = 4.81 \times 10^{-5}$ bar^{-1}、$c_P = 4.210$ J/(g K)，且 $\rho = 0.96189$ g/cm^3。在 95.0°C 和 1 atm 下，求水的 c_V。
[答案：3.794 J/(g K)]

使用 (4.53) 式和 $C_{P,m}$ 的實驗值，在 25°C 和 1 atm 下，求出固體和液體的 $C_{V,m}$，得到以下結果：

物質	Cu(s)	NaCl(s)	I$_2$(s)	C$_6$H$_6$(l)	CS$_2$(l)	CCl$_4$(l)
$C_{V,m}$/[J/(mol K)]	23.8	47.7	48	95	47	91
$C_{P,m}$/[J/(mol K)]	24.4	50.5	54	136	76	132

$C_{P,m}$ 和 $C_{V,m}$ 通常對於固體而言差別不大，但對於液體而言差別很大。

☕ 理想氣體 $(\partial U/\partial V)_T$

理想氣體 (ideal gas) 遵循狀態方程式 $PV = nRT$,而完美氣體 (perfect gas) 遵循 $PV = nRT$ 以及 $(\partial U/\partial V)_T = 0$。對於理想氣體 $(\partial P/\partial T)_V = nR/V$,而由 (4.47) 式可得 $(\partial U/\partial V)_T = nRT/V - P = P - P = 0$。

$$(\partial U/\partial V)_T = 0 \quad 理想氣體 \tag{4.55}$$

我們已經證明,所有的理想氣體都是完美氣體,所以理想氣體和完美氣體之間沒有區別。從現在起,我們將放棄「完美氣體」這個詞。

☕ 固體、液體和非理想氣體的 $(\partial U/\partial V)_T$

內壓 $(\partial U/\partial V)_T$,如第 2.6 節所述,是一種物質中分子間相互作用的量度。關係式 $(\partial U/\partial V)_T = \alpha T/\kappa - P$ [(4.47) 式] 使我們可以從實驗數據中找到 $(\partial U/\partial V)_T$。對於固體,典型值 $\alpha = 10^{-4.5}$ K^{-1} 和 $\kappa = 10^{-5.5}$ atm^{-1}(第 1.7 節)在 25°C 和 1 atm 下給出

$$(\partial U/\partial V)_T \approx (10^{-4.5} \text{ K}^{-1})(300 \text{ K})(10^{5.5} \text{ atm})^{-1} \text{ atm} \approx 3000 \text{ atm} \approx 300 \text{ J/cm}^3$$

對於液體,典型的 α 和 κ 值在 25°C 和 1 atm 下給出

$$(\partial U/\partial V)_T \approx (10^{-3} \text{K}^{-1})(300 \text{ K})(10^4 \text{ atm}) \approx 3000 \text{ atm} \approx 300 \text{ J/cm}^3$$

大的 $(\partial U/\partial V)_T$ 值表示固體和液體中的強分子間作用力。

例 4.3 非理想氣體的 $(\partial U/\partial V)_T$

使用凡德瓦方程式和第 8.4 節的凡德瓦常數,在 25°C 和 1 atm 下,估算 N$_2$ 氣體的 $(\partial U/\partial V)_T$

凡德瓦方程式為

$$(P + an^2/V^2)(V - nb) = nRT \tag{4.56}$$

我們有 $(\partial U/\partial V)_T = T(\partial P/\partial T)_V - P$ [(4.47) 式]。求解凡德瓦方程式中的 P 並取 $(\partial/\partial T)_V$,可得

$$P = \frac{nRT}{V - nb} - \frac{an^2}{V^2} \quad 且 \quad \left(\frac{\partial P}{\partial T}\right)_V = \frac{nR}{V - nb}$$

$$\left(\frac{\partial U}{\partial V}\right)_T = T\left(\frac{\partial P}{\partial T}\right)_V - P = \frac{nRT}{V - nb} - \left(\frac{nRT}{V - nb} - \frac{an^2}{V^2}\right) = \frac{an^2}{V^2} \tag{4.57}$$

由第 8.4 節,N$_2$ 的 $a = 1.35 \times 10^6$ cm^6 atm mol^{-2}。在 25°C 和 1 atm 下,氣體幾乎是理想的,V/n 可以從 $PV = nRT$ 中找到。我們得到 $V/n = 24.5 \times 10^3$ cm^3/mol。
因此

$$\begin{aligned}(\partial U/\partial V)_T &= (1.35 \times 10^6 \text{ cm}^6 \text{ atm/mol}^2)/(24.5 \times 10^3 \text{ cm}^3/\text{mol})^2 \\ &= (0.0022 \text{ atm})(8.314 \text{ J})/(82.06 \text{ cm}^3 \text{ atm}) = 0.00023 \text{ J/cm}^3 \\ &= 0.23 \text{ J/L}\end{aligned} \tag{4.58}$$

$(\partial U/\partial V)_T$ 的值很小,表示 N$_2$ 氣體在 25°C 和 1 atm 下,分子間的力很小。

延伸例題

證明凡德瓦氣體恆溫膨脹時內能增大。

解：凡德瓦氣體方程式

$$(P + an^2/V^2)(V - nb) = nRT$$

$$P = \frac{nRT}{V-nb} - \frac{an^2}{V^2}$$

則

$$(\partial U/\partial V)_T = T(\partial P/\partial T)_V - P$$

$$= T\left(\frac{nR}{V-nb}\right) - P$$

$$= (P + n^2a/V^2) - P$$

$$= n^2a/V^2$$

因為 $n > 0$，$a > 0$，$V > 0$，所以 $(\partial U/\partial V)_T > 0$，因此恆溫膨脹時內能增大。

習題

使用凡德瓦方程式和第 8.4 節的數據，在 25°C 和 1 atm 下，估算 HCl(g) 的 $(\partial U/\partial V)_T$。為什麼 HCl(g) 的 $(\partial U/\partial V)_T$ 比 $N_2(g)$ 大？
(答案：0.0061 atm = 0.62 J/L)

液體的 U_{intermol} 可以估算為蒸發的 $-\Delta U$。

4.5 計算狀態函數的變化

第 2.9 節討論了在一個過程中計算 ΔU 和 ΔH，第 3.4 節討論計算 ΔS。這些討論是不完整的，因為我們沒有 $(\partial U/\partial V)_T$、$(\partial H/\partial P)_T$ 和 $(\partial S/\partial P)_T$ 的表達式。 我們現在有這些數量的表達式。知道 U、H 和 S 如何隨著 T、P 和 V 的變化而變化，我們可以求出在定組成封閉系統的任意過程的 ΔU、ΔH 和 ΔS。我們也會考慮計算 ΔA 和 ΔG。

☕ ΔS 的計算

假設一個定組成的封閉系統藉由任何路徑，可能包括不可逆路徑，從狀態 (P_1, T_1) 到狀態 (P_2, T_2)。系統的熵是 T 和 P 的函數；$S = S(T, P)$ 且

$$dS = \left(\frac{\partial S}{\partial T}\right)_P dT + \left(\frac{\partial S}{\partial P}\right)_T dP = \frac{C_P}{T} dT - \alpha V \, dP \tag{4.59}$$

其中使用了 (4.49) 式和 (4.50) 式。積分後可得

$$\Delta S = S_2 - S_1 = \int_1^2 \frac{C_P}{T} dT - \int_1^2 \alpha V \, dP \tag{4.60}$$

由於 C_P、α 和 V 取決於 T 和 P，所以這些是線積分 [不像 (3.26) 式中的 ΔS 是對理想氣體而言的積分]。

由於 S 是狀態函數，因此 ΔS 與連接狀態 1 和狀態 2 的路徑無關．一條方便的路徑（圖 4.3）首先將 P 保持在 P_1 並將 T 從 T_1 變為 T_2。然後，T 在 T_2 保持不變，P 從 P_1 變為 P_2。對於步驟 (a)，$dP = 0$ 而由 (4.60) 式可得

$$\Delta S_a = \int_{T_1}^{T_2} \frac{C_P}{T} dT \qquad \text{定壓 } P = P_1 \qquad (4.61)$$

在 P 保持不變的情況下，(4.61) 式中的 C_P 僅與 T 有關，這是一個普通的積分，如果我們知道 C_P 如何隨 T 變化，就可以很容易地進行計算。對於步驟 (b)，$dT = 0$ 而由 (4.60) 式可得

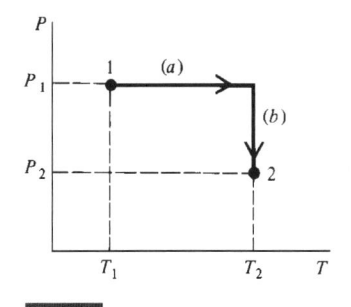

$$\Delta S_b = -\int_{P_1}^{P_2} \alpha V \, dP \qquad \text{定溫 } T = T_2 \qquad (4.62)$$

圖 4.3
計算 ΔS 或 ΔH 的路徑。

在 T 保持不變的情況下，(4.62) 中的 α 和 V 只是 P 的函數，積分是普通積分。對於 $(P_1, T_1) \to (P_2, T_2)$ 的過程的 ΔS 等於 $\Delta S_a + \Delta S_b$。

如果系統在一個過程中發生相變，我們必須分開計算。例如，將 $-5°C$ 和 1 atm 的冰加熱到 $5°C$ 和 1 atm 的液態水，為了計算 ΔS，將冰塊加熱至 $0°C$，並將水從 $0°C$ 加熱至 $5°C$，我們使用 (4.61) 式來計算熵變，但還必須加入熔化過程的熵變 [(3.21) 式]。在融化期間，$C_P \equiv dq_P/dT$ 是無限的，(4.61) 式不適用。

例 4.4　當 T 和 P 都改變時的 ΔS

當 2.00 mol 水從 $27°C$ 和 1 atm 變化至 $37°C$ 和 40 atm 時計算 ΔS。使用例 4.2 中的數據並忽略 $C_{P,m}$、α 和 V_m 的壓力和溫度變化。

解：由 (4.61) 式可得 $\Delta S_a = \int_{300\text{ K}}^{310\text{ K}} (nC_{P,m}/T) \, dT$，其中在 $P = P_1 = 1$ atm 下積分。忽略 $C_{P,m}$ 隨溫度的微小變化，我們有

$$\Delta S_a = (2.00 \text{ mol})[75.3 \text{ J/(mol K)}] \ln (310/300) = 4.94 \text{ J/K}$$

由 (4.62) 式可得 $\Delta S_b = -\int_{1\text{ atm}}^{40\text{ atm}} \alpha n V_m \, dP$，其中在 $T = T_2 = 310$ K 下積分。忽略 α 和 V_m 中的壓力變化並假設它們的 $30°C$ 值接近它們的 $37°C$ 值，我們有

$$\Delta S_b = -(0.000304 \text{ K}^{-1})(2.00 \text{ mol})(18.1 \text{ cm}^3/\text{mol})(39 \text{ atm})$$
$$= -0.43 \text{ cm}^3 \text{ atm/K} = -(0.43 \text{ cm}^3 \text{ atm/K})(8.314 \text{ J})/(82.06 \text{ cm}^3 \text{ atm})$$
$$= -0.04 \text{ J/K}$$
$$\Delta S = \Delta S_a + \Delta S_b = 4.94 \text{ J/K} - 0.04 \text{ J/K} = 4.90 \text{ J/K}$$

請注意壓力效應很小。

習題

假設 $H_2O(l)$ 從 $29.0°C$ 和 1 atm 變化到 $31.0°C$ 和壓力 P_2。若在這個過程中 $\Delta S = 0$ 則 P_2 的值是多少？說明任何所作的近似。

（答案：8.9×10^2 atm）

ΔH 和 ΔU 的計算

將 (4.30) 式和 (4.48) 式代入 $dH = (\partial H/\partial T)_P\, dT + (\partial H/\partial P)_T\, dP$，然後進行積分，可得

$$\Delta H = \int_1^2 C_P\, dT + \int_1^2 (V - TV\alpha)\, dP \tag{4.63}$$

(4.63) 式中的線積分很容易藉由使用圖 4.3 的路徑來計算。像往常一樣，必須對相變進行單獨的計算。恆壓相變的 ΔH 等於過渡的熱量。

使用 $\Delta U = \Delta H - \Delta(PV)$ 可以很容易地從 ΔH 求出 ΔU。或者，我們可以使用 T 和 V 或 T 和 P 作為變數來寫出類似於 (4.63) 式的 ΔU 的方程式。

圖 4.4 和 4.5 繪製 $H_2O(g)$ 的 $u - u_{tr,l}$ 和 $s - s_{tr,l}$ 對 T 和 P 的圖，其中 $u_{tr,l}$ 和 $s_{tr,l}$ 是液態水在三相點的比內能和比熵，而 $u \equiv U/m$，$s \equiv S/m$，其中 m 是質量。這些曲線上的點可以使用 (4.60) 式和 (4.63) 式計算，進而求得水蒸發的 Δu 和 Δs。

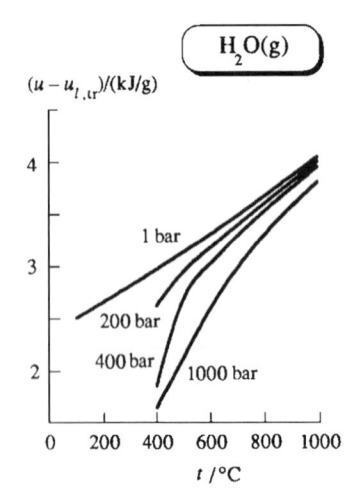

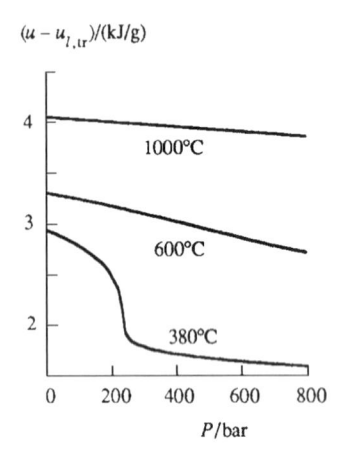

計算 ΔG 和 ΔA

從 $G \equiv H - TS$ 和 (2.48) 式，我們有 $G_2 - G_1 = \Delta G = \Delta H - \Delta(TS) = \Delta H - T_1\Delta S - S_1\Delta T - \Delta S\,\Delta T$。但是，熱力學不是定義熵，但只給出熵變。因此 S_1 在 ΔG 的表達式中無定義。因此 ΔG 無定義，除非 $\Delta T = 0$。對於等溫過程，定義 $G = H - TS$ 給出 [(4.20) 式]

$$\Delta G = \Delta H - T\Delta S \quad \text{恆溫 } T \tag{4.64}$$

因此等溫過程的 ΔG 已定義。要計算等溫過程的 ΔG，我們首先計算 ΔH 和 ΔS，然後使用 (4.64) 式。或者，對於不涉及不可逆組成變化的等溫過程的 ΔG 可以從 $(\partial G/\partial P)_T = V$ [(4.51) 式] 求得如下

$$\Delta G = \int_{P_1}^{P_2} V\, dP \quad \text{恆溫 } T \tag{4.65}$$

一個特殊的情況是只作 P-V 功的系統在恆定 T 和 P 可逆過程的 ΔG。此時，$\Delta H = q$ 且 $\Delta S = q/T$。由 (4.64) 式可得

$$\Delta G = 0 \quad \text{可逆過程，在恆定的 } T \text{ 和 } P；\text{只作 } P\text{-}V \text{ 功} \tag{4.66}$$

一個重要的例子是可逆的相變。例如，對於在 0°C 和 1 atm 下融化冰或冷凍水，ΔG = 0 (但對於在 −10°C 和 1 atm 下冷凍過冷水，ΔG ≠ 0)。方程 (4.66) 不足為奇，因為保持在恆定 T 和 P 的封閉系統 (僅 P-V 功) 的平衡條件，是 G 的最小化 ($dG = 0$)。

與 ΔG 一樣，我們感興趣的是 ΔA 僅適用於具有 $\Delta T = 0$ 的過程，因

圖 4.4
相對於 T 和相對於 P 的 $H_2O(g)$ 的比內能。

為若 T 改變則 ΔA 無定義。對於等溫過程我們使用 $\Delta A = \Delta U - T\Delta S$ 或 $\Delta A = -\int_1^2 P\,dV$ 求 ΔA。

延伸例題

在 25°C、1atm，石墨轉變為金剛石的 $\Delta H = 1.90$ KJ mol^{-1}，$\Delta S = -3.35$ J^{-1} mol^{-1}。求在 25°C、1atm 下，石墨轉變為金剛石的 ΔG，並判斷此過程是否能自發進行？

解： 依據吉布斯自由能定義，恆溫時：

$$\Delta G = \Delta H - T\Delta S$$
$$= 1.90 \times 10^3 - 298.15 \times (-3.35)$$
$$= 2898.80 \text{ J mol}^{-1}$$

因為 $\Delta G > 0$，所以該過程不能自發進行。

4.6 化勢和物質平衡

當系統與外界有物質的交換造成組成改變或系統內不可逆的化學反應或不可逆的相之間的物質輸送，則基本方程式 $dU = T\,dS - P\,dV$ 和 dH、dA 和 dG 的相關方程式 (4.34) 至 (4.36) 不適用。我們現在開發在這些過程中成立的方程式。

非平衡系統的吉布斯方程式

考慮一個處於熱和機械平衡狀態的單相系統，但未必處於物質平衡。由於存在熱和機械平衡，T 和 P 具有明確定義的值，並且系統的熱力學狀態由 $T, P, n_1, n_2, \ldots, n_k$ 的值來定義，其中 $n_i (i = 1, 2, \ldots, k)$ 是單相系統的 k 分量的莫耳數。狀態函數 U、H、A 和 G 可以分別表示為 T、P 和 n_i 的函數。

在系統化學過程中的任何時刻，吉布斯能量都是

$$G = G(T, P, n_1, \cdots, n_k) \tag{4.67}$$

當不可逆化學反應或不可逆物質輸送至系統時，設 T、P 和 n_i 的變化量為微小量 $dT, dP, dn_1, \ldots, dn_k$。對於這個無限小的過程，我們想要求 dG。由於 G 是狀態函數，我們將用可逆變化代替實際的不可逆變化，而計算可逆變化的 dG。我們設想使用一種反催化劑 (anticatalyst) 來「凍結」系統中的任何化學反應。然後，我們可逆地添加 dn_1 莫耳的物質 1，dn_2 莫耳的物質 2 等，並且藉由 dT 和 dP 可逆地改變 T 和 P。

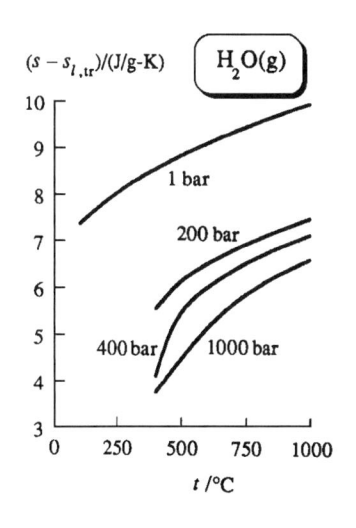

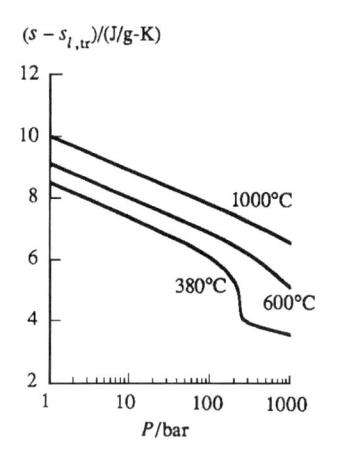

圖 4.5

相對於 T 和相對於 P 的 $H_2O(g)$ 的比熵。

(4.67) 式的全微分是

$$dG = \left(\frac{\partial G}{\partial T}\right)_{P,n_i} dT + \left(\frac{\partial G}{\partial P}\right)_{T,n_i} dP + \left(\frac{\partial G}{\partial n_1}\right)_{T,P,n_{j\neq 1}} dn_1 + \cdots + \left(\frac{\partial G}{\partial n_k}\right)_{T,P,n_{j\neq k}} dn_k \quad (4.68)$$

其中使用以下約定：偏導數的下標 n_i 表示所有莫耳數保持不變；偏導數的下標 $n_{j\neq i}$ 表示除 n_i 之外的所有莫耳數都固定。對於組成不發生變化的可逆過程，由 (4.36) 式可知

$$dG = -S\,dT + V\,dP \qquad \text{可逆過程，} n_i \text{ 固定，只作 } P\text{-}V \text{ 功} \quad (4.69)$$

由 (4.69) 式知

$$\left(\frac{\partial G}{\partial T}\right)_{P,n_i} = -S, \qquad \left(\frac{\partial G}{\partial P}\right)_{T,n_i} = V \quad (4.70)$$

我們在其中加入下標 n_i 以強調組成不變。將 (4.70) 式代入 (4.68) 式可得只有 P-V 功的單相系統可逆過程的 dG：

$$dG = -S\,dT + V\,dP + \sum_{i=1}^{k} \left(\frac{\partial G}{\partial n_i}\right)_{T,P,n_{j\neq i}} dn_i \quad (4.71)$$

現在假設由於不可逆的物質改變使得狀態變數改變。由於 G 是狀態函數，因此 dG 與連接狀態 $(T, P, n_1, n_2, \ldots)$ 和 $(T + dT, P + dP, n_1 + dn_1, n_2 + dn_2, \ldots)$ 的過程無關。因此不可逆變化的 dG 與連接這兩個狀態的可逆變化的 dG 相同。(4.71) 式給出了不可逆的物質變化的 dG。

為了在書寫上節省時間，我們定義了在單相系統中物質 i 的**化勢** (chemical potential) μ_i (mu eye)

$$\mu_i \equiv \left(\frac{\partial G}{\partial n_i}\right)_{T,P,n_{j\neq i}} \qquad \text{單相系統} \quad (4.72)^*$$

其中 G 是單相系統的吉布斯能量。方程式 (4.71) 變成

$$dG = -S\,dT + V\,dP + \sum_i \mu_i\,dn_i \qquad \begin{array}{l}\text{適用於只作 } P\text{-}V \text{ 功且處於熱與} \\ \text{機械平衡的單相系統}\end{array} \quad (4.73)^*$$

方程式 (4.73) 是化學熱力學的關鍵方程式。它適用於單相系統處於熱和機械平衡狀態，但不一定處於物質平衡狀態的過程。因此 (4.73) 式在不可逆化學反應以及在將物質輸入或輸出系統的期間成立。我們以前的方程式是針對封閉系統的，但我們現在有一個適用於開放系統的方程式。

我們要獲得對應於 (4.73) 式的 dU 的方程式。從 $G \equiv U + PV - TS$，我們有 $dU = dG - P\,dV - V\,dP + T\,dS + S\,dT$。使用 (4.73) 式可得

$$dU = T\,dS - P\,dV + \sum_i \mu_i\,dn_i \quad (4.74)$$

這個方程式可與封閉系統可逆過程的 $dU = T\,dS - P\,dV$ 相比較。

從 $H = U + PV$ 和 $A = U - TS$ 以及 (4.74) 式，我們可以得到不可逆化學變化的 dH

和 dA 的表達式。收集對於 dU、dH、dA 和 dG 的表達式，我們有

$$dU = T\,dS - P\,dV + \sum_i \mu_i\,dn_i \qquad (4.75)*$$

$$dH = T\,dS + V\,dP + \sum_i \mu_i\,dn_i \qquad (4.76)$$

$$dA = -S\,dT - P\,dV + \sum_i \mu_i\,dn_i \qquad (4.77)$$

$$dG = -S\,dT + V\,dP + \sum_i \mu_i\,dn_i \qquad (4.78)*$$

適用於只作 P-V 功且處於熱與機械平衡的單相系統

這些方程式是 Gibbs 方程式 (4.33) 到 (4.36) 的推廣，涉及與外界交換物質或不可逆組成變化的過程。(4.75) 式至 (4.78) 式中的額外項 $\sum_i \mu_i\,dn_i$ 組成變化對狀態函數 U、H、A 和 G 的影響。(4.75) 式至 (4.78) 式也稱為**吉布斯方程式** (Gibbs equations)。

(4.75) 式至 (4.78) 式適用於單相系統。假設系統有幾個相。正如一般指數一樣，(4.78) 式中的字母 i 表示系統中存在的任何一種化學物質，令 α 是表示系統任何一相的一般指數。設 G^α 是相 α 的吉布斯能量，並且設 G 是整個系統的吉布斯能量。狀態函數 $G = U + PV - TS$ 是外延性質。因此我們將每相的吉布斯能量相加來得到多相系統的 $G = \sum_\alpha G^\alpha$。若系統有三相，則 $\sum_\alpha G^\alpha$ 有三項。關係式 $d(u+v) = du + dv$ 表示和的微分是微分的和。所以，$dG = d(\sum_\alpha G^\alpha) = \sum_\alpha dG^\alpha$。相 α 的單相吉布斯方程式 (4.78) 為

$$dG^\alpha = -S^\alpha\,dT + V^\alpha\,dP + \sum_i \mu_i^\alpha\,dn_i^\alpha$$

將此方程式代入 $dG = \sum_\alpha dG^\alpha$ 得

$$dG = -\sum_\alpha S^\alpha\,dT + \sum_\alpha V^\alpha\,dP + \sum_\alpha \sum_i \mu_i^\alpha\,dn_i^\alpha \qquad (4.79)$$

其中 S^α 和 V^α 為相 α 的熵和體積，μ_i^α 為化學物種 i 在 α 相中的化勢，且 n_i^α 為 i 在 α 相中的莫耳數。

對於 α 相的 (4.72) 式可寫成

$$\mu_i^\alpha \equiv \left(\frac{\partial G^\alpha}{\partial n_i^\alpha}\right)_{T, P, n_{j\neq i}^\alpha} \qquad (4.80)*$$

(我們已經使每相的 T 相同，並且每相的 P 相同，對於沒有剛性或絕熱壁將相分離的機械和熱平衡的系統而言，這是正確的。) 由於 S 和 V 是外延性質，相的熵和體積之和等於系統的總熵 S 和系統的總體積 V，而 (4.79) 式變成

$$dG = -S\,dT + V\,dP + \sum_\alpha \sum_i \mu_i^\alpha\,dn_i^\alpha \qquad (4.81)*$$

適用於只作 P-V 功且處於熱與機械平衡的單相系統

(4.81) 式是 (4.78) 式的推廣，推廣到多相系統。不要被 (4.81) 式中的兩個 Σ 嚇倒。它只是告訴我們在系統中的每個相中，將每個物種的 $\mu\,dn$ 相加。例如，對於一個由液相 l 和氣相 v 組成的系統，每個相只包含水 (w) 和丙酮 (ac)，我們有

$$\sum_\alpha \sum_i \mu_i^\alpha\,dn_i^\alpha = \mu_w^l\,dn_w^l + \mu_{ac}^l\,dn_{ac}^l + \mu_w^v\,dn_w^v + \mu_{ac}^v\,dn_{ac}^v$$

其中 μ_w^l 是液相中水的化勢。

物質平衡

我們現在推導物質平衡的條件，包括相平衡和反應平衡。考慮機械和熱平衡的封閉系統，並且當它進入物質平衡時保持在恆定的 T 和 P。我們在第 4.3 節中顯示。在恆定的 T 和 P 下，封閉系統中發生不可逆的化學反應或相之間的物質輸送，吉布斯函數 G 正在減小 ($dG < 0$)。平衡時，G 達到極值，在恆定的 T 和 P 下，對於任何無窮小變化 $dG = 0$ [(4.19) 式]。在恆定的 T 和 P 下，$dT = 0 = dP$，且由 (4.81) 式可知，平衡條件 $dG = 0$ 變成

$$\sum_\alpha \sum_i \mu_i^\alpha \, dn_i^\alpha = 0 \qquad \text{適用於只作 } P\text{-}V \text{ 功且在恆定的 } T \text{ 和 } P \text{ 下物質平衡的封閉系統} \qquad (4.82)$$

在恆定的 T 和 P 的條件下，當達到平衡時，物質平衡條件 (4.82) 式不但成立，而且它不管封閉系統如何達到平衡。為了證明這一點，考慮只作 P-V 功的封閉系統，一個無限小的可逆過程。應用 (4.81) 式且應用 (4.36) 式 $dG = -S\,dT + V\,dP$，將 (4.81) 式減 $dG = -S\,dT + V\,dP$ 可得

$$\sum_\alpha \sum_i \mu_i^\alpha \, dn_i^\alpha = 0 \qquad \text{可逆過程，封閉系統，只作 } P\text{-}V \text{ 功} \qquad (4.83)$$

方程式 (4.83) 必須適用於只有 P-V 功的封閉系統中的任何可逆過程。處於平衡狀態的系統中的微小過程是一個可逆過程 (因為它將平衡狀態與無限微小地接近平衡的狀態相聯繫)。因此對於已達到物質平衡的系統中的任何微小變化，(4.83) 式必成立。因此 (4.83) 式適用於任何物質平衡的封閉系統。若系統在恆定的 T 和 P 條件下達到物質平衡，則 G 在平衡狀態下被最小化。若在恆定的 T 和 V 條件下達到平衡，則 A 在平衡狀態下最小化。如果在其他條件下達到平衡，那麼在平衡時 A 和 G 都不必最小化，但在所有情況下，平衡時，(4.83) 式成立。方程式 (4.83) 是物質平衡所需的一般條件。當我們將它應用到下面章節的相和反應平衡時，這個方程式將會採用更簡單的形式。

化勢

物質 i 在單相系統中的化勢 μ_i 是 $\mu_i \equiv (\partial G/\partial n_i)_{T,P,n_{j \neq i}}$。由於 G 是 T、P、n_1、n_2、⋯ 的函數，它的偏導數 $\partial G/\partial n_i \equiv \mu_i$ 也是這些變數的函數：

$$\mu_i = \mu_i(T, P, n_1, n_2, ...) \qquad \text{單相系統} \qquad (4.84)$$

物質 i 在相中的化勢是一種與相的溫度，壓力和組成有關的狀態函數。由於 μ_i 是兩個外延性質的無窮小變化的比，因此它是內含性質。從 $\mu \equiv (\partial G/\partial n_i)_{T,P,n_{j \neq i}}$，在 T、P 和其他莫耳數均恆定的情況下，物質 i 的化勢給出了當 i 莫耳加入時，相的吉布斯能 G 的變化率。吉布斯將狀態函數 μ_i 引入到熱力學中。

由於化勢是內含性質，我們可以使用莫耳分率而不是莫耳來表達 μ 隨組成變化。對於幾個相的系統中，物質 i 在 α 相的化勢是

$$\mu_i^\alpha = \mu_i^\alpha(T^\alpha, P^\alpha, x_1^\alpha, x_2^\alpha, \ldots) \tag{4.85}$$

請注意，即使物質 i 不存在於相 $\alpha(n_i^\alpha = 0)$，而其在相 α 的化勢 μ_i^α 仍然有定義。總是有可能將物質 i 引入相。在恆定 T、P 和 $n_{j \neq i}$ 下，當 i 的 dn_i^α 莫耳引入時，相變的吉布斯能量為 dG^α，而 μ_i^α 由 dG^α/dn_i^α 給出。

例如，最簡單的系統是純物質 i 的單相，例如，固體銅或液態水。設 $G_{m,i}(T, P)$ 為純 i 在系統的溫度和壓力的莫耳吉布斯能。根據定義，$G_{m,i} \equiv G/n_i$，那麼純、單相系統的吉布斯能量是 $G = n_i G_{m,i}(T, P)$。將這個方程式偏微分可得

$$\mu_i \equiv (\partial G/\partial n_i)_{T,P} = G_{m,i} \qquad \text{單相純物質} \tag{4.86}*$$

對於純物質，μ_i 是莫耳吉布斯自由能。但是，μ_i 在單相混合物未必等於純 i 的 G_m。

4.7 相平衡

兩種物質平衡是相平衡和反應平衡（第 4.1 節）。相平衡包括存在於不同相中的相同化學物質 [例如，$C_6H_{12}O_6(s) \rightleftharpoons C_6H_{12}O_6(aq)$]。反應平衡涉及不同的化學物質，它們可能存在也可能不存在於同一相 [例如 $CaCO_3(s) \rightleftharpoons CaO(s) + CO_2(g)$ 和 $N_2(g) + 3H_2(g) \rightleftharpoons 2NH_3(g)$]。本節考慮相平衡，下一節為反應平衡。

只有 P-V 功的封閉系統的物質平衡條件是 (4.83) 式的 $\sum_\alpha \sum_i \mu_i^\alpha dn_i^\alpha = 0$，它適用於在莫耳數 n_i^α 上有任何可能的無窮小改變。考慮一個處於平衡狀態的多相系統，假設物質 j 的 dn_j 莫耳從 β (beta) 相流向 δ (delta) 相（圖 4.6）。對於這個過程，(4.83) 式變成

$$\mu_j^\beta dn_j^\beta + \mu_j^\delta dn_j^\delta = 0 \tag{4.87}$$

由圖 4.6，我們有 $dn_j^\beta = -dn_j$ 且 $dn_j^\delta = dn_j$，因此 $-\mu_j^\beta dn_j + \mu_j^\delta dn_j = 0$，且

$$(\mu_j^\delta - \mu_j^\beta) dn_j = 0$$

因為 $dn_j \neq 0$，所以 $\mu_j^\delta - \mu_j^\beta = 0$，或

$$\mu_j^\beta = \mu_j^\delta \qquad \text{封閉系統的相平衡，只作 } P\text{-}V \text{ 功} \tag{4.88}*$$

對於在熱和機械平衡下只作 P-V 功的封閉系統，相平衡條件是給定物質的化勢在系統的每個相都是相同的。

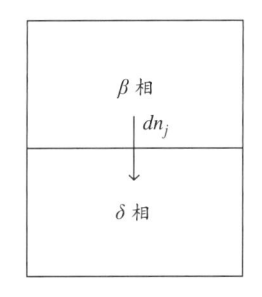

圖 4.6
物質 j 的 dn_j 莫耳從 β 相流向 δ 相。

現在假設封閉系統 (處於熱和機械平衡狀態並且僅能夠作 P-V 功) 尚未達到相平衡。令物質 j 的 dn_j 莫耳自發地從 β 相流到 δ 相。對於這個不可逆過程，不等式 (4.15) 式給出 $dG < -S\,dT + V\,dP$。但是這個過程的 dG 由 (4.81) 式給出為

$$dG = -S\,dT + V\,dP + \Sigma_\alpha \Sigma_i \mu_i^\alpha dn_i^\alpha$$

因此，不等式 $dG < -S\,dT + V\,dP$ 變成

$$-S\,dT + V\,dP + \sum_\alpha \sum_i \mu_i^\alpha dn_i^\alpha < -S\,dT + V\,dP$$

$$\sum_\alpha \sum_i \mu_i^\alpha dn_i^\alpha < 0$$

對於物質 j 的 dn_j 莫耳從 β 相到 δ 相的自發流動，我們有 $\Sigma_\alpha \Sigma_i \mu_i^\alpha dn_i^\alpha = \mu_j^\beta dn_j^\beta + \mu_j^\delta dn_j^\delta = -\mu_j^\beta dn_j + \mu_j^\delta dn_j < 0$ 且

$$(\mu_j^\delta - \mu_j^\beta)\,dn_j < 0 \tag{4.89}$$

由於 dn_j 為正，所以 (4.89) 式要求 $\mu_j^\delta - \mu_j^\beta$ 為負：$\mu_j^\delta < \mu_j^\beta$。自發流動被認為是從相 β 到相 δ。因此，我們已經證明，對於熱和機械平衡的系統：

> 物質 j 自發地從具有較高化勢 μ_j 的相流動到具有較低化勢 μ_j 的相。

這種流動將持續到物質 j 的化勢在系統的所有相均衡化為止。對於其他物質也是如此 (當物質從一相流到另一相時，相的組成發生變化，因此相中的化勢發生變化)。正如溫度差異是熱量從一相流向另一相的驅動力，化勢 μ_i 的差異是化學物種 i 從一相流向另一相的驅動力。

如果 $T^\beta > T^\delta$，熱量從 β 相自發流向 δ 相，直到 $T^\beta = T^\delta$。如果 $P^\beta > P^\delta$，功從 β 相流到 δ 相，直到 $P^\beta = P^\delta$。如果 $\mu_j^\beta > \mu_j^\delta$，物質 j 從 β 相自發流向 δ 相直到 $\mu_j^\beta = \mu_j^\delta$。狀態函數 T 決定相之間是否存在熱平衡。狀態函數 P 決定相之間是否存在機械平衡。狀態函數 μ_i 決定相之間是否存在物質平衡。

人們可以從熱力學定律證明：在恆定 T 和 P 下，當 j 在相 δ 的莫耳分率 x_j^δ 藉由加 j 而增加時，物質 j 在相 δ 的化勢 μ_j^δ 必增加 (參閱 Kirkwood and Oppenheim，第 6.4 節)：

$$(\partial \mu_j^\delta / \partial x_j^\delta)_{T,P,n_{i\ne j}^\delta} > 0 \tag{4.90}$$

例 4.5 固體溶解時 μ_i 的變化

將 ICN 晶體添加到純液態水中，並將系統保持在 25°C 和 1 atm。最終形成飽和溶液，並留下一些固體 ICN 未溶解。在過程開始時，μ_{ICN} 在固相較大或在純水中較大？隨著晶體溶解，每個相 μ_{ICN} 會發生什麼？(看看你能否在進一步閱讀之前回答這些問題。)

在過程開始時，一些 ICN 從純固相「流動」進入水。因為物質 j 從較高 μ_j 的相流向較低 μ_j 的相，固體中的化勢 μ_{ICN} 必須大於純水中的 μ_{ICN}（回顧第 4.6 節，即使水中沒有 ICN，也定義了純水相的 μ_{ICN}）。由於 μ 是內含量，並且純固相中的溫度、壓力和莫耳分率不隨著固體溶解而改變，所以在過程期間 $\mu_{ICN(s)}$ 保持恆定。隨著晶體溶解，水相中的 X_{ICN} 增加並且 (4.90) 式顯示 $\mu_{ICN(aq)}$ 增加。這種增加一直持續到 $\mu_{ICN(aq)}$ 變成等於 $\mu_{ICN(s)}$。然後系統處於相平衡，不再有 ICN 溶解，並且溶液飽和。

習題

25°C 時水的平衡蒸氣壓為 24 torr。$H_2O(l)$ 在 25°C 和 20 torr 下的化勢低於、等於或大於 $H_2O(g)$ 在此 T 和 P 下的 μ？
(提示：溫度為 T 的水的蒸氣壓是在 T 時與液態水平衡的水蒸氣的壓力)
(答案：大於)

正如溫度是控制熱量流動的內含性質一樣，化勢也是控制物質從一相流向另一相的內含性質。溫度不如化勢抽象，因為我們有使用溫度計測量溫度的經驗，並且可以將溫度視為平均分子能量的量度。藉由把它看作是逃逸傾向的一種量測，人們可以得到一些化勢的感覺。μ_j^δ 的值越大，物質 j 離開 δ 相並流入其化勢較低的相鄰相的傾向越大。

我們現在研究的相平衡條件 $\mu_j^\beta = \mu_j^\delta$ 有一個例外。我們發現物質從其化勢較高的相流動到化勢較低的相。假設物質 j 最初不在相 δ。雖然在 δ 相沒有 j，但化勢 μ_j^δ 是一個定義的量，因為我們原則上可以將 j 的 dn_j 莫耳量引入 δ 並測量 $(\partial G^\delta / \partial n_j^\delta)_{T,P,n_{i\neq j}^\delta} = \mu_j^\delta$（或使用統計力學來計算 μ_j^δ）。如果最初 $\mu_j^\beta > \mu_j^\delta$，則 j 從相 β 流向相 δ，直到達到相平衡。但是，如果最初是 $\mu_j^\delta > \mu_j^\beta$，那麼 j 不能從 δ 流出（因為它不存在於 δ 中）。由於該系統不隨時間改變，因此處於平衡狀態。當某一物質在相中不存在時，則對於與 δ 平衡的所有相 β，平衡條件就變成了

$$\mu_j^\delta \geq \mu_j^\beta \quad \text{相平衡，} j \text{ 不在 } \delta \text{ 相中} \tag{4.91}$$

在 ICN(s) 與 ICN 的飽和水溶液平衡的前例中，純固相中沒有 H_2O 物質，因此我們可以說固相中的 μ_{H_2O} 大於或等於溶液中的 μ_{H_2O}。

本節的主要結論是：

在熱力學平衡的封閉系統中，任何給定物質的化勢在該物質存在的每個相都是相同的。

例 4.6 相平衡的條件

寫出丙酮和水的液體溶液與其蒸氣平衡的相平衡條件。

丙酮 (ac) 和水 (w) 各自存在於兩個相中，因此是平衡條件是 $\mu_{ac}^l = \mu_{ac}^v$ 且 $\mu_w^l = \mu_w^v$，其中 μ_{ac}^l 和 μ_{ac}^v 分別是液相和氣相中丙酮的化勢。

習題

寫出 NaCl 晶體與 NaCl 水溶液平衡的相平衡條件。
(答案：$\mu_{NaCl}^s = \mu_{NaCl}^{aq}$)

4.8 反應平衡

我們現在將物質平衡條件應用於反應平衡。令反應為

$$aA_1 + bA_2 + \ldots \to eA_m + fA_m + 1 + \ldots \tag{4.92}$$

其中 $A_1, A_2, \ldots$ 為反應物，$A_m, A_{m+1}, \ldots$ 為生成物，且 $a, b, \ldots, e, f, \ldots$ 為係數。例如，反應

$$2C_6H_6 + 15O_2 \to 12CO_2 + 6H_2O$$

$A_1 = C_6H_6$、$A_2 = O_2$、$A_3 = CO_2$、$A_4 = H_2O$ 且 $a = 2$、$b = 15$、$e = 12$、$f = 6$。由於物質平衡條件適用於多相系統，因此反應 (4.92) 式中的物質不一定都發生在同一相中。

依慣例，我們採用將 (4.92) 式中的反應物轉移到方程式的右側得到

$$0 \to -aA_1 - bA_2 - \ldots + eA_m + fA_{m+1} + \ldots \tag{4.93}$$

我們現在令

$$v_1 \equiv -a,\ v \equiv -b,\ \ldots,\ v_m \equiv e,\ v_{m+1} \equiv f, \ldots$$

且將 (4.93) 寫成

$$0 \to v_1 A_1 + v_2 A_2 + \ldots + v_m A_m + v_m + 1 A_{m+1} + \ldots$$

$$0 \to \sum_i v_i A_i \tag{4.94}$$

其中**化學計量數** (stoichiometric numbers) v_i (nu i) 對於反應物為負而對於生成物為正。例如，反應 $2C_6H_6 + 15O_2 \to 12CO_2 + 6H_2O$ 變成 $0 \to -2C_6H_6 - 15O_2 + 12CO_2 + 6H_2O$，化學計量數為 $v_{C_6H_6} = -2$、$v_{O_2} = -15$、$v_{CO_2} = 12$，且 $v_{H_2O} = 6$。化學計量數 (也稱為化學計量係數) 是沒有單位的純數字。

在化學反應過程中，每種物質莫耳數的變化 Δn 與其化學計量數 v 成正比，其中比例常數對於所有物種都是一樣的。這個比例常數稱為**反應進度** (extent of reaction) ξ(xi)。例如,在反應 $N_2 + 3H_2 \rightarrow 2NH_3$,假設 N_2 有 20 莫耳反應,則有 60 莫耳的 H_2 發生反應,並且有 40 莫耳的 NH_3 形成。我們有 $\Delta n_{H_2} = -20$ mol $= -1(20$ mol$)$、$\Delta n_{H_2} = -60$ mol $= -3(20$ mol$)$、$\Delta n_{NH_3} = 40$ mol $= 2(20$ mol$)$,其中數字 -1、-3 和 2 是化學計量的數字。這裡的反應進度是 $\xi = 20$ mol。若有 x mol 的 N_2 反應,則有 $3x$ mol 的 H_2 會反應並形成 $2x$ mol 的 NH_3;這裡 $\xi = x$ mol 且 $\Delta n_{N_2} = -x$ mol、$\Delta n_{H_2} = -3x$ mol、$\Delta n_{NH_3} = 2x$ mol。

對於一般化學反應 $0 \rightarrow \Sigma_i v_i A_i$ [(4.94) 式] 經歷一個確定的反應的量,物種 i 的莫耳數變化 Δn_i,等於 v_i 乘以比例常數 ξ:

$$\Delta n_i \equiv n_i - n_{i,0} = v_i \xi \qquad (4.95)*$$

其中 $n_{i,0}$ 是在反應開始時存在的物質 i 的莫耳數。ξ 測量反應發生了多少。由於 v_i 是無因次而 Δn_i 的單位為莫耳,因此 ξ 的單位為莫耳。如果反應從左到右進行,則 ξ 為正;如果從右到左進行,則為負。

例 4.7　反應進度

假設 0.6 mol 的 O_2 根據 $3O_2 \rightarrow 2O_3$ 反應。求 ξ。

物種 i 在反應過程中的莫耳數變化與其化學計量數 v_i 成正比,其中比例常數是反應進度 ξ;$\Delta n_i = v_i \xi$。由於 $v_{O_2} = -3$ 且 $\Delta n_{O_2} = -0.6$ mol,我們有 -0.6 mol $= -3\xi$,因此 $\xi = 0.2$ mol。

習題

在反應 $2NH_3 \rightarrow N_2 + 3H_2$ 中,假設起初有 0.80 mol 的 NH_3、0.70 mol H_2 和 0.40 mol N_2。在稍後的時間 t,有 0.55 mol 的 H_2。求 ξ 並求在 t 時間 NH_3 和 N_2 存在的莫耳數。
(答案:-0.05 mol,0.90 mol,0.35 mol)

物質平衡條件是 $\Sigma_i \Sigma_\alpha \mu_i^\alpha dn_i^\alpha = 0$ [(4.83) 式]。第 4.7 節證明在平衡狀態下,物種 i 的化勢在包含 i 的每一相都是相同的,所以我們可以從 μ_i^α 中刪除相的上標 α 並寫出物質平衡條件

$$\sum_i \sum_\alpha \mu_i^\alpha dn_i^\alpha = \sum_i \mu_i \left(\sum_\alpha dn_i^\alpha \right) = \sum_i \mu_i dn_i = 0 \qquad (4.96)$$

其中 dn_i 是封閉系統中 i 的總莫耳數變化,μ_i 是包含 i 的任何相中 i 的化勢。

對於有限的反應進度 ξ,我們有 $\Delta n_i = v_i \xi$ [(4.95) 式]。對於一個無限小反應程度 $d\xi$,我們有

$$dn_i = v_i \, d\xi \qquad (4.97)$$

將 $dn_i = v_i d\xi$ 代入平衡狀態 $\Sigma_i \mu_i dn_i = 0$ [(4.96) 式],可得 $(\Sigma_i v_i \mu_i) d\xi = 0$。對於任意無

窮小的 $d\xi$ 值，這個方程式必成立。於是

在一個封閉系統中化學反應平衡的條件是 $\Sigma_i \nu_i \mu_i = 0$。

當反應 $0 \to \Sigma_i \nu_i A_i$ 達到平衡時，則

$$\sum_i \nu_i \mu_i = 0 \qquad 封閉系統的反應平衡，只作 P\text{-}V 功 \tag{4.98}*$$

其中 ν_i 和 μ_i 是物種 A_i 的化學計量數和化勢。

(4.98) 式與平衡常數的關係將在後面的章節中變得清晰。請注意，無論封閉系統如何達到平衡，(4.98) 式都成立。例如，它適用於保持在恆定的 T 和 P，或恆定的 T 和 V，或在一個孤立的系統中達到的平衡。

平衡條件 (4.98) 式很容易記住，注意，它只是將反應式 (4.92) 式中的每種物質替換為它的化學勢而獲得的。

例 4.8　反應平衡的條件

對於下列反應式，寫出平衡條件 (4.98) 式

(a) $2C_6H_6 + 15O_2 \to 12CO_2 + 6H_2O$
(b) $aA + bB \to cC + dD$

由於反應物具有負的化學計量數，(a) 的平衡條件為 $\Sigma_i \nu_i \mu_i = -2\mu_{C_6H_6} - 15\mu_{O_2} + 12\mu_{CO_2} + 6\mu_{H_2O} = 0$ 或

$$2\mu_{C_6H_6} + 15\mu_{O_2} = 12\mu_{CO_2} + 6\mu_{H_2O}$$

它具有與化學反應相同的形式。對於一般反應 (b)，平衡條件 (4.98) 式為

$$a\mu_A + b\mu_B \to c\mu_C + d\mu_D$$

習題

寫出 $2H_2 + O_2 \to 2H_2O$ 的平衡條件。
（答案：$2\mu_{H_2} + \mu_{O_2} = 2\mu_{H_2O}$）

平衡條件 $\Sigma_i \nu_i \mu_i = 0$ 看起來很抽象，但它只是說當反應平衡時，產物的化勢與反應物的化勢達到「平衡」。

如果反應系統保持恆定的 T 和 P，則在平衡時吉布斯能量 G 被最小化。從 dG 的吉布斯方程式 (4.78) 可知，(4.96) 式中的和 $\Sigma_i \mu_i dn_i$ 等於當 T 和 P 恆定時的 dG；$dG_{T,P} = \Sigma_i \mu_i dn_i$。使用 $dn_i = \nu_i d\xi$ [(4.97) 式] 可得 $dG_{T,P} = \Sigma_i \nu_i \mu_i d\xi$：

$$\frac{dG}{d\xi} = \sum_i \nu_i \mu_i \qquad T, P \text{ 恆定} \tag{4.99}$$

在平衡時，$dG/d\xi = 0$，並且 G 被最小化。(4.99) 式中的 μ_i 是反應混合物中物質的化勢，它們取決於混合物的組成 (n_i)。因此化勢在反應期間變化。這種變化一直持續到

G (在恆定的 T 和 P 下,它取決於 μ_i 和 n_i) 最小化 (圖 4.2) 並且滿足 (4.98) 式。圖 4.7 是反應在恆定 T 和 P 下的 G 對 ξ 的圖。對於恆定 T 和 V,在前面的討論中用 A 代替 G。

平衡條件 (4.98) 式中的 $\Sigma_i v_i \mu_i$ 常寫成 $\Delta_r G$ (其中 r 代表反應) 或 ΔG,所以用這個符號,(4.98) 式變成 $\Delta_r G = 0$,其中 $\Delta_r G \equiv \Sigma_i v_i \mu_i$。然而,在反應系統中,$\Sigma_i v_i \mu_i$ 並不是 G 中的實際變化,而 $\Delta_r G$ 中的 Δr 實際上是 $(\partial/\partial\xi)_{T,P}$。

注意反應平衡條件 (4.98) 式與相平衡條件 (4.88) 式的相似性。若我們把物質 A_i 從 β 相移動到 δ 相看作是化學反應 $A_i^\beta \to A_i^\delta$,則對於 A_i^β,$v = -1$,而對於 A_i^δ,$v = 1$。由方程式 (4.98) 可得 $-\mu_i^\beta + \mu_i^\delta = 0$,這與 (4.88) 式相同。

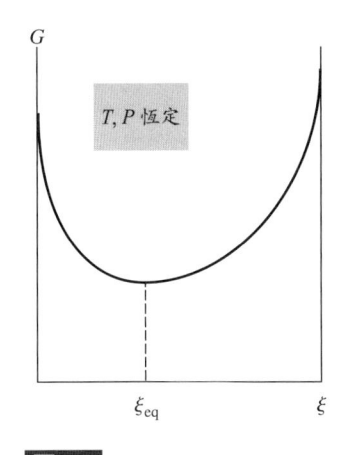

圖 4.7
在恆定 T 和 P 的系統中,吉布斯能量對反應程度。

4.9 總結

亥姆霍茲能量 A 和吉布斯能量 G 是由 $A \equiv U - TS$,和 $G \equiv H - TS$ 定義的狀態函數。平衡時系統加外界的總熵最大化,導致若系統分別在固定的 T 和 V 或固定的 T 和 P 達到平衡,則只作 P-V 功的封閉系統的 A 或 G 被最小化。

對於只作 P-V 功的封閉系統中的可逆變化,第一定律 $dU = dq + dw$ 結合第二定律表達式 $dq_{rev} = T\,dS$ 得到 $dU = T\,dS - P\,dV$ (用於 dU 的吉布斯方程)。這個方程式以及定義 $H \equiv U + PV$、$A \equiv U - TS$、$G \equiv H - TS$ 和熱容量方程式 $C_P = (\partial H/\partial T)_P = T(\partial S/\partial T)_P$ 和 $C_V = (\partial U/\partial T)_V = T(\partial S/\partial T)_V$ 是平衡狀態下封閉系統的基本方程式。

由 dU、dH 和 dG 的吉布斯方程式,根據容易測量的 C_P、α 和 κ 求 U、H 和 G 相對於 T、P 和 V 的變化的表達式。歐拉互惠關係應用在 $dG = -S\,dT + V\,dP$ 可得 $(\partial S/\partial P)_T = -(\partial V/\partial T)_P$;$(\partial S/\partial V)_T$ 可由 dA 的吉布斯方程式求得。這些關係可計算任意狀態變化的 ΔU、ΔH 和 ΔS。

對於只作 P-V 功的機械和熱平衡的系統 (開放或封閉),一個有

$$dG = -S\,dT + V\,dP + \Sigma_\alpha \Sigma_i \mu_i^\alpha \, dn_i^\alpha$$

其中物質 i 在相 α 的化勢定義為 $\mu_i^\alpha \equiv (\partial G^\alpha/\partial n_i^\alpha)_{T,P,n_{j\neq i}^\alpha}$。$dG$ 的這個表達式適用於不可逆的化學反應或相之間的物質輸送。

相之間平衡的條件是,對於每一物質 i,化勢 μ_i 在 i 所在的每個相都必須是相同的:$\mu_i^\alpha = \mu_i^\beta$。反應平衡的條件是 $\Sigma_i v_i \mu_i = 0$,其中 v_i 是反應的化學計量數,反應物為負值,生成物為正值。化勢是化學熱力學中的關鍵性質,因為它們決定了相和反應的平衡。

本章中處理的重要的計算包括：

- 計算系統溫度和壓力變化時的 ΔU、ΔH 和 ΔS，並且計算等溫過程的 ΔG 和 ΔA。
- 由容易測量的性質 (C_P、α 和 κ) 求 $C_P - C_V$、$(\partial U/\partial V)_T$、$(\partial H/\partial P)_T$、$(\partial S/\partial T)_P$、$(\partial S/\partial P)_T$ 等等。

雖然本章用到的數學較多，但它已經提出了化學熱力學核心的概念和結果，並將成為其餘熱力學章節的基礎。

習題

第 4.3 節

4.1 對或錯？(a) U、H、A 和 G 都具有相同的因次。(b) $\Delta G = \Delta H - T\Delta S$ 適用於所有程序。(c) $G = A + PV$。(d) 對於熱和機械平衡且只作 P-V 功的每個封閉系統，當達到物質平衡時，狀態函數 G 被最小化。(e) 在 0°C 和 1 atm 下，12 g 冰的吉布斯能低於在 0°C 和 1 atm 下 12 g 液態水的吉布斯能。(f) $S\,dT$、$T\,dS$、$V\,dP$ 和 $\int_1^2 V\,dP$ 都具有能量的因次。

4.2 計算以下每個過程的 ΔG、ΔA 和 ΔS_{univ}，並陳述任何近似值：(a) 在 0°C 和 1 atm 下 36.0 g 冰的可逆融化 (使用習題 2.28 的數據)；(b) 39 g C_6H_6 在正常沸點 80.1°C 和 1 atm 下的可逆汽化；(c) 將初始溫度為 300 K，初始體積為 2.00 L，最終體積為 6.00 L 的 0.100 莫耳的理想氣體向真空絕熱膨脹 (焦耳實驗)。

第 4.4 節

4.3 用狀態函數表述以下每個變化率。(a) 在一個保持恆定體積的系統中，U 相對於溫度的變化率。(b) 在一個保持恆定壓力的系統中，H 相對於溫度的變化率。(c) 在一個保持恆定壓力的系統中，S 相對於溫度的變化率。

4.4 對於 25°C 和 1 atm 的 $CHCl_3$，$\rho = 1.49$ g/cm³，$C_{P,m} = 116$ J/(mol K)，$\alpha = 1.33 \times 10^{-3}$ K^{-1}，且 $\kappa = 9.8 \times 10^{-5}$ atm^{-1}，求 $CHCl_3$ 在 25°C 和 1 atm 的 $C_{V,m}$。

4.5 某液體具有典型值 $\alpha = 10^{-3}$ K^{-1}，$\kappa = 10^{-4}$ atm^{-1}，$V_m = 50$ cm³/mol，$C_{P,m} = 150$ J/mol-K，在 25°C、1 atm 下，求 (a) $(\partial H_m/\partial T)_P$；(b) $(\partial H_m/\partial P)_T$；(c) $(\partial U/\partial V)_T$；(d) $(\partial S_m/\partial T)_P$；(e) $(\partial S_m/\partial P)_T$；(f) $C_{V,m}$；(g) $(\partial A/\partial V)_T$。

4.6 利用 $dU = TdS - PdV$，證明 $(\partial U/\partial P)_T = -TV\alpha + PV\kappa$。

4.7 利用 $dU = TdS - PdV$，證明 $(\partial U/\partial T)_P = C_P - PV\alpha$。

4.8 利用 $dH = TdS + VdP$，證明 $(\partial H/\partial V)_T = \alpha T/\kappa - 1/\kappa$。

4.9 證明 $[\partial(G/T)/\partial T]_P = -H/T^2$。這是 Gibbs-Helmholtz 方程式。

4.10 證明 $\mu_J = (P - \alpha T\kappa^{-1})/C_V$，其中 μ_J 是焦耳係數。

4.11 某氣體遵循狀態方程式 $PV_m = RT(1 + bP)$，其中 b 是常數。對於這個氣體，證明 (a)$(\partial U/\partial V)_T = bP^2$；(b) $C_{P,m} - C_{V,m} = R(1 + bP)^2$；(c) $\mu_{JT} = 0$。

第 4.5 節

4.12 對或錯？(a) 對於 T 變化的過程，ΔG 是無定義的。(b) 在恆定的 T 和 P 下，可逆相變的 $\Delta G = 0$。

4.13 具有 $C_{V,m} = 1.5R$ 的 2.50 mol 理想氣體，從 28.5 L 和 400 K 變為 42.0 L 和 400 K，求 ΔG 和 ΔA。

4.14 在恆定的 T 和 P 下，0.200 mol 的 He(g) 與在 27°C 下具有 0.300 mol 的 $O_2(g)$ 混合，求 ΔA 和 ΔG。假設氣體為理想氣體。

4.15 在 25°C，將 30.0 g 的水從 1.0 atm 等溫壓縮至 100.0 atm，求 ΔG；忽略 V 隨 P 的變化。

第 4.6 節

4.16 對或錯？(a) 化勢 μ_i 是狀態函數。(b) μ_i 是內含性質。(c) 如果 T、P 和 x_i 在相中保持不變，

則相中的 μ_i 保持不變。(d) μ_i 的 SI 單位是 J/mol。(e) 單相系統的 μ_i 的定義是 $\mu_i = (\partial G_i/\partial n_i)_{T,P,n_{j\neq i}}$。(f) 300 K 和 1 bar 的純液體丙酮的化勢等於 300 K 和 1 bar 的液體丙酮的 G_m。(g) 在 300 K 和 1 bar，苯在苯和甲苯溶液中的化勢等於 300 K 和 1 bar 的純苯的 G_m。

第 4.7 節

4.17 對或錯？(a) 苯在苯和甲苯溶液中的化勢等於甲苯在該溶液中的化勢。(b) 在 300 K 和 1 bar 下蔗糖在蔗糖水溶液中的化勢等於在 300 K 和 1 bar 下固態蔗糖的莫耳吉布斯能。(c) 在 300 K 和 1 bar 下，蔗糖在飽和蔗糖水溶液中的化勢等於在 300 K 和 1 bar 下固體蔗糖的莫耳吉布斯能。(d) 如果相 a 和相 b 彼此處於平衡狀態，則相 a 的化勢必等於相 b 的化勢。

4.18 對於以下每對物質，說明哪一物質（如果有的話）具有較高的化勢：(a) 25°C、1 atm 下的 $H_2O(l)$ 相對於 25°C、1 atm 下的 $H_2O(g)$；(b) 0°C、1 atm 下的 $H_2O(s)$ 相對於 0°C、1 atm 下的 $H_2O(l)$；(c) -5°C、1 atm 下的 $H_2O(s)$ 相對於 -5°C、1 atm 下的過冷 $H_2O(l)$；(d) 25°C、1 atm 下的 $C_6H_{12}O_6(s)$ 相對於在 25°C、1 atm 下不飽和水溶液中的 $C_6H_{12}O_6(aq)$；(e) 在 25°C、1 atm 下的 $C_6H_{12}O_6(s)$ 相對於在 25°C、1 atm 下飽和溶液中的 $C_6H_{12}O_6(aq)$；(f) 在 25°C、1 atm 下的 $C_6H_{12}O_6(s)$ 相對於在 25°C、1 atm 下過飽和溶液中的 $C_6H_{12}O_6(aq)$。(g) (a) 中的哪種物質具有較高的 G_m？

第 4.8 節

4.19 對於下列反應，給出每個物種的化學計量數 v 的值。

$$C_3H_8(g) + 5O_2(g) \to 3CO_2(g) + 4H_2O(l)$$

4.20 假設在反應 $2O_3 \to 3O_2$ 中，一封閉系統最初含有 5.80 mol O_2 和 6.20 mol O_3。稍後時間，存在 7.10 mol 的 O_3，此時 ξ 的值為何？

一般問題

4.21 對於在 0°C、1 atm 下的 $H_2O(s)$ 和在 0°C、1 atm 下的 $H_2O(l)$，對於兩相，下列哪些量必相等？(a) S_m；(b) U_m；(c) H_m；(d) G_m；(e) μ；(f) V_m。

4.22 對於以下每一過程，指出 ΔU、ΔH、ΔS、ΔS_{univ}、ΔA 和 ΔG 何者為零。(a) 非理想氣體經歷一個卡諾循環。(b) 氫在固定體積的絕熱卡計中燃燒。(c) 非理想氣體經歷焦耳－湯姆生膨脹。(d) 冰在 0°C 和 1 atm 下融化。

4.23 對或錯？(a) 對於所有氣體，$C_{P,m} - C_{V,m} = R$。(b) 對於每一物質，$C_P - C_V = TV\alpha^2/\kappa$。(c) 對於僅能進行 P-V 功的封閉系統中的可逆過程，ΔG 始終為零。(d) 只作 P-V 功的封閉系統的吉布斯能量在平衡時為最小。(e) 封閉系統所作的功可超過系統內能的減少。(f) 對於只作 P-V 功的封閉系統中的不可逆、等溫、等壓過程，ΔG 必為負。(g) $G_{syst} + G_{surr}$ 對於任何過程都是不變的。(h) ΔS 對每一不可逆過程都是正。(i) $\Delta S_{syst} + \Delta S_{surr}$ 對每一不可逆過程都是正。(j) $\Delta(TS) = S\Delta T + T\Delta S$。(k) $\Delta(U-TS) = \Delta U - \Delta(TS)$。(l) 對於恆壓過程，$(\partial V/\partial T)_P = \Delta V/\Delta T$。(m) 若一系統在過程中保持熱和機械平衡，則它的 T 和 P 在該過程期間是恆定的。(n) 只作 P-V 功的封閉系統的熵 S 在平衡時最大。

第 5 章

反應的標準熱力學函數

對於化學反應 $a\text{A} + b\text{B} \rightleftharpoons c\text{C} + d\text{D}$，我們找到了反應平衡的條件為 $a\mu_\text{A} + b\mu_\text{B} = c\mu_\text{C} + d\mu_\text{D}$ [(4.98) 式]。為了有效地將這一條件應用於反應，我們需要各物質的熱力學性質表 (如 G、H 和 S)。本章的主要內容是如何使用實驗數據建構這樣的表格。在這些表格中所列的性質是物質在標準狀態的性質，因此本章首先定義標準狀態 (第 5.1 節)。從標準狀態熱力學性質表中，可以計算化學反應的標準狀態焓、熵和吉布斯能的變化。第 6 章和第 11 章顯示如何從這些標準狀態變化中計算反應的平衡常數。

5.1 純物質的標準狀態

　　純物質的**標準狀態** (standard state) 定義如下。對於純固體或純液體，標準狀態定義為壓力為 $P = 1$ bar [(1.11) 式] 和溫度為 T 的狀態，其中 T 可為任意溫度。因此，對於每一溫度 T，純物質都有一個標準狀態。標準狀態的符號是將度寫為上標，溫度寫為下標。例如，純固體或液體在 1 bar 和 200 K 的莫耳體積用 $V_{m,200}^\circ$ 表示，其中度數上標表示標準壓力為 1 bar，200 表示 200 K。對於純氣體，選擇溫度 T、壓力為 $P = 1$ bar 的狀態為標準狀態，並且要求該狀態下氣體必須具有理想氣體的性質。由於真實氣體在 1 bar 壓力下的性質與理想氣體不同，欲使真實氣體既處於 1 bar 壓力下又具有理想氣體的性質是不可能的，因此純氣體的標準狀態是一個假想態 (fictitious state)。從真實氣體的性質計算假想標準狀態下的氣體性質將在第 5.4 節中討論。總而言之，純物質的標準狀態是：

固體或液體：　　　　　　　　　$P = 1$ bar，T
氣體：　　　　　　　　　　　　$P = 1$ bar，T，氣體為理想 　　　　(5.1)*

標準狀態壓力以 P° 表示：

$$P^\circ \equiv 1 \text{ bar} \qquad (5.2)^*$$

溶液成分的標準狀態將於第 9 章和第 10 章中討論。

5.2 標準反應焓

對於化學反應，我們將**標準反應焓(變化)** [standard enthalpy (change)] ΔH_T° 定義為將純的、分離的反應物的化學計量莫耳數轉化為純的、分離的生成物的化學計量莫耳數的焓變過程，其中每種反應物與生成物都在相同溫度 T 下處於其標準狀態。通常 ΔH_T° 稱為反應熱(有時用符號 $\Delta_r H_T^\circ$ 取代 ΔH_T°，其中下標 r 表示「反應」)。而 ΔU_T° 用類似的方式定義。

對於反應

$$a\text{A} + b\text{B} \rightarrow c\text{C} + d\text{D}$$

標準焓變 ΔH_T° 為

$$\Delta H_T^\circ \equiv cH_{m,T}^\circ(\text{C}) + dH_{m,T}^\circ(\text{D}) - aH_{m,T}^\circ(\text{A}) - bH_{m,T}^\circ(\text{B})$$

其中 $H_{m,T}^\circ(\text{C})$ 是物質 C 在標準狀態、在溫度 T 下的莫耳焓。對於一般反應 [(4.94) 式]

$$0 \rightarrow \sum_i \nu_i \text{A}_i$$

我們有

$$\Delta H_T^\circ \equiv \sum_i \nu_i H_{m,T,i}^\circ \tag{5.3}*$$

其中 ν_i 是化學計量數(生成物為正，反應物為負)且 $\Delta H_{m,T,i}^\circ$ 是 A_i 在 T 及其標準狀態下的莫耳焓。例如，$2\text{C}_6\text{H}_6(l) + 15\text{O}_2(g) \rightarrow 12\text{CO}_2(g) + 6\text{H}_2\text{O}(l)$ 的 ΔH_T° 為

$$\Delta H_T^\circ = 12H_{m,T}^\circ(\text{CO}_2, g) + 6H_{m,T}^\circ(\text{H}_2\text{O}, l) - 2H_{m,T}^\circ(\text{C}_6\text{H}_6, l) - 15H_{m,T}^\circ(\text{O}_2, g)$$

字母 l 和 g 表示液態和氣態。

由於 (5.3) 式中的化學計量數 ν_i 是無因次的，因此 ΔH_T° 的單位與 $H_{m,T,i}^\circ$ 的相同，即 J/mol 或 cal/mol。通常省略 ΔH_T° 的下標 T。由於 ΔH_T° 是莫耳量，所以最好寫成 $\Delta H_{m,T}^\circ$。但是，通常省略下標 m。

請注意，ΔH° 與反應式的寫法有關。

$$2\text{H}_2(g) + \text{O}_2(g) \rightarrow 2\text{H}_2\text{O}(l) \tag{5.4}$$

的標準反應焓 ΔH_T° [(5.3) 式] 是

$$\text{H}_2(g) + \tfrac{1}{2}\text{O}_2(g) \rightarrow \text{H}_2\text{O}(l) \tag{5.5}$$

的標準反應焓的兩倍，因為 (5.4) 式中的每個化學計量數 ν_i 是 (5.5) 中相應的 ν_i 的兩倍。雖然我們不能有半個分子，但我們可以有半莫耳的 O_2，所以 (5.5) 式是一個有效的寫化學熱力學反應的方法。對於 (5.4) 式，可以求得 $\Delta H_{298}^\circ = -572$ kJ/mol，而 (5.5) 式的 $\Delta H_{298}^\circ = -286$ kJ/mol，其中 298 代表 298.15 K。在 ΔH° 中的因子 mol^{-1} 表示每莫耳的反應我們給出了標準焓改變，其中發生反應的量可用反應程度 ξ 量測 (第 4.8

節)。$\Delta H°$ 值是對 $\xi = 1$ mol 而言。因為 $\Delta n_i = v_i\xi$ [(4.95) 式]，(5.4) 中，當 $\xi = 1$ mol，生成 2 mol H_2O。而在 (5.5) 式中，當 $\xi = 1$ mol，生成 1 mol H_2O。

我們希望能夠由反應物和生成物的列表熱力學數據來計算反應的 $\Delta H°$。$\Delta H°_T$ 的定義 (5.3) 式包含每種物質在 T 處的標準狀態莫耳焓 $H°_{m,T}$。然而，熱力學定律只允許我們測量焓、內能和熵 (ΔH、ΔU 和 ΔS) 的變化。因此，熱力學不能提供 U、H 和 S 的絕對值，只能提供相對值，雖然我們不能列出物質的絕對焓，但我們可以列出標準生成焓。下一節定義了物質 i 的標準生成焓 $\Delta_f H°_{T,i}$，並且證明 (5.3) 式的 $\Delta H°_T = \sum_i v_i \Delta_f H°_{T,i}$。

☕ 相縮寫

字母 s、l 和 g 代表固體、液體和氣體。在分子層次上具有有序結構的固體稱為晶體 (縮寫為 cr)，而具有無序結構的固體稱為無定形 (縮寫為 am)。術語 **凝聚相** (condensed phase)(縮寫為 cd) 是指固體或液體；**流體相** (fluid phase)(縮寫為 fl) 是指液體或氣體。

5.3 標準生成焓

在溫度 T、壓力為 1 bar 的標準狀態下，元素態的反應物生成一莫耳純物質的反應熱稱為該物質在溫度 T 的**標準生成焓** (standard enthalpy of formation)(或**標準生成熱**)，以 $\Delta_f H°_T$ 表示。溫度為 T 的元素的**參考形式** (reference form)(或**參考相**) 通常是指在 T 和 1-bar 壓力下最穩定的元素形式。

在一定的溫度和壓力下，元素態物質可能有不同的形態存在，例如在 298 K、1 bar 下，元素態碳有石墨、金剛石、無定型碳等，而石墨是最穩定的形態，因此下列三個反應

$$C (石墨) + O_2(g) \to CO_2(g)$$
$$C (金剛石) + O_2(g) \to CO_2(g)$$
$$C (無定型) + O_2(g) \to CO_2(g)$$

它們的反應熱並不相同，只有第一個反應 C (石墨) + $O_2(g) \to CO_2(g)$ 的標準莫耳反應焓是 $CO_2(g)$ 的標準生成熱 $\Delta_f H°$。

此外，例如，氣態甲醛 $H_2CO(g)$ 在 307 K 的標準生成焓 $\Delta_f H°_{307, H_2CO(g)}$ 是下列過程

$$C (石墨，307 K，P°) + H_2 (理想氣體，307 K，P°) + ½O_2 (理想氣體，307 K，P°) \to$$
$$H_2CO (理想氣體，307 K，P°)$$

的標準焓變 $\Delta H°_{307}$，左邊的氣體處於標準狀態，這意味著它們是未混合的，每個都處於標準壓力 $P° = 1$ bar 和 307 K 的純態。在 307 K 和 1 bar 時，氫和氧的穩定形式為

H₂(g) 和 O₂(g)，因此 H₂(g) 和 O₂(g) 被視為氫和氧的參考形式。在 307 K 和 1 bar 下，最穩定的碳形式是石墨而不是金剛石，所以石墨出現在生成反應中。

考慮 HBr(g) 的 $\Delta_f H°$。在 1 bar 時，Br₂ 在 331.5 K 沸騰。因此，HBr(g) 的 $\Delta_f H°_{330}$ 涉及在 330 K 和 1 bar 下的液態 (liquid) Br₂ 與標準狀態 H₂(g) 反應，而 HBr(g) 的 $\Delta_f H°_{335}$ 涉及標準狀態氣態 (gaseous) 的 Br₂ 反應。

由於 $\Delta_f H°$ 值是焓的變化，因此可以從實驗數據和熱力學方程式中找到它們；有關詳細信息，請參見第 5.4 節。

對於參考形式的元素，$\Delta_f H°_T$ 為零。例如，根據定義，石墨的 $\Delta_f H°_{307}$ 是反應 C (石墨，307 K，$P°$) → C (石墨，307 K，$P°$) 的 $\Delta H°$。在這個「過程」中什麼都沒有發生，所以它的 $\Delta H°$ 是零。對於金剛石，$\Delta_f H°_{307}$ 不為零，但它是 C (石墨，307 K，$P°$) → C (金剛石，307 K，$P°$) 的 $\Delta H°$，由實驗得知為 1.9 kJ/mol。

即使物質的某種形式在溫度 T 和 1 bar 下可能不穩定，仍然可以使用實驗數據和熱力學方程式來求這種形式的 $\Delta_f H°_T$。例如，H₂O(g) 在 25°C 和 1 bar 時不穩定，但我們可以使用液態水在 25°C 的蒸發熱來找出 H₂O (g) 的 $\Delta_f H°_{298}$。

我們現在證明化學反應的標準焓變 $\Delta H°_T$ 為

$$\Delta H°_T = \sum_i \nu_i \Delta_f H°_{T,i} \tag{5.6}*$$

其中 ν_i 是反應中物質 i 的化學計量數，$\Delta_f H°_{T,i}$ 是物質 i 在溫度 T 的標準生成焓。

為了證明 (5.6) 式，考慮反應 $aA + bB \rightarrow cC + dD$，其中 a、b、c 和 d 是無符號的化學計量係數而 A、B、C 和 D 是物質。圖 5.1 顯示了從標準狀態的反應物到生成物的兩條不同的等溫路徑。步驟 1 是將反應物直接轉化為生成物。步驟 2 是將反應物轉換為參考形式的標準狀態元素。步驟 3 是元素轉化為生成物 (當然，由反應物分解產生的相同元素將形成生成物)。由於 H 是狀態函數，所以 ΔH 與路徑無關，並且 $\Delta H_1 = \Delta H_2 + \Delta H_3$。對於反應，我們有 $\Delta H_1 = \Delta H°_T$。將步驟 2 反向，從元素形成 $aA + bB$；因此，

$$-\Delta H_2 = a \Delta_f H°_T(A) + b \Delta_f H°_T(B)$$

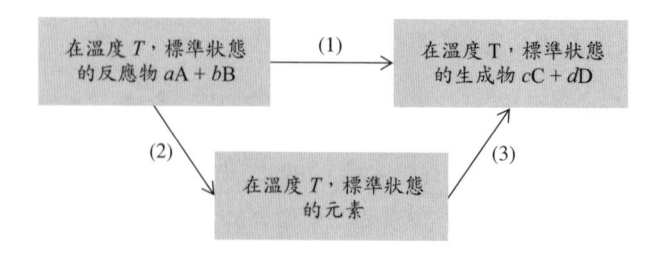

圖 5.1

用於將反應的 $\Delta H°$ 與反應物和生成物的 $\Delta_f H°$ 關聯起來的步驟。

其中 $\Delta_f H_T^\circ(\text{A})$ 是物質 A 在溫度 T 下的標準生成焓。步驟 3 是從元素形成 $c\text{C} + d\text{D}$，所以

$$\Delta H_3 = c\,\Delta_f H_T^\circ(\text{C}) + d\,\Delta_f H_T^\circ(\text{D})$$

關係式 $\Delta H_1 = \Delta H_2 + \Delta H_3$ 變成

$$\Delta H_T^\circ = -a\,\Delta_f H_T^\circ(\text{A}) - b\,\Delta_f H_T^\circ(\text{B}) + c\,\Delta_f H_T^\circ(\text{C}) + d\,\Delta_f H_T^\circ(\text{D})$$

這是反應 $a\text{A} + b\text{B} \rightarrow c\text{C} + d\text{D}$ 的 (5.6) 式，因為化學計量數 v_i 對反應物是負的。

化學反應比化學物質多很多。對於每種可能的化學反應，不必測量和列表 ΔH°，只要我們確定了每種物質的 $\Delta_f H^\circ$，我們就可以使用 (5.6) 式從所涉及物質列表的 $\Delta_f H^\circ$ 值計算 ΔH°。下一節講述如何測量 $\Delta_f H^\circ$。

5.4 確定標準生成焓與標準反應焓

☕ $\Delta_f H^\circ$ 的測量

$\Delta_f H_{T,i}^\circ$ 是在溫度 T、壓力為 1 bar 的標準狀態下，元素態的反應物生成一莫耳純物質 i 的反應熱。要找到 $\Delta_f H_{T,i}^\circ$，我們執行以下步驟：

1. 如果涉及的任何元素都是在 T 和 1 bar 的氣體，我們計算每個氣體元素從理想氣體在 T 和 1 bar 處假設轉換為 T 和 1 bar 處的實際氣體的 ΔH。這一步是必要的，因為標準狀態的氣體是 1 bar 時的假想理想氣體，而 1 bar 僅存在真實氣體。本節末給出了此計算的步驟。
2. 我們測量在 T 和 1 bar 下混合純元素的 ΔH。
3. 將混合物從 T 和 1 bar 帶到我們計劃實施形成物質 i 的反應的條件 (例如，元素與氧氣的燃燒，我們可能想要的初始壓力是 30 atm)，我們使用 [(4.63) 式] 求 ΔH。

$$\Delta H = \int_1^2 C_P\,dT + \int_1^2 (V - TV\alpha)\,dP$$

4. 我們使用卡計 (見例 5.1) 來測量由混合元素形成化合物的 ΔH。
5. 我們使用 (4.63) 式求化合物從步驟 4 形成的狀態帶到 T 和 1 bar 的 ΔH。
6. 如果化合物 i 是氣體，我們計算 i 從真實氣體到 T 和 1 bar 的理想氣體的假設變換的 ΔH。

這六個步驟的最終結果是溫度 T、標準狀態下的元素轉換到溫度 T、標準狀態下的化合物 i。標準生成焓 $\Delta_f H_{T,i}^\circ$ 是這六個 ΔH 的總和。主要貢獻來自第 4 步，但是在精確的工作中包括所有步驟。

一旦求出某一溫度下的 $\Delta_f H_i^\circ$，則任何其他溫度下的 $\Delta_f H_i^\circ$ 可以使用 i 的 C_P 及其元素的 C_P 數據進行計算 (參見第 5.5 節)。幾乎所有的熱力學表都列出在 298.15 K

(25°C) 的 $\Delta_f H°$。有些表格列出了在其他溫度下的 $\Delta_f H°$。在圖 5.2 中畫出了一些 $\Delta_f H°_{298}$ 的值。附錄中有 $\Delta_f H°_{298}$ 的表。一旦我們建立了這樣的表，我們就可以使用 (5.6) 式對於列出物種的任何反應求出 $\Delta H°_{298}$。

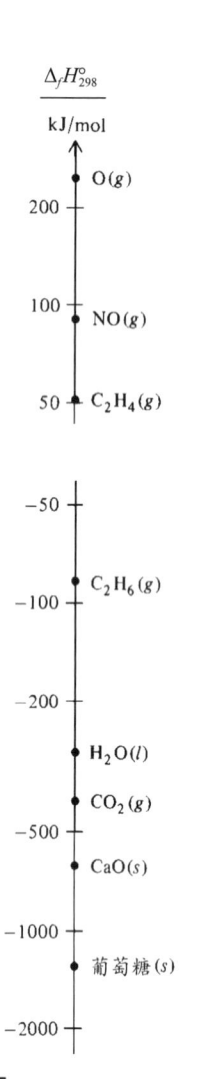

圖 5.2 的縱軸為 $\dfrac{\Delta_f H°_{298}}{\text{kJ/mol}}$，標示數值與物種：
- 200: O(g)
- 100: NO(g)
- 50: $C_2H_4(g)$
- −50
- −100: $C_2H_6(g)$
- −200
- H$_2$O(l)
- CO$_2$(g)
- −500: CaO(s)
- −1000: 葡萄糖(s)
- −2000

圖 5.2 $\Delta_f H°_{298}$ 的值，對數刻度。

例 5.1　從 $\Delta_f H°$ 數據計算 $\Delta H°$

根據下列反應式求一莫耳最簡單的胺基酸甘胺酸，NH_2CH_2COOH 燃燒的 $\Delta_f H°_{298}$。

$$NH_2CH_2COOH(s) + \tfrac{9}{4} O_2(g) \rightarrow 2CO_2(g) + \tfrac{5}{2} H_2O(l) + \tfrac{1}{2} N_2(g) \quad (5.7)$$

將附錄中的 $\Delta_f H°_{298}$ 值代入 $\Delta_f H°_{298} = \sum_i v_i \Delta_f H°_{298,i}$ [(5.6) 式] 可得 $\Delta H°_{298}$ 如下

$$[\tfrac{1}{2}(0) + \tfrac{5}{2}(-285.830) + 2(-393.509) - (-528.10) - \tfrac{9}{4}(0)] \text{ kJ/mol}$$
$$= -973.49 \text{ kJ/mol}$$

延伸例題

已知下列物質的標準生成熱

	NO$_2$(g)	H$_2$O(l)	HNO$_3$(l)	NO(g)
$\Delta_f H°_{298}$ (kJ/mol)	33.18	−285.83	−173.2	90.25

求下列反應的標準莫耳反應焓 $\Delta H°_{298}$。

$$3NO_2(g) + H_2O(l) \rightarrow 2HNO_3(l) + NO(g)$$

解：由 $\Delta H°_{298} = \sum_i v_i \Delta_f H°_{298,i}$
$$= 2 \times (-173.2) + 90.25 - 3 \times 33.18 - (-285.84)$$
$$= -71.74 \text{ kJ/mol}$$

習題

使用附錄資料求燃燒一莫耳蔗糖 [$C_{12}H_{22}O_{11}(s)$] 生成 $CO_2(g)$ 和 $H_2O(l)$ 的 $\Delta H°_{298}$。(答案：−5644.5 kJ/mol)

☕ 卡計法

要執行上述步驟的第 4 步以找到化合物的 $\Delta_f H°$，我們必須測量由其元素形成化合物的化學反應的 ΔH。對於某些化合物，這可以用卡計來完成。我們將考慮一般化學反應的 ΔH 的測量，而不僅是生成反應。

卡計法研究的最常見類型的反應是燃燒。我們還測量氫化、鹵化、中和、溶液、稀釋、混合、相變等。熱容量也在卡計中測定。一些物種是氣體的反應 (例如燃燒反應) 在恆容卡計中進行研究。不涉及氣體的反應在

恆壓卡計中研究。

一物質的**標準燃燒焓** (standard enthalpy of combustion) $\Delta_c H_T^\circ$ 是一莫耳的物質在 O_2 中燃燒的反應熱 ΔH_T°，其中反應物與生成物均處於溫度 T、壓力為 100 kPa 的標準狀態。例如，固體甘胺酸的 $\Delta_c H^\circ$ 為反應 (5.7) 式的 ΔH°。圖 5.3 中繪製了一些 $\Delta_c H_{298}^\circ$ 值。

絕熱彈式卡計 (adiabatic bomb calorimeter)(圖 5.4) 用於測量燃燒熱。設 R 代表反應物的混合物，P 代表生成物混合物，K 代表彈式壁加上周圍的水浴。假設我們從 25°C 的反應物開始。由於反應，令測得的溫度升高為 ΔT。令系統為彈式卡計，包括其內部和周圍的水浴。這個系統是絕熱的，對外界不作功 (除了當溫度升高時膨脹水浴作的功完全可以忽略不計)。因此 $q = 0$ 和 $w = 0$。因此 $\Delta U = 0$，如圖 5.4 的步驟 (a) 所示。

精確測量由於反應引起的溫度升高 ΔT 後，將系統冷卻回 25°C。然後測量將系統溫度從 25°C 升高到 25°C + ΔT 所必須提供的電能 U_{el}。這是圖 5.4 中的步驟 (b)。我們有 $\Delta U_b = U_{el} = VIt$，其中 V、I 和 t 是電壓、電流和時間。

所需的 $\Delta_r U_{298}$ (其中 r 代表反應) 如步驟 (c) 所示。路徑 (a) 中狀態函數 U 的改變必須與路徑 (c) + (b) 相同，因為這些路徑連接相同的兩個狀態。因此 $\Delta U_a = \Delta U_c + \Delta U_b$ 且 $0 = \Delta_r U_{298} + U_{el}$。因此 $\Delta_r U_{298} = -U_{el}$，測量 U_{el} 可以找到 $\Delta_r U_{298}$。

我們可以使用另一種程序來代替使用 U_{el}。我們已經看到了 $\Delta_r U_{298} =$

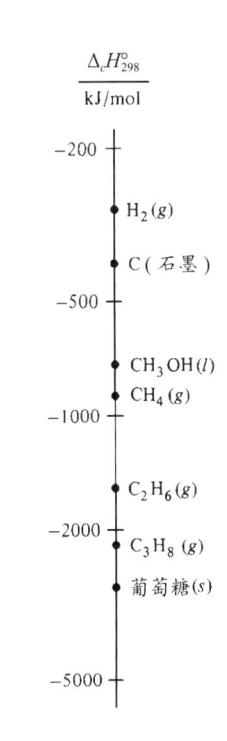

圖 5.3
25°C 時的燃燒標準焓。比例尺是對數的。生成物是 $CO_2(g)$ 和 $H_2O(l)$。

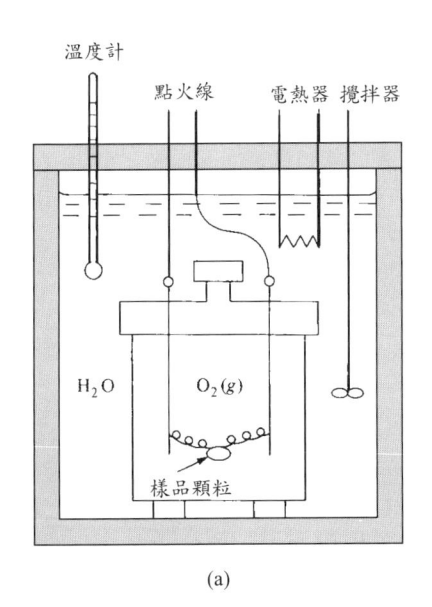

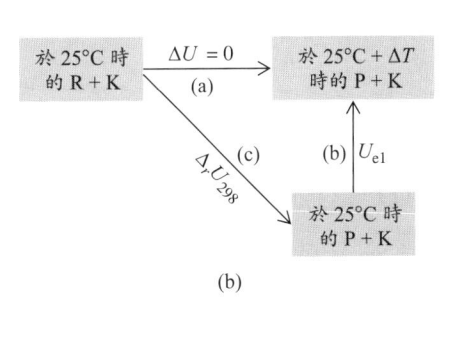

圖 5.4
(a) 絕熱彈式卡計。陰影的壁是絕熱的。(b) 這種卡計的能量關係。

$-\Delta U_b$（圖 5.4b）。若我們想像提供熱 q_b 到系統 K + P（而不是使用電能）來執行步驟 (b)，則我們會有 $\Delta U_b = q_b = C_{K+P}\Delta T$，其中 C_{K+P} 是系統 K + P 在整個溫度範圍內的平均熱容量。因此

$$\Delta_r U_{298} = -C_{K+P}\Delta T \tag{5.8}$$

為了找到 C_{K+P}，我們使用苯甲酸在相同卡計中重複燃燒實驗，其中苯甲酸燃燒的 ΔU 是精確已知的。為了燃燒苯甲酸，可以使用 $\Delta_r U'_{298}$、P' 和 $\Delta T'$ 表示反應的 U_{298}、反應生成物和溫度升高。類似於 (5.8) 式，我們有 $\Delta_r U'_{298} = -C_{K+P'}\Delta T'$。測量 $\Delta T'$ 並根據已知的苯甲酸燃燒的 ΔU 計算 $\Delta_r U'_{298}$，然後得到熱容量 $C_{K+P'}$。兩種燃燒所進行的溫度範圍非常相似。此外，對 $C_{K+P'}$ 和 C_{K+P} 的主要貢獻來自卡計壁和水浴。由於這些原因，採用 $C_{K+P'} = C_{K+P}$ 是一個很好的近似值（在精確的工作中，兩者之間的差別是使用已知燃燒生成物的熱容量來計算）。知道了 C_{K+P}，我們可由 (5.8) 式求 $\Delta_r U_{298}$。

要找到反應的標準內能變化 $\Delta U°_{298}$，我們必須考慮到當反應物和生成物從卡計中出現的狀態轉變為標準狀態時發生的 U_R 和 U_P 變化。對於燃燒反應，這種校正通常約為 0.1%。

（類似於圖 5.4b 的分析使人們能夠估計火焰的溫度。）

對於不涉及氣體的反應，可以使用絕熱恆壓卡計。討論與絕熱彈式卡計相似，不同之處在於 P 保持固定而不是 V，並且測量反應的 ΔH 而不是 ΔU。

例 5.2　由卡計數據計算 $\Delta_c U°$

在 25°C、絕熱卡計中燃燒 2.016 g 固體葡萄糖 ($C_6H_{12}O_6$) 卡計的熱容量為 9550 J/K，溫度上升為 3.282°C。求固體葡萄糖的 $\Delta_c U°_{298}$。

忽略生成物的熱容量，(5.8) 式給出燃燒 2.016 g 葡萄糖的 $\Delta U = -(9550\text{ J/K})(3.282\text{ K}) = -31.34$ kJ。該實驗者燃燒 (2.016 g)/(180.16 g/mol) = 0.01119 mol。因此每莫耳葡萄糖燃燒的 ΔU 為 $(-31.34\text{ kJ})/(0.01119\text{ mol}) = -2801$ kJ/mol，這是 $\Delta_c U°_{298}$，如果在卡計和標準狀態之間的差異條件被忽略。

習題

若 1.247 g 葡萄糖在絕熱彈式卡計中燃燒，其中卡計的熱容量為 11.45 kJ/K，則溫度會上升多少？（答案：1.693 K）

☕ $\Delta H°$ 和 $\Delta U°$ 之間的關係

反應的卡計研究給出了 $\Delta U°$ 或 $\Delta H°$。使用 $H \equiv U + PV$ 允許 $\Delta H°$ 和 $\Delta U°$ 之間的相互轉換。對於恆壓下的過程，$\Delta H = \Delta U + P\Delta V$。由於標準壓力 $P°$ [(5.2) 式] 對於所有物質都是相同的，純標準狀態反應物轉化成生成物是恆壓過程，且對於反應，我們有

$$\Delta H° = \Delta U° + P°\Delta V° \tag{5.9}$$

類似於 $\Delta U° = \Sigma_i \nu_i H°_{m,i}$ [(5.3) 式]，反應的標準狀態體積和內能的變化為 $\Delta V° = \Sigma_i \nu_i V°_{m,i}$ 和 $\Delta U° = \Sigma_i \nu_i U°_{m,i}$。總和 $\Sigma_i \nu_i U°_{m,i}$ 看起來很抽象，但是當我們看到 $\Sigma_i \nu_i . . .$，我們可以將其轉化為「生成物減去反應物」，因為化學計量數 ν_i 對於生成物是正，對反應物是負。

氣體在 1 bar 的莫耳體積比液體或固體的莫耳體積大很多，這對於應用 (5.9) 式而只考慮氣態反應物和生成物時，是一個很好的近似值。例如，考慮反應

$$aA(s) + bB(g) \rightarrow cC(g) + dD(g) + eE(l)$$

忽略固體和液體物質 A 和 E 的體積，我們有 $\Delta V° = cV°_{m,C} + dV°_{m,D} - bV°_{m,B}$。氣體的標準狀態是理想氣體，所以對於每種氣體 C、D 和 B，$V°_m = RT/P°$。因此 $\Delta V° = (c + d - b)RT/P°$。而 $c + d - b$ 是生成物氣體的總莫耳數減去反應氣體的總莫耳數。因此，$c + d - b$ 是反應的氣體莫耳數的變化。我們寫 $c + d - b = \Delta n_g/\text{mol}$，其中 n_g 代表氣體的莫耳數。由於 $c + d - b$ 是無因次，我們將 $c + d - b$ 除以單位「莫耳」使其無因次。因此，我們有 $\Delta V° = (\Delta n_g/\text{mol})RT/P°$，而 (5.9) 式變為

$$\Delta H°_T = \Delta U°_T + \Delta n_g RT/\text{mol} \tag{5.10}$$

例如，反應 $C_3H_8(g) + 5O_2(g) \rightarrow 3CO_2(g) + 4H_2O(l)$ 具有 $\Delta n_g/\text{mol} = 3 - 1 - 5 = -3$ 而由 (5.10) 式可得 $\Delta H°_T = \Delta U°_T - 3RT$。在 300 K 時，對於該反應，$\Delta H° - \Delta U° = -7.48$ kJ/mol，此值雖小但不可忽略。

例 5.3 從 $\Delta_f H°$ 計算 $\Delta_f U°$

對於 $CO(NH_2)_2(s)$，$\Delta_f H°_{298} = -333.51$ kJ/mol。求 $CO(NH_2)_2(s)$ 的 $\Delta_f U°_{298}$。

生成反應為

$$C(石墨) + \tfrac{1}{2}O_2(g) + N_2(g) + 2H_2(g) \rightarrow CO(NH_2)_2(s)$$

並有 $\Delta n_g/\text{mol} = 0 - 2 - 1 - \tfrac{1}{2} = -\tfrac{7}{2}$。(5.10) 式給出

$$\Delta_f H°_{298} = -333.51 \text{ kJ/mol} - (-\tfrac{7}{2})(8.314 \times 10^{-3} \text{ kJ/mol-K})(298.15\text{K})$$
$$= -324.83 \text{ kJ/mol}$$

延伸例題

1 mol 固體萘於卡計中與氧進行反應，生成物為 $CO_2(g)$ 和 $H_2O(l)$，始、終態均為 25°C，反應放熱 5142 kJ，求此過程的 ΔU 和 ΔH。

解：因為此氧化過程為恆容，因此 $\Delta U = q_V = -5142$ kJ，萘氧化的反應式為

$$C_{10}H_8(s) + 12\,O_2(g) \rightarrow 10\,CO_2(g) + 4\,H_2O(l)$$

反應系統中固體 $C_{10}H_8$、液體 H_2O 的體積與氣體體積相比可忽略，並且假設氣體遵循理想氣體狀態方程式，由 (5.10) 式可知

$$\Delta H_T^\circ = \Delta U_T^\circ + \Delta n_g RT/\text{mol}$$

其中 Δn_g 是反應前後氣體莫耳數的變化，因此

$$\Delta n_g = 10 - 12 = -2 \text{ mol}$$
$$\Delta H = \Delta U + \Delta n_g RT$$
$$= -5142 - 2 \times 8.314 \times 298 \times 10^{-3}$$
$$= -5147 \text{ kJ}$$

習題

對於 $CF_2ClCF_2Cl(g)$，$\Delta_f H_{298}^\circ = -890.4$ kJ/mol。求 $CF_2ClCF_2Cl(g)$ 的 $\Delta_f H_{298}^\circ$。
(答案：-885.4 kJ/mol)

習題

在例 5.2 中，發現葡萄糖的 $\Delta_c H_{298}^\circ$ 是 -2801 kJ/mol。求葡萄糖的 $\Delta_c H_{298}^\circ$。
(答案：-2801 kJ/mol)

對於不涉及氣體的反應，Δn_g 為零，且 ΔH° 在實驗誤差範圍內基本上與 ΔU° 相同。對於涉及氣體的反應，ΔH° 和 ΔU° 之間的差異，雖然不可忽略不計，但通常並不大。(5.10) 式中的 RT 在 300 K 時等於 2.5 kJ/mol，在 1000 K 時等於 8.3 kJ/mol，而 Δn_g/mol，通常是一個小的整數。這些 RT 值與典型 ΔH° 值相比較小，ΔH° 值是數百 kJ/mol (見附錄中的 $\Delta_f H^\circ$ 值)。在定性推理中，化學家們通常不費心去區分 ΔH° 和 ΔU°。

☕ 赫斯定律

無論反應是在一個步驟中還是在幾個步驟中進行，化學反應的總焓變是相同的。此定律由赫斯於 1840 年提出，稱為赫斯定律 (Hess's law)。假設我們想要找 25°C 時乙烷氣體的標準生成焓 $\Delta_f H_{298}^\circ$。亦即欲求 2C (石墨) + $3H_2(g) \to C_2H_6(g)$ 的 $\Delta_f H_{298}^\circ$。不幸的是，我們無法做出石墨與氫氣反應並期望得到乙烷，因此不能直接測量乙烷的生成熱。大多數化合物都是如此。但是我們可以確定乙烷、氫氣和石墨的燃燒熱量，這些熱量很容易測量。在 25°C 下可得以下數值：

$$C_2H_6(g) + \tfrac{7}{2}O_2(g) \to 2CO_2(g) + 3H_2O(l) \qquad \Delta H_{298}^\circ = -1560 \text{ kJ/mol} \quad (1)$$
$$C\,(\text{石墨}) + O_2(g) \to CO_2(g) \qquad \Delta H_{298}^\circ = -393\tfrac{1}{2} \text{ kJ/mol} \quad (2)$$
$$H_2(g) + \tfrac{1}{2}O_2(g) \to H_2O(l) \qquad \Delta H_{298}^\circ = -286 \text{ kJ/mol} \quad (3)$$

將 -1、2 和 3 分別乘以反應 (1)、(2) 和 (3) 式，並利用定義 $\Delta H^\circ = \Sigma_i \nu_i H_{m,i}^\circ$，可得

$$-(-1560 \text{ kJ/mol}) = -2H_m^\circ(CO_2) - 3H_m^\circ(H_2O) + H_m^\circ(C_2H_6) + 3.5\,H_m^\circ(O_2)$$
$$2(-393\tfrac{1}{2} \text{ kJ/mol}) = 2H_m^\circ(CO_2) - 2H_m^\circ(O_2) - 2H_m^\circ(C)$$
$$3(-286 \text{ kJ/mol}) = 3H_m^\circ(H_2O) - 3H_m^\circ(H_2) - 1.5\,H_m^\circ(O_2)$$

省略了 $H°_m$ 上的下標 298。將這些方程式相加，得到

$$-85 \text{ kJ/mol} = H°_m(C_2H_6) - 2H°_m(C) - 3H°_m(H_2) \tag{5.11}$$

但 (5.11) 式的右邊是生成反應

$$2C(石墨) + 3H_2(g) \rightarrow C_2H_6(g) \tag{5.12}$$

的 $\Delta H°$，因此，對於乙烷，$\Delta_f H°_{298} = -85$ kJ/mol。

　　如果我們只看化學反應 (1) 到 (3)，我們可以節省書寫時間，將每個反應乘以什麼因子以使它們加起來達到期望的反應 (5.12)，並將這些因子應用於 $\Delta H°$ 值。因此，所需反應 (5.12) 在左邊具有 2 莫耳 C，反應 (2) 乘以 2 會在左邊產生 2 莫耳 C。類似地，我們將反應 (1) 乘以 -1 以在右側給出 1 莫耳 C_2H_6 並且將反應 (3) 乘以 3 以在左側給出 3 莫耳 H_2。將反應 (1)、(2) 和 (3) 乘以 -1、2 和 3，然後相加，得到反應 (5.12) 式。因此 (5.12) 式的 $\Delta H°_{298}$ 是 $[-(-1560) + 2(-393\frac{1}{2}) + 3(-286)]$ kJ/mol。赫斯定律是將幾個反應熱合併以獲得所需反應熱的過程。它的有效性取決於 H 是一個狀態函數的事實，因此 $\Delta H°$ 與從反應物到生成物的路徑無關。路徑元素→乙烷的 $\Delta H°$ 與路徑

$$元素 + 氧 \rightarrow 燃燒生成物 \rightarrow 乙烷 + 氧氣$$

的 $\Delta H°$ 相同。

　　由於反應物和產物在我們進行反應時通常不處於它們的標準狀態，所以反應的實際焓變 ΔH_T 與 $\Delta H°_T$ 略有不同。但是，這種差異很小，且 ΔH 和 $\Delta H°_T$ 不可能有不同的符號。對於本段的討論，我們將假設 ΔH_T 和 $\Delta H°_T$ 具有相同的符號。若這個符號是正，則反應是**吸熱** (endothermic)；若這個符號是負，則反應是**放熱** (exothermic)。對於僅作 P-V 功的系統，以恆壓進行的反應，ΔH 等於 q_P，即流入系統的熱量。

　　ΔH_T 和 $\Delta H°_T$ 對應於在相同溫度 T 下生成物和反應物之間的焓差；$\Delta H_T = H_{生成物,T} - H_{反應物,T}$。因此，在恆定 T 和 P 條件下 (在恆溫槽中) 反應時，系統吸收的熱量 q 等於 ΔH_T。對於在恆定 T 和 P 下進行的放熱反應 ($\Delta H_T < 0$)，q 是負值，並且系統向外界發出熱量。當吸熱反應在恆定的 T 和 P 下進行時，熱量流入系統。如果放熱反應在絕熱和恆定 P 條件下運行，那麼 $q = 0$ (因為該過程是絕熱的) 且 $\Delta H \equiv H_{生成物} - H_{反應物} = 0$ (因為 $\Delta H = q_P$)；在這裡，生成物的溫度將高於反應物 (圖 5.5)。對於在既不絕熱也不等溫的條件下進行的放熱反應，一些熱量流向外界並且系統溫度上升的量小於在絕熱條件下的 ΔT。

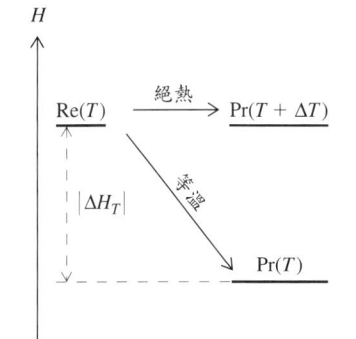

圖 5.5
在恆壓下，反應物 (Re) 到生成物 (Pr) 的絕熱與等溫轉變的焓變。該反應是放熱的。

例 5.4 從 $\Delta_c H°$ 計算 $\Delta_f H°$ 和 $\Delta_f U°$

$C_2H_6(g)$ 燃燒生成 $CO_2(g)$ 和 $H_2O(l)$ 的標準燃燒焓 ($\Delta_c H°_{298}$) 是 -1559.8 kJ/mol。使用這個 $\Delta_c H°$ 以及附錄關於 $CO_2(g)$ 和 $H_2O(l)$ 的數據，求 $C_2H_6(g)$ 的 $\Delta_f H°_{298}$ 和 $\Delta_f U°_{298}$。

燃燒意味著在氧氣中燃燒。一莫耳乙烷的燃燒反應為

$$C_2H_6(g) + \tfrac{7}{2}O_2(g) \rightarrow 2CO_2(g) + 3H_2O(l)$$

對於這種燃燒，由 $\Delta H° = \sum_i \nu_i \Delta_f H°_i$ [(5.6) 式] 可得

$$\Delta_c H° = 2\Delta_f H°(CO_2, g) + 3\Delta_f H°(H_2O, l) - \Delta_f H°(C_2H_6, g) - \tfrac{7}{2}\Delta_f H°(O_2, g)$$

將 $CO_2(g)$ 和 $H_2O(l)$ 的 $\Delta_f H°$ 和 $\Delta_c H°$ 的數值代入上式，在 298 K 可得

$$-1559.8 \text{ kJ/mol} = 2(-393.51 \text{ kJ/mol}) + 3(-285.83 \text{ kJ/mol}) - \Delta_f H°(C_2H_6, g) - 0$$

$$\Delta_f H°(C_2H_6, g) = -84.7 \text{ kJ/mol}$$

請注意，這個例子基本上重複了前面的赫斯定律計算。前面的反應 (2) 和 (3) 是 $CO_2(g)$ 和 $H_2O(l)$ 的生成反應。

為了要從 $\Delta_f H°_{298}$ 求 $\Delta_f U°_{298}$，我們必須寫出 C_2H_6 的生成反應，其為 $2C(石墨) + 3H_2(g) \rightarrow C_2H_6(g)$。這個反應有 $\Delta n_g / \text{mol} = 1 - 3 = -2$，而由 (5.10) 式可得

$$\Delta_f H°_{298} = -84.7 \text{ kJ/mol} - (-2)(0.008314 \text{ kJ/mol-K})(298.1 \text{K}) = -79.7 \text{ kJ/mol}$$

學生常見的錯誤是從燃燒反應中求 Δn_g，而不是從生成反應。

習題

晶體 buckminsterfullerene $C_{60}(cr)$ 的 $\Delta_c H°_{298}$ 為 -2.589×10^4 kJ/mol [H. P. Diogo et al., *J. Chem. Soc. Faraday Trans.*, **89**, 3541 (1993)]。利用附錄中的數據，求 $C_{60}(cr)$ 的 $\Delta_f H°_{298}$。
(答案：2.28×10^3 kJ/mol)

☕ $H_{id} - H_{re}$ 的計算

氣體的標準狀態是 1 bar 時的假想理想氣體。為了找到氣態化合物或由氣態元素形成的化合物的 $\Delta_f H°$，我們必須計算標準狀態理想氣體的焓和真實氣體的焓之間的差異 (在第 5.4 節第一部分的步驟 1 和步驟 6)。設 $H_{re}(T, P°)$ 為 T 和 $P°$ 下 (真實) 氣體物質的焓，並假設 $H_{id}(T, P°)$ 為 T 和 $P°$ 下相應假想理想氣體的焓，其中 $P° \equiv 1$ bar。$H_{id}(T, P°)$ 是假想的氣體的焓，其中每個分子具有與真實氣體中相同的結構 (鍵距和角度以及外形)，但分子之間沒有吸引力。欲求 $H_{id} - H_{re}$，我們在溫度 T 使用以下假想等溫過程：

$$\text{在 } P° \text{ 的真實氣體} \xrightarrow{(a)} \text{在 0 bar 的真實氣體} \xrightarrow{(b)} \text{在 0 bar 的理想氣體} \xrightarrow{(c)} \text{在 } P° \text{ 的理想氣體} \quad (5.13)$$

在步驟 (a) 中，我們等溫地將真實氣體的壓力從 1 bar 降低到零。在步驟 (b) 中，我們消除分子間相互作用，從而在零壓下將真實氣體變為理想氣體。在步驟 (c) 中，我們等溫地將理想氣體的壓力從 0 增加到 1 bar。整個過程是將 1 bar 和 T 的實際氣體

轉換為 1 bar 和 T 的理想氣體。對於此過程，

$$\Delta H = H_{id}(T, P°) - H_{re}(T, P°) = \Delta H_a + \Delta H_b + \Delta H_c \quad (5.14)$$

步驟 (a) 的焓變 ΔH_a 可由 (4.48) 式的積分式來計算。$(\partial H/\partial P)_T = V - TV\alpha$ [(4.63) 式其中 $dT = 0$]：

$$\Delta H_a = H_{re}(T, 0 \text{ bar}) - H_{re}(T, P°) = \int_{P°}^{0} (V - TV\alpha)\, dP$$

對於步驟 (b)，$\Delta H_b = H_{id}(T, 0 \text{ bar}) - H_{re}(T, 0 \text{ bar})$。$U_{re} - U_{id}$ (兩者都在相同的 T) 是 $U_{intermol}$，分子間相互作用對內能的貢獻。由於當 P 在真實氣體中趨近於零時，分子間相互作用趨近於零，在零壓力極限，我們有 $U_{re} = U_{id}$。而且，當 P 趨近於零時，真實氣體的狀態方程式接近理想氣體的狀態方程式。因此在零壓力極限，$(PV)_{re}$ 等於 $(PV)_{id}$。因此在零壓力極限下，$H_{re} \equiv U_{re} + (PV)_{re}$ 等於 H_{id}：

$$H_{re}(T, 0 \text{ bar}) = H_{id}(T, 0 \text{ bar}) \quad 且 \quad \Delta H_b = 0 \quad (5.15)$$

對於步驟 (c)，ΔH_c 為零，因為理想氣體的 H 與壓力無關。(5.14) 式變成

$$H_{id}(T, P°) - H_{re}(T, P°) = \int_{0}^{P°} \left[T\left(\frac{\partial V}{\partial T}\right)_P - V \right] dP \quad T \text{ 恆定} \quad (5.16)$$

其中 $\alpha \equiv V^{-1}(\partial V/\partial T)_P$。(5.16) 式中的積分使用真實氣體的 P-V-T 數據或狀態方程式進行計算。在 1 bar，$H_{m,re} - H_{m,id}$ 非常小 (因為 1 bar 氣體中分子間的相互作用非常小)，但包含在精確的計算中。在 298 K 和 1 bar 下，$H_{m,re} - H_{m,id}$ 的一些值，對於 Ar 是 -7 J/mol，對於 Kr 是 -17 J/mol，對於 C_2H_6 是 -61 J/mol。圖 5.6 繪出了 25°C 下 $N_2(g)$ 的 $H_{m,re}$ 和 $H_{m,id}$ 與 P 的關係圖，其中 $H_{m,id}$ 任意設定為零。該過程 (5.13) 式的步驟 (a) 和 (c) 顯示於圖中。在 1 bar 下，分子間的吸引力使得 U_{re} 和 H_{re} 分別略小於 U_{id} 和 H_{id}。

5.5 反應熱隨溫度的變化

假設我們已經確定了反應在溫度 T_1 下的 $\Delta H°$，我們想要找到在 T_2 下的 $\Delta H°$。將 $\Delta H° = \Sigma_i \nu_i H°_{m,i}$ [(5.3) 式] 對 T 微分得到 $d\Delta H°/dT = \Sigma_i \nu_i dH°_{m,i}/dT$ (這些導數不是偏導數，由於 P 固定在標準狀態值 1 bar，因此 $H°_{m,i}$ 和 $\Delta H°$ 僅與 T 有關)。使用 $(\partial H_{m,i}/\partial T)_P = C_{P,m,i}$ [(4.30) 式] 可得

$$\frac{d\Delta H°}{dT} = \sum_i \nu_i C°_{P,m,i} \equiv \Delta C°_P \quad (5.17)$$

其中 $C°_{P,m,i}$ 是物質 i 在標準狀態下的莫耳熱容量，並且我們將反應的**標準熱容量變化** (standard heat-capacity change) $\Delta C°_P$ 定義為等於 (5.17) 式中的

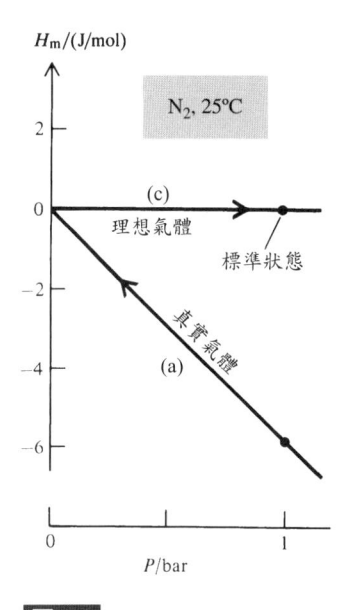

圖 5.6

在 25°C 時，用真實氣體 N_2 等溫轉換成理想氣體 N_2 的 H_m 隨 P 的變化。

和。更非正式地說，如果 pr 和 re 分別代表生成物和反應物化學計量莫耳數，則

$$\frac{d\Delta H°}{dT} = \frac{d(H°_{pr} - H°_{re})}{dT} = \frac{dH°_{pr}}{dT} - \frac{dH°_{re}}{dT} = C°_{P,pr} - C°_{P,re} = \Delta C°_P$$

(5.17) 式很容易記住，因為它類似於 $(\partial H/\partial T)_P = C_P$。

將 (5.17) 式在極限 T_1 和 T_2 之間積分，可得

$$\Delta H°_{T_2} - \Delta H°_{T_1} = \int_{T_1}^{T_2} \Delta C°_P \, dT \tag{5.18}*$$

這是所期望的關係式 (*Kirchhoff's* 定律)。

下圖是查看 (5.18) 式成立的簡單方法：

$$\begin{array}{ccc} & (a) & \\ \text{標準狀態反應物在 } T_2 & \rightarrow & \text{標準狀態生成物在 } T_2 \\ \downarrow (b) & & \uparrow (d) \\ & (c) & \\ \text{標準狀態反應物在 } T_1 & \rightarrow & \text{標準狀態生成物在 } T_1 \end{array}$$

我們可以藉由步驟 (*a*) 組成的路徑或藉由步驟 (*b*) + (*c*) + (*d*) 組成的路徑，將溫度 T 的反應物變成溫度 T 的生成物。由於焓是一個狀態函數，ΔH 與路徑無關，而 $\Delta H_a = \Delta H_b + \Delta H_c + \Delta H_d$。利用 $\Delta H = \int_{T_1}^{T_2} C_P \, dT$ [(2.79) 式] 求出 ΔH_d 和 ΔH_b，然後得到 (5.18) 式。

在較短的溫度範圍內，(5.18) 式中的 $\Delta C°_P$ 隨溫度的變化通常可以忽略而得到 $\Delta H°_{T_2} \approx \Delta H°_{T_1} + \Delta C°_{P,T_1}(T_2 - T_1)$。若我們僅有在 T_1 的 $\Delta C°_{P,m}$ 數據，則這個方程式很有用，但是若 $T_2 - T_1$ 很大，則會有嚴重的誤差。

物質的標準狀態莫耳熱容量 $\Delta C°_{P,m}$ 僅與 T 有關，且通常以冪級數的形式表示

$$\Delta C°_{P,m} = a + bT + cT^2 + dT^3 \tag{5.19}$$

其中係數 a、b、c 和 d 可由實驗的 $\Delta C°_{P,m}$ 數據以最小二乘方 (least-squares) 法求得。這些冪級數只在用於求係數的數據的溫度範圍內成立。

例 5.5　$\Delta H°$ 隨溫度的變化

使用附錄的數據以及 $\Delta C°_P$ 與 T 無關的近似值來估計下列反應的 $\Delta H°_{1200}$。

$$2CO(g) + O_2(g) \rightarrow 2CO_2(g)$$

由 (5.19) 式可得

$$\Delta H°_{1200} - \Delta H°_{298} = \int_{298 \text{ K}}^{1200 \text{ K}} \Delta C°_P \, dT \tag{5.20}$$

由附錄的 $\Delta_f H^\circ_{298}$ 和 ΔC°_P 數據得到

$$\Delta H^\circ_{298}/(\text{kJ/mol}) = 2\,(-393.509) - 2(-110.525) - 0 = -565.968$$

$$\Delta C^\circ_{P,298}/(\text{J/mol-k}) = 2(37.11) - 2(29.116) - 29.355 = -13.37$$

利用近似值 $\int_{T_1}^{T_2} \Delta C^\circ_P \, dT \approx \Delta C^\circ_{P,T_1} \int_{T_1}^{T_2} dT$，(5.21) 式變成

$$\Delta H^\circ_{1200} = -565968\ \text{J/mol} + (-13.37\ \text{J/mol-K})(1200\text{K} - 298.15\text{K})$$

$$= -578.03\ \text{kJ/mol}$$

習題

使用附錄的數據並忽略 ΔC°_P 隨溫度的變化，估算 $O_2(g) \to 2O(g)$ 的 ΔH°_{1000}。
(答案：508.50 kJ/mol)

例 5.6　ΔH° 隨 T 的變化

氣體 O_2、CO 和 CO_2 的 $C^\circ_{P,m}$ 在 298 至 1500 K 的範圍內均可由 (5.20) 式與下列係數表示：

	a/(J/mol-K)	b/(J/mol-K^2)	c/(J/mol-K^3)	d/(J/mol-K^4)
$O_2(g)$	25.67	0.01330	-3.764×10^{-6}	-7.310×10^{-11}
CO(g)	28.74	-0.00179	1.046×10^{-5}	-4.288×10^{-9}
$CO_2(g)$	21.64	0.06358	-4.057×10^{-5}	9.700×10^{-9}

使用這些數據和附錄的數據，求反應 $2\text{CO}(g) + O_2(g) \to 2\text{CO}_2(g)$ 在 298 K 至 1500 K 範圍內 ΔH°_T 的表達式，並計算 ΔH°_{1200}。例 5.5 中的近似值是否合理？

使用 (5.21) 式。我們有

$$\Delta C^\circ_P = 2C^\circ_{P,\text{m,CO}_2} - 2C^\circ_{P,\text{m,CO}} - C^\circ_{P,\text{m,O}_2}$$

將級數 (5.20) 式代入每個 $C^\circ_{P,m}$，可得

$$\Delta C^\circ_P = \Delta a + T\,\Delta b + T^2\,\Delta c + T^3\,\Delta d$$

其中 $\Delta a \equiv 2a_{\text{CO}_2} - 2a_{\text{CO}} - a_{\text{O}_2}$，對於 Δb、Δc 和 Δd 有類似的方程式。

將 ΔC°_P 代入 (5.19) 式並且積分，可得

$$\Delta H^\circ_{T_2} - \Delta H^\circ_{T_1} = \Delta a(T_2 - T_1) + \tfrac{1}{2}\Delta b(T_2^2 - T_1^2) + \tfrac{1}{3}\Delta c(T_2^3 - T_1^3) + \tfrac{1}{4}\Delta d(T_2^4 - T_1^4)$$

將表中的值代入，可得

$$\Delta a/(\text{J/mol-K}) = 2(21.64) - 2(28.74) - 25.67 = -39.87$$

$$\Delta b/(\text{J/mol-K}^2) = 0.11744, \qquad \Delta c/(\text{J/mol-K}^3) = -9.8296 \times 10^{-5},$$

$$\Delta d/(\text{J/mol-K}^4) = 2.8049 \times 10^{-8}$$

當 $T_1 = 298.15$ K，由例 5.5 可知 $\Delta H^\circ_{T_1} = -565.968$ kJ/mol。我們可以使用 $\Delta H^\circ_{T_2} - \Delta H^\circ_{T_1}$ 的方程式求 $\Delta H^\circ_{T_2}$。
將數值代入可得，

$$\Delta H^\circ_{1200}/(\text{J/mol}) = -565968 - 39.87(901.85) + \tfrac{1}{2}(0.11744)(1.3511 \times 10^6)$$

$$+ \tfrac{1}{3}(-9.8296 \times 10^{-5})(1.7015 \times 10^9)$$

$$+ \tfrac{1}{4}(2.8049 \times 10^{-8})(2.0657 \times 10^{12})$$

$$\Delta H°_{1200} = -563.85 \text{ kJ/mol}$$

在例 5.5 中求得的值 −578.03 kJ/mol 誤差非常大，是因為從 298 到 1200 K 的大的溫度範圍內將 $\Delta C°_P$ 視為常數。$\Delta C°_P$ 對 T 多項式方程顯示在 298 K 時 $\Delta C°_P$/(J/mol-K) 為 ≤ 13，在 400 K 時 −7 和在 1200 K 時為 8 並且遠未保持不變。

習題

對於範圍為 298 至 1500 K 的 O(g)，$C°_{P,m}$ 由多項式方程 (5.20) 給出，其中 a = 23.34 J/(mol K)、b = −0.006584 J/(mol K^2)、c = 5.902 × 10^{-6} J/(mol K^3)、d = 50 1.757 10^{-9} J/(mol K^4)。求 O$_2$(g) → 2O(g) 的 $\Delta H°_{1000}$。O(g) 的 $C°_{P,m}$ 有什麼異常之處？
(答案：505.23 kJ/mol。在此範圍內隨 T 的增加而減少)

請注意，本例中的 $\Delta H°_{1200}$ 與 $\Delta H°_{298}$ 沒有大的變化。通常，對於不在溶液中的反應，$\Delta H°$ 和 $\Delta S°$ 隨著 T 緩慢變化 (假定在溫度區間內沒有物質發生相變)。所有反應物和產物的焓和熵隨著 T (第 4.4 節) 而增加，但產物的增加傾向於消除反應物的增加，使得 $\Delta H°$ 和 $\Delta S°$ 隨著 T 變化緩慢。

5.6 規定熵和第三定律

規定熵

熱力學的第二定律告訴我們如何量測熵的變化，但是不提供絕對的熵。我們可以將生成熵 $\Delta_f S°$ 列表，但通常不是這樣做，而是將物質的規定 (conventional)(或相對) 熵列表。為了建立一個規定的標準狀態熵表，我們 (1) 給選定的參考狀態中的每個元素分配一個任意的熵值，並且 (2) 求從參考狀態的元素變化到標準狀態的期望物質的 ΔS。

熵參考狀態的選擇是在 1 bar 和極限 $T \to 0$ K，純元素在其穩定凝聚的形式 (condensed form)(固體或液體)。我們任意設定這個狀態下每個元素的莫耳熵 S_m 等於零：

$$S°_{m,0} = \lim_{T \to 0} S°_{m,T} = 0 \qquad \text{元素在穩定凝聚的形式} \qquad (5.21)^*$$

(5.21) 中的上標 ° 表示 1 bar 的標準壓力。下標零表示絕對零度的溫度。我們將會看到，絕對零度是無法實現，所以我們在 (5.21) 式中使用極限。在 1 bar，當 T 趨近於零，氦氣仍然是液體。所有其他元素在此極限均為固體。由於元素在化學反應中不會相互轉化，對於每個元素我們可以自由地進行任意的賦值 (5.21) 式。

欲求每一元素在任何 T 的規定 $S°_{m,T}$，我們使用 (5.21) 式和恆定 P 方程式 $\Delta S =$

$\int_{T_1}^{T_2} (C_P/T)\, dT$ [(3.24) 式]，也包括任何在絕對零和 T 之間發生的相變化的 ΔS。

我們如何找到化合物的規定熵？我們看到反應的 ΔU 或 ΔH 值很容易測定為反應的 q_V 或 q_P，且這些 ΔH 值允許我們建立化合物的規定焓(或生成焓)的表。但是，化學反應的 ΔS 不容易測量。恆溫下，我們有 $\Delta S = q_{rev}/T$。但是，化學反應是不可逆的過程和等溫不可逆反應熱的測量無法得到反應的 ΔS。正如我們將在第 13 章中看到的那樣，可以在電化學電池中進行可逆化學反應，並對這些電池進行測量以找出反應的 ΔS 值。不幸的是，可以在電化學電池中進行的反應數量太有限，無法建立一個完整的化合物規定熵表，所以我們有一個問題。

熱力學第三定律

我們的問題可用熱力學第三定律來解決。大約 1900 年，T. W. Richards 測量了幾種在電化學電池中進行可逆化學反應的 $\Delta G°$ 作為溫度的函數。能斯特 (Nernst) 指出 Richards 的數據顯示反應的 $\Delta G°$ 對 T 的曲線，當 T 趨近於絕對零度時，曲線斜率的值趨近於零。因此，在 1907 年，對於任何的改變，Nernst 假設下式均成立

$$\lim_{T \to 0} (\partial \Delta G/\partial T)_P = 0 \tag{5.22}$$

從 (4.51) 式可知，我們有 $(\partial G/\partial T)_P = -S$；因此 $(\partial \Delta G/\partial T)_P = \partial(G_2 - G_1)/\partial T = \partial G_2/\partial T - \partial G_1/\partial T = -S_2 + S_1 = -\Delta S$。因此 (5.22) 式意味

$$\lim_{T \to 0} \Delta S = 0 \tag{5.23}$$

Nernst 認為 (5.23) 式對任何過程都成立。然而，後來 Simon 等人的實驗工作證明 (5.23) 式只適用於涉及物質處於內部平衡的變化。因此 (5.23) 式不適用於涉及過冷液體的轉變，此過冷液體不處於內部平衡狀態。

因此，我們採用了**熱力學第三定律的能斯特－西蒙聲明** (Nernst–Simon statement of the third law of thermodynamics)：

對於任何只包含物質處於內部平衡的等溫過程，隨著 T 趨近於零，熵變化變為零：

$$\lim_{T \to 0} \Delta S = 0 \tag{5.24}*$$

普朗克 (M.Planck) 於 1912 年的假設：
0 K 時，純液體或純固體的熵為零，即

$$\lim_{T \to 0} S = 0$$

後來的研究證明，能斯特的聲明與普朗克的假設只適用於純物質的完美晶體 (perfect crystalline)。於是，熱力學第三定律可表達為：

0 K 時，純物質的完美晶體的熵等於零。

純物質是指單一純質 (single pure substance)，溶液或玻璃態物質等雖然屬於凝聚系統 (condensed system)，但不是純物質。完美晶體是指在純物質的一種晶體中，分子或原子只有一種排列方式。

熱力學第三定律還可以表達為：不能用有限手續將任何一個系統的溫度降到絕對零度。此即絕對零度不能達到原理 (The unattainability of absolute zero)。

熱力學第三定律雖然有不同的說法，但是彼此是相互關聯的，可由一種說法推得另一種說法。

依據熱力學第三定律，以物質 i 在 0 K 時完美晶體為初態，即熵值為 $S_{i,0} = 0$；溫度 T 為終態，即熵值為 $S_{i,T}$。1 莫耳物質 i 於該過程的熵變化 ΔS_i 為物質 i 在該狀態下的莫耳規定熵 (conventional entropy)，以 $S_{i,T}$ 表示，即

$$S_{i,T} = S_{i,0} + \Delta S_i = \Delta S_i$$

規定熵的確定

欲知 (5.24) 式如何用於找到化合物的規定熵，請考慮過程

$$H_2(s) + \tfrac{1}{2}O_2(s) \rightarrow H_2O(s) \tag{5.25}$$

其中 1 bar 和 T 的純、分離元素被轉化為 1 bar 和 T 的化合物 H_2O。對於這個過程，

$$\Delta S = S_m^\circ(H_2O) - S_m^\circ(H_2) - \tfrac{1}{2}S_m^\circ(O_2) \tag{5.26}$$

我們任意選擇每個元素的熵在 0 K 和 1 bar 時為零 [(5.21) 式] 給出 $\lim_{T \to 0} S_m^\circ(H_2) = 0$ 和 $\lim_{T \to 0} S_m^\circ(O_2) = 0$。對於過程 (5.25) 式，第三定律，(5.24) 式給出了：$\lim_{T \to 0} \Delta S = 0$。在極限 $T \to 0$，(5.26) 式成為 $\lim_{T \to 0} S_m^\circ(H_2O) = 0$，我們更簡潔地寫成 $S_{m,0}^\circ(H_2O) = 0$。

完全相同的論點適用於任何化合物。因此對於任何元素或內部平衡的化合物 $S_{m,0}^\circ = 0$。第三定律 (5.24) 式表明在絕對零度極限內的內部平衡物質的等溫壓力變化有 $\Delta S = 0$。因此，我們可以省略上標的度 (表示 $P = 1$ bar)。另外，若 $S_{m,0} = 0$，則對任何數量的物質 $S_0 = 0$。我們的結論是內部平衡的任何元素或化合物的規定熵在極限 $T \to 0$ 為零：

$$S_0 = 0 \qquad \text{內部平衡的元素或化合物} \tag{5.27}*$$

現在我們有物質在 $T = 0$ 的規定標準狀態熵，它們在任何其他 T 上的規定標準狀態熵都可以利用恆定 P 的方程式 $S_{T_2} - S_0 = S_{T_2} = \int_0^{T_2} (C_P/T) \, dT$ [(3.24) 式] 很容易地找到，並且包括絕對零度和 T_2 之間任何相變化的 ΔS 在內。例如，一種在 T_2 和 1 bar 為液體的物質，欲獲得 S_{m,T_2}°，則 (a) 將固體從 0 K 升溫至熔點 T_{fus}，(b) 在溫度 T_{fus} 熔化固體 [(3.21) 式]，且 (c) 將液體從 T_{fus} 加熱至 T_2，然後將 (a)、(b) 和 (c) 的熵變化相加：

$$S_{m,T_2}^\circ = \int_0^{T_{fus}} \frac{C_{P,m}^\circ(s)}{T} dT + \frac{\Delta_{fus} H_m^\circ}{T_{fus}} + \int_{T_{fus}}^{T_2} \frac{C_{P,m}^\circ(l)}{T} dT \tag{5.28}$$

其中 $\Delta_{fus}H_m$ 是熔融(熔化)的莫耳焓變而 $C_{P,m}(s)$ 和 $C_{P,m}(l)$ 是物質的固體和液體的莫耳熱容量。由於標準壓力是 1 bar，因此 (5.28) 式中的每一項都是 1 bar 的壓力。固體和液體的熱力學性質隨著壓力變化非常緩慢 (第 4.4 節) 以及固體和液體在 1 bar 和 1 atm 之間的差異實驗上無法檢測到，所以在 (5.28) 式中 P 是 1 bar 還是 1 atm 都沒關係。在 1 atm 下，T_{fus} 是固體的正常熔點 (第 7.2 節)。

通常固體在達到熔點之前經歷一種或多種相變由一種晶體形成另一晶體。例如，穩定的低 T 硫的形式是斜方硫；在 95°C 下，固體斜方硫轉化到固體單斜硫 (熔點 119°C)。每個這樣的固-固相轉變的熵貢獻必須包括在 (5.28) 式作為附加項 $_{trs}H_m/T_{trs}$，其中 $\Delta_{trs}H_m$ 是在溫度 T_{trs} 下相變的莫耳焓變。

對於 1 bar 和 T_2 下的氣體物質，我們包括了在沸點 T_b 的蒸發熵 ΔS_m 和將氣體從 T_b 加熱到 T_2 的 ΔS_m。

另外，由於標準狀態是理想氣體在 1 bar $\equiv P°$，我們對理想氣體和實際氣體熵之間的差異進行了小的修正。$S_{id}(T, P°) - S_{re}(T, P°)$ 由假想的等溫三步驟 (5.13) 式計算。對於 (5.13) 式的步驟 (a)，我們使用 $(\partial S/\partial P)_T = -(\partial V/\partial T)_P$ [(4.50) 式] 將 ΔS_a 寫成 $\Delta S_a = -\int_{P°}^0 (\partial V/\partial T)_P dP = \int_0^{P°} (\partial V/\partial T)_P dP$。對於 (5.13) 式的步驟 (b)，我們使用統計力學的結果，證明實際氣體的熵和對應理想氣體的熵 (沒有分子間相互作用) 在零密度極限下變得相等。因此 $\Delta S_b = 0$ 對於步驟 (c)，使用 $(\partial S/\partial P)_T = -(\partial V/\partial T)_P$ [(4.50) 式] 和 $PV = nRT$ 得到 $\Delta S_c = -\int_0^{P°} (nR/P) dP$。欲求的 ΔS 是總和 $\Delta S_a + \Delta S_b + \Delta S_c$；每莫耳氣體，我們有

$$S_{m,id}(T, P°) - S_{m,re}(T, P°) = \int_0^{P°} \left[\left(\frac{\partial V_m}{\partial T}\right)_P - \frac{R}{P} \right] dP \tag{5.29}$$

其中積分是在定溫 T 下進行計算。利用真實氣體的 P-V-T 行為的數據可計算 (5.29) 式對氣體的規定標準狀態莫耳熵 S_m° 的貢獻 (參見第 8.8 節)。$S_{m,id} - S_{m,re}$ (單位為 J /(mol K) 在 25°C 和 1 bar 下的一些值，對於 $C_2H_6(g)$ 為 0.15，對於 $n\text{-}C_4H_{10}(g)$ 為 0.67。

(5.28) 式中的第一個積分存在一個問題，亦即 $T = 0$ 是不可能的。而且低於幾凱氏度測量 $C_{P,m}^\circ(s)$ 也是不切實際的。Debye 的固體統計力學理論和實驗數據證明在非常低的溫度下非金屬固體的比熱遵循

$$C_{P,m}^\circ \approx C_{V,m}^\circ = aT^3 \quad \text{非常低的溫度 } T \tag{5.30}$$

其中 a 是物質的恆定特徵。(5.30) 式適用於非常低的溫度，C_P 和 C_V 之間的差值 $TV\alpha^2/\kappa$ [(4.53) 式] 可以忽略不計，因為 T 和 α 都在絕對零度範圍內等於零。對於金屬，統計機械處理 (*Kestin and Dorfman*，第 9.5.2 節) 和實驗數據證明，在非常低的溫度

$$C_{P,m}^\circ \approx C_{V,m}^\circ = aT^3 + bT \quad \text{金屬非常低的溫度 } T \tag{5.31}$$

其中 a 和 b 是常數 (bT 項來自傳導電子)。在非常低的溫度下,使用 $C_{P,m}^\circ$ 的測量值來確定 (5.30) 式或 (5.31) 式中的常數。然後用 (5.30) 式或 (5.31) 式外插 $C_{P,m}^\circ$ 到 $T = 0$ K。注意,隨著 T 趨近於零,C_P 等於零。

例如,設 $C_{P,m}^\circ(T_{\text{low}})$ 為 $C_{P,m}^\circ$ 可方便測量(通常約為 10 K)的最低溫度下非導體 $C_{P,m}^\circ$ 的觀測值。如果 T_{low} 足夠低,我們就可以應用 (5.30) 式,我們有

$$aT_{\text{low}}^3 = C_{P,m}^\circ(T_{\text{low}}) \tag{5.32}$$

我們將 (5.28) 式的第一個積分寫成

$$\int_0^{T_{\text{fus}}} \frac{C_{P,m}^\circ}{T} dT = \int_0^{T_{\text{low}}} \frac{C_{P,m}^\circ}{T} dT + \int_{T_{\text{low}}}^{T_{\text{fus}}} \frac{C_{P,m}^\circ}{T} dT \tag{5.33}$$

(5.33) 右邊的第一個積分可利用 (5.30) 式和 (5.32) 式來計算:

$$\int_0^{T_{\text{low}}} \frac{C_{P,m}^\circ}{T} dT = \int_0^{T_{\text{low}}} \frac{aT^3}{T} dT = \left.\frac{aT^3}{3}\right|_0^{T_{\text{low}}} = \frac{aT_{\text{low}}^3}{3} = \frac{C_{P,m}^\circ(T_{\text{low}})}{3} \tag{5.34}$$

計算 (5.33) 式右邊的第二個積分和 (5.28) 式中 T_{fus} 到 T_2 的積分,我們可以令 $C_{P,m}^\circ(T)$ 為多項式 (5.19),然後將得到的 $C_{P,m}^\circ/T$ 積分。或者,我們可以使用圖形積分:在相關溫度極限之間繪製 $C_{P,m}^\circ(T)/T$ 相對於 T 的測量值,繪製連接點的平滑曲線,並測量曲線下的面積來計算積分。同樣的方法,由於 $(C_P/T)dT = C_P d\ln T$,我們也可以繪製 C_P 對 $\ln T$ 並測量曲線下的面積。

例 5.7 計算 $S_{m,298}^\circ$

對於 SO_2,正常熔點和沸點分別為 197.6 K 和 263.1 K。在正常熔點和沸點的融化和汽化熱分別為 1769 和 5960 cal/mol。圖 5.7 為在 1 atm 下,從 15 K 到 298 K,$C_{P,m}$ 對 $\ln T$ 的關係曲線圖;在 15.0 K,$C_{P,m}$ = 0.83 cal/(mol K)。[數據是主要來自 W. F. Giauque and C. C. Stephenson, *J. Am. Chem. Soc.*, **60**, 1389 (1938)]。在 298 K 和 1 atm 下,使用 (5.30) 式得到 $S_{m,\text{id}} - S_{m,\text{re}} = 0.07$ cal/(mol K)。估計 $SO_2(g)$ 的 $S_{m,298}^\circ$。

由於數據是在 1 atm,我們將在 1 atm 下進行積分並在最後將氣體從 1 atm 變為 1 bar 的 ΔS 包括在內。

從 (5.34) 式,$(C_P/T)dT = C_P d\ln T$ 從 0 到 15 K 的積分貢獻 [0.83 cal/(mol K)]/3 = 0.28 cal/(mol K)。

$C_P d\ln T$ 從 15 K 到熔點 197.6 K 的積分等於圖 5.7 中標記為「實心」的線下方的面積。這個面積大約是直角三角形,其高度為 16 cal/(mol K),底為 $\ln$ 197.6 − $\ln$ 15.0 = 5.286 − 2.708 = 2.58。這個三角形的面積是 $\frac{1}{2}(2.58)[16 \text{ cal/(mol K)}] = 20._6$ cal/(mol K) [準確的計算結果為 20.12 cal/(mol K)。]

$\Delta_{\text{fus}}S_m$ 等於 $\Delta_{\text{fus}}H_m/T_{\text{fus}} = (1769 \text{ cal/mol})/(197.6 \text{ K}) = 8.95$ cal/(mol K)。

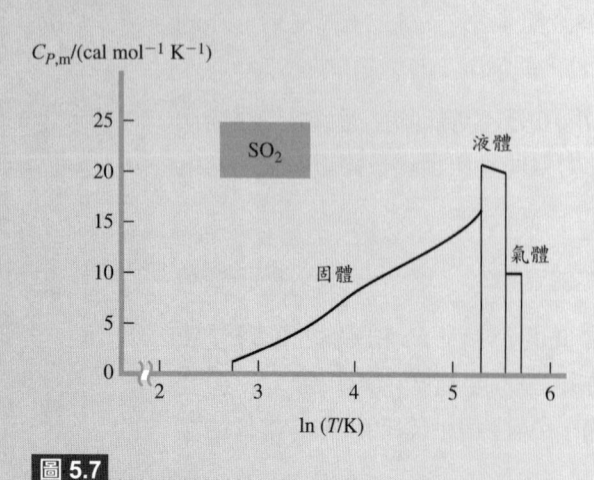

圖 5.7

SO_2 在 1 atm 下的 $C_P d\ln T$ 的積分。

液體從熔點 197.6 K 到沸點 263.1 K 的 $C_P\,d\ln T$ 的積分等於「液體」線下的面積。這個面積大約是高度為 21 cal/(mol K) 且底部為 ln 263.1 − ln 197.6 = 0.286 的矩形。矩形的面積為 [21 cal/(mol K)](0.286) = 6.0 cal/(mol K)。[準確的計算得到 5.96 cal/(mol K)]

汽化的 ΔS_m 為 (5960 cal/mol)/(263.1 K) = 22.65 cal/(mol K)。

從圖 5.7 中可以看出,氣體從 263.1 到 298.15 K 的 $C_P\,d\ln T$ 的積分是 10 cal/(mol K) 與 ln 298.15 − ln 263.1 = 0.125 的乘積。這個積分等於 1.2_5 cal/(mol K)。[準確的計算結果為 1.22 cal/(mol K)]

到目前為止,我們已經從 0 K 和 1 atm 下的固體變為 298.15 K 和 1 atm 下的真實氣體。我們接下來要加上已知的值 $S_{m,id} - S_{m,re} = 0.07$ cal/(mol K) 使其達到 298.15 K 和 1 atm 下的理想氣體。最後一步是將 298.15 K 的理想氣體從 1 atm 變為 1 bar 的 ΔS_m。對於等溫理想氣體過程,由 (3.30) 式和波義耳定律可得 $\Delta S_m = R \ln(V_2/V_1) = R \ln(P_1/P_2)$。從 1 atm 到 1 bar (≈750 torr) 的 ΔS_m 為 $R \ln(760/750) = 0.03$ cal/(mol K)。

將上述所求得的各項相加,我們得到

$$S^\circ_{m,298} \approx (0.28 + 20._6 + 8.95 + 6.0 + 22.65 + 1.2_5 + 0.07 + 0.03) \text{ cal/(mol K)}$$

$$S^\circ_{m,298} \approx 59._8 \text{ cal/(mol K)}$$

[準確的數值是 $S^\circ_{m,298} = 59.28$ cal/(mol K) = 248.0 J/(mol K)]。

習題

使用圖 5.7 估計 $SO_2(s)$ 的 $S^\circ_{m,148} - S^\circ_{m,55}$。
(答案:11 cal mol^{-1} K^{-1})

圖 5.8 繪製了一些規定的 $S^\circ_{m,298}$ 值。附錄列出了各種物質的 $S^\circ_{m,298}$。鑽石具有最低的 $S^\circ_{m,298}$。附錄 S°_m 值表明:(a) 氣體的莫耳熵往往高於液體的莫耳熵;(b) 液體的莫耳熵傾向於高於固體的莫耳熵;(c) 莫耳熵傾向於隨著分子中原子數量的增加而增加。

規定熵通常稱為絕對熵。然而,這個名稱是並不恰當,因為這些熵不是絕對熵,而是相對(規定)熵。這個問題的完整考慮需要統計力學。

由於 $C_{P,m} = (\partial H_m/\partial T)_P$,將 $C^\circ_{P,m}$ 從 0 K 到 T 積分,加上 0 和 T 之間出現的所有相變,可得 $H^\circ_{m,T} - H^\circ_{m,0}$,其中 $H^\circ_{m,T}$ 和 $H^\circ_{m,0}$ 是物質在 T 的標準狀態莫耳焓和在 0 K 的相應固體的標準狀態莫耳焓。對於固體和液體,$H^\circ_{m,T} - H^\circ_{m,0}$ 基本上與 $U^\circ_{m,T} - U^\circ_{m,0}$ 相同。圖 5.9 繪製了 SO_2 的 $H^\circ_{m,T} - H^\circ_{m,0}$ 相對於 T,和 $S^\circ_{m,T}$ 相對於 T 的圖形。隨著 T 增加,H_m 和 S_m 都增加。請注意,S 和 H 在熔化和汽化時會出現大幅增加。

☕ 標準反應熵

對於化學計量數 v_i 的反應,**標準熵變**(standard entropy change) 是

$$\Delta S^\circ_T = \sum_i v_i S^\circ_{m,T,i} \tag{5.35}$$

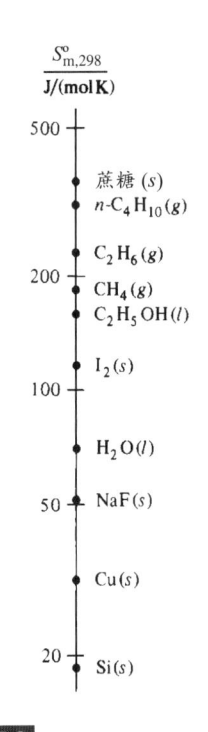

圖 5.8
$S^\circ_{m,298}$ 的值。是對數刻度。

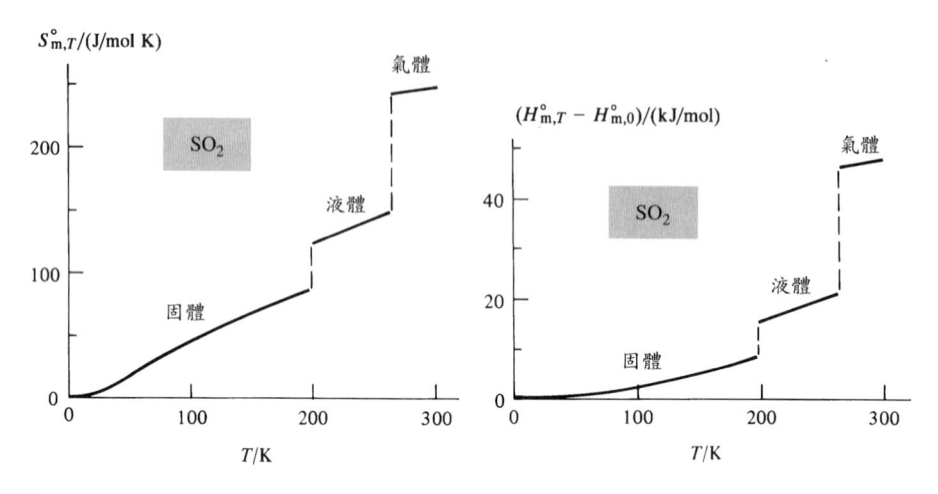

圖 5.9

SO_2 的 $S^\circ_{m,T}$ 和 $H^\circ_{m,T} - H^\circ_{m,0}$ 相對於 T，其中 $H^\circ_{m,0}$，0 是固體 SO_2。

這與 $\Delta H^\circ = \Sigma_i \, v_i H^\circ_{m,i}$ 類似 [(5.3) 式]。使用 (5.35) 式，我們可以從列表規定熵 $S^\circ_{m,298}$ 計算 $\Delta S^\circ_{m,298}$。

將 (5.35) 式對 T 微分並且使用 $(\partial S_i / \partial T)_P = C_{P,i}/T$ [(4.49) 式]，然後積分，可得

$$\Delta S^\circ_{T_2} - \Delta S^\circ_{T_1} = \int_{T_1}^{T_2} \frac{\Delta C^\circ_P}{T} dT \tag{5.36}$$

這使得在任何溫度 T 的 ΔS° 可以從 ΔS°_{298} 計算出來。請注意，(5.36) 式和 (5.19) 式僅適用於溫度區間內沒有物種發生相變的情況。

例 5.8 反應的 ΔS°

使用附錄中的數據求反應 $4NH_3(g) + 3O_2(g) \rightarrow 2N_2(g) + 6H_2O(l)$ 的 ΔS°_{298}。

將附錄中的 $S^\circ_{m,298}$ 的值代入 (5.36) 式可得

$$\Delta S^\circ_{298}/[J/(mol\ K)] = 2(191.61) + 6(69.91) - 4(192.45) - 3(205.138)$$
$$= -582.53$$

氣體的熵比液體高，該反應非常負的 ΔS° 是由反應中減少 5 莫耳氣體引起。

習題

$2CO(g) + O_2(g) \rightarrow 2CO_2(g)$，求 ΔS°_{298}。
(答案：$-173.01\ J\ mol^{-1}\ K^{-1}$)

> **延伸例題**
>
> 已知氧氣在 298.15 K 的標準莫耳熵為 $S°_{298}$ = 205.14 J/(mol K)，求氧氣在 500 K 的標準莫耳熵 $S°_{500}$。在 273～1500 K，氧氣的 $C_P = (28.17 + 6.297 \times 10^{-3}T - 0.7494 \times 10^{-6}T^2)$ J/(mol K)。
>
> **解**：標準壓力下氧氣自 298.15 K 升溫至 500 K 的熵變化為
>
> $$\Delta S° = \int_{298.15}^{500} \frac{C_P}{T} dT$$
>
> $$= \int_{298.15}^{500} \left(\frac{28.17}{T} + 6.297 \times 10^{-3} - 0.7494 \times 10^{-6}T \right) dT$$
>
> $$= 15.77 \text{ J/(mol K)}$$
>
> $$S°_{500} = S°_{298} + \Delta S°$$
> $$= 205.14 + 15.77$$
> $$= 220.91 \text{ J/(mol K)}$$

5.7 標準反應吉布斯能

化學反應的**標準吉布斯能(變化)**[standard Gibbs energy (change)] $\Delta G°_T$ 是 G 的變化，用於將分離的純反應物的莫耳化學計量數(各自處於其在溫度 T 的標準狀態)轉化為在溫度 T 的標準狀態分離的純生成物，類似於 $\Delta H°_T = \Sigma_i \nu_i H°_{m,T,i}$ [(5.3) 式]，我們有

$$\Delta G°_T = \sum_i \nu_i G°_{m,T,i} \tag{5.38}$$

若反應是在溫度 T 且壓力為 1 bar 標準狀態中的元素形成物質的反應，則 $\Delta G°_T$ 是該物質的**標準吉布斯生成能** (standard Gibbs energy of formation) $\Delta_f G°_T$。對於溫度 T 的標準狀態的元素，$\Delta_f G°_T$ 為零，因為元素自身的生成完全沒有變化。回憶第 4.5 節。只有 ΔT 的過程 ΔG 才具有物理意義。與得到 $\Delta H°_T = \Sigma_i \nu_i \Delta_f H°_{T,i}$ [(5.6) 式] 同樣的推理，可證明

$$\Delta G°_T = \sum_i \nu_i \Delta_f G°_{T,i} \tag{5.39}*$$

我們如何獲得 $\Delta_f G°$ 值？對於等溫過程，從 $G \equiv H - TS$，我們有 $\Delta G = \Delta H - T\Delta S$。若過程是物質 i 的生成反應，則

$$\Delta_f G°_{T,i} = \Delta_f H°_{T,i} - T \Delta_f S°_{T,i} \tag{5.40}$$

標準生成熵 $\Delta_f S°_{T,i}$ 是從物質 i 及其元素的列表熵值 $S°_{m,T}$ 計算出來的。知道 $\Delta_f H°_{T,i}$ 和 $\Delta_f S°_{T,i}$，我們可以計算並列表 $\Delta_f G°_{T,i}$。

例 5.9 計算 $\Delta_f G°298$

使用附錄 $\Delta_f H°_{298}$ 和 $S°_{m,298}$ 數據計算 $H_2O(l)$ 的 $\Delta_f G°_{298}$ 並與所列值進行比較。

生成反應是 $H_2(g) + \frac{1}{2}O_2(g) \rightarrow H_2O(l)$，所以

$$\Delta_f S°_{298,H_2O(l)} = S°_{m,298,H_2O(l)} - S°_{m,298,H_2(g)} - \frac{1}{2}S°_{m,298,O_2(g)}$$

$$\Delta_f S°_{298} = [69.91 - 130.684 - \tfrac{1}{2}(205.138)] \text{ J/(mol K)} = -163.343 \text{ J/(mol K)}$$

$\Delta_f H°_{298}$ 為 -285.830 kJ/mol，且由 (5.40) 式可得

$$\Delta_f G°_{298} = -285.830 \text{ kJ/mol} - (298.15 \text{ K})(-0.163343 \text{ kJ/mol-K})$$
$$= -237.129 \text{ kJ/mol}$$

與附錄中列出的值一致。

習題

使用附錄中的 $\Delta_f H°$ 和 $S°_m$ 數據計算 MgO(c) 的 $\Delta_f G°_{298}$ 並與列出的值進行比較。
(答案：-569.41 kJ/mol)

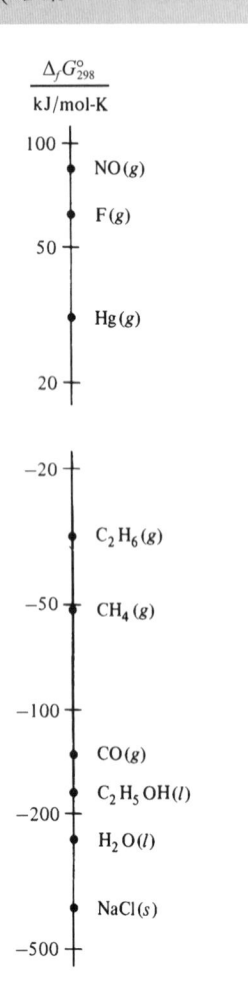

圖 5.10 繪製了一些 $\Delta_f G°_{298}$ 值，且附錄列出了許多物質的 $\Delta_f G°_{298}$。從表中的 $\Delta_f G°_T$，我們可用 (5.38) 式求反應的 $\Delta G°_T$。

例 5.10 反應的 $\Delta G°$

由附錄中的數據，求 $4NH_3(g) + 3O_2(g) \rightarrow 2N_2(g) + 6H_2O(l)$ 的 $\Delta G°_{298}$。

將附錄中的 $\Delta_f G°_{298}$ 值代入 (5.38) 式，可得

$$[2(0) + 6(-237.129) - 3(0) - 4(-16.45)] \text{ kJ/mol} = -1356.97 \text{ kJ/mol}$$

習題

使用附錄資料求 $C_3H_8(g) + 5O_2(g) \rightarrow 3CO_2(g) + 4H_2O(l)$ 的 $\Delta G°_{298}$。
(答案：-2108.22 kJ/mol)

假設我們想要求 298.15 K 以外的溫度下反應的 $\Delta G°$，先前顯示如何在 298.15 K 以外的溫度下找到 $\Delta S°$ 和 $\Delta H°$。在任何溫度下，使用 $\Delta G°_T = \Delta H°_T - T\Delta S°_T$ 然後得到 $\Delta G°$。

5.8 總結

純液體或固體在溫度下 T 的標準狀態 (由 ° 上標表示) 定義為 $P = 1$ bar 的狀態；對於純氣體來說，標準狀態具有 $P = 1$ bar 且氣體表現為理想氣體。

圖 5.10
$\Delta_f G°_{298}$ 值。對數刻度。

化學反應 $0 \to \Sigma_i \nu_i A_i$ 的標準焓、熵和吉布斯能的變化定義為 $\Delta H_T^\circ \equiv \Sigma_i \nu_i H_{m,T,i}^\circ$，$\Delta S_T^\circ \equiv \Sigma_i \nu_i S_{m,T,i}^\circ$ 和 $\Delta G_T^\circ \equiv \Sigma_i \nu_i G_{m,T,i}^\circ$ 而 $\Delta G_T^\circ = \Delta H_T^\circ - T \Delta S_T^\circ$。反應的 ΔH° 和 ΔG° 可以利用物種的 $\Delta_f H^\circ$ 和 $\Delta_f G^\circ$ 值來計算，其中涉及 $\Delta H_T^\circ = \Sigma_i \nu_i \Delta_f H_{T,i}^\circ$ 和 $\Delta G_T^\circ = \Sigma_i \nu_i \Delta_f G_{T,i}^\circ$。其中標準生成焓 $\Delta_f H_i^\circ$ 和吉布斯能 $\Delta_f G_i^\circ$ 對應於從其參考形式中的元素形成一莫耳物質 i。

約定所有元素 $S_0^\circ = 0$ 和熱力學的第三定律（對於僅涉及內部平衡物質的變化，$\Delta S_0 = 0$) 導致每種物質的規定熵 S_0° 值為零。可以將 $C_{P,m}^\circ / T$ 從絕對零度開始積分來找到物質的規定熵 $S_{m,T}^\circ$，其中並包含 ΔS 的任何相變。

使用一個溫度下的 ΔH°（或 ΔS°) 和 C_P° 數據，我們可以求得在另一個溫度的 ΔH°（或 ΔS°)。

為避免混淆，必須密切關注熱力學符號，包括下標和上標。H、ΔH、ΔH° 和 $\Delta_f H^\circ$ 一般有不同的含義。

本章討論的重要計算包括：

- 利用結合其他反應的 ΔH° 值來確定反應的 ΔH°（赫斯定律）。
- 根據絕熱彈式卡計數據計算 $\Delta_r U$。
- 由 ΔU° 計算 ΔH°，反之亦然。
- 由 $C_{P,m}^\circ$ 數據、相變的焓和 Debye T^3 定律計算純物質的 S_m°。
- 根據列表的 $\Delta_f H^\circ$、S_m°，和 $\Delta_f G^\circ$ 數據，計算化學反應的 ΔH°、ΔS° 和 ΔG°。
- 由另一個溫度下的 ΔH°（或 ΔS°) 和 $C_{P,m}^\circ(T)$ 數據，計算某溫度下的 ΔH°（或 ΔS°)。

習題

第 5.1 節

5.1 對或錯？(a) 標準狀態的溫度是 0°C。(b) 標準狀態的溫度是 25°C。(c) 純氣體的標準狀態是在 1bar 壓力和溫度 T 下的純氣體。

第 5.2 節

5.2 對或錯？(a) 反應的 ΔH° 的 SI 單位是 J。(b) 反應係數加倍則其 ΔH° 加倍。(c) ΔH° 與溫度有關。(d) 反應 $N_2 + 3H_2 \to 2NH_3$ 具有 $\Sigma_i \nu_i = -2$。

5.3 已知 $Na(s) + HCl(g) \to NaCl(s) + \frac{1}{2}H_2(g)$、$\Delta H_{298}^\circ = 319$ kJ mol^{-1}。求下列反應的 ΔH_{298}°：

(a) $2Na(s) + 2HCl(g) \to 2NaCl(s) + H_2(g)$

(b) $4Na(s) + 4HCl(g) \to 4NaCl(s) + 2H_2(g)$

(c) $NaCl(s) + \frac{1}{2}H_2(g) \to Na(s) + HCl(g)$

第 5.3 節

5.4 對或錯 (a) $O(g)$ 的 $\Delta_f H_{298}^\circ$ 是零。(b) $O_2(g)$ 的 $\Delta_f H_{298}^\circ$ 是零。(c) $O_2(g)$ 的 $\Delta_f H_{400}^\circ$ 是零。

第 5.4 節

5.5 對或錯？(a) 當蔗糖在絕熱定容卡計中燃燒，在燃燒過程 $\Delta U = 0$，其中系統是指卡計內的物質。(b) 反應 $N_2(g) + 3H_2(g) \to 2NH_3(g)$ 具有 $\Delta H_T^\circ < \Delta U_T^\circ$。(c) $N_2(g) \to 2N(g)$ 是吸熱反應。(d) 在絕熱容器中進行放熱反應，生成物的溫度比反應物高。(e) 對於 $CH_3OH(l)$，$\Delta_f H_{298}^\circ - \Delta_f U_{298}^\circ$ 等於 $\Delta_c H_{298}^\circ - \Delta_c U_{298}^\circ$ [其中 $H_2O(l)$ 在燃燒反應中形成]。

5.6 使用附錄中的數據求下列反應的 ΔH_{298}°：

(a) $2H_2S(g) + 3O_2(g) \to 2H_2O(l) + 2SO_2(g)$

(b) $2H_2S(g) + 3O_2(g) \to 2H_2O(g) + 2SO_2(g)$

(c) $2HN_3(g) + 2NO(g) \to H_2O_2(l) + 4N_2(g)$

5.7 對於 $H_2(g) + \tfrac{1}{2}O_2(g) \rightarrow H_2O(l)$，求 $\Delta H°_{298} - \Delta U°_{298}$。(a) 忽略 $V°_{m,H_2O(l)}$；(b) 不忽略 $V°_{m,H_2O(l)}$。

5.8 液體丙酮 $(CH_3)_2CO$ 燃燒成 $CO_2(g)$ 和 $H_2O(l)$，其在 25°C 的標準燃燒焓為 1790 kJ/mol。求 $(CH_3)_2CO(l)$ 的 $\Delta_f H°_{298}$ 和 $\Delta_f U°_{298}$。

5.9 固體胺基酸丙胺酸 $NH_2CH(CH_3)COOH$ 的標準燃燒焓為 -1623 kJ/mol，在 25°C 下燃燒成 $CO_2(g)$、$H_2O(l)$ 和 $N_2(g)$。求固體丙胺酸的 $\Delta_f H°_{298}$ 和 $\Delta_f U°_{298}$。使用附錄中的數據。

5.10 已知下列反應的 $\Delta H°_{298}$(kcal/mol)，其中 gr 代表石墨：

$Fe_2O_3(s) + 3C(gr) \rightarrow 2Fe(s) + 3CO(g)$ 117

$FeO(s) + C(gr) \rightarrow Fe(s) + CO(g)$ 37

$2CO(g) + O_2(g) \rightarrow 2CO_2(g)$ -135

$C(gr) + O_2(g) \rightarrow CO_2(g)$ -94

求 $FeO(s)$ 和 $Fe_2O_3(s)$ 的 $\Delta_f H°_{298}$。

5.11 (a) 氣體遵循狀態方程式 $P(V_m - b) = RT$，其中 b 是常數。證明，對於這種氣體，$H_{m,id}(T, P) - H_{m,re}(T, P) = -bP$。(b) 若 $b = 45$ cm^3/mol，在 25°C 和 1 bar 下計算 $H_{m,id} - H_{m,re}$。

5.12 使用附錄資料求下列各題的規定 $H°_m$。

(a) $H_2(g)$ 在 25°C；(b) $H_2(g)$ 在 35°C；(c) $H_2O(l)$ 在 25°C；(d) $H_2O(l)$ 在 35°C。忽略 C_P 隨溫度的變化。

第 5.5 節

5.13 對或錯？(a) $\Delta H°$ 對於溫度的變化率等於 $\Delta C°_P$。(b) $\Delta H°$ 對於壓力的變化率是零。(c) 對於僅涉及理想氣體的反應其 $\Delta C°_P$ 與溫度無關。

第 5.6 節

5.14 對或錯？對於葡萄糖的燃燒，$\Delta S°_T$ 等於 $\Delta H°_T / T$。

第 5.7 節

5.15 對於尿素 $CO(NH_2)_2$，$\Delta_f H°_{298} = -333.51$ kJ/mol 且 $S°_{m,298} = 104.60$ J/(mol K)。借助附錄的資料，求尿素的 $\Delta_f G°_{298}$。

一般問題

5.16 寫出下列各題的 SI 單位 (a) 壓力；(b) 焓；(c) 莫耳熵；(d) 吉布斯能量；(e) 莫耳體積；(f) 溫度。

5.17 對或錯？(a) 當只作 P-V 功的封閉系統在等壓和絕熱條件下進行放熱反應時，$\Delta H = 0$。(b) 當一種物質在其熱力學標準狀態，此物質必須在 25°C。(c) 元素在其穩定形式，並在 25°C 標準狀態下的 G 是零。

5.18 使用附錄 $\Delta_f H°_{298}$ 和 $S°_{m,298}$ 數據，計算 $C_2H_5OH(l)$ 的 $\Delta_f G°_{298}$。與附錄上面列出的值進行比較。

第 6 章

理想氣體混合物中的反應平衡

熱力學的第二定律導致我們得出結論,系統加外界的熵在平衡狀態下達到最大化。從這個熵最大化條件我們發現在封閉系統中反應平衡的條件是 $\Sigma_i v_i \mu_i = 0$ [(4.98) 式],其中 v_i 是反應中的化學計量數而 μ_i 是反應中物質的化勢。第 6.2 節應用這種平衡條件於理想氣體混合物中的反應,並顯示理想氣體反應 $aA + bB \rightleftharpoons cC + dD$,平衡時氣體的分壓必須 $(P_C/P°)^c(P_D/P°)^d/(P_A/P°)^a(P_B/P°)^b$ (其中 $P° \equiv 1$ bar) 等於反應的平衡常數,其中平衡常數可以從反應的 $\Delta G°$ 計算 (我們在第 5 章學習如何使用熱力學表,從 $\Delta_f G°$ 數據求得 $\Delta G°$)。第 6.3 節顯示理想氣體的平衡常數如何隨溫度而變化。第 6.4 節顯示如何由平衡常數和最初的組成計算理想氣體反應混合物的平衡組成。

第 6 章從最初的組成、溫度和壓力 (或 T 和 V) 和 $\Delta_f G°$ 數據使我們具有計算理想氣體反應的平衡組成的能力。

為了應用均衡條件 $\Sigma_i v_i \mu_i = 0$ 於理想氣體反應,我們需要將理想氣體混合物成分的化勢 μ_i 與可觀察到的性質相關聯。這是在第 6.1 節完成的。

第 6 章只涉及理想氣體平衡。非理想氣體和液體溶液中的反應平衡在第 11 章進行處理。

在具有化學反應的特定系統中,反應平衡可能或者可能不成立。當反應系統不平衡時,我們需要使用化學動力學 (第 16 章) 來找出組成 (隨時間變化)。在氣相反應中,如果溫度高 (所以反應速率快) 或反應被催化時常可達到平衡。在火箭中發生高溫反應,並且在火箭計算中經常假設反應平衡。在高溫下運行的工業氣相反應在固相催化劑存在下,包括由 N_2 和 H_2 合成 NH_3,用於製備 H_2SO_4 的 SO_2 轉化為 SO_3,以及由 CO 和 H_2 合成 CH_3OH。涉及諸如 H、H^+、e^-、H^-、H_2、He、He^+ 和 He^{2+} 的平衡,確定在 5800 K 和大約 1 atm 的太陽表面 (光球) 的組成。

即使沒有達到平衡,知道平衡常數也很重要因為這使我們能夠在給定條件下找到所需的最大可能產量。

在水溶液中,涉及離子的反應通常很快並且通常假定平衡;回顧普通化學和分析化學所做的酸鹼和複離子平衡計算。平衡分析在環境化學研究湖泊等水系統的組成和

處理空氣污染時很重要。圖 6.5 顯示在平衡狀態下，熱空氣中存在大量的 NO。汽車發動機中 NO 的形成以及電廠煤和石油的工業燃燒污染了大氣（圖 6.5 不適用於汽車發動機，因為燃料的燃燒耗盡了氧氣，並且由於沒有足夠的時間達到平衡，所以必須動態分析 NO 的形成。平衡常數決定了可以形成的最大 NO 量）。

6.1 理想氣體混合物中的化勢

在處理理想氣體混合物的組分的 μ_i 之前，我們找到純理想氣體的 μ 的表達式。

純理想氣體的化勢

化勢是一個內含性質，所以純氣體的 μ 只與 T 和 P 有關。由於反應平衡通常在恆溫而反應氣體的量和分壓發生變化的系統中進行研究，所以我們最感興趣的是 μ 隨壓力的變化。對於固定量的物質，dG 的吉布斯方程式為 $dG = -S\,dT + V\,dP$ [(4.36) 式]，除以純理想氣體的莫耳數可得 $dG_m = d\mu = -S_m\,dT + V_m\,dP$，因為純物質的化勢 μ 等於 G_m [(4.86) 式]。對於恆溫 T，這個方程式變成

$$d\mu = V_m\,dP = (RT/P)\,dP \quad \text{恆溫 } T\text{，純理想氣體}$$

如果氣體經歷從壓力 P_1 到 P_2 的等溫狀態變化，則將上式積分可得

$$\int_1^2 d\mu = RT \int_{P_1}^{P_2} \frac{1}{P}\,dP$$

$$\mu(T, P_2) - \mu(T, P_1) = RT \ln (P_2/P_1) \quad \text{純理想氣體} \qquad (6.1)$$

設 P_1 為標準壓力 $P° \equiv 1$ bar。則 $\mu(T, P_1)$ 等於 $\mu°(T)$，即氣體在溫度 T 的標準狀態化勢，(6.1) 式變為 $\mu(T, P_2) = \mu°(T) + RT \ln (P_2/P°)$。下標 2 是不需要的，因此純理想氣體在 T 和 P 的化勢 $\mu(T, P)$ 為

$$\mu = \mu°(T) + RT \ln (P/P°) \quad \text{純理想氣體}, P° \equiv 1 \text{ bar} \qquad (6.2)$$

圖 6.1 繪製了純理想氣體在固定 T 下，$\mu - \mu°$ 對 P 的圖。對於純理想氣體，$\mu = G_m = H_m - TS_m$，而 H_m 與壓力無關 [(2.70) 式]，所以圖 6.1 中 μ 隨壓力的變化是由於 S_m 隨 P 的變化所致。在零壓力下，無限體積極限下，理想氣體的熵變為無窮大，而 μ 變為 $-\infty$。

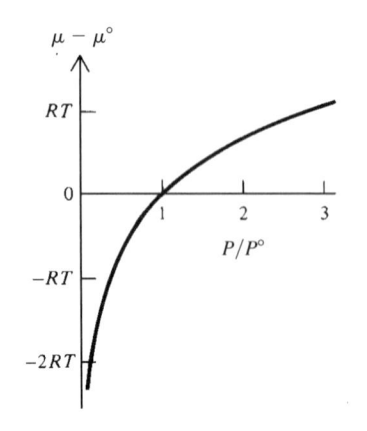

圖 6.1
在恆溫下，純理想氣體的化勢 μ 隨壓力的變化。$\mu°$ 是對應於 $P = P° = 1$ bar 的標準狀態化勢。

理想氣體混合物中的化勢

為了找到理想氣體混合物中的化勢，我們給出了一個比我們以前給出的更完整的定義。**理想的氣體混合物** (ideal gas mixture) 是具有以下特性的氣體混合物：(1) 對於所有溫度、壓力和組成，遵循狀態方程式 $PV = n_{tot}RT$ [(1.22) 式]，其中 n_{tot} 是氣體的總莫耳數。(2) 如果混合物是藉由一種只能透過氣體 i 的導熱剛性膜 (圖 6.2) 從純氣體 i (其中 i 是混合物的任何一種組分) 中分離出來的，那麼在平衡狀態下，混合物中氣體 i 的分壓 $Pi = x_iP$ [(1.23) 式] 等於純氣體 i 系統的壓力。

這個定義從分子的角度來看是有意義的。由於在純理想氣體或理想氣體混合物中不存在分子間相互作用，因此我們期望混合物遵循每種純氣體遵循的相同狀態方程式，而條件 (1) 成立。如果在相同的溫度 T，純理想氣體 i 的兩個樣品被可透過 i 的膜分開，則平衡 (i 從每一邊通過膜的速率相等) 時 i 在每一邊的壓力相等。因為不存在分子間相互作用，所以在膜的一側上存在其他氣體對通過膜的淨通過速率沒有影響，而條件 (2) 成立。

在 T 溫度下理想氣體混合物的成分 i 的**標準狀態** (standard state) 定義為在 T 和壓力 $P° \equiv 1$ bar 下的純理想氣體 i。

在圖 6.2 中，令 μ_i 為氣體 i 在混合物中的化勢，並令 μ_i^* 為與混合物平衡的純氣體的化勢。星號表示純物質的熱力學性質。混合物與純 i 之間的相平衡條件是 $\mu_i = \mu_i^*$ (第 4.7 節)。混合物在溫度 T 和壓力 P 下，其莫耳分率為 $x_1, x_2, \ldots, x_i, \ldots$。純氣體 i 在溫度 T 和壓力 P_i^* 下。但是根據理想氣體混合物定義的條件 (2)，平衡時的 P_i^* 等於 i 在混合物中的分壓 $P_i \equiv x_iP$。因此，相平衡條件 $\mu_i = \mu_i^*$ 變成

$$\mu_i(T, P, x_1, x_2, \ldots) = \mu_i^*(T, x_iP) = \mu_i^*(T, P_i) \quad \text{理想氣體混合物} \quad (6.3)$$

方程式 (6.3) 指出，在 T 和 P 下理想氣體混合物的成分 i 的化勢 μ_i 等於在 T 和 P_i (混合物中的分壓) 下純氣體 i 的化勢 μ_i^*。這個結果是有道理的；由於不存在分子間相互作用，混合物中其他氣體的存在對 μ_i 無影響。

從 (6.2) 式，純氣體 i 在壓力 P_i 下的化勢為 $\mu_i^*(T, P_i) = \mu_i°(T) + RT \ln(P_i/P°)$ 而 (6.3) 式變成

$$\mu_i = \mu_i°(T) + RT \ln(P_i/P°) \quad \text{理想氣體混合物} \text{，} P° \equiv 1 \text{ bar} \quad (6.4)^*$$

(6.4) 式為理想氣體混合物的基本熱力學方程式。在 (6.4) 式中，μ_i 是成分 i 在理想氣體混合物中的化勢，P_i 是氣體 i 在混合物中的分壓而 $\mu_i°(T) = [G_{m,i}°(T)]$ 為純理想氣體 i 在 1 bar 標準壓力且與混合物相同溫度 T 時的化勢。由於理想氣體混合物成分的標準狀態定義為 1 bar 和 T 時的純理想氣

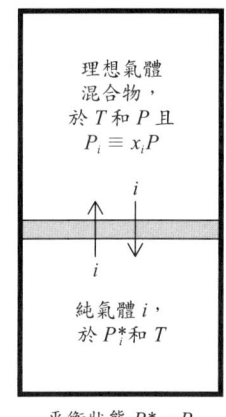

圖 6.2

理想氣體混合物，藉由僅滲透 i 的膜與純氣體 i 分離。

體 i，μ_i° 是混合物中 i 的標準狀態化勢。μ_i° 僅與 T 有關，因為標準狀態下的壓力固定在 1 bar。

(6.4) 式表明，若將 μ 和 μ° 替換為 μ_i 和 μ_i°，且將 P 替換為 P_i 則圖 6.1 適用於理想氣體混合物的成分。

(6.4) 式可以用來推導理想氣體混合物的熱力學性質。結果是理想氣體混合物的 U、H、S、G 和 C_P 中的每一個是純氣體的相應熱力學函數的總和，對於每種純氣體，計算的純氣體的體積等於混合物的體積，壓力等於混合物中的分壓，溫度等於混合物中的溫度。這些結果從每種氣體與混合物中的其他氣體都沒有相互作用的分子圖像中是有意義的。

6.2 理想氣體反應平衡

反應 $0 \rightleftharpoons \Sigma_i v_i A_i$（其中 v_i 是物種 A_i 的化學計量數）的平衡條件是 $\Sigma_i v_i \mu_i = 0$ [(4.98) 式]。我們現在專注於所有反應物和生成物都是理想氣體的情況。

對於理想氣體反應

$$aA + bB \rightleftharpoons cC + dD$$

平衡條件 $\Sigma_i v_i \mu_i = 0$ 是

$$a\mu_A + b\mu_B = c\mu_C + d\mu_D$$
$$c\mu_C + d\mu_D - a\mu_A - b\mu_B = 0$$

理想氣體混合物中的每個化勢可由 (6.4) 式得知為 $\mu_i = \mu_i^\circ + RT \ln(P_i/P^\circ)$，將此式代入平衡條件可得

$$c\mu_C^\circ + cRT \ln(P_C/P^\circ) + d\mu_D^\circ + dRT \ln(P_D/P^\circ)$$
$$- a\mu_A^\circ - aRT \ln(P_A/P^\circ) - b\mu_B^\circ - bRT \ln(P_B/P^\circ) = 0$$
$$c\mu_C^\circ + d\mu_D^\circ - a\mu_A^\circ - b\mu_B^\circ =$$
$$-RT[c \ln(P_C/P^\circ) + d \ln(P_D/P^\circ) - a \ln(P_A/P^\circ) - b \ln(P_B/P^\circ)] \quad \textbf{(6.5)}$$

因為對於純物質 $\mu = G_m$，所以 (6.5) 式左側的數為反應的標準吉布斯能量變化 ΔG_T° [(5.38) 式]

$$\Delta G_T^\circ \equiv \sum_i v_i G_{m,T,i}^\circ = \sum_i v_i \mu_i^\circ(T) = c\mu_C^\circ + d\mu_D^\circ - a\mu_A^\circ - b\mu_B^\circ$$

平衡條件 (6.5) 式變為

$$\Delta G^\circ = -RT[\ln(P_C/P^\circ)^c + \ln(P_D/P^\circ)^d - \ln(P_A/P^\circ)^a - \ln(P_B/P^\circ)^b]$$
$$\Delta G^\circ = -RT \ln \frac{(P_{C,eq}/P^\circ)^c (P_{D,eq}/P^\circ)^d}{(P_{A,eq}/P^\circ)^a (P_{B,eq}/P^\circ)^b} \quad \textbf{(6.6)}$$

其中使用恆等式 $a \ln x = \ln x^a$、$\ln x + \ln y = \ln xy$ 和 $\ln x - \ln y = \ln(x/y)$，並且 eq 下標強

調這些是均衡時的分壓。定義理想氣體反應 $a\mathrm{A} + b\mathrm{B} \rightarrow c\mathrm{C} + d\mathrm{D}$ 的標準平衡常數 K_P° 為

$$K_P^\circ \equiv \frac{(P_{\mathrm{C,eq}}/P^\circ)^c (P_{\mathrm{D,eq}}/P^\circ)^d}{(P_{\mathrm{A,eq}}/P^\circ)^a (P_{\mathrm{B,eq}}/P^\circ)^b}, \qquad P^\circ \equiv 1 \text{ bar} \tag{6.7}$$

對於 (6.6) 式，我們有

$$\Delta G^\circ = -RT \ln K_P^\circ$$

我們現在對於一般的理想氣體反應 $0 \rightarrow \Sigma_i \nu_i \mathrm{A}_i$ 做重複的推導。將理想氣體混合物成分的 $\mu_i = \mu_i^\circ + RT \ln(P_i/P^\circ)$ 代入平衡條件 $\Sigma_i \nu_i \mu_i = 0$ 可得

$$\sum_i \nu_i \mu_i = \sum_i \nu_i [\mu_i^\circ + RT \ln (P_{i,\mathrm{eq}}/P^\circ)] = 0$$

$$\sum_i \nu_i \mu_i^\circ(T) + RT \sum_i \nu_i \ln (P_{i,\mathrm{eq}}/P^\circ) = 0 \tag{6.8}$$

其中使用總和的恆等式 $\Sigma_i (a_i + b_i) = \Sigma_i a_i + \Sigma_i b_i$ 和 $\Sigma_i c a_i = c \Sigma_i a_i$ [(1.50) 式]。我們有 $\mu_i^\circ(T) = G_{\mathrm{m},T,i}^\circ$，因此

$$\Delta G_T^\circ = \sum_i \nu_i G_{\mathrm{m},T,i}^\circ = \sum_i \nu_i \mu_i^\circ(T) \tag{6.9}$$

而 (6.8) 式成為

$$\Delta G_T^\circ = -RT \sum_i \nu_i \ln (P_{i,\mathrm{eq}}/P^\circ) = -RT \sum_i \ln (P_{i,\mathrm{eq}}/P^\circ)^{\nu_i} \tag{6.10}$$

其中使用 $k \ln x = \ln x^k$。對數的和等於乘積的對數：

$$\sum_{i=1}^n \ln a_i = \ln a_1 + \ln a_2 + \cdots + \ln a_n = \ln (a_1 a_2 \cdots a_n) = \ln \prod_{i=1}^n a_i$$

其中 Π (pi) 表示連乘積：

$$\prod_{i=1}^n a_i \equiv a_1 a_2 \cdots a_n \tag{6.11}*$$

與總和一樣，當從上下文清楚時，極限通常可忽略。對於 (6.10) 式，使用 $\Sigma_i \ln a_i = \ln \Pi_i a_i$ 可得

$$\Delta G_T^\circ = -RT \ln \left[\prod_i (P_{i,\mathrm{eq}}/P^\circ)^{\nu_i} \right] \tag{6.12}$$

我們將 K_P° 定義為 (6.12) 式中出現的乘積：

$$K_P^\circ \equiv \prod_i (P_{i,\mathrm{eq}}/P^\circ)^{\nu_i} \qquad \text{理想氣體反應平衡} \tag{6.13}*$$

(6.12) 式變成

$$\Delta G^\circ = -RT \ln K_P^\circ \qquad \text{理想氣體反應平衡} \tag{6.14}*$$

因此 (6.14) 式可寫成

$$K_P^\circ = e^{-\Delta G^\circ/RT} \tag{6.15}$$

方程式 (6.9) 證明 ΔG° 僅與 T 有關。因此，從 (6.15) 式可知，對於已知的理想氣體反應其 K_P° 只是 T 的函數，並且與壓力、體積和存在於混合物中的反應物質的量無關：$K_P^\circ = K_P^\circ(T)$。在給定溫度下，K_P° 是給定反應的常數。K_P° 是理想氣體反應的**標準平衡常數** (standard equilibrium constant)[或**標準壓力平衡常數** (standard pressure equilibrium constant)]。

總而言之，對於理想氣體反應 $0 \rightleftharpoons \Sigma_i \nu_i A_i$，我們從一般反應平衡的條件 $\Sigma_i \nu_i \mu_i = 0$ 開始 (其中 ν_i 是化學計量數)；我們用理想氣體混合物表達式 $\mu_i = \mu_i^\circ + RT \ln (P_i/P^\circ)$ 替代成分 i 的化勢 μ_i，而求得 $\Delta G^\circ = -RT \ln K_P^\circ$。該方程式將理想氣體反應的標準吉布斯能量變化 ΔG° [由 (6.9) 式定義] 與平衡常數 K_P° [由 (6.13) 式定義] 相關聯。

由於化學計量數 ν_i 對反應物為負值而對生成物為正值，因此 K_P° 的分子是生成物，分母是反應物。對於理想氣體反應

$$N_2(g) + 3\,H_2(g) \rightarrow 2\,NH_3(g) \tag{6.16}$$

我們有 $\nu_{N_2} = -1$、$\nu_{H_2} = -3$，且 $\nu_{NH_3} = 2$，故

$$K_P^\circ = [P(NH_3)_{eq}/P^\circ]^2 [P(N_2)_{eq}/P^\circ]^{-1} [P(H_2)_{eq}/P^\circ]^{-3} \tag{6.17}$$

$$K_P^\circ = \frac{[P(NH_3)_{eq}/P^\circ]^2}{[P(N_2)_{eq}/P^\circ][P(H_2)_{eq}/P^\circ]^3} \tag{6.18}$$

其中壓力是反應混合物中氣體的平衡分壓。在任何給定的溫度下，平衡分壓必須滿足 (6.18) 式。如果分壓不滿足 (6.18) 式，則系統不處於反應平衡狀態，其組成將改變直到滿足 (6.18) 式。

對於理想氣體反應 $aA + bB \rightleftharpoons cC + dD$，標準 (壓力) 平衡常數由 (6.7) 式給出。

由於 (6.13) 式中的 P_i/P° 是無因次，因此標準平衡常數 K_P° 是無因次。在 (6.14) 式中，取 K_P° 的對數；我們只能對無因次的數取對數。忽略 (6.13) 式中的 P° 有時在處理平衡常數時會很方便。我們將平衡常數 (或壓力平衡常數) K_P 定義為

$$K_P \equiv \prod_i (P_{i,eq})^{\nu_i} \tag{6.19}$$

K_P 具有壓力的因次其大小隨著寫入的反應莫耳數的變化而增加。例如，對於 (6.16) 式，K_P° 的因次大小為壓力的 $^{-2}$ 次方。

僅與 T 有關的標準平衡常數 K_P° 的存在是從熱力學定律嚴格推導出來的。唯一的假設是我們有一理想氣體混合物。我們的結果對於低密度的真實氣體混合物來說是一個很好的近似值。

例 6.1　從平衡組成中求 K_P° 和 ΔG°

將 11.02 mmol (millimoles) H_2S 和 5.48 mmol CH_4 的混合物與 Pt 催化劑一起放入空容器中，而平衡

$$2H_2S(g) + CH_4(g) \rightleftharpoons 4H_2(g) + CS_2(g) \tag{6.20}$$

建立在 700°C 和 762 torr。將反應混合物從催化劑中移出並快速冷卻至室溫，其中正向和反向反應的速率可忽略不計。分析平衡混合物發現有 0.711 mmol 的 CS_2。求在 700°C 下反應的 K_P° 和 ΔG°。

由於形成 0.711 mmol 的 CS_2，因此形成 4(0.711 mmol) = 2.84 mmol 的 H_2。對於 CH_4，有 0.711 mmol 反應，而平衡時存在 5.48 mmol − 0.71 mmol = 4.77 mmol。對於 H_2S，有 2(0.711 mmol) 反應，而平衡時存在 11.02 mmol − 1.42 mmol = 9.60 mmol。欲求 K_P°，我們需要分壓 P_i。我們有 $P_i \equiv x_i P$，其中 P = 762 torr 而 x_i 為莫耳分率。省略 eq 下標以節省文字，平衡時我們有

$$n_{H_2S} = 9.60 \text{ mmol}, \; n_{CH_4} = 4.77 \text{ mmol}, \; n_{H_2} = 2.84 \text{ mmol}, \; n_{CS_2} = 0.711 \text{ mmol}$$

$$x_{H_2S} = 9.60/17.92 = 0.536, \; x_{CH_4} = 0.266, \; x_{H_2} = 0.158, \; x_{CS_2} = 0.0397$$

$$P_{H_2S} = 0.536(762 \text{ torr}) = 408 \text{ torr}, \; P_{CH_4} = 203 \text{ torr}, \; P_{H_2} = 120 \text{ torr}, \; P_{CS_2} = 30.3 \text{ torr}$$

K_P° 的標準壓力 P° 是 1 bar ≈ 750 torr，而由 (6.13) 式可得

$$K_P^\circ = \frac{(P_{H_2}/P^\circ)^4(P_{CS_2}/P^\circ)}{(P_{H_2S}/P^\circ)^2(P_{CH_4}/P^\circ)} = \frac{(120 \text{ torr}/750 \text{ torr})^4(30.3 \text{ torr}/750 \text{ torr})}{(408 \text{ torr}/750 \text{ torr})^2(203 \text{ torr}/750 \text{ torr})}$$
$$= 0.000331$$

使用 $\Delta G^\circ = -RT \ln K_P^\circ$ [(6.14) 式]，其中 T = 700°C = 973 K，可得

$$\Delta G_{973}^\circ = -[8.314 \text{ J/(mol K)}](973 \text{ K}) \ln 0.000331 = 64.8 \text{ kJ/mol}$$

在解這個問題時，我們假設混合物是理想氣體混合物，這在實驗的 T 和 P 下是一個很好的假設。

習題

如果將 0.1500 mol 的 $O_2(g)$ 置於空容器中並於 3700 K 和 895 torr 達到平衡，平衡時發現有 0.1027 mol 的 $O(g)$。求 $O_2(g) \rightleftharpoons 2O(g)$ 在 3700 K 的 K_P° 和 ΔG°。假設氣體為理想氣體。
(答案：0.634，14.0 kJ/mol)

習題

如果將 0.1500 mol 的 $O_2(g)$ 放入一個空的 32.80-L 容器中並於 4000 K 達到平衡，此時壓力是 2.175 atm。求 $O_2(g) \rightleftharpoons 2O(g)$ 在 4000 K 的 K_P° 和 ΔG°。假設氣體為理想氣體。
(答案：2.22，−26.6 kJ/mol)

☕ 濃度和莫耳分率平衡常數

氣相平衡常數有時用濃度代替分壓來表示。對於體積為 V 的混合物中的 n_i 莫耳理想氣體 i，分壓為 $P_i = n_i RT/V$ [(1.24) 式]。定義混合物中物種 i 的 (莫耳) 濃度 [(molar) concentration] c_i 為

$$c_i \equiv n_i/V \tag{6.21}*$$

我們有

$$P_i = n_i RT/V = c_i RT \qquad \text{理想氣體混合物} \tag{6.22}$$

對於理想氣體反應 $a\text{A} + b\text{B} \rightleftharpoons f\text{F} + d\text{D}$，將 (6.22) 式代入 (6.7) 式，可得

$$K_P^\circ = \frac{(c_{\text{F,eq}}RT/P^\circ)^f (c_{\text{D,eq}}RT/P^\circ)^d}{(c_{\text{A,eq}}RT/P^\circ)^a (c_{\text{B,eq}}RT/P^\circ)^b} = \frac{(c_{\text{F,eq}}/c^\circ)^f (c_{\text{D,eq}}/c^\circ)^d}{(c_{\text{A,eq}}/c^\circ)^a (c_{\text{B,eq}}/c^\circ)^b} \left(\frac{c^\circ RT}{P^\circ}\right)^{f+d-a-b} \tag{6.23}$$

其中 $c^\circ \equiv 1$ mol/liter = 1 mol/dm^3，引入 c° 使得 (6.23) 式右側的所有分數為無因次。請注意，$c^\circ RT$ 具有與 P° 相同的因次。數量 $f + d - a - b$ 是反應的莫耳數變化，我們用 $\Delta n/\text{mol} \equiv f + d - a - b$ 來表示。由於 $f + d - a - b$ 是無因次，而 Δn 具有莫耳單位，在定義中我們將 Δn 除以單位「莫耳」。對於 $\text{N}_2(g) + 3\,\text{H}_2(g) \rightleftharpoons 2\,\text{NH}_3(g)$，$\Delta n/\text{ mol} = 2 - 1 - 3 = -2$。定義標準濃度平衡常數 K_c° 為

$$K_c^\circ \equiv \prod_i (c_{i,\text{eq}}/c^\circ)^{\nu_i} \qquad \text{其中 } c^\circ \equiv 1 \text{ mol/L} \equiv 1 \text{ mol/dm}^3 \tag{6.24}$$

對於 (6.23) 式，我們有

$$K_P^\circ = K_c^\circ (RTc^\circ/P^\circ)^{\Delta n/\text{mol}} \tag{6.25}$$

已知 K_P°，我們可以從 (6.25) 式中求得 K_c°。K_c° 與 K_P° 一樣，無因次。由於 K_P° 僅與 T 有關，並且 c° 和 P° 是常數，因此 (6.25) 式可知 K_c° 僅是 T 的函數。

我們還可以定義莫耳分率平衡常數 K_x：

$$K_x \equiv \prod_i (x_{i,\text{eq}})^{\nu_i} \tag{6.26}$$

K_x 和 K_P° 之間的關係是

$$K_P^\circ = K_x (P/P^\circ)^{\Delta n/\text{mol}} \tag{6.27}$$

除了 $\Delta n = 0$ 的反應，平衡常數 K_x 與 P 以及 T 有關，因此不如 K_P° 有用。

K_c° 和 K_x 的引入只是一種方便，而任何理想氣體平衡問題可僅用 K_P° 來解。由於標準狀態定義為具有 1 bar 的壓力，因此 ΔG° 與 K_P° 的直接相關式為 $\Delta G^\circ = -RT \ln K_P^\circ$ [(6.14) 式]，但藉由 (6.25) 式和 (6.27) 式僅與 K_c° 和 K_x 間接相關。

☕ 化學平衡的定性討論

以下討論一般適用於各種反應平衡，而不僅是理想氣體反應。

標準平衡常數 K_P° 是正數的乘積和商，因此必是正數：$0 < K_P^\circ < \infty$。如果 K_P° 非常大 ($K_P^\circ \gg 1$)，其分子必須遠遠大於其分母，這意味著生成物的平衡壓力通常大於反應物的平衡壓力。反之，如果 K_P° 非常小 ($K_P^\circ \ll 1$)，其分母比分子大，反應物平衡壓力通常大於生成物平衡壓力。中間的 K_P° 值通常意味著生成物和反應物的實際平衡壓力 (使用「通常」一詞是因為它不是平衡常數中出現的壓力，而是壓力上升到化學計量

係數)。平衡常數較大的值有利於生成物；小的值有利於反應物。

我們有 $K_P^\circ = 1/e^{\Delta G^\circ/RT}$ [(6.15) 式]。若 $\Delta G^\circ \gg 0$，則 $e^{\Delta G^\circ/RT}$ 非常大，而 K_P° 非常小。若 $\Delta G^\circ \ll 0$，則 $K_P^\circ = e^{-\Delta G^\circ/RT}$ 非常大。若 $\Delta G^\circ \approx 0$，則 $K_P^\circ \approx 1$。大的正 ΔG° 值有利於反應物；大的負 ΔG° 值有利於生成物。更確切地說，是 $\Delta G^\circ/RT$，而不是 ΔG° 決定 K_P°。若 $\Delta G^\circ = 12RT$，則 $K_P^\circ = e^{-12} = 6 \times 10^{-6}$。若 $\Delta G^\circ = -12RT$，則 $K_P^\circ = e^{12} = 2 \times 10^5$。若 $\Delta G^\circ = 50RT$，則 $K_P^\circ = 2 \times 10^{-22}$。由於 K_P° 與 ΔG° 之間呈指數關係，除非 ΔG° 在 $-12RT < \Delta G^\circ < 12RT$ 的大概範圍內，平衡常數將會非常大或非常小。在 300 K 時，$RT = 2.5$ kJ/mol 而 $12RT = 30$ kJ/mol，所以除非 $|\Delta G_{300}^\circ| < 30$ kJ/mol，生成物或反應物的平衡量將非常小。附錄數據顯示 $\Delta_f G_{298}^\circ$ 的值通常是幾百 kJ/mol，所以對於大多數反應，ΔG° 不會位於範圍從 $-12RT$ 到 $12RT$ 而 K_P° 將會非常大或非常小。圖 6.3 繪製了在兩個溫度下 K_P° 對 ΔG° 的圖而 K_P° 是使用對數刻度。ΔG° 的一個微小變化在 $K_P^\circ = e^{-\Delta G^\circ/RT}$ 中產生很大的變化。例如，在 300 K 時，ΔG 只減少 10 kJ/mol 就使 K_P° 增加 55 倍。

由於 $G^\circ = H^\circ - TS^\circ$，對於等溫過程，我們有

$$\Delta G^\circ = \Delta H^\circ - T\Delta S^\circ \quad \text{恆溫 } T \quad (6.28)$$

所以 ΔG° 由 ΔH°、ΔS° 和 T 確定。如果 T 低，則 (6.28) 式中的因子 T 小且 (6.28) 式右邊的第一項占主導地位。隨著 T 趨近於零，ΔS° 趨近於零的事實 (第三定律) 增加了低溫下 ΔH° 比 $T\Delta S^\circ$ 占優勢。當 T 趨近於零時 ΔS° 趨近於零的事實 (第三定律) 在低溫下增加 ΔH° 在 $T\Delta S^\circ$ 上的優勢。因此在極限 $T \to 0$ 時，ΔG° 趨近於 ΔH°。對於低溫，我們有以下粗略的關係：

$$\Delta G^\circ \approx \Delta H^\circ \quad \text{低溫 } T \quad (6.29)$$

對於放熱反應，ΔH° 為負值，因此從 (6.29) 式可知 ΔG° 在低溫下為負值。因此，在低 T 時，放熱反應的生成物比反應物更有利。(回顧第 4.3 節，負的 ΔH 增加了外界的熵) 對於大多數反應，ΔH° 和 $T\Delta S^\circ$ 的值是在室溫 (或低於室溫)(6.28) 式右側的第一項占主導地位。因此，對於大多數放熱反應，在室溫下是有利於生成物。然而，單獨的 ΔH° 不能確定平衡常數，並且由於 $-T\Delta S^\circ$ 項，在室溫下有很多吸熱反應，ΔG° 為負值且利於生成物。

對於非常高的溫度，因數 T 使位於 (6.28) 式右側第二項是主導地位，我們有如下粗略的關係：

$$\Delta G^\circ \approx -T\Delta S^\circ \quad \text{高溫 } T \quad (6.30)$$

在高溫下，具有正的 ΔS° 的反應具有負的 ΔG° 且有利於生成物。

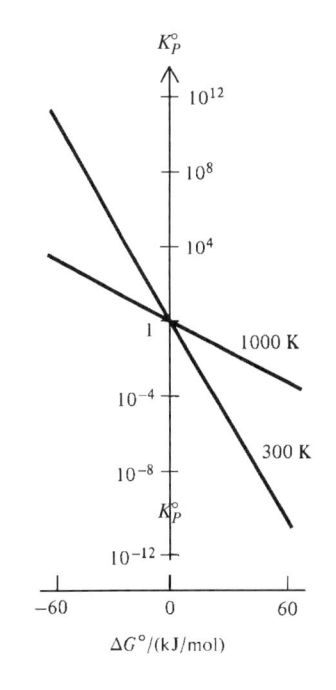

圖 6.3
兩個溫度下的 K_P° 隨 ΔG° 的變化。縱坐標是對數刻度。

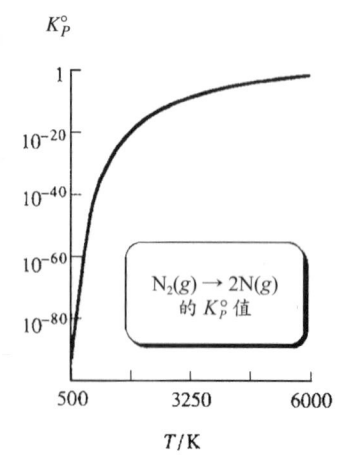

圖 6.4

$N_2(g) \rightleftharpoons 2N(g)$ 的 K_P° 對 T 的圖形。縱坐標是對數刻度。

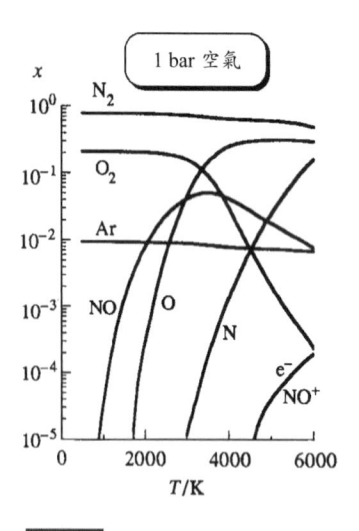

圖 6.5

1 bar 壓力下，乾空氣的莫耳分率平衡組成對 T 的圖形。省略了 CO_2 和其他微量成分。縱坐標是對數刻度。在 3000 K 以上，$Ar(x_{Ar} = n_{Ar}/n_{tot})$ 的莫耳分率降低，因為 O_2 的解離增加了存在的總莫耳數。高於 6000 K，O^+ 和 N^+ 的形成變得重要。在 15000 K 時，僅存在大量帶電物質。

考慮化學鍵的斷裂，例如 $N_2(g) \rightleftharpoons 2N(g)$。由於鍵的斷裂，反應是高度吸熱的 ($\Delta H^\circ >> 0$)。因此合理低溫時，$\Delta G^\circ$ 高度正，N_2 在低溫下 (包括室溫) 不顯著解離。對於 $N_2(g) \rightleftharpoons 2N(g)$，氣體的莫耳數增加，所以我們預計這個反應具有正的 ΔS°。(對於該反應，附錄數據給出了 $\Delta S_{298}^\circ = 115$ $Jmol^{-1} K^{-1}$)。因此對於高溫，我們期望從 (6.30) 式得出 $N_2 \rightleftharpoons 2N$ 的 ΔG° 是負的，有利於解離成原子。

圖 6.4 繪製了 $N_2(g) \rightleftharpoons 2N(g)$ 的 K_P° 對 T 的曲線。在 1 bar 時，僅在 3500 K 以上發生顯著解離。計算 6000 K 以上的氮氣組成還必須考慮到 N_2 和 N 分別解離成 $N_2 + e^-$ 和 $N + e^-$。計算空氣中的高溫 T 組成必須考慮到 O_2 和 N_2 的解離，NO 的形成以及存在分子和原子的解離。圖 6.5 繪製了乾燥空氣在 1 bar 的組成對 T 的圖形。氣態離子和 $e^-(g)$ 的熱力學數據可以在 NIST-JANAF 表中找到。

6.3 平衡常數隨溫度的改變

理想氣體平衡常數 K_P° 只是溫度的函數。讓我們來推導平衡常數與溫度的關係。由 (6.14) 式可知 $\ln K_P^\circ = -\Delta G^\circ / RT$。對 T 微分可得

$$\frac{d \ln K_P^\circ}{dT} = \frac{\Delta G^\circ}{RT^2} - \frac{1}{RT} \frac{d(\Delta G^\circ)}{dT} \tag{6.31}$$

利用 $\Delta G^\circ \equiv \sum_i \nu_i G_{m,i}^\circ$ [(6.9) 式] 可得

$$\frac{d}{dT} \Delta G^\circ = \frac{d}{dT} \sum_i \nu_i G_{m,i}^\circ = \sum_i \nu_i \frac{dG_{m,i}^\circ}{dT} \tag{6.32}$$

由 $dG_m = -S_m dT + V_m dP$，對於純物質，我們有 $(\partial G_m/\partial T)_P = -S_m$。於是

$$dG_{m,i}^\circ/dT = -S_{m,i}^\circ \tag{6.33}$$

上標 ° 表示純理想氣體的壓力 i 固定在標準值 1 bar。因此 $G_{m,i}^\circ$ 只與 T 有關，並且偏導數變成常導數。將 (6.33) 式代入 (6.32) 式，可得

$$\frac{d \Delta G^\circ}{dT} = -\sum_i \nu_i S_{m,i}^\circ = -\Delta S^\circ \tag{6.34}$$

其中 ΔS° 是反應的標準熵變，(5.36) 式。因此 (6.31) 式變成

$$\frac{d \ln K_P^\circ}{dT} = \frac{\Delta G^\circ}{RT^2} + \frac{\Delta S^\circ}{RT} = \frac{\Delta G^\circ + T \Delta S^\circ}{RT^2} \tag{6.35}$$

由於 $\Delta G^\circ = \Delta H^\circ - T\Delta S^\circ$，我們得到

$$\frac{d \ln K_P^\circ}{dT} = \frac{\Delta H^\circ}{RT^2} \tag{6.36}*$$

這是 **van't Hoff 方程式** [由於 $\ln K_P^\circ = -\Delta G^\circ / RT$，(6.36) 式可由 Gibbs-

Helmholtz 方程式 $(\partial(G/T)/\partial T)_P = -H/T^2$ 得到]。(6.36) 式中，$\Delta H° = \Delta H_T°$ 是溫度 T 下理想氣體反應的標準焓變 [(5.3) 式]。$|\Delta H°|$ 的值越大，平衡常數 $K_P°$ 隨溫度變化越快。

(6.36) 式中的上標。實際上是不必要的，因為理想氣體的 H 與壓力和其他理想氣體的存在無關。因此，理想氣體混合物中每莫耳反應的 ΔH 與 $\Delta H°$ 相同。然而，理想氣體的 S 強烈地隨壓力而變，因此混合物中每莫耳反應的 ΔS 和 ΔG 基本上不同於 $\Delta S°$ 和 $\Delta G°$。

將 (6.36) 式乘以 dT 並從 T_1 積分到 T_2 得到

$$d \ln K_P° = \frac{\Delta H°}{RT^2} dT$$

$$\ln \frac{K_P°(T_2)}{K_P°(T_1)} = \int_{T_1}^{T_2} \frac{\Delta H°(T)}{RT^2} dT \tag{6.37}$$

為了計算 (6.37) 式中的積分，我們需要將 $\Delta H°$ 寫成 T 的函數。$\Delta H°(T)$ 可由 $\Delta C_P°$ 積分求得 (第 5.5 節)。計算 (5.19) 式的積分，導出如下的方程式

$$\Delta H_T° = A + BT + CT^2 + DT^3 + ET^4 \tag{6.38}$$

其中 A、B、C、D 和 E 是常數。將 (6.38) 式代入 (6.37) 式，從在 T_1 處的已知值可求得在任何溫度 T_2 下的 $K_P°$。

氣相反應的 $\Delta H°$ 通常隨 T 緩慢變化，因此如果 $T_2 - T_1$ 相當小，忽略 $\Delta H°$ 隨溫度的變化通常是良好的近似值。將 $\Delta H°$ 移至 (6.37) 式積分符號之外並積分，我們就可以得到

$$\ln \frac{K_P°(T_2)}{K_P°(T_1)} \approx \frac{\Delta H°}{R} \left(\frac{1}{T_1} - \frac{1}{T_2} \right) \tag{6.39}$$

例 6.2　$K_P°$ 隨 T 的變化

假設 $\Delta H°$ 與 T 無關，在 600 K 下，求 $N_2O_4(g) \rightleftharpoons 2NO_2(g)$ 的 $K_P°$。

若假設 $\Delta H°$ 與 T 無關，則 van't Hoff 方程式的積分給出 (6.39) 式。由 $NO_2(g)$ 和 $N_2O_4(g)$ 的附錄數據得到 $\Delta H°_{298} = 57.20$ kJ/mol 和 $\Delta G°_{298} = 4730$ J/mol。從 $\Delta G° = -RT \ln K_P°$，我們發現 $K_P°$, 298 = 0.148。代入 (6.39) 式，可得

$$\ln \frac{K_{P,600}°}{0.148} \approx \frac{57200 \text{ J/mol}}{8.314 \text{ J/mol-K}} \left(\frac{1}{298.15 \text{ K}} - \frac{1}{600 \text{ K}} \right) = 11.609$$

$$K_{P,600}° \approx 1.63 \times 10^4$$

習題

使用附錄的數據並假設 $\Delta H°$ 與 T 無關，求 $O_2(g) \rightleftharpoons 2O(g)$ 在 25°C、1000 K 和 3000 K 下的 $K_P°$。(答案：1.2×10^{-20}，0.0027)

延伸例題

已知反應 $R(g) \rightleftharpoons P(g)$ 的 $\Delta H°_{298} = 33.89$ kJ/mol，$\Delta G°_{298} = 5.18$ kJ/mol，若 $\Delta H°$ 不隨溫度改變，求溫度為 400 K 時的平衡常數。

解：由 (6.14) 式，$\Delta G° = -RT \ln K°$ 可知

$$5.18 \times 10^3 = -8.314 \times 298 \ln K°_{298}$$
$$\ln K°_{298} = -2.09$$

由 (6.39) 式，

$$\ln \frac{K°(T_2)}{K°(T_1)} = \frac{\Delta H°}{R}\left(\frac{1}{T_1} - \frac{1}{T_2}\right)$$

$$\ln K°(T_2) = \frac{\Delta H°}{R}\left(\frac{1}{T_1} - \frac{1}{T_2}\right) + \ln K°(T_1)$$

$$= \frac{33.89 \times 10^3}{8.314}\left(\frac{1}{298} - \frac{1}{400}\right) - 2.09$$

$$= 1.398$$

$$K°_{400} = 4.047$$

由於 $d(T^{-1}) = -T^{-2} dT$，van't Hoff 方程式 (6.36) 可寫成

$$\frac{d \ln K°_P}{d(1/T)} = -\frac{\Delta H°}{R} \tag{6.40}$$

在 y 對 x 的圖上的點 x_0 處的導數 dy/dx 等於 y 對 x 曲線在 x_0 處的斜率。因此，(6.40) 式告訴我們，在特定溫度下，$\ln K°_P$ 對 $1/T$ 的曲線斜率等於該溫度下的 $-\Delta H°/R$。如果 $\Delta H°$ 在曲線的溫度範圍內基本上是恆定的，則 $\ln K°_P$ 與 $1/T$ 的曲線圖是一條直線。

若 $K°_P$ 在幾個溫度下為已知，則使用 (6.40) 式可以找到 $\Delta H°$。若所有物種的 $\Delta_f H°$ 為未知，則這種方法給出了另一種求得 $\Delta H°$ 的方法，而這種方法很有用。可以使用 $\Delta G°_T = -RT \ln K°_P(T)$ 從 $K°_P$ 找到 $\Delta G°_T$。知道 $\Delta G°$ 和 $\Delta H°$，我們可以從 $\Delta G° = \Delta H° - T\Delta S°$ 計算 $\Delta S°$。因此，在一定溫度範圍內測量 $K°_P$ 可以計算該溫度範圍內的反應的 $\Delta G°$、$\Delta H°$ 和 $\Delta S°$。

若 $\Delta H°$ 在整個溫度範圍內為恆定，則可以使用 (6.39) 式從不同溫度下的兩個 $K°_P$ 值求得 $\Delta H°$。因此讀者有時會想知道為何要對幾個 $K°_P$ 值繪製 $\ln K°_P$ 對 $1/T$ 的圖形並取斜率。製作圖形有幾個原因。首先，$\Delta H°$ 可能在溫度區間內有顯著變化，這可由圖的非線性顯示。即使 $\Delta H°$ 是恆定的，$K°_P$ 值總會存在一些實驗誤差，而繪製的點將成為偏離直線的散點。使用所有的數據來繪製圖形，並且取最適合點的線來計算 $\Delta H°$ 值比僅從兩個數據點計算得出的 $\Delta H°$ 值更精確。

使用最小平方法可以找到通過這些點的最佳直線的斜率和截距，這很容易在許多計算器上完成。即使進行了最小平方計算，製作圖形仍然很有用，因為圖形將顯示

$\Delta H°$ 由於溫度變化而偏離線性，並顯示因為測量或計算出現錯誤而有任何點偏離最佳直線。

圖 6.6a 繪製了 $N_2(g) + 3H_2(g) \rightleftharpoons 2NH_3(g)$ 的 $\Delta H°$、$\Delta S°$、$\Delta G°$ 和 $R \ln K_P°$ 對 T 的曲線。請注意，於低溫 T，$\Delta S°$ 根據第三定律趨近於零，除了低溫 T 外，$\Delta H°$ 和 $\Delta S°$ 隨 T 緩慢變化。$\Delta G°$ 隨著 T 的增加快速增加且幾乎呈線性增加；這種增加是由於在 $\Delta G° = \Delta H° - T\Delta S°$ 中乘以 $\Delta S°$ 的因數 T 的增加。由於 $\Delta H°$ 為負值，因此隨著 T 增加，$\ln K_P°$ 減小 [(6.36) 式]。當 T 增加時，$\ln K_P°$ 相對於 T 的下降速率迅速下降，這是由於 $d \ln K_P°/dT = \Delta H°/RT^2$ 中的 $1/T^2$ 因數。

在高溫下，$-RT \ln K_P° = \Delta G° \approx T\Delta S°$，所以在高溫 T 下，$R \ln K_P° \approx \Delta S°$，注意在高溫 T 值時，$R \ln K_P°$ 曲線與 $\Delta S°$ 曲線相互逼近。在低溫 T 時，$-RT \ln K_P° = \Delta G° \approx \Delta H°$，所以 $\ln K_P° \approx -\Delta H°/RT$。因此，當 $T \to 0$ 時，$\ln K_P°$ 和 $K_P°$ 趨近於無窮大。生成物 $2 NH_3(g)$ 比反應物 $N_2(g) + 3H_2(g)$ 具有較低的焓和較低的內能 (因為在 $T = 0$ 的極限，$\Delta U° = \Delta H°$)，且在 $T = 0$ 的極限，平衡位置對應完全轉換為低能量物種的生成物。低 T 平衡位置由內能變化 $\Delta U°$ 決定，高 T 平衡位置由熵變 $\Delta S°$ 決定。

圖 6.6b 繪製了 $N_2(g) + 3H_2(g) \rightleftharpoons 2NH_3(g)$ 在 200 至 1000 K 範圍的 $\ln K_P°$ 對 $1/T$ 的關係曲線。這條曲線具有非常輕微的曲率，顯示 $\Delta H°$ 隨溫度的變化很小。

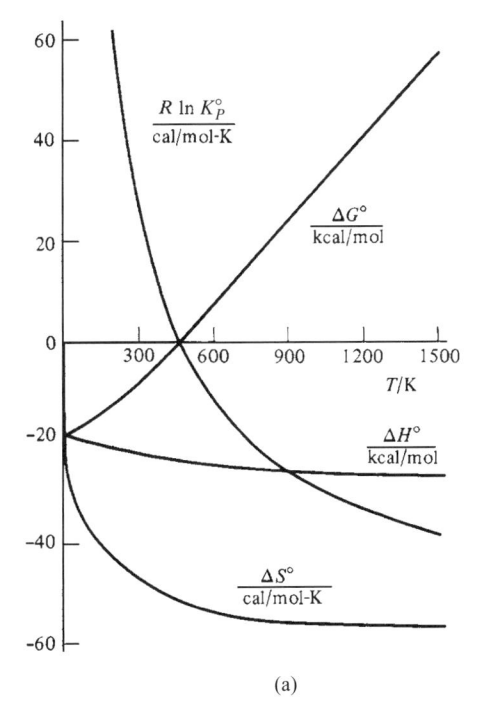

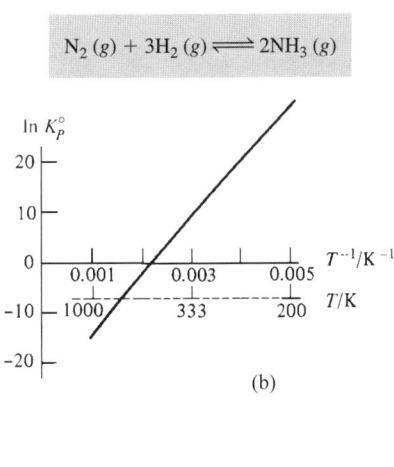

圖 6.6
$N_2(g) + 3H_2(g) \rightleftharpoons 2NH_3(g)$ 的熱力學量。在 $T \to 0$ 的極限，$\Delta S° \to 0$。

例 6.3　從 $K_P°$ 對 T 的數據求 $\Delta H°$

使用圖 6.6b 估算 $N_2(g) + 3H_2(g) \rightleftharpoons 2NH_3(g)$ 在 300 至 500 K 的範圍內的 $\Delta H°$。

由於只需要估算，我們將忽略該曲線的輕微曲率並將其視為一條直線。這條線通過兩點 $T^{-1} = 0.0040$ K^{-1}, $\ln K_P° = 20.0$ 和 $T^{-1} = 0.0022$ K^{-1}, $\ln K_P° = 0$。因此斜率為 $(20.0-0)/(0.0040$ K$^{-1} - 0.0022$ K$^{-1}) = 1.11 \times 10^4$ K。請注意，斜率有單位。由 (6.40) 式，$\ln K_P°$ 對 $1/T$ 圖的斜率等於 $-\Delta H°/R$，所以

$$\Delta H° = -R \times 斜率 = -(1.987 \text{ cal mol}^{-1}\text{K}^{-1})(1.11 \times 10^4 \text{ K})$$
$$= -22 \text{ kcal/mol}$$

與圖 6.6a 一致。

習題

在圖 6.6a 中，畫出 $R \ln K_P°$ 曲線在 1200 K 的切線，並由此直線的斜率計算 $\Delta H°_{1200}$。
(答案：-27 kcal/mol)

延伸例題

已知在 450 K 至 480 K 之間，反應 $A(g) \rightleftharpoons B(g)$ 的標準平衡常數 $K°$ 與溫度 T 的關係為

$$\ln K° = -4835/T + 10.75$$

若在該溫度範圍內 $\Delta H°$ 為常數，求 470 K 的 $\Delta S°$。

解：由 (6.40) 式，

$$\ln K° = -\frac{\Delta H°}{R} \cdot \frac{1}{T} + C$$

將上式與題目給予的方程式比較，可知

$$\Delta H° = 4835 \times R = 4835 \times 8.314 = 40.198 \text{ kJ/mol}$$
$$\Delta G°_{470} = -RT \ln K°$$
$$= -8.314 \times 470 \times (-4835/470 + 10.75)$$
$$= -1.836 \text{ kJ/mol}$$

由 $\Delta G° = \Delta H° - T\Delta S°$ 可得

$$-1.836 = 40.198 - 470\Delta S°$$
$$\Delta S° = 89.43 \text{ J/K}$$

6.4 理想氣體平衡計算

對於理想氣體反應，一旦我們知道在給定溫度下 $K_P°$ 的值，可以在該溫度下找到任何給定反應混合物的平衡組成和指定的壓力或體積。$K_P°$ 可以藉由在目標溫度下達到

平衡的單一混合物的化學分析來確定。但是，它通常使用 $\Delta G° = -RT \ln K_P°$，由 $\Delta G°$ 來確定 $K_P°$ 更簡單。在第 5 章中，我們展示了卡計如何測量 (純物質的熱容量和相轉變的熱量以及反應熱) 使人們找到很多化合物的 $\Delta_f G_T°$ 值。一旦知道這些值，我們就可以計算出這些化合物之間任何化學反應的 $\Delta G_T°$，且從 $\Delta G°$ 得到 $K_P°$。

因此，熱力學使我們能夠找到反應的 $K_P°$，而無需對平衡混合物進行任何測量。這一知識在尋找化學反應中生成物的最大可能產率方面具有明顯的價值。如果發現 $\Delta G_T°$ 對於反應是很大的正值，則該反應將不利於生成物。如果 $\Delta G_T°$ 為負或僅略微正，則反應可能有用。即使平衡位置產生大量生成物，我們仍然必須考慮反應速率 (熱力學範圍之外的主題)。通常，具有負的 $\Delta G°$ 的反應有時會非常緩慢地進行。因此，我們可能不得不尋找催化劑來加速達到平衡。對於給定的一組反應物，通常會出現幾種不同的反應，我們必須考慮幾個同時反應的速率和平衡常數。

我們現在檢視理想氣體反應的平衡計算。在所有的計算中我們將使用 $K_P°$。而 $K_c°$ 也可以使用，但統一使用 $K_P°$ 避免了必須學習 $K_c°$ 的任何公式。我們假設密度足夠低，可以將氣體混合物視為理想混合物。

理想氣體反應混合物的平衡組成是 T 和 P (或 T 和 V) 以及混合物的初始組成 (莫耳數) $n_{1,0}$, $n_{2,0}$, ... 的函數。平衡組成與初始組成之間的關係是一個單一變數，即平衡的反應進度 ξ_{eq}。我們有 [(4.95) 式] $\Delta n_i \equiv n_{i,eq} - n_{i,0} = \nu_i \xi_{eq}$。因此我們在理想氣體平衡計算中的目標是找到 ξ_{eq}。以平衡莫耳數 $n_i = n_{i,0} + \nu_i \xi$ 來表示 $K_P°$ 中的平衡分壓，為簡單起見，省略了 eq 下標。

找到理想氣體反應混合物的平衡組成的具體步驟如下：

1. 使用 $\Delta G_T° = \Sigma_i \nu_i \Delta_f G_{T,i}°$ 和 $\Delta_f G_T°$ 的表值計算反應的 $\Delta G_T°$。
2. 使用 $\Delta G° = -RT \ln K_P°$ 計算 $K_P°$。[如果反應在溫度 T 的 $\Delta_f G°$ 數據是不可用的，在 T 的 $K_P°$ 值可以使用 (6.39) 式的 van't Hoff 方程，假設 $\Delta H°$ 是常數]。
3. 使用反應的化學計量以初始莫耳數 $n_{i,0}$ 和平衡的反應進度 ξ_{eq} 根據 $n_i = n_{i,0} + \nu_i \xi_{eq}$ 來表示平衡莫耳數 n_i。
4. (a) 如果反應在固定的 T 和 P 下進行，則使用 $P_i = x_i P = (n_i/\Sigma_i n_i)P$ 和來自步驟 3 的 n_i 的表達式用 ξ_{eq} 來表達每個平衡分壓 P_i。

   (b) 如果反應在固定的 T 和 V 下進行，則使用 $P_i = n_i RT/V$ 以 ξ_{eq} 表示每個 P_i。因此：

$$\text{若 } P \text{ 為已知，則 } P_i = x_i P = \frac{n_i}{n_{tot}} P \text{ ；若 } V \text{ 為已知，則 } P_i = \frac{n_i RT}{V}$$

5. 將 P_i (表示為 ξ_{eq} 的函數) 代入平衡常數表達式 $K_P° = \Pi_i (P_i/P°)^{\nu_i}$ 並求解 ξ_{eq}。
6. 由 ξ_{eq} 計算平衡莫耳數和步驟 3 的 n_i 的表達式。

舉例而言，考慮下列反應

$$N_2(g) + 3H_2(g) \rightleftharpoons 2NH_3(g)$$

初始組成為 1.0 mol N_2、2.0 mol H_2 和 0.50 mol NH_3。做步驟 3，令 $z \equiv \xi_{eq}$ 是平衡的反

應進度。建構一個像用於普通化學平衡計算的表，我們有

	N_2	H_2	NH_3
初始莫耳數	1.0	2.0	0.50
改變	$-z$	$-3z$	$2z$
平衡莫耳數	$1.0 - z$	$2.0 - 3z$	$0.50 + 2z$

其中 $\Delta n_i = \nu_i \xi$ [(4.95) 式] 被用來計算變化。平衡的總莫耳數是 $n_{tot} = 3.5 - 2z$。如果 P 是固定的，我們表達均衡分壓為 $P_{N_2} = x_{N_2}P = [(1.0-z)/(3.5-2z)]P$ 等，其中 P 為已知。如果 V 是固定的，我們使用 $P_{N_2} = x_{N_2}RT/V = (1.0-z)RT/V$ 等，其中 T 和 V 為已知。然後，將分壓的表達式代入 K_P° 的表達式 (6.18) 式，得到只有一個未知數的方程式，即平衡的反應進度 z。然後求出 z 並用結果計算平衡莫耳數。

平衡的反應進度可能是正或負。我們定義氨合成反應的**反應商** (reaction quotient) Q_P 為

$$Q_P \equiv \frac{P_{NH_3}^2}{P_{N_2} P_{H_2}^3} \tag{6.41}$$

其中分壓是在某個特定時間存在於混合物中的分壓，不一定是平衡。如果 Q_P 的初始值小於 K_P [(6.19) 式]，則反應必須向右生產更多的生成物並增加 Q_P，直到它在平衡時等於 K_P。因此，如果 $Q_P < K_P$ 則 $\xi_{eq} > 0$。如果 $Q_P > K_P$，則 $\xi_{eq} < 0$。

在前面 NH_3 的例子中，欲求平衡的反應進度 z 的最大和最小可能值，我們使用平衡莫耳數不能是負數的條件。關係式 $1.0 - z > 0$ 得到 $z < 1.0$。關係式 $2.0 - 3z > 0$ 得到 $z < \frac{2}{3}$。關係式 $0.50 + 2z > 0$ 得到 $z > -0.25$。於是 $-0.25 < z < 0.667$。K_P° 方程式的 z^4 是 z 的最高次冪 (這來自分母中的 $P_{N_2}P_{H_2}^3$)，所以有四個根。其中只有一個位於 -0.25 至 0.667 的範圍內。

例 6.4 在固定的 T 和 P 下的平衡組成

假設一個系統最初含有 0.300 mol 的 $N_2O_4(g)$ 和 0.500 mol 的 $NO_2(g)$ 且

$$N_2O_4(g) \rightleftharpoons 2\,NO_2(g)$$

在 $25°C$ 和 2.00 atm 下達到平衡。求平衡組成。

執行上述方案的步驟 1，我們使用附錄數據可得

$$\Delta G_{298}^\circ/(kJ/mol) = 2(51.31) - 97.89 = 4.73$$

對於步驟 2，我們有 $\Delta G^\circ = -RT \ln K_P^\circ$ 且

$$4730\ J/mol = -(8.314\ J/mol\text{-}K)(298.1\ K) \ln K_P^\circ$$
$$\ln K_P^\circ = -1.908 \text{ 且 } K_P^\circ = 0.148$$

對於步驟 3，令 x 莫耳 N_2O_4 反應達到平衡。由化學計量可知，將形成 $2x$ 莫耳的 NO_2，並且平衡莫耳數為

$$n_{N_2O_4} = (0.300 - x) \text{ mol} \quad 且 \quad n_{NO_2} = (0.500 + 2x) \text{ mol} \tag{6.42}$$

[注意，平衡的反應進度是 $\xi = x$ mol 且 (6.42) 式滿足 $n_i = n_{i,0} + \nu_i \xi$。

由於 T 和 P 是固定的，對於 (6.41) 式我們使用步驟 4(a)，寫出

$$P_{NO_2} = x_{NO_2} P = \frac{0.500 + 2x}{0.800 + x} P, \quad P_{N_2O_4} = x_{N_2O_4} P = \frac{0.300 - x}{0.800 + x} P$$

因為 $\sum_i n_i = (0.300-x) \text{ mol} + (0.500+2x) \text{ mol} = (0.800+x) \text{ mol}$。

執行步驟 5，我們有

$$K_P^\circ = \frac{[P_{NO_2}/P^\circ]^2}{P_{N_2O_4}/P^\circ}$$

$$0.148 = \frac{(0.500+2x)^2 (P/P^\circ)^2}{(0.800+x)^2} \frac{0.800+x}{(0.300-x)(P/P^\circ)} = \frac{0.250 + 2x + 4x^2}{0.240 - 0.500x - x^2} \frac{P}{P^\circ}$$

反應發生在 $P = 2.00$ atm $= 1520$ torr，且 $P^\circ = 1$ bar $= 750$ torr。因此 $0.148(P^\circ/P) = 0.0730$。去除分數，我們得到

$$4.0730 x^2 + 2.0365 x + 0.2325 = 0$$

由二次方程式求根的方法，解出

$$x = -0.324 \text{ 和 } x = -0.176$$

每種物質在平衡狀態下的莫耳數必須是正數。因此，$n(N_2O_4) = (0.300 - x) \text{ mol} > 0$，$x$ 必須小於 0.300。此外，$n(NO_2) = (0.500 + 2x) \text{ mol} > 0$，$x$ 必須大於 -0.250。我們有 $-0.250 < x < 0.300$。因此 $x = -0.324$ 不合。所以 $x = -0.176$，步驟 6 給出

$$n(N_2O_4) = (0.300 - x) \text{ mol} = 0.476 \text{ mol}$$
$$n(NO_2) = (0.500 + 2x) \text{ mol} = 0.148 \text{ mol}$$

習題

對於 4200 K 的 $O(g)$，$\Delta_f G^\circ = -26.81$ kJ/mol。對於初始組成為 1.000 莫耳 $O_2(g)$ 的系統，求在 4200 K 和 3.00 bar 下的平衡組成。

(答案：0.472 mol O_2，1.056 mol O)

延伸例題

在 1 dm³ 的容器中裝有 3.18 g 的 N_2O_4，在 25°C 時依下式部分解離：

$$N_2O_4(g) \rightleftharpoons 2\,NO_2(g)$$

經實驗測得解離平衡時總壓力為 101.325 kPa，假設兩氣體均為理想氣體，求解離度 α 與平衡常數 K。

解：假設反應開始時 $N_2O_4(g)$ 的量為 n

$$N_2O_4(g) \rightleftharpoons 2\,NO_2(g)$$

開始時	n	0
平衡時	$n(1-\alpha)$	$2n\alpha$

$$\Sigma n_i = n(1 + \alpha)$$
$$PV = \Sigma n_i RT = n(1 + \alpha)RT$$
$$101.325 \times 1 = \frac{3.18}{92.02}(1+\alpha) \times 8.314 \times 298.15$$
$$\alpha = 18.5\%$$

$$K = \frac{\left[\dfrac{2n\alpha}{n(1+\alpha)} \cdot \dfrac{P}{P^\circ}\right]^2}{\dfrac{n(1-\alpha)}{n(1+\alpha)} \cdot \dfrac{P}{P^\circ}}$$

$$= \frac{(2\alpha)^2}{1-\alpha^2} \cdot \frac{P}{P^\circ}$$

$$= \frac{(2 \times 0.185)^2}{1-(0.185)^2} \cdot \frac{101.325}{100}$$

$$= 0.15$$

例 6.5　在固定的 T 和 V 下的平衡組成

理想氣體反應 $2A + B \rightleftharpoons C + D$ 在 800 K 的 $K_P^\circ = 6.51$。如果在 800 K 將 3.000 mol A、1.000 mol B 和 4.000 mol C 置於 8000 cm³ 的容器中，求所有物種的平衡量。

解：繼續前面方案的步驟 3，我們假設 x 莫耳 B 反應達到平衡。則平衡時

$$n_B = (1-x) \text{ mol}, \quad n_A = (3-2x) \text{ mol}, \quad n_C = (4+x) \text{ mol}, \quad n_D = x \text{ mol}$$

反應在恆定的 T 和 V 下進行。根據步驟 4(b) 使用 $P_i = n_i RT/V$ 並且代入 K_P°，我們得到

$$K_P^\circ \equiv \frac{(P_C/P^\circ)(P_D/P^\circ)}{(P_A/P^\circ)^2(P_B/P^\circ)} = \frac{(n_C RT/V)(n_D RT/V)P^\circ}{(n_A RT/V)^2(n_B RT/V)} = \frac{n_C n_D}{n_A^2 n_B} \frac{VP^\circ}{RT}$$

其中 $P^\circ \equiv 1$ bar。使用 1 atm = 760 torr、1 bar = 750.06 torr，且 $R = 82.06$ cm³ atm mol⁻¹ K⁻¹ 得到 $R = 83.14$ cm³ bar mol⁻¹ K⁻¹。將 n_i 代入可得

$$6.51 = \frac{(4+x)x \text{ mol}^2}{(3-2x)^2(1-x) \text{ mol}^3} \frac{8000 \text{ cm}^3 \text{ bar}}{(83.14 \text{ cm}^3 \text{ bar mol}^{-1} \text{ K}^{-1})(800 \text{ K})}$$

$$x^3 - 3.995x^2 + 5.269x - 2.250 = 0 \tag{6.43}$$

其中我們除以 x^3 的係數。我們要解一個三次方程式。三次方程式根的公式非常複雜。次數高於四次的方程式經常出現在平衡計算中，並且這些方程式的根沒有公式。因此我們用試誤法求解 (6.43) 式。$n_B > 0$ 和 $n_D > 0$ 表示 $0 < x < 1$。當 $x = 0$，(6.43) 式的左邊等於 -2.250；當 $x = 1$，左邊等於 0.024。因此 x 較接近 1 而不是 0。猜測 $x = 0.9$，左邊我們得到 -0.015。因此，根在 0.9 和 1.0 之間。內插法給出了估計值 $x = 0.94$。當 $x = 0.94$，左邊等於 0.003，仍然有點高。試試 $x = 0.93$，左邊為 -0.001。因此根為 0.93（到小數點兩位）。平衡量為 $n_A = 1.14$ mol、$n_B = 0.07$ mol、$n_C = 4.93$ mol 和 $n_D = 0.93$ mol。

習題

理想氣體反應 2R + 2S ⇌ V + W 在 400 K 的 $K_P^° = 3.33$。如果在 400 K 將 0.400 mol R 和 0.400 mol S 置於空的 5.000 L 的容器中，求所有物種的平衡量。
(提示：為避免求解四次方程，取方程式兩邊的平方根)
(答案：0.109 mol R，0.109 mol S，0.145 mol V，0.145 mol W)

一些電子計算器可以自動找到方程式的根。使用這樣的計算器可以得 (6.43) 式的根為 $x = 0.9317...$ 和兩個虛根。

例 6.4 和 6.5 使用適用於所有理想氣體平衡計算的一般程序。例 6.6 考慮了一種特殊的理想氣體反應：異構化。

例 6.6　異構化中的平衡組成

假設氣相異構化反應 A ⇌ B，A ⇌ C 和 B ⇌ C 在固定的 T 處達到平衡。用平衡常數表示 A、B 和 C 的平衡莫耳分率。

令 $K_{B/A}$ 表示 A ⇌ B 的 $K_P^°$，並且令 $K_{C/A}$ 表示 A ⇌ C 的 $K_P^°$。我們有

$$K_{B/A} = \frac{P_B/P^°}{P_A/P^°} = \frac{x_B P/P^°}{x_A P/P^°} = \frac{x_B}{x_A} \quad \text{且} \quad K_{C/A} = \frac{x_C}{x_A} \tag{6.44}$$

莫耳分率之和為 1，使用 (6.44) 式可得

$$x_A + x_B + x_C = 1$$
$$x_A + x_A K_{B/A} + x_A K_{C/A} = 1$$
$$x_A = \frac{1}{1 + K_{B/A} + K_{C/A}} \tag{6.45}$$

由 $x_B = K_{B/A} x_A$ 和 $x_C = K_{C/A} x_A$，我們得到

$$x_B = \frac{K_{B/A}}{1 + K_{B/A} + K_{C/A}} \quad \text{且} \quad x_C = \frac{K_{C/A}}{1 + K_{B/A} + K_{C/A}} \tag{6.46}$$

使用這些方程式，可以找到戊烷、異戊烷和新戊烷的氣相混合物 (假設為理想氣體) 在各種溫度下的平衡莫耳分率如圖 6.7 所示。

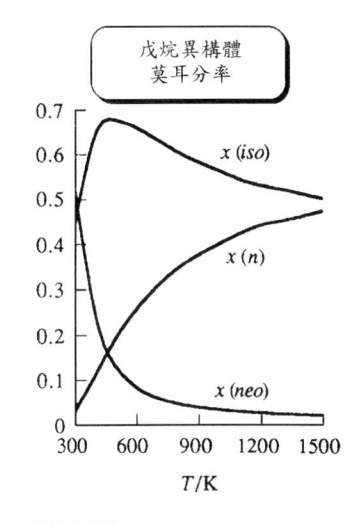

圖 6.7

在戊烷的三種異構體 (正戊烷、異戊烷和新戊烷) 的氣相平衡混合物中的莫耳分率對 T 的圖形。

習題

在 300-K，異構體 A、B 和 C 的氣相平衡混合物含有 0.16 mol A、0.24 mol B 和 0.72 mol C。在 300 K 下，求 $K_{B/A}$ 和 $K_{C/A}$。
(答案：1.5，4.5)

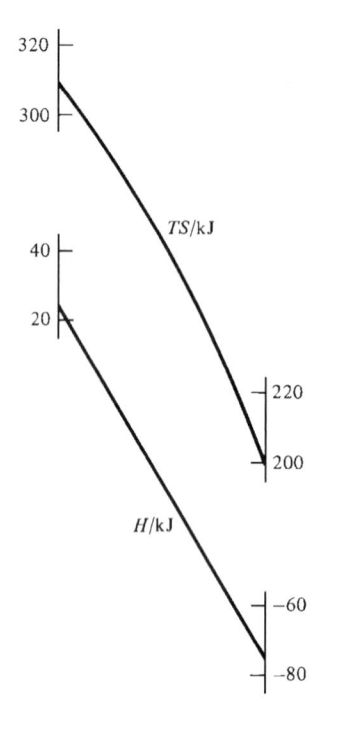

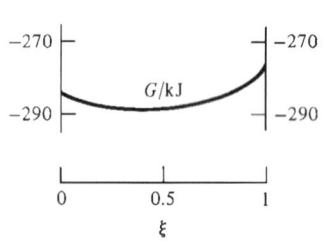

由於標準壓力 $P°$ 出現在 $K_P°$ 的定義中，因此 $P°$ 從 1 atm 變化到 1 bar 會略微影響 $K_P°$ 值。

當 $|\Delta G°|$ 很大，$K_P°$ 非常大或非常小。例如，若 $\Delta G°_{298} = 137$ kJ/mol，則 $K°_{P,298} = 10^{-24}$。從這個 $K_P°$ 值，我們可以計算出，在平衡狀態下，只存在幾個分子或甚至只有一個分子的生成物。當一個物種的分子數量很少時，熱力學並不嚴格適用，系統顯示熱力學預測的分子數不斷波動。

數據表通常列出 $\Delta_f H°$ 和 $\Delta_f G°$ 值是 0.01 kJ/mol，然而，測量的 $\Delta_f H°$ 值的實驗誤差通常為 $\frac{1}{2}$ 至 2 kJ/mol。$\Delta G°_{298}$ 的 2 kJ/mol 的誤差對應 $K_P°$ 的 2 倍。讀者應採用從 NaCl(s) 顆粒的熱力學數據計算得出的平衡常數。

在前面的例子中，給定條件組的平衡組成 (T 和 V 恆定或 T 和 P 恆定) 由 $K_P°$ 和初始組成計算而得。對於 T 和 P 恆定而系統達到平衡，平衡位置對應於系統的吉布斯能量 G 中的最小值。圖 6.8 繪製了 G、H 和 TS 的規定值 (第 5 章) (其中 $G = H - TS$) 對理想氣體反應 $N_2 + 3H_2 \rightleftharpoons 2NH_3$ 的反應進度，此反應於固定的 T 和 P 即 500 K 和 4 bar，初始組成為 1 mol N_2 和 3 mol H_2 的條件下進行。在平衡時，$\xi_{eq} = 0.38$。該圖是使用理想氣體混合物的 G、H 和 S 中的每一個是每種純氣體的貢獻之和的事實而得出的 (第 6.1 節)。

圖 6.8
G、H 和 TS 對反應進度 ξ 的變化，此反應是在 500 K 和 4 bar 下，初始組成為 1 mol N_2 和 3 mol H_2 的 $NH_3(g)$ 的合成。H 對 ξ 曲線是線性的。由於反應的 Δn 是負的，因此 S 隨著 ξ 的增加而減小。(當然，當 G 達到最小值時，S_{univ} 達到最大值)

6.5 總結

理想氣體混合物中，分壓為 P_i 的氣體 i 的化勢為 $\mu_i = \mu_i°(T) + RT \ln(P_i/P°)$，其中 i 的標準狀態化勢 $\mu_i°(T)$ 等於純氣體 i 在 $P° \equiv 1$ bar 和 T 的莫耳吉布斯能 $G°_{m,i}(T)$。

對於理想氣體反應 $0 \rightleftharpoons \Sigma_i v_i A_i$，將該表達式用於平衡條件 $\Sigma_i v_i \mu_i = 0$ 中的 μ_i 導致 $\Delta G° = -RT \ln K_P°$，其中 $\Delta G° \equiv \Sigma_i v_i \mu_i°$ 且標準平衡常數 $K_P° \equiv \prod_i (P_{i,eq}/P°)^{v_i}$ 僅為 T 的函數。標準平衡常數隨溫度的改變為 $d \ln K_P°/dT = \Delta H°/RT^2$。

理想氣體混合物在給定 T 下的平衡組成可由使用關係式 $\Delta n_i = v_i \xi$ (其中 ξ 是平衡時的未知反應進度)，將平衡莫耳數與初始莫耳數聯繫起來，若 P 為已知則使用 $P_i = x_i P = (n_i/n_{tot})P$，若 V 為已知則使用 $P_i = n_i RT/V$，以莫耳數表示分壓；然後將分壓的表達式 (僅含一個未知數 ξ) 代入 $K_P°$ 表達式。

當系統中的反應平衡發生變化時，藉由比較 $Q_P°$ 和 $K_P°$ 的值即可找到恢復平衡所需的移動方向。若 $Q_P° > K_P°$，則平衡會向左移動；若 $Q_P° < K_P°$，則平衡將向右移動。

本章討論了重要的理想氣體平衡計算包括：

- 從觀察到的平衡組成計算 K_P° 和 ΔG°。
- 使用 $\Delta G^\circ = -RT \ln K_P^\circ$ 計算 K_P°。
- 對於恆定的 T 和 P 或恆定的 T 和 V，從 K_P° 和初始組成計算平衡組成。
- 使用 $d \ln K_P^\circ / dT = \Delta H^\circ / RT^2$ 從 T_1 的 K_P° 計算 T_2 的 K_P°。
- 使用 K_P° 對 T 的數據計算反應的 ΔH°、ΔG° 和 ΔS°，其中利用 $\Delta G = -RT \ln K_P^\circ$ 得到 ΔG°，由 $d \ln K_P^\circ / dT = \Delta H^\circ / RT^2$ 得到 ΔH°，且由 $\Delta G^\circ = \Delta H^\circ - T\Delta S^\circ$ 得到 ΔS°。

習題

第 6.1 節

6.1 當 3.00 mol 純理想氣體於 400 K 的溫度下，壓力從 2.00 bar 降低到 1.00 bar。利用 $\mu_i = \mu_i^\circ + RT \ln(P_i/P^\circ)$ 計算 ΔG。

6.2 對或錯？(a) 理想氣體混合物中的理想氣體 i 在溫度 T 和分壓 P_i 下的化勢等於純氣體在溫度 T 和壓力 P_i 下的化勢。(b) 當 $P \to 0$ 時純理想氣體的 μ 值趨近於 $-\infty$ 且當 $P \to \infty$ 時趨近於 $+\infty$。(c) N_2 和 O_2（假定為理想氣體）混合氣體的熵等於純氣體的熵的總和，每一氣體都與混合氣體的溫度和體積相同。

第 6.2 節

6.3 對於氣相反應 $2SO_2 + O_2 \rightleftharpoons 2SO_3$，觀察到對於某種平衡混合物在 1000 K 和 1767 torr 下的莫耳分率為 $x_{SO_2} = 0.310$、$x_{O_2} = 0.250$ 和 $x_{SO_3} = 0.440$。
(a) 假設理想氣體，求在 1000 K 的 K_P° 和 ΔG°。
(b) 求在 1000 K 的 K_P (c) 求在 1000 K 的 K_c°。

6.4 實驗者放置 15.0 mmol A 和 18.0 mmol B 在容器中。將容器加熱至 600 K，並且建立氣相平衡 $A + B \rightleftharpoons 2C + 3D$。平衡混合物的壓力為 1085 torr 且含有 10.0 mmol 的 C。假設為理想氣體，求在 600 K 的 K_P° 和 ΔG°。

6.5 將 1055 cm³ 的容器抽真空，並將 0.01031 mol 的 NO 和 0.00440 mol 的 Br_2 置於容器中；於 323.7 K 建立平衡 $2NO(g) + Br_2(g) \rightleftharpoons 2NOBr(g)$，最終壓力測量為 231.2 torr。假設為理想氣體，求在 323.7 K 的 K_P° 和 ΔG°。(提示：計算 n_{tot})

第 6.3 節

6.6 對於 $PCl_5(g) \rightleftharpoons PCl_3(g) + Cl_2(g)$，觀察到的平衡常數（來自低平衡混合物在低壓的測量）對 T 的數據為

K_P°	0.245	1.99	4.96	9.35
T/K	485	534	556	574

(a) 僅使用這些數據，求此反應在 534 K 的 ΔH°、ΔG° 和 ΔS°。(b) 對於 574 K 重複此計算。

6.7 對於理想氣體反應 $PCl_5(g) \rightleftharpoons PCl_3(g) + Cl_2(g)$，使用附錄數據估算 400 K 時的 K_P°；假設 ΔH° 與 T 無關。

6.8 理想氣體反應 $CH_4(g) + H_2O(g) \rightleftharpoons CO(g) + 3H_2(g)$ 在 600 K 時有 $\Delta H^\circ = 217.9$ kJ/mol，$\Delta S^\circ = 242.5$ J/(mol K)，和 $\Delta G^\circ = 72.4$ kJ/mol。估算當 $K_P^\circ = 26$ 的反應的溫度。

6.9 對或錯？(a) 如果 ΔH° 為正，則 K_P° 必隨著 T 的增加而增加。(b) 對於理想氣體反應，ΔH° 必與 T 無關。

第 6.4 節

6.10 保持在 395°C 的某氣體混合物具有以下初始分壓：$P(Cl_2) = 351.4$ torr；$P(CO) = 342.0$ torr；$P(COCl_2) = 0$。在平衡時，總壓力為 439.5 torr。V 保持不變。求 $CO + Cl_2 \rightleftharpoons COCl_2$ 在 395°C 的 K_P°。[$COCl_2$（光氣）在第一次世界大戰被用作毒氣]。

6.11 假設有 1.00 mol CO_2 和 1.00 mol COF_2 放入 25°C 非常大的容器中，並於氣相反應 $2COF_2 \rightleftharpoons CO_2 + CF_4$ 中加入催化劑。使用附錄數據求平衡量。

6.12 對於理想氣體反應 A + B ⇌ 2C + 2D，其中 $\Delta G°_{500} = 1250$ cal mol^{-1}。(a) 如果將 1.000 mol A 和 1.000 mol B 置於 500 K 的容器中並且 P 固定在 1200 torr，求平衡量。(b) 如果將 1.000 mol A 和 2.000 mol B 置於 500 K 的容器中並且 P 固定在 1200 torr，求平衡量。

6.13 對於理想氣體反應 A + B ⇌ C，$n_A = 1.000$ mol、$n_B = 3.000$ mol 和 $n_C = 2.000$ mol 的混合物在 300 K 和 1.000 bar 下處於平衡狀態。假設壓力等溫增加到 2.000 bar；求新的平衡量。

6.14 對於反應 $PCl_5(g)$ ⇌ $PCl_3(g) + Cl_2(g)$，使用附錄中的數據，求在 25°C 和 500 K 時的 $K°_P$。假設理想氣體行為並忽略 $\Delta H°$ 隨溫度的變化。如果我們從純 PCl_5 開始，計算所有物種在 500 K 和 1.00 bar 的平衡莫耳分率。

6.15 在 400 K，$N_2(g) + 3H_2(g)$ ⇌ $2NH_3(g)$ 的 $K°_P = 36$。求在 400 K 下，(a) ½$N_2(g)$ + 3/2 $H_2(g)$ ⇌ $NH_3(g)$；(b) $2NH_3(g)$ ⇌ $N_2(g) + 3H_2(g)$ 的 $K°_P$。

6.16 已知正戊烷的 $\Delta_f G°_{1000}$ 氣相值為 84.31 kcal/mol，異戊烷為 83.64 kcal/mol，新戊烷為 89.21 kcal/mol，在 1000 K 和 0.50 bar 下，求這些氣體混合物平衡的分率。

6.17 當理想氣體反應 A + B ⇌ C + D 達到平衡，說明以下各項關係是否為真 (所有量都是均衡值)。(a) $n_C + n_D = n_A + n_B$；(b) $P_C + P_D = P_A + P_B$；(c) $n_A = n_B$；(d) $n_C = n_A$；(e) $n_C = n_D$；(f) 若最初只有 A 和 B 存在，則 $n_C = n_A$；(g) 若最初只有 A 和 B 存在，則 $n_C = n_D$；(h) 若最初只存在 A 和 B，則 $n_C + n_D = n_A + n_B$；(i) 無論初始成分如何，$\mu_A + \mu_B = \mu C + \mu D$。

6.18 用於氣相反應

$$I_2 + 環戊烯 ⇌ 環戊二烯 + 2HI$$

測量的 $K°_P$ 值在 450 到 700 K 的範圍內滿足 log $K°_P$ = 7.55 − (4.83×10^3)(K/T)。計算該反應在 500 K 下的 $\Delta G°$、$\Delta H°$、$\Delta S°$ 和 $\Delta C°_P$。假設是理想氣體。

複習題

R6.1 對於某理想氣體反應，$K°_P$ 在 298 K 為 0.84，在 315 K 為 0.125。對於此反應，求 $\Delta H°_{298}$ 和 $\Delta S°_{298}$。

R6.2 液體丙烷在 298K 燃燒成 $CO_2(g)$ 和 $H_2O(l)$ 的標準燃燒焓為 −2021.3 kJ/mol。求此物質的 $\Delta_f H°_{298}$ 和 $\Delta_f U°_{298}$。

R6.3 理想氣體反應的平衡組成 (a) 不隨壓力改變；(b) 與壓力有關；(c) 對於某些反應與壓力有關而對於某些反應與壓力無關。

R6.4 如果將 0.100 mol 的 $NO_2(g)$ 放入保持在 25°C 的容器中並建立平衡 $2NO_2(g)$ ⇌ $N_2O_4(g)$。(a) 如果 V 固定在 3.00 L；(b) 如果 P 固定在 1.25 bar，使用附錄數據求平衡組成。

R6.5 說明下列各項物質中的哪一種具有較低的化勢。在所有情況下，兩種物質的溫度和壓力是一樣的。在某些情況下，化勢可能相同。(a) 固體蔗糖和蔗糖在過飽和的蔗糖水溶液中。(b) 固體蔗糖和蔗糖在飽和的蔗糖水溶液中 (c) 120°C 和 1 atm 的液態水或 120°C 和 1 atm 的水蒸氣。

R6.6 寫出下列各項的 SI 單位：(a) A；(b) G_m；(c) $K°_P$ (d) $\Delta_r H°$；(e) $\Delta_r S°$；(f) μ_i。

R6.7 在 0°C 和 1 atm 下冷凍 1.00 mol 水，求 ΔH、ΔS、ΔA 和 ΔG。冰和液態水在 0°C 和 1 atm 的密度分別為 0.917 g/cm^3 和 1.000 g/cm^3。液態水的比熱為 4.19 J/(g-K)，幾乎與 T 無關，而冰在 0°C 的比熱為 2.11 J/(g-K)。冰的熔化熱為 333.6J/g。

R6.8 對於非常低的 T，非金屬固體的 $C_{P,m}$ 與 T^3 成正比。若某物質在 6.0 K 的 $C°_{P,m}$ 為 0.54 J mol^{-1}K^{-1}，求該物質在 4.0 K 的規定標準莫耳熵。

R6.16 對於以下每個系統，用化勢寫出物質平衡條件。(a) 固體蔗糖與蔗糖和 KCl 的水溶液平衡。(b) $2NO(g) + O_2(g)$ ⇌ $2NO_2(g)$ 的平衡系統。

第 7 章

單成分相平衡和表面

兩種物質平衡是反應平衡和相平衡 (第 4.1 節)。我們在第 6 章研究了理想氣體中的反應平衡。我們現在開始相平衡研究。相平衡條件 (4.88) 式和 (4.91) 式是對於每個物種，該物種的化勢在物種存在的每個相必須相同。

第 7 章的主要議題是相律、單成分相平衡，和表面。第 7.1 節推導出相律，它告訴我們除了規定相的大小之外，還需要多少內含變數來指定系統的熱力學狀態。第 7.2 至 7.3 節僅限於具有一個組成的系統，並討論此類系統的相圖。單成分相圖顯示了溫度和壓力的區域，其中物質的各個相中的每一個都是穩定的。由於在固定的 T 和 P 處的平衡條件是吉布斯能量 G 的最小化，在給定的 T 和 P 處純物質的最穩定相是具有最低 $G_m = \mu$ 值的相 (回想一下，對於純物質，$G_m = \mu$)。第 7.2 節討論了單成分相圖的典型特徵而第 7.3 節推導出 Clapeyron 方程式，該方程式給出了 P 對 T 單成分相圖上的相平衡線的斜率。

相平衡和相變在我們周圍的世界廣泛發生，從茶壺中的水沸騰，到北極冰川的融化。水的循環蒸發，凝結形成雲，降雨在這個星球生態中起著關鍵作用。相變的實驗室和工業應用比比皆是，包括蒸餾、沉澱、結晶和固體催化劑表面的氣體吸附等過程。宇宙被認為在其早期歷史中經歷了相變，因為它在大爆炸之後膨脹和冷卻 (M. J. Rees, *Before the Beginning,* Perseus, 1998, p. 205)，而一些物理學家推測，誕生宇宙的大爆炸是由先前存在的量子真空中的隨機波動產生的相變 (A. H. Guth, *The Inflationary Universe,* Perseus, 1997, pp. 12-14 and chap. 17)。

7.1 相律

回憶一下第 1.2 節，相 (phase) 是系統的同質部分。一個系統可能有幾個固相和幾個液相，但通常至多有一個氣相 (對於具有多個氣相的系統，請參見第 12.7 節)。第 7.2 至 7.3 節我們將考慮只有一個成分的系統中的相平衡。在專注於單成分系統之前，我們想回答一般性問題，亦即需要多少個自變數來定義多相、多成分系統的平衡狀態。

描述具有多相和多化學物種的系統的平衡狀態，我們可以指定每個相中每個物種的莫耳數以及溫度 T 和壓力 P。如果沒有剛性或絕熱壁分離相，則在平衡時所有相中的 T 和 P 均相同。但是，指定莫耳數並不是我們要做的，因為該系統各相的質量並不重要。每個相的質量或大小不會影響相平衡位置，因為平衡位置是由化勢的相等來決定的，化勢是內含變數（例如，在固定的 T 和 P 下，由 NaCl 水溶液和固體 NaCl 組成的兩相系統中，溶解的 NaCl 在飽和溶液的平衡濃度與每相的質量無關）。我們因此，應處理每個相中每個物種的莫耳分率，而不是莫耳數。α 相中物質 j 的莫耳分率是 $x_j^\alpha \equiv n_j^\alpha / n_{tot}^\alpha$，其中 n_j^α 是 α 相中物質 j 的莫耳數，而 n_{tot}^α 是 α 相中所有物質（包括 j）的總莫耳數。

平衡系統的**自由度** (degrees of freedom)（或方差）f 的數目定義為確定其內含狀態所需的獨立內含變數的數目。系統**內含狀態** (intensive state) 的規範意味著除了相的大小外規範它的熱力學狀態。平衡內含狀態藉由指定內含變數 P, T 和每個相的莫耳分率來描述。正如我們將要看到的，這些變數並非都是獨立的。

我們最初做出兩個假設，後來將其去除：(1) 沒有化學反應發生。(2) 每種化學物質都存在於每個相。

令系統中不同化學物質的數目用 c 表示，且令 p 為相存在的個數。由假設 2 可知，每個相有 c 個化學物質，因此總共 pc 個莫耳分率。加上 T 和 P，我們有

$$pc + 2 \tag{7.1}$$

內含變數來描述平衡系統的內含狀態。然而，這些 $pc + 2$ 變數並非都是獨立的；它們之間具有關係。首先，每個相的莫耳分率之和必須為 1：

$$x_1^\alpha + x_2^\alpha + \cdots + x_c^\alpha = 1 \tag{7.2}$$

其中 x_1^α 是 α 相中物質 1 的莫耳分率，等。對於每個相，都有一個類似於 (7.2) 式的方程式，因此有 p 個這樣的方程式。我們可以求解這些方程式的 $x_c^\alpha, x_c^\beta, \ldots$，因此減去 p 個內含變數。

除了關係 (7.2) 式之外，還有平衡的條件。我們已經採用了每相取相同的 T 和相同的 P 為熱和機械平衡的條件。對於物質平衡，以下相平衡條件 [(4.88) 式] 適用於化勢：

$$\mu_1^\alpha = \mu_1^\beta = \mu_1^\gamma = \cdots \tag{7.3}$$

$$\mu_2^\alpha = \mu_2^\beta = \mu_2^\gamma = \cdots \tag{7.4}$$

$$\cdots\cdots\cdots\cdots\cdots\cdots\cdots \tag{7.5}$$

$$\mu_c^\alpha = \mu_c^\beta = \mu_c^\gamma = \cdots \tag{7.6}$$

由於有 p 相，(7.3) 式含有 $p - 1$ 個等號和 $p - 1$ 個獨立方程式。由於有 c 個不同的化學物質，所以在 (7.3) 式至 (7.6) 式的方程組中總共有 $c(p - 1)$ 個等號。因此，在化勢之間我們有 $c(p - 1)$ 個獨立關係，每個化勢都是 T、P 和相的組成的函數（第 4.6

節)；例如，$\mu_1^\alpha = \mu_1^\alpha(T, P, x_1^\alpha, \ldots, x_c^\alpha)$。因此，(7.3) 式至 (7.6) 式的 $c(p-1)$ 個方程式提供了 T、P 和莫耳分率之間的 $c(p-1)$ 個聯立關係，我們可以求解這些 $c(p-1)$ 個變數，因此減去 $c(p-1)$ 個內含變數。

我們從 (7.1) 式中的 $pc + 2$ 個內含變數開始。我們利用 (7.2) 式減去 p，並利用 (7.3) 式至 (7.6) 式減去 $c(p-1)$。因此，獨立內含變數的數目（根據定義，它是自由度 f 的數目）為

$$f = pc + 2 - p - c(p-1)$$
$$f = c - p + 2 \qquad \text{無反應} \tag{7.7}$$

(7.7) 式是**相律** (phase rule)，首先由 Gibbs 推導出。

現在我們放棄假設 2 並考慮一種或多種化學物質可能不存在於一個或多個相。一個例子是與純固體鹽接觸的飽和鹽水溶液。如果在相 δ 中不存在物種 i，則內含變數的數目減少 1，因為 x_i^δ 等於零並且不是變數。然而，內含變數之間的關係數也減少了 1，因為我們從方程組 (7.3) 到 (7.6) 中去除了 μ_i^δ。回想一下，當物質 i 不存在於相 δ 時，μ_i^δ 不必等於 i 在其他相中的化勢 [(4.91) 式]。因此，當某些物質不出現在每個相時，相律 (7.7) 仍然成立。

例 7.1　相律

求一個由固體蔗糖與蔗糖水溶液平衡的系統的 f。

該系統有兩種化學物質（水和蔗糖），所以 $c = 2$。系統有兩相（飽和溶液和固體蔗糖），所以 $p = 2$。因此

$$f = c - p + 2 = 2 - 2 + 2 = 2$$

兩個自由度是有意義的，因為一旦指定了 T 和 P，飽和溶液中蔗糖的平衡莫耳分率（或濃度）就達到固定。

習題

求一個由甲醇和乙醇的液體溶液與甲醇和乙醇的蒸氣混合物互相平衡的系統的 f。對於獨立的內含變數給一個合理的選擇。

(答案：2；T 和液相乙醇莫耳分率)

一旦指定了 f 自由度，那麼任何科學家都可以準備系統並獲得與任何其他科學家所獲得的系統每個相的測量內含性質相同的值。因此，一旦指定了飽和蔗糖水溶液的溫度和壓力，則溶液的密度、折射率、熱膨脹係數，莫耳濃度和比熱都是固定的，但溶液的體積不固定。

學生有時會犯的錯誤是將存在於兩相的一種化學物質的 c 視為 2。例如，他們會

將蔗糖 (s) 和蔗糖水溶液 (aq) 視為兩種化學物質。從相率的推導，很明顯可知，存在於幾個相中的化學物質其 c 的值為 1，即化學物質存在的個數。

☕ 具有反應的系統的相律

我們現在去除假設 1 並假設可能發生化學反應。對於每個獨立的化學反應，都存在一個平衡條件 $\Sigma_i v_i\mu_i = 0$ [(4.98) 式]，其中 μ_i 和 v_i 是化勢和反應物種的化學計量係數。每個獨立的化學反應都在化勢之間提供了一種關係，且與 (7.3) 式至 (7.6) 式的關係一樣，可以使用每種這樣的關係從 T、P 和莫耳分率中消除一個變數。如果獨立化學反應的數目為 r，則獨立內含變數的數目減少 r 而相律 (7.7) 式變為

$$f = c - p + 2 - r \tag{7.8}$$

獨立化學反應的意思是沒有任何反應可以寫成其他反應的線性組合。

除了反應－平衡關係外，系統的內含變數還可能存在其他限制。例如，假設我們有一個氣相系統僅含 NH_3；然後我們添加催化劑以建立平衡 $2\,NH_3 \rightleftharpoons N_2 + 3H_2$；此外，我們不從外部引入任何 N_2 或 H_2。一切 N_2 和 H_2 來自 NH_3 的解離，我們必須有 $n_{H_2} = 3n_{N_2}$ 和 $x_{H_2} = 3x_{N_2}$。這種化學計量條件是除了平衡關係 $2\mu_{NH_3} = \mu_{N_2} + 3\mu_{H_2}$ 之外的內含變數之間的附加關係。在離子溶液中，電中性條件提供了這種附加關係。

如果，除了形式 $\Sigma_i v_i\mu_i = 0$ 的 r 個反應平衡條件，有 a 個由化學計量和電中性條件下產生的莫耳分率的額外限制，則自由度 f 的數目減少了 a，相律 (7.8) 式變為

$$f = c - p + 2 - r - a \tag{7.9}*$$

其中 c 是化學物種的數目，p 是相數，r 是獨立化學反應的數目，a 是附加限制的數目。

我們可以藉由定義**獨立成分** (independent components) 數 c_{ind}

$$c_{\text{ind}} \equiv c - r - a \tag{7.10}$$

來保留相律的簡單形式 (7.7)，則 (7.9) 式變成

$$f = c_{\text{ind}} - p + 2 \tag{7.11}*$$

許多書稱 c_{ind} 為成分數。

例 7.2 相律

對於弱酸 HCN 的水溶液，寫出反應平衡條件，並求 f 和 c_{ind}。

該系統具有五種化學物質 H_2O、HCN、H^+、OH^- 和 CN^-，故 $c = 5$。兩個獨立的化學反應 $H_2O \rightleftharpoons H^+ + OH^-$ 和 $HCN \rightleftharpoons H^+ + CN^-$ 給出兩個平衡條件：$\mu_{H_2O} = \mu_{H^+} + \mu_{OH^-}$ 和 $\mu_{HCN} = \mu_{H^+} + \mu_{CN^-}$。系統的 $r = 2$。另

外，還有電中性條件 $n_{H^+} = n_{CN^-} + n_{OH^-}$；除以 n_{tot} 得到莫耳分率的關係 $x_{H^+} = x_{CN^-} + x_{OH^-}$。因此，$a = 1$。由相律 (7.9) 式可得

$$f = c - p + 2 - r - a = 5 - 1 + 2 - 2 - 1 = 3$$
$$c_{ind} = c - r - a = 5 - 2 - 1 = 2$$

結果 $f = 3$ 有道理，因為一旦指定三個內含變數 T、P 和 HCN 莫耳分率，可以使用 H_2O 和 HCN 解離平衡常數來計算所有剩餘的莫耳分率。H_2O 和 HCN 是最方便的兩種獨立成分。

習題

對於 (a) HCN 和 KCN 的水溶液；(b) HCN 和 KCl 的水溶液；(c) 弱二元酸 H_2SO_3 的水溶液。求 f 和 c_{ind}。
[答案：(a) 4, 3；(b) 4, 3；(c) 3, 2]

例 7.3 相律

在由 $CaCO_3(s)$、$CaO(s)$ 和 $CO_2(g)$ 組成的系統中求 f，其中所有的 CaO 和 CO_2 都是來自反應 $CaCO_3(s) \rightleftharpoons CaO(s) + CO_2(g)$。

相是系統的同質部分，此系統有三個相：$CaCO_3(s)$、$CaO(s)$ 和 $CO_2(g)$。該系統有三種化學物質。有一個反應平衡條件，$\mu_{CaCO_3(s)} = \mu_{CaO(s)} + \mu_{CO_2(g)}$，所以 $r = 1$。莫耳分率是否有任何額外限制？$CaO(s)$ 的莫耳數必須等於 CO_2 的莫耳數：$n_{CaO(s)} = n_{CO_2(g)}$，此為真。但是，這個方程式不能轉換成每相中莫耳分率之間的關係，它並沒有提供內含變數之間的額外關係。於是

$$c_{ind} = c - r - a = 3 - 1 - 0 = 2$$
$$f = c_{ind} - p + 2 = 2 - 3 + 2 = 1$$

$f = 1$ 是有道理的，因為一旦 T 固定，則由反應平衡條件，CO_2 氣體與 $CaCO_3$ 平衡的壓力固定，所以系統的 P 是固定的。

習題

求 O_2、O、O^+ 和 e^- 氣相混合物的 c_{ind} 和 f，其中所有的 O 來自 O_2 的解離，所有的 O^+ 和 e^- 都來自 O 的電離。給出最合理的獨立內含變數。
(答案：1, 2；T 和 P)

在可疑情況下，通常最好先列出內含變數，然後列出它們之間的所有獨立的限制關係，兩者相減後得到 f，而不是應用 (7.9) 式或 (7.11) 式。例如，對於剛剛給出的 $CaCO_3$–CaO–CO_2 的例子，內含變數是 T、P 和每相中的莫耳分率。由於每相都是純的，我們知道在每個相，$CaCO_3$、CaO 和 CO_2 各自的莫耳分率為 0 或 1；因此，莫耳分率是固定的，而不是變數。內含變數之間存在一個獨立的關係，即已經陳述的反應平衡條件。因此 $f = 2 - 1 = 1$。知道 f，若欲求 c_{ind} 則我們可以從 (7.11) 式計算 c_{ind}。

在 $dG = -S\, dT + V\, dP + \Sigma_i \mu_i\, dn_i$，相的吉布斯方程式 (4.78)，總和是對相的所有實

際化學物種相加。如果相是處於反應平衡狀態，則可以證明如果總和僅取自相的獨立成分，則該方程式仍然成立。這是一個有用的結果，因為人們通常不知道該相中實際存在的某些化學物質的性質或數量。例如，在溶液中，溶質可能被未知數量的溶劑分子溶解，而溶劑解離或結合的程度未知。儘管這些反應產生了新的物種，但我們只需要對兩個獨立成分的溶質和溶劑延伸總和 $\Sigma_i\,\mu_i\,dn_i$，並計算溶質和溶劑的 dn，忽視溶解、結合或解離。

7.2 單成分相平衡

在第 7.2 至 7.3 節，我們專注於具有一個獨立成分的系統中的相平衡 (第 12 章涉及多成分相平衡)。本節我們將專注純物質。

一個例子是純液態水的單相系統。如果我們忽略了 H_2O 的解離，我們會說只有一個物種存在 ($c = 1$)，而沒有反應或附加限制 ($r = 0$, $a = 0$)；因此 $c_{ind} = 1$ 且 $f = 2$。如果我們考慮到解離 $H_2O \rightleftharpoons H^+ + OH^-$，系統有三種化學物種 ($c = 3$)，一個反應平衡條件 [$\mu(H_2O) = \mu(H^+) + \mu(OH^-)$]，和一個電中性或化學計量條件 $x(H^+) = x(OH^-)$]。因此 $c_{ind} = 3 - 1 - 1 = 1$，而 $f = 2$。因此，無論我們是否考慮到分離，該系統具有一個獨立成分和 2 個自由度 (溫度和壓力)。

當 $c_{ind} = 1$，相律 (7.11) 式變為

$$f = 3 - p \qquad 其中\ c_{ind} = 1$$

若 $p = 1$，則 $f = 2$；若 $p = 2$，則 $f = 1$；若 $p = 3$，則 $f = 0$。最大 f 是 2。對於單成分系統，最多兩個內含變數描述內含狀態。我們可以藉由二維 P 對 T 圖上的點來表示單成分系統的任何內含狀態，其中每個點對應於確定的 T 和 P。這樣的圖是**相圖** (phase diagram)。

純水的 P-T 相圖如圖 7.1 所示。單相區域是開放區域。這裡 $p = 1$，並且有 2 個自由度，因為必須指定 P 和 T 來描述內含狀態。

沿著這條線 (除了在點 A 處)，兩個相處於平衡狀態。於是沿著線 $f = 1$。因此，當液體和蒸氣處於平衡狀態時，我們可以在沿線 AC 的任何地方改變 T，但一旦 T 固定，則液態水在溫度為 T 的 (**平衡**) **蒸氣壓** [(equilibrium) vapor pressure] P 為固定。在給定壓力 P 下液體的**沸點** (boiling point) 是其平衡蒸氣壓等於 P 的溫度。**正常沸點** (normal boiling point) 是液體蒸氣壓為 1 atm 的溫度。線 AC 給出水的沸點作為壓力的函數。H_2O 正常沸點不是精確的 100°C；見第 1.5 節。如果 T 被認為是獨立變數，則線 AC 給出液態水的蒸氣壓為溫度的函數。圖 7.1 顯示給定壓力下的沸點是在該壓力下可以存在穩定液體的最高溫度。

1982 年熱力學標準狀態壓力從 1 atm 變為 1 bar 不影響正常沸點壓力的定義，正常沸點壓力仍然維持在 1 atm。

A 點是**三相點** (triple point)。在三相點固體、液體和蒸氣處於相互平衡狀態,而 f = 0。由於沒有自由度,三相點出現在確定 T 和 P。回想一下水的三相點用作熱力學溫標的參考溫度。根據定義,水的三相點溫度正好是 273.16 K。水的三相點壓力為 4.585 torr。攝氏溫標 t 目前的定義是 $t/°C \equiv T/K - 273.15$ [(1.16) 式]。於是水的三相點溫度恰好為 0.01°C。

在給定壓力 P 下固體的**熔點** (melting point) 是固體和液體在壓力 P 平衡的溫度。圖 7.1 中的線 AD 是 H_2O 的固體-液體平衡線,並給出冰的熔點作為壓力的函數。注意,隨著壓力的增加,冰的熔點會緩慢下降。固體的**正常熔點** (normal melting point) 是在 P = 1 atm 的熔點。對於水,正常熔點為 0.0025°C。冰點 (第 1.3 和 1.5 節),發生在 0.0001°C,是冰和空氣-飽和 (air-saturated) 液態水在 1 atm 下的平衡溫度。在 1 atm 下的冰和純液態水的平衡溫度為 0.0025°C (溶解的 N_2 和 O_2 降低了純水的凝固點;見第 12.3 節)。對於純物質,在給定的壓力下,液體的**凝固點** (freezing point) 等於固體的熔點。

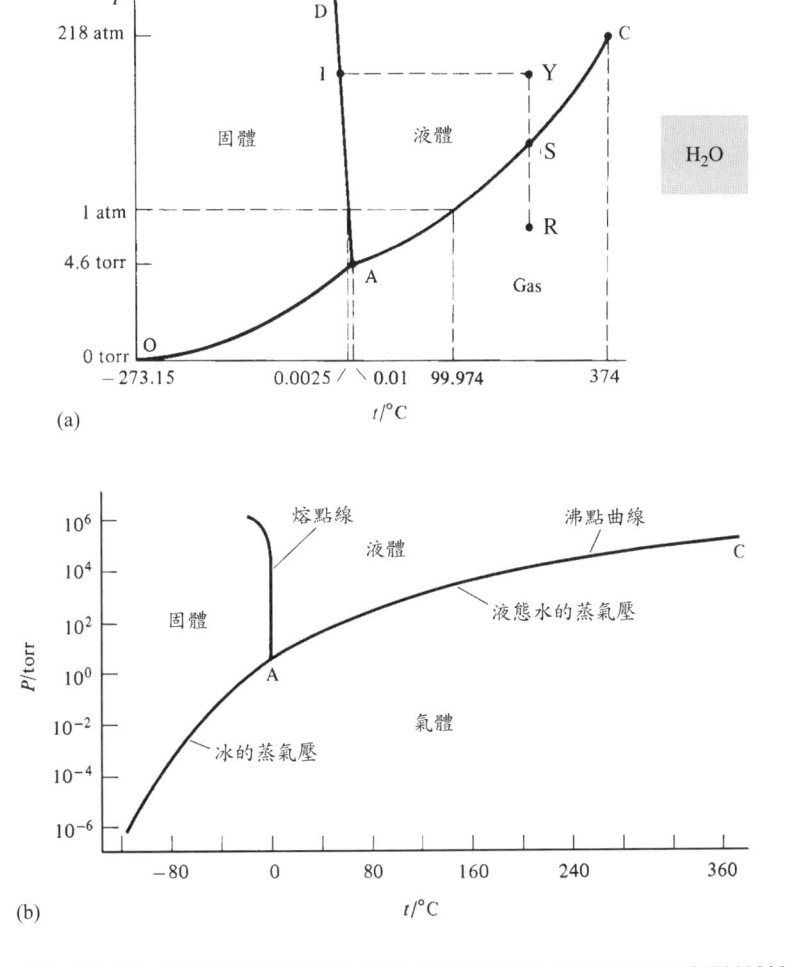

圖 7.1
低壓和中等壓力下的 H_2O 相圖。(a) 示意圖。(b) 繪製正確的圖。垂直坐標是對數刻度 (有關高壓下的 H_2O 相圖,請參閱 7.9b)。

沿著 OA 線，固體和蒸氣之間存在平衡。冰在低於 4.58 torr 壓力下加熱將昇華成蒸氣而不是熔化成液體。線 OA 是固體的蒸氣壓曲線。統計力學證明當 $T \to 0$ 時，固體的蒸氣壓力趨近於零，因此 P-T 相圖上的固體－蒸氣線與原點相交（點 $P = 0, T = 0$）。

假設液態水放置在裝有活塞的密閉容器中，系統加熱至 300°C，系統壓力設定為 0.5 atm。這些 T 和 P 值對應於圖 7.1 中的點 R。R 處的平衡相是氣態 H_2O，所以該系統完全由 $H_2O(g)$ 在 300°C 和 0.5 atm 下組成。如果活塞壓力是現在緩慢增加，而 T 保持不變，系統保持氣態直到達到 S 點的壓力。在 S 處，蒸氣開始冷凝成液體，且在恆定的 T 和 P 下繼續冷凝，直到所有蒸氣都冷凝。在冷凝期間，系統的體積 V 減小（圖 8.4），但其內含變數保持固定。S 處存在的液體和蒸氣的量可以藉由改變 V 而變化。當所有蒸氣在 S 處冷凝後，令液體的壓力等溫增加到達 Y 點。如果系統現在在恆定壓力下冷卻，其溫度最終將降至 I 點的溫度，在 I 點液體開始凝固。溫度將保持固定，直到所有液體都凝固。進一步冷卻只是降低冰的溫度。

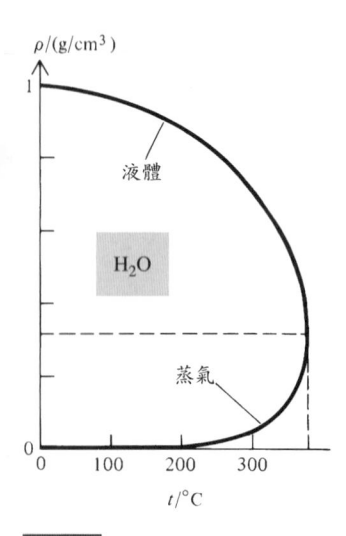

假設我們現在從 S 開始，液體和蒸氣處於平衡狀態且慢慢加熱封閉系統，調節體積（如有必要）保持液相和氣相的存在處於平衡狀態。系統從點 S 沿著液－氣線朝向 C 點移動，T 和 P 都增加。在這個過程中，液相密度因液體的熱膨脹而降低，而氣相密度增加是由於液體蒸氣壓隨 T 快速增加。最後，達到 C 點，此時液體和蒸氣密度（和所有其他內含性質）變得彼此相等。見圖 7.2。在 C 點，兩相系統變成單相系統，並且是液－氣線的端點。

C 點是**臨界點** (critical point)。此時的溫度和壓力是**臨界溫度** (critical temperature) T_c 和**臨界壓力** (critical pressure) P_c。對於水，$T_c = 647$ K = 374°C 且 $P_c = 218$ atm。在任何高於 T_c 的溫度下，液相和氣相都不能在平衡中共存，並且蒸氣的等溫壓縮不會引起冷凝，與低於 T_c 的壓縮相反。請注意，它可以從 R 點（蒸氣）到 Y 點（液體）而不藉由改變 T 和 P 而發生冷凝，從而繞過臨界點 C 而不穿過液－氣線 AC。在這樣一個過程，密度不斷變化，並且從蒸氣到液體有一個連續的轉變，而不是像凝結中的突然轉變。

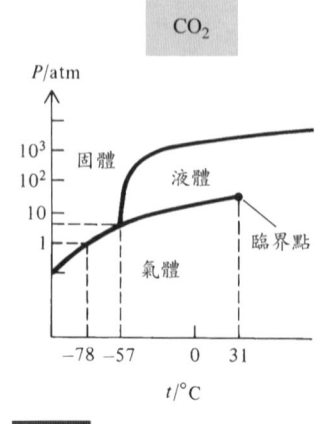

CO_2 的相圖如圖 7.3 所示。對於 CO_2，壓力增加熔點升高。CO_2 的三相壓力為 5.1 atm。因此在 1 atm，固態 CO_2 在加熱時會昇華為蒸氣，而不是熔化成液態；於是這個名字叫「乾冰」。

P-T 相圖上的液－氣線終止於臨界點。在 T_c 以上，液體和蒸氣之間沒有區別。有人可能會問，在高壓下固－液線是否終止於臨界點。從未發現固－液臨界點，並且認為這樣的臨界點是不可能的。

圖 7.2
相互平衡的液態水和水蒸氣的密度對溫度作圖。在 374°C 的臨界溫度下，這些密度相等。

圖 7.3
CO_2 相圖。CO_2 的三相點壓力 5.1 atm 是已知的最高壓力之一，對於大多數物質，三相點壓力低於 1 atm，垂直坐標是對數劇度，臨界壓力是 74 bar。

由於在恆定 T 和 P 的平衡條件是 G 的最小化，因此在單成分 P-T 相圖上的任何點上的穩定相是具有最低 G_m（最低 μ）。

例如，在圖 7.1a 中的點 S，液體和蒸氣共存並且具有相等的化勢。由於 $(\partial G_m/\partial P)_T = V_m$ [(4.51) 式] 且 $V_{m,gas} \gg V_{m,liq}$，P 的等溫降低基本上降低了蒸氣的化勢，但對液體的 μ 只有很小的影響。因此，降低 P 使蒸氣具有較低的化勢，蒸氣在 R 點是穩定相。

我們還可以用焓（或能量）和熵來看相平衡效果。我們有 $\mu_{gas} - \mu_{liq} = H_{m,gas} - H_{m,liq} - T(S_{m,gas} - S_{m,liq})$。$\Delta H_m$ 項有利於液體，其 H_m 低於氣體（因為液體中的分子間吸引力）。$-T\Delta S_m$ 項有利於氣體，氣體具有較高的熵 S_m。在低 T 時，ΔH_m 項占主導地位且液體比氣體更穩定。在高 T 時，$-T\Delta S_m$ 項占主導地位，氣體更穩定。在低壓下，隨著 P 的降低（和 V_m 的增加），$S_{m,gas}$ 的增加使得氣體比液體更穩定。

☕ 相變的焓和熵

恆定 T 和 P 的相變通常伴隨著焓變，通常稱為轉變的**潛熱** (latent heat)（某些特殊的相變有 $\Delta H = 0$）。我們將**焓** (enthalpy) 或**熔化熱** (heats of fusion)（固體→液體）、**昇華** (sublimation)（固體→氣體）、**汽化** (vaporization)（液體→氣體）和**過渡** (transition)（固體→固體），用 $\Delta_{fus}H$、$\Delta_{sub}H$、$\Delta_{vap}H$ 和 $\Delta_{trs}H$ 表示。

圖 7.1 顯示了熔化、昇華和汽化平衡在 T（和 P）的範圍各自存在。這些過程的 ΔH 值隨著相平衡溫度的變化而變化。例如，圖 7.1 中沿著液－氣平衡線 AC 的點的水蒸發 ΔH_m 作為液－氣平衡溫度的函數繪製在圖 7.4 中。請注意，當接近 374°C 的臨界溫度時，$\Delta_{vap}H_m$ 會迅速下降。

我們有 $\Delta_{vap}H = \Delta_{vap}U + P\Delta_{vap}V$，通常是 $P\Delta_{vap}V \ll \Delta_{vap}U$。$\Delta_{vap}U$ 是氣體和液體的分子間相互作用能之間的差異：$\Delta_{vap}U = U_{intermol,gas} - U_{intermol,liq}$。若 P 低或中等（遠低於臨界點壓力），則 $U_{m,intermol,gas} \approx 0$ 且 $\Delta_{vap}H_m \approx \Delta_{vap}U_m \approx -U_{m,intermol,liq}$。因此，$\Delta_{vap}H_m$ 是液體中分子間相互作用強度的量度。對於在室溫下為液體的物質，在正常沸點下的 $\Delta_{vap}H_m$ 值為 20 至 50 kJ/mol。液體中的每個分子與幾個其他分子相互作用，因此兩個分子之間相互作用的莫耳能量基本上小於 $\Delta_{vap}H_m$。例如，H_2O 分子之間的主要相互作用是氫鍵。若我們假設在 0°C 時 $H_2O(l)$ 中的每個 H 原子都有氫鍵，則 H_2O 分子有兩個 H 鍵，$\Delta_{vap}H_m$ 為 45 kJ/mol 表示對於每個 H 鍵是 22 kJ/mol 能量。$\Delta_{vap}H_m$ 值遠低於 150 至 800 kJ/mol 的化學鍵能。

關於液體的焓和熵與氣體的關係的近似規則是**特勞頓規則** (Trouton's rule)，它表明液體在其正常沸點 (nbp) 下的 $\Delta_{vap}S_{m,nbp}$ 大約是 $10\frac{1}{2}R$：

圖 7.4

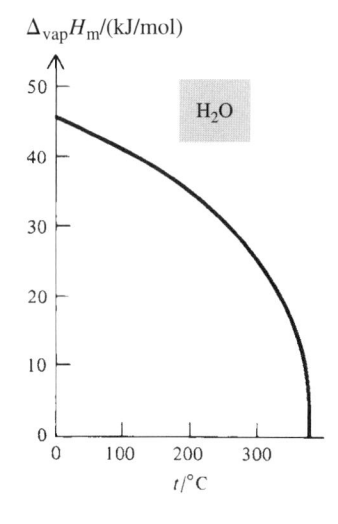

液態水汽化的莫耳焓與溫度的關係。在臨界溫度 374°C，$\Delta_{vap}H$ 變為零。

表 7.1　熔化和汽化焓和熵 [a]

物質	T_{nmp}/K	$\Delta_{fus}H_m$/kJ/mol	$\Delta_{fus}S_m$/J/(mol K)	T_{nbp}/K	$\Delta_{vap}H_m$/kJ/mol	$\Delta_{vap}S_m$/J/(mol K)	$\Delta_{vap}S_m^{THE}$/J/(mol K)
Ne	24.5	0.335	13.6	27.1	1.76	65.0	64.8
N_2	63.3	0.72	11.4	77.4	5.58	72.1	73.6
Ar	83.8	1.21	14.4	87.3	6.53	74.8	74.6
C_2H_6	89.9	2.86	31.8	184.5	14.71	79.7	80.8
$(C_2H_5)_2O$	156.9	7.27	46.4	307.7	26.7	86.8	85.1
NH_3	195.4	5.65	28.9	239.7	23.3	97.4	83.0
CCl_4	250.	2.47	9.9	349.7	30.0	85.8	86.1
H_2O	273.2	6.01	22.0	373.1	40.66	109.0	86.7
I_2	386.8	15.5	40.1	457.5	41.8	91.4	88.3
Zn	693.	7.38	10.7	1184.	115.6	97.6	96.3
NaCl	1074.	28.2	26.2	1738.	171.	98.4	99.4

[a] $\Delta_{fus}H_m$和$\Delta_{fus}S_m$是在正常熔點 (nmp)。$\Delta_{vap}H_m$和$\Delta_{vap}S_m$是在正常沸點 (nbp)。$\Delta_{vap}S_m^{THE}$是在正常沸點下由Trouton-Hildebrand-Everett規則所預測的$\Delta_{vap}S_m$值。

$$\Delta_{vap}S_{m,nbp} = \Delta_{vap}H_{m,nbp}/T_{nbp} \approx 10\tfrac{1}{2}R = 21 \text{ cal/(mol K)} = 87 \text{ J/(mol K)}$$

對於高極性液體 (尤其是氫鍵液體) 和沸點低於 150 K 或高於 1000 K 的液體，特勞頓的規則是失敗的 (見表 7.1)。特勞頓規則的準確性可藉由下式大大改善

$$\Delta_{vap}S_{m,nbp} \approx 4.5R + R \ln (T_{nbp}/K) \tag{7.12}$$

對於 $T_{nbp} \approx 400$ K，(7.12) 式給出了 $\Delta_{vap}S_{m,nbp} \approx 4.5R + R \ln 400 = 10.5R$，這是特勞頓規則。各學者已多次發現 (7.12) 式，此式稱為 *Trouton-Hildebrand-Everett* 規則。欲知其歷史可參閱 L. K. Nash, *J. Chem. Educ.*, **61,** 981 (1984)。(7.12) 式的物理內容是當非相關液體在氣相中蒸發至相同的莫耳體積時，$\Delta_{vap}S_m$ 大致相同。$R \ln(T_{nbp}/K)$ 項用於校正氣體在不同沸點下的不同莫耳體積。

表 7.1 給出了在正常熔點 (nmp) 下熔化 (fus) 和在正常沸點下蒸發的 ΔS_m 和 ΔH_m 數據。由 Trouton-Hildebrand-Everett (THE) 規則預測的 $\Delta_{vap}S_{m,nbp}$ 的列出值表明此規則適用於在低溫、中溫和高溫下沸騰的液體但不適用於氫鍵結合的液體。隨著分子間吸引力的增加，$\Delta_{vap}H_m$ 和 T_{nbp} 都會增加。

$\Delta_{vap}H_{m,nbp}$ 通常遠大於 $\Delta_{fus}H_{m,nmp}$。$\Delta_{fus}S_{m,nmp}$ 在化合物與化合物之間變化很大，此與 $\Delta_{vap}S_{m,nbp}$ 相反。令人驚訝的是，0 到 0.3 K 之間 ^{3}He 的 $\Delta_{fus}H$ 略微為負；為了使液體 ^{3}He 在恆定的 T 和 P 低於 0.3 K 時冷凍，必須將它加熱。

雖然 $H_2O(g)$ 在 25°C 和 1 bar 下不是熱力學穩定，但可以使用 $H_2O(l)$ 在 25°C 下的實驗蒸氣壓來計算 $H_2O(g)$ 的 $\Delta_f G°_{298}$。

7.3 CLAPEYRON 方程式

Clapeyron 方程式給出在單成分系統的 *P-T* 相圖上兩相平衡線的斜率 dP/dT。為了推導它，我們在這樣一條線上考慮兩個無窮小的接近點 1 和 2 (圖 7.5)。圖 7.5 中的線

可能涉及固－液，固－氣或液－氣平衡或甚至固－固平衡。我們把這兩個相稱為 α 和 β。相平衡的條件是 $\mu^\alpha = \mu^\beta$。不需要下標，因為我們只有一個成分。對於純物質，μ 等於 G_m [(4.86) 式]。因此對於 α-β 平衡線上的任何點 $G_m^\alpha = G_m^\beta$。平衡狀態下單成分相的莫耳吉布斯能量相等。在圖 7.5 中的點 1，我們因此有 $G_{m,1}^\alpha = G_{m,1}^\beta$。同樣，在第 2 點，$G_{m,2}^\alpha = G_{m,2}^\beta$ 或 $G_{m,1}^\alpha + dG_m^\alpha = G_{m,1}^\beta + dG_m^\beta$，其中 dG_m^α 和 dG_m^β 是當我們從第 1 點到第 2 點，α 相和 β 相的莫耳吉布斯能量的無窮小變化。在最後一個方程式中使用 $G_{m,1}^\alpha = G_{m,1}^\beta$ 可得

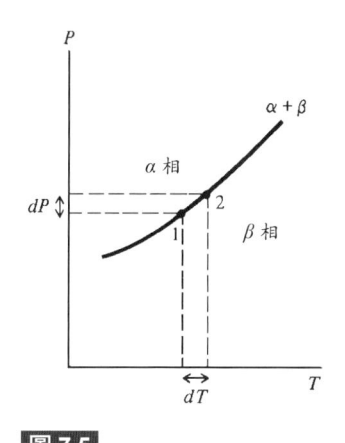

$$dG_m^\alpha = dG_m^\beta \tag{7.13}$$

圖 7.5

一成分系統的兩相線上的兩個相鄰點。

對於單相純物質，內含量 G_m 僅是 T 和 P 的函數：$G_m = G_m(T, P)$，其全微分為，$dG_m = (\partial G_m/\partial T)_P \, dT + (\partial G_m/\partial P)_T \, dP$。但是由 (4.51) 式可知 $(\partial G_m/\partial T)_P = -S_m$ 且 $(\partial G_m/\partial P)_T = V_m$。因此對於一個純的相，我們有

$$dG_m = -S_m \, dT + V_m \, dP \quad \text{單相、單成分系統} \tag{7.14}$$

(7.14) 式適用於開放和封閉系統。快速獲取 (7.14) 式是將 $dG = -S \, dT + V \, dP$ 除以 n。雖然 $dG = -S \, dT + V \, dP$ 適用於封閉系統，G_m 是一個內含性質，不受系統大小變化的影響。

將 (7.14) 式代入 (7.13) 式可得

$$-S_m^\alpha \, dT + V_m^\alpha \, dP = -S_m^\beta \, dT + V_m^\beta \, dP \tag{7.15}$$

其中 dT 和 dP 是沿著 α-β 平衡線從第 1 點到第 2 點的 T 和 P 的無窮小變化。重寫 (7.15) 式，我們有

$$(V_m^\alpha - V_m^\beta) \, dP = (S_m^\alpha - S_m^\beta) \, dT \tag{7.16}$$

$$\frac{dP}{dT} = \frac{S_m^\alpha - S_m^\beta}{V_m^\alpha - V_m^\beta} = \frac{\Delta S_m}{\Delta V_m} = \frac{\Delta S}{\Delta V} \tag{7.17}*$$

其中 ΔS 和 ΔV 是相變 $\beta \to \alpha$ 的熵和體積變化。對於轉變，$\alpha \to \beta$，ΔS 和 ΔV 各自的符號反轉，而它們的商不變，所以我們稱 α 是哪一個相並不重要。

對於可逆 (平衡) 相變，我們有 $\Delta S = \Delta H/T$，此為 (3.25) 式。(7.17) 式變為

$$\frac{dP}{dT} = \frac{\Delta H_m}{T \, \Delta V_m} = \frac{\Delta H}{T \, \Delta V} \quad \text{單成分兩相平衡} \tag{7.18}*$$

(7.18) 式為 **Clapeyron 方程式** (Clapeyron equation)，也稱為 *Clausius-Clapeyron 方程式*。它的推導不涉及近似值，(7.18) 式是單成分系統的精確結果。

對於液體轉變為氣體，ΔH 和 ΔV 都是正；因此 dP/dT 是正。單成分

P-T 相圖上的液－氣線的斜率為正。固－氣線也是如此。對於固體轉變為液體，ΔH 為正；ΔV 通常為正，但在少數情況下為負，例如，H_2O、Ga 和 Bi。由於冰熔化的體積減少，在水的 P-T 圖中，固－液平衡線向左傾斜（圖 7.1）。幾乎所有其他物質中，固－液線的斜率為正（如圖 7.3 所示）。壓力增加會降低冰的熔點這一事實符合勒沙特列（Le Châtelier）原理，該原理預測壓力增加會使平衡向較小體積的一側移動。液態水的體積小於相同質量的冰。

熔化的 ΔV_m 比昇華或蒸發小很多。因此 Clapeyron 方程式 (7.18) 證明在 P 對 T 相圖上的固－液平衡線將具有比固－氣線或液－氣線更陡的斜率（圖 7.1）。

液－氣和固－氣平衡

對於氣體與液體或固體之間的相平衡，$V_{m,gas}$ 遠大於 $V_{m,liq}$ 或 $V_{m,solid}$，除非 T 接近臨界溫度，在這種情況下，蒸氣和液體密度接近（圖 7.2）。因此，當其中一相是氣體時，$\Delta V_m = V_{m,gas} - V_{m,liq\ \text{或 solid}} \approx V_{m,gas}$。如果假設蒸氣為理想氣體，則 $V_{m,gas} \approx RT/P$。由這兩個近似值可得 $\Delta V_m \approx RT/P$ 而 Clapeyron 方程式 (7.18) 變成

$$dP/dT \approx P\Delta H_m/RT^2$$

$$\frac{d\ln P}{dT} \approx \frac{\Delta H_m}{RT^2} \quad \text{固－氣或液－氣平衡。不接近 } T_c \quad (7.19)^*$$

因為 $dP/P = d\ln P$。注意與 van't Hoff 方程式 (6.36) 的相似之處。(7.19) 式在接近臨界溫度 T_c 的溫度下不能成立，其中氣體密度高，蒸氣為非理想氣體，液體的體積與氣體的體積相比不可忽略。在大多數物理化學教科書中，(7.19) 式稱為 **Clausius-Clapeyron 方程式**。然而，大多數物理和工程熱力學教科書使用名稱 Clausius-Clapeyron 方程式則是指 (7.18) 式。

由於 $d(1/T) = -(1/T^2)dT$，(7.19) 式可以寫成

$$\frac{d\ln P}{d(1/T)} \approx \frac{-\Delta H_m}{R} \quad \text{固－氣或液－氣平衡。不接近 } T_c \quad (7.20)$$

$\Delta H_m = H_{m,gas} - H_{m,liq}$（或 $H_{m,gas} - H_{m,solid}$）取決於相變的溫度。一旦指定了轉變的 T，轉變壓力就固定，因此 P 不是沿平衡線的獨立變數。從 (7.20) 式，$\ln P$ 對 $1/T$ 的曲線在溫度 T 下具有斜率 $-\Delta H_{m,T}/R$，並對其進行測量在各種溫度下的斜率可求得在每個溫度汽化或昇華的 ΔH_m。如果溫度間隔不大，如果我們不在 T_c 附近，ΔH_m 僅略有變化，曲線幾乎是線性的（圖 7.6）。嚴格來講，我們不能將有單位的數取對數。要解決這個問題，請注意 $d\ln P = d\ln(P/P^\dagger)$，其中 $P^\dagger$ 是任何方便的固定壓力，如 1 torr、1 bar、或 1 atm；因此，我們繪製 $\ln(P/P^\dagger)$ 對 $1/T$ 的圖。

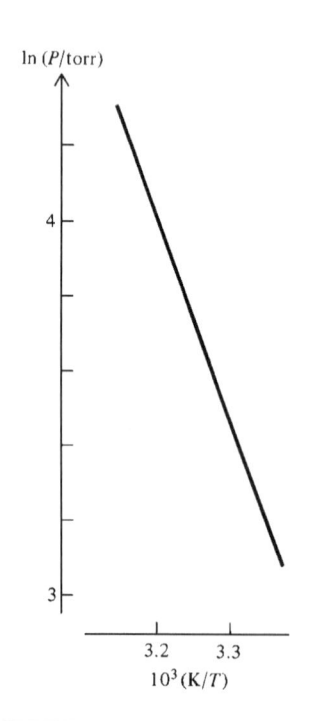

圖 7.6
溫度範圍為 45°C 是 25°C 的水的 $\ln P$（其中 P 為蒸氣壓）對 $1/T$ 作圖。若 10^3 (K/T) = 3.20，則 $1/T = 0.00320$ K^{-1}，$T = 312$ K。

如果我們做出第三個近似，取 ΔH_m 沿著平衡線是恆定的，將 (7.19) 式積分可得

$$\int_1^2 d\ln P \approx \Delta H_\text{m} \int_1^2 \frac{1}{RT^2}\, dT$$

$$\ln \frac{P_2}{P_1} \approx -\frac{\Delta H_\text{m}}{R}\left(\frac{1}{T_2} - \frac{1}{T_1}\right) \qquad \text{固－氣或液－氣平衡。不接近 } T_c \qquad (7.21)$$

如果 P_1 是 1 atm，則 T_1 是正常沸點 T_nbp。從 (7.21) 式中刪除不必要的下標 2，我們有

$$\ln(P/\text{atm}) \approx -\Delta H_\text{m}/RT + \Delta H_\text{m}/RT_\text{nbp} \qquad \text{液－氣平衡。不接近 } T_c \qquad (7.22)$$

實際上，$\Delta_\text{vap}H_\text{m}$ 在很短的溫度範圍內為常數（圖 7.4），並且 (7.21) 式和 (7.22) 式不適用於大範圍的 T。(7.18) 式的積分考慮到 ΔH_m 的溫度變化，氣體非理想性而液體的體積在 *Poling*, *Prausnitz* 和 *O'Connell*，第 7 章討論過；也可以看看 *Denbigh*，第 6.3 和 6.4 節。關於 (7.18) 式的精確積分，參見 L. Q. Lobo and A. Ferreira, *J. Chem. Thermodynamics*, **33**, 1597 (2001)。

(7.22) 式給出 $P/\text{atm} \approx Be^{-\Delta H_\text{m}/RT}$，其中 $B \equiv e^{\Delta H_\text{m}/RT_\text{nbp}}$ 用於液體。對於固體和液體，該方程中的指數函數使蒸氣壓隨溫度迅速增加。冰和液態水的蒸氣壓數據繪於圖 7.1b 中。隨著 T 從 $-111°C$ 升至 $-17°C$，冰的蒸氣壓以 10^6 的因數增加，從 10^{-6} torr 到 1 torr。液態水的蒸氣壓從三相點溫度 $0.01°C$ 的 4.6 torr 至正常沸點 $99.97°C$ 的 760 torr 至臨界溫度 $374°C$ 的 165000 torr。隨著 T 的增加，具有足夠動能的液體或固體中的分子從周圍分子的吸引力中逸出的部分迅速增加，從而使蒸氣壓迅速增加。

用壓力計測量液體的蒸氣壓。固體的低蒸氣壓可以藉由測量由於蒸氣通過已知面積的小孔逸出的質量減少率來求得——參閱第 14.6 節。

施加的外部壓力會對蒸氣壓力產生輕微影響如同室內的空氣。

例 7.4　蒸氣壓隨溫度的變化

乙醇的正常沸點是 $78.3°C$，在此溫度下，$\Delta_\text{vap}H_\text{m} = 38.9$ kJ/mol。若我們想在真空蒸餾中在 $25.0°C$ 下煮沸乙醇，則 P 的值為多少？

沸點是液體蒸氣壓等於液體上施加的壓力 P 的溫度。施加的壓力 P 是乙醇在 $25°C$ 的蒸氣壓。要解這個問題，我們必須要找乙醇在 $25°C$ 的蒸氣壓。我們知道蒸氣壓在正常沸點是 760 torr。蒸氣壓隨溫度的變化可由 Clapeyron 方程式 (7.19) 給出：$d\ln P/dT \approx \Delta H_\text{m}/RT^2$。如果 $\Delta_\text{vap}H_\text{m}$ 的溫度變化可忽略，則由積分可得 [(7.21) 式]

$$\ln \frac{P_2}{P_1} \approx -\frac{\Delta H_\text{m}}{R}\left(\frac{1}{T_2} - \frac{1}{T_1}\right)$$

令狀態 2 為正常沸點狀態，其中 $T_2 = (78.3+273.2)$ K $= 351.5$ K 且 $P_2 = 760$ torr。我們有 $T_1 = (25.0+273.2)$ K $= 298.2$ K 且

$$\ln \frac{760\text{ torr}}{P_1} \approx -\frac{38.9 \times 10^3 \text{ J/mol}}{8.314 \text{ J mol}^{-1}\text{ K}^{-1}}\left(\frac{1}{351.5 \text{ K}} - \frac{1}{298.2 \text{ K}}\right) = 2.38$$

$$760 \text{ torr}/P_1 \approx 10.8, \qquad P_1 \approx 70 \text{ torr}$$

乙醇在 25°C 的實驗蒸氣壓為 59 torr。我們的結果中的實質性誤差是由於蒸氣的非理想性 (主要是由於蒸氣分子之間的氫鍵結合力) 和 $\Delta_{vap}H_m$ 隨溫度的變化；在 25°C，乙醇的 $\Delta_{vap}H_m$ 為 42.5 kJ/mol，此值高於在 78.3°C 的 $\Delta_{vap}H_m$。

習題

Br_2 的正常沸點為 58.8°C，25°C 時的蒸氣壓為 0.2870 barr。估算此溫度範圍內 Br_2 的平均 $\Delta_{vap}H_m$。
(答案：30.7 kJ/mol)

習題

使用表 7.1 中的數據估算 Ar 在 1.50 atm 的沸點。
(答案：91.4 K)

習題

使用圖 7.6 找出 ln P 對 $1/T$ 曲線的斜率，用於 H_2O 在 35°C 附近的蒸發。然後用這個斜率求 H_2O 在 35°C 的 $\Delta_{vap}H_m$。
(答案：−5400 K，45 kJ/mol)

固－液平衡

對於固－液轉變，(7.19) 式不適用。對於熔融 (熔化)，由 Clapeyron 方程式 (7.18) 和 (7.17) 可知 $dP/dT = \Delta_{fus}S/\Delta_{fus}V = \Delta_{fus}H/(T\Delta_{fus}V)$。

乘以 T 且積分可得

$$\int_1^2 dP = \int_1^2 \frac{\Delta_{fus}S}{\Delta_{fus}V} dT = \int_1^2 \frac{\Delta_{fus}H}{T\Delta_{fus}V} dT \tag{7.23}$$

由於 T_{fus} 和 P_{fus} 沿固－液平衡線變化，所以 $\Delta_{fus}S$ ($\equiv S_{liq} - S_{solid}$)、$\Delta_{fus}H$ 和 $\Delta_{fus}V$ 沿固－液平衡線變化。然而，P 對 T 熔融線斜率的陡度 (圖 7.1b) 意味著除非 $P_2 - P_1$ 非常大，否則熔點溫度 T_{fus} 的變化將非常小。此外，固體和液體的性質僅隨壓力緩慢變化 (第 4.4 節)。因此，除非 $P_2 - P_1$ 非常大，我們可以將 $\Delta_{fus}S$、$\Delta_{fus}H$ 和 $\Delta_{fus}V$ 近似為常數。為了積分 (7.23) 式，我們可以假設 $\Delta_{fus}S/\Delta_{fus}V$ 是常數或者 $\Delta_{fus}H/\Delta_{fus}V$ 是常數。對於冰點的微小變化，這兩個近似值給出相似的結果，並且可以使用。對於凝固點的實質性變化，對於固－液轉變，近似都不準確。然而，觀察 P 對 T 相圖上許多固－固轉變的平衡線在寬溫度範圍內幾乎是直的。這種固－固轉變的恆定斜率 $dP/dT = \Delta_{trs}S/\Delta_{trs}V$ 意味著在這裡取 $\Delta_{trs}S/\Delta_{trs}V$ 通常是一個很好的近似。

如果我們將 $\Delta_{fus}S/\Delta_{fus}V$ 近似為常數，則 (7.23) 式變為

$$P_2 - P_1 \approx \frac{\Delta_{fus}S}{\Delta_{fus}V}(T_2 - T_1) = \frac{\Delta_{fus}H}{T_1 \Delta_{fus}V}(T_2 - T_1) \qquad 固－液平衡，T_2 - T_1 \text{ 小} \tag{7.24}$$

如果我們將 $\Delta_{fus}H$ 與 $\Delta_{fus}V$ 視為常數，則由 (7.23) 式可得

$$P_2 - P_1 \approx \frac{\Delta_{fus}H}{\Delta_{fus}V} \ln \frac{T_2}{T_1} \qquad \text{固－液平衡,} T_2 - T_1 \text{小} \qquad (7.25)$$

例 7.5 壓力對熔點的影響

求冰在 100 atm 的熔點。使用習題 2.28 的數據。

由於這是一種固－液平衡,可利用 (7.24) 式 [學生常見的錯誤是應用 (7.19) 式於固－液平衡]。對於 1 g 冰, $\Delta_{fus}H = 333.6$ J 且由密度得知 $\Delta_{fus}V \equiv V_{liq} - V_{solid} = 1.000$ cm^3 − 1.091 cm^3 = −0.091 cm^3。令狀態為正常熔點,則 $P_2 - P_1 = 100$ atm − 1 atm = 99 atm,而 (7.24) 式成為

$$99 \text{ atm} \approx \frac{333.6 \text{ J}}{(273.15 \text{ K})(-0.091 \text{ cm}^3)} \Delta T$$

$$\Delta T = -7.38 \text{ K cm}^3 \text{ atm/J}$$

我們現在使用兩個 R 值將 cm^3 atm 轉換為焦耳,以便消去 cm^3 atm/J。

$$\Delta T = -7.38 \text{ K} \frac{\text{cm}^3 \text{ atm}}{\text{J}} \frac{8.314 \text{ J mol}^{-1} \text{ K}^{-1}}{82.06 \text{ cm}^3 \text{ atm mol}^{-1} \text{ K}^{-1}} = -0.75 \text{ K}$$

因此, $T_2 = 273.15$ K − 0.75 K = 272.40 K。壓力增加 99 atm 將熔點降低了 0.75 K 至 −0.75°C。

習題

假設 $\Delta_{fus}H/\Delta_{fus}V$ 是常數,重複此問題。
(答案: 272.40 K)

習題

在 NaCl 的正常熔點,801°C,其熔化焓為 28.8kJ/mol,固體的密度為 2.165 g/cm^3,液體的密度為 1.73$_3$ g/cm^3。將熔點提高 1.00°C 需要多大的壓力?
(答案: 39 atm)

(7.24) 式通常精確到幾百個大氣壓但是對於較大的壓力差則是失敗的,這是由於 $\Delta_{fus}S$、$\Delta_{fus}V$ 和 $\Delta_{fus}H$ 隨 T 和 P 沿平衡線變化而變化。例如,在 H$_2$O 固－液平衡線上,觀察到以下數據:

t	0°C	−5°C	−20°C
P/atm	1	590	1910
$(\Delta_{fus}H/\Delta_{fus}V)$/(kJ/cm^3)	−3.71	−3.04	−1.84
$(\Delta_{fus}S/\Delta_{fus}V)$/(J/cm^3-K)	−13.6	−11.3	−7.26

對於大多數物質, $\Delta_{fus}V \equiv V_{liq} - V_{solid}$ 是正的。液體比固體更易壓縮,因此當 P_{fus} 增加時, V_{liq} 比 V_{solid} 和 $\Delta_{fus}V$ 減少得快。對於少數物質, $\Delta_{fus}V$ 在低 P_{fus} 值時為正,而在高 P_{fus} 時為負。這裡,固－液線的斜率在高壓下變號,在 $\Delta_{fus}V = 0$ 的壓力下產生最大熔點。圖 7.7 顯示銪 (europium) 的 P 對 t 相圖的熔點線。

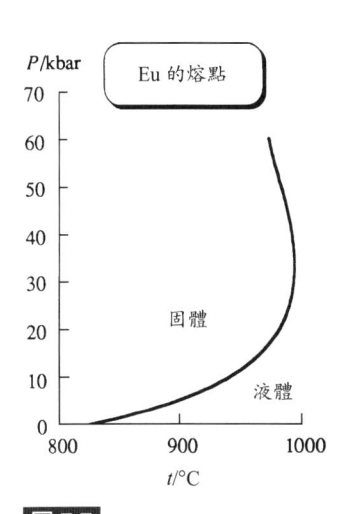

圖 7.7
Eu 的熔點與壓力關係 (石墨的熔點線也顯示出最高溫度)。

在應用 Clapeyron 方程式 $dP/dT = \Delta H/(T\Delta V)$ 到僅涉及凝聚相（固－液或固－固）的相變，我們將 ΔV 視為常數從兩相的實驗密度計算 ΔV。在將 Clapeyron 方程式應用於涉及氣相（固－氣或固相）的轉變，我們忽略了凝聚相的 V，並將 ΔV 近似為 V_{gas}，對於氣體體積我們使用理想氣體近似；這些近似值在遠低於臨界點是成立的。

7.4 表面和奈米顆粒

相表面的分子處於與相內部不同的環境中，現在我們考慮表面效應。表面效應具有巨大的工業和生物學意義。許多反應最容易在催化劑表面上發生，異相催化用於合成許多工業化學品。諸如潤滑、腐蝕、附著、去污和電化學-電池反應等主題涉及表面效應。許多工業產品是具有大表面積的膠體（第 7.7 節）。生物細胞膜功能的問題屬於表面科學。

物體越小，原子（或分子）在表面的百分比越大。對於含有 N 原子的金屬立方體，原子在立方體表面的分率 F_{surf} 如圖 7.8 所示。沿著立方體邊緣的原子數是 $N^{1/3} = N_{edge}$，並且顯示在圖的頂部。對於直徑為 0.3 nm 的金屬原子，$N_{edge} = 10$ 和 $N_{edge} = 100$ 的值分別對應於 3 nm 和 30 nm 的邊長。

固體或液體內部的原子或分子感受到各方附近原子或分子的吸引力，但是表面上的原子或分子經歷的吸引力較少，因此與內部的原子或分子相比不那麼緊密束縛。因此，隨著固體奈米顆粒的尺寸減小，增加原子在表面的分率產生熔點降低和溶化焓降低。例如，宏觀 Sn 粒子在 232°C，並且其熔點隨尺寸的變化如圖 7.9 所示。宏觀 Sn 的熔化焓為 58.9 J/g，且隨粒徑變化如下 [S. L. Lai et al., *Phys. Rev. Lett.*, **77**, 99 (1996)]：在 60 nm 為 55 J/g，在 40 nm 為 49 J/g，和在 20 nm 為 35 J/g。

奈米粒子的大多數物理和化學性質隨尺寸而變化。例如，宏觀金不是一種好的催化劑，但 2 至 3 nm 的金顆粒對許多反應而言是好的催化劑。在尺寸小於 2 nm 時，金成為絕緣體而不是良好的導電體。

奈米材料的性質和應用目前是科學研究的一個主要領域。

古典熱力學處理諸如熔點和溶化焓為常數時的性質。隨著顆粒尺寸變得越來越小，熱力學變得越來越不適用。相律不適用於奈米尺寸。

表面效應不僅在奈米顆粒中是重要的，而且在宏觀系統上也是重要的。接下來的兩節將討論宏觀系統中的表面效應。

7.5 相之間的界面區域

當考慮表面效應時，很明顯，相在整個過程中不是嚴格均勻的。例

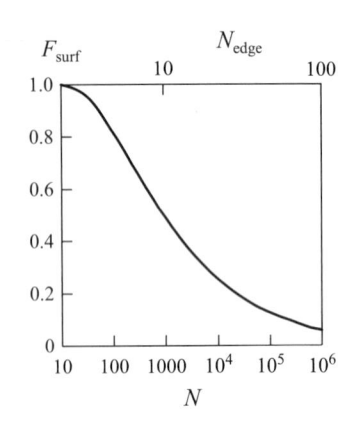

圖 7.8
金屬立方體表面上的原子分率是立方體中原子數 N 的函數。N_{edge} 是沿著立方體邊緣的原子數。假定該金屬具有簡單立方結構。有關用於計算 F_{surf} 的公式，請參閱 E. Roduner, *Chem. Soc. Rev.*, **35**, 583 (2006)。

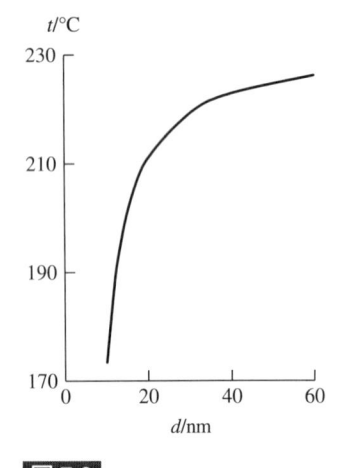

圖 7.9
Sn 的熔點是粒徑的函數。圖形是基於熔點的理論方程式，在幾種大小下觀察新的熔點與該曲線高度吻合 [參閱 S. L. Lai et al., *Phys. Rev. Lett.*, **77**, 99 (1996)]。

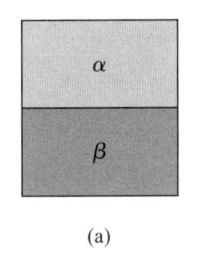

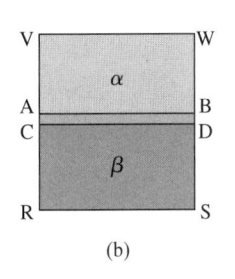

圖 7.10
(a) 兩相系統。(b) 兩個本體相之間的界面層。

如，在由 α 和 β 相組成的系統中 (圖 7.10a)，在 α 和 β 相接觸區域或非常接近接觸區域的分子具有與任一相內部分子不同的分子環境。該 α 和 β 相之間的三維接觸區域，其中兩相的分子與分子相互作用，稱為**界面層** (interfacial layer)、**表面層** (surface layer) 或相之間的**界面區域** (interphase region)。如果不存在離子，則該區域為幾個分子厚 (中性分子之間的分子間力在超過約 3 個分子直徑時可忽略不計)。**界面** (interface) 是指將兩相分開的明顯的二維幾何邊界表面。

圖 7.10b 是具有平面界面的兩相系統的橫截面示意圖。平面 VW 和 AB 之間的所有分子具有相同的環境並且是**整體相** (bulk phase) α 的一部分。平面 CD 和 RS 之間的所有分子具有相同的環境並且是整體相 β 的一部分。界面層 (其厚度在圖中被誇大) 由平面 AB 和 CD 之間的分子組成。

由於界面層只有幾個分子直徑厚，通常只有宏觀系統分子的一小部分存在於這一層中且表面效應對系統性質的影響基本上可以忽略不計。第 7.5 至 7.7 節考慮表面效應顯著的系統；例如，膠體系統，其中表面對體積的比高。

界面層是整體相 α 和 β 之間的過渡區域而是不均勻的。相反，其性質從整體相 α 的特徵變化到整體相 β 的特徵。例如，如果 β 是液體溶液而 α 是與溶液平衡的蒸氣，近似統計力學計算和物理參數顯示，成分 i 的濃度 c_i 可以用圖 7.11 所示方式之一的 z (圖 7.10b 中的垂直坐標) 變化。虛線標出界面層的邊界對應於圖 7.10b 中的平面 AB 和 CD。從界面反射的光的統計 - 機械計算和研究顯示，純液體與其蒸氣之間的界面層通常約為三個分子直徑的厚度。對於固－固、固－液和固－氣界面，整體相之間的轉變通常比圖 7.11 的液－氣界面更陡。

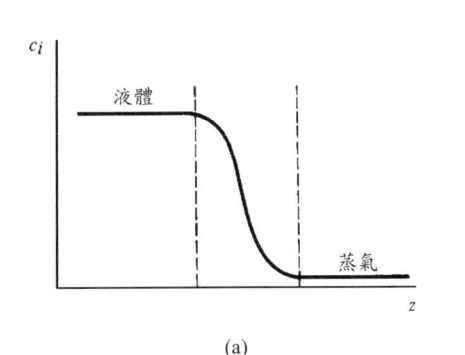

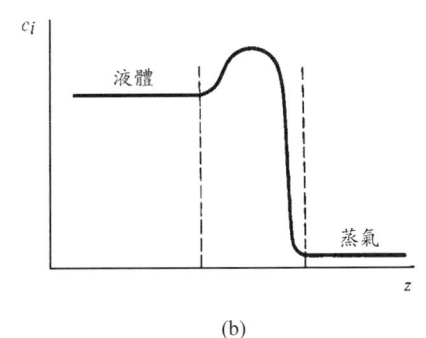

圖 7.11
從本體液相到本體氣相的成分的濃度變化。

由於分子間相互作用的差異，在相之間的界面區域的分子具有與整體相不同的平均分子間相互作用能。α 和 β 之間界面區域的絕熱變化因此會改變系統的內能 U。

例如，考慮與其蒸氣平衡的液體 (圖 7.12)。液體中分子間的相互作用降低了內能。與大量液相中的分子相比，液體表面的分子與其他液相分子相比具有更少的吸引力，因此具有比大量液相中的分子更高的平均能量。氣相中的分子濃度很低，我們可以忽略氣相分子和液體表面分子之間的相互作用。需要增加圖 7.12 中的液－氣界面的面積，因為這種增加意味著大量液相中的分子較少，而表面層中的分子較多。通常需要正功來增加兩相之間的界面面積。由於這個原因，系統傾向於採用最小表面積的配置。因此，孤立的液滴是球形的，因為球是具有最小表面積與體積比的形狀。

令 $\mathcal{A}$ 是 α 和 β 相之間界面的面積。界面區域的分子數與 $\mathcal{A}$ 成正比。假設我們可逆增加界面面積 $d\mathcal{A}$ 則在相之間的界面區域增加的分子數與 $d\mathcal{A}$ 成正比，因此增加界面面積所需的功與 $d\mathcal{A}$ 成正比。令比例常數用 $\gamma^{\alpha\beta}$ 表示，其中上標表示該常數的值取決於相接觸。增加界面面積所需的可逆功是 $\gamma^{\alpha\beta}\, d\mathcal{A}$。$\gamma^{\alpha\beta}$ 稱為**界面張力** (interfacial tension) 或**表面張力** (surface tension)。當一相是氣體，術語「表面張力」更常用。因為它需要正功增加 $\mathcal{A}$，$\gamma^{\alpha\beta}$ 是正的。液體中的分子間吸引力越強，將分子從大量液體帶到表面所需的功就越大，因此 $\gamma^{\alpha\beta}$ 的值越大。

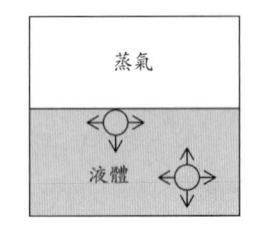

除了功 $\gamma^{\alpha\beta}\, d\mathcal{A}$ 需要改變界面面積，還有與可逆體積變化相關的功 $-P\, dV$，其中 P 是每個整體相的壓力而 V 是系統的總體積。因此對相 α 和 β 的封閉系統所作的功為

$$dw_{\text{rev}} = -P\, dV + \gamma^{\alpha\beta}\, d\mathcal{A} \qquad \text{平面界面} \qquad (7.26)^*$$

我們將 (7.26) 式作為具有平面界面的封閉兩相系統的 $\gamma^{\alpha\beta}$ 的定義。限制平面界面的原因在下一節會變得較清楚。從 (7.26) 式可知，如果圖 7.14 中的活塞緩慢移動無窮小距離，則對系統作功 $-P\, dV + \gamma^{\alpha\beta}\, d\mathcal{A}$。

液體的表面張力 α (surface tension of liquid α) 是指液體 α 與其蒸氣 β 平衡的系統的界面張力 $\gamma^{\alpha\beta}$。通常針對空氣測量液體的表面張力。當 β 相是低壓或中壓的惰性氣體時，$\gamma^{\alpha\beta}$ 的值幾乎與 β 的組成無關。

因為我們將考慮只有一個界面的系統，從這裡開始，$\gamma^{\alpha\beta}$ 只用 γ 表示。

表面張力 γ 的單位為功 (或能量) 除以面積。傳統上，γ 表示為 erg/cm^2 = dyn/cm，使用現在過時的 cgs 單位。γ 的 SI 單位是 J/m^2 = N/m。我們有

圖 7.12

對液體中分子的吸引力。

$$1 \text{ erg/cm}^2 = 1 \text{ dyn/cm} = 10^{-3} \text{ J/m}^2 = 10^{-3} \text{ N/m} = 1 \text{ mN/m} = 1 \text{ mJ/m}^2 \quad (7.27)$$

對於大多數有機和無機液體，室溫下的 γ 為 15 至 50 mN/m。對於水，γ 在 20°C 時具有 73 mN/m 的高值，由於具有與氫鍵相關的強分子間力。液態金屬非常高的表面張力；Hg 在 20°C 的表面張力為 490 mN/m。對於液體－液體界面，每種液體與另一種液體飽和，γ 通常小於具有較高 γ 的純液體的 γ。第 7.6 節將討論 γ 的測量。

隨著與其蒸氣平衡的液體的溫度升高，兩相變得越來越相似，直到臨界溫度 T_c 時液－氣界面消失，僅存在一相。在 T_c，γ 的值因此必須變為 0，並且我們預計隨著 T 升高到臨界溫度，液體的 γ 會不斷減少。以下經驗方程式（由於 Katayama 和 Guggenheim）再現了許多液體的 $\gamma(T)$ 行為：

$$\gamma = \gamma_0 (1 - T/T_c)^{11/9} \quad (7.28)$$

其中 γ_0 是液體的經驗參數特徵。因為 11/9 接近 1，我們有 $\gamma \approx \gamma_0 - \gamma_0 T/T_c$，當 T 增加時，γ 近似線性地減小。圖 7.13 繪製了某些液體的 γ 與 T 的關係曲線。

圖 7.13 某些液體的表面張力與溫度有關。γ 在臨界點變為零。$C_{10}H_8$ 是萘。

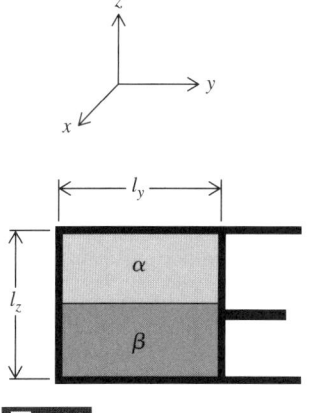

(7.26) 式中的 P 是系統的每個整體相 α 和 β 中的壓力。但是，由於表面張力，當系統和活塞處於平衡狀態時，P 不等於圖 7.14 中活塞施加的壓力。令系統包含在尺寸為 l_x、l_y 和 l_z 的矩形框中，其中 x、y 和 z 軸如圖 7.19 所示。令活塞對系統作功 dw_{rev} 的過程中移動距離 dl_y，且令活塞對系統施力 F_{pist}。活塞對系統作功 $dw_{\text{rev}} = F_{\text{pist}} dl_y$ [(2.8) 式]。使用 (7.26) 式可得 $F_{\text{pist}} dl_y = -P\, dV + \gamma\, d\mathcal{A}$。系統的體積是 $V = l_x l_y l_z$ 而 $dV = l_x l_z\, dl_y$。α 和 β 相之間的界面面積是 $\mathcal{A} = l_x l_y$，而 $d\mathcal{A} = l_x\, dl_y$。因此 $F_{\text{pist}} dl_y = -P l_x l_z\, dl_y + \gamma l_x\, dl_y$ 且

$$F_{\text{pist}} = -P l_x l_z + \gamma l_x \quad (7.29)$$

活塞施加的壓力 P_{pist} 是 $-F_{\text{pist}}/\mathcal{A}_{\text{pist}} = -F_{\text{pist}}/l_x l_z$，其中 $\mathcal{A}_{\text{pist}}$ 是活塞的面積。F_{pist} 在負 y 方向，因此是負的；壓力是正數，因此加上負號。將 (7.29) 式除以 $\mathcal{A}_{\text{pist}} = l_x l_z$ 可得

$$P_{\text{pist}} = P - \gamma/l_z \quad (7.30)$$

圖 7.14 由活塞限制的兩相系統。

與 P 相比，γ/l_z 通常非常小。典型值 $l_z = 10$ cm 而 $\gamma = 50$ mN/m，我們發現 $\gamma/l_z = 5 \times 10^{-6}$ atm。

由於物體 A 施加在物體 B 上的力是 B 施加在 A 的力的負值（牛頓第三定律），(7.29) 式顯示系統對活塞施力 $P l_x l_z - \gamma l_x$。界面的存在導致系統對活塞施力 γl_x，並且該力的方向與系統的壓力 P 方向相反。量 l_x 是界面和活塞的接觸線的長度，因此 γ 是由於存在相界面區域而施加在活塞上

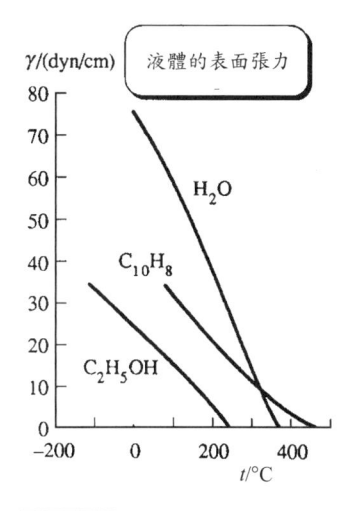

的每單位長度的力。在機械方面，該系統就好像兩個整體相在張力下被薄膜隔開。這是 γ 的名稱「表面張力」的起源。昆蟲利用表面張力在水面上掠過。

在圖 7.10 和圖 7.14 的整體相 α 和 β 中。壓力均勻且在所有方向都等於 P。在相之間的界面區域，z 方向的壓力等於 P，但 x 和 y 方向的壓力不等於 P。相反，(7.30) 式的活塞上的壓力小於整體相中的壓力 P 告訴我們，相之間的界面區域中的 P_y（系統在 y 方向上的壓力）小於 P。由於對稱性，在相之間的界面區域，$P_x = P_y$。相之間的界面區域是不均勻的，並且該區域中的壓力 P_x 和 P_y 是 z 坐標的函數。因為相之間的界面區域非常薄，所以在此區域只能近似談論該區域的壓力的宏觀特性。

測量固體的表面張力非常困難。

我們可以修改第 4 章的熱力學方程式以考慮這些相之間界面的影響。最常見的方法是由吉布斯 (Gibbs) 在 1878 年設計的。吉布斯用一個假設的系統代替了實際系統，其中相之間的界面區域是零體積但其他熱力學性質不為零的二維表面相。圖 7.15a 的實際系統（由整體相 α 和 β 以及相之間的界面區域組成）由圖 7.15b 的模型系統代替。在模型系統中，相 α 和 β 由零厚度的表面 [**吉布斯分界面** (Gibbs dividing surface)] 分開。在分界面的任一側上的相 α 和 β 被定義為具有與實際系統中的本體相 α 和 β 相同的內含性質。模型系統中分界面的位置在某種程度上是任意的，但通常對應於實際系統相之間的界面區域內或非常靠近實際系統相之間的界面區域的位置。實驗上可測量的性質必須與分界面的位置無關。吉布斯模型歸因於分界面，需要任何熱力學性質的值來使模型系統具有的總體積、內能、熵和成分的量與實際系統具有的相同。有關吉布斯模型的詳細處理，請參閱 *Defay, Prigogine, Bellemans, and Everett*。

7.6 彎曲的界面

當相 α 和 β 之間的界面彎曲時，表面張力引起整體相 α 和 β 中的平衡壓力不同。這可以從圖 7.16a 中看出。如果下部活塞被可逆地推入，則迫使更多的相 α 進入錐形區域（而一些相 β 經頂部通道被推出錐形區域），彎曲的界面向上移動，從而增加 α

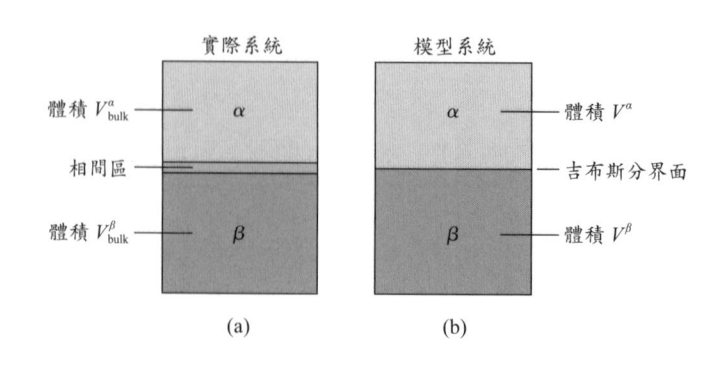

圖 7.15

(a) 兩相系統。(b) 對應的 Gibbs 模型系統。

圖 7.16

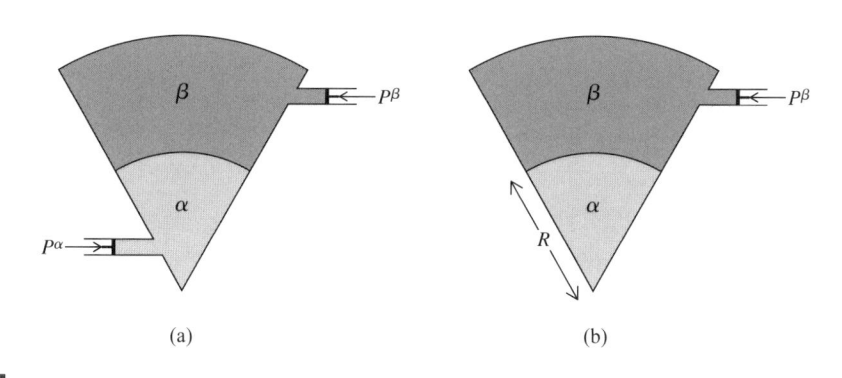

彎曲界面的兩相系統。

和 β 之間界面的面積。因為它需要功來增加 $\mathcal{A}$，所以它需要一個推入下活塞比推入上活塞 (這將減少 $\mathcal{A}$) 更大的力。我們已經證明了 $P^\alpha > P^\beta$，其中 α 是彎曲界面凹面上的相 (或者，如果我們想像 α 和 β 相在張力下被薄膜隔開，這個假想的膜會在 α 相上施加淨向下力，使 P^α 超過 P^β)。

為了允許這種壓力差，我們重寫 γ 的定義 (7.26) 式為

$$dw_{\text{rev}} = -P^\alpha \, dV^\alpha - P^\beta \, dV^\beta + \gamma \, d\mathcal{A} \qquad (7.31)^*$$
$$V = V^\alpha + V^\beta$$

其中 $-P^\alpha dV^\alpha$ 是對整體相 α 所作的 P-V 功，V^α 和 V^β 是相 α 和 β 的體積，V 是系統的總體積。因為相之間界面區域的體積與整體相相比可以忽略不計，我們採用 $V^\alpha + V^\beta = V$。

為了導出 P^α 和 P^β 之間的關係，考慮圖 7.21b 的修改設置。我們將界面視為球體的一部分。令活塞輕微可逆推入，改變系統的總體積 dV。功定義為力和位移的乘積，等於 (力 / 面積) × (位移 × 面積) = 壓力 × 體積變化，活塞對系統作功是 $-P^\dagger dV$，其中 $P^\dagger$ 是系統和外界之間界面處的壓力，是施力的地方。因為 $P^\dagger = P^\beta$，我們有

$$dw_{\text{rev}} = -P^\beta \, dV = -P^\beta \, d(V^\alpha + V^\beta) = -P^\beta \, dV^\alpha - P^\beta \, dV^\beta \qquad (7.32)$$

令 (7.32) 式等於 (7.31) 式，我們得到

$$-P^\beta \, dV^\alpha - P^\beta \, dV^\beta = -P^\alpha \, dV^\alpha - P^\beta \, dV^\beta + \gamma \, d\mathcal{A}$$
$$P^\alpha - P^\beta = \gamma (d\mathcal{A}/dV^\alpha) \qquad (7.33)$$

設 R 是從錐體的頂點到 α 和 β 之間的界面的距離，如圖 7.16b 所示，令錐形頂點處的立體角為 Ω。圍繞空間中的一個點的總立體角為 4π 球面度 (steradians)。因此，V^α 等於 $\Omega/4\pi$ 乘以半徑為 R 的球體的體積 $\frac{4}{3}\pi R^3$，而 $\mathcal{A}$ 等於 $\Omega/4\pi$ 乘以球體的面積 $4\pi R^2$ (見圖 7.16b，所有相 α 都在錐體內)。我們有

$$V^\alpha = \Omega R^3/3, \qquad \mathcal{A} = \Omega R^2$$
$$dV^\alpha = \Omega R^2 \, dR, \qquad d\mathcal{A} = 2\Omega R \, dR$$

因此 $d\mathcal{A}/dV^\alpha = 2/R$，由球形界面分開的兩個整體相之間的壓力差 (7.33) 式變成

$$P^\alpha - P^\beta = \frac{2\gamma}{R} \qquad \text{球形界面} \tag{7.34}$$

(7.34) 式大約於 1805 年分別由 Young 和 Laplace 導出。在 (7.34) 式中，當 $R \to \infty$，壓力差變為零，對於平面界面應該如此。僅當 R 小時，壓力差，(7.34) 式才是實質性的。例如，對於 20°C 的水－空氣界面，當 $R = 1$ cm 時，$P^\alpha - P^\beta$ 為 0.1 torr R，當 $R = 0.01$ cm 時，$P^\alpha - P^\beta$ 為 10 torr R。非球形曲面界面的壓差方程式比 (7.34) 式更複雜，因此省略。

(7.34) 式的一個結果是液體中氣體氣泡內的壓力大於液體的壓力。另一個結果是一小滴液體的蒸氣壓略高於整體液體的蒸氣壓。

(7.34) 式是測量液－氣和液－液界面的表面張力的**毛細上升** (capillary-rise) 法的基礎。這裡，插入毛細管在液體中，測量液體在管中上升的高度可計算 γ。您可能已經觀察到玻璃管中水溶液的水－空氣界面是彎曲的而不是平坦的。界面的形狀取決於液體和玻璃之間的黏合力的相對大小以及液體中的內部黏合力。令液體與玻璃形成**接觸角** (contact angle) θ (圖 7.17)。當黏合力超過內聚力時，θ 位於 $0° \leq \theta < 90°$ 的範圍內 (圖 7.17a)。當內聚力超過黏合力時，則 $90° < \theta \leq 180°$。

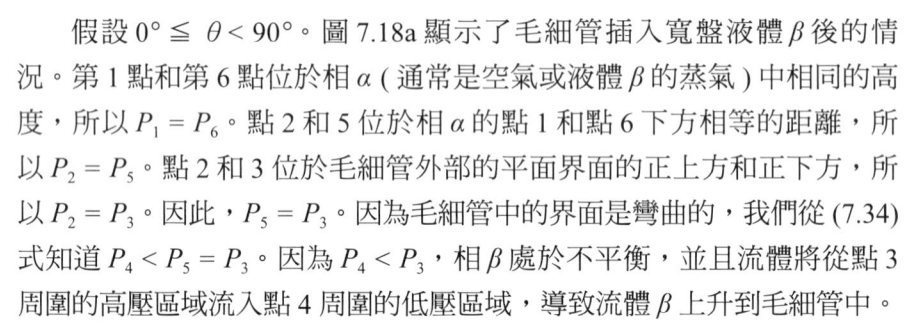

假設 $0° \leq \theta < 90°$。圖 7.18a 顯示了毛細管插入寬盤液體 β 後的情況。第 1 點和第 6 點位於相 α (通常是空氣或液體 β 的蒸氣) 中相同的高度，所以 $P_1 = P_6$。點 2 和 5 位於相 α 的點 1 和點 6 下方相等的距離，所以 $P_2 = P_5$。點 2 和 3 位於毛細管外部的平面界面的正上方和正下方，所以 $P_2 = P_3$。因此，$P_5 = P_3$。因為毛細管中的界面是彎曲的，我們從 (7.34) 式知道 $P_4 < P_5 = P_3$。因為 $P_4 < P_3$，相 β 處於不平衡，並且流體將從點 3 周圍的高壓區域流入點 4 周圍的低壓區域，導致流體 β 上升到毛細管中。

平衡條件如圖 7.18b 所示。此時，$P_1 = P_6$，而點 8 和 5 分別在點 1 和 6 下方相等的距離，$P_8 = P_5$。此外，$P_3 = P_4$，因為相 β 現在處於平衡狀態。兩式相減可得 $P_8 - P_3 = P_5 - P_4$。壓力 P_2 和 P_3 相等，所以

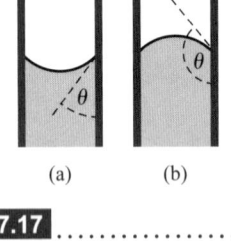

圖 7.17
液體和玻璃毛細管之間的接觸角。

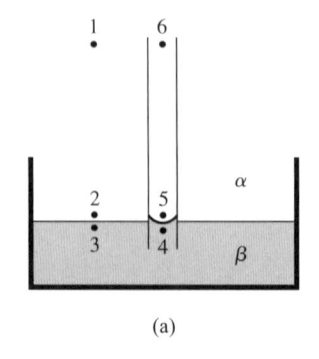

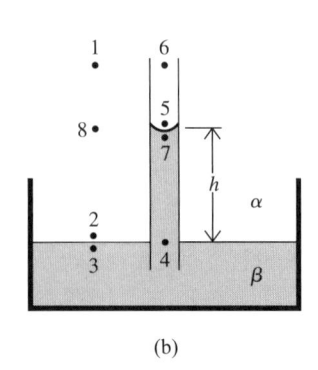

圖 7.18
毛細管。

$$P_8 - P_2 = P_5 - P_4 = (P_5 - P_7) + (P_7 - P_4) \tag{7.35}$$

其中減了 P_7 又加了 P_7。由 (1.9) 式可得 $P_2 - P_8 = \rho_\alpha gh$ 而 $P_4 - P_7 = \rho_\beta gh$，其中 ρ_α 和 ρ_β 是 α 和 β 相的密度，h 是毛細管上升。如果毛細管很窄，則界面可以被認為是球體的一部分，由 (7.34) 式可知 $P_5 - P_7 = 2\gamma/R$，其中 R 是球體的半徑。代入 (7.35) 式可得 $-\rho_\alpha gh = 2\gamma/R - \rho_\beta gh$ 和

$$\gamma = \tfrac{1}{2}(\rho_\beta - \rho_\alpha)ghR \tag{7.36}$$

當相 β 和 α 是液體和氣體時，清潔玻璃上的接觸角通常是 0 (液態汞例外)。對於 $\theta = 0$，液體可以說完全潤濕玻璃。具有零接觸角和具有球形界面的界面是半球，半徑 R 等於毛細管的半徑 r (圖 7.19b)。此時，

$$\gamma = \tfrac{1}{2}(\rho_\beta - \rho_\alpha)ghr \quad \text{其中 } \theta = 0 \tag{7.37}$$

對於 $\theta \neq 0$，我們從圖 7.19a 中看到 $r = R \cos\theta$，所以 $\gamma = \tfrac{1}{2}(\rho_\beta - \rho_\alpha)ghr/\cos\theta$。由於接觸角難以準確測量，毛細上升法只有在 $\theta = 0$ 時才準確。

對於玻璃上的液態汞，液－氣界面如圖 7.17b 所示，其中 $\theta \approx 140°$。在這裡，我們得到毛細管抑制而不是毛細管上升。

毛細管作用是熟悉的，例如降落在布上的液體的擴散，布的纖維之間的空間用作毛細管，液體被吸入其中。當織物製成防水劑時，會施加一種化學物質 (例如，矽氧烷聚合物) 使接觸角 θ 超過 90°，使得水不會被吸入織物中。

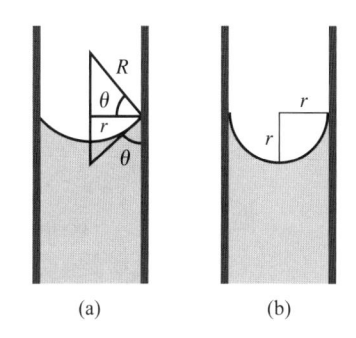

圖 7.19
接觸角：(a) $\theta \neq 0$；(b) $\theta = 0$。

例 7.8　毛細管內的液面上升

對於 25°C 和 1 atm 的水－空氣界面，計算內徑 0.200 mm 的玻璃毛細管內的液面上升高度。水在 25°C 的表面張力是 72.0 mN/m。25°C 和 1atm 下的空氣和水的密度為 0.001 g/cm³ 和 0.997g/cm³。

代入 (7.37) 式，可得

$$0.0720 \text{ N/m} = \tfrac{1}{2}(0.996)(10^{-3}\text{ kg}/10^{-6}\text{ m}^3)(9.81\text{ m/s}^2)h(0.000100\text{ m})$$

$$h = 0.147 \text{ m} = 14.7 \text{ cm}$$

因為 1 N = 1 kg m/s²。h 的實際值是由於毛細管的微小直徑。

習題

求玻璃毛細管的內徑，其中水在 25°C 時顯示毛細管內的液面上升 88 mm。
(答案：0.33 mm)

7.7 膠體

當含有 Cl⁻ 離子的水溶液加入到含有 Ag⁺ 離子的水溶液中時，在某些條件下，固體 AgCl 沉澱物可能形成極微小的晶體保持懸浮在液體中而不是沉澱為可過濾的沉澱物。這是膠體系統的一個例子。

☕ 膠體系統

膠體系統 (colloidal system) 由尺寸在 1 至 1000 nm 的近似範圍內的顆粒組成且在介質中顆粒是分散的。顆粒稱為**膠體顆粒** (colloidal particles) 或分散相 (dispersed phase)。該介質稱為**分散介質** (dispersion medium) 或連續相 (continuous phase)。膠體顆粒可以是固態、液態或氣態，或者它們可以是單獨的分子。分散介質可以是固體、液體或氣體。**膠體** (colloid) 一詞可以表示顆粒加上分散介質的膠體系統或僅是膠體顆粒。

溶膠 (sol) 是膠體系統，其分散介質是液體或氣體。當分散介質是氣體的時候，溶膠稱為**氣溶膠** (aerosol)。霧是一種帶有液體顆粒的氣溶膠。煙霧是一種含有液體或固體顆粒的氣溶膠。菸草煙霧有液體顆粒。地球大氣層含有 H_2SO_4 水溶液和 $(NH_4)_2SO_4$ 液滴的氣溶膠，由含硫燃料和火山爆發產生。這種硫酸鹽氣溶膠產生酸雨並反射一些入射的太陽光，從而冷卻地球。由分散在液體中的液體組成的溶膠是**乳液** (emulsion)。由懸浮在液體中的固體顆粒組成的溶膠是**膠體懸浮液** (colloidal suspension)。一個例子是前面提到的 AgCl 水溶液系統。正在研究金奈米顆粒的溶膠用於向細胞遞送藥物的應用。

泡沫 (foam) 是膠體系統，其中氣泡分散在液體或固體。雖然氣泡的直徑通常超過 1000 nm，但是氣泡之間的距離通常小於 1000 nm，因此泡沫被歸類為膠體系統；在泡沫中，分散介質處於膠體狀態。任何使用肥皂、喝啤酒或去海灘的人都熟悉泡沫。浮石是一種泡沫，其氣泡散佈在火山岩的岩石中。

膠體系統可以分為分散顆粒是單分子 (單分子顆粒) 的系統和許多分子聚集的顆粒 (高分子顆粒) 的系統。AgCl、As_2S_3 和水中 Au 的膠體分散體含有高分子顆粒，而系統有兩種相：水和分散的顆粒。顆粒的微小尺寸導致非常大的界面面積，並且表面效應 (例如，對膠體顆粒的吸附) 對於確定系統的性質是非常重要的。另一方面，在聚合物溶液 (例如，蛋白質在水中的溶液) 中，膠體顆粒是單分子，並且該系統具有一相。這裡，沒有界面，但聚合物分子的溶劑化是重要的。大尺寸的溶質分子導致聚合物溶液類似於聚合物分子顆粒的膠體分散體，其具有光散射和沈降在離心機中的性質，因此聚合物溶液被歸類為膠體系統。

☕ 親液膠體

當蛋白質晶體滴入水中時，聚合物分子自發地溶解以產生膠體分散體。可以藉由膠體顆粒的乾燥鬆散材料在分散介質中自發分散而形成的膠體分散體稱為**親液性的**

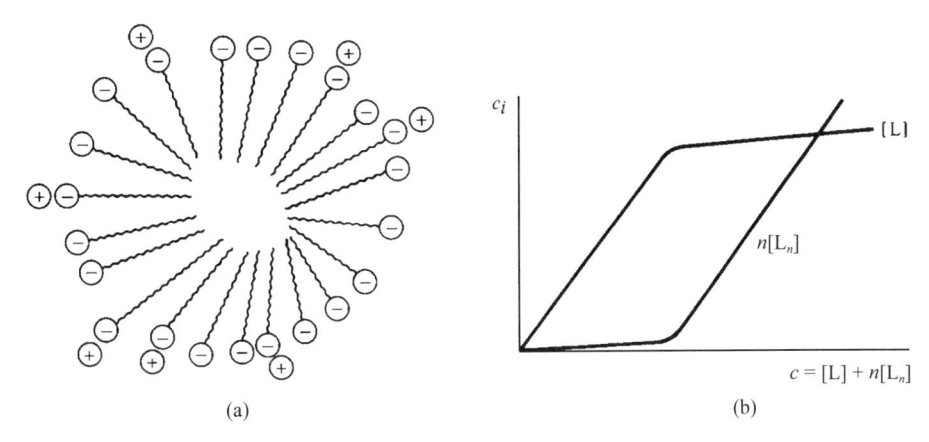

圖 7.20
(a) 水溶液中的肥皂膠束。(b) 單體 (L) 和膠束 (L_n) 濃度對化學計量濃度 c。

(lyophilic)(「喜歡溶劑」)。親液溶膠在熱力學上比分散介質和本體膠體材料的兩相系統更穩定。

溶液中的某些化合物產生親液膠體系統是由於它們的分子自發結合形成膠體顆粒。如果繪製肥皂水溶液 (具有式 $RCOO^-M^+$ 的化合物，其中 R 是具有 10 至 20 個碳的直鏈，而 M 是 Na 或 K) 的滲透壓對溶質的化學計量濃度，則發現在一定濃度 [稱為**臨界膠束濃度** (critical micelle concentration, cmc)] 溶液顯示該曲線的斜率急劇下降。從 cmc 開始，溶液的光散射能力 (濁度) 急劇上升。這些事實表明，在 cmc 之上，大部分溶質離子聚集形成膠體尺寸單位。這種聚集體稱為**膠束** (micelles)。在 cmc 以下稀釋溶液消除了膠束，因此膠束形成是可逆的。光散射數據顯示膠束近似為球形並含有 20 至幾百個單體單元，這取決於化合物。圖 7.20a 顯示了水溶液中皂膠的結構。每個單體陰離子的烴部分指向中心，極性 COO^- 基團在外面。許多膠束的 COO^- 基團溶解了與它們結合的 Na^+ 離子 (離子配對)。在高濃度的溶解皂中，形成具有非球形形狀的膠束。這種形狀包括圓柱體 (它們的末端被半球蓋住) 和磁盤。

藉由膠束中脂肪分子的溶解來輔助脂肪的腸吸收，此膠束由膽汁酸陰離子形成。膽固醇在這些膽鹽膠束中的溶解有助於從體內排泄膽固醇。

雖然含有膠束的系統有時被視為具有兩相，最好將其視為可逆平衡 $nL \rightleftharpoons L_n$ 存在的單相溶液，其中 L 是單體，L_n 是膠束。膠束的形成不對應於第二相的分離，這可由 cmc 沒有精確定義的值，但對應的是窄範圍的濃度這一事實得到證明。圖 7.20b 顯示了單體和膠束濃度隨溶質化學計量濃度的變化。在 cmc 處膠束濃度的突然升高是由大的 n 值引起的。極限 $n \to \infty$ 對應於在精確定義的濃度下發生的相變，以得到兩相系統。

疏液膠體

當固體 AgCl 與水接觸時，它不會自發地分散形成膠體系統。不能藉由自發分散形成的溶膠稱為疏液 (「厭惡溶劑」)。**疏液溶膠** (lyophobic sols) 在分離成兩個未混合

的本體相時是熱力學不穩定的(回想一下系統的穩定狀態是最小界面面積之一)，但分離速率可能非常小。法拉第準備的金溶膠在大英博物館展出。

疏液溶膠的長壽通常是由於膠體粒子上的吸附的離子；相同電荷之間的排斥使粒子不會聚集。吸附離子的存在可以藉由膠體粒子在施加的電場中的遷移來顯示(稱為電泳的現象)。藉由在溶液中存在聚合物(例如，蛋白質明膠)也可以穩定疏液溶膠。聚合物分子被吸附在每個膠體顆粒上並包圍著顆粒，從而防止顆粒凝結。

許多疏液膠體可用沉澱反應製備。沉澱在非常稀釋或非常濃縮的溶液中傾向於產生膠體。疏液溶膠也可以藉由將大塊物質機械分解成微小顆粒並將它們分散在介質中來生產。例如，乳液可以在乳化劑存在下劇烈搖動兩種基本上不互溶的液體來製備。

沉降

固體在液體中的非膠體懸浮液中的顆粒在重力的影響下最終會沉降，這個過程稱為**沉降** (sedimentation)。對於尺寸遠低於 10^3 Å 的膠體顆粒，偶然的熱對流電流和膠體顆粒與分散介質分子之間的隨機碰撞可防止沉澱。具有較大膠體顆粒的溶膠將隨時間呈現沉降。

乳液

大多數乳液中的液體是水和油，其中「油」表示與水基本上不互溶的有機液體。這種乳液被分類為水包油 (O/W) 乳液，其中水是連續相，油以微小液滴形式存在，或油包水 (W/O) 乳液，其中油是連續相。乳液是疏液膠體。它們藉由乳化劑的存在而穩定，乳化劑通常是在每個膠體液滴和分散介質之間的界面處形成表面膜的物質，從而降低界面張力並防止凝結。肥皂和其他洗滌劑的清潔作用部分來自它們作為乳化劑的作用，以保持懸浮在水中的微小油脂滴。牛奶是乳脂液滴在水中的 O/W 乳液；乳化劑是蛋白質酪蛋白。許多藥物製劑和化妝品(藥膏、軟膏、冷霜)是乳液。

凝膠

凝膠 (gel) 是至少兩種成分的半剛性膠體系統，其中兩成分在整個系統中不斷擴展。無機凝膠通常由捕獲在無機固體的微小晶體的三維網絡中的水組成。晶體藉由凡德瓦爾力保持在一起，水既吸附在晶體上，又被它們機械封閉。回想一下在定性分析方案中獲得的 Al(OH)$_3$ 的白色凝膠狀沉澱物。與凝膠相反，膠體懸浮液中的固體顆粒彼此分離得很好並在液體中自由移動。

當蛋白質明膠的水溶液冷卻時，就形成了聚合物凝膠。這裡，水被捕獲在由長鏈聚合物分子形成的網路內。在這個網路中，聚合物鏈彼此纏繞在一起且由凡德瓦爾力、氫鍵或由一些共價鍵結合在一起(包括大量的糖和一些人造香料和顏色明膠，你得到 Jell-O)。多醣瓊脂 (polysaccharide agar) 與水形成聚合物凝膠，其用作細菌的培養基。

如果在高於液體的臨界溫度和壓力 (超臨界條件；第 8.3 節)，將凝膠加熱和加壓除去凝膠的液相並允許流體排出的情況下，可獲得**氣凝膠** (aerogel)。氣凝膠是一種堅固的低密度固體，其體積僅略小於原始凝膠的體積。以前由凝膠中的液體填充的空間在氣凝膠中含有空氣，因此氣凝膠被微小的孔隙滲透。研究最多的氣凝膠是二氧化矽氣凝膠，其中固體是 SiO_2 (二氧化矽)，它是一種共價網狀固體，具有鍵結的 Si 和 O 原子的三維陣列 (二氧化矽在自然界中以沙子形式存在，是玻璃中的主要成分)。原始凝膠可以利用反應 $Si(OC_2H_5)_4 + 2H_2O \rightarrow SiO_2(s) + 4C_2H_5OH$ 在溶劑乙醇中進行製造，並與乙醇一起產生凝膠作為液體。一些二氧化矽氣凝膠的性質是：密度通常為 0.1 g/cm^3，但也可以低至 0.003 g/cm^3；內表面積 (由 N_2 吸附測定) 通常為 800 m^2/g；內部自由體積通常為 95%，但可高達 99.9%；典型的導熱係數為 0.00015 $J\ s^{-1}\ cm^{-1}\ K^{-1}$ (固體含量極低；見圖 15.2)；平均孔徑 20 nm。氣凝膠可用於催化和熱絕緣。

宇宙飛船 *Stardust* 於 2004 年參觀了 Wild 2 彗星並於 2004 年返回地球。利用低密度矽氣凝膠塊的撞擊，從彗星收集粉塵，且在塊的相對側收集星際粉塵 (stardust.jpl.nasa.gov)。分析粉塵產生了一些令人驚訝的結果 (*Science*, Dec. 15, 2006)。

7.8 總結

對於含有 c 個化學物種和 p 個相且具有 r 個獨立的化學反應和對莫耳分率有 a 個額外限制的平衡體系，相律 $f = c - p + 2 - r - a$ 給出了自由度 f 的數目。f 是指定系統的內含狀態所需的內含變數。

在給定的 T 和 P 下，單成分系統的穩定相是在 T 和 P 下具有最低的 $G_m = \mu$ 的相。

Clapeyron 方程式 $dP/dT = \Delta H/(T \Delta V)$ 給出了單成分 P-T 相圖上線的斜率。Clapeyron 方程式指出 (a) 固體的蒸氣壓如何隨 T 變化 (圖 7.1a 中的 OA 線)；(b) 液體的蒸氣壓如何隨 T 變化，或等效地，液體的沸點如何隨 P 變化 (圖 7.1a 中的線 AC)；(c) 固體的熔點如何隨 P 變化 (圖 7.1a 中的 AD 線)。

對於單成分氣體與固體或液體之間的相平衡，若忽略凝聚相的體積且假設氣體為理想氣體，則可將 Clapeyron 方程式轉換成 $d \ln P/dT \approx \Delta H_m/RT^2$。

在相之間的界面區域中的分子，經歷不同的力並且具有大於整體相中的分子不同的平均能量。因此需要功 $\gamma\, d\mathcal{A}$ 用 $d\mathcal{A}$ 可逆改變兩相之間界面的面積，其中 γ 為表面張力。

對於球形界面，表面張力的存在導致兩個整體相之間的壓力差為 $\Delta P = 2\gamma/R$，其中 R 是球形界面的半徑。界面凹側的相處於較高壓力。由於毛細管中的液－氣界面是彎曲的，這壓力差將產生液體的毛細上升，對於零接觸角，γ 由 (7.37) 式給出。

膠體系統包含的顆粒尺寸位於 1 至 1000 nm 的範圍內。

本章涉及的重要計算類型包括：

- 使用相律來求自由度 f 的數目。
- 使用 $d \ln P/dT \approx \Delta H_m/RT^2$ 和蒸氣壓數據求純物質的 $\Delta_{vap}H_m$ 或 $\Delta_{sub}H_m$。
- 使用 $d \ln P/dT \approx \Delta H_m/RT^2$ 和一個溫度下的蒸氣壓求另一溫度下的蒸氣壓。
- 使用 $d \ln P/dT \approx \Delta H_m/RT^2$ 由正常沸點求在給定壓力下的沸點。
- 使用 Clapeyron 方程式求熔點隨壓力的變化。
- 使用 $dG_m = -S_m\, dT + V_m\, dP$ 和 $\Delta_f G°$ 數據,以找到將一種形式的固體轉換為另一種形式的固體的轉換 P 或 T。
- 由 $\Delta P = 2\gamma/R$ 計算橫過球界面的壓力差。
- 使用 (7.37) 式計算毛細上升的表面張力。

習題

第 7.1 節

7.1 對或錯?(a) 由於三個可能的相為固體、液體和氣體,在相律中,相 p 的數目的最大可能值是 3。(b) 自由度 f 的數目是指定系統的熱力學狀態所需的變數個數。

7.2 對於以下每個平衡系統,求自由度 f 的數目並給出合理的選擇獨立的內含變數 (不考慮水電離)。(a) 蔗糖水溶液。(b) 蔗糖和核糖的水溶液。(c) 固體蔗糖和蔗糖與核糖的水溶液。(d) 固體蔗糖、固體核糖,以及蔗糖和核糖的水溶液。(e) 液體水和水蒸氣。(f) 蔗糖水溶液和水蒸氣。(g) 固體蔗糖、蔗糖水溶液和水蒸氣。(h) 液態水、液態苯 (這兩種液體基本上是不互溶的) 和這兩種液體蒸氣的混合物。

第 7.2 節

7.3 對或錯?(a) 正常沸點是液體的蒸氣壓等於 1atm 的溫度。(b) 在純物質的臨界點,液體和蒸氣的密度是相等的。(c) 在相律中 f 的最小可能值為 1。(d) 純水的正常沸點恰好是 100°C。(e) 液體的汽化焓在臨界點變為零。(f) 沿著單成分相圖中的線,$f = 1$。(g) 在單成分系統的固-液-氣三相點,$f = 0$。(h) CO_2 沒有正常沸點。(i) 如果壓力為 100 torr,則冰在 0.00°C 以上融化。

7.4 對於以下每個條件,說明哪個相 (固體、液體或氣體) H_2O 具有最低的化勢。(a) 25°C 和 1 atm;(b) 25°C 和 0.1 torr;(c) 0°C 和 500 atm;(d) 100°C 和 10 atm;(e) 100°C 和 0.1 atm。

7.5 對於圖 7.1a 的 H_2O 相圖,說明自由度的數目 (a) 沿 AC 線;(b) 在液體區;(c) 在三相點 A。

7.6 水的蒸氣壓在 25°C 時為 23.76 torr。(a) 如果將 0.360 克 H_2O 置於 25°C,$V = 10.0$ L 的空的剛性容器中,說明平衡時存在哪些相和每相中 H_2O 的質量。(b) 與 (a) 相同,但 $V = 20.0$ L。

7.7 Ar 具有正常熔點和沸點 83.8 和 87.3 K;它的三相點是 83.8 K 和 0.7 atm,且其臨界溫度和壓力分別為 151 K 和 48 atm。說明在下列每種情況下 Ar 是固體、液體還是氣體:(a) 0.9 atm 和 90 K;(b) 0.7 atm 和 80 K;(c) 0.8 atm 和 88 K;(d) 0.8 atm 和 84 K;(e) 1.2 atm 和 83.5 K;(f) 1.2 atm 和 86 K;(g) 0.5 atm 和 84 K。

7.8 對於下列每一對,說明哪種物質在其正常沸點具有較大的 $\Delta_{vap}H_m$:(a) Ne 或 Ar;(b) H_2O 或 H_2S;(c) C_2H_6 或 C_3H_8。

第 7.3 節

7.9 對或錯?(a) 對於在恆定 T 和 P 下的可逆相變,$\Delta S = \Delta H/T$。(b) $d \ln P/dT \approx \Delta H_m/RT^2$ 的關係不適用於固-液轉換。(c) $d \ln P/dT \approx \Delta H_m/RT^2$ 的關係不適用於固-氣轉換。(d) $d \ln P/dT \approx \Delta H_m/RT^2$ 的關係不適用於臨界點附近。

7.10 乙醚的正常沸點是 34.5°C,其 $\Delta_{vap}H_{m,nbp}$ 為 6.38 kcal/mol。求乙醚在 25.0°C 下的蒸氣壓。

7.11 Hg 在其正常熔點 −38.9°C 的熔化熱為 2.82 cal/g。Hg(s) 和 Hg(l) 在 −38.9°C 和 1atm 的密度分別為 14.193 和 13.690 g/cm³。求 Hg 在 (a) 100 atm；(b) 500 atm 的熔點。

7.12 25°C 水的蒸氣壓為 23.76 torr。計算在 25°C 至 100°C 的溫度範圍內水蒸發的 ΔH_m 的平均值。

7.13 在正常沸點下，水的蒸發熱 ΔH 為 539.4 cal/g。(a) 許多細菌可以藉由形成孢子在 100°C 下存活。大多數細菌孢子在 120°C 下死亡。因此，用於對醫療和實驗室儀器進行滅菌的高壓滅菌器被加壓以將水的沸點升高至 120°C。水在 120°C 沸騰時的壓力是多少？(b) Pike 峰（海拔 14100 ft）頂部的水的沸點是多少？那裡的大氣壓通常為 446 torr。

7.14 液體汞的一些蒸氣壓為

t	80.0°C	100.0°C	120.0°C	140.0°C
P/torr	0.08880	0.2729	0.7457	1.845

(a) 從 ln P 對 $1/T$ 的曲線，求出該溫度範圍內的平均氣化熱 ΔH_m。(b) 求在 160°C 的蒸氣壓力。(c) 估算汞的正常沸點。

7.15 $SO_2(s)$ 的蒸氣壓在 177.0 K 為 1.00 torr，而在 195.8 K 為 10.0 torr，$SO_2(l)$ 的蒸氣壓為 209.6 K 為 33.4 torr，而在 225.3 K 為 100.0 torr。(a) 求 SO_2 三相點的溫度和壓力。(b) 求 SO_2 在三相點的熔化熱 ΔH_m。

第 7.5 節

7.16 對或錯？(a) 增加液體－蒸氣界面的面積增加了系統的 U。(b) 當接近臨界溫度時，液體的表面張力趨近於零。

7.17 (a) 計算 1.0 cm³ 金球的表面積。(b) 計算 1.0 cm³ 金的膠體分散體的表面積，其中每個金顆粒是半徑 30 nm 的球。

7.18 計算在 20°C 時將水的表面積從 2.0 cm² 增加到 5.0 cm² 所需的最小功。在 20°C 水的表面張力為 73 mN/m。

7.19 乙酸乙酯在 0°C 時的表面張力為 26.5 mN/m，其臨界溫度為 523.2 K。估算其在 50°C 時的表面張力。實驗值為 20.2 mN/m。

第 7.6 節

7.20 對或錯？(a) 在相之間沒有壁的封閉系統中達到平衡時，所有相必須處於相同溫度和相同壓力下。(b) 對於具有彎曲界面的兩相系統，凹面上的相其壓力高於其他相。

7.21 如果水的壓力為 760 torr，並且氣泡半徑為 0.040 cm，計算在 20°C 的水中氣體氣泡內的壓力。

7.22 在 20°C 時，在內徑為 0.350 mm 的管中與空氣接觸的甲醇的海平面毛細上升為 3.33 cm。接觸角為零。甲醇和空氣在 20°C 的密度分別為 0.7914 和 0.0012 g/cm³。求 CH_3OH 在 20°C 的 γ。

7.23 對於玻璃上的 Hg-air 界面，$\theta = 140°$。在內徑為 0.350 mm 的玻璃管中，在 20°C 下，則與空氣接觸的 Hg 毛細管凹陷多少 cm？對於 20°C 的汞，ρ = 13.59 g/cm³，γ = 490 ergs/cm²。

7.24 在 20°C 時，液體正己烷和水的界面張力為 52.2 ergs/cm²。正己烷和水的密度在 20°C 分別為 0.6599 和 0.9982 g/cm³。假設零接觸角度，在插入兩相正己烷－水系統的 0.350 mm 內徑管中，計算 20°C 時的毛細上升。

一般問題

7.25 在 −20°C，冰或過冷液態水何者蒸氣壓較高？請說明。

7.26 在純物質的固－液－蒸氣三相點處，何者具有較大的斜率？固體－蒸氣線或液體－蒸氣線？請說明。

7.27 液態水在 0.01°C 時的蒸氣壓為 4.585 torr。求冰在 0.01°C 的蒸氣壓。

7.28 對或錯？(a) 對於單成分系統，可以在平衡中共存的最大相數為 3。
(b) 方程式 $dP/dT = \Delta H/(T\Delta V)$ 是精確的。(c) 方程式 $d \ln P/dT = \Delta H_m/RT^2$ 是精確的。(d) 當三相在單成分系統中平衡共存時，其中一相必須是氣體，一相必須是液體，一相必須是固體。(e) 對於單成分系統，在給定 T 和 P 的最穩定相是具有最低 G_m 的相。(f) 固態 H_2O 不能在 100°C 下作為穩定相存在。(g) 對於純物質，在三相點溫度，固體的蒸氣壓等於液體的蒸氣壓。(h) 液態水不能存在於 1 atm 和 150°C。(i) 若封閉系統的 α 和 β 相處於平衡狀態，則 μ^α 必等於 μ^β。

第 8 章

真實氣體

8.1 壓縮因子

理想的氣體遵循狀態方程式 $PV_m = RT$。本章介紹真實氣體的 P-V-T 行為。

作為真實氣體行為偏離理想氣體的量測,我們定義氣體的**壓縮因子** (compressibility factor or compression factor) Z 為

$$Z(P, T) \equiv PV_m/RT \tag{8.1}$$

不要將壓縮因子 Z 與等溫壓縮係數 κ 混淆。由於 (8.1) 式中的 V_m 是 T 和 P 的函數,因此 Z 是 T 和 P 的函數。對於理想氣體,$Z = 1$ 適用於所有溫度和壓力。圖 8.1a 顯示了幾種氣體在 0°C,Z 隨 P 的變化。圖 8.1b 顯示 CH_4 在幾個溫度下,Z 隨 P 的變化。注意 $Z = V_m/V_m^{id}$ 和 $Z = P/P_{id}$,其中 V_m^{id} 是在與真實氣體相同的 T 和 P 下的理想氣體的莫耳體積,P_{id} 是在與實際氣體相同的 T 和 V_m 下的理想氣體的壓力。當 $Z < 1$ 時,氣體施加的壓力低於理想氣體的壓力。圖 8.1b 顯示,在高壓下,氣體的 P 很容易比 P_{id} 大 2 或 3 倍。

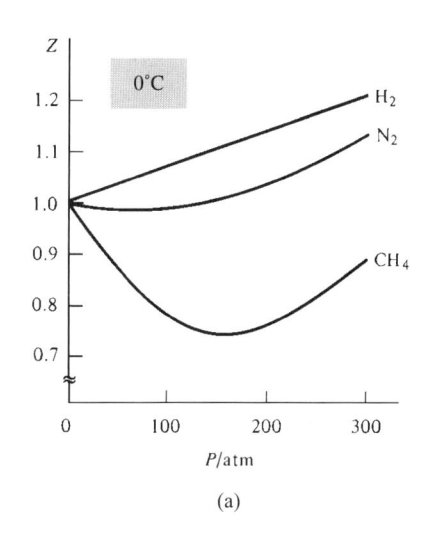

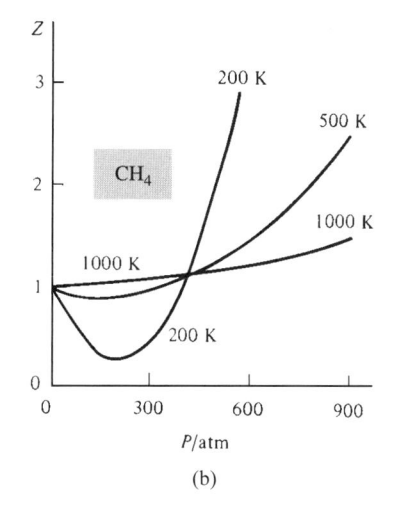

圖 8.1
(a) 一些氣體在 0°C 時的壓縮係數。(b) 甲烷在幾個溫度下的壓縮係數。

圖 8.1 的曲線表明當 $P \to 0$ 也在極限 $T \to \infty$ 時，真實氣體趨近於理想氣體行為 ($Z = 1$)。對於這些極限中的每一個，對於固定量的氣體，氣體體積都會達到無窮大，而密度為零。與理想氣體的偏差是由分子間力和分子本身的非零體積引起的。在零密度下，分子是無限遠的，並且分子間的力為零。在無限體積下，與氣體占無限體積相比，分子本身的體積可以忽略不計。因此在零氣體密度的極限下遵循理想氣體狀態方程式。

真實氣體遵循 $PV = ZnRT$。$Z(P, T)$ 的數值表適用於許多氣體。

8.2 真實氣體狀態方程式

真實氣體狀態方程式的代數公式比 Z 的數值表更方便使用。最著名的方程式是**凡德瓦方程式** (van der Waals equation)

$$\left(P + \frac{a}{V_m^2}\right)(V_m - b) = RT \quad \text{或} \quad P = \frac{RT}{V_m - b} - \frac{a}{V_m^2} \tag{8.2}$$

欲解出 P 可將第一個方程式除以 $V_m - b$。除了氣體常數 R 外，凡德瓦方程還包含另外兩個常數 a 和 b，它們的值對於不同的氣體是不同的。確定 a 和 b 值的方法在第 8.4 節。(8.2) 式中的項 a/V_m^2 旨在校正分子間吸引力對氣體壓力的影響。該項隨著 V_m 和平均分子間距離的增加而減小。分子本身的非零體積使得分子可用的體積小於 V，因此從 V_m 中減去體積 b。體積 b 與分子靠近在一起的固體或液體的莫耳體積大致相同；b 大致是分子間排斥力排除的體積。凡德瓦方程式是理想氣體方程式的一個重大改進，但在非常高的壓力下並不令人滿意，其整體準確性是平庸的。

一個非常準確的雙參數氣體狀態方程是 ***Redlich-Kwong* 方程式** [O. Redlich and J. N. S. Kwong, *Chem. Rev.,* **44,** 233 (1949)]：

$$P = \frac{RT}{V_m - b} - \frac{a}{V_m(V_m + b)T^{1/2}} \tag{8.3}$$

這對於很寬範圍的 T 和 P 很有用。對於任何給定氣體，Redlich-Kwong 的參數 a 和 b 的值與來自凡德瓦的參數 a 和 b 的值不同。

統計力學證明真實氣體的狀態方程式在非常高的壓力下可以表示為 $1/V_m$ 的冪級數：

$$PV_m = RT\left[1 + \frac{B(T)}{V_m} + \frac{C(T)}{V_m^2} + \frac{D(T)}{V_m^3} + \cdots\right] \tag{8.4}$$

這是**維里狀態方程式** (virial equation of state)。係數 B、C、$\cdots$，只是 T 的函數，它們是**第二、第三、$\cdots$ 維里係數** (second, third, $\cdots$ virial coefficients)。它們來自氣體的實驗 P-V-T 數據。通常，數據的有限準確度僅計算到 $B(T)$，有時僅計算到 $C(T)$。圖 8.2 描繪了 B 和 C 對 T 的典型行為。Ar 的一些 $B(T)$ 值為

B/(cm^3/mol)	−251	−184	−86	−47	−28	−16	−1	7	12	22
T/K	85	100	150	200	250	300	400	500	600	1000

統計力學給出了維里係數與分子間力的位能相關的方程式。

使用 P 的冪級數可得等效於 (8.4) 式的維里方程式：

$$PV_m = RT\,[1 + B^\dagger(T)P + C^\dagger(T)P^2 + D^\dagger(T)P^3 + \ldots] \tag{8.5}$$

係數 $B^\dagger$、$C^\dagger$、$\ldots$ 和 B、C、$\ldots$ 之間的關係為

$$B = B^\dagger RT \qquad C = (B^{\dagger 2} + C^\dagger)R^2 T^2 \tag{8.6}$$

如果 P 不高，則 (8.4) 式和 (8.5) 式中超過 C/V_m^2 或 $C^\dagger P^2$ 的項通常可以忽略不計。在高壓下，更高的項變得重要。在非常高的壓力，維里方程式不適用。對於壓力高達幾個大氣壓的氣體，如果 T 不是很低，則可以在 (8.4) 式和 (8.5) 式中刪去第二項之後的項數。(8.5) 式成為

$$V_m = RT/P + B \qquad \text{低壓 } P \tag{8.7}$$

其中使用了 (8.6) 式。(8.7) 式提供了一種方便準確的方法來校正低氣壓下的氣體非理想性。(8.7) 式表明在低 P 時，第二維里係數 $B(T)$ 是對理想氣體莫耳體積 RT/P 的校正。例如，對於在 250.00 K 和 1.0000 atm 的 Ar(g)，截取的維里方程式 (8.7) 和前面的 Ar 的 B 值表給出 $V_m = RT/P + B$ = 20515 cm^3/mol − 28 cm^3/mol = 20487 cm^3/mol。

將凡德瓦方程式 (8.2) 乘以 V_m/RT 得到凡德瓦 (vdW) 氣體的壓縮因子 $Z \equiv PV_m/RT$ 為

$$\frac{PV_m}{RT} = Z = \frac{V_m}{V_m - b} - \frac{a}{RTV_m} = \frac{1}{1 - b/V_m} - \frac{a}{RTV_m} \qquad \text{vdW 氣體}$$

因為 $1/(1 - b/V_m)$ 大於 1，分子間排斥 (由 b 表示) 傾向於使 Z 大於 1 且 P 大於 P_{id}。由於 $-a/RTV_m$ 是負的，分子間的吸引力 (由 a 表示) 傾向於減少 Z 並使 P 小於 P_{id}。

b 大約是液體的莫耳體積，所以對於氣體我們會有 $b < V_m$ 和 $b/V_m < 1$。因此，對於 $1/(1 - b/V_m)$ 我們可以使用以下展開式：

$$\frac{1}{1-x} = 1 + x + x^2 + x^3 + \cdots \qquad \text{其中 } |x| < 1 \tag{8.8}$$

你可以從你對幾何級數的研究中回憶起 (8.8) 式。利用 (8.8) 式，其中 $x = b/V_m$ 可得

$$\frac{PV_m}{RT} = Z = 1 + \left(b - \frac{a}{RT}\right)\frac{1}{V_m} + \frac{b^2}{V_m^2} + \frac{b^3}{V_m^3} + \cdots \qquad \text{vdW 氣體} \tag{8.9}$$

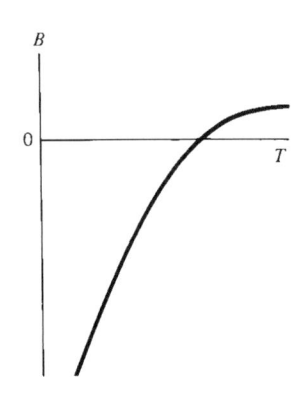

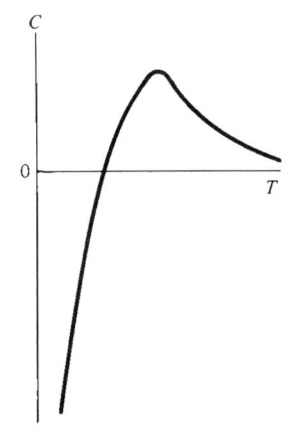

圖 8.2
第二和第三維里係數 $B(T)$ 和 $C(T)$ 的典型溫度變化。

凡德瓦方程式現在具有與維里方程式 (8.4) 相同的形式。該凡德瓦方程式預測的第二個維里係數是 $B(T) = b - a/RT$。

在低壓下，V_m 遠大於 b，(8.9) 式中的項 b^2/V_m^2、b^3/V_m^3，... 可以忽略而得到 $Z \approx 1+(b - a/RT)/V_m$。在低溫 T (和低壓 P)，我們有 $a/RT > b$，所以 $b - a/RT$ 為負，Z 小於 1，P 小於 P_{id} (如圖 8.1b 中 200-K 和 500-K CH_4 曲線的低 P 部分)。在低溫 T 時，分子間吸引力 (凡德瓦 a) 在確定 P 時比分子間排斥力 (凡德瓦力 b) 更重要。在高溫 T (和低 P) 時，我們有 $b - a/RT > 0$、$Z > 1$、和 $P > P_{id}$ (如圖 8.1b 中的 1000-K 曲線)。在高溫 T 時，分子比在低溫 T 時更難相互撞擊，這增加了排斥對 P 的影響。

由氣體狀態方程式的比較 [K. K. Shah and G. Thodos, *Ind. Eng. Chem.*, **57**(3), 30 (1965)] 得出結論，Redlich-Kwong 方程式是最好的雙參數狀態方程式。因為它的簡單性和準確性，Redlich-Kwong 方程式已被廣泛使用，但現在已經被更準確的狀態方程式取代 (第 8.4 節)。

☕ 氣體混合物

到目前為止，我們已經考慮過純真實氣體。對於真實氣體混合物，V 與莫耳分率，以及 T 和 P 有關。一種研究真實氣體混合物 P-V-T 行為的方法是使用雙參數狀態方程式，如凡德瓦或 Redlich-Kwong 將參數 a 和 b 作為混合物組成的函數。對於兩種氣體 1 和 2 的混合物，通常取

$$a = x_1^2 a_1 + 2x_1 x_2 (a_1 a_2)^{1/2} + x_2^2 a_2 \quad 且 \quad b = x_1 b_1 + x_2 b_2 \tag{8.10}$$

其中 x_1 和 x_2 是成分的莫耳分率。b 與分子大小有關，因此 b 被視為 b_1 和 b_2 的加權平均值。參數 a 與分子間吸引力有關。$(a_1 a_2)^{1/2}$ 是氣體 1 和氣體 2 分子間相互作用可能的估計。在將狀態方程式應用於混合物時，V_m 被解釋為系統的**平均莫耳體積** (mean molar volume)，由下式定義

$$V_m \equiv V/n_{tot} \tag{8.11}$$

對於維里狀態方程式，兩混合氣體混合物的第二維里係數為 $B = x_1^2 B_1 + 2x_1 x_2 B_{12} + x_2^2 B_2$，其中 B_{12} 最好根據混合物的實驗數據確定，但可粗略估計為 $B_{12} \approx \frac{1}{2}(B_1+B_2)$。

只有當氣體 1 和 2 的分子相似時 (例如，兩種烴類)，**混合規則** (mixing rule) (8.10) 式才能成立。為了提高性能，(8.10) 式中的 a 通常修改為 $a = x_1^2 a_1 + 2x_1 x_2 (1-k_{12})(a_1 a_2)^{1/2} + x_2^2 a_2$，其中 k_{12} 是常數，其值藉由符合氣體 1 和 2 的實驗數據得到，並且對於不同的氣體對是不同的。已經提出了許多其他混合規則 [參閱 P. Ghosh, *Chem. Eng. Technol.*, **22**, 379 (1999)]。

延伸例題　凡德瓦方程式的應用

利用凡德瓦方程式，計算 1 m³ 容器內的壓力，該容器在 100°C 時含有 25 kg 蒸氣。

$$a = 5.48 \times 10^6 \text{ atm (cm}^3\text{/g-mol})^2，b = 30.6 \text{ cm}^3\text{/g-mol}。$$

解：比容 (specific volume) 為

$$v = \frac{1 \times 10^6}{25 \times 10^3/18} = 720 \text{ cm}^3\text{/g-mol}$$

由 (8.2) 式

$$P = \frac{RT}{v-b} - \frac{a}{v^2}$$

$$= \frac{82.06 \times 373}{720 - 30.6} - \frac{5.48 \times 10^6}{(720)^2}$$

$$= 33.83 \text{ atm}$$

延伸例題　維里方程式的應用

利用維里方程式，計算 1 kg 蒸氣在 24.67 atm 和 260°C 時所占的體積。蒸氣在 260°C，$B = -0.1422$ L/g-mol，$C = -0.00714$ (L/g-mol)²。

解：由 (8.4) 式，我們有

$$RT = (0.08206)(533) = 43.74$$

$$P = \frac{RT}{v} + \frac{BRT}{v^2} + \frac{CRT}{v^3}$$

$$= \frac{43.74}{v} - \frac{(0.1422)(43.74)}{v^2} - \frac{(0.00714)(43.74)}{v^3}$$

$$24.67 = \frac{43.74}{v} - \frac{6.220}{v^2} - \frac{0.3123}{v^3}$$

以理想體積作為起點，使用試誤法 (trial and error) 求解此方程式。

$$v = RT/P = 43.74/25 = 1.75 \text{ L/g-mol}$$

v, 假設值	$43.74/v$	$-6.220/v^2$	$-0.3123/v^3$	P, 計算值
1.750	25	−2.03	−0.06	22.91
1.600	27.34	−2.43	−0.08	24.83
1.610	27.17	−2.40	−0.07	24.70

則 1 kg 蒸氣所占的體積為

$$v = (1.610)(1{,}000/18) = 89.44 \text{ L}$$

8.3 冷凝

除非 T 低於臨界溫度，當壓力充分增加，任何真實氣體會凝結成液體。圖 8.3 描繪了在 P-V 圖上 H_2O 的幾個等溫線 (這些等溫線對應於圖 7.1 的 P-T 相圖上的垂直線)。對於低於 374°C 的溫度，當 P 增加時，氣體冷凝成液體。考慮 300°C 等溫線。為了從 R 到 S，我們慢慢推入活塞，降低 V 和 V_m 並增加 P，同時將氣體保持在恆溫浴中。到達 S 後，我們現在觀察到進一步推動活塞導致一些氣體液化。隨著體積進一步下降，更多的是氣體液化直到 W 點則都是液體。見圖 8.4。對於在等溫線上的 S 和 W 之間的所有點，存在兩個相。此外，液體上方的氣體壓力 (其蒸氣壓) 對於 S 和 W 之間的所有點保持恆定 [術語**飽和蒸氣**和**飽和液體**是指氣體和液體彼此平衡；從 S 到 W，蒸氣相和液相都是飽和的]。藉由進一步推動活塞從 W 到 Y，我們觀察到當體積略有減少時，壓力急劇增加；液體是相對不可壓縮的。圖 8.3 中的 RSTUWY 等溫線對應於圖 7.1 中的垂直線 RSY。

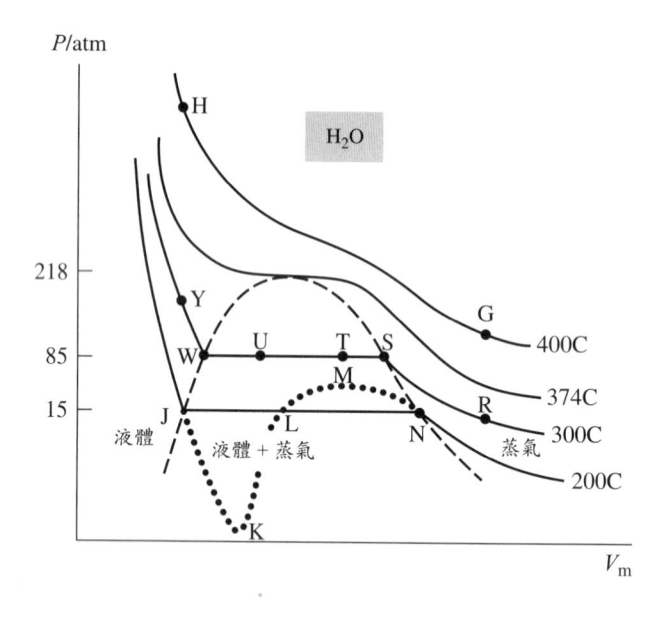

圖 8.3
H_2O 的等溫線 (實線)。沒有按比例繪製，虛線將兩相區與一相區分開。臨界點在虛線的頂部，並且 V_m = 56 cm³/mol。對於兩相區，$V_m = V/n_{tot}$ (虛線顯示在兩相區內 van der Waals 或 Redlich-Kwong 等溫線的行為；請參閱第 8.4 節)。

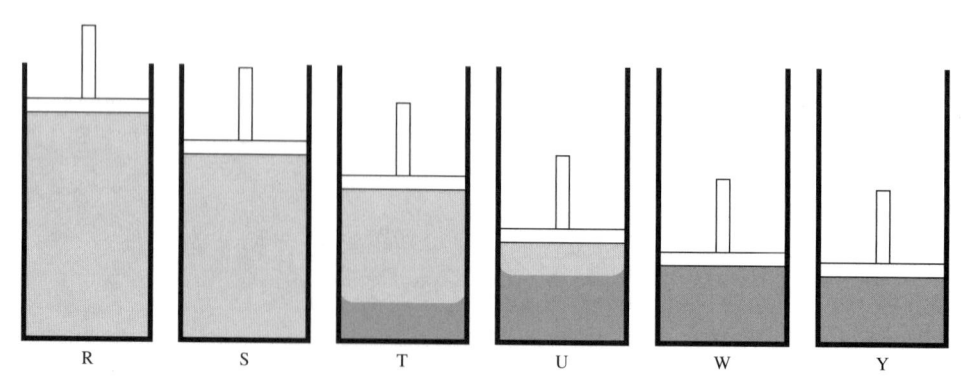

圖 8.4
氣體的冷凝。此系統被恆定 T 浴槽 (未顯示) 包圍。

高於臨界溫度(水為374℃)，則壓縮不會導致與氣體平衡的液相分離。當我們從下面接近臨界等溫線時，液體和氣體共存的等溫線的水平部分的長度減小，直到在臨界點達到零。飽和液體和氣體在300℃下的莫耳體積由點W和S給出。隨著T增加，飽和液體和氣體的莫耳體積之間的差異減小，在臨界點處變為零(圖7.2)。

臨界點的壓力、溫度和莫耳體積是**臨界壓力** (critical pressure) P_c、**臨界溫度** (critical temperature) T_c 和**臨界(莫耳)體積** (critical molar volume) $V_{m,c}$。表8.1列出了一些數據。

對於大多數物質，T_c 約為正常沸點絕對溫度 T_{nbp} 的1.6倍：$T_c \approx 1.6 T_{nbp}$。而且，$V_{m,c}$ 通常是正常沸點莫耳體積 $V_{m,nbp}$ 的約2.7倍。P_c 通常為10至100 atm。高於 T_c，分子動能(其平均值為每分子 $\frac{3}{2}kT$)足夠大以克服分子間吸引力，並且沒有任何壓力會使氣體液化。在 T_{nbp}，具有足夠動能逃離分子間吸引力的分子的分率大到足以使蒸氣壓等於1 atm。T_c 和 T_{nbp} 均由分子間力決定，因此 T_c 和 T_{nbp} 是相關的。

通常人們會想到藉由氣體和液體之間密度的突然變化的過程將氣體轉化為液體，使我們在液化過程中經歷兩相區域。例如，對於圖8.3中的等溫線RSTUWY，對於S和W之間的點存在兩相：莫耳體積 V_{mS} 的氣相和莫耳體積 V_{mW} 的液相(因為 T 和 P 沿著SW是恆定的，所以氣體和液體莫耳體積均沿SW保持恆定。氣體和液體的實際量從S變為W，因此實際的氣體和液體體積沿SW變化)。因為 $V_{mS} > V_{mW}$，氣體密度小於液體密度。但是，如第7.2節所述，可以藉由一種過程將氣體變成液體，其中僅存在單相，其密度沒有不連續的變化。例如，在圖8.3中，我們可以從R垂直到G，然後等溫到H，最後垂直到Y。我們最終在Y處有液體，但在RGHY過程中，系統的性質不斷變化，我們無法確定系統從氣體變為液體。

因此，氣態和液態之間存在連續性。表彰對於這種連續性，術語**流體** (fluid) 用於表示液體或氣體。通常所謂的液體可以視為非常緻密的氣體。只有當系統中存在兩相時，才能明確區分液態和氣態。然而，對於單相流體系統，通常將**液體** (liquid) 定義為溫度低於臨界溫度 T_c 並且其莫耳體積小於 $V_{m,c}$ (使得其密度大於臨界密度)的流體。如果不滿足這兩個條件，則將流體稱為**氣體** (gas)。有些人對氣體 (gas) 和蒸氣

表8.1 臨界常數

物質	T_c/K	P_c/atm	$V_{m,c}$/(cm³/mol)	物質	T_c/K	P_c/atm	$V_{m,c}$/(cm³/mol)
Ne	44.4	27.2	41.7	CO_2	304.2	72.88	94.0
Ar	150.9	48.3	74.6	HCl	324.6	82.0	81.0
N_2	126.2	33.5	89.5	CH_3OH	512.5	80.8	117.0
H_2O	647.1	217.8	56.0	n-C_8H_{18}	568.8	24.5	492.0
D_2O	643.9	213.9	56.2	C_3H_8	369.8	41.9	203.0
H_2S	373.2	88.2	98.5	I_2	819.0	115.0	155.0
				Ag	7480.0	5000.0	58.0

(vapor) 進行了進一步的區分，但我們將交替使用這些詞語。

超臨界流體 (supercritical fluid) 是溫度 T 和壓力 P 滿足 $T > T_c$ 和 $P > P_c$ 的流體。對於 CO_2，圖 7.3 中的超臨界區域是固液平衡線以下區域的一部分，其中 $t > t_c = 31°C$ 且 $P > P_c = 73$ atm。超臨界流體的密度更像液體的密度而不是氣體的密度，但明顯低於普通條件下的液體。例如，表 8.1 在臨界點處 H_2O 的密度為 0.32 g/cm^3，而在室溫 T 和 P 處為 1.00 g/cm^3（回想一下 $V_{m,c} \approx 2.7 V_{m,nbp}$）。在普通的室溫液體中，分子之間的空間很小，因此溶質分子通過液體的擴散很慢。在超臨界流體中，分子之間有很大的空間，溶質的擴散比普通液體快得多，黏度也遠低於普通液體。而且，在臨界點附近的區域，超臨界流體的性質隨 P 和 T 變化很快，因此這些性質可以藉由改變 P 和 T 來「調整」到所需的值。

超臨界 CO_2 在商業上用作脫咖啡因咖啡的溶劑並從用於香水的原料中萃取香料。超臨界和近臨界水是有機化合物的良好溶劑，正在研究作為有機反應的環保溶劑 (*Chem. Eng. News,* Jan, 3, 2000, p. 26)。

8.4 臨界數據和狀態方程式

臨界點數據可用於求狀態方程式中的參數值，例如凡德瓦方程式。沿著水平的兩相線，如圖 8.3 中的 WS，等溫線的斜率為零；沿著 WS，$(\partial P/\partial V_m)_T = 0$。臨界點是一系列這種水平兩相線的極限點。因此 $(\partial P/\partial V_m)_T = 0$ 在臨界點成立。圖 8.3 顯示了沿臨界等溫線 (374°C)，斜率 $(\partial P/\partial V_m)_T$ 在臨界點為零，兩側為負，因此，函數 $(\partial P/\partial V_m)_T$ 在臨界點處是最大值。當 V_m 的函數在某一點處是最大值時，其相對於 V_m 的導數在該點為零。因此在臨界點，$(\partial/\partial V_m)_T (\partial P/\partial V_m)_T \equiv (\partial^2 P/\partial V_m^2)_T = 0$。從而

$$(\partial P/\partial V_m)_T = 0 \quad 且 \quad (\partial^2 P/\partial V_m^2)_T = 0 \quad 在臨界點 \tag{8.12}$$

這些條件使我們能夠確定狀態方程式中的參數。

例如，將凡德瓦方程式 (8.2) 式微分，我們得到

$$\left(\frac{\partial P}{\partial V_m}\right)_T = -\frac{RT}{(V_m - b)^2} + \frac{2a}{V_m^3} \quad 且 \quad \left(\frac{\partial^2 P}{\partial V_m^2}\right)_T = \frac{2RT}{(V_m - b)^3} - \frac{6a}{V_m^4}$$

然後應用 (8.12) 式的條件可得

$$\frac{RT_c}{(V_{m,c} - b)^2} = \frac{2a}{V_{m,c}^3} \quad 且 \quad \frac{RT_c}{(V_{m,c} - b)^3} = \frac{3a}{V_{m,c}^4} \tag{8.13}$$

此外，凡德瓦方程本身在臨界點滿足

$$P_c = \frac{RT_c}{V_{m,c} - b} - \frac{a}{V_{m,c}^2} \tag{8.14}$$

將 (8.13) 式中的第一式除以第二式得到 $V_{m,c} - b = 2V_{m,c}/3$ 或

$$V_{m,c} = 3b \tag{8.15}$$

將 $V_{m,c} = 3b$ 代入 (8.13) 式中的第一式得到 $RT_c/4b^2 = 2a/27b^3$，或

$$T_c = 8a/27Rb \tag{8.16}$$

將 (8.15) 式和 (8.16) 式代入 (8.14) 式可得 $P_c = (8a/27b)/2b - a/9b^2$，或

$$P_c = a/27b^2 \tag{8.17}$$

因此，我們有三個方程式 [(8.15) 至 (8.17)] 將三個臨界常數 P_c、$V_{m,c}$、T_c 與要確定的兩個參數 a 和 b 相關聯。如果在臨界區域中準確地遵循凡德瓦方程式，那麼三個方程式中的哪兩個用於求解 a 和 b 無關緊要。然而，情況並非如此，並且獲得的 a 和 b 的值取決於使用三個關鍵常數中的哪兩個。習慣上選擇 P_c 和 T_c，它們比 $V_{m,c}$ 更準確。求解 (8.16) 式和 (8.17) 式中的 a 和 b，我們得到

$$b = RT_c/8P_c, \qquad a = 27R^2T_c^2/64P_c \qquad \text{vdW 氣體} \tag{8.18}$$

由 (8.18) 式和表 8.1 的 P_c 和 T_c 數據，可計算出一些凡德瓦 a 和 b 值如下：

氣體	Ne	N$_2$	H$_2$O	HCl	CH$_3$OH	n-C$_8$H$_{18}$
$10^{-6}a/(\text{cm}^6 \text{ atm mol}^{-2})$	0.21	1.35	5.46	3.65	9.23	37.5
$b/(\text{cm}^3 \text{ mol}^{-1})$	16.7	38.6	30.5	40.6	65.1	238

從 (8.15) 式，$V_{m,c} = 3b$。還有，$V_{m,c} \approx 2.7V_{m,\text{nbp}}$ (第 8.3 節)，其中 $V_{m,\text{nbp}}$ 是液體在其正常沸點下的莫耳體積。因此 b 與 $V_{m,\text{nbp}}$ 大致相同 (如第 8.2 節所述)。$V_{m,\text{nbp}}$ 略大於分子本身的體積。從表中列出的 b 值可知，分子越大，b 值越大。回想一下凡德瓦 a 與分子間吸引力有關。分子間吸引力越大，a 值越大。

(8.15) 式至 (8.17) 式的組合表明凡德瓦方程式預測對於臨界點的壓縮因子為

$$Z_c \equiv P_cV_{m,c}/RT_c = \tfrac{3}{8} = 0.375 \tag{8.19}$$

這可以與理想氣體預測 $P_cV_{m,c}/RT_c = 1$ 進行比較。在已知的 Z_c 值中，80％ 介於 0.25 和 0.30 之間，顯著小於凡德瓦方程式預測的值。已知的最小 Z_c 為 HF 的 0.12；最大的是 CH$_3$NHNH$_2$ 的 0.46。

對於 Redlich-Kwong 方程式，由類似的處理 (代數很複雜，因此省略了推導) 可得

$$a = R^2T_c^{5/2}/9(2^{1/3} - 1)P_c = 0.42748R^2T_c^{5/2}/P_c \tag{8.20}$$

$$b = (2^{1/3} - 1)RT_c/3P_c = 0.08664RT_c/P_c \tag{8.21}$$

$$P_cV_{m,c}/RT_c = \tfrac{1}{3} = 0.333 \tag{8.22}$$

要使用雙參數狀態方程式，我們需要知道物質的臨界壓力和溫度，以計算參數。

由於液態和氣態之間存在連續性，因此應該可以開發出適用於液體和氣體的狀態

方程式。凡德瓦方程式不會有圖 8.3 的液體區域中的等溫線。對於某些液體，Redlich-Kwong 方程式在液體區域中的效果相當好。當然，該方程式不會有圖 8.3 的兩相區域中等溫線的水平部分。圖中斜率 $(\partial P/\partial V_m)_T$ 在點 S 和 W 處是不連續的。一個簡單的代數表達式，如 Redlich-Kwong 方程式在 $(\partial P/\partial V_m)_T$ 中不會出現這種不連續性。Redlich-Kwong 等溫線在兩相區域振盪（圖 8.3）。*Peng-Robinson* 和 *Soave-Redlich-Kwong* 狀態方程式是對 Redlich-Kwong 方程式的改進，適用於液體和氣體。

近年來已經提出了數以百計的狀態方程式，特別是由化學工程師提出。其中許多是 Redlich-Kwong 方程式的修改。對於預測氣體的 *P-V-T* 行為而言優越的方程式在預測汽-液平衡行為可能較差，因此很難確定一個狀態方程式在各方面都是最好的。有關狀態方程式和混合規則的評論，請參閱 J. O. Valderrama, *Ind. Eng. Chem. Res.,* **42,** 1603 (2003); Y. S. Wei and R. J. Sadus, *AIChE J.,* **46,** 169 (2000); J. V. Sengers et al. (eds.), *Equations of State for Fluids and Fluid Mixtures,* Elsevier, 2000。

凡德瓦和 Redlich-Kwong 方程式是**三次狀態方程式** (cubic equations of state)，意思是當它們被去除分數時，V_m 僅以與 V_m^3、V_m^2 和 V_m 成比例的方式存在。三次方程式有三個根。因此，當在固定的 *T* 和 *P* 處求解 V_m 的三次狀態方程式 (eos)，將有三個 V_m 值滿足方程式。在高於臨界溫度 T_c 的溫度下，兩個根是複數，一個是實數，所以有一個滿足 eos 的實 V_m。在 T_c，eos 有三個相同的實根。在 T_c 以下，會有三個不等的實根。在 T_c 以下的兩相區域中的立方 eos 等溫線將類似於圖 8.3 中的虛線，其在固定的冷凝壓力下具有滿足 eos 的三個 V_m 值，即在點 J、L 和 N 處的 V_m 值。J 和 N 處的 V_m 值分別對應於液體的 V_m 和氣體的 V_m，它們彼此平衡。L 的 V_m 值沒有物理意義。

eos 的點線等溫線從 J 到最小值 K，其對應液體溫度為 200°C 但壓力低於 200°C 的蒸氣壓 15 atm。這一點位於圖 7.1 中的液-氣平衡線以下，因此液體在 J 和 K 之間的點處於亞穩態 (metastable) 過熱狀態。同樣，虛線等溫線部分 NM 對應於過冷蒸氣。等溫線部分 KLM 具有 $(\partial P/\partial V_m)_T > 0$。由 (1.44) 式可知，$(\partial V_m/\partial P)_T = 1/(\partial P/\partial V_m)_T$ 必須為負數，因此 KLM 部分沒有物理意義。

在某些溫度下，Redlich-Kwong 或凡德瓦等溫線 JK 的部分低於 $P = 0$ 表示過熱液體的負壓。這沒什麼好擔心的。事實上，液體可以在張力下以亞穩態存在，這對應於負壓。對於水，已經觀察到數百個大氣壓的負壓。植物中的汁液處於負壓狀態 (P. G. Debenedetti, *Metastable Liquids,* Princeton, 1996, sec. 1.2.3)。根據植物中樹液上升的凝聚-張力理論 (cohesion-tension theory)，植物中的水被葉子中水分蒸發產生的負壓向上拉；術語內聚力 (cohesion) 是指分子間氫鍵，其將水分子保持在液體中，允許大的張力。直接測量植物中的負壓支持凝聚力-張力理論 [M. T. Tyree, *Nature,* **423,** 923 (2003)]。

延伸例題　Redlich-Kwong 方程式的應用

利用 Redlich-Kwong 方程式，計算 0.25 m³ 鋼瓶內的壓力，該鋼瓶在 100°C 時含有 40 kg 乙烷。乙烷的 T_c = 305.4 K，P_c = 48.2 atm。

解：首先我們利用 (8.20) 式和 (8.21) 式計算 Redlich-Kwong 常數

$$a = (0.42748)(0.08206)^2(305.4)^{5/2}/(48.2) = 97.34$$
$$b = (0.08664)(0.08206)(305.4)/(48.2) = 0.0450$$

比容為

$$v = 250/(40{,}000/30) = 0.1875 \text{ L/g-mol}$$

代入 (8.3) 式

$$P = \frac{(0.08206)(373)}{0.1875 - 0.0450} - \frac{97.34}{(0.1875)(0.1875 + 0.0450)(373)^{1/2}}$$
$$= 99.19 \text{ atm}$$

8.5　液體－蒸氣平衡的計算

在任何給定的溫度 T 下，狀態方程都可以用來預測蒸氣壓 P，處於平衡狀態的液體和蒸氣的莫耳體積 V_m^l 和 V_m^v 以及物質的蒸發焓。

對於圖 8.3 中的 200°C 等溫線，點 J 和 N 對應於平衡的液體和蒸氣。相平衡條件是物質在兩相中的化勢相等：$\mu_J^l = \mu_N^v$ 或 $G_{m,J}^l = G_{m,N}^v$，因為對於純物質 $\mu = G_m$。除去下標 J 和 N，我們有 $G_m^l = G_m^v$，或以亥姆霍茲函數 A 表示：

$$A_m^l + PV_m^l = A_m^v + PV_m^v$$
$$P(V_m^v - V_m^l) = -(A_m^v - A_m^l) \tag{8.23}$$

圖 8.5
JKLMN 是 P 對 V_m 圖（圖 8.3）上的液體－蒸氣區域中的立方態方程等溫線。I 和 II 的面積必須相等。

定溫 T 下的吉布斯方程 $dA_m = -S_m\, dT - P\, dV_m$ 給出 $dA_m = -P\, dV_m$，沿著路徑 JKLMN 從點 J 積分到 N 可得

$$A_m^v - A_m^l = -\int_{V_m^l}^{V_m^v} P_{eos}\, dV_m \qquad \text{恆溫 } T$$

其中 eos 表示積分是根據狀態方程等溫線 JKLMN 求值的。(8.23) 式變為

$$P(V_m^v - V_m^l) = \int_{V_m^l}^{V_m^v} P_{eos}\, dV_m \qquad \text{恆溫 } T \tag{8.24}$$

(8.24) 的左側是矩形的面積，該矩形的頂部邊緣是圖 8.3 中長度 ($V_m^v - V_m^l$) 的水平線 JLN，其底部邊緣位於 $P = 0$（水平）軸上。(8.24) 式的右側是虛線 JKLMN 下的面積。只有在圖 8.5 中標記為 I 和 II 的區域的面積相等時 (Maxwell 的等面積法則)，這個面積才等於矩形面積。

對於 Redlich-Kwong 方程 (8.3)，(8.24) 式變為

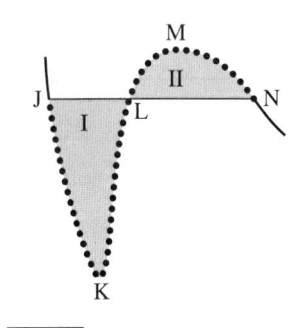

$$P(V_{\mathrm{m}}^{v} - V_{\mathrm{m}}^{l}) = \int_{V_{\mathrm{m}}^{l}}^{V_{\mathrm{m}}^{v}} \left[\frac{RT}{V_{\mathrm{m}} - b} - \frac{a}{V_{\mathrm{m}}(V_{\mathrm{m}} + b)T^{1/2}} \right] dV_{\mathrm{m}} \quad 恆溫 T$$

$$P = \frac{1}{V_{\mathrm{m}}^{v} - V_{\mathrm{m}}^{l}} \left[RT \ln \frac{V_{\mathrm{m}}^{v} - b}{V_{\mathrm{m}}^{l} - b} - \frac{a}{bT^{1/2}} \ln \frac{V_{\mathrm{m}}^{v}(V_{\mathrm{m}}^{l} + b)}{(V_{\mathrm{m}}^{v} + b)V_{\mathrm{m}}^{l}} \right] \quad (8.25)$$

其中使用了恆等式 $\int [v(v + b)]^{-1} dv = b^{-1} \ln [v/(v + b)]$。除了滿足 (8.25) 式，在液體的 J 點和蒸氣的 N 點必須滿足 Redlich-Kwong 方程 (8.3)，得到方程式

$$P = \frac{RT}{V_{\mathrm{m}}^{l} - b} - \frac{a}{V_{\mathrm{m}}^{l}(V_{\mathrm{m}}^{l} + b)T^{1/2}} \quad 和 \quad P = \frac{RT}{V_{\mathrm{m}}^{v} - b} - \frac{a}{V_{\mathrm{m}}^{v}(V_{\mathrm{m}}^{v} + b)T^{1/2}} \quad (8.26)$$

對於三個未知數：蒸氣壓 P 以及液體和蒸氣的莫耳體積 V_{m}^{l} 和 V_{m}^{v}，我們必須求解三個聯立方程 (8.25) 和 (8.26)。我們可以使用 Excel 電子表格完成此運算。

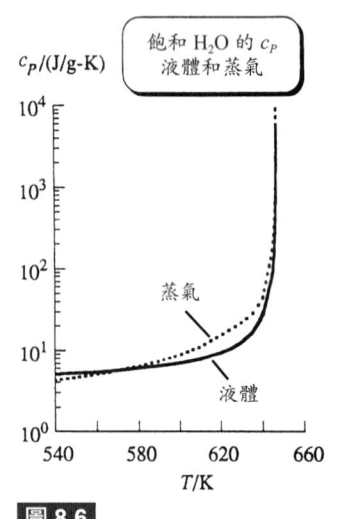

8.6 臨界狀態

處於臨界點的流體稱為處於**臨界狀態** (critical state)。如第 8.4 節開頭所述，在臨界點處，$(\partial P/\partial V_{\mathrm{m}})_T = 0$，並且在臨界點的任一側 $(\partial P/\partial V_{\mathrm{m}})_T$ 為負。因此，在臨界點 $(\partial V_{\mathrm{m}}/\partial P)_T = -\infty$。等溫壓縮率是 $\kappa \equiv -(\partial V_{\mathrm{m}}/\partial P)_T/V_{\mathrm{m}}$，所以在臨界點 $\kappa = \infty$。我們有 $(\partial P/\partial T)_{V_{\mathrm{m}}} = \alpha/\kappa$ [(1.45) 式]。實驗證明 $(\partial P/\partial T)_{V_{\mathrm{m}}}$ 在臨界點是有限和正的。因此，在臨界點 $\alpha = \infty$。我們有 $C_{P,\mathrm{m}} = C_{V,\mathrm{m}} + TV_{\mathrm{m}}\alpha^2/\kappa = C_{V,\mathrm{m}} + TV_{\mathrm{m}}\alpha(\partial P/\partial T)_{V_{\mathrm{m}}}$ [(4.53) 式]。因為在臨界點 $\alpha = \infty$，所以在臨界點 $C_{P,\mathrm{m}} = \infty$。圖 8.6 繪製了飽和液態水和飽和水蒸氣的 c_P 對 T (回想圖 7.2，其繪製了每個飽和相的 ρ)。當接近臨界點 (374°C，218 atm) 時，每個相的 $C_{P,\mathrm{m}}$ 都變為無窮大。對於接近臨界點的點，$C_{P,\mathrm{m}}$ 非常大。這解釋了在圖 2.5 中 400°C 等溫線和 300 bar 等壓線，$H_2O(g)$ 的 c_P 的極大值很大。

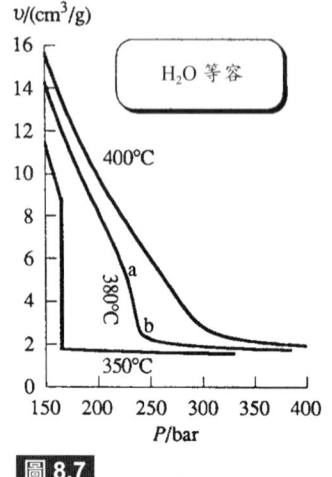

圖 8.7 繪製了 T_c 區域等溫線中 H_2O 的比容 v 對 P 的關係曲線 (這些曲線類似於圖 8.3 中的曲線，除了軸互換並且準確繪製了圖 8.7 中的等溫線)。在低於 $T_c = 374°C$ 的等溫線，我們看到冷凝和固定壓力下的 v 的突然變化。在 T_c 以上 380°C 等溫線，雖然 v 沒有突然變化，但我們確實看到了在小範圍的 P 上，v 的變化相當快。對於 380°C 等溫線，曲線上從 a 到 b 是 v 變化相當快的部分。

圖 8.8 中的實線表示 H_2O 的液—氣平衡線，此線在臨界點 C 結束。圖 8.8 中的非垂直虛線是對應於臨界莫耳體積 $V_{\mathrm{m},c}$ 的等容線 (isochore)(恆定 V_{m} 和恆定密度的線)。圖 8.8 中的垂直虛線對應於圖 8.7 中的 380°C 等溫線。點 a 和 b 對應於圖 8.7 中的點 a 和 b。因此，當接近對應於 $V_{\mathrm{m},c}$ 的等容線並且接近臨界點時，流體表現出從氣體狀到液體狀密度和壓縮性的

相當快速的變化。此外，人們將看到從氣體狀到液體狀熵和內能類似的快速變化，如圖 4.4 和 4.5 中的 380°C 等溫線和 400 bar 等壓線所示。隨著溫度的升高遠高於 T_c，這些區域迅速發生變化，氣體狀到液體狀的性質逐漸消失。

8.7 對應狀態定律

氣體在狀態 (P, V_m, T) 的 (無因次) **對比壓力** (reduced pressure) P_r、**對比溫度** (reduced temperature) T_r 和**對比體積** (reduced volume) V_r 定義為

$$P_r \equiv P/P_c \qquad V_r \equiv V_m/V_{m,c} \qquad T_r \equiv T/T_c \tag{8.27}$$

其中 P_c、$V_{m,c}$、T_c 是氣體的臨界常數。凡德瓦指出，如果使用對比變數來表示氣體的狀態，那麼，可得到非常好的近似，所有氣體都表現出相同的 $P\text{-}V_m\text{-}T$ 行為。換句話說，如果兩個不同氣體各自處於相同的 P_r 和 T_r，它們具有幾乎相同的 V_r 值。這個觀點稱為**對應狀態定律** (law of corresponding states)。在數學上，

$$V_r = f(P_r, T_r) \tag{8.28}$$

其中相同的函數 f 大致適用於每種氣體。

像凡德瓦或 Redlich-Kwong 這樣的雙參數狀態方程式可以表示為形如 (8.28) 的方程式，其中消去了常數 a 和 b。例如，對於凡德瓦方程式 (8.2)，使用 (8.18) 式來消去 a 和 b 和 (8.19) 式消去 R，可得

$$(P_r + 3/V_r^2)(V_r - \tfrac{1}{3}) = \tfrac{8}{3}T_r \tag{8.29}$$

如果我們將對應狀態定律 (8.28) 式乘以 P_r/T_r，我們得到 $P_rV_r/T_r = P_r f(P_r, T_r)/T_r$。這個方程式的右邊是 P_r 和 T_r 的函數，我們稱為 $g(P_r, T_r)$。因此

$$P_r V_r/T_r = g(P_r, T_r) \tag{8.30}$$

其中函數 g 對於所有氣體大致相同。

既然每種氣體在零密度極限都遵循 $PV_m = RT$，則對任何氣體 $\lim_{V\to\infty}(PV_m/RT) = 1$。如果將 $RT_c/P_cV_{m,c}$ 乘以此式且利用 (8.27) 式和 (8.30) 式，我們得到 $\lim (P_rV_r/T_r) = RT_c/P_cV_{m,c}$ 和 $\lim g = 1/Z_c$。因為 g 對於每種氣體都是相同的函數，當 V 趨近於無窮大時，其極限對於每種氣體必須是相同的常數。稱此常數為 K，對於每種氣體我們預測 $Z_c = 1/K$。對應狀態定律預測對於每種氣體臨界壓縮因子都相同。實際上，Z_c 從 0.12 變化到 0.46 (第 8.4 節)，所以這個預測是錯誤的。

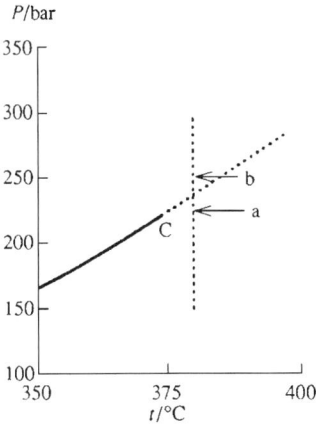

圖 8.8

實線是 H_2O 的 P 對 T 液－氣平衡線，在 374°C 的臨界點 C 結束。從 374 到 400°C 的虛線是等容線，莫耳體積等於臨界莫耳體積。

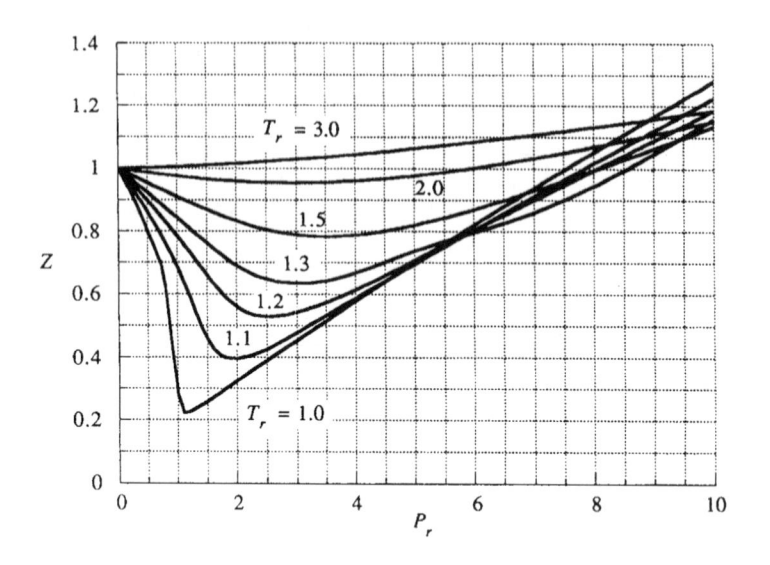

圖 8.9
平均壓縮係數是對比變數的函數。

將 $P_c V_{m,c}/RT_c$ 乘以 (8.30) 式可得 $PV_m/RT = Z_c g(P_r, T_r) \equiv G(P_r, T_r)$ 或

$$Z = G(P_r, T_r) \tag{8.31}$$

由於對應狀態定律預測 Z_c 對於所有氣體都是相同的常數並且 g 對於所有氣體是相同的函數，定義為 $Z_c g$ 的函數 G 對於所有氣體是相同的。因此，對應狀態定律預測壓縮因子 Z 是 P_r 和 T_r 的通用函數。要應用 (8.31) 式，通常採用圖形逼近法。取有代表性的氣體樣本數據並在 P_r 和 T_r 的各種值計算平均 Z 值。然後繪製這些平均值，結果如圖 8.9 所示。除了含有大偶極矩的化合物，這些圖（見 *Poling, Prausnitz, and O'Connell*，第 3 章）可以預測氣體的 P-V-T 數據在幾個百分比內。

氫、氦和氖等少量氣體並不符合如圖 8.9 所示的壓縮性圖。藉由重新定義這三種氣體的對比壓力和對比溫度，可以克服這種困難，定義如下：

$$P_r = P/(P_c + 8)\ ;\qquad T_r = T/(T_c + 8)$$

其中 P_c 的單位為 atm 而 T_c 的單位為 K。

延伸例題 **體積未知 (volume unknown)**

計算在 150°C 和 15 atm 下，5 kg 乙烷所占的體積。對於乙烷，$T_c = 306$ K，$P_c = 48.2$ atm。
解：對比性質 (reduced properties) 是

$$T_r = (273 + 150)/306 = 1.38\ ;\ P_r = 15/48.2 = 0.31$$

由圖 8.9 可知，$Z = 0.97$
因此，

$$v = ZRT/P = (0.97)(0.08206)(423)/15$$
$$= 2.24 \text{ L/g-mol}$$

5 kg 乙烷所占的體積為

$$V = (2.24)(5,000/30) = 373.31 \text{ L}$$

延伸例題 溫度未知 (temperature unknown)

計算一個 5 m³ 儲槽內的溫度，該儲槽含有 241.5 kg 氫氣，壓力為 62.4 atm。對於氫氣，$T_c = 33.3$ K，$P_c = 12.8$ atm。

解：比容為

$$v = \frac{5 \times 10^3}{241.5 \times 10^3/2} = 0.0414 \text{ L/g-mol}$$

因此

$$Z = \frac{Pv}{RT} = \frac{Pv}{RT_c}\frac{1}{T_r} = \frac{(62.4)(0.0414)}{(0.08206)(33.3)}\frac{1}{T_r}$$
$$Z = 0.945/T_r$$

使用 $P_r^* = P/(P_c + 8)$；$T_r^* = T/(T_c + 8)$，利用試誤法來求解此方程式。

$$P_r^* = 62.4/(12.8 + 8) = 3.0$$

T, (K)	$T_r = T/33.3$	$T_r^* = T/(33.3+8)$	$Z = 0.945/T_r$	Z 由 P_r^*, T_r^* 利用圖 8.9 讀出
60	1.802	1.453	0.524	0.785
55	1.652	1.332	0.572	0.690
53	1.592	1.283	0.593	0.645
50	1.502	1.211	0.629	0.570
52	1.562	1.259	0.605	0.620
51.5	1.547	1.247	0.611	0.610

溫度為 51.5 K。

延伸例題 壓力未知 (pressure unknown)

計算 1 m³ 反應器內的壓力，該反應器在 107 °C 時含有 242 kg 甲烷，甲烷的 $T_c = 190.6$ K，$P_c = 45.4$ atm。

解：我們有

$$Z = Pv/RT = (P_c v/RT) P_r$$

比容為

$$v = \frac{1 \times 10^3}{242 \times 10^3/16} = 0.0661 \text{ L/g-mol}$$

因此

$$Z = \frac{(45.4)(0.0661)}{(0.08206)(380)} P_r$$

$$Z = 0.0962 P_r$$

使用圖 8.9，$T_r = 380/190.6 = 1.99$，利用試誤法求解方程式如下：

P, atm, 假設值	$P_r = P/45.4$	$Z = 0.0962 P_r$	Z (圖 8.9)
500	11.01	1.059	1.205
600	13.22	1.272	1.315
650	14.32	1.378	1.390
660	14.53	1.399	1.400

壓力為 660 atm。

8.8 真實氣體與理想氣體熱力學性質之間的差異

第 8.1 至 8.4 節考慮了真實氣體和理想氣體 P-V-T 行為之間的差異。除了 P-V-T 行為之外，人們常常對給定 T 和 P 處的真實氣體和理想氣體熱力學性質 (例如 U、H、A 和 G) 之間的差異感興趣。例如，由於氣體在給定 T 的標準狀態是在 T 和 1 bar 假設的理想氣體 (第 5.1 節)，人們需要這些差異來從真實氣體的實驗數據中找出氣體的標準狀態熱力學性質。回想一下在第 5.6 節計算 SO_2 的 S_m°。這種差異的另一個用途如下。存在可靠的方法來估算理想氣體狀態下的熱力學性質。在使用這種估算方法之後，人們希望校正結果以對應於真實氣體狀態。這在高壓下尤其重要。工業過程通常涉及數百個大氣壓的氣體，因此化學工程師對真實氣體和理想氣體特性之間的差異非常感興趣。有關這些差異 (稱為剩餘函數或偏離函數) 的完整討論，請參閱 Poling, Prausnitz, and O'Connell，第 6 章。

令 $H_m^{id}(T, P) - H_m(T, P)$ 是理想氣體和真實氣體在 T 和 P 處莫耳焓之間的差異。沒有上標的熱力學性質是指真實氣體。(5.16) 式和 (5.29) 式給出了

$$H_m^{id}(T, P) - H_m(T, P) = \int_0^P [T(\partial V_m/\partial T)_P - V_m] \, dP' \quad \text{和}$$

$$S_m^{id}(T, P) - S_m(T, P) = \int_0^P [(\partial V_m/\partial T)_P - R/P'] \, dP'$$

其中積分是在恆定的 T 下積分和 prime 被添加到積分變數中以避免使用符號 P 有兩個含義。圖 8.10 和 8.11 繪製了 $CH_4(g)$ 的熵偏離函數對 T 和 P 的關係。

如果我們有一個可靠的氣體狀態方程式，我們可以用它來找到 $(\partial V_m/\partial T)_P$ 和 V_m 因此計算 $H_m^{id} - H_m$ 和 $S_m^{id} - S_m$。(8.5) 式的維里狀態方程式

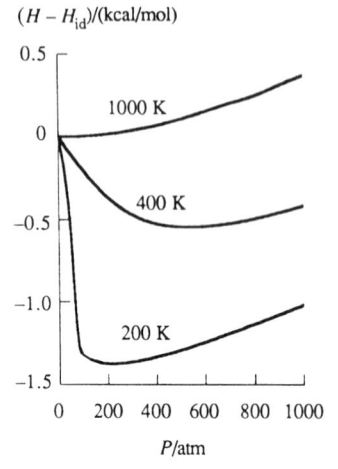

圖 8.10
第 4 章的真實和理想氣體莫耳焓差對 T 和對 P 作圖。

對於此目的特別方便，因為它給出了 V_m 和 $(\partial V_m/\partial T)_P$ 作為 P 的函數，可以容易地計算積分。

不幸的是，Redlich-Kwong 和凡德瓦方程式是 V_m 的三次方程式並且不能容易地用於這些公式中。解決這個難題的一種方法是將這些狀態方程式展開成涉及 $1/V_m$ 冪次的維里形式，[例如，(8.9) 式的凡德瓦方程式] 然後用 (8.6) 式將方程式改為涉及 P 的冪次的維里形式 (8.5) 式。這種方法在低壓下很有用。更通用的方法是使用 T 和 V 作為變數，而不是 T 和 P。這可以從狀態方程式找到在所有壓力下都成立的表達式。

8.9 泰勒級數

在第 8.2 節中，使用 $1/(1-x)$ 的泰勒級數展開 (8.8) 式。我們現在討論泰勒級數。

令 $f(x)$ 是實變數 x 的函數，令 f 及其所有導數存在於點 $x = a$ 和 a 的某個鄰域。則可以用 $(x - a)$ 的冪將 $f(x)$ 表示為以下的**泰勒級數** (Taylor series)：

$$f(x) = f(a) + \frac{f'(a)(x-a)}{1!} + \frac{f''(a)(x-a)^2}{2!} + \frac{f'''(a)(x-a)^3}{3!} + \cdots$$

$$f(x) = \sum_{n=0}^{\infty} \frac{f^{(n)}(a)}{n!}(x-a)^n \qquad (8.32)^*$$

在 (8.32) 式中，$f^{(n)}(a)$ 是 n 階導數 $d^n f(x)/dx^n$ 在 $x = a$ 的值。f 的零階導數定義為 f 本身。階乘函數定義為

$$n! \equiv n(n-1)(n-2)\cdots 2 \cdot 1 \qquad \text{和} \qquad 0! \equiv 1 \qquad (8.33)^*$$

其中 n 是正整數。大多數微積分課本中都有 (8.32) 式的推導。

要使用 (8.32) 式，我們必須知道 x 在哪個範圍內無窮級數代表 $f(x)$。對於以 $x = a$ 為中心的某個區間內的 x 的所有值：

$$a - c < x < a + c \qquad (8.34)$$

其中 c 是一些正數，(8.32) 式中的無窮級數，將收斂到 $f(x)$。通常可以藉由點 a 與最接近 a 的 $f(x)$ 的實數奇點之間的距離來獲得 c 的值。f 的奇點是 f 或其導數之一不存在的點。例如，函數 $1/(1-x)$ 對 $a = 0$ 展開可得泰勒級數 (8.8) 式。最接近 $x = 0$ 的實奇點是 $x = 1$，因為 $1/(1-x)$ 在 $x = 1$ 時變為無限大。對於此函數，$c = 1$，並且對於 $-1 < x < 1$ 範圍內的所有 x，泰勒級數 (8.8) 式收斂至 $1/(1-x)$。在某些情況下，c 小於到最近的實數奇點的距離。

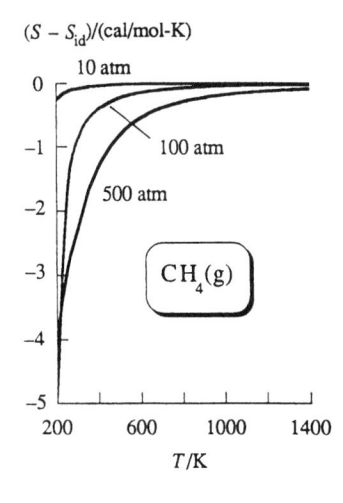

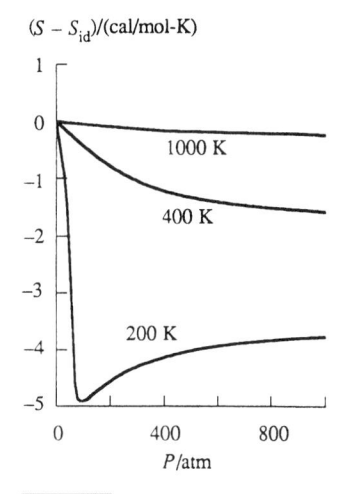

圖 8.11

第 4 章真實和理想氣體莫耳熵差對 T 和對 P 作圖。

例 8.2 泰勒級數

求 $\sin x$ 在 $a = 0$ 的泰勒級數。

欲求 (8.32) 式中的 $f^{(n)}(a)$，我們將 $f(x)$ 進行 n 次微分，然後令 $x = a$。對於 $f(x) = \sin x$ 和 $a = 0$，我們得到

$$f(x) = \sin x \qquad f(a) = \sin 0 = 0$$
$$f'(x) = \cos x \qquad f'(a) = \cos 0 = 1$$
$$f''(x) = -\sin x \qquad f''(a) = -\sin 0 = 0$$
$$f'''(x) = -\cos x \qquad f'''(a) = -\cos 0 = -1$$
$$f^{(iv)}(x) = \sin x \qquad f^{(iv)}(a) = \sin 0 = 0$$
$$\cdots\cdots\cdots\cdots\cdots\cdots\cdots\cdots\cdots\cdots$$

$f^{(n)}(a)$ 的值是一次又一次重複的數字集 0、1、0，−1。

泰勒級數 (8.32) 式是

$$\sin x = 0 + \frac{1(x-0)}{1!} + \frac{0(x-0)^2}{2!} + \frac{(-1)(x-0)^3}{3!} + \frac{0(x-0)^4}{4!} + \cdots$$

$$\sin x = x - x^3/3! + x^5/5! - x^7/7! + \cdots \qquad \text{for all } x \tag{8.35}$$

對於 x 的實數值，函數 $\sin x$ 沒有奇點。我們可以證明 (8.35) 式對 x 的所有值均成立。

習題

利用 (8.32) 式求 $\cos x$ 在 $a = 0$ 的泰勒級數的前四個非零項。
(答案：$1 - x^2/2! + x^4/4! - x^6/6! + \cdots$)

另一個例子是 $\ln x$。由於 $\ln 0$ 不存在，因此我們無法在 (8.32) 式中取 $a = 0$。一個方便的選擇是 $a = 1$。我們求得

$$\ln x = (x-1) - (x-1)^2/2 + (x-1)^3/3 - \cdots \qquad \text{其中 } 0 < x < 2 \tag{8.36}$$

最接近 $a = 1$ 的奇點是 $x = 0$ (其中 f 不存在)，而對於 $0 < x < 2$，級數 (8.36) 收斂到 $\ln x$。另外兩個重要的泰勒級數是

$$e^x = 1 + x + \frac{x^2}{2!} + \frac{x^3}{3!} + \cdots = \sum_{n=0}^{\infty} \frac{x^n}{n!} \qquad \text{對所有 } x \tag{8.37}$$

$$\cos x = 1 - x^2/2! + x^4/4! - x^6/6! + \cdots \qquad \text{對所有 } x \tag{8.38}$$

當 (8.32) 式中的 x 接近 a 時，泰勒級數在物理化學中很有用，因此僅需包含級數中的前幾項。例如，在低壓下，氣體的 V_m 很大，(8.9) 式中的 b/V_m ($= x$) 接近於零。通常，泰勒級數在如氣體中的低 P 或溶液中的低濃度等極限條件下很有用。

8.10 總結

氣體的壓縮因子定義為 $Z \equiv PV_m/RT$ 並測量與理想氣體 P-V-T 行為的偏差。在凡德瓦氣體狀態方程式中，$(P + a/V_m^2)(V_m - b) = RT$，$a/V_m^2$ 項表示分子間吸引力，b 表示分子間排斥所排除的體積。Redlich-Kwong 方程式是氣體的精確雙參數狀態方程式。從臨界點數據計算這些狀態方程式中的參數。從統計力學推導出的維里方程式將 Z 表示為 $1/V_m$ 的冪級數，其中膨脹係數與分子間力相關。

本章涉及的重要計算類型包括：

- 使用非理想的狀態方程式，如凡德瓦，Redlich-Kwong，以及用於計算純氣體或氣體混合物的 P 或 V 的維里方程式。
- 從臨界點數據計算凡德瓦中的常數。
- 使用狀態方程式計算真實氣體和理想氣體熱力學性質之間的差異。
- 使用狀態方程式計算蒸氣壓和飽和液體以及蒸氣莫耳體積。

習題

第 8.2 節

8.1 給出 SI 單位：(a) 凡德瓦方程式中的 a 和 b；(b) Redlich-Kwong 方程式中的 a 和 b；(c) 維里方程式中的 $B(T)$。

8.2 驗證凡德瓦、維里和 Redlich-Kwong 方程式在零密度的極限，全部都可化簡為 $PV = nRT$。

8.3 對於 25°C 的 C_2H_6，$B = -186 \text{ cm}^3/\text{mol}$ 且 $C = 1.06 \times 10^4 \text{ cm}^6/\text{mol}^2$。(a) 使用維里方程式 (8.4)，計算在 25°C、999 cm^3 容器中 28.8 g $C_2H_6(g)$ 的壓力，與理想氣體的結果相比較。(b) 使用維里方程式 (8.5) 計算在 16.0 atm 和 25°C 下，28.8 g C_2H_6 的體積，與理想氣體結果相比較。

第 8.4 節

8.4 對於乙烷，$P_c = 48.2$ atm 且 $T_c = 305.4$ K。計算 74.8g C_2H_6 在 37.5°C、200 cm^3 容器中施加的壓力；使用 (a) 理想氣體定律；(b) 凡德瓦方程式；(c) Redlich-Kwong 方程式；(d) 維里方程式，假設乙烷在 30°C 的 $B = -179 \text{ cm}^3/\text{mol}$ 且 $C = 10400 \text{ cm}^6/\text{mol}^2$，在 50°C 的 $B = -157 \text{ cm}^3/\text{mol}$ 且 $C = 9650 \text{ cm}^6/\text{mol}^2$。

第 8.7 節

8.5 Berthelot 氣體狀態方程式為
$$(P + a/TV_m^2)(V_m - b) = RT$$
(a) 證明 Berthelot 參數是 $a = 27R^2T_c^3/64P_c$ 且 $b = RT_c/8P_c$。(b) 預測 Z_c 的值是多少？(c) 將 Berthelot 方程式寫成對比形式。

一般問題

8.6 苯的正常沸點為 80°C。液態苯的密度在 80°C 為 0.81 g/cm^3。估計苯的 P_c、T_c 和 $V_{m,c}$。

8.7 (a) 使用維里方程式 (8.5) 證明
$$\mu_{JT} = \frac{RT^2}{C_{P,m}}\left(\frac{dB^\dagger}{dT} + \frac{dC^\dagger}{dT}P + \frac{dD^\dagger}{dT}P^2 + \cdots\right)$$
$$\lim_{P \to 0}\mu_{JT} = (RT^2/C_{P,m})(dB^\dagger/dT) \neq 0$$
因此，即使理想氣體在零壓力極限下的焦耳－湯姆生 (Joule-Thomson) 係數為零，但是真實氣體的焦耳－湯姆生係數不為零。(b) 使用 (8.4) 式證明，對於真實氣體，當 $P \to 0$，$(\partial U/\partial V)_T \to 0$。

8.8 使用維里方程式 (8.4) 證明對於真實氣體

$$\lim_{P \to 0} (V_m - V_m^{id}) = B(T)$$

8.9 對或錯？(a) 凡德瓦方程式中的參數 a 對所有氣體都具有相同的值。(b) N_2 的凡德瓦方程式中的參數 a，與 N_2 的 Redlich-Kwong 方程式中的參數 a 具有相同的值。

第 9 章

溶液

許多化學和生物化學都在溶液中發生。溶液是均勻混合物；也就是說，溶液是具有多個成分的單相系統。該相可以是固體、液體或氣體。本章的大部分內容涉及液體溶液，但第 9.1 至 9.4 節的大多數方程式都適用於所有溶液。

第 9.1 節定義了指定溶液組成的方法。溶液的熱力學根據部分莫耳性質形成。第 9.2 和 9.4 節討論它們的定義、相互關係和實驗確定。正如氣體的行為是根據偏離一個簡單模型 (理想氣體) 的行為來討論的，此簡單模型在極限條件 (低密度，因此可忽略分子間相互作用) 下成立，液體溶液的行為是根據偏離兩個模型之一的行為來討論的：(a) 理想溶液，它在溶液組成之間的性質差異幾乎可以忽略不計 (第 9.5 和 9.6 節)；(b) 理想稀釋溶液，它保持在極稀溶液的極限 (第 9.7 和 9.8 節)。非理想溶液將在第 10 章和第 11 章中討論。

9.1 溶液組成

可以用幾種方式指定溶液的組成。物種 i 的**莫耳分率** (mole fraction) x_i 定義為 $x_i \equiv n_i/n_{tot}$，其中 n_i 是 i 的莫耳數而 n_{tot} 是溶液中所有物種的總莫耳數。物種 i 的容積**莫耳濃度** (molar concentration) c_i 定義為

$$c_i \equiv n_i/V \tag{9.1}*$$

其中 V 是溶液的體積。對於液體溶液，以莫耳/升 (dm^3) 為單位的物種的濃度稱為**容積莫耳濃度** (molarity)。物種 i 在體積 V 的溶液中的**質量濃度** (mass concentration) ρ_i 是

$$\rho_i \equiv m_i/V \tag{9.2}*$$

其中 m_i 是 i 的質量。

對於液體和固體溶液，通常可以方便地將一種物質 (稱為**溶劑**) 與其他物質 (稱為**溶質**) 做一區別。通常，溶劑莫耳分率大於每種溶質的莫耳分率。我們採用以字母

A 表示溶劑的慣例。

溶液中物種 i 的**重量莫耳濃度** (molality) m_i 定義為 i 的莫耳數除以溶劑的質量。令溶液含有 n_B 莫耳的溶質 B（加上一定量的其他溶質）和 n_A 莫耳的溶劑 A。令 M_A 為溶劑莫耳質量。來自 (1.4) 式，溶劑質量 w_A 等於 $n_A M_A$。我們使用 w 作為質量，以避免與重量莫耳濃度混淆。溶質的重量莫耳濃度 m_B 是

$$m_B \equiv \frac{n_B}{w_A} = \frac{n_B}{n_A M_A} \tag{9.3}*$$

(9.3) 式中的 M_A 是溶劑莫耳質量（非分子量）並且必須具有適當的因次。分子量是無因次的，而 M_A 的單位為質量/莫耳。M_A 的單位通常是克/莫耳或千克/莫耳。化學家通常使用莫耳/千克作為重量莫耳濃度的單位。因此，(9.3) 式中的 M_A 單位為 kg/mol。請注意，出現在 (9.3) 式中的是溶劑的質量（而不是溶液的質量）。

溶液中物質 B 的**重量百分比** (weight percent) 是 $(w_B/w) \times 100\%$，其中 w_B 是 B 的質量而 w 是溶液的質量。B 的**重量分率** (weight fraction) 為 w_B/w。

由於溶液的 V 與 T 和 P 有關，因此濃度 c_i 隨 T 和 P 的變化而變化。莫耳分率和重量莫耳濃度與 T 和 P 無關。

例 9.1 溶液組成

$AgNO_3$ 水溶液其重量百分比濃度為 12.000% $AgNO_3$，在 20°C 和 1 atm 下具有密度 1.1080 g/cm³。求在 20°C 和 1 atm 下的莫耳分率、容積莫耳濃度和溶質 $AgNO_3$ 的重量莫耳濃度。

未知數是內含性質，與溶液的大小無關。因此，我們可以自由選擇方便的固定量溶液來運算。我們取 100.00 g 的溶液。在 100.00 g 溶液中有 12.00 g $AgNO_3$ 和 88.00 g H_2O。轉換為莫耳，可得 $n(AgNO_3) = 0.07064$ mol 和 $n(H_2O) = 4.885$ mol。因此 $x(AgNO_3) = 0.07064/4.955_6 = 0.01425$。這種溶液 100.00 g 的體積是 $V = m/\rho = (100.00 \text{ g})/(1.1080 \text{ g/cm}^3) = 90.25 \text{ cm}^3$。由定義 $c_i = n_i/V$ 和 $m_i = n_i/w_A$ [(9.1) 式和 (9.3) 式] 可得

$$c(AgNO_3) = (0.07064 \text{ mol})/(90.25 \text{ cm}^3) = 7.827 \times 10^{-4} \text{ mol/cm}^3$$
$$= (7.827 \times 10^{-4} \text{ mol/cm}^3)(10^3 \text{ cm}^3/1 \text{ L}) = 0.7827 \text{ mol/L}$$
$$m(AgNO_3) = (0.07064 \text{ mol})/(88.0 \text{ g}) = 0.8027 \times 10^{-3} \text{ mol/g}$$
$$= (0.8027 \times 10^{-3} \text{ mol/g})(10^3 \text{ g/kg}) = 0.8027 \text{ mol/kg}$$

在這個例子中，重量百分比是已知的，並且方便使用 100 克溶液。如果莫耳濃度已知，則方便的量要採取的溶液是 1 L。如果已知莫耳濃度，那麼使用它是很方便的含有 1 公斤溶劑的溶液量。

習題

將 555.5 g 蔗糖 $C_{12}H_{22}O_{11}$ 溶解在 750 mL 的水中來製備溶液，並用水稀釋至最終體積為 1.0000 L。最終溶液的密度為 1.2079 g/cm³。求溶液中蔗糖的莫耳分率、重量莫耳濃度和重量百分比。
（答案：0.04289，2.488 mol/kg，45.99%）。

9.2 部分莫耳量

部分莫耳體積

假設我們在恆定溫度和壓力下將 n_1、n_2、...、n_r 莫耳的物質 1, 2, ..., r 混合形成溶液。設 $V^*_{m,1}$、...、$V^*_{m,r}$ 是純物質 1, 2, ..., r 在 T 和 P 的莫耳體積，並且令 V^* 是未混合 (純) 成分在 T 和 P 的總體積。星號表示純物質或純物質的集合的性質。我們有

$$V^* = n_1 V^*_{m,1} + n_2 V^*_{m,2} + \cdots + n_r V^*_{m,r} = \sum_i n_i V^*_{m,i} \tag{9.4}$$

混合後，人們發現溶液的體積 V 通常不等於未混合的體積；$V \neq V^*$。例如，在 20°C 和 1 atm 下，將 50.0 cm^3 的水添加到 50.0 cm^3 的乙醇，在 20°C 和 1 atm 下所得的溶液，其體積僅為 96.5 cm^3 (圖 9.1)。溶液的 V 與 V^* 之間的差異來自 (a) 溶液中的分子間力與純成分中的分子間力之間的差異；(b) 由於混合分子的大小和形狀不同，溶液中分子的堆積和純成分中的堆積之間的差異。

對於任何外延性質，例如，U、H、S、G 和 C_P，我們可以寫出類似於 (9.4) 的方程式。人們發現，在恆定的 T 和 P 下混合成分時，這些性質中的每一個通常都會發生變化。

我們想要溶液的體積 V 和其他外延性質的表達式。每個這樣的性質都是溶液的狀態的函數，它可以由變數 T、P、n_1、n_2、...、n_r 指定。因此

$$V = V(T, P, n_1, \ldots, n_r) \qquad U = U(T, P, n_1, \ldots, n_r) \tag{9.5}$$

對於 H、S 等有類似的方程式。(9.5) 式中的 V 的全微分是

$$dV = \left(\frac{\partial V}{\partial T}\right)_{P,n_i} dT + \left(\frac{\partial V}{\partial P}\right)_{T,n_i} dP + \left(\frac{\partial V}{\partial n_1}\right)_{T,P,n_{i \neq 1}} dn_1 + \cdots + \left(\frac{\partial V}{\partial n_r}\right)_{T,P,n_{i \neq r}} dn_r \tag{9.6}$$

前兩個偏導數中的下標 n_i 表示所有的莫耳數都是保持不變；下標 $n_{i \neq 1}$ 表示除了 n_1 之外的所有莫耳數都保持不變。我們將溶液中物質 j 的**部分莫耳體積** (partial molar volume) $\bar{V}_j$ 定義為

$$\bar{V}_j \equiv \left(\frac{\partial V}{\partial n_j}\right)_{T,P,n_{i \neq j}} \qquad \text{單相系統} \tag{9.7}*$$

其中 V 是溶液的體積，其中偏導數是取 T、P，和除了 n_j 之外的所有莫耳數都保持不變 ($\bar{V}_j$ 符號上方的短線不表示平均值)。(9.6) 式變為

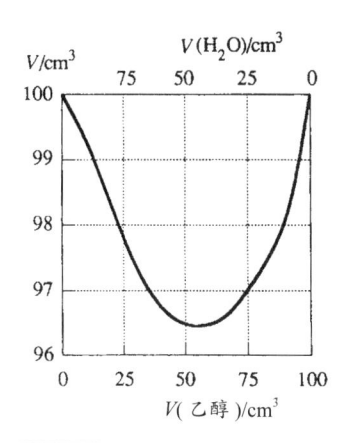

圖 9.1

在 20°C 和 1 atm 下，將體積 V_{ethanol} 的純乙醇與體積 (100 cm^3 − V_{ethanol}) 的純水混合而形成體積 V 的溶液。

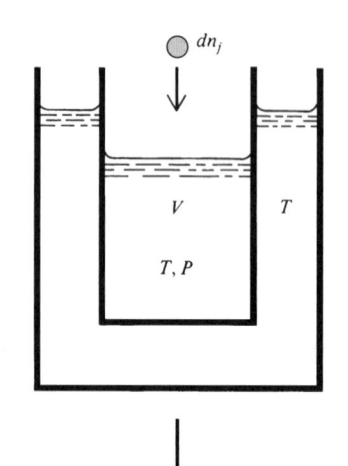

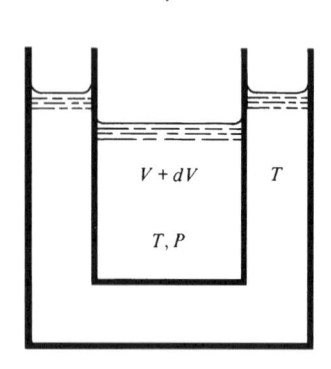

$$dV = \left(\frac{\partial V}{\partial T}\right)_{P,n_i} dT + \left(\frac{\partial V}{\partial P}\right)_{T,n_i} dP + \sum_i \bar{V}_i \, dn_i \quad (9.8)$$

(9.8) 式給出了當溶液的溫度，壓力和莫耳數由 dT、dP、dn_1、dn_2、... 改變時發生的無窮小體積變化 dV。

從 (9.7) 式，部分莫耳體積是兩個外延性質的無窮小變化的比率，所以是一個內含性質。如同任何內含性質，$\bar{V}_i$ 取決於 T、P 和溶液中的莫耳分率：

$$\bar{V}_i = \bar{V}_i(T, P, x_1, x_2, \ldots) \quad (9.9)$$

由 (9.7) 式可知，若 dV 是溶液體積的無窮小變化，當 T、P 和除了 n_j 所有莫耳數保持不變，而物質 j 的 dn_j 莫耳加入到溶液中，則 $\bar{V}_j$ 等於 dV/dn_j。見圖 9.2。$\bar{V}_j$ 是當 T 和 P 恆定時，溶液體積相對於 n_j 的變化率。溶液中物質 j 的部分莫耳體積 $\bar{V}_j$ 表示，當 T 和 P 固定時，溶液體積 V 如何響應物質 j 加入溶液中；當 j 在 T、P 恆定時加入，則 dV 等於 $\bar{V}_j dn_j$。

純物質 j 的體積是 $V_j^* = n_j V_{m,j}^*(T, P)$，其中 $V_{m,j}^*$ 是純 j 的莫耳體積。如果我們將純物質視為溶液的特例，則由 $\bar{V}_j$ 的定義 (9.7) 式可得 $\bar{V}_j^* \equiv (\partial V/\partial n_j)_{T,P,n_{i\neq j}} = (\partial V_j^*/\partial n_j)_{T,P} = V_{m,j}^*$。因此

$$\bar{V}_j^* = V_{m,j}^* \quad (9.10)^*$$

純物質的部分莫耳體積等於其莫耳體積。然而，溶液的成分 j 的部分莫耳體積不一定等於純 j 的莫耳體積。

圖 9.2
將物質 j 的 dn_j 莫耳加入保持在恆定 T 和 P 的溶液中，溶液體積將產生 dV 變化，j 在溶液中的部分莫耳體積 $\bar{V}_j$ 等於 dV/dn_j。

例 9.2　理想氣體混合物中的部分莫耳體積

求理想氣體混合物的成分的部分莫耳體積。

我們有

$$V = (n_1 + n_2 + \ldots + n_i + \ldots + n_r)RT/P$$

$$\bar{V}_i = (\partial V/\partial n_i)_{T,P,n_{j\neq i}} = RT/P \quad \text{理想氣體混合物} \quad (9.11)$$

當然，RT/P 是在混合物的 T 和 P 處純氣體的莫耳體積，因此，對於理想氣體混合物 $\bar{V}_i = V_{m,i}^*$，此結果不適用於非理想氣體混合物。

習題

某種雙成分氣體混合物遵循狀態方程式 $P(V - n_1b_1 - n_2b_2) = (n_1+n_2)RT$，其中 b_1 和 b_2 是常數。對於這種混合物，求 $\bar{V}_1$ 和 $\bar{V}_2$。
(答案：$RT/P + b_1$，$RT/P + b_2$)

溶液體積與部分莫耳體積之間的關係

我們現在要找溶液的體積 V 的表達式。V 取決於溫度、壓力和莫耳數。對於 T、P 和溶液莫耳分率 x_i 的固定值,體積是一種外延性質,與溶液中的總莫耳數 n 成正比(在恆定的 T、P 下,如果我們將所有莫耳數加倍,則 V 加倍;如果我們將莫耳數增為三倍,則 V 增為三倍等等)。因為對於固定的 $T, P, x_1, x_2, \ldots, x_r$,$V$ 與 n 成正比,所以 V 的方程式必具有形式

$$V = nf(T, P, x_1, x_2, \ldots) \tag{9.12}$$

其中 $n \equiv \Sigma_i n_i$ 且 f 是 T、P 和莫耳分率的函數。固定 $T, P, x_1, x_2, \ldots, x_r$,將 (9.12) 式微分,可得

$$dV = f(T, P, x_1, x_2, \ldots) dn \qquad T, P, x_i \text{ 恆定} \tag{9.13}$$

在恆定的 T 和 P 下,(9.8) 式變為

$$dV = \sum_i \bar{V}_i \, dn_i \qquad T, P \text{ 恆定} \tag{9.14}$$

我們有 $x_i = n_i/n$ 或 $n_i = x_i n$。因此 $dn_i = x_i \, dn + n \, dx_i$。在固定的 x_i,我們有 $dx_i = 0$,且 $dn_i = x_i \, dn$。代入 (9.14) 式可得

$$dV = \sum_i x_i \bar{V}_i \, dn \qquad T, P, x_i \text{ 恆定} \tag{9.15}$$

將 dV 的表達式 (9.13) 和 (9.15) 比較得到(在除以 dn 之後):$f = \Sigma_i x_i \bar{V}_i$。(9.12) 式變為 $V = nf = n \Sigma_i x_i \bar{V}_i$ 或(因為 $x_i = n_i/n$)

$$V = \sum_i n_i \bar{V}_i \qquad \text{單相系統} \tag{9.16}*$$

該關鍵結果以溶液成分的部分莫耳體積 $\bar{V}_i$ 表示溶液的體積 V,其中每個 $\bar{V}_i$ [(9.9) 式] 是在溶液的溫度、壓力和莫耳分率下進行計算。

(9.16) 式有時寫為 $V_m = \Sigma_i x_i \bar{V}_i$,其中溶液的**平均莫耳體積** (mean molar volume) V_m 是 [(8.11) 式] $V_m \equiv V/n$,其中 $n \equiv \Sigma_i n_i$。

在恆定 T 和 P,混合溶液與其純成分的體積變化可由 (9.16) 式和 (9.4) 式的差值給出:

$$\Delta_{\text{mix}} V \equiv V - V^* = \sum_i n_i (\bar{V}_i - V^*_{m,i}) \qquad T, P \text{ 恆定} \tag{9.17}$$

其中 mix 代表混合(而不是混合物)。

部分莫耳體積的測量

考慮由物質 A 和 B 組成的溶液。為了測量 $\bar{V}_B \equiv (\partial V/\partial n_B)_{T,P,n_A}$,我們在所需的 T 和 P 上製備溶液,所有這些溶液中成分 A 的莫耳數固定但是 n_B 的值改變。然後,我

斜率 = $\dfrac{(1001.90 - 1001.70)\ \text{cm}^3}{(0.30 - 0.10)\ \text{mol}}$
= $1.0\ \text{cm}^3/\text{mol}$

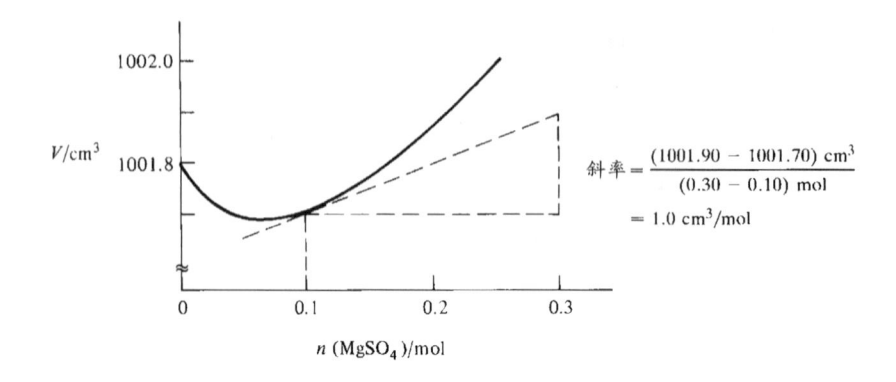

圖 9.3

含有 1000 g 水和 n 莫耳 $MgSO_4$ 的溶液在 20°C 和 1 atm 的體積。虛線用於求莫耳濃度為 0.1 mol/kg 的 $\overline{V}_{MgSO_4}$ = $1.0\ \text{cm}^3/\text{mol}$。

們繪製測量的溶液體積 V 對 n_B。V 對 n_B 的曲線在任何組成的斜率為該組成的 $\overline{V}_B$。藉由繪製該點的切線並測量其斜率，可以找到曲線上任意點的斜率。

一旦 $\overline{V}_B$ 由斜率法 (slope method) 找到，$\overline{V}_A$ 可以利用 $V = n_A\overline{V}_A + n_B\overline{V}_B$ [(9.16) 式] 由 V 和 $\overline{V}_B$ 求得。

圖 9.3 繪製了在 20°C 和 1 atm 下，V 對 n ($MgSO_4$) 的關係曲線，其中 $MgSO_4(aq)$ 溶液含有固定 (1000 g 或 55.5 mol) 溶劑 (H_2O)。對於 1000 g 溶劑，n_B 在數值上等於溶質重量莫耳濃度 (mol/kg)。

例 9.3　部分莫耳體積的斜率法

使用圖 9.3 在 20°C 和 1 atm 下，在 $MgSO_4$ (aq) 中求 $\overline{V}_{MgSO_4}$ 和 $\overline{V}_{H_2O}$，其中重量莫耳濃度為 0.1 mol/kg。

在 0.1 mol $MgSO_4$/kg H_2O 處繪製切線，斜率為 $1.0\ \text{cm}^3/\text{mol}$，如圖 9.3 所示。因此在 m_{MgSO_4} = 0.1 mol/kg 時 $\overline{V}_{MgSO_4}$ = $1.0\ \text{cm}^3/\text{mol}$。在 m_{MgSO_4} 0.1 mol/kg 時，溶液的體積為 $V = 1001.70\ \text{cm}^3$。該溶液含有 0.10 mol $MgSO_4$ 和 1000 g H_2O，即 55.51 mol H_2O。使用 $V = n_A\overline{V}_A + n_B\overline{V}_B$ 可得

$$V = 1001.70\ \text{cm}^3 = (55.51\ \text{mol})\ \overline{V}_{H_2O} + (0.10\ \text{mol})(1.0\ \text{cm}^3/\text{mol})$$

$$\overline{V}_{H_2O} = 18.04\ \text{cm}^3/\text{mol}$$

習題

在 20°C 和 1 atm 下，在 0.20 mol/kg $MgSO_4$ (aq) 中求 $\overline{V}_{MgSO_4}$ 和 $\overline{V}_{H_2O}$。
(答案：$2.2\ \text{cm}^3/\text{mol}$，$18.04\ \text{cm}^3/\text{mol}$)

由於溶質離子和水分子之間的強烈吸引力，圖 9.3 中，在固定的 n_{H_2O}，溶液的體積 V 最初隨著 n_{MgSO_4} 的增加而降低。負斜率意味著部分莫耳體積 $\overline{V}_{MgSO_4}$ 對於小於 0.07 mol/kg 的莫耳濃度是負的。在離子周圍的溶劑化殼中，水分子的緊密堆積使得稀 $MgSO_4$ 溶液的體積小於用於製備溶液的純水的體積，並且 $\overline{V}_{MgSO_4}$ 是負的。

當溶質 i 的濃度變為零時，$\bar{V}_i$ 的極限值是 i 的**無限稀釋** (infinite-dilution) 部分莫耳體積，並用 $\bar{V}_i^\infty$ 表示。為了在 20°C 的水中找到 $MgSO_4$ 的 $\bar{V}_i^\infty$，在圖 9.3 中於 $n_{MgSO_4} = 0$ 處繪製了與曲線相切的線並取其斜率。在 25°C 和 1 atm 的水溶液中，溶質的一些 $\bar{V}_i^\infty$ 值與純溶質的莫耳體積 $V_{m,i}^*$ 相比較：

溶質	NaCl	Na_2SO_4	$MgSO_4$	H_2SO_4	CH_3OH	$n\text{-}C_3H_7OH$
$\bar{V}_i^\infty/(cm^3/mol)$	16.6	11.6	−7.0	14.1	38.7	70.7
$V_{m,i}^*/(cm^3/mol)$	27.0	53.0	45.3	53.5	40.7	75.1

對於雙成分溶液，只有一個獨立的莫耳分率，所以 $\bar{V}_A = \bar{V}_A(T, P, x_A)$ 且 $\bar{V}_B = \bar{V}_B(T, P, x_A)$ [(9.9) 式]，與雙成分單相系統具有 3 個自由度一致。用於水溶液 (W) 和甲醇 (M)，圖 9.4 顯示了部分莫耳體積隨溫度、壓力和組成的變化。在 $x_M = 0$ 時，溶液是純水，於圖 9.4 中，在 25°C 和 1 bar 下，$\bar{V}_W = 18.07\ cm^3/mol$ 此值為在 25°C 和 1 bar 下的純 H_2O 的 V_m^*。

其他部分莫耳量

對於體積 V，上述剛開發的想法適用於溶液的任何外延性質。例如，溶液的內能 U 是 T、P、n_1、…、n_r 的函數，[(9.5) 式]。類比於 $\bar{V}_i \equiv (\partial V/\partial n_i)_{T,P,n_{j\neq i}}$ [(9.7)] 式，溶液中成分 i 的**部分莫耳內能** (partial molar internal energy) $\bar{U}_i$ 定義為

$$\bar{U}_i \equiv (\partial U/\partial n_i)_{T,P,n_{j\neq i}} \quad \text{單相系統} \tag{9.18}$$

由導出 $V = \Sigma_i n_i \bar{V}_i$ [(9.16) 式] 相同的論點可得 (只是在推導的所有方程式中用 U 替換符號 V)

$$U = \sum_i n_i \bar{U}_i \quad \text{單相系統} \tag{9.19}$$

其中 U 是溶液的內能。

我們還有部分莫耳焓 $\bar{H}_i$、部分莫耳熵 $\bar{S}_i$、部分莫耳亥姆霍茲能量 $\bar{A}_i$、部分莫耳吉布斯能量 $\bar{G}_i$ 和部分莫耳熱容量 $\bar{C}_{P,i}$：

$$\bar{H}_i \equiv (\partial H/\partial n_i)_{T,P,n_{j\neq i}}, \qquad \bar{S}_i \equiv (\partial S/\partial n_i)_{T,P,n_{j\neq i}} \tag{9.20}$$

$$\bar{G}_i \equiv (\partial G/\partial n_i)_{T,P,n_{j\neq i}}, \qquad \bar{C}_{P,i} \equiv (\partial C_P/\partial n_i)_{T,P,n_{j\neq i}} \tag{9.21}$$

其中 H、S、G 和 C_P 是溶液的焓、熵、吉布斯能量和熱容量。所有部分莫耳量均是在 T、P 和 $n_{j\neq i}$ 保持不變的情況下定義的。

部分莫耳吉布斯能量特別重要，因為它與化勢相等 [(4.72) 式]：

$$\bar{G}_i \equiv \left(\frac{\partial G}{\partial n_i}\right)_{T,P,n_{j\neq i}} \equiv \mu_i \quad \text{單相系統} \tag{9.22}*$$

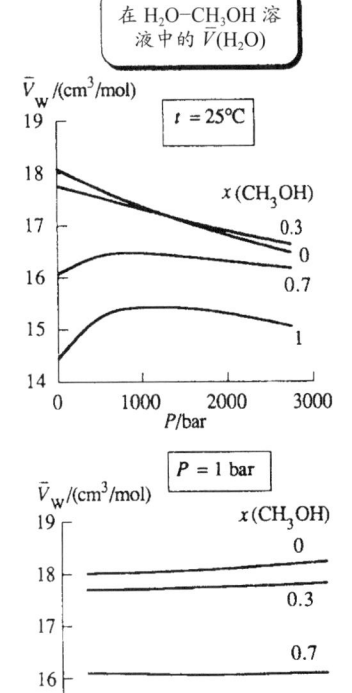

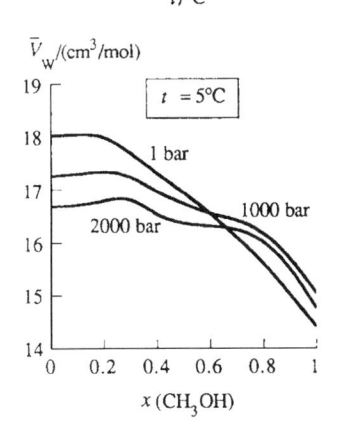

圖 9.4
水 (W) 和甲醇 (M) 溶液中水的部分莫耳體積 $\bar{V}_W$。$x_M = 1$ 曲線是無限稀釋值 [數據來自 A. J. Easteal and L. A. Woolf, *J. Chem. Thermodyn.*, **17**, 49 (1985).]。

類似於 (9.16) 式和 (9.19) 式，溶液的吉布斯能 G 是

$$G = \sum_i n_i \bar{G}_i \equiv \sum_i n_i \mu_i \qquad \text{單相系統} \tag{9.23}$$

類似於 (9.23) 和 (9.19) 的方程式顯示了溶液熱力學中，部分莫耳性質的關鍵作用。溶液的每種外延性質均以部分莫耳量表示。

如果 Y 是溶液的任何外延性質，則溶液成分 i 的對應的部分莫耳性質定義為

$$\bar{Y}_i \equiv (\partial Y/\partial n_i)_{T,P,n_{j\neq i}} \tag{9.24}*$$

部分莫耳量是兩個無窮小外延量的比，因此是內含性質。類似於 (9.8) 式，dY 是

$$dY = \left(\frac{\partial Y}{\partial T}\right)_{P,n_i} dT + \left(\frac{\partial Y}{\partial P}\right)_{T,n_i} dP + \sum_i \bar{Y}_i \, dn_i \tag{9.25}$$

導出 (9.16) 式的相同推理給出了溶液的 Y 值

$$Y = \sum_i n_i \bar{Y}_i \qquad \text{單相系統} \tag{9.26}*$$

(9.26) 式表明我們將 $n_i \bar{Y}_i$ 視為溶液成分 i 貢獻到相的外延性質 Y。但是，這種觀點過於簡化。部分莫耳量 $\bar{Y}_i$ 是 T、P 和溶液莫耳分率的函數。由於分子間的相互作用，$\bar{Y}_i$ 是整個溶液的性質，而不僅是成分 i 的性質。

如第 7.1 節末尾所述，對於處於平衡狀態的系統，無論該總和是取自實際存在的所有物種還是僅取自獨立成分，方程式 $dG = -SdT + VdP + \sum_i \mu_i \, d n_i$ 都是成立。同樣，如果是對所有化學物種求和，使用所存在的每種物質的實際莫耳數，或僅使用獨立成分求和，使用存在的表觀 (apparent) 莫耳數並忽略化學反應，關係 $G = \sum_i n_i \bar{G}_i$ 和 $Y = \sum_i n_i \bar{Y}_i$ [(9.23) 式和 (9.26) 式] 成立。

☕ 部分莫耳量之間的關係

對於均勻系統的外延性質之間的大多數熱力學關係，與由部分莫耳量代替的外延變數存在對應關係。例如，溶液的 G、H 和 S 滿足

$$G = H - TS \tag{9.27}$$

如果我們固定 T、P 和 $n_{j\neq i}$ 且將 (9.27) 式對 n_i 進行偏微分，並使用 $\bar{H}_i$、$\bar{G}_i$、$\bar{S}_i$ 的定義，即 (9.20) 式到 (9.22) 式，我們得到

$$(\partial G/\partial n_i)_{T,P,n_{j\neq i}} = (\partial H/\partial n_i)_{T,P,n_{j\neq i}} - T(\partial S/\partial n_i)_{T,P,n_{j\neq i}}$$
$$\mu_i \equiv \bar{G}_i = \bar{H}_i - T\bar{S}_i \tag{9.28}$$

此式對應於 (9.27) 式。

另一個例子是 (4.70) 式的第一個方程式：

$$\left(\frac{\partial G}{\partial T}\right)_{P,n_j} = -S \tag{9.29}$$

將 (9.29) 式對 n_i 偏微分可得

$$-\left(\frac{\partial S}{\partial n_i}\right)_{T,P,n_{j\neq i}} = \left(\frac{\partial}{\partial n_i}\left(\frac{\partial G}{\partial T}\right)_{P,n_j}\right)_{T,P,n_{j\neq i}} = \left(\frac{\partial}{\partial T}\left(\frac{\partial G}{\partial n_i}\right)_{T,P,n_{j\neq i}}\right)_{P,n_j}$$

其中使用了 $\partial^2 z/(\partial x \partial y) = \partial^2 z/(\partial y\, \partial x)$。使用 (9.20) 式和 (9.22) 式可得

$$\left(\frac{\partial \mu_i}{\partial T}\right)_{P,n_j} \equiv \left(\frac{\partial \overline{G}_i}{\partial T}\right)_{P,n_j} = -\overline{S}_i \tag{9.30}$$

此式對應於 (9.29) 式,其中外延變數被部分莫耳量代替。類似地,將 $(\partial G/\partial P)_{T,n_j} = V$ 對 n_i 偏微分可得

$$\left(\frac{\partial \mu_i}{\partial P}\right)_{T,n_j} \equiv \left(\frac{\partial \overline{G}_i}{\partial P}\right)_{T,n_j} = \overline{V}_i \tag{9.31}$$

(9.31) 式中的下標 n_j 表示所有莫耳數保持不變。

☕ 化勢的重要性

化勢是化學熱力學的關鍵性質。μ_i 確定反應平衡和相平衡 [(4.88) 式和 (4.98) 式]。而且,若我們知道作為 T、P 和組成的函數的化勢,則可求得溶液的所有其他部分莫耳性質和所有熱力學性質。μ_i 關於 T 和 P 的偏導數給出 $-\overline{S}_i$ 和 $\overline{V}_i$ [(9.30) 式和 (9.31) 式]。使用 $\mu_i = \overline{H}_i - T\overline{S}_i$ [(9.28) 式] 可得 $\overline{H}_i$。使用 $\overline{U}_i = \overline{H}_i - P\overline{V}_i$ 和 $\overline{C}_{P,i} = (\partial \overline{H}_i/\partial T)_{P,n_j}$ 可得 $\overline{U}_i$ 和 $\overline{C}_{P,i}$。一旦我們知道了部分莫耳量 μ_i、$\overline{S}_i$、$\overline{V}_i$ 等,我們就得到了如 $G = \Sigma_i n_i \overline{G}_i$、$S = \Sigma_i n_i \overline{S}_i$、$V = \Sigma_i n_i \overline{V}_i$ 等的溶液性質 [(9.26) 式]。請注意,將 V 視為 T、P 和組成的函數意味著我們知道溶液的狀態方程式。

例 9.4 使用 μ_i 獲得 $\overline{V}_i$

從 μ_i 開始,求理想氣體混合物的成分的 $\overline{V}_i$。

理想氣體混合物的成分的化勢是 [(6.4) 式]

$$\mu_i = \mu_i^\circ(T) + RT \ln(P_i/P^\circ) = \mu_i^\circ(T) + RT \ln(x_i P/P^\circ)$$

使用 $\overline{V}_i = (\partial \mu_i/\partial P)_{T,n_j}$ [(9.31) 式],可得

$$\overline{V}_i = RT\left(\frac{\partial \ln(x_i P/P^\circ)}{\partial P}\right)_{T,n_j} = \frac{RT}{P}$$

與 (9.11) 式相符。

習題

使用結果 $\overline{V}_i = RT/P$ 來驗證理想氣體混合物的關係 $V = \Sigma_i n_i \overline{V}_i$ [(9.16) 式]。

摘要

在體積 V 的溶液中，成分 i 的部分莫耳體積 $\bar{V}_i$ 定義為 $\bar{V}_i \equiv (\partial V/\partial n_i)_{T,P,n_{j\neq i}}$。溶液的體積為 $V = \Sigma_i n_i \bar{V}_i$。對於其他外延性質 ($U$、$H$、$S$、$G$ 等)，類似的方程式成立。求得 $\bar{G}_i$、$\bar{H}_i$、$\bar{S}_i$ 和 $\bar{V}_i$ 之間的關係；這些類似於 G、H、S 和 V 之間的對應關係。如果作為 T、P 和組成的函數的化勢 $\mu_i \equiv \bar{G}_i$ 為已知，則可以獲得溶液的所有熱力學性質。

9.3 混合量

類似在恆定 T 和 P 下，定義 $\Delta_{\text{mix}}V \equiv V - V^*$ [(9.17) 式]，可定義溶液的其他混合量。例如，

$$\Delta_{\text{mix}}H \equiv H - H^*, \qquad \Delta_{\text{mix}}S \equiv S - S^*, \qquad \Delta_{\text{mix}}G \equiv G - G^*$$

其中 H、S 和 G 是溶液的性質，而 H^*、S^* 和 G^* 是與溶液相同的 T 和 P 下的純未混合成分的性質。

關鍵的混合量是 $\Delta_{\text{mix}}G = G - G^*$。溶液的吉布斯能量 G 由 (9.23) 式給出，為 $G = \Sigma_i n_i \bar{G}_i$ (其中 $\bar{G}_i$ 是部分莫耳量)。未混合成分的吉布斯能量 G^* 是 $G^* = \Sigma_i n_i G^*_{\text{m},i}$ (其中 $G^*_{\text{m},i}$ 是純物質 i 的莫耳吉布斯能量)。因此

$$\Delta_{\text{mix}}G \equiv G - G^* = \sum_i n_i(\bar{G}_i - G^*_{\text{m},i}) \qquad T, P \text{ 恆定} \tag{9.32}$$

此與 $\Delta_{\text{mix}}V$ 的 (9.17) 式類似。我們有

$$\Delta_{\text{mix}}G = \Delta_{\text{mix}}H - T\Delta_{\text{mix}}S \qquad T, P \text{ 恆定} \tag{9.33}$$

這是在恆定 T 下的 $\Delta G = \Delta H - T\Delta S$ 的特例。

正如 $\bar{S}_i$ 和 $\bar{V}_i$ 可以由 $\bar{G}_i$ 的偏導數 [(9.30) 式和 (9.31) 式] 求得，$\Delta_{\text{mix}}S$ 和 $\Delta_{\text{mix}}V$ 可以由 $\Delta_{\text{mix}}G$ 的偏導數求得。對 (9.32) 式取 $(\partial/\partial P)_{T,n_j}$，我們有

$$\left(\frac{\partial \Delta_{\text{mix}}G}{\partial P}\right)_{T,n_j} = \frac{\partial}{\partial P}\sum_i n_i(\bar{G}_i - G^*_{\text{m},i}) = \sum_i n_i\left[\left(\frac{\partial \bar{G}_i}{\partial P}\right)_{T,n_j} - \left(\frac{\partial G^*_{\text{m},i}}{\partial P}\right)_T\right]$$

$$= \sum_i n_i(\bar{V}_i - V^*_{\text{m},i})$$

$$\left(\frac{\partial \Delta_{\text{mix}}G}{\partial P}\right)_{T,n_j} = \Delta_{\text{mix}}V \tag{9.34}$$

其中使用了 (9.31) 式、(4.51) 式和 (9.17) 式。

同樣地，對 (9.32) 式取 $(\partial/\partial T)_{P,n_j}$，可得

$$\left(\frac{\partial \Delta_{\text{mix}}G}{\partial T}\right)_{P,n_j} = -\Delta_{\text{mix}}S \tag{9.35}$$

上一節的部分莫耳關係和這一節的混合關係是容易寫下來，因為它們類似於涉及 G 的方程式。因此，(9.28) 式和 (9.33) 式類似於 $G = H - TS$，(9.30) 式和 (9.35) 式類似於 $(\partial G/\partial T)_P = -S$ [(4.51) 式]，而 (9.31) 式和 (9.34) 式類似於 $(\partial G/\partial P)_T = V$ [(4.51) 式]。

伴隨溶液形成的變化 $\Delta_{mix}V$、$\Delta_{mix}U$、$\Delta_{mix}H$ 和 $\Delta_{mix}C_P$ 完全是由於分子間相互作用 (能量和結構) 的變化。然而，S、A 和 G 的變化不僅來自分子間相互作用的變化，而且還來自在恆定 T 和 P 下，伴隨物質的混合，熵不可避免的增加以及每種成分佔據的體積同時增加。即使溶液中的分子間相互作用與純物質中的相互作用相同，$\Delta_{mix}S$ 和 $\Delta_{mix}G$ 仍然不為零。

可以認為，在恆定 T 和 P 下的 $\Delta_{mix}S$ 將始終為正，因為直覺上溶液比分離的純成分更加混亂。確實，每種成分的體積增加對 $\Delta_{mix}S$ 的貢獻是正的。然而，改變分子間相互作用的貢獻可以是正也可以是負，有時足夠負以超過體積增加的貢獻。例如，為了在 49°C 和 1 atm 下混合 0.5 mol H_2O 和 0.5 mol $(C_2H_5)_2NH$，實驗得到 $\Delta_{mix}S = -8.8$ J/K。這可歸因於胺和水之間的氫鍵強度高於純成分中氫鍵強度的平均值。這裡的混合是高度放熱的，因此 ΔS_{surr} 大於 $|\Delta S_{syst}|$，ΔS_{univ} 為正，並且 $\Delta_{mix}G = \Delta_{mix}H - T\Delta_{mix}S$ 為負 (圖 9.5)。

混合量如 $\Delta_{mix}V$、$\Delta_{mix}H$ 和 $\Delta_{mix}S$ 告訴我們溶液中的分子間相互作用與純成分的分子間相互作用的比較。不幸的是，用分子間相互作用來解釋液體的混合量並不容易。

混合量的實驗測定

$\Delta_{mix}V$ 很容易由溶液和純成分的密度測量或直接測量成分等溫混合時的體積變化來求得。在恆定 T 和 P 下，$\Delta_{mix}H$ 在恆壓卡計中很容易測量。

我們如何得到 $\Delta_{mix}G$？$\Delta_{mix}G$ 由蒸氣壓測量計算。測量與溶液平衡的蒸氣中 A 和 B 的分壓 P_A 和 P_B，並測量溶液溫度下純 A 和純 B 的蒸氣壓 P_A^* 和 P_B^*。圖 9.6 的假設等溫路徑從 T 和 P 處的純液體 A 和 B 開始，在 T 和 P 處以液體溶液結束。因此，這個六步驟的 ΔG 等於 $\Delta_{mix}G$。人們使用熱力學關係以 P_A、P_B、P_A^* 和 P_B^* 表示每個步驟的 ΔG，而用這些蒸氣壓獲得 $\Delta_{mix}G$。如果假定 A 和 B 是理想氣體，並且忽略步驟 1 和 6 中 G 的輕微變化，則結果為

$$\Delta_{mix}G = n_A RT \ln(P_A/P_A^*) + n_B RT \ln(P_B/P_B^*)$$

使用 $\Delta_{mix}G = \Delta_{mix}H - T\Delta_{mix}S$，由 $\Delta_{mix}G$ 和 $\Delta_{mix}H$ 求得 $\Delta_{mix}S$。

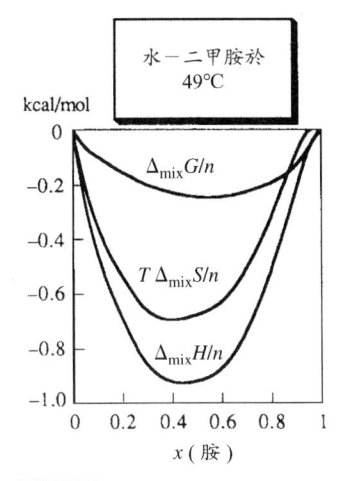

圖 9.5
水和二乙胺在 49°C 和 1 atm 的溶液的熱力學混合量。注意 $\Delta_{mix}S$ 為負，n 是總莫耳數。

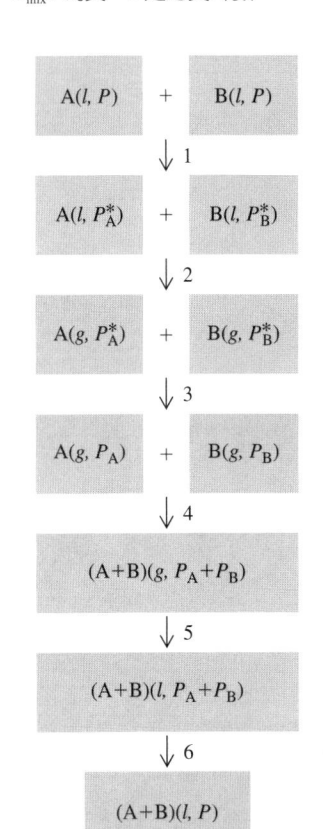

圖 9.6
六步等溫過程，將壓力為 P 的純液體 A 和 B 轉換為壓力為 P 的 A + B 溶液。P_A^* 和 P_B^* 是純 A 和純 B 的蒸氣壓。P_A 和 P_B 是 A + B 溶液的蒸氣分壓。

9.4 部分莫耳量的確定

部分莫耳體積

一種在雙成分溶液中求部分莫耳體積的方法其準確度高於第 9.2 節圖 9.3 的斜率法如下。設 $n \equiv n_A + n_B$ 是溶液中的總莫耳數。畫出 $\Delta_{mix}V/n$ [其中 $\Delta_{mix}V$ 由 (9.17) 式定義] 相對於 B 莫耳分率 x_B 的一條曲線。在某個特定成分 x'_B 處繪製曲線的切線 (見圖 9.7)。切線在 $\Delta_{mix}V/n$ 軸 (在 $x_B = 0$ 和 $x_A = 1$ 處) 的截距給出組成 x_B 的 $\bar{V}_A - V^*_{m,A}$；該切線與垂直線 $x_B = 1$ 的交點給出在 x_B 的 $\bar{V}_B - V^*_{m,B}$。由於純成分莫耳體積 $V^*_{m,A}$ 和 $V^*_{m,B}$ 為已知，我們可以求在 x'_B 的部分莫耳體積 $\bar{V}_A$ 和 $\bar{V}_B$。

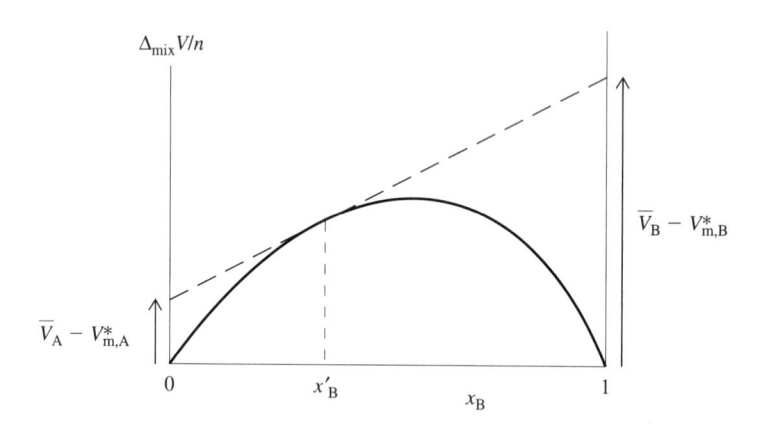

圖 9.7 兩成分溶液中，求部分莫耳體積的準確方法。

例 9.5　$\bar{V}_i$ 的截距法

圖 9.8 繪製了水－乙醇溶液在 20°C 和 1 atm 下，$\Delta_{mix}V/n_1$ 對 $x_{C_2H_5OH}$ 的圖形。使用該圖求在溶液中水 (W) 和乙醇的部分莫耳體積，其中在 20°C 和 1 atm 下，$x_E = 0.5$，假設，水的 V_m 為 18.05 cm³/mol，乙醇為 58.4 cm³/mol。

在 $x_E = 0.5$ 畫曲線的切線，在 $x_E = 0$ 的截距為 -1.35 cm³/mol，因此在 $x_E = 0.5$，$\bar{V}_W - V^*_{m,W} = -1.35$ cm³/mol 且 $\bar{V}_W = 18.05$ cm³/mol $- 1.35$ cm³/mol $= 16.7$ cm³/mol。切線交 $x_E = 1$ 於 -0.8 cm³/mol，因此在 $x_E = 0.5$，$\bar{V}_E - V^*_{m,E} = -0.8$ cm³/mol 且 $\bar{V}_E = 57.6$ cm³/mol。

習題

利用 $\bar{V}_E$ 和 $\bar{V}_W$ 的這些結果以及方程式 $V = \Sigma_i n_i \bar{V}_i$，計算在 20°C 和 1 atm 下，0.50 mol 水和 0.50 mol 乙醇的混合物的體積。使用 $V = (V - V^*) + V^*$ 和圖 9.8 計算此體積並將結果進行比較。
(答案：37.1₅ cm³，37.1₄ cm³)

習題

使用圖 9.8，求溶液中的 $\bar{V}_E$ 和 $\bar{V}_W$，此溶液在 20°C 和 1 atm 下，由 3.50 mol 乙醇和 1.50 mol 水組成。
(答案：58.0 cm³/mol，16.0₅ cm³/mol)

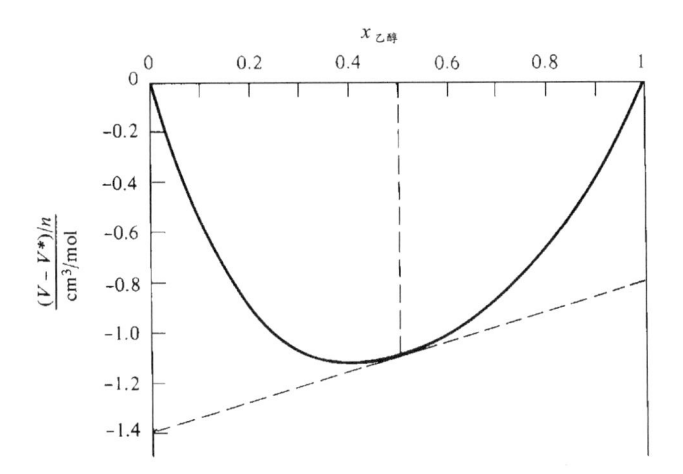

圖 9.8

水－乙醇在 20°C 和 1 atm 下的 $\Delta_{mix}V/n$。切線用於求乙醇莫耳分率等於 0.5 時的部分莫耳體積。

在圖 9.8 中的幾種溶液組成上繪製切線並使用截距求這些組成的部分莫耳體積，所得結果如圖 9.9 所示。該圖描繪了 $\bar{V}_E$ 和 $\bar{V}_W$ 與溶液組成的關係。注意，當 $\bar{V}_E$ 減小時，$\bar{V}_W$ 增加，反之亦然。我們將在第 10.3 節中看到，在雙成分溶液中，$d\bar{V}_A$ 和 $d\bar{V}_B$ 在恆定 T 和 P 下，必具有相反的符號。在 $x_E = 1$ 時，$\bar{V}_E$ 的極限值是純乙醇的莫耳體積。

求部分莫耳體積的第三種方法是對於固定的 n_A 使溶液體積數據適合 n_B 的多項式。然後微分得到 $\bar{V}_B$。

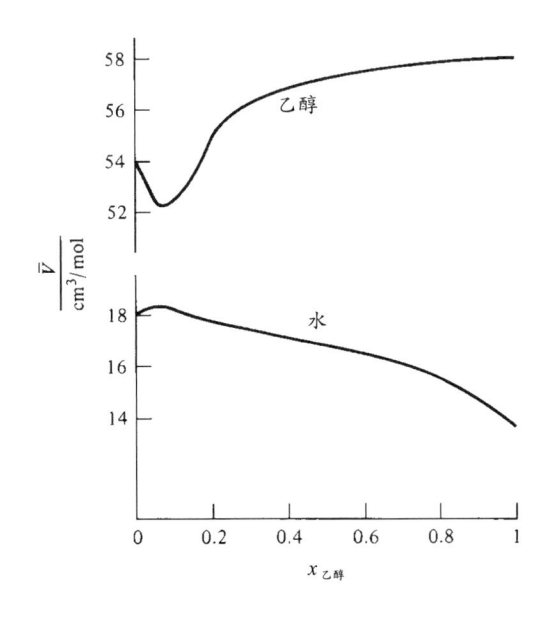

圖 9.9

在 20°C 和 1 atm 的水－乙醇溶液中的部分莫耳體積。

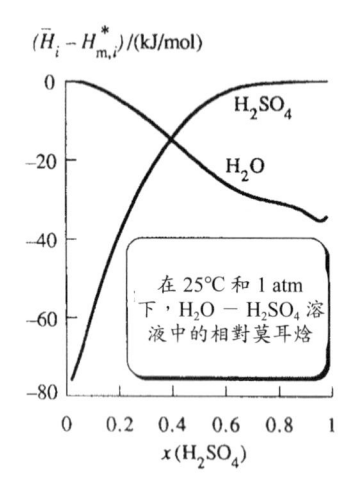

圖 9.10

在 25°C 和 1 atm 下，$H_2O-H_2SO_4$ 溶液中的相對部分莫耳焓 [數據來自 F. J. Zeleznik, *J. Phys. Chem. Ref. Data*, **20**, 1157 (1991).]。

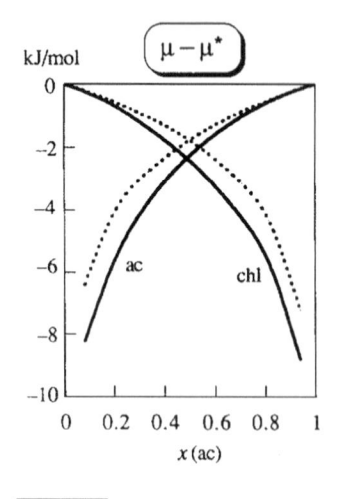

圖 9.11

丙酮-氯仿溶液在 35°C 和 1 atm 下的相對部分莫耳吉布斯能量（化勢）虛線是理想溶液[(9.42) 式]。

部分莫耳焓、熵和吉布斯能量

與 $V = \Sigma_i n_i \bar{V}_i$ 類似，溶液的焓 H 為 $H = \Sigma_i n_i \bar{H}_i$ [(9.26) 式]，其中物質 i 的部分莫耳焓 $\bar{H}_i$ 為 $\bar{H}_i \equiv (\partial H/\partial n_i)_{T,P,n_{j\neq i}}$ [(9.20) 式]。在恆定 T 和 P 下，從其純成分中混合形成溶液的焓是 $\Delta_{mix}H = H - H^* = \Sigma_i n_i(\bar{H}_i - H^*_{m,i})$，與 $\Delta_{mix}V$ 的 (9.17) 式類似。對於雙成分溶液

$$\Delta_{mix}H = n_A(\bar{H}_A - H^*_{m,A}) + n_B(\bar{H}_B - H^*_{m,B}) \tag{9.36}$$

雖然我們可以測量溶液的體積 V，但我們無法測量其焓 H，因為只能測量焓差。因此，我們處理溶液的焓是相對於某些參考系統的焓，此參考系統我們可將其視為未混合的成分。

類似於圖 9.8 的過程，我們將 $\Delta_{mix}H/n$ 對 x_B 作圖且在某些組成 x_B 畫出切線。x_B 處切線的截距在 $x_B = 0$ 和 $x_B = 1$ 分別為 $\bar{H}_A - H^*_{m,A}$ 和 $\bar{H}_B - H^*_{m,B}$。因此我們確定了相對於純成分的莫耳焓的部分莫耳焓。圖 9.10 顯示在 25°C 和 1 atm 下，$H_2O-H_2SO_4$ 溶液中的相對莫耳焓。

從 $\Delta_{mix}S$ 和 $\Delta_{mix}G$ 的實驗數據，採用如 $\bar{H}_i - H^*_{m,i}$ 相同的程序，可得相對部分莫耳熵 $\bar{S}_i - S^*_{m,i}$ 和相對吉布斯能量 $\mu_i - \mu^*_i$。圖 9.11 中的實線顯示在 35°C 和 1 atm 下，丙酮-氯仿溶液中的成分的 $\mu_i - \mu^*_i$。請注意，當 x_i 趨近於 0 時，μ_i 趨近於 $-\infty$ [這是因為溶質 i 在高稀釋程度下遵循 (9.57) 式]。當 x_i 趨近於 0 時，$\bar{S}_i$ 趨近於 $+\infty$ [見 (9.28) 式]。

溶液的積分和微分熱

對於雙成分溶液，量 $\Delta_{mix}H/n_B$ 稱為溶劑 A 中每莫耳 B 溶液的積分熱 (integral heat of solution)，用 $\Delta H_{int,B}$ 表示：

$$\Delta H_{int,B} \equiv \Delta_{mix}H/n_B \tag{9.37}$$

其中 $\Delta_{mix}H$ 為 (9.36) 式所給出的。$\Delta H_{int,B}$ 是取決於 T、P 和 x_B 的內含性質。在物理上，當在恆定的 T 和 P 下加入 1 莫耳純 B 至足夠的純 A，以產生所需莫耳分率為 x_B 的溶液時，$\Delta H_{int,B}$ 在數值上等於系統吸收的熱量。當溶劑莫耳分率 x_A 趨近於 1 時，$\Delta H_{int,B}$ 的極限是 A 中每莫耳 B 無限稀釋時溶液的積分熱 $\Delta H^\infty_{int,B}$。在恆定的 T 和 P 下，當 1 莫耳溶質 B 溶解在無限量的溶劑 A 中時，量 $\Delta H^\infty_{int,B}$ 等於系統吸收的熱量。圖 9.12 曲線是在 25°C 和 1 atm 下，H_2SO_4 在水中的 $\Delta H_{int,H_2SO_4}$ 對 $x_{H_2SO_4}$ 的圖形。在 $x_B = 1$，$\Delta H_{int,B} = 0$，因為在 $x_B = 1$，$\Delta_{mix}H = 0$ 且 $n_B \neq 0$。

每莫耳 B 溶液的積分熱包括加入 1 莫耳 B 至純 A 以產生溶液，其中 B 莫耳分率從零變為其最終值 x_B。相反，假設我們將 1 莫耳 B (在恆定的 T 和 P 下) 加到 B 莫耳分率為 x_B 的無限體積的溶液中。在此過程中溶液

組成保持固定。在恆定的 T 和 P 下,當 B 加入到固定組成的溶液中時,每莫耳加入的 B 的焓變化稱為 B 在 A 中的溶液的微分熱 (differential heat of solution),並用 $\Delta H_{\text{diff,B}}$ 表示。$\Delta H_{\text{diff,B}}$ 是 T、P 和溶液組成的內含函數。從前面的定義可以看出,在無限稀釋時,溶液的微分和積分熱變成相等:$\Delta H_{\text{int,B}}^{\infty} = \Delta H_{\text{diff,B}}^{\infty}$ [見圖 9.10 和 9.12 以及 (9.38) 式]。

不是想像無限體積的溶液,我們可以想像在恆定 T 和 P 下將 B 的無窮小量 dn_B 添加到有限體積且組成為 x_B 的溶液中。若 dH 是這個無窮小過程的焓變,則在組成 x_B,$\Delta H_{\text{diff,B}} = dH/dn_B$。當在恆定的 T 和 P 下,向溶液中加入純 B 的 dn_B 莫耳時,溶液的焓隨 $dH_{\text{soln}} = \bar{H}_B\, dn_B$ 而變化 [這取決於定義 $\bar{H}_B \equiv (\partial H_{\text{soln}}/\partial n_B)_{T,P,n_A}$] 而純 B 的焓變為 $dH_B^* = -H_{m,B}^*\, dn_B$ (因為 $H_B^* = n_B H_{m,B}^*$)。總焓變為 $dH = \bar{H}_B\, dn_B - H_{m,B}^*\, dn_B$ 且 $\Delta H_{\text{diff}} \equiv dH/dn_B = \bar{H}_B - H_{m,B}^*$。因此

$$\Delta H_{\text{diff,B}} = \bar{H}_B - H_{m,B}^* \tag{9.38}$$

B 溶液的微分熱等於溶液中 B 的部分莫耳焓減去純 B 的莫耳焓。圖 9.10 繪製了在 25°C 下 $H_2O - H_2SO_4$ 溶液中的溶液微分熱;這裡,可以將 H_2O 或 H_2SO_4 視為溶劑。如 (9.36) 式後所述,$\Delta H_{\text{diff,B}} = \bar{H}_B - H_{m,B}^*$ 可以從 $\Delta_{\text{mix}}H/n$ 對 x_B 的圖形的切線截距求得。圖 9.13 的圖是在 25°C 和 1 atm 下,$H_2O + H_2SO_4$ 溶液的 $\Delta_{\text{mix}}H/n$。該圖可用於求 ΔH_{diff} 的值。

在 25°C 和 1 bar 下,溶質在無限稀釋水溶液中的溶液微分熱 (相對部分莫耳焓) 的一些值為:

溶質	NaCl	K_2SO_4	LiOH	CH_3COOH	CH_3OH	$CO(NH_2)_2$
$(\bar{H}_B^{\infty} - H_{m,B}^*)/(\text{kJ/mol})$	3.9	23.8	−23.6	−1.5	−7.3	15.1

如果 B 在 25°C 時為固體,則表中的 $H_{m,B}^*$ 表示固體 B。在 25°C 下將少量 NaCl 溶解在水中是吸熱過程,而在水中溶解少量 LiOH 是放熱的。

9.5 理想溶液

第 9.1 至 9.4 節中的討論適用於所有溶液。本章的其餘部分涉及特殊類型的溶液。本節和下一節考慮理想溶液。

理想氣體混合物的分子圖是沒有分子間相互作用的氣體混合物。對於凝聚相 (固體或液體),分子緊密相連,我們永遠不能合理地假設沒有分子間相互作用。我們的液體或固體**理想溶液** (ideal solution)(也稱為**理想混合物**) 的分子圖將是一種溶液,其中各種物種的分子彼此非常相似,用另一物種的分子取代一物種的分子不會改變空間結構或溶液中的分子間相互作用能。

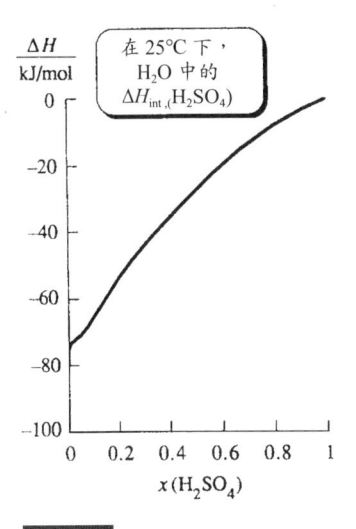

圖 9.12
H_2SO_4 水溶液在 25°C 和 1 atm 下的積分熱與 H_2SO_4 莫耳分率的關係。

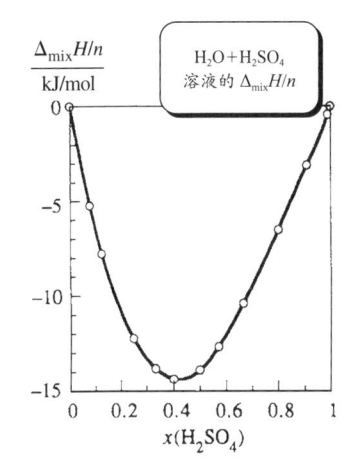

圖 9.13
$H_2O + H_2SO_4$ 溶液在 25°C 和 1 atm 下的 $\Delta_{\text{mix}}H/n$。

考慮兩物種 B 和 C 的溶液。為了防止混合 B 和 C 時液體(或固體)的空間結構發生變化，B 分子必須與 C 分子基本上具有相同的尺寸和形狀。為了防止混合時分子間相互作用能的變化，對於 B-B、B-C 和 C-C 分子對，分子間相互作用能基本上應相同。

同位素物種最相似；例如，混合物 $^{12}CH_3I$ 和 $^{13}CH_3I$ [嚴格地說，即使在這裡與理想行為也會有很小的偏差。同位素質量的差異導致分子零點振動的大小差異，這導致兩個同位素物種的鍵長和偶極矩有非常微小地不同。因此，對於同位素物種，分子大小和分子間力將略有不同]。除了同位素物種外，還有一些液體對，我們期望它們具有非常相似的 B–B、B–C 和 C–C 分子間相互作用以及非常相似的 B 和 C 分子體積，因此會產生近乎理想溶液行為。實例包括苯－甲苯，$n\text{-}C_7H_{16}\text{-}n\text{-}C_8H_{18}$，$C_2H_5Cl\text{-}C_2H_5Br$ 和 $C(CH_3)_4\text{-}Si(CH_3)_4$。

理想溶液模型可作為討論真實溶液行為的參考點。與理想溶液行為的偏差是由於 B–B、B–C 和 C–C 分子間力的不同以及 B 和 C 分子的不同大小和形狀，這些偏差可以告訴我們一些關於溶液中分子間相互作用的信息。

理想溶液的前述分子定義在熱力學中是不可接受的，熱力學是一種宏觀科學。為了得到理想溶液的熱力學定義，我們檢查 $\Delta_{mix}G$ 數據。發現，當兩液體 B 和 C 其彼此相似的分子在恆定的 T 和 P 緊密混合時，對所有溶液組成，實驗數據 $\Delta_{mix}G$(從蒸氣壓測量得到－第 9.3 節)滿足下列方程式：

$$\Delta_{mix}G = RT(n_B \ln x_B + n_C \ln x_C) \qquad \text{理想溶液，} T \text{、} P \text{ 恆定} \tag{9.39}$$

其中 n_B、n_C、x_B 和 x_C 是 B 和 C 在溶液中的莫耳數和莫耳分率而 R 是氣體常數。例如，在 25°C 和 1 atm 下，環戊烷 (C_5H_{10}) 加環己烷 (C_6H_{12}) 的溶液的 $\Delta_{mix}G$ 數據與由 (9.39) 式計算得到的理想溶液值 $\Delta_{mix}G^{id}$ 相比為 [M. B. Ewing and K. N. Marsh, *J. Chem. Thermodyn.*, **6,** 395 (1974)]：

$x_{C_6H_{12}}$	0.1	0.2	0.3	0.4	0.5	0.6	0.8
$(\Delta_{mix}G/n)/(\text{J/mol})$	−807	−1242	−1517	−1672	−1722	−1672	−1242
$(\Delta_{mix}G^{id}/n)/(\text{J/mol})$	−806	−1240	−1514	−1668	−1718	−1668	−1240

其中 $n \equiv n_C + n_B$。對於 C_6H_6 加 C_6D_6(其中 D $\equiv$ ^{2}H)而 $x_{C_6H_6} = 0.5$ 的溶液，在不同溫度下，實驗與理想溶液 $\Delta_{mix}G$ 值為 [G. Jakli et al., *J. Chem. Phys.*, **68,** 3177 (1978)]：

t	10°C	25°C	50°C	80°C
$(\Delta_{mix}G/n)/(\text{J/mol})$	−1631.2	−1717.7	−1861.8	−2034.7
$(\Delta_{mix}G^{id}/n)/(\text{J/mol})$	−1631.8	−1718.3	−1862.3	−2035.2

我們可以證明為什麼 (9.39) 式非常可能適用於理想溶液。從分子定義來看，顯然在恆定的 T 和 P 下由純成分形成理想溶液所伴隨的能量或體積並沒有變化：$\Delta_{mix}U = 0$ 和 $\Delta_{mix}V = 0$。因此 $\Delta_{mix}H = \Delta_{mix}U + P\Delta_{mix}V = 0$。

$\Delta_{mix}S$ 如何？$\Delta_{mix}S$ 是圖 9.14 的過程的 ΔS。對於封閉系統的過程，我們有 $\Delta S \equiv S_2 - S_1 = k \ln(p_2/p_1)$，其中 p_1 和 p_2 是初始狀態和最終狀態的機率，k 是波茲曼常數。初始狀態在容器的左側部分含有所有 B 分子而右側部分含有所有 C 分子。最終狀態具有 B 和 C 分子均勻分佈在整個容器中，且沒有 T 或 P 的變化。初始狀態和最終狀態之間的唯一區別在於分子的空間分佈。因為 B 和 C 分子在分子間相互作用或大小和形狀上沒有差異，所以 B 和 C 分子對它們的位置沒有偏好並且將在容器中隨機分佈。我們想要狀態 2 中隨機空間分佈條件的概率比 p_2/p_1，每個分子對哪個分子是它的鄰居沒有偏好。

我們可以使用機率論來計算 p_1 和 p_2，但這是不必要的，因為我們以前處理過兩個物種在容器中的隨機分佈的相同情況。當兩種理想氣體在恆定的 T 和 P 下混合時，B 和 C 分子隨機分佈。對於理想氣體混合物和理想溶液，任何給定分子在混合物左側部分的概率等於 $V_B^*/(V_B^* + V_C^*) = V_B^*/V$，其中 V_B^* 和 V_C^* 是 B 和 C 的未混合體積，V 是混合物的體積。因此，如同對於理想氣體混合物，理想溶液的 p_1 和 p_2 相同，並且對於理想溶液和理想氣體混合物，$\Delta_{mix}S$ 相同而 $\Delta_{mix}S$ 等於 $k \ln(p_2/p_1)$。

對於理想氣體，由 (3.28) 式可得

$$\Delta_{mix}S = -n_B R \ln(V_B^*/V) - n_C R \ln(V_C^*/V)$$

這個方程式給出了理想溶液的 $\Delta_{mix}S$。由於 B 和 C 分子具有相同的大小和相同的分子間力，B 和 C 具有相等的莫耳體積：$V_{m,B}^* = V_{m,C}^*$。將 $V_B^* = n_B V_{m,B}^*$、$V_C^* = n_C V_{m,C}^* = n_C V_{m,B}^*$ 和 $V = V_B^* + V_C^* = (n_B + n_C) V_{m,B}^*$ 代入上述的 $\Delta_{mix}S$ 方程式得到理想溶液的 $\Delta_{mix}S = -n_B R \ln x_B - n_C R \ln x_C$。

將 $\Delta_{mix}H = 0$ 和 $\Delta_{mix}S = -n_B R \ln x_B - n_C R \ln x_C$ 代入 $\Delta_{mix}G = \Delta_{mix}H - T\Delta_{mix}S$ 則對於理想溶液可得實驗觀察到的 $\Delta_{mix}G$，(9.39) 式。

像 (9.39) 式那樣的方程式適用於理想液體混合物和固體混合物而含有氣體常數 R 似乎令人費解。然而，R 不僅是氣體的 PV/nT 的零壓力極限，更是基本的常數。R（以 $R/N_A = k$ 的形式）出現在熵的基本方程式中，並出現在統計力學的其他基本方程式中。

如第 9.2 節所述，溶液中的化勢 μ_i 是關鍵的熱力學性質，所以我們現在從 (9.39) 式的 $\Delta_{mix}G$ 推導它們。我們有 $\Delta_{mix}G = G - G^* = \sum_i n_i \mu_i - \sum_i n_i \mu_i^*$ [(9.32) 式]。對於理想溶液，$\Delta_{mix}G = RT \sum_i n_i \ln x_i$ [(9.39) 式]。令這些 $\Delta_{mix}G$ 表達式相等，我們得到

$$\sum_i n_i \mu_i = \sum_i n_i (\mu_i^* + RT \ln x_i) \tag{9.40}$$

對於所有 n_i 值，上式成立的唯一方法是

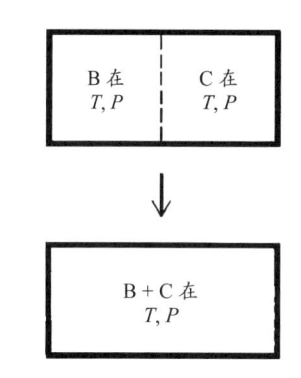

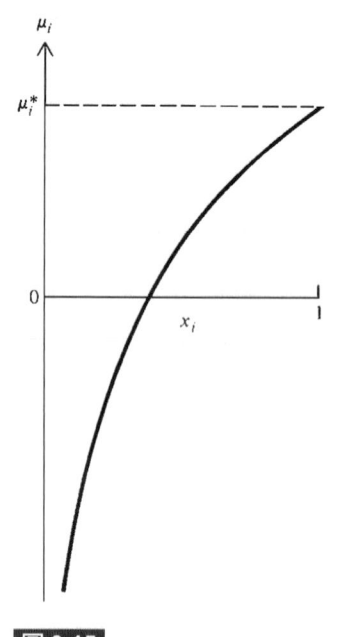

$$\mu_i = \mu_i^*(T, P) + RT \ln x_i \quad \text{理想溶液} \quad (9.41)$$

其中 (因為 $\Delta_{mix}G$ 是在恆定的 T 和 P)、$\mu_i^*(T, P)$ 是在溶液的溫度 T 和壓力 P 下純物質 i 的化勢。

我們將採用 (9.41) 式作為**理想溶液** (ideal solution) 的熱力學定義。如果對於所有溶液組成和 T 和 P 的範圍，溶液中每種成分的化勢都遵循 (9.41) 式，則溶液是理想的。

正如理想氣體定律 $PV = nRT$ 是當氣體密度趨近於零的極限，理想溶液定律 (9.41) 式是當溶液成分越來越緊密地彼此相似的極限，但是不會變得相同。

圖 9.15 繪製了理想溶液在固定 T 和 P 下的 μ_i 對 x_i，其中 $\mu_i = \mu_i^* + RT \ln x_i$。當 $x_i \to 0$ 時，$\mu_i \to -\infty$。隨著 x_i 的增加，μ_i 增加，達到純 i 在極限 $x_i = 1$ 的化勢 μ_i^*。回想一下一般的結果，當 i 的莫耳分率 x_i 在恆定的 T 和 P 增加，則相中物質的 μ_i 必增加 [(4.90) 式]。

圖 9.15
在固定的 T 和 P 下，理想溶液的成分的化勢 μ_i 對 x_i 作圖。

摘要

$\Delta_{mix}G$ 數據 (從蒸氣壓測量中求得) 和統計－機械論證證明，溶液中，不同物種的分子在大小、形狀和分子間相互作用方面彼此非常接近，每個物種的化勢為 $\mu_i = \mu_i^*(T, P) + RT \ln x_i$；這種溶液稱為理想溶液。

9.6 理想溶液的熱力學性質

在上一節中，我們從理想溶液的分子定義開始，並得出了熱力學定義 (9.41) 式。本節使用化勢 (9.41) 式推導出理想溶液的熱力學性質。在此之前，我們首先定義理想溶液成分的標準狀態。

標準狀態

在第 5.1 節定義了純物質的標準狀態而在第 6.1 節理想氣體混合物成分的標準狀態。理想液體溶液的每個成分 i 的**標準狀態** (standard state) 定義為在溶液的溫度 T 和壓力 P 下的純液體 i。對於固體溶液，我們使用純固體。我們有 $\mu_i^\circ = \mu_i^*(T, P)$，其中，一如既往，度數上標表示標準狀態，星號上標表示純物質。則理想溶液定義 (9.41) 式是為

$$\mu_i = \mu_i^* + RT \ln x_i \quad \text{理想溶液} \quad (9.42)^*$$

$$\mu_i^\circ \equiv \mu_i^*(T, P) \quad \text{理想溶液} \quad (9.43)^*$$

其中 μ_i 是在溫度 T 和壓力 P 的理想溶液，以莫耳分率 x_i 存在的成分 i 的

化勢，μ_i^* 是純 i 在溶液的溫度和壓力下的化勢。

混合量

如果我們知道如 $\Delta_{mix}G$、$\Delta_{mix}V$ 和 $\Delta_{mix}H$ 的混合量，那麼我們就知道溶液相對於純成分的 G、V、H 等的值。所有混合量很容易從化勢 (9.42) 式中獲得。

我們有 $\Delta_{mix}G = G - G^* = \Sigma n_i(\mu_i - \mu_i^*)$ [(9.32) 式和 (9.22) 式]。由 (9.42) 式給知 $\mu_i - \mu_i^* = RT \ln x_i$。因此

$$\Delta_{mix}G = RT \sum_i n_i \ln x_i \quad 理想溶液，T、P 恆定 \tag{9.44}$$

上式與 (9.39) 式相同。由於 $0 < x_i < 1$，我們有 $\ln x_i < 0$ 和 $\Delta_{mix}G < 0$，對於在恆定 T 和 P 下的不可逆 (自發) 過程必須如此。

從 (9.34) 式，$\Delta_{mix}V = (\partial\Delta_{mix}G/\partial P)_{T,n_i}$。但是 (9.44) 式中的理想溶液 $\Delta_{mix}G$ 與 P 無關。因此

$$\Delta_{mix}V = 0 \quad 理想溶液，T、P 恆定 \tag{9.45}$$

正如分子定義所預期的那樣，在恆定的 T 和 P 下，理想溶液從其成分形成沒有體積變化 (第 9.5 節)。

由 (9.35) 式，$\Delta_{mix}S = -(\partial\Delta_{mix}G/\partial T)_{P,n_i}$。對 (9.44) 式取 $\partial/\partial T$，我們得到

$$\Delta_{mix}S = -R \sum_i n_i \ln x_i \quad 理想溶液，T、P 恆定 \tag{9.46}$$

上式為正。理想溶液的 $\Delta_{mix}S$ 與理想氣體的相同 [(3.29) 式]。

由 $\Delta_{mix}G = \Delta_{mix}H - T\Delta_{mix}S$、(9.44) 式和 (9.46) 式，我們發現

$$\Delta_{mix}H = 0 \quad 理想溶液，T、P 恆定 \tag{9.47}$$

在 T、P 恆定下形成理想溶液時沒有混合熱。

在 T、P 恆定下，由 $\Delta_{mix}H = \Delta_{mix}U + P\Delta_{mix}V$ 以及 (9.45) 式和 (9.47) 式，在 T、P 恆定下，形成理想溶液，我們有 $\Delta_{mix}U = 0$ 如從分子圖片所預期的那樣。

在 25°C 下，對於理想雙成分溶液，圖 9.16 是 $\Delta_{mix}G/n$、$\Delta_{mix}H/n$ 和 $T\Delta_{mix}S/n$ 對 B 莫耳分率 x_B 的圖形，其中 $n \equiv n_B + n_C$。

蒸氣壓

如果在理想液體溶液上施加的壓力降低，直到溶液開始蒸發，我們獲得了與其蒸氣平衡的兩相溶液系統。正如我們將要看到的，氣相中的莫耳分率通常與液相中的莫耳分率不同。令 $x_1^v, x_2^v, \ldots, x_i^v, \ldots$ 是氣相中的莫耳分率在溫度 T 下與莫耳分率為 x_1^l, $x_2^l, \ldots, x_i^l, \ldots$ 的理想液體溶液達到平衡 (圖 9.17)。蒸氣壓為 P 並且等於氣體分壓的

圖 9.16
兩成分理想溶液的混合量，在 25°C 下隨組成的變化。

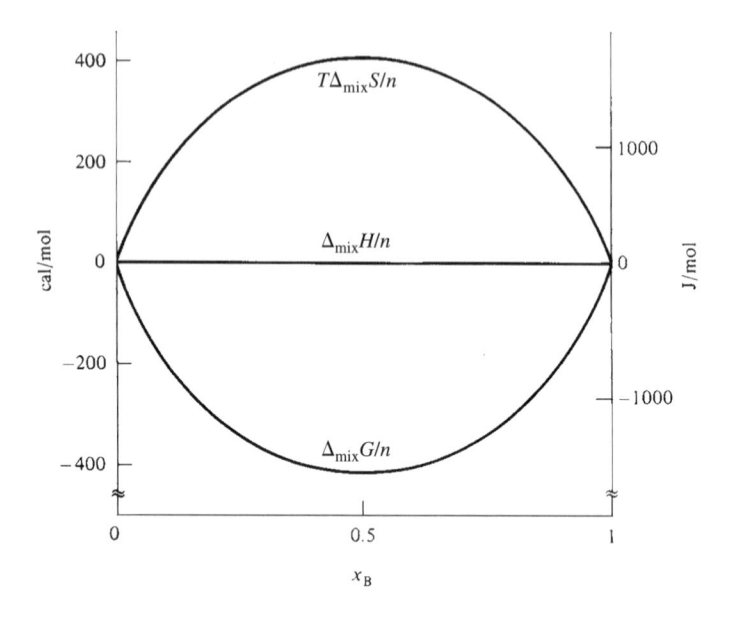

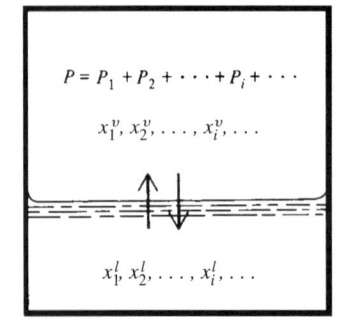

圖 9.17
理想溶液與其蒸氣 (v) 處於平衡狀態。

和：$P = P_1 + P_2 + \ldots + P_i + \ldots$，其中 $P_i \equiv x_i^v P$ [(1.23) 式]。系統的壓力等於蒸氣壓 P。我們現在推導理想溶液的蒸氣壓方程式。

對於每種物質 i，理想溶液與其蒸氣之間的相平衡條件是 $\mu_i^l = \mu_i^v$ [(4.88) 式]，其中 μ_i^l 和 μ_i^v 分別是分別為液體溶液和蒸氣中 i 的化勢。我們將假設蒸氣是理想氣體混合物，通常研究溶液，在低壓或中壓下這是一個相當好的假設。在理想的氣體混合物中，$\mu_i^v = \mu_i^{\circ v} + RT \ln (P_i/P^\circ)$ [(6.4) 式]，其中 μ_i° 為純理想氣體 i 在 T 和 $P^\circ \equiv 1$ bar 的化勢，P_i 是與溶液平衡的蒸氣中的 i 的分壓。將此 μ_i^v 的表達式與理想溶液 $\mu_i^l = \mu_i^{*l} + RT \ln x_i^l$ [(9.42) 式] 代入平衡狀態 $\mu_i^l = \mu_i^v$ 可得

$$\mu_i^l = \mu_i^v$$
$$\mu_i^{*l}(T, P) + RT \ln x_i^l = \mu_i^{\circ v}(T) + RT \ln (P_i/P^\circ) \tag{9.48}$$

設 P_i^* 為純液體 i 在溫度 T 的蒸氣壓。對於純液體 i 與其蒸氣之間的平衡，我們得到 $\mu_i^{*l}(T, P_i^*) = \mu_i^{*v}(T, P_i^*)$ 或 [(6.4) 式]

$$\mu_i^{*l}(T, P_i^*) = \mu_i^{\circ v}(T) + RT \ln (P_i^*/P^\circ) \tag{9.49}$$

(9.48) 式減 (9.49) 式可得

$$\mu_i^{*l}(T, P) - \mu_i^{*l}(T, P_i^*) + RT \ln x_i^l = RT \ln (P_i/P_i^*) \tag{9.50}$$

對於液體，μ_i^* (等於 $G_{m,i}^*$) 隨壓力變化非常緩慢 (第 4.4 節)，因此，取 $\mu_i^{*l}(T, P) = \mu_i^{*l}(T, P_i^*)$ 是一個很好的近似值 (除非壓力非常高)。然後，(9.50) 式簡化為 $RT \ln x_i^l = RT \ln (P_i/P_i^*)$。若 $\ln a = \ln b$ 則 $a = b$。因此 $x_i^l = P_i/P_i^*$ 且

$$P_i = x_i^l P_i^* \qquad 理想溶液,理想蒸氣,P 不是很高 \tag{9.51}*$$

在**拉午耳定律** (Raoult's law)(9.51) 式中,P_i 是在溫度 T 下與理想液體溶液平衡的物質 i 在蒸氣中的分壓,x_i^l 是理想溶液中 i 的莫耳分率,P_i^* 是在與溶液相同的溫度 T 下的純液體 i 的蒸氣壓。換言之,拉午耳定律是:在一定溫度下,稀薄溶液中溶劑的蒸氣壓等於純溶劑的蒸氣壓與溶液中溶劑的莫耳分率的乘積。(9.51) 式中,若 i 表示溶劑,則 P_i^* 為該溫度下純溶劑的蒸氣壓,x_i^l 為溶液中溶劑的莫耳分率,P_i 為溶液中溶劑的蒸氣壓。注意,當 (9.51) 式中的 x_i^l 趨近於 1 時,P_i 趨近於 P_i^*。隨著 x_i^l 的增加,化勢 μ_i^l (圖 9.15) 和蒸氣分壓 P_i 都增加。回想一下,μ_i 是衡量 i 從一相逃逸趨勢的量度。因為 $P_i = x_i^v P$ [(1.23) 式],拉午耳定律可以寫成

$$x_i^v P = x_i^l P_i^* \tag{9.52}$$

其中 P 是理想溶液的 (總) 蒸氣壓。

與理想溶液平衡的蒸氣壓 P 是分壓的總和。對於雙成分溶液,由拉午耳定律可得

$$P = P_B + P_C = x_B^l P_B^* + x_C^l P_C^* = x_B^l P_B^* + (1 - x_B^l)P_C^* \tag{9.53}$$

$$P = (P_B^* - P_C^*)x_B^l + P_C^* \tag{9.54}$$

在固定溫度下,P_B^* 和 P_C^* 是常數,雙成分理想溶液蒸氣壓 P 隨 x_B^l 線性變化。對於 $x_B^l = 0$,我們有純 C,和 $P = P_C^*$。對於 $x_B^l = 1$,溶液是純 B,並且 $P = P_B^*$。圖 9.18a 顯示了拉午耳定律的分壓 P_B 和 P_C [(9.51) 式] 和理想溶液的總蒸氣壓 P 作為固定 T 下組成的函數。幾乎理想的溶液如苯-甲苯顯示出與圖 9.18a 密切相符的蒸氣壓曲線。圖 9.18b 繪製了理想雙成分溶液中 x_B^v 對 x_B^l 的三種情況 $P_B^* = 3P_C^*$、$P_B^* = P_C^*$ 且 $P_B^* = P_C^*/3$。請注意,在揮發性較強的成分中,蒸氣比液體更濃。例如,若 $P_B^* > P_C^*$,則 $x_B^v > x_B^l$。曲線由 (9.52) 式和 (9.54) 式計算。

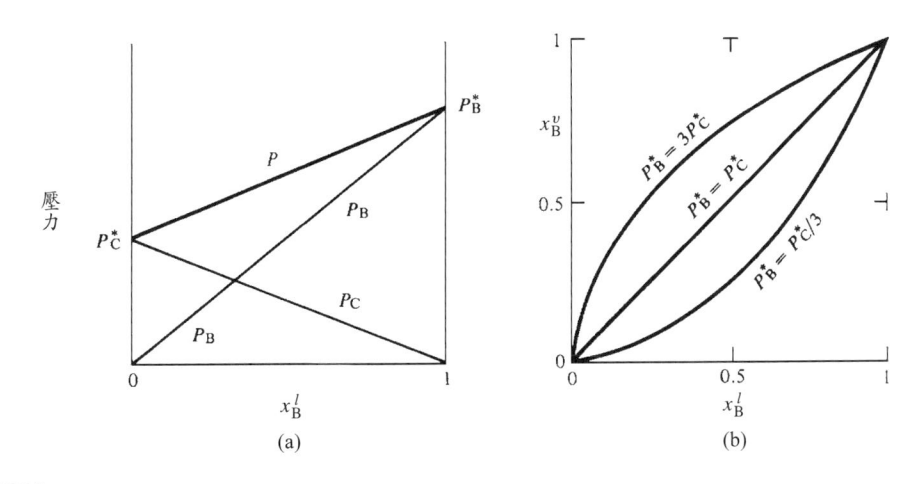

圖 9.18

(a) 理想溶液上方的分壓 P_B 和 P_C 和 (總) 蒸氣壓 $P = P_B + P_C$ 作為固定 T 時組成的函數。(b) 對於純成分蒸氣壓的三個不同比率 P_B^*/P_C^*,B + C 理想溶液的 B 的氣相莫耳分率對 x_B^l 作圖。

例 9.6 拉午耳定律

苯在 20°C 的蒸氣壓為 74.7 torr，甲苯在 20°C 的蒸氣壓為 22.3 torr。苯和甲苯的某種溶液在 20°C 的蒸氣壓為 46.0 torr。求在溶液中和溶液上方的蒸氣中苯的莫耳分率。

苯 (b) 和甲苯 (t) 分子彼此緊密相似，因此可假設為理想溶液，並使用拉午耳定律 (9.51) 式。該溶液的蒸氣壓為

$$46.0 \text{ torr} = P_b + P_t = x_b^l P_b^* + x_t^l P_t^* = x_b^l (74.7 \text{ torr}) + (1 - x_b^l)(22.3 \text{ torr})$$

求解，得到 $x_b^l = 0.452$。苯的蒸氣分壓為 $P_b = x_b^l P_B^* = 0.452(74.7 \text{ torr}) = 33.8 \text{ torr}$。蒸氣中苯的莫耳分率為 $x_b^v = P_b/P = 33.8/46.0 = 0.735$ [(1.23) 式]。

習題

20°C 的某溶液由 1.50 mol 苯和 3.50 mol 甲苯組成。求出與該溶液平衡的蒸氣的壓力和苯的莫耳分率。在本題和下一題中，使用上例中的數據。

(答案：38.0 torr，0.589)

習題

蒸氣在 20°C 與苯和甲苯的某種溶液平衡，苯的莫耳分率為 0.300。求液體溶液中的苯的莫耳分率並求溶液的蒸氣壓。

(答案：0.113，28.2 torr)

對於雙成分溶液，蒸氣壓問題涉及四莫耳分率和五個壓力。使用 $x_B^l + x_C^l = 1$ 和 $x_B^v + x_C^v = 1$ 可以消去四個莫耳分率 x_B^l、x_C^l、x_B^v 和 x_C^v 中的兩個。五個蒸氣壓為純液體的蒸氣壓 P_B^* 和 P_C^*、溶液的蒸氣壓 P 和與溶液平衡的蒸氣中的分壓 P_B 和 P_C。壓力滿足關係 $P_B \equiv x_B^v P$ 和 $P_C \equiv x_C^v P$ (由此可得 $P_B + P_C = P$) 如果是理想溶液，壓力遵循拉午耳定律方程式 $P_B = x_B^l P_B^*$ 和 $P_C = x_C^l P_C^*$。我們有七個未知數 (五個未知壓力和兩個未知獨立莫耳分率) 和四個獨立方程式。為了解這個問題，我們需要三項信息；例如，P_B^*、P_C^* 和 x_B^l 的值 (或 P 或 x_B^v)。

部分莫耳性質

理想溶液的部分莫耳性質的表達式可利用 (9.30) 式、(9.31) 式和 (9.28) 式由化勢 $\mu_i = \mu_i^* (T, P) + RT \ln x_i$ 很容易導出。

理想氣體混合物

我們在本節中考慮了液體和固體理想溶液。然而，很明顯，理想氣體混合物符合理想溶液的分子定義，因為混合理想氣體不會產生能量或結構變化。此外，我們可以證明理想氣體混合物中的化勢可以採用定義理想溶液的 (9.41) 式的形式。理想氣體混合物是理想溶液。

9.7 理想稀薄溶液

理想溶液發生在不同物種的分子非常接近地彼此相似的極限。不同種類的極限是溶劑莫耳分率接近 1，因此所有溶質都以非常低的濃度存在。這種溶液稱為**理想的稀薄**(或**理想稀薄**)**溶液** [ideally dilute (or ideal-dilute) solution]。在理想稀薄的溶液中，因為溶質的高稀薄度，所以溶質分子基本上僅與溶劑分子相互作用。

考慮非常稀薄的非電解質溶液。(在電解質溶液中，強離子力即使在非常高的稀薄度下也能產生大量的溶質－溶質相互作用；因此理想稀薄溶液模型對電解質溶液是無用的。而且，每種電解質在溶液中產生兩種或更多種離子，因此，即使在無限稀薄的極限下，電解質溶質的化勢 μ_i 與非電解質的 μ_i 的形式也不同。電解質溶液在第 10 章中進行處理)。我們將使用 A 來表示溶劑，i 表示任何一種溶質。高稀薄的條件是溶劑莫耳分率 x_A 非常接近 1。對於這種非常稀的溶液，溶質分子一般只被溶劑分子包圍，因此所有溶質分子基本上處於均勻的環境中；見圖 9.19。

圖 9.19
在理想的稀釋溶液中，溶質分子 (陰影) 僅與溶劑的分子相互作用。

為了得到理想稀薄溶液的熱力學定義，人們使用高度稀薄非電解質溶液的蒸氣壓數據得到 $\Delta_{\text{diln}} G$ 的方程式，$\Delta_{\text{diln}} G$ 為加入一定量的溶劑 A 稀釋理想稀薄溶液時發生的吉布斯能量變化。然後，從 $\Delta_{\text{diln}} G$ 方程中導出理想稀薄溶液中的化勢 μ_i 和 μ_A，其方式與由 $\Delta_{\text{mix}} G$ 方程式 (9.39) 導出理想溶液中的化勢 (9.41) 式的方式相同。我們發現

$$\mu_i = RT \ln x_i + f_i(T, P) \quad \text{溶質在理想稀薄溶液中} \quad (9.55)$$

$$\mu_A = \mu_A^*(T, P) + RT \ln x_A \quad \text{溶劑在理想稀薄溶液中} \quad (9.56)$$

其中 R 是氣體常數，$f_i(T, P)$ 是 T 和 P 的某一函數，$\mu_A^*(T, P) \equiv G_{m,A}^*(T, P)$ 是純液體溶劑 A 在溶液的 T 和 P 處的化勢，x_i 和 x_A 是溶液中溶質 i 和溶劑 A 的莫耳分率。(9.55) 式和 (9.56) 式的統計力學推導可參考 E. A. Guggenheim, *Mixtures,* Oxford, 1952, sec. 5.04; A. J. Staverman, *Rec. Trav. Chim.,* **60,** 76 (1941)。熱力學定律是一般的，不能為我們提供狀態方程式的明確形式或特定系統的化勢。這樣的訊息必須藉由訴諸分子 (統計－機械) 論證或實驗數據 (如 $PV = nRT$ 用於低密度氣體) 來獲得。

我們採用熱力學定義：**理想稀薄** (ideal dilute) 溶液是溶質和溶劑化勢由 (9.55) 式和 (9.56) 式給出的溶液，其中 x_A 接近 1。

隨著真實溶液變得更加稀薄，化勢更接近 (9.55) 式和 (9.56) 式。為了被理想地稀釋，溶液必須稀薄的程度取決於人們想要表示溶液的熱力學性質的準確程度。非電解質溶液的粗略規則是 $z_i x_i$ 應小於 0.1，其中 z_i 是溶質 i 的最近鄰居的平均數。對於大約相似尺寸的球形溶質和溶劑分子，z_i 大約為 10。對於具有大分子的溶質 (例如，聚合物)，z_i 可以大很多。聚

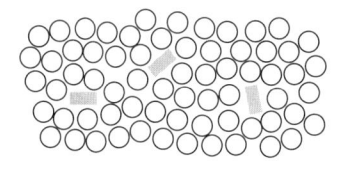

合物溶液在比非聚合物溶液低很多的溶質莫耳分率下理想地稀釋，因為需要更高的稀薄度以確保聚合物溶質分子很可能僅被溶劑分子包圍。

理想溶液和理想稀薄溶液是不同的，不能彼此混淆。不幸的是，人們有時使用術語「理想溶液」來表示理想稀薄溶液。

在高稀薄度下應用 (9.55) 式，莫耳分率 x_i 與莫耳濃度 c_i 和重量莫耳濃度 m_i 成正比而達到高度近似。因此 (9.55) 式可以寫為 $\mu_i = RT \ln c_i + h_i(T, P)$ 或 $\mu_i = RT \ln m_i + k_i(T, P)$，其中 h_i 和 k_i 是與 f_i 相關的函數。因此，在理想稀薄溶液中處理溶質時，可以使用重量莫耳濃度或莫耳濃度代替莫耳分率。

☕ 摘要

$\Delta_{\text{diln}} G$ 數據 (從蒸氣壓測量中得到) 和統計－機械數據論證證明，在溶液的高稀薄度 (x_A 接近 1) 的極限範圍內，溶質化勢為 $\mu_i = f_i(T, P) + RT \ln x_i$ 而溶劑化勢為 $\mu_A = \mu_A^*(T, P) + RT \ln x_A$。這是一種理想稀薄溶液。

9.8 理想稀薄溶液的熱力學性質

在從化勢 (9.55) 式和 (9.56) 式導出理想稀薄溶液的熱力學性質之前，我們定義理想稀薄溶液成分的標準狀態。

☕ 標準狀態

理想稀薄溶液中**溶劑 A 的標準狀態** (standard state of the solvent A) 定義為在溶液的溫度 T 和壓力 P 下的純的 A。因此，溶劑標準狀態化勢為 $\mu_A^\circ \equiv \mu_A^*(T, P)$ 而對於溶劑，(9.56) 式可寫為 $\mu_A = \mu_A^\circ + RT \ln x_A$。

現在考慮溶質。從 (9.55) 式，我們有 $\mu_i = f_i(T, P) + RT \ln x_i$。定義溶質 i 的標準狀態，以使其標準狀態化勢 μ_i° 等於 $f_i(T, P)$；$\mu_i^\circ \equiv f_i(T, P)$。$\mu_i^\circ$ 的這個定義給出了

$$\mu_i = \mu_i^\circ + RT \ln x_i \quad \text{溶質在理想稀薄溶液中} \quad (9.57)$$

取 μ_i° 等於 $f_i(T, P)$，可以選擇什麼樣的溶質標準狀態？在 (9.57) 式中，當 x_i 變為 1，對數項消失，由方程式可得 μ_i (在 $x_i = 1$) 等於 μ_i°。因此可以認為溶質 i 的標準狀態是在溶液的溫度和壓力下的純的 i。這個假設是錯誤的。理想稀薄溶液的關係 (9.57) 式僅在高稀薄度 (x_i 遠小於 1) 時成立，並且當 x_i 變為 1 時，我們不能合法地取這種關係的極限。

然而，我們可以想像一個假設 (hypothetical) 的情況，其中 $\mu_i = \mu_i^\circ + RT \ln x_i$ 對所有的 x_i 皆成立。在這個假設的情況下，在極限 $x_i \to 1$，μ_i 將等於 μ_i°。溶質標準狀態的選擇使用了這種假設情況。理想稀薄溶液中**溶質 i 的標準狀態** (standard state for solute i) 定義為溶液的溫度和壓力下的虛擬狀態，假設 $\mu_i = \mu_i^\circ + RT \ln x_i$ 適用於 x_i 的所

有值並且設定 $x_i = 1$。該假設狀態是在非常稀的溶液中將溶質 i 的性質外推至極限 $x_i \to 1$。

圖 9.20 中的實線顯示了對於典型的非電解質溶液，在固定的 T 和 P 下的 μ_i 對 $\ln x_i$ 的圖形。高稀薄度 ($x_i < 0.01$ 和 $\ln x_i < -4$)，該溶液基本上是理想稀薄溶液，並且 μ_i 基本上根據 $\mu_i = \mu_i^\circ + RT \ln x_i$ 隨 $\ln x_i$ 線性地變化。當 $\ln x_i$ 增加到 -4 以上時，溶液越來越偏離理想稀釋行為。虛線表示假設的情況，其中當 $x_i \to 1$ 且 $\ln x_i \to 0$ 時理想稀薄行為成立。虛線的方程式是 $\mu_i = \mu_i^\circ + RT \ln x_i$。對於虛線，當 x_i 達到 1 時，μ_i 變為等於 μ_i°。因此，將溶液的高稀釋行為外推到 $x_i = 1$ 可以求得 μ_i°。有關這方面的實際例子，請參見圖 9.21 的討論。

由於稀薄溶液中 i 的性質非常強烈地取決於溶劑 (它為 i 分子提供了環境)，溶質 i 的虛擬標準狀態取決於溶劑是什麼。標準狀態的性質也取決於 T 和 P，而 μ_i° 是 T 和 P 的函數，但不是莫耳分率的函數：$\mu_i^\circ = \mu_i^\circ(T, P)$。我們可能寫 $\mu_i^\circ = \mu_i^{\circ,A}(T, P)$ 表示溶質標準狀態取決於溶劑，但我們不會這樣做，除非我們處理 i 在兩種不同溶劑中的溶液。

溶質 i 的虛擬標準狀態為 i 是純的狀態，但是在其中，藉由一些神奇的手段，每個 i 分子都經歷了它在理想稀薄溶液中經歷的相同的分子間作用力，其中它被溶劑分子包圍。

總之，在理想稀薄溶液中，溶質化勢 μ_i 和溶劑化勢 μ_A 為

$$\mu_i = \mu_i^\circ(T, P) + RT \ln x_i \qquad i \neq A \qquad \text{理想稀薄溶液} \qquad (9.58)*$$

$$\mu_A = \mu_A^\circ + RT \ln x_A, \qquad \mu_A^\circ \equiv \mu_A^*(T, P) \qquad \text{理想稀薄溶液} \qquad (9.59)*$$

如果 x_A 接近 1。溶劑標準狀態是在溶液的溫度 T 和壓力 P 下的純液體 A。溶質 i 的標準狀態是在 T 和 P 處的虛擬狀態，它是取極限 $x_i \to 1$ 而假設 (9.58) 式適用於所有濃度而得到的。

雖然 (9.58) 式和 (9.59) 式看起來像理想溶液的 (9.42) 式和 (9.43) 式，理想稀薄溶液和理想溶液是不一樣的。(9.58) 式和 (9.59) 式僅適用於高稀薄度，而 (9.42) 式適用於所有溶液組成。此外，理想溶液的每個成分的標準狀態是溶液的 T 和 P 處純成分的實際狀態，而理想稀薄溶液中每種溶質的標準狀態是虛構的。

一些學者選擇溶液成分的標準狀態是 1 bar 的壓力，而不是我們所用的溶液的壓力。由於固體和液體的 μ 對壓力變化不敏感，因此除非涉及高壓，否則這種標準狀態的選擇的差異不大。

蒸氣壓

設 P_i 是在溫度 T 和壓力 P 下與理想稀薄溶液平衡的蒸氣中溶質 i 的

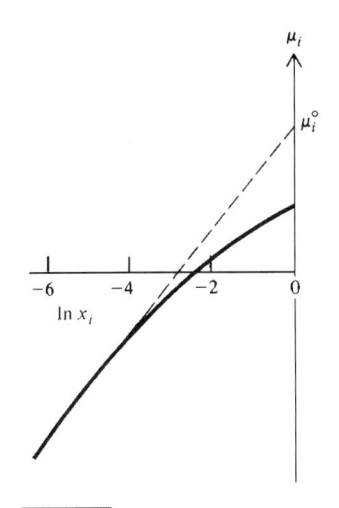

圖 9.20
對於典型的非電解質溶質，化勢 μ_i 對 $\ln x_i$ 作圖。虛線將理想稀釋行為外插到極限 $x_i \to 1$。

分壓，其中 P 等於溶液上方的 (總) 蒸氣壓。溶液中 i 的化勢 μ_i^l 由 (9.58) 式給出。我們假設蒸氣是一種理想氣體混合物，因此蒸氣 (v) 中 i 的化勢是 $\mu_i^v = \mu_i^{\circ v}(T) + RT \ln(P_i/P^\circ)$ [(6.4) 式]。令溶液中的 μ_i^l 等於 μ_i^v，我們有

$$\mu_i^l = \mu_i^v \tag{9.60}$$

$$\mu_i^{\circ l} + RT \ln x_i^l = \mu_i^{\circ v} + RT \ln(P_i/P^\circ)$$

$$(\mu_i^{\circ l} - \mu_i^{\circ v})/RT = \ln(P_i/x_i^l P^\circ)$$

$$P_i/x_i^l P^\circ = \exp[(\mu_i^{\circ l} - \mu_i^{\circ v})/RT] \tag{9.61}$$

其中 $\exp z \equiv e^z$。由於 $\mu_i^{\circ l}$ 與 T 和 P 有關，且 $\mu_i^{\circ v}$ 與 T 有關，(9.61) 式的右邊是 T 和 P 的函數。定義 K_i 為

$$K_i(T, P) \equiv P^\circ \exp[(\mu_i^{\circ l} - \mu_i^{\circ v})/RT] \qquad \text{其中 } P^\circ \equiv 1 \text{ bar} \tag{9.62}$$

對於 (9.61) 式，我們有

$$P_i = K_i x_i^l \qquad \text{溶質在理想稀薄溶液中，理想蒸氣} \tag{9.63}*$$

亨利定律 (Henry's law)(9.63) 式指出在理想稀薄溶液上方溶質 i 的蒸氣分壓與溶質 i 在溶液中的莫耳分率成正比。換言之，亨利定律是：在一定溫度下，一種氣體在溶液中的溶解度與該氣體在液面上的平衡分壓成正比。(9.63) 式中 P_i 為平衡時溶質 i 的蒸氣分壓，x_i^l 為溶質 i 在溶液中的莫耳分率。

亨利定律常數 (Henry's law constant) K_i 在溶液是理想稀薄的範圍內，對於溶液組成的變化是恆定的。K_i 具有壓力的因次。由於溶液中溶質 i 的標準狀態化勢 $\mu_i^{\circ l}$ 取決於溶劑 (以及溶質) 的性質，不同溶劑中的相同溶質的 K_i 不同。

K_i 隨壓力的改變源於 $\mu_i^{\circ l}$ 隨壓力的改變。如前所述，凝聚相中的化勢只會隨壓力緩慢變化。因此，K_i 僅稍微與壓力有關，除了在相當高的壓力下，它隨壓力的改變可以忽略不計。因此，我們取 K_i 僅與 T 有關。這種近似類似於推導拉午耳定律 (9.51) 式中所做的近似。

溶劑蒸氣壓力如何？理想稀釋溶液中溶劑化勢 μ_A 的 (9.59) 式與理想溶液成分的化勢 (9.42) 式和 (9.43) 式相同。因此，對於理想溶液成分的蒸氣分壓給出拉午耳定律 (9.51) 式的相同的推導給出了理想稀薄溶液中溶劑的蒸氣分壓。

$$P_A = x_A^l P_A^* \qquad \text{溶劑在理想稀釋溶液中，理想蒸氣} \tag{9.64}*$$

當然，(9.64) 式和 (9.63) 式僅適用於高稀釋濃度範圍。

在理想稀薄溶液中，溶劑遵循拉午耳定律而溶質遵循亨利定律。

我們把溶液中任一成分在全部濃度範圍內都符合拉午耳定律的溶液稱為理想溶液。我們把溶劑遵循拉午耳定律、溶質遵循亨利定律的稀薄溶液稱為理想稀薄溶液。

在足夠高的稀薄度下，所有非電解質溶液都變得理想地稀釋。對於稀釋度較低的

圖 9.21

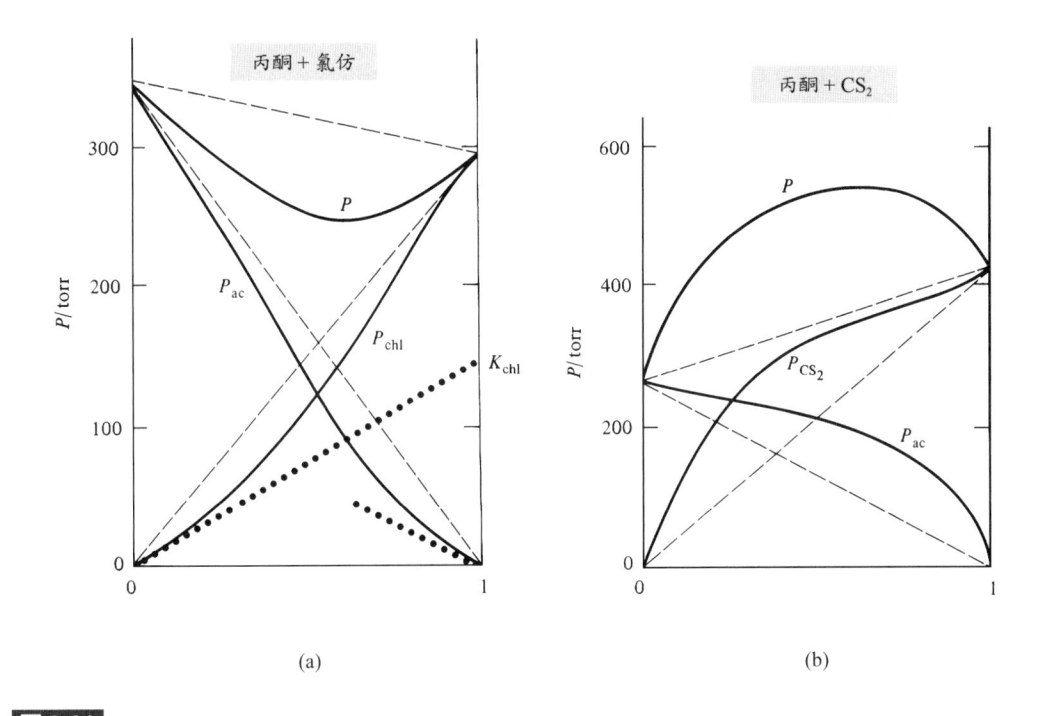

(a) 丙酮–氯仿溶液在 35°C 的蒸氣分壓和總壓；(b) 於 29°C 的丙酮–CS₂ 溶液。

溶液，該溶液不再理想地稀薄，並顯示出與拉午耳和亨利定律的偏差。兩個顯示大偏差的系統繪於圖 9.21。

圖 9.21a 中的實線顯示了觀察到的丙酮 (ac) 加氯仿 (chl) 在 35°C 下溶液上方的蒸氣分壓和總蒸氣壓。三個上面的虛線線條顯示了理想溶液出現的蒸氣分壓和總蒸氣壓，兩個物種都遵守拉午耳定律 (圖 9.18a)。在極限 $x_{chl}^l \to 1$，溶液變得理想地稀薄，其中氯仿作為溶劑而丙酮作為溶質。對於 $x_{chl}^l \to 0$，溶液變得理想地稀薄，其中丙酮作為溶劑而氯仿作為溶質。因此，靠近 $x_{chl}^l = 1$，觀察到的氯仿分壓非常接近拉午耳定律線，而靠近 $x_{chl}^l = 0$，觀察到的丙酮分壓非常接近拉午耳定律線。靠近 $x_{chl}^l = 1$，溶質丙酮的分壓與莫耳分率幾乎呈線性變化 (亨利定律)。靠近 $x_{chl}^l = 0$，溶質氯仿的分壓與莫耳分率幾乎呈線性變化。

兩條較低的虛線表示從觀察到的外推出的亨利定律線限制在 $x = 0$ 附近的 P_{chl} 和在 $x = 1$ 附近的 P_{ac} 的斜率。兩條較低的虛線表示亨利定律線，它是在 $x_{chl}^l = 0$ 作 P_{chl} 的切線和在 $x_{chl}^l = 1$ 作 P_{ac} 的切線。從原點開始的虛線是氯仿作為溶質的亨利定律線，並且在 $x_{chl}^l = 0$ 處繪製與 P_{chl} 曲線相切的線。該虛線表示 P_{chl}^{id-dil} 對 x_{chl}^l，其中 P_{chl}^{id-dil} 是溶液在理想稀薄時具有的氯仿蒸氣分壓。該虛線的方程式由 (9.63) 式給出為 $P_{chl}^{id-dil} = K_{chl} x_{chl}^l$，因此在 $x_{chl}^l = 1$ 我們有 $P_{chl}^{id-dil} = K_{chl}$。因此，氯仿亨利定律線與右側垂直線 $x_{chl}^l = 1$ 的交點等於 K_{chl}，即溶劑丙酮中溶質氯仿的亨利定律常數。從圖中可以看出，$K_{chl} = 145$ torr。在溶劑丙酮中，氯仿的亨利定律常數 K_{chl} 是純氯仿的蒸氣壓，如果理想的

稀薄行為保持為 $x_{chl}^l \to 1$。純氯仿在 35°C 下的實際蒸氣壓為 293 torr (圖 9.21a 中 P 和 P_{chl} 曲線在 $x_{chl}^l = 1$ 的交點)。類似地,丙酮亨利定律線在 $x_{chl}^l = 0$ 的交點可得 K_{ac}。

一旦找到 K_{chl},我們可以使用 $K_i \equiv P° \exp (\mu_i^{ol} - \mu_i^{ov})/RT]$ [(9.62) 式]。相對於氯仿蒸氣的 μ_i^{ov},找到溶質氯仿的 μ_i^{ol}。從 K_{chl} = 145 torr 和 $P° \equiv 1$ bar ≈ 750 torr,在 35°C 下對於丙酮中的氯仿,可得 $\mu_{chl}^{ol} - \mu_{chl}^{ov}$ = −4.21 kJ/mol。如果 μ_{chl}^{ov} 的常規值 (conventional value) 為已知,則溶液中 μ_{chl}^o 的常規值為已知。

對於所有組成,圖 9.21a 中的分壓和總蒸氣壓低於拉午耳定律預測的那些。則稱該溶液顯示出與拉午耳定律的負偏差 (negative deviations)。圖 9.21b 中的丙酮−CS_2 系統顯示出在所有組成中與拉午耳定律的正偏差 (positive deviations)。對於某些系統,一個成分顯示正偏差,而在相同組成第二個成分顯示負偏差 [M. L. McGlashan, *J. Chem. Educ.*, **40**, 516 (1963).]。

氣體在液體中的溶解度

對於在給定液體中微溶的氣體,溶解氣體的濃度通常足夠低,以使溶液近似理想地稀釋,而亨利定律 (9.63) 式成立。因此

$$x_i^l = K_i^{-1} P_i \qquad P \text{不是很高} \tag{9.65}$$

其中 x_i^l 在給定溫度下溶液中溶解氣體的莫耳分率和 P_i 是溶液上方氣體 i 的分壓。如果溶液理想地稀薄,則氣體溶解度 (以 x_i^l 測量) 與溶液上方的 P_i 成正比。圖 9.22 是在 50°C 下溶解的 N_2 (和 H_2) 在水中的莫耳分率 x_i^l 對溶液上方的 N_2 (或 H_2) 分壓的圖形。高達 100 atm,N_2 曲線符合亨利定律 $x_i^l = K_i^{-1} P_i$ 並且基本上是線性的。在 100 atm 以上,N_2 曲線顯示出與亨利定律線 (虛線) 的偏差增加,因為 K_i 隨壓力而變和氣體偏離理想氣體行為。H_2 遵循亨利定律高達 200 atm。

在亨利定律適用的低溶質濃度下,溶質的重量莫耳濃度 m_i 和莫耳濃度 c_i 各自基本上與其莫耳分率 x_i 成正比。因此,可以使用重量莫耳濃度或濃度代替亨利定律中的莫耳分率:$P_i = K_{i,m} m_i$ 或 $P_i = K_{i,c} c_i$,其中 $K_{i,m}$ 和 $K_{i,c}$ 是與 (9.65) 式中的 K_i 相關的常數。

在 25°C 時,水和苯中的氣體的一些 K_i 值是

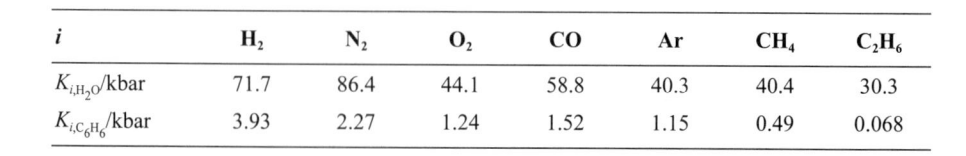

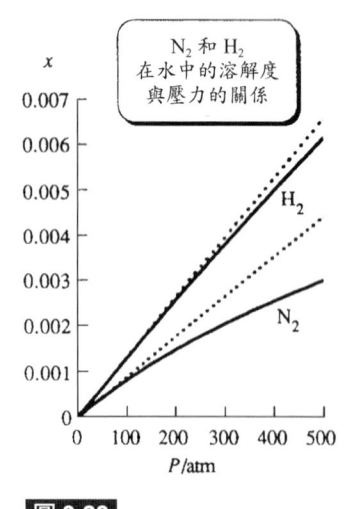

圖 9.22
H_2 和 N_2 在 50°C 的水中的莫耳分率溶解度與氣體分壓的關係。虛線是亨利定律。

i	H_2	N_2	O_2	CO	Ar	CH_4	C_2H_6
K_{i,H_2O}/kbar	71.7	86.4	44.1	58.8	40.3	40.4	30.3
K_{i,C_6H_6}/kbar	3.93	2.27	1.24	1.52	1.15	0.49	0.068

從 (9.65) 式可知，K_i 值越大，氣體的溶解度越小。請注意，這些氣體在苯中的溶解度大於在水中的溶解度。

當 T 增加時，大多數非極性氣體(和液體)在水中的溶解度會經過一最小值。圖 9.23 繪製了水中幾種氣體在 1 bar 下 K_i 對 T 的圖形。K_i 的最大值對應於溶解度的最小值，因為溶解度與 K_i^{-1} 成正比。還繪製了 O_2 和 N_2 在水中的 K_i^{-1} 對 T 的圖形。當接近水的臨界溫度 374°C 時，溶解度大大增加。

亨利定律不適用於稀 HCl 水溶液。即使在無限稀釋的極限，如 HCl(aq) 等強電解質的 μ_i 不具有用於推導亨利定律的 $\mu_i = \mu_i^\circ + RT \ln x_i$ 的形式。

部分莫耳量

理想稀薄溶液成分的部分莫耳性質可從它們的化勢導出。

反應平衡

對於理想稀薄溶液中的化學反應，我們可將 $\mu_i = \mu_i^\circ + RT \ln x_i$ 代入平衡條件 $\Sigma_i \nu_i \mu_i = 0$ 導出莫耳分率平衡常數 $K_x \equiv \Pi_i (x_{i,eq})^{\nu_i}$，其中 $x_{i,eq}$ 是物質 i 的平衡莫耳分率。

對於水溶液中的大多數平衡，一些反應物質是離子，這使得理想稀薄溶液近似差。第 11 章考慮了離子平衡。

9.9 總結

溶液的體積由 $V = \Sigma_i n_i \overline{V}_i$ 給出，其中溶液中成分 i 的部分莫耳體積定義為 $\overline{V}_i \equiv (\partial V/\partial n_i)_{T,P,n_{j \neq i}}$。對於溶液的其他外延性質(例如，$U$、$H$、$S$、$G$、$C_P$) 類似的方程式成立。部分莫耳性質 $\overline{G}_i$ ($\equiv \mu_i$)、$\overline{H}_i$、$\overline{S}_i$ 和 $\overline{V}_i$ 所遵循的關係類似於純物質的相應莫耳性質 G、H、S 和 V 之間的關係。化勢 μ_i 是溶液的關鍵熱力學性質。

在恆定的 T 和 P 下從其純成分形成體積 V 的溶液的體積變化 $\Delta_{mix}V$ 為 $\Delta_{mix}V \equiv V - V^* = \Sigma_i n_i (\overline{V}_i - V_{m,i}^*)$。混合量 $\Delta_{mix}G$、$\Delta_{mix}H$、$\Delta_{mix}S$ 和 $\Delta_{mix}V$ 遵循類似於純物質相應性質之間的關係 [(9.33) 式至 (9.35) 式]。

理想溶液是每種物種的分子都非常相似另一個物種的分子，可以取代另一個物種的分子而不改變溶液的空間結構或分子間相互作用能。理想溶液的熱力學定義是一種溶液，其中每個物種的化勢由 $\mu_i = \mu_i^*(T, P) + RT \ln x_i$ 給出，適用於所有成分和 T 和 P 的範圍。理想溶液成分的標準狀態是

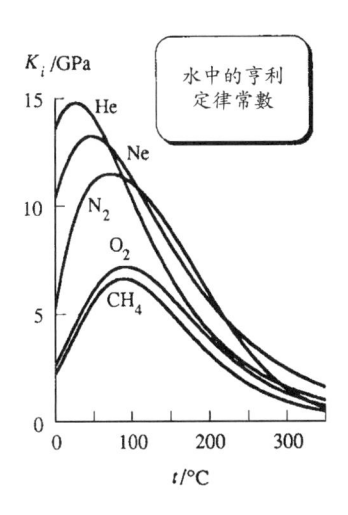

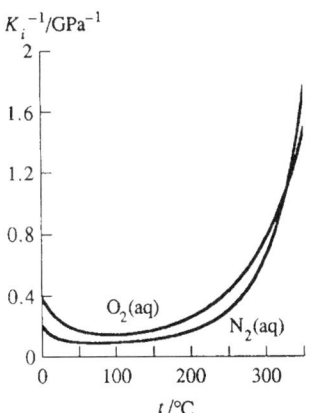

圖 9.23

水中幾種氣體的亨利定律常數 K_i (在 1 bar) 對 T 作圖 (上圖)。由 O_2 和 N_2 在水中的 $1/K_i$ 對 T 作圖。

在溶液的 T 和 P 的純物質。對於理想溶液，$\Delta_{mix}H = 0$、$\Delta_{mix}V = 0$ 和 $\Delta_{mix}S$ 與理想氣體混合物相同。令 i 在溶液中和蒸氣中的化勢相等（假定為理想值），可以發現蒸氣中的分壓與理想溶液平衡為 $P_i = x_i^l P_i^*$（拉午耳定律）。

理想的稀釋（或理想稀薄）溶液是溶質分子基本上僅與溶劑分子相互作用（分子定義）的稀薄溶液。在理想稀釋溶液，溶質化勢為 $\mu_i = \mu_i^\circ(T, P) + RT \ln x_i$ 而溶劑化勢為 $\mu_A = \mu_A^*(T, P) + RT \ln x_A$ 適用於組成 x_A 接近 1 的小範圍（熱力學定義）。對於理想稀薄溶液，溶質標準狀態是在溶液的 T 和 P 的虛擬狀態，其中溶質是純溶質，但是其分子經歷的分子間力與在理想稀薄溶液中被溶劑分子包圍時所經歷的分子間力相同。溶劑標準狀態是溶液的 T 和 P 處的純 A。與理想稀薄溶液平衡的溶質和溶劑在蒸氣中的分壓，分別由亨利定律 $P_i = K_i x_i^l$ 和拉午耳定律 $P_A = x_A^l P_A^*$ 給出。

本章使用以下上標：$\circ \equiv$ 標準狀態，$* \equiv$ 純物質，$\infty \equiv$ 無限稀薄。

本章討論的重要計算類型包括：

- 溶液莫耳分率、重量莫耳濃度和莫耳濃度的計算。
- 使用 $V = \Sigma_i n_i \bar{V}_i$ 從部分莫耳體積計算溶液的體積以及其他外延性質的類似計算。
- 使用 $\Delta_{mix}V/n$ 曲線的切線截距，求相對於純成分莫耳體積的部分莫耳體積 $(\bar{V}_i - V_{m,i}^*)$ 以及其他部分莫耳性質的類似測定。
- 計算理想溶液的混合量。
- 使用拉午耳定律 $P_i = x_i^l P_i^*$ 計算理想溶液的蒸氣分壓。
- 使用拉午耳定律 $P_A = x_A^l P_A^*$ 和亨利定律 $P_i = K_i x_i^l$，計算理想稀薄溶液的蒸氣分壓。
- 使用稀薄溶液蒸氣壓求亨利定律常數 K_i。
- 使用亨利定律找出液體中的氣體溶解度。

習題

第 9.1 節

9.1 寫出下列溶液－組成量的 SI 單位：(a) c_i；(b) m_i（重量莫耳濃度）；(c) x_i。

9.2 若 T 改變或 P 改變，則習題 9.1 中的哪一個會改變？

第 9.2 節

9.3 對或錯？(a) $\bar{V}_i \equiv (\partial V/\partial n_i)_{T,P,n_{j\neq i}}$。(b) 溶液在 T 和 P 的體積等於其純成分在 T 和 P 的體積的總和。(c) 溶液中 $\bar{V}_i$ 與 $V_{m,i}^*$ 必相等。(d) $\bar{V}_i$ 的 SI 單位為 m^3/mol。(e) 若將溶液的一半倒掉，則剩餘溶液的部分莫耳體積與原始溶液中的部分莫耳體積相同。(f) 溶液的體積不能小於用於製備溶液的純溶劑的體積。(g) $\bar{H}_i \equiv (\partial H_i/\partial n_i)_{T,P,n_{j\neq i}}$。(h) μ_i 是部分莫耳量。(i) 在水加乙醇的溶液中，$\bar{V}_i$、$\bar{S}_i$ 和 $\bar{G}_i$ 的每一個是 T、P 和 x_{H_2O} 的函數。

9.4 在 25°C 和 1 atm 下，72.061 g H_2O 和 192.252 g CH_3OH 的溶液體積為 307.09 cm³。在此溶液中，$\bar{V}_{H_2O} = 16.488$ cm³/mol。求此溶液的 $\bar{V}_{CH_3OH}$。

9.5 證明相的內能滿足 $U = -PV + TS + \Sigma_i n_i \mu_i$。

9.6 證明 $\bar{H}_i = \bar{U}_i + P\bar{V}_i$。

第 9.4 節

9.7 H_2O 和 CH_3OH 在 25°C 和 1 atm 下的密度分

別為 0.99705 和 0.78706 g/cm³。對於這兩種化合物在 25°C 和 1 atm 下的溶液，$\Delta_{mix}V/n$ 對 x_{H_2O} 的數據為：

$(\Delta_{mix}V/n)/(cm^3/mol)$	−0.34	−0.60	−0.80
x_{H_2O}	0.1	0.2	0.3
$(\Delta_{mix}V/n)/(cm^3/mol)$	-0.94_5	−1.01	−0.98
x_{H_2O}	0.4	0.5	0.6
$(\Delta_{mix}V/n)/(cm^3/mol)$	−0.85	-0.61_5	−0.31
x_{H_2O}	0.7	0.8	0.9

使用截距法 (圖 9.8) 求 x_{H_2O} 的值為 (a) 0；(b) 0.4；(c) 0.6 的部分莫耳體積。

第 9.5 節

9.8 對或錯？(a) 在理想溶液中，分子間相互作用可以忽略不計。(b) 如果 B 是理想溶液的一成分，則 μ_B 不能大於 μ_B^*。(c) 如果 B 是溶液的一成分，則 μ_B 不能大於 μ_B^*。(d) 水加乙醇的溶液幾乎是理想溶液。

9.9 CHFClBr 的兩種光學異構體的液體混合物是否為理想溶液？請說明。

第 9.6 節

9.10 對或錯？(a) T、P 恆定時，對於理想溶液，$\Delta_{mix}G$ 必為負。(b) T、P 恆定時，對於每種溶液，$\Delta_{mix}G$ 必為負。(c) T、P 恆定時，對於理想溶液，$\Delta_{mix}S = \Delta_{mix}H/T$。(d) 對於溶液及其蒸氣之間的平衡，溶液的 μ 必須等於蒸氣的 μ。(e) 對於理想溶液和理想蒸氣之間的平衡，x_B^l 必須等於 x_B^v。(f) 在理想溶液中，成分的部分莫耳體積等於純物質的莫耳體積。

9.11 在 20°C 和 1 atm 下，混合 100.0 g 苯和 100.0 g 甲苯，求 $\Delta_{mix}G$、$\Delta_{mix}V$、$\Delta_{mix}S$ 和 $\Delta_{mix}H$。假設為理想溶液。

9.12 苯 (C_6H_6) 和甲苯 ($C_6H_5CH_3$) 形成了近乎理想的溶液。在 20°C 時，苯的蒸氣壓為 74.7 torr，甲苯的蒸氣壓為 22.3 torr。(a) 求出高於 20°C 的 100.0 g 苯加 100.0 g 甲苯溶液的平衡蒸氣分壓。(b) 求出與 (a) 部分的溶液平衡的氣相中的莫耳分率。

9.13 在 100°C 時，己烷和辛烷的蒸氣壓分別為 1836 和 354 torr。這兩種化合物的某種液體混合物在 100°C 下的蒸氣壓為 666 torr。求液體混合物和蒸氣相中的莫耳分率。假設為理想溶液。

9.14 有一己烷和庚烷在 30°C 的溶液，己烷莫耳分率為 0.305，蒸氣壓為 95.0 torr，氣相己烷莫耳分率為 0.555。求純己烷和庚烷在 30°C 的蒸氣壓。

9.15 在 20°C 和 1 atm 下，苯的密度為 0.8790 g/cm³，甲苯的密度為 0.8668 g/cm³。在 20°C 和 1 atm 下，求 33.33 g 苯和 33.33 g 甲苯溶液的密度。假設為理想溶液。

第 9.8 節

9.16 乙醇 (eth) 和氯仿 (chl) 在 45°C 的溶液，其中 $x_{eth} = 0.9900$，蒸氣壓為 177.95 torr。在氯仿的這種高稀薄度下，可以假定溶液基本上是理想稀薄。純乙醇的蒸氣壓在 45°C 是 172.76 torr。(a) 求與溶液平衡的氣體分壓。(b) 求氣相中的莫耳分率。(c) 在 45°C 下，求乙醇中氯仿的亨利定律常數。(d) 對於含有 $x_{eth} = 0.9800$ 的氯仿－乙醇溶液，預測在 45°C 下的蒸氣壓和氣相莫耳分率。與實驗值 $P = 183.38$ torr 和 $x_{eth}^v = 0.9242$ 進行比較。

9.17 在 45°C 下與乙醇 (乙烷) 和氯仿 (chl) 的溶液平衡的蒸氣，$x_{chl}^l = 0.9900$，壓力為 438.59 torr，$x_{chl}^v = 0.9794$。可以假設該溶液基本上是理想稀釋。(a) 求氣相分壓。(b) 計算純氯仿在 45°C 的蒸氣壓。(c) 在 45°C 下，求氯仿中乙醇的亨利定律常數。

9.18 在 20°C，當水上的 H_2 壓力為 1.000 atm 時，0.164 mg 的 H_2 溶解在 100.0 g 的水中。(a) 在 20°C 下，求水中 H_2 的亨利定律常數。(b) 當 H_2 壓力為 10.00 atm 時，求在 20°C 下溶於 100.0 g 水中的 H_2 的質量。忽略 K_i 隨壓力的變化。

一般問題

9.19 苯和甲苯的正常沸點分別為 80.1°C 和 110.6°C。兩種液體都遵循 Trouton 定律。對於在 120°C 下的苯－甲苯液體溶液，其中 $x_{C_6H_6}^l = 0.68$，估算蒸氣壓和 $x_{C_6H_6}^v$ (實驗值為 2.38 atm 和 0.79)。

9.20 對或錯？(a) 在恆定 T 和 P 下，$\Delta_{mix}G$ 必為負。(b) 在恆定 T 和 P 下，$\Delta_{mix}S$ 必為正。(c) 在

理想溶液中，分子間相互作用可以忽略不計。(d) 溶質－溶質相互作用在理想稀薄溶液中可忽略不計。(e) 溶質在理想稀薄溶液的標準狀態是在溶液的 T 和 P 處無限稀薄的狀態。(f) 當在恆定的 T 和 P 下將 30.0 mL 的 15.0 重量％ HCl(aq) 溶液加入到 50.0 mL 的 15.0 重量％ HCl(aq) 溶液中時，最終體積必須是 80.0 mL。

複習題

R9.1 對於純物質的 P 對 T 相圖，在 (a) 固－液－蒸氣三相點，(b) 沿固－蒸氣平衡線，(c) 在液體區域，有多少自由度？

R9.2 對於遵循截取的維里狀態方程式的氣體，求壓力從 P_1 到 P_2 的等溫變化的 ΔG_m 表達式。

R9.3 液態甲烷的蒸氣壓在 105.0 K 時為 0.57 bar，在 108.0 K 時為 0.74 bar。在此溫度範圍內求甲烷的 $\Delta_{vap}H_m$。求甲烷的正常沸點。

R9.4 對或錯？(a) 在理想溶液中，沒有分子間相互作用。(b) 當溶液由兩種純液體形成時，$\Delta_{mix}G$ (T 和 P 恆定) 必為負。(c) 當溶液由兩種純液體形成時，$\Delta_{mix}S$ (T 和 P 恆定) 必為負。(d) 在低於純物質的固－液－氣三相點壓力的壓力下，不能存在穩定的液體。(e) 在純物質的 P 對 T 相圖上，固體－蒸氣的平衡線始於原點 ($P = 0$，$T = 0$)。(e) 如果液體 B 和 C 形成理想溶液，並且如果在溫度 T 下，$P_B^* = P_C^*$，則在 T 處與 B 和 C 的液體溶液平衡的蒸氣必具有與液體溶液相同的組成。

R9.5 液體 B 和 F 的理想溶液，在 25°C 下 $x_B^l = 0.400$，蒸氣壓為 139 torr，蒸氣組成 $x_B^v = 0.650$。在 25°C 下，求純 B 和純 F 的蒸氣壓。

R9.6 對於以下每個溶液的每個成分，說明它是否大致遵守拉午耳定律、亨利定律，或兩者都不符合。(a) 0.30 mol 的 CH_3CH_2OH 加 0.70 mol 的 H_2O。(b) 2.50 mol 的 CH_3COCH_3 加 0.01 mol 的 H_2O。(c) 0.30 mol 的 $C_6H_5CH_2CH_3$ 加 0.85 mol 的 $C_6H_5CH_3$。

R9.7 對於以下每個系統，找到自由度的數量，並選擇獨立的內含變數。(a) 苯和己烷的液體溶液與其蒸氣平衡。(b) $N_2(g)$、$H_2(g)$ 和 $NH_3(g)$ 的平衡混合物，其中所有 $N_2(g)$ 和 $H_2(g)$ 均來自 $NH_3(g)$ 的解離。(c) 弱酸 HF 的水溶液。

第 10 章
非理想溶液

使用分子參數和實驗數據，我們得到了理想氣體混合物 (第 6 章) 和理想溶液與理想稀薄溶液 (第 9 章) 中化勢 μ_i 的表達式。所有熱力學性質都來自這些化勢。例如，我們推導出理想氣體和理想稀薄溶液 (K_p° 和 K_x 平衡常數) 的反應平衡條件，理想溶液或理想稀薄溶液與其蒸氣之間的相平衡條件 (拉午耳定律、亨利定律)，以及理想溶液的熱力學性質與純成分的性質之間的差異 ($\Delta_{mix}V$、$\Delta_{mix}H$、$\Delta_{mix}S$、$\Delta_{mix}G$)。

因此，我們知道如何處理理想溶液。但是，在現實世界中所有的溶液都不是理想溶液。當系統不理想時會發生什麼？本章處理 (a) 非電解質的非理想液體和固體溶液 (第 10.1 至 10.4 節)，(b) 電解質溶液 (第 10.5 至 10.9 節) 和 (c) 非理想氣體混合物 (第 10.10 節)。第 11 章考慮了非理想系統中的反應平衡。與理想系統的偏差通常非常大，為了準確結果必須將偏差包括在熱力學的生物化學、環境和工業應用中。

非理想系統中的化勢通常以活性和活性係數表示，所以我們的首要任務是定義這些量並說明它們是如何量測的。

10.1 活性和活性係數

化勢是關鍵的熱力學性質，因為所有其他熱力學性質都可以從 μ_i 得到。對於非電解質的理想 (id) 或理想稀薄的液體或固體溶液，每種成分的化勢為 [(9.42)、(9.43)、(9.58) 和 (9.59) 式]

$$\mu_i^{id} = \mu_i^\circ + RT \ln x_i \qquad \text{理想或理想稀薄溶液} \qquad (10.1)*$$

其中 μ_i° 是適當定義的標準狀態下的化勢。由 (10.1) 式可得 $\ln x_i = (\mu_i^{id} - \mu_i^\circ)/RT$，或

$$x_i = \exp[(\mu_i^{id} - \mu_i^\circ)/RT] \qquad \text{理想或理想稀薄溶液} \qquad (10.2)$$

非理想溶液 (nonideal solution) 定義為既不理想溶液也不是理想稀薄溶液。我們將以偏離理想溶液或理想稀薄溶液行為的方式來討論非理想溶液成分的行為。為了便於比較非理想行為和理想行為，我們選擇以與 (10.1) 式中的理想化勢非常相似的形式來表達非理想化勢 μ_i。對於非理想溶液的每個成分 i，我們選擇標準狀態並以 μ_i° 表示 i 的**標準狀態化勢** (standard-state chemical potential) (選擇標準狀態以對應理想或理想稀薄溶液中使用的標準狀態；見下文)。然後我們在任何溶液 (非理想或理想) 中定義物質 i 的**活性** (activity) a_i。

$$a_i \equiv \exp[(\mu_i - \mu_i^\circ)/RT] \qquad 每一種溶液 \qquad (10.3)$$

選擇 a_i 的定義方程式 (10.3) 類似於理想和理想稀薄溶液的 (10.2) 式，以便導致非理想的 μ_i 表達式，可以很容易地與 (10.1) 式比較。將 (10.3) 式取對數，我們得到 $\ln a_i = (\mu_i - \mu_i^\circ)/RT$，或

$$\mu_i = \mu_i^\circ + RT \ln a_i \qquad 每一種溶液 \qquad (10.4)^*$$

因此，在非理想溶液中的 μ_i 表達式，活性 a_i 代替了莫耳分率 x_i。從 (10.1) 式和 (10.4) 式我們看到，在理想溶液或理想稀薄溶液中，$a_i = x_i$。當溶液成分 i 處於其標準狀態時，μ_i 等於 μ_i° 且由 (10.3) 式知，其活性 a_i 等於 1 ($a_i^\circ = 1$)。

(10.4) 式的真實溶液化勢 μ_i 與 (10.1) 式的相應理想溶液化勢 μ_i^{id} 之間的差異為

$$\mu_i - \mu_i^{id} = RT \ln a_i - RT \ln x_i = RT \ln(a_i/x_i)$$

因此，a_i/x_i 是偏離理想行為的量度。因此，我們將成分 i 的**活性係數** (activity coefficient) γ_i (gamma i) 定義為 $\gamma_i \equiv a_i/x_i$，所以

$$a_i = \gamma_i x_i \qquad 每一種溶液 \qquad (10.5)^*$$

活性係數 γ_i 測量物質 i 的行為偏離理想或理想稀薄溶液的程度。藉由校正非理想性，可以將活性 a_i 視為從莫耳分率 x_i 獲得。在理想或理想稀薄溶液中，活度係數 γ_i 為 1。從 (10.4) 式和 (10.5) 式，非電解質的非理想溶液中的化勢是

$$\mu_i = \mu_i^\circ + RT \ln \gamma_i x_i \qquad (10.6)^*$$

由於 μ_i 取決於 T、P 和莫耳分率，因此 (10.3) 式中的活性 a_i 和活性係數 $\gamma_i \equiv a_i/x_i$ 取決於這些變數：

$$a_i = a_i(T, P, x_1, x_2, \ldots), \qquad \gamma_i = \gamma_i(T, P, x_1, x_2, \ldots)$$

注意，從 (10.3) 式和 (10.5) 式，a_i 和 γ_i 是無因次和非負。

熱力學的任務是顯示如何從實驗中找到 a_i 和 γ_i 數據；見第 10.3 節。統計力學的任務是從溶液中的分子間相互作用中找到 a_i 和 γ_i。

物種 i 的活性 a_i 是 $a_i \equiv e^{\mu_i/RT} e^{-\mu_i^\circ/RT}$ [(10.3) 式]。如果溶液的組成在固定的 T 和 P

處變化，$e^{-\mu_i^\circ/RT}$ 因子保持不變而 a_i 與 $e^{\mu_i/RT}$ 成正比。活性 a_i 是溶液中化勢 μ_i 的量度。隨著 μ_i 增加，a_i 增加。如果在固定的 T 和 P，我們在溶液中添加一些物質 i，化勢 μ_i 必增加 [(4.90) 式]。因此，在固定的 T 和 P，向溶液中加入 i 必增加活性 a_i。如同化勢，a_i 是量測 i 從溶液中逃逸趨勢的量度。

活性 a_i 在數值計算中比 μ_i 更方便，因為 (a) 我們無法確定 μ_i 的絕對值（只有相對值）；(b) 當 $x_i \to 0$，$\mu_i \to -\infty$；(c) a_i 可以與 x_i 進行比較（或 γ_i 與 1 比較）來判斷非理想程度。

非理想溶液成分的標準狀態

要完成 a_i 和 γ_i 的定義 (10.3) 式和 (10.5) 式，我們必須指定每個溶液成分的標準狀態。方程式 (10.6) 使用兩種不同的標準狀態約定。

約定 I (convention I)　對於所有成分的莫耳分率可在相當大的範圍內變化的溶液，通常使用約定 I。最常見的情況是兩種或更多種液體的溶液（例如，乙醇加水）。約定 I 的每種溶液成分 i 的標準狀態是取在溶液的溫度和壓力下的純液體 i：

$$\mu_{\text{I},i}^\circ \equiv \mu_i^*(T, P) \qquad \text{對於所有成分} \tag{10.7}*$$

其中下標 I 表示標準狀態選擇約定 I，上標表示標準狀態，星號表示純物質。約定 I 與用於理想溶液的約定相同（第 9.6 節）。

化勢 $\mu_i \equiv (\partial G/\partial n_i)_{T,P,n_{j \neq i}}$ 的值顯然是與標準狀態的選擇無關。但是，μ_i° 的值取決於標準狀態的選擇。因此，$a_i \equiv \exp[(\mu_i - \mu_i^\circ)/RT]$ [(10.3) 式] 取決於這個選擇；因此 $\gamma_i \equiv a_i/x_i$ 也取決於標準狀態的選擇。我們使用下標 I 表示約定 I 的活性、活性係數和標準狀態化勢，將它們寫成 $a_{\text{I},i}$、$\gamma_{\text{I},i}$ 和 $\mu_{\text{I},i}^\circ$。$\gamma_{\text{I},i}$ 的替代符號是 f_i（這可能會與第 10.10 節中定義的逸壓相混淆）。

由於約定 I 標準狀態與理想溶液標準狀態相同，在理想溶液方程式 $\mu_i^{\text{id}} = \mu_i^\circ + RT \ln x_i$ 中的 μ_i° 與約定 I 非理想方程式 $\mu_i = \mu_{\text{I},i}^\circ + RT \ln \gamma_{\text{I},i} x_i$ 中的 $\mu_{\text{I},i}^\circ$ 相同。對於理想溶液 $\gamma_{\text{I},i} = 1$。對於非理想溶液，$\gamma_{\text{I},i}$ 與 1 的偏差是度量溶液行為與理想溶液行為的偏差。

(10.6) 式和 (10.7) 式給出 $\mu_i = \mu_i^* + RT \ln \gamma_{\text{I},i} x_i$。在恆定 T 和 P 下，當 x_i 趨近於 1，化勢 μ_i 趨近於 μ_i^*，因為溶液變為純 i。於是當 $x_i \to 1$ 這個最後方程式的極限是 $\mu_i^* = \mu_i^* + RT \ln \gamma_{\text{I},i}$ 或 $\ln \gamma_{\text{I},i} = 0$ 而 $\gamma_{\text{I},i} = 1$：

$$\text{對於每一個 } i\text{，當 } x_i \to 1\text{，} \gamma_{\text{I},i} \to 1 \tag{10.8}*$$

當溶液組成趨近於純 i，物種 i 的約定 I 活性係數趨近於 1（見圖 10.3a）。

由於每個溶液成分的約定 I 標準狀態是純物質，i 的約定 I 標準狀態熱力學性質等於純 i 的對應性質。約定 I 將所有成分放在同一個基礎上，而不是挑出一種成分作為溶劑。因此，約定 I 經常稱為**對稱約定** (symmetrical convention)。

約定 II (convention II)　當人們想要以不同方式處理一種溶液成分(溶劑 A)與其他成分(溶質 i)時,使用約定 II [也稱為**不對稱約定** (unsymmetrical convention)]。常見的情況是固體或氣體在液體溶劑中的溶液。

溶劑 A 的約定 II 標準狀態是在溶液的 T 和 P 處的純液體 A。採用 $\mu_{II,A}^\circ = \mu_A^*(T, P)$,(10.6) 式變成 $\mu_A = \mu_A^* + RT \ln \gamma_{II,A} x_A$。當 $x_A \to 1$,取這個方程式的極限,我們發現 [如 (10.8) 式] 當 $x_A \to 1$ 時,$\gamma_{II,A} \to 1$。因此

$$\mu_{II,A}^\circ = \mu_A^*(T, P) \qquad 當 x_A \to 1 時, \gamma_{II,A} \to 1 \qquad (10.9)^*$$

對於每個溶質 $i \neq A$,約定 II 選擇標準狀態,以便在無限稀釋的極限下 $\gamma_{II,i}$ 趨近於 1:

$$當 x_A \to 1 時, \gamma_{II,i} \to 1 \qquad 對於每一 i \neq A \qquad (10.10)^*$$

注意,(10.10) 式中的極限被認為是溶劑莫耳分率 x_A 趨近於 1 (因此 $x_i \to 0$),此與 (10.8) 式取 $x_i \to 1$ 的極限完全不同。我們選擇符合 (10.10) 式的約定 II 標準狀態如下。設 (10.6) 式中的 μ_i 等於 μ_i°,得到 $0 = RT \ln \gamma_i x_i$,所以在標準狀態 $\gamma_{II,i} x_i$ 必等於 1。當 x_A 接近 1 且溶質莫耳分率很小時,則由 (10.10) 式可知活性係數 $\gamma_{II,i}$ 接近 1。我們選擇每個溶質 i 的標準狀態作為假想 (fictitious) 狀態,可如下獲得。我們假設在無限稀釋極限 (即 $\mu_i = \mu_i^\circ + RT \ln x_i$) 中的 μ_i 的行為適用於 x_i 的所有值,並且我們將極限設為 $x_i \to 1$ (圖 9.20)。這給出了一個假想的標準狀態,其中 $\gamma_{II,i} = 1$、$x_i = 1$ 且 $\mu_i = \mu_i^\circ$。這種假想狀態對應於純溶質 i,其中每個 i 分子在溶劑 A 中的理想稀薄溶液中經歷相同的分子間力。

約定 II 溶質標準狀態與在理想稀薄溶液中的溶質使用的相同(第 9.8 節和圖 9.20),因此約定 II 標準狀態熱力學性質與理想稀薄溶液中的溶質相同。

約定 II 溶質和溶劑標準狀態與在理想稀薄溶液中使用的相同。因此(藉由先前用於約定 I 和理想溶液的相同推理),在理想稀薄溶液中,$\gamma_{II,A} = 1$ 且 $\gamma_{II,i} = 1$。$\gamma_{II,A}$ 和 $\gamma_{II,i}$ 與 1 的偏差量測了溶液行為與理想稀薄溶液行為的偏差。

摘要

溶液成分 i 的化勢以活性 a_i 和活性係數 γ_i 表示,其中 a_i 和 γ_i 定義為 $\mu_i = \mu_i^\circ + RT \ln a_i$,而 $a_i = \gamma_i x_i$。約定 I 選擇每個溶液成分的標準狀態為在溶液的 T 和 P 處的純物質;約定 I 活性係數測量與理想溶液行為的偏差。約定 II 使用與理想稀薄溶液相同的標準狀態,並且約定 II 活性係數與 1 的偏差測量與偏離理想稀薄行為的偏差。然而,當 x_i 趨近於 1 時,每個 $\gamma_{I,i}$ 趨近於 1,而當溶劑莫耳分率 $x_A \to 1$ 時,約定 II 活性係數都趨近於 1。

10.2 過剩函數

兩種液體溶液的熱力學性質通常用過剩函數 (excess function) 表示。液體混合物的過量吉布斯能量 (excess Gibbs energy) G^E 定義為溶液的實際吉布斯能量 G 與假設理想溶液的吉布斯能量 G^{id} 之間的差值，此假設理想溶液具有與實際溶液相同的 T、P 和組成：$G^E \equiv G - G^{id}$。類似的定義適用於其他過剩性質：

$$G^E \equiv G - G^{id} \quad H^E \equiv H - H^{id} \quad S^E \equiv S - S^{id} \quad V^E \equiv V - V^{id} \quad (10.11)$$

由 $G = H - TS$ 減 $G^{id} = H^{id} - TS^{id}$ 可得 $G^E = H^E - TS^E$。

我們有 $G = \sum_i n_i \mu_i = \sum_i n_i (\mu_i^* + RT \ln \gamma_{I,i} x_i)$ [(9.23) 式、(10.6) 式和 (10.7) 式] 和（因為在理想溶液 $\gamma_{I,i} = 1$）$G^{id} = \sum_i n_i (\mu_i^* + RT \ln x_i)$ 相減可得

$$G - G^{id} = G^E = RT \sum_i n_i \ln \gamma_{I,i} \quad (10.12)$$

因此 G^E 可由活性係數求得。反之，如果已知 G^E 是溶液組成的函數，則可以從 G^E 計算活性係數。

由混合量可求過剩函數。我們有

$$G^E \equiv G - G^{id} = G - G^{id} + G^* - G^* = G - G^* - (G^{id} - G^*)$$

$$G^E = \Delta_{mix} G - \Delta_{mix} G^{id}$$

對於其他過剩性質，同樣的論點也適用，且（因為 $\Delta_{mix} H^{id} = 0$ 和 $\Delta_{mix} V^{id} = 0$）

$$G^E = \Delta_{mix} G - \Delta_{mix} G^{id} \qquad S^E = \Delta_{mix} S - \Delta_{mix} S^{id}$$
$$H^E = \Delta_{mix} H \qquad V^E = \Delta_{mix} V$$

其中 $\Delta_{mix} G^{id}$ 和 $\Delta_{mix} S^{id}$ 由 (9.44) 式和 (9.46) 式給出。

圖 10.1 顯示了兩種液體 B 和 C 的溶液在恆定 T 和 P 下的 G、G^{id}、$\Delta_{mix} G$、$\Delta_{mix} G^{id}$ 和 G^E 對組成的典型曲線，此兩種液體 B 和 C 的溶液顯示出與理想值的正偏差。在繪製曲線時，任意假設 $G_{m,C} = 0$ 和 $G_{m,B} = 10$ kJ/mol。

圖 10.1 兩液體溶液在 25°C 下的 G、G^E 和 $\Delta_{mix} G$ 的典型曲線顯示出與理想值的正偏差。G^{id} 和 $\Delta_{mix} G^{id}$ 是理想溶液的對應量。當然 $G_{id}^E = 0$。n 是總莫耳數。

10.3 活性和活性係數的確定

除非我們能確定活性係數，否則 10.1 節所形成的結果將無處可去。一旦知道這些，化勢 μ_i 就已知，因為 $\mu_i = \mu_i^\circ + RT \ln \gamma_i x_i$ [(10.6) 式]。從化勢可以求得其他熱力學性質。

活性係數通常可以從相平衡數據中求得，最常見來自蒸氣壓測量。

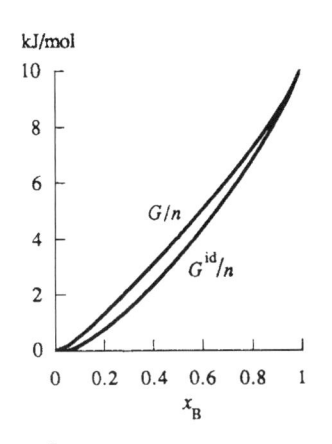

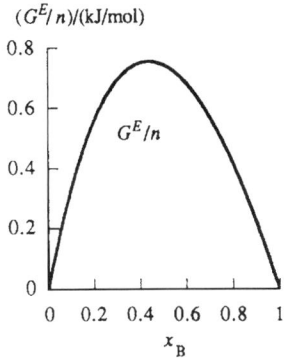

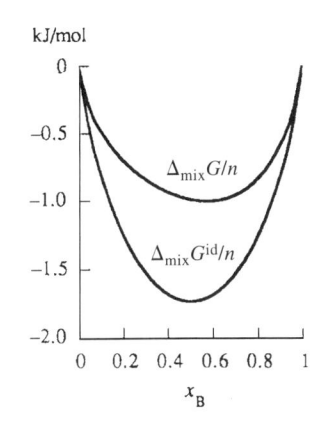

介於溶液及其蒸氣之間的相平衡條件是每個物種在溶液中的化勢 μ_i 必須等於 i 在蒸氣相的化勢 μ_i^v。我們將假設與溶液平衡的蒸氣是理想氣體混合物。氣體偏離理想性通常遠小於液體偏離理想溶液行為（參閱第 10.10 節）。由於 μ_i^v 取決於蒸氣分壓 P_i，並且由於溶液中的 μ_i 取決於 γ_i，因此 P_i 的測量允許找到活性係數 γ_i。蒸氣分壓 P_i 允許我們從溶液中探測 i 的逃逸趨勢。

約定 I

對於選擇約定 I 的標準狀態，假設我們想要溶液的活性 $a_{\mathrm{I},i}$ 和活性係數 $\gamma_{\mathrm{I},i}$。回想一下，對於理想溶液，我們從 $\mu_i = \mu_i^\circ + RT \ln x_i^l$ 開始且導出拉午耳定律 $P_i = x_i^l P_i^*$（第 9.6 節）。對於真實溶液，活性取代 μ_i 中的莫耳分率，我們有 $\mu_i = \mu_{\mathrm{I},i}^\circ + RT \ln a_{\mathrm{I},i}$。此外，約定 I 標準狀態與理想溶液標準狀態相同，因此 μ_i° 在 μ_i 的這兩個表達式中具有相同的含義。因此，與第 9.6 節推導拉午耳定律 $P_i = x_i^l P_i^*$ 完全相同的步驟，對於非理想溶液，可得

$$P_i = a_{\mathrm{I},i} P_i^* \qquad 理想蒸氣，P 不是很高 \qquad (10.13)*$$

因此，$a_{\mathrm{I},i} = P_i/P_i^*$，其中 P_i 是溶液上方 i 的蒸氣分壓，P_i^* 是溶液溫度下的純 i 的蒸氣壓。

在給定溫度下，P_i^* 是常數，因此 (10.13) 式表示溶液中物質的活性 $a_{\mathrm{I},i}$ 與溶液的蒸氣分壓 P_i 成正比。因此，除了比例的變化之外，P_i 對 x_i^l 的關係圖與 $a_{\mathrm{I},i}$ 對 x_i^l 的關係圖是相同的。圖 9.21a 繪製了丙酮－氯仿溶液在 35°C 的 P_{ac} 和 P_{chl} 對 x_{chl}^l 的關係圖。為了將這些圖改為活性圖，我們將 P_{ac} 除以 P_{ac}^*（這是一個常數）並將 P_{chl} 除以 P_{chl}^*，因為 $a_{\mathrm{I,ac}} = P_{\mathrm{ac}}/P_{\mathrm{ac}}^*$ 和 $a_{\mathrm{I,chl}} = P_{\mathrm{chl}}/P_{\mathrm{chl}}^*$。圖 10.2 顯示得到的活性曲線，其形狀與圖 9.21a 所示的蒸氣壓曲線相同。圖 10.2 與 a_i 必隨著 x_i 的增加而增加的結果一致（第 10.1 節）。圖 10.2 中的虛線是假設的理想溶液活性 $a_i^{\mathrm{id}} = x_i$。

由於 $a_{\mathrm{I},i} = \gamma_{\mathrm{I},i} x_i$，(10.13) 式成為

$$P_i = \gamma_{\mathrm{I},i} x_i^l P_i^* \quad 或 \quad x_i^v P = \gamma_{\mathrm{I},i} x_i^l P_i^* \qquad (10.14)$$

其中 x_i^l 是液體（或固體）溶液中 i 的莫耳分率，x_i^v 是溶液上方蒸氣的莫耳分率，P 是溶液的蒸氣壓。欲求 $a_{\mathrm{I},i}$ 和 $\gamma_{\mathrm{I},i}$，我們測量溶液蒸氣壓並分析蒸氣和液體以找到 x_i^v 和 x_i^l。對於雙成分溶液，可以藉由冷凝其一部分，測量冷凝液的密度或折射率，並與已知組成的溶液的值進行比較，求出蒸氣組成。(10.14) 式為 Raoult 定律的修改式，適合非理想溶液。

由於拉午耳定律給出了理想溶液上方的分壓 $P_i^{\mathrm{id}} = x_i^l P_i^*$，因此 (10.14) 式可以寫成 $\gamma_{\mathrm{I},i} = P_i/P_i^{\mathrm{id}}$。約定 I 活性係數是實際蒸氣分壓與溶液為理想時

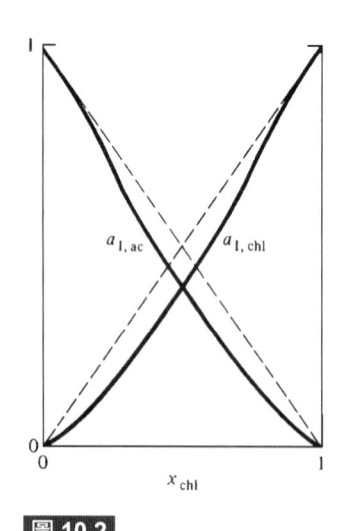

圖 10.2
丙酮－氯仿溶液在 35°C 的活性對組成的關係。虛線是理想溶液。

的蒸氣分壓之比。如果成分 i 顯示與理想溶液的正偏差 ($P_i > P_i^{id}$)(第 9.8 節),則其活性係數 $\gamma_{I,i}$ 大於 1。與理想溶液的負偏差 ($P_i < P_i^{id}$) 意味著 $\gamma_{I,i} < 1$。在圖 9.21a 中,對於所有溶液組成,丙酮的 γ_I 和氯仿的 γ_I 小於 1。在圖 9.21b 中,γ_I 大於 1。

由 (10.6) 式與 (10.1) 式可知,γ_I 小於 1 表示化勢小於相應的理想溶液化勢 μ^{id}。因此 G (等於 $\Sigma_i n_i \mu_i$) 小於 G^{id},並且溶液比相應的理想溶液更穩定。負偏差意味著溶液成分彼此之間感覺友好,並且蒸發時與理想溶液相比具有較小的逃避傾向,而理想溶液成分彼此具有相同的感覺,就像它們自己的分子一樣。具有正偏差的溶液不如相應的理想溶液穩定。如果正偏差變得足夠大,則溶液將分離成兩個液相,其組成彼此不同並且其總吉布斯能量 G 小於溶液的總吉布斯能量 (部分混溶性——第 12.7 節)。

例 10.1 約定 I 活性係數

對於丙酮 (ac) 加氯仿 (chl) 在 35.2°C 的溶液,蒸氣壓 P 和丙酮氣相莫耳分率 x_{ac}^v 列於表 10.1 中作為液相丙酮莫耳分率 x_{ac}^l 的函數 (這些數據如圖 9.21 所示)。(a) 求這些溶液的約定 I 活性係數。(b) 在 35.2°C、1 bar 下,將 0.200 mol 丙酮和 0.800 mol 氯仿混合,求 $\Delta_{mix}G$。

(a) 對於 $x_{ac}^l = 0.0821$,由 (10.14) 式可得

$$\gamma_{I,ac} = \frac{x_{ac}^v P}{x_{ac}^l P_{ac}^*} = \frac{0.0500(279.5 \text{ torr})}{0.0821(344.5 \text{ torr})} = 0.494$$

$$\gamma_{I,chl} = \frac{x_{chl}^v P}{x_{chl}^l P_{chl}^*} = \frac{0.9500(279.5 \text{ torr})}{0.9179(293 \text{ torr})} = 0.987$$

對其他數據的類似處理和使用 (10.8) 式可得:

x_{ac}	0	0.082	0.200	0.336	0.506	0.709	0.815	0.940	1
$\gamma_{I,ac}$		0.494	0.544	0.682	0.824	0.943	0.981	0.997	1
$\gamma_{I,chl}$	1	0.987	0.957	0.875	0.772	0.649	0.588	0.536	
x_{chl}	1	0.918	0.800	0.664	0.494	0.291	0.185	0.060	0

圖 10.3a 繪製了活性係數 γ_I 對溶液組成的關係曲線。

表 10.1 丙酮－氯仿溶液在 35.2°C 的蒸氣壓和蒸氣組成

x_{ac}^l	x_{ac}^v	P/torr	x_{ac}^l	x_{ac}^v	P/torr
0.0000	0.0000	293	0.6034	0.6868	267
0.0821	0.0500	279.5	0.7090	0.8062	286
0.2003	0.1434	262	0.8147	0.8961	307
0.3365	0.3171	249	0.9397	0.9715	332
0.4188	0.4368	248	1.0000	1.0000	344.5
0.5061	0.5625	255			

圖 10.3

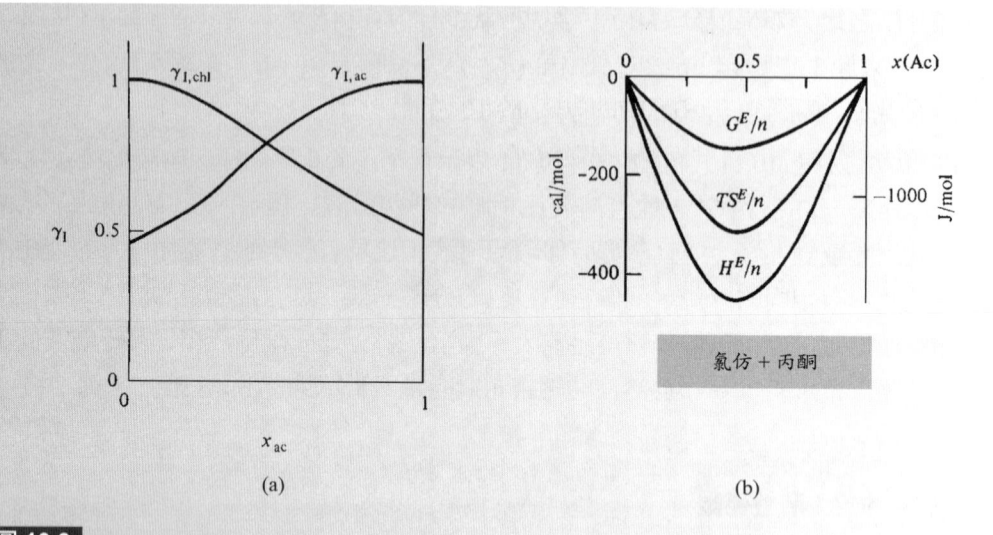

丙酮–氯仿溶液在 35°C 下的性質。(a) 活性係數。(b) 過量函數 (n 是總莫耳數)。

(b) 在 1 bar 下混合，而在 $x_{ac} = 0.200$ 時，溶液處於 262 torr (其蒸氣壓) 的壓力下，並且 γ_I 是對此壓力而言。但是，對於液體溶液，活性係數 (如化勢) 隨壓力變化非常緩慢，壓力變化對 γ_I 的影響可以忽略。我們有

$$\Delta_{mix}G = G - G^* = \sum_i n_i(\mu_i - \mu_i^*) = \sum_i n_i(\mu_{I,i}^\circ + RT \ln \gamma_{I,i}x_i - \mu_i^*)$$

$$\Delta_{mix}G = \sum_i n_i RT \ln \gamma_{I,i}x_i$$

因為 $\mu_{I,i}^\circ = \mu_i^*$ [(10.7) 式]。所以

$\Delta_{mix}G = [8.314 \text{ J/(mol K)}](308.4 \text{ K}) \times \{(0.200 \text{ mol}) \ln [(0.544)(0.200)] + (0.800 \text{ mol}) \ln [(0.957)(0.800)]\}$
$= -1685 \text{ J}$

習題

在 35.2°C 下，對於 $x_{ac}^l = 0.4188$ 的丙酮–氯仿溶液，使用表 10.1 求 $\gamma_{I,ac}$ 和 $\gamma_{I,chl}$。在 35.2°C、1 bar 下，將 0.4188 mol 丙酮和 0.5812 mol 氯仿混合，求 $\Delta_{mix}G$。
(答案：0.751，0.820，-2347 J)

根據本例中計算的活性係數，我們可以使用 $\mu_i - \mu_i^* = RT \ln \gamma_{I,i}x_i$ 求得溶液中的相對部分莫耳吉布斯能量 (圖 9.11)。

在此例中，在 $\Delta_{mix}G$ 方程式中使用 $P_i = \gamma_{I,i}x_i P_i^*$ 可得 $\Delta_{mix}G = \Sigma_i n_i RT \ln (P_i/P_i^*)$。此方程式允許直接從蒸氣壓數據計算 $\Delta_{mix}G$ (第 9.3 節)。

在這個例子中，γ_I 與 1 的大的負偏差 (圖 9.21a 中與拉午耳定律的大的負偏差) 表明與理想溶液行為有較大的偏差。核磁共振譜指出這些偏差是由丙酮和氯仿之間根

據 $Cl_3C—H \cdots O=C(CH_3)_2$ 的氫鍵引起的 [A. Apelblat et al., *Fluid Phase Equilibria*, **4**, 229 (1980)]。氫鍵使丙酮－氯仿分子間吸引比丙酮－丙酮和氯仿－氯仿吸引的平均值更強。因此，與形成理想溶液的零相比，$\Delta_{mix}H$ 為負。氫鍵在混合物中產生顯著的有序度，使 $\Delta_{mix}S$ 比形成理想溶液要小。焓效應超過熵效應，並且 $\Delta_{mix}G = \Delta_{mix}H - T\Delta_{mix}S$ 小於形成理想溶液的 $\Delta_{mix}G$。圖 10.3b 顯示丙酮－氯仿溶液在 35°C 的 H^E/n、TS^E/n 和 G^E/n，其中過剩量為 (第 10.2 節) $H^E = \Delta_{mix}H$、$S^E = \Delta_{mix}S - \Delta_{mix}S^{id}$ 和 $G^E = \Delta_{mix}G - \Delta_{mix}G^{id}$。

能量效應 ($\Delta_{mix}H$) 和熵效應 ($\Delta_{mix}S$) 都會導致與理想溶液行為的偏差。有時熵效應比能量效應更重要。例如，在 25°C，對於 0.5 mol 乙醇加 0.5 mol 水的溶液，$H^E = \Delta_{mix}H$ 為負 ($\Delta_{mix}H = -400$ J/mol)，但 TS^E 比 H^E ($TS^E = -1200$ J/mol) 更負，因此 $G^E = H^E - TS^E$ 為正。此溶液比相應的理想溶液穩定性差。此溶液顯示與理想溶液形成正的偏差，即使混合是放熱的。

約定 II

現在假設我們想要約定 II 活性係數。在約定 II 中的標準狀態與理想稀薄溶液相同。然而對於理想稀薄溶液 $\mu_i = \mu_i^\circ + RT \ln x_i$，在非理想溶液中，我們有 $\mu_i = \mu_{II,i}^\circ + RT \ln a_{II,i}$。因此，利用推導溶質的亨利定律 $P_i = K_i x_i^l$ [(9.63) 式] 和溶劑的拉午耳定律 $P_A = x_A^l P_A^*$ [(9.64) 式] 完全相同的步驟來推導這些定律的修改形式，其中莫耳分率被約定 II 活性所取代。因此，任何溶液的蒸氣分壓為

$$P_i = K_i a_{II,i} = K_i \gamma_{II,i} x_i^l \qquad i \neq A\text{，理想蒸氣} \tag{10.15}$$

$$P_A = a_{II,A} P_A^* = \gamma_{II,A} x_A^l P_A^* \qquad \text{理想蒸氣，} P \text{ 不是很高} \tag{10.16}$$

其中 A 是溶劑。要應用 (10.15) 式，我們需要亨利定律常數 K_i。這可以藉由在非常稀薄的溶液中測量來找到，其中 $\gamma_{II,i} = 1$。因此，蒸氣壓測量給出了約定 II 活性和活性係數。(10.15) 式和 (10.16) 式給出了 $\gamma_{II,i} = P_i/P_i^{id\text{-}dil}$ 和 $\gamma_{II,A} = P_A/P_A^{id\text{-}dil}$，其中 id-dil 代表理想稀薄。

例 10.2　約定 II 活性係數

求丙酮－氯仿溶液在 35.2°C 的約定 II 活性係數，以丙酮為溶劑。使用表 10.1。

通常，人們會將約定 I 用於丙酮－氯仿溶液，但為了便於說明，我們使用約定 II。溶劑約定 II 活性係數 $\gamma_{II,A}$ 的 (10.16) 式與約定 I (10.14) 式相同，所以 $\gamma_{II,A} = \gamma_{I,A}$。由於丙酮已被指定為溶劑，我們有 $\gamma_{II,ac} = \gamma_{I,ac}$。$\gamma_{I,ac}$ 的值見例 10.1。

對於溶質氯仿，(10.15) 式給出 $\gamma_{II,chl} = P_{chl}/K_{chl} x_{chl}^l$。我們需要亨利定律常數 K_{chl}。在圖 9.21a 中，氯仿的亨利定律點線與右側軸交於 145 torr，這是丙酮中的 K_{chl} (藉由繪製 P_{chl}/x_{chl}^l 對 x_{chl}^l 的圖形且外推到 $x_{chl}^l = 0$ 可以找到更準確的 K_{chl} 值)。表 10.1 數據和 $K_{chl} = 145$ torr 可計算 $\gamma_{II,chl}$。使用 $\gamma_{I,i} = P_i/x_i^l P_i^*$ 可以節省時

間,所以 $\gamma_{II,i}/\gamma_{I,i} = (P_i/K_i x_i^l) \div (P_i/x_i^l P_i^*) = P_i^*/K_i = (293 \text{ torr})/(145 \text{ torr}) = 2.02$。因此 $\gamma_{II,chl} = 2.02 \gamma_{I,chl}$。使用例 10.1 的 $\gamma_{I,chl}$ 值和 (10.10) 式,我們得到:

x_{ac}	0	0.082	0.200	0.336	0.506	0.709	0.815	0.940	1
$\gamma_{II,chl}$	2.02	1.99	1.93	1.77	1.56	1.31	1.19	1.08	1
$\gamma_{II,ac}$		0.494	0.544	0.682	0.824	0.943	0.981	0.997	1

γ_{II} 如圖 10.4 所示。當溶劑莫耳分率 $x_{ac} \to 1$ 時,兩種 γ_{II} 趨近於 1,當 $x_{chl} \to 1$ 時,$\gamma_{I,chl} \to 1$ 而當 $x_{ac} \to 1$ 時,$\gamma_{I,ac} \to 1$ (圖 10.3a)。

習題

使用表 10.1,求丙酮-氯仿溶液在 35.2°C 的 $\gamma_{II,ac}$ 和 $\gamma_{II,chl}$,其中 $x_{ac}^l = 0.4188$,且將丙酮視為溶劑。
(答案:0.751,1.656)

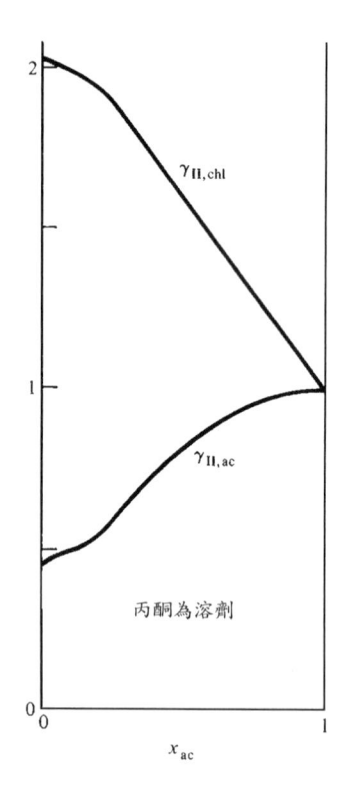

注意用丙酮作溶劑,$\gamma_{II,chl} > 1$,而 $\gamma_{I,chl} < 1$ (圖 10.3a)。這相當於圖 9.21a 中的 P_{chl} 小於相應的拉午耳定律(理想溶液)虛線分壓,並且 P_{chl} 大於相應的亨利定律(理想稀薄溶液)分壓的事實。γ_I 測量與理想溶液行為的偏差;γ_{II} 測量與理想稀薄溶液行為的偏差。

由於對於丙酮作為溶劑,$\gamma_{II,chl} > 1$ 且 $\gamma_{II,ac} < 1$,(10.6) 式中的 μ_{chl} 大於 μ_{chl}^{id-dil},其中 μ_{chl}^{id-dil} 為相同組成的假想理想稀薄溶液中的氯仿化勢,而 $\mu_{ac} < \mu_{ac}^{id-dil}$。在假設的理想稀薄溶液中,氯仿分子僅與溶劑丙酮相互作用,並且由於前面討論的氫鍵,這是有利的相互作用。在實際溶液中,$CHCl_3$ 分子也與其他 $CHCl_3$ 分子相互作用,與丙酮分子相比,這是一種不太有利的相互作用;這增加了大於 μ_{chl}^{id-dil} 的 μ_{chl}。在理想稀薄溶液中,溶劑丙酮與溶質氯仿的相互作用對 μ_{ac}^{id-dil} 沒有顯著影響。在實際溶液中,丙酮-氯仿相互作用是顯著的,並且由於這種相互作用是有利的,因此 μ_{ac} 小於 μ_{ac}^{id-dil}。

☕ Gibbs-Duhem 方程式

非揮發性溶質的活性係數可以使用我們現在推導出的 Gibbs-Duhem 方程式從蒸氣壓數據中找到。取 $G = \Sigma_i n_i \mu_i$ [(9.23) 式] 的全微分,在任何無窮小過程(包括改變溶液成分數量的過程)中,溶液的 G 變化為

$$dG = d\sum_i n_i \mu_i = \sum_i d(n_i \mu_i) = \sum_i (n_i d\mu_i + \mu_i dn_i) = \sum_i n_i d\mu_i + \sum_i \mu_i dn_i$$

使用 $dG = -S\,dT + V\,dP + \Sigma_i \mu_i dn_i$ [(4.73) 式] 可得

$$-S\,dT + V\,dP + \sum_i \mu_i dn_i = \sum_i n_i d\mu_i + \sum_i \mu_i dn_i$$

$$\sum_i n_i d\mu_i + S\,dT - V\,dP = 0 \quad (10.17)$$

圖 10.4
丙酮-氯仿溶液在 35°C 的活性係數對組成的關係,其中以丙酮為溶劑。

這是 **Gibbs-Duhem 方程式**。它最常見的應用是恆定 T、P 過程 ($dT = 0 = dP$)，它變成了

$$\sum_i n_i \, d\mu_i \equiv \sum_i n_i \, d\bar{G}_i = 0 \qquad T, P \text{ 恆定} \tag{10.18}$$

(10.18) 式可以推廣到任何部分莫耳量如下。如果是 Y 是溶液的任何外延性質，則 $Y = \sum_i n_i \bar{Y}_i$ [(9.26) 式] 且 $dY = \sum_i n_i \, d\bar{Y}_i + \sum_i \bar{Y}_i \, dn_i$。當 $dT = 0 = dP$ 時，(9.25) 式為 $dY = \sum_i \bar{Y}_i \, dn_i$。令 dY 的這兩個表達式相等，可得

$$\sum_i n_i \, d\bar{Y}_i = 0 \quad \text{或} \quad \sum_i x_i \, d\bar{Y}_i = 0 \qquad T, P \text{ 恆定} \tag{10.19}$$

其中藉由除以總莫耳數得到含有莫耳分率 x_i 的形式。Gibbs-Duhem 方程式 (10.19) 顯示 $\bar{Y}_i$ 不是全部獨立的。將 $\bar{Y}_i$ 的 $r - 1$ 的值作為 r 成分溶液組成的函數，我們可以將 (10.19) 式積分找到 $\bar{Y}_r$。

對於雙成分溶液，在恆定 T、P 下，令 (10.19) 式中的 $Y = V$ (體積) 可得，$x_A d\bar{V}_A + x_B d\bar{V}_B = 0$ 或 $d\bar{V}_A = -(x_B/x_A) \, d\bar{V}_B$。因此，$d\bar{V}_A$ 和 $d\bar{V}_B$ 必具有相反的符號，如圖 9.9 所示。類似地，當溶液的組成在恆定的 T、P 下變化時，$d\mu_A$ 和 $d\mu_B$ 必具有相反的符號。

☕ 非揮發性溶質的活性係數

對於固體在液體溶劑中的溶液，溶質在溶液上的蒸氣分壓通常是不可測量的，並且不能用於找到溶質的活性係數。測量作為溶液組成的函數的蒸氣壓可得溶劑分壓 P_A，因此允許計算作為組成的函數的溶劑活性係數 γ_A。然後我們使用積分的 Gibbs-Duhem 方程式來求溶質活性係數 γ_B。

在除以 $n_A + n_B$ 之後，Gibbs-Duhem 方程式 (10.18) 給出

$$x_A \, d\mu_A + x_B \, d\mu_B = 0 \qquad T, P \text{ 恆定} \tag{10.20}$$

由 (10.6) 式，我們有 $\mu_A = \mu_A^\circ(T, P) + RT \ln \gamma_A + RT \ln x_A$ 且

$$d\mu_A = RT \, d \ln \gamma_A + (RT/x_A) \, dx_A \qquad T, P \text{ 恆定}$$

同理，在 T、P 恆定下，$d\mu_B = RT \, d \ln \gamma_B + (RT/x_B) \, dx_B$，將 $d\mu_A$ 和 $d\mu_B$ 代入 (10.20) 式，除以 RT 後可得：

$$x_A \, d \ln \gamma_A + dx_A + x_B \, d \ln \gamma_B + dx_B = 0 \qquad T, P \text{ 恆定} \tag{10.21}$$

由於 $x_A + x_B = 1$，我們有 $dx_A + dx_B = 0$，上式變成

$$d \ln \gamma_B = -(x_A/x_B) \, d \ln \gamma_A \qquad T, P \text{ 恆定} \tag{10.22}$$

介於狀態 1 和狀態 2 之間積分，以及選擇約定 II，我們得到

$$\ln \gamma_{\text{II},B,2} - \ln \gamma_{\text{II},B,1} = -\int_1^2 \frac{x_A}{1 - x_A} \, d \ln \gamma_{\text{II},A} \qquad T, P \text{ 恆定} \tag{10.23}$$

令狀態 1 為純溶劑 A。則 $\gamma_{II,B,1} = 1$ [(10.10) 式] 且 $\ln \gamma_{II,B,1} = 0$。我們繪製 $x_A/(1-x_A)$ 對 $\ln \gamma_{II,A}$。從 $x_A = 1$ 到 $x_A = x_{A,2}$ 的曲線下面積給出 $-\ln \gamma_{II,B,2}$。即使當 $x_A \to 1$，被積分式 $x_A/(1-x_A) \to \infty$，曲線下面積也是有限的；但無窮大使得很難以圖形方式準確評估 (10.23) 式中的積分 [(10.23) 式用於雙成分溶液。令人驚訝的是，如果多成分溶液的一種成分的活性係數數據在整個組成範圍內可用，則可以找到所有其他成分的活性係數；見 *Pitzer* (1995) pp. 220, 250, 300]。

從蒸氣壓測量和 Gibbs-Duhem 方程式，可計算 25°C 下蔗糖水溶液的一些活性係數：

$x(H_2O)$	0.999	0.995	0.980	0.960	0.930	0.900
γ_{II} (H_2O)	1.0000	0.9999	0.998	0.990	0.968	0.939
γ_{II} ($C_{12}H_{22}O_{11}$)	1.009	1.047	1.231	1.58	2.31	3.23

從 (10.22) 式注意到，在恆定的 T 和 P 下，當 γ_{II,H_2O} 降低時，$\gamma_{II,蔗糖}$ 必增加。由於由於蔗糖分子 (分子量 342) 與水分子相比具有較大的尺寸，因此莫耳分率值會誤導人們認為溶液比實際溶液更稀薄。例如，在 x(蔗糖) = 0.10 的蔗糖水溶液中，62% 的原子在蔗糖分子中，並且溶液極度濃稠。儘管 10 中只有 1 個分子是蔗糖，但是大尺寸的蔗糖分子使得給定的蔗糖分子很可能接近幾個其他蔗糖分子，並且 $\gamma_{II,蔗糖}$ 大大偏離 1。

蔗糖水溶液具有 $\gamma_{II,i} > 1$ 和 $\gamma_{II,A} < 1$。對於丙酮－氯仿溶液，使用相同的推理顯示，蔗糖－水相互作用比蔗糖－蔗糖相互作用更有利。

延伸例題　Gibbs-Duhem 方程式的應用

考慮成分 1 和 2 的二元液體溶液，在恆定溫度 (和低壓) 下，成分 1 在莫耳分率範圍 $0 \leq x_1 \leq a$ 遵循亨利定律，證明成分 2 在莫耳分率範圍 $(1-a) \leq x_2 \leq 1$ 必遵循拉午耳定律。

解：成分 1 的亨利定律在恆定溫度下為

$$P_1 = k_1 x_1, \qquad 0 < x_1 < a$$

其中 k_1 為亨利常數。

對於與其蒸氣平衡的液相，如果蒸氣相遵循理想氣體定律，則 $P_1 = y_1 P$。然後亨利定律可寫成：

$$y_1 P = k_1 x_1$$

上式取對數

$$\ln(y_1 P) = \ln k_1 + \ln x_1$$

在恆溫下微分可得

$$d\ln(y_1 P)/dx_1 = d\ln x_1/dx_1 = 1/x_1$$

使用 Gibbs-Duhem 方程式

$$x_1 d\ln P_1/dx_1 + x_2 d\ln P_2/dx_1 = 0$$

可得

$$1 + x_2 d\ln(y_2 P)/dx_1 = 0$$

因為 $dx_2 = -dx_1$,

$$x_2 d\ln(y_2 P)/dx_2 = 1$$

或,

$$d\ln(y_2 P) = d\ln x_2$$

積分可得

$$\ln(y_2 P) = \ln x_2 + \ln C$$

其中 $\ln C$ 為積分常數。
對於 $x_2 = 1$、$y_2 = 1$ 而 $P = P_2^*$,可得 $C = P_2^*$,因此

$$\ln(y_2 P) = \ln x_2 + \ln P_2^* = \ln(x_2 P_2^*)$$

或

$$y_2 P = P_2 = x_2 P_2^* \quad (1-a) < x_2 < 1$$

這是成分 2 的拉午耳定律。

延伸例題

考慮在 25°C 和 1 bar 壓力下的糖水混合物。發現水的活性係數遵循下列關係

$$\ln \gamma_w = A(1 - x_w)^2,$$

其中當 $x_w \to 1$ 時 $\gamma_w \to 1$,而 A 是僅與溫度有關的常數。
　　求糖的活性係數 γ_s 的表達式,其中當 $x_w \to 1$ (或當 $x_s \to 0$) 時 $\gamma_s \to 1$。x_w 和 x_s 分別是水和糖的莫耳分率。

解: $\ln \gamma_w = A(1 - x_w)^2$,其中當 $x_w \to 1$ 時 $\gamma_w \to 1$

使用 Gibbs-Duhem 方程式,

$$x_w d\ln \gamma_w + x_s d\ln \gamma_s = 0$$

因為 $dx_w = -dx_s$ ($x_w + x_s = 1$),

$$x_w d\ln \gamma_w/dx_w = x_s d\ln \gamma_s/dx_s$$
$$d\ln \gamma_w/dx_w = 2A(1 - x_w)(-1) = -2A(1 - x_w)$$

因此,

$$d\ln \gamma_s = -2A x_s(1 - x_s) dx_s/x_s = -2A(1 - x_s) dx_s$$
$$\int d\ln \gamma_s = -2A \int (1 - x_s) dx_s$$
$$\ln \gamma_s = -2A(x_s - x_s^2/2)$$
$$\ln \gamma_s = A(x_w^2 - 1)$$

求活性係數的其他方法

可用於求活性係數的其他一些相平衡性質是溶液的凝固點 (第 12.3 節) 和溶液的滲透壓 (第 12.4 節)。溶液中電解質的活性係數可以從原電池 (galvanic cell) 數據中找到 (第 13.9 節)。

在工業過程中，液體混合物通常以蒸餾分離成其純成分。蒸餾裝置的有效設計需要了解混合物成分的蒸氣分壓，這又需要了解混合物中的活性係數。因此，化學工程師設計了各種估算活性係數的方法。群組-貢獻方法 (Group-contribution methods) 將活性係數表示為莫耳分率和溶液成分分子中各種化學群組之間相互作用參數的函數。選擇參數值以適合已知的活性係數。這種群組貢獻方法 (如 ASOG 和 UNIFAC 這樣的名稱) 通常運作良好，但有時會產生非常不準確的結果。

關於液體混合物中活性係數估算方法的詳盡討論可參考 Poling, Prausnitz, and O'Connell，第 8 章。

10.4 關於重量莫耳濃度和莫耳濃度的活性係數

到目前為止，在本章中，我們已經使用莫耳分率表達了溶液組成，並將每種溶質 i 的化勢寫為

$$\mu_i = \mu^\circ_{\text{II},i} + RT \ln \gamma_{\text{II},i} x_i \quad \text{當 } x_A \to 1 \text{ 時}, \gamma_{\text{II},i} \to 1 \tag{10.24}$$

其中 A 是溶劑。然而，對於固體或氣體在液體中的溶液，溶質化勢通常以重量莫耳濃度表示。溶質 i 的重量莫耳濃度為 $m_i = n_i/n_A M_A$ [(9.3) 式]。將分子和分母除以 n_{tot} 可得 $m_i = x_i/x_A M_A$ 而 $x_i = m_i x_A M_A$。μ_i 的表達式變成

$$\mu_i = \mu^\circ_{\text{II},i} + RT \ln (\gamma_{\text{II},i} m_i x_A M_A m^\circ / m^\circ) \tag{10.25}$$

$$\mu_i = \mu^\circ_{\text{II},i} + RT \ln (M_A m^\circ) + RT \ln (x_A \gamma_{\text{II},i} m_i / m^\circ) \tag{10.26}$$

其中，為了保持後面的方程式在因次上正確，對數的參數乘以並除以 m°，其中 m° 定義為 $m^\circ \equiv 1 \text{ mol/kg}$。我們只能對無因次的數取對數。$M_A m^\circ$ 是無因次。例如，對於 H_2O，$M_A m^\circ = (18 \text{ g/mol}) \times (1 \text{ mol/kg}) = 0.018$。

我們現在定義 $\mu^\circ_{m,i}$ 和 $\gamma_{m,i}$ 為

$$\mu^\circ_{m,i} = \mu^\circ_{\text{II},i} + RT \ln (M_A m^\circ), \qquad \gamma_{m,i} \equiv x_A \gamma_{\text{II},i} \tag{10.27}$$

根據這些定義，μ_i 變為

$$\mu_i = \mu^\circ_{m,i} + RT \ln (\gamma_{m,i} m_i / m^\circ), \quad m^\circ \equiv 1 \text{ mol/kg}, \quad i \neq A \tag{10.28}*$$

$$\text{當 } x_A \to 1 \text{ 時}, \gamma_{m,i} \to 1 \tag{10.29}$$

其中 $\gamma_{m,i}$ 的極限行為來自 (10.27) 式和 (10.10) 式。(10.27) 式中定義的動機是用 m_i 表

示 μ_i，與用 x_i 表示 μ_i 具有相同的形式。注意 (10.28) 式和 (10.24) 式之間的相似性。我們稱 $\gamma_{m,i}$ 是溶質 i 的**重量莫耳濃度活性係數** (molality-scale activity coefficient)，$\mu_{m,i}^{\circ}$ 是 i 的重量莫耳濃度標準狀態化勢。由於 (10.27) 式中的 $\mu_{II,i}^{\circ}$ 僅是 T 和 P 的函數，所以 $\mu_{m,i}^{\circ}$ 僅是 T 和 P 的函數。

重量莫耳濃度標準狀態是什麼？令 (10.28) 式中的 μ_i 等於 $\mu_{m,i}^{\circ}$，我們看到此標準狀態具有 $\gamma_{m,i} m_i/m^{\circ} = 1$。我們將採用標準狀態重量莫耳濃度為 $m_i = m^{\circ} = 1$ mol/kg (以 1 mol/kg 的符號 m° 表示)，然後我們必須在標準狀態下具有 $\gamma_{m,i} = 1$。因此，重量莫耳濃度溶質標準狀態是假想狀態 (在溶液的 T 和 P 處)，其中 $m_i = 1$ mol/kg 且 $\gamma_{m,i} = 1$。該狀態涉及理想稀薄溶液的行為的外推 (其中 $\gamma_{m,i} = 1$) 至 1 mol/kg 的重量莫耳濃度 (見圖 10.5)。

雖然 (10.28) 式用於每種溶質，但莫耳分率用於溶劑：

$$\mu_A = \mu_A^{\circ} + RT \ln \gamma_A x_A, \qquad \mu_A^{\circ} = \mu_A^*(T, P) \qquad 當 x_A \to 1 時，\gamma_A \to 1 \quad (10.30)$$

溶質化勢有時用莫耳濃度 c_i 表示而不是用重量莫耳濃度表示，如下：

$$\mu_i = \mu_{c,i}^{\circ} + RT \ln (\gamma_{c,i} c_i/c^{\circ}) \qquad i \neq A \quad (10.31)$$

當 $x_A \to 1$ 時，$\gamma_{c,i} \to 1 \qquad c^{\circ} \equiv 1$ mol/dm³

其形式與 (10.28) 式和 (10.29) 式相同。與往常一樣，莫耳分率用於溶劑。

方程式 (10.4)、(10.28) 和 (10.31) 給出了關於重量莫耳濃度和莫耳濃度的活性

$$a_{m,i} = \gamma_{m,i} m_i/m^{\circ}, \qquad a_{m,i} = \gamma_{c,i} c_i/c^{\circ} \quad (10.32)*$$

上式可以與 $a_i = \gamma_i x_i$ [(10.5) 式] 相比。

在 25°C 和 1 atm 下，蔗糖在水中的 γ_{II}、γ_m 和 γ_c 的一些值繪製在圖 10.6 中。

對於溶質 i，人們可以選擇使用莫耳分率 (約定 II)、重量莫耳濃度或莫耳濃度來表達 μ_i。這些表示法沒有一個比其他表示法更為基礎 (參見 *Franks*, vol. 4, pp. 4, 7–8)，使用哪種表示法僅僅是為了方便。在稀薄溶液中，γ_{II}、γ_m 和 γ_c 幾乎彼此相等，並且每個都測量與理想稀薄行為的偏差 (沒有溶質－溶質相互作用)。在濃溶液中，這些活性係數彼此不同，說哪一個是這種偏差的最佳度量是沒有意義的。

溶質活性係數 $\gamma_{II,i}$ (通常用 $\gamma_{x,i}$ 表示)、$\gamma_{m,i}$ 和 $\gamma_{c,i}$ 有時稱為亨利定律活性係數，因為它們測量與亨利定律的偏差。活性係數 $\gamma_{I,i}$ 稱為拉午耳定律活性係數。

第 11.7 節的表 11.1 總結了用於溶液和純物質的標準狀態。

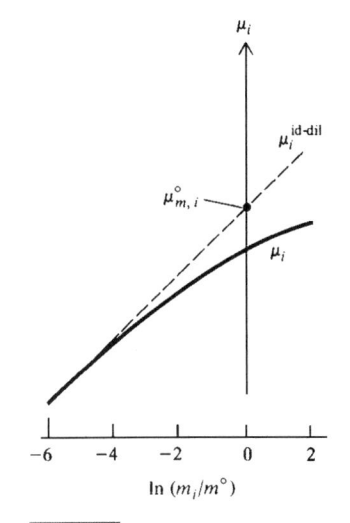

圖 10.5
非電解質溶液的化勢 μ_i 對 $\ln (m_i/m^{\circ})$ 作圖。虛線將理想稀溶液行為外插至較高的莫耳濃度，溶質的標準狀態對應於虛線上的點，其中 $m_i = m^{\circ} = 1$ mol/kg 且 $\ln (m_i/m^{\circ}) = 0$。

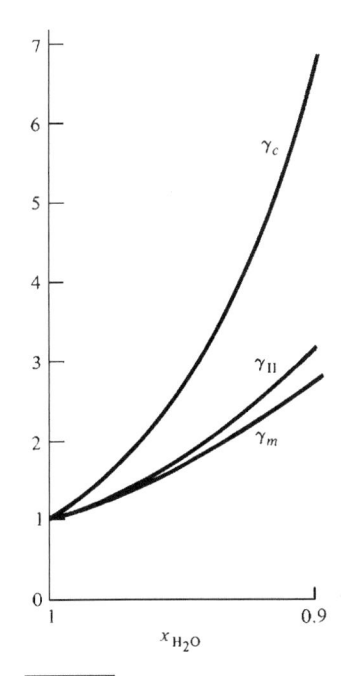

圖 10.6
在 25°C 和 1 atm 下，水中的溶質蔗糖的 γ_c、γ_{II} 和 γ_m 對溶液組成作圖。

10.5 電解質溶液

電解質溶液

電解質 (electrolyte) 是在溶液中產生離子的物質，可由溶液顯示導電性得到證明。聚電解質 (polyelectrolyte) 是聚合物的電解質。DNA 中的酸性基團和蛋白質中的酸性和鹼性基團的電離使這些分子成為聚電解質 (見第 15.6 節)。對於給定的溶劑，根據其溶液在中等濃度下是不良或良好的導電體，將電解質分類為**弱**或**強**。對於水作為溶劑，一些弱電解質是 NH_3、CO_2 和 CH_3COOH，一些強電解質是 $NaCl$、HCl 和 $MgSO_4$。

基於結構的另一種分類是真實電解質和位勢電解質。真實電解質 (true electrolyte) 由純態的離子組成。大多數鹽都是真實電解質。$NaCl$、$CuSO_4$ 或 MgS 晶體由正離子和負離子組成。當離子晶體溶解在溶劑中時，離子從晶體中脫離並作為溶劑化離子進入溶液。術語**溶劑化** (solvated) 表示溶液中的每個離子被一些溶劑分子包圍，這些溶劑分子藉由靜電力與離子結合併與離子一起穿過溶液。當溶劑是水時，溶劑化稱為**水合作用** (hydration)(圖 10.7)。

位勢電解質 (potential electrolyte) 由純態的不帶電分子組成，但當溶解在溶劑中時，它在一定程度上與溶劑反應產生離子。因此，乙酸根據 $HC_2H_3O_2 + H_2O \rightleftharpoons H_3O^+ + C_2H_3O_2^-$ 與水反應，產生水合氫離子和乙酸根離子。氯化氫根據 $HCl + H_2O \rightleftharpoons H_3O^+ + Cl^-$ 與水反應。對於強電解質 HCl，平衡位於右側。對於弱電解質乙酸，除非在非常稀薄的溶液中，否則平衡位於左側。

在純液態下，真實電解質是良好的電導體。相反，位勢電解質在純液態是不良導體。

由於溶液中離子之間的強烈長程 (long-range) 力，在處理電解質溶液時使用活性係數是不可少的，即使對於非常稀薄的溶液也是如此。正離子和負離子一起在溶液中發生，而我們不能容易地僅對正離子進行觀察以確定它們的活性。因此，電解質活性係數的特殊發展是必要的。我們的目的是根據實驗可測量的量得出溶液中電解質的化勢的表達式。

為簡單起見，我們考慮一種由非電解質溶劑 A 組成的溶液，例如，H_2O 或 CH_3OH，以及在溶液中僅產生兩種離子的單一電解質，例如，Na_2SO_4、$MgCl_2$ 或 HNO_3，但不是 $KAl(SO_4)_2$。令電解質 i 具有分子式 $M_{\nu_+} X_{\nu_-}$，其中 ν_+ 和 ν_- 是整數，令 i 在溶液中產生離子 M^{z_+} 和 X^{z_-}：

$$M_{\nu_+} X_{\nu_-}(s) \rightarrow \nu_+ M^{z_+}(sln) + \nu_- X^{z_-}(sln) \tag{10.33}$$

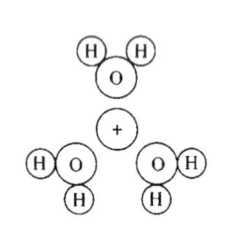

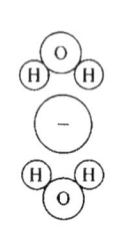

圖 10.7
溶液中離子的水合。

其中 sln 表示溶液中的物種。例如，對於 Ba(NO$_3$)$_2$ (10.33) 式為 Ba(NO$_3$)$_2$(s) → Ba^{2+}(sln) + 2NO$_3^-$ (sln)。對於 Ba(NO$_3$)$_2$ 和 BaSO$_4$，我們有

$$\text{Ba(NO}_3)_2: \quad M = Ba, X = NO_3\ ; v_+ = 1,\ v_- = 2\ ; z_+ = 2,\ z_- = -1$$
$$\text{BaSO}_4: \quad M = Ba, X = SO_4\ ; v_+ = 1,\ v_- = 1\ ; z_+ = 2,\ z_- = -2$$

當 $z_+ = 1$ 且 $|z_-| = 1$，我們有 1:1 的電解質。Ba(NO$_3$)$_2$ 是 2:1 的電解質；Na$_2$SO$_4$ 是 1:2 的電解質；MgSO$_4$ 是 2:2 的電解質。

不要被符號嚇倒。在下面的討論中，z 是電荷，v 是化學式中的離子數，μ 是化勢，γ 是活性係數。

☕ 電解質溶液中的化勢

我們將本節中的處理限制在強電解質中。將 $M_{v_+}X_{v_-}$ 的 n_i 莫耳的電解質 i 溶解在 n_A 莫耳的溶劑 A 中來製備溶液。溶液中存在的物質是 A 分子、M^{z+} 離子和 X^{z-} 離子。設 n_A、n_+ 和 n_- 以及 μ_A、μ_+ 和 μ_- 分別是 A、M^{z+} 和 X^{z-} 的莫耳數和化勢。

μ_+ 根據定義 [(4.72) 式]

$$\mu_+ \equiv (\partial G/\partial n_+)_{T,P,n_{j\neq +}} \tag{10.34}$$

其中 G 是溶液的吉布斯能量。在 (10.34) 式中，我們必須改變 n_+ 同時保持固定所有其他物種的量，包括 n_-。但是，溶液的電中性要求，當 n_- 保持固定時，防止 n_+ 變化。在保持 n(Cl$^-$) 固定的同時，我們不能容易地在 NaCl 溶液中改變 n(Na$^+$)。同樣的情況適用於 μ_-。因此沒有簡單的實驗方法來確定 μ_+ 和 μ_-（然而，理論上可以使用統計力學估算溶液中單一離子的化勢；參見第 10.7 節）。

既然 μ_+ 和 μ_- 不可測量，我們定義**電解質作為一個整體**（在溶液中）**的化勢** μ_i，

$$\mu_i \equiv (\partial G/\partial n_i)_{T,P,n_A} \tag{10.35}$$

其中 G 是溶液的吉布斯能量。溶解的電解質的莫耳數 n_i 可以容易地在恆定的 n_A 下變化，因此可以由實驗測量 μ_i（相對於其在某些選擇的標準狀態下的值）。類似於 (10.35) 式的定義適用於整個電解質的其他部分莫耳性質。例如，$\bar{V}_i \equiv (\partial V/\partial n_i)_{T,P,n_A}$，其中 V 是溶液的體積。第 9.2 節中提到了水中 MgSO$_4$ 的 $\bar{V}_i$。

將 μ_+ 和 μ_- 與 μ_i 聯繫起來，我們使用吉布斯 dG 方程式 (4.73)，此式對於電解質溶液為

$$dG = -S\,dT + V\,dP + \mu_A\,dn_A + \mu_+\,dn_+ + \mu_-\,dn_- \tag{10.36}$$

來自 $M_{v_+}X_{v_-}$ 的陽離子和陰離子的莫耳數由 (10.33) 式給出，為 $n_+ = v_+ n_i$ 和 $n_- = v_- n_i$。因此

$$dG = -S\,dT + V\,dP + \mu_A\,dn_A + (\nu_+\mu_+ + \nu_-\mu_-)\,dn_i \tag{10.37}$$

在 (10.37) 式中，令 $dT = 0$、$dP = 0$ 和 $dn_A = 0$ 並使用 $\mu_i \equiv (\partial G/\partial n_i)_{T,P,n_A}$ [(10.35) 式]，我們得到

$$\mu_i = \nu_+\mu_+ + \nu_-\mu_- \tag{10.38}*$$

它將電解質的化勢 μ_i 與陽離子和陰離子的化勢 μ_+ 和 μ_- 聯繫起來。例如，$CaCl_2$ 在水溶液中的化勢是 $\mu(CaCl_2, aq) = \mu(Ca^{2+}, aq) + 2\mu(Cl^-, aq)$。

我們現在考慮 μ_A 和 μ_i 的顯式表達式。溶劑的化勢 μ_A 可以用莫耳分率等級表示 [(10.30) 式]：

$$\mu_A = \mu_A^*(T, P) + RT \ln \gamma_{x,A} x_A, \qquad (\gamma_{x,A})^\infty = 1 \tag{10.39}$$

其中 $\gamma_{x,A}$ 是莫耳分率活性係數，上標 ∞ 表示無限稀薄。

電解質化勢 μ_i、μ_+ 和 μ_- 通常以重量莫耳濃度表達。令 m_+ 和 m_- 是離子 M^{z+} 和 X^{z-} 的重量莫耳濃度，且令 γ_+ 和 γ_- 是這些離子的重量莫耳濃度活性係數。下標 m 是從 γ 中省略，因為在本節中我們將僅使用溶質的重量莫耳濃度。(10.28) 式和 (10.29) 式給出了離子的化勢：

$$\mu_+ = \mu_+^\circ + RT \ln(\gamma_+ m_+/m^\circ), \qquad \mu_- = \mu_-^\circ + RT \ln(\gamma_- m_-/m^\circ) \tag{10.40}$$

$$m^\circ \equiv 1 \text{ mol/kg}, \qquad \gamma_+^\infty = \gamma_-^\infty = 1 \tag{10.41}$$

其中 μ_+° 和 μ_-° 是離子的重量莫耳濃度標準狀態化勢。

將 (10.40) 式中的 μ_+ 和 μ_- 代入 (10.38) 式可得 μ_i 如下

$$\mu_i = \nu_+\mu_+^\circ + \nu_-\mu_-^\circ + \nu_+ RT \ln(\gamma_+ m_+/m^\circ) + \nu_- RT \ln(\gamma_- m_-/m^\circ)$$
$$\mu_i = \nu_+\mu_+^\circ + \nu_-\mu_-^\circ + RT \ln[(\gamma_+)^{\nu_+}(\gamma_-)^{\nu_-}(m_+/m^\circ)^{\nu_+}(m_-/m^\circ)^{\nu_-}] \tag{10.42}$$

因為 μ_+ 和 μ_- 無法以實驗確定，所以無法測量 (10.40) 式中的單離子活性係數 γ_+ 和 γ_-。(10.42) 式中，出現在實驗可測量的量 μ_i 的 $(\gamma_+)^{\nu_+}(\gamma_-)^{\nu_-}$ 是可測量的。因此，為了獲得可測量的活性係數，我們定義電解質 $M_{\nu_+}X_{\nu_-}$ 的**重量莫耳均離子活性係數** (molality-scale mean ionic activity coefficient) $\gamma_\pm$ 為

$$(\gamma_\pm)^{\nu_+ + \nu_-} \equiv (\gamma_+)^{\nu_+}(\gamma_-)^{\nu_-} \tag{10.43}*$$

例如，對於 $BaCl_2$，$(\gamma_\pm)^3 = (\gamma_+)(\gamma_-)^2$ 而 $(\gamma_\pm) = (\gamma_+)^{1/3}(\gamma_-)^{2/3}$。定義 (10.43) 式也適用於幾種電解質的溶液。對於 NaCl 和 KCl 的溶液，離子 K^+ 和 Cl^- 有一個 $\gamma_\pm$，對於 Na^+ 和 Cl^- 有不同的 $\gamma_\pm$。

為了簡化 (10.42) 式中的 μ_i，我們定義 $\mu_i^\circ(T, P)$ (電解質的標準狀態化勢) 和 ν (電解質式中的離子總數) 為

$$\mu_i^\circ \equiv \nu_+\mu_+^\circ + \nu_-\mu_-^\circ \tag{10.44}$$

$$v \equiv v_+ + v_- \tag{10.45}*$$

對於 (10.43) 式至 (10.45) 式，$\gamma_\pm$、μ_i° 和 v 的定義，(10.42) 式電解液的化勢 μ_i 變為

$$\mu_i = \mu_i^\circ + RT \ln \left[(\gamma_\pm)^v (m_+/m^\circ)^{v_+} (m_-/m^\circ)^{v_-} \right] \tag{10.46}$$

$$\gamma_\pm^\infty = 1 \tag{10.47}$$

γ 的無限稀薄行為來自 (10.43) 式和 (10.41) 式。

(10.46) 式中離子重量莫耳濃度 m_+ 和 m_- 與電解質的重量莫耳濃度之間的關係是什麼？電解質 i 的**化學計量重量莫耳濃度** (stoichiometric molality) m_i 定義為

$$m_i \equiv n_i/w_A \tag{10.48}$$

其中溶液是藉由將 n_i 莫耳電解質溶解在質量 w_A 的溶劑中製備。為了將 (10.46) 式中的 μ_i 表示為 m_i 的函數，我們將 m_+ 和 m_- 與 m_i 聯繫起來。強電解質 $M_{v_+}X_{v_-}$ 包含 v_+ 陽離子和 v_- 陰離子，所以離子重量莫耳濃度是 $m_+ = v_+ m_i$ 和 $m_- = v_- m_i$，其中 m_i 是電解質的化學計量重量莫耳濃度 (10.48) 式。(10.46) 式中的重量莫耳濃度因子為

$$(m_+)^{v_+}(m_-)^{v_-} = (v_+ m_i)^{v_+}(v_- m_i)^{v_-} = (v_+)^{v_+}(v_-)^{v_-} m_i^v \tag{10.49}$$

其中 $v \equiv v_+ + v_-$ [(10.45) 式]。我們將 $v_\pm$ [類似於 (10.43) 式中的 $\gamma_\pm$] 定義為

$$(v_\pm)^v \equiv (v_+)^{v_+}(v_-)^{v_-} \tag{10.50}$$

例如，對於 $Mg_3(PO_4)_2$，$v_\pm = (3^3 \times 2^2)^{1/5} = 108^{1/5} = 2.551$。若 $v_+ = v_-$，則 $v_\pm = v_+ = v_-$。利用定義 (10.50) 式，(10.49) 式變成 $(m_+)^{v_+}(m_-)^{v_-} = (v_\pm m_i)^v$。(10.46) 式的中括號內的量和 μ_i 的表達式 (10.46) 成為

$$[(\gamma_\pm)^v(m_+/m^\circ)^{v_+}(m_-/m^\circ)^{v_-}] = (v_\pm \gamma_\pm m_i/m^\circ)^v$$
$$\mu_i = \mu_i^\circ + vRT \ln(v_\pm \gamma_\pm m_i/m^\circ) \quad \text{強電解質} \tag{10.51}$$

其中使用了 $\ln x^y = y \ln x$。(10.51) 式以化學計量重量莫耳濃度 m_i 表示電解質的化勢 μ_i。

令 (10.51) 式中的 μ_i 等於 μ_i°，我們看到電解質 i 的標準狀態整體上具有 $v_\pm \gamma_\pm m_i/m^\circ = 1$。整體上 i 的**標準狀態** (standard state) 被視為假想狀態，其中 $\gamma_\pm = 1$ 且 $v_\pm m_i/m^\circ = 1$。這個標準狀態有 $m_i = (1/v_\pm)$ mol/kg。

定義電解質 i 的活性 a_i，使得 $\mu_i = \mu_i^\circ + RT \ln a_i$ [(10.4) 式] 成立。因此對於電解質，(10.51) 式給出了

$$a_i = (v_\pm \gamma_\pm m_i/m^\circ)^v \tag{10.52}$$

就實驗可測量的量而言，(10.51) 式是電解質化勢的理想表達式。電解質的 μ_i 表達 (10.51) 式不同於非電解質的表達式 $\mu_i = \mu_i^\circ + RT \ln(\gamma_i m_i/m^\circ)$ [(10.28) 式]，其不同點在於電解質的 μ_i 表達式具有 v、$v_\pm$ 和 $\gamma_\pm$。即使在 $\gamma_\pm = 1$ 的無限稀薄極限下，電解質和非電解質的 μ_i 的形式也不同。

☕ 電解質溶液的吉布斯能量

由 (10.37) 式和 (10.38) 式可得

$$dG = -S\,dT + V\,dP + \mu_A dn_A + \mu_i\,dn_i \tag{10.53}$$

上式與 (4.73) 式的形式相同。因此，利用得到 (9.23) 式和 (10.18) 式同樣的推理，對於電解質溶液可得

$$G = \mu_A dn_A + \mu_i\,dn_i \tag{10.54}$$

$$\mu_A dn_A + \mu_i\,dn_i = 0 \qquad T, P\ 恆定 \tag{10.55}$$

(10.55) 式為電解質溶液的 Gibbs-Duhem 方程式。

☕ 摘要

對於 n_i 莫耳的強電解質 $M_{\nu_+}X_{\nu_-}$ 在溶劑 A 中的溶液，我們定義電解質的化勢 $\mu_i \equiv (\partial G/\partial n_i)_{T,P,n_A}$ 且求得 $\mu_i = \nu_+\mu_+ + \nu_-\mu_-$，其中 μ_+ 和 μ_- 是陽離子和陰離子的化勢。求得溶液中電解質的化勢為 $\mu_i = \mu_i^\circ + \nu RT \ln(\nu_\pm \gamma_\pm m_i/m^\circ)$，其中 $\nu \equiv \nu_+ + \nu_-$，$\nu_\pm$ 定義為 $(\nu_\pm)^\nu \equiv (\nu_+)^{\nu_+}(\nu_-)^{\nu_-}$，平均重量莫耳離子活性係數 $\gamma_\pm$ 定義為 $(\gamma_\pm)^\nu \equiv (\gamma_+)^{\nu_+}(\gamma_-)^{\nu_-}$。

10.6 電解質活性係數的測定

在第 10.3 節中使用 Gibbs-Duhem 方程式從已知的溶劑活性係數找出非揮發性非電解質溶質的活性係數；見 (10.23) 式。類似的程序適用於非揮發性電解質的溶液。我們將討論侷限於 $M_{\nu_+}X_{\nu_-}$ 的單一強非揮發性電解質 i 的溶液。

溶劑的化勢可以寫成 $\mu_A = \mu_A^* + RT \ln a_A$，其中使用莫耳分率 [(10.39) 式] 表示。μ_A 的這個表達式與 (10.4) 式和 (10.7) 式相同。因此，由 (10.4) 式和 (10.7) 式得出的蒸氣壓方程式 (10.13)，適用於電解質溶液中的溶劑：

$$P_A = a_A P_A^* \qquad 理想蒸氣，P\ 不是很高 \tag{10.56}$$

由於假設電解質溶質為非揮發性的，P_A 等於溶液的蒸氣壓，(10.56) 式允許由蒸氣壓測量找到溶劑活性和活性係數。將 T-P 恆定的微分 $d\mu_A$ [來自 (10.39) 式] 和 $d\mu_i$ [來自 (10.51) 式] 代入 Gibbs-Duhem 方程式 (10.55)，然後進行積分，將 (10.51) 式中的電解質的平均活性係數 $\gamma_\pm$ 從已知的溶劑活性係數得到。電解質活性係數也可以從原電池數據中找到；參閱第 13.9 節。

在 25°C 和 1 atm 下，電解質水溶液的 $\gamma_\pm$ 的一些實驗值 ($m^\circ \equiv 1$ mol/kg) 在表 10.2 中給出並繪製在圖 10.8 中。甚至在 $m_i = 0.001$ mol/kg，表 10.2 中的電解質活性係數基本上偏離 1，因為遠程的內離子力。為了比較，對於 25°C 和 1 atm 下，水中的非電解質 $CH_3(CH_2)_2OH$，在 $m_i = 0.001$ mol/kg，$\gamma_{m,i} = 0.9999$，在 $m_i = 0.01$ mol/kg，$\gamma_{m,i} =$

表 10.2　電解質水溶液於 25°C 和 1 atm 的活性係數 $\gamma_\pm$

$m_i/m°$	LiBr	HCl	CaCl$_2$	Mg(NO$_3$)$_2$	Na$_2$SO$_4$	CaSO$_4$
0.001	0.965	0.965	0.888	0.882	0.886	0.74
0.01	0.905	0.905	0.729	0.712	0.712	0.44
0.1	0.797	0.797	0.517	0.523	0.446	0.154
0.5	0.754	0.759	0.444	0.470	0.268	0.062
1	0.803	0.810	0.496	0.537	0.204	0.043
5	2.70	2.38	5.91		0.148	
10	20.0	10.4	43.1			
20	486.					

0.9988，在 m_i = 0.1 mol/kg，$\gamma_{m,i}$ = 0.988。在濃電解質溶液中，可能出現非常大和非常小的 $\gamma_\pm$ 值。例如，在 25°C 和 1 atm 的水溶液中，在 m_i = 5.5 mol/kg，$\gamma_\pm$ [UO$_2$(ClO$_4$)$_2$] = 1510，且在 m_i = 2.5 mol/kg，$\gamma_\pm$(CdI$_2$) = 0.017。

10.7 ｜ 電解質溶液的 DEBYE-HÜCKEL 理論

1923 年，Debye 和 Hückel 使用了高度簡化的電解質溶液模型和統計力學推導出離子活性係數 γ_+ 和 γ_- 的理論表達式。在他們的模型中，離子被認為是均勻帶電的直徑為 a 的球體。忽略正離子和負離子之間的尺寸差異，並且將 a 解釋為平均離子直徑。將溶劑 A 作為具有介電常數 $\varepsilon_{r,A}$ 的無結構介質處理 [如果 $\mathbf{F}$ 是真空中兩個電荷之間的力，而 $\mathbf{F}_A$ 是浸入電介質 A 中的相同電荷之間的淨力，則 $\mathbf{F}_A/\mathbf{F} = 1/\varepsilon_{r,A}$]。

Debye-Hückel 處理假定溶液非常稀薄。這種限制允許進行幾種簡化的數學和物理近似。在高度稀薄時，理想稀薄行為的主要偏差來自離子之間遠程的庫侖吸引力和排斥力。Debye 和 Hückel 認為，理想稀薄行為的所有偏差都是由於內離子的庫侖力。

溶液中的離子被溶劑分子和其他離子的氣氛包圍。平均而言，每個正離子將具有比正離子更多的負離子在其附近。Debye 和 Hückel 使用了統計力學的 Boltzmann 分佈定律來找出離子附近的電荷的平均分佈。

然後，他們如下計算活性係數。令電解質溶液保持在恆定的 T 和 P。想像一下，我們具有改變溶液中離子電荷的神奇能力。我們首先將所有離子的電荷減少到零；離子之間的庫侖相互作用消失，溶液變得理想稀薄。我們現在可逆地將所有離子電荷從零增加到它們在實際的電解質溶液中的值。設 w_el 是在這個恆定的 T、P 充電過程中對系統所作的電功。(4.24) 式證明對於可逆恆定 T、P 過程，$\Delta G = w_\text{non-P-V}$；在這種情況下，$w_\text{non-P-V}$ =

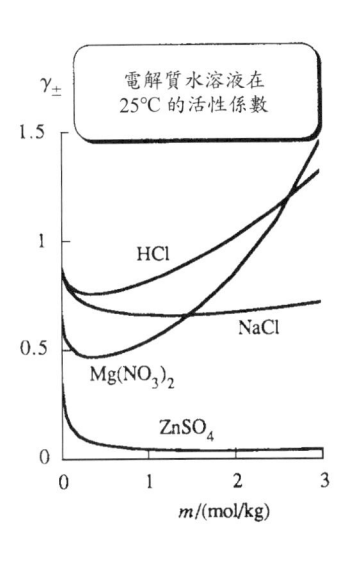

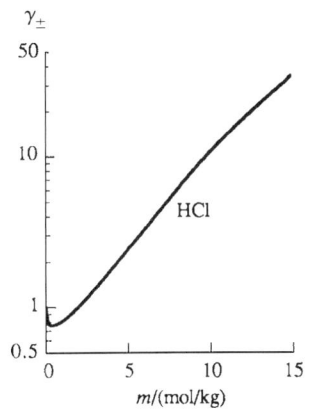

圖 10.8

某些電解質在 25°C 和 1 atm 的水溶液中的活性係數。

w_{el}。Debye 和 Hückel 根據充電過程中每個離子之間的相互作用的靜電位能和其附近的平均電荷分佈來計算 w_{el}。由於充電過程始於理想稀薄溶液，並以實際電解質溶液結束，因此 ΔG 為 $G - G^{id\text{-}dil}$，其中 G 是溶液的實際吉布斯能量，$G^{id\text{-}dil}$ 是溶液在理想稀薄時具有的吉布斯能量。因此 $G - G^{id\text{-}dil} = w_{el}$。

從 $G^{id\text{-}dil} = \Sigma_j n_j \mu_j^{id\text{-}dil}$ 可以知道 $G^{id\text{-}dil}$ 並且由 w_{el} 的計算中得知 $G - G^{id\text{-}dil}$。因此可知溶液的 G。取 $\partial G/\partial n_+$ 和 $\partial G/\partial n_-$，可得離子化勢 μ_+ 和 μ_-，由此可得 (10.40) 式中的活性係數 γ_+ 和 γ_- (有關完整的推導，請參閱 Bockris and Reddy, sec. 3.3.)。

Debye 和 Hückel 的最終結果是

$$\ln \gamma_+ = -\frac{z_+^2 A I_m^{1/2}}{1 + Ba I_m^{1/2}}, \quad \ln \gamma_- = -\frac{z_-^2 A I_m^{1/2}}{1 + Ba I_m^{1/2}} \tag{10.57}$$

其中 A、B 和 I_m 定義為

$$A \equiv (2\pi N_A \rho_A)^{1/2} \left(\frac{e^2}{4\pi\varepsilon_0 \varepsilon_{r,A} kT}\right)^{3/2}, \quad B \equiv e\left(\frac{2N_A \rho_A}{\varepsilon_0 \varepsilon_{r,A} kT}\right)^{1/2} \tag{10.58}$$

$$I_m \equiv \frac{1}{2}\sum_j z_j^2 m_j \tag{10.59}*$$

在這些方程式中 (以 SI 單位表示)，a 是平均離子直徑，γ_+ 和 γ_- 分別是離子 M^{z_+} 和 X^{z_-} 的重量莫耳濃度活性係數，n_A 是亞佛加厥常數，k 是波茲曼常數，e 是質子電荷，ε_0 是真空的介電常數 (ε_0 是庫侖定律中的比例常數；見第 13.1 節)，ρ_A 是溶劑密度，$\varepsilon_{r,A}$ 是溶劑介電常數，T 是絕對溫度。I_m 稱為**重量莫耳濃度離子強度** (molality-scale ionic strength)；(10.59) 式為對溶液中的所有離子求和，m_j 是具有電荷 z_j 的離子 j 的重量莫耳濃度。

雖然 Debye-Hückel 理論給出了每個離子的 γ，但是我們不能個別測量 γ_+ 或 γ_-。因此，我們用平均離子活性係數 $\gamma_\pm$ 來表示 Debye-Hückel 結果。取 $(\gamma_\pm)^{\nu_+ + \nu_-} \equiv (\gamma_+)^{\nu_+}(\gamma_-)^{\nu_-}$ [(10.43) 式] 的對數，我們得到

$$\ln \gamma_\pm = \frac{\nu_+ \ln \gamma_+ + \nu_- \ln \gamma_-}{\nu_+ + \nu_-} \tag{10.60}$$

由於電解質 $M_{\nu_+} X_{\nu_-}$ 是電中性，我們有

$$\nu_+ z_+ + \nu_- z_- = 0 \tag{10.61}$$

以 z_+ 乘以 (10.61) 式產生 $\nu_+ z_+^2 = -\nu_- z_+ z_-$；以 z_- 乘以 (10.61) 式產生 $\nu_- z_-^2 = -\nu_+ z_+ z_-$。將這兩個方程式相加可得

$$\nu_+ z_+^2 + \nu_- z_-^2 = -z_+ z_-(\nu_+ + \nu_-) = z_+|z_-|(\nu_+ + \nu_-) \tag{10.62}$$

因為 z_- 為負。將 Debye-Hückel 方程式 (10.57) 代入 (10.60) 式，然後使用 (10.62) 式可得

$$\ln \gamma_\pm = -z_+|z_-| \frac{AI_m^{1/2}}{1 + BaI_m^{1/2}} \tag{10.63}$$

使用 N_A、k、e 和 ε_0 的 SI 值，以及 $\varepsilon_r = 78.38$，H_2O 在 25°C 和 1 atm 的 $\rho = 997.05$ kg/m³，對於 (10.58) 式，我們有

$$A = 1.1744 \text{ (kg/mol)}^{1/2}, \qquad B = 3.285 \times 10^9 \text{ (kg/mol)}^{1/2} \text{m}^{-1}$$

將 B 和 A 的數值代入 (10.63) 式並將自然對數改為以 10 為底的常用對數，我們得到

$$\log_{10} \gamma_\pm = -0.510 z_+|z_-| \frac{(I_m/m°)^{1/2}}{1 + 0.328(a/\text{Å})(I_m/m°)^{1/2}} \qquad \text{25°C 稀薄水溶液} \tag{10.64}$$

其中 1 Å $\equiv 10^{-10}$ m，$m° \equiv 1$ mol/kg。(10.59) 式的 I_m 具有 mol/kg 的單位，並且離子直徑 a 具有長度單位，因此 $\log \gamma_\pm$ 是無因次。

對於非常稀薄的溶液，I_m 非常小，(10.64) 式分母中的第二項與 1 相比可以忽略不計。因此，

$$\ln \gamma_\pm = -z_+|z_-|AI_m^{1/2} \qquad \text{極稀薄溶液} \tag{10.65}$$

$$\text{Log}_{10} \gamma_\pm = -0.510 z_+|z_-| (I_m/m°)^{1/2} \qquad \text{極稀薄溶液} \tag{10.66}$$

(10.65) 式稱為 **Debye-Hückel 極限定律** (Debye-Hückel limiting law)，因為它僅在無限稀薄的極限成立 (實際上，大多數科學定律都是極限定律)。

Debye-Hückel 理論的運作情況如何？實驗數據顯示，當 $I_m \to 0$，(10.66) 式確實給出了電解質溶液的正確極限行為 (圖 10.9)。當 $I_m \leq 0.01$ mol/kg 時，發現 (10.66) 式是準確的。對於 2:2 電解質，這相當於 $0.01/4 \approx 0.002$ 的莫耳濃度 (有時不客氣地說 Debye-Hückel 理論適用於略微污染的蒸餾水)。對於 $I_m < 0.1$ mol/kg 的水溶液，更完整的方程式 (10.64) 是相當準確的，如果我們選擇離子直徑 a 以便很好地符合數據。對於普通無機鹽，所發現的值通常為 3 至 9 Å，這是水合離子的合理值。在給定的離子強度下，隨著 $z_+|z_-|$ 的減小，理論效果更好；例如，在 $I_m = 0.1$ mol/kg，Debye-Hückel 理論對於 1:1 電解質比對 2:2 電解質更可靠。部分原因在於離子結合 (第 10.8 節)。

為了從 (10.64) 式消除經驗確定的離子直徑 a，我們注意到對於 $a \approx 3$ Å，我們有 $0.328(a/\text{Å}) \approx 1$。因此，人們通常將 (10.64) 式簡化為

$$\log_{10} \gamma_\pm = -0.510 z_+|z_-| \frac{(I_m/m°)^{1/2}}{1 + (I_m/m°)^{1/2}} \qquad \text{25°C 稀薄水溶液} \tag{10.67}$$

通常無法測量非常稀薄的電解質溶液的性質使其具有所需的準確性。因此，儘管 Debye-Hückel 理論的有效範圍僅限於相當稀薄的溶液，但該

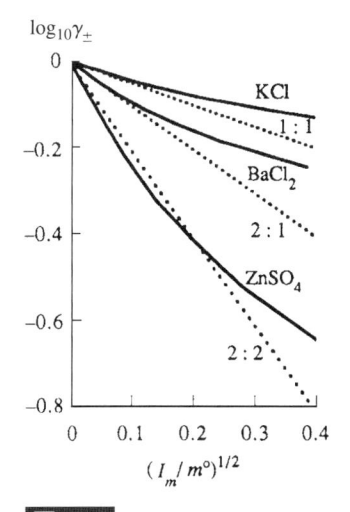

圖 10.9
對於一些電解質水溶液在 25°C 和 1 atm 下，$\log_{10} \gamma_\pm$ 對離子強度平方根的關係圖。虛線顯示 Debye-Hückel 極限定律 (10.65) 的預測。

理論具有重要的實際意義，因為它允許將電解質溶液的測量性質可靠地外推到非常低濃度的區域。

從 Debye-Hückel 方程式知道稀薄溶液活性係數 γ_+、γ_- 和 $\gamma_\pm$，我們知道化勢 μ_+、μ_- 和 μ_i [(10.40) 式和 (10.51) 式]。從這些化勢中，我們可以推導出所有其他離子的極限定律和電解質熱力學性質，例如，$\bar{V}_i$、$\bar{H}_i$ 和 $\bar{S}_i$。

圖 10.8 顯示，當電解質的重量莫耳濃度 m_i 從零增加時，其活性係數 $\gamma_\pm$ 首先從理想稀薄值 1 減小然後增加。在電解質的稀薄溶液中 $\gamma_\pm$ 小於 1 的事實意味著電解質的化勢 μ_i 小於在相同組成的假設的理想稀薄溶液 (沒有溶質－溶質相互作用) 中的化勢，這意味著溶質對 G 的貢獻低於理想稀薄溶液 [見 (10.51) 式和 (10.54) 式]。溶液中的每個離子都傾向於用相反電荷的離子包圍自身，並且帶相反電荷的離子之間的靜電吸引力使溶液穩定並降低其 G 值。

在較高重量莫耳濃度下電解質 $\gamma_\pm$ 的增加可能是由於離子的水合作用。水合作用減少了自由水分子的數量，從而減少了水在溶液中的有效濃度而增加了電解質的有效重量莫耳濃度，濃度的增加反映在 $\gamma_\pm$ 的增加。例如，對於 NaCl，實驗證據 (*Bockris and Reddy*，第 2.8 節) 表明 Na^+ 離子在其移動通過溶液時攜帶四個 H_2O 分子，並且 Cl^- 離子攜帶兩個 H_2O 分子。因此，溶液中的每莫耳 NaCl 會吸收 6 莫耳的 H_2O。一公斤水含 55.5 莫耳。在 0.1 mol/kg NaCl 水溶液中，每千克溶劑有 55.5 − 6(0.1) = 54.9 莫耳的自由水，因此這裡的水合作用很小。然而，在 3 mol/kg NaCl 水溶液中，每千克溶劑僅有 55 − 18 = 37 莫耳的自由水，這是非常顯著的減少。

高濃度電解質活性係數

已經提出了幾種方法來計算比適用於 Debye-Hückel 方程式的非常稀薄溶液更高濃度的電解質活性係數。

根據經驗發現，在 Debye-Hückel 方程式 (10.67) 中加入一個 I_m 的線性項，在較不稀薄的溶液中可以改善實驗的一致性。戴維斯 (Davies) 提出以下表達式，其中不包含可調參數 (*Davies*, pp.39-43)：

$$\log_{10} \gamma_\pm = -0.51 z_+ |z_-| \left[\frac{(I_m/m°)^{1/2}}{1 + (I_m/m°)^{1/2}} - 0.30(I_m/m°) \right] \quad \text{在 25°C } H_2O \text{ 中} \quad (10.68)$$

用 z_+^2 (或 z_-^2) 代替 (10.68) 式中的 $z_+|z_-|$ 來獲得 $\log_{10} \gamma_+$ (或 $\log_{10} \gamma_-$) 的戴維斯方程式。Debye-Hückel 方程式的戴維斯修正在 $I_m/m° = 0.1$ 時通常誤差 $1\frac{1}{2}$%。(10.68) 式中的線性項導致 $\gamma_\pm$ 經歷最小值，然後隨著 I_m 增加而增加，與圖 10.8 中的行為一致。當 $I_m/m°$ 增加到 0.1 以上時，戴維斯方程式與實驗的一致性降低；在 $I_m/m° = 0.5$，誤差通常為 5 至 10%。最好使用 $\gamma_\pm$ 的實驗值，特別是對於高於 0.1 mol/kg 的離子強度，但在沒有實驗數據的情況下，戴維斯方程式可用於估算 $\gamma_\pm$。戴維斯方程式預測，對於任何 1:1 電解質，$\gamma_\pm$ 在給定的 I_m 下將具有相同的值。實際上，1:1 電解質的 $\gamma_\pm$ 值僅在

高稀薄的極限下相等。

在含有幾種電解質的溶液中使用 Debye-Hückel 或戴維斯方程式時，請注意溶液中的所有離子都有助於 (10.59) 式中的 I_m，但是 (10.67) 式和 (10.68) 式中的 z_+ 和 $|z_-|$ 是指計算 $\gamma_\pm$ 的特定電解質的離子電荷。

例 10.3　戴維斯方程式

使用戴維斯方程式估算 25°C 下 $CaCl_2$ 水溶液的 $\gamma_\pm$，其中重量莫耳濃度為 0.001、0.01 和 0.1 mol/kg。

我們有 $I_m \equiv \frac{1}{2}\sum_j z_j^2 m_j = \frac{1}{2}(z_+^2 m_+ + z_-^2 m_-) = \frac{1}{2}(4m_+ + m_-)$ [(10.59) 式]。我們有 $m_+ = m_i$，並且 $m_- = 2\,m_i$，其中 m_i 是 $CaCl_2$ 化學計量莫耳濃度。離子強度為 $I_m = \frac{1}{2}(4\,m_i + 2\,m_i) = 3\,m_i$。當 $z_+ = 2$、$|z_-| = 1$ 和 $I_m = 3\,m_i$ 時，戴維斯方程式 (10.68) 成為

$$\log_{10}\gamma_\pm = -1.02(3m_i/m°)^{1/2}/[1+(3\,m_i/m°)^{1/2}] + 0.92\,m_i/m°$$

將 $m_i/m° = 0.001$、0.01 和 0.1 代入，分別得到 $\gamma_\pm = 0.887$、0.722 和 0.538。這些計算值可以與第 10.6 節中列出的實驗值 0.888、0.729、0.517 進行比較 [相較之下，Debye-Hückel 方程式 (10.67) 給出 0.885、0.707 和 0.435]。

習題

使用戴維斯方程式估算在 25°C 下的 $\gamma_\pm$ (a) 0.001 mol/kg $AlCl_3(aq)$；(b) 0.001 mol/kg $CuSO_4(aq)$。[答案：(a) 0.781；(b) 0.761]

於 1970 年，邁斯納 (Meissner) 及其同事發現強電解質在 25°C 的水的 $\gamma_\pm$，藉由僅包含一個參數 (用 q 表示) 的經驗公式，可以相當精確地表示，達到 10 或 20 mol/kg 的離子強度，此參數的值對電解質是特定的 (*Tester and Modell*, sec.12.6)。因此，如果單個 $\gamma_\pm$ 值在非稀薄莫耳濃度下為已知，則可以在寬的重量莫耳濃度範圍內計算活性係數。Meissner 及其同事還開發了允許 $\gamma_\pm$ 隨溫度而變且計算幾種電解質溶液中的 $\gamma_\pm$ 值的程序。

於 1970 年，Pitzer 及其同事開發了計算在濃電解質水溶液中的 $\gamma_\pm$ 值的方程式 [*Pitzer* (1995), chaps. 17 and 18; *Pitzer* (1991), chap. 3]。雖然 Pitzer 的方法是基於溶液中離子之間相互作用的統計力學理論，但他的方程式具有實質性的經驗主義，因為方程式中某些項的數學形式是看哪種形式最適合數據來選擇的。此外，該方程式包含的參數的值不是在理論上計算的，而是選擇符合電解質的活性係數或滲透係數數據。

Pitzer 方程式被廣泛使用，並已應用於研究海水、死海、湖泊、油田鹽水和酸性礦井排水等系統中的反應和溶解度平衡，效果極佳。Pitzer 方程式的值用於處理幾種電解質的溶液，其中它們的性能通常優於 Meissner 模型 (J. F. Zemaitis et al., *Handbook of Aqueous Electrolytes,* Design Institute for Physical Property Data, 1986)。

對於離子強度大於 10 或 15 mol/kg 的多成分電解質溶液，Pitzer 方程式通常不適

用。這種高離子強度發生在大氣氣溶膠 (aerosol) 中，例如海浪氣溶膠，其中水的蒸發產生在 NaCl 中過飽和的溶液 (海洋與大氣之間的海鹽通量估計為每年 10^{15} g)。Pitzer 及其同事開發了一種基於莫耳分率而不是重量莫耳濃度的 Pitzer 方程式，適用於極高濃度 [見 *Pitzer* (1995), pp. 308–316]。

10.8 離子結合

在第 10.5 節中，假定水溶液中的強電解質完全以離子形式存在。實際上，這種描述是不正確的，因為 (除了 1:1 電解質外) 溶液中帶相反電荷的離子之間存在大量結合，從而產生離子對。對於真正的電解質，我們從晶體中的離子開始，隨著晶體溶解而在溶液中得到溶劑化的離子，然後獲得一定程度的溶劑化離子結合以在溶液中形成離子對。離子對形成的平衡為

$$M^{z_+}(sln) + X^{z_-}(sln) \rightleftharpoons MX^{z_++z_-}(sln) \tag{10.69}$$

例如，在 $Ca(NO_3)_2$ 水溶液中，(10.69) 式為 $Ca^{2+}(aq) + NO_3^-(aq) \rightleftharpoons Ca(NO_3)^+(aq)$。

離子對的概念由比耶魯姆 (Bjerrum) 在 1926 年提出 (*Bockris and Reddy*, vol. I, sec. 3.8; *Davies*, chap. 15)。Bjerrum 提議 (而不是任意地) 將兩個帶相反電荷的離子足夠靠近，以使它們之間的吸引勢能的大小大於 $2kT$ (其中 k 為波茲曼常數)，可以將其視為離子對。Bjerrum 使用與 Debye 和 Hückel 相似的模型，找到了離子對結合度的理論表達式，作為電解質濃度 z_+、z_-、T、ε_r 和平均離子直徑 a 的函數。他的理論指出在水中，離子對的結合對於 1:1 電解質通常可以忽略不計，但對於 $z_+|z_-|$ 值較高的電解質 (即使在低濃度下) 也可能非常重要。隨著 z_+ 和 $|z_-|$ 的增加，離子間靜電引力的大小增加，並且離子對增加。

溶劑 H_2O 具有高介電常數 (由於水分子的極性)。在 ε_r 值較低的溶劑中，靜電吸引能的大小大於在水溶液中。因此，在這些溶劑中形成的離子對比在水中形成的離子對大。即使對於 1:1 的電解質，在低介電常數的溶劑中離子對的形成也很重要。

離子結合減少了溶液中離子的數量，因此降低了溶液的電導率。例如，在 $CaSO_4$ 溶液中，Ca^{2+} 和 SO_4^{2-} 結合形成中性 $CaSO_4$ 離子對；在 MgF_2 溶液中，Mg^{2+} 和 F^- 形成 MgF^+ 離子對。電解質溶液中的結合度可以從溶液的電導率測量中確定 (第 15.6 節)。例如，25°C 水中的 $MgSO_4$ 在 0.001 mol/kg 時的結合率為 10%。25°C 水中的 $CuSO_4$ 在 0.01 mol/kg 時的結合率為 35%，在 0.1 mol/kg 時的結合率為 57%。根據電導率數據，可以計算出離子結合反應 $M^{z_+} + X^{z_-} \rightleftharpoons MX^{z_++z_-}$ 的平衡常數。電導率數據表明，對於 1:1 電解質，離子結合在稀水溶液中並不重要，但有時在濃水溶液中則很重要。對於大多數具有較高 $z_+|z_-|$ 值的電解質，在稀和濃水溶液中離子結合都很重要。在無限稀釋的極限下，結合度趨近於零。圖 10.10 繪製了對於典型的 1:1、2:1、2:2 和 3:1 電解質，離子對中的陽離子百分比與水溶液中的莫耳濃度的關係圖。

電導率測量表明，Bjerrum 理論的定性結論通常是正確的，但有時缺乏與實驗的定量一致性。

離子對應與複合離子區分開。複合離子的形成在過渡金屬鹵化物的水溶液中很常見。在複合離子 $AgCl(aq)$ 和 $AgCl_2^-(aq)$ 中，Cl^- 離子與中心 Ag^+ 離子直接接觸，每個 Ag—Cl 鍵都具有大量的共價特徵。離子對的正離子和負離子通常保留至少一部分溶劑護套，並以離子(靜電)力保持在一起。溶液的吸收光譜通常可用於區分離子對和複合離子形成。在某些溶液中，離子對和複合離子都存在。

☕ 離子對的熱力學

考慮到 $MX^{z_++z_-}$ 離子對 [(10.69) 式] 的形成，對 10.5 節在溶劑 A 中含有 n 莫耳強電解質 $M_{\nu_+}X_{\nu_-}$ 的溶液的熱力學處理修改如下。

令 n_A、n_+、n_- 和 n_{IP} 以及 μ_A、μ_+、μ_- 和 μ_{IP} 分別為 A、M^{z+}、X^{z-} 和 $MX^{z_++z_-}$ 的莫耳數和化勢。將離子配對包括在內，吉布斯方程 (10.36) 變為

$$dG = -S\,dT + V\,dP + \mu_A\,dn_A + \mu_+\,dn_+ + \mu_-\,dn_- + \mu_{IP}\,dn_{IP} \quad (10.70)$$

如果未形成離子對，則來自 $M_{\nu_+}X_{\nu_-}$ 的陽離子和陰離子的莫耳數將為 $n_+ = \nu_+ n_i$ 和 $n_- = \nu_- n_i$ [(10.33) 式]。利用形成離子對，陽離子和陰離子的莫耳數分別減少了 n_{IP} [(10.69) 式]：

$$n_+ = \nu_+ n_i - n_{IP} \qquad n_- = \nu_- n_i - n_{IP} \quad (10.71)$$

$$dG = -S\,dT + V\,dP + \mu_A\,dn_A + \mu_+(\nu_+ dn_i - dn_{IP}) + \mu_-(\nu_- dn_i - dn_{IP}) + \mu_{IP}\,dn_{IP}$$

將平衡條件 $\mu_{IP} = \mu_+ + \mu_-$ 用於離子對形成反應 (10.69) 式可簡化 dG 為

$$dG = -S\,dT + V\,dP + \mu_A\,dn_A + (\nu_+\mu_+ + \nu_-\mu_-)\,dn_i \quad (10.72)$$

上式在沒有離子對的情況下與 (10.37) 相同。

因此，電解質的化勢 $\mu_i \equiv (\partial G/\partial n_i)_{T,P,n_{j\neq i}}$ 整體上與 (10.38) 式相同。因此，μ_i 的 (10.46) 式仍然成立。但是，(10.46) 中的 m_+ 和 m_- 發生了變化。令 α 為不與 X^{z-} 離子結合以形成離子對的離子 M^{z+} 的分率。如果未發生離子對，則溶液中 M^{z+} 的莫耳數為 $\nu_+ n_i$，其中 n_i 是用於製備溶液的 $M_{\nu_+}X_{\nu_-}$ 的莫耳數。若有離子對，溶液中 M^{z+} 的莫耳數為 $n_+ = \alpha\nu_+ n_i$。溶液中總共有 $\nu_+ n_i$ 莫耳 M，部分以 M^{z+} 離子形式存在，部分以 $MX^{z_++z_-}$ 離子對形式存在 [(10.71) 式]。因此離子對的莫耳數為

$$n_{IP} = \nu_+ n_i - n_+ = \nu_+ n_i - \alpha\nu_+ n_i = (1-\alpha)\,\nu_+ n_i \quad (10.73)$$

總共存在 $\nu_- n_i$ 莫耳 X，部分為 X^{z-}，部分在離子對中。因此 X^{z-} 的莫耳數是

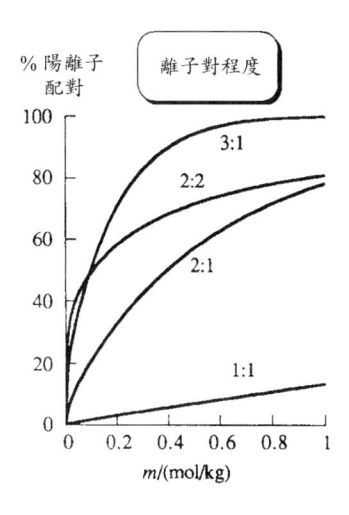

圖 10.10

25°C 下水中典型的離子對程度對莫耳濃度的關係。

$$n_- = v_- n_i - n_{IP} = [v_- - (1-\alpha)v_+] n_i \qquad (10.74)$$

將 n_+ 和 n_- 的方程除以溶劑質量，我們得到莫耳濃度

$$m_+ = \alpha v_+ m_i \qquad m_- = [v_- - (1-\alpha)v_+] m_i \qquad (10.75)$$

將這些莫耳濃度代入 (10.46) 式並利用 (10.45) 和 (10.50) 可得

$$\mu_i = \mu_i^\circ + vRT \ln (v_\pm \gamma_\pm^\dagger m_i/m^\circ) \qquad 強電解質 \qquad (10.76)$$
$$\gamma_\pm^\dagger \equiv \alpha^{v_+/v} [1-(1-\alpha)(v_+/v_-)]^{v_-/v} \gamma_\pm \qquad (\gamma_\pm^\dagger)^\infty = 1 \qquad (10.77)$$

其中 † 表示 $\gamma_\pm^\dagger$ 允許離子配對。$\gamma_\pm^\dagger$ 的無限稀釋值來自於 (10.77) 式中的定義和 $\gamma_\pm^\infty = 1$ [(10.47) 式]，以及在無限稀釋下離子對趨近於零的程度。若 $v_+ = v_-$，則 $\gamma_\pm^\dagger = \alpha \gamma_\pm$。

(10.76) 式與 (10.51) 式不同，$\gamma_\pm^\dagger$ 取代沒有離子配對的電解質的 $\gamma_\pm$。(10.51) 式和 (10.76) 式的比較顯示

$$\gamma_\pm^\dagger = \gamma_\pm \qquad 如果沒有離子配對$$

在 (10.77) 式中令 $\alpha = 1$，也可以得出此結果。

離子配對的程度並不是已知的，因此 (10.77) 式中的 α 可能未知。因此，對於強電解質，人們測量 $\gamma_\pm^\dagger$ 和製成表格而不是 $\gamma_\pm$。由於 (a) 溶液與理想稀釋行為之間的偏差和 (b) 離子對的形成，這使 (10.77) 式中的 α 小於 1，因此活性係數 $\gamma_\pm^\dagger$ 偏離 1。雖然對於強電解質而言，實際上是 $\gamma_\pm^\dagger$ 列表，但表 (例如表 10.2) 使用符號 $\gamma_\pm$ 代替 $\gamma_\pm^\dagger$。嚴格來講，$\gamma_\pm = \gamma_\pm^\dagger$ 僅用於不形成離子對的情況。

考慮離子結合可提高 Debye-Hückel 方程的準確性。離子對的形成減少了溶液中離子的數量。在計算離子強度時，不包括形成中性離子對相關的離子。此外，我們用 (10.77) 式將由 Debye-Hückel 理論計算出的活性係數 $\gamma_\pm$ 與實驗觀察到的活性係數 $\gamma_\pm^\dagger$ 相關聯。使用 Davies 方程式時，也應遵循這些步驟。戴維斯方程例子 (例 10.3) 忽略了離子對。對於該例中的稀薄溶液，這是一個相當不錯的近似值。

由於必須考慮並解決許多離子對平衡問題，因此考慮離子對會大大增加幾種電解質溶液的計算複雜度。離子對反應的平衡常數通常不是準確地知道。此外，離子對不能完全說明離子結合的所有影響，因為在 $|z|>1$ 的高濃度離子中，三個離子可能會相互結合形成三重離子。為了避免離子配對帶來的複雜性，一些研究者寧願忽略離子配對。因此，第 10.7 節的 Pitzer 模型假設沒有離子對。選擇 Pitzer 參數以適合實驗活性係數數據，因此這些參數的值隱含了離子對的影響。一些研究者將 Pitzer 方程與容許明確的離子配對結合使用，以獲得比忽略了離子對的 Pitzer 方程所給出的更好的結果 [請參見 *Pitzer* (1991), pp. 294, 306, 307]。完成此操作後，會將 Pitzer 參數從其常規值修改。

Pitzer 和 Meissner 方程未明確考慮離子對，因此可以藉由假設每種強電解質僅以離子形式存在來計算這些方程中的 I_m，並且設計這些方程可得出實驗觀察到的活性係

數 $\gamma_\pm^\dagger$。

對離子對的評論得出結論:「離子對可視為溶液中的真實物質」,並且「當至少一個離子對的電荷大於 1,離子配對在大多數溶劑中都可能成為真實」[Y. Marcus and G. Hefter, *Chem. Rev.*, **106,** 4585 (2006)]。

10.9 溶液成分的標準狀態熱力學性質

為了處理溶液中的化學平衡,我們希望將溶液中物質的標準狀態熱力學性質製成表格。如何確定這些性質?

非電解質溶液

對於使用常規 I 的非電解質溶液,標準狀態為純物質,我們知道如何確定純物質的標準狀態性質(請參閱第 5 章)。

對於固體和氣體溶質,最常用的是莫耳濃度。在溫度 T 下溶液中物質 i 的標準吉布斯生成能和標準生成焓由下式定義

$$\Delta_f G_T^\circ = (i, sln) \equiv \mu_{m,i}^\circ (T, P^\circ) - G_{\text{elem}}^\circ(T) \tag{10.78}$$

$$\Delta_f H_T^\circ = (i, sln) \equiv \overline{H}_{m,i}^\circ (T, P^\circ) - H_{\text{elem}}^\circ(T) \tag{10.79}$$

其中 i, sln 表示在某種特定溶劑中,溶液中的物質 i,$\mu_{m,i}^\circ$ 和 $\overline{H}_{m,i}^\circ$ 是溶液中 i 的莫耳標準狀態部分莫耳吉布斯能和焓,而 G_{elem}° 和 H_{elem}° 是形成 1 莫耳 i 所需的純、分離元素的標準狀態吉布斯能和焓。確定標準狀態莫耳濃度熱力學性質的一種方法是從溶解度數據得知——飽和溶液中的 μ_i 等於 μ_i^* 的事實使我們能夠將溶液中的性質與純物質性質相關聯。以下例子顯示如何完成此操作。

例 10.4 溶質的標準狀態性質

蔗糖在 25°C 和 1 bar 的水中的飽和溶液的莫耳濃度為 6.05 mol/kg。在飽和溶液中,蒸氣壓測量和 Gibbs–Duhem 方程給出 $\gamma_m(C_{12}H_{22}O_{11})$ = 2.87。對於 25°C 的純蔗糖,$\Delta_f G^\circ = -1544$ kJ/mol、$\Delta_f H^\circ = -2221$ kJ/mol 且 $S_m^\circ = 360$ J/(mol K)。在 25°C 和 1 bar 下,無限稀釋的蔗糖水溶液的微分熱為 5.9 kJ/mol。求 $C_{12}H_{22}O_{11}(aq)$ 的 $\Delta_f G_{298}^\circ$,$\Delta_f H_{298}^\circ$ 和 $\overline{S}_{298}^\circ$。

使用化學相等的相平衡條件,我們將純蔗糖的 μ 等同於飽和溶液中蔗糖的 μ。溶液中蔗糖的 μ 由 $\mu_i = \mu_{m,i}^\circ + RT \ln (\gamma_{m,i} m_i/m^\circ)$ [(10.28) 式] 給出,我們有

$$G_{m,i}^* = \mu_{m,i}^\circ(T, P^\circ) + RT \ln (\gamma_{m,i,\text{sat}}\, m_{i,\text{sat}}/m^\circ) \tag{10.80}$$

其中 $\gamma_{m,i,\text{sat}}$ 和 $m_{i,\text{sat}}$ 是飽和溶液中的蔗糖活性係數和莫耳濃度,$m^\circ \equiv 1$ mol/kg,而 $G_{m,i}^*$ 是純蔗糖的莫耳 G。從 (10.80) 式的每一邊減去 $G_{\text{elem}}(T, P^\circ)$ 得到

$$G_{m,i}^* - G_{\text{elem}} = \mu_{m,i}^\circ - G_{\text{elem}} + RT \ln (\gamma_{m,i,\text{sat}}\, m_{i,\text{sat}}/m^\circ)$$

根據定義，此方程的左側是純蔗糖的 $\Delta_f G°$；右邊的 $\mu_{m,i}° - G_{elem}$ 是蔗糖 (aq) 的 $\Delta_f G°$ [(10.78) 式]。因此

$$\Delta_f G°(i^*) = \Delta_f G°(i, sln) + RT \ln (\gamma_{m,i,sat}\, m_{i,\,sat}/m°) \tag{10.81}$$

$$-1544 \text{ kJ/mol} = \Delta_f G°(\text{蔗糖}, aq) + [8.314 \text{ J/(mol K)}](298\text{K})\ln(2.87 \times 6.05)$$

$$\Delta_f G°_{298}(\text{蔗糖}, aq) = -1551 \text{ kJ/mol}$$

為了找到蔗糖 (aq) 的 $\Delta_f H°$，我們從蔗糖的 $\Delta H_{\text{diff}}^\infty$ 開始，這是無限稀釋時水中蔗糖的部分莫耳焓與純蔗糖的莫耳焓在 1 bar 時的差異：$\Delta H_{\text{diff},i}^\infty = \overline{H}_i^\infty - H_{m,i}^*$ [(9.38) 式]。但是 $\overline{H}_i^\infty = \overline{H}_{m,i}°$，因此

$$\Delta H_{\text{diff},i}^\infty = \overline{H}_i^\infty - H_{m,i}^* = \overline{H}_{m,i}° - H_{m,i}^* = (\overline{H}_{m,i}° - H_{\text{elem}}°) - (H_{m,i}^* - H_{\text{elem}}°)$$

$$\Delta H_{\text{diff},i}^\infty = \Delta_f H°(i, sln) - \Delta_f H°(i^*) \tag{10.82}$$

$$5.9 \text{ kJ/mol} = \Delta_f H°(\text{蔗糖}, aq) - (-2221 \text{ kJ/mol})$$

$$\Delta_f H°(\text{蔗糖}, aq) = -2215 \text{ kJ/mol}$$

利用

$$\Delta_f G°(i, sln) = \Delta_f H°(i, sln) - T\Delta_f S°(i, sln) \tag{10.83}$$

可求得 $\overline{S}_{298}°(\text{蔗糖}, aq) = 408 \text{ J/(mol K)}$。

習題

從 $\mu_i° = \overline{H}_i° - T\overline{S}_i°$ [(9.28) 式] 減去元素的標準狀態熱力學性質，以得出 (10.83) 式。

☕ 電解質溶液

可以利用與前述例子中用於蔗糖 (aq) 相同的方法找到電解質溶質的標準狀態熱力學性質。對於溶液中的電解質，$\mu_i = \mu_{m,i}° + \nu RT \ln (\nu_\pm \gamma_\pm m_i/m°)$ [(10.51) 式]。將飽和溶液中的 μ_i 等同於純固體電解質的 μ，得出電解質 i 的以下方程式 [類似於 (10.81) 式]：

$$\Delta_f G°(i^*) = \Delta_f G°(i, sln) + \nu RT \ln (\nu_\pm \gamma_{\pm,\text{sat}} m_{i,\text{sat}}/m°) \tag{10.84}$$

從 (10.82) 式和 (10.83) 式，我們可以找到溶液中電解質 i 的 $\Delta_f H°$ 和 $\overline{S}°$。

對於電解質溶液，我們可以使用整個電解質的熱力學性質（μ_i、$\overline{H}_i$、$\overline{S}_i$ 等），並且這些性質可以藉由實驗確定。假設我們有 30 個常見陽離子和 30 個常見陰離子。這意味著我們必須測量水中 900 種電解質的熱力學性質。如果我們可以確定單離子化勢 μ_+ 和 μ_-，則僅需測量 60 個離子的值，因為可以從 $\mu_i = \nu_+ \mu_+ + \nu_- \mu_-$ [(10.38) 式] 確定電解質的 μ_i。不幸的是，單離子化勢不易測量。完成的工作是為氫離子分配任意的熱力學性質值，然後將相對於 $\text{H}^+(aq)$ 的其他水溶液離子的熱力學性質製成表格。

所採用的約定是，H^+ 離子水溶液的 $\Delta_f G°$ 在每個溫度下均為零：

$$\Delta_f G_T°[\text{H}^+(aq)] = 0 \quad\quad \text{按照約定} \tag{10.85}$$

在溫度為 T 且壓力為 1 bar = $P°$ 時，由標準狀態的 H_2 氣體生成標準狀態的 $\text{H}^+(aq)$ 的反應為

$$\tfrac{1}{2}\text{H}_2(\text{理想氣體}, P°) \to \text{H}^+(aq, m = m°, \gamma_m = 1) + \text{e}^-(ss) \tag{10.86}$$

其中 e⁻(ss) 表示 1 莫耳電子處於某些特定的標準狀態，我們將不作說明。無論 (10.86) 式的 $\Delta G°$ 值是多少，該值都會在計算水溶液中離子反應的熱力學性質變化時抵消。(10.86) 式的 $\Delta G°$ 值在涉及離子從一相輸送到另一相的反應的計算中不會被抵消，例如，反應 $\text{H}^+(g) \to \text{H}^+(aq)$，或半反應，例如 (10.86) 式。因此，約定 (10.85) 式不能用於計算離子輸送反應或半反應的熱力學量。此類反應不易利用實驗進行研究，但可以使用統計力學從理論上進行討論。

我們有 $d\Delta G°/dT = -\Delta S°$。由於 (10.86) 式的 $\Delta G°$ 在每個溫度下均為零，因此 (10.86) 式的 $d\Delta G°/dT$ 等於零，而 H⁺(aq) 生成反應 (10.86) 式的 $\Delta S°$ 在每個溫度下均為零：

$$\Delta_f S_T°[\text{H}^+(aq)] = 0 \quad \text{按照約定} \tag{10.87}$$

對於反應 (10.86) 式，我們還有 $\Delta H° = \Delta G° + T\Delta S° = 0 + 0 = 0$。因此

$$\Delta_f H_T°[\text{H}^+(aq)] = 0 \quad \text{按照約定} \tag{10.88}$$

在離子的熱力學性質表中，按照約定，將每個溫度下 H⁺(aq) 的標準狀態熵和熱容量設為零：

$$\bar{S}_T°[\text{H}^+(aq)] = 0 \quad \text{按照約定} \tag{10.89}$$

$$\bar{C}_{P,T}°[\text{H}^+(aq)] = 0 \quad \text{按照約定} \tag{10.90}$$

由採用 H⁺(aq) 的約定，我們可以找到相對於 H⁺(aq) 的水溶液離子的熱力學性質，如下所示。對於溶液中具有式 $\text{M}_{\nu_+}\text{X}_{\nu_-}$ 的電解質 i，(10.44) 式給出：$\mu_i° \equiv \nu_+\mu_+° + \nu_-\mu_-°$，其中使用了莫耳濃度。從這個方程式的每一邊減去 $G°_{\text{elem}}$ 並使用 (10.78) 式和相應的離子方程式可得

$$\Delta_f G°[i(aq)] = \nu_+\Delta_f G_+° + \nu_-\Delta_f G_-° \tag{10.91}$$

其中 $\Delta_f G_+°$ 和 $\Delta_f G_-°$ 是溶液中陽離子和陰離子的 $\Delta_f G°$。例如，$\Delta_f G_T°[\text{BaCl}_2(aq)] = \Delta_f G_T°[\text{Ba}^{2+}(aq)] + 2\Delta_f G_T°[\text{Cl}^-(aq)]$。

對於 $\bar{S}°$ 和 $\Delta_f H°$，可以從 (10.44) 式得出相似的關係：

$$\bar{S}°[i(aq)] = \nu_+\bar{S}_+° + \nu_-\bar{S}_-° \tag{10.92}$$

$$\Delta_f H°[i(aq)] = \nu_+\Delta_f H_+° + \nu_-\Delta_f H_-° \tag{10.93}$$

此外還有關係式 $\bar{V}_i^\infty = \nu_+\bar{V}_+^\infty + \nu_-\bar{V}_-^\infty$（即 $\bar{V}_i° = \nu_+\bar{V}_+° + \nu_-\bar{V}_-°$）。在這些方程式中，離子的標準狀態是虛擬狀態，該離子的 $m/m°$ 和 γ_m 等於 1。

可以利用實驗找到在 (10.91) 式到 (10.93) 式左側的電解質 i 的性質。觀察電解質 $\text{H}_{\nu_+}\text{X}_{\nu_-}(aq)$ 以及 H⁺(aq) 約定可得出 $\text{X}^{z-}(aq)$ 相對於 H⁺(aq) 的熱力學性質。然後，對 $\text{M}_{\nu_+}\text{X}_{\nu_-}(aq)$ 進行觀察，得出 $\text{M}^{z+}(aq)$ 的性質。

附錄中列出了 25°C 水中某些離子的標準狀態熱力學性質的值。

在 NBS 表中，狀態標記 a_i (代表水溶液，離子化) 表示電解質在水溶液中的整體熱力學性質 (10.91) 式至 (10.93) 式。水溶液中的離子對、複合離子和簡單離子的熱力學性質用 ao (水溶液，未解離) 表示。因此，NBS 表給出了在 298 K 下，離子化電解質 $ZnSO_4$ [(10.91) 式] 的 $\Delta_f G°[ZnSO_4(ai)] = -891.6$ kJ/mol，和 $ZnSO_4(aq)$ 離子對的 $\Delta_f G°[ZnSO_4(ao)] = -904.9$ kJ/mol (第 10.8 節)。

由於離子水合產生的強有序性，即使破壞高度有序的低熵晶體並且由兩種純物質產生的混合物，將鹽溶解在水中的 $\Delta S°$ 有時也為負值。

10.10 非理想氣體混合物

非理想氣體混合物

非理想氣體混合物的成分 i 的**標準狀態**為在混合物的溫度 T 及 1 bar 壓力下的純氣體 i，而此純氣體 i 表現出理想氣體行為。這個標準狀態的選擇與第 5.1 節純非理想氣體的相同且與第 6.1 節理想氣體混合物的成分的相同。一旦已知真實氣體的行為，就可以計算出該假想標準狀態的熱力學性質。

非理想氣體混合物成分的活性 a_i 定義如 (10.3) 式：

$$a_i \equiv \exp[(\mu_i - \mu_i°)/RT] \tag{10.94}$$

其中 μ_i 是混合物中氣體 i 的化勢，$\mu_i°$ 是 i 於標準狀態的化勢。取對數，類似於 (10.4) 式，我們有

$$\mu_i \equiv \mu_i°(T) + RT \ln a_i \tag{10.95}$$

對於非理想氣體混合物的成分，標準狀態 ($P = 1$ bar) 的選擇使得 $\mu_i°$ 僅取決於 T。

任何氣體混合物的成分的**逸壓** (fugacity) f_i 定義為 $f_i \equiv a_i \times 1$ bar：

$$f_i/P° = a_i \quad \text{其中 } P° = 1 \text{ bar} \tag{10.96}$$

由於 a_i 是無因次的，因此 f_i 具有壓力單位。由於 (10.94) 式中的 μ_i 是一個外延性質，它取決於 T、P 和混合物的莫耳分率，因此 f_i 是這些變數的函數：$f_i = f_i(T, P, x_1, x_2, ...)$。(10.95) 式變為

$$\mu_i \equiv \mu_i°(T) + RT \ln (f_i/P°) \tag{10.97}*$$

對於理想氣體混合物，由 (6.4) 式可知

$$\mu_i^{id} = \mu_i° + RT \ln (P_i/P°)$$

與 (10.97) 式的比較顯示，非理想氣體混合物的逸壓 f_i 與理想氣體混合物中的分壓 P_i 具有相同的作用。統計力學證明，在零壓力的極限，μ_i 接近 μ_i^{id}。此外，(10.97) 式中

的 μ_i° 與理想氣體混合物中的 μ_i° 相同。因此，當混合物的壓力 P 趨近於零時，(10.97) 式中的 f_i 趨近於 P_i，並且氣體變為理想：

$$\text{當 } P \to 0 \; f_i \to P_i \quad \text{或} \quad \lim_{P \to 0}(f_i/P_i) = 1 \tag{10.98}$$

非理想(或理想)氣體混合物中的氣體 i 的分壓 P_i 定義為 $P_i \equiv x_i P$ [(1.23) 式]。藉由氣體 i 的**逸壓係數** (fugacity coefficient) ϕ (phi) 測量 i 的逸壓 f_i 與氣體混合物中的分壓 P_i 的偏差。ϕ_i 的定義是 $\phi_i \equiv f_i/P_i \equiv f_i/x_i P$，所以

$$f_i = \phi_i P_i = \phi_i x_i P \tag{10.99}*$$

與 f_i 類似，ϕ_i 是 T、P 和莫耳分率的函數。

對於理想氣體混合物，對於每一成分 $f_i = P_i$ 且 $\phi_i = 1$。

逸壓和逸壓係數的形成毫無價值除非可以從實驗數據中找到 f_i 和 ϕ_i。我們現在展示如何做到這一點。由 (9.31) 式可知 $(\partial \mu_i/\partial P)_{T,n_j} = \bar{V}_i$。因此在恆定的 T 和 n_j 下，$d\mu_i = \bar{V}_i dP$，其中常數 n_j 表示包括 n_i 的所有莫耳數保持固定。在恆定的 T 和 n_j 下，由 (10.97) 式可得 $d\mu_i = RT \, d\ln f_i$。令 μ_i 的這兩個表達式相等，我們有 $RT \, d\ln f_i = \bar{V}_i dP$ 因此

$$d\ln f_i = (\bar{V}_i/RT)dP \quad T \cdot n_j \text{ 恆定} \tag{10.100}$$

因為 $f_i = \phi_i x_i P$ [(10.99) 式]，我們有 $\ln f_i = \ln \phi_i + \ln x_i + \ln P$ 且 $d\ln f_i = d\ln \phi_i + d\ln P = d\ln \phi_i + (1/P)dP$，因為 x_i 在恆定組成下是恆定。因此 (10.100) 式成為

$$d\ln \phi_i = (\bar{V}_i/RT)\, dP - (1/P)\, dP$$

$$\ln \frac{\phi_{i,2}}{\phi_{i,1}} = \int_{P_1}^{P_2} \left(\frac{\bar{V}_i}{RT} - \frac{1}{P} \right) dP \quad T \cdot n_j \text{ 恆定}$$

其中我們從狀態 1 到積分到狀態 2。當 $P_1 \to 0$，我們有 $\phi_{i,1} \to 1$ [(10.98) 式]，我們的最終結果是

$$\ln \phi_{i,2} = \int_0^{P_2} \left(\frac{\bar{V}_i}{RT} - \frac{1}{P} \right) dP \quad T \cdot n_j \text{ 恆定} \tag{10.101}$$

在溫度 T、(總)壓力 P_2 和某組成的情況下，為了確定混合物中氣體 i 的逸壓係數，我們測量混合物中的部分莫耳體積 $\bar{V}_i$ 作為壓力的函數。然後我們繪製 $\bar{V}_i/RT - 1/P$ 與 P 的關係，並測量曲線下面積從 $P = 0$ 到 $P = P_2$。一旦 $\phi_{i,2}$ 已知，則從 (10.99) 式知道 $f_{i,2}$。對於某 T、P 範圍和組成，一旦求得逸壓 f_i，則對此範圍可求得 (10.97) 式中的化勢 μ_i。從 μ_i，我們可以計算出混合物的所有熱力學性質。

☕ 純非理想氣體

對於單組分非理想氣體混合物的特殊情況，即純非理想氣體，部分莫耳體積 $\bar{V}_i$ 變為氣體的莫耳體積 V_m 和方程式 (10.97)、(10.98)、(10.99) 和 (10.101) 成為

非極性氣體的逸壓係數

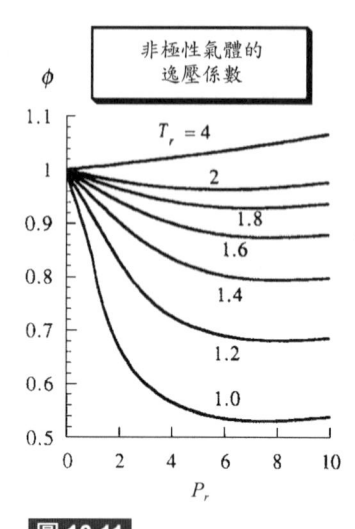

圖中：$T_r = 4, 2, 1.8, 1.6, 1.4, 1.2, 1.0$

圖 10.11
非極性氣體的典型逸壓係數 ϕ 是對比實數的函數。

$$\mu_i \equiv \mu°(T) + RT \ln (f_i/P°) \tag{10.102}$$

$$f = \phi P \qquad 當 P \to 0,\ f \to P \tag{10.103}$$

$$\ln \phi_2 = \int_0^{P_2} \left(\frac{V_m}{RT} - \frac{1}{P} \right) dP \qquad T \text{恆定} \tag{10.104}$$

其中 f 是 T 和 P 的函數；$f = f(T, P)$。

(10.104) 式中的積分可以從 V_m 對 P 的測量值或由狀態方程式進行估算。在 (10.104) 式中使用維里方程式 (8.5) 可得下列簡單的結果

$$\ln \phi = B^{\dagger}(T)P + \tfrac{1}{2}C^{\dagger}(T)P^2 + \tfrac{1}{3}D^{\dagger}(T)P^3 + \cdots \tag{10.105}$$

根據對應狀態定律 (第 8.7 節)，不同的氣體在相同的對比溫度 (reduced temperature) 和對比壓力 (reduced pressure) 具有大致相同的逸壓係數。圖 10.11 顯示了幾個 T_r 值下 ϕ (幾種非極性氣體的平均值) 對 P_r 的關係圖 [有關更多的圖表，請參見 R. H. Newton, *Ind. Eng. Chem.*, **27,** 302 (1935); R. H. Perry and C. H. Chilton, *Chemical Engineers' Handbook,* 5th ed., McGraw-Hill, 1973, p. **4**-52.]。

圖 10.12 顯示了 50°C 下 CH_4 的 ϕ 和 f 對 P 的關係曲線。當 ϕ 小於 1，氣體的 $G_m = \mu = \mu° + RT \ln (\phi P/P°)$ 小於相應的理想氣體 $G_m^{id} = \mu^{id} = \mu° + RT \ln (P/P°)$；由於分子間的吸引力，氣體比相應的理想氣體更穩定。

逸壓的概念有時會延伸到液相和固相，但這一點是活性概念的不必要的重複。

混合物逸壓的測定

(10.97) 式根據 i 的逸壓 f_i 給出非理想氣體混合物的每種成分的 μ_i。由於所有熱力學性質均來自 μ_i，我們原則上解決了非理想氣體混合物的熱力學問題。然而，(10.101) 式的逸壓係數的實驗估算需要大量的工作，因為每個成分的部分莫耳體積 $\bar{V}_i$ 必須確定為 P 的函數。此外，如此獲得的逸壓僅適用於一種特定的混合物組成。通常，我們想要各種混合物組成的 f_i，並且對於每種這樣的組成，必須測量 $\bar{V}_i$ 作為 P 的函數並且進行積分。

氣體混合物中的逸壓係數可以使用 Lewis-Randall 規則：$\phi_i \approx \phi_i^*(T, P)$ 從純氣體 (相對容易測量) 的逸壓係數粗略估算，其中 ϕ_i 是混合物中的氣體 i 的逸壓係數而 $\phi_i^*(T, P)$ 是在混合物的溫度 T 和 (總) 壓力 P 下純氣體 i 的逸壓係數。例如，對於 1 bar 和 0°C 的空氣，N_2 的逸壓係數可用純 N_2 在 0°C 和 1 bar 下的逸壓係數來估算。

在 T 和 P 的混合物中取 ϕ_i 等於 $\phi_i^*(T, P)$，相當於假設氣體混合物中的分子間相互作用與純氣體中的相互作用相同，因此 i 分子不知道混合物

與純氣體之間的環境有任何差異。所有物種之間具有相同的分子間相互作用，我們有一理想溶液(第 9.6 節)。在理想溶液中，$\bar{V}_i(T, P) = V_{m,i}^*(T, P)$ 且由 (10.101) 式和 (10.104) 式的比較證明，在 T 和 P 的混合物中的 ϕ_i 等於 $\phi_i^*(T, P)$。Lewis-Randall 規則顯然在混合物中效果最好，其中分子具有相似的大小和相似的分子間力。當不同分子對的分子間力顯著不同時(經常發生)，該規則可能會產生大的誤差。儘管其不準確，但還是經常使用 Lewis-Randall 規則，因為它易於應用。

比 Lewis-Randall 規則更好的方法是由混合物的可靠狀態方程(例如，第 8.2 節的 Redlich-Kwong 方程式)來找到一個 $\bar{V}_i$ 的表達式並將該表達式代入 (10.101) 式中來找到 ϕ_i。為了將狀態方程式應用於混合物，人們使用規則根據純氣體的參數來表示混合物狀態方程式中的參數，見第 8.2 節。在 *Poling, Prausnitz, and O'Connell*, sec. 5-8 中給出了幾個精確的狀態方程式的 $\ln \phi_i$ 的顯式方程式。

☕ 液－氣平衡

非理想氣體混合物中 μ_i 的表達式是將理想氣體混合物 μ_i 中的 P_i 以 f_i 替換而得。因此，考慮到氣體非理想性，在第 10.3 節的液體－蒸氣平衡方程式中的所有壓力和分壓均被逸壓取代。例如，如果蒸氣是理想的，則溶液的蒸氣分壓為 $P_i = \gamma_{I,i} x_i^l P_i^*$ [(10.14) 式]。對於非理想蒸氣，該方程式變為

$$f_i = \gamma_{I,i} x_i^l f_i^*$$

其中 f_i^* 是在溶液溫度下與純液體 i 平衡的蒸氣的逸壓，x_i^l 和 $\gamma_{I,i}$ 是溶液中 i 的莫耳分率和約定 I 活性係數，f_i 為非理想氣體混合物與溶液平衡時 i 的逸壓。對於零到幾個大氣壓的壓力範圍，截取的維里方程式 $V_m = RT/P + B$ [(8.7) 式和 (8.11) 式之後的段落] 被廣泛用於校正液－氣研究的氣體非理想性。

圖 10.12
CH_4 在 50°C 的逸壓係數 ϕ 和逸壓 f 對 P 作圖。虛線對應於理想氣體行為，其中 $f = P$ 且 $\phi = 1$。

10.11 總結

非理想固體或液體溶液成分的最重要的化勢 μ_i 是以活性和活性係數表示。定義了每個成分 i 的標準狀態，然後定義它的活性 a_i，使得 $\mu_i = \mu_i^\circ + RT \ln a_i$，其中 μ_i° 是 i 的標準狀態化勢。

所有標準狀態都在溶液的 T 和 P。如果使用莫耳分率，活性 a_i 表示為 $a_i = \gamma_i x_i$，其中 γ_i 是莫耳分率活性係數。莫耳分率標準狀態的兩種不同選擇給出了約定 I 和約定 II。約定 I (用於兩種液體的混合物) 取純成分為

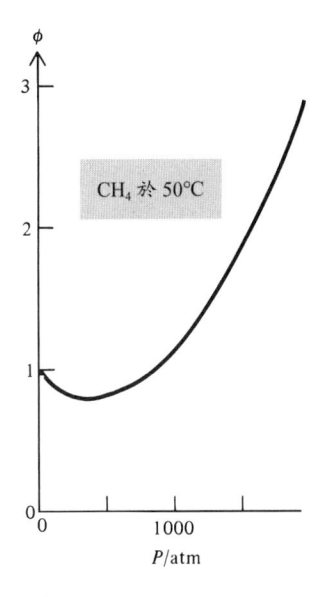

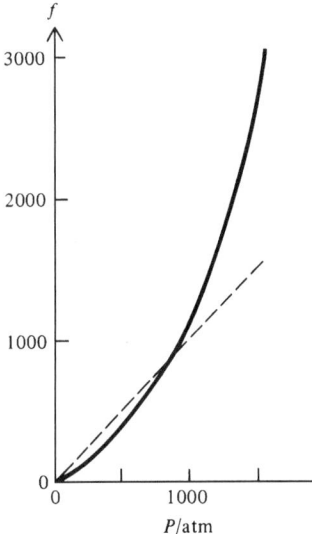

每個成分的標準狀態。約定 II (用於固體或氣體溶質在液體溶劑中的溶液) 取純溶劑作為溶劑的標準狀態並取純溶質的假想狀態作為每種溶質的標準狀態，亦即溶質分子經歷相同的分子間力，它們在無限稀薄的溶液。如果使用重量莫耳濃度，每個溶質活性為 $a_{m,i} = \gamma_{m,i} m_i/m°$，其中 $\gamma_{m,i}$ 是重量莫耳濃度活性係數；溶劑活性是 $a_A = \gamma_A x_A$；溶質標準狀態是假想狀態，其中 $\gamma_{m,i} = 1$ 且 $m_i = 1$ mol/kg；溶劑標準狀態是純溶劑。莫耳濃度類似於重量莫耳濃度，但用 c_i 而不是 m_i。

對於約定 I，當溶液變成純 i 時，物質 i 的活性係數 $\gamma_{I,i}$ 趨近於 1。對於約定 II，使用重量莫耳濃度和莫耳濃度，在純溶劑的無限稀薄極限下，所有活性係數均為 1。$\gamma_{I,i}$ 與 1 的偏差，可測量與理想溶液行為的偏差，而 $\gamma_{II,i}$、$\gamma_{m,i}$ 和 $\gamma_{c,i}$ 測量與理想稀薄溶液行為的偏差。

電解質溶液需要特殊處理。對於強電解質 $M_{\nu_+}X_{\nu_-}$，溶液中的電解質化勢為 $\mu_i = \mu_i° + \nu RT \ln (\nu_\pm \gamma_\pm m_i/m°)$，其中該方程式中的量的含義總結在第 10.5 節末。非常稀薄溶液中的電解質活性係數可以從 Debye-Hückel 理論中找到。

從活性係數、溶解度和溶液熱量的測量，人們可以找到溶液成分的標準狀態部分莫耳性質。熱力學表取水溶液中溶質 i 的標準狀態為假想的重量莫耳濃度標準狀態，其中對於非電解質和單一離子 $m_i = 1$ mol/kg 且 $\gamma_{m,i} = 1$。熱力學表中的單一離子性質是基於將 $\bar{S}°$、$\Delta_f G°$、$\Delta_f H°$ 和 $H^+(aq)$ 的 $C_P°$ 取為零的約定。

在非理想氣體混合物中，定義了逸壓 f_i 和逸壓係數 ϕ_i 所以化勢的形式為 $\mu_i = \mu_i° + RT \ln (f_i/P°) = \mu_i° + RT \ln (\phi_i P_i/P°)$，其中 $P_i \equiv x_i P$，每個成分的標準狀態是假設純理想氣體在 1 bar 和混合物的溫度。混合物中的逸壓係數可以從混合物的 P-V-T 數據中找到，或者可以根據混合物的狀態方程式估算。

本章討論的重要計算類型包括：

- 使用 $P_i = \gamma_{I,i} x_i^l P_i^*$ 或 $P_i = K_i \gamma_{II,i} x_i^l$ 和 $P_A = \gamma_{II,A} x_A^l P_A^*$ 從蒸氣壓數據計算活性係數。
- 由溶劑蒸氣壓數據和 Gibbs-Duhem 方程式計算非揮發性溶質的活性係數。
- 根據 Debye-Hückel 方程式或戴維斯方程式計算電解質活性係數。
- 根據 P-V-T 數據或狀態方程式計算逸壓係數。

習題

第 10.1 節

10.1 對或錯？(a) 當溶液成分處於其標準狀態時，其活性為 1。(b) 如果在等溫，等壓過程中 μ_i 增加，則 a_i 必須增加。(c) a_i 和 γ_i 是內含性質。(d) 約定 I 標準狀態與理想溶液的狀態相同，並且約定 II 標準狀態與理想稀薄溶液相同。(e) 當極限 $x_i \to 1$，所有活性係數 γ_i 趨近於 1。

10.2 對於以下每個數量，說明其值是否取決於 i 的標準狀態選擇：(a) μ_i；(b) μ_i°；(c) γ_i；(d) a_i。

第 10.3 節

10.3 對或錯？(a) 對於溶液中的溶劑，$\gamma_{\text{II},A} = \gamma_{\text{I},A}$。(b) 對於溶液中的溶劑，$a_{\text{II},A} = a_{\text{I},A}$。

10.4 在 35°C 時，氯仿的蒸氣壓為 295.1 torr，乙醇 (eth) 的蒸氣壓為 102.8 torr。在 35°C，$x_{\text{eth}}^l = 0.200$ 的氯仿－乙醇溶液的蒸氣壓為 304.2 torr，蒸氣組成為 $x_{\text{eth}}^v = 0.138$。(a) 計算溶液中氯仿和乙醇的 γ_i 和 a_{I}。(b) 計算溶液每一成分的 $\mu_i - \mu_i^*$。(c) 計算在 35°C 下混合 0.200 mol 液體乙醇和 0.800 mol 液體氯仿的 ΔG。(d) 計算相應理想溶液的 $\Delta_{\text{mix}}G$。

10.5 (a) 在 25°C，某蔗糖水溶液的蒸氣壓為 23.34 torr，水的蒸氣壓在 25°C 為 23.76 torr，求該蔗糖溶液中溶劑水的活性。(b) 2.00 mol/kg 蔗糖水溶液在 25°C 的蒸氣壓為 22.75 torr，求該溶液中溶劑水的活性和活性係數。

第 10.4 節

10.6 對於 1.50 mol/kg 25°C 的蔗糖水溶液，溶質蔗糖的 $\gamma_m = 1.292$。對於此溶液，求蔗糖的 γ_{II}、a_{II} 和 a_m。

第 10.5 節

10.7 對於下列每一種電解質，給出 ν_+、ν_-、z_+ 和 z_- 的值：(a) KCl；(b) $MgCl_2$；(c) $MgSO_4$；(d) $Ca_3(PO_4)_2$。(e) 電解質 (a)~(d) 中的哪一種是 1:1 的電解質？

第 10.7 節

10.8 計算含有 0.0100 mol KCl、0.0050 mol $MgCl_2$、0.0020 mol $MgSO_4$ 和 100 g H_2O 的溶液中的離子強度 I_m。

10.9 對於單一強電解質的溶液，證明 $I_m = \frac{1}{2} z_+ |z_-| \nu m_i$。

10.10 在 25°C 和 1 atm 下，在 0.03 mol/kg HCl 的 CH_3OH 溶液中計算 $\gamma_\pm$。對於 25°C 和 1 atm 的 CH_3OH，介電常數為 32.6，密度為 0.787 g/cm^3。假設 $a = 3$Å。

第 10.10 節

10.11 (a) 對於遵循維里方程式 (8.5) 的純氣體，導出 (10.105) 式。(b) 使用 (8.6) 式和 (8.9) 式，證明對於凡德瓦氣體

$$\ln \phi = \frac{bRT - a}{R^2 T^2} P + \frac{2abRT - a^2}{2R^4 T^4} P^2 + \cdots$$

10.12 (a) 對於 CO_2，臨界溫度和壓力為 304.2 K 和 72.8 atm。假設 CO_2 遵循凡德瓦方程式並使用來自習題 10.11b 的結果，估算 CO_2 在 1.00 atm 和 75°C 以及 25.0 atm 和 75°C 下的 ϕ。與在 1 atm 的實驗值 0.9969 和在 25 atm 的 0.92 相比較。(b) 使用 Lewis-Randall 規則估算 75°C 和 25.0 atm 下 1.00 mol CO_2 和 9.00 mol O_2 的混合物中 CO_2 的逸壓和逸壓係數。

10.13 對於純氣體，證明 $\ln \phi = (G_m - G_m^{\text{id}})/RT$，其中 G_m^{id} 是相同 T 和 P 下，相應理想氣體的莫耳吉布斯能量。

10.14 (a) 在 0°C，將 1.000 mol 理想氣體由 1.000 atm 等溫壓縮至 1000 atm，計算 ΔG。(b) 對於 0°C 的 N_2，在 1000 atm 時 $\phi = 1.84$ 而在 1 atm 時 $\phi = 0.9996$。在 0°C 下，將 1.000 mol 的 N_2 由 1.000 atm 等溫壓縮至 1000 atm，計算 ΔG。

10.15 四氯化碳 (car) 和氯仿 (chl) 在 40.0°C 下的液體混合物，其中 $x_{\text{chl}} = 0.5242$，具有蒸氣壓 301.84 torr，並具有氣相組成 $x_{\text{chl}}^v = 0.6456$。純液體 40°C 蒸氣壓是 $P_{\text{chl}} = 360.51$ torr 和 $P_{\text{car}} = 213.34$ torr。純氣體的 40°C 第二維里係數為 $B_{\text{chl}} = -1040$

cm^3/mol，$B_{ct} = -1464$ cm^3/mol。(a) 使用 Lewis-Randall 規則和省略 (10.105) 式 $B^\dagger P$ 後的項，以估算飽和蒸氣混合物和純飽和蒸氣中的逸度係數 ϕ_{chl} 和 ϕ_{car}。(b) 使用 (a) 中的逸壓係數計算液體混合物中的活性係數 $\gamma_{I,chl}$ 和 $\gamma_{I,car}$。(c) 計算活性係數 $\gamma_{I,chl}$ 和 $\gamma_{I,ct}$ 假設蒸氣混合物和純蒸氣是理想的。

一般問題

10.16 對或錯？(a) 當溶液成分處於其標準狀態時，其活性為 1。(b) 如果溶液成分的活性等於 1，則成分必須處於其標準狀態。(c) 活性 a_i 不為負。(d) 活性係數不為負。(e) $\gamma_\pm = (\gamma_+)^{\nu_+}(\gamma_-)^{\nu_-}$。(f) 將鹽溶解在水中的 $\Delta S°_{298}$ 是正的。

第 11 章

在非理想系統中的反應平衡

如 第 6 章開頭所述，反應平衡計算具有重要的工業、環境、生物化學和地球化學應用。第 6 章討論了理想氣體反應中的平衡而第 9.8 節提到理想稀薄溶液中的平衡。水溶液中的平衡通常涉及離子物質，為此理想的稀薄溶液近似值很差。一些關鍵的工業氣相反應在高壓下進行，其中氣體遠非理想。因此，必須知道如何計算非理想系統中的平衡組成，這正是第 11 章的內容。

11.1 平衡常數

對於具有化學計量數 v_i 的化學反應 $0 \rightleftharpoons \Sigma_i v_i A_i$，反應平衡條件是 $\Sigma_i v_i \mu_{i,\mathrm{eq}} = 0$ [(4.98) 式]，其中 $\mu_{i,\mathrm{eq}}$ 是第 i 物種的化勢 (部分莫耳吉布斯能量) 的平衡值。

為了獲得 μ_i 的方便表達式，對於每個物種 i 我們選擇標準狀態並定義反應混合物中 i 的**活性** (activity) a_i 為

$$a_i \equiv e^{(\mu_i - \mu_i^\circ)/RT} \tag{11.1}$$

其中 μ_i 是反應混合物中 i 的化勢，μ_i° 是其標準狀態化勢。活性 a_i 取決於標準狀態的選擇，除非已指定標準狀態，否則無意義。從 (11.1) 式，a_i 取決於與 μ_i 相同的變數。活性 a_i 是無因次的內含性質。(11.1) 式與 (10.3) 式和 (10.94) 式的比較證明，(11.1) 式中的 a_i 是我們先前定義的固體、液體或氣體混合物中物質的活性。第 11.7 節中的表 11.1 總結了標準狀態的選擇。(11.1) 式取對數，我們得到

$$\mu_i = \mu_i^\circ + RT \ln a_i \tag{11.2}*$$

將 (11.2) 式代入平衡條件 $\Sigma_i v_i \mu_{i,\mathrm{eq}} = 0$ 可得

$$\sum_i v_i \mu_i^\circ + RT \sum_i v_i \ln a_{i,\mathrm{eq}} = 0 \tag{11.3}$$

其中 $a_{i,\mathrm{eq}}$ 是活性 a_i 的平衡值。該方程式中的第一個和被定義為 ΔG°，即反應的**標準吉**

布斯能量變化 (standard Gibbs energy change)(每一個反應物和生成物在標準狀態)。我們有 $\Sigma_i \nu_i \ln a_{i,eq} = \Sigma_i \ln(a_{i,eq})^{\nu_i} = \ln \Pi_i (a_{i,eq})^{\nu_i}$ [(1.70) 式和 (1.69) 式]，所以 (11.3) 式成為

$$\Delta G° + RT \ln \prod_i (a_{i,eq})^{\nu_i} = 0$$

將 $K°$ 定義為上式中的乘積，我們得到了

$$\Delta G° = -RT \ln K° \qquad (11.4)*$$

$$\Delta G° \equiv \sum_i \nu_i \mu_i° \qquad (11.5)*$$

$$K° \equiv \prod_i (a_{i,eq})^{\nu_i} \qquad (11.6)*$$

($\Sigma_i \nu_i \mu_i°$ 更好的符號也許是 $\Delta \mu°$，但 $\Delta G°$ 是常用的符號。)

$K°$ 稱為**標準平衡常數** (standard equilibrium constant)、**活性平衡常數** (activity equilibrium constant)，或者只是**平衡常數**。我們選擇標準狀態 $\mu_i°$ 最多與 T 和 P 有關 (對於氣體，$\mu_i°$ 僅與 T 有關)。因此 $\Delta G°$ 最多與 T 和 P 有關，且 $K° = \exp(-\Delta G°/RT)$，最多與 T 和 P 有關，而與莫耳分率無關。因此，我們「解決」了任意系統中化學平衡的問題。當活性使得 $\Pi_i(a_i)^{\nu_i}$ 等於平衡常數 $K°$ 時，發生平衡位置，其中從 (11.4) 式可知 $K° = \exp(-\Delta G°/RT)$。為了在實際意義上解決問題，我們必須用實驗可觀察量來表達活性。

11.2 非電解質溶液的反應平衡

為了將上一節的結果應用於非電解質溶液，我們選擇第 10 章的一個約定，並將活性 a_i 的適當表達式引入 (11.6) 式的平衡常數 $K°$。

最常見的是，溶液的一種成分被稱為溶劑。對於溶劑，我們使用莫耳分率 [(10.30) 式]。對於溶質，可以使用莫耳分率，重量莫耳濃度或莫耳濃度。

如果將莫耳分率用於溶質，則物種 i 的活性 $a_{x,i}$ 為 $a_{x,i} = \gamma_{\text{II},i} x_i$ [(10.5) 式]，其中 γ_II 表示約定 II 活性係數 (第 10.1 節)，在無限稀薄時趨近於 1。a 的下標 x 提醒我們，活性取決於使用的莫耳分率。(11.6) 式中的平衡常數 $K°$ 則變為 $K_x = \Pi_i (\gamma_{\text{II},i} x_i)^{\nu_i}$，其中 K 的下標表示使用莫耳分率，並且為簡單起見省略了 eq 下標。(11.4) 式和 (11.5) 式變為 $\Delta G_x° \equiv \Sigma i \nu_i \mu_{\text{II},i}° = -RT \ln K_x$。

水溶液中物質的熱力學數據通常列表為重量莫耳濃度標準狀態。因此，最常用的是溶質的重量莫耳濃度。從 (10.32) 式可知，溶質 i 的活性以重量莫耳濃度表示為 $a_{m,i} = \gamma_{m,i} m_i/m°(I \neq A$，其中 A 是溶劑)，其中標準重量莫耳濃度 $m°$ 等於 1 mol/kg。平衡常數 (11.6) 式變為

$$K_m° = (\gamma_{x,A} x_A)^{\nu_A} \prod_{i \neq A} (\gamma_{m,i} m_i/m°)^{\nu_i} \qquad (11.7)$$

K 的上標 ° 表示無因次平衡常數。對於溶劑 A 保留莫耳分率，因此 (11.7) 式中的溶劑

活性在形式上與溶質活性不同。如果溶劑未出現在化學反應中，則溶劑化學計量數 v_A 為零。如果溶液是稀薄的，則 x_A 和 $\gamma_{x,A}$ 都接近 1，並且從 K_m° 省略因子 $(\gamma_{x,A} x_A)^{v_A}$ 是一個很好的近似值。對於重量莫耳濃度，(11.4) 式和 (11.5) 式成為

$$\Delta G_m^\circ = -RT \ln K_m^\circ \qquad (11.8)$$

$$\Delta G_m^\circ \equiv v_A \mu_{x,A}^\circ + \sum_{i \neq A} v_i \mu_{m,i}^\circ \qquad (11.9)$$

注意，即使溶液非常稀薄，也不能從 ΔG_m° (除非 $v_A = 0$) 省略溶劑的 μ°。

莫耳濃度標度偶爾用於溶質活性。此處，$a_{c,i} = \gamma_{c,i} c_i/c^\circ$ [(10.32) 式]。

K_c° 和 ΔG_c° 的方程式與 (11.7) 式到 (11.9) 式相同，只是以字母 c 替換字母 m。

K_x、K_c° 和 K_m° 對於相同的反應具有不同的值。同樣，對於相同的反應，ΔG_x°、ΔG_c° 和 ΔG_m° 是不同的，因為標準狀態量 μ_i° 的值取決於物種 i 的標準狀態的選擇。因此，在使用吉布斯自由能數據計算平衡組成時，必須清楚對於列表數據的標準狀態的選擇是什麼。

為了應用這些表達式來計算平衡組成，我們使用了第 10 章討論的程序，以確定活性係數。如果非電解質溶液是稀薄的，我們可以將每個活性係數近似為 1。對於理想稀薄溶液，平衡常數 K_x 可簡化為表達式 $K_x = \Pi_i (x_{i,\text{eq}})^{v_i}$ (第 9.8 節)。

由於溶質 i 的 $\mu_{m,i}^\circ$ 取決於何種溶劑，給定反應的平衡常數 K_m° 在不同溶劑中是不同的。而且，由於不同的分子間相互作用，活性係數在不同溶劑中是不同的。因此，平衡量在不同溶劑中不同。

11.3 電解質溶液中的反應平衡

最常研究的溶液平衡是水溶液中的離子平衡。除了在無機化學中很重要外，離子平衡在生物化學中也很重要。對於大多數生物學上重要的反應，至少一些涉及的物質是離子。實例包括有機磷酸鹽 [如三磷酸腺苷 (adenosine triphosphate, ATP)] 和參與代謝能轉化的某些酸 (如檸檬酸) 的陰離子；H_3O^+ 和 Mg^{2+} 等無機離子參與許多生化反應。

由於離子物種的熱力學數據通常以重量莫耳濃度標準狀態列表，對於電解質，我們將使用 (11.7) 式的重量莫耳濃度平衡常數 K_m°。

溶液中的許多離子反應是酸鹼反應。我們採用布朗斯特 (Brønsted) 的定義，**酸** (acid) 為質子供體而**鹼** (base) 為質子受體。

水分子是兩性的 (amphoteric)，這意味著水可以作為酸或鹼。在純液態水和水溶液中，以下解離反應發生的程度很小：

$$H_2O + H_2O \rightleftharpoons H_3O^+ + OH^- \qquad (11.10)$$

對於 (11.10) 式，活性平衡常數 (11.6) 式是

$$K_w^\circ = \frac{a(H_3O^+)a(OH^-)}{[a(H_2O)]^2} \tag{11.11}$$

其中下標 w (對於水) 是慣例。溶劑 H_2O 的標準狀態是純 H_2O，所以對於純 H_2O，$a(H_2O) = 1$ [(11.1) 式]。在水溶液中，$a(H_2O) = \gamma_x(H_2O)x(H_2O)$。對於稀薄水溶液，莫耳分率 $x(H_2O)$ 接近 1，並且 (因為 H_2O 不帶電) $\gamma_x(H_2O)$ 接近 1。因此，我們通常在稀薄水溶液中，將 $a(H_2O)$ 近似為 1。對於每一離子，使用 $a(H_2O) \approx 1$，和 $a_i = \gamma_i m_i/m^\circ$ [(10.32) 式] 可得

$$K_w^\circ = a(H_3O^+)a(OH^-) = [\gamma(H_3O^+)m(H_3O^+)/m^\circ][\gamma(OH^-)m(OH^-)/m^\circ]$$

其中 $m^\circ \equiv 1$ mol/kg，且其中下標 m 從 γ 中省略。本節中所有無下標的活性係數均採用重量莫耳濃度。這個表達式與 (11.7) 式的不同之處在於省略了溶劑的活性。平均莫耳離子活性係數 $\gamma_\pm$ 定義為 $(\gamma_\pm)^{\nu_+ + \nu_-} = (\gamma_+)^{\nu_+}(\gamma_-)^{\nu_-}$ [(10.43) 式]。對於 H_2O 電離，$\nu_+ = 1 = \nu_-$，$\gamma_\pm^2 = \gamma_+\gamma_-$，且 K_w° 變成

$$K_w^\circ = \gamma_\pm^2 m(H_3O^+) m(OH^-)/(m^\circ)^2 \quad\quad 稀薄水溶液 \tag{11.12}*$$

實驗給出在 25°C 和 1 atm 下 K_w° 為 1.00×10^{-14}。在純水中 $\gamma_\pm$ 近似 1，我們得到在 25°C 的純水，$m(H_3O^+) = m(OH^-) = 1.00\times10^{-7}$ mol/kg。這給出了離子強度 $I_m = 1.00\times10^{-7}$ mol/kg。戴維斯方程式 (10.68) 給出在純水中 $\gamma_\pm = 0.9996$，此值基本上等於 1。因此在 25°C 的純水中，H_3O^+ 和 OH^- 重量莫耳濃度等於 1.00×10^{-7} mol/kg。在非極稀薄的水溶液中，(11.12) 式中的 $\gamma_\pm$ 可能不會接近 1。

由於溶液中每種物質的 μ° 取決於壓力，反應的 ΔG° 取決於壓力，溶液中反應的平衡常數取決於壓力。但是，這種依賴性很弱。通常，確定溶液中的平衡常數是對 P 接近 1 bar 而言，本節假定 $P = 1$ bar。

接下來，考慮弱酸 HX 在水溶液中的解離。解離反應和重量莫耳濃度平衡常數 (11.7) 式為

$$HX + H_2O \rightleftharpoons H_3O^+ + X^- \tag{11.13}$$

$$K_a^\circ = \frac{[\gamma(H_3O^+)m(H_3O^+)/m^\circ][\gamma(X^-)m(X^-)/m^\circ]}{\gamma(HX)m(HX)/m^\circ} \tag{11.14}$$

其中下標 a(對於酸) 是慣例，並且溶劑 H_2O 的活性在稀薄溶液中近似為 1。圖 11.1 繪製了水中某些酸在 25°C 和 1 bar 時的 K_a°。在大多數應用中，HX 重量莫耳濃度相當低，並且對於不帶電物種 HX，取 $\gamma = 1$ 是一個很好的近似值。但是，即使 X^- 和 H_3O^+ 重量莫耳濃度通常遠低於 HX 重量莫耳濃度，對這些離子，我們不能令 $\gamma = 1$。即使在非常稀薄的溶液中，離子的 γ 也明顯偏離 1。使用 (10.43) 式引入 $\gamma_\pm$，我們有

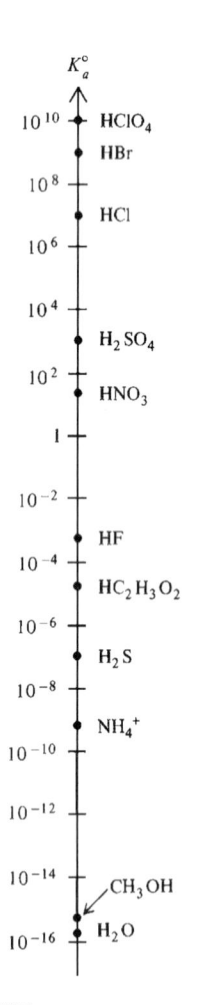

圖 11.1
在 25°C 和 1 atm 下，水中酸的解離常數。強酸的值是近似值。為了與 (11.15) 式保持一致，H_2O 的 K_a 為 $\gamma_\pm^2 m(H_3O^+)m(OH^-)/m(H_2O)$，此與 K_w 不同，坐標是對數刻度。[數據來自 J. March, *Advanced Organic Chemistry*, 3d ed., Wiley, 1985, pp. 220–222.]

K_a° 軸刻度：
- 10^{10} — HClO$_4$
- — HBr
- 10^8
- — HCl
- 10^6
- 10^4 — H$_2$SO$_4$
- 10^2 — HNO$_3$
- 1
- 10^{-2}
- 10^{-4} — HF
- — HC$_2$H$_3$O$_2$
- 10^{-6}
- — H$_2$S
- 10^{-8}
- — NH$_4^+$
- 10^{-10}
- 10^{-12}
- 10^{-14} — CH$_3$OH
- 10^{-16} — H$_2$O

$$K_a = \frac{\gamma_\pm^2 m(\text{H}_3\text{O}^+) m(\text{X}^-)}{m(\text{HX})} \qquad \text{稀薄溶液} \tag{11.15}$$

其中 $\gamma_\pm$ 是對於 H_3O^+ 和 X^- 的離子對與 (11.12) 式中的 $\gamma_\pm$ 不同。在 (11.15) 式我們已經省略了將每個重量莫耳濃度除以標準重量莫耳濃度 $m°$ (= 1 mol/kg)，因此 K_a 具有重量莫耳濃度 (mol/kg) 的因次。相應地，省略了 K_a 的上標。

例 11.1　弱酸解離

在 25°C，醋酸 ($\text{HC}_2\text{H}_3\text{O}_2$) 在水中的 $K_a = 1.75 \times 10^{-5}$ mol/kg。求在 0.200 mol/kg 25°C 醋酸的水溶液中 H_3O^+ 和 OH^- 的重量莫耳濃度。

為了求 (11.15) 式中的 $m(\text{H}_3\text{O}^+)$，我們需要 $\gamma_\pm$。使用戴維斯方程式 (10.68) 估算 $\gamma_\pm$，我們需要離子強度 I_m，這是無法計算的直到 $m(\text{H}_3\text{O}^+)$ 已知。解決這種困境是首先在 (11.15) 式中令 $\gamma_\pm = 1$ 來估算 $m(\text{H}_3\text{O}^+)$ 和 $m(\text{X}^-)$ 而求離子的重量莫耳濃度。利用這些近似的重量莫耳濃度，我們計算近似的 I_m，然後使用戴維斯方程式求近似的 $\gamma_\pm$，我們在 (11.15) 式中使用它來找到更準確的重量莫耳濃度。如果有必要，我們可以使用這些更準確的重量莫耳濃度來找到更準確的 I_m，依此類推。

設 $m(\text{X}^-) = x$。(11.13) 式給出 $m(\text{HX}) = 0.200$ mol/kg $- x$ 和 $m(\text{H}_3\text{O}^+) = x$，因為由水解離 (11.10) 式形成的 H_3O^+ 與乙酸形成的相比可忽略不計。令 (11.15) 式的 $\gamma_\pm = 1$，我們有

$$1.75 \times 10^{-5} \text{ mol/kg} \approx \frac{x^2}{0.200 \text{ mol/kg} - x} \tag{11.16}$$

我們可以使用二次公式求解 (11.16) 式，但更快的方法是迭代解，如下所示。由於 K_a 遠低於酸的化學計量重量莫耳濃度 (0.200 mol/kg)，因此解離度將是輕微的，0.200 mol/kg $- x$ 很接近 0.200 mol/kg (在非常稀薄的溶液中解離程度很大，無法做出這種近似)。因此，$x^2/(0.200 \text{ mol/kg}) \approx 1.75 \times 10^{-5}$ mol/kg，而 $x \approx 1.87 \times 10^{-3}$ mol/kg。使用這個 x 值，(11.16) 式中的分母變成 0.200 mol/kg $-$ 0.002 mol/kg $=$ 0.198 mol/kg。因此 $x^2/(0.198 \text{ mol/kg}) \approx 1.75 \times 10^{-5}$ mol/kg，我們得到 $x \approx 1.86 \times 10^{-3}$ mol/kg。

因此，當 $\gamma_\pm$ 取為 1，我們求得 $m(\text{H}_3\text{O}^+) = m(\text{X}^-) \approx 1.86 \times 10^{-3}$ mol/kg 且 $I_m \equiv \frac{1}{2}\Sigma_j z_j^2 m_j \approx 1.86 \times 10^{-3}$ mol/kg [(10.59) 式]。由戴維斯方程式 (10.68) 可得 $\gamma_\pm = 0.953$。(11.15) 式變為

$$1.75 \times 10^{-5} \text{ mol/kg} = \frac{(0.953)^2 x^2}{0.200 \text{ mol/kg} - x}$$

迭代求解，如上所述，我們得到 $x = 1.95 \times 10^{-3}$ mol/kg $= m(\text{H}_3\text{O}^+) = I_m$。用這個 I_m，由戴維斯方程式可得 $\gamma_\pm = 0.952$。以此 $\gamma_\pm$，平衡常數表達式得到 $x = 1.96 \times 10^{-3}$ mol/kg $= m(\text{H}_3\text{O}^+)$。由這個 I_m 再次得到 $\gamma_\pm = 0.952$，所以計算結束。

我們有 $K_w = \gamma_\pm^2 m(\text{H}_3\text{O}^+) m(\text{OH}^-)$。離子強度由醋酸解離設定並且是 1.96×10^{-3} mol/kg。戴維斯方程式給出了 H_3O^+ 和 OH^- 對與 H_3O^+ 和醋酸鹽對相同的 $\gamma_\pm$ 值，即 0.952。因此，$m(\text{OH}^-) = (1.00 \times 10^{-14})/[(0.952)^2 (1.96 \times 10^{-3})]$ mol/kg $= 5.63 \times 10^{-12}$ mol/kg。

習題

在 25°C，於 1.00 mol/kg $\text{HC}_2\text{H}_3\text{O}_2(aq)$ 中求 $m(\text{H}_3\text{O}^+)$。
(答案：4.49×10^{-3} mol/kg)

在例 11.1 中，I_m 非常低，所以我們是否包括 $\gamma_\pm$ 也沒有多大區別。在例 11.2 中並非如此。

例 11.2　緩衝溶液

在具有化學計量重量莫耳濃度 [(10.48) 式] $m(HC_2H_3O_2) = 0.100$ mol/kg 和 $m(NaC_2H_3O_2) = 0.200$ mol/kg 的 25°C 的水溶液 (緩衝溶液)，求 $m(H_3O^+)$。

鹽 $NaC_2H_3O_2$ (1:1 電解質) 幾乎完全以溶液中的正離子和負離子的形式存在。此外，與 $NaC_2H_3O_2$ 的貢獻相比，$HC_2H_3O_2$ 的解離對 I_m 的貢獻很小。因此，$I_m = \frac{1}{2}(0.200+ 0.200)$ mol/kg = 0.200 mol/kg。由戴維斯方程式 (10.68) 可得 $\gamma_\pm \approx 0.746$。代入 (11.15) 式得到

$$1.75 \times 10^{-5} \text{ mol/kg} = \frac{\gamma_\pm^2 m(H_3O^+) m(C_2H_3O_2^-)}{m(HC_2H_3O_2)}$$

$$= \frac{(0.746)^2 m(H_3O^+)(0.200 \text{ mol/kg})}{0.100 \text{ mol/kg}}$$

其中僅考慮來自 $NaC_2H_3O_2$ 的醋酸根離子作為 $m(C_2H_3O_2^-)$ 的良好近似，我們設定 $m(HC_2H_3O_2)$ 等於 0.100 mol/kg，因為醋酸的解離度遠低於前面的例子，因為添加了醋酸鈉 (共離子效應)。經求解，我們得到 $m(H_3O^+) = 1.5_7 \times 10^{-5}$ mol/kg。注意，如果在這個例子中省略 $\gamma_\pm$，對於 $m(H_3O^+)$，我們會得到 $8.7_5 \times 10^{-6}$ mol/kg，誤差高達 44%。除了相當低的離子強度的溶液，省略活性係數的離子平衡計算可能只給出定性正確的答案。您在第一年化學中進行的許多離子平衡計算僅在 10 的指數中是正確的，這是由於忽視了活性係數 (且忽略鹽溶液中離子對的形成)。

習題

在具有化學計量重量莫耳濃度 $m(HC_2H_3O_2) = 1.00$ mol/kg 和 $m(NaCl) = 0.200$ mol/kg 的 25°C 的水溶液，求 $m(H_3O^+)$。
(答案：5.60×10^{-3} mol/kg)

例 11.3　非常稀薄的弱酸解離

HOI 於 25°C 的水的 $K_a = 2.3 \times 10^{-11}$ mol/kg。求 1.0×10^{-4} mol/kg 25°C 的 HOI 水溶液中的 $m(H_3O^+)$。
我們有

$$\text{HOI} + \text{H}_2\text{O} \rightleftharpoons \text{H}_3\text{O}^+ + \text{OI}^- \tag{11.17}$$

$$K_a = \gamma_\pm^2 m(H_3O^+) m(OI^-)/m(HOI) \tag{11.18}$$

其中 $\gamma(HOI)$ 和 $a(H_2O)$ 各自取為 1。由於 K_a 值極低，離子強度極低，我們可以取 $\gamma_\pm = 1$。如果我們像 $HC_2H_3O_2$ 那樣進行，我們有 $m(H_3O^+) = m(OI^-) = x$ 和 $m(HOI) = 0.00010$ mol/kg $-x$。由於 K_a 遠低於化學計量重量莫耳濃度，我們可以設定 0.00010 mol/kg $-x$ 等於 0.00010 mol/kg。然後我們有 2.3×10^{-11} mol/kg $= x^2/(0.00010 \text{ mol/kg})$，得到 $x = 4.8 \times 10^{-8}$ mol/kg $= m(H_3O^+)$。但是，這個答案是不正確的。我們知道在純水中 $m(H_3O^+)$ 等於 1.0×10^{-7} mol/kg。$m(H_3O^+) = 4.8 \times 10^{-8}$ mol/kg 的溶液具有比純水低的 H_3O^+ 重量莫耳濃度，是鹼性的。然而，HOI 是一種酸。這裡的錯誤是沒有考慮從水的解離 (11.10) 式貢獻到 $m(H_3O^+)$。在例 11.1 和 11.2 中，H_3O^+ 從弱酸解離遠超過從水解離，但此處不為真。我們必須考慮兩個同時平衡式

(11.17) 和 (11.10)。

水的解離可以如下進行。設 m 是化學計量的 HOI 重量莫耳濃度，在這個問題上其值為 1.0×10^{-4} mol/kg。如上，我們可以將 $m(\text{HOI})$ 近似為 m 而 $\gamma_\pm$ 近似為 1。方程式 (11.18) 變為 $K_a = m(\text{H}_3\text{O}^+)m(\text{OI}^-)/m$。電中性條件為

$$m(\text{H}_3\text{O}^+) = m(\text{OH}^-) + m(\text{OI}^-) = K_w/m(\text{H}_3\text{O}^+) + m(\text{OI}^-)$$

所以 $m(\text{OI}^-) = m(\text{H}_3\text{O}^+) - K_w/m(\text{H}_3\text{O}^+)$。將此 $m(\text{OI}^-)$ 代入 $K_a = m(\text{H}_3\text{O}^+)m(\text{OI}^-)/m$ 得到 $K_a = m(\text{H}_3\text{O}^+)^2/m - K_w/m$，所以 $m(\text{H}_3\text{O}^+) = (K_w + mK_a)^{1/2}$。將數值代入得到 $m(\text{H}_3\text{O}^+) = 1.1 \times 10^{-7}$ mol/kg。正如所料，該溶液呈弱酸性。

習題

當 25°C 的 HOI 水溶液中具有 $m(\text{H}_3\text{O}^+) = 2.0 \times 10^{-7}$ mol/kg 時，化學計量重量莫耳濃度是多少？
（答案：0.0013 mol/kg）

對於具有化學計量重量莫耳濃度 m 的弱酸 HX 的水溶液，解離度 (degree of dissociation) α 定義為

$$\alpha \equiv \frac{m(\text{X}^-)}{m} = \frac{m(\text{X}^-)}{m(\text{X}^-) + m(\text{HX})} = \frac{1}{1 + m(\text{HX})/m(\text{X}^-)} = \frac{1}{1 + \gamma_\pm^2 m(\text{H}_3\text{O}^+)/K_a}$$

其中使用了 (11.15) 式。當 m 趨近於零時，$\gamma_\pm$ 趨近於 1。此外，當 m 趨近於零時，HX 對 $m(\text{H}_3\text{O}^+)$ 的解離的貢獻變得可以忽略不計並且所有 H_3O^+ 來自水的解離。因此，在無限稀薄的極限中，$m(\text{H}_3\text{O}^+)$ 變為 $K_w^{1/2}$ 並且 HX 的解離程度接近

$$\alpha^\infty = \frac{1}{1 + K_w^{1/2}/K_a} = \frac{1}{1 + (10^{-7}\text{ mol kg}^{-1})/K_a} \quad \text{在 25°C 的 H}_2\text{O 中} \quad (11.19)$$

在 25°C，$K_a = 10^{-5}$ mol/kg 的酸在無限稀薄下 99% 解離。然而，$K_a = 10^{-7}$ mol/kg 的酸在無限稀薄下僅解離 50%。來自水的 H_3O^+ 部分抑制了無限稀薄的弱酸的解離。

對於幾個 K_a 值，圖 11.2 繪製了 α 和 $m(\text{H}_3\text{O}^+)$ 對酸 HX 的化學計量重量莫耳濃度 m 的關係曲線，其中酸 HX 在 25°C 的水中。

其他類型的含水離子平衡包括陽離子和陰離子酸和鹼（例如 NH_4^+、$\text{C}_2\text{H}_3\text{O}_2^-$、$\text{CO}_3^{2-}$）與水反應；溶解度平衡；涉及錯離子的結合平衡 [反應 $\text{Ag}^+ + \text{NH}_3 \rightleftharpoons \text{Ag}(\text{NH}_3)^+$ 和 $\text{Ag}(\text{NH}_3)^+ + \text{NH}_3 \rightleftharpoons \text{Ag}(\text{NH}_3)^{2+}$ 的平衡常數稱為結合 (association) 或穩定 (stability) 常數，逆向反應的平衡常數稱為解離 (dissociation) 常數]；結合平衡形成離子對（第 10.8 節）。見圖 11.3。表格通常給出 pK，而不是列出平衡常數 K，其中 p$K \equiv -\log_{10} K$。

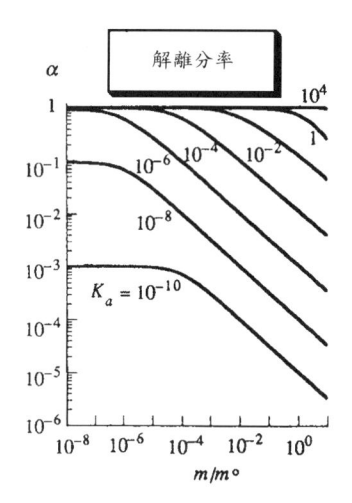

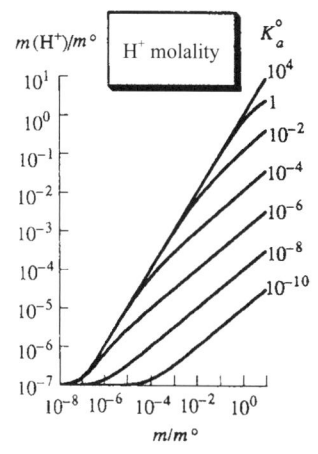

圖 11.2

在 25°C 下，幾個 K_a° 值的水溶液中，解離度和 H^+ molality 對酸 HX 的化學計量 molality 的關係，Davies 方程用於估計 $\gamma_\pm$。

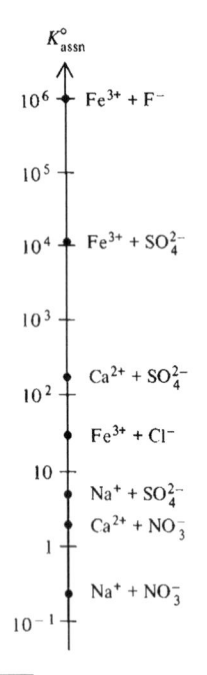

在第一年化學的平衡計算中，使用莫耳濃度（而不是使用重量莫耳濃度）。事實證明，在稀薄水溶液中，重量莫耳濃度和濃度平衡常數在數值上幾乎相等。因此，對於稀薄水溶液，使用莫耳濃度或重量莫耳濃度幾乎沒有區別。

11.4 涉及純固體或純液體的反應平衡

到目前為止，在本章中，我們只考慮了在單相中發生的反應。然而，許多反應涉及一種或多種純固體或純液體。例如 $CaCO_3(s) \rightleftharpoons CaO(s)+CO_2(g)$。無論所有物種是否處於同一相，平衡條件 $\Sigma_i\, \nu_i\mu_{i,eq} = 0$ 均適用。為了應用平衡關係 $K° = \Pi_i\, (a_{i,eq})^{\nu_i}$，我們想要純固體或液體活性的表達式。活性 a_i 滿足 $\mu_i = \mu_i° + RT \ln a_i$ [(11.2) 式]，所以

$$RT \ln a_i = \mu_i - \mu_i° \quad \text{純溶液或液體} \tag{11.20}$$

如同在第 5.1 節，我們選擇純固體或液體的標準狀態為 $P = 1$ bar $\equiv P°$ 和 T 等於反應混合物的溫度。因此，$\mu_i°$ 僅是 T 的函數。欲求 (11.20) 式的 $\ln a_i$，我們需要 $\mu_i - \mu_i°$。對於純物質，$\mu_i - \mu_i° = \mu_i^*(T, P) - \mu_i^*(T, P°)$，因為標準狀態與系統處於相同的溫度。純物質的 μ 隨壓力的改變是從 $d\mu = dG_m = -S_m dT + V_m dP$，當 T 固定時，$d\mu_i = V_{m,i} dP$ 在常數 T 處。從標準壓力 $P°$ 積分到任意壓力 P 得到

$$\mu_i(T, P) - \mu_i°(T) = \int_{P°}^{P} V_{m,i}\, dP' \quad T\text{恆定，純溶液或液體} \tag{11.21}$$

其中將 ′ (prime) 添加到虛擬積分變數中以避免在同一方程式中使用具有兩種不同含義的 P。將 (11.21) 式代入 (11.20) 式可得

$$\ln a_i = \frac{1}{RT}\int_{P°}^{P} V_{m,i}\, dP' \quad \text{純溶液或液體，}T\text{恆定} \tag{11.22}$$

其中 $V_{m,i}$ 是純 i 的莫耳體積。由於固體和液體是相當不可壓縮的，因此將 $V_{m,i}$ 視為與 P 無關是一個很好的近似值，並將其從積分中提出，得到

$$\ln a_i \approx (P - P°)V_{m,i}/RT \quad \text{純溶液或液體} \tag{11.23}$$

在 1 bar 的標準壓力下，純固體或液體的活性為 1（因為物質處於標準狀態）。G 對凝聚相的壓力相對不敏感（第 4.4 節）。因此，我們預計 a_i 對固體和液體的壓力相當不敏感。例如，分子量為 200 且密度為 2.00 g/cm³ 的固體具有 $V_{m,i} = 100$ cm³/mol。從 (11.23) 式，我們發現在 $P = 20$ bar 和 $T = 300$ K 時，$a_i = 1.08$，這非常接近 1。如果 P 保持在 20 bar 以下，我們可以將大多數純固體和液體的活性近似為 1。這種近似對於具有大 V_m 的物質（例如聚合物）不成立。

圖 11.3
在 25°C 和 1 atm 的水中，離子結合以形成離子對的平衡常數。對數刻度。

縱軸：$K°_{assn}$

- 10^6　$Fe^{3+} + F^-$
- 10^5
- 10^4　$Fe^{3+} + SO_4^{2-}$
- 10^3
- 10^2　$Ca^{2+} + SO_4^{2-}$
- 　　　　$Fe^{3+} + Cl^-$
- 10　　$Na^+ + SO_4^{2-}$
- 　　　　$Ca^{2+} + NO_3^-$
- 1
- 　　　　$Na^+ + NO_3^-$
- 10^{-1}

例如，考慮平衡

$$CaCO_3(s) \rightleftharpoons CaO(s) + CO_2(g) \tag{11.24}$$

由 (11.6) 式得到 $K° = a[CaO(s)]a[CO_2(g)]/a[CaCO_3(s)]$。如果 P 不高，我們可以將每個固體的活性設為 1，將氣體 (假定為理想) 的活性設為 $P(CO_2)/P°$ [(10.96) 式用壓力代替逸壓]。因此

$$K° \approx a[CO_2(g)] \approx P(CO_2)/P° \quad \text{其中 } P° \equiv 1 \text{ bar} \tag{11.25}$$

因此，在給定的 T 下，高於 $CaCO_3(s)$ 的 CO_2 壓力是恆定的。但是，請注意，在使用 $\Delta G° = \Sigma_i \nu_i \mu_i°$ 計算 $\Delta G°$ 時，忽略固體 $CaCO_3$ 和 CaO 的 G_m 是錯誤的。每個固體的 a 接近 1 的事實意味著每個固體的 $\mu - \mu°(= RT \ln a)$ 接近 0。然而，每個固體的 $\mu°$ 都不會接近零，並且必須包括在計算 $\Delta G°$ 中。

現在考慮固體鹽 $M_{\nu_+}X_{\nu_-}$ 和鹽的飽和水溶液之間的平衡。反應是

$$M_{\nu_+}X_{\nu_-}(s) \rightleftharpoons \nu_+ M^{z_+}(aq) + \nu_- X^{z_-}(aq) \tag{11.26}$$

其中 z_+ 和 z_- 是離子上的電荷而 ν_+ 和 ν_- 是正離子和負離子的個數。選擇溶質物種的重量莫耳濃度，我們得到 (11.26) 式的平衡常數

$$K° = \frac{(a_+)^{\nu_+}(a_-)^{\nu_-}}{a[M_{\nu_+}X_{\nu_-}(s)]} = \frac{(\gamma_+ m_+/m°)^{\nu_+}(\gamma_- m_-/m°)^{\nu_-}}{a[M_{\nu_+}X_{\nu_-}(s)]}$$

其中 a_+、γ_+ 和 m_+ 是活性、重量莫耳濃度活性係數和離子 $M^{z_+}(aq)$ 的重量莫耳濃度。如果系統不處於高壓狀態，對於純固體鹽可以取 $a = 1$。從 $K°$ 除去 $m°$ 並使用 $(\gamma_\pm)^{\nu_+ + \nu_-} \equiv (\gamma_+)^{\nu_+}(\gamma_-)^{\nu_-}$ [(10.43) 式]，作為**溶解度積** (solubility product, sp) 平衡常數我們有

$$K_{sp} = (\gamma_\pm)^{\nu_+ + \nu_-}(m_+)^{\nu_+}(m_-)^{\nu_-} \tag{11.27}*$$

(11.27) 式適用於任何鹽，但其主要用途是對僅微溶於水的鹽。對於高溶解度鹽，飽和溶液的離子強度高，平均離子活性係數 $\gamma_\pm$ 與 1 基本不同，其值可能不準確。而且，在濃鹽溶液中，離子對的形成可能很重要。

例 11.4 溶解度－生成物平衡

在 25°C，AgCl 在水中的 K_{sp} 是 1.78×10^{-10} mol²/kg²。求 AgCl 於 25°C 在 (a) 純水；(b) 0.100 mol/kg $KNO_3(aq)$ 溶液；(c) 0.100 mol/kg $KCl(aq)$ 溶液的溶解度。

(a) 對於 $AgCl(s) \rightleftharpoons Ag^+(aq) + Cl^-(aq)$，我們有

$$K_{sp} = \gamma_\pm^2 m(Ag^+)m(Cl^-)$$

因為 K_{sp} 的值非常小，飽和 AgCl 溶液的離子強度極低，所以 $\gamma_\pm$ 可以取為 1。由於在僅含有溶解的 AgCl 的溶液 $m(Ag^+) = m(Cl^-)$，我們有 1.78×10^{-10} mol²/kg² $= [m(Ag^+)]^2$。因此 $m(Ag^+) = 1.33 \times 10^{-5}$ mol/kg。AgCl

在 25°C 的純水溶液中的溶解度為每千克溶劑 1.33×10^{-5} 莫耳。

(b) 0.100 mol/kg KNO_3 溶液的離子強度為 0.100 mol/kg。戴維斯方程式 (10.68) 給出 $\gamma_\pm = 0.78$。設定 $m(Ag^+) = m(Cl^-)$，我們有 1.78×10^{-10} mol^2/kg^2 = $(0.78)^2 [m(Ag^+)]^2$。因此 $m(Ag^+) = 1.71 \times 10^{-5}$ mol/kg。注意，與純水相比，溶解度增加了 29%。添加的 KNO_3 降低了 $\gamma_\pm$ 並增加了溶解度，這種現象稱為鹽的影響 (salt effect)。

(c) 在 0.100 mol/kg KCl 中，離子強度為 0.100 mol/kg 且由戴維斯方程式得到 $\gamma_\pm = 0.78$。來自 AgCl 的 Cl^- 與來自 KCl 的 Cl^- 相比，可忽略不計。令 $m(Cl^-) = 0.100$ mol/kg，我們有

$$1.78 \times 10^{-10} \text{ mol}^2/\text{kg}^2 = (0.78)^2 m(Ag^+)(0.100 \text{ mol/kg})$$

因此 $m(Ag^+) = 2.9 \times 10^{-9}$ mol/kg。注意與純水或 KNO_3 溶液相比溶解度急劇下降 (共離子效應)。

習題

於 25°C，求 AgCl 在 0.0200 mol/kg $Ag_2SO_4(aq)$ 中的溶解度。忽略離子配對。
(答案：6.77×10^{-9} mol/kg)

在例 11.4 中，我們忽略了離子對形成和假設溶液中的所有氯化銀都以 Ag^+ 和 Cl^- 離子形式存在的可能性。對於 1:1 電解質的稀薄溶液，這是一個很好的假設。然而，在使用不是 1:1 電解質的 K_{sp} 時，如果沒有考慮到離子對形成，則經常會產生實質性誤差；見 L. Meites, J. S. F. Pode, and H. C. Thomas, *J. Chem. Educ.*, **43,** 667 (1966)。

儘管在例 11.4 中可以忽略離子對的形成，但是在 AgCl 溶液中複合離子的形成通常不能忽略。離子 Ag^+ 和 Cl^- 在水溶液中反應形成一系列四種複合離子：$Ag^+ + Cl^- \rightleftharpoons AgCl(aq)$；$AgCl(aq) + Cl^- \rightleftharpoons AgCl_2^-$；$AgCl_2^- + Cl^- \rightleftharpoons AgCl_3^{2-}$；$AgCl_3^{2-} + Cl^- \rightleftharpoons AgCl_4^{3-}$。包含複合離子形成顯示，儘管上述例子中 (a) 和 (b) 的結果是正確的，但 (c) 的結果卻是錯誤。

對於均相反應，如 $N_2(g) + 3H_2(g) \rightleftharpoons 2NH_3(g)$ 或 $HCN(aq) + H_2O \rightleftharpoons H_3O^+(aq) + CN^-(aq)$，總會有一些物種出現在平衡。相反，涉及純固體的反應有可能完成。例如，對於 $CaCO_3(s) \rightleftharpoons CaO(s) + CO_2(g)$，$K° = P(CO_2)/P°$ [(11.25) 式]。在 800°C，此反應的 $K° = 0.24$。如果我們將 $CaCO_3$ 置於 800°C 的真空容器中，$CaCO_3$ 將分解直至 $P(CO_2)$ 達到 0.24 bar。如果容器體積足夠大，則可以在達到該平衡壓力之前分解所有 $CaCO_3$。類似地，如果將 AgCl 晶體加入足夠大量的水中，所有的 AgCl 都可以溶解而不會使 $\gamma_\pm^2 m(Ag^+)m(Cl^-)$ 達到 K_{sp}。

例 11.5 K_{sp} 的計算

$Ag_2SO_4(s)$、$Ag^+(aq)$ 和 $SO_4^{2-}(aq)$ 的 $\Delta_f G°_{298}$ 分別為 -618.41、77.11 和 -744.53 kJ/mol。求 Ag_2SO_4 在 25°C 水中的 K_{sp}。

反應是 $Ag_2SO_4(s) \rightleftharpoons 2Ag^+(aq)+SO_4^{2-}(aq)$。我們計算 $\Delta G_{298}^\circ = 28.10$ kJ/mol。使用 $\Delta G^\circ = -RT \ln K^\circ$ 可得 $K_{sp}^\circ = 1.2 \times 10^{-5}$ 和 $K_{sp} = 1.2 \times 10^{-5}$ mol^3/kg^3。

習題

$K^+(aq)$、$Cl^-(aq)$ 和 $KCl(s)$ 的 $\Delta_f G_{298}^\circ$ 分別為 -283.27、-131.228 和 -409.14 kJ/mol。求 KCl 在 25°C 水中的 K_{sp}。
(答案：8.68 mol^2/kg^2)

11.5 非理想氣體混合物中的反應平衡

非理想氣體混合物的成分 i 的活性 a_i 是 [(10.96) 式和 (10.99) 式]

$$a_i = f_i/P^\circ = \phi_i P_i/P^\circ = \phi_i x_i P/P^\circ \qquad \text{其中 } P^\circ \equiv 1 \text{ bar} \tag{11.28}$$

其中 f_i、ϕ_i、P_i 和 x_i 是氣體 i 的逸壓、逸壓係數、分壓和莫耳分率，P 是混合物的壓力。代入 $K^\circ = \prod_i (a_i)^{\nu_i}$ [(11.6) 式]，可得在化學計量係數 ν_i 的氣相反應中達到平衡

$$K^\circ = \prod_i \left(\frac{f_i}{P^\circ}\right)^{\nu_i} = \prod_i \left(\frac{\phi_i x_i P}{P^\circ}\right)^{\nu_i} \tag{11.29}$$

每種氣體的標準狀態壓力固定在 1 bar，故 ΔG° 僅與 T 有關。因此等於 $\exp(-\Delta G^\circ/RT)$ [(11.4) 式] 的平衡常數 K°，僅與 T 有關。使用恆等式 $\prod_i (a_i b_i) = \prod_i a_i \prod_i b_i$，我們重寫 (11.29) 式如下

$$\frac{K^\circ}{\prod_i (\phi_i)^{\nu_i}} = \prod_i \left(\frac{x_i P}{P^\circ}\right)^{\nu_i} \tag{11.30}$$

在給定 T 和 P 下，為了計算在反應的非理想氣體混合物的平衡組成，通常使用以下近似程序。反應氣體的 $\Delta_f G_T^\circ$ 表用於計算反應的 ΔG_T°。然後平衡常數 K° 從 ΔG_T° 計算。純氣體的逸壓係數 $\phi_i^*(T, P)$ 是使用 ϕ_i^* 作為對比溫度和壓力的函數的相應狀態圖 (第 10.10 節) 求得或利用個別氣體的 $\phi_i^*(T, P)$ 表求得。然後使用 Lewis-Randall 規則 $\phi_i \approx \phi_i^*(T, P)$ (第 10.10 節) 來估算混合物中每種氣體的 ϕ_i。可計算出 (11.30) 式左側的值，然後使用 (11.30) 式藉由第 6.4 節的程序求得平衡組成。

一個較好但較複雜的程序是使用混合物的狀態方程式。最初令所有的 ϕ_i 等於 1 並對平衡組成的初始值估計求解 (11.30) 式。使用混合物的狀態方程式從 (10.101) 式以這個組成計算每個 ϕ_i。在 (11.30) 式中使用這些 ϕ_i 來求解改良的平衡組成的估計，然後將其與狀態方程式一起使用以找到改良的 ϕ_i 等等。一直持續到沒有發現組成的進一步變化。例如，見 H. F. Gibbard and M. R. Emptage, *J. Chem. Educ.,* **53,** 218 (1976)。

11.6 平衡常數隨溫度和壓力的變化

從 $\Delta G° = -RT \ln K°$ [(11.4) 式]，我們有

$$\ln K° = \Delta G°/RT \tag{11.31}$$

其中 $\Delta G° \equiv \Sigma_i \nu_i \mu_i°$ 是吉布斯能量的標準變化 (所有物種都處於標準狀態)。對於氣體以及純液體和固體，我們選擇定壓標準狀態 ($P° = 1$ bar)，因此 $\Delta G°$ 和 $K°$ 與壓力無關僅與 T 有關。對於液體和固體溶液，我們選擇可變壓力標準狀態，標準狀態壓力等於溶液的實際壓力，因此這裡 $\Delta G°$ 和 $K°$ 是 T 和 P 的函數。

(11.31) 式對 T 微分可得

$$\left(\frac{\partial \ln K°}{\partial T}\right)_P = \frac{\Delta G°}{RT^2} - \frac{(\partial \Delta G°/\partial T)_P}{RT} = \frac{\Delta G°}{RT^2} + \frac{\Delta S°}{RT} = \frac{\Delta G° + T\Delta S°}{RT^2}$$

$$\left(\frac{\partial \ln K°}{\partial T}\right)_P = \frac{\Delta H°}{RT^2} \tag{11.32}*$$

在推導 (11.32) 中，我們使用 $(\partial \Delta G°/\partial T)_P = (\partial/\partial T)_P \Sigma_i \nu_i \mu_i° = \Sigma_i \nu_i (\partial \mu_i°/\partial T)_P = -\Sigma_i \nu_i \overline{S}_i° = -\Delta S°$，因為 $(\partial \mu_i/\partial T)_P = -\overline{S}_i$ [(9.30) 式]。當不涉及液體或固體溶液時，(11.32) 式的偏導數成為常導數。$\Delta H°$ 等於 $\Sigma_i \nu_i \overline{H}_i°$，其中 ν_i 是化學計量數，$\overline{H}_i°$ 是標準狀態莫耳或部分莫耳焓。

圖 11.4 描繪了飽和液態水 (與水蒸氣平衡的水) 的重量莫耳濃度解離常數 $K_w°$ 與溫度的關係。該曲線的壓力不恆定，但低於 250°C 時，壓力變化對 $K_w°$ 的影響很小。在 220°C 時 $K_w°$ 最大，$\partial \ln K_w°/\partial T$ 為零，解離的 $\Delta H°$ 為零 [(11.32) 式]。水解離的 $\Delta H°$ 隨溫度的強烈變化 (在 0°C 從 +60 kJ/mol 變為在 300°C 的 −100 kJ/mol) 是水溶液中許多離子反應的事實的一個例子，$\Delta H°$ 隨溫度 T 強烈變化 (與氣相反應相反，其中 $\Delta H°$ 通常隨 T 變化非常緩慢)。

考慮一種反應，其中所有反應物和生成物都是液體或固體溶液。將 (11.31) 式對 P 微分可得

$$\left(\frac{\partial \ln K°}{\partial P}\right)_T = -\frac{1}{RT}\left(\frac{\partial \Delta G°}{\partial P}\right)_T = -\frac{1}{RT}\left(\frac{\partial}{\partial P}\right)_T \sum_i \nu_i \mu_i° = -\frac{\Delta V°}{RT}$$

其中使用了 $(\partial \mu_i/\partial P)_T = \overline{V}_i$ [(9.31) 式]。如果反應涉及液體或固體溶液中的物質以及不是液體或固體溶液中的物質 (例如，溶解度積)，則在計算 $\Delta V°$ 時，我們僅考慮溶液中的物質。不在溶液中的物質具有與壓力無關的標準狀態，對 $\partial \Delta G°/\partial P$ 沒有貢獻 (但是，我們必須考慮壓力對這些物種在 $K°$ 中的活性的影響)。因此對於任何反應

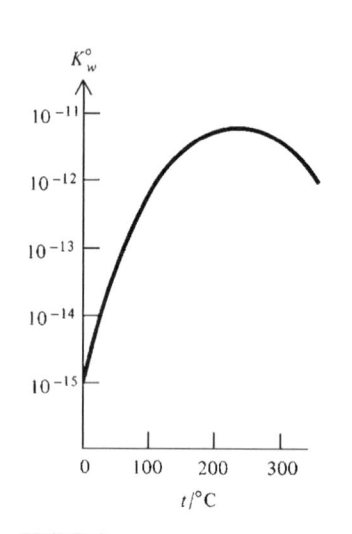

圖 11.5
飽和液態水的解離常數 $K_w° = \gamma_\pm^2 m_+ m_-/(m°)^2$ 對溫度的關係。對數刻度。[數據來自 H. L. Clever, *J. Chem. Educ.*, **45**, 231 (1968).]

$$\left(\frac{\partial \ln K°}{\partial P}\right)_T = -\frac{\Delta V°_{\text{soln}}}{RT} \tag{11.33}$$

其中下標是在計算 $\Delta V°_{\text{soln}}$ 時僅包括溶液中的物種的提醒。通常 $\Delta V°_{\text{soln}}$ 很小，除非涉及高壓，否則 $K°$ 隨壓力的變化很小。

圖 11.5 繪製了水在 25°C 的解離常數 $K°_w$ [(11.12) 式] 作為壓力的函數。P 從 1 增加到 200 bar 使 $K°_w$ 增加 18 %，從 1 增加到 1000 bar 大約使 $K°_w$ 增加一倍。壓力對水平衡的影響在海水中是顯著的，因為典型的海底深度為 4000 m(壓力為 400 bar)，海溝深度為 10000 m，壓力為 1000 bar(抹香鯨可以潛入 2500 m 的深度以尋找食物)。在 R. H. Byrne and S. H. Laurie, *Pure Appl. Chem.*, **71**, 871 (1999) 中回顧了壓力對水平衡的影響。

雖然 $K°$ 僅取決於壓力，但它通常很大程度上取決於溫度，因為 (11.32) 式中的 $\Delta H°$ 通常很大。例如，反應 $N_2(g) + 3H_2(g) \rightleftharpoons 2NH_3(g)$ 具有 $\Delta H° \approx -25$ kcal/mol，並且其平衡常數 $K°$ 從 200 K 的 3×10^{13} 降低到 1000 K 的 3×10^{-7} (圖 6.6)。

另一個例子是蛋白質的變性 (解折疊)。蛋白質分子是胺基酸的長鏈聚合物。酶是球狀蛋白質。在球狀蛋白質中，鏈的某些部分被盤繞成螺旋區段，其藉由螺旋的一圈和下一螺旋之間的氫鍵來穩定。部分捲曲的蛋白質自身折疊，形成大致橢圓形的整體形狀。折疊不是隨機的，但部分由氫鍵、凡德瓦力和含硫胺基酸之間的 S－S 共價鍵決定。在變性反應中，蛋白質展開成隨機構象，稱為無規捲曲。

變性過程中氫鍵的斷裂需要能量並產生更無序的蛋白質結構，因此對 $\Delta_{de}H°$ 和 $\Delta_{de}S°$ (其中 de 代表變性) 作出正的貢獻。另外，在兩種形式的蛋白質和溶劑水之間的相互作用導致對 $\Delta_{de}H°$ 和 $\Delta_{de}S°$ 的負的貢獻，隨著 T 的增加，它們迅速變得不那麼重要。因此，$\Delta_{de}H°$ 和 $\Delta_{de}S°$ 隨著 T 的增加而迅速增加 (圖 11.6)。淨結果是圖 11.6 中的 $\Delta_{de}G°$ 對 T 的曲線，證明

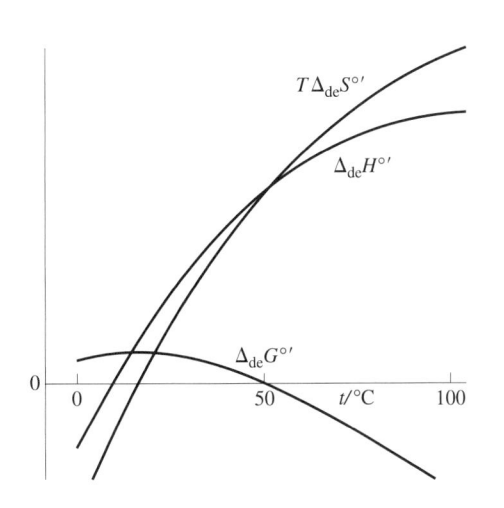

圖 11.5
在 25°C 下，水解離常數 $K°_w$ 對壓力的關係。[數據來自 D. A. Lown et al., Trans. *Faraday Soc.*, **64**, 2073 (1968).]

圖 11.6
水中蛋白質變性的熱力學量隨溫度的變化。

當 T 升高時發生變性。在發生變性的溫度範圍內，$\Delta_{de}H°$ 很大 (通常為 200 至 600 kJ/mol)，因此在小範圍的 T 上發生變性。例如，pH 為 2 的水溶液中的消化酶胰凝乳蛋白酶在 37°C 下以其天然 (球狀) 形式為 97%，並且在 50°C 下變性為 96%。從圖 11.6 可以看出，$\Delta_{de}H°$ 和 $\Delta_{de}S°$ 各自可以是正的或負的取決於 T。$\Delta_{de}G°$ 曲線的拋物線形狀表明 $\Delta_{de}G°$ 在低於 0°C 的某個溫度下變為負值；事實上，已觀察到過冷水中蛋白質的變性 (P. G. Debenedetti, *Metastable Liquids,* Princeton, 1996, sec. 1.2.2)。

11.7 標準狀態摘要

反應的平衡常數是 $K° = \Pi_i(a_{i,eq})^{v_i}$ [(11.6) 式]。物種 i 的活性為 $a_i = \exp[(\mu_i - \mu_i°)/RT]$ [(11.1) 式]，其中 $\mu_i°$ 是 i 的標準狀態化勢。因此，標準狀態的選擇決定 a_i 並確定了平衡常數的形式。

表 11.1 總結了前面章節中所做的標準狀態的選擇且列出了化勢的形式。

表 11.1　標準狀態和化勢摘要 [a]

物種	標準狀態	$\mu_i = \mu_i° + RT \ln a_i$
氣體 (純或氣體混合物)	1 bar 和 T 的純理想氣體	$\mu_i = \mu_i°(T) + RT \ln (f_i/P°)$
純液體或純固體	1 bar 和 T 的純物質	$\mu_i = \mu_i°(T) + \int_{P°}^{P} V_{m,i}\, dP'$
溶液組成，約定 I	溶液中，在 T 和 P 的純 i	$\mu_i = \mu_i^*(T, P) + RT \ln (\gamma_{I,i} x_i)$
溶劑 A	溶液中，在 T 和 P 的純 A	$\mu_A = \mu_A^*(T, P) + RT \ln (\gamma_A x_A)$
非電解質溶質：		
約定 II	假想狀態，其中 $x_i = 1 = \gamma_{II,i}$	$\mu_i = \mu_{II,i}°(T, P) + RT \ln (\gamma_{II,i} x_i)$
莫耳濃度尺度	假想狀態，其中 $m_i/m° = 1 = \gamma_{m,i}$	$\mu_i = \mu_{m,i}°(T, P) + RT \ln (\gamma_{m,i} m_i/m°)$
濃度尺度	假想狀態，其中 $c_i/c° = 1 = \gamma_{c,i}$	$\mu_i = \mu_{c,i}°(T, P) + RT \ln (\gamma_{c,i} c_i/c°)$
電解質溶質：		
莫耳濃度尺度	假想狀態，其中 $\gamma_\pm = 1 = \nu_\pm m_i/m°$	$\mu_i = \mu_i°(T, P) + RT \ln (\nu_\pm \gamma_\pm m_i/m°)^\nu$

[a] 極限行為：當 $P_i \to 0$，$\phi_i \to 1$，其中 $f_i = \phi_i x_i P$；當 $x_i \to 1$，$\gamma_{I,i} \to 1$；$\gamma_A^\infty = 1$；$\gamma_{II,i}^\infty = 1$；$\gamma_{m,i}^\infty = 1$；$\gamma_{c,i}^\infty = 1$；$\gamma_\pm^\infty = 1$。

11.8 反應的吉布斯能量變化

反應的吉布斯能量變化具有至少三種不同的含義，我們現在討論這些含義。

1. $\Delta G°$　反應的標準莫耳吉布斯能量變化 $\Delta G°$ 由 (11.5) 式定義為 $\Delta G° \equiv \Sigma_i v_i \mu_i°$，其中 $\mu_i°$ 是物質 i 處於標準狀態化勢的值。由於 $\mu_i°$ 是內含量，v_i 是無因次數，$\Delta G°$ 是內含量，單位為 J/mol 或 cal/mol。對於氣相反應，每種氣體的標準狀態是 1 bar 的假設純理想氣體。對於使用莫耳濃度的液體溶液中的反應，每種非電解質溶質

的標準狀態是假設的狀態,其中 $m_i = 1$ mol/kg 且 $\gamma_{m,i} = 1$。這些標準狀態不對應於反應混合物中反應物的狀態。因此,$\Delta G°$(和 $\Delta H°$、$\Delta S°$ 等)不是指反應混合物的實際變化,而是指從分離的反應物的標準狀態到分離的生成物的標準狀態的假設變化。

2. $(\partial G/\partial \xi)_{T,P}$ 　 (4.99) 式在恆定 T 和 P 處讀取 $dG/d\xi = \Sigma_i \nu_i \mu_i$,其中 ξ 是反應進度,μ_i 是反應混合物中某個特定值 ξ 的實際化勢,dG 是反應混合物中吉布斯能量的無窮小變化,這是由於從 ξ 到 $\xi + d\xi$ 的反應進度的變化:

$$\left(\frac{\partial G}{\partial \xi}\right)_{T,P} = \sum_i \nu_i \mu_i \quad (11.34)$$

(11.34) 式右側的和經常用 $\Delta_r G$ 或 ΔG 表示,這種表示法具有誤導性,因為 $\Sigma_i \nu_i \mu_i$ 不是反應發生時系統 G 的變化,而是 G 相對於 ξ 的瞬時變化率。如果反應混合物具有無限質量,因此 ξ 的有限變化不會改變混合物中的 μ_i,則對於 $\Delta \xi = 1$ mol 的改變 $\Sigma_i \nu_i \mu_i \times 1$ mol 將是 ΔG。注意 $(\partial G/\partial \xi)_{T,P}$ 是 G 對 ξ 曲線的斜率(圖 4.7)。

3. ΔG 　 由 (9.23) 式,給定時刻均相反應混合物的吉布斯能量 G 等於 $\Sigma_i n_i \mu_i$,其中 n_i(不要與化學計量係數 ν_i 混淆)是混合物中 i 的莫耳數,μ_i 是混合物中 i 的化勢。如果在時間 t_1 和 t_2 這些量分別是 $n_{i,1}$, $\mu_{i,1}$ 和 $n_{i,2}$, $\mu_{i,2}$,則從時間 t_1 到時間 t_2,反應系統的吉布斯能量的實際變化 ΔG 是 $\Delta G = \Sigma_i n_{i,2} \mu_{i,2} - \Sigma_i n_{i,1} \mu_{i,1}$。

量 $\Delta G°$ 和 $(\partial G/\partial \xi)_{T,P}$ 是相關的。將 $\mu_i = \mu_i° + RT \ln a_i$ [(11.2) 式] 代入 (11.34) 式得到

$$\left(\frac{\partial G}{\partial \xi}\right)_{T,P} = \sum_i \nu_i \mu_i° + RT \sum_i \nu_i \ln a_i$$

使用 $\Delta G° \equiv \Sigma_i \nu_i \mu_i°$ [(11.5) 式] 和 $\Sigma_i \nu_i \ln a_i = \Sigma_i (\ln a_i)^{\nu_i} = \ln \Pi_i (a_i)^{\nu_i}$ [(1.70) 式和 (1.69) 式],我們得到

$$\left(\frac{\partial G}{\partial \xi}\right)_{T,P} = \Delta G° + RT \ln Q, \quad Q \equiv \prod_i (a_i)^{\nu_i} \quad (11.35)$$

其中 Q 是**反應商** (reaction quotient)(首先在第 6.4 節中使用)。因為 $\Delta G° = -RT \ln K°$ [(11.4) 式],(11.35) 式可以寫成

$$(\partial G/\partial \xi)_{T,P} = RT \ln (Q + K°) \quad (11.36)$$

生成物的活性出現在 Q 的分子中。在沒有生成物存在的反應開始時,$Q = 0$ 而由 (11.36) 式得到 $(\partial G/\partial \xi)_{T,P} = -\infty$(注意圖 4.7 中 G 對 ξ 的曲線在 $\xi = 0$ 的斜率為負無限大)。在達到平衡之前,我們有 $Q < K°$ 和 $(\partial G/\partial \xi)_{T,P} < 0$。在均衡時,$Q = K°$ 且 $(\partial G/\partial \xi)_{T,P} = 0$。對於 $Q > K°$ 的系統,(11.36) 式給出 $(\partial G/\partial \xi)_{T,P} > 0$ 並且反應反向進行;Q 減少直到達到平衡 $Q = K°$,$(\partial G/\partial \xi)_{T,P} = 0$,而 G 最小化。恆定 **T** 和 P 處的自發反應方向由 $(\partial G/\partial \xi)_{T,P}$ 的符號確定。

在固定的 T 和 P 處的給定反應具有單個值 $\Delta G°$，但是 $(\partial G/\partial \xi)_{T,P}$ 在系統可以有從 $-\infty$ 到 $+\infty$ 的任何值。

生物化學家經常使用 $\Delta G°{'}$ 而不是 $\Delta G°$，定義為

$$\Delta G°{'} \equiv \sum_{i \neq H^+} \nu_i \mu_i° + \nu(H^+) \mu°{'}(H^+) \tag{11.37}$$

其中 $\mu°{'}(H^+)$ 是 H^+ 的化勢，其中 H^+ 的活性為 10^{-7}。因為生物流體的 H^+ 重量莫耳濃度接近 10^{-7} mol/kg，所以與具有 1 mol/kg 標準狀態的重量莫耳濃度的 $\Delta G°$ 值相比，$\Delta G°{'}$ 值與生物體內的反應更相關。

11.9 總結

系統中物種 i 的活性 a_i 定義為滿足 $\mu_i = \mu_i° + RT \ln a_i$。代入反應平衡條件 $\Sigma_i \nu_i \mu_i = 0$ 導致 $\Delta G° = -RT \ln K°$，它將標準吉布斯能量變化 $\Delta G°$ 與平衡常數 $K° \equiv \Pi_i (a_{i,eq})^{\nu_i}$ 相關聯。對於溶液中的反應，對於溶劑 (A) 使用莫耳分率溶劑 (A) 而對於每種溶質 (i) 最常用重量莫耳濃度；我們有 $a_A = \gamma_{x,A} x_A$ 和 $a_i = \gamma_{m,i} m_i/m°$，其中 γ 是活性係數。在稀薄溶液，對於非電解質，將 a_A 近似為 1 和 $\gamma_{m,i}$ 近似為 1 是合理的。對於離子，戴維斯方程式可用於估計 γ_m。純固體或純液體不在高壓下的活性可近似為 1。討論了弱酸的解離和鹽的溶解度－生成物的平衡計算。對於氣體，$a_i = f_i/P° = \phi_i x_i P/P°$。Lewis-Randall 規則 $\phi_i \approx \phi_i^*(T, P)$ 或狀態方程式可用於估算氣體混合物中的逸壓係數。$K°$ 隨溫度和壓力的變化可由 (11.32) 式和 (11.33) 式得知。

本章討論的重要計算類型包括：

- 由 $\Delta_f G°$ 數據使用 $\Delta G° = -RT \ln K°$ 計算非理想系統的平衡常數。
- 計算電解質平衡 (例如，弱酸解離，溶解度積) 的平衡重量莫耳濃度，使用戴維斯方程式來估計活性係數。
- 計算非理想氣體平衡。
- 計算隨溫度和壓力變化的 $K°$ 變化。

習題

在適當的情況下，使用戴維斯方程式進行估算活性係數。

第 11.1 節

11.1 對或錯？ (a) 活性為無因次。(b) 標準狀態活性 $a_i°$ 等於 1。

第 11.3 節

11.2 對或錯？ (a) 在 25°C 和 1 bar 下，H_3O^+ 和 OH^- 在水中的重量莫耳濃度的乘積是 1.0×10^{-14} mol²/kg²。(b) 對於弱酸 HX(aq)，$\gamma_+ \gamma_- = \gamma_\pm°$。(c) 如果某些 NaCl 溶解在溶液中，則 $HC_2H_3O_2(aq)$ 的解離度不變。(d) 由 m 莫耳的 $HC_2H_3O_2$ 加入 1 kg 水中製備的溶液，H^+ 重量莫耳濃度不超過 m mol/kg。

11.3 在解離常數 K_a 的表達式 (11.15) 中，$m(H_3O^+)$ 包括 (a) 僅來自 HX 解離的水合氫離子；(b) 溶液中的所有水合氫離子，無論其來源如何。

11.4 對於甲酸，HCOOH，在 25°C 和 1 bar 的水中 $K_a = 1.80 \times 10^{-4}$ mol/kg。(a) 在 25°C 和 1 bar 下，對於 4.603 g HCOOH 在 500.0 g H_2O 中的溶液，盡可能準確地求出 H^+ 重量莫耳濃度。(b) 重複計算，如果向 (a) 的溶液中加入 0.1000 mol KCl。(c) 在 25°C 和 1 bar 下，0.1000 mol 甲酸和 0.2000 mol 甲酸鉀加入 500.0 g 水製備的溶液中，求 H^+ 重量莫耳濃度。

11.5 在 25°C 和 1 bar 下，求 1.00×10^{-5} mol/kg HCN 水溶液中的 H^+ 重量莫耳濃度，假定在 25°C 下，對於 HCN，$K_a = 6.2 \times 10^{-10}$ mol/kg。

11.6 在 25°C 下，求 0.20 mol/kg NaCl 水溶液中的 $m(H_3O^+)$。

11.7 在 25°C 下，求 1.00×10^{-8} mol/kg HCl 水溶液中的 $m(H_3O^+)$。

11.8 0.200 mol/kg 酸 HX 溶液的 $m(H_3O^+) = 1.00 \times 10^{-2}$ mol/kg。求此酸的 K_a。

11.9 在 25°C 下，求 0.10 mol/kg $NaC_2H_3O_2$ 水溶液中的 $m(H_3O^+)$，假設 $HC_2H_3O_2$ 在 25°C 的 $K_a = 1.75 \times 10^{-5}$ mol/kg (提示：醋酸根離子是鹼，與水反應如下：$C_2H_3O_2^- + H_2O \rightleftharpoons HC_2H_3O_2 + OH^-$)。證明該反應的平衡常數為 $K_b = K_w/K_a$。忽略來自水解離的 OH^-。

第 11.4 節

11.10 計算在 25°C 下 NaCl(s) 在 1、10、100 和 1000 bar 的活性。NaCl 在 25°C 和 1 bar 的密度為 2.16 g/cm³。

11.11 對於 AgBrO 在 25°C 和 1 bar 的水，$K_{sp} = 5.38 \times 10^{-5}$ mol²/kg。計算 $AgBrO_3$ 在 25°C 水中的溶解度。忽略離子配對。

11.12 (a) 使用附錄中的 $\Delta_f G°$ 數據來計算 KCl 在 25°C 水中的 K_{sp}。(b) KCl 在水中的飽和溶液在 25°C 下的重量莫耳濃度為 4.82 mol/kg。計算 KCl 在 25°C 飽和水溶液的 $\gamma_\pm$。

11.13 對於 25°C 水中的 $CaSO_4$，形成離子對的平衡常數是 190 kg/mol。$CaSO_4$ 在 25°C 的水中的溶解度為每 kg 水 2.08 g。求 $CaSO_4$ 在 25°C 水中的 K_{sp} (提示：以忽略活性係數來獲得離子對重量莫耳濃度和離子重量莫耳濃度的一個初始估計。獲得 I_m 的初始估計並以此得到 $\gamma_\pm$ 的初始估計值。再重新計算離子重量莫耳濃度。然後計算一個改良的 $\gamma_\pm$ 值並重新計算離子重量莫耳濃度。繼續重複計算，直到收斂為止。然後計算 K_{sp})。

11.14 使用附錄中的數據計算 25°C 時 CO_2 濃度高於 $CaCO_3$ (方解石) 的平衡壓力。

11.15 反應 $FeO_4(s) + CO(g) \rightleftharpoons 3FeO(s) + CO_2(g)$ 的平衡常數在 600°C 為 1.15。如果是 2.00 mol FeO、3.00 mol CO、4.00 mol FeO 和 5.00 mol CO_2 的混合物在 600°C 達到平衡，求平衡組成。假設壓力足夠低以使氣體具有理想氣體行為。

第 11.5 節

11.16 在 450°C 和 300 bar 時，根據對應狀態定律圖估計的逸壓係數是 $\phi_{N_2} = 1.14$，$\phi_{H_2} = 1.09$ 和 $\phi_{NH_3} = 0.91$。$N_2(g) + 3H_2(g) \rightleftharpoons 2NH_3(g)$ 在 450°C 的平衡常數是 $K° = 4.6 \times 10^{-5}$。使用 Lewis-Randall 規則估算混合物逸壓係數，計算最初由 1.00 mol 的 N_2 和 3.00 mol 的 H_2 組成並保持在 450°C 和 300 bar 的系統的平衡組成 (提示：藉由取兩邊的平方根，可以將得到的四次方程式簡化為二次方程式)。

11.17 對於 NH_3、N_2 和 H_2，臨界溫度分別為 405.6、126.2 和 33.3 K，臨界壓力分別為 111.3、33.5 和 12.8 atm。NH_3 的 $\Delta_f G°_{700}$ 為 6.49 kcal/mol。使用 Lewis-Randall 規則和逸壓係數的對應狀態圖 (第 10.10 節) 如果 P 固定在 500 atm，計算最初由 1.00 mol NH_3 組成的系統在 700 K 的平衡組成。注意：對於 H_2，為了提高觀察到的逸壓係數與對應狀態圖的符合度，使用 $T/(T_c+8\ K)$ 和 $P/(P_c+8\ atm)$ 代替通常使用的對比溫度和壓力的表達式 (提示：藉由取兩邊的平方根，可以將求解該問題得到的四次方程式簡化為二次方程式)。

第 11.9 節

11.18 對於 NH_3，$\Delta_f G°_{500}$ 為 4.83 kJ/mol。對於保持在 500 K 和 3.00 bar 的 4.00 mol H_2、2.00 mol N 和 1.00 mol NH_3 的混合物，求反應 $N_2(g) + 3H_2(g) \rightleftharpoons 2NH_3(g)$ 的 $(\partial G/\partial \xi)_{T,P}$。假設理想氣體對於這種混合物，反應會自發地向右或向左進行嗎？

一般問題

11.19 對或錯？(a) 在恆定 T 和 V 下，將化學惰性氣體（例如，He）加入反應平衡的氣相混合物將永遠不會改變平衡。(b) 對於保持在恆定 T 和 P 的封閉系統反應混合物，$(\partial G/\partial \xi)_{T,P}$ 的符號確定反應進行的方向；如果 $(\partial G/\partial \xi)_{T,P} < 0$，則反應朝正向進行，而如果 $(\partial G/\partial \xi)_{T,P} > 0$，則反應朝反向進行。(c) 弱酸在水溶液中無限稀薄的極限下完全解離。(d) 如果反應的 $\Delta G°$ 為正，則當反應物混合併保持在恆定的 T 和 P 時，不會發生任何反應。(e) 純物質總是被選擇為物種的標準狀態。(f) $\Delta G°$ 是指從純標準狀態反應物到純標準狀態生成物的轉變。(g) $\Delta_r S° = \Delta_r H°/T$。

第 12 章
多成分相平衡

第 7章討論了單成分相平衡。我們現在考慮多成分相平衡，它在化學、化學工程、材料科學和地質學中具有重要的應用。

12.1 依數性質

我們從一組相互關聯的溶液性質開始，此性質稱為**依數性質** (colligative properties) (來自拉丁語 *colligatus*，意思是「綁定在一起」)。當將溶質添加到純溶劑 A 中時，A 莫耳分率降低。關係 $(\partial \mu_A/\partial x_A)_{T,P,n_{i \neq A}} > 0$ [(4.90) 式] 顯示，$x_A(dx_A < 0)$ 的減小必須降低 A 的化勢 ($d\mu_A < 0$)。因此，在恆定的 T 和 P 下添加溶質可將溶劑化勢 μ_A 降至 μ_A^* 以下。溶劑化勢的這種變化改變蒸氣壓、正常沸點和正常凝固點並引起滲透壓現象。這四個性質是依數性質。每個都涉及相之間的平衡。

化勢 μ_A 是 A 從溶液中逃逸趨勢的量度，因此 μ_A 的降低意味著溶液的蒸氣分壓 P_A 小於純 A 的蒸氣壓 P_A^*。下一節討論了這種蒸氣壓降低。

12.2 蒸氣壓降低

考慮非揮發性溶質在溶劑中的溶液。**非揮發性** (nonvolatile) 溶質是一種它對溶液蒸氣壓的貢獻可以忽略不計。這種情況適用於大多數固體溶質，但不適用於液體或氣體溶質。溶液的蒸氣壓 P 僅由溶劑 A 引起。為簡單起見，我們假設壓力足夠低，可以將所有氣體視為理想氣體。如果不是這樣，那麼壓力就會被逸壓所取代。

來自用於非電解質溶液的 (10.16) 式和用於電解質溶液的 (10.56) 式，溶液的蒸氣壓為

$$P = P_A = \gamma_A x_A P_A^* \qquad \text{非揮發性溶質} \qquad (12.1)$$

其中莫耳分率用於溶劑活性係數 γ_A。與純 A 相比，蒸氣壓的變化 ΔP 是 $\Delta P = P -$

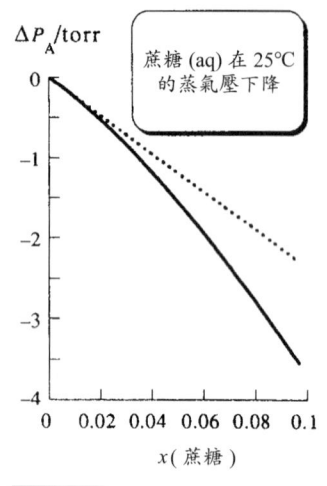

P_A^*。使用 (12.1) 式可得

$$\Delta P = (\gamma_A x_A - 1) P_A^* \qquad \text{非揮發性溶質} \qquad (12.2)$$

如第 10.3 節所述，溶液蒸氣壓的測量使得能夠測定 γ_A。然後使用 Gibbs-Duhem 方程式得到溶質的 γ。

如果溶液非常稀薄，則 $\gamma_A \approx 1$ 且

$$\Delta P = (x_A - 1) P_A^* \qquad \text{理想稀薄溶液，非揮發性溶質} \qquad (12.3)$$

對於單個非解離性溶質，$1 - x_A$ 等於溶質莫耳分率 x_B 而 $\Delta P = -x_B P_A^*$。在這些條件下，ΔP 與 B 的性質無關，並且僅取決於其在溶液中的莫耳分率。圖 12.1 是蔗糖 (aq) 在 25°C 的 ΔP 對 x_B 的關係圖。虛線表示理想稀薄溶液。

圖 12.1
25°C 時蔗糖溶液的蒸氣壓下降 ΔP 與蔗糖莫耳分率的關係 (實線)。虛線是理想稀釋溶液。

12.3 凝固點下降和沸點上升

純液體或溶液的正常沸點 (第 7 章) 是其蒸氣壓等於 1 atm 的溫度。非揮發性溶質降低蒸氣壓 (第 12.2 節)。因此，溶液的蒸氣壓需要更高的溫度達到 1 atm，並且溶液的正常沸點升高高於純溶劑。

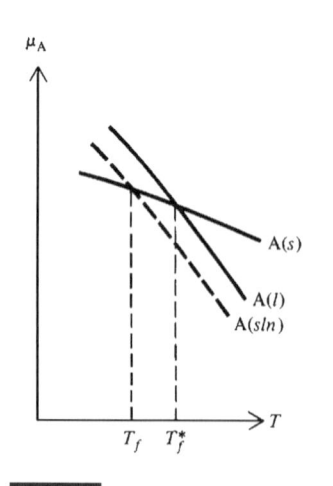

向 A 中加入溶質通常會降低凝固點。圖 12.2 繪製了純固體 A、純液體 A 和溶液中的 A(sln) 在 1 atm 下的 μ_A 對溫度的關係。在純 A 的正常凝固點 T_f^*，相 A(s) 和 A(l) 處於平衡狀態，它們的化勢相等：$\mu_{A(s)}^* = \mu_{A(l)}^*$。低於 T_f^*，純固體 A 比純液體 A 更穩定，$\mu_{A(s)}^* < \mu_{A(l)}^*$，因為最穩定純相是最低的 μ (第 7.2 節)。高於 T_f^*，A(l) 比 A(s) 更穩定且 $\mu_{A(l)}^* < \mu_{A(s)}^*$。在恆定的 T 和 P 下向 A(l) 添加溶質總是降低 μ_A (第 12.1 節)，因此在任何給定的 T 處 $\mu_{A(sln)} < \mu_{A(l)}^*$，如圖所示。這使得 A(sln) 和 A(s) 曲線的交點出現在比 A(l) 和 A(s) 曲線的交點更低的 T 處。溶液的凝固點 T_f (發生在當 $\mu_{A(sln)} = \mu_{A(s)}^*$，假設純 A 從溶液中凝固出來) 小於純 A(l) 的凝固點 T_f^*。μ_A 的降低使溶液穩定並降低 A 藉由凝固逃離溶液的趨勢。

我們現在計算溶劑 A 中溶質 B 引起的凝固點下降。我們假設當溶液冷卻到凝固點時只有純固體 A 從溶液中凝固出來 (圖 12.3)。這是最常見的情況。對於其他情況，請參閱第 12.8 節。正常 (即 1-atm) 凝固點的平衡條件是純固體 A 的化勢與 A 在溶液中的化勢必須相等。溶液中的 μ_A 是 $\mu_{A(sln)} = \mu_{A(l)}^\circ + RT \ln a_A = \mu_{A(l)}^* + RT \ln a_A$ [(10.4) 式和 (10.9) 式]，其中 $\mu_{A(l)}^*$ 是純液體 A 的化勢，a_A 是溶液中 A 的活性。在溶液的正常凝固點 T_f，令 $\mu_{A(s)}^*$ 和 $\mu_{A(sln)}$ 相等，我們得到

$$\mu_{A(s)}^* (T_f, P) = \mu_{A(sln)} (T_f, P)$$

圖 12.2
對於純固體 A、純液體 A，和溶液中的 A (虛線)，A 的化勢作為 T (在固定 P 下) 的函數，藉由將溶質加到 A(l) 來降低 μ_A，將凝固點從 T_f^* 降低到 T_f。

$$\mu^*_{A(s)}(T_f, P) = \mu^*_{A(l)}(T_f, P) + RT_f \ln a_A$$

其中 P 是 1 atm。純物質的化勢 μ^* 等於其莫耳吉布斯能量 G^*_m [(4.86) 式]，所以

$$\ln a_A = \frac{G^*_{m,A(s)}(T_f) - G^*_{m,A(l)}(T_f)}{RT_f} = -\frac{\Delta_{fus}G_{m,A}(T_f)}{RT_f} \quad (12.4)$$

其中 $\Delta_{fus}G_{m,A} \equiv G^*_{m,A(l)} - G^*_{m,A(s)}$ 是 A 的熔化的 ΔG_m。由於 P 固定在 1 atm，因此忽略 G^*_m 隨壓力的變化。

溶液的凝固點 T_f 是溶液中 A 的活性 a_A 的函數。或者，我們可以將 T_f 視為自變數，並將 a_A 視為 T_f 的函數。我們在恆定 P 將 (12.4) 式對 T_f 微分。在第 6 章中，對於化學反應，我們將 $\ln K_P^\circ = -\Delta G^\circ/RT$ [(6.14) 式] 對 T 微分得到 $(d/dT)(\ln K_P^\circ) = (d/dT)(-\Delta G^\circ/RT) = \Delta H^\circ/RT^2$ [(6.36) 式]。我們可以考慮在壓力 P° 和溫度 T_f 下的熔化過程 $A(s) \to A(l)$ 為 $A(s)$ 為反應物而 $A(l)$ 為生成物的反應。因此與得到 $d(-\Delta G^\circ/RT)/dT = \Delta H^\circ/RT^2$ 的相同推導可以應用於熔化過程給出

$$\frac{d}{dT_f}\left(\frac{-\Delta_{fus}G_{m,A}(T_f)}{RT_f}\right) = \frac{\Delta_{fus}H_{m,A}(T_f)}{RT_f^2}$$

將 (12.4) 式取 $(\partial/\partial T_f)$，我們得到

$$\left(\frac{\partial \ln a_A}{\partial T_f}\right)_P = \frac{\Delta_{fus}H_{m,A}(T_f)}{RT_f^2} \quad (12.5)$$

$$d \ln a_A = (\Delta_{fus}H_{m,A}/RT_f^2)\, dT_f \quad P \text{ 為恆定} \quad (12.6)$$

其中 $\Delta_{fus}H_{m,A}(T_f)$ 是純 A 在 T_f 和 1 atm 下的莫耳熔化焓。[由於純固體 A 在 1 atm 的活性為 1（第 11.4 節），對於 $A(s) \rightleftharpoons A(sln)$，$a_A$ 可視為 (11.6) 式的平衡常數 K°。(12.5) 式為 $A(s) \rightleftharpoons A(sln)$ 的 van't Hoff 方程式 (11.32)；$A(sln)$ 的標準狀態是純液體 A，所以 $\Delta_{fus}H_{m,A}$ 是 $A(s) \rightleftharpoons A(sln)$ 的 ΔH°。]

將 (12.6) 式從狀態 1 積分到狀態 2 可得

$$\ln \frac{a_{A,2}}{a_{A,1}} = \int_1^2 \frac{\Delta_{fus}H_{m,A}(T_f)}{RT_f^2}\, dT_f$$

令狀態 1 為純 A，則 $T_{f,1} = T_f^*$ 為純 A 的凝固點，且 $a_{A,1} = 1$，因為 μ_A（等於 $\mu_A^* + RT \ln a_A$）在 $a_A = 1$ 時變為等於 μ_A^*。令狀態 2 為具有活性 $a_{A,2} = a_A$ 和 $T_{f,2} = T_f$ 的一般狀態。用 $a_A = \gamma_A x_A$ [(10.5) 式]，其中 x_A 和 γ_A 是溶劑的莫耳分率和凝固點為 T_f 的溶液的莫耳分率活性係數，我們有

$$\ln \gamma_A x_A = \int_{T_f^*}^{T_f} \frac{\Delta_{fus}H_{m,A}(T)}{RT^2}\, dT \quad P \text{ 為恆定} \quad (12.7)$$

其中虛擬積分變數（第 1.8 節）從 T_f 變為 T。

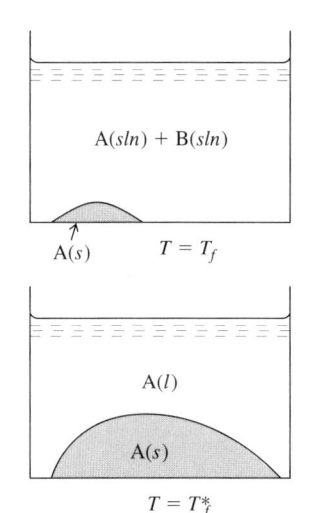

圖 12.3

上圖顯示在溶液的凝固溫度 T_f 下，固體 A 與溶液 A + B 處於平衡狀態。下圖顯示在純 A 的凝固點 T_f^*，固體 A 與純液體 A 處於平衡狀態。

若溶液中只有一個溶質 B，且若 B 既不結合也不解離，則 $x_A = 1 - x_B$ 且

$$\ln \gamma_A x_A = \ln \gamma_A + \ln x_A = \ln \gamma_A + \ln (1 - x_B) \tag{12.8}$$

$\ln x$ 的泰勒級數是：$\ln x = (x - 1) - (x - 1)^2/2 + \ldots$。用 $x = 1 - x_B$，這個級數變成

$$\ln (1 - x_B) = -x_B - x_B^2/2 - \ldots$$

溶液和實驗數據的統計力學理論證明，$\ln \gamma_A$ 可以展開為 (Kirkwood and Oppenheim, pp.176-177)：

$$\ln \gamma_A = B_2 x_B^2 + B_3 x_B^3 + \ldots \quad \text{非電解質溶液} \tag{12.9}$$

其中 $B_2, B_3, \ldots$ 為 T 和 P 的函數。將這兩個級數代入 (12.8) 式可得

$$\ln \gamma_A x_A = -x_B + (B_2 - \tfrac{1}{2})x_B^2 + \ldots \tag{12.10}$$

我們現在專注於理想稀薄溶液。這裡 x_B 非常小，並且 (12.10) 式中的 x_B^2 項和更高的冪次項與 $-x_B$ 項相比，可以忽略不計 (若 $x_B = 10^{-2}$，則 $x_B^2 = 10^{-4}$)。因此

$$\ln \gamma_A x_A = -x_B \quad \text{理想稀薄溶液} \tag{12.11}$$

對於非常稀薄的溶液，凝固點變化 $T_f - T_f^*$ 將非常小而 T 在 (12.7) 式中的積分中僅略有變化。$\Delta_{fus}H_{m,A}(T)$ 將因此只是稍微變化，我們可以將它近似為常數並且在 T_f^* 等於 $\Delta_{fus}H_{m,A}$。將 (12.11) 式代入 (12.7) 式，將 $\Delta_{fus}H_{m,A}/R$ 置於積分之外，並使用 $\int(1/T^2) dT = -1/T$，對於 (12.7) 式我們得到

$$-x_B = \frac{\Delta_{fus}H_{m,A}(T_f^*)}{R}\left(\frac{1}{T_f^*} - \frac{1}{T_f}\right) = \frac{\Delta_{fus}H_{m,A}}{R}\left(\frac{T_f - T_f^*}{T_f^* T_f}\right) \tag{12.12}$$

$T_f - T_f^*$ 是**凝固點下降** (freezing-point depression) ΔT_f：

$$\Delta T_f \equiv T_{fb} - T_f^* \tag{12.13}$$

由於 T_f 接近 T_f^*，(12.12) 式中的 $T_f^* T_f$ 可以用 $(T_f^*)^2$ 代替，對於理想稀薄溶液而言，誤差可以忽略不計。(12.12) 式變成

$$\Delta T_f = -x_B R(T_f^*)^2/\Delta_{fus}H_{m,A} \tag{12.14}$$

因為 $n_B \ll n_A$，所以 $x_B = n_B/(n_A + n_B) \approx n_B/n_A$。溶質重量莫耳濃度是 $m_B = n_B/n_A M_A$，其中 M_A 是溶劑莫耳質量。因此對於這種非常稀薄的溶液，我們有 $x_B = M_A m_B$，(12.14) 式成為

$$\Delta T_f = -\frac{M_A R(T_f^*)^2}{\Delta_{fus}H_{m,A}} m_B$$

$$\Delta T_f = -k_f m_B \quad \text{理想稀薄溶液，純 A 凝固} \tag{12.15*}$$

其中溶劑的**莫耳凝固點下降常數** (molal freezing-point-depression constant) k_f 定義為

$$k_f \equiv M_A R (T_f^*)^2/\Delta_{fus}H_{m,A} \tag{12.16}$$

從 (12.15) 式的推導中注意到它的成立不要求溶質為非揮發性。

對於水，0°C 下的 $\Delta_{fus}H_m$ 為 6007 J/mol 且

$$k_f = \frac{(18.015 \times 10^{-3} \text{ kg/mol})(8.3145 \text{ J mol}^{-1} \text{ K}^{-1})(273.15 \text{ K})^2}{6007 \text{ J mol}^{-1}} = 1.860 \text{ K kg/mol}$$

以 K kg/mol 為單位的其他一些 k_f 值是苯，5.1；醋酸，3.8；樟腦，40。

凝固點下降數據的應用是找到非電解質的分子量。為了找到 B 的分子量，可以測量溶劑 A 中 B 的稀溶液的 ΔT_f，並從 (12.15) 式計算 B 重量莫耳濃度 m_B。使用 $m_B = n_B/w_A$ [(9.3) 式]，其中 w_A 是溶劑質量，然後得到溶液中 B 的莫耳數 n_B。從 $M_B = w_B/n_B$ [(1.4) 式] 中找到莫耳質量 M_B，其中 w_B 是溶液中已知的 B 質量。由於 (12.15) 式僅適用於理想稀薄溶液，因此準確測定分子量需要在幾個莫耳濃度下找到 ΔT_f。然後，畫出將計算出的 M_B 值對 m_B 作圖，且外插至 $m_B = 0$。凝固點下降的實際應用包括使用鹽來融化冰雪，以及在汽車散熱器的水中加入防凍劑（乙二醇，$HOCH_2CH_2OH$）。

生活在 0°C 以下環境中的一些生物會使用凝固點下降來防止體液凍結。生物體響應寒冷而合成的凝固點下降溶質包括甘油 [$HOCH_2CH(OH)CH_2OH$]、乙二醇和各種醣類。例如，黃菊蛾幼蟲的甘油濃度在夏季幾乎為零，但在冬季增加到 19%（重量）。許多魚類，昆蟲和植物使用的另一種策略是使抗凍蛋白質在凝固點以下 1 至 10 K 處保持其亞穩態過冷液態 (metastable supercooled liquid state)。抗凍蛋白結合到小冰晶表面，阻止它們生長。

例 12.1 由凝固點下降求分子量

苯的莫耳凝固點下降常數為 5.07 K kg/mol。0.450% 的單斜硫在苯中的溶液，在低於純苯的凝固點 0.088 K 凝固。求苯中硫的分子式。

溶液非常稀薄，我們認為它理想稀薄。100.000 g 溶液含有 0.450 g 硫和 99.550 g 苯。從 $\Delta T_f = -k_f m_B$，硫的重量莫耳濃度是

$$m_B = -\frac{\Delta T_f}{k_f} = -\frac{-0.088 \text{ K}}{5.07 \text{ K kg/mol}} = 0.0174 \text{ mol/kg}$$

但是 $m_B = n_B/w_A$ [(9.3) 式]，所以硫的莫耳數是

$$n_B = m_B w_A = (0.0174 \text{ mol/kg})(0.09955 \text{ kg}) = 0.00173 \text{ mol}$$

硫莫耳質量為

$$M_B = w_B/n_B = (0.450 \text{ g})/(0.00173 \text{ mol}) = 260 \text{ g/mol}$$

S 的原子量為 32.06。因為 $260/32.06 = 8.1 \approx 8$，分子式為 S_8。

習題

對於 D_2O（其中 $D \equiv {}^2H$），正常凝固點為 3.82°C 且 $\Delta_{fus}H_m (T_f^*) = 6305$ J/mol。(a) 求 D_2O 的 k_f。(b) 求出 0.954 g CH_3COCH_3 在 68.40 g D_2O 中的溶液的凝固點。解釋為什麼你的答案是近似的。

[答案：(a) 2.02_6 K kg/mol；(b) 3.33°C]

當純物質在固定壓力下凝固時，系統的溫度保持恆定，直到所有液體都凝固。當 B 在溶劑 A 中的稀薄溶液在固定壓力下凝固，凝固點不斷下降，因為當純 A 凝固時，溶液中 B 的重量莫耳濃度不斷增加。為了確定溶液的凝固點，可以使用冷卻曲線的方法 (第 12.8 節)。

通常在系統向空氣開放的情況下測量凝固點。溶解的空氣略微降低了純 A 和溶液的凝固點，但是由於溶解的空氣引起的下降對於純 A 和溶液幾乎是相同的，在計算 ΔT_f 時將消去。

如果溶液中有幾種物種，則 (12.8) 式中的 x_A 等於 $1 - \Sigma_{i \neq A} x_i$，其中總和是對所有溶質物種而言。(12.11) 式變成 $\ln \gamma_A x_A \approx -\Sigma_{i \neq A} x_i$。對於稀薄溶液，我們有 $x_i \approx M_A m_i$ 而對於幾個溶質物種，(12.15) 式成為

$$\Delta T_f = -k_f m_{tot} \quad \text{理想稀薄溶液，純 A 凝固} \quad (12.17)$$

其中總溶質重量莫耳濃度是 $m_{tot} \equiv \Sigma_{i \neq A} m_i$。注意若溶液稀薄到足以被認為是理想稀薄，則 ΔT_f 與溶液中物種的性質無關，僅取決於總重量莫耳濃度。

對於電解質溶液，人們不能使用 (12.17) 式，因為電解質溶液只在重量莫耳濃度太低而不能產生可測量的 ΔT_f 的情況下變成理想稀釋。對於電解質溶液，我們必須保留 (12.7) 式中的 γ_A。在 $\gamma_A = 1$ 的最粗略近似中，由 (12.17) 式我們可以預期在溶液中產生兩個離子的電解質如 NaCl 將在相同的重量莫耳濃度下產生大約兩倍的非電解質的凝固點下降。

由 C_2H_5OH 和 NaCl 水溶液的觀察值 ΔT_f，圖 12.4 繪製了理想稀薄溶液凝固點下降 ΔT_f^{id-dil} ($= -k_f m_{tot}$) 的百分比偏差 $100 (\Delta T_f^{id-dil} - \Delta T_f)/\Delta T_f$。偏差是由近似 $\ln \gamma_A x_A \approx -x_B \approx n_B/n_A$ [(12.11) 式] 引起的，忽略了 $\Delta_{fus}H_{m,A}$ 隨溫度的變化，以及將 $T_f T_f^*$ 替換為 $(T_f^*)^2$。

尋找沸點上升公式與凝固點下降公式的方式相同。我們從 (12.4) 式的前面開始，除了以 $\mu_{A(v)}^*$ (其中 v 代表蒸氣) 代替 $\mu_{A(s)}^*$，以溶液的沸點 T_b 代替 T_f 之外。凝固點下降的 (12.4) 式為 $RT_f \ln a_A = -\Delta_{fus}G_{m,A}(T_f)$，而沸點上升的 (12.4) 式為 $RT_b \ln a_A = \Delta_{vap}G_{m,A}(T_b)$ 沒有負號。經由與凝固點下降相同的步驟，導出對應於 (12.15) 式和 (12.16) 式的方程式：

$$\Delta T_b = -k_b m_B \quad \text{理想稀薄溶液，非揮發性溶質} \quad (12.18)*$$

$$k_b \equiv M_A R (T_b^*)^2/\Delta_{vap}H_{m,A} \quad (12.19)$$

其中 $\Delta T_b \equiv T_b - T_b^*$ 是理想稀薄溶液的沸點上升而 T_b^* 是純溶劑 A 的沸點。(12.15) 式中假設只有純 A 從溶液中凝固出來對應於 (12.18) 式中假設只有純 A 從溶液中蒸發出來，這意味著溶質是非揮發性的。對於水，$k_b = 0.513 \, °C \, kg/mol$。沸點上升可用於尋找分子量但是不如凝固點下降準確。

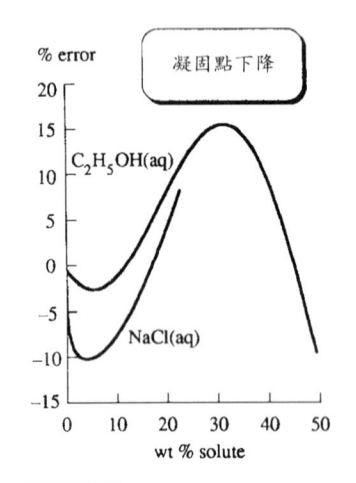

圖 12.4
根據理想稀釋溶液方程 (12.17) 計算的 NaCl(aq) 和 $C_2H_5OH(aq)$ 溶液在 1 atm 時的凝固點百分比誤差。

目前，非聚合物的分子量通常使用質譜法 (MS) 測定。分子量是母峰的質量數。特殊質譜技術可以準確測量蛋白質分子量。在基質輔助雷射脫附解離 (matrix-assisted laser desorption ionization, MALDI) 中，蛋白質在化合物的固體基質中以低濃度存在，例如 2,5- 二羥基苯甲酸暴露於雷射脈衝。部分基質被蒸發，從而將蛋白質分子帶入氣相並使其解離。MALDI MS 可準確測定高達 500000 的分子量。在電噴霧解離 (ESI) 中，將蛋白質溶液噴入質譜儀，加熱的流動氣體從噴霧液滴中蒸發溶劑。ESI MS 可以確定分子量高達 200000。

12.4 滲透壓

滲透壓

存在半透膜，其僅允許某些化學物質通過它們。想像一個盒子被一個剛性、導熱，半透膜分成兩個腔室，允許溶劑 A 通過它但不允許溶質 B 通過。在左腔室中，我們放置純 A，在右邊，B 在 A 的溶液（圖 12.5）。我們將 A 限制為非電解質。

假設兩個毛細管中液體的初始高度相等。該腔室最初處於相同的壓力下：$P_L = P_R$，下標代表左和右。由於膜是導熱的，因此熱平衡維持：$T_L = T_R = T$。左邊 A 的化勢是 μ_A^*。兩種液體中的 P 與 T 相等，右邊溶液存在的溶質 B 使得 μ_A 小於 μ_A^*（第 12.1 節）。物質從高化勢流向低化勢（第 4.7 節），我們有 $\mu_A^* = \mu_{A,L} > \mu_{A,R}$。因此物質 A 會通過膜從左（純溶劑）流動到右（溶液）。液體在右側管中上升，從而增加右室中的壓力。我們有 $(\partial \mu_A / \partial P)_T = \bar{V}_A$ [(9.31) 式]。由於 $\bar{V}_A$ 在稀薄溶液中是正，壓力的增加會增加 $\mu_{A,R}$ 直到最終達到平衡 $\mu_{A,R} = \mu_{A,L}$。由於膜對 B 是不可滲透的，因此 μ_B 沒有平衡關係。如果膜對 A 和 B 均可滲透，則平衡條件為兩個腔室中的 B 濃度相等，壓力相等。

令左右腔室的平衡壓力分別為 P 和 $P + \Pi$。我們稱 Π 為**滲透壓** (osmotic pressure)。必須對溶液施加額外的壓力，使溶液中的 μ_A 等於 μ_A^*，以便在溶液和純 A 之間達到物質 A 的膜平衡。在溶液中，我們有 $\mu_A = \mu_A^* + RT \ln \gamma_A x_A$ [(10.6) 式和 (10.9) 式]，並處於平衡狀態

$$\mu_{A,L} = \mu_{A,R} \tag{12.20}$$

$$\mu_A^*(P, T) = \mu_A^*(P + \Pi, T) + RT \ln \gamma_A x_A \tag{12.21}$$

其中我們並未假設理想稀薄溶液。注意，(12.21) 式中的 γ_A 是溶液的 $P + \Pi$ 處的值。從 $d\mu_A^* = dG_{m,A}^* = -S_{m,A}^* dT + V_{m,A}^* dP$，在恆定 T，我們有 $d\mu_A^* = V_{m,A}^* dP$。從 P 積分到 $P + \Pi$ 可得

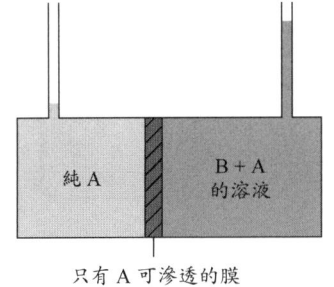

只有 A 可滲透的膜

圖 12.5
用於測量滲透壓的裝置。

$$\mu_A^*(P+\Pi, T) - \mu_A^*(P, T) = \int_P^{P+\Pi} V_{m,A}^* \, dP' \qquad \text{恆定 } T \qquad (12.22)$$

將 ' 添加到虛擬積分變數中以避免使用符號 P 有兩個不同的含義。將 (12.22) 式代入 (12.21) 式可得

$$RT \ln \gamma_A x_A = -\int_P^{P+\Pi} V_{m,A}^* \, dP' \qquad \text{恆定 } T \qquad (12.23)$$

液體的 $V_{m,A}^*$ 隨壓力變化非常緩慢，除非涉及非常高的滲透壓，否則可以認為是恆定的。(12.23) 式的右側變為 $-V_{m,A}^*(P+\Pi-P) = -V_{m,A}^*\Pi$ 而 (12.23) 式變為 $RT \ln \gamma_A x_A = -V_{m,A}^*\Pi$ 或

$$\Pi = (RT/V_{m,A}^*) \ln \gamma_A x_A \qquad (12.24)$$

對於既不結合也不解離的溶質 B 的理想稀薄溶液，γ_A 是 1 且 $\ln \gamma_A x_A \approx -x_B$ [(12.11) 式]。於是

$$\Pi = (RT/V_{m,A}^*) x_B \qquad \text{理想稀薄溶液} \qquad (12.25)$$

由於溶液非常稀薄，我們有 $x_B = n_B/(n_A + n_B) \approx n_B/n_A$ 且

$$\Pi = \frac{RT}{V_{m,A}^*} \frac{n_B}{n_A} \qquad \text{理想稀薄溶液} \qquad (12.26)$$

其中 n_A 和 n_B 是溶液中溶劑和溶質的莫耳數，溶液與純溶劑 A 處於膜平衡狀態。由於溶液非常稀薄，其體積 V 幾乎等於 $n_A V_{m,A}^*$ 而 (12.26) 式變為 $\Pi = RTn_B/V$，或

$$\Pi = c_B RT \qquad \text{理想稀薄溶液} \qquad (12.27)^*$$

其中莫耳濃度 c_B 等於 n_B/V。注意此與理想氣體狀態方程式 $P = cRT$ 相似，其中 $c = n/V$。(12.27) 式稱為范特霍夫定律 (van't Hoff's law)，在無限稀薄的極限下成立。

由於溶質的重量莫耳濃度、莫耳濃度和莫耳分率在理想稀薄溶液中彼此成正比，因此可以使用任何這些組成測量來表達稀薄溶液的依數性質。(12.25) 式使用莫耳分率，(12.26) 式使用重量莫耳濃度 (因為 $n_B/n_A = M_A m_B$)，而 (12.27) 式使用莫耳濃度。

圖 12.6 繪製了水溶性蔗糖溶液在 25°C 的 Π 對溶質濃度的關係曲線。虛線表示理想稀薄溶液。

對於非理想稀薄溶液，(12.24) 式成立。然而，在非理想稀薄溶液中 Π 的不同 (但等效) 表達通常比 (12.24) 式更方便。1945 年，McMillan 和 Mayer 為非電解質溶液開發了統計力學理論 (見 Hill，第 19 章)。他們證明了在非理想稀薄非電解質雙成分溶液的滲透壓由下式給出

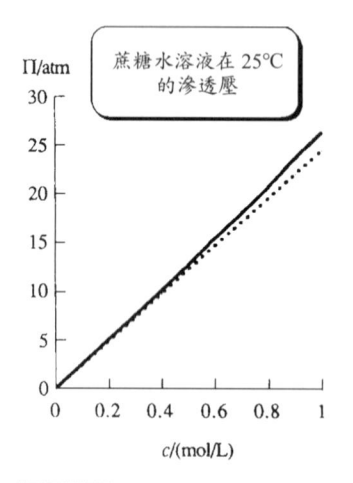

圖 12.6

蔗糖水溶液在 25°C 的滲透壓 Π 對蔗糖濃度作圖。虛線是理想稀釋溶液。

$$\Pi = RT(M_B^{-1}\rho_B + A_2\rho_B^2 + A_3\rho_B^3 + \cdots) \tag{12.28}$$

其中 M_B 是溶質莫耳質量，ρ_B 是溶質質量濃度：$\rho_B \equiv w_B/V$ [(9.2) 式]，其中 w_B 是溶質 B 的質量。$A_2, A_3, \ldots$ 與溶劑 A 中的溶質－溶質分子間力有關，並且是 T 的函數 (且為 P 的弱函數)。注意 (12.28) 式與氣體的維里方程式 (8.4) 的相似之處。在無限稀薄的極限下，$\rho_B \to 0$ 而 (12.28) 式變為 $\Pi = RT\rho_B/M_B = RTw_B/M_BV = RT\,n_B/V = c_BRT$，這是范特霍夫定律 (van't Hoff law)。

滲透壓有時會被誤解。考慮在 25°C 和 1 atm 下 0.01 mol/kg 葡萄糖水溶液。當我們說這個溶液的凝固點為 -0.02°C 時，並不表示溶液的實際溫度是 -0.02°C。凝固點是在 1 atm 下溶液與純固體水處於平衡的溫度。同樣地，當我們說該溶液的滲透壓為 0.24 atm 時 (參閱例 12.2)，我們並不表示溶液中的壓力為 0.24 atm (或 1.24 atm)。相反，滲透壓是必須施加到溶液上的額外壓力使得，如果溶液與可滲透水而不是葡萄糖的膜接觸，溶液將與純水處於膜平衡，如圖 12.7。

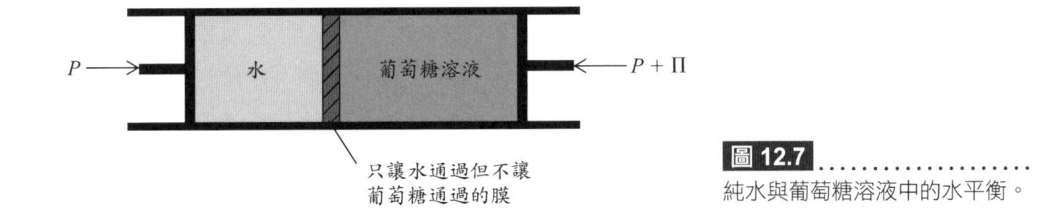

圖 12.7 純水與葡萄糖溶液中的水平衡。

例 12.2　滲透壓

求在 25°C 和 1 atm 下 0.0100 mol/kg 葡萄糖 ($C_6H_{12}O_6$) 水溶液的滲透壓。

將這種稀薄非電解質溶液視為理想稀薄是很好的近似。幾乎所有對溶液質量和體積的貢獻都來自水，水的密度接近 1.00 g/cm³。因此，含有 1 kg 水的這種溶液的量將具有非常接近 1000 cm³ = 1 L 的體積，葡萄糖莫耳濃度很接近 0.0100 mol/dm³。代入 (12.27) 式可得

$$\Pi = c_BRT = (0.0100 \text{ mol/dm}^3)(82.06 \times 10^{-3} \text{ dm}^3 \text{ atm mol}^{-1} \text{ K}^{-1})(298.1 \text{ K})$$
$$\Pi = 0.245 \text{ atm} = 186 \text{ torr}$$

其中 R 中的體積單位轉換為 dm³ 以符合 c_B 中的體積單位。或者，可使用 (12.25) 式或 (12.26) 式求 Π。這些方程式求出的答案非常接近 (12.27) 式求出的答案。

習題

在 25°C 下，將 82.7 mg 非電解質溶解在水中並稀釋至 100.0 mL，以此製備的溶液具有 83.2 torr 的滲透壓。求非電解質的分子量。
(答案：185)

注意在該例中非常稀薄的 0.01 mol/kg 葡萄糖溶液的 Π 的實際值。由於水的密度是水銀的 1/13.6 倍，因此 186 torr (186 mmHg) 的滲透壓對應於圖 12.5 中右側管中的液體的高度 18.6 cm × 13.6 = 250 cm = 2.5 m = 8.2 ft。相比之下，0.01 mol/kg 的水溶液

將顯示出僅 0.02 K 的凝固點下降。大的 Π 值來自凝聚相成分的化勢對壓力相當不敏感的事實 (先前已多次注意到)。因此，需要很大的 Π 值才能改變溶液中 A 的化勢，使其等於純 A 在壓力 P 下的化勢。

滲透流的機制不是熱力學的作用，但我們要提到三個常用的引用機制：(1) 膜孔的大小可允許小溶劑分子通過但不允許大的溶質分子通過；(2) 揮發性溶劑可以蒸發到膜的孔中並在另一側冷凝，但非揮發性溶質不會這樣做；(3) 溶劑可溶解在膜中。

聚合物分子量

由稀薄溶液給出的 Π 的實際值使得滲透壓測量對於尋找高分子量物質 (如聚合物) 的分子量方面很有價值。對於這些物質，凝固點下降太小而不適用。例如，如果 $M_B = 10^4$ g/mol，在 25°C 時，1.0 g B 在 100 g 水中的溶液具有 $\Delta T_f = -0.002°C$ 且具有 $\Pi = 19$ torr。

即使在非常低的重量莫耳濃度下，聚合物溶液也顯示出與理想稀薄行為的大偏差。大尺寸的分子在稀薄聚合物溶液中引起大量的溶質－溶質相互作用，因此必須在幾種稀薄濃度下測量 Π，並外插到無限稀薄以找到聚合物的真實分子量。Π 由 McMillan-Mayer 表達 (12.28) 式給出。在稀薄溶液中，通常可以在 A_2 項後終止該級數。因此，$\Pi/RT = \rho_B/M_B + A_2\rho_B^2$，或

$$\Pi/\rho_B = RT/M_B + RTA_2\rho_B \quad \text{稀薄溶液} \tag{12.29}$$

Π/ρ_B 對 ρ_B 的關係曲線給出一條直線，在 $\rho_B = 0$ 的截距為 RT/M_B，在某些情況下，稀薄溶液中的 A_3 項不可忽略。

合成聚合物通常由不同鏈長的分子組成，因為聚合反應中的鏈終止是隨機過程。我們現在求得藉由滲透壓測量確定的這種溶質的表觀分子量的表達式。如果溶液中有幾種溶質物質，溶劑莫耳分率 x_A 等於 $1 - \Sigma_{i \neq A} x_i$，其中是對各種溶質物種求總和。使用泰勒級數 (8.36) 式得到

$$\ln x_A = \ln\left(1 - \sum_{i \neq A} x_i\right) \approx -\sum_{i \neq A} x_i \approx -\frac{1}{n_A} \sum_{i \neq A} n_i \tag{12.30}$$

因此取代 $\Pi = c_B RT$ [(12.27) 式]，我們得到

$$\Pi = RT \sum_{i \neq A} c_i = \frac{RT}{V} \sum_{i \neq A} n_i \quad \text{理想稀薄溶液} \tag{12.31}$$

如果我們假設只有一種溶質物種 B，莫耳質量為 M_B，我們會使用外推到無限稀薄的數據來計算 M_B，亦即由 $\Pi = c_B RT = w_B RT/M_B V$ [(12.27) 式]，$M_B = w_B RT/\Pi V$，其中 w_B 是溶質質量，來計算 M_B。用 (12.31) 式代替 Π 得到

$$M_B = \frac{w_B}{\sum_{i \neq A} n_i} = \frac{\sum_{i \neq A} w_i}{\sum_{i \neq A} n_i} = \frac{\sum_{i \neq A} n_i M_i}{\sum_{i \neq A} n_i} \tag{12.32}$$

其中 w_i、n_i 和 M_i 是質量、莫耳數和溶質 i 的莫耳質量。(12.32) 式右側的量是**平均莫耳質量** (number average molar mass)。莫耳數 n_i 與物種 i 的分子數成正比。因此，根據具有該分子量的分子的數量對 (12.32) 式中的 M_i 的每個值進行加權。對於從其他依數性質計算的分子量，得到了相同的結果。

如果我們只考慮溶質分子的集合，(12.32) 式右側的分母是溶質的總莫耳數 n_{tot}，而 n_i/n_{tot} 是溶質分子集合中溶質物種 i 的莫耳分率 x_i（當然，x_i 不是溶液中物種 i 的莫耳分率。我們現在考慮的是除溶劑外的溶質物種）。對於平均莫耳質量引入符號 M_n，我們重寫 (12.32) 式

$$M_n = \sum_i x_i M_i = \frac{w_{tot}}{n_{tot}} \tag{12.33}$$

其中是對所有溶質物種求總和，其中 w_{tot} 和 n_{tot} 是溶質物種的總質量和總莫耳數。

☕ 滲透

在圖 12.7 中，額外的外部施加壓力 Π 在溶液和純溶劑之間產生膜平衡。若溶液的壓力小於 $P + \Pi$，則溶液中的 μ_A 比純溶劑中的 μ_A 小，並且從左邊的純溶劑到右邊的溶液會有溶劑淨流動，這個過程稱為**滲透** (osmosis)。然而，若溶液上的壓力增加到高於 $P + \Pi$，則溶液中的 μ_A 變得大於純溶劑中的 μ_A，並且從溶液到純溶劑有溶劑淨流動，這種現象稱為**反滲透** (reverse osmosis)。反滲透用於淡化海水。在這裡，需要一種幾乎不透鹽離子的膜，其強度足以承受壓力差，並且可透過水。

滲透在生物學中具有重要意義。H_2O、CO_2、O_2 和 N_2 以及某些有機分子（例如胺基酸、葡萄糖）可透過細胞膜，而蛋白質和多醣則不可透過。無機離子和二糖（例如，蔗糖）通常非常緩慢地通過細胞膜。生物體的細胞由含有各種溶質的體液（例如，血液、淋巴液、汁液）沐浴其中。

這種情況比圖 12.5 中的情況更複雜，因為溶質存在於膜的兩側，膜可由水和一些溶質（我們用 B、C、⋯ 表示）滲透但不被其它（我們用 L、M、⋯ 表示）滲透。在沒有主動輸送（很快討論）的情況下，水和溶質 B、C、⋯ 將穿過細胞膜直到 H_2O 的、B 的、C 的化勢在膜的每一側相等。如果細胞周圍的流體在溶質 L、M、⋯ 中比細胞液更濃，則細胞將藉由滲透而失水；周圍的流體相對於細胞是高滲的 (hypertonic)。如果周圍的流體在 L、M、⋯ 中濃度比細胞液低，則細胞從周圍低滲 (hypotonic) 流體中獲取水分。當細胞和周圍環境之間沒有水淨轉移時，兩者是等滲的 (isotonic)。

血液和淋巴對生物體的細胞大致是等滲的。靜脈注射和注射使用與血液等滲的鹽溶液。如果注入水，紅血球細胞將藉由滲透獲得水並可能爆裂。植物根係藉由滲透吸收周圍低滲土壤的水分。

活細胞能夠將化學物質通過細胞膜從該溶質的低化勢區域輸送到高化勢區域，該方向與自發流動的方向相反。這種輸送 [稱為**主動輸送** (active transport)] 是藉由將

輸送與 ΔG 為負的過程相耦合來實現的。例如，細胞膜中的某種蛋白質同時 (a) 從具有較低 K^+ 濃度的周圍流體主動輸送 K^+ 離子進入細胞，(b) 主動輸送 Na^+ 離子離開細胞，(c) 將 ATP 水解成 ADP (G 降低的反應－圖 11.8)。靜息動物消耗的 ATP 的約三分之一用於 Na^+ 和 K^+ 橫過薄膜的主動輸送 (「抽吸」)。休息的人在 24 小時內消耗約 40 kg 的 ATP，並且該 ATP 必須從 ADP 連續地再合成。Na^+ 離開細胞的主動輸送可以使 Na^+ 進入細胞的自發、被動流動成為可能，Na^+ 的這種自發向內流動耦合並驅動葡萄糖和胺基酸的主動輸送到細胞中。

12.5 雙成分相圖

第 7 章討論了單成分系統的相圖。雙成分系統的相圖在第 12.5 至 12.8 節中討論。三成分系統在第 12.9 節討論。

當 $c_{ind} = 2$，相律 $f = c_{ind} - p + 2$ 成為 $f = 4 - p$。對於單相雙成分系統，$f = 3$。三個獨立內含變數是 P、T 和一個莫耳分率。為方便起見，我們通常保持 P 或 T 不變並繪製二維相圖，這是三維圖的橫截面。在該圖中，在二維圖中對 T 或 P 恆定的限制將 f 減小 1。雙成分系統稱為**二元** (binary) 系統。

多成分相平衡在化學、地質學和材料科學中具有重要的應用。材料科學研究科學和工業材料的結構、性質和應用。主要材料類別是金屬、半導體、聚合物、陶瓷和複合材料。傳統上，術語「陶瓷」是指藉由烘烤濕黏土以形成硬固體而產生的材料。如今，該術語擴大到包括在高溫下加工或使用的所有無機，非金屬材料。大多數陶瓷是一種或多種金屬與非金屬 (通常為氧) 的化合物，機械強度高，耐熱和耐化學品。陶瓷的一些例子是砂、瓷、水泥、玻璃、磚、金剛石、SiC、Si_3N_4、Al_2O_3、MgO 和 $MgSiO_4$；許多陶瓷都是矽酸鹽。複合材料由兩種或更多種材料製成，並且可具有任何一種成分中不存在的性質。骨是柔軟，強壯，聚合蛋白膠原蛋白和堅硬脆性礦物羥基磷灰石的複合物 [近似分子式為 $3Ca_3(PO_4)_2 \cdot Ca(OH)_2$]。玻璃纖維是一種複合材料，含有藉由添加玻璃纖維增強的塑料。

12.6 雙成分液－氣平衡

我們通常一次只考慮相圖的一部分，而不是繪製完整的相圖。本節涉及雙成分體系相圖的液體－蒸氣部分，這在實驗室和工業上藉由蒸餾分離液體很重要。

☕ 固定溫度下的理想溶液

考慮形成理想溶液的兩種液體 B 和 C。我們將溫度固定在某個值 T，該值高於 B 和 C 的凝固點。我們將系統的壓力 P 對 x_B 進行繪製，其中 x_B 為系統中 B 的**總莫耳分率** (overall mole fraction)：

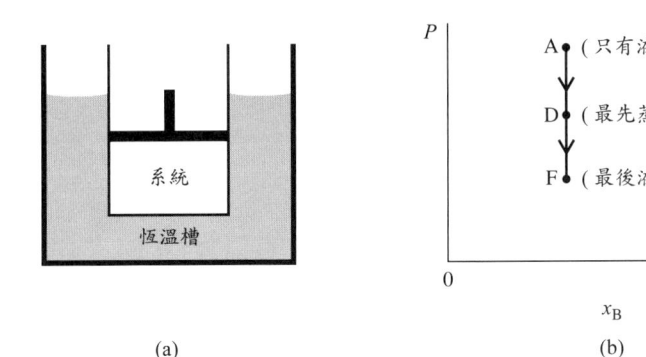

圖 12.8
(a) 保持在恆溫 T 的系統。(b) 圖 (a) 中系統的 P 對 x_B 相圖上的點。

$$x_B \equiv \frac{n_{B,total}}{n_{total}} = \frac{n_B^l + n_B^v}{n_B^l + n_B^v + n_C^l + n_C^v} \tag{12.34}$$

其中 n_B^l 和 n_B^v 分別是液相和氣相中 B 的莫耳數。對於封閉系統，x_B 是固定的，儘管 n_B^l 和 n_B^v 可以變化。

將系統封裝在裝有活塞的圓筒，並浸入恆溫槽 (圖 12.8a)。為了看 P 對 x_B 相圖是什麼樣的，讓我們首先將活塞上的外部壓力設置得足夠高，以使系統完全是液體 (圖 12.8b 中的 A 點)。當壓力降低到低於 A 時，系統最終達到液體剛剛開始蒸發的壓力 (點 D)。在點 D 處，液體具有組成 x_B^l，其中 D 處的 x_B^l 等於總莫耳分率 x_B，因為僅有無窮小量的液體已經蒸發。出現的第一滴蒸氣組成是什麼？拉午耳定律 $P_B \equiv x_B^v P = x_B^l P_B^*$ [(9.52) 式] 將氣相莫耳分率與液體組成聯繫如下：

$$x_B^v = x_B^l P_B^*/P \quad \text{和} \quad x_C^v = x_C^l P_C^*/P \tag{12.35}$$

其中 P_B^* 和 P_C^* 是純 B 和純 C 在 T 的蒸氣壓，系統的壓力 P 等於分壓的總和 $P_B + P_C$，$x_B^l \equiv n_B^l/(n_B^l + n_C^l)$，並且假設蒸氣是理想的。

從 (12.35) 式，我們有

$$\frac{x_B^v}{x_C^v} = \frac{x_B^l}{x_C^l} \frac{P_B^*}{P_C^*} \quad \text{理想溶液} \tag{12.36}$$

設 B 是較易揮發的成分，意味著 $P_B^* > P_C^*$，則由 (12.36) 式可知 $x_B^v/x_C^v > x_B^l/x_C^l$。在揮發性較高的成分中，理想溶液上方的蒸氣比液體更濃 (圖 9.18b)。(12.35) 式和 (12.36) 式適用於存在液－氣平衡的任何壓力，而不僅僅是在 D 點。

現在讓我們等溫降低壓力低於 D 點，導致更多液體蒸發。最後，我們到達圖 12.8b 中的點 F，其中最後一滴液體蒸發。低於 F，我們只有蒸氣。對於 D 和 F 之間的線上的任何點，液相和氣相共存於平衡狀態。

我們可以多次重複這個實驗，每次都以封閉系統的不同組成開始。對於組成 x_B'，我們得到點 D′ 和 F′；對於組成 x_B''，我們得到點 D″ 和 F″；等等。然後我們繪製點 D, D′, D″, … 並連接它們，並且對於 F, F′, F″, … 做同樣的事情 (圖 12.9)。

曲線 DD′D″ 的方程式是什麼？對於這些點中的每一個，組成 x_B^l [或 $(x_B^l)'$ 等] 的

圖 12.9

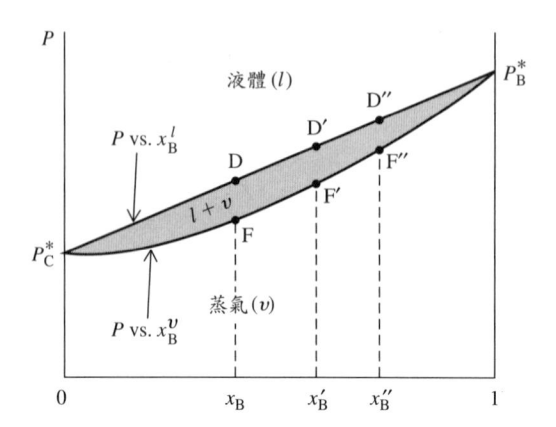

固定溫度下，理想溶液的壓力對組成的液體–蒸氣相圖。

液體剛剛開始蒸發。此液體的蒸氣壓是 $P = P_B + P_C = x_B^l P_B^* + x_C^l P_C^* = x_B^l P_B^* + (1 - x_B^l) P_C^*$，即

$$P = P_C^* + (P_B^* - P_C^*)x_B^l \qquad \text{理想溶液} \qquad (12.37)$$

這與 (9.54) 式相同。並且是從 $x_B^l = 0$ 的 P_C^* 開始，結束於 $x_B^l = 1$ 的 P_B^*。沿著 DD'D'' 線，液體剛開始蒸發，因此總莫耳分率 x_B 等於液體 x_B^l 中 B 的莫耳分率。DD'D'' 是總蒸氣壓 P 對 x_B^l 的圖 [(12.37) 式]。

曲線 FF'F'' 的方程式是什麼？沿著這條曲線，最後一滴液體蒸發，因此總體 x_B (橫坐標上繪製的) 現在將等於 x_B^v，即蒸氣中 B 的莫耳分率。FF'F'' 是總蒸氣壓 P 對 x_B^v 的關係圖。為了獲得 x_B^v 的函數 P，我們必須將 (12.37) 式中的 x_B^l 表示為 x_B^v 的函數。為此，我們使用拉午耳定律 $P_B \equiv x_B^v P = x_B^l P_B^*$ 即 $x_B^l = x_B^v P/P_B^*$。將此 x_B^l 的表達式代入 (12.37) 式中得到 $P = P_C^* + (P_B^* - P_C^*) x_B^v P/P_B^*$。求解這個方程式中的 P，我們得到

$$P = \frac{P_B^* P_C^*}{x_B^v(P_C^* - P_B^*) + P_B^*} \qquad \text{理想溶液} \qquad (12.38)$$

這是 P 對 x_B^v 的方程式，是 FF'F'' 曲線。

我們現在重新繪製圖 12.10 的相圖。從前面的討論中，上面的線是 P 對 x_B^l 曲線，下面的線是 P 對 x_B^v 的曲線。

再次考慮從 A 點開始的過程 (其中 P 足夠高，只能存在液體) 並且等溫地降低壓力。該系統是封閉的，因此 (即使液相和氣相的組成可能不同)，B 的總莫耳分率在整個過程中保持固定在 x_B。因此，過程由 P 對 x_B 圖上的垂直線表示。在具有系統壓力 P_D 的點 D 處，液體剛剛開始蒸發。出現的第一滴蒸氣組成是什麼？我們想要的是當存在液–氣平衡時以及當系統的壓力 P (也是總蒸氣壓) 等於 P_D 時的 x_B^v 的值。相圖上的下曲線是 (12.38) 式的曲線圖，並給出 P 作為 x_B^v 的函數。或者，我們可以將下曲線視為給出 x_B^v 作為 P 的函數。因此，欲求當 P 等於 P_D 時的 x_B^v，我們在下曲線上找到對應於壓力 P_D 的點。這是 G 點，給出了出現的第一滴蒸氣組成 (標記為 $x_{B,1}$)。

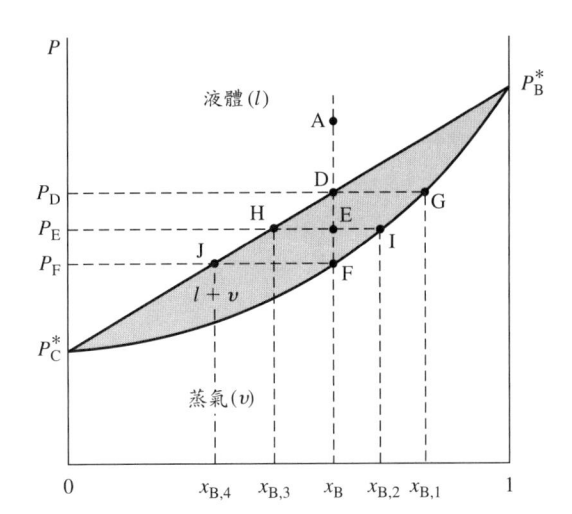

圖 12.10
固定溫度下，理想溶液的壓力對組成的液體–蒸氣相圖。下線是 P-x_B^v 曲線，而上線是 P-x_B^l 曲線。

　　隨著 P 進一步降低，它達到 P_E。對於相圖上的點 E（位於點 D 和 F 之間），系統由兩相組成，液體和蒸氣處於平衡狀態。這些相的組成是什麼？圖 12.10 中的上部曲線是 P 與 x_B^l 的關係，而下部曲線則是 P 與 x_B^v 的關係。因此，在具有壓力 P_E 的點 E 處，我們有 $x_B^v = x_{B,2}$（點 I）和 $x_B^l = x_{B,3}$（點 H）。最後，在具有壓力 P_F 的點 F 處，最後的液體蒸發。這裡，$x_B^v = x_B$ 和 $x_B^l = x_{B,4}$（J 點）。低於 F 點，則是具有組成 x_B 的蒸氣。當壓力降低並且液體在封閉系統中蒸發時，x_B^l 從 D 下降到 J，即從 x_B 降到 $x_{B,4}$。這是因為物質 B 比 C 更易揮發。另外，隨著液體蒸發，x_B^v 從 G 下降到 F，即從 $x_{B,1}$ 降到 x_B。這是因為後來蒸發的液體富含物質 C。對於存在液相和氣相的狀態，系統的壓力 P 等於液體的蒸氣壓。

　　總體組成恆定的線，例如 ADEF，是一種等值線。

　　形成理想溶液的兩種液體在恆定 T 下的 P 對 x_B 液–氣相圖因此具有三個區域。在圖 12.10 中的兩條曲線上方的任何點處，僅存在液體。在兩條曲線下方的任何點處，僅存在蒸氣。在兩條曲線之間的典型點 E 處，存在兩相：液體，其組成由點 H（$x_B^l = x_{B,3}$）給出，並且蒸氣的組成由點 I（$x_B^v = x_{B,2}$）給出。兩相系統的總組成由點 E 處的 x_B 值給出。E 處的總 x_B 值由 (12.34) 式給出，不同於平衡中兩相中 B 的莫耳分率。關於這一點的困惑是學生錯誤的常見原因。

　　水平線 HEI 稱為連結線。相圖上的**連結線** (tie line) 是一條線，其端點對應於彼此平衡的兩相的組成。連結線的端點位於兩相區域的邊界處。兩相區域之間的兩相區域。液相和蒸氣曲線之間的兩相區域是相圖中的間隙，其中不存在單個均勻相。本章以陰影顯示兩相區域。

　　雙成分相圖的兩相區域中的點給出系統的總體組成，並且平衡中兩相的組成由通過該點的連結線末端的點給出。

例 12.3　在連結線上的點的相組成

對於液體－蒸氣系統，其狀態對應於圖 12.10 中相圖的 E 點，求系統中 B 的總莫耳分率並求系統中存在的每一相中 B 的莫耳分率。假設相圖中的比例是線性的。

總莫耳分率 x_B [(12.34) 式] 對應於 E 點的 x_B 值。圖 12.10 中，從 $x_B = 0$ 到 $x_B = 1$ 的長度是 5.98 cm。從 $x_B = 0$ 到 E 的垂直線與 x_B 軸的交點的距離是 3.59 cm。因此，系統在 E 的總莫耳分率 x_B 是 $x_B = 3.59/5.98 = 0.60_0$。系統的 E 由平衡的液相和氣相組成。液相組成由連結線 HEI 左端的點 H 給出為 $x_{B,3}$。從 $x_B = 0$ 到 $x_B = x_{B,3}$ 的距離是 2.79 cm，所以 $x_{B,3} = 2.79/5.98 = 0.46_7 = x_B^l$。氣相組成由 HEI 連結線上的點 I 給出為 $x_{B,2} = 4.22/5.98 = 0.70_6 = x_B^v$。

習題

對於液體－蒸氣系統，其狀態對應於從 H 的垂直線與線 JF 的交點，求總莫耳分率 x_B、x_B^l 和 x_B^v。
(答案：$x_B = 0.46_7$，$x_B^l = 0.33_2$，$x_B^v = 0.60_0$)

對於兩相雙成分系統，自由度的數目是 $f = c_{ind} - p + 2 = 2 - 2 + 2 = 2$。在圖 12.10 的相圖中，$T$ 保持固定，這在圖 12.10 的兩相區域中將 f 減小到 1。因此，一旦 P 固定，在該兩相區域中 f 為 0。對於固定的 P，x_B^v 和 x_B^l 都因此是固定的。例如，在圖 12.10 中的壓力 P_E 處，x_B^v 固定為 $x_{B,2}$ 並且 x_B^l 固定為 $x_{B,3}$。總 x_B 取決於平衡中存在的液相和氣相的相對量。回想一下相的質量，它是外延變數，在計算 f 時不予考慮。

圖 12.10 中壓力 P_E 處的液相和氣相的不同相對量對應於沿著連結線 HEI 的不同點，其具有不同的總莫耳分率 x_B 值，但是相同的 x_B^l 值和相同的 x_B^v 值。現在將連結線上的點 E 的位置與存在的兩個相的相對量相關聯。對於兩相雙成分系統，令 n_B、n^l 和 n^v 分別為 B 的總莫耳數、液相中的總莫耳數和氣相中的總莫耳數。B 的總莫耳分率是 $x_B = n_B/(n^l + n^v)$，因此 $n_B = x_B n^l + x_B n^v$。此外，$n_B = n_B^l + n_B^v = x_B^l n^l + x_B^v n^v$。令 n_B 的這兩個表達式相等，我們得到

$$x_B n^l + x_B n^v = x_B^l n^l + x_B^v n^v$$
$$n^l(x_B - x_B^l) = n^v(x^v - x_B) \qquad (12.39)$$
$$n^l \overline{EH} = n^v \overline{EI} \qquad (12.40)$$

其中 $\overline{EH}$ 和 $\overline{EI}$ 是圖 12.10 中從 E 到液體和蒸氣曲線的線的長度，n^l 和 n^v 分別是液相和氣相中的總莫耳數。(12.40) 式為**槓桿規則** (lever rule)。注意它與物理槓桿定律的相似性：$m_1 l_1 = m_2 l_2$，其中 m_1 和 m_2 是在蹺蹺板上相互平衡的質量，其中支點與質量 m_1 的距離為 l_1，而與 m_2 的距離為 l_2。當圖 12.10 中的點 E 接近液體線上的點 H 時，$\overline{EH}$ 小於 $\overline{EI}$ 而 (12.40) 式告訴我們 n^l 大於 n^v。當 E 與 H 一致時，$\overline{EH}$ 為零，n^v 必須為零；只有液體存在。

槓桿規則的上述推導明確適用於任何兩相雙成分系統，而不僅僅適用於液－氣平

衡。因此，如果 α 和 β 是存在的兩個相，n^α 和 n^β 分別是 α 相和 β 相中的總莫耳數，l^α 和 l^β 是從相圖的兩相區域中的點到 α 相和 β 相線的線的長度，類似於 (12.40) 式我們有 (圖 12.11)

$$n^\alpha l^\alpha = n^\beta l^\beta \tag{12.41}*$$

一個常見的學生錯誤是將 (12.41) 式寫成 $n_B^\alpha l^\alpha = n_B^\beta l^\beta$。

如果使用 B 的總重量分率 (而不是 x_B) 作為相圖的橫坐標，質量代替上述推導中的莫耳數，槓桿規則變為

$$m^\alpha l^\alpha = m^\beta l^\beta \tag{12.42}$$

其中 m^α 和 m^β 是 α 相和 β 相的質量。

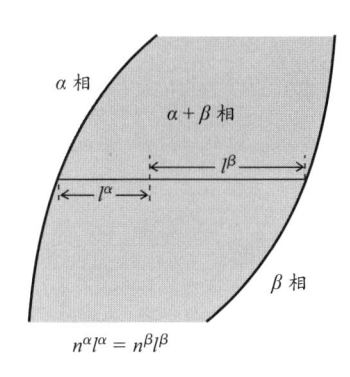

圖 12.11
槓桿規則給出了兩相二元系統各相中存在的莫耳比，即 $n^\alpha/n^\beta = l^\beta/l^\alpha$，其中 l^β 和 l^α 為從與系統總莫耳分率相對應的點到連結線端點的距離。

例 12.4 兩相區的相組成

令圖 12.10 的雙成分系統含有 10.00 mol 的 B 和 6.66 mol 的 C 和壓力 P_E。系統中存在多少個相？求每一相中存在的 B 的莫耳數。

B 的總莫耳分率是 $x_B = 10.00/(10.00 + 6.66) = 0.600$。圖 12.10 中，從 $x_B = 0$ 到 $x_B = 1$ 的長度是 5.98 cm。我們有 0.600(5.98 cm) = 3.59 cm，所以總 x_B 位於 $x_B = 0$ 右側 3.59 cm 處。系統的壓力是 P_E，因此系統的狀態必須位於 P_E 的水平線上。定位這條線上的點位於 $x_B = 0$ 右側 3.59 cm 處，我們到達點 E。由於 E 點位於兩相區域，因此系統具有兩相。

在壓力 P_E 下，連結線 HEI 的端點 H 和 I 給出平衡的液相和氣相的莫耳分率組成。在例 12.3 中，我們求得在 H，$x_B^l = x_{B,3} = 0.46_7$ 且在 I，$x_B^v = x_{B,2} = 0.70_6$。為了求解這個問題，我們可以使用物質守恆方程式 $n_B = n_B^\alpha + n_B^\beta$ 或我們可以使用槓桿規則。我們有

$$n_B = n_B^l + n_B^v = x_B^l n^l + x_B^v n^v$$
$$10.0 \text{ mol} = 0.46_7 n^l + 0.70_6 (16.66 \text{ mol} - n^l)$$
$$n^l = 7.3_7 \text{ mol}$$
$$n_B^l = x_B^l n^l = 0.467(7.3_7 \text{ mol}) = 3.4_4 \text{ mol,}$$
$$n_B^v = 10.00 \text{ mol} - 3.4_4 \text{ mol} = 6.5_6 \text{ mol}$$

在求解這個問題時，必須避免混淆 n_B^l (液相中 B 的莫耳數)，n^l (液相中的總莫耳數) 和 n_B (系統中 B 的總莫耳數)。

另一種解法是使用槓桿規則 (12.41) 式：$n^l \overline{EH} = n^v \overline{EI}$。我們有 $\overline{EH} = 0.60_0 - 0.46_7 = 0.13_3$ 和 $\overline{EI} = 0.70_6 - 0.60_0 = 0.10_6$，因此槓桿規則給出 $n^l(0.133) = (16.66 \text{ mol} - n^l)0.106$ 而 $n^l = 7.3_9$ mol。然後 $n_B^l = x_B^l n^l =$ 等等。

習題

如果圖 12.10 的系統含有 0.400 mol 的 B 和 0.600 mol 的 C 並且處於壓力 P_F，求每一相中存在的 B 的莫耳數。
(答案：$n_B^l = 0.24_8$，$n_B^v = 0.15_2$)

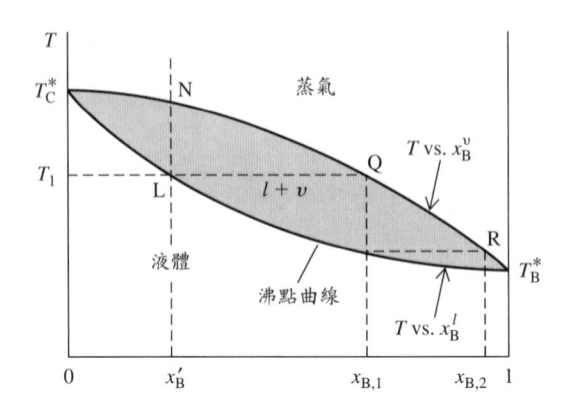

圖 12.12
固定壓力下理想溶液的溫度與成分的液體－蒸氣相圖。T_B^* 和 T_C^* 是純 B 和 C 在圖的壓力下的沸點。

☕ 固定壓力下的理想溶液

現在考慮形成理想溶液的兩種液體的定壓液－氣相圖。這個解釋非常類似於剛剛討論過的極端和有點重複的定溫情況，所以我們可以在這裡簡要介紹一下。我們繪製 T 對 x_B，一個成分的總莫耳分率。相圖如圖 12.12 所示。

如果固定壓力為 1 atm，T_C^* 和 T_B^* 是純 C 和純 B 的正常沸點。對於具有平衡的液相和氣相的系統，下曲線給出 T 作為 x_B^l 的函數 (反之亦然)，並且是理想溶液的沸點曲線。對於具有液－氣平衡的系統，上曲線給出 T 作為 x_B^v 的函數 (反之亦然)。在 T 對 x_B 圖，蒸氣曲線位於液體曲線的上方，但在 P 對 x_B 圖，蒸氣曲線位於液體曲線下方 (圖 12.10)。這是顯而易見的，因為高 T 和低 P 有利於氣相。

如果我們在 $l+v$ 區域的寬度上繪製一條水平連結線，則連結線的端點使得液相和氣相的組成在連接線溫度和固定壓力下相互平衡，如圖 12.12 所示。例如，線 LQ 是在溫度 T_1 的連結線，在圖中的 T_1 和壓力下，液體和蒸氣平衡的組成是 x_B' 和 $x_{B,1}$。

如果我們對組成 x_B' 的封閉系統進行恆壓加熱，蒸氣將首先出現在 L 點。當我們升高溫度並蒸發更多的液體時，液體將變得更富含揮發性較低，沸點較高的成分 C。最後，我們到達 N 點，其中最後一滴液體蒸發。

當組成 x_B' 的溶液沸騰時出現的第一滴蒸氣具有由點 Q 給出的 x_B^v 值。如果我們從系統中除去該蒸氣並將其冷凝，我們得到組成為 $x_{B,1}$ 的液體。該液體的蒸發產生初始組成為 $x_{B,2}$ 的蒸氣 (點 R)。因此，藉由連續冷凝和再蒸發混合物，我們最終可以將 C 與 B 分離，這種過程稱為分餾 (fractional distillation)。我們藉由僅取出出現的第一滴蒸氣來獲得 B 中的最大濃化 (maximum enrichment)。任何一個蒸餾步驟的這種最大濃化程度代表一個理論塔板 (theoretical plate)。藉由填充蒸餾塔，我們實際上獲得了許多連續的冷凝和再蒸發，從而得到具有多個理論塔板的塔。工業蒸餾塔高達 75 m(250 ft)，可能有數百個理論塔板。

我們如何繪製圖 12.12 中的兩條曲線？我們從 $P_B^*(T)$ 和 $P_C^*(T)$ 開始，已知純 B 和純 C 的蒸氣壓作為 T 的函數。固定壓力為 $P^\#$。我們有 $P^\# = P_B + P_C$，其中 P_B 和 P_C^* 是蒸氣中 B 和 C 的分壓。拉午耳定律給出 $P^\# = x_B^l P_B^*(T) + (1 - x_B^l) P_C^*(T)$，而

$$x_B^l = \frac{P^\# - P_C^*(T)}{P_B^*(T) - P_C^*(T)} \quad \text{理想溶液} \quad (12.43)$$

由於 P_B^* 和 P_C^* 是 T 的已知函數，我們可以使用 (12.43) 式在任何給定的 T 找到 x_B^l，從而繪製下 (液體) 曲線。為了繪製蒸氣曲線，我們使用 $x_B^v = P_B/P^\# = x_B^l P_B^*/P^\#$；將 (12.43) 式代入可得

$$x_B^v = \frac{P_B^*(T)}{P^\#} \frac{P^\# - P_C^*(T)}{P_B^*(T) - P_C^*(T)} \quad \text{理想溶液} \quad (12.44)$$

這是 x_B^v 作為 T 的函數所需的方程式。(12.43) 式和 (12.44) 式與 (12.37) 式和 (12.38) 式相同，只是 P 現在固定在 $P^\#$ 而 T 被視為變數。

☕ 非理想溶液

在研究了理想溶液的液－氣平衡之後，我們現在考慮非理想溶液。非理想系統的液－氣相圖是藉由測量與已知組成的液體平衡的蒸氣的壓力和組成而獲得的。如果溶液僅略微不理想，則曲線類似於理想溶液的曲線。但是，如果溶液與理想溶液有很大的偏差足以在 P 對 x_B^l 曲線中產生極大值或極小值 (如圖 9.21 所示)，則會出現新現象。

假設系統在 P 對 x_B^l 曲線中顯示極大值，這是 P 對 x_B 相圖中的上曲線。下曲線 (蒸氣曲線) 是什麼形狀？假設我們想像相圖如圖 12.13 所示。設圖 12.13 中的點 D 為液體曲線上的最大值。如果我們從封閉系統中的 A 點開始並等溫地降低壓力，我們將到達 D 點，液體剛開始蒸發。出現的第一滴蒸氣的成分是什麼？為了回答這個問題，我們要對應於 D 點的壓力 (圖 12.13 中指定的 P_{max}) 的 x_B^v 的值。但是，圖 12.13 中的蒸氣曲線 (下面的曲線) 沒有任何一點其壓力為 P_{max}。因此，相圖看起來不像圖 12.13。我們可以繪製相圖以便在蒸氣曲線上有一個點其壓力為 P_{max} 的唯一方法 (符合低壓有利於氣相的要求，因此總是低於液相) 是使蒸氣曲線在 P_{max} 處接觸液體曲線，如圖 12.14a 所示。

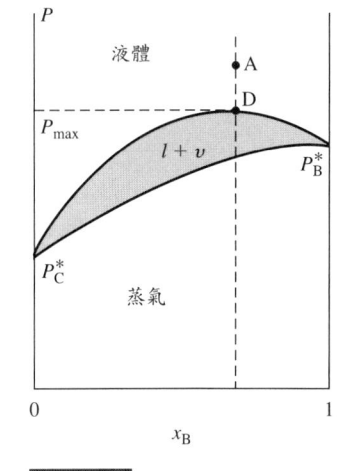

圖 12.13

錯誤的壓力對組成圖，其中液體－蒸氣相圖具有最大值。

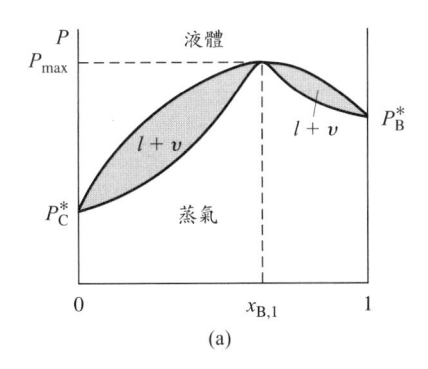

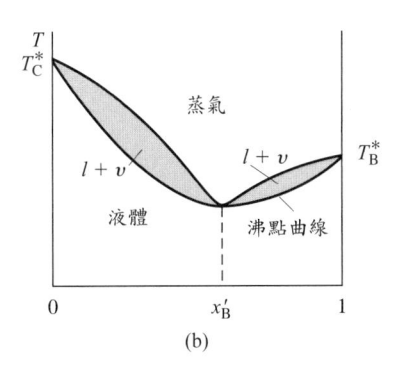

圖 12.14

(a) 具有最大值的壓力對組成的液體－蒸氣相圖。(b) 對應的溫度對組成圖。

在固定壓力下與圖 12.14a 相對應的 T 對 x_B 的相圖為何？令 T' 為繪製圖 12.14a 的溫度，並且令 $x_{B,1}$ 為對應於 P_{max} 的 x_B 的值。如果 P 固定在 P_{max}，x_B^l 等於 $x_{B,1}$ 的液體將在溫度 T' 沸騰。然而，x_B^l 小於或大於 $x_{B,1}$ 的液體將不具有足夠的蒸氣壓在 T' 沸騰並且在更高的溫度下沸騰。因此，P-x_B 相圖上的最大值將對應於 T-x_B 圖上的最小值。T 對 x_B 相圖如圖 12.14b 所示。

令圖 12.14b 中的最小值出現在組成 x_B'（如果圖 12.14b 中 P 的固定值等於圖 12.14a 中的 P_{max}，則圖 12.14b 中的 x_B' 等於圖 12.14a 中的 $x_{B,1}$。通常，P 固定在 1 atm，因此為 x_B' 和 $x_{B,1}$ 通常不同）。組成 x_B' 的液體煮沸時將產生與液體具有相同組成的蒸氣。由於蒸發不會改變液體的組成，因此整個液體樣品將在恆溫下沸騰。這種恆沸溶液稱為**共沸物** (azeotrope)。共沸溶液的沸騰行為類似於純化合物的沸騰行為，並且與在溫度範圍內沸騰的兩種液體的大多數溶液的沸騰行為形成對比。然而，由於共沸物的組成取決於壓力，在一壓力下顯示共沸行為的混合物將在不同的 P 的溫度範圍內沸騰。因此，可以將共沸物與化合物區分。

圖 12.14b 中繪製的線類似於圖 12.12 中繪製的線，我們看到形成共沸物的兩種物質的溶液的分餾導致分離成純 B 和共沸物（如果 $x_B^l > x_B'$）或純 C 和共沸物（如果 $x_B^l < x_B'$）。具有共沸物的液－氣相圖類似於並排放置的兩個非共沸液－蒸氣圖。

最著名的共沸物是由水和乙醇形成的共沸物。在 1 atm 下，共沸組成是 96%重量的 C_2H_5OH (192 標準)，沸點是 78.2°C，低於水和乙醇的正常沸點。在 1 atm 的稀乙醇水溶液中蒸餾不能製備絕對 (100%) 乙醇。

已知共沸物的列表是 L. H. Horsley, Azeotropic Data III, *Adv. Chem. Ser.* 116, American Chemical Society, 1973。大約一半的二元系統顯示出共沸物。

圖 12.12 顯示，當不形成共沸物時，與液體平衡的蒸氣總是比液體更富含 (richer) 低沸騰 (更易揮發) 的成分。然而，當形成最低沸騰的共沸物時，圖 12.14b 顯示對於一些液體組成，蒸氣富含較高沸騰的成分。

與拉午耳定律的負偏差大到足以在 P 對 x_B^l 曲線中給出最小值，則在 T-x_B 相圖給出最大值和最大沸騰共沸物。

如果與理想性的正偏差足夠大，則兩種液體可能僅部分地彼此互溶。第 12.7 節討論了部分互溶液體的液－液平衡；在這種情況下，液體－蒸氣平衡在習題 12.67 中考慮。

圖 12.15 總結了關於兩相區域中連結線的關鍵點。此圖中說明的原理也適用於本章後面部分中的二元相圖。連結線上 J 和 K 之間的所有點對應於具有相同 x_B^α 值和相同 x_B^β 的狀態。

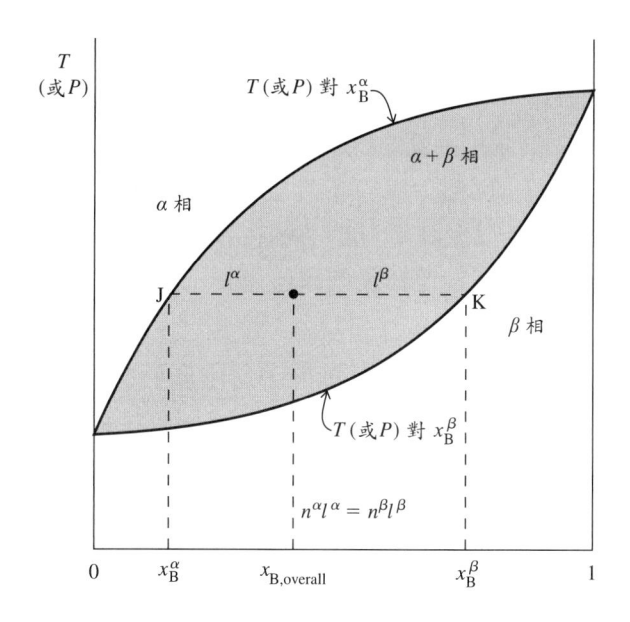

圖 12.15
對於兩相兩成分系統。系統中 B 的總莫耳分率 $x_{B,overall}$ 由描述系統狀態的點的連結線上的位置給出。B 在每一相中的莫耳分率 x_B^α 和 x_B^β 由連結線的端點給出。槓桿規則 $n^\alpha l^\alpha = n^\beta l^\beta$ 給出每個相中總莫耳的比 n^α/n^β。

12.7 雙成分液－液平衡

當在室溫下在分液漏斗中將任何量的乙醇和水一起搖晃 (shaken together) 時，總是獲得單相液體系統。乙醇和水可以無限制地相互溶解，稱為**完全互溶** (completely miscible)。當在室溫下將大致等量的 1-丁醇和水一起搖動時，得到由兩個液相組成的系統：一相是含有少量溶解的 1-丁醇的水，另一相是含有少量溶解水的 1-丁醇。這兩種液體是**部分互溶** (partially miscible)，這意味著每種液體在一定程度上可溶於另一種液體。

當 P 保持固定 (通常為 1 atm) 時，兩種部分互溶的液體 B 和 C 的最常見形式的 T 對 x_B 液－液相圖如圖 12.16 所示。為了理解這個圖，假設我們從純 C 開始並逐漸添加 B，同時保持溫度固定在 T_1。系統的狀態從點 F (純 C) 開始，並向右水平移動。沿著 FG，存在一相，溶質 B 在溶劑 C 中的稀薄溶液。在點 G，我們已經達到液體 B 在 T_1

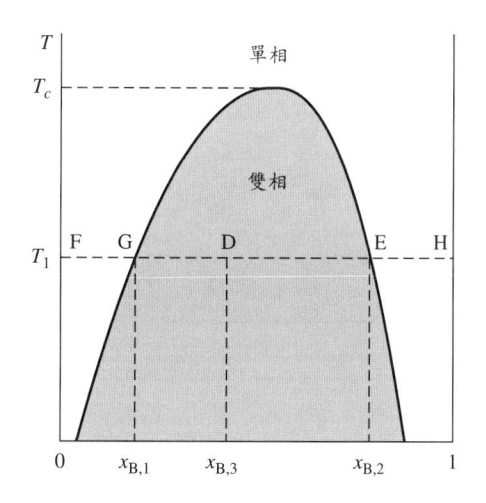

圖 12.16
兩種部分可混溶液體的溫度對成分的液－液相圖。P 保持固定。

的最大溶解度。然後加入更多的 B，對 G 和 E 之間的所有點產生兩相系統：相 1 是 B 在 C 中的稀薄飽和溶液，其組成為 $x_{B,1}$；相 2 是 C 在 B 中的稀薄飽和溶液，其組成為 $x_{B,2}$。在典型 D 點的兩相系統的總組成是 $x_{B,3}$。平衡中存在的兩相的相對量由槓桿法則給出。在 D 點，相 1 比相 2 多。隨著我們繼續添加更多 B，總組成最終達到 E 點。在 E 點，存在足夠的 B 以允許所有 C 溶解在 B 中以形成 C 在 B 中的飽和溶液。因此在 E 點再次成為單相。從 E 到 H 我們只是在 B 中稀釋 C 的溶液。實際到達 H 需要加入無限量的 B。

當兩成分和兩相處於平衡狀態時，自由度的數目為 2。然而，由於沿著 GE 線 P 和 T 都是固定的，因此在 GE 上 f 為 0。GE 上的兩個點對於每個內含變數 P、T、$x_{C,1}$、$x_{B,1}$、$x_{C,2}$、$x_{B,2}$ 具有相同的值。

隨著溫度升高，液－液不互溶區域減小，直到 T_c [**臨界溶液溫度** (critical solution temperature)] 收縮至零。在 T_c 以上，液體完全互溶。圖 12.16 中兩相區頂部的臨界點類似於純物質的液－氣臨界點，見第 8.3 節。在這兩種情況下，當接近臨界點時，平衡中兩相的性質變得越來越相似，直到在臨界點兩相變成相同，產生單相系統。

對於某些液體對，降低溫度會導致更大的互溶性，液－液圖類似於圖 12.17a。一個例子是水－三乙胺。有時，系統會顯示圖 12.16 和圖 12.17a 中的行為組合而相圖類似於圖 12.17b。這種系統具有較低和較高的臨界溶液溫度。實例是尼古丁－水和 *m*-甲苯胺－甘油。圖 12.17 中較低的臨界溶液溫度是由於隨著 T 的遞減，水與胺之間的氫鍵增加；見 J. S. Walker and C. A. Vause, *Scientific American*, May 1987, p. 98。

圖 12.16 和 12.17 中的兩相區域，稱為**互溶間隙** (miscibility gaps)。

雖然經常說氣體可以按所有比例互溶，但實際上已知有幾種氣－氣互溶間隙。例子包括 CO_2－H_2O、NH_3－CH_4 和 He－Xe。這些間隙發生在高於兩種成分臨界溫度的溫度，因此藉由第 8.3 節的常規術語，涉及兩種氣體。大多數此類間隙發生在相當高的壓力和類似液體的密度；然而，*n*-丁烷－氨在低至 40 atm 的壓力下顯示出互溶間隙。參見 R. P. Gordon, *J. Chem. Educ.*, **49**, 249 (1972)。

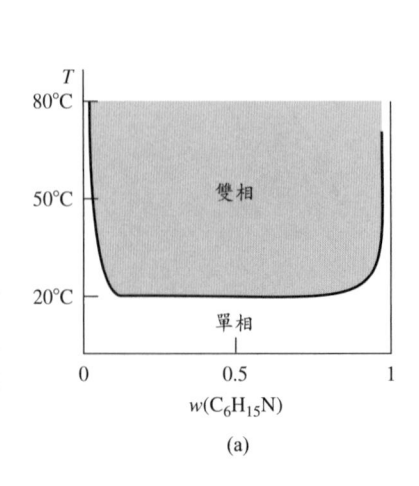

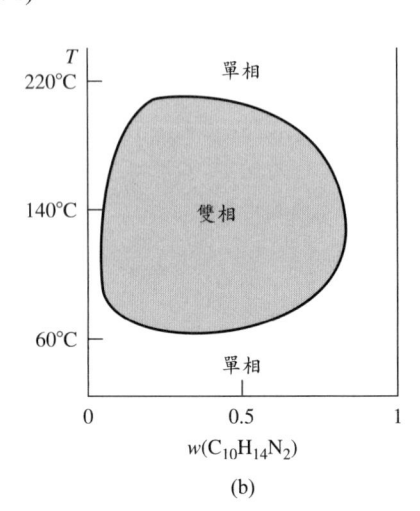

圖 12.17
(a) 水－三乙胺；(b) 水－菸鹼的溫度對組成的液－液相圖。水平軸是有機液體的重量分率，在 (b) 中，系統的壓力等於溶液的蒸氣壓，因此不是固定的。

(a)

(b)

例 12.5　兩相區域的相組成

圖 12.18 顯示在系統的蒸氣壓下水 (W) 加 1-丁醇 (B) 的液 – 液相圖。如果在 30°C 下將 4.0 mol W 和 1.0 mol B 一起搖晃，求每相中每種物質的莫耳數。

總 x_B 是 (1.0 mol)/(5.0 mol) = 0.20。在 30°C 時，點 $x_B = 0.20$ 位於兩相區。在兩相區的寬度上繪製 30°C 的連結線，我們得到線 RS。設 α 和 β 表示存在的相。R 點位於 $x_B^\alpha = 0.02$。S 點位於 $x_B^\beta = 0.48$。我們有

$$n_B = n_B^\alpha + n_B^\beta = x_B^\alpha n^\alpha + x_B^\beta n^\beta$$

$$1.0 \text{ mol} = 0.02 n^\alpha + 0.48(5.0 - n^\alpha)$$

$$n^\alpha = 3.0_4 \text{ mol}, \quad n^\beta = 5.00 \text{ mol} - 3.0_4 \text{ mol} = 1.9_6 \text{ mol}$$

$$n_B^\alpha = x_B^\alpha n^\alpha = 0.02(3.0_4 \text{ mol}) = 0.06 \text{ mol}, \quad n_B^\beta = 0.48(1.9_6 \text{ mol}) = 0.94 \text{ mol}$$

$$n_W^\alpha = n^\alpha - n_B^\alpha = 3.0_4 \text{ mol} - 0.06 \text{ mol} = 2.9_8 \text{ mol}$$

$$n_W^\beta = n_W - n_W^\alpha = 4.0 \text{ mol} - 2.9_8 \text{ mol} = 1.0_2 \text{ mol}$$

或者，可以使用槓桿規則。

習題

使用槓桿規則求解此問題。

習題

重複此例，在 90°C 下將 3.0 mol W 和 1.0 mol B 一起搖晃。
(答案：$n_W^\alpha = 1.3$ mol，$n_B^\alpha = 0.02_6$ mol，$n_W^\beta = 1.7$ mol，$n_B^\beta = 0.98$ mol)

☕ 分配係數

假設溶劑 A 和 B 在溫度 T 部分混溶，並在 T 搖晃時形成相 α (B 在溶劑 A 中的稀薄溶液) 和 β (A 在 B 中的稀薄溶液)。如果我們將溶質 i 添加到系統中，它將在 α 和 β 相之間分配，以滿足 $\mu_i^\alpha = \mu_i^\beta$。使用濃度標度，我們有 [(10.31) 式]

$$\mu_{c,i}^{\circ,\alpha} + RT \ln (\gamma_{c,i}^\alpha c_i^\alpha / c^\circ) = \mu_{c,i}^{\circ,\beta} + RT \ln (\gamma_{c,i}^\beta c_i^\beta / c^\circ)$$

$$\ln (\gamma_{c,i}^\alpha c_i^\alpha / \gamma_{c,i}^\beta c_i^\beta) = -(\mu_{c,i}^{\circ,\alpha} - \mu_{c,i}^{\circ,\beta})/RT$$

$$K_{AB,i} \equiv \frac{c_i^\alpha}{c_i^\beta} = \frac{\gamma_{c,i}^\beta}{\gamma_{c,i}^\alpha} \exp[-(\mu_{c,i}^{\circ,\alpha} - \mu_{c,i}^{\circ,\beta})/RT] \tag{12.45}$$

$K_{AB,i} \equiv c_i^\alpha / c_i^\beta$ 是溶質 i 在溶劑 A 和 B 中的**分配係數** (或**分佈係數**)。(回顧在有機化學實驗室中進行的分液漏斗萃取)。$K_{AB,i}$ 不能準確地等於 i 在 A 和 B 中的溶解度比，因為 α 和 β 相不是純 A 和純 B。(12.45) 式中的指數是 T 的函數，且是 P 的弱函數。在 (12.45) 式之前的方程式是「反應」$i(\beta) \to i(\alpha)$ 的關係 $\Delta G^\circ = -\Delta RT \ln K^\circ$。

隨著相 α 和 β 中 i 的量的變化，(12.45) 式中的活性係數比發生變化，相 α 中的 B 和相 β 中的 A 的濃度也發生變化 (見 12.9 節)。因此，$K_{AB,i}$ 取

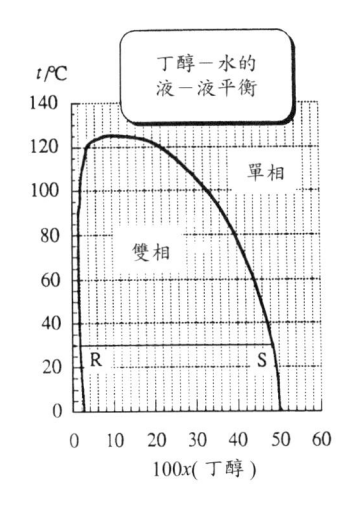

圖 12.18
丁醇 – 水在 1 atm 的液 – 液相圖。

決於系統中加入了多少 i，並且在固定的 T 和 P 時不是真正的常數，除非 α 和 β 是理想稀薄溶液。文獻中列出的 $K_{AB,i}$ 值是對應於 α 和 β 中 i 的非常稀薄溶液的值，其中活性係數非常接近 1 並且 α 和 β 相的組成在沒有溶質 i 的情況下非常接近於它們的組成。

由 1-辛醇和水形成的相之間的溶質的**辛醇/水分配係數** (octanol/water partition coefficient) K_{ow} 是 c^{oct}/c^{wat}，其中 oct 表示富含辛醇的相。K_{ow} 廣泛用於藥物和環境研究，作為溶質如何在有機相和水相之間分配的量度。辛醇－水的液－液相圖類似於圖 12.18；在 25°C 時，平衡相具有 $x^{\alpha}_{辛醇} = 0.793$ 和 $x^{\beta}_{H_2O} = 0.993$。

具有過高 K_{ow} 的藥物將傾向於積聚在身體的脂肪組織中並且可能無法達到其預期目標。具有過低 K_{ow} 的藥物將不易通過細胞膜 (其為脂質樣)。

由於污染物在魚類脂肪組織中的高溶解度，在污水中游泳的魚可能具有濃度為 DDT 的污染物，其濃度是水中濃度的數千倍。**生物濃縮因子** (bioconcentration factor) BCF 由平衡濃度比定義：BCF $\equiv c_{organism}/c_{water}$。BCF 的測量 (隨魚類而變化) 耗時且成本高 ($30000)，如果 $1.5 < \log K_{ow} < 6.5$ 人們可以使用 $\log_{10}$ BCF $\approx \log_{10} K_{ow} - 1.32$，由 K_{ow} 粗略估算極性低的有機化合物的 BCF[D. Mackay, *Environ. Sci. Technol.*, **16**, 274 (1982); for better equations see W. M. Meylan et al., *Environ. Toxicol. Chem.*, **18**, 664 (1999); for a review of BCFs, see J. A. Arnot and F. Gobas, *Environ. Rev.*, **14**, 257 (2006)]。高 K_{ow} 值也與土壤中有機污染物優先吸收的高值相關。土壤中吸收有機污染物的主要物質是有機化合物的混合物。

12.8 雙成分固－液平衡

我們現在討論二元固－液圖。壓力對固體和液體的影響很小，除非人們對高壓現象感興趣，否則將 P 固定在 1 atm 並檢查 T-x_B 固－液相圖。

☕ 液相互溶性和固相不互溶性

使物質 B 和 C 在液相中以所有比例互溶，並在固相中完全不互溶。混合任何量的液體 B 和 C 將產生單相系統，該系統是 B + C 的溶液。由於固體 B 和 C 彼此完全不溶，冷卻 B 和 C 的液體溶液將導致純 B 或純 C 由溶液中凝固。

此情況的固－液相圖的典型外觀如圖 12.19 所示。T_B^* 和 T_C^* 是純 B 和純 C 的凝固點。

圖中區域的來源如下。在低溫極限，因為固體是不互溶的，我們有純固體 B 加純固體 C 的兩相混合物。在高 T 極限，因為液體是互溶的，我們有 B + C 的單相液體溶液。現在考慮冷卻 B 和 C 的液體溶液，其中 x_B^l 接近 1 (圖的右側)。最終，我們達到溶劑 B 開始凝固的溫度，得到兩相區域，其中固體 B 與 B 和 C 的液體溶液處於平衡狀態。因此，曲線 DE 由於溶質 C 而使 B 的凝固點降低。同樣地，如果我們冷卻 B + C 的液體溶液，其中 x_C^l 接近 1 (圖的左側)，我們最終得到純 C 凝固，AFGE 是由於

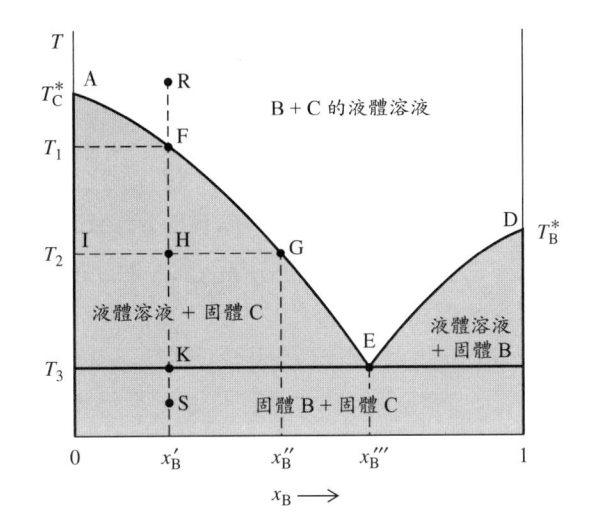

圖 12.19 完全液體互溶和固體不互溶的固－液相圖。P 保持固定。

溶質 B 導致的 C 的凝固點下降曲線。如果我們將溶液加任何一種固體的兩相混合物冷卻，溶液最終將全部凝固，得到固體 B 和固體 C 的混合物。

兩個凝固點曲線在點 E 相交。對於在 E 的左側具有 x_B^l 的溶液，當 T 降低時，固體 C 將凝固。對於 E 右側的 x_B^l，固體 B 將凝固。在對應於點 E 的 T 和 x_B^l 的值，溶液中 B 和 C 的化勢分別等於純固體 B 和 C 的化勢，並且當具有共晶組成 x_B''' 的溶液被冷卻時 B 和 C 都凝固。E 點是**共晶點** (eutectic point)(希臘語 eutektos，「容易熔化」)。

線 DE 的 x_B 非常接近 1 的部分可以從理想稀薄溶液方程式 (12.14) 計算，其中 A 和 B 分別用 B 和 C 代替。同樣，線 AFGE 的 x_B 非常接近 0 (因此 x_C 非常接近 1) 的部分可以從 (12.14) 式計算，其中 A 和 B 分別用 C 和 B 代替。遠離這些線的末端，以 B 或 C 替換 A (12.7) 式適用。這個精確的方程式難以用於找到作為 x_B 或 x_C 的函數的凝固點 T_f。為了粗略了解曲線 DE 和 AE 的形狀，我們忽略 $\Delta_{fus}H_{m,B}$ 和 $\Delta_{fus}H_{m,C}$ 隨溫度的變化；並且我們在整個溶液組成範圍內將 γ_B 和 γ_C 近似為 1 (這種理想溶液近似通常非常差)。因此 DE 的近似方程式為

$$R \ln x_B \approx \Delta_{fus}H_{m,B}\left(\frac{1}{T_B^*} - \frac{1}{T}\right) \tag{12.46}$$

在 (12.46) 式中用 C 代替 B 來獲得 AE 的近似方程式。

假設我們從圖 12.19 中的點 R 開始並且用組成 x_B' 等壓冷卻 B 和 C 的液體溶液。封閉系統的總組成在 x_B' 保持恆定，並且我們從 R 垂直向下進行。當 T 達到 T_1 時，固體 C 開始凝固。當 C 凝固時，x_B^l 增加並且 (因為 B 是溶質)，凝固點進一步降低。為了凝固更多的溶劑 (C)，我們必須進一步降低溫度。在典型的溫度 T_2 下，溶液和固體 C 之間存在平衡，溶液的組成由點 G 給出為 x_B'' 而固體 C 的組成由點 I 給出為 $x_B = 0$。通常，連結線 (GHI) 末端的點使兩相的組成處於平衡狀態。槓桿規則給出了 $n_C^s \overline{HI} = (n_B^l + n_C^l) \overline{HG}$，其中 n_C^s 是與 n_B^l 莫耳 B 加 n_C^l 莫耳 C 的溶液平衡的固體 C 的莫耳數。在 F 點，槓桿規則給出 $n_C^s = 0$。隨著 T 沿線 FHK 下降，到線 AFGE 的水平距離增加，表明 n_C^s 增加。

隨著 T 進一步降低，我們最終在 K 點達到**共晶溫度** (eutectic temperature) T_3。這裡，溶液的組成為 x_B''' (點 E)，現在固體 C 和固體 B 均凝固，因為當具有共晶組成的溶液冷卻時，兩種固體都會凝固。在 E 處凝固的 B 和 C 的相對量對應於共晶組成 x_B'''，並且整個剩餘溶液在 T_3 處凝固而組成沒有進一步變化。在 K，三相處於平衡狀態 (溶液、固體 B 和固體 C)，因此槓桿規則 (12.41) 式不適用。有三相，我們有 $f = 2 - 3 + 2 = 1$ 自由度；P 固定在 1 atm 的規範已經將這個自由度消去。因此，三相系統沒有自由度，溫度必須保持恆定在 T_3，直到所有溶液都凝固並且相數減少到 2。在 T_3 以下，我們只是冷卻固體 B 加固體 C 的混合物。通過點 S 繪製的水平連結線的端點位於 $x_B = 0$ 和 $x_B = 1$，這些是 S 中存在的相 [純 C(s) 和純 B(s)] 的組成。

如果我們逆轉該過程並從具有固體 B 加固體 C 的點 S 開始，則形成的第一種液體將具有共晶組成 x_B'''。系統將保持在 K 點，直到所有 B 熔化，與足夠的 C 一起提供具有共晶組成的溶液。然後剩餘的固體 C 將在溫度範圍 T_3 至 T_1 熔化。(熔點的清晰度是有機化學家用於化合物純度的一種測試)。一種固體具有共晶組成的混合物將在一個溫度 (T_3) 下完全熔化。具有共晶組成的 B 和 C 溶液將在溫度 T_3 下完全凝固，以產生固體 B 和 C 的共晶混合物。然而，共晶混合物不是化合物。顯微鏡檢查將顯示共晶固體是 B 晶體和 C 晶體的緊密混合物。

具有圖 12.19 的固－液相圖的系統稱為簡單共晶系統 (simple eutectic systems)。例子包括 Pb–Sb、苯－萘、Si–Al、KCl–AgCl、Bi–Cd、C_6H_6–CH_3Cl 和氯仿－苯胺。

☕ 固溶體

某些物質對 (pairs of substances) 形成固溶體 (solid solutions)。在 B 和 C 的固溶體中，沒有單獨的 B 或 C 晶體。相反，分子或原子或離子在分子水平上混合在一起，並且溶液的組成可以在一定範圍內連續變化。固溶體可以藉由冷凝 B + C 的蒸氣或藉由冷卻 B 和 C 的液體溶液來製備。兩種固體可以是完全互溶，部分互溶或完全不互溶。

在間隙 (interstitial) 固溶體中，B 分子或原子 (必須很小) 占據物質 C 的晶體結構中的空隙 (孔洞)。例如，鋼是碳原子占據 Fe 晶體結構中的空隙的溶液。在置換 (substitutional) 固溶體中，B 的分子或原子或離子在晶體結構中的隨機位置取代 C 的分子或原子或離子。例子包括 Cu–Ni、Na_2CO_3–K_2CO_3 和 P-二氯苯–P-二溴苯。具有相似尺寸和結構的原子、分子或離子的物質形成取代固體。

對過渡金屬氧化物或硫化物的分析經常表現出明顯違反定比定律。例如，ZnO 通常具有略大於 1 的 Zn/O 莫耳比。解釋是「氧化鋅」實際上是 Zn 在 ZnO 中的間隙固溶體。

☕ 液相互溶性和固相互溶性

一些物質在固態下完全互溶。例子包括：Cu–Ni、Sb–Bi、Pd–Ni、KNO_3–$NaNO_3$ 和 d-carvoxime–l-carvoxime。在液相和固相完全互溶的情況下，Cu–Ni 的 T-x_B 二元相

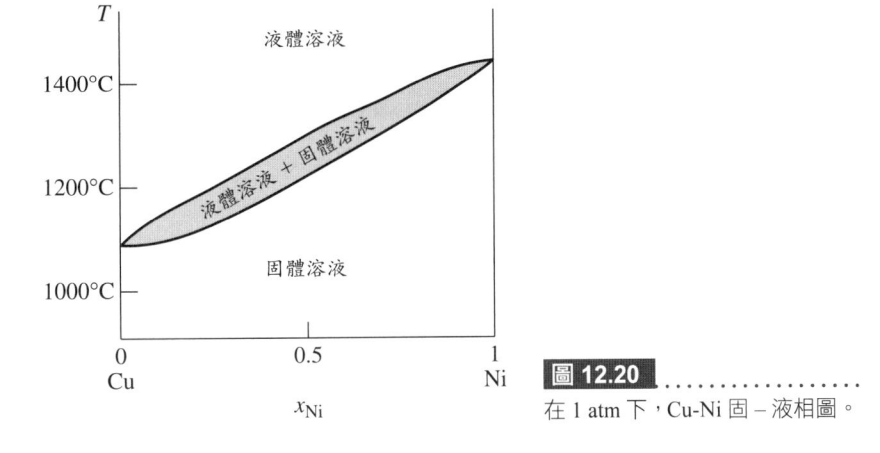

圖如圖 12.20 所示。

　　如果冷卻具有任何組成的 Cu 和 Ni 的熔體，則固溶體開始凝固。此固溶體比液體溶液富含 Ni。隨著固體加熔體的兩相系統進一步冷卻，Ni 的莫耳分率在固溶體和液體熔體 (liquid melt) 中均降低。最終，形成的固溶體具有與我們開始時的液體熔體相同的組成。

　　注意，由於存在少量 Ni，Cu 的凝固點升高。在討論第 12.3 節中的凝固點下降時，我們假設固相不互溶，因此只有純固體溶劑凝固。當固體可互溶時，可藉由第二成分的存在提高低熔點成分的凝固點。類似的情況是沸點上升。當溶質不揮發時，溶劑沸點升高。但是，如果溶質比溶劑更易揮發，則可能會降低溶劑的沸點。注意圖 12.20 和 12.21a 中的固－液 T-x_B 圖與圖 12.12 和 12.14b 中的液體－蒸氣 T-x_B 圖之間的相似性。

　　當兩種可互溶的固體形成近似理想固溶體時，固－液相圖類似於圖 12.20。然而，當與理想性存在較大偏差時，固－液相圖可能顯示極小值或極大值。圖 12.21a 的 Cu–Au 顯示極小值。圖 12.21b 的光學異構體的顯示 d-carvoxime–l-carvoxime ($C_{10}H_{14}NOH$) 的極大值。這裡，每種化合物的凝固點因另一種化合物的存在而升高。與理想性的強烈負偏差表明，在固態下，d-carvoxime 分子較喜歡與 l-carvoxime 分子

圖 12.20 在 1 atm 下，Cu-Ni 固－液相圖。

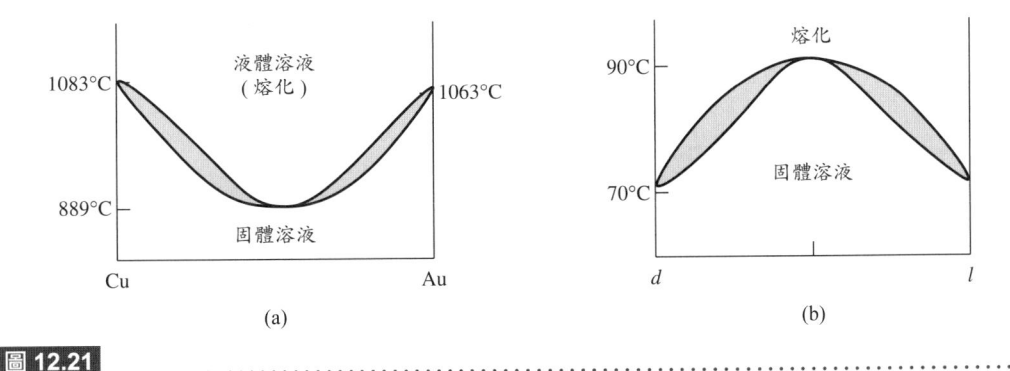

圖 12.21 (a) Cu–Au；(b) d-carvoxime-l-carvoxime 在 1 atm 的固液 T-x_B 相圖。

結合而不是與它們自己的種類相結合。

☕ 液相互溶性和固相部分互溶性

當 B 和 C 在液相中完全互溶並且在固相中部分互溶時，Cu-Ag 的 T-x_B 圖如圖 12.22 所示。

如果 Cu 和 Ag 的液體熔化 (溶液) 被冷卻，其中 x_{Cu} = 0.2，Cu 在 Ag 中的飽和溶液的固相 (稱為 α 相) 開始分離出來。該固溶體的初始組成是 SY 連結線的端點 Y。當液體溶液加固溶體的兩相混合物再冷卻時，Cu 在與熔體平衡的固溶體中的百分比增加。在點 U 處，熔體具有共晶組成，並且兩個固相現在凝固出來 − α 相 (與 Cu 飽和的固體 Ag) 和 β 相 (與 Ag 飽和的固體 Cu)。在 V 處檢查固體將顯示出相 α 的大晶體 (在達到 U 點之前形成的) 和相 α 和 β 的微小晶體 (在 U 形成)。

一個複雜因素是分子、原子和離子通過固體擴散非常慢，並且需要很長時間才能在固相中達到平衡。在點 T，與熔體平衡的固體具有由點 Z 給出的組成，而凝固出的第一個固體具有由 Y 給出的組成。在固相變成均勻且整個是組成 Z 之前，可能需要將系統長時間保持在 T 點。

固體中的擴散速率取決於溫度。在高溫下不會遠低於固體的熔點，固態擴散通常足夠快以允許在幾天內達到平衡。在室溫下，擴散很慢，可能需要許多年才能達到固體平衡。在曼哈頓的賴特公園，有 Terry Fugate-Wilcox 的雕塑 3000 A.D. 這件藝術品是一座 36 英尺高的塔樓，由交替的鋁板和鎂板組成。據推測，到 3000 年，固態擴散將把雕塑轉變成兩種金屬的均勻合金。

圖 12.22 中標記為 α+β 的兩相區域是**互溶間隙** (第 12.7 節)。兩相區域 α+ 液體溶液和 β+ 液體溶液構成**相變環路** (phase transition loop)。圖 12.10 和 12.20 中的兩相區域

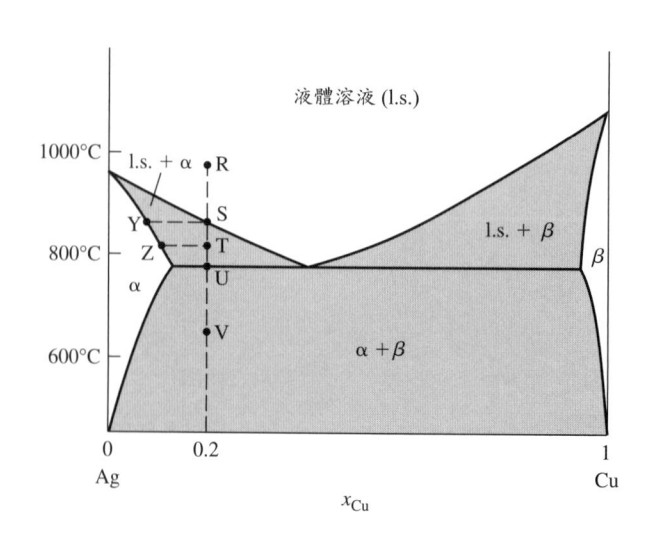

圖 12.22

Cu-Ag 在 1 atm 的固 − 液相圖。

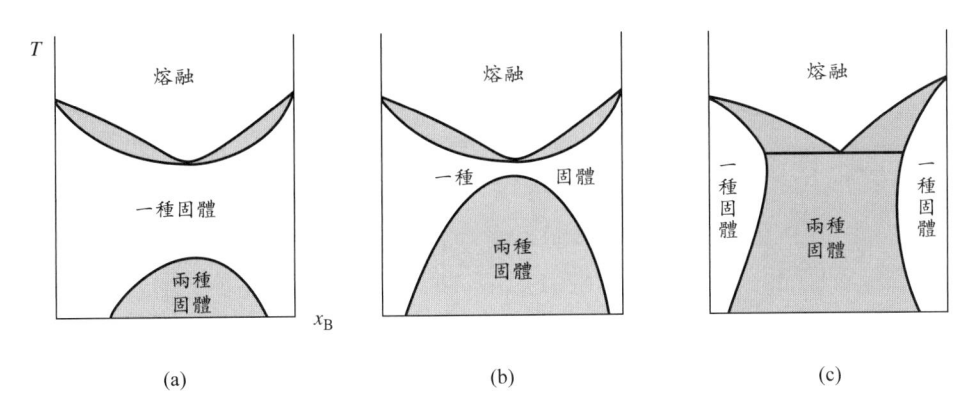

圖 12.23

固相溶間隙接近並且在 (c) 中，固－液相轉變區相交。

說明了最簡單的相變環路。圖 12.22 和 12.14b 各自示出了具有極小值的相變環路。圖 12.22 顯示了互溶間隙與具有最小值的相變環路的交點。圖 12.23 顯示我們如何藉由具有固相互溶間隙方法並且最終與具有最小值的固－液相變環路相交來產生如圖 12.22 所示的相圖。Ni–Au 的凝聚相圖類似於圖 12.23b。

某些固－液相圖由固相互溶間隙與簡單的固－液相變環路的交點產生，如圖 12.20 所示。這給出如圖 12.24 所示的相圖。α 相是 B 在 C 晶體結構中的固溶體；β 相是 C 在 B 中的固溶體。如果加熱組成 F 的固體 α，它在 G 點開始熔化，形成 α 和初始組成 N 的液體溶液的兩相混合物。但是，當達到 H 點時，則相 α 的剩餘部分「熔化」以形成組成 M 的液體加上組成 R 的固相 β；$\alpha(s) \rightarrow \beta(s)+$ 液體溶液。在此轉變期間，存在三個相 α、β 和液體，並且自由度的數目是 $f = 2 - 3 + 2 = 1$；但是，由於 P 固定在 1 atm，系統的自由度為 0，從 α 到 $\beta +$ 液體的轉變必須在固定的溫度 [稱為包晶溫度 (peritectic temperature)] 下發生。在 H 轉變後進一步加熱使我們首先進入 β 加液體溶液的兩相區域，最後進入液相溶液的單相區域。包晶相變 (peritectic phase

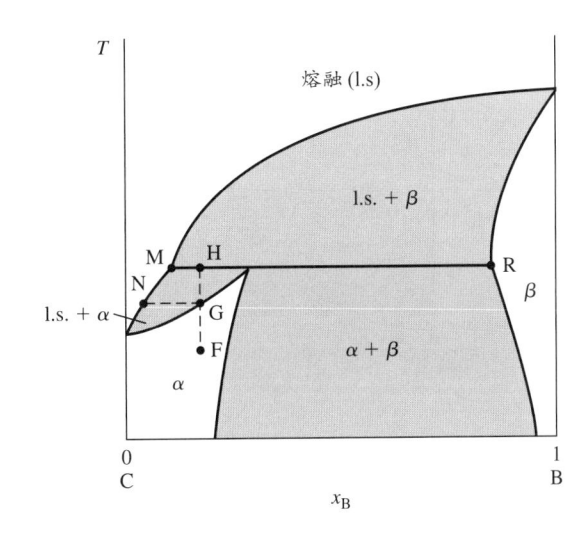

圖 12.24

具有包晶溫度的固－液相圖。

transition)(例如,在 H 處的轉變)是加熱將固相轉變為液相加上第二個固相的轉變:固體$_1$→液體+固體$_2$。相反,共晶相變具有加熱模式:固體$_1$+固體$_2$→液體。

化合物形成－液相互溶性和固相不互溶

通常,物質 B 和 C 形成可與液體平衡存在的固體化合物。圖 12.25 顯示了苯酚 (P) 加苯胺 (A) 的固－液相圖,苯酚 (P) 加苯胺 (A) 形成了化合物 $C_6H_5OH \cdot C_6H_5NH_2$ (PA)。計算橫坐標上的苯胺莫耳分率 x_A 是假定僅存在苯胺和苯酚 (並且不存在加成化合物)。雖然系統有 $c=3$ (而不是 2),由於我們現在具有平衡限制 $\mu_P + \mu_A = \mu_{PA}$,因此形成化合物的自由度不變。因此,在 (7.10) 式的 $c-r-a=c_{ind}$ 仍為 2,系統為二元。

圖 12.25 可以藉由將其想像成一個簡單的共晶圖來定性地理解,苯酚－PA 與 PA－苯胺的簡單共晶圖相鄰。圖頂部的液體溶液是 P、A 和 PA 的平衡混合物。根據溶液的組成,固體苯酚、固體 PA 或固體苯胺會在冷卻時分離,直到達到兩個共晶溫度中的一個,此時第二個固體也凝固。如果冷卻 $x_A = 0.5$ 的溶液,僅分離出純固體 PA,溶液在一個溫度 (31°C) 下完全凝固,此溫度即 PA 的熔點。儘管 P 和 A 的凝固點下降曲線均以非零斜率開始,但 PA 的凝固點下降曲線在 PA 熔點處具有零斜率 (這一點的證明在 *Haase and Schönert*, p. 101)。

通常,存在於兩相區域中的各相的組成由橫跨該區域寬度繪製的連結線的端點給出。例如,在圖 12.25 的 l.s. + PA(*s*) 區域之一中繪製的 (水平) 連結線從 $x(A) = 0.5$ [對應於相 PA(*s*)] 處的垂直線延伸到 l.s. + PA(*s*) 區域和 l.s 區域之間的彎曲邊界線。

一些系統表現出幾種化合物的形成。如果是 *n* 種化合物形成後,固－液相圖可以看作由 *n* + 1 相鄰簡單共晶相圖組成 (假設沒有包晶點)。

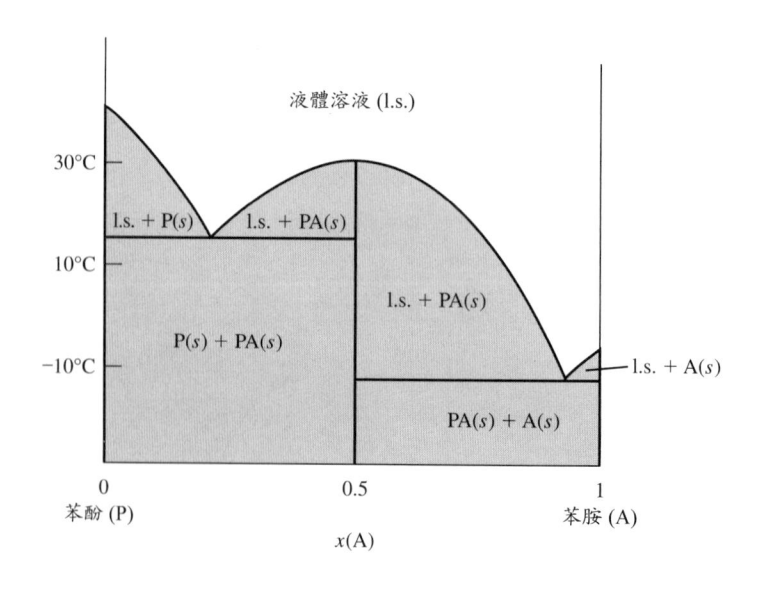

圖 12.25

在 1 atm 下,酚－苯胺固－液相圖。箭號 P(*s*)、PA(*s*) 和 A(*s*) 分別表示固體苯酚,固體加成化合物和固體苯胺。

實驗方法

實驗確定固－液相圖的一種方法是利用熱分析 (thermal analysis)。在此，可以使兩種成分的液體溶液 (熔體) 冷卻並測量作為時間函數的系統溫度；對於幾種液體組成重複這一過程，得到一組冷卻曲線。時間變數 t 近似與系統損失的熱量 q 成正比，因此冷卻曲線的斜率 dT/dt 近似與系統熱容量 $C_P = dq_P/dT$ 的倒數成正比。圖 12.19 的簡單共晶系統的典型冷卻曲線如圖 12.26 所示。

當純 C 冷卻時 (曲線 1)，溫度在凝固點 T_C^* 保持恆定，同時整個樣品凝固。系統的熱容量 $C(s) + C(l)$ 在 T_C^* 是無窮大。低於凝固點的輕微下降是由於過冷。樣品凝固後，溫度隨著固體 C 的冷卻而下降。曲線 2 用於具有圖 12.19 中的點 R 的組成的液體混合物。此處，當固體 C 在 T_1 開始凝固時，冷卻曲線的斜率發生變化。這種斜率變化稱為**中斷** (break)。發生中斷是因為系統 $C(s)$ + 液體溶液的熱容量大於僅由液體溶液組成的系統的熱容量，因為由前一系統中除去的大部分熱量用於將液體 C 轉化為固體 C 而不是降低系統的溫度。當系統達到共晶溫度 T_3 時，整個剩餘液體在恆定溫度下凝固，冷卻曲線變為水平，表現出所謂的**共晶停止** (eutectic halt)。由繪製觀察到的冷卻曲線中斷的溫度對 x_B 的關係，我們生成了圖 12.19 的凝固點下降曲線 AE 和 DE。

確定相圖的另一種方法是將已知總體成分的系統保持在足夠長的固定溫度以達到平衡。然後分離存在的相並進行化學分析。對於許多不同的組成和溫度重複這一過程以產生相圖。

通常在系統向大氣開放的情況下研究固－液平衡。空氣在固相和液相中的溶解度通常很小，可以忽略不計，並且大氣只是作為一個活塞，提供 1 atm 的恆定外部壓力。大氣不是系統的一部分，並且在將相律應用於系統時，不將大氣計為相之一或將 O_2 和 N_2 包括為系統的成分。而且，由於壓力是固定的，所以自由度的數目減少了 1。

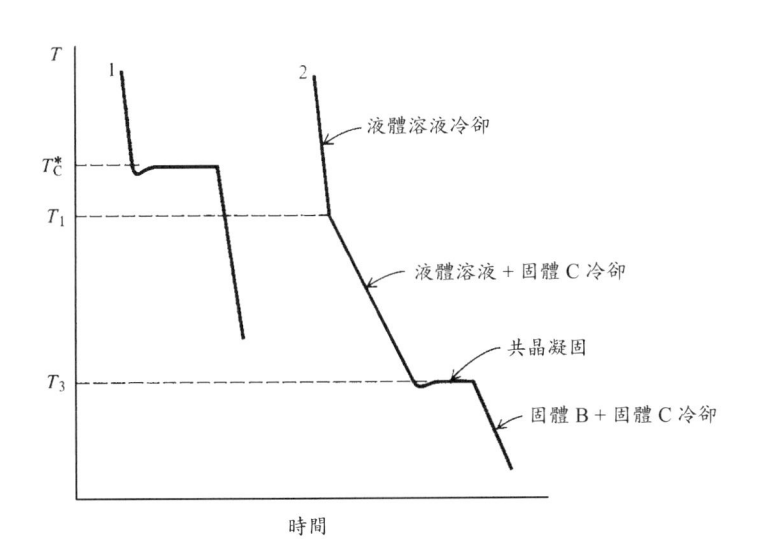

圖 12.26

圖 12.19 的兩條冷卻曲線。曲線 1 用於純 C。曲線 2 用於 B 在溶劑 C 中的溶液。

12.9 三成分系統

三成分 (或三元) 系統有 $f = 3 - p + 2 = 5 - p$。對於 $p = 1$，有 4 個自由度。要製作二維圖，我們必須固定兩個變數 (而不是一個，如二元系統)。我們將固定 T 和 P。對於單相系統，取成分 A 和 B 的莫耳分率 x_A 和 x_B 作為兩個變數。對於多相系統，x_A 和 x_B 將作為系統中 A 和 B 的總莫耳分率。一旦 x_A 和 x_B 固定，x_C 就固定了。我們可以使用矩形圖而以 x_A 和 x_B 作為兩個軸上的變數。然而，吉布斯建議使用等邊三角形圖，這已成為三元系統的標準。

三角坐標系基於以下定理。令 D 為一個等邊三角形內的任意點。如果從 D 垂直畫到三角形的邊 (圖 12.27a)，這三條線的長度之和等於三角形高度 h；$\overline{DE} + \overline{DF} + \overline{DG} = h$。我們把高度 h 設為 1 並取長度 $\overline{DE}$、$\overline{DF}$ 和 $\overline{DG}$，分別等於成分 A、B 和 C 的莫耳分率。如果更方便，我們可以使用重量分率代替。

因此，從點 D 到與頂點 A 相對的三角形邊的垂直距離是在點 D 處的成分 A 的莫耳分率 x_A。同理對於成分 B 和 C。系統的任何整體組成都可以用三角形內或三角形上的一點來表示，我們得到圖 12.27b。在此圖中，平行於每一邊繪製等間距線。在與 BC 邊 (與頂點 A 相對) 平行的線上，A 的總莫耳分率是恆定的。用粗體標記的點表示 50 莫耳% 的 C，25 莫耳% 的 A，25 莫耳% 的 B。沿著邊緣 AC，B 的百分比是零；AC 上的點對應二元系統 A + C。在頂點 A，我們有 100% A。此時，到頂點 A 的相對邊的距離是最大值。請注意，一旦 x_A 和 x_B 固定，三角形中的點的位置將固定，它是對應於給定 x_A 和 x_B 的兩條線的交點。

我們只考慮三元液－液平衡。考慮系統在 1 atm 和 30°C 下的丙酮－水－乙醚

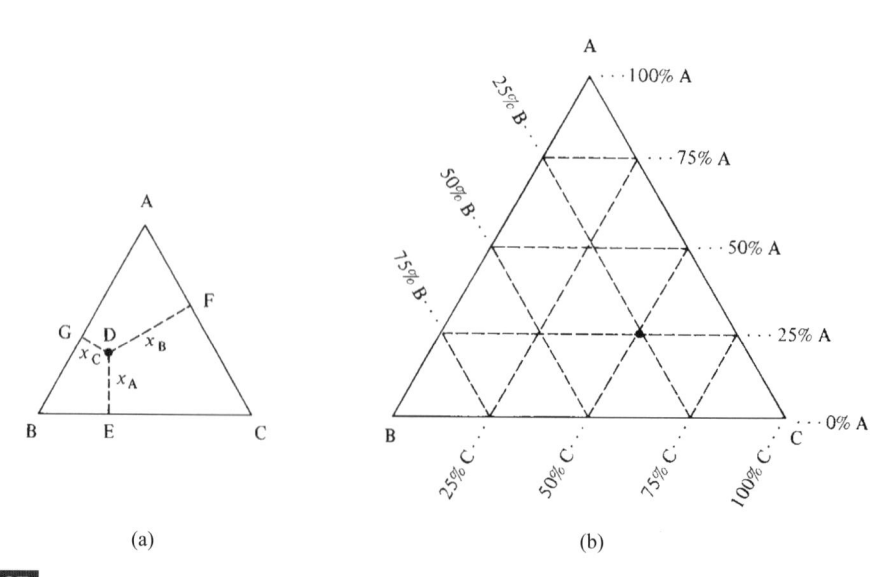

圖 12.27
(a) $\overline{DE}$、$\overline{DF}$ 和 $\overline{DG}$ 垂直於等邊三角形的邊，並給出這三種成份的莫耳分率。(b) 三元相圖中使用的三角坐標系。

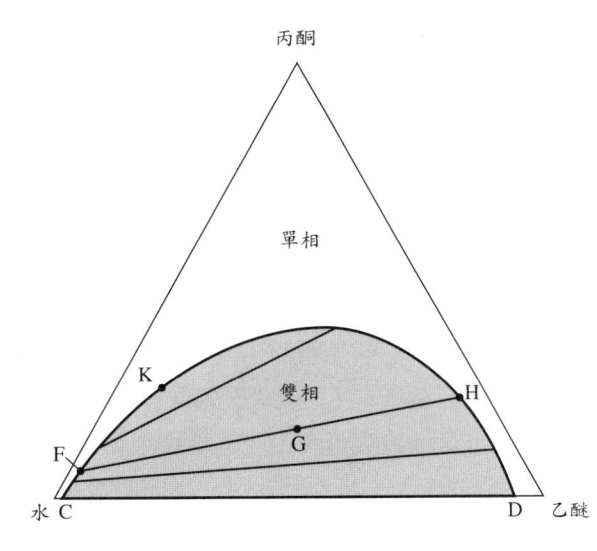

圖 12.28
水－丙酮－乙醚在 30°C 和 1 atm 的液相－液相圖。坐標是莫耳分率。

(「醚」)。在這種情況下，水和丙酮完全互溶，乙醚和丙酮完全互溶，水和乙醚部分互溶。向水和乙醚的兩相混合物中加入足夠的丙酮將產生單相溶液。三元相圖如圖 12.28 所示。

曲線 CFKHD 上方的區域是單相區域。對於此曲線下方區域中的一點，系統由兩個平衡的液相組成。在此區域的線是連結線，其端點給出了兩相平衡的組成。對於二元系統，T-x_A 或 P-x_A 圖上的連結線是水平的，因為平衡中的兩相具有相同的 T 和 P。在三元 $x_A - x_B - x_C$ 三角相圖上，顯然連結線沒有必要是水平，並且相圖不完整，除非在兩相區域中繪製連接線。連結線的位置由成對的平衡相的化學分析來確定。在圖 12.28 中，總組成 G 的系統由組成 F 的高濃度水、低濃度乙醚的 α 相和組成 H 的高濃度乙醚、低濃度水的 β 相組成。連結線 FGH 的斜率顯示 α 相的丙酮莫耳分率小於 β 相。點 K 是平衡點上的兩個相變得越來越相似時由連結線逼近的極限點，稱為褶點 (plait point) 或等溫臨界點 (isothermal critical point)。從 F 和 H 的位置以及 F 和 H 相的密度，我們可以計算兩相在 F 和 H 之間丙酮的分配係數 (12.45) 式。

三元系統中的槓桿規則如何？(12.39) 式的推導對任何兩相系統都成立；成分數和相的性質 (固體，液體，氣體) 是無關的。以一般形式重寫 (12.39) 式，我們有

$$n^\alpha(x_B - x_B^\alpha) = n^\beta(x_B^\beta - x_B) \quad \text{兩相系統} \tag{12.47}$$

其中 n^α 和 n^β 是 α 和 β 相中所有物種的總莫耳數且 x_B、x_B^α 和 x_B^β 是 B 的總莫耳分率、相 α 中 B 的莫耳分率和相 β 中 B 的莫耳分率。從 (12.47) 式開始並使用一些三角學，我們可以證明 $l^\alpha n^\alpha = l^\beta n^\beta$，其中 l^α 和 l^β 是給出相 α 和 β 的組成的點的連結線長度。例如，在圖 12.33 中，此式變為 $\overline{FG}n_F = \overline{GH}n_H$，其中 n_F 和 n_H 是相中的總莫耳數其組成分別由 F 和 H 點給出。因此，槓桿規則適用於三元 (以及二元) 系統的兩相區域。

12.10 總結

四種依數性質，蒸氣壓降低、凝固點下降、沸點上升和滲透壓都是由於添加溶質產生的溶劑化勢降低所致。依據性質用於確定分子量和活性係數。在理想稀薄溶液中，如果只有純溶劑凝固，則凝固點下降與溶質的總重量莫耳濃度成正比：$\Delta T_f = -k_f \Sigma_{i \neq A} m_i$。滲透壓對於求得聚合物分子量特別有用。

雙成分相圖繪製為 T (或 P) 對一種成分的總莫耳分率 x_B，其中 P (或 T) 保持恆定。在雙成分相圖中，區域是單相或兩相區域，而水平線包含三相。兩相區域是互溶間隙或相變環路。在兩相區域中，平衡的兩相的組成由在兩個區域的寬度上延伸的水平連結線的端點給出，並且整個組成由在連結線上該點的位置給出。討論了以下幾種相圖：液體－蒸氣 P-x_B 和 T-x_B 圖，用於完全互溶的液體；液－液 T-x_B 圖，用於部分混溶液體；固－液 T-x_B 圖，具有液相互溶性和固相不互溶性，部分互溶性和互溶性，包括形成化合物引入的複雜性。本章討論的重要計算類型包括：

- 從 $\Delta T_f = -k_f m_B$ 和 $\Delta T_b = k_b m_B$ 計算凝固點下降和沸點上升。
- 從凝固點下降數據計算分子量。
- 在理想稀薄溶液中，從 van't Hoff 方程式 $\Pi = c_B RT$ 計算滲透壓。
- 使用 van't Hoff 方程式或 McMillan-Mayer 方程式從滲透壓數據計算分子量。
- 已知存在的每種成分的總量和溫度 (或壓力)，使用相圖 (可能還有槓桿規則 $n^\alpha l^\alpha = n^\beta l^\beta$) 來計算平衡的兩相中每一相存在的成分的量。

習題

第 12.1 節

12.1 對或錯？(a) 在恆定的 T 和 P 下，將溶質加入純溶劑 A 中會降低 μ_A。(b) 在恆定的 T 和 P 下，將溶質加入含有溶劑 A 的溶液中會降低 μ_A。

第 12.2 節

12.2 對或錯？(a) 在恆定 T 下，將非揮發性溶質加入純溶劑中會降低蒸氣壓。(b) 在溫度 T 下，A 和 B 的溶液的蒸氣壓小於純 A 在 T 的蒸氣壓。

12.3 在 110°C 下，水的蒸氣壓為 1074.6 torr。求在 110°C 下 2.00 wt% 蔗糖 ($C_{12}H_{22}O_{11}$) 水溶液的蒸氣壓。

第 12.3 節

12.4 對或錯？(a) 當純水在恆壓下凝固，系統的溫度保持恆定。(b) 當蔗糖水溶液在恆壓下凝固時，系統的溫度保持恆定。(c) 方程式 $\Delta T_f = -k_f m_B$ 假設溶質為非揮發性。(d) 在溶劑 A 的溶液中，在相同的 T 和 P 下，μ_A 必須低於純 A 的 μ_A，只要溶液不是過冷或過飽和。(e) 在相同的 T 和 P 下，過冷溶液中溶劑 A 的 μ_A 高於純 A 的 μ_A。(f) 非電解質溶質的分子量越高，1 克溶質在 1000 克溶劑中產生的凝固點下降越小。(g) 如果溶質在溶劑中部分二聚化，則凝固點下降小於溶質未二聚化時的凝固點。(h) 若 ΔT_f 是 $-1.45°C$，則 $\Delta T_f = -1.45$ K。

12.5 對於環己烷，C_6H_{12}，正常熔點為 6.47°C，在此溫度下的熔融熱為 31.3 J/g。求 226 mg 戊烷 C_5H_{12} 在 16.45 g 環己烷中的溶液的凝固點。

12.6 2.00 g 麥芽糖 (maltose) 在 98.0 g 水中的溶液的凝固點為 $-0.112°C$。估算麥芽糖的分子量。

12.7 當將 1.00 g 尿素 [CO(NH$_2$)$_2$] 溶解在 200 g 溶劑 A 中時，A 凝固點下降 0.250°C。當將 1.50 g 非電解質 Y 溶解在 125 g 相同溶劑 A 中時，A 凝固點下降 0.200°C。(a) 求 Y 的分子量。(b) A 的凝固點為 12°C，分子量為 200。求 A 的 $\Delta_{fus}H_m$。

12.8 CHCl$_3$ 的沸點為 61.7°C。對於 0.402 g 萘 (C$_{10}$H$_8$) 在 26.6 g CHCl$_3$ 中的溶液，沸點升高 0.455 K。求 CHCl$_3$ 的 $\Delta_{vap}H_m$。

12.9 假設將 6.0 g 萘 (C$_{10}$H$_8$) 和蒽 (C$_{14}$H$_{10}$) 的混合物溶於 300 g 苯中。當溶液冷卻時，它開始在低於純苯的凝固點 (5.5°C) 0.70°C 的溫度下凝固。求混合物的組成，假定苯的 k_f 為 5.1°C kg mol^{-1}。

第 12.4 節

12.10 對或錯？滲透壓是溶質分子對半透膜施加的壓力。

12.11 在 0.300 mol/kg 蔗糖水溶液中，C$_{12}$H$_{22}$O$_{11}$ 在 20°C 和 1 atm 下的莫耳濃度為 0.282 mol/dm^3。在 20°C 和 1 atm 下，水的密度為 0.998 g/cm^3。(a) 使用 van't Hoff 方程式估算此溶液的滲透壓。(b) 此溶液觀察到的滲透壓為 7.61 atm。使用 (12.24) 式在此溶液中求 a_{H_2O} 和 γ_{H_2O}。注意：(12.24) 式中的 γ_A 是在壓力 $P + \Pi$，但 γ_A 隨壓力的變化很小，可以忽略不計。

12.12 牛血清白蛋白 (bovine serum albumin) 水溶液的滲透壓在 0°C 為 6.1 torr，其中 ρ_B = 0.0200 g/cm^3。估計此蛋白質的分子量。

12.13 令圖 12.5 中的左室含有純水，右室為 1.0 g C$_{12}$H$_{22}$O$_{11}$ 加上 100 g 水，溫度為 25°C。估算右毛細管中液體的平衡高度。假設毛細管中的液體體積與右室中的液體體積相比可忽略不計。

12.14 對於 30°C (密度 0.996 g/cm^3) 的水中合成聚胺基酸的某些樣品，滲透壓測定給出了 12.5 圖中毛細管液體之間高度差 Δh 的以下值：

Δh/cm	2.18	3.58	6.13	9.22
ρ_B/(g/dm^3)	3.71	5.56	8.34	11.12

將高度讀數轉換為壓力並求聚合物的平均分子量。

12.15 海平面乾空氣的莫耳分率如下：78% N$_2$、21% O$_2$、1% Ar。計算空氣的平均分子量。

第 12.6 節

12.16 苯 (ben) 和甲苯 (tol) 形成了幾乎理想的溶液。20°C 的蒸氣壓是 P^*_{ben} = 74.7 torr 和 P^*_{tol} = 22.3 torr。在 20°C 下繪製苯－甲苯溶液的 P 對 x_{ben} 液－氣相圖。

12.17 對於圖 12.12 的系統，假設在保持恆壓的封閉系統中加熱 B 莫耳分率為 0.30 的液體溶液。(a) 給出形成的第一滴蒸氣的組成。(b) 給出最後一滴液體蒸發的組成。(c) 當半莫耳液體蒸發時，給出每相存在的組成。

第 12.7 節

12.18 水和苯酚在 50°C 時部分互溶。當這兩種液體在 50°C 和 1 atm 下混合時，在平衡時，一相是 89% 重量的水，另一相是 $37\frac{1}{2}$% 重量的水。如果在 50°C 和 1 atm 下混合 6.00 g 苯酚和 4.00 g 水，使用 (a) 槓桿法則；(b) 物質守恆 (不使用槓桿規則)，求平衡時各相中水的質量和苯酚的質量。

第 12.8 節

12.19 給予以下熔點和熔化熱：苯，5.5°C，30.4 cal/g；環己烷 (C$_6$H$_{12}$)，6.6°C，7.47 cal/g。繪製這兩種化合物的 T-x_B 固－液相圖，求共晶溫度和共晶組成。假設液體溶液是理想的並且沒有形成固溶體；忽略 $\Delta_{fus}H$ 隨溫度的變化。將您的值與實驗共晶值 $-42\frac{1}{2}$°C 和 $73\frac{1}{2}$% 莫耳環己烷進行比較。

12.20 Bi 和 Te 形成固體化合物 Bi$_2$Te$_3$，其在約 600°C 下均勻熔化。Bi 和 Te 分別在約 300°C 和 450°C 熔化。固體 Bi$_2$Te$_3$ 在所有溫度下與固體 Bi 部分互溶，並且在所有溫度下與固體 Te 部分互溶。繪製 Bi-Te 的 T-x_B 固－液相圖的外觀；標記所有區域。

12.21 Fe-Au 固－液 T-x_B 相圖可以看作是固相互溶間隙與固－液相變環的交點，其最小值為 x_{Au} = 0.8。互溶間隙在 x_{Au} = 0.1 和 x_{Au} = 0.3 與相變環相交。Fe 具有比 Au 更高的熔點。繪製相圖並標記所有區域。

第 12.9 節

12.22 在 30°C 和 1 atm 下，對於水 (1) 加乙酸乙

酯 (2) 加丙酮 (3) 的系統，平衡的液相 α 和 β 的莫耳分率組成為：

x_2^α	x_3^α	x_2^β	x_3^β
0.016	0.000	0.849	0.000
0.018	0.011	0.766	0.061
0.020	0.034	0.618	0.157
0.026	0.068	0.496	0.241
0.044	0.117	0.320	0.292
0.103	0.206	0.103	0.206

最後一組數據給出等溫臨界點。(a) 使用三角坐標紙；繪製包括連結線的三元相圖。(b) 假定在 30°C 和 1 atm 下將 0.10 莫耳丙酮、0.20 莫耳乙酸乙酯和 0.20 莫耳水混合。求平衡時存在於每一相中的每種成分的質量。

第 13 章
電化學系統

本章涉及電化學系統的熱力學，它是兩相或多相之間電位差的系統 (一個熟悉的例子是電池)。電位在第 13.1 節中定義，本節回顧靜電學。電力、場、電位和位能不僅在電化學系統的熱力學中很重要，而且在整個化學過程中都很重要。原子或分子的性質是電子和原子核之間電的相互作用的結果。為了寫出處理分子的基本方程式 (薛丁格方程式)，我們需要知道兩個電荷之間相互作用的位能方程式。

分子之間的力本質上也是電力。主要決定分子間力的兩個分子性質是分子偶極矩和極化率。

第 13 章 (第 13.3 至 13.9 節) 的主要部分涉及伽凡尼電池。除了它們提供電力的實際應用外，伽凡尼電池使我們能夠找到反應的 $\Delta H°$、$\Delta G°$、$\Delta S°$ 和 $K°$，並找出電解質的活性係數 (第 15.5 和 15.6 節討論了通過電解質溶液的電荷輸送速率)。

13.1 靜電學

在開發電化學系統的熱力學之前，我們回顧一下靜電學，這是靜止時電荷的物理性質。在本章中，所有方程式都以 SI 單位的形式書寫。

庫侖定律

電荷 Q 的 SI 單位是**庫侖** (coulomb, C)，定義於第 15.5 節。存在兩種電荷，正和負。同類電荷相互排斥，異類相互吸引。點電荷 Q_1 對第二電荷 Q_2 施加的力的大小 F 由庫侖定律給出為 $F = K|Q_1 Q_2|/r^2$，其中 r 是電荷之間的距離，K 是比例常數。由於向量的大小不能為負，所以存在絕對值符號。**F** 的方向是沿著連接電荷的線。在 SI 系統中，比例常數 K 寫為 $1/4\pi\varepsilon_0$：

$$F = \frac{1}{4\pi\varepsilon_0} \frac{|Q_1 Q_2|}{r^2} \qquad (13.1)*$$

實驗給出常數 ε_0 [稱為**電常數** (electric constant) 或**真空介電常數** (permittivity of vacuum)]

$$\varepsilon_0 = 8.854 \times 10^{-12} \text{ C}^2 \text{ N}^{-1} \text{ m}^{-2} = 8.854 \times 10^{-12} \text{ C}^2 \text{ kg}^{-1} \text{ m}^{-3} \text{ s}^2$$
$$1/4\pi\varepsilon_0 = 8.988 \times 10^9 \text{ N m}^2 \text{ C}^{-2} \tag{13.2}$$

電場

為了避免遠距離作用的概念，引入了電場的概念。電荷 Q_1 在其自身周圍的空間中產生**電場**，並且該場對存在於 Q_1 周圍的空間中的任何電荷 Q_2 施予力。空間中點 P 處的**電場 (強度)**[electric field (strength)] **E** 定義為在點 P 處靜止的測試電荷 Q_t 所經歷的每單位電荷的電力：

$$\mathbf{E} \equiv \mathbf{F}/Q_t \quad \text{其中 } Q_t \text{ 是系統的一部分} \tag{13.3}*$$

(13.3) 式將向量 **E** 與空間中的每個點相關聯。

(13.3) 式定義了當系統中存在電荷 Q_t 時存在於 P 處的電場。然而，Q_t 的存在可能影響周圍的電荷，從而使 **E** 取決於測試電荷的性質。例如，如果 Q_t 放置在物體中或物體附近，它可能會改變體內電荷的分佈。因此，如果 (13.3) 式中的 Q_t 不是正在討論的系統的一部分，並且我們想知道在沒有 Q_t 的情況下系統中給定點的 **E** 是什麼，我們將 (13.3) 式重寫為

$$\mathbf{E} \equiv \lim_{Q_t \to 0} \mathbf{F}/Q_t \quad \text{其中 } Q_t \text{ 是系統的一部分} \tag{13.4}$$

無限小的測試電荷不會干擾系統中的電荷分佈，因此 (13.4) 式在沒有測試電荷的情況下給出 **E** 的值。由於 (13.4) 式中的 **F** 與 Q_t 成正比，因此 (13.4) 式中的場 **E** 與 Q_t 無關。

例 13.1 點電荷的電場

如果在系統中沒有其他電荷，求點電荷 Q 周圍空間的 **E**。

令微小的測試電荷 dQ_t 放在與 Q 距離 r 處。**E** 的大小由 (13.4) 式給出為 $E = dF/|dQ_t|$，其中作用於 dQ_t 上的力的大小由 (13.1) 式給出為 $dF = |Q\, dQ_t|/4\pi\varepsilon_0 r^2$。因此，**E** 的大小是

$$E = \frac{1}{4\pi\varepsilon_0} \frac{|Q|}{r^2} \tag{13.5}$$

從 (13.4) 式，在正測試電荷上 **E** 的方向與 **F** 方向相同，因此，點 P 處的向量 **E** 位於電荷 Q 和點 P 之間的線上。如果 Q 為正，則向量 **E** 指向外；如果 Q 為負，則向量 **E** 指向內。圖 13.1 顯示了正電荷周圍幾個點的 **E**。遠離 Q 的箭頭較短，因為 **E** 隨 $1/r^2$ 下降。

習題

如果距離某一電荷 5.00 cm 處的 E 為 80 N/C，則當 E 為 800 N/C 時，距離為何？
(答案：1.58 cm)

☕ 電位

不是用電場來描述事物，使用電位 ϕ (phi) 通常更方便。電場中，點 b 和 a 之間的**電位差** (electric potential difference) $\phi_b - \phi_a$ 定義為從 a 到 b 可逆地移動測試電荷，產生的每單位電荷的功：

$$\phi_b - \phi_a \equiv \lim_{Q_t \to 0} w_{a \to b}/Q_t \equiv dw_{a \to b}/Q_t \tag{13.6}$$

其中 $dw_{a \to b}$ 是外部原動力完成的可逆電功，它將無窮小的測試電荷 dQ_t 從 a 移動到 b。「可逆」一詞表示由外力對 dQ_t 施加的力與系統電場對 dQ_t 施加的力只有無限小的差別。在點 a 對電位 ϕ_a 指定一值，則我們在任何點 b 定義了**電位** ϕ_b。通常的慣例是將點 a 選擇在無窮遠 (測試電荷與其他電荷不相互作用) 並將無窮遠處的 ϕ 定義為零。然後 (13.6) 式變為

$$\phi_b \equiv \lim w_{\infty \to b}/Q_t \tag{13.7}$$

電位的 SI 單位是**伏特** (volt, V)，定義為每庫侖一焦耳：

$$1 \text{ V} \equiv 1 \text{ J/C} = 1 \text{ N m C}^{-1} = 1 \text{ kg m}^2 \text{ s}^{-2}\text{C}^{-1} \tag{13.8}$$

因為 $1 \text{ J} = 1 \text{ N m} = 1 \text{ kg m}^2 \text{ s}^{-2}$ [(2.12) 式]。

(13.4) 式中 E 的 SI 單位是每庫侖牛頓。使用 (13.8) 式得到 $1 \text{ N/C} = 1 \text{ N V J}^{-1} = 1 \text{ N V N}^{-1} \text{ m}^{-1} = 1 \text{ V/m}$，$E$ 通常以伏特 / 米或每厘米伏特表示：

$$1 \text{ N/C} = 1 \text{ V/m} = 10^{-2} \text{ V/cm} \tag{13.9}$$

當我們做可逆功 $w_{\infty \to b}$ 時，在電場中將電荷從無窮遠移到 b 中，我們藉由 $w_{\infty \to b}$ 改變電荷的位能 V (正如我們藉由改變質量在地球引力場中的高度來改變質量的位能一樣)。因此，$\Delta V = V_b - V_\infty = V_b = w_{\infty \to b}$，其中 V_∞ 視為零。使用 (13.7) 式給出了點 b 處的電荷 Q_t 的電位能

$$V_b = \phi_b Q_t \tag{13.10}$$

電場 **E** 是每單位電荷的力。電位 ϕ 是每單位電荷的位能 [(13.3) 和 (13.10) 式]。

(2.17) 式給出 $F_x = -\partial V/\partial x$。除以 Q_t 得到 $F_x/Q_t = -\partial(V/Q_t)/\partial x$。使用 (13.10) 式和 (13.3) 式的 x 分量可將這個方程式轉換成 $E_x = -\partial \phi/\partial x$。相同的論點適用於 y 和 z 坐標，所以

$$E_x = -\partial \phi/\partial x \qquad E_y = -\partial \phi/\partial y \qquad E_z = -\partial \phi/\partial z \tag{13.11}$$

如果電位 ϕ 為已知的 x、y 和 z 的函數，則由 (13.11) 式得知可以找到空間點上的電場 **E**。反之，$\phi(x, y, z)$ 可以藉由 (13.11) 式的積分從 **E** 中找到。在方便的位置 (通常是無窮遠) 令 $\phi = 0$ 來確定積分常數。從 (13.11) 式，電場與 ϕ 的空間變化率有關。因此 E 的單位 V/m [(13.9) 式]。

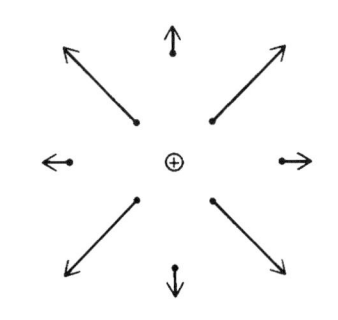

圖 13.1
在正電荷周圍空間中幾個點處的電場向量。**E** 以 $1/r^2$ 下降。

例 13.2 由點電荷引起的電位

(a) 在點電荷 Q 周圍的空間中的任意點 P，求電位 ϕ 的表達式。在無窮遠處取 $\phi = 0$。(b) 計算遠離質子 1.00Å 的 ϕ 和 E。質子電荷是 1.6×10^{-19} C。

(a) 設坐標原點為 Q，令 x 軸為沿著由 Q 到 P 運行的線。P 處的電場是 x 方向：$E = E_x = Q/4\pi\varepsilon_0 x^2$，$E_y = 0$，$E_z = 0$，其中使用了 (13.5) 式。代入 (13.11) 式的第一個方程式並且積分可得 $\phi = -\int E_x \, dx = -\int (Q/4\pi\varepsilon_0 x^2) dx = Q/4\pi\varepsilon_0 x + c = Q/4\pi\varepsilon_0 r + c$，其中 r 是電荷 Q 和點 P 之間的距離，c 是積分常數。通常，c 是 y 和 z 的函數，但 $E_y = 0 = E_z$ 的事實和 (13.11) 式要求 c 與 y、z 無關。在 $r = \infty$ 將 ϕ 定義為零，我們得到 $c = 0$。因此由點電荷引起的電位為

$$\phi = \frac{1}{4\pi\varepsilon_0} \frac{Q}{r} \tag{13.12}$$

(b) 將 (13.2) 式的 $1/4\pi\varepsilon_0$ 的值代入 (13.12) 式可得

$$\phi = (8.99 \times 10^9 \text{ N m}^2/\text{C}^2)(1.6 \times 10^{-19} \text{ C})/(1.0 \times 10^{-10} \text{ m}) = 14 \text{ V}$$

代入 (13.5) 式可得 $E = 1.4 \times 10^{11}$ V/m = 14 V/Å。

圖 13.2 顯示以半徑為 1 和 2Å 的質子為中心的球面上的 ϕ 和 E。

習題

求遠離 1.00 C 電荷 10.0 cm 的 ϕ 和 E。在無窮遠處取 $\phi = 0$。
(答案：9.0×10^{10} V，9.0×10^{11} V/m)

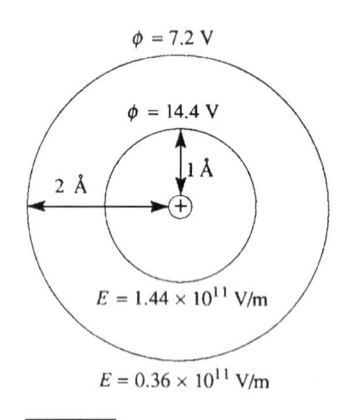

圖 13.2
與質子的距離為 1 和 2 Å 的 E 和 ϕ。ϕ 以 $1/r$ 下降。

$\phi = 7.2$ V
$\phi = 14.4$ V
2 Å, 1 Å
$E = 1.44 \times 10^{11}$ V/m
$E = 0.36 \times 10^{11}$ V/m

(13.12) 和 (13.5) 式也適用於總電荷為 Q 的球對稱電荷分佈之外的場和電位；這裡，r 是到電荷分佈中心的距離。

從 (13.12) 式，ϕ 隨著接近正電荷而增加。負電荷自發地向正電荷移動，因此電子在一個相內自發地從低電位區域移動到高電位區域。

實驗證明，電荷系統的電場等於各個電荷引起的電場的向量總和。電位等於由各個電荷引起的電位之和。

在討論物質中「點」的電場和電位時，我們通常指的是包含遠遠少於 10^{23} 個分子但遠遠超過一個分子的體積中的平均場和平均電位。電場在單個分子內顯示非常尖銳的變化。

考慮電導體 (例如，金屬、電解質溶液) 的單相並處於熱力學平衡狀態。由於相是處於平衡狀態，因此沒有電流流動 (由於電流產生的熱量，非無限電流的流動是不可逆過程)。因此，相內部所有點的電場必須為零。否則，相的電荷將經歷電力，並且淨電流將流動。由於 **E** 為零，(13.11) 式顯示，在沒有電流流動的導體的整體相 (第 7.5 節) 中，ϕ 是恆定的。如果該相具有淨電荷，則在平衡時電荷將分佈在相的表面上。這是因為同電荷的排斥將導致它們移動到表面，盡可能遠離它們。

摘要

兩個電荷之間的力的大小是 $F = |Q_1Q_2|/4\pi\varepsilon_0 r^2$。空間點的電場強度 **E** 定義為每單位電荷的力：$\mathbf{E} \equiv \mathbf{F}/Q$。空間點的電位 ϕ 是每單位電荷的位能：$\phi = V/Q$。從 $\phi(x, y, z)$，可以使用 (13.11) 式找到 **E**。

13.2 電化學系統

前面的章節考慮了具有電中性相的系統，相之間的電位沒有差異。然而，當系統包含帶電物質並且至少一種帶電物質不能穿透系統的所有相時，一些相可以變為帶電。例如，假設可透過 K^+ 離子但不可透過 Cl^- 離子的膜將 KCl 水溶液與純水分離。K^+ 離子通過膜的擴散將在每個相上產生淨電荷並且相之間存在電位差。

另一個例子是在恆定的 T 和 P 下，一塊 Zn 浸入 $ZnSO_4$ 的水溶液中 (圖 13.3a)。Zn 金屬可以看作是由 Zn^{2+} 離子和移動價電子組成。Zn^{2+} 離子可以在金屬和溶液之間傳遞，但金屬的電子不能進入溶液。假設 $ZnSO_4$ 溶液非常稀薄，則 Zn^{2+} 離子離開金屬並進入溶液的初始速率大於 Zn^{2+} 離子從溶液中進入金屬的速率。這個來自金屬的 Zn^{2+} 淨損失在鋅上產生負電荷 (過剩的電子)。負電荷減慢了 Zn^{2+} (金屬) $\to Zn^{2+}$ (aq) 的速率而增加了 $Zn^{2+}(aq) \to Zn^{2+}$ (金屬) 的速率。最終達到平衡，其中這些相反過程的速率相等並且系統的吉布斯能量 G 是最小的。在平衡時，Zn 具有淨負值電荷且 Zn 與溶液之間存在電位差 $\Delta\phi$ (圖 13.3b)。

電極動力學技術 (參見 *Bockris and Reddy*, p. 892) 顯示在 20°C 和 1 atm 下 Zn 與 1 mol/dm³ $ZnSO_4(aq)$ 之間的平衡，在 1s 內每個方向穿過金屬溶液界面 1 cm² 的 Zn^{2+} 離子帶電荷為 2×10^{-5} C。在每個方向上的這種平衡電流稱為**交換電流** (exchange current)。有多少莫耳的 Zn^{2+} 攜帶這種 2×10^{-5} C 的電荷？

一個質子的電荷是 $e = 1.60218\times 10^{-19}$ C。每莫耳質子的電荷是 N_Ae (N_A 是 Avogadro 常數)，稱為**法拉第常數** (Faraday constant) F。使用 $N_A = 6.02214\times 10^{23}$ mol^{-1} 可得

$$F \equiv N_A e = 96485 \text{ C/mol} \tag{13.13}*$$

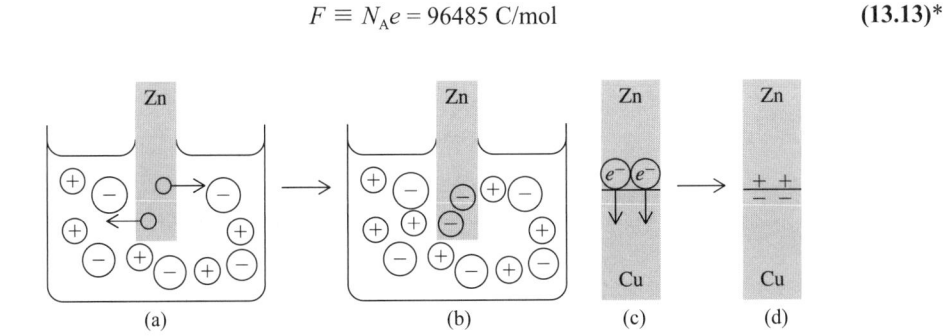

圖 13.3

Zn(s) 和 $ZnSO_4(aq)$ 之間以及 Cu(s) 和 Zn(s) 之間的電位差發展歷程。

物質 i 的一個粒子 (離子、分子或電子) 上的電荷是 $z_i e$，其中 e 是質子電荷，物質 i 的**電荷數** (charge number) z_i 是整數。例如，對於 Zn^{2+}，$z_i = 2$，對於電子 (e^-)，$z_i = -1$，對於 H_2O，$z_i = 0$。由於 F 是每莫耳質子的電荷，物質 i 的粒子的電荷是質子電荷的 z_i 倍，因此每莫耳物質 i 的電荷是 $z_i F$。因此，i 的 n_i 莫耳電荷為

$$Q_i = z_i F n_i \tag{13.14}$$

因此，Zn^{2+} 離子的 2×10^{-5} C 對應於每秒進入和離開 1 cm² 金屬的 Zn^{2+} 的

$$n_i = Q_i/z_i F = (2 \times 10^{-5} \text{C})/2(96485 \text{ C/mol}) = 1 \times 10^{-10} \text{ mol}$$

$Zn - ZnSO_4(aq)$ 的例子顯示，在平衡時的任何金屬－溶液界面處，存在電位差 $\Delta\phi$。$\Delta\phi$ 的大小和符號取決於 T、P、金屬的性質、溶劑的性質和金屬離子在溶液中的濃度。

相間電位差的另一個例子是一塊 Cu 與一塊鋅接觸 (圖 13.3c)。固體中的擴散在室溫下非常慢，所以 Cu^{2+} 和 Zn^{2+} 離子不會在相之間有任何顯著程度的移動。然而，電子可以自由地從一種金屬移動到另一種金屬，並且它們這樣做，導致 Cu 上的淨負電荷和鋅上的淨正電荷達到平衡 (最小 G)(圖 13.3d)。可以藉由分離金屬並將其中一個接觸到驗電器的端子來檢測該電荷 (在驗電器中，連接到同一端子的兩片金屬箔當它們充電時各自排斥)。1790 年代，Galvani 和 Volta 發現了兩種不同金屬接觸的電荷的發展。在一項實驗中，Galvani 釋放出這種電荷通過死青蛙腿部肌肉的神經，導致肌肉收縮。兩種金屬之間的相間電位差的大小取決於溫度。熱電偶使用這種隨溫度而變的性質來測量溫度 (圖 13.4)。

兩相 α 和 β 之間的電荷轉移產生平衡相之間的電位差：$\phi^\alpha \neq \phi^\beta$，其中 ϕ^α 和 ϕ^β 是在整體相 (圖 7.15b)α 和 β 中的電位 (整體相的電位有時稱為內部電位或 Galvani 電位)。我們將**電化學系統** (electrochemical system) 定義為兩相或更多相之間存在電勢差的系統。

除了相間電荷轉移，其他影響有助於 $\phi^\alpha - \phi^\beta$。例如，在圖 13.3b 中，緊鄰 Zn 金屬的水分子將傾向於以帶正電的氫原子朝向負 Zn 的方向。此外，Zn 金屬上的負電荷將使每個相鄰水分子內的電子分佈扭曲 (或極化)，還有，在負 Zn 金屬附近，Zn^{2+} 離子將傾向於比 SO_4^{2-} 占優勢。水分子的位向、水分子中電荷的極化以及離子的不均勻分佈都會影響 $\phi^\alpha - \phi^\beta$。

相之間的電位差甚至可以在相之間沒有電荷轉移的情況下發生。一個例子是液態水加液態苯的兩相系統，它們幾乎是不互溶的。由於 C_6H_6 分子與水分子的負側和正側之間的不同相互作用，在相之間的界面處將存

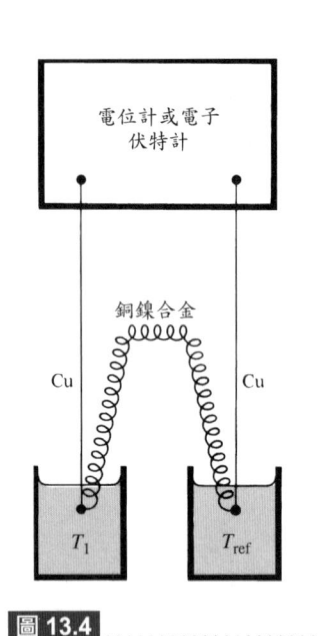

圖 13.4

熱電偶。銅與 constantan (Cu 和 Ni 的合金) 之間的電位差，因此，如果 T_1 和 T_{ref} 不同，則兩條 Cu 線之間有非零電位差，其值取決於 T_1 並能夠找到 T_1。通常取冰點作為 T_{ref}。

在水分子的優選取向。這使得 $\phi^\alpha - \phi^\beta$ 不為零。與電荷轉移 (通常為一伏特或兩伏特) 相比，相之間沒有電荷轉移而產生的相間電位差相對較小 (典型估計值為幾十毫伏特)。

我們的主要興趣在於所有相都是電導體的電化學系統。這些相包括金屬、半導體、熔鹽和含有離子的液體溶液。

重要的一點是接觸的兩相之間的電位差 $\Delta\phi$ 不易測量。假設我們想要在一片 Zn 和 $ZnCl_2$ 水溶液之間測量 $\Delta\phi$。如果我們用兩個電壓表或電位計 (第 13.4 節) 與這些相電接觸，我們在系統中創建至少一個新的界面，即電壓表導線和 $ZnCl_2$ 溶液之間的界面。儀表測量的電位差包括電錶線和溶液之間的電位差，我們還沒有測量我們計劃測量的內容。容易測量的電位差的種類是具有相同化學組成的兩相之間的電位差。電壓表導線連接到這些相會在導線和相之間產生電位差，但是如果兩根導線由相同的金屬製成，則這些電位差的大小相等並相互抵消。

雖然接觸相之間的 $\Delta\phi$ 不易測量，但可以從系統的統計力學模型計算出來。如果已知相間區域中的電荷和偶極子的分佈，則可以計算 $\Delta\phi$。

摘要

當兩個不同的導電相接觸時，通常在它們之間建立電位差，這是由於相間電荷的轉移和離子的不均勻分佈、偶極矩分子的取向和界面附近分子中電荷分佈的扭曲。可以僅在具有相同化學組成的兩個相之間測量電位差。

13.3 電化學系統的熱力學

我們現在開發由電導體相組成的電化學系統的熱力學。該處理僅適用於最多具有無窮小電流的系統，因為平衡熱力學不適用於不可逆過程。

在電化學系統中，相通常具有非零淨電荷，且相之間存在電位差。這些電位差通常為幾伏特或更低 (參見第 13.7 節)。當相之間存在 10 V 的電位差時，相之間的帶電物質轉移量會發生多少？為了得到一個數量級的答案，我們考慮一個半徑為 10 cm 的孤立球形相，其電位相對於無限遠為 $\phi = 10$ V。令 Q 為相上的淨電荷。半徑 r 的相邊緣處的電位由 (13.12) 式給出為 $\phi = Q/4\pi\varepsilon_0 r$，且

$$Q = 4\pi\varepsilon_0 r\phi = 4\pi(8.8\times 10^{-12}\ C^2\ N^{-1}\ m^{-2})(0.1\ m)(10\ V) = 1\times 10^{-10}\ C$$

假設這種電荷是由於過量的 Cu^{2+} 離子。我們有 $Q_i = z_i F n_i$ [(13.14) 式]，而過量的 Cu^{2+} 為

$$n_i = Q_i/z_i F = (1\times 10^{-10}\ C)/2(96485\ C/mol) = 5\times 10^{-16}\ mol$$

這只是 3×10^{-14} g 的 Cu^{2+}。我們得出結論，電化學系統的相的淨電荷是由於物質量的

轉移太小而不能用化學方法檢測。

相之間存在電位差會影響熱力學方程式，因為帶電物質的內能取決於它所處相的電位。當電化學系統的相匯集在一起形成系統時，微量的相之間的電荷轉移產生相之間的電位差。讓我們想像一個假想的系統，其中沒有發生這些電荷轉移，因此所有相的電位都為零：$\phi^\alpha = \phi^\beta = \cdots = 0$。如果我們將 dn_j 莫耳的 j 加到這個假想系統的 α 相，則 Gibbs 方程式 (4.75) 給出了 α 相的內能變化

$$dU^\alpha = T\,dS^\alpha - P\,dV^\alpha + \mu_j^\alpha\,dn_j^\alpha \qquad \phi^\alpha = 0 \tag{13.15}$$

其中化勢 μ_j^α 是 T、P 和其相的組成的函數：$\mu_j^\alpha = \mu_j^\alpha(T, P, x_1^\alpha, x_2^\alpha, \ldots)$。

現在考慮電荷轉移的實際系統在相之間確實發生了產生具有電位 $\phi^\alpha, \phi^\beta, \ldots$ 的相。如本節前面所述，這些電荷轉移對應於極小量的化學物質轉移，因此，我們可以認為實際電化學系統的每個相具有與電位等於零的假想系統的對應相相同的組成。

假設我們將 dn_j^α 莫耳的物質 j 添加到電化學系統的 α 相中。這個過程的 dU^α 與將 dn_j^α 添加到具有 $\phi^\alpha = 0$ 的系統的 (13.15) 式中 dU^α 相比如何？相 α 的化學組成對於兩種方法都是相同的。唯一的區別是假想系統具有 $\phi^\alpha = 0$，而實際系統具有 $\phi^\alpha \neq 0$。在電位為 ϕ 的位置，電荷 Q 的電位能等於 ϕQ [(13.10) 式]。如果 dQ_j^α 是添加的 dn_j^α 莫耳上的電荷，則這個電荷在 $\phi^\alpha = 0$ 的假想系統中具有零電位能而在實際系統中具有 $\phi^\alpha dQ_j^\alpha$ 的電位能。這個電位能有助於添加過程中 dU^α 的變化，因此實際系統的 dU^α 等於 (13.15) 式的 dU^α 加上 $\phi^\alpha dQ_j^\alpha$：

$$dU^\alpha = T\,dS^\alpha - P\,dV^\alpha + \mu_j^\alpha dn_j^\alpha + \phi^\alpha dQ_j^\alpha \tag{13.16}$$

電荷 dQ_j^α 為 $dQ_j^\alpha = z_j F\,dn_j^\alpha$ [(13.14) 式]，而 (13.16) 式變成

$$dU^\alpha = T\,dS^\alpha - P\,dV^\alpha + (\mu_j^\alpha + z_j F\phi^\alpha)\,dn_j^\alpha \tag{13.17}$$

注意，μ_j^α 在 (13.15) 式和 (13.17) 式是相同的，因為 μ_j^α 是 T、P 和組成的函數，兩個系統中的所有組成都是相同的。因此，前面章節中導出的 μ_j^α 的表達式適用於 (13.17) 式的 μ_j^α。

如果我們考慮添加無限小量的其他物種到相 α，同樣的推理可得

$$dU^\alpha = T\,dS^\alpha - P\,dV^\alpha + \sum_i (\mu_j^\alpha + z_j F\phi^\alpha)\,dn_j^\alpha \tag{13.18}$$

(13.18) 式顯示在 α 相中存在非零電位 ϕ^α 導致 dU^α 的吉布斯方程式的化勢 μ_i^α 被 $\mu_i^\alpha + z_i F\phi^\alpha$ 取代。$\mu_i^\alpha + z_i F\phi^\alpha$ 稱為**電化學電位** (electrochemical potential) $\widetilde{\mu}_i^\alpha$：

$$\widetilde{\mu}_i^\alpha \equiv \mu_i^\alpha + z_i F\phi^\alpha \tag{13.19}*$$

(μ 上的符號~稱為波浪號)。由於 $z_i F$ 是物種 i 的莫耳電荷，(13.19) 式顯示電化學電位 $\widetilde{\mu}_i^\alpha$ 為化學電位 μ_i^α 和物種 i 在相 α 的莫耳靜電位能 $z_i F\phi^\alpha$ 的總和。

使用定義 $H \equiv U + PV$、$A \equiv U - TS$ 和 $G \equiv U + PV - TS$ 和 (13.18) 式，我們看到 $\tilde{\mu}_i^\alpha$ 代替 dH、dA 和 dG 的吉布斯方程式中的 μ_i^α。因此，為了找到電化學系統的正確熱力學方程式，我們採取相應的非電化學系統的熱力學方程式 (全部 ϕ 等於 0) 並以電化學電位 $\tilde{\mu}_i^\alpha = \mu_i^\alpha + z_i F \phi^\alpha$ 取代化勢 μ_i^α。當 (13.19) 式中的 $\phi^\alpha = 0$，$\tilde{\mu}_i^\alpha$ 簡化為一般化學電位 μ_i^α。

對於非電化學系統，相平衡和反應平衡的條件為 $\mu_i^\alpha = \mu_i^\beta$ 和 $\Sigma_i \nu_i \mu_i = 0$ [(4.88) 式和 (4.98) 式]。因為在電化學系統的所有熱力學方程式中，μ_i^α 被 $\tilde{\mu}_i^\alpha$ 取代，我們得出結論：

在封閉的電化學系統中，對於在兩相中出現的每一物質 i 而言，接觸的兩相 α 和 β 相的平衡條件為

$$\tilde{\mu}_i^\alpha = \tilde{\mu}_i^\beta \tag{13.20}*$$

在封閉的電化學系統中，反應平衡條件是

$$\sum_i \nu_i \tilde{\mu}_i = 0 \tag{13.21}$$

其中 ν_i 是反應中的化學計量數。

如果物質 i 不存在於相 β 中但存在於相 α 中，則 $\tilde{\mu}_i^\beta$ 在相平衡時不必等於 $\tilde{\mu}_i^\alpha$ [(4.91) 式]。如果 i 存在於相 α 和 δ 中，但這些相被 i 不存在的相分開，則 $\tilde{\mu}_i^\alpha$ 在相平衡時不必等於 $\tilde{\mu}_i^\delta$。一個例子是兩塊金屬浸入同一溶液中但不直接接觸；一種金屬中的電子的 $\tilde{\mu}$ 不必等於第二金屬中的電子的 $\tilde{\mu}$。

因為 $\tilde{\mu}_i^\alpha = \mu_i^\alpha + z_i F \phi^\alpha$ [(13.19) 式]，由相平衡條件 (13.20) 式可得

$$\mu_i^\alpha + z_i F \phi^\alpha = \mu_i^\beta + z_i F \phi^\beta \tag{13.22}$$

$$\mu_i^\alpha - \mu_i^\beta = z_i F (\phi^\alpha - \phi^\beta) \tag{13.23}$$

這個重要的方程式將 $\mu_i^\alpha - \mu_i^\beta$ (物種 i 在相 α 和 β 的平衡化學電位差) 與 $\phi^\beta - \phi^\alpha$ (相之間的電位差) 聯繫起來。如果相間電位差為零，則在平衡時 $\mu_i^\alpha = \mu_i^\beta$，如前幾章所述。對於不帶電的物種，$z_i$ 為零且 $\mu_i^\alpha = \mu_i^\beta$。對於帶電物種，$|\phi^\beta - \phi^\alpha|$ 的值越大，差值 $|\mu_i^\alpha - \mu_i^\beta|$ 越大。在圖 13.3a 和 b 中，一片 Zn 浸入非常稀薄的 $ZnSO_4$ 溶液中。鋅離子從金屬流到溶液，在相之間產生電位差。流動一直持續到 $\phi^\beta - \phi^\alpha$ 足夠大以滿足 (13.23)，使 Zn^{2+} 的電化學電位在兩相中相等。

反應平衡條件 (13.21) 式為 $\Sigma_i \nu_i \tilde{\mu}_i = 0$。考慮特殊情況，其中參與反應的所有帶電物質都發生在相同的相 α。將 $\tilde{\mu}_i^\alpha = \mu_i^\alpha + z_i F \phi^\alpha$ [(13.19) 式] 代入 $\Sigma_i \nu_i \tilde{\mu}_i = 0$ 可得 $\Sigma_i \nu_i \mu_i + F \phi^\alpha \Sigma_i \nu_i z_i = 0$。總電荷在化學反應中沒有變化，所以 $\Sigma_i \nu_i z_i = 0$ [例如，對於 $2Fe^{3+}(aq) + Zn(s) \rightleftharpoons Zn^{2+}(aq) + 2Fe^{2+}(aq)$，我們有 $\Sigma_i \nu_i z_i = -2(3) - 1(0) + 1(2) + 2(2) = 0$]。因此反

應平衡條件是

$$\sum_i \nu_i \mu_i = 0 \qquad \text{所有帶電物種在同一相} \qquad (13.24)$$

因此，當所有帶電物種出現在同一相時，ϕ^α 的值無關緊要。這是有道理的，因為電位的參考水平是任意的，如果我們喜歡，我們可以取 $\phi^\alpha = 0$。

在第 10 章和第 11 章中，我們考慮了離子在電解質溶液中的化勢和反應平衡。所有帶電物種都存在於同一相中，因此無需考慮電化勢。

☕ 摘要

在電化學系統 (相之間具有電位差的電化學系統) 中，電化學電位 $\tilde{\mu}_i^\alpha$ 取代所有熱力學方程式中的化勢。例如，相平衡條件是電化學電位相等：$\tilde{\mu}_i^\alpha = \tilde{\mu}_i^\beta$。相 α 中物質 i 的電化學電位為 $\tilde{\mu}_i^\alpha = \mu_i^\alpha + z_i F \phi^\alpha$，其中 $z_i F$ 是物種 i 的莫耳電荷，ϕ^α 是 α 相的電位，μ_i^α 是 i 在 α 的化勢；z_i (整數) 是物種 i 的電荷數，F 是法拉第常數 (每莫耳質子的電荷)。由於伴隨相間電位差的發展的化學組成的變化非常小，因此電化學系統中的化勢 μ_i^α 與相之間沒有電位差的相應化學系統中的化勢 μ_i^α 相同。例如，由 (10.40) 式可知電化學系統溶液中的離子的 μ_i^α。

13.4 伽凡尼電池

☕ 伽凡尼電池

如果我們將一根導線連接到在導線中產生電流的設備，我們可以使用電流做有用的功。例如，我們將載流導線放在磁場中；這會在電線上產生力，為我們提供一個馬達。對於承載電流 I 的電阻 R 的導線，在其端部之間存在電位差 $\Delta\phi$，其中 $\Delta\phi$ 可由「歐姆定律」[(15.54) 式] 得知為 $|\Delta\phi| = IR$。此電位差對應於導線中的電場，其導致電子流動。為了在導線中產生電流，我們需要一種能夠在其輸出**端子** (terminals) 之間保持電位差的裝置。任何這種裝置都稱為**電動勢源** (source of electromotive force, emf)。將導線連接到電動勢源的端子會在導線中產生電流 I (圖 13.5)。

電動勢源的**電動勢** (emf) $\mathcal{E}$ 定義為當連接到端子的負載的電阻 R 變為無窮大時，其端子之間的電位差，此時電流變為零。因此，emf 是端子之間的開路電位差 (圖 13.5 中端子之間的電位差 $\Delta\phi$ 取決於流過電路的電流 I 的值，因為電動勢源具有內部電阻 R_{int} 並且電位降 IR_{int} 降低端子之間的 $\Delta\phi$ 低於開路 $\Delta\phi$)。emf 不是力，而是電位差。

一種電動勢源是發電機。在這裡，機械力使金屬線穿過磁場。該場對金屬中的電子施加力，產生電流和電線兩端之間的電位差。發電機將機械

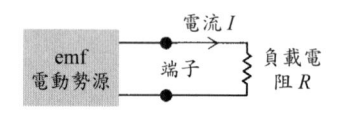

圖 13.5
附加到負載的電動勢源。

能轉換為電能。

另一種電動勢來源是**伽凡尼電池** (galvanic cell) 或**伏打電池** (voltaic cell)。這是一種多相電化學系統，其中相之間電位差導致端子之間的淨電位差。相之間的電位差是由於相之間化學物質的轉移，伽凡尼電池將化學能轉化為電能。伽凡尼電池的相必須是電導體；否則，連續電流無法在圖 13.5 中流動。

由於只有化學上相同的物質之間的電位差容易測量 (第 13.2 節)，我們指定原電池的兩個端子由相同的金屬製成。否則，我們無法測量電池電動勢，它是終端之間的開路電位差。假設電池的端子 α 和 Δ 由銅製成，並且端子之間的電位差 (「電壓」) 為 2 V。嚴格來說，因為端子上的電荷不同，所以端子的化學組成不同。但是，如第 13.3 節所示，化學組成的差異很小，我們可以忽略它並將端子的組成視為相同。因為 μ_i^α 是 T、P 和組成 (但不是 ϕ^α) 的函數，我們得出結論，在一個伽凡尼電池中，其端子 α 和 δ 由相同的金屬製成並且具有相同的 T 和 P，則一物種的化勢在每個終端都是相同的：$\mu_i^\alpha = \mu_i^\delta$。

伽凡尼電池的金屬端子是電子導體，意思是電流是由電子攜帶。假設伽凡尼電池的所有相都是電子導體。例如，電池可能是 Cu'|Zn|Ag|Cu″，這是銅端子 Cu′ 連接在一片 Zn 而 Zn 連接在一片 Ag 而 Ag 連接在第二銅端子 Cu″ 的簡寫。由於電子可以在所有相之間自由移動，因此相平衡條件 $\tilde{\mu}_i^\alpha = \tilde{\mu}_i^\beta$ [(13.20) 式] 顯示 $\tilde{\mu}(e^-)$ (電子的電化學電位) 在開路電池的所有相中都是相同的。特別是，$\tilde{\mu}(e^-$ 在 Cu′ 中) = $\tilde{\mu}(e^-$ 在 Cu″ 中)。使用 $\tilde{\mu}_i^\alpha = \mu_i^\alpha + z_i F \phi^\alpha$ [(13.19) 式] 可得

$$\mu(e^- \text{ 在 Cu' 中}) - F\phi(\text{Cu'}) = \mu(e^- \text{ 在 Cu'' 中}) - F\phi(\text{Cu''})$$

由於端子 Cu′ 和 Cu″ 具有相同的化學組成，它遵循 $\mu(e^-$ 在 Cu′ 中) = $\mu(e^-$ 在 Cu″ 中)。因此，$\phi(\text{Cu'}) = \phi(\text{Cu''})$。端子具有相同的開路電位，並且電池電動勢為零。我們得出結論，伽凡尼電池必須至少有一個電子不能滲透的相。這允許 $\tilde{\mu}(e^-)$ 在兩個端子中不同。

電子不能滲透的相中的電流必須由離子攜帶。最常見的是，伽凡尼電池中的離子導體是電解質溶液。其他可能性包括熔鹽和固體鹽，其溫度足夠高以允許離子以有用的速率穿過固體。用於心臟起搏器 (heart pacemakers) 的電池通常使用固體 LiI 作為離子導體。

總之，伽凡尼電池的端子由相同的金屬製成，所有相都是電導體，具有至少一個離子導體 (但不是電子導體) 的相，並且允許電荷在相之間容易地轉移。我們可以用 T-E-I-E′-T′(圖 13.6) 來表示伽凡尼電池，其中 T 和 T′ 是端子，I 是離子導體，E 和 E′ 是與離子導體接觸的兩塊金屬，稱為**電**

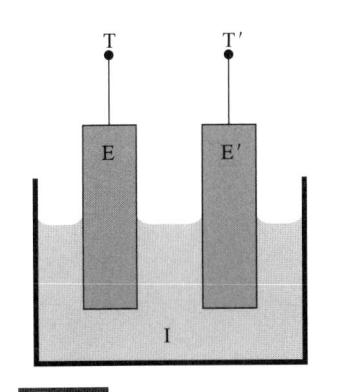

圖 13.6
原電池由端子 T 和 T′、電極 E 和 E′ 和離子導體 I 組成。

極 (electrodes)。電流由 T、T′、E 和 E′ 中的電子以及 I 中的離子攜帶。

丹尼爾電池

伽凡尼電池的一個例子是丹尼爾 (Daniell) 電池 (圖 13.7)，早期使用於電報。在這個電池中，多孔陶瓷屏障將 $ZnSO_4$ 溶液中含有 Zn 棒的隔室與 $CuSO_4$ 溶液中含有 Cu 棒的隔室分開。Cu 和 Zn 電極 (electrodes) 連接到導線 Cu″ 和 Cu′，這是端子 (terminals)。多孔屏障藉由對流電流防止溶液大量混合，但允許離子從一種溶液傳遞到另一種溶液。

首先考慮開路狀態，端子未連接到負載 (圖 13.7a)。在 Zn 電極上，水溶液的 Zn^{2+} 離子和金屬中的 Zn^{2+} 離子 (如第 13.2 節所述) 之間建立平衡：$Zn^{2+}(Zn) \rightleftharpoons Zn^{2+}(aq)$。將此方程式與鋅金屬中鋅離子和鋅原子之間的平衡方程式相加，即與 $Zn \rightleftharpoons Zn^{2+}(Zn)+ 2e^-(Zn)$ 相加，我們可以寫出在 Zn–$ZnSO_4$ (aq) 界面的平衡為 $Zn \rightleftharpoons Zn^{2+}(aq)+ 2e^-(Zn)$。由於 Zn 電極和 $ZnSO_4$ 溶液之間的電位差是不可測量的，我們不知道給定 $ZnSO_4$ 濃度的平衡位置是否使 Zn 處於比溶液更高或更低的電位。我們假設 Zn^{2+} 在溶液中有淨損失，在 Zn 上留下負電荷並使 Zn 處於比溶液低的電位：$\phi(Zn) < \phi(aq. ZnSO_4)$。雖然電位差 ϕ (aq. $ZnSO_4$) − ϕ (Zn) 是未知的，第 13.7 節表 13.1 中的 emfs 指出該電位差通常為一伏特或兩伏特。如第 13.3 節所述，Zn^{2+} 在金屬和溶液之間轉移的量太小而無法藉由化學分析檢測到。

在 Cu–$CuSO_4(aq)$ 界面發生類似的平衡。但是，Cu 是一個比 Zn 活性較低的金屬，並且進入溶液的傾向較小 [如果將 Zn 棒浸入 $CuSO_4$ 溶液中，則金屬 Cu 立即在 Zn 上析出，而 Zn 進入溶液：$Cu^{2+}(aq)+ Zn \rightarrow Cu + Zn^{2+}(aq)$。如果將 Cu 棒浸入 $ZnSO_4$ 溶液，沒有檢測到 Zn 在 Cu 上析出。反應 $Cu^{2+}(aq)+ Zn \rightleftharpoons Cu + Zn^{2+}(aq)$ 的平衡常數非常大]。因此，我們期望對於相當濃度的 $CuSO_4$ 和 $ZnSO_4$，平衡時的 Cu 電極將具

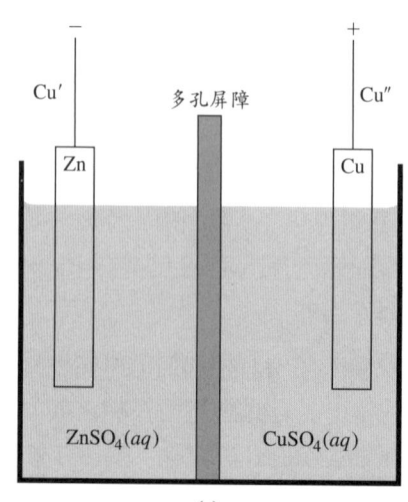

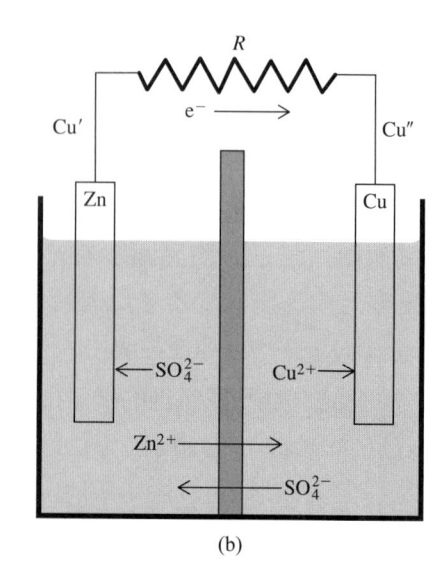

圖 13.7
Daniell 電池。(a) 開路狀態。(b) 閉路狀態。

有比 Zn 電極較小的負電荷，甚至可能具有正電荷 (對應於來自溶液的 Cu^{2+} 離子的淨增益)。因此，讓我們假設 Cu 的平衡電位大於 $CuSO_4$ 水溶液的平衡電位：$\phi(Cu) > \phi(aq.\ CuSO_4)$。

在圖 13.7a 中 Cu′ 端子和 Zn 電極之間的連接處，存在電子的平衡交換，在這些相之間產生電位差。由於不同組成的兩相之間的電位差是不可測量的，因此該電位差的值是未知的，但很可能是 $\phi(Cu') < \phi(Zn)$，如圖 13.3d 所示。

Cu 電極和 Cu″ 端子之間沒有電位差，因為它們是接觸的並且具有相同的化學組成。較正式的敘述，$\mu(e^-$ 在 Cu 中 $) = \mu(e^-$ 在 Cu″ 中 $)$；由 (13.23) 式可得 $\phi(Cu) = \phi(Cu'')$。

在 $ZnSO_4$ 和 $CuSO_4$ 溶液的連接處存在電位差。與電池中的其他相之間的電位差相比，這種電位差很小，我們暫時忽略它，取 $\phi(aq.\ ZnSO_4) = \phi(aq.\ CuSO_4)$。

電池電動勢定義為電池的端子之間的開路電位差：$\mathcal{E} \equiv \phi(Cu'') - \phi(Cu') = \phi(Cu) - \phi(Cu')$。在這個方程式的右邊加上和減去 $\phi(aq.\ CuSO_4)$、$\phi(aq.\ ZnSO_4)$ 和 $\phi(Zn)$，我們得到

$$\mathcal{E} = [\phi(Cu) - \phi(aq.\ CuSO_4)] + [\phi(aq.\ CuSO_4) - \phi(aq.\ ZnSO_4)] \\ + \phi(aq.\ ZnSO_4) - \phi(Zn)] + [\phi(Zn) - \phi(Cu')] \tag{13.25}$$

電池電動勢定義為下列相之間界面的電位差的和：Cu–$CuSO_4(aq)$、$CuSO_4(aq)$–$ZnSO_4(aq)$、$ZnSO_4(aq)$–Zn、Zn–Cu′。從前面的討論來看，(13.25) 式右側括號中的第一項是正，第二項可以忽略不計，第三項是正，第四項是正。因此 $\mathcal{E} \equiv \phi(Cu'') - \phi(Cu')$ 為正，並且連接到 Cu 電極的端子的電位高於連接到 Zn 的端子的電位。這由圖 13.7 中的 + 和 − 符號表示。

現在考慮當丹尼爾 (Daniell) 電池的電路在端子之間連接一個金屬電阻器 R 完成時會發生什麼 (圖 13.7b)。Cu′ 端子 (連接到 Zn) 的電位低於 Cu″ 端子 (連接到 Cu)，因此電子被迫通過 R 從 Cu′ 流到 Cu″ [在 (13.12) 式之後注意到，電子自發地從低電位區域移動到高電位區域，條件是這些區域具有相同的化學組成，因此只有電勢差才會影響電流]。當電子離開 Cu′ 端子時，平衡在 Cu′–Zn 界面受到干擾，導致電子從 Zn 流入 Cu′。這擾亂了在 Zn–$ZnSO_4(aq)$ 界面的平衡 Zn $\rightleftharpoons$ Zn^{2+} $(aq) + 2e^-$(Zn) 導致更多的 Zn 進入溶液，電子留在 Zn 上以彌補離開 Zn 的電子。從外部電路流入 Cu 電極的電子導致來自 $CuSO_4$ 溶液的 Cu^{2+} 離子與 Cu 金屬中的電子結合，並作為 Cu 原子沉積在 Cu 電極上：$Cu^{2+}(aq) + 2e^-(Cu) \rightarrow Cu$。

在 Cu 電極周圍的區域中，$CuSO_4$ 溶液正在消耗正離子 (Cu^{2+})，而 Zn 電極周圍的區域富含正離子 (Zn^{2+})。這導致正離子流過溶液從 Zn 電極到 Cu 電極；同時，負離子向 Zn 電極移動 (圖 13.7b)。電流藉由 Zn^{2+}、Cu^{2+} 和 SO_4^{2-} 離子的攜帶通過溶液。

在電池操作期間，發生電化學反應 Zn $\rightarrow$ $Zn^{2+}(aq) + 2e^-$(Zn) 和 $Cu^{2+}(aq) + 2e^-$(Cu) $\rightarrow$ Cu。我們把這些稱為電池的**半反應** (half-reactions)。還有電子流過程

$2e^-(Zn) \to 2e^-(Cu)$。將此電子流過程和兩個半反應相加可得總伽凡尼電池反應：$Zn + Cu^{2+}(aq) \to Zn^{2+}(aq) + Cu$。Zn 電極及其相關的 $ZnSO_4$ 溶液形成一個**半電池** (half-cell)；同樣，Cu 和 $CuSO_4$ 水溶液形成第二個半電池。到目前為止，我們使用「**電極**」這個詞來表示在一個半電池中浸入溶液中的金屬片。然而，通常，電極 (electrode) 是指由金屬加溶液組成的半電池。

氧化 (oxidation) 是失去電子。**還原** (reduction) 是獲得電子。半反應 $Zn \to Zn^{2+}(aq) + 2e^-(Zn)$ 是氧化。半反應 $Cu^{2+}(aq) + 2e^-(Cu) \to Cu$ 是還原。如果我們將物種 Cu、Zn、$Cu^{2+}(aq)$ 和 $Zn^{2+}(aq)$ 相互接觸，將會發生氧化還原 (redox) 反應 $Zn + Cu^{2+}(aq) \to Cu + Zn^{2+}(aq)$。在 Daniell 電池中，這種反應的氧化和還原部分發生在以導線連接的不同位置，電子被迫通過該導線流動。氧化和還原半反應的分離允許反應的化學能轉化為電能。

我們將**陽極** (anode) 定義為發生氧化的電極而**陰極** (cathode) 為發生還原的電極。在丹尼爾電池中，Zn 是陽極。

電池圖和 IUPAC 約定

伽凡尼電池用**圖** (diagram) 表示其中使用以下約定。垂直線表示相界。兩互溶液體之間的相界由虛或點垂直線表示。存在於同一相的兩種物種用逗號分隔。

丹尼爾電池的圖 (圖 13.7) 為

$$Cu'|Zn|ZnSO_4(aq) \vdots CuSO_4(aq)|Cu \qquad (13.26)$$

(Cu'' 端子和 Cu 電極形成單相。) Cu' 端子通常從電池圖中省略。為了完整起見，可以在圖中給出 $ZnSO_4$ 和 $CuSO_4$ 的重量莫耳濃度。

對於已知的電池圖，以下 IUPAC 約定定義了電池電動勢和電池反應：

(A) 電池電動勢 (cell emf) $\mathscr{E}$ 定義為

$$\mathscr{E} \equiv \phi_R - \phi_L \qquad (13.27)*$$

其中 ϕ_R 和 ϕ_L 是電池圖的右側和左側端子的開路電位。「右」和「左」與實驗台上電池的物理排列無關。

(B) 電池反應 (cell reaction) 定義為涉及電池圖的左側電極的氧化和右側電極的還原。

對於 (13.26) 式的電池圖，由約定 A 給出 $\mathscr{E} = \phi(Cu) - \phi(Cu')$。我們之前看到了 $\phi(Cu)$ 大於 $\phi(Cu')$，因此 (13.26) 式的 $\mathscr{E}$ 為正。對於 $CuSO_4$ 和 $ZnSO_4$ 重量莫耳濃度接近 1 mol/kg，實驗給出 $\mathscr{E}_{(13.26)} = 1.1$ V。對於 (13.26) 式，約定 B 給出左側電極的半反應為 $Zn \to Zn^{2+} + 2e^-$ 而右側電極的半反應為 $Cu^{2+} + 2e^- \to Cu$。(13.26) 式的總反應為 $Zn + Cu^{2+} \to Zn^{2+} + Cu$ (這是連接負載的丹尼爾電池的自發電池反應—圖 13.7b)。

假設我們已將電池圖寫為

$$Cu|CuSO_4(aq) \vdots ZnSO_4(aq)|Zn|Cu' \tag{13.28}$$

約定 A 給出 $\mathcal{E}_{(13.28)} = \phi(Cu') - \phi(Cu)$。因為 $\phi(Cu) > \phi(Cu')$，這個圖的電動勢是負：$\mathcal{E}_{(13.28)} = -1.1$ V。約定 B 給出 (13.28) 式的半反應為 $Cu \rightarrow Cu^{2+} + 2e^-$ 和 $Zn^{2+} + 2e^- \rightarrow Zn$。(13.28) 式的總反應為 $Zn^{2+} + Cu \rightarrow Zn + Cu^{2+}$，這與自發的丹尼爾電池反應相反。

電池圖的正電動勢意味著對應於該圖的電池反應當電池連接到負載時將自發發生。這是因為左電極的氧化 (失去電子) 將從該電極流出的電子發送到右電極，電子自發地從低電位流向高電位 ϕ；因此 $\phi_R > \phi_L$ 且 $\mathcal{E} > 0$。

電池電動勢的測量

使用電位計 (potentiometer)(圖 13.8) 可以精確測量伽凡尼電池的電動勢。這裡，電池 X 的電動勢 $\mathcal{E}_X$ 由相反的電位差 $\Delta\phi_{opp}$ 平衡，以使通過電池的電流為零。測量 $\Delta\phi_{opp}$ 可得 $\mathcal{E}_X$。

B 和 D 之間的電阻是總電阻 R 的均勻滑線。調整接觸點 C 直到當偏轉鍵 K 閉合時檢流計 G 沒有顯示偏轉，表示沒有電流通過電池 X。當鍵閉合沒有電流流過電池時，電池的負端子與 B 點處於相同的電位，而電池的正端子與 C 點處於相同的電位。因此，當達到平衡時，電阻器 CB 上的電位降等於電池端子上的零電流電位降，即電池電動勢 $\mathcal{E}_X$。歐姆定律 (15.54) 式給出 $\mathcal{E}_X = |\Delta\phi_{opp}| = IR_X$，其中 I 是電路上部的電流，R_X 是 B 和 C 之間導線的電阻；我們有 $R_X = (\overline{BC}/\overline{BD})R$。測量 I 和 R_X 可求得 $\mathcal{E}_X$。

在實用上，我們平衡電路兩次，一次使用電池 X，一次使用標準電池 S，其中精確已知的電動勢 $\mathcal{E}_S$ 代替 X。設 R_S 和 R_X 是平衡 $\mathcal{E}_S$ 和 $\mathcal{E}_X$ 所需的電阻。則 $\mathcal{E}_S = IR_S$ 且 $\mathcal{E}_X = IR_X$ (由於沒有電流流過 S 或 X，所以當電池改變時電流 I 不變)。我們有 $\mathcal{E}_X/\mathcal{E}_S = R_X/R_S$，可以找到 $\mathcal{E}_X$。

當圖 13.8 中的電位器只是無窮小的不平衡時，則無窮小電流流過電池 X。在電池

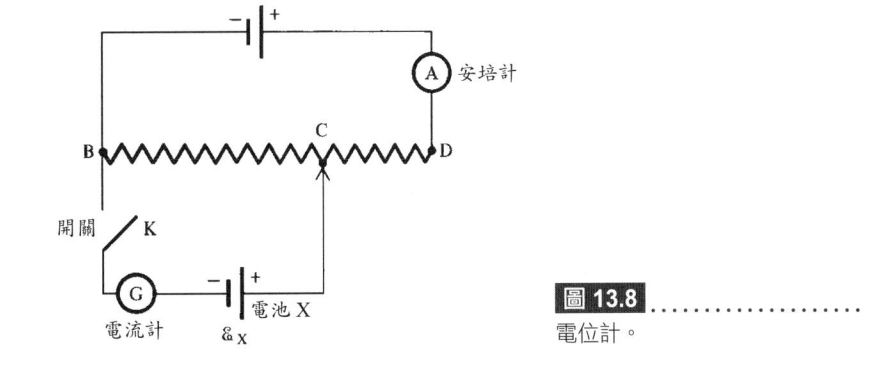

圖 13.8 電位計。

的每個相邊界處保持平衡，並且電池反應可逆地發生。可逆電池反應的速率是無窮小的，並且需要無限的時間來進行非無限小的反應量。當從電池中抽取非無限小的電流時，如圖 13.7b，電池反應不可逆發生。

電位計已經被電子數位電壓表淘汰了，此電壓表可以在畫極小電流的同時測量電池電動勢。

☕ 電解池

在伽凡尼電池中，化學反應產生電流；化學能轉換成電能。在**電解池** (electrolytic cell) 中，電流產生化學反應；來自外部源的電能轉換成化學能。

圖 13.9 顯示了一個電解池。兩個 Pt 電極連接到電動勢源的端子 (例如，伽凡尼電池或直流發電機)。Pt 電極電動勢的來源浸入 NaOH 水溶液中。電子從電動勢的來源流入負 Pt 電極，H_2 在這個電極上釋出：$2H_2O + 2e^- \rightarrow H_2 + 2OH^-$。在正極，釋放出 O_2：$4OH^- \rightarrow 2H_2O + O_2 + 4e^-$。將二倍的第一半反應加到第二半反應，我們得到總電解反應 $2H_2O \rightarrow 2H_2 + O_2$。

用於電解池的陽極和陰極的定義與伽凡尼電池相同。因此，圖 13.9 中的陰極是負極。在伽凡尼電池中，陰極是正極。

元素 Al、Na 和 F_2 的商業製備是藉由電解熔化的 Al_2O_3、熔化的 NaCl 和液體 HF。電解也用於將一種金屬鍍在另一種金屬上。

電化學電池 (electrochemical cell) 表示伽凡尼電池或電解池。伽凡尼電池和電解池彼此完全不同，本章主要涉及伽凡尼電池。

圖 13.9
電解池。電子從電動勢源流到右側電極，在此處還原產生 H_2。

13.5 可逆電極的類型

平衡熱力學僅適用於可逆過程。為了將熱力學應用於伽凡尼電池 (第 13.6 節)，我們要求電池是可逆的。考慮一個電位器中電動勢均衡的電池 (圖 13.8)，如果電池是可逆的，當接觸點 C 稍微向右移動時，電池中發生的過程必須與 C 稍微向左移動時發生的過程相反。

對於丹尼爾電池，當 C 稍微向左移動時，BC 上的電位下降變得比電池的電動勢略低，電池功能如伽凡尼電池，在鋅電極 Zn 以 Zn^{2+} 的形式進入溶液和 Cu^{2+} 在銅電極上鍍銅。當 C 略微向右移動時，外部施加的電動勢略大於丹尼爾電池的電動勢，因此電流通過電池的方向是可逆的。然後，電池如電解池，Zn 在鋅電極處鍍出，Cu 在銅電極處進入溶液。因此，電極反應是可逆的。

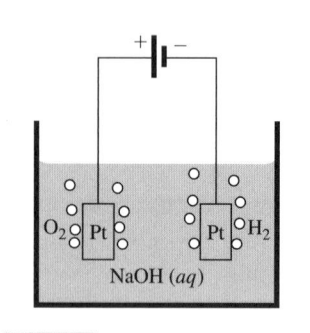

儘管如此，丹尼爾電池是不可逆的。不可逆性出現在**液體連接** (liquid junction) 處（液體連接是兩種互溶的電解質溶液之間的界面）。當丹尼爾電池作為伽凡尼電池時，Zn^{2+} 離子進入 $CuSO_4$ 溶液 (圖 13.7b)。但是，當電池的電動勢被一個反轉電流方向的外部電動勢超越時，溶液中電流的反轉意味著 Cu^{2+} 離子將進入 $ZnSO_4$ 溶液。由於液體連接處的這些過程彼此不可逆，因此電池是不可逆的。

為了在電極上具有可逆性，電極半反應的所有反應物和生成物必須存在於電極上。例如，如果我們有一個電池其電極是 Zn 浸入 NaCl 水溶液中，然後當電子移出該電極時，半反應是 $Zn \rightarrow Zn^{2+}(aq) + 2e^-$，而當電位器滑線向相反方向移動時，電子正在進入 Zn 電極，半反應是 $2H_2O + 2e^- \rightarrow H_2 + 2OH^-(aq)$，因為沒有 Zn^{2+} 從溶液中析出。可逆性要求 Zn^{2+} 存在於 Zn 電極周圍的溶液中。

可逆電極 (半電池) 的主要類型是

1. **金屬－金屬離子電極** (metal–metal-ion electrodes)。這裡，金屬 M 與含有 M^{z+} 離子的溶液處於電化學平衡。半反應是 $M^{z+} + z_+e^- \rightleftharpoons M$。例子包括 $Cu^{2+}|Cu$、$Hg_2^{2+}|Hg$、$Ag^+|Ag$、$Pb^{2+}|Pb$ 和 $Zn^{2+}|Zn$。不能使用與溶劑反應的金屬。第 1 族和第 2 族金屬 (Na, Ca , . . .) 與水反應；鋅與酸性水溶液反應。對於某些金屬，必須使用 N_2 從電池中除去空氣，以防止溶解的 O_2 氧化金屬。

2. **汞齊電極** (amalgam electrodes)。汞齊是金屬在液態汞中的溶液。在汞齊電極中，金屬 M 的汞齊與含有 M^{z+} 離子的溶液處於平衡狀態。汞不參與電極反應，電極反應是 $M^{z+}(sln) + z_+e^- \rightleftharpoons M(Hg)$，其中 M(Hg) 表示 M 溶解在 Hg 中。諸如 Na 或 Ca 的活性金屬可用於汞齊電極中。

3. **氧化還原電極** (redox electrodes)。每個電極都涉及氧化－還原半反應。然而，定制要求術語「氧化還原電極」僅指電極其氧化還原半反應在同一溶液中存在的兩種物質之間。浸入該溶液中的金屬僅用於提供或接受電子。例如，將 Pt 線浸入含有 Fe^{2+} 和 Fe^{3+} 的溶液中是氧化還原電極，其半反應是 $Fe^{3+} + e^- \rightleftharpoons Fe^{2+}$。半電池圖是 $Pt|Fe^{3+} \rightleftharpoons Fe^{2+}$。另一個例子是 $Pt|MnO_4^-, Mn^{2+}$。

4. **金屬－不溶性-鹽電極** (metal–insoluble-salt electrodes)。這裡，金屬 M 與其極微溶的鹽 $M_{\nu_+}X_{\nu_-}$ 之一接觸，與 $M_{\nu_+}X_{\nu_-}$ 飽和的溶液接觸，並與含有陰離子 X^{z-} 的可溶性鹽或酸接觸。

例如，**銀－氯化銀電極** (silver–silver chloride electrode)(圖 13.10a) 由 Ag 金屬、固體 AgCl 和含有 Cl^- 離子 (來自，例如，KCl 或 HCl) 的溶液組成並用 AgCl 飽和。存在三相，電極通常用 $Ag|AgCl(s)|Cl^-(aq)$ 表示。製備該電極的一種方法是在一片 Pt 上電沉積一層 Ag，然後將部分 Ag 電解轉化為 AgCl。Ag 與溶液中的 Ag 處於電化學平衡狀態：$Ag \rightleftharpoons Ag^+(aq) + e^-$。由於溶液是用 AgCl 飽和的，所以任何 Ag^+ 添加到溶液中的反應如下：$Ag^+(aq) + Cl^-(aq) \rightleftharpoons AgCl(s)$。淨電極半反應是這兩個反應的總和：

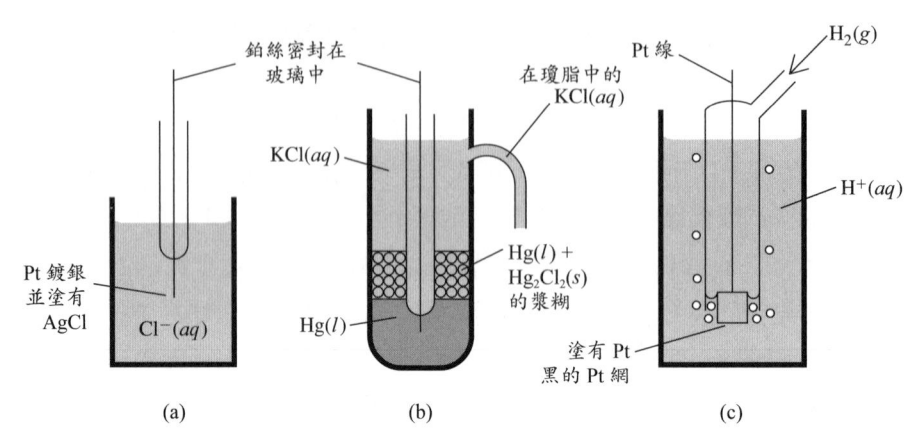

圖 13.10

(a) Ag–AgCl 電極。(b) 甘汞電極。(c) 氫電極。

$$Ag(s) + Cl^-(aq) \rightarrow AgCl(s) + e^- \tag{13.29}$$

甘汞電極 (calomel electrode)(圖 13.10b) 是 $Hg|Hg_2Cl_2(s)|KCl(aq)$。半反應是 $2Hg + 2Cl^- \rightleftharpoons Hg_2Cl_2(s) + 2e^-$，它是 $2Hg \rightleftharpoons Hg_2^{2+}(aq) + 2e^-$ 和 $Hg_2^{2+}(aq) + 2Cl^-(aq) \rightleftharpoons Hg_2Cl_2(s)$ 的總和 (甘汞是 Hg_2Cl_2)。當溶液用 KCl 飽和時，我們有飽和甘汞電極。

金屬－不溶性－鹽－半電池的圖可能會產生誤導。因此，圖 $Hg|Hg_2Cl_2(s)|KCl(aq)$ 似乎表明 Hg 不與水溶液接觸，而實際上所有三相都彼此接觸。

5. **氣體電極** (gas electrodes)。這裡，氣體與溶液中的離子平衡。例如，**氫電極** (hydrogen electrode) 是 $Pt|H_2(g)|H^+(aq)$，其半反應是

$$H_2(g) \rightleftharpoons H^+(aq) + 2e^- \tag{13.30}$$

將 H_2 鼓泡在 Pt 上，Pt 浸入酸性溶液中 (圖 13.10c)。Pt 含有電解沉積的膠體 Pt 顆粒 (鉑黑) 塗層，其催化 (13.30) 式中的正向和反向反應，使得能夠快速建立平衡。H_2 氣體被化學吸附 (第 16.17 節) 作為 H 原子在鉑上：$H_2(g) \rightleftharpoons 2H(Pt) \rightleftharpoons 2H^+(aq) + 2e^-(Pt)$。

氯電極是 $Pt|Cl_2(g)|Cl^-(aq)$，具有半反應 $Cl_2 + 2e^- \rightleftharpoons 2Cl^-(aq)$。因為在金屬上形成氧化層和其他問題，使得可逆氧電極非常難以製備。

6. **非金屬非氣體電極** (nonmetal nongas electrodes)。最重要的例子是溴和碘電極：$Pt|Br_2(l)|Br^-(aq)$ 和 $Pt|I_2(s)|I^-(aq)$。在這些電極中，溶液用溶解的 Br_2 或 I_2 飽和。

7. **膜電極** (membrane electrodes)。

由具有不同電解質溶液的半電池形成的伽凡尼電池包含液體連接 (這些溶液相遇的地方)，因此是不可逆的。一個例子是丹尼爾電池 (13.26) 式。如果我們試圖藉由將 Cu 和 Zn 棒浸入含有 $CuSO_4$ 和 $ZnSO_4$ 的共同溶液中來解決這種不可逆性，那麼 Cu^{2+} 離子會與 Zn 棒發生反應，這種嘗試將會失敗。

可逆伽凡尼電池需要兩個使用相同電解質溶液的半電池。一個例子是電池

$$\text{Pt}|\text{H}_2(g)|\text{HCl}(aq)|\text{AgCl}(s)|\text{Ag}|\text{Pt}' \tag{13.31}$$

由氫電極和 Ag–AgCl 電極組成，每個電極浸入相同的 HCl 溶液。金屬－不溶性－鹽電極的一個優點是它們可以用於製造沒有液體連接的電池。

印刷電極

廉價的一次性電極可以藉由將合適材料製成的「油墨」印刷到聚合物或陶瓷材料的支撐條上來生產。含石墨的油墨產生石墨電極。含有 Ag 和 AgCl 的油墨產生銀－氯化銀電極。糖尿病患者藉由將一滴血放在測試條上測試他們的血糖值，測試條被插入手持式儀表中。一種類型的血糖儀使用含有兩個印刷電極和酶葡萄糖氧化酶的測試條，此種氧化酶對葡萄糖的氧化具有特異性。葡萄糖的氧化和隨後的反應導致電流，其大小與葡萄糖濃度成正比。

葡萄糖監測器是**生物傳感器** (biosensor) 的一個例子，它是一種含有生物材料 (例如，酶、抗體、細胞或組織) 與被測物質相互作用 (稱為基材或分析物) 的裝置。然後將這種相互作用的結果轉換 (「轉導」) 成可測量的物理信號 (例如，電流或電位差)，其大小與基材的濃度成正比。香蕉電極是一種含有一片香蕉或香蕉與石墨混合的電極，是一種檢測神經傳遞物質多巴胺 (neurotransmitter dopamine) 的生物傳感器。見 B. Eggins, *Biosensors,* Wiley–Teubner, 1996。

13.6 伽凡尼電池的熱力學

在本節中，我們使用熱力學將可逆伽凡尼電池的電動勢 (端子之間的開路電位差) 與電池反應中物種的化勢聯繫起來。考慮這樣一個電池，其端子是開路的。例如，電池是

$$\text{Pt}_L|\text{H}_2(g)|\text{HCl}(aq)|\text{AgCl}(s)|\text{Ag}|\text{Pt}_R \tag{13.32}$$

其中下標 L 和 R 表示左和右端子。IUPAC 約定 (第 13.4 節) 給出半反應和總反應為

$$\begin{array}{c} \text{H}_2(g) \rightleftharpoons 2\text{H}^+ + 2\text{e}^-(\text{Pt}_L) \\ \underline{[\text{AgCl}(s) + \text{e}^-(\text{Pt}_R) \rightleftharpoons \text{Ag} + \text{Cl}^-] \times 2} \\ 2\text{AgCl}(s) + \text{H}_2(g) + 2\text{e}^-(\text{Pt}_R) \rightleftharpoons 2\text{Ag} + 2\text{H}^+ + 2\text{Cl}^- + 2\text{e}^-(\text{Pt}_L) \end{array} \tag{13.33}$$

由於端子處於開路，因此不會發生從 Pt_L 到 Pt_R 的電子流動。因此，電子已包括在總反應中。我們稱 (13.33) 式為電池的**電化學反應** (electrochemical reaction)，以區別於下列的電池的**化學反應** (chemical reaction)

$$2\text{AgCl}(s) + \text{H}_2(g) \rightleftharpoons 2\text{Ag} + 2\text{H}^+ + 2\text{Cl}^- \tag{13.34}$$

伽凡尼電池中的電化學平衡

當開路可逆電池由其成分相組裝時，很小電荷量在相之間轉移直至達到電化學平衡。在圖 13.7a 的開路丹尼爾電池中，電化學平衡存在於 Zn 電極和 $ZnSO_4$ 溶液之間、Cu 電極和 $CuSO_4$ 溶液之間，以及 Cu′ 端子和 Zn 電極之間。然而，液體連接引入了不可逆性 (如第 13.5 節所述)，並且兩種溶液之間沒有電化學平衡。在可逆電池 (13.32) 式中，沒有液體連接，所有相鄰相都處於電化學平衡狀態。

我們首先考慮可逆伽凡尼電池。當開路可逆電池 (13.32) 式的相位合在一起時，發生兩個半反應，直到達到電化學平衡並且總電化學反應 (13.33) 式處於平衡狀態。閉合電化學系統中的平衡條件是 $\Sigma_i \nu_i \tilde{\mu}_i = 0$ [(13.21) 式]，其中 μ_i 是電化學勢，n_i 是化學計量數，並且總和超過電化學反應中的所有物種；這是任何可逆開路伽凡尼電池的平衡條件。我們將總和 $\Sigma_i \nu_i \tilde{\mu}_i$ 寫成對電子求總和加上對所有其他物種求總和：

$$0 = \sum_i \nu_i \tilde{\mu}_i = \sum_{e^-} \nu(e^-)\tilde{\mu}(e^-) + \sum_i{}' \nu_i \tilde{\mu}_i \tag{13.35}$$

其中第二個和上的 ′ 表示它不包括電子。例如，對於電池反應 (13.33) 式

$$\sum_{e^-} \nu(e^-)\tilde{\mu}(e^-) = -2\tilde{\mu}[e^-(Pt_R)] + 2\tilde{\mu}[e^-(Pt_L)] \tag{13.36}$$

$$\sum_i{}' \nu_i \tilde{\mu}_i = -2\tilde{\mu}(AgCl) - \tilde{\mu}(H_2) + 2\tilde{\mu}(Ag) + 2\tilde{\mu}(H^+) + 2\tilde{\mu}(Cl^-)$$

其中 $\tilde{\mu}[e^-(Pt_R)]$ 是 Pt_R 端子中電子的電化學勢。

設 T_R 和 T_L 表示電池的右側和左側端子。令 n，**電池反應的電荷數** (或**電子數**) 定義為所寫入的電池電化學反應轉移的電子數。例如，對於電池反應 (13.33) 式，n 為 2。電荷數 n 是正、無因次的數。(13.35) 式中對電子求總和可以寫成 [見 (13.36) 式]

$$\sum_{e^-} \nu(e^-)\tilde{\mu}(e^-) = -n\tilde{\mu}[e^-(T_R)] + n\tilde{\mu}[e^-(T_L)] \tag{13.37}$$

根據 IUPAC 約定，在 T_L 處發生氧化 (失去電子)，因此 $e^-(T_L)$ 出現在電池的電化學反應的右側，如 (13.33) 式，且 $e^-(T_L)$ 具有正的化學計量數：$\nu[e^-(T_L)] = +n$，如 (13.37) 式中所示。

使用 $\tilde{\mu}_i^\alpha = \mu_i^\alpha + z_i F \phi^\alpha$ [(13.19) 式]，其中 $i = e^-$ 且 $z_i = -1$，則 (13.37) 式為

$$\sum_{e^-} \nu(e^-)\tilde{\mu}(e^-) = n\mu[e^-(T_L)] - n\mu[e^-(T_R)] + nF(\phi_R - \phi_L)$$

其中 ϕ_R 和 ϕ_L 是右左端子的電位。化勢 μ_i 與 T、P 和組成有關，而端子具有相同的 T、P 和組成。因此，端子中電子的化勢相等：$\mu[e^-(T_L)] = \mu[e^-(T_R)]$。我們現在有

$$\sum_{e^-} \nu(e^-)\tilde{\mu}(e^-) = nF(\phi_R - \phi_L) = nF\mathcal{E} \tag{13.38}$$

其中使用了電池電動勢的定義 $\mathcal{E} \equiv \phi_R - \phi_L$。

由於電池是可逆的，因此沒有液體連接，並且電池反應中的所有離子都發生在同

一相中，即離子導體的相 (電解質溶液，熔鹽等)。在推導 (13.24) 式，當總和中的所有帶電物質出現在同一相時，我們證明了 $\sum_i v_i \tilde{\mu}_i = \sum_j v_j \mu_j$。這個條件適用於 (13.35) 式右側的和 $\sum_i' v_i \tilde{\mu}_i$，所以 $\sum_i' v_i \tilde{\mu}_i = \sum_i' v_i \mu_i$。將此關係和 (13.38) 式代入 (13.35) 式可得

$$\sum_i{}' v_i \mu_i = -nF\mathscr{E} \qquad 可逆電池 \tag{13.39}$$

在電池的化學反應中，(13.39) 式將電池電動勢與物種的化勢相關聯。例如，對於具有化學反應 (13.34) 式的電池 (13.32) 式，我們有 $-2\mu(\text{AgCl}) - \mu(\text{H}_2) + 2\mu(\text{Ag}) + 2\mu(\text{H}^+) + 2\mu(\text{Cl}^-) = -2F\mathscr{E}$。

$\sum_i' v_i \mu_i$ 在許多教科書中稱為 ΔG，而 (13.39) 式寫成 $\Delta G = -nF\mathscr{E}$。但是，如第 11.9 節所述，符號 ΔG 有幾個含義。這個總和的更好的名稱是 $(\partial G/\partial \xi)_{T,P}$ [(11.34) 式]，其中 G 是電池化學反應中物種的吉布斯能量。

☕ 能斯特方程式

我們現在用活性表達 (13.39) 式中的化勢。物種 i 的活性 a_i 的定義給出了 $\mu_i = \mu_i^\circ + RT \ln a_i$ [(11.2) 式]，其中 μ_i° 是 i 在其選定標準狀態下的化勢。執行與推導 (6.14) 式和 (11.4) 式相同的操作，我們有

$$\sum_i{}' v_i \mu_i = \sum_i{}' v_i \mu_i^\circ + RT \sum_i{}' v_i \ln a_i = \Delta G^\circ + RT \ln \left[\prod_i{}' (a_i)^{v_i} \right] \tag{13.40}$$

其中 $\Delta G^\circ \equiv \sum_i' v_i \mu_i^\circ$ 是電池化學反應的標準莫耳吉布斯能量變化 [(11.5) 式]。將 (13.40) 式代入 (13.39) 式中得到

$$\mathscr{E} = -\frac{\Delta G^\circ}{nF} - \frac{RT}{nF} \ln \left[\prod_i{}' (a_i)^{v_i} \right] \tag{13.41}$$

如果所有的化學物種都處於標準狀態，則由 $\mu_i = \mu_i^\circ + RT \ln a_i$，所有活性都等於 1。從 (13.41) 式，電池電動勢將等於 $-\Delta G^\circ/nF$。因此，$-\Delta G^\circ/nF$ 稱為電池的**標準電動勢** (standard emf) $\mathscr{E}^\circ$ (或電池的化學反應的標準電位)。我們有 $\mathscr{E}^\circ \equiv -\Delta G^\circ/nF$ 和

$$\Delta G^\circ = -nF\mathscr{E}^\circ \tag{13.42}*$$

$$\mathscr{E} = \mathscr{E}^\circ - \frac{RT}{nF} \ln \left[\prod_i{}' (a_i)^{v_i} \right] = \mathscr{E}^\circ - \frac{RT}{nF} \ln Q \qquad 可逆電池 \tag{13.43}*$$

在**反應商** (reaction quotient)(或**活性商**) $Q \equiv \prod_i' (a_i)^{v_i}$，生成物包括電池的化學反應中的所有物種，但不包括電子。**能斯特方程式** (Nernst equation)(13.43) 式將電池的電動勢 $\mathscr{E}$ 與電池化學反應中物質的活性 a_i 和反應的標準電位 $\mathscr{E}^\circ$ 聯繫起來；$\mathscr{E}^\circ$ 與電池的化學反應的 ΔG° 有關 [(13.42) 式]。

(13.40) 式至 (13.43) 式是不明確的，因為溶質活性的標度尚未指定。活性 a_i 和標準狀態化勢 μ_i° 在重量莫耳濃度和莫耳濃度範圍上不同 (第 10.4 節)。對於電化學電池，重量莫耳濃度最常用於水溶液中的溶質。本章中的所有水溶液活性和活性係數都

是用重量莫耳濃度 (在稀薄水溶液中，重量莫耳濃度和莫耳濃度活性 $a_{m,i}$ 和 $a_{c,i}$ 幾乎相等)。

能斯特方程式 (13.43) 中的乘積 $\Pi'_i (a_i)^{v_i}$ 通常不等於 (11.6) 式中出現的一般化學平衡常數 $K°$。雖然位於開路上的可逆電池確實處於平衡狀態，但這種平衡是電化學平衡，而電池的電化學反應 [例如，(13.33) 式] 涉及電位不同的相之間的電子轉移。(13.43) 式中的活性等於電池建立時使用的任何值，因為在各相之間達到電化學平衡所涉及的濃度變化可忽略不計。

我們用化學平衡常數 $K°$ 重寫能斯特方程式。(13.42) 式和 (11.4) 式給出 $\mathcal{E}° = -\Delta G°/nF = (RT \ln K°)/nF$。(13.43) 式變成 $\mathcal{E} = (RT \ln K°)/nF - (RT \ln Q)/nF$，或

$$\mathcal{E} = \frac{RT}{nF} \ln \frac{K°}{Q} \qquad (13.44)$$

當 Q 等於 $K°$ 時，電池電動勢為零。Q 與 $K°$ 相差越大，電動勢的值越大。

令電池圖將具有較高電位的端子在右邊，使得 $\mathcal{E} \equiv \phi_R - \phi_L$ 為正。從 (13.44) 式可知，正 $\mathcal{E}$ 意思是 $Q < K°$，其中 Q 和 $K°$ 用於對應於電池圖的反應 (氧化在左電極) 假設電池連接到負載 (如圖 13.7b 所示)。由於 $\mathcal{E}$ 是正，因此發生的自發反應與對應於電池圖的反應相同，如 (13.28) 式之後所述。這意味著電池圖反應中的生成物隨著電池的操作而增加，這增加了 Q。隨著 Q 向 $K°$ 增加，電池電動勢減少，當 Q 等於 $K°$ 時達到零。

例 13.3　以活性表示的電池電動勢

使用能斯特方程式來表達 (13.32) 式的電池電動勢，而表達式以活性表示。假設壓力與 1 bar 沒有很大差異。

電池的總化學反應為 (13.34) 式，即

$$2AgCl(s) + H_2(g) \rightleftharpoons 2Ag(s) + 2H^+(aq) + 2Cl^-(aq)$$

能斯特方程式 (13.43) 給出

$$\mathcal{E} = \mathcal{E}° - \frac{RT}{2F} \ln \frac{[a(H^+)]^2 [a(Cl^-)]^2 [a(Ag)]^2}{[a(AgCl)]^2 a(H_2)}$$

在 1 bar 或接近 1 bar 時，純固體 Ag 和 AgCl 的活性為 1 (第 11.4 節)。(10.96) 式給出 $a(H_2) = f(H_2)/P°$，其中 f 是 H_2 逸壓，$P° \equiv 1$ bar。對於接近 1 bar 的壓力，我們可以用 $P(H_2)$ 代替 $f(H_2)$，而不會有太大的誤差。因此

$$\mathcal{E} = \mathcal{E}° - \frac{RT}{2F} \ln \frac{[a(H^+)]^2 [a(Cl^-)]^2}{P(H_2)/P°} \qquad (13.45)$$

習題

對於壓力不高的 $Pt|Cl_2(g)|HCl(aq)|AgCl(s)|Ag(s)|Pt'$，以活性表達 $\mathcal{E}$。
[答案：$\mathcal{E} = \mathcal{E}° - (RT/2F)\ln [P(Cl_2)/P°]$]

我們要用可測量的數來表示 (13.45) 式中 HCl 活性乘積 $a(\text{H}^+)a(\text{Cl}^-)$。我們不是直接處理這種特殊的活性乘積，而是考慮一般強電解質 $\text{M}_{\nu_+}\text{X}_{\nu_-}$，其活性乘積為 $(a_+)^{\nu_+}(a_-)^{\nu_-}$，其中 a_+ 和 a_- 是陽離子和陰離子活性。使用 $a_+ = \gamma_+ m_+/m°$ 和 $a_- = \gamma_- m_-/m°$ [(10.32) 式]，我們有

$$(a_+)^{\nu_+}(a_-)^{\nu_-} = (\gamma_+)^{\nu_+}(\gamma_-)^{\nu_-}(m_+/m°)^{\nu_+}(m_-/m°)^{\nu_-}$$

由 $\text{M}_{\nu_+}\text{X}_{\nu_-}$ 的離子重量莫耳濃度為 $m_+ = \nu_+ m_i$ 和 $m_- = \nu_- m_i$，其中 m_i 是電解質的化學計量重量莫耳濃度 [(10.48) 式]，我們有

$$(a_+)^{\nu_+}(a_-)^{\nu_-} = (\gamma_+)^{\nu_+}(\gamma_-)^{\nu_-}(\nu_+)^{\nu_+}(\nu_-)^{\nu_-}(m_i/m°)^{\nu_+ + \nu_-} = (\nu_\pm \gamma_\pm m_i/m°)^\nu$$
$$(a_+)^{\nu_+}(a_-)^{\nu_-} = (\nu_\pm \gamma_\pm m_i/m°)^\nu = (\nu_+)^{\nu_+}(\nu_-)^{\nu_-}(\gamma_\pm m_i/m°)^{\nu_+ + \nu_-} \quad \textbf{(13.46)}$$

其中 $\nu \equiv \nu_+ + \nu_-$、$(\gamma_\pm)^\nu = (\gamma_+)^{\nu_+}(\gamma_-)^{\nu_-}$ 且 $(\nu_\pm)^\nu \equiv (\nu_+)^{\nu_+}(\nu_-)^{\nu_-}$ [(10.45)、(10.43) 和 (10.50) 式]。(13.46) 式涉及電解質 $\text{M}_{\nu_+}\text{X}_{\nu_-}$ 的活性乘積與其化學計量重量莫耳濃度 m_i 和活性係數 $\gamma_\pm$。

電解質 HCl 具有 $\nu_+ = \nu_- = 1$，而 (13.46) 式給出

$$a(\text{H}^+)a(\text{Cl}^-) = \gamma_\pm^2 (m/m°)^2 \quad \textbf{(13.47)}$$

其中 m 是 HCl 化學計量重量莫耳濃度，且 $m° = 1$ mol/kg。代入 (13.45) 式中的活性，對於電池 (13.32) 式我們得到

$$\mathscr{E} = \mathscr{E}° - \frac{RT}{2F} \ln \frac{(\gamma_\pm m/m°)^4}{P(\text{H}_2)/P°} \quad \textbf{(13.48)}$$

☕ $\mathscr{E}°$ 的確定

如何找到能斯特方程式 (13.43) 中的 $\mathscr{E}°$？如果電池中的所有化學物質都是在它們的標準狀態下，則所有的 a_i 都是 1 而且 (13.43) 式中的對數項等於 0，使得 $\mathscr{E}$ 等於 $\mathscr{E}°$。然而，溶質的重量莫耳濃度標準狀態是虛構的狀態，實際上是無法實現的。因此，通常不可能製備一個電池其所有物種都處於標準狀態。即使物種不處於標準狀態，仍然可能發生電池內所有物種的活性為 1，在這種情況下 $\mathscr{E} = \mathscr{E}°$。然而，這並不是找到 $\mathscr{E}°$ 的實用方法，因為通常不知道高準確度的活性係數；我們不能確定對於溶液中每種物質 $\gamma_\pm m_i = 1$ mol/kg。

如果電池反應中物種的標準狀態部分莫耳吉布斯能量 $\mu_i°$ 為已知，則 $\mathscr{E}°$ 可以從 $\Delta G° = -nF\mathscr{E}°$ [(13.42) 式] 求得。

$\mathscr{E}°$ 可以藉由外推程序從電池上的電動勢測量確定。例如，考慮電池 (13.32) 式，其電動勢由 (13.48) 式給出。重寫 (13.48) 式，我們有

$$\mathscr{E} + \frac{2RT}{F} \ln (m/m°) - \frac{RT}{2F} \ln [P(\text{H}_2)/P°] = \mathscr{E}° - \frac{2RT}{F} \ln \gamma_\pm \quad \textbf{(13.49)}$$

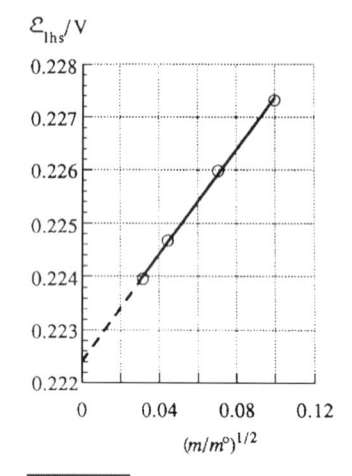

圖 13.11
外推以獲得電池 (13.32) 式在 25°C 的 $\mathscr{E}$ 值。$\mathscr{E}_\text{lhs}$ 是 (13.49) 式左側的值。

(13.49) 式左側的所有數都是已知的。在極限 $m \to 0$，活性係數 $\gamma_\pm$ 趨近於 1 而 $\ln \gamma_\pm$ 趨近於 0。因此，將左側外推到 $m = 0$ 可得 $\mathscr{E}°$。Debye-Hückel 方程式 (10.65) 顯示在非常稀薄的溶液中 $\ln \gamma_\pm$ 與 $m^{1/2}$ 成正比。因此，對於非常低的重量莫耳濃度，(13.49) 式左側對 $m^{1/2}$ 的關係曲線給出一條直線，其在 $m = 0$ 的截距為 $\mathscr{E}°$（圖 13.11）。

不可逆的伽凡尼電池

能斯特方程的推導假定了熱力學平衡，其中意味著電池必須是可逆的。能斯特方程式 (13.43) 給出的電動勢是沒有液體界面 (liquid junction) 的電池的相界處的電位差的總和。當電池具有液體界面時，觀察到的電池電動勢包括兩種電解質溶液之間的額外電位差 [例如，見 (13.25) 式]。我們將這種額外的電位差稱為**液界電位** (liquid-junction potential) $\mathscr{E}_J$：

$$\mathscr{E}_J \equiv \phi_{\text{soln},R} - \phi_{\text{soln},L} \tag{13.50}$$

其中 $\phi_{\text{soln},R}$ 是電池圖右側的半電池的電解質溶液的電位。例如，對於丹尼爾電池 (13.26) 式，$\mathscr{E}_J = \phi(\text{aq. CuSO}_4) - \phi(\text{aq. ZnSO}_4)$。能斯特方程式給出了除液體界面外的所有界面的電位差之和。因此，具有液體界面的電池的電動勢 $\mathscr{E}$ 等於 $\mathscr{E}_J + \mathscr{E}_\text{Nernst}$，其中 $\mathscr{E}_\text{Nernst}$ 是由 (13.43) 式給出。因此，

$$\mathscr{E} = \mathscr{E}_J + \mathscr{E}° - \frac{RT}{nF} \ln \left[\prod_i{}' (a_i)^{\nu_i} \right] \quad \text{具有液體界面的電池} \tag{13.51}$$

液界電位很小，但在精確的工作中不能忽略它們。用鹽橋連接兩種電解質溶液，液體連接電位可以盡量減少 (但不完全消除)。**鹽橋** (salt bridge) 由瓊脂加入濃 KCl 水溶液中製成的凝膠組成。凝膠允許離子擴散但消除對流。具有鹽橋的電池有兩個液體界面，其電位的總和非常小 (見第 13.8 節)。鹽橋由兩條垂直線 (實線、點線或虛線) 表示。因此，圖

$$\text{Au}_L |\text{Zn}| \text{ZnSO}_4(aq) \vdots \text{CuSO}_4(aq) |\text{Cu}| \text{Au}_R \tag{13.52}$$

表示具有金端子和鹽橋的丹尼爾電池，將兩種溶液分開 (圖 13.12)。

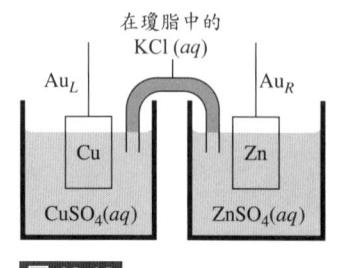

能斯特方程式 (13.43) 及其修正式 (13.51) 給出了電池端子的開路電位差，並且當電池在電位器中平衡時也給出了端子的電位差。然而，這些方程式沒有給出在高度不可逆的情況下終端之間的電位差，其中電池通過負載發送非無限小的電流。當電流流動時，端子之間的電位差屬於電極動力學的主題。不幸的是，能斯特方程式經常在不可逆的情況下使用，在這種情況下不適用。

圖 13.12
Daniell 電池 (13.52) 式。鹽橋連接溶液。

摘要

伽凡尼電池的電化學反應包括電池端子之間的電子轉移，如 (13.33) 式；它的化學反應省略了電子，如 (13.34) 式所述。平衡條件 $\Sigma_i v_i \tilde{\mu}_i$ 在電化學平衡的開路電池的電化學反應中的應用給出可逆伽凡尼電池的電動勢為 $\mathscr{E} = \mathscr{E}° − (RT/nF) \ln Q$。在這個方程式 (能斯特方程式) 中，$\mathscr{E}° \equiv −\Delta G°/nF$，$n$ 是電池電化學反應中轉移的電子數，$Q \equiv \Pi_i'(a_i)^{v_i}$，其中 a_i 和 v_i 是物種 i 的活性和化學計量數，且生成物遍及電池化學反應中的所有物種。$\Delta G°$ 是電池化學反應的標準莫耳吉布斯能量的變化。強電解質離子的活性乘積 (在某些電池的能斯特方程中出現) 由 (13.46) 式給出。將測量的 $\mathscr{E}$ 表達式藉由外推到無限稀薄可求得標準電位 $\mathscr{E}°$，或者如果 $\Delta G°$ 是已知則可以由計算而得。

13.7 標準電極電位

在本節中，術語「電極」與「半電池」同義使用。

如果我們有 100 個不同的電極，它們可以合併為 100(99)/2 = 4950 種不同的伽凡尼電池。然而，要確定這些電池的 $\mathscr{E}°$，需要遠低於 4950 次測量。我們所要做的就是選擇一個可逆電極作為參考並且測量由參考電極和每個剩餘電極組成的 99 個電池的 $\mathscr{E}°$。我們將看到這些 99 個 $\mathscr{E}°$ 的值可以計算所有 4950 個 $\mathscr{E}°$ 的值。

選擇用於在水溶液中工作的參考電極是氫電極 $Pt|H_2(g)|H^+(aq)$。在溫度 T 和壓力 P 下電極反應的標準電位 (縮寫為 **標準電極電位**) 定義為電池在 T、P 的標準電位 $\mathscr{E}°$，圖中左側是氫電極，欲量測的電極在右側。例如，$Cu^{2+}|Cu$ 電極的標準電極電位對於電池

$$Cu'|Pt|H_2(g)|H^+(aq) \vdots Cu^{2+}(aq)|Cu \tag{13.53}$$

是 $\mathscr{E}°$，對於化學反應 $H_2(g) + Cu^{2+}(aq) \rightarrow 2H^+(aq) + Cu$，由 (13.42) 式知 $\mathscr{E}°$ 等於 $−\Delta G°/2F$。該電池在 25°C 和 1 bar 時，實驗給出了 $\mathscr{E}° = 0.34$ V。回想一下，溶液中物種的標準狀態涉及可變壓力。除非另有說明，否則壓力設定為 1 bar。

電極 i 的標準電極電位是使用 i 在電池圖的右側的電池來定義的，且由 IUPAC 電池圖約定 (第 13.4 節)，還原發生在右側電極。因此，電極 i 的標準電極電位對應於在電極 i 發生還原的化學反應。所有標準電極電位均為還原電位。

假設我們測量了所有電極的標準電極電位。我們現在要求由任意兩個電極組成的電池的 $\mathscr{E}°$。例如，我們要求下列電池的 $\mathscr{E}°$

$$Cu|Cu^{2+} \vdots Ga^{3+}|Ga| Cu' \tag{13.54}$$

為了簡化推導，我們將編寫所有電池反應和半反應使得電池反應電荷數 n 等於 1。這是可以的，因為兩個端子之間的電位差與電池反應中化學計量係數的選擇無關。對於電池 (13.54) 式，半反應是 $\frac{1}{2}Cu \rightleftharpoons \frac{1}{2}Cu^{2+} + e^-$ 和 $\frac{1}{3}Ga^{3+} + e^- \rightleftharpoons \frac{1}{3}Ga$，而電池反應是

$$\tfrac{1}{2}Cu + \tfrac{1}{3}Ga^{3+} \rightleftharpoons \tfrac{1}{2}Cu^{2+} + \tfrac{1}{3}Ga \qquad (13.55)$$

設 $\mathscr{E}_R^\circ$ 和 $\mathscr{E}_L^\circ$ 表示 (13.54) 式左右電極的標準電極電位；也就是，$\mathscr{E}_R^\circ$ 是下列電池的 $\mathscr{E}^\circ$

$$Ga| Pt|H_2(g)|H^+ \vdots Ga^{3+}|Ga' \qquad (13.56)$$

而 $\mathscr{E}_L^\circ$ 是 (13.53) 式的 $\mathscr{E}^\circ$。電池 (13.54) 式的化學反應是電池 (13.56) 式和 (13.53) 式化學反應的差：

$$\begin{aligned}
\text{電池 (13.56) 式：} & \quad \tfrac{1}{3}Ga^{3+} + \tfrac{1}{2}H_2 \rightleftharpoons \tfrac{1}{3}Ga + H^+ \\
-\text{電池 (13.53) 式：} & \quad -(\tfrac{1}{2}Cu^{2+} + \tfrac{1}{2}H_2 \rightleftharpoons \tfrac{1}{2}Cu + H^+) \\
\hline
\text{電池 (13.54) 式：} & \quad \tfrac{1}{2}Cu + \tfrac{1}{3}Ga^{3+} \rightleftharpoons \tfrac{1}{2}Cu^{2+} + \tfrac{1}{3}Ga
\end{aligned}$$

因此，電池 (13.54) 式的反應的 ΔG° 是電池 (13.56) 式和 (13.53) 式的 ΔG° 的差值：$\Delta G^\circ_{(13.54)} = \Delta G^\circ_{(13.56)} - \Delta G^\circ_{(13.53)}$。使用 $\Delta G^\circ = -nF\mathscr{E}^\circ$ [(13.42) 式] 與 $n = 1$ 給出 $-F\mathscr{E}^\circ_{(13.54)} = -F\mathscr{E}^\circ_{(13.56)} + F\mathscr{E}^\circ_{(13.53)}$。除以 $-F$ 得到 $\mathscr{E}^\circ_{(13.54)} = \mathscr{E}^\circ_{(13.56)} - \mathscr{E}^\circ_{(13.53)}$，或

$$\mathscr{E}^\circ = \mathscr{E}_R^\circ - \mathscr{E}_L^\circ \qquad (13.57)^*$$

其中 $\mathscr{E}_R^\circ$ 和 $\mathscr{E}_L^\circ$ 是電池右左半電池的標準電極電位其標準電動勢為 $\mathscr{E}^\circ$。(13.57) 式中的 $\mathscr{E}_R^\circ$ 和 $\mathscr{E}_L^\circ$ 都是還原電位。由於電池反應涉及左側電極的氧化，因此對於電池反應的 $\mathscr{E}^\circ$，$\mathscr{E}_L^\circ$ 在 (13.57) 式中表達出現負號。

雖然使用了特定的電池來推導 (13.57) 式，但同樣的推理可證明它對任何電池都成立。方程式 (13.57) 適用於任何固定溫度，並且允許從某溫度下的標準電極電位列表中找到任何電池的 $\mathscr{E}^\circ$。表 13.1 列出了 25°C 和 1 bar 水溶液中的一些標準電極電位。

氫電極的標準電極電位為零，因為對於電池 $Pt|H_2|H^+|H_2|Pt$，$\mathscr{E}^\circ$ 為零。這個電池的反應是 $H_2 + 2H^+ \rightleftharpoons 2H^+ + H_2$；這個反應顯然有 $\Delta G^\circ = 0 = -nF\mathscr{E}^\circ$，而 $\mathscr{E}^\circ = 0$。

因為標準電極電位是相對於氫電極的，其中涉及 $H_2(g)$，1982 年標準壓力從 1 atm 改變到 1 bar 影響了大多數標準電極電位。對於不含氣體的電極，我們有 $\mathscr{E}^{\circ,\text{bar}}_{298} = \mathscr{E}^{\circ,\text{atm}}_{298} - 0.00017$ V。

例 13.4　電池的 $\mathscr{E}^\circ$

對於電池 $Cu|Cu^{2+}(aq) \vdots Ag^+(aq)|Ag|Cu'$，寫出電池反應並使用表 13.1 在 25°C 和 1 bar 下求 $\mathscr{E}^\circ$。當活性接近 1 時：哪個端子在較高的電位？何者是自發電池反應？哪一個電極是自發反應的陽極？電子流入哪個電極？是否有可能改變條件以便活性接近 1 時，自發反應是逆向反應？

根據 IUPAC 約定 (第 13.4 節)，我們寫出電池反應，其中氧化發生在電池圖的左側電極。因此，半反應是 $Cu(s) \rightarrow Cu^{2+}(aq) + 2e^-$ 和 $Ag^+(aq) + e^- \rightarrow Ag(s)$。將第二個半反應乘以 2 以平衡電子，並將其加到第一個半反應，我們得到電池反應

$$Cu(s) + 2Ag^+(aq) \rightarrow Cu^{2+}(aq) + 2Ag(s)$$

表 13.1 在 25°C 和 1 bar 的 H_2O 中的標準電極電位

半電池反應	$\mathscr{E}°$/V	半電池反應	$\mathscr{E}°$/V
$K^+ + e^- \to K$	−2.936	$2D^+ + 2e^- \to D_2$	−0.01
$Ca^{2+} + 2e^- \to Ca$	−2.868	$2H^+ + 2e^- \to H_2$	0
$Na^+ + e^- \to Na$	−2.714	$AgBr(c) + e^- \to Ag + Br^-$	0.073
$Mg^{2+} + 2e^- \to Mg$	−2.360	$AgCl(c) + e^- \to Ag + Cl^-$	0.2222
$Al^{3+} + 3e^- \to Al$	−1.677	$Hg_2Cl_2(c) + 2e^- \to 2Hg(l) + 2Cl^-$	0.2680
$2H_2O + 2e^- \to H_2(g) + 2OH^-$	−0.828	$Cu^{2+} + 2e^- \to Cu$	0.339
$Zn^{2+} + 2e^- \to Zn$	−0.762	$Cu^+ + e^- \to Cu$	0.518
$Ga^{3+} + 3e^- \to Ga$	−0.549	$I_2(c) + 2e^- \to 2I^-$	0.535
$Fe^{2+} + 2e^- \to Fe$	−0.44	$Hg_2SO_4(c) + 2e^- \to 2Hg(l) + SO_4^{2-}$	0.615
$Cd^{2+} + 2e^- \to Cd$	−0.402	$Fe^{3+} + e^- \to Fe^{2+}$	0.771
$PbI_2(c) + 2e^- \to Pb + 2I^-$	−0.365	$Ag^+ + e^- \to Ag$	0.7992
$PbSO_4(c) + 2e^- \to Pb + SO_4^{2-}$	−0.356	$Br_2(l) + 2e^- \to 2Br^-$	1.078
$Sn^{2+} + 2e^- \to Sn$(白色)	−0.141	$O_2(g) + 4H^+ + 4e^- \to 2H_2O$	1.229
$Pb^{2+} + 2e^- \to Pb$	−0.126	$Cl_2(g) + 2e^- \to 2Cl^-$	1.360
$Fe^{3+} + 3e^- \to Fe$	−0.04	$Au^+ + e^- \to Au$	1.69

從 (13.57) 式和表 13.1，$\mathscr{E}° = \mathscr{E}°_R - \mathscr{E}°_L = 0.799\ V - 0.339\ V = 0.460\ V$。請注意，即使半反應乘以 2，我們也不能將其還原電位乘以 2。當活性接近 1 時，能斯特方程式告訴我們電動勢 $\mathscr{E}$ 接近 $\mathscr{E}°$，而 $\mathscr{E}°$ 為正。因此，$\mathscr{E} \equiv \phi_R - \phi_L > 0$，右端子 Cu′ 處於較高電位。由於 $\mathscr{E}$ 為正，因此前面的電池圖反應與自發反應相同，如 (13.28) 式之後的段落所述。陽極是發生氧化的地方，是銅電極，Ag 是陰極。電子流入 Ag 電極，在那裡它們會還原 Ag^+ 離子。為了使自發反應與前面的電池反應相反，我們需要使電池電動勢為負。能斯特方程式證明 $\mathscr{E}$ 含有 $-(RT/2F) \ln \{a(Cu^{2+})/[a(Ag^+)]^2\}$。如果我們使 $[a(Ag^+)]^2$ 遠小於 $a(Cu^{2+})$，則該項將變得足夠負以使 $\mathscr{E}$ 為負。

習題

使用表 13.1 求 $3Cu(s) + 2\ Fe^{3+}(aq) \to 3\ Cu^{2+}(aq) + 2Fe(s)$ 的 $\mathscr{E}°_{298}$。
(答案：−0.38 V)

標準電極電位有時稱為單電極電位，但是這個名字極具誤導性。表 13.1 中的每個數字都是完整電池的 $\mathscr{E}°$ 值。例如，對於半反應 $Cu^{2+} + 2e^- \to Cu$，列出的 0.339 V 的值為電池 (13.53) 式的 $\mathscr{E}°$。即使界面 (H_2 吸附在 Pt 上)−$H^+(aq)$ 上的電位差在 25°C 時恰好為零，其中 H_2 和 H^+ 活性為 1，所列出的值 0.339 V 也不是橫跨 $Cu^{2+}(aq)$−Cu 界面的電位差，因為電池 (13.53) 式還包含橫跨 Cu′−Pt 界面的電位差。

例 13.5 電池電動勢

蒸氣壓測量給出在 25°C 和 1 bar 下，在 0.100 mol/kg $CdCl_2$ 水溶液中 $CdCl_2$ 的平均離子活性係數 $\gamma_\pm = 0.228$。求電池

$$Cu_L|Cd(s)|CdCl_2(aq, 0.100\ mol/kg)|AgCl(s)|Ag(s)|Cu_R$$

在 25°C 和 1 bar 的 $\mathscr{E}^\circ$ 和 $\mathscr{E}$。

按照慣例，左手電極涉及氧化，因此半反應和總化學反應為

$$Cd \rightleftharpoons Cd^{2+} + 2e^-$$
$$(AgCl + e^- \rightleftharpoons Ag + Cl^-) \times 2$$
$$\overline{Cd(s) + 2AgCl(s) \rightleftharpoons 2Ag(s) + Cd^{2+}(aq) + 2Cl^-(aq)}$$

(13.57) 式和表 13.1 給出在 25°C

$$\mathscr{E}^\circ = \mathscr{E}^\circ_R - \mathscr{E}^\circ_L = 0.2222\ V - (-0.402\ V) = 0.624\ V$$

能斯特方程式 (13.43) 給出

$$\mathscr{E} = \mathscr{E}^\circ - \frac{RT}{2F} \ln \frac{[a(Ag)]^2 a(Cd^{2+})[a(Cl^-)]^2}{a(Cd)[a(AgCl)]^2}$$

$$\mathscr{E} = \mathscr{E}^\circ - (RT/2F) \ln \{a(Cd^{2+})[a(Cl^-)]^2\} \tag{13.58}$$

因為純固體的活性在 1 bar 為 1。利用 (13.46) 式，其中 $\nu_+ = 1$，$\nu_- = 2$ 可求 (13.58) 式中的離子活性乘積：

$$a(Cd^{2+})[a(Cl^-)]^2 = 1^1 \cdot 2^2 \cdot [(0.228)(0.100)]^3 = 4.74 \times 10^{-5}$$

代入 (13.58) 式可得

$$\mathscr{E} = 0.624\ V - \frac{(8.314\ J\ mol^{-1}\ K^{-1})(298.15\ K)}{2(96485\ C\ mol^{-1})} \ln (4.74 \times 10^{-5})$$

$$\mathscr{E} = 0.624\ V - (-0.128\ V) = 0.752\ V$$

因為 $1\ J/C = 1\ V$ [(13.8) 式]。注意，由於伏特是 SI 單位，R 必須是使用焦耳 (SI 能量單位) 表示 (如果 $\gamma_\pm$ 取為 1，結果將是一個 0.695 V 的電動勢，所以 $\gamma_\pm$ 基本上影響 $\mathscr{E}$)。

習題

對於 $Cu_L|Zn(s)|ZnBr_2(aq,\ 0.20\ mol/kg)|AgBr(s)|Ag(s)|Cu_R$，在 1 bar 下，求 $\mathscr{E}_{298}$，已知在 $ZnBr_2$ 溶液中 $\gamma_\pm = 0.462$。
(答案：0.909 V)

對於電池 $Cu_L|Ag|AgCl(s)|CdCl_2(0.100\ mol/kg)|Cd|Cu_R$，與例中的圖相比，它們互換電極，$\mathscr{E}^\circ$ 為 $-0.624\ V$，並且 $\mathscr{E}$ 會是 $-0.752\ V$。

假設我們想要計算丹尼爾電池 (13.52) 式的電動勢，其中鹽橋使液體結電位可以忽略不計。能斯特方程式將包含

$$a(Zn^{2+})/a(Cu^{2+}) = \gamma(Zn^{2+})m(Zn^{2+})/\gamma(Cu^{2+})m(Cu^{2+})$$

的對數，如果兩種溶液都稀薄，我們可以使用 Davies 方程式計算離子活性係數。此外，我們必須知道 $CuSO_4$ 和 $ZnSO_4$ 溶液中離子對形成的平衡常數，以便從鹽的化學計量重量莫耳濃度計算離子重量莫耳濃度。如果不是稀薄溶液，我們不能找到單離子活性係數，因此無法計算 $\mathscr{E}$。

能斯特方程式包含 $-(RT/nF)2.3026 \log_{10} Q$。在 25°C 時，可求得 $2.3026RT/F = 0.05916$ V。

☕ 濃差電池

為了形成伽凡尼電池，我們將兩個半電池組合在一起。如果半電池中的電化學反應不同，則整個電池反應是化學反應，並且電池是化學電池。例子是電池 (13.52) 式和 (13.32) 式。如果兩個半電池中的電化學反應相同但每個半電池中一個物種 B 的濃度不同，則電池將具有非零電動勢，其總反應將是物理反應，相當於轉移 B 從一個濃度到另一個濃度。這是一個**濃差電池** (concentration cell)。一個例子是由兩個具有不同 Cl_2 壓力的氯電極組成的電池：

$$Pt_L|Cl_2(P_L)|HCl(aq)|Cl_2(P_R)|Pt_R \tag{13.59}$$

其中 P_L 和 P_R 是左右電極的 Cl_2 壓力。將兩個半反應 $2Cl^- \to Cl_2(P_L) + 2e^-$ 和 $Cl_2(P_R) + 2e^- \to 2Cl^-$，我們得到總電池反應 $Cl_2(P_R) \to Cl_2(P_L)$。(13.57) 式給出 $\mathscr{E}° = \mathscr{E}°_R - \mathscr{E}°_L = 1.36$ V $- 1.36$ V $= 0$。對於任何濃差電池，$\mathscr{E}°$ 為零，因為 $\mathscr{E}°_R$ 等於 $\mathscr{E}°_L$。以壓力作為逸壓的近似，(13.59) 式的能斯特方程式 (13.43) 為

$$\mathscr{E} = -(RT/2F) \ln (P_L/P_R) \tag{13.60}$$

濃差電池的另一個例子是

$$Cu_L|CuSO_4(m_L) \vdots CuSO_4(m_R)|Cu_R \tag{13.61}$$

13.8 液界電位

要了解液界電位 (liquid-junction potential) 是如何產生的，請考慮使用丹尼爾電池 (圖 13.7) 它的電動勢在電位器中平衡，因此沒有電流流動。為簡單起見，令 $CuSO_4$ 和 $ZnSO_4$ 的重量莫耳濃度相同，在兩種溶液中得到相等的 SO_4^{2-} 濃度。在溶液之間的連接處，來自每種溶液的離子擴散到另一種溶液中。水中的 Cu^{2+} 離子比 Zn^{2+} 離子更容易移動，所以 Cu^{2+} 離子擴散到 $ZnSO_4$ 溶液比 Zn^{2+} 離子擴散到 $CuSO_4$ 溶液中快。這在邊界的 $ZnSO_4$ 側產生少量過量的正電荷，在 $CuSO_4$ 側產生少量過量的負電荷。$CuSO_4$ 側的負電荷加速了 Zn^{2+} 離子的擴散。負電荷累積，直到達到穩定狀態，Zn^{2+} 和 Cu^{2+} 離子在邊界上以相同的速率遷移。邊界兩側的穩態電荷產生電位差 ϕ(aq. $ZnSO_4$) $- \phi$(aq. $CuSO_4$) $\equiv \mathscr{E}_J$，它貢獻到測量的電池電動勢。

在某些情況下，可以由電動勢的測量來估算液界電位。一個例子是電池

$$Ag|AgCl(s)|LiCl(m) \vdots NaCl(m)|AgCl(s)|Ag \tag{13.62}$$

其中 m(LiCl) $= m$(NaCl)。半反應 Ag + Cl^- (在 LiCl 水溶液中) $\to$ AgCl + e^- 和 AgCl + e^- $\to$ Ag + Cl^- (在 NaCl 水溶液中) 給出總電池反應為 Cl^- (在 LiCl 水溶液中) $\to Cl^-$ (在

NaCl 水溶液中)。對於這個電池，$\mathcal{E}° $ 為零，並且 (13.51) 式給出

$$\mathcal{E} = \mathcal{E}_J - \frac{RT}{F} \ln \frac{\gamma(\text{Cl}^- \text{ 在 NaCl 水溶液中})}{\gamma(\text{Cl}^- \text{ 在 LiCl 水溶液中})}$$

在低重量莫耳濃度下，$\gamma(\text{Cl}^-)$ 在等莫耳的 NaCl 和 LiCl 溶液中幾乎相同 (見 Debye-Hückel 方程式)。因此，為了良好的近似，$\mathcal{E} = \mathcal{E}_J$，測量的電動勢是由液體結引起的。

對於像 (13.62) 式這樣的電池，各種電解質對在 $m = 0.01$ mol/kg、25°C 下，一些觀察到的近似液界電位對於 LiCl-NaCl 為 -2.6 mV、LiCl-CsCl 為 -7.8 mV、HCl-NH$_4$Cl 為 27.0 mV、HCl-LiCl 為 33.8 mV。涉及 H$^+$ 的液界電位有較大的值是由於相對於其他陽離子，H$^+(aq)$ 有非常高的遷移率；見第 15.6 節。我們看到液界電位的數量級是 10 或 20 mV。這個值很小但遠非微不足道，因為電池電動勢常規測量到 0.1 mV = 0.0001 V 或更高。

要了解鹽橋在減少 $\mathcal{E}_J$ 方面的效果，請考慮電池

$$\text{Hg}|\text{Hg}_2\text{Cl}_2(s)|\text{HCl}(0.1 \text{ mol/kg})\vdots\text{KCl}(m)\vdots\text{KCl}(0.1 \text{ mol/kg})|\text{Hg}_2\text{Cl}_2(s)|\text{Hg}$$

其中 KCl(m) 溶液是具有莫耳濃度 m 的鹽橋。當 $m = 0.1$ mol/kg 時，電池類似於電池 (13.62) 式，其電動勢 (觀察到的值為 27 mV) 與 0.1 mol/kg HCl 和 0.1 mol/kg KCl 之間的 $\mathcal{E}_J$ 是良好地近似。鹽橋使用濃的 KCl 溶液。當 KCl 重量莫耳濃度 m 增加到 3.5 mol/kg 時，電池電動勢降至 1 mV，這是液界電位在界面 HCl(0.1 mol/kg)−KCl(3.5 mol/kg) 和 KCl(3.5 mol/kg)−KCl(0.1 mol/kg) 的總和的良好近似值。我們可以預期具有濃 KCl 鹽橋的電池將會通常具有 1 或 2 mV 的淨液界電位。

由於以下原因，濃 KCl 水溶液與任何稀薄的水溶液之間的液界電位都非常小。因為 KCl 溶液是濃溶液，所以液界電位主要由該溶液的離子決定。等電子離子 $_{19}$K$^+$ 和 $_{17}$Cl$^-$ 在水中的遷移率幾乎相等，因此，這些離子以幾乎相同的速率從鹽橋擴散到稀薄溶液中，因此液界電位很小。

大多數具有鹽橋的電池在濃的 KCl 和稀薄溶液之間含有兩個液體結，而藉由近似消去相反方向的液界電位，可進一步減少 $\mathcal{E}_J$。

13.9 EMF 測量的應用

確定 $\Delta G°$ 和 $K°$

一旦發現了一個電池的 $\mathcal{E}°$ [藉由外推電動勢數據，如圖 13.11 所示，或者藉由組合半電池反應的 $\mathcal{E}°$ 值 (表 13.1)]，$\Delta G°$ 和電池化學反應的平衡常數 $K°$ 可以從 $\Delta G° = -nF\mathcal{E}°$ [(13.42) 式]，接著是 $\Delta G° = -RT \ln K°$ [(11.4) 式] 求得。

例 13.6 從 $\mathscr{E}°$ 計算 $\Delta G°$ 和 $K°$

使用標準電極電位（表 13.1）求 $Cu^{2+}(aq)+Zn(s) \to Cu(s)+Zn^{2+}(aq)$ 的 $\Delta G°_{298}$ 和 $K°_{298}$。

氧化和還原半反應是 $Zn(s) \to Zn^{2+}(aq)+2e^-$ 和 $Cu^{2+}(aq)+2e^- \to Cu(s)$。按照約定，電池的還原反應發生在電池圖右側的半電池。因此，所需的半反應對應於在電池圖左側具有 $Zn|Zn^{2+}$ 電極並且在右側具有 $Cu^{2+}|Cu$ 電極的電池，如電池 (13.52) 式。關係 $\mathscr{E}° = \mathscr{E}°_R - \mathscr{E}°_L$ [(13.57) 式] 給出所需氧化還原反應的 $\mathscr{E}°$。從表 13.1，$\mathscr{E}°_L = -0.762$ V 且 $\mathscr{E}°_R = 0.339$ V，所以

$$\mathscr{E}°_{298} = \mathscr{E}°_R - \mathscr{E}°_L = 0.339 \text{ V} - (-0.762 \text{ V}) = 1.101 \text{ V}$$

$$\Delta G°_{298} = -nF\mathscr{E}° = -2(96485 \text{ C/mol})(1.101 \text{ V}) = -212.5 \text{ kJ/mol}$$

因為 1 V = 1 J/C [(13.8) 式]。使用 $\Delta G° = -RT \ln K°$ 給出

$$\ln K° = -\frac{\Delta G°_{298}}{RT} = \frac{212500 \text{ J/mol}}{(8.314 \text{ J/mol-K})(298.15 \text{ K})} = 85.7_3, \quad K° = 2 \times 10^{37}$$

在平衡狀態下，幾乎沒有 Cu^{2+} 仍然在溶液中。

習題

使用表 13.1 求 $I_2(c)+2Br^-(aq) \to 2I^-(aq)+Br_2(l)$ 和逆反應的 $\Delta G°_{298}$ 和 $K°_{298}$。
（答案：104.8 kJ/mol，4×10^{-19}，-104.8 kJ/mol，2×10^{18}）

將 $\Delta G° = -nF\mathscr{E}°$ 代入 $\Delta G° = -RT \ln K°$ 可得

$$\ln K° = nF\mathscr{E}°/RT \tag{13.63}$$

(13.63) 式給出 $K° = \exp(nF\mathscr{E}°/RT)$。對於 $n = 1$，我們發現半反應標準電位之間每相差 0.1V 在 25°C 時貢獻至 $K°$ 的因子為 49。$\mathscr{E}°$ 越正，$K°$ 越大。$\mathscr{E}°$ 越負表示 $K°$ 非常小。見圖 13.13。

半反應 $M^{z+} + z_+ e^- \to M$ 的還原電位 $\mathscr{E}°$ 越負，金屬 M 被氧化的趨勢越大。因此，金屬傾向於在溶液中替換表 13.1 中位於其下方的金屬。例如，Zn 從水溶液中取代 Cu^{2+} ($Zn + Cu^{2+} \to Zn^{2+} + Cu$)。表 13.1 中位於氫電極上方的金屬取代來自酸性溶液中的 H^+，且易溶於酸性水溶液，產生 H_2。靠近表頂部的金屬，例如 Na、K、Ca，取代水中的 H^+。

雖然電池中的陽極反應是氧化而陰極反應是還原，總電池反應不一定是氧化還原反應（從 AgCl 的例子可以看出，例 13.7），因此 (13.63) 式不限於氧化還原反應。由電池電動勢測量確定的平衡常數包括氧化還原 $K°$ 值、溶解度積、複合離子的解離常數、水的解離常數、弱酸的解離常數和離子對形成平衡常數。

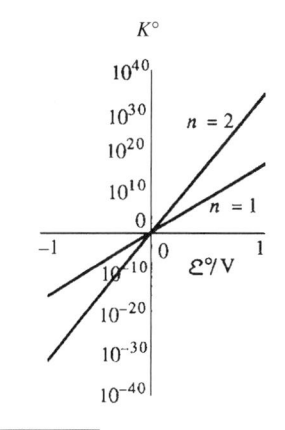

圖 13.13
在 25°C 時平衡常數 $K°$ 與標準電動勢 $\mathscr{E}°$ 的關係圖。垂直坐標是對數刻度。$\mathscr{E}°$ 的小變化對應於平衡常數的大變化。

例 13.7　從 $\mathscr{E}°$ 計算 K_{sp}

設計一個電池，其總反應是 $AgCl(s) \to Ag^+(aq) + Cl^-(aq)$ 並使用其 $\mathscr{E}°_{298}$ 值求 AgCl 的 $K°_{sp,298}$。

這樣的電池是

$$Ag|Ag^+ \vdots Cl^-|AgCl(s)|Ag \tag{13.64}$$

半反應是 $Ag \to Ag^+ + e^-$ 和 $AgCl(s) + e^- \to Ag + Cl^-$，且總反應是 $AgCl(s) \to Ag^+ + Cl^-$。在陽極，Ag 被氧化，並且在陰極 Ag（在 AgCl 中）被還原，因此總電池反應不是氧化還原反應。表 13.1 和 (13.63) 式給出 $\mathscr{E}° = 0.2222\ V - 0.7992\ V = -0.5770\ V$，且在 25°C 和 1 bar 下 $K°_{sp} = 1.76 \times 10^{-10}$。請注意，無需建立並測量電池 (13.64) 式的 $\mathscr{E}°$，因為它的 $\mathscr{E}°$ 可以從 $Ag^+|Ag$ 和 Ag–AgCl 電極的組合標準電極電位求得。

習題

使用表 13.1 中的數據在 25°C 下求 $PbSO_4(aq)$ 的 $K°_{sp}$。
(答案：1.7×10^{-8})

☕ $\Delta S°$、$\Delta H°$ 和 $\Delta C°_P$ 的確定

使用 $(\partial \mu°_i/\partial T)_P = -\overline{S}°_i$ [(9.30) 式]，我們有 $[\partial(\Delta G°)/\partial T]_P = (\partial/\partial T)_P \sum_i v_i \mu°_i = -\sum_i v_i \overline{S}°_i = -\Delta S°$。將 $-nF\mathscr{E}°$ 代入 $\Delta G°$ 可得

$$\Delta S° = nF\left(\frac{\partial \mathscr{E}°}{\partial T}\right)_P \tag{13.65}$$

計算 $\mathscr{E}°$ 的溫度導數可求得電池反應的標準狀態莫耳熵變化 $\Delta S°$。回想一下伽凡尼電池測量在建立熱力學第三定律中的作用。

然後 $\Delta H°$ 可以從 $\Delta G° = \Delta H° - T\Delta S°$ 找到。

因為 $\overline{C}°_{P,i} = T(\partial \overline{S}°_i/\partial T)_P$，我們有 $\Delta C°_P = T[\partial(\Delta S°)/\partial T]_P$ 且由 (13.65) 式可得

$$\Delta C°_P = nFT(\partial^2 \mathscr{E}°/\partial T^2)_P \tag{13.66}$$

(13.65) 式和 (13.66) 式中的導數是藉由在幾個溫度下測量 $\mathscr{E}°$ 並將觀測值擬合到截取的泰勒級數而得到的。

$$\mathscr{E}° = a + b(T - T_0) + c(T - T_0)^2 + d(T - T_0)^3 \tag{13.67}$$

其中 a、b、c 和 d 是常數，T_0 是測量範圍內的某個固定溫度。然後，(13.67) 式的微分可計算 $\Delta S°$、$\Delta H°$ 和 $\Delta C°_P$。由於每次微分都會降低數據的準確性，因此欲求準確的 $\Delta C°_P$，需要高精度的 $\mathscr{E}°$。圖 13.14 是電池 (13.31) 的 $\mathscr{E}°$ 對 T 的圖形。

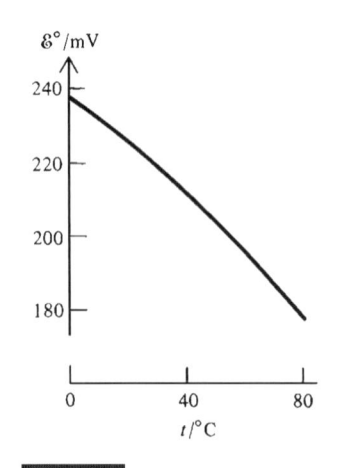

圖 13.14
在 1 bar 下，電池 (13.31) 式的 $\mathscr{E}°$ 與溫度的關係。此電池由氫電極和 Ag–AgCl 電極組成。

例 13.8　從 $\mathscr{E}°(T)$ 計算 $\Delta S°$

化學反應 $H_2(g) + 2AgCl(s) \rightarrow 2Ag(s) + 2HCl(aq)$ [(13.34) 式] 發生在電池 (13.32) 式中。在溫度範圍 0°C 至 90°C，且在 1 bar 下，該電池的 $\mathscr{E}°$ 值 (圖 13.14)，完全符合 (13.67) 式，其中

$$T_0 = 273.15 \text{ K} \qquad a = 0.23643 \text{ V} \qquad 10^4 b = -4.8621 \text{ V/K}$$
$$10^6 c = -3.4205 \text{ V/K}^2 \qquad 10^9 d = 5.869 \text{ V/K}^3 \qquad (13.68)$$

求此反應的 $\Delta S°_{273}$。

將 (13.67) 式代入 (13.65) 式可得

$$\Delta S° = nF[b + 2c(T - T_0) + 3d(T - T_0)^2] \qquad (13.69)$$

在 0°C，將數值代入可得

$$\Delta S°_{273} = nFb = 2(96485 \text{ C/mol})(-4.8621 \times 10^{-4} \text{ V/K})$$
$$= -93.82 \text{ J/mol-K}$$

習題

在 15°C 下，求反應 (13.34) 式的 $\Delta S°$ 和 $\Delta C°_P$。
(答案：-112.9 J/mol-K 和 -351 J/mol-K)

活性係數的確定

由於電池的電動勢取決於溶液中離子的活性，因此很容易使用測量的電動勢值來計算活性係數。例如，對於以 HCl 作為電解質的電池 (13.32) 式，電池反應為 (13.34) 式且其電動勢為 (13.48) 式。藉由外推 (13.49) 式至 $m = 0$ 可求得 $\mathscr{E}°$，在任何重量莫耳濃度 m 下 $HCl(aq)$ 的活性係數 $\gamma_\pm$ 可以使用 (13.48) 式由該重量莫耳濃度下的測量的電動勢 $\mathscr{E}$ 計算。在 25°C 和 1 bar 下，$HCl(aq)$ 的 $\gamma_\pm$ 在 0.01 mol/kg 時為 0.905，在 0.1 mol/kg 時為 0.796，在 1 mol/kg 時為 0.809。(圖 10.8)。

13.10　總結

兩點之間的電位差 $\phi_b - \phi_a$ 是將電荷從 a 移動到 b 的每單位電荷的可逆功。

電化學系統是在其兩相或更多相之間具有電位差的電化學系統。這種電位差是由於兩相之間的電荷轉移，相間區域中分子的定向和極化，以及相間區域中正離子和負離子的不均勻吸附。只有當相具有相同的化學組成時，相之間的電位差才是可測量的。

電化學系統各相之間存在電位差需要將電化勢 $\tilde{\mu}_i$ 代替所有熱力學方程式中的化勢 μ_i。我們有 $\tilde{\mu}_i^\alpha = \mu_i^\alpha + z_i F \phi^\alpha$，其中 $z_i F$ 是物種 i 的莫耳電荷，ϕ^α 是相 α 的電位。相平

衡條件是 $\tilde{\mu}_i^\alpha = \tilde{\mu}_i^\beta$。

伽凡尼電池的相可以用 T-E-I-E'-T' 表示，其中 I 是離子導體 (例如，電解質溶液或藉由鹽橋連接的兩種電解質溶液)，E 和 E' 是電極，T 和 T' 是由相同的金屬製成的端子。T 和 T' 之間的電位差是電池相鄰相之間的電位差總和。伽凡尼電池的電動勢定義為 $\mathscr{E} \equiv \phi_R - \phi_L$，其中 ϕ_R 和 ϕ_L 是電池圖右側和左側端子的開路電位。可逆伽凡尼電池的電動勢由能斯特方程式 (13.43) 給出。若電池包含液體結，則液界電位 $\mathscr{E}_J$ 被加到能斯特方程式的右側。電池的標準電位 $\mathscr{E}°$ 滿足 $\Delta G° = -nF\mathscr{E}°$，其中 $\Delta G°$ 用於電池的化學反應，n 是電池的電化學反應中電子的個數。

電極半反應的標準電極電位定義為電池的標準電位 $\mathscr{E}°$，電池圖左側是氫電極，右側是待測電極。氫電極的標準電極電位為 0。任何電池的標準電動勢由 $\mathscr{E}° = \mathscr{E}°_R - \mathscr{E}°_L$ 給出，其中 $\mathscr{E}°_R$ 和 $\mathscr{E}°_L$ 是電池圖中右半電池和左半電池的標準電極電位 (還原電位)。

電池電動勢及其溫度導數可用於確定電解質的活性係數、pH 和反應的 $\Delta G°$、$\Delta H°$、$\Delta S°$ 和 $K°$。

本章討論的重要計算類型包括：

- 使用 $\Delta G° = -nF\mathscr{E}°$ 計算電池反應的 $\mathscr{E}°$。
- 使用 $\mathscr{E}° = \mathscr{E}°_R - \mathscr{E}°_L$ 從標準電極電位表計算 $\mathscr{E}°$。
- 使用能斯特方程式 $\mathscr{E} = \mathscr{E}° - (RT/nF) \ln Q$ 計算可逆原電池的電動勢 $\mathscr{E}$，其中 $Q \equiv \Pi_i (a_i)^{\nu_i}$。在能斯特方程式中發生的電解質活性乘積可使用 (13.46) 式來計算。
- 從 $\mathscr{E}°$ 對 T 的數據，計算電池反應的 $\Delta G°$、$\Delta S°$ 和 $\Delta H°$。
- 使用 $\Delta G° = -nF\mathscr{E}°$ 和 $\Delta G° = -RT \ln K°$ 由 $\mathscr{E}°$ 數據計算平衡常數。
- 使用能斯特方程式從電池電動勢數據計算電解質活性係數。

習題

第 13.1 節

13.1 下列何者是向量？(a) 電場。(b) 電位。

13.2 計算 He 原子核對距離 1.0Å 的電子施加的力。

13.3 計算距離為 (a) 2.0Å；(b) 4.0Å 的質子電場的大小。

13.4 計算兩點之間的電位差，其中此兩點與質子的距離分別為 4.0 Å 和 2.0Å。

第 13.2 節

13.5 計算 (a) 3.00 mol Hg_2^{2+} 離子的電荷；(b) 0.600 mol 電子的電荷。

第 13.3 節

13.6 理論計算指出，對於 Li 和 Rb 在 25°C 接觸，電位差為 $\phi(Li) - \phi(Rb) \approx 0.1$ V。估算 Li 中的電子和 Rb 中的電子之間的化勢差。

第 13.4 節

13.7 對或錯？(a) 丹尼爾電池的電動勢等於浸入 $CuSO_4$ 溶液的銅片和浸入 $ZnSO_4$ 溶液的 Zn 之間的開路電位差。(b) 伽凡尼電池的電動勢是兩相之間的開路電位差，其中此兩相的化學組成彼此之間的差異可忽略不計。(c) 在伽凡尼電池的自發化學反應中，電子從陰極流向陽極。

第 13.6 節

13.8 對或錯？(a) 增加電池化學反應中生成物的活性必須降低電池的電動勢。(b) 電池反應的電荷數 n 是沒有單位的正數。(c) 如果我們將電池反應的所有係數加倍，則電荷數 n 加倍，而電動勢不變。(d) 伽凡尼電池的標準電動勢 $\mathscr{E}°$ 是所有重量莫耳濃度都趨近於零的 $\mathscr{E}°$ 的極限值。

13.9 給出每個反應的電荷數 n：(a) $H_2 + Br_2 \to 2HBr$；(b) $\frac{1}{2}H_2 + \frac{1}{2}Br_2 \to HBr$；(c) $2HBr \to H_2 + Br_2$；(d) $3Zn + 2Al^{3+} \to 3Zn^{2+} + 2Al$；(e) $Hg_2Cl_2 + H_2 \to 2Hg + 2Cl^- + 2H^+$。

13.10 使用附錄中的數據求 $N_2O_4(g) + Cu^{2+}(aq) + 2H_2O(l) \to Cu + 4H^+(aq) + 2NO_3^-(aq)$ 的 $\mathscr{E}°_{298}$。

13.11 使用 $\mathscr{E}°$、T 和 $\gamma_\pm$ 以及 $In_2(SO_4)_3(aq)$ 的 m 來表達電池 $Pt|In(s)|In_2(SO_4)_3(aq, m)|Hg_2SO_4(s)|Hg(l)|Pt'$ 的電動勢。

13.12 對於電池 (13.32) 式，在 60°C 和 1 bar H_2 壓力下，電動勢作為 HCl 重量莫耳濃度 m 的函數是：

$m/(\text{mol kg}^{-1})$	0.001	0.002	0.005	0.1
$\mathscr{E}/V$	0.5951	0.5561	0.5050	0.3426

(a) 使用作圖法在 60°C 求 $\mathscr{E}°$。(b) 計算 $m = 0.005$ mol/kg 和 0.1 mol/kg 時的 60°C、HCl(aq) 的平均離子活性係數。

第 13.7 節

13.13 對或錯？(a) 當半反應乘以 2 時，其標準還原電位 $\mathscr{E}°$ 乘以 2。(b) 在方程式 $\mathscr{E}° = \mathscr{E}°_R - \mathscr{E}°_L$ 中，$\mathscr{E}°_R$ 和 $\mathscr{E}°_L$ 都是還原電位。

13.14 (a) 使用附錄中的數據求反應 $3Cu^{2+}(aq) + 2Fe(s) \to 2Fe^{3+}(aq) + 3Cu(s)$ 的 $\mathscr{E}°_{298}$。(b) 使用表 13.1 中的數據回答 (a) 中的問題。

13.15 電池 (13.32) 式在 25°C 下具有以下電動勢，求所需的活性商 Q 的值：(a) -1.00 V；(b) 1.00 V？

13.16 如果電池 (13.32) 式的 a(HCl) 為 1.00，則 $P(H_2)$ 的值需要多少才能使電池電動勢在 25°C 時等於 (a) -0.300 V；(b) 0.300 V？

13.17 對於電池

$Pt_L|Fe^{2+}(a = 2.00), Fe^{3+}(a = 1.20)\|I^-(a = 0.100)|I_2(s)|Pt_R$

(a) 寫出電池反應；(b) 假設淨液界電位可以忽略不計，求 $\mathscr{E}_{298}$。(c) 哪個端子處於較高的電位？(d) 當電池連接到負載時，電子從負載流入哪個端子？

13.18 對於電池

$Cu|CuSO_4 (1.00 \text{ mol/kg})|Hg_2SO_4(s)|Hg|Cu'$

(a) 寫出電池反應；(b) 在 25°C 和 1 bar 下已知 $CuSO_4$ 的 $\gamma_\pm$ 為 0.043，求在此條件下的 $\mathscr{E}$；(c) 計算如果 $CuSO_4$ 活性係數為 1，將獲得 $\mathscr{E}$ 的錯誤值。

13.19 計算電池

$Cu_L|Zn|ZnCl_2(0.0100 \text{ mol/kg})|AgCl(s)|Ag|Pt|Cu_R$

的 $\mathscr{E}_{298}$，已知在此重量莫耳濃度和溫度下，$ZnCl_2$ 的 $\gamma_\pm$ 為 0.708。

13.20 從兩個相關的半反應的 $\mathscr{E}°$ 值計算半反應的 $\mathscr{E}°$ 是有點棘手。在 25°C，已知 $Cr^{3+}(aq) + e^- \to Cr^{2+}(aq)$ 的 $\mathscr{E}° = -0.424$ V 且 $Cr^{2+}(aq) + 2e^- \to Cr$ 的 $\mathscr{E}° = -0.90$ V，在 25°C 下求 $Cr^{3+}(aq) + 3e^- \to Cr$ 的 $\mathscr{E}°$。(提示：結合兩個半反應得到第三個，並結合 $\Delta G°$ 值；然後求 $\mathscr{E}°$)

13.21 考慮丹尼爾電池

$Cu'|Zn|ZnSO_4(m_1)\|CuSO_4(m_2)|Cu$

其中 $m_1 = 0.00200$ mol/kg 和 $m_2 = 0.00100$ mol/kg。該電池的化學反應是 $Zn + Cu^{2+}(aq) \to Zn^{2+}(aq) + Cu$。使用戴維斯 (Davies) 方程式估算該電池在 25°C 下的 $\mathscr{E}$ 以估算活性係數並假設鹽橋使 $\mathscr{E}_J$ 可以忽略不計；忽略離子配對。

13.22 對於電池

$Ag_L|AgNO_3(0.0100 \text{ mol/kg})\|AgNO_3(0.0500 \text{ mol/kg})|Ag_R$

(a) 使用戴維斯方程式求 $\mathscr{E}_{298}$；忽略離子配對和假設鹽橋使淨液界電位可以忽略不計。(b) 哪個端子處於較高的電位？(c) 當電池連接到負載時，電子從負載流入哪個端子？

13.23 如果 $P_L = 2521$ torr，$P_R = 666$ torr 且 m(HCl) = 0.200 mol/kg，計算 85°C 時電池 (13.59) 式的電動勢。

第 13.9 節

13.24 對或錯？(a) 將化學反應中的係數加倍將使平衡常數的值平方，將 $\Delta G°$ 加倍，並且不會改變 $\mathscr{E}°$。(b) 伽凡尼電池的化學反應必須是氧化還原反應。

13.25 對於 25°C 和 1 bar 的電池

$$Pt|Ag|AgCl(s)|HCl(aq)|Hg_2Cl_2(s)|Hg|Pt'$$

(a) 寫出電池反應；(b) 若 HCl 的重量莫耳濃度為 0.100 mol/kg，使用表 13.1 求電動勢；(c) 若 HCl 的重量莫耳濃度為 1.00 mol/kg，求電動勢；(d) 對於這個電池，在 25°C 和 1 bar 下，$(\partial \mathscr{E}/\partial T)_P = 0.338$ mV/K。在 25°C，求電池反應的 $\Delta G°$、$\Delta H°$ 和 $\Delta S°$。

13.26 使用表 13.1 中的數據，在 25°C，求 $2H^+(aq) + D_2 \rightleftharpoons H_2 + 2D^+(aq)$ 的 $K°$。

13.27 使用表 13.1 中的數據，在 25°C，計算水中 PbI_2 的 $K°_{sp}$。

13.28 使用表 13.1 計算下列反應在 298 K 的 $\Delta G°$ 和 $K°$。(a) $Cl_2(g)+2Br^-(aq) \rightleftharpoons 2Cl^-(aq)+Br_2(l)$；(b) $\frac{1}{2}Cl_2(g)+Br^-(aq) \rightleftharpoons Cl^-(aq)+\frac{1}{2}Br_2(l)$；(c) $2Ag + Cl_2(g) \rightleftharpoons 2AgCl(s)$；(d) $2AgCl(s) \rightleftharpoons 2Ag + Cl_2(g)$；(e) $3Fe^{2+}(aq) \rightleftharpoons Fe + 2Fe^{3+}(aq)$。

13.29 AgI 在 25°C 水中的溶解度積為 8.2×10^{-17}。使用表 13.1 中的數據，在 25°C 下，求 Ag−AgI 電極的 $\mathscr{E}°$。

13.30 在 25°C，電池

$$Pt|H_2(1\ bar)|HBr(aq)|AgBr(s)|Ag|Pt'$$

具有 $\mathscr{E} = 0.200$ V，其中 HBr 重量莫耳濃度為 0.100 mol/kg。在該重量莫耳濃度下，求 HBr(aq) 的活性係數 $\gamma_\pm$。

13.31 使用表 13.1 中的數據，計算 HCl(aq) 和 $Cl^-(aq)$ 的 $\Delta_f G°_{298}$。

第 14 章

氣體動力學理論

本章基於氣體模型推導出理想氣體的特性，該氣體模型由遵循古典力學的球形分子組成。導出的性質包括狀態方程式（第 14.2 和 14.3 節）、分子速率分佈（第 14.4 節）、平均分子速率（第 14.5 節）、分子碰撞率和碰撞之間的平均行進距離（第 14.7 節）。這些性質對於討論氣相反應速率（第 16 章）以及處理氣體中的輸送性質（例如熱流）（第 15 章）非常重要。

14.1 氣體的動力－分子理論

第 1 章至第 12 章主要使用宏觀方法，第 13 章使用宏觀和分子方法，其餘章節主要使用分子方法。

本章和下一章的幾個部分討論了氣體的**動力－分子理論** (kinetic–molecular theory of gases)[簡稱**動力學理論** (kinetic theory)]。氣體的動力學理論描繪了由大量分子組成的氣體，分子的大小與分子之間的平均距離相比較小。分子在空間中自由快速地移動。雖然現在這種情況顯而易見，但直到 1850 年左右，動力學理論才開始獲得認可。

氣體的動力學理論使用分子圖來推導物質的宏觀特性，因此是統計力學的一個分支。

本章考慮低壓氣體（理想氣體）。由於分子在低壓下相距很遠，我們忽略了分子間的力（除了在兩個分子碰撞的瞬間；見第 14.7 節）。氣體動力學理論假設分子遵守牛頓運動定律。實際上，分子遵守量子力學（第 17 章）。對於氣體的熱容量（第 14.10 節）使用古典力學導致不正確的結果，但在處理壓力和擴散等性質時，使用古典力學可得良好的近似值。

14.2 理想氣體的壓力

氣體在其容器壁上施加的壓力是由於氣體分子對壁的撞擊造成的。氣體中的分子

圖 14.1

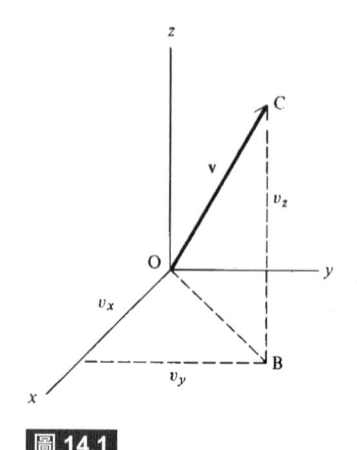

分子的速度分量。

數量很大 (在 1 atm 和 25°C 下，1 cm^3 有 2×10^{19} 個分子)，並且在很短的時間間隔內撞擊容器壁的分子數很大 [在 1 atm 和 25°C 時，O_2 在 10 微秒內，對 1 cm^2 的壁發生 3×10^{17} 次的撞擊；見 (14.57) 式]，因此分子的個體撞擊在壁上產生明顯的壓力。

令容器為長方形盒子，邊長為 l_x、l_y 和 l_z。設 **v** 為給定分子的速度 (velocity) [(2.2) 式]。**v** 在 x、y 和 z 方向上的分量是 v_x、v_y 和 v_z。為了找到這些分量，我們滑動向量 **v**，使其尾部位於坐標原點，並在 x、y 和 z 軸上取 **v** 的投影。粒子**速率** (speed) v 是向量 **v** 的大小 (長度)。圖 14.1 中兩次畢氏定理的應用給出了 $v^2 = \overline{OC}^2 = \overline{OB}^2 + v_z^2 = v_x^2 + v_y^2 + v_z^2$；因此

$$v^2 = v_x^2 + v_y^2 + v_z^2 \tag{14.1}*$$

速度 **v** 是向量。速率 v 和速度分量 v_x、v_y、v_z 是純量。像 v_x 這樣的速度分量可以是正、負或零 (對應於正 x 方向上的運動，負 x 方向上的運動，或 x 方向上沒有運動)，但是 v 必須定義為正或零。

通過空間的質量 m 的分子，其運動的動能 ε_{tr} (epsilon$_{tr}$) 為

$$\varepsilon_{tr} \equiv \tfrac{1}{2}mv^2 = \tfrac{1}{2}mv_x^2 + \tfrac{1}{2}mv_y^2 + \tfrac{1}{2}mv_z^2 \tag{14.2}*$$

我們稱 ε_{tr} 為分子的**移動能量** (translational energy)(圖 2.14)。

令氣體處於熱力學平衡狀態。由於氣體及其周圍環境處於熱平衡狀態，因此它們之間不存在淨能量轉移。我們假設在與壁碰撞時，氣體分子不會改變它的移動能量。

設 $\langle F \rangle$ 表示隨時間變化的 $F(t)$ 的平均值。為了幫助找到氣體壓力的表達式，我們將找到從 t_1 到 t_2 的時間間隔內的 $F(t)$ 平均值的方程式。數量的平均值是其觀測值的總和除以觀測數：

$$\langle F \rangle = \frac{1}{n} \sum_{i=1}^{n} F_i \tag{14.3}$$

其中 F_i 是觀察值。對於函數 $F(t)$，存在無窮多個值，因為在從 t_1 到 t_2 的區間中存在無限多個時間。因此，我們將此區間劃分為大量 n 個子區間，每個區間為 Δt，並且取當 $n \to \infty$ 和 $\Delta t \to 0$ 時的極限。將 (14.3) 式中的每個項乘以和除以 Δt，我們得到

$$\langle F \rangle = \lim_{n \to \infty} \frac{1}{n \, \Delta t} [F(t_1) \, \Delta t + F(t_1 + \Delta t) \Delta t + F(t_1 + 2 \, \Delta t) \Delta t + \cdots + F(t_2) \Delta t]$$

中括號內的數的極限是 F 從 t_1 到 t_2 的定積分。另外，$n\Delta t = t_2 - t_1$。因此，$F(t)$ 的時間平均值是

$$\langle F \rangle = \frac{1}{t_2 - t_1} \int_{t_1}^{t_2} F(t) \, dt \tag{14.4}$$

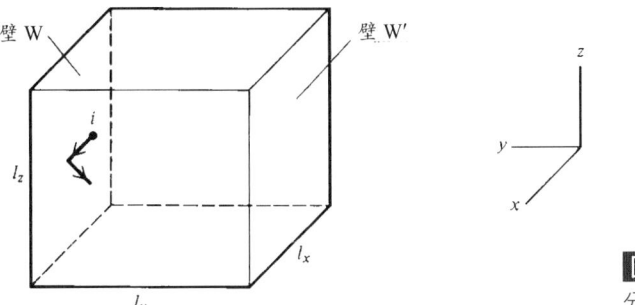

圖 14.2
分子 i 與容器壁 W 碰撞。

在本章中，尖括號表示平均值，無論是時間平均值，如 (14.4) 式，還是分子的平均值，如 (14.8) 式和 (14.10) 式。

圖 14.2 顯示了與壁 W 碰撞的分子 i，其中 W 平行於 xz 平面。令 i 在碰撞之前的速度分量為 $v_{x,i}$、$v_{y,i}$、$v_{z,i}$。為簡單起見，我們假設分子以撞擊器壁的相同角度從器壁反射回來（由於器壁實際上並不是光滑的，而是由分子構成，因此這種假設並不能反映真實）。因此碰撞將 $v_{y,i}$ 改變為 $-v_{y,i}$ 而 $v_{x,i}$ 和 $v_{z,i}$ 沒有改變。這使得分子的速率 $v_i^2 = v_{x,i}^2 + v_{y,i}^2 + v_{z,i}^2$ 保持不變並且其平移能 $\frac{1}{2}mv_i^2$ 不變。

為了獲得對壁 W 產生的壓力，我們需要分子在這壁上施加的平均垂直力。考慮分子 i 的運動。它與 W 相撞然後向右移動，最終與壁 W' 碰撞，然後向左移動再次與 W 碰撞等。在與 W 和 W' 之間的碰撞可能發生與頂部、底部和側壁的碰撞，但這些碰撞不會改變 $v_{y,i}$。出於我們的目的，分子 i 的一個「運動週期」將從恰好與 W 的碰撞之前的時間 t_1 延伸到恰好與 W 的下一次碰撞之前的時間 t_2。在 i 與 W 碰撞的很短時間內，牛頓第二定律 $F_y = ma_y$ 給出力作用在 i 上的 y 分量

$$F_{y,i} = ma_{y,i} = m\frac{dv_{y,i}}{dt} = \frac{d}{dt}(mv_{y,i}) = \frac{dp_{y,i}}{dt} \tag{14.5}$$

其中（線性）動量的 y 分量由 $p_y \equiv mv_y$ 定義 [（**線性**）**動量 p** 是由 $\mathbf{p} \equiv m\mathbf{v}$ 定義的向量]。令 i 與 W 的碰撞從時間 t' 延伸到 t''。(14.5) 式給出 $dp_{y,i} = F_{y,i} dt$。從 t' 到 t'' 積分，我們得到 $p_{y,i}(t'') - p_{y,i}(t') = \int_{t'}^{t''} F_{y,i} dt$。與壁碰撞前 i 的 y 動量是 $p_{y,i}(t') = mv_{y,i}$，碰撞後的 y 動量是 $p_{y,i}(t'') = -mv_{y,i}$。因此，$-2mv_{y,i} = \int_{t'}^{t''} F_{y,i} dt$。

設 $F_{W,i}$ 是分子 i 與壁 W 碰撞而在壁 W 上產生的垂直力。牛頓第三定律（作用 = 反作用）給出 $F_{W,i} = -F_{y,i}$，所以 $2mv_{y,i} = \int_{t'}^{t''} F_{W,i} dt$。對於在 t_1 和 t_2 之間但在 t' 到 t'' 的碰撞間隔之外的時間，力 $F_{W,i}$ 為零，因為在這樣的時間期間分子 i 不與 W 碰撞。因此，積分可以擴展到整個時間間隔 t_1 到 t_2，以獲得 $2mv_{y,i} = \int_{t_1}^{t_2} F_{W,i} dt$。使用 (14.4) 式可得

$$2mv_{y,i} = \langle F_{W,i} \rangle (t_2 - t_1) \tag{14.6}$$

其中 $\langle F_{W,i} \rangle$ 是分子 i 施加在壁 W 上的平均垂直力。

時間 $t_2 - t_1$ 是 i 在 y 方向上行進 $2l_y$ 所需的時間，以便將其帶回 W。由於 $\Delta y = $

$v_y \Delta t$，我們有 $t_2 - t_1 = 2l_y/v_{y,i}$，而 (14.6) 式變為

$$\langle F_{w,i} \rangle = mv_{y,i}^2/l_y$$

壁 W 上的總力的時間平均值可藉由將各個分子的平均力相加而得。若存在的氣體分子數是 N，則

$$\langle F_W \rangle = \sum_{i=1}^{N} \langle F_{W,i} \rangle = \sum_{i=1}^{N} \frac{mv_{y,i}^2}{l_y} = \frac{m}{l_y} \sum_{i=1}^{N} v_{y,i}^2$$

我們將在第 14.4 節中看到，分子並非都以相同的速率移動。根據定義 [(14.3) 式]，所有分子的 v_y^2 的平均值由 $\langle v_y^2 \rangle = N^{-1} \Sigma_i v_{y,i}^2$ 給出。因此 $\langle F_W \rangle = mN\langle v_y^2 \rangle/l_y$。

W 上的壓力 P 等於平均垂直力 $\langle F_W \rangle$ 除以 W 的 $l_x l_z$ 面積。我們有 $P = \langle F_W \rangle/l_x l_z$ 且

$$P = mN\langle v_y^2 \rangle/l_y \quad \text{理想氣體} \tag{14.7}$$

其中 $V = l_x l_y l_z$ 是容器體積。

y 方向沒有什麼特別之處，氣體的性質必須在任何方向上都相同。因此

$$\langle v_x^2 \rangle = \langle v_y^2 \rangle = \langle v_z^2 \rangle \tag{14.8}$$

此外，$\langle v^2 \rangle$，分子速率的平方的平均值為 [見 (14.1) 式和 (14.3) 式]

$$\langle v^2 \rangle = \langle v_x^2 + v_y^2 + v_z^2 \rangle \equiv \frac{1}{N} \sum_{i=1}^{N} (v_{x,i}^2 + v_{y,i}^2 + v_{z,i}^2)$$

$$= \frac{1}{N} \sum_{i=1}^{N} v_{x,i}^2 + \frac{1}{N} \sum_{i=1}^{N} v_{y,i}^2 + \frac{1}{N} \sum_{i=1}^{N} v_{z,i}^2 \tag{14.9}$$

$$\langle v^2 \rangle = \langle v_x^2 \rangle + \langle v_y^2 \rangle + \langle v_z^2 \rangle = 3\langle v_y^2 \rangle \tag{14.10}$$

其中使用了 (14.8) 式。因此 (14.7) 式成為

$$P = \frac{mN\langle v^2 \rangle}{3V} \quad \text{理想氣體} \tag{14.11}$$

(14.11) 式以分子性質 m、N (氣體分子數) 和 $\langle v^2 \rangle$ 表示壓力的宏觀性質。

分子 i 的平移動能 ε_{tr} 是 $\frac{1}{2}mv_i^2$。每分子的平均移動能量是

$$\langle \varepsilon_{tr} \rangle = \tfrac{1}{2}m\langle v^2 \rangle \tag{14.12}$$

由此式可得 $\langle v^2 \rangle = 2\langle \varepsilon_{tr} \rangle/m$，因此 (14.11) 式可寫為 $PV = \tfrac{2}{3}N\langle \varepsilon_{tr} \rangle$。而 $N\langle \varepsilon_{tr} \rangle$ 是氣體分子的總平移動能 E_{tr}。因此

$$PV = \tfrac{2}{3}E_{tr} \quad \text{理想氣體} \tag{14.13}$$

上述的處理是假定氣體為純氣體且所有分子具有相同的質量 m。若我們有氣體 b、c 和 d 的混合物，且在低壓下氣體分子彼此獨立作用，則壓力 P 是由每種分子引起的壓力之和：$P = P_b + P_c + P_d$ (道爾頓定律)。從 (14.11) 式可知，$P_b = \tfrac{1}{3}N_b m_b \langle v_b^2 \rangle/V$，而 P_c 和 P_d 具有類似的方程式。

14.3 溫度

考慮兩個接觸的流體 (液體或氣體) 熱力學系統 1 和 2。如果系統 1 的分子具有平均平移動能 $\langle \varepsilon_{tr} \rangle_1$ 大於系統 2 的分子的平均平移動能 $\langle \varepsilon_{tr} \rangle_2$，則系統 1 的較高能量的分子與系統 2 的分子碰撞時有失去平移能量的傾向。這種在分子水平上的能量轉移將對應於在宏觀水平上從 1 到 2 的熱流。只有當 $\langle \varepsilon_{tr} \rangle_1$ 等於 $\langle \varepsilon_{tr} \rangle_2$ 時，在系統 1 和 2 中發生碰撞才會有能量淨轉移的趨勢。但如果在 1 和 2 之間沒有熱流，則這些系統處於熱平衡狀態，而由溫度的熱力學定義 (第 1.3 節)，系統 1 和 2 具有相同的溫度。因此，當 $\langle \varepsilon_{tr} \rangle_1 = \langle \varepsilon_{tr} \rangle_2$，我們有 $T_1 = T_2$；當 $\langle \varepsilon_{tr} \rangle_1 > \langle \varepsilon_{tr} \rangle_2$ 時，我們有 $T_1 > T_2$。這個論點表明 $\langle \varepsilon_{tr} \rangle$ 與宏觀性質 T 之間存在對應關係。因此，系統的溫度是每一分子平均平移能量的函數：$T = T(\langle \varepsilon_{tr} \rangle)$。由理想氣體動力－分子方程式 (14.13) 式可知 $PV = \frac{2}{3}E_{tr} = \frac{2}{3}N\langle \varepsilon_{tr} \rangle$。由於 T 是 $\langle \varepsilon_{tr} \rangle$ 的函數，因此在恆定溫度下 $\langle \varepsilon_{tr} \rangle$ 是常數。因此 (14.13) 式說理想氣體的 PV 在恆定溫度下是常數。因此，波義耳定律來源於動力學分子理論。

關於 T 和 $\langle \varepsilon_{tr} \rangle$ 的方程式不是僅能從動力學分子理論中找到，因為溫標是任意的，可以用多種方式選擇 (第 1.3 節)。溫標的選擇將決定 $\langle \varepsilon_{tr} \rangle$ 和 T 之間的關係。我們在第 1.5 節中根據理想氣體的性質定義了絕對溫度 T。理想氣體方程式 $PV = nRT$ 合併了 T 的定義。將 $PV = nRT$ 與 $PV = \frac{2}{3}E_{tr}$ 比較 [(14.13) 式] 可得

$$E_{tr} = \tfrac{3}{2}nRT \tag{14.14}$$

如果選擇了其他溫度定義，則可以獲得 E_{tr} 和溫度之間的不同關係。

我們有 $E_{tr} = N\langle \varepsilon_{tr} \rangle$。此外，莫耳數是 $n = N/N_A$，其中 N_A 是亞佛加厥常數，N 是氣體分子的數量。(14.14) 式變為 $N\langle \varepsilon_{tr} \rangle = \frac{3}{2}NRT/N_A$，並且 $\langle \varepsilon_{tr} \rangle = \frac{3}{2}RT/N_A = \frac{3}{2}kT$，其中 $k \equiv R/N_A = 1.38 \times 10^{-23}$ J/K 是 **Boltzmann 常數**。因此

$$\langle \varepsilon_{tr} \rangle = \tfrac{3}{2}kT \tag{14.15}*$$

$$k \equiv R/N_A \tag{14.16}*$$

(14.15) 式為絕對溫度和平均分子平移能之間的顯式關係。雖然我們以考慮理想氣體得出 (14.15) 式，但本節開頭的討論表明它對任何流體系統都成立 [如果系統 1 是理想氣體，系統 2 是一般流體系統，則當 $T_1 = T_2$ 時，關係 $\langle \varepsilon_{tr} \rangle_1 = \langle \varepsilon_{tr} \rangle_2$ 證明 (14.15) 式對系統 2 成立]。流體的絕對溫度 (由理想氣體溫標和熱力學溫標定義) 與每分子的平均平移動能成正比：$T = \frac{2}{3}k^{-1}\langle \varepsilon_{tr} \rangle$。

除了平移能之外，分子還具有旋轉、振動和電子能量。單原子分子 (例如，He 或 Ar) 沒有旋轉或振動能量，理想氣體沒有分子間能量。因此，單原子分子的理想氣體的熱力學內能 U 是總分子平移能 E_{tr} 和總分子電子能 E_{el} 的總和：

$$U = E_{tr} + E_{el} = \tfrac{3}{2}nRT + E_{el} \quad \text{理想單原子氣體} \tag{14.17}$$

恆容熱容量為 $C_V = (\partial U/\partial T)_V$ [(2.53) 式]。如果溫度不是非常高，分子電子將不

會被激發到較高的能階,並且當 T 變化時電子能量將保持恆定。因此,$C_V = \partial U/\partial T = \partial E_{tr}/\partial T = \frac{3}{2}nR$,莫耳 C_V 為

$$C_{V,m} = \tfrac{3}{2}R \qquad \text{理想單原子氣體,} T \text{不是很高} \tag{14.18}$$

使用 $C_{P,m} - C_{V,m} = R$ [(2.72) 式] 可得

$$C_{P,m} = \tfrac{5}{2}R \qquad \text{理想單原子氣體,} T \text{不是很高} \tag{14.19}$$

低密度的單原子氣體遵循這些方程式。例如,對於 1 atm 的 Ar,$C_{P,m}/R$ 值在 200 K 時為 2.515,在 300 K 時為 2.506,在 600 K 時為 2.501,在 2000 K 時為 2.500。與 (14.19) 式的小偏差是由於非理想性 (分子間力) 而在零密度極限中消失。

(14.15) 式使我們能夠估計分子移動的速度。我們有 $\tfrac{3}{2}kT = \langle \varepsilon_{tr} \rangle = \tfrac{1}{2}m\langle v^2 \rangle$,所以

$$\langle v^2 \rangle = 3kT/m \tag{14.20}$$

$\langle v^2 \rangle$ 的平方根稱為**均方根速度** (root-mean-square speed) v_{rms}:

$$v_{rms} \equiv \langle v^2 \rangle^{1/2} \tag{14.21}*$$

我們將在第 14.5 節中看到,v_{rms} 與平均速度 $\langle v \rangle$ 略有不同。(14.20) 式中的 k/m 等於 $k/m = R/N_A m = R/M$,因為莫耳質量 M 等於一個分子的質量乘以每莫耳分子數。回想 M 不是分子量。分子量是無因次的,而 M 具有每莫耳質量的單位。(14.20) 式的平方根是

$$v_{rms} = \left(\frac{3RT}{M}\right)^{1/2} \tag{14.22}$$

無需記憶 (14.22) 式,因為它可以從 $\langle \varepsilon_{tr} \rangle = \tfrac{3}{2}kT$ [(14.15) 式] 快速導出。(14.11) 式和 (14.13) 式也很容易從 (14.15) 式導出。

記住以下符號會很有幫助:

$m =$ 一個氣體分子的質量 $\quad M =$ 氣體的莫耳質量

$N =$ 氣體分子數 $\quad N_A =$ 亞佛加厥常數

14.4 理想氣體中分子速度的分佈

沒有理由假設氣體中的所有分子以相同的速率移動,現在我們推導出平衡的理想氣體分子速率的分佈定律。

分子速率的分佈是什麼意思?有人可能會這樣回答:我想知道有多少分子具有任何給定的速率 v。但這種方法毫無意義。因此,假設我們詢問有多少分子的速率為 585 m/s,答案是零,因為任何分子的速率恰好是 585.000...m/s 的機率是很小的。唯一合理的方法是詢問有多少分子其速率位於一微小的速率範圍內,例如,從 585.000 到 585.001 m/s。

我們採用無限小的速率 dv，我們問：有多少分子其速率位於 v 到 $v + dv$ 的範圍內？令這個數目為 dN_v。數目 dN_v 與 10^{23} 相比是無窮小，但與 1 相比卻很大。速率在 v 至 $v + dv$ 範圍內的分子其分率是 dN_v/N，其中 N 是氣體分子的總數。該分率顯然與速率的無窮小區間的寬度成正比：$dN_v/N \propto dv$。它還取決於區間的位置，也就是說，取決於 v 的值 (例如，速率在 627.400 到 627.401 m/s 的範圍內的分子數，與速率在 585.000 至 585.001 m/s 的範圍內的分子數不同)。因此

$$\text{速率在 } v \text{ 和 } v + dv \text{ 之間的分子的分率} = dN_v/N = G(v)\,dv \quad (14.23)$$

其中 $G(v)$ 是 v 的某個待定函數。

函數 $G(v)$ 是分子速率的**分佈函數** (distribution function)。$G(v)\,dv$ 是速率在 v 至 $v+dv$ 範圍內的分子的分率。分率 dN_v/N 是分子速率在 v 和 $v + dv$ 之間的機率。因此 $G(v)dv$ 是機率。分佈函數 $G(v)$ 也稱為**機率密度** (probability density)，因為它是每單位速率區間的機率。

設 $\Pr(v_1 \leq v \leq v_2)$ 是分子速率介於 v_1 和 v_2 之間的機率。為了找到這個機率 (等於速率在 v_1 到 v_2 範圍內的分子的分率)，我們將從 v_1 到 v_2 的區間劃分為每個寬度為 dv 的無窮小區間，並將每個微小區間中的機率相加：

$$\Pr(v_1 \leq v \leq v_2) = G(v_1)\,dv + G(v_1 + dv)\,dv + G(v_1 + 2\,dv)\,dv + \cdots + G(v_2)\,dv$$

但是，無窮小的無窮和是 $G(v)$ 從 v_1 到 v_2 的定積分，所以

$$\Pr(v_1 \leq v \leq v_2) = \int_{v_1}^{v_2} G(v)\,dv \quad (14.24)$$

分子的速率必須在 $0 \leq v \leq \infty$ 的區間內，因此當 $v_1 = 0$ 和 $v_2 = \infty$ 時，機率 (14.24) 式變為 1。因此 $G(v)$ 必須滿足

$$\int_0^\infty G(v)\,dv = 1 \quad (14.25)$$

我們現在推導出 $G(v)$。這首先是 Maxwell 在 1860 年完成的。令人驚訝的是，所需的唯一假設是：(1) 速率分佈與方向無關；(2) 分子所具有的 v_y 或 v_z 的值不會影響其具有各種 v_x 值的機率。假設 1 必須為真，因為當沒有外部電場或重力場時，所有空間方向都是相同的。假設 2 將在本節末討論。

☕ v_x 的分佈函數

為了幫助找到 $G(v)$，我們首先導出 v_x 的分佈函數，其中 v_x 為速度的 x 分量。令 g 表示該函數，使得 $dN_{v_x}/N = g\,dv_x$，其中 dN_{v_x} 是氣體中的分子數，而氣體的 x 分量的速度位於 v_x 和 $v_x + dv_x$ 之間，沒有規定這些分子的 v_y 或 v_z 值。函數 g 和 G 是不同的函數，因此我們使用不同的符號。由於沒有為這些 dN_{v_x} 分子指定 v_y 和 v_z 值，因此函數 g 僅取決於 v_x，且

速度的 x 分量在 v_x 和 $v_x + dv_x$ 之間的分子的分率 $= dN_{v_x}/N = g(v_x)\, dv_x$ **(14.26)**

v_x 的範圍是 $-\infty$ 到 ∞，並且，類似於 (14.25) 式，g 必須滿足

$$\int_{-\infty}^{\infty} g(v_x)\, dv_x = 1 \quad \textbf{(14.27)}$$

還有 v_y 和 v_z 的分佈函數。由於速度分佈與方向無關 (假設 1)，因此 v_y 和 v_z 分佈函數的函數形式與 v_x 分佈的函數形式相同。因此

$$dN_{v_y}/N = g(v_y)\, dv_y \quad \text{和} \quad dN_{v_z}/N = g(v_x)\, dv_x \quad \textbf{(14.28)}$$

其中 g 在 (14.26) 式和 (14.28) 式的所有三個方程中是相同的函數。

我們現在問：分子同時使其速度的 x 分量在 v_x 到 $v_x + dv_x$ 的範圍內，其速度的 y 分量在 v_y 到 $v_y + dv_y$ 的範圍內，速度的 z 分量在 v_z 到 $v_z + dv_z$ 的範圍內的機率是多少？由假設 2，各種 v_x 值的機率與 v_y 和 v_z 無關。因此，我們正在處理獨立事件的機率。三個獨立事件全部發生的機率等於三個事件機率的乘積。因此，期望的概率等於 $g(v_x)dv_x \times g(v_y)dv_y \times g(v_z)dv_z$。令 $dN_{v_x v_y v_z}$ 表示分子其速度的 x、y 和 z 分量都在上述範圍內的分子數。令 dN 表示其速度的 x、y 和 z 分量都在上述範圍內的分子數。則

$$dN_{v_x v_y v_z}/N = g(v_x)\, g(v_y)\, g(v_z)\, dv_x\, dv_y\, dv_z \quad \textbf{(14.29)}$$

(14.23) 式中的函數 $G(v)$ 是速率 (speeds) 的分佈函數。(14.29) 式中的函數 $g(v_x)g(v_y)g(v_z)$ 是速度 (velocities) 的分佈函數。向量 **v** 由給出其三個分量 v_x、v_y、v_z 來指定，並且 (14.29) 式中的分佈函數指定這三個分量。

讓我們建立一個坐標系，其軸給出 v_x、v_y 和 v_z 的值 (圖 14.3)。由此坐標系定義的「空間」稱為速度空間 (velocity space)，是一個抽象的數學空間而不是物理空間。

(14.29) 式的機率 $dN_{v_x v_y v_z}/N$ 是分子的速度向量尖端位於矩形框中的機率，此矩形框位於速度空間的 (v_x, v_y, v_z) 且具有邊緣 dv_x、dv_y 和 dv_z (圖 14.3)。由假設 1，速度分佈與方向無關。因此機率 $dN_{v_x v_y v_z}/N$ 不能取決於速度向量的方向，而只取決於其大小，即

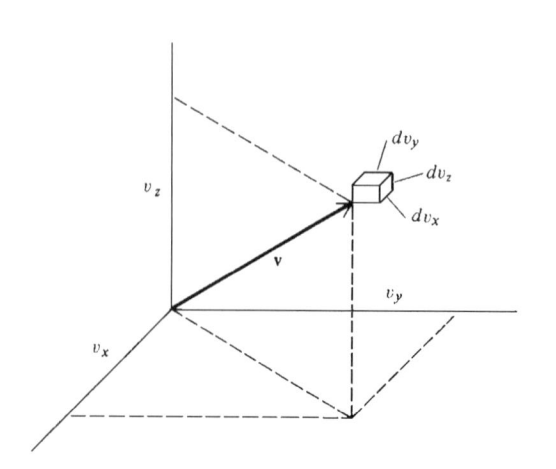

圖 14.3
速度空間中的無窮小盒子。

速率 v。換句話說，在圖 14.3 中，速度向量 **v** 的尖端位於具有邊緣 dv_x、dv_y、dv_z 的小盒子中的機率對於距離原點相同距離的所有盒子是相同的。這是有道理的，因為空間中的各個方向在氣體中是等價的，並且機率 $dN_{v_xv_yv_z}/N$ 不能取決於分子的運動方向。因此，(14.29) 式中的概率密度 $g(v_x)g(v_y)g(v_z)$ 必須僅是 v 的函數。令此函數為 $\phi(v)$，我們有

$$g(v_x)g(v_y)g(v_z) = \phi(v) \tag{14.30}$$

[$\phi(v)$ 與 (14.23) 式中的 $G(v)$ 是不同的函數。關於 ϕ 和 G 之間的關係，請參閱以下討論]。我們又有 $v^2 = v_x^2 + v_y^2 + v_z^2$，(14.1) 式。(14.30) 式和 (14.1) 式足以確定 g。在閱讀之前，您可能會嘗試考慮具有性質 (14.30) 的函數 g。

為了找到 g，我們取 (14.30) 式的 $(\partial/\partial v_x)_{v_y,v_z}$，獲得

$$g'(v_x)g(v_y)g(v_z) = \frac{d\phi(v)}{dv}\frac{\partial v}{\partial v_x}$$

其中使用鏈規則求 $\partial \phi/\partial v_x$。由 $v^2 = v_x^2 + v_y^2 + v_z^2$ [(14.1) 式]，我們得到 $2v\,dv = 2v_x\,dv_x + 2v_y\,dv_y + 2v_z\,dv_z$，所以 $\partial v/\partial v_x = v_x/v$。這也可由直接微分 $v = (v_x^2 + v_y^2 + v_z^2)^{1/2}$ 而得。我們有

$$g'(v_x)g(v_y)g(v_z) = \phi'(v) \cdot v_x/v$$

將此方程式除以 $v_x g(v_x)g(v_y)g(v_z) = v_x \phi(v)$，我們得到

$$\frac{g'(v_x)}{v_x g(v_x)} = \frac{1}{v}\frac{\phi'(v)}{\phi(v)} \tag{14.31}$$

由於 v_x、v_y 和 v_z 在 (14.30) 式和 (14.1) 式中對稱出現，因此將 (14.30) 式取 $\partial/\partial v_y$ 和 $\partial/\partial v_z$ 將得到類似於 (14.31) 的方程式：

$$\frac{g'(v_y)}{v_y g(v_y)} = \frac{1}{v}\frac{\phi'(v)}{\phi(v)} \quad \text{和} \quad \frac{g'(v_z)}{v_z g(v_z)} = \frac{1}{v}\frac{\phi'(v)}{\phi(v)} \tag{14.32}$$

由 (14.31) 式和 (14.32) 式可得

$$\frac{g'(v_x)}{v_x g(v_x)} = \frac{g'(v_y)}{v_y g(v_y)} \equiv b \tag{14.33}$$

其中我們定義了 b。由於 b 等於 $g'(v_y)/v_y g(v_y)$，b 必與 v_x 和 v_z 無關。但由於 b 等於 $g'(v_x)/v_x g(v_x)$，b 必與 v_y 和 v_z 無關。因此 b 與 v_x、v_y 和 v_z 無關並且是常數。

由 (14.33) 式可知 $bv_x = (dg/dv_x)/g$。分離變數 g 和 v_x，我們有 $dg/g = bv_x\,dv_x$。積分得到 $\ln g = \frac{1}{2}bv_x^2 + c$，其中 c 是積分常數。因此 $g = \exp(\frac{1}{2}bv_x^2)\exp c$，其中 $\exp c \equiv e^c$。我們有

$$g = A\exp(\tfrac{1}{2}bv_x^2) \tag{14.34}$$

其中 $A \equiv \exp c$ 是常數。我們已經找到了 v_x 的分佈函數 g，作為驗證，我們注意它滿足 (14.30) 式，因為

$$g(v_x)g(v_y)g(v_z) = A^3 \exp\left(\tfrac{1}{2}bv_x^2\right) \exp\left(\tfrac{1}{2}bv_y^2\right) \exp\left(\tfrac{1}{2}bv_z^2\right)$$
$$= A^3 \exp\left[\tfrac{1}{2}b(v_x^2 + v_y^2 + v_z^2)\right] = A^3 e^{bv^2/2}$$

我們仍然必須計算出 (14.34) 式中的常數 A 和 b。為了算出 A，我們將 (14.34) 式代入 $\int_{-\infty}^{\infty} g(v_x)dv_x = 1$ [(14.27) 式] 得到

$$A\int_{-\infty}^{\infty} e^{bv_x^2/2}\, dv_x = 1 \tag{14.35}$$

(b 必須為負數；否則積分不存在。)

表 14.1 列出了一些在氣體動力學理論中有用的定積分。回想一下

$$n! \equiv n(n-1)(n-2)\cdots 1 \quad \text{且} \quad 0! \equiv 1$$

其中 n 是正整數。表中的積分 2 和 5 分別是積分 3 和 6 的特殊情況 ($n=0$)。

我們必須計算 (14.35) 式中的積分。由於定積分中的積分變數是虛擬變數，我們可以將 (14.35) 式中的 v_x 更改為 x。我們必須計算 $\int_{-\infty}^{\infty} e^{bx^2/2}\, dx$。使用表 14.1 中的第一個積分 1，其中 $n=0$ 和 $a=-b/2$，然後使用表中的積分 2 和 $a=-b/2$，我們有

$$\int_{-\infty}^{\infty} e^{bx^2/2}\, dx = 2\int_0^{\infty} e^{bx^2/2}\, dx = 2\,\frac{\pi^{1/2}}{2(-b/2)^{1/2}} = \left(-\frac{2\pi}{b}\right)^{1/2}$$

(14.35) 式變為 $A(-2\pi/b)^{1/2} = 1$ 而 $A = (-b/2\pi)^{1/2}$。(14.34) 式中的 $g(v_x)$ 分佈函數變為

$$g(v_x) = (-b/2\pi)^{1/2}\, e^{bv_x^2/2} \tag{14.36}$$

為了計算 b，我們使用關係 $\langle \varepsilon_{\text{tr}} \rangle = \tfrac{3}{2}kT$，(14.15) 式。分子的平均平移動能為 $\langle \varepsilon_{\text{tr}} \rangle = \tfrac{1}{2}m\langle v^2 \rangle = \tfrac{3}{2}m\langle v_x^2 \rangle$，其中我們使用 (14.10) 式，以 v_x 取代 v_y。因此 $\tfrac{3}{2}m\langle v_x^2 \rangle = \tfrac{3}{2}kT$，而

$$\langle v_x^2 \rangle = kT/m \tag{14.37}$$

我們現在從分佈函數 (14.36) 式計算 $\langle v_x^2 \rangle$ 並將結果與 (14.37) 式進行比較以求得 b。

為了計算 $\langle v_x^2 \rangle$，使用以下定理。設 $g(w)$ 為連續變數 w 的分佈函數；也就是說，該變數位於 w 和 $w+dw$ 之間的機率是 $g(w)dw$。然後任何函數 $f(w)$ 的平均值是

表 14.1 氣體動力論中的積分

x 的偶數冪	x 的奇數冪
1. $\int_{-\infty}^{\infty} x^{2n}e^{-ax^2}\, dx = 2\int_0^{\infty} x^{2n}e^{-ax^2}\, dx$	4. $\int_{-\infty}^{\infty} x^{2n+1}e^{-ax^2}\, dx = 0$
2. $\int_0^{\infty} e^{-ax^2}\, dx = \dfrac{\pi^{1/2}}{2a^{1/2}}$	5. $\int_0^{\infty} xe^{-ax^2}\, dx = \dfrac{1}{2a}$
3. $\int_0^{\infty} x^{2n}e^{-ax^2}\, dx = \dfrac{(2n)!\pi^{1/2}}{2^{2n+1}n!a^{n+1/2}}$	6. $\int_0^{\infty} x^{2n+1}e^{-ax^2}\, dx = \dfrac{n!}{2a^{n+1}}$

其中 $a > 0$ 且 $n = 0, 1, 2, \cdots$

$$\langle f(w) \rangle = \int_{w_{\min}}^{w_{\max}} f(w)g(w)\,dw \tag{14.38}*$$

其中 $w_{\min}$ 和 $w_{\max}$ 是 w 的最小值和最大值。在使用 (14.38) 式時，請記住 v 和 v_x 的這些範圍：

$$0 \leq v < \infty \quad \text{且} \quad -\infty < v_x < \infty \tag{14.39}*$$

(14.38) 式的證明如下。

我們首先考慮一個只接受離散值的變數 (而不是 w 的連續值範圍)。假設一班七名學生做了五個問題測驗，得分分別為 20, 40, 40, 80, 80, 80 和 100。得分平方的平均值 $\langle s^2 \rangle$ 是

$$\begin{aligned}\langle s^2 \rangle &= (20^2 + 40^2 + 40^2 + 80^2 + 80^2 + 80^2 + 100^2)/7 \\ &= [0(0)^2 + 1(20)^2 + 2(40)^2 + 0(60)^2 + 3(80)^2 + 1(100)^2]/7 \\ &= \frac{1}{N}\sum_s n_s s^2 = \sum_s \frac{n_s}{N}s^2\end{aligned}$$

其中 s 是可能得分 (0, 20, 40, 60, 80, 100)，n_s 是獲得分數 s 的人數，N 是總人數，對所有可能得分求總和。如果 N 非常大 (就像分子一樣)，則 n_s/N 是得分 s 的機率 $p(s)$。因此 $\langle s^2 \rangle = \Sigma_s\, p(s)s^2$。

相同的論證適用於 s 的任何函數的平均值。例如，$\langle s \rangle = \Sigma_s\, p(s)s$ 和 $\langle 2s^3 \rangle = \Sigma_s\, p(s)2s^3$。若 $f(s)$ 是 s 的任何函數，則

$$\langle f(s) \rangle = \sum_s p(s)f(s) \tag{14.40}*$$

其中 $p(s)$ 是觀察帶有離散值的變數的值 s 的機率。

對於具有連續值範圍的變數 w，(14.40) 式必須修正。具有值 s 的機率 $p(s)$ 由 w 位於從 w 到 $w + dw$ 的無窮小範圍內的機率代替。該機率是 $g(w)dw$，其中 $g(w)$ 是 w 的分佈函數 (機率密度)。對於連續變數，(14.40) 式變為 $\langle f(w) \rangle = \Sigma_w f(w)g(w)dw$。但是，無窮小量的無窮和是在整個 w 範圍內的定積分。因此我們證明了 (14.38)。

從 (14.38) 式可以很容易地得出一個和的平均值等於平均值的總和。若 f_1 和 f_2 是 w 的任意兩個函數，則

$$\langle f_1(w) + f_2(w) \rangle = \langle f_1(w) \rangle + \langle f_2(w) \rangle \tag{14.41}*$$

但是，積的平均值不一定等於平均值的積。若 c 是常數，則

$$\langle cf(w) \rangle = c\langle f(w) \rangle$$

回到 (14.37) 式中的 $\langle v_x^2 \rangle$ 的計算，我們使用 (14.38) 式，其中 $w = v_x$、$f(w) = v_x^2$、$w_{\min} = -\infty$、$w_{\max} = \infty$ 且 $g(v_x)$ 由 (14.36) 式給出。可得

$$\langle v_x^2 \rangle = \int_{-\infty}^{\infty} v_x^2 g(v_x)\,dv_x = \int_{-\infty}^{\infty} v_x^2 \left(\frac{-b}{2\pi}\right)^{1/2} e^{bv_x^2/2}\,dv_x$$

將積分中的虛擬變數 v_x 更改為 x 並使用表 14.1 的積分 1 和 3，其中 $n = 1$ 和 $a = -b/2$，我們得到

$$\langle v_x^2 \rangle = 2\left(\frac{-b}{2\pi}\right)^{1/2} \int_0^\infty x^2 e^{bx^2/2}\, dx = 2\left(\frac{-b}{2\pi}\right)^{1/2} \frac{2!\,\pi^{1/2}}{2^3 1!(-b/2)^{3/2}} = \frac{1}{-b}$$

與 (14.37) 式比較，可得 $-1/b = kT/m$ 和 $b = -m/kT$。

因此，v_x 的分佈函數 (14.36) 式為 [參考 (14.26) 式]

$$\frac{1}{N}\frac{dN_{v_x}}{dv_x} = g(v_x) = \left(\frac{m}{2\pi kT}\right)^{1/2} e^{-mv_x^2/2kT} \tag{14.42}*$$

其中 dN_{v_x} 是速度的 x 分量在 v_x 和 $v_x + dv_x$ 之間的分子數。

(14.42) 式看起來很複雜但很容易記住，因為它的形式為 $g = $ 常數 $\times e^{-\varepsilon_{\text{tr},x}/kT}$ 其中 $\varepsilon_{\text{tr},x} = \frac{1}{2}mv_x^2$ 是 x 方向上的運動動能，m 是一個分子的質量。乘以指數的常數由滿足 $\int_{-\infty}^{\infty} g\, dv_x = 1$ 的要求確定。注意在 (14.42) 式和 (14.15) 式中的 kT 可視為特徵能量；這在統計力學中是普遍存在的。

用 v_y 和 v_z 代替 v_x，可從 (14.42) 式獲得 $g(v_y)$ 和 $g(v_z)$ 的方程式。

☕ v 的分佈函數

現在已經找到 $g(v_x)$，我們可以找到速率的分佈函數 $G(v)$。$G(v)\, dv$ 是分子速率介於 v 和 $v + dv$ 之間的機率；也就是說，$G(v)\, dv$ 是在 v_x、v_y、v_z 坐標系中 (圖 14.3) 分子速度向量 **v** 的尖端位於內半徑 v 和外半徑 $v + dv$ 的薄球殼內的機率。考慮一個位於這個球殼內的小矩形盒子，邊緣為 dv_x、dv_y 和 dv_z (圖 14.4)。**v** 的尖端位於這個小盒子中的機率可由 (14.29) 式給出

$$g(v_x)g(v_y)g(v_z)\, dv_x\, dv_y\, dv_z = (m/2\pi kT)^{3/2} e^{-m(v_x^2+v_y^2+v_z^2)/2kT}\, dv_x\, dv_y\, dv_z$$

$$g(v_x)g(v_y)g(v_z)\, dv_x\, dv_y\, dv_z = \left(\frac{m}{2\pi kT}\right)^{3/2} e^{-mv^2/2kT}\, dv_x\, dv_y\, dv_z \tag{14.43}$$

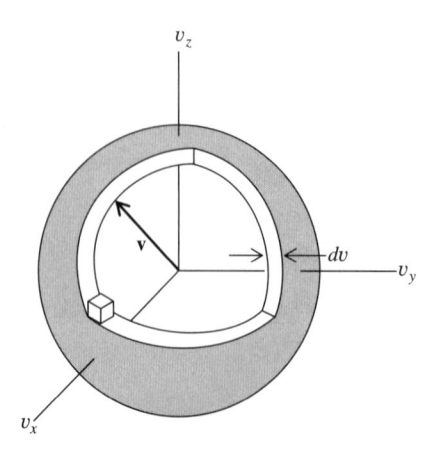

圖 14.4
速度空間中的薄球形外殼，該外殼內有一個無窮小盒子。

其中使用 (14.42) 式和 $g(v_y)$ 和 $g(v_z)$ 的類似方程式。

v 的尖端位於薄球殼中的機率是構成薄殼的所有微小矩形盒的機率 (14.43) 式的總和：

$$G(v)\,dv = \sum_{\text{shell}} \left(\frac{m}{2\pi kT}\right)^{3/2} e^{-mv^2/2kT} dv_x\, dv_y\, dv_z$$

$$= \left(\frac{m}{2\pi kT}\right)^{3/2} e^{-mv^2/2kT} \sum_{\text{shell}} dv_x\, dv_y\, dv_z$$

因為函數 $e^{-mv^2/2kT}$ 在殼內是恆定的 (v 在殼中只有無限小的變化)。數量 $dv_x\, dv_y\, dv_z$ 是一個小矩形盒的體積，殼上這些體積的總和是殼的體積。殼具有外半徑 $v + dv$ 和內半徑 v，因此殼體積為

$$\tfrac{4}{3}\pi(v+dv)^3 - \tfrac{4}{3}\pi v^3 = \tfrac{4}{3}\pi[v^3 + 3v^2\,dv + 3v\,(dv)^2 + (dv)^3] - \tfrac{4}{3}\pi v^3 = 4\pi v^2\,dv$$

因為與 dv 相比，$(dv)^2$ 和 $(dv)^3$ 可忽略不計 [$4\pi v^2\,dv$ 是球體積 $\tfrac{4}{3}\pi v^3 \equiv V$ 的微分。這是正確的，因為 $dV = (dV/dv)dv$，其中 dV 是球在速度空間中半徑從 v 增加到 $v + dv$ 的無限小體積變化]。使用 $4\pi v^2\,dv$ 作為殼體積給出了 (14.23) 式中分佈函數 $G(v)$ 的最終結果

$$\frac{dN_v}{N} = G(v)\,dv = \left(\frac{m}{2\pi kT}\right)^{3/2} e^{-mv^2/2kT} 4\pi v^2\,dv \tag{14.44}$$

由於 $G(v)\,dv$ 是機率而機率是無因次的，因此 $G(v)$ 具有與 v^{-1} 相同的 SI 單位，即 s/m。

(14.44) 式用於純氣體。在氣體 b 和 c 的混合物中，每種氣體具有其自己的速度分佈，其中在 (14.44) 式的 N 和 m 被 N_b 和 m_b 或 N_c 和 m_c 代替。

總之，我們已經證明，速度的 x 分量在 v_x 到 $v_x + dv_x$ 範圍內的理想氣體分子的分率是 $dN_{v_x}/N = g(v_x)dv_x$，其中 $g(v_x)$ 由 (14.42) 式給出。速率在 v 至 $v + dv$ 範圍內的分子的分率是 $dN_v/N = G(v)\,dv$，其中 $G(v)\,dv$ 由 (14.44) 式給出。g 和 G 之間的關係是

$$G(v) \equiv g(v_x)g(v_y)g(v_z) \cdot 4\pi v^2 \tag{14.45}*$$

其中因子 $4\pi v^2$ 來自薄球殼的體積 $4\pi v^2\,dv$。

(14.42) 式和 (14.44) 式是氣體中 v_x 和 v 的 **Maxwell 分佈定律** (Maxwell distribution laws)，且是本節的關鍵結果。

在使用 Maxwell 分佈定律時，注意 $m/k = N_A m/N_A k = M/R$ 是有幫助的，其中 M 是莫耳質量，R 是氣體常數：

$$m/k = M/R \tag{14.46}*$$

例 14.1　速率在微小區間的分子數

對於在 0°C 和 1 atm 下的 1.00 mol $CH_4(g)$，求速率在 90.000 m/s 至 90.002 m/s 範圍內的分子數。

回答這個問題最準確的方法是使用 (14.24) 式，即 $\Pr(v_1 \leq v \leq v_2) = \int_{v_1}^{v_2} G(v)\,dv$。但是，因為在這個

問題中從 v_1 到 v_2 的區間非常小,所以更簡單的方法是將區間視為無窮小並使用 (14.44) 式。我們使用 (14.46) 式計算 (14.44) 式的 $m/2kT$:

$$\frac{m}{2kT} = \frac{M}{2RT} = \frac{16.0 \text{ g mol}^{-1}}{2(8.314 \text{ J mol}^{-1} \text{ K}^{-1})(273 \text{ K})} = \frac{0.0160 \text{ kg}}{4540 \text{ J}} = 3.52 \times 10^{-6} \text{ s}^2/\text{m}^2$$

因為 $1 \text{ J} = 1 \text{ kg m}^2/\text{s}^2$。特別注意 M 的單位從 g/mol 變為 kg/mol,以匹配 R 的單位。1 莫耳有 6.02×10^{23} 個分子,$dv = 0.002$ m/s,而由 (14.44) 式得到

$$dN_v = (6.02 \times 10^{23})[(3.52 \times 10^{-6} \text{ s}^2/\text{m}^2)/\pi]^{3/2}$$
$$\times e^{-(3.52 \times 10^{-6} \text{ s}^2/\text{m}^2)(90.0 \text{ m/s})^2} 4\pi(90.0 \text{ m/s})^2 (0.002 \text{ m/s})$$
$$dN_v = 1.4 \times 10^{17}$$

習題

在 300 K 和 1 bar 的 10.0 g He(g) 樣品中有多少分子的速率在 3000.000 到 3000.001 m/s 的範圍?
(答案:1.6×10^{16})

函數 $g(v_x)$ 具有形式 $A \exp(-av_x^2)$,並且其最大值在 $v_x = 0$。圖 14.5 在兩個溫度下繪製 N_2 的 $g(v_x)$。隨著 T 的增加,$g(v_x)$ 變寬。除了動力學理論之外,這種分佈定律稱為**常態分佈** (normal distribution) 或**高斯分佈** (gaussian distribution)(例如,人口中高度的分佈,隨機測量誤差的分佈)。

圖 14.6 繪製了 N_2 在兩個溫度下的速率分佈函數 $G(v)$。對於非常小的 v,指數 $e^{-mv^2/2kT}$ 接近 1,並且 $G(v)$ 隨 v^2 增加。對於非常大的 v,指數因子支配 v^2 因子,並且

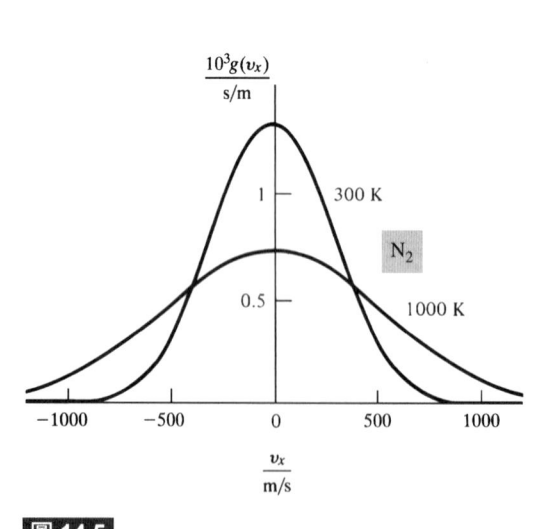

圖 14.5

在 300 K 和 1000 K 下的 N_2 氣體的 v_x 分佈函數 (N_2 的分子量為 28。對於分子量為 2 的 H_2,這些曲線適用於 21 K 和 71 K)。

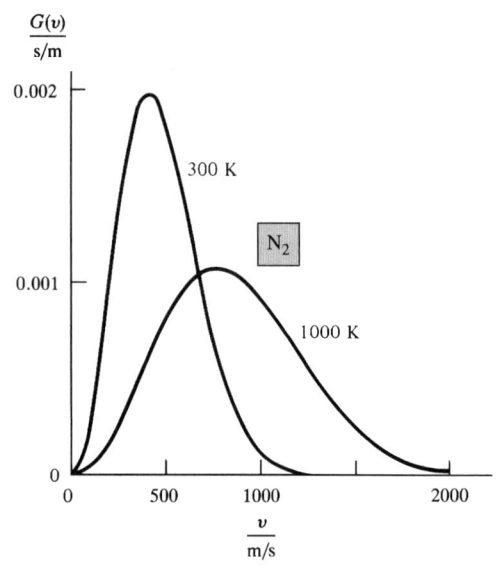

圖 14.6

N_2 在 300 K 和 1000 K 的速率分布函數。

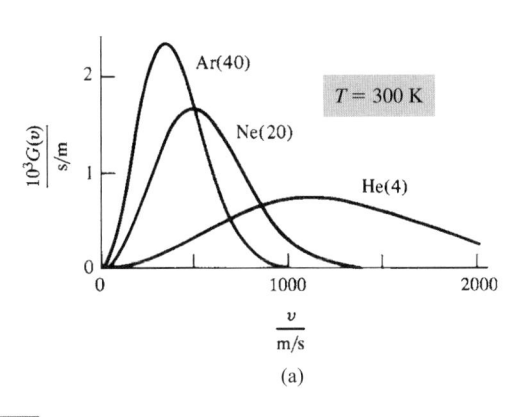

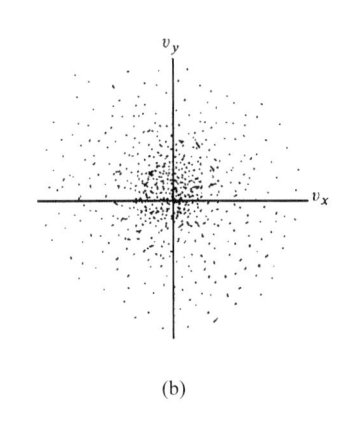

圖 14.7

(a) 幾種氣體在 300 K 的 v 的分佈函數。括號中的數字是分子量。(b) 速度的機率密度圖。

$G(v)$ 隨著 v 的增加而迅速減小。隨著 T 的增加，分佈曲線變寬並且移向較高的速率。圖 14.7a 顯示了在固定 T 下的幾種氣體的 $G(v)$。由於 Maxwell 分佈 (14.44) 式中出現 $m/k = M/R$，所以曲線不同。回想一下 (14.15) 式，對於給定 T 的任何氣體，$\langle \varepsilon_{\text{tr}} \rangle \equiv \frac{1}{2}m\langle v^2 \rangle$ 是相同的。因此，在給定的 T，較輕的分子傾向於移動得較快。

為了獲得這些圖中 $G(v)$ 的數值的物理感覺，請注意 (14.44) 式，對於一莫耳氣體，$(6 \times 10^{20})G(v)/(\text{s/m})$ 是速率在 v 至 $v + 0.001$ m/s 範圍內的氣體分子數。

v_x 的最可能值為零 (圖 14.5)。同樣，v_y 和 v_z 的最可能值為零。因此，如果我們藉由放置點在速度空間中來製作 v_x、v_y 和 v_z 的各種值的機率的三維圖使得每個區域中的點密度與 **v** 位於該區域的機率成正比，點的最大密度將出現在原點 ($v_x = v_y = v_z = 0$)。圖 14.7b 顯示了這種圖的二維橫截面。

儘管速度的每個分量的最可能值為零，但圖 14.6 顯示速率的最可能值不為零。這種明顯的矛盾可藉由認識以下得到調和，亦即，儘管與 $e^{-mv^2/2kT}$ 成正比的機率密度 $g(v_x)g(v_y)g(v_z)$ [(14.43) 式]，在原點 ($v = 0$ 且 $v_x = v_y = v_z = 0$) 是最大值並且隨著 v 的增加而減小，而 (14.44) 式中薄球殼的體積 $4\pi v^2\,dv$ 隨著 v 的增加而增加。這兩個相反的因子為 v 提供了非零最可能的值。在圖 14.7b 中，雖然固定大小的任何小區域中的點數隨著我們遠離原點而減少，但是在圖 14.4 中，固定厚度的薄殼中的點數最初會增加，然後達到最大值，最後隨著 v(到原點的距離) 的增加而減小。

Maxwell 在 1860 年導出了 (14.44) 式。直到 1955 年才對該分佈定律進行了第一次準確的直接實驗驗證 [R. C. Miller and P. Kusch, *Phys. Rev.,* **99,** 1314 (1955)]。Miller 和 Kusch 測量了從烤箱中的小孔出來的氣體分子束中的速度分佈 (圖 14.8)。具有螺旋槽的旋轉圓筒用作速率選擇器，因為只有具有一定 v 值的分子才會穿過凹槽而不會撞擊凹槽的壁。更改圓筒旋轉速率會改變所選的速率。這些實驗者所發現的與 Maxwell 定律的預測非常一致 (光束中的速度分佈不是 Maxwell 分佈：v_x 沒有負值；此外，光束中快速分子的比例高於烤箱，因為快速分子比慢速分子更頻繁地撞擊器壁，因此更容

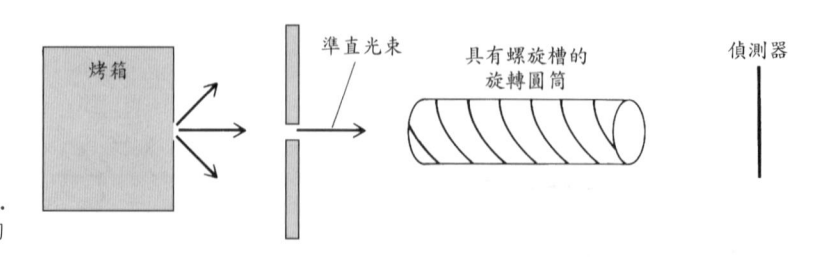

圖 14.8
用於測試 Maxwell 分佈定律的設備。

易從烤箱中逸出。測量光束中的速度分佈，可以計算出爐內的分佈)。

本節給出的 Maxwell 分佈的推導是 Maxwell 於 1860 年的原始推導。這種推導並沒有說明達到速率分佈的物理過程。如果混合兩種不同溫度的氣體樣品，則在某些中間溫度 T' 下最終達到平衡，並建立 T' 的 Maxwell 分佈特徵。產生 Maxwell 分佈的物理機制是分子之間的碰撞。1872 年，波茲曼 (Boltzmann) 藉由基於分子碰撞動力學的方法推導出 Maxwell 分佈。

14.5 MAXWELL 分佈的應用

Maxwell 分佈函數 $G(v)$ 可用於計算 v 的任何函數的平均值，因為 (14.38) 式和 (14.39) 式給出

$$\langle f(v) \rangle = \int_0^\infty f(v) G(v)\, dv$$

例如，**平均速率** (average speed) $\langle v \rangle$ 是

$$\langle v \rangle = \int_0^\infty v G(v)\, dv = 4\pi \left(\frac{m}{2\pi kT}\right)^{3/2} \int_0^\infty e^{-mv^2/2kT} v^3\, dv$$

其中 $G(v)$ 取自 (14.44) 式。使用表 14.1 中的積分 6，其中 $n = 1$ 和 $a = m/2kT$ 可得

$$\langle v \rangle = 4\pi \left(\frac{m}{2\pi kT}\right)^{3/2} \frac{1}{2(m/2kT)^2} = \left(\frac{8kT}{\pi m}\right)^{1/2} = \left(\frac{8N_A kT}{\pi N_A m}\right)^{1/2}$$

$$\langle v \rangle = \left(\frac{8RT}{\pi M}\right)^{1/2} \tag{14.47}*$$

平均分子速率與 $T^{1/2}$ 成正比，與 $M^{1/2}$ 成反比 (圖 14.9)。

我們已經知道 [(14.22) 式和 (14.21) 式] $v_{rms} \equiv \langle v^2 \rangle^{1/2} = (3RT/M)^{1/2}$，但我們可以藉由計算 $\int_0^\infty v^2 G(v) dv$ 來檢查這一點。

最可能的速率 (most probable speed) v_{mp} 是 $G(v)$ 最大的速率 (見圖 14.6)。令 $dG(v)/dv = 0$ 可得

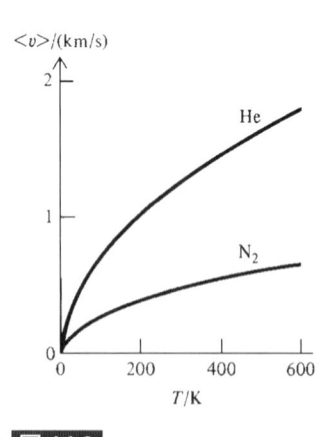

圖 14.9
He 和 N_2 的平均速率與溫度的關係。

$$v_{mp} = (2RT/M)^{1/2}$$

速率 v_{mp}、$\langle v \rangle$、v_{rms} 的比為 $2^{1/2}:(8/\pi)^{1/2}:3^{1/2} = 1.414:1.596:1.732$。因此 $v_{mp}:\langle v \rangle:v_{rms} = 1:1.128:1.225$。

例 14.2　$\langle v \rangle$ 的計算

求 (a) O_2 在 25°C 和 1 bar 下的 $\langle v \rangle$；(b) H_2 在 25°C 和 1 bar 下的 $\langle v \rangle$。

對於 O_2，將已知代入 (14.47) 式中可得

$$\langle v \rangle = \left[\frac{8(8.314 \text{ J mol}^{-1}\text{ K}^{-1})(298 \text{ K})}{\pi(0.0320 \text{ kg mol}^{-1})}\right]^{1/2} = \left[\frac{8(8.314 \text{ kg m}^2\text{ s}^{-2})298}{3.14(0.0320 \text{ kg})}\right]^{1/2}$$

$$\langle v \rangle = 444 \text{ m/s} \qquad O_2 \text{ 在 } 25°C \tag{14.48}$$

因為 1 J = 1 kg m² s⁻² [(2.12) 式]。因為在 R 中使用焦耳為單位，所以莫耳質量 M 以 kg mol⁻¹ 表示。速率 444 m/s 為 993 mi/hr，因此在室溫下氣體分子不是懶散的。

對於 H_2，在 25°C 時獲得 $\langle v \rangle$ = 1770 m/s。在相同溫度下，H_2 和 O_2 分子具有相同的平均動能 $\langle \frac{1}{2}mv^2 \rangle = \frac{3}{2}kT$。因此，$H_2$ 分子必須平均移動得更快，以補償其較輕的質量。H_2 分子的重量是 O_2 分子的十六分之一，而其平均移動速率是 O_2 分子的四倍。

習題

求 He(g) 在 0°C 的 v_{rms}。
(答案：1300 m/s)

在 25°C 和 1 bar 時，O_2 中的聲速為 330 m/s，H_2 中的聲速為 1330 m/s，因此作為氣體中的聲速 $\langle v \rangle$ 是相同的數量級。這是合理的，因為聲音的傳播與氣體分子的運動密切相關。可以證明理想氣體中的聲速等於 $(\gamma RT/M)^{1/2}$，其中 $\gamma \equiv C_P/C_V$；見 *Zemansky and Dittman*, sec. 5-7。

速度的 x 分量介於 0 和 v_x' 之間的分子的分率由 (14.24) 式給出，其中 v 用 v_x 代替而 (14.42) 式成為

$$\frac{N(0 \le v_x \le v_x')}{N} = \int_0^{v_x'} g(v_x)\, dv_x = \left(\frac{m}{2\pi kT}\right)^{1/2} \int_0^{v_x'} e^{-mv_x^2/2kT}\, dv_x \tag{14.49}$$

其中 $N(0 \le v_x \le v_x')$ 是 v_x 在 0 到 v_x' 範圍內的分子數。設 $s \equiv (m/kT)^{1/2} v_x$，則 $ds = (m/kT)^{1/2}\, dv_x$，和

$$\frac{N(0 \le v_x \le v_x')}{N} = \frac{1}{(2\pi)^{1/2}} \int_0^u e^{-s^2/2}\, ds \qquad \text{其中 } u \equiv \left(\frac{m}{kT}\right)^{1/2} v_x' \tag{14.50}$$

不定積分 $\int e^{-s^2/2}\, ds$ 不能用基本函數表示。然而，將被積函數 $e^{-s^2/2}$ 以泰勒級數展開並逐項積分，可以將積分表示為無窮級數，因此對任何所需的 u 值可計算 (14.50) 式中

的定積分。高斯誤差積分 (Gauss error integral) $I(u)$ 定義為

$$I(u) \equiv \frac{1}{(2\pi)^{1/2}} \int_0^u e^{-s^2/2}\, ds \qquad (14.51)$$

(14.50) 式變為 $N(0 \leq v_x \leq v_x')/N = I(v_x'\sqrt{m/kT})$。函數 $I(u)$ 如圖 14.10 所示。$I(u)$ 表可於統計手冊中獲得。

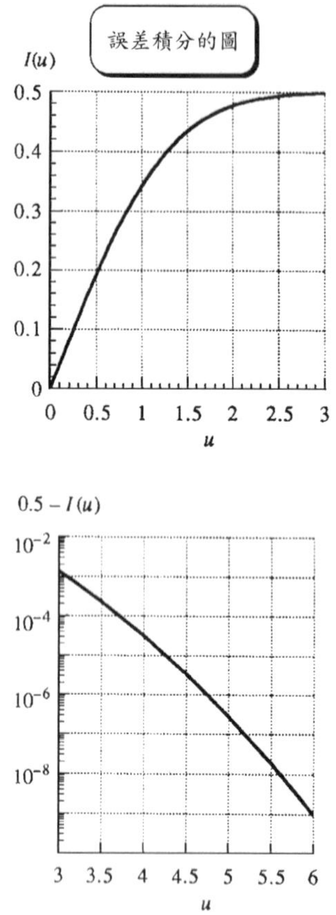

速率 v 在 0 至 v' 範圍內的分子其分率可以用函數 I 表示。由於 $G(v)$ 隨著 v 的增加呈指數衰減，因此只有一小部分分子的速率遠超過 v_{mp}。例如，速率超過 $3v_{mp}$ 的分子分率是 0.0004，在 10^{15} 中只有 1 個分子的速率超過 $6v_{mp}$，並且幾乎可以肯定的是，在一莫耳氣體中，速率超過 $9v_{mp}$ 的分子分率是 0。

Maxwell 分佈可以用平移動能 $\varepsilon_{tr} = \frac{1}{2}mv^2$ 重寫。我們有 $v = (2\varepsilon_{tr}/m)^{1/2}$ 而 $dv = (1/2m)^{1/2}\varepsilon_{tr}^{-1/2}d\varepsilon_{tr}$。如果分子的速率在 v 和 $v + dv$ 之間，則其平移能量在 $\frac{1}{2}mv^2$ 和 $\frac{1}{2}m(v+dv)^2 = \frac{1}{2}m[v^2 + 2vdv + (dv)^2] = \frac{1}{2}mv^2 + mv\, dv$ 之間；也就是說，它的平移能量在 ε_{tr} 和 $\varepsilon_{tr} + d\varepsilon_{tr}$ 之間，其中 $\varepsilon_{tr} = \frac{1}{2}mv^2$ 而 $d\varepsilon_{tr} = mv\, dv$。用相等的值替換 (14.44) 式中的 v 和 dv，得到 ε_{tr} 的分佈函數

$$\frac{dN_{\varepsilon_{tr}}}{N} = 2\pi\left(\frac{1}{\pi kT}\right)^{3/2} \varepsilon_{tr}^{1/2} e^{-\varepsilon_{tr}/kT}\, d\varepsilon_{tr} \qquad (14.52)$$

其中 $dN_{\varepsilon_{tr}}$ 是平移能介於 ε_{tr} 和 $\varepsilon_{tr} + d\varepsilon_{tr}$ 之間的分子數。圖 14.11 繪製了分佈函數 (14.52) 式。注意此圖與圖 14.6 之間形狀的差異。

我們以前發現，相同 T 的所有氣體的平均平移動能是相同的。m 不存在的 (14.52) 式證明，對於相同 T 的所有氣體，ε_{tr} 分佈函數是相同的。

14.6 與壁的碰撞和逸散

我們現在計算氣體分子與容器壁碰撞的速率。令 dN_w 是在無窮小時間間隔 dt 期間撞擊中圖 14.2 中的壁 W 的分子數。碰撞率 dN_w/dt 顯然與壁的面積 $\mathscr{A}$ 成正比。氣體的什麼分子特性會影響與壁的碰撞率？顯然，

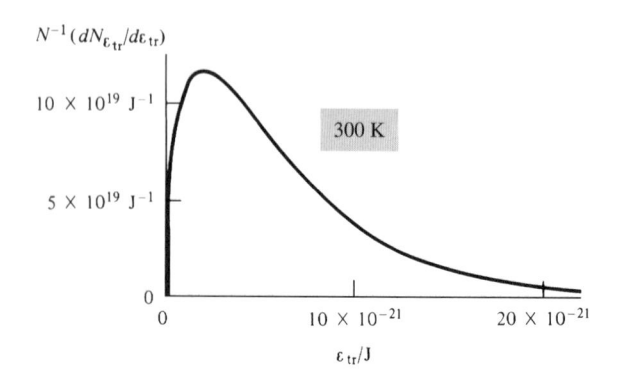

圖 14.10
高斯誤差積分 $I(u)$ 和 $0.5-I(u)$ 的圖。

圖 14.11
300 K 下動能的分佈函數。此曲線適用於任何氣體。

這個速率與分子的平均速率成正比且與每單位體積的分子數 N/V 成正比。因此，我們期望 $dN_W/dt = c\mathcal{A}\langle v \rangle N/V$，其中 c 是常數。作為驗證，請注意 dN_W/dt 的因次為 (時間)$^{-1}$ 而 $\mathcal{A}\langle v \rangle N/V$ 也具有 (時間)$^{-1}$ 的因次。我們現在要找 dN_W/dt。

考慮速率的 y 分量在 v_y 到 $v_y + dv_y$ 範圍內的分子。對於這個分子在時間間隔 dt 撞擊壁 W，它 (a) 必須向左移動 (也就是說，它必須具有 $v_y > 0$) 並且 (b) 必須足夠接近 W 以在時間 dt 或更短的時間內到達 W，亦即，分子在時間 dt 沿 y 方向 (垂直於壁) 行進距離 $v_y dt$，或小於 $v_y dt$。

速度的 y 分量在 v_y 到 $v_y + dv_y$ 範圍內的分子數是 $dNv_y = Ng(v_y)dv_y$ [(14.42) 式]。分子均勻分佈在整個容器中，所以與 W 的距離在 $v_y dt$ 內的分子分率是 $v_y dt/l_y$。乘積 $dNv_y(v_y dt/l_y)$ 給出了速度的 y 分量在 v_y 到 $v_y + dv_y$ 範圍內的分子數而分子與 W 的距離在 $v_y dt$ 內。此數為 $[Ng(v_y) v_y/l_y] dv_y dt$。將此數除以牆的面積 $l_x l_z$，得到 y 速度在 v_y 和 $v_y + dv_y$ 之間的分子，在時間 dt 中 W 的每單位面積的碰撞數

$$(N/V)g(v_y)v_y\, dv_y\, dt \tag{14.53}$$

其中 $V = l_x l_y l_z$ 是容器體積。為了得到在時間 dt 與 W 的碰撞總數，對於 v_y 的所有正值，我們對 (14.53) 式求和，並乘以 W 的面積 $\mathcal{A}$ [$v_y < 0$ 的分子不滿足 (a) 的要求並且在時間 dt 無法與壁碰撞。因此，只對正 v_y 求總和]。無窮小量的無窮和是 v_y 從 0 到 ∞ 的定積分，而在時間 dt 與 W 碰撞的分子數是

$$dN_W = \mathcal{A}\frac{N}{V}\left[\int_0^\infty g(v_y)v_y\, dv_y\right]dt \tag{14.54}$$

對於 $g(v_y)$ 使用 (14.42) 式且使用表 14.1 中的積分 5 可得

$$\int_0^\infty g(v_y)v_y\, dv_y = \left(\frac{m}{2\pi kT}\right)^{1/2}\int_0^\infty v_y e^{-mv_y^2/2kT}\, dv_y = \left(\frac{RT}{2\pi M}\right)^{1/2} = \tfrac{1}{4}\langle v \rangle$$

其中 $\langle v \rangle$ 使用了 (14.47) 式。此外，由於 $PV = nRT = (N/N_A)RT$，每單位體積的分子數是

$$(N/V) = PN_A/RT \tag{14.55}$$

(14.54) 式變為

$$\frac{1}{\mathcal{A}}\frac{dN_W}{dt} = \frac{1}{4}\frac{N}{V}\langle v \rangle = \frac{1}{4}\frac{PN_A}{RT}\left(\frac{8RT}{\pi M}\right)^{1/2} \tag{14.56}$$

其中 dN_W/dt 是與面積 $\mathcal{A}$ 的壁的分子碰撞率。

例 14.3 壁碰撞率

計算在 25°C 和 1.00 atm 的 O_2 每秒每平方厘米的壁碰撞次數。

使用 (14.48) 式的 $\langle v \rangle$，我們得到

$$\frac{1}{\mathcal{A}}\frac{dN_W}{dt} = \frac{1}{4}\frac{(1.00\text{ atm})(6.02\times 10^{23}\text{ mol}^{-1})}{(82.06\text{ cm}^3\text{ atm mol}^{-1}\text{ K}^{-1})(298\text{ K})}\,4.44\times 10^4\text{ cm s}^{-1}$$
$$= 2.7\times 10^{23}\text{ cm}^{-2}\text{ s}^{-1} \tag{14.57}$$

習題

對於 350 K 和 2.00 atm 的 N_2，求 N_2 在 1.00 s 內與面積為 1.00 cm^2 的器壁的分子碰撞次數。
(答案：5.4×10^{23})

假設壁上有一個面積為 $\mathcal{A}_{hole}$ 的小孔，容器外面是真空 [如果孔不是很小，氣體將迅速逸出，從而破壞了用於推導 (14.56) 式的速度的 Maxwell 分佈]。分子撞擊孔逃逸，逃逸率由 (14.56) 式給出

$$\frac{dN}{dt} = -\frac{PN_A \mathcal{A}_{hole}}{(2\pi MRT)^{1/2}} \tag{14.58}$$

出現負號是因為容器中分子數的無窮小變化 dN 是負的。氣體通過一個小孔逸出稱為**逸散** (effusion)。逸散率與 $M^{-1/2}$(Graham 逸散定律) 成正比。逸出率的差異可用於分離同位素物種。在第二次世界大戰期間，使用 $UF_6(g)$ 的重複逸出將 $^{235}UF_6$ 與 $^{238}UF_6$ 分離以獲得用於原子彈的可裂變 ^{235}U。

設 λ 是氣體分子在與其他氣體分子碰撞之間行進的平均距離。應用 (14.58) 式，孔的直徑 d_{hole} 必須遠小於 λ。否則分子將在孔附近相互碰撞，從而形成通過孔的集體流動，這與圖 14.5 的 Maxwell 分佈不同。這種大量流動的產生是因為分子通過孔的逸出耗盡了氣體分子孔附近的區域，降低了孔附近的壓力。因此，孔區域中的分子在靠近孔的一側比在遠離孔的一側經歷更少的碰撞並且經歷朝向孔的淨力 (在逸散中，沒有朝向孔的淨力)。由於壓力差導致的氣體或液體流動稱為黏性流動 (viscous flow)、對流流動 (convective flow) 或體積流動 (bulk flow)(見第 15.3 節)。逸散是自由分子 (或 Knudsen) 流動的一個例子；這裡 λ 很大，可以忽略分子間碰撞。

(14.58) 式適用性的另一個要求是壁很薄。否則，逸出的氣體分子與孔的側面碰撞可以反射回容器中。

在用於求固體蒸氣壓的 Knudsen 方法中，可測量由於在具有小孔的容器中與固體平衡的蒸汽逸散引起的重量損失。由於 $N/N_A = n = m/M$，(14.58) 式給出 $dm/dt = -P_{vp}\mathcal{A}_{hole}(M/2\pi RT)^{1/2}$，其中 m 是質量。為了允許撞擊孔的一些分子從孔的側面反射回到容器中，將因子 k 放入該方程式中可得

$$dm/dt = -kP_{vp}\mathcal{A}_{hole}(M/2\pi RT)^{1/2}$$

其中透射係數 (transmission coefficient)[或箝制因子 (Clausing factor)] k 是進入孔的分子從容器中逸出的分率。用已知厚度為 l 的板密封容器，該板包含已知直徑 d_{hole} 的微小

圓孔。Clausing 使用氣體動力學理論推導出 $k = (1 + 1/d_{\text{hole}})^{-1}$ 的結果。由於蒸氣壓 P_{vp} 是常數，我們有 $dm/dt = \Delta m/\Delta t$，且

$$P_{\text{vp}} = -\frac{\Delta m}{k\mathcal{A}_{\text{hole}} \Delta t}\left(\frac{2\pi RT}{M}\right)^{1/2} \tag{14.59}$$

測量 $\Delta m/\Delta t$ 可得蒸氣壓。

具有非常大的陽離子或陰離子的鹽的熔點可低於室溫。正在深入研究這種室溫離子液體 (room-temperature ionic liquids, RTILs) 用於反應混合物的環境友好溶劑的用途。RTILs 的室溫蒸氣壓小得無法測量，最大限度地減少了溶劑向環境的逸出。在 440 K 至 500 K 的溫度範圍內，Knudson 方法已被用來測量一些 RTILs 的蒸氣壓。

14.7 分子碰撞和平均自由徑

動力學理論允許計算分子間碰撞的速率。我們採用分子的粗模型如直徑為 d 的硬球。我們假設沒有分子間力存在，除非在碰撞時，分子像兩個碰撞的撞球一樣互相反彈。在高氣壓下，分子間力很大，本節中得出的方程式不適用。分子間碰撞在反應動力學中很重要，因為分子必須相互碰撞才能反應。分子間碰撞也有助於維持 Maxwell 速度分佈。

碰撞率的嚴謹推導是複雜的，因此本節僅給出了不嚴謹處理 (在本章末的進一步閱讀中的 Present 第 5-2 節中有完整推導)。

我們將考慮純氣體以及兩種氣體 b 和 c 的混合物中的碰撞。對於純氣體 b 或 b 和 c 的混合物，設 $z_b(b)$ 是一個特定 b 分子與其他 b 分子產生的每單位時間的碰撞次數，並且令 Z_{bb} 為每單位時間和每單位體積氣體的所有 b–b 碰撞的總數。對於 b 和 c 的混合物，令 $z_b(c)$ 是一個特定 b 分子與 c 分子形成的每單位時間的碰撞次數，並且令 Z_{bc} 為每單位體積每單位時間的 b–c 碰撞總數。因此

$$z_b(c) \equiv \text{與 } c \text{ 分子的特定 } b \text{ 分子的碰撞率}$$
$$Z_{bc} \equiv \text{每單位體積的總 } b\text{–}c \text{ 碰撞率}$$

設 N_b 和 N_c 為存在的 b 和 c 分子數。

為了計算 $z_b(c)$，我們假設除了一個特定的 b 分子，所有分子都處於靜止狀態，b 分子以恆定速率 $\langle v_{bc}\rangle$ 運動，其中 $\langle v_{bc}\rangle$ 是 b 分子相對於實際氣體中 c 分子的平均速率，所有分子都在運動。令 d_b 和 d_c 為 b 和 c 分子的直徑，令 r_b 和 r_c 為它們的半徑。只要分子中心之間的距離在 $\frac{1}{2}(d_b + d_c) = r_b + r_c$ 範圍內，移動的 b 分子就會與 c 分子碰撞 (圖 14.12a)。想像一個半徑為 $r_b + r_c$ 的圓柱體，以移動的 b 分子為中心 (圖 14.12b)。在時間 dt，移動的分子行進距離 $\langle v_{bc}\rangle dt$ 並掃出體積 $\pi(r_b + r_c)^2 \cdot \langle v_{bc}\rangle dt \equiv V_{\text{cyl}}$ 的圓柱體。移動的 b 分子將與中心位於該圓柱內的所有 c 分子碰撞。由於靜止的 c 分子均勻地分佈在整個容器體積 V 中，所以中心在圓柱體內的 c 分子的數量是 $(V_{\text{cyl}}/V)N_c$，並且

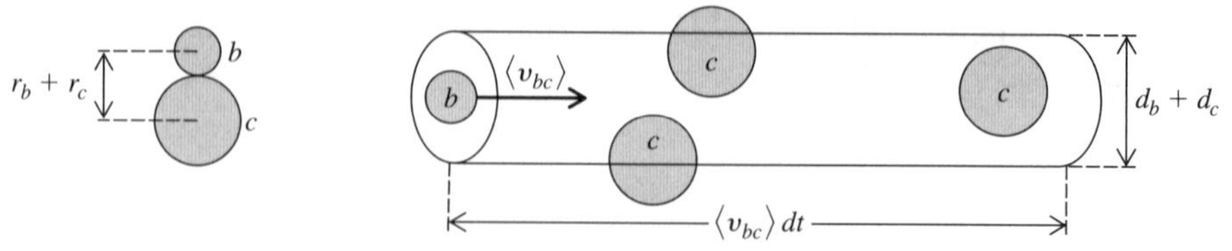

圖 14.12
碰撞分子。

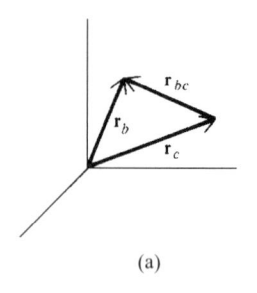

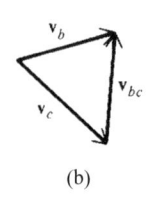

圖 14.13
分子位移向量和速度向量。

這是在時間 dt 特定 b 分子和 c 分子之間的碰撞數。因此，每單位時間的這種碰撞數是 $z_b(c) = (V_{cyl}/V)N_c/dt$，並且

$$z_b(c) = (N_c/V)\pi(r_b + r_c)^2 \langle v_{bc} \rangle \tag{14.60}$$

為了完成推導，我們需要 $\langle v_{bc} \rangle$，即 b 分子相對於 c 分子的平均速率。圖 14.13a 顯示了來自坐標原點的分子 b 和 c 的位移向量 $\mathbf{r}_b$ 和 $\mathbf{r}_c$。b 相對於 c 的位置由向量 $\mathbf{r}_{bc}$ 確定。這三個向量形成一個三角形，通常的向量加法規則給出了 $\mathbf{r}_c + \mathbf{r}_{bc} = \mathbf{r}_b$ 或 $\mathbf{r}_{bc} = \mathbf{r}_b - \mathbf{r}_c$。將此方程式對 t 微分並使用 $\mathbf{v} \equiv d\mathbf{r}/dt$ [(2.2) 式]，我們得到 $\mathbf{v}_{bc} = \mathbf{v}_b - \mathbf{v}_c$。此方程式證明向量 $\mathbf{v}_b$、$\mathbf{v}_c$ 和 $\mathbf{v}_{bc}$ 形成三角形 (圖 14.13b)。

在 b–c 碰撞中，分子可以從 0 到 180° 的任何角度彼此接近 (圖 14.14a)。平均接近角是 90°，因此為了計算 $\langle v_{bc} \rangle$，我們想像速率 $\langle v_b \rangle$ 的一個 b 分子和速率 $\langle v_c \rangle$ 的一個 c 分子之間的 90° 碰撞，其中這些平均速率由 (14.47) 式給出。由圖 14.13b 中的向量形成的三角形是 90° 碰撞的直角三角形 (圖 14.14b)，而畢氏定理給出了

$$\langle v_{bc} \rangle^2 = \langle v_b \rangle^2 + \langle v_c \rangle^2 = 8RT/\pi M_b + 8RT/\pi M_c$$

其中 M_b 和 M_c 是氣體 b 和 c 的莫耳質量。代入 (14.60) 式中可得

$$z_b(c) = \pi(r_b + r_c)^2[\langle v_b \rangle^2 + \langle v_c \rangle^2]^{1/2}(N_c/V)$$

$$z_b(c) = \pi(r_b + r_c)^2 \left[\frac{8RT}{\pi}\left(\frac{1}{M_b} + \frac{1}{M_c}\right)\right]^{1/2} \frac{N_c}{V} \tag{14.61}$$

為了找到 $z_b(b)$，我們將 $c = b$ 代入 (14.61) 式得到

$$z_b(b) = 2^{1/2}\pi d_b^2 \langle v_b \rangle \frac{N_b}{V} = 2^{1/2}\pi d_b^2 \left(\frac{8RT}{\pi M_b}\right)^{1/2} \frac{P_b N_A}{RT} \tag{14.62}$$

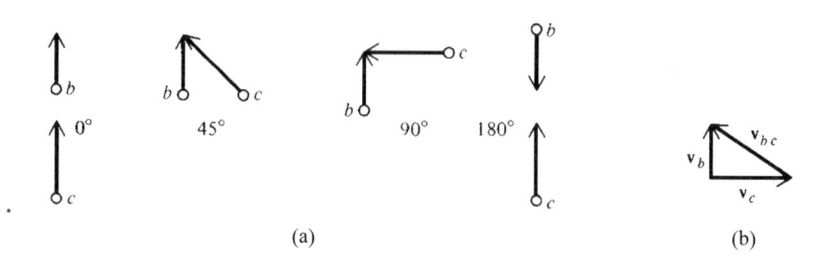

圖 14.14
碰撞分子。

其中使用了 $N_b/V = P_b N_A/RT$ [(14.55) 式]。無論 b 是純氣體還是理想氣體混合物的成分，方程式 (14.61) 式都是成立的。

總 b–c 碰撞率等於特定 b 分子與 c 分子的碰撞率 $z_b(c)$ 乘以 b 分子數。因此，每單位體積的總 b–c 碰撞率是 $Z_{bc} = N_b z_b(c)/V$，且

$$Z_{bc} = \pi(r_b + r_c)^2 \left[\frac{8RT}{\pi}\left(\frac{1}{M_b} + \frac{1}{M_c}\right)\right]^{1/2}\left(\frac{N_b}{V}\right)\left(\frac{N_c}{V}\right) \tag{14.63}$$

如果我們將一個 b 分子的 b–b 碰撞率 $z_b(b)$ 乘以 b 分子數來計算總 b–b 碰撞率，我們將計算每一 b–b 碰撞兩次。例如，分子 b_1 和 b_2 之間的碰撞當由 b_1 進行的碰撞時計數一次而由 b_2 進行的碰撞時又計數一次。因此必須包括 $\frac{1}{2}$ 因子，每單位體積的總 b–b 碰撞率為 $Z_{bb} = \frac{1}{2} N_b z_b(b)/V$，或

$$Z_{bb} = \frac{1}{2^{1/2}} \pi d_b^2 \langle v_b\rangle \left(\frac{N_b}{V}\right)^2 = \frac{1}{2^{1/2}} \pi d_b^2 \left(\frac{8RT}{\pi M_b}\right)^{1/2}\left(\frac{P_b N_A}{RT}\right)^2 \tag{14.64}$$

例 14.4　分子間碰撞率

對於 25°C 和 1.00 atm 的 O_2，估算 $z_b(b)$ 和 Z_{bb}。O_2 中的鍵距為 1.2 Å。

O_2 分子既不是硬的也不是球形的，但是對於硬球模型中直徑 d 的合理估算可能是鍵長的兩倍：$d \approx 2.4$ Å。方程式 (14.62) 式和 (14.48) 式給出了一個特定 O_2 分子的碰撞率

$$z_b(b) \approx 2^{1/2}\pi(2.4 \times 10^{-8} \text{ cm})^2 (44400 \text{ cm/s}) \frac{(1.00 \text{ atm})(6.02 \times 10^{23} \text{ mol}^{-1})}{(82.06 \text{ cm}^3\text{-atm/mol-K})(298 \text{ K})}$$

$$z_b(b) \approx 2.8 \times 10^9 \text{ 碰撞/s} \qquad O_2 \text{ 在 25°C 和 1 atm} \tag{14.65}$$

儘管與分子直徑相比，氣體分子彼此相距很遠，但是非常高的平均分子速率導致分子每秒產生很多碰撞。代入 (14.64) 式可得每秒每立方厘米氣體的碰撞總數

$$Z_{bb} \approx 3.4 \times 10^{28} \text{ cm}^{-3}\text{s}^{-1} \qquad O_2 \text{ 在 25°C 和 1 atm}$$

習題

驗證 Z_{bb} 的結果。

平均自由徑 (mean free path) λ 定義為分子在兩個連續的分子間碰撞之間行進的平均距離。在氣體 b 和 c 的混合物中，λ_b 不同於 λ_c。氣體分子具有速率分佈 (更準確地說，每個物種都有自己的分佈)。由於分子間碰撞，給定 b 分子的速率每秒變化許多次。在很長時間 t 內，給定 b 分子的平均速率是 $\langle v_b \rangle$，它行進的距離是 $\langle v_b \rangle t$，它產生的碰撞次數是 $[z_b(b) + z_b(c)] t$。因此碰撞之間 b 分子行進的平均距離為 $\lambda_b = \langle v_b \rangle t/[z_b(b) + z_b(c)] t$，即

$$\lambda_b = \langle v_b\rangle / [z_b(b) + z_b(c)] \tag{14.66}$$

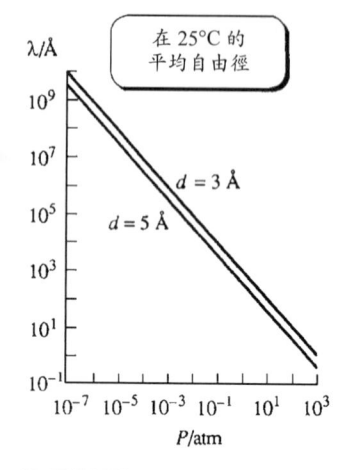

圖 14.15
對於兩種不同的分子直徑，在 25°C 的氣體中，平均自由徑與壓力的關係。坐標是對數刻度。

其中 $\langle v_b \rangle$、$z_b(b)$ 和 $z_b(c)$] 由 (14.47)、(14.62) 和 (14.61) 式給出 (我們做出了合理的假設，即單個 b 分子的時間平均速率等於特定時刻氣體中所有 b 分子的平均速度率)。

在純氣體 b 中，沒有 b–c 碰撞，$z_b(c)$] = 0 且

$$\lambda = \frac{\langle v_b \rangle}{z_b(b)} = \frac{1}{2^{1/2}\pi d^2(N/V)} = \frac{1}{2^{1/2}\pi d^2}\frac{RT}{PN_A} \qquad \text{純氣體} \qquad (14.67)$$

隨著 P 的增加，平均自由徑 λ 降低 (圖 14.15)，因為分子碰撞率 $z_b(b)$ 增加 [(14.62) 式]。

對於 25°C 和 1 atm 的 O_2，使用 (14.67)、(14.65) 和 (14.48) 式可得

$$\lambda = \frac{4.44 \times 10^4 \text{ cm s}^{-1}}{2.8 \times 10^9 \text{ s}^{-1}} = 1.6 \times 10^{-5} \text{ cm} = 1600 \text{ Å} \qquad O_2 \text{ 在 25°C 和 1 atm}$$

碰撞之間的平均時間是 $\lambda/\langle v \rangle = 1/z_b(b)$，對於 25°C 和 1 atm 的 O_2，平均時間等於 4×10^{-10} s。

請注意，在 1 atm 和 25°C：(a) λ 與宏觀尺寸 (1 cm) 相比較小，因此分子相互碰撞的頻率遠高於容器壁；(b) λ 與分子尺寸 (10^{-8} cm) 相比較大，因此分子在與另一個分子碰撞之前，分子移動許多分子直徑的距離；(c) λ 與氣體分子之間的平均距離 (約 35 Å) 相比較大。

良好的真空度為 10^{-6} torr ≈ 10^{-9} atm。由於 λ 與 P 成反比，因此在 25°C 和 10^{-9} atm 的 O_2 的平均自由徑為 1.6×10^{-5} cm $\times 10^9$ = 160 m = 0.1 mi，這與通常的容器尺寸相比較大。在良好的真空中，氣體分子與容器壁碰撞的頻率比彼此相互碰撞要高得多。在 10^{-9} atm 和 25°C 時，給定的 O_2 分子與其他氣體分子平均每秒僅 2.8 次碰撞。

平均自由徑在氣體輸送性質中起著關鍵作用 (第 15 章)，它取決於分子碰撞。

在 1 atm 的氣體中非常高的分子間碰撞率引起以下點。氣體之間的化學反應通常非常緩慢。(14.65) 式顯示，如果氣體混合物中的每個 b–c 碰撞都引起化學反應，在 1 atm 下的氣相反應將在幾分之一秒內結束，這與經驗相反。通常，只有很小一部分碰撞導致反應，因為碰撞分子必須具有一定的相對運動的最小能量才能反應並且必須正確定向。由於分佈函數 $G(v)$ 在高 v 下呈指數衰減，因此只有一小部分分子可能具有足夠的能量來反應。

每次碰撞時分子的運動方向都會發生變化，在 1 atm 的短平均自由徑 (≈ 10^{-5} cm) 使得分子路徑類似於布朗運動。

14.8 氣壓公式

對於地球重力場中的理想氣體，氣體壓力隨著高度的升高而降低。在地球表面以上的高度 z 處考慮一層薄薄的氣體（圖 14.16）。令該層具有厚度 dz，質量 dm 和橫截面積 $\mathcal{A}$。此層的向上力 F_{up} 由恰好在該層下方的氣體的壓力 P 產生且 $F_{up} = P\mathcal{A}$。此層的向下力是由重力 $dm\,g$ [(2.6) 式] 和恰好在層上方的氣體的壓力 $P + dP$ 引起的（dP 為負）。因此，$F_{down} = g\,dm + (P + dP)\mathcal{A}$。由於該層處於機械平衡狀態，因此這些力平衡為：$P\mathcal{A} = (P + dP)\mathcal{A} + g\,dm$，且

$$dP = -(g/\mathcal{A})\,dm \tag{14.68}$$

理想氣體定律給出 $PV = P(\mathcal{A}\,dz) = (dm/M)RT$，因此 $dm = (PM\mathcal{A}/RT)dz$，在分離變數 P 和 z 之後，(14.68) 式變為

$$dP/P = -(Mg/RT)dz \tag{14.69}$$

設 P_0 為零高度（地球表面）的壓力，P' 為高度 z' 的壓力。將 (14.69) 式積分可得

$$\ln\frac{P'}{P_0} = -\int_0^{z'} \frac{Mg}{RT}\,dz \tag{14.70}$$

由於地球大氣層的厚度遠小於地球半徑，我們可以忽略重力加速度 g 隨高度 z 的變化。隨著 z 的變化，大氣的溫度會發生很大的變化（圖 14.17），但我們將假設一個等溫大氣的粗略近似。忽略 g 和 T 隨 z 的變化，可以將 Mg/RT 置於 (14.70) 式的積分外得到 $\ln(P'/P_0) = -Mgz'/RT$；去除 $'$，我們有

$$P = P_0\,e^{-(Mgz/RT)} \quad T、g 恆定 \tag{14.71}$$

分子上的重力增加了較低水平的分子濃度，氣體壓力和密度（與 P 成正比）隨著高度的增加呈指數減少。

稍微更廣義的 (14.71) 式為 $P_2/P_1 = e^{-Mg(z_2-z_1)/RT}$，其中 P_2 和 P_1 是在高度 z_2 和 z_1 處的壓力。當 $Mg(z_2 - z_1)/RT$ 等於 1 時，P_2 為 P_1 的 $1/e \approx 1/2.7$。對於 $M = 29$ g/mol 和 $T = 250$ K 的空氣，方程式 $Mg\,\Delta z/RT = 1$ 給出 7.3 km。對於每增加 7.3 km (4.5 mi) 的高度，大氣壓力降至前一值的約 1/2.7。由於密度隨著高度呈指數下降，超過 99% 的地球大氣質量位於海拔 35 km 以下。

在理想氣體的混合物中，每種氣體 i 具有其自身的莫耳質量 M_i。我們可以證明，像 (14.71) 式這樣的方程式獨立地應用於每種氣體，且 $P_i = P_{i,0}e^{-M_i gz/RT}$，其中 P_i 和 $P_{i,0}$ 是氣體 i 在高度 z 和 0 處的分壓。當 M_i 越大，P_i 就越快隨高度減小。然而，對流、亂流和其他現象使氣體在地球的中

圖 14.16
重力場中的氣體薄層。

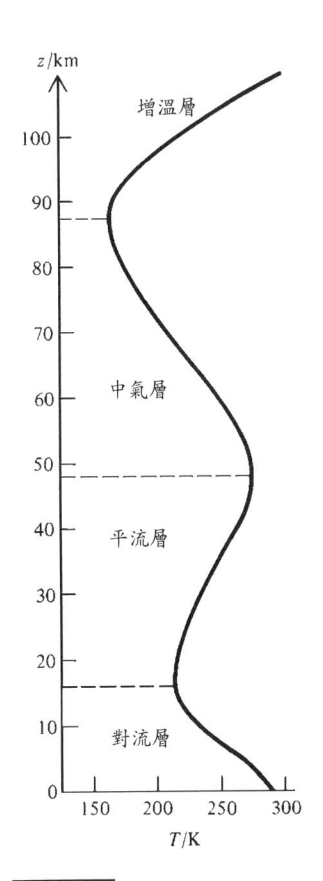

圖 14.17
在 40° N 緯度下，六月平均大氣溫度與海拔高度的關係（此圖說明了為什麼山頂全年常被冰雪覆蓋）。

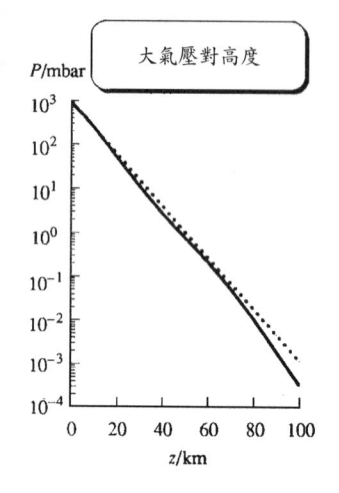

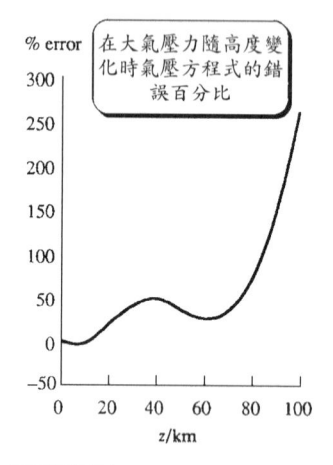

低層大氣中相當好地混合，而在 90 km 以下空氣的平均莫耳質量基本上保持恆定在 29 g/mol。90 km 以上，較輕氣體的莫耳分率增加，在 800 km 以上，主要物種是 H、H_2 和 He。

由於 T 隨 z 變化，(14.71) 式只是對實際大氣壓力的粗略近似。圖 14.18 繪製了觀察到的大氣壓力 P_{obs} 和由 (14.71) 式計算得到的 P_{calc}，其中使用平均溫度 T = 250 K (圖 14.17)，M = 29 g/mol，g = 9.81 m/s² 和 P_0 = 1013 mbar 計算。

例 14.5　氣壓隨高度的變化

在 1.00 bar 和 25°C 下的 O_2 容器高 100 cm，處於海平面。計算容器底部的氣體與頂部的氣體之間的壓力差。

從 (14.71) 式，$P_{top} = P_{bot} e^{-Mgz/RT}$，所以 $P_{bot} - P_{top} = P_{bot}(1 - e^{-Mgz/RT})$。我們有

$$\frac{Mgz}{RT} = \frac{(0.0320 \text{ kg mol}^{-1})(9.81 \text{ m s}^{-2})(1.00 \text{ m})}{(8.314 \text{ J mol}^{-1} \text{ K}^{-1})(298 \text{ K})} = 0.000127$$

$$P_{bot} - P_{top} = (1.00 \text{ bar})(1 - e^{-0.000127}) = 0.000127 \text{ bar} = 0.095 \text{ torr}$$

習題

若建築物頂層的空氣壓力比底層的空氣壓力低 4.0 torr，此建築物每層比前一層高 10 ft，則建築物有多少層？做出合理的假設。
(答案：16)

圖 14.18
上圖的實線顯示地球大氣層中壓力與高度的關係。虛線是氣壓公式 (14.71)。下方的圖繪製了氣壓公式對高度的百分比誤差。

14.9 波茲曼分佈定律

由於 $P = NRT/N_A V$，氣壓方程式 (14.71) 式中的比 P/P_0 等於 $N(z)/N(0)$，其中 $N(z)$ 和 $N(0)$ 是在高度 z 和 0 處等體積的薄層中的分子數。此外，$Mgz/RT = N_A mgz/N_A kT = mgz/kT$，其中 m 是分子的質量。mgz 等於 $\varepsilon_P(z) - \varepsilon_P(0) \equiv \Delta\varepsilon_P$，其中 $\varepsilon_P(z)$ 和 $\varepsilon_P(0)$ 是高度 z 和 0 處分子的位能。因此 (14.71) 式可以寫成

$$N(z)/N(0) = e^{-[\varepsilon_p(z)-\varepsilon_p(0)]/kT} = e^{-\Delta\varepsilon_p/kT} \tag{14.72}$$

v_x 分佈定律 (14.42) 式讀取 $dN v_x/N = A e^{-\varepsilon_{tr}/kT}$，其中 $\varepsilon_{tr} = \frac{1}{2} m v_x^2$。令 dN_1 和 dN_2 為分子的 v_x 值分別位於 $v_{x,1}$ 至 $v_{x,1} + dv_x$ 和 $v_{x,2}$ 至 $v_{x,2} + dv_x$ 範圍中的分子數。因此

$$dN_2/dN_1 = e^{-(\varepsilon_{tr,2}-\varepsilon_{tr,1})/kT} = e^{-\Delta\varepsilon_{tr}/kT} \tag{14.73}$$

方程式 (14.72) 式和 (14.73) 式是下列更廣義的**波茲曼分佈定律** (Boltzmann distribution law) 的特例：

$$\frac{N_2}{N_1} = e^{-\Delta\varepsilon/kT} \qquad 其中 \Delta\varepsilon \equiv \varepsilon_2 - \varepsilon_1 \qquad (14.74)*$$

在此方程式中，N_1 是狀態 1 中的分子數，ε_1 是狀態 1 的能量；N_2 是狀態 2 中的分子數。粒子的**狀態** (state) 在古典力學中是將其位置和速度指定在無窮小範圍內來定義。方程式 (14.74) 是熱平衡系統的統計力學結果，將在第 21.5 節中推導出來。如果 ε_2 大於 ε_1，則 $\Delta\varepsilon$ 為正，而由 (14.74) 式知 N_2 小於 N_1。狀態中的分子數隨著狀態能量的增加而減少。

Maxwell 速度分佈中的因子 v^2, (14.44) 式，似乎與波茲曼分佈 (14.74) 式相矛盾，但事實並非如此。(14.74) 中的 N_1 是給定狀態下的分子數，並且許多不同的狀態可以具有相同的能量。因此，具有相同速率但速度不同的分子處於不同的狀態但具有相同的平移能量。這些分子的速度向量指向不同的方向但具有相同的長度，它們的尖端都位於圖 14.4 中的薄球殼中。(14.44) 式中的因子 $4\pi v^2$ 來自具有相同速率 v 但不同速度 **v** 的分子。對於 $dN_{v_x v_y v_z}/N$，使用 (14.29) 式和 (14.43) 式的速度分佈函數給出了類似於 (14.73) 式的結果，與波茲曼分佈定律一致。

14.10 理想多原子氣體的熱容量

在第 14.3 節，我們用動力學理論證明對於理想單原子氣體 $C_{V,m} = \frac{3}{2}R$。多原子氣體又如何？添加到多原子分子氣體中的熱能可以表現為氣體分子的旋轉和振動 (以及平移) 能量，因此多原子氣體的莫耳熱容量 $C_{V,m} = (\partial U_m/\partial T)_V$ 大於單原子氣體。還有分子電子能量，但這通常不會被激發，除非在非常高的溫度下，通常為 10^4 K。本節概述了分子振動和旋轉對 U_m 和 $C_{V,m}$ 的貢獻的古典－機械動力學理論處理。

理想氣體中單原子分子的能量是

$$\varepsilon = \tfrac{1}{2}mv_x^2 + \tfrac{1}{2}mv_y^2 + \tfrac{1}{2}mv_z^2 + \varepsilon_{el} = p_x^2/2m + p_y^2/2m + p_z^2/2m + \varepsilon_{el} \qquad (14.75)$$

其中動量分量為 $p_x \equiv mv_x$、$p_y \equiv mv_y$、$p_z \equiv mv_z$，其中 ε_{el} 是電子能量。

氣體的莫耳內能 U_m 是各個分子的能量之和，因此等於 Avogadro 常數 N_A 乘以平均分子能量：$U_m = N_A \langle \varepsilon \rangle$。來自 (14.37) 式，我們有 $\langle v_x^2 \rangle = kT/m$ 和 $\langle \tfrac{1}{2}mv_x^2 \rangle = \tfrac{1}{2}kT$。對於每莫耳氣體，我們具有 $N_A \langle \tfrac{1}{2}mv_x^2 \rangle = \tfrac{1}{2}N_A kT = \tfrac{1}{2}RT$ 作為 x 方向上的平移運動對莫耳內能 U_m 的貢獻。因為 $C_{V,m} = \partial U_m/\partial T$，由於 x 方向上的分子平移能，我們得到 $\tfrac{1}{2}R$ 對 $C_{V,m}$ 的貢獻且由於 x、y 和 z 的平移能量，我們得到 $\tfrac{3}{2}R$ 對 $C_{V,m}$ 的總貢獻，如 (14.18) 式所示。

對於多原子分子，平移能與 (14.75) 式中的相同，因此對多原子分子的氣體的 $C_{V,m}$ 貢獻 $\tfrac{3}{2}R$，與單原子分子的氣體相同。然而，多原子分子也具有旋轉和振動能量。分子旋轉能量和振動能量的古典機械表達式是項的總和，每個項與動量的平方或坐

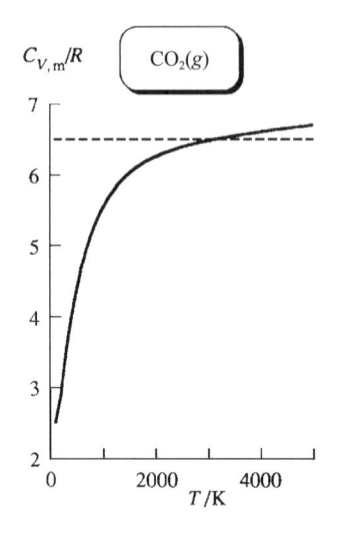

圖 14.19
$CO_2(g)$ 在 1 atm 的 C_V 對 T 的圖。等分定理值為 $C_{V,m} = 6.5R$。

標的平方成正比；這些項在動量或坐標上是二次的。人們可以使用波茲曼分佈定律 (14.74) 式來證明 $\langle cw^2 \rangle = \frac{1}{2}kT$，其中 c 是常數，w 是動量或坐標。因此，古典統計力學預測：在動量或坐標中二次方的分子能量表達式中的每個項將對 U_m 貢獻 $\frac{1}{2}RT$ 和對 $C_{V,m}$ 貢獻 $\frac{1}{2}R$。這是均分能量原理 (equipartition-of energy principle)。

分子能量是平移、旋轉、振動和電子能量的總和：$\varepsilon = \varepsilon_{tr} + \varepsilon_{rot} + \varepsilon_{vib} + \varepsilon_{el}$。平移能量由 (14.75) 式給出為 $\varepsilon_{tr} = p_x^2/2m + P_y^2/2m + p_z^2/2m$。由於 ε_{tr} 有三項，每項都是動量的平方項，均分原理說 ε_{tr} 貢獻 $3 \times \frac{1}{2}R = \frac{3}{2}R$ 到 $C_{V,m}$。此結果與單原子氣體的數據一致。

對於線性分子 (例如，H_2、CO_2、C_2H_2)，ε_{rot} 的古典機械表達式具有兩個二次項，而 ε_{vib} 具有 $2(3\mathcal{N} - 5)$ 個二次項，其中 $\mathcal{N}$ 是分子中的原子數。對於非線性分子 (例如，H_2O、CH_4)，ε_{rot} 有三個二次項，ε_{vib} 有 $2(3\mathcal{N} - 6)$ 個二次項。因此，線性分子在 ε 中具有 $3 + 2 + 2(3\mathcal{N} - 5) = 6\mathcal{N} - 5$ 個二次項，並且對於線性分子的理想氣體，$C_{V,m}$ 預測為 $(3\mathcal{N} - 2.5)R$，假設 T 不足以激發電子能量。非線性分子在 ε 中具有 $3 + 3 + 2(3\mathcal{N} - 6) = 6\mathcal{N} - 6$ 個二次項，並且除非在極高的 T 下，對於非線性分子的理想氣體，$C_{V,m}$ 預測為 $(3\mathcal{N} - 3)R$。這些值應適用於所有溫度低於 10^4 K。

對於被認為是理想氣體的 CO_2，均分定理預測 $C_{V,m} = [3(3) - 2.5]R = 6.5R$，與 T 無關。低壓下 CO_2 的實驗 $C_{V,m}$ 值繪製在圖 14.19 中，這些與均分預測不同。對於其他多原子氣體，實驗 $C_{V,m}$ 值與均分定理預測值之間存在類似的分歧。通常，$C_{V,m}$ 隨 T 增加並且僅在高 T 時達到均分值。數據顯示均分定理是錯誤的。均分原理失敗是因為對於分子能量它使用古典機械表達式，而分子振動和旋轉遵循量子力學，而不是古典力學。除了在極低的溫度下，分子平移能的古典機械處理是高度精確的近似，並且平移運動將 $\frac{3}{2}R$ 貢獻給氣體的 $C_{V,m}$。

14.11 總結

我們藉由考慮分子對容器壁的撞擊，找到了理想氣體施加的壓力的表達式。該表達式與 $PV = nRT$ 的比較顯示，氣體中的總分子平移能是 $E_{tr} = \frac{3}{2}nRT$。由此得出，每個氣體分子的平均平移能為 $\langle \varepsilon_{tr} \rangle = \frac{3}{2}kT$。使用 $\varepsilon_{tr} = \frac{1}{2}mv^2$ 使 rms 分子速率為 $v_{rms} = (3RT/M)^{1/2}$。

從假設速度分佈與方向無關並且分子的 v_x、v_y 和 v_z 值在統計上彼此獨立開始，我們導出氣體分子的速率 v 和速度分量 v_x、v_y 和 v_z 的 Maxwell 分佈定律 (圖 14.5 和 14.6)。速度的 x 分量在 v_x 和 $v_x + dv_x$ 之間的分子分率是 $dN_{v_x}/N = g(v_x)dv_x$，其中 $g(v_x) = (m/2\pi kT)^{1/2}\exp(-\frac{1}{2}mv_x^2/kT)$。速率

在 v 和 $v\,dv$ 之間的分子分率是 $dN_v/N = G(v)dv$，其中 $G(v) = 4\pi v^2 g(v_x)g(v_y)g(v_z)$ 並且由 (14.44) 式給出。使用 $G(v)$ 允許計算 v 的任何函數的平均值，即 $\langle f(v)\rangle = \int_0^\infty f(v)G(v)\,dv$。例如，我們求得 $\langle v \rangle = (8RT/\pi M)^{1/2}$。

方程式 (14.56) 和 (14.58) 式給出了氣體分子與壁的碰撞速率和通過微孔的逸散速率。發現單個 b 分子與 c 分子的碰撞率 $z_b(c)$ 和每單位體積的總 b–c 碰撞率 z_{bc} 的表達式。平均自由徑 λ 是分子在連續碰撞之間行進的平均距離，由 (14.67) 式給出。

波茲曼分佈定律 $N_2/N_1 = e^{-(\varepsilon_2 - \varepsilon_1)/kT}$ [(14.74) 式] 給出了分子在其可能狀態中的分佈。

多原子氣體熱容量的古典均分定理預測了不正確的結果。

本章討論的重要計算類型包括：

- 計算平均分子平移能 $\langle \varepsilon_{tr} \rangle = \frac{3}{2}kT$。
- 計算理想單原子氣體的熱容量，$C_{V,m} = \frac{3}{2}R$。
- 計算氣體分子的均方根速率，$v_{rms} = (3RT/M)^{1/2}$。
- 使用分佈函數 $G(v)$ 來計算氣體分子在 v 和 $v + dv$ 之間的速率的機率 $G(v)\,dv$。
- 使用分佈函數 $G(v)$ 和 $g(v_x)$ 從 $\langle f(v)\rangle = \int_0^\infty f(v)\,G(v)\,dv$ 或 $\langle f(v_x)\rangle = \int_{-\infty}^\infty f(v_x)\,g(v_x)\,dv_x$ 計算 v 或 v_x 函數的平均值。
- 使用表 14.1 中的積分計算 $\int_{-\infty}^\infty x^m e^{-ax^2}$ 形式的動力學理論積分。
- 使用 (14.56) 式計算與壁的碰撞率。
- 使用 (14.58) 和 (14.59) 式計算由孔逸出的速率和固體的蒸氣壓。
- 使用 (14.61) 和 (14.63) 式計算單個碰撞率 $z_b(c)$ 和每單位體積的總碰撞率 Z_{bc}。
- 計算平均自由徑 (14.67) 式。
- 使用 $P = P_0 e^{-Mgz/RT}$ 計算等溫大氣中的壓力。
- 使用均分定理計算氣體的高溫 $C_{V,m}$ 值。

習題

第 14.2 節

14.1 對或錯？(a) 分子的速率 v 不為負。(b) 分子的速度分量 v_x 不為負。

第 14.3 節

14.2 對或錯？(a) He(g) 和 Ne(g) 的 $C^\circ_{P,m,500}$ 相同。(b) He(g) 和 Ne(g) 在 400 K 和 1 bar 下 的 v_{rms} 相同。(c) 在 300 K 和 1 bar 下，$N_2(g)$ 和 He(g) 的 $\langle \varepsilon_{tr} \rangle$ 相同。(d) 在 300 K 和 1 bar 下，He(g) 中的 v_{rms} 大於 Ne(g) 中的 v_{rms}。

14.3 計算 (a) 1.00 mol 的 O_2；(b) 1.00 mol 的 CO_2；(c) 470 mg 的 CH_4。在 25°C 和 1.0 atm 下的總分子平移能。

14.4 計算 (a) O_2；(b) CO_2。在 298°C 和 1 bar 下的一個分子的平均平移能。

14.5 計算理想氣體的 $\langle \varepsilon_{tr}(100°C)\rangle / \langle \varepsilon_{tr}(0°C)\rangle$。

14.6 在 0°C 下計算 $v_{rms}(Ne)/v_{rms}(He)$。

14.7 在什麼溫度下 H_2 分子的均方根速率與在 20°C 下 O_2 分子的均方根速率相同？求解此問題而無需計算 O_2 的 v_{rms}。

第 14.4 節

14.8 計算在 20°C 和 1.00 atm 的 5.0 m × 6.0 m × 3.0 m 空屋內空氣分子的總平移動能。對 40°C 和 1.00 atm 重複計算。

第 14.4 節

14.9 (a) 給出 v 的範圍。(b) 給出 v_x 的範圍。(c) 不做任何計算，給出 $O_2(g)$ 在 298 K 和 1 bar 下的 $\langle v_y \rangle$ 值。(d) 對於公式 $dN_v/N = G(v)dv$，用敘述說明 dN_v 是什麼。

14.10 對或錯？(a) 在 300 K 和 1 bar 下，$He(g)$ 和 $N_2(g)$ 的 $v_{x,mp}$ 相同。(b) 在 300 K 和 1 bar 下，$He(g)$ 和 $N_2(g)$ 的 v_{mp} 相同。(c) 在 300 K 和 1 bar 下，$He(g)$ 和 $N_2(g)$ 的 $\langle \varepsilon_{tr} \rangle$ 相同。(d) 分佈函數 $G(v)$ 是無因次。

14.11 對於在 300 K 和 1.00 atm 下的 1.00 mol 的 O_2，計算 (a) 速率在 500.000 至 500.001 m/s 範圍內的分子數量（由於該速率區間非常小，因此分佈函數在此區間內變化很小，區間可以視為無窮小）；(b) v_z 在 150.000 至 150.001 m/s 範圍內的分子數量；(c) v_z 在 150.000 至 150.001 m/s 範圍內同時 v_x 在 150.000 至 150.001 m/s 範圍內的分子數量。

14.12 對於在 300 K 和 1 bar 下的 $CH_4(g)$，計算隨機選取的分子的速率在 400.000 至 400.001 m/s 範圍內的機率。此區間足夠小，可以視為無窮小。

第 14.5 節

14.13 對於 500 K 下的 CO_2，計算 (a) v_{rms}；(b) $\langle v \rangle$；(c) v_{mp}。

14.14 證明 $v_{mp} = (2RT/M)^{1/2}$。

14.15 使用 Maxwell 分佈驗證 $\langle v^2 \rangle = 3RT/M$。

14.16 使用 v 的分佈函數來求理想氣體分子的 $\langle v^3 \rangle$。$\langle v^3 \rangle$ 等於 $\langle v \rangle \langle v^2 \rangle$ 嗎？

14.17 求理想氣體分子的 $\langle v_x^4 \rangle$。

14.18 求理想氣體的最可能分子平移能 $\varepsilon_{tr,mp}$。與 $\langle \varepsilon_{tr} \rangle$ 比較。

第 14.6 節

14.19 求碳氫化合物氣體的分子式，該碳氫化合物氣體通過一個小孔的擴散速率是 O_2 的 0.872 倍，而溫度和壓力是相同的。

14.20 2007 年，乾燥空氣的 CO_2 莫耳分率為 0.00038 (1965 年為 0.00032)。計算在 25°C 和 1.00 atm 的乾燥空氣中 1 秒內撞擊綠葉一側 1 cm^2 的 CO_2 的總質量。

第 14.7 節

14.21 對或錯？(a) $Z_{bc} = Z_{cb}$。(b) $z_b(c) = z_c(b)$。

14.22 對於 25°C 和 1.00 atm 的 N_2 (碰撞直徑 = 3.7 Å；請參見第 15.3 節)，計算 (a) 一個分子每秒發生的碰撞次數；(b) 每立方厘米每秒的碰撞次數。(c) 在 25°C 和 1.0×10^{-6} torr (典型的「真空」壓力) 下對 N_2 重複 (a) 和 (b) 的計算；利用 (a) 和 (b) 的結果以節省時間。

14.23 對於碰撞直徑為 3.7 Å 的 $N_2(g)$，計算 300 K 和 (a) 1.00 bar；(b) 1.00 torr；(c) 1.0×10^{-6} torr 時的平均自由徑。

第 14.8 節

14.24 派克峰頂 (Pike's Peak) 的高度是海拔 14100 ft。忽略 T 隨高度的變化，並使用平均表面溫度 290 K 和空氣平均分子量 29，計算出這座山頂的大氣壓。與觀察到的平均值 446 torr 進行比較。

14.25 如果每層樓高 10 ft，則計算建築物第一層和第四層在海平面上的氣壓計讀數之差。

第 14.10 節

14.26 (a) 對於 CH_4 在 400 K 時，等分原理預測 $C_{P,m}$ 的值是多少？(b) CH_4 實際上在 400 K 時具有這個 $C_{P,m}$ 的值嗎？(c) 在什麼條件下 CH_4 具有 $C_{P,m}$ 的等分原理值？

一般問題

14.27 在 25°C 下計算懸浮在空氣中質量為 1.0×10^{-10} g 的粒子的 v_{rms}，假設該粒子可視為巨型分子。

14.28 對於理想氣體分子，$\langle v^2 \rangle$ 是否等於 $\langle v \rangle^2$？

14.29 變數 x 的標準差 σ_x 可定義為 $\sigma_x^2 \equiv \langle x^2 \rangle - \langle x \rangle^2$。(a) 證明 $\sigma_{v_x} = (kT/m)^{1/2}$ 用於 v_x 的 Maxwell

分佈。(b) 理想氣體分子中有多少分率其 v_x 與平均值 $\langle v_x \rangle$ 相差 ±1 個標準差之內？

14.30 考慮純 $H_2(g)$ 和純 $O_2(g)$ 的樣品，每個樣品均在 300 K 和 1 atm。對於以下每個性質，請說明哪種氣體 (如果有) 具有較大的值。盡可能不看公式即可回答。(a) v_{rms}；(b) 平均 ε_{tr}；(c) 密度；(d) 平均自由徑；(e) 與單位面積的壁的碰撞率。

14.31 對於理想氣體，將以下每個陳述判斷為真或假。(a) 最可能的速率為零。(b) 最可能的 v_x 值為零。(c) 最可能的 v_z 值為零。(d) 在恆溫的純氣體中，所有分子以相同的速率傳播。(e) 若兩種不同的純氣體處於相同溫度，則一氣體分子的平均速率必與另一氣體分子的平均速率相同。(f) 若兩種不同的純氣體處於相同溫度，則一氣體分子的平均動能必與另一氣體分子的平均動能相同。(g) 將絕對溫度加倍會使分子的平均速率加倍。(h) 在 1 bar 和 200 K 下，1 dm^3 的理想氣體的總分子平移動能 E_{tr} 等於在 1 bar 和 400 K 下，1 dm^3 的理想氣體的 E_{tr}。(i) 如果我們知道理想氣體的溫度，我們可以預測隨機選擇的單一分子的平移能量。

第15章

輸送過程

15.1 動力學

到目前為止，我們只討論了系統的平衡性質。處於平衡狀態的系統中的過程是可逆的並且相對容易處理。本章和下一章涉及非平衡過程，這是不可逆且難以處理。可逆過程的速率是無窮小的。不可逆過程以非零速率發生。

速率過程的研究稱為**動力學** (kinetics) 或**動態力學** (dynamics)。動力學是物理化學的四個分支之一 (圖 1.1)。系統可能處於不平衡狀態，因為物質或能量或兩者都在系統與其周圍環境之間或系統的一部分與另一部分之間輸送。這些過程是**輸送過程** (transport Processes)，研究輸送過程的速率和機制的動力學分支是**物理動力學** (physical kinetics)。即使無論是物質還是能量都沒有通過太空輸送，系統可能會失去平衡，因為系統中的某些化學物種正在反應生成其他物種。研究化學反應速率和機構的動力學分支是**化學動力學** (chemical kinetics) 或**反應動力學** (reaction kinetics)。第 15 章討論物理動力學，第 16 章討論化學動力學。

有幾種輸送過程。如果系統與周圍環境之間或系統內存在溫差，則不存在熱平衡並且熱能流動。在第 15.2 節研究熱傳導。如果系統中存在不平衡力，則它不處於機械平衡狀態，系統的某些部分會移動。流體流動是流體動力學 (或流體力學) 的主題。流體動力學的某些方面在第 15.3 節關於黏度中處理。如果溶液的不同區域之間存在物質濃度差異，則系統不處於物質平衡狀態，物質流動直到濃度和化勢均衡。這種流動不同於由壓力差引起的總體流動，稱為擴散 (diffusion)(第 15.4 節)。當電場施加到系統時，帶電粒子 (電子和離子) 經受力並且可以移動通過系統，產生電流。在第 15.5 和 15.6 節中研究了導電性 (electrical conduction)。

我們將看到描述熱傳導、流體流動、擴散和電傳導的定律都具有相同的形式，即輸送速率與某些性質的空間導數 (梯度) 成正比。

輸送性質對於確定污染物在環境中的傳播速度非常重要 (參見 chap. 4 of D. G. Crosby, *Environmental Toxicology and Chemistry,* Oxford, 1998)。輸送現象的生物學例子包括血液流動、溶質分子在細胞和通過細胞膜中的擴散，以及神經細胞之間神經遞物

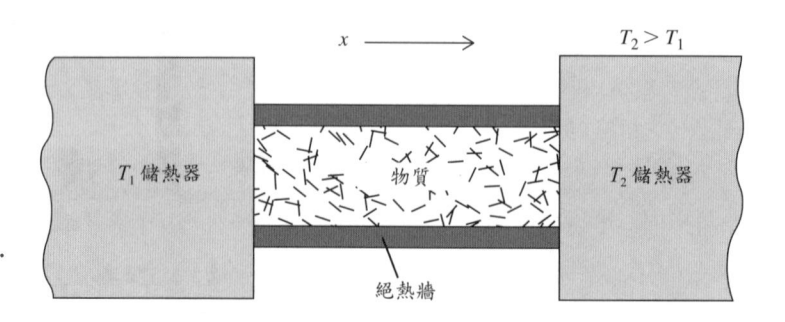

圖 15.1
通過物質的熱傳導。

質 (neurotransmitters) 的擴散。諸如電場中帶電物質遷移的輸送現象被用於分離生物分子並在人類基因組測序中起關鍵作用 (第 15.6 節)。

15.2 導熱係數

圖 15.1 顯示了在不同溫度下與兩個儲熱器接觸的物質。物質中存在均勻的溫度梯度 dT/dx，並且儲熱器之間的溫度隨著 x 從左端的 T_1 到右端的 T_2 線性變化，最終將達到穩定狀態 [數量的**梯度** (gradient) 是其相對於空間坐標的變化率]。垂直於 x 軸且位於儲熱器之間的任何平面上的熱流率 dq/dt 也是均勻的，並且明顯與 $\mathcal{A}$ 成正比，$\mathcal{A}$ 是垂直於 x 軸的平面中的物質截面積。實驗證明，dq/dt 也與溫度梯度 dT/dx 成正比。因此

$$\frac{dq}{dt} = -k\mathcal{A}\frac{dT}{dx} \tag{15.1}$$

其中比例常數 k 是物質**導熱係數** (thermal conductivity)，dq 是時間 dt 穿過具有面積 $\mathcal{A}$ 並垂直於 x 軸的平面的熱能。出現負號是因為 dT/dx 為正，但 dq/dt 為負 (熱量流向圖中的左側)。(15.1) 式為**傅立葉熱傳導定律** (Fourier's law of heat conduction)。當物質中的溫度梯度不均勻時，該定律也成立；在這種情況下，dT/dx 在 x 軸上的不同位置具有不同的值，並且 dq/dt 逐點變化。

k 是一種內含性質，其值取決於 T、P 和組成。由 (15.1) 式可知，k 的 SI 單位為 $J\ K^{-1}\ m^{-1}\ s^{-1} = W\ K^{-1}\ m^{-1}$，其中 1 瓦特 (W) 等於 1 J/s。在 25°C 和 1 atm 下，某些物質的 k 值顯示於圖 15.2。由於電傳導電子，相對自由地穿過金屬，金屬是良好的熱導體。大多數非金屬都是不良導熱體。由於分子密度低，氣體是很差的導體。金剛石具有 300 K 時任何物質的最高室溫導熱率 [一些理論計算指出碳納米管可能具有比金剛石更高的導熱率，但是各種計算和實驗的相互矛盾的結果使這個問題存在疑問。對於單個單壁碳納米管 (與納米材料的許多其他內含性質一樣)，k 取決於管長度，這使事情變得複雜；見 J. R. Lukes and H. Zhong, *J. Heat Transfer,* **129,** 705 (2007)]。

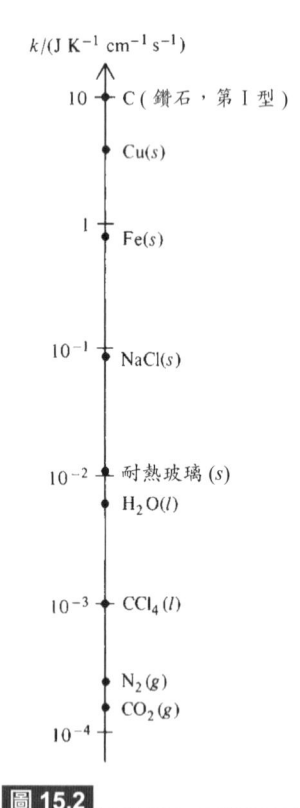

圖 15.2
物質在 25°C 和 1 atm 下的導熱係數。對數刻度。

雖然圖 15.1 中的系統不是熱力學平衡，但我們假設系統的任何微小部分都可以分配熱力學變數的值，如 T、U、S 和 P，以及這些變數之間所有通常的熱力學關係在每個微小的子系統成立。這種假設，稱為**局部狀態原理** (principle of local state) 或**局部平衡假設** (hypothesis of local equilibrium)，在大多數 (但不是全部) 的系統中都成立。

對於純物質，導熱係數 k 是系統局部熱力學狀態的函數，因此取決於 T 和 P (圖 15.3)。對於固體和液體，k 可以隨著 T 的增加而減小或增加。對於氣體，k 隨著 T 的增加而增加 (圖 15.7)。氣體的 k 隨壓力的變化將在本節之後討論。

熱傳導是由分子碰撞引起的。高溫區域中的分子具有比相鄰較低溫度區域中的分子更高的平均能量。在分子間碰撞中，具有較高能量的分子很可能將能量傳遞到較低能量分子。這導致分子能量從高 T 區到低 T 區的流動。在氣體中，分子相對自由地移動，並且分子能量在熱傳導中的流動，是藉由分子從一個空間區域實際轉移到相鄰區域，而在那裡它們發生碰撞。在液體和固體中，分子不會自由移動，而是分子藉由相鄰層中的分子之間的連續碰撞來轉移能量，而不會在區域之間實質上轉移分子。

除傳導外，熱量可藉由對流和輻射傳遞。在**對流** (convection) 中，熱量藉由在溫度不同的區域之間移動的流體流傳遞。這種大量的對流流動源於流體中壓力或密度的差異，應與氣體中熱傳導所涉及的隨機分子運動區分開來。在熱**輻射傳遞** (radiative transfer) 中，溫暖的身體會發出電磁波，其中一些被較冷的物體 (例如太陽和地球) 吸收。(15.1) 式假設沒有對流和輻射。在測量流體的 k 時，必須非常小心以避免對流。

氣體導熱係數的動力學理論

氣體動力學理論得出了氣體的導熱係數和其他輸送性質的理論表達式，結果與實驗結果相當吻合。氣體輸送過程的嚴格方程式由 Maxwell 和 Boltzmann 在 1860 和 1870 年代制定，但直到 1917 年，Sydney Chapman 和 David Enskog 獨立工作才解決了這些極其複雜的方程式。(Chapman-Enskog 理論是如此嚴格的數學，Chapman 評論說，閱讀理論的闡述「就像咀嚼玻璃一樣」)。本章不是提供嚴格的分析，而是基於硬球分子的假設進行非常粗略的處理，其中平均自由徑由 (14.67) 式給出。平均自由徑方法 (由 Maxwell 在 1860 年設計) 給出的結果在定性上是正確但在定量上是錯誤。

我們假設氣壓既不高也不低。我們的處理是基於兩個分子之間的碰撞，並且假設除了在碰撞時刻之外沒有分子間力。在高壓下，分子間的力在碰撞期間變得很重要，平均自由徑公式 (14.67) 式不適用。在非常低的

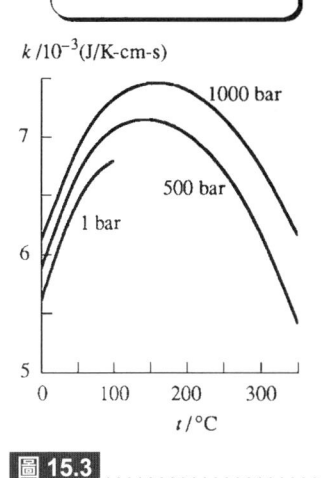

圖 15.3

在幾個壓力下，液態水的導熱係數 k 與溫度的關係。

壓力下，平均自由徑 λ 變得與容器的尺寸相當或大於容器的尺寸，並且壁碰撞變得重要。因此，我們的處理僅適用於 $d \ll \lambda \ll L$ 的壓力，其中 d 是分子直徑，L 是容器的最小尺寸。在第 14.7 節，我們發現在 1 atm 和室溫下 λ 約為 10^{-5} cm。由於 λ 與壓力成反比，因此在 10^2 atm 時 λ 為 10^{-7} cm，在 10^{-3} atm 時為 10^{-2} cm。因此，我們的處理適用於 10^{-2} 或 10^{-3} atm 至 10^1 或 10^2 atm 的壓力範圍。

我們做出以下假設：(1) 分子是直徑為 d 的剛性非吸引球。(2) 給定區域中的所有分子以相同的速率 $\langle v \rangle$ 移動此為該區域的溫度特徵並且在連續碰撞之間行進相同的距離 λ。(3) 碰撞後分子運動的方向是完全隨機的。(4) 每次碰撞時都會發生分子能量 ε 的完全調整；這意味著在 x 方向上移動並與位於 $x = x'$ 的平面中的分子碰撞的氣體分子將取平均能量 ε' 此為在 x' 的平面中分子的特徵。

假設 1 和 2 是錯誤的。假設 3 也是不正確的，因為在碰撞之後，與其他方向相比，分子更有可能在其原方向或接近其原方向上移動。假設 4 對於平移能量並非不正確，但對於旋轉和振動能量是非常不正確的。

設在圖 15.1 中建立穩定狀態，並考慮垂直於 x 軸且位於 $x = x_0$ 的平面 (圖 15.4)。要計算 k，我們必須找到通過這個平面的熱能流量。在時間 dt，通過 x_0 平面的淨熱流 dq 為

$$dq = \varepsilon_L \, dN_L - \varepsilon_R \, dN_R \tag{15.2}$$

其中 dN_L 是來自左側的分子數，其在時間 dt 穿過 x_0 平面，ε_L 是這些分子中的每一個的平均能量 (平移、旋轉和振動)；dN_R 和 ε_R 是從右側穿過 x_0 平面的分子的相應量。

由於我們假設沒有對流，因此沒有淨氣流，且 $dN_L = dN_R$。為了找到 dN_L，我們將 x_0 處的平面視為不可見的壁，並使用 (14.56) 式，其給出了在時間 dt 撞擊壁的分子數 $dN = \frac{1}{4}(N/V)\langle v \rangle \mathcal{A} \, dt$。因此

$$dN_L = dN_R = \tfrac{1}{4}(N/V)\langle v \rangle \mathcal{A} \, dt \tag{15.3}$$

其中 N/V 是 x_0 平面上每單位體積的分子數，其橫截面積為 $\mathcal{A}$。

來自左側的分子自上次碰撞以來已經行進了平均距離 λ。分子以各種角度移動到 x_0 平面。利用對角度進行平均，可以發現從 x_0 平面到最後一次碰撞點的平均垂直距離是 $\tfrac{2}{3}\lambda$ (見 *Kennard*, pp. 139-140 的證明)。圖 15.4 顯示了從左側移入 x_0 平面的平均分子。從假設 4，從左側移入 x_0 平面的分子將具有平均能量，該平均能量是分子在平

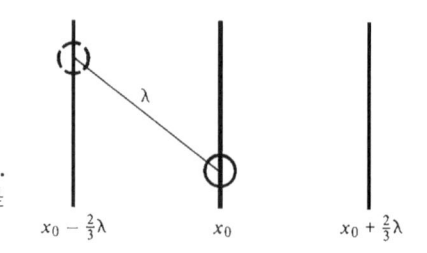

圖 15.4

三個平面以 $\tfrac{2}{3}\lambda$ 隔間，其中 λ 是氣體的平均自由徑。

面 $x_0 - \frac{2}{3}\lambda$ 的特徵。因此 $\varepsilon_L = \varepsilon_-$，其中 ε_- 為 $x_0 - \frac{2}{3}\lambda$ 平面的平均分子能。同理，$\varepsilon_R = \varepsilon_+$，其中 ε_+ 為 $x_0 + \frac{2}{3}\lambda$ 平面的平均分子能。(15.2) 式變為 $dq = \varepsilon_- \, dN_L - \varepsilon_+ \, dN_R$，並且將 (15.3) 式的 dN_L 和 dN_R 代入可得

$$dq = \tfrac{1}{4}(N/V)\langle v\rangle \mathcal{A}(\varepsilon_- - \varepsilon_+) \, dt \tag{15.4}$$

能量差 $\varepsilon_- - \varepsilon_+$ 與 $x_0 - \frac{2}{3}\lambda$ 和 $x_0 + \frac{2}{3}\lambda$ 平面之間的溫差 $T_- - T_+$ 直接相關。令 $d\varepsilon$ 表示這種能量差，我們有

$$\varepsilon_- - \varepsilon_+ \equiv d\varepsilon = \frac{d\varepsilon}{dT} \, dT = \frac{d\varepsilon}{dT}\frac{dT}{dx} \, dx \tag{15.5}$$

其中 $dT \equiv T_- - T_+$ 且

$$dx = (x_0 - \tfrac{2}{3}\lambda) - (x_0 + \tfrac{2}{3}\lambda) = -\tfrac{4}{3}\lambda \tag{15.6}$$

由於我們假設除了碰撞瞬間之外沒有分子間力，因此總能量是各個氣體分子的能量之和，而局部莫耳熱力學內能為 $U_m = N_A \varepsilon$，其中 N_A 是 Avogadro 常數。因此

$$\frac{d\varepsilon}{dT} = \frac{d(U_m/N_A)}{dT} = \frac{1}{N_A}\frac{dU_m}{dT} = \frac{C_{V,m}}{N_A} \tag{15.7}$$

因為理想氣體的 $C_{V,m} = dU_m/dT$ [(2.68) 式]。將 (15.7) 式和 (15.6) 式代入 (15.5) 式可得

$$\varepsilon_- - \varepsilon_+ = -\frac{4C_{V,m}\lambda}{3N_A}\frac{dT}{dx} \tag{15.8}$$

而 (15.4) 式成為

$$dq = -\frac{N}{3N_A V}\langle v\rangle \mathcal{A} C_{V,m} \lambda \frac{dT}{dx} \, dt$$

我們有 $N/N_A V = n/V = m/MV = \rho/M$，其中 n、m、ρ 和 M 是氣體的莫耳數、氣體的質量、氣體密度和氣體莫耳質量。因此

$$\frac{dq}{dt} = -\frac{\rho\langle v\rangle C_{V,m}\lambda}{3M}\mathcal{A}\frac{dT}{dx}$$

與傅立葉定律 $dq/dt = -k\mathcal{A} \, dT/dx$ 比較 [(15.1) 式] 可得

$$k \approx \tfrac{1}{3}C_{V,m}\lambda\langle v\rangle\rho/M \qquad \text{硬球} \tag{15.9}$$

由於假設 2 到 4 的粗糙，上式中的數值係數是錯誤的。對於硬球單原子分子的嚴格理論處理 (*Kennard*, pp. 165-180) 可得

$$k = \frac{25\pi}{64}\frac{C_{V,m}\lambda\langle v\rangle\rho}{M} \qquad \text{硬球，單原子} \tag{15.10}$$

將 (15.10) 式嚴格推廣到多原子氣體是一個尚未完全解決的非常困難的問題。分子間能量轉移的實驗證明，旋轉和振動能量在碰撞中不像平移能量那樣容易轉移。熱容量 $C_{V,m}$ 是平移部分與振動和旋轉部分的總和 [見第 14.10 節和 (14.18) 式]：

$$C_{V,m} = C_{V,m,tr} + C_{V,m,vib+rot} = \tfrac{3}{2}R + C_{V,m,vib+rot} \tag{15.11}$$

因為振動和旋轉能量比平移更不易轉移，所以它對 k 的貢獻較小。因此，在 k 的表達式中，$C_{V,m,vib+rot}$ 的係數應小於 $25\pi/64$，而此值對於 $C_{V,m,tr}$ 是正確的 [(15.10) 式]。Eucken 給出了非常粗略的論述，即取 $C_{V,m,vib+rot}$ 的係數為 $C_{V,m,tr}$ 的 2/5，這樣做可以與實驗達成相當好的一致性。因此，對於多原子分子，(15.10) 式中的 $25\pi C_{V,m}/64$ 被替換為

$$\frac{25\pi}{64}C_{V,m,tr} + \frac{2}{5}\frac{25\pi}{64}C_{V,m,vib+rot} = \frac{25\pi}{64}\frac{3R}{2} + \frac{5\pi}{32}\left(C_{V,m} - \frac{3R}{2}\right)$$
$$= \frac{5\pi}{32}\left(C_{V,m} + \frac{9}{4}R\right)$$

而多原子 (或單原子) 硬球分子的氣體的導熱係數為

$$k = \frac{5\pi}{32}\left(C_{V,m} + \frac{9}{4}R\right)\frac{\lambda\langle v\rangle\rho}{M} = \frac{5}{16}\left(C_{V,m} + \frac{9}{4}R\right)\left(\frac{RT}{\pi M}\right)^{1/2}\frac{1}{N_A d^2} \quad \text{硬球} \tag{15.12}$$

其中使用了 (14.67) 式的 λ 和 (14.47) 式的 $\langle v\rangle$ 以及理想氣體定律 $\rho = PM/RT$ (Poling, Prausnitz, and O'Connell, chap. 10 考慮了其他計算導熱係數的方法)。

使用 (15.12) 式計算 k 需要知道分子直徑 d。即使像 He 這樣真正的球形分子也沒有明確的大小。因此很難說在 (15.12) 式應該使用什麼 d 值。在下一節中，我們將使用實驗氣體黏度來得到適合於硬球模型的 d 值 [見 (15.25) 式和 (15.26) 式]。使用從 0°C 黏度計算的 d 值，可以得出以下由 (15.12) 式預測的理論氣體導熱係數與 0°C 下的實驗值的比：He 為 1.05，Ar 為 0.99，O_2 為 0.96，C_2H_6 為 0.97。

(15.12) 式中的 k 如何隨 T 和 P 改變？熱容量 $C_{V,m}$ 隨 T 緩慢變化，且隨 P 非常緩慢變化。因此 (15.12) 式預測 $k \propto T^{1/2}P^0$。令人驚訝的是，k 與壓力無關。隨著 P 增加，每單位體積的熱載體 (分子) 的數量增加，從而趨於增加 k。然而，隨著 P 的增加，(15.10) 式中 λ 的減少使得這種增加無效。隨著 λ 減少，每個分子在碰撞之間的平均距離變短，因此在傳熱方面效率較低。

數據顯示氣體的 k 確實隨著 T 的增加而增加，但是比相當粗糙的硬球模型所預測的 $T^{1/2}$ 行為更快。分子實際上是軟的不是硬的。而且，它們在很遠的距離上相互吸引。使用改進的分子間力表達式可以更好地與觀察到的 k 隨 T 的變化一致 (Kauzmann, pp.218-231)。

如果 P 不是太高或太低，則 k 與 P 無關的預測成立 (回想一下 $d \ll \lambda \ll L$ 的限制)。圖 15.5 中對於 50°C 的某些氣體，繪製了 k 對 P 的值。對於約 50 atm 以下的壓力，k 幾乎恆定。

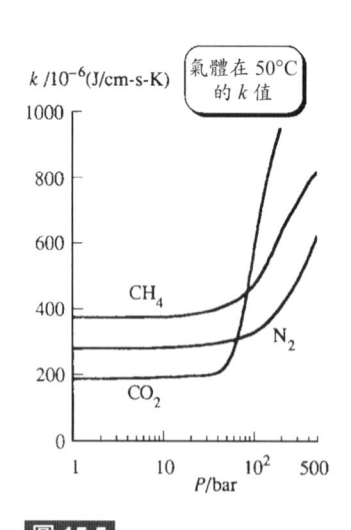

圖 15.5
在 50°C 下，某些氣體的導熱係數與 P 的關係。

在非常低的壓力下 (低於，例如，0.01 torr)，圖 15.1 中的氣體分子在儲存器之間來回移動，使得彼此之間幾乎沒有碰撞。在足夠低的壓力使 λ 遠超過儲存器之間的間隔時，熱量藉由分子傳遞，分子直接從一個儲存器移動到另一個儲存器，並且熱流的速率與分子和儲存器壁碰撞的速率成正比。由於壁碰撞的速率與壓力成正比，因此 dq/dt 在非常低的壓力下與 P 成正比，並且當 P 趨近於零時，dq/dt 趨近於零。人們發現在這個非常低的壓力範圍內傅立葉定律 (15.1) 不成立 (見 Kauzmann, p.206)，所以 k 在這裡沒有定義。在 dq/dt 與 P 無關的壓力範圍和與 P 成正比的範圍之間，存在 k 從中等壓力值下降的過渡範圍。k 於 10 到 50 torr 開始下降，此壓力取決於氣體。

dq/dt 在極低壓力下隨壓力的變化是 Pirani 錶壓和用於測量真空系統壓力的熱電偶錶壓的基礎。這些儀表具有密封在真空系統中的加熱線。該導線的溫度 T 和電阻 R 隨著周圍氣體的 P 而變化，並且對正確校準的測量儀的 T 或 R 進行監測給出了 P。

15.3 黏度

黏度

本節介紹壓力梯度下的流體 (液體和氣體) 的整體流動。有些流體比其他流體更容易流動。描述流體流動阻力的性質是其黏度 (viscosity) η。我們將看到通過管的流動速率與黏度成反比。

為了獲得 η 的精確定義，考慮在兩個大平面平行板之間穩定流動的流體 (圖 15.6)。實驗證明，流體流動的速率 v_y 在板的中間為最大，並且在每個板處減小到零。圖中的箭頭表示 v_y 的大小作為垂直坐標 x 的函數。在許多實驗中已經證實了固體和流體之間的邊界處的零流速條件，稱為**無滑移條件** (no-slip condition)，但是在某些特殊情況下已經檢測到非常少量的滑移。無滑移條件可能是由於流體分子對固體分子的吸引力以及在粗糙固體表面的袋狀區和裂縫中捕獲流體 [關於無滑移條件的論述，參見 E. Lauga et al., arxiv.org/abs/ cond-mat/0501557 (2005); C. Neto et al., *Rep. Progr. Phys.,* **68,** 2859 (2005)。了解流體流動的正確邊界條件對於了解目前正在開發的微流體裝置 (microfluidic devices) 中的流動非常重要]。

圖 15.6 中相鄰的水平流體層以不同的速率流動並彼此「滑過」。當兩個相鄰層相互滑過時，每一層都在另一層上施加摩擦阻力，這種內部摩擦產生黏度。

考慮在板之間繪製並平行於板平面的假想表面 $\mathcal{A}$ (圖 15.6)。無論流體是靜止還是運動，該表面一側的流體在另一側的流體上沿 x 方向施加大小為 $P\mathcal{A}$ 的力，其中 P 是

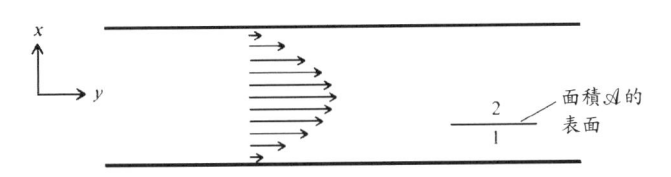

圖 15.6
在兩個平板之間流動的流體。

流體中的局部壓力。此外，由於隨著 x 變化產生流速的變化，表面一側的流體在 y 方向上對另一側的流體上施加摩擦力。設 F_y 是表面的一側 (圖中的側面 1) 較慢移動的流體對較快移動的流體 (側面 2) 施加的摩擦力。流體流動的實驗證明，F_y 與接觸表面積和流速的梯度 dv_y/dx 成正比。比例常數是流體的**黏度** (viscosity) η (有時稱為動態黏度)：

$$F_y = -\eta \mathcal{A} \frac{dv_y}{dx} \tag{15.13}$$

負號表示較快移動的流體上的黏滯力與其運動方向相反。由牛頓第三運動定律 (作用 = 反作用)，移動較快的流體在正 y 方向上對移動較慢的流體施予 $\eta \mathcal{A} (dv_y/dx)$ 的力。黏滯力趨向於減慢快速移動的流體並加速較慢移動的流體。

(15.13) 式為**牛頓黏度定律** (Newton's law of viscosity)。實驗證明，如果流率不是太高，氣體和大多數液體都能遵循此定律。(15.13) 式適用於**層流** (laminar)(或流線型) 流動。在高流率下，(15.13) 式不成立，流動稱為**亂流** (turbulent)。層流和亂流都是大量 (bulk)(或黏性) 流動的類型。相反，對於氣體在非常低的壓力下流動，平均自由徑很長，並且分子彼此獨立地流動；這是分子流 (molecular flow)，它不是一種大量流。

牛頓流體 (Newtonian fluid) 是 η 與 dv_y/dx 無關的流體。對於非牛頓流體 (non-Newtonian fluid)，(15.13) 式中的 η 隨著 dv_y/dx 的變化而變化。氣體和大多數純非聚合物液體是牛頓流體。聚合物溶液、液體聚合物和膠體懸浮通常是非牛頓流體。流率和 dv_y/dx 的增加可以改變柔性聚合物分子的形狀，促進流動並減少 η。

由 (15.13) 式，η 的 SI 單位為 $\text{N m}^{-2}\text{s} = \text{Pa s} = \text{kg m}^{-1}\text{s}^{-1}$，因為 $1 \text{ N} = 1 \text{ kg m s}^{-2}$。$\eta$ 的 cgs 單位為 $\text{dyn cm}^{-2}\text{ s} = \text{g cm}^{-1}\text{ s}^{-1}$，而 $1 \text{ dyn cm}^{-2}\text{ s}$ 稱為一個 **poise** (P)。因為 $1 \text{ dyn} = 10^{-5}\text{N}$，我們有

$$1 \text{ P} \equiv 1 \text{ dyn cm}^{-2}\text{s} = 0.1 \text{ N m}^{-2}\text{s} = 0.1 \text{ Pa s} \tag{15.14}$$

$$1 \text{ cP} = 1 \text{ mPa s}$$

液體和氣體在 25°C 和 1 atm 下的一些 η 厘泊值 (centipoise) 是

物質	C_6H_6	H_2O	H_2SO_4	橄欖油	甘油	O_2	CH_4
η/cP	0.60	0.89	19	80	954	0.021	0.011

氣體的黏性遠低於液體。液體的黏度通常隨著溫度的升高而迅速降低 (糖蜜在較高溫度下流動得更快)。液體的黏度隨壓力增加而增加。地球有一個由液體外核包圍的固體內核。外核處於非常高的壓力 (1 至 3 Mbar) 並且只是液體；其黏度範圍從外核頂部的 2×10^3 Pa s 到底部的 1×10^{11} Pa s [D. E. Smylie and A. Palmer，arxiv.org/abs/0709.3333(2007)]。

圖 15.7a 繪製了在 1 atm 下 $H_2O(l)$ 的 η 對 T 的關係曲線。還繪製了水的導熱係數 k (第 15.2 節) 和自擴散 (self-diffusion) 係數 D (第 15.4 節) 對 T 的關係曲線。圖 15.7b 繪製了在 1 atm 下 Ar(g) 的這些量。

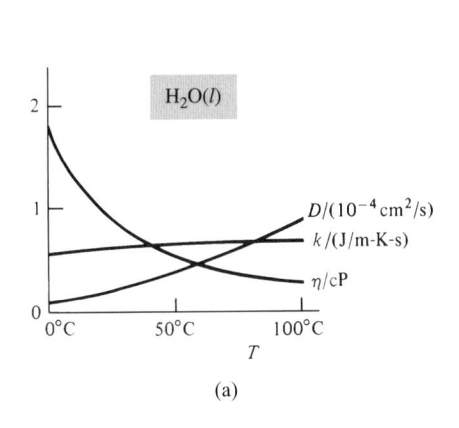

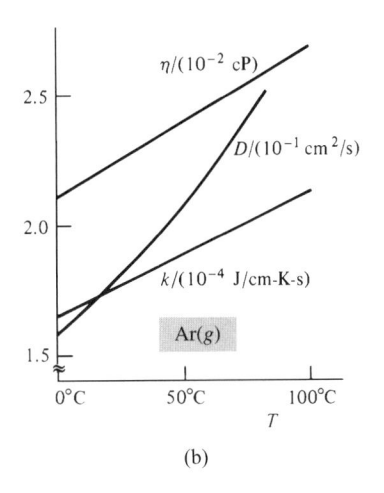

圖 15.7
(a) $H_2O(l)$；(b) $Ar(g)$，在 1 atm 下，黏度 η、導熱係數 k 和自擴散係數 D 對 T 的關係。

液體中強烈的分子間吸引力阻礙了流動並使 η 變大。因此，高黏度液體具有高沸點和高蒸發熱。隨著 T 增加，液體的黏度降低，因為較高的平移動能更容易克服分子間吸引力。在氣體中，分子間吸引力在確定 η 時比在液體中要小得多。

液體的黏度也受分子形狀的影響。長鏈液體聚合物是高度黏稠的，因為鏈彼此纏結在一起，阻礙了流動。液態硫的黏度隨著溫度的升高而增加了一萬倍，溫度範圍為 155°C 至 185°C（圖 15.8）。低於 150°C，液態硫由 S_8 環組成。在接近 155°C 時，環開始斷裂，產生 S_8 自由基，聚合成含有平均 10^5 個 S_8 單元的長鏈分子。

由於 $F_y = ma_y = m(dv_y/dt) = d(mv_y)/dt = dp_y/dt$，牛頓黏度定律 (15.13) 式可寫為

$$\frac{dp_y}{dt} = -\eta \mathcal{A} \frac{dv_y}{dx} \tag{15.15}$$

圖 15.8
在 1 atm 下，液態硫的黏度對溫度的關係。垂直刻度是對數。

其中 dp_y/dt 是流體表面側的層動量的 y 分量的時間變化率，這是由於流體與另一側的流體相互作用。黏度的分子解釋是由於橫跨圖 15.6 中垂直於 x 軸的平面的動量輸送。相鄰流體層中的分子具有不同的 p_y 平均值，因為相鄰層以不同的速率移動。在氣體中，隨機分子運動將一些分子從較快移動的層帶入較慢移動的層中，在那裡它們與較慢的移動分子碰撞並為它們提供額外的動量，從而趨向於加速較慢的層。類似地，移動到較快層的較慢移動的分子傾向於減慢該層。在液體中，層之間的動量傳遞主要藉由相鄰層的分子之間發生碰撞，而層之間沒有實際的分子傳遞。

流體的流率

牛頓黏度定律 (15.13) 式可確定流體通過管的流速。圖 15.9 顯示了在圓柱形管中流動的流體。管左端的壓力 P_1 大於右端的壓力 P_2，壓力沿管

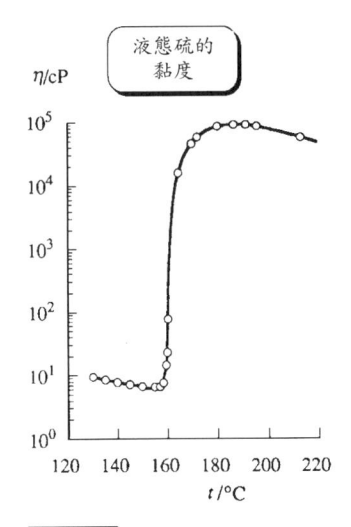

圖 15.9
在圓柱管中流動的流體。流體的陰影部分用於推導 Poiseuille 定律。

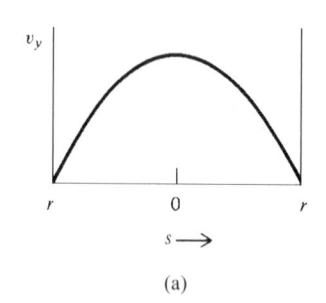

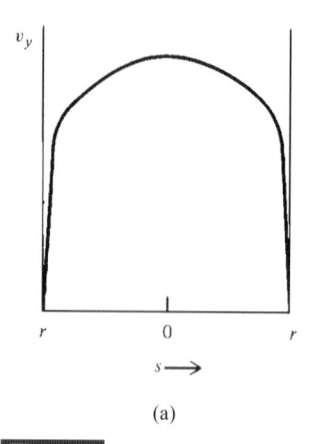

圖 15.10
圓柱管中流體流動的速率分佈：(a) 層流；(b) 亂流。$s = 0$ 對應於管道的中心。

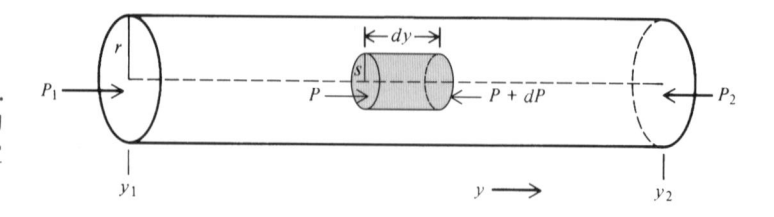

連續下降。流速 v_y 在壁處為零 (無滑移條件) 並且朝向管道的中心增加。由於管的對稱性，v_y 僅取決於距管中心的距離 s (而不取決於圍繞管軸的旋轉角度)；因此 v_y 只是 s 的函數；$v_y = v_y(s)$。液體以無限小的薄圓柱層流動，半徑為 s 的層以速度 v_y 流動。

使用牛頓黏度定律，人們發現 $v_y(s)$ 在半徑為 r 的圓柱形管中的流體層流是

$$v_y = \frac{1}{4\eta}(r^2 - s^2)\left(-\frac{dP}{dy}\right) \quad \text{層流} \tag{15.16}$$

其中 dP/dy (負值) 是壓力梯度。(15.16) 式證明 $v_y(s)$ 是管中層流的拋物線函數；見圖 15.10a (對於亂流，速度隨時間隨機波動，部分流體垂直於管軸和軸向移動。亂流的時間平均速度曲線如圖 15.10b 所示)。

(15.16) 式在液體中的應用證明在半徑為 r 的管中液體的層流 (非亂流) 流動，流率為

$$\frac{V}{t} = \frac{\pi r^4}{8\eta}\frac{P_1 - P_2}{y_2 - y_1} \tag{15.17}$$

其中 V 是在時間 t 通過管橫截面的液體體積，$(P_2 - P_1)/(y_2 - y_1)$ 是沿管的壓力梯度 (圖 15.9)。(15.17) 式為 **Poiseuille 定律** [法國醫生 Poiseuille (1799~1869) 對於毛細血管中的血流動和在窄玻璃管中測量液體的流率頗感興趣。血流是一個複雜的過程，Poiseuille 定律並未完全描述。關於血流的生物物理學，可參閱 G. J. Hademenos, *American Scientist,* **85**, 226 (1997)]。注意流率隨管半徑的強烈變化以及隨流體黏度 η 的反比變化 (血管擴張劑藥物如硝酸甘油會增加血管半徑，從而降低血流阻力和心臟負荷。這可以緩解心絞痛的痛苦)。對於氣體 (假設理想)，Poiseuille 定律的修正式為

$$\frac{dn}{dt} \approx \frac{\pi r^4}{16\eta RT}\frac{P_1^2 - P_2^2}{y_2 - y_1} \quad \text{理想氣體的層流等溫流動} \tag{15.18}$$

其中 dn/dt 是每單位時間的莫耳流率，P_1 和 P_2 是在 y_1 和 y_2 的入口和出口壓力。只有當 P_1 和 P_2 彼此之間沒有很大差異時，(15.18) 式才是準確的。

☕ 黏度的測量

通過已知半徑的毛細管測量流率可從 (15.17) 或 (15.18) 式中找到液體或氣體的 η。

確定液體黏度的便捷方法是使用 **Ostwald 黏度計** (Ostwald viscometer) (圖 15.11)。這裡，當液體流過毛細管時，測量液位從 A 處的標記下降到 B 處的標記所花費的時間 t。然後使用與之前相同的液體體積用已知黏度的液體重新填充黏度計，並再次測量 t。驅動液體通過管子的壓力是 $\rho g h$ (其中 ρ 是液體密度，g 是重力加速度，h 是黏度計兩臂之間的液位差)，並且在 Poiseuille 定律 (15.17) 式中以 $\rho g h$ 取代 $P_1 - P_2$。由於 h 在實驗期間有變化，因此流率有變化。由 (15.17) 式，給定體積流動所需的時間 t 與 η 成正比，而與 ΔP 成反比。由於 $\Delta P \propto \rho$，我們有 $t \propto \eta/\rho$，其中比例常數取決於黏度計的幾何形狀。因此 $\rho t/\eta$ 是常數。對於兩種不同的液體 a 和 b，我們因此有 $\rho_a t_a/\eta_a = \rho_b t_b/\eta_b$ 且

$$\frac{\eta_b}{\eta_a} = \frac{\rho_b t_b}{\rho_a t_a} \tag{15.19}$$

其中 η_a、ρ_a 和 t_a 以及 η_b、ρ_b 和 t_b 是液體 a 和 b 的黏度、密度和流動時間。如果 η_a、ρ_a 和 ρ_b 為已知，則可以找到 η_b。

找到液體的 η 的另一種方法是測量球形固體通過液體的沉降速率。與球接觸的流體層隨之移動 (無滑動狀態)，並且在球體周圍的流體中產生速度梯度。該梯度產生抵抗球體運動的黏滯力 $F_{\rm fr}$。發現該黏滯力 $F_{\rm fr}$ 與移動體的速率 v 成正比 (假設 v 不太高)

$$F_{\rm fr} = fv \tag{15.20}$$

其中 f 是一個稱為**摩擦係數** (friction coefficient) 的常數。Stokes 證明，只要 v 不是太高，對於半徑為 r 的實心球體，以速率 v 移動通過黏度為 η 的牛頓流體，則

$$F_{\rm fr} = 6\pi \eta r v \tag{15.21}$$

該方程式適用於通過氣體的運動，條件是 r 遠大於平均自由徑 λ 並且沒有滑移。有關 **Stokes 定律** (15.21) 式的推導，請參閱 *Bird, Stewart, and Lightfoot,* pp. 132-133 [在流體中移動的固體上的力 $F_{\rm fr}$ 稱為**拖曳力** (drag)，對魚類和鳥類來說是顯而易見的。參閱 S. Vogel, *Life in Moving Fluids,* 2nd ed., Princeton U. Press, 1994]。

通過流體落下的球體經歷向下的重力 mg，由 (15.21) 式給出的向上摩擦力，以及由於在其下方的流體壓力大於其上方的流體壓力而產生的向上浮力 $F_{\rm buoy}$。為了找到 $F_{\rm buoy}$，想像一下體積為 V 的浸入的物體被等體積的流體取代。浮力與被浮起的物體無關，因此體積 V 的流體上的浮力等於原始浸入的物體上的浮力。然而，流體處於靜止狀態，因此其上的向上浮力等於向下的重力，即其重量。因此，浸入流體中的體積 V 的物體被等於體積 V 的流體重量的力浮起。亦即，浸在流體中的物體 (全部或

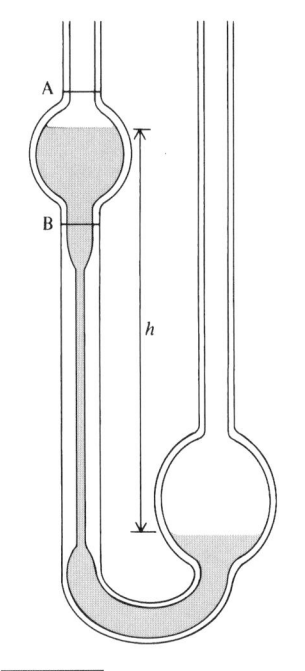

圖 15.11

Ostwald 黏度計。它是用來量測液體從 A 液面降到 B 液面的時間，驅動液體通過管的壓差為 $\rho g h$，其中 h 如圖所示，ρ 和 g 為液體的密度和重力加速度。

部分)受到豎直向上的浮力,其大小等於物體所排開流體的重力。這是阿基米德原理 (Archimedes' principle)。

設 m_{fl} 為體積 V 的流體質量。落球將達到終端速率,在該終端速率上,向下和向上的力平衡。令球體上的向下和向上的力相等,我們有 $mg = 6\pi\eta rv + m_{fl}g$ 且

$$6\pi\eta rv = (m - m_{fl})g = (\rho - \rho_{fl})gV = (\rho - \rho_{fl})g(\tfrac{4}{3}\pi r^3)$$
$$v = 2(\rho - \rho_{fl})gr^2/9\eta \tag{15.22}$$

其中 ρ 和 ρ_{fl} 分別是球體和流體的密度。測量下降的終端速率可找到 η。

氣體黏度的動力學理論

氣體 η 的動力學理論推導與導熱係數的推導非常相似,只是動量 [(15.15) 式] 輸送而不是熱能輸送。在 (15.4) 式中,以 dp_y 取代 dq,以 mv_y 取代 ε,我們得到

$$dp_y = \tfrac{1}{4}(N/V)\langle v \rangle \mathcal{A}(mv_{y,-} - mv_{y,+})\,dt$$

其中,$mv_{y,-}$ 是分子在 $x_0 - \tfrac{2}{3}\lambda$ 平面的 y 動量(圖 15.4),而 $mv_{y,+}$ 是分子在 $x_0 + \tfrac{2}{3}\lambda$ 平面相應的 y 動量;dp_y 是在時間 dt 內穿過面積 $\mathcal{A}$ 的表面的淨動量流。我們有 $dv_y = (dv_y/dx)dx = -(dv_y/dx) \cdot \tfrac{4}{3}\lambda$ [(15.6) 式],其中 $dv_y = v_{y,-} - v_{y,+}$。此外,$Nm/V = \rho$,其中 m 是一個分子的質量。於是

$$dp_y/dt = -\tfrac{1}{3}\rho\langle v \rangle \lambda \mathcal{A}(dv_y/dx) \tag{15.23}$$

與 Newton 黏度定律 $dp_y/dt = -\eta\mathcal{A}(dv_y/dx)$ [(15.15) 式] 比較,可得

$$\eta \approx \tfrac{1}{3}\rho\langle v \rangle \lambda \qquad 硬球 \tag{15.24}$$

由於第 15.2 節中的假設 2 到 4 的粗略性,(15.24) 式中的係數是錯誤的。硬球分子的嚴格結果是 (*Present*, sec. 11-2)

$$\eta = \frac{5\pi}{32}\rho\langle v \rangle \lambda = \frac{5}{16\pi^{1/2}}\frac{(MRT)^{1/2}}{N_A d^2} \qquad 硬球 \tag{15.25}$$

其中使用了 (14.47) 式的 $\langle v \rangle$ 和 (14.67) 式的 λ,以及 $PM = \rho RT$。

例 15.1 黏度和分子直徑

HCl(g) 在 0°C 和 1 atm 下的黏度為 0.0131 cP。計算 HCl 分子的硬球直徑。

使用 1 P = 0.1 N s m^{-2} [(15.14) 式] 可得 $\eta = 1.31 \times 10^{-5}$ N s m^{-2}。代入 (15.25) 式可得

$$d^2 = \frac{5}{16\pi^{1/2}}\frac{[(36.5 \times 10^{-3}\,\text{kg mol}^{-1})(8.314\,\text{J mol}^{-1}\,\text{K}^{-1})(273\,\text{K})]^{1/2}}{(6.02 \times 10^{23}\,\text{mol}^{-1})(1.31 \times 10^{-5}\,\text{N s m}^{-2})}$$

$$d^2 = 2.03 \times 10^{-19}\,\text{m}^2 \quad 且 \quad d = 4.5 \times 10^{-10}\,\text{m} = 4.5\,\text{Å}$$

習題

100°C 和 1 bar 的水蒸氣黏度為 123 μP。計算 H_2O 分子的硬球直徑。
(答案：4.22Å)

習題

證明 (15.25) 和 (15.12) 式預測硬球分子氣體的 $k = (C_{V,m} + \frac{9}{4}R)\eta/M$。

使用 η 在 0°C 和 1 atm 下從 (15.25) 式計算的一些硬球分子直徑為：

分子	He	H_2	N_2	O_2	CH_4	C_2H_4	H_2O	CO_2
d/Å	2.2	2.7	3.7	3.6	4.1	4.9	3.2	4.6

(15.26)

由於硬球模型是分子間力的不良表示，因此從 (15.25) 式計算的 d 值隨溫度而變化。

(15.25) 式預測氣體的黏度隨溫度升高而增加，並且與壓力無關。這兩種預測都令人驚訝，因為 (與液體類比) 人們可能期望氣體在較高的 T 下更容易流動而在較高的 P 下不易流動。

與導熱係數一樣，由於硬球模型的粗糙，η 隨著 T 的增加明顯快 (15.25) 式的 $T^{1/2}$ 預測。例如，圖 15.7b 顯示了 Ar(g) 隨 T 的近線性增加。使用比硬球模型更真實的分子間力模型可以更能夠與實驗一致 (*Poling, Prausnitz, and O'Connell,* chap. 9)。

對於 50°C 的一些氣體，圖 15.12 顯示 η (micropoises) 對 P 作圖的數據。與 k 一樣，在 50 或 100 atm 以下，黏度幾乎與 P 無關。在非常低的壓力下，平均自由徑與容器尺寸相當或大於容器尺寸，牛頓黏度定律 (15.13) 式不成立 (見 *Kauzmann*, p. 207)。

對於液體 (與氣體不同)，沒有令人滿意的理論可以預測黏度。經驗估計方法對液體黏度的預測相當差 (參見 *Poling, Prausnitz, and O'Connell,* chap. 9)。

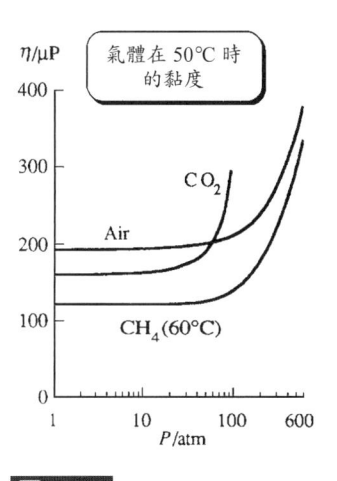

圖 15.12
在 50°C 下，某些氣體的黏度與 P 的關係。

☕ 聚合物溶液的黏度

長鏈合成聚合物分子通常作為無規捲曲 (random coil) 存在於溶液中。關於鏈的單鍵幾乎存在自由旋轉，因此我們可以粗略地將聚合物描繪為由相鄰鏈之間具有隨機取向的大量鏈組成。該圖像與經歷布朗運動的粒子的隨機運動基本相同，布朗運動的每個「階躍」(step) 對應一個鏈節。因此，聚合物無規捲曲類似於經歷布朗運動的粒子的路徑。與聚合物鏈的兩個部分之間的力相比，線圈的緻密度取決於聚合物和溶劑分子之間的分子

間力的相對強度。因此，對於給定的聚合物，緻密度因溶劑而異。

我們可以預期聚合物溶液的黏度取決於溶液中聚合物分子的尺寸和形狀（並因此取決於分子量和緻密度）。如果我們將自己限制在給定溶劑中的給定種類的合成聚合物，那麼緻密度保持不變，並且聚合物分子量可以藉由黏度測量來確定。聚乙烯($CH_2CH_2)_n$ 的溶液在給定的溶劑中顯示出不同的黏度性質，這取決於聚合度 n。

聚合物溶液的**相對黏度** (relative viscosity)（或黏度比）η_r 定義為 $\eta_r \equiv \eta/\eta_A$，其中 η 和 η_A 是溶液和純溶劑 A 的黏度。注意 η_r 是無因次數。當然，η_r 取決於濃度，在無限稀釋的極限趨近於 1。向溶劑中加入聚合物會增加黏度，因此 η_r 大於 1。因為聚合物溶液通常是非牛頓的，所以在低流率下測量它們的黏度，因此流率對分子形狀和黏度幾乎沒有影響。

聚合物溶液的**特性黏度** (intrinsic viscosity)（或極限黏數）$[\eta]$ 為

$$[\eta] \equiv \lim_{\rho_B \to 0} \frac{\eta_r - 1}{\rho_B} \qquad \text{其中 } \eta_r \equiv \eta/\eta_A \tag{15.27}$$

其中 $\rho_B \equiv m_B/V$ 是聚合物的質量濃度 [(9.2) 式]，m_B 和 V 是溶液中聚合物的質量和溶液體積。人們發現 $[\eta]$ 取決於溶劑以及聚合物。1942 年，Huggins 證明 $(\eta_r - 1)/\rho_B$ 是稀溶液中 ρ_B 的線性函數，因此 $(\eta_r - 1)/\rho_B$ 對 ρ_B 的圖可經由外推到 $\rho_B = 0$ 來獲得 $[\eta]$。

實驗數據證明，對於給定溶劑中給定種類的合成聚合物，在固定溫度下遵循以下關係：

$$[\eta] = K(M_B/M°)^a \tag{15.28}$$

其中 M_B 是聚合物的莫耳質量，K 和 a 是經驗常數，$M° \equiv 1$ g/mol。例如，對於在 24°C 的苯中的聚異丁烯，人們發現 $a = 0.50$ 且 $K = 0.083$ cm^3/g。通常，a 介於 0.5 和 1.1 之間。（合成聚合物的數據列於 J. Brandrup et al., *Polymer Handbook,* 4th ed., Wiley, 1999）要應用 (15.28) 式，必須首先使用聚合物樣品確定聚合物和溶劑的 K 和 a，而此聚合物樣品的分子量可藉由其他方法（例如滲透壓測量）求得。一旦知道 K 和 a，就可以藉由黏度測量找到給定聚合物樣品的莫耳質量。

特定蛋白質具有確定的分子量。相反，合成聚合物的製備產生具有分子量分佈的分子，因為鏈終止可以在任何長度的鏈上發生。

令 n_i 和 x_i 為聚合物物種 i 的莫耳數和莫耳分率，此物種具有莫耳質量 M_i 存在於聚合物樣品中。莫耳質量 M_i 的。樣品的**數均莫耳質量** (number average molar mass) M_n 由方程式 (12.32) 和 (12.33) 定義為 $M_n \equiv m/n = \Sigma_i x_i M_i$，其中總和是對所有聚合物種類求和，$m$ 和 n 是聚合物材料的總質量和總莫耳數

在 M_n 中，每一物種的莫耳質量具有由其莫耳分率 x_i 給出的加權因子；x_i 與存在的 i 分子的相對數量成正比。在**重量（或質量）平均莫耳質量** [weight (or mass) average molar mass] M_w 中，每一物種的莫耳質量具有其在聚合物混合物中的質量（或重量）分

率的加權因子 w_i，其中 $w_i \equiv m_i/m$ (m_i 是混合物中存在的物種 i 的質量)。因此

$$M_w \equiv \sum_i w_i M_i = \frac{\sum_i m_i M_i}{\sum_i m_i} = \frac{\sum_i n_i M_i^2}{\sum_i n_i M_i} = \frac{\sum_i x_i M_i^2}{\sum_i x_i M_i} \tag{15.29}$$

對於具有分子量分佈的聚合物，(15.28) 式得到黏度平均莫耳質量 (viscosity average molar mass) M_v，其中 $M_v = [\Sigma_i w_i M_i^a]^{1/a}$。

15.4 擴散和沉澱

擴散

圖 15.13 顯示了由可移除的不可滲透隔板分開的兩個流體相 1 和 2。系統保持恆定的 T 和 P。每個相僅包含物質 j 和 k 但具有不同的初始莫耳濃度：$c_{j,1} \neq c_{j,2}$ 和 $c_{k,1} \neq c_{k,2}$，其中 $c_{j,1}$ 是相 1 中 j 的濃度。一相或兩相可以是純的。當去除隔板時，兩相接觸，j 和 k 分子的隨機分子運動將減少並最終消除兩種溶液之間的濃度差。這種濃度差的自發減少是**擴散** (diffusion)。

擴散是由濃度差引起的系統成分的宏觀運動。如果 $c_{j,1} < c_{j,2}$，則從第 2 相到第 1 相有 j 的淨流，而從第 1 相到第 2 相有 k 的淨流。這種流動持續到 j 和 k 的化勢和濃度在整個槽中為恆定。擴散不同於由壓力差引起的宏觀整體流動 (第 15.3 節)。在 y 方向的整體流動中 (圖 15.9)，流動的分子具有速度 v_y 的附加分量，其疊加在速度的隨機分佈上。在擴散中，所有分子僅具有隨機速度。然而，因為垂直於擴散方向的平面右側的濃度 c_j 大於該平面左側的濃度，所以更多的 j 分子從右側穿過該平面而不是從左側穿過，從而得到從右向左 j 的淨流量。圖 15.14 顯示在擴散實驗期間，沿著擴散槽的 j 濃度分佈如何隨時間變化。

實驗證明，在擴散中遵循以下方程式：

$$\frac{dn_j}{dt} = -D_{jk} \mathcal{A} \frac{dc_j}{dx} \quad \text{和} \quad \frac{dn_k}{dt} = -D_{kj} \mathcal{A} \frac{dc_k}{dx} \tag{15.30}$$

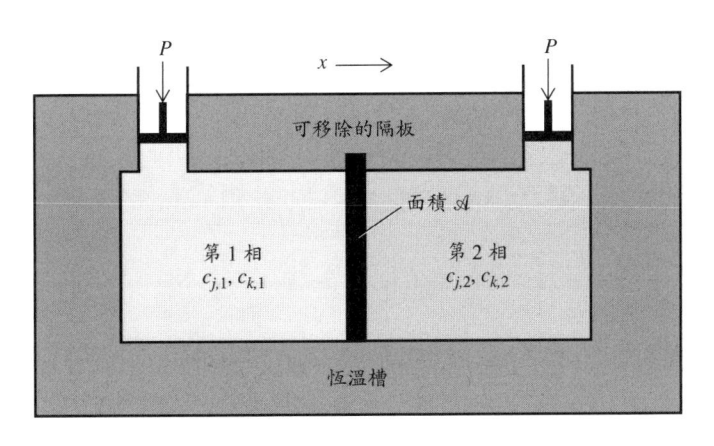

圖 15.13
當除去隔板時，發生擴散。

(a) $t = 0$　　　　(b) 中間時間　　　　(c) $t = \infty$

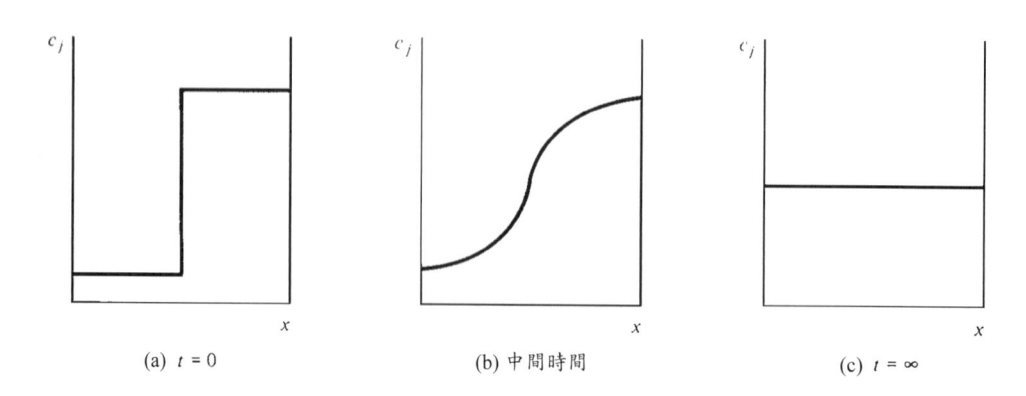

圖 15.14

擴散實驗的濃度曲線。

在 (15.30) 式中，這是 **Fick 擴散第一定律** (Fick's first law of diffusion)，dn_j/dt 是垂直於 x 軸而面積為 $\mathcal{A}$ 的平面 P 上的淨流率 (以每單位時間的莫耳數表示)；dc_j/dx 是 j 的莫耳濃度相對於 x 坐標的變化率的平面 P 的值；而 D_{jk} 稱為 (**相互**) **擴散係數** [(mutual) diffusion coefficient]。擴散速率與 $\mathcal{A}$ 成正比且與濃度梯度成正比。隨著時間的推移，給定平面上的 dc_j/dx 會發生變化，最終變為零。擴散然後停止。

擴散係數 D_{jk} 是系統的局部狀態的函數，因此取決於 T、P 和溶液的局部組成。在擴散實驗中，在不同時間 t 測量濃度作為距離 x 的函數。如果兩種溶液的初始濃度差別很大，那麼，由於擴散係數是濃度的函數，因此當濃度變化時，D_{jk} 隨著擴散槽的距離 x 和時間而顯著變化，所以實驗產生了一些涉及濃度的複雜平均值 D_{jk}。如果使相 1 中的初始濃度接近相 2 中的初始濃度，則可以忽略 D_{jk} 隨濃度的變化，並且獲得對應於 1 和 2 的平均組成的 D_{jk} 值。

如果溶液 1 和 2 混合沒有體積變化，則可以證明 (15.30) 式中的 D_{jk} 和 D_{kj} 是相等的：$D_{jk} = D_{kj}$。對於氣體，恆定 T、P 下混合的體積變化可忽略不計。對於液體，混合時的體積變化並不是總是可以忽略不計，但如果溶液 1 和 2 的成分僅略有不同，則我們可以滿足體積變化可忽略不計的條件。

對於給定的一對氣體，人們發現 D_{jk} 隨組成略有變化，隨著 T 的增加而增加，隨著 P 的增加而減小。0°C 和 1 atm 的幾個氣體對的值為：

氣體對	H_2–O_2	He–Ar	O_2–N_2	O_2–CO_2	CO_2–CH_4	CO–C_2H_4
D_{jk}/(cm^2 s^{-1})	0.70	0.64	0.18	0.14	0.15	0.12

在液體溶液中，D_{jk} 隨著組成變化很大，隨著 T 的增加而增加。圖 15.15 繪製了在 25°C 和 1 atm 下的 H_2O−乙醇溶液的 D_{jk} 對乙醇莫耳分率

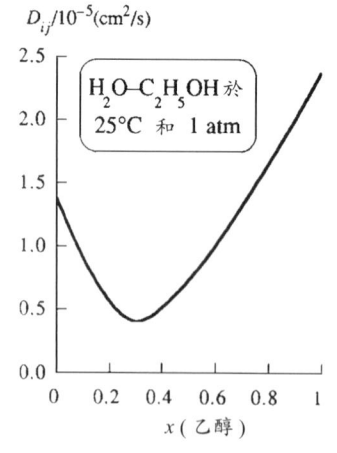

圖 15.15

在 25°C 和 1 atm 下，水-乙醇溶液的相互擴散係數與組成的關係。

的關係圖。x (乙醇) = 0 和 1 處的值是外推法。

設 D_{iB}^{∞} 表示溶劑 B 中溶質 i 的極稀溶液的 D_{iB} 值。例如，圖 15.15 給出了在 25°C 和 1 atm 下的 $D_{H_2O,C_2H_5OH}^{\infty} = 2.4 \times 10^{-5}$ cm² s⁻¹。溶劑 H₂O 在 25°C 和 1 atm 下的一些 D^{∞} 值為：

i	N₂	LiBr	NaCl	n-C₄H₉OH	蔗糖	血紅蛋白
$10^5 D_{i,H_2O}^{\infty}/(cm^2 s^{-1})$	1.6	1.4	2.2	0.56	0.52	0.07

固體的相互擴散係數取決於濃度，並隨著 T 的增加而迅速增加。在 1 atm 的一些固相擴散係數為：

i–B	Bi–Pb	Sb–Ag	Al–Cu	Ni–Cu	Ni–Cu	Cu–Ni
溫度	20°C	20°C	20°C	630°C	1025°C	1025°C
$D_{iB}^{\infty}/(cm^2 s^{-1})$	10^{-16}	10^{-21}	10^{-30}	10^{-13}	10^{-9}	10^{-11}

假設圖 15.13 中的溶液 1 和 2 具有相同的組成（$c_{j,1} = c_{j,2}$ 和 $c_{k,1} = c_{k,2}$），並且我們將少量放射性標記的物質 j 添加到溶液 2 中。標記 j 的擴散係數在 j 和 k 的其他均勻混合物中被稱為混合物中 j 的**示踪劑擴散係數** (tracer diffusion coefficient) $D_{T,j}$。如果 $c_{k,1} = 0 = c_{k,2}$，那麼我們正在測量純 j 中微量放射性標記的 j 的擴散係數；這是**自擴散係數** (self-diffusion coefficient) D_{jj}。

對於辛烷 (o) 和十二烷 (d) 在 60°C 和 1 atm 下的液體混合物，圖 15.16 繪製了相互擴散係數 $D_{od} = D_{do}$ 和示踪劑擴散係數 $D_{T,o}$ 和 $D_{T,d}$ 對辛烷莫耳分率 x_o 的關係曲線。注意，當 $x_o \to 1$，混合物中辛烷的示踪劑擴散係數 $D_{T,o}$ 在極限上趨近於自擴散係數 D_{oo}，並且當 $x_o \to 0$，趨近於無限稀釋相互擴散係數 D_{od}^{∞}。

在 1 atm 的一些自擴散係數為：

氣體 (0°C)	H₂	O₂	N₂	HCl	CO₂	C₂H₆	Xe
$D_{jj}/(cm^2 s^{-1})$	1.5	0.19	0.15	0.12	0.10	0.09	0.05

液體 (25°C)	H₂O	C₆H₆	Hg	CH₃OH	C₂H₅OH	n-C₃H₇OH
$10^5 D_{jj}/(cm^2 s^{-1})$	2.4	2.2	1.7	2.3	1.0	0.6

1 atm 和 25°C 下，氣體的擴散係數通常為 10^{-1} cm² s⁻¹ 而液體為 10^{-5} cm² s⁻¹；擴散係數對固體來說非常小。

圖 15.16
追踪劑擴散係數 $D_{T,d}$ 和 $D_{T,o}$ 和相互擴散係數 D_{do} 與組成的關係，適用於 60°C 和 1 atm 下的辛烷 (o) 加十二烷 (d) 的液體溶液 [數據來自 A. L. Van Geet and A. W. Adamson, *J. Phys. Chem.*, **68**, 238 (1964).]。

擴散分子的淨位移

對氣體動力學理論的早期反對意見是，如果氣體確實由以超音速自由移動的分子組成，那麼氣體混合應該幾乎立即發生。但這不會發生。如果化學講師產生 Cl₂，那麼房間後面的人可能需要幾分鐘才聞到氣味。相

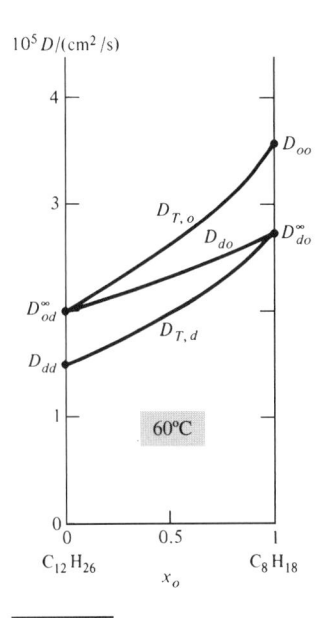

對於氣體分子的速度，混合氣體很慢的原因是在常壓下，氣體分子在與另一個分子發生碰撞之前只能走非常短的距離（在 1 atm 和 25°C 時大約 10^{-5} cm；參見第 14.7 節）；在每次碰撞時，運動方向都會發生變化，每個分子都有一個鋸齒形的路徑。由於這些方向的不斷變化，任何給定方向上的淨運動都非常小。

在時間 t 內，在給定方向上經歷隨機擴散運動的分子平均走多遠？對於擴散分子，令 Δx 為發生在時間 t 的 x 方向上的淨位移。由於運動是隨機的，Δx 與負值一樣可能為正，因此平均值 $\langle \Delta x \rangle$ 為零（假設沒有邊界壁阻止在特定方向上的擴散）。因此，我們考慮 x 位移的平方的平均值 $\langle (\Delta x)^2 \rangle$。1905 年，愛因斯坦證明了

$$\langle (\Delta x)^2 \rangle = 2Dt = (2\,Dt)^{1/2} \tag{15.31}$$

其中 D 是擴散係數。在 *Kennard*, pp. 286-287 中給出了 **Einstein-Smoluchowski 方程式** (15.31) 式的推導。

$$(\Delta x)_{rms} \equiv \langle (\Delta x)^2 \rangle^{1/2} = (2\,Dt)^{1/2} \tag{15.32}$$

是在時間 t 的 x 方向上的擴散分子的均方根淨位移。將 t 設為 60 s，D 為 10^{-1}、10^{-5} 和 10^{-20} cm^2 s^{-1}，我們發現在室溫和 1 atm 下，1 min 內典型的均方根 x 位移在氣體中僅為 3 cm，在液體中為 0.03 cm，在固體中小於 1 Å。在 1 min 內，分子量為 30 的典型氣體分子在室溫和壓力下行進的總距離為 3×10^6 cm [(14.48) 式]，但它在任何給定方向上的均方根淨位移由於碰撞，只有 3 cm。當然，存在 Δx 值的分佈，並且許多分子行進的距離比 $(\Delta x)_{rms}$ 更短或更長。這種分佈結果是高斯分佈（圖 15.17），因此大部分分子行進的距離是 $(\Delta x)_{rms}$ 的 2 或 3 倍，極少數的分子行進的距離是 $\Delta(x)_{rms}$ 的 7 或 8 倍。

如果房間 T 和 P 的氣體在 1 min 內 $(\Delta x)_{rms}$ 只有 3 cm，為什麼房間後面的學生只需幾分鐘就能聞到房間前面產生的 Cl_2？答案是在不受控制的條件下，在混合氣體，由壓力和密度差引起的對流比擴散更有效。

儘管在宏觀尺度上液體中的擴散是緩慢的，但是在生物細胞距離的規模上它是相當快的。體溫下蛋白質在水中的典型擴散係數為 10^{-6} cm^2/s，真核細胞 (eukaryotic cell)（一個有核）的典型直徑是 10^{-3} cm $= 10^5$ Å。蛋白質分子擴散該距離所需的典型時間由 (15.31) 式給出為 $t = (10^{-3}$ cm$)^2/2(10^{-6}$ cm^2/s$) = 0.5$ s。神經細胞長達 100 cm，化學物質的擴散顯然不是沿神經細胞傳遞信號的有效方法。然而，某些化學物質（神經傳遞物質）的擴散被用於在神經細胞之間的非常短（通常是 500 Å）的間隙（突觸）將信號從一個神經細胞傳遞到另一個神經細胞。

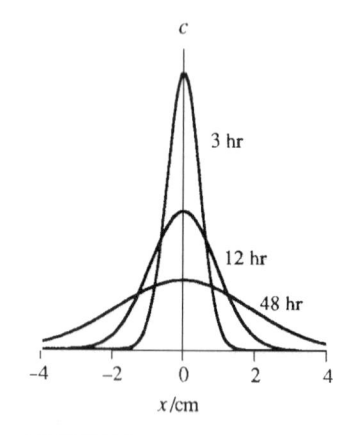

圖 15.17
$D = 10^{-5}$ cm^2/s（在液體中的典型值）的溶質擴散。溶質最初位於 $x = 0$ 平面，並且顯示在 3、12 和 48 小時之後其在 x 方向上的分佈。

布朗運動

擴散是由分子的隨機熱運動引起的。這種隨機運動可以藉由其對懸浮在流體中的膠體顆粒的影響間接觀察到。由於流體中壓力的微觀波動,這些顆粒經歷隨機布朗運動。布朗運動是分子變得可見的永恆舞蹈。膠體顆粒可以被認為是巨大的「分子」而其布朗運動實際上是一個擴散過程。

黏度為 η 的流體中質量為 m 的膠體顆粒由於與流體分子的隨機碰撞而經歷時變力 $\mathbf{F}(t)$。設 $F_x(t)$ 為該隨機力的 x 分量。此外,顆粒經受由液體黏度引起的摩擦力 $\mathbf{F}_{fr}$ 並且抵抗顆粒的運動。$\mathbf{F}_{fr}$ 的 x 分量由 (15.20) 式給出為 $F_{fr,x} = -fv_x = -f(dx/dt)$,其中 f 是摩擦係數。存在負號是因為當 v_x(粒子速度的 x 分量)為正時,$F_{fr,x}$ 在負 x 方向。牛頓第二定律 $F_x = ma_x = m(d^2x/dt^2)$ 乘以 x 可得

$$xF_x(t) - fx(dx/dt) = mx(d^2x/dt^2) \tag{15.33}$$

愛因斯坦在許多膠體顆粒上平均 (15.33) 式。假設膠體顆粒的平均動能等於周圍流體分子的平均移動能 $\frac{3}{2}kT$ [(14.15) 式],他發現根據下式,粒子在 x 方向上的平均方位移隨時間增加

$$\langle(\Delta x)^2\rangle = 2kTf^{-1}t \tag{15.34}$$

如果膠體顆粒是半徑為 r 的球體,則 Stokes 定律 (15.21) 式給出 $|F_{fr,x}| = 6\pi\eta r v_x$,摩擦係數為 $f = 6\pi\eta r$。(15.34) 式變為

$$\langle(\Delta x)^2\rangle = \frac{kT}{3\pi\eta r} t \quad \text{球形顆粒} \tag{15.35}$$

(15.35) 式由愛因斯坦於 1905 年推導出來,並由 Perrin 實驗驗證。對已知尺寸的膠體顆粒,測量 $\langle(\Delta x)^2\rangle$ 使得能夠計算 $k = R/N_A$ 並因此能夠找到 Avogadro 數。

液體擴散理論

考慮溶劑 B 中溶質 i 的非常稀薄的溶液。Einstein–Smoluchowski 方程式 (15.31) 給出了時間 t 中 i 分子的均方 x 位移為 $\langle(\Delta x)^2\rangle = 2D_{iB}^\infty t$,其中 D_{iB}^∞ 是 i 在 B 的非常稀薄溶液的擴散係數。(15.34) 式給出 $\langle(\Delta x)^2\rangle = (2kT/f)t$。因此 $(2kT/f)t = 2D_{iB}^\infty t$,或

$$D_{iB}^\infty = kT/f \tag{15.36}$$

其中 f 是 i 分子在溶劑 B 中運動的摩擦係數 [(15.20) 式]。(15.36) 式為能斯特-愛因斯坦方程式 (Nernst–Einstein equation)。

將黏稠阻力的宏觀概念應用於通過流體的膠體粒子的運動是成立的,但是它對單個分子通過流體的運動的應用是可疑的,除非溶質分子比溶劑分子大得多,例如,聚合物在水中的溶液。因此,(15.36) 式為不嚴謹的。

如果我們假設 i 分子是半徑為 r_i 的球體,並假設 Stokes 定律 (15.21) 式可以應用

於 i 分子通過溶劑 B 的運動,則 $f = 6\pi\eta_B r_i$ 且 (15.36) 式變為

$$D_{iB}^\infty \approx \frac{kT}{6\pi\eta_B r_i} \qquad 對於\ i\ 球體,r_i > r_B,液體溶液 \tag{15.37}$$

(15.37) 式為 **Stokes–Einstein 方程式**。如 (15.21) 式所述,當 r 非常小時,Stokes 定律對氣體運動不成立,因此 (15.37) 式僅適用於液體。

當 r_i 遠大於 r_B 時,我們可以預期 (15.37) 式成立。使用 Stokes 定律時假設在擴散粒子的表面沒有滑移。流體動力學證明,當流體沒有黏附在擴散粒子表面的趨勢時,Stokes 定律被 $F_{fr} = 4\pi\eta_B r_i v_i$ 取代。溶液中擴散係數的數據指出,對於尺寸與溶劑分子相似的溶質分子,(15.37) 式中的 6。應改為 4:

$$D_{iB}^\infty \approx \frac{kT}{4\pi\eta_B r_i} \qquad 對於\ i\ 球體,r_i \approx r_B,液體溶液 \tag{15.38}$$

對於 $r_i < r_B$,4 應該用較小的數字代替。

水中擴散係數的研究 [J. T. Edward, *J. Chem. Educ.*, **47**, 261 (1970)] 證明 (15.37) 式和 (15.38) 式運作的效果出奇地好。分子半徑由原子的 van der Waals 半徑計算。

☕ 氣體擴散的動力學理論

氣體中擴散的平均自由徑動力學理論與熱導率和黏度相似,只是物質而不是能量或動量被輸送。首先考慮物種 j 與同位素示踪物種 $j^\#$ 的混合物,$j^\#$ 具有與 j 相同的直徑和幾乎相同的質量。設 $j^\#$ 的濃度梯度為 $dc^\#/dx$。$j^\#$ 的分子從左側和右側穿過在 x_0 的平面。我們將從兩側穿過的 $j^\#$ 分子的濃度作為它們最後碰撞 (平均) 的平面中的濃度。這些平面與 x_0 的距離為 $\frac{2}{3}\lambda$ (第 15.2 節)。在時間 dt 從一側移入 x_0 平面的分子數是 $\frac{1}{4}(N/V)\langle v\rangle \mathcal{A}\, dt$ [(14.56) 式]。由於 $N/V = N_A n/V = N_A c$,在時間 dt 穿過 x_0 平面的 $j^\#$ 分子的淨數是

$$dN^\# = \tfrac{1}{4}\langle v\rangle \mathcal{A} N_A (c_-^\# - c_+^\#)\, dt \tag{15.39}$$

其中 $c_-^\#$ 和 $c_+^\#$ 是 $x_0 - \frac{2}{3}\lambda$ 和 $x_0 + \frac{2}{3}\lambda$ 平面上 $j^\#$ 的濃度。我們有 $c_-^\# - c_+^\# = dc^\# = (dc^\#/dx)dx = -(dc^\#/dx)\frac{4}{3}\lambda$,並且 (15.39) 式變為

$$\frac{dn^\#}{dt} = -\tfrac{1}{3}\lambda\langle v\rangle \mathcal{A} \frac{dc^\#}{dx} \tag{15.40}$$

與 Fick 定律 (15.30) 式的比較給出了自擴散係數

$$D_{jj} \approx \tfrac{1}{3}\lambda\langle v\rangle \qquad 硬球 \tag{15.41}$$

像往常一樣,數值係數是錯誤的,嚴格的處理給出了硬球 (*Present*, sec. 8-3)

$$D_{jj} = \frac{3\pi}{16}\lambda\langle v\rangle = \frac{3}{8\pi^{1/2}}\left(\frac{RT}{M}\right)^{1/2}\frac{1}{d^2(N/V)} \qquad 硬球 \tag{15.42}$$

其中使用了 λ 的 (14.67) 式和 $\langle v\rangle$ 的 (14.47) 式。在 (15.42) 式中使用 $PV = (N_{total}/N_A)RT$

得到 $D_{jj} \propto T^{3/2}/P$。D 對壓力成反比是由於在較高壓力下有較高的碰撞率，通常此反比成立 (圖 15.18)。

應用於氣體 j 和 k 的混合物的簡單平均自由徑處理預測相互擴散係數 D_{jk} 是 j 莫耳分率的強函數，而實驗顯示氣體的 D_{jk} 幾乎獨立於 x_j(Present, pp. 50-51 討論了這種失敗的原因)。對硬球的嚴格處理 (Present, sec. 8-3) 預測 D_{jk} 與 j 和 k 存在的相對比例無關。

☕ 溶液中聚合物分子的沉降

回憶一下第 14.8 節，地球重力場中的氣體分子顯示出符合 Boltzmann 分佈定律的平衡分佈，隨著海拔的升高，分子濃度呈指數下降。類似的分佈適用於地球重力場中溶液中的溶質分子。對於其中溶質分子的分佈最初是均勻的溶液，溶質分子將存在淨向下漂移，直到達到平衡分佈。

考慮密度小於聚合物密度的溶劑中質量為 M_i/N_A 的聚合物分子 (其中 Mi 是莫耳質量，N_A 是 Avogadro 常數)。聚合物分子將傾向於向下漂移 (沉降)。聚合物分子受到以下力的作用：(a) 向下的力等於分子的重量 $M_i N_A^{-1} g$，其中 g 是重力常數；(b) 向上的黏性力 fv_{sed}，其中 f 是摩擦係數，v_{sed} 是向下的漂移速率；(c) 向上浮力等於被排開流體的重量 (第 15.3 節)。溶液中聚合物分子的有效體積取決於溶劑 (第 15.3 節)，我們可以取 $\bar{V}_i/N_A$ 作為分子的有效體積，其中 $\bar{V}_i$ 是溶液中 i 的部分莫耳體積。因此浮力是 $(\rho \bar{V}_i/N_A)g$，其中 ρ 是溶劑的密度。

聚合物的分子量可能未知，因此 $\bar{V}_i$ 可能未知。因此，我們將部分比容 $\bar{v}_i$ 定義為 $\bar{v}_i \equiv (\partial V/\partial m_i)_{T,P,m_B}$，其中 V 是溶液體積，m_i 是溶液中聚合物的質量，B 是溶劑。因為 $m_i = M_i n_i$，我們有 $\partial V/\partial m_i = (\partial V/\partial n_i)(\partial n_i/\partial m_i) = (\partial V/\partial n_i)/M_i$ 或 $\bar{v}_i = \bar{V}_i/M_i$。然後浮力為 $\rho \bar{v}_i M_i N_A^{-1} g$。

分子將達到最終沉降速率 v_{sed}，其向下和向上的力均衡：

$$M_i N_A^{-1} g = f v_{sed} + \rho \bar{v}_i M_i N_A^{-1} g \tag{15.43}$$

雖然很容易觀察到地球重力場中相對較大的膠體顆粒的沉降 (第 7.7 節)，但重力場實際上太弱而不能在溶液中產生可觀察到的聚合物分子的沉降。因此人們使用超速離心機來代替，它一種以非常高的速率旋轉聚合物溶液的裝置。

在半徑為 r 的圓中以恆定速率 v 旋轉的粒子經歷朝向圓心的加速度 v^2/r，亦即向心加速度 (centripetal acceleration)(Halliday and Resnick, eq. 11-10)。速率為 $v = r\omega$，其中角速率 ω 定義為 $d\theta/dt$，其中 θ 是以弧度表示的旋轉角度。因此，向心加速度是 $r\omega^2$，其中 ω 是每單位時間轉數的 2π 倍。根據牛頓第二定律，向心力是 $mr\omega^2$，其中 m 是粒子質量。

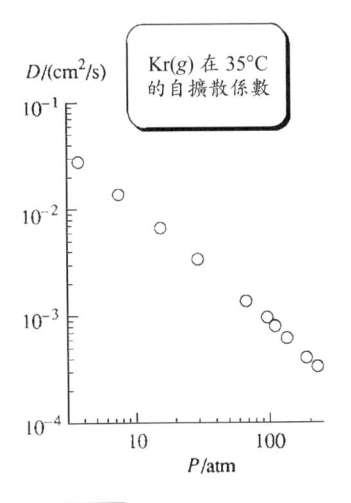

圖 15.18

Kr(g) 在 35°C 時的自擴散係數與 P 的關係，兩個刻度均為對數。

就像旋轉木馬上的大理石往向外移動一樣，因此蛋白質分子傾向於在超速離心機的旋轉管中向外沉澱。若我們使用一個與溶液一起旋轉的坐標系，則在這個坐標系中，無向心加速度 $r\omega^2$，並且在它的位置必須引入向外作用於粒子的虛擬離心力 $mr\omega^2$ (Halliday and Resnick, sec. 6-4 and supplementary topic I)。在旋轉坐標系中，除非引入這種虛擬的力，否則不遵循牛頓第二定律。$F = ma$ 僅在非加速坐標系中成立。

離心機中的虛擬離心力 $mr\omega^2$ 與重力場中的重力 mg 的比較證明 $r\omega^2$ 對應於 g。因此，以 $r\omega^2$ 取代 (15.43) 式中的 g，我們得到

$$M_i N_A^{-1} r\omega^2 = f v_{sed} + \rho \bar{v}_i M_i N_A^{-1} r\omega^2 \tag{15.44}$$

如在重力場中那樣，浮力由流體中的壓力梯度產生。摩擦係數 f 可以從擴散數據中找到。對於非常稀薄的溶液，Nernst–Einstein 方程式 (15.36) 給出了：$f = kT/D_{iB}^\infty$，其中 D_{iB}^∞ 是聚合物在溶劑中的無限稀薄擴散係數。使用 $f = kT/D_{iB}^\infty$ 和 $R = N_A k$，我們從 (15.44) 式中發現

$$M_i = \frac{RT v_{sed}^\infty}{D_{iB}^\infty r\omega^2(1 - \rho \bar{v}_i)} \tag{15.45}$$

測量外推至無限稀薄的 v_{sed} 和 D_{iB}^∞ 可找到聚合物莫耳質量。特殊光學技術用於測量旋轉溶液中的 v_{sed}。$v_{sed}/r\omega^2$ 是溶劑中聚合物的**沉降係數** (sedimentation coefficient) s。s 的 SI 單位是秒 (s)，但沉降係數通常使用 svedberg (符號 Sv 或 S) 表示，定義為 10^{-13} s。

15.5 電導率

電傳導是一種輸送現象，其中電荷 (由電子或離子攜帶) 在系統中移動。**電流** (electric current) I 定義為通過導電材料的電荷流速：

$$I \equiv dQ/dt \tag{15.46}*$$

其中 dQ 是在時間 dt 穿過導體橫截面的電荷。**電流密度** (electric current density) j 是每單位橫截面積的電流：

$$J \equiv I/\mathcal{A} \tag{15.47}*$$

其中 $\mathcal{A}$ 為導體橫截面積。電流的 SI 單位是**安培** (ampere, A)，等於每秒一庫侖：

$$1 \text{ A} = 1 \text{ C/s} \tag{15.48}*$$

雖然電荷 Q 比電流 I 更基礎，但測量電流比測量電荷容易。因此，SI 系統將安培作為其基礎單位之一。安培被定義為當流過恰好相距 1 公尺的兩根長而直的平行導線時將在導線之間產生恰好 2×10^{-7} N/m 的力的電流 (一電流產生磁場，該磁場對另一線中的移動電荷施加力)。可以使用電流均衡精確地測量兩根載流導線之間的力。

庫侖定義為在一秒內藉由一安培電流輸送的電荷：1 C ≡ 1 A s。然後從該定義得出方程式 (15.48)。

為避免混淆，對於電量，本章中我們將僅使用 SI 單位，並且所有電氣方程將以對 SI 單位成立的形式編寫。

電荷流動是因為它經受電力，因此在載流導體中必須存在電場 **E**。物質的**電導率** (conductivity)(以前稱為比電導) κ (kappa) 定義為

$$\kappa \equiv j/E \quad 或 \quad j = \kappa E \tag{15.49}*$$

其中 E 是電場的大小。電導率 κ 越高，對於在給定的施加電場流動的電流密度 j 越大。電導率的倒數是**電阻率** (resistivity) ρ：

$$\rho = 1/\kappa \tag{15.50}*$$

設 x 方向為導體中的電場方向。(13.11) 式給出了 $E_x = -d\phi/dx$，其中 ϕ 是導體中某點的電位。因此 (15.49) 式可以寫成 $I/\mathcal{A} = -\kappa(d\phi/dx)$。使用 (15.46) 式可得

$$\frac{dQ}{dt} = -\kappa \mathcal{A} \frac{d\phi}{dx} \tag{15.51}$$

僅當導體中存在電位梯度時，電流才在導體中流動。這種梯度可以藉由將導體的端部連接到電池的端子來產生。

注意 (15.51) 式與用於熱傳導、黏性流動和擴散的輸送 (15.1) 式、(15.15) 式和 (15.30) 式 (傅立葉、牛頓和菲克定律) 的相似性。這些方程式中的每一個都具有形式

$$\frac{1}{\mathcal{A}} \frac{dW}{dt} = -L \frac{dB}{dx} \tag{15.52}$$

其中 $\mathcal{A}$ 是橫截面積，W 是輸送的物理量 (熱傳導中的 q，黏性流中的 p_y，擴散中的 n_j，電傳導中的 Q)，L 是常數 (k、η、D_{jk} 或 κ)，dB/dx 是沿著 W 流動的方向 x 的物理量 (T、v_y、c_j 或 ϕ) 的梯度。$(1/\mathcal{A})(dW/dt)$ 稱為 W 的**通量** (flux)，並且是 W 通過垂直於流動方向的單位面積的輸送速率。在所有四個輸送方程式中，通量為與梯度成正比。

考慮具有均勻組成和恆定橫截面積的載流導體。電流密度 j 將在導體中的每個點恆定。從 $j = \kappa E$ [(15.49) 式]，場強度 E 在每個點都是常數，並且方程式 $E = -d\phi/dx$ 積分後可得 $\phi_2 - \phi_1 = -E(x_2 - x_1)$。因此 $E = -d\phi/dx = -\Delta\phi/\Delta x$。(15.49) 式變為 $I/\mathcal{A} = \kappa(-\Delta\phi)/\Delta x$。設 $\Delta x = l$，其中 l 是導體的長度，則 $|\Delta\phi|$ 是導體末端之間的**電位差** (electric potential difference) 的大小，我們有 $|\Delta\phi| = Il/\kappa\mathcal{A}$ 或

$$|\Delta\phi| = (\rho l/\mathcal{A})I \tag{15.53}$$

$|\Delta\phi|$ 通常稱為「電壓」。導體的**電阻** (resistance) R 由下式定義

$$R \equiv |\Delta\phi|/I \quad 或 \quad |\Delta\phi| = IR \tag{15.54}*$$

由 (15.53) 式和 (15.54) 式可得

$$R = \rho l / \mathscr{A} \tag{15.55}$$

從 (15.54) 式，R 具有每安培伏特的單位。電阻的 SI 單位是**歐姆** (ohm)(符號 Ω)：

$$\Omega \equiv 1 \text{ V/A} = 1 \text{ kg m}^2 \text{ s}^{-1} \text{ C}^{-2} \tag{15.56}$$

其中使用 (13.8) 式和 (15.48) 式。由 (15.55) 式可知，電阻率 ρ 的單位為歐姆乘以長度，通常為 Ω cm 或 Ω m。電導率 $\kappa = 1/\rho$ 的單位為 Ω^{-1} cm^{-1} 或 Ω^{-1} m^{-1}。單位 Ω^{-1} 有時寫成 mho，即 ohm 的反向拼寫；但是，倒數歐姆的正確 SI 名稱是 *siemens* (S)：1 S $\equiv$ 1 Ω^{-1}。

電導率 κ 及其倒數 ρ 取決於導體的組成而不是它的尺寸。從 (15.55) 式，電阻 R 取決於導體的尺寸以及構成它的材料。

對於許多物質，(15.49) 式中的 κ 與所施加的電場 E 的大小無關因此與電流密度的大小無關。這樣的物質稱為遵守歐姆定律。**歐姆定律** (Ohm's law) 是當 E 變化時 κ 保持不變。對於遵守歐姆定律的物質，j 對 E 的關係曲線是斜率為 κ 的直線。金屬遵循歐姆定律。電解質溶液遵循歐姆定律，只要 E 不是非常高並且保持穩態條件 (見第 15.6 節)。許多書都說歐姆定律是方程式 (15.54)。這是不正確的。(15.54) 式只是 R 的定義，這個定義適用於所有物質。歐姆定律是 R 獨立於 $|\Delta\phi|$ (且獨立於 I) 的陳述並不適用於所有物質。

在 20°C 和 1 atm，物質的某些電阻率和電導率值為：

物質	Cu	KCl(aq, 1 mol/dm^3)	CuO	玻璃
$\rho/(\Omega \text{ cm})$	2×10^{-6}	9	10^5	10^{14}
$\kappa/(\Omega^{-1} \text{ cm}^{-1})$	6×10^5	0.1	10^{-5}	10^{-14}

金屬具有非常低的 ρ 值和非常高的 κ 值。強電解質的濃水溶液具有相當低的 ρ 值。**電絕緣體** (electrical insulator)(例如，玻璃) 是一種 κ 值很低的物質。**半導體** (semiconductor)(例如，CuO) 是 κ 介於金屬和絕緣體的 κ 之間的物質。半導體和絕緣體通常不遵循歐姆定律；它們的電導率隨著施加電位差 $|\Delta\phi|$ 的增加而增加。

15.6 電解質溶液的電導率

電解

圖 15.19 顯示了填充有電解質溶液的電池兩端的兩個金屬電極。藉由將電極連接到電池將電位差施加到電極上。電子攜帶電流通過金屬線和金屬電極。離子攜帶電流通過溶液。在每個電極－溶液界面，發生電化學反應，其將電子傳遞到電極或從電極傳遞電子，而允許電荷完全在電路周圍流動。例如，如果兩個電極都是 Cu 並且電解質溶質是 CuSO$_4$，則電極反應是 Cu^{2+}(aq) + 2e$^-$ → Cu 和 Cu → Cu^{2+}(aq) + 2e$^-$。

對於 1 莫耳的 Cu 從溶液中沉積，2 莫耳的電子必須流過電路 (一莫耳電子是 Avogadro 數量的電子)。如果電流 I 保持不變，流動的電荷就是 $Q = It$ [(15.46) 式]。實驗證明沉積 1 莫耳的 Cu 需要 192970 C 的流量，因此 1 莫耳電子的總電荷的絕對值是 96485 C。每莫耳電子的電荷的絕對值是**法拉第常數** (Faraday constant) F = 96485 C/mol。我們有 [(13.13) 式] $F = N_A e$，其中 e 是質子電荷，N_A 是 Avogadro 常數。從含有離子 M^{z+} 的溶液中沉積 1 莫耳金屬 M 需要流動 $z+$ 莫耳電子。因此，由電荷 Q 的流動所沉積的 M 的莫耳數是 Q/z_+F，而沉積的金屬 M 的質量 m 為

$$m = QM/z_+F \tag{15.57}$$

其中 M 是金屬 M 的莫耳質量。

在時間 t' 期間流過電路的總電荷可由 (15.46) 式積分給出，即 $Q = \int_0^{t'} I \, dt$，如果 I 是常數則 Q 等於 It'。保持 I 不變是不容易的，測量 Q 的好方法是在電路中串聯一個電解池，稱重沉積的金屬，並從 (15.57) 式計算 Q。這種裝置稱為電量計 (coulometer)。銀是最常用的金屬。

圖 15.19
電解池。

電導率的測量

使用直流電流不能可靠地測量電解質溶液的電阻 R，因為電解質濃度的變化和電解累積在電極上的產品會改變溶液的電阻。為了消除這些影響，人們使用交流電並使用塗有膠體鉑黑的鉑電極。膠體 Pt 吸附由交流電的每個半週期期間產生的任何氣體。

將電導池 (由恆定 T 浴包圍) 置於惠斯通電橋 (Wheatstone bridge) 的一個臂中 (圖 15.20)。調節電阻 R_3 直到在點 C 和 D 之間沒有電流流過檢測器。然後這些點處於相等的電位。根據「歐姆定律」(15.54) 式，我們有 $|\Delta\phi|_{AD} = I_1 R_1$，$|\Delta\phi|_{AC} = I_3 R_3$，$|\Delta\phi|_{DB} = I_1 R_2$ 和 $|\Delta\phi|_{CB} = I_3 R$。因為 $\phi_D =$

圖 15.20
使用 Wheatstone 電橋測量電解質溶液的電導率。

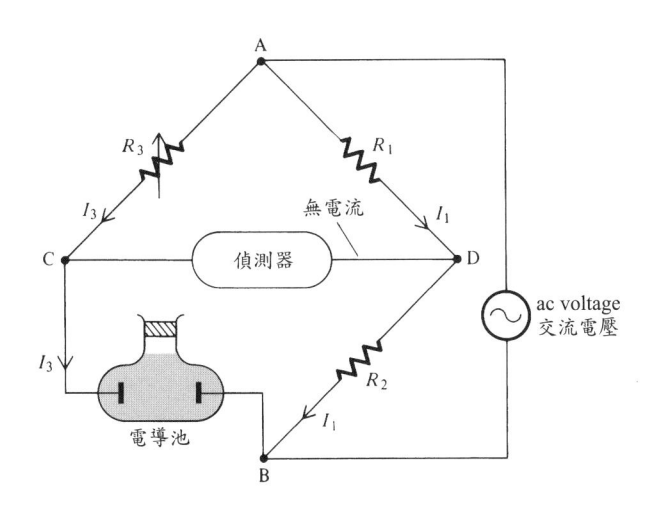

ϕ_C，我們有 $|\Delta\phi|_{AC} = |\Delta\phi|_{AD}$ 和 $|\Delta\phi|_{CB} = |\Delta\phi|_{DB}$。因此 $I_3R_3 = I_1R_1$ 且 $I_3R = I_1R_2$。將第二個方程式除以第一個，我們得到 $R/R_3 = R_2/R_1$，由此可求得 R [這個討論過於簡單，因為它忽略了電導池的電容；見 J. Braunstein and G. D. Robbins, *J. Chem. Educ.*, **48**, 52 (1971)]。發現 R 與施加的交流電位差的大小無關，因此遵循歐姆定律。

一旦知道 R，電導率可以從 (15.55) 式和 (15.50) 式求得，即 $\kappa = 1/\rho = l/\mathcal{A}R$，其中 $\mathcal{A}$ 和 l 是電極的面積和間隔。電池常數 K_{cell} 定義為 $l/\mathcal{A}$，而 $\kappa = K_{cell}/R$。對於已知電導率的 KCl 溶液，用測量 R 來確定設備的 K_{cell} 較準確，而不是測量 l 和 $\mathcal{A}$。藉由在精確已知尺寸的電池中測量，確定了各種濃度的 KCl 的準確 k 值。極純的溶劑用於導電工作，因為雜質的痕跡會顯著影響 κ。從溶液的電導率減去純溶劑的電導率，得到電解質的 κ。

莫耳電導率

由於每單位體積的電荷載體數通常隨著電解質濃度的增加而增加，因此溶液的電導率 κ 通常隨著電解質濃度的增加而增加。為了測量已知量的電解質的載流能力，可以定義溶液中電解質的**莫耳電導率** (molar conductivity) Λ_m，即

$$\Lambda_m \equiv \kappa/c \tag{15.58}*$$

其中 c 是電解質的化學計量莫耳濃度。

例 15.2 莫耳電導率

在 25°C 和 1 atm 下，1.00 mol/dm³ 的 KCl 水溶液的電導率 κ 為 0.112 Ω^{-1} cm^{-1}。求此溶液中的 KCl 莫耳電導率。

代入 (15.58) 式可得

$$\Lambda_{m,KCl} = \frac{\kappa}{c} = \frac{0.112\ \Omega^{-1}\ cm^{-1}}{1.00\ mol\ dm^{-3}} \frac{10^3\ cm^3}{1\ dm^3} = 112\ \Omega^{-1}\ cm^2\ mol^{-1}$$

它也等於 0.0112 Ω^{-1} m^2 mol^{-1}。

習題

對於在 25°C 和 1 atm 下的 0.10 mol/L CuSO$_4$(*aq*)，從圖 15.21a 中的 κ 值計算 Λ_m。使用圖 15.21b 檢查您的答案。
(答案：90 Ω^{-1} cm^2 mol^{-1})

對於沒有離子配對的強電解質，離子濃度與電解質的化學計量濃度成正比，因此可以認為將 κ 除以 c 可得到與濃度無關的量。然而，NaCl(*aq*)、KBr(*aq*) 等的 Λ_m 確實隨濃度而變化。這是因為離子之間的相互作用影響電導率 κ，並且這些相互作用隨著 c 的變化而變化。

圖 15.21 (a) 在 25°C 和 1 atm 下，某些電解質水溶液的電導率 κ 與濃度 c 的關係。(b) 這些溶液的莫耳電導率 Λ_m 與 $c^{1/2}$ 的關係。

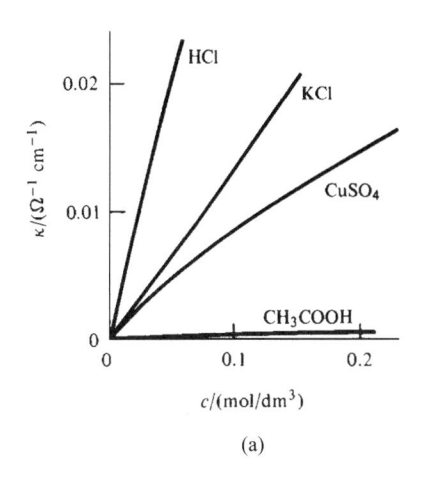

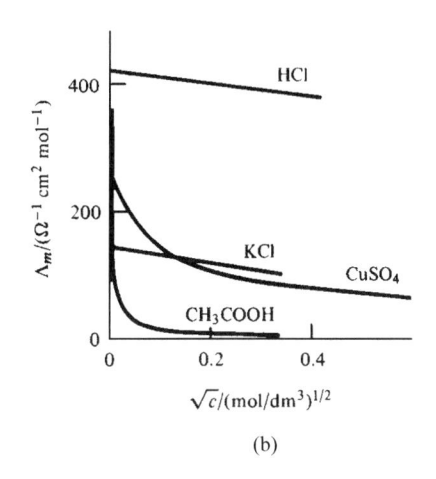

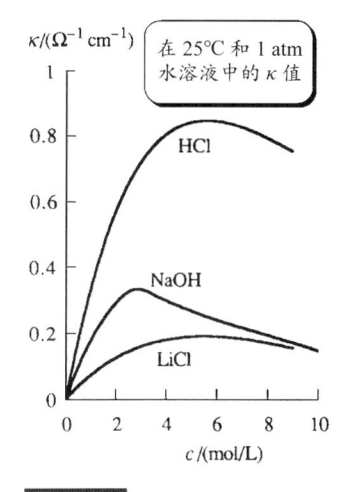

Λ_m 取決於溶劑以及電解質。我們將主要考慮水溶液。

在 25°C 和 1 atm 下，不同濃度水溶液中 KCl 的 κ 和 Λ_m 值為：

$c/(\text{mol dm}^{-3})$	0	0.001	0.01	0.1	1
$k/(\Omega^{-1}\text{ cm}^{-1})$	0	0.000147	0.00141	0.0129	0.112
$\Lambda_m/(\Omega^{-1}\text{ cm}^2\text{ mol}^{-1})$	(150)	147	141	129	112

零濃度的 Λ_m 值可由外推法獲得。設 Λ_m^∞ 表示無限稀薄值：$\Lambda_m^\infty = \lim_{c \to 0} \Lambda_m$。

圖 15.21 繪製了水溶液中某些電解質的 κ 對 c 和 Λ_m 對 $c^{1/2}$ 的關係曲線。當 $c \to 0$ 時，CH_3COOH 的 Λ_m 快速增加是由於隨著 c 的降低，該弱酸的解離度增加。隨著 c 的增加，HCl 和 KCl 的 Λ_m 緩慢下降是由於帶相反電荷的離子之間的吸引力降低了導電性。$CuSO_4$ 的 Λ_m 值比 HCl 或 KCl 的 Λ_m 值下降得更快，部分原因是隨著這種 2:2 電解質的 c 增加，離子對的程度增加。與 KCl 相比，HCl 有較高的 κ 和 Λ_m 是由 H_3O^+ 離子的特殊輸送機制產生的，本節稍後將對此進行討論。在非常高的濃度下，大多數強電解質溶液的電導率 κ 實際上隨著濃度的增加而降低（圖 15.22）。

對於電解質 $M_{\nu_+}X_{\nu_-}$，在溶液中產生離子 M^{z+} 和 X^{z-}，當量電導率 (equivalent conductivity) Λ_{eq} 定義為

$$\Lambda_{eq} \equiv \kappa/\nu_+ z_+ c \equiv \Lambda_m/\nu_+ z_+ \qquad (15.59)$$

(含有 1 莫耳完全解離的電解質溶液將含有 $\nu_+ z_+$ 莫耳的正電荷。) 例如，對於 $Cu_3(PO_4)_2(aq)$，我們有 $\nu_+ = 3$、$z_+ = 2$ 和 $\Lambda_{eq} = \Lambda_m/6$。文獻中的大多數表都列出了 Λ_{eq}。IUPAC 建議停止使用當量電導率。除了混淆化學學生之外，當量的概念沒有任何意義。

如果指定了 Λ 所涉及的物種，則可以省略下標 m 和 eq。因此，在 25°C 和 1 atm 下，對於 $CuSO_4(aq)$，由實驗可得 $\Lambda_m^\infty = 266.8\ \Omega^{-1}\text{ cm}^2$

圖 15.22 在 25°C 和 1 atm 下，水中某些強電解質的電導率與濃度的關係。

mol^{-1}。由於 $v_+z_+ = 2$，我們有 $\Lambda_{eq}^\infty = 133.4$ Ω^{-1} cm^2 equiv^{-1}。因此我們寫 $\Lambda^\infty(CuSO_4) = 266.8$ Ω^{-1} cm^2 mol^{-1} 和 $\Lambda^\infty(\frac{1}{2}CuSO_4) = 133.4$ Ω^{-1} cm^2 mol^{-1}。

☕ 個別離子對電流的貢獻

電解質溶液中的電流是各個離子攜帶的電流之和。考慮只有兩種離子的溶液，帶電荷 z_+e 的正離子和帶電荷 z_-e 的負離子，其中 e 是質子電荷。當對電極施加電位差時，陽離子感受到電場 E，電場 E 加速它們。溶劑對離子施加的黏性摩擦力與離子的速率成正比而與它們的運動相反。隨著離子的加速，該力增加。當黏性力平衡電場力時，陽離子不再加速並以恆定的終端速率 v_+ 行進，稱為**漂移速率** (drift speed)。我們稍後會看到終端速度在大約 10^{-13} s 內達到，這幾乎是瞬間完成的

令溶液中有 N_+ 個陽離子。在時間 dt 中，陽離子移動距離 v_+dt，並且在距離負電極的該距離內的所有陽離子將在時間 dt 內到達電極。在該電極距離內的陽離子數是 $(v_+dt/l)N_+$，其中 l 是電極之間的間隔 (圖 15.19)。每個陽離子具有電荷 z_+e，因此在時間 dt 中穿過平行於電極的平面的正電荷 dQ_+ 為 $dQ_+ = (z_+ev_+N_+/l)dt$。由陽離子引起的電流密度 j_+ 為 $j_+ \equiv I_+/\mathcal{A} = \mathcal{A}^{-1} dQ_+/dt$，所以

$$j_+ = z_+ev_+N_+/V$$

其中 $V = \mathcal{A}l$ 是溶液的體積。同理，陰離子貢獻電流密度 $j_- = |z_-|ev_-N_-/V$，其中 v_+ 和 v_- 都是正。我們有 $eN_+/V = eN_An_+/V = Fc_+$，其中 n_+ 是溶液中陽離子 M^{z+} 的莫耳數，F 是法拉第常數，$c_+ = n_+/V$ 是 M^{z+} 的莫耳濃度。因此 $j_+ = z_+Fv_+c_+$。同理，$j_- = |z_-|Fv_-c_-$。觀察到的電流密度 j 是

$$j = j_+ + j_- = z_+Fv_+c_+ + |z_-|Fv_-c_- \tag{15.60}$$

如果溶液中存在幾種離子，則由離子 B 和總電流密度 j 引起的電流密度 j_B 為

$$j_B = |z_B|Fv_Bc_B \quad \text{且} \quad j = \sum_B j_B = \sum_B |z_B|Fv_Bc_B \tag{15.61}$$

B 電流密度 j_B 與莫耳電荷 z_BF、漂移速度 v_B 和濃度 c_B 成正比。

離子的漂移速度 v_B 取決於電場強度、離子、溶劑、T、P 和溶液中所有離子的濃度。

☕ 離子的電遷移率

由於 $j = \kappa E$，電解質溶液的電導率為 [(15.61) 式] $\kappa = \Sigma_B |z_B|F(v_B/E)c_B$。對於具有固定濃度 c_B 的給定溶液，實驗顯示遵循歐姆定律，即 κ 與 E 無關。這意味著，對於溶液中的固定濃度，每個比率 v_B/E 等於離子 B 特徵的常數，但與電場強度 E 無關。我們將其稱為離子 B 的**電遷移率** (electric mobility) u_B：

$$u_B \equiv v_B/E \quad \text{或} \quad v_B = u_B E \tag{15.62}*$$

離子的漂移速率 v_B 與施加的場 E 成正比，而比例常數是離子的遷移率 u_B。

κ 的前面的表達式變成了

$$\kappa = \sum_B |z_B| F u_B c_B = \sum_B \kappa_B \tag{15.63}$$

其中 κ_B 是離子 B 對電導率的貢獻。對於只有兩種離子的溶液，

$$\kappa_- = z_+ F u_+ c_+ + |z_-| F u_- c_- \tag{15.64}$$

導電溶液的每一小部分必須保持電中性，因為即使很小的偏離電中性也會產生巨大的電場 (第 13.3 節)。電中性要求 $z_+ e c_+ + z_- e c_- = 0$ 或 $z_+ c_+ = |z_-| c_-$。因此 (15.64) 式和 (15.60) 式成為具有兩種離子的溶液

$$\kappa_- = z_+ F c_+ (u_+ + u_-) \quad 且 \quad j = z_+ F c_+ (v_+ + v_-) \tag{15.65}$$

離子遷移率可以利用移動邊界法 (moving-boundary method) 測量。圖 15.23 顯示了在橫截面積 $\mathcal{A}$ 的電解管中放置在 $CdCl_2$ 溶液上的 KCl 溶液。使用的溶液必須具有共同的離子。當電流流動時，K^+ 離子向上遷移到負極，Cd^{2+} 離子也是如此。為了使實驗能進行，下層溶液的陽離子必須具有比上層溶液的陽離子更低的遷移率：$u(Cd^{2+}) < u(K^+)$。

藉由測量邊界在時間 t 中移動的距離 x 來找到 K^+ 離子遷移的速率 $v(K^+)$。因為兩種溶液的折射率差異，所以溶液之間的界限是可見的。我們有 $v(K^+) = x/t$。電遷移率 $u(K^+)$ 可由 (15.62) 式得到為 $u(K^+) = v(K^+)/E$。從 $\kappa \equiv j/E \equiv I/\mathcal{A}E$ [(15.47) 和 (15.49) 式]，我們有

$$E = I/\kappa \mathcal{A} \tag{15.66}$$

因此

$$u(K^+) = x\kappa\mathcal{A}/It \tag{15.67}$$

其中 κ 是 KCl 溶液的電導率 (假設已知)。It 等於流過的電荷 Q，用電量計測量。為何邊界仍然清晰以及為何實驗測量的是 $u(K^+)$ 而不是 $u(Cl^-)$，其原因請參閱 M. Spiro in *Rossiter, Hamilton, and Baetzold,* vol. II, sec. 5.3。

為了測量 $u(Cl^-)$，我們可以使用 KCl 和 KNO_3 的溶液。

在圖 15.24 中繪製了一些觀察到的遷移率作為 25°C 和 1 atm 下 NaCl(*aq*) 中 Na^+ 和 Cl^- 離子的電解質濃度的函數。隨著 c 的增加，u 的減少是由於離子間的吸引力。

對於在 25°C 和 1 atm 下的 0.20 mol/dm³ NaCl 水溶液，我們發現 $u(Cl^-) = 65.1 \times 10^{-5}$ cm² V⁻¹s⁻¹。該值與在 0.20 mol/dm³ KCl 溶液中的 $u(Cl^-)$ 的值

圖 15.23
確定離子遷移率的移動邊界裝置。

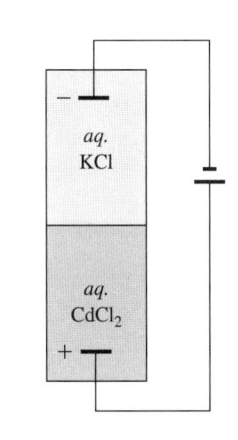

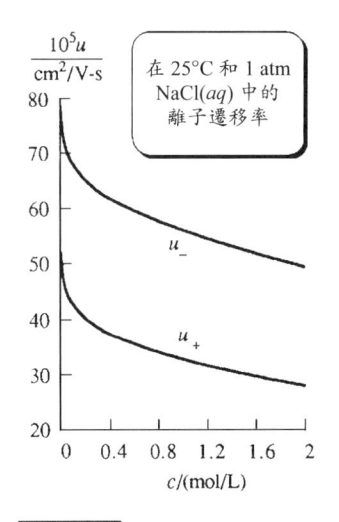

圖 15.24
在 25°C 和 1 atm，NaCl 水溶液的陰離子和陽離子遷移率與濃度的關係。

65.6×10^{-5} cm^2 V^{-1} s^{-1} 略有不同，因為 Na$^+$–Cl$^-$ 相互作用與 K$^+$–Cl$^-$ 相互作用相比有微小差異。

在 25°C 和 1 atm 下，水中離子無限稀釋的實驗電遷移率為：

離子	H$_3$O$^+$	Li$^+$	Na$^+$	Mg^{2+}	OH$^-$	Cl$^-$	Br$^-$	NO$_3^-$
$10^5 u^\infty$/(cm^2 V^{-1} s^{-1})	363	40.2	51.9	55.0	206	79.1	81.0	74.0

由於在無限稀釋時無離子間力，因此對於 NaCl、Na$_2$SO$_4$ 等溶液，u^∞(Na$^+$) 是相同的。

對於小的無機離子，在 25°C 和 1 atm 的水溶液中的 u^∞ 通常在 40 至 80×10^{-5} cm^2 V^{-1} s^{-1} 的範圍內。然而，H$_3$O$^+$(aq) 和 OH$^-$(aq) 顯示出異常高的遷移率。這些高遷移率是由於一種特殊的跳躍機制除了通過溶劑的通常運動之外，它還起作用。來自 H$_3$O$^+$ 離子的質子可以跳到鄰近的 H$_2$O 分子，這個過程與 H$_3$O$^+$ 通過溶液的運動具有相同的效果：

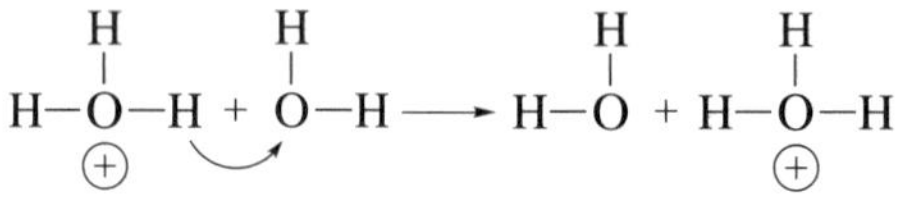

$$\text{H–O–H} + \text{O–H} \longrightarrow \text{H–O} + \text{H–O–H} \tag{15.68}$$

OH$^-$ 的高遷移率是由於質子從 H$_2$O 分子轉移到 OH$^-$ 離子，這相當於 OH$^-$ 在相反方向上的運動：

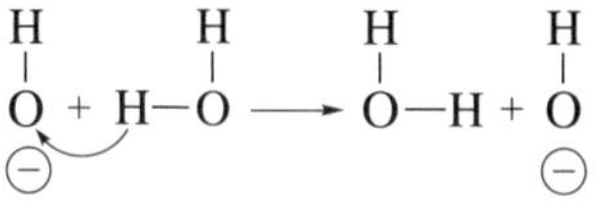

$$\text{O} + \text{H–O} \longrightarrow \text{O–H} + \text{O}$$

圖 (15.68) 並不是要準確描述水中質子轉移中發生的情況。藉由幾種分子動力學計算研究了物種所涉及的精確細節 (無論是 H$_3$O$^+$、H$_5$O$_2^+$、…) 以及這些物種在質子轉移過程中經歷的幾何變化和旋轉重定向 (rotational reorientations)，但尚未就該機制達成共識。質子轉移在生物細胞中沿著蛋白質腔中的水分子鏈發生，並且發生在用於燃料電池的質子傳導聚合物膜的含水納米級通道中。一些參考文獻是 N. Agmon, *Chem. Phys. Lett.*, **244**, 456 (1995); S. Cukierman, *Biochim. Biophys. Acta*, **1757**, 876 (2006); J. Han et al., *J. Power Sources*, **161**, 1420 (2006); H. Lapid et al., *J. Chem. Phys.*, **122**, 014506 (2005)。

例 15.3 漂移速率

電解實驗的典型電場強度為 10 V/cm。(a) 計算在 25°C 和 1 atm 的稀水溶液中在此電場的 Mg^{2+} 離子的漂移速度。(b) 將 (a) 的結果與這些離子的隨機熱運動的 rms 速率進行比較。(c) 比較由於電場導致的 Mg^{2+} 離子在一秒內行進的距離與溶劑分子的直徑。

(a) (15.62) 式和上面的 u^∞ 值表給出

$$v = uE = (55 \times 10^{-5} \text{ cm}^2 \text{ V}^{-1}\text{s}^{-1})(10 \text{ V/cm}) = 0.0055 \text{ cm/s}$$

(b) Mg^{2+} 離子隨機熱運動的平均平移動能為 $\frac{3}{2}kT = \frac{1}{2}m\langle v^2 \rangle$，因此隨機熱運動的 rms 速率為 $v_{\text{rms}} = (3RT/M)^{1/2}$ 而

$$v_{\text{rms}} = [3(8.3 \text{ J/mol-K})(298 \text{ K})/(0.024 \text{ kg/mol})]^{1/2} = 560 \text{ m/s} = 56000 \text{ cm/s}$$

向電極的遷移速率 (speed of migration) 遠小於隨機運動的平均速率。

(c) 漂移速率 (drift speed) 為 0.0055 cm/s 時，電場在一秒鐘內產生 0.0055 cm 的位移。水分子的直徑在 (15.26) 式中列為 3.2 Å。一秒位移是溶劑直徑的 1.7×10^5 倍。

習題

考慮在 25°C 和 1 atm 下的 0.100 M NaCl(aq) 溶液，進行電解，電場強度為 15 V/cm。(a) 求 Cl$^-$ 離子的漂移速率。(b) 有多少載流 Cl$^-$ 離子在 1.00 秒內穿過與電極平行的 1.00-cm^2- 面積的平面？
[答案：(a) 0.010 cm/s，(b) 6.0 1017]

在理論上可以如下估計無限稀釋的離子遷移率。在極高的稀釋度下，離子力可以忽略不計，因此離子經歷的唯一電力是由施加的電場 E 引起的。由 (13.3) 式，帶電荷 $z_B e$ 的離子上的電力具有大小 $|z_B|eE$。此力與摩擦力 $f v_B^\infty$ 相反，其中 f 是摩擦係數 [(15.20) 式]。當達到終端速率時，電力和摩擦力平衡：$|z_B|eE = f v_B^\infty$ 而終端速率為 $v_B^\infty = |z_B|eE/f$。因此無限稀釋遷移率 $u_B^\infty = v_B^\infty/E$ 為

$$u_B^\infty = |z_B|e/f \tag{15.69}$$

可以藉由假設溶劑化離子是球形並且斯托克斯定律 (Stokes' law)(15.21) 適用於它們在溶劑中的運動來獲得摩擦係數 f 的粗略估算（由於離子被溶劑化，因此它們比溶劑分子大很多）。斯托克斯定律給出 $f = 6\pi\eta r_B$，並且

$$u_B^\infty \approx \frac{|z_B|e}{6\pi\eta r_B} \tag{15.70}$$

(15.70) 式將離子的無限稀釋遷移率的差異完全歸因於其電荷和半徑的差異。當然，該方程式不適用於 H$_3$O$^+$ 或 OH$^-$。

陽離子的 u^∞ 值比陰離子的 u^∞ 值小 (H$_3$O$^+$ 除外) 表明陽離子比陰離子更易水合。較小尺寸的陽離子會在其周圍產生更強的電場，因此它們比陰離子可保留更多的 H$_2$O 分子。與溶液中的離子一起移動的水分子的平均數稱為離子的水合數 (hydration number) n_h。使用電遷移率和其他方法估算的一些 n_h 值是 [J. O'M. Bockris and P. P. S. Saluja, *J. Phys. Chem.*, **76**, 2140 (1972); ibid., **77**, 1598 (1973); ibid., **79**, 1230 (1975); R. W. Impey et al., *J. Phys. Chem.*, **87**, 5071 (1983)]：

離子	Li$^+$	Na$^+$	K$^+$	Mg^{2+}	F$^-$	Cl$^-$	Br$^-$	I$^-$
n_h	$4\frac{1}{2}$	4	3	12	4	2	1	1

用於找到 n_h 的方法涉及不確定精確度的假設，因此這些值是近似值。水合數 n_h 應與溶液中離子的 (平均) 配位數不同。配位數 (coordination number) 是與離子最接近的水分子的平均數 (無論它們是否與離子一起移動)，可以根據溶液的 x 射線繞射數據估

算得到。Na^+、K^+、Cl^- 和 Mg^{2+} 的某些值為 6。

除了使用斯托克斯定律的近似值之外，很難使用 (15.70) 式來預測 u 值，因為無法準確知道溶劑化離子的半徑 r_B。通常要做的是使用 (15.70) 式從 u_B^∞ 計算 r_B。

例 15.4 溶液中的離子半徑

假設 25°C 時水的黏度為 0.89 cP，請估算 $Li^+(aq)$ 和 $Na^+(aq)$ 的半徑。
(15.70) 式，本節前面的表中 $Li^+(aq)$ 的 u^∞ 值以及 $1\,P = 0.1\,N\,s\,m^{-2}$ [(15.14) 式] 可得

$$r(Li^+) \approx \frac{1(1.6 \times 10^{-19}\,C)}{6\pi(0.89 \times 10^{-3}\,N\,s\,m^{-2})[40 \times 10^{-5}(10^{-2}\,m)^2\,V^{-1}\,s^{-1}]}$$

$$\approx 2.4 \times 10^{-10}\,m = 2.4\,\text{Å}$$

Na^+ 和 Li^+ 具有相同的電荷，並且 (15.70) 式給出的半徑與遷移率成反比。因此，$r(Na^+) \approx (40/52)(2.4\,\text{Å}) = 1.8\,\text{Å}$。$Li^+(aq)$ 的尺寸較大 (儘管 Li 的原子數較小) 是由於 Li 的 n_h 值較大。

習題

在 25°C 和 1 atm 的 CH_3OH 中，$u^\infty(Li^+) = 4.13 \times 10^{-4}$ cm²/V-s，$u^\infty(Na^+) = 4.69 \times 10^{-4}$ cm²/V-s 和 $\eta = 0.55$ cP。估算甲醇中 Li^+ 和 Na^+ 離子的半徑，並與水中的值進行比較。
(答案：3.7 Å 和 3.3 Å)

電泳法

帶電的聚合物分子 (聚電解質) 和帶電的膠體粒子在電場中的遷移稱為**電泳** (electrophoresis)。電泳可以分離不同的蛋白質和不同的核酸，通常以聚合物凝膠 (第 7.9 節) 為介質進行電泳。電泳「是生物化學和分子生物學中最重要的物理技術」(K. E. van Holde et al., *Principles of Physical Biochemistry,* Prentice-Hall, 1998, sec. 5.3)。

當在游離溶劑中進行電泳時，電流加熱溶劑會產生對流，這會破壞所需的分離。使用凝膠消除了對流的不良影響。一種常用的凝膠是瓊脂糖凝膠，其包含分散在由瓊脂獲得的多醣形成的三維網絡的孔中的水性介質。

在 DNA (脫氧核糖核酸) 分子中，連接兩個脫氧核糖的每個磷酸基團都有一個酸性氫 (因此 DNA 中的 A)。這些氫的電離使 DNA 在水溶液中帶負電荷。蛋白質中存在的 20 個胺基酸 $NH_2CHRCOOH$ 中的 3 個的 R 側鏈包含一個胺基，而兩個中的 R 鏈則包含一個 COOH 基。在蛋白質的高鹼性 (高 pH) 緩衝溶液中，COOH 基團的中和會產生使蛋白質帶負電荷的 COO^- 基團。在緩衝的低 pH 溶液中，胺基的質子化使蛋白質帶正電荷。在一定的中間 pH(等電點) 下，蛋白質不帶電荷。

在**凝膠電泳** (gel electrophoresis) 中，上、下緩衝液通過一塊平板 (在其孔中包含緩衝液) 相連。每種緩衝液均包含一個電極。將要分離的大分子溶液在凝膠的上邊緣分層成一個缺口。凝膠邊緣包含多個缺口，因此可以在平行泳道上同時運行多個樣品。

根據 (15.69) 式，在游離溶劑中的遷移率與遷移分子的電荷成正比，與摩擦係數成反比。DNA 片段上的電荷與其長度成正比，DNA 的摩擦係數也與其長度成正比。因此，DNA 片段在游離溶劑中的遷移率基本上與 DNA 片段的長度無關，並且在游離溶劑中的電泳不能分離不同長度的 DNA 片段。在聚合物凝膠中，較短的 DNA 片段比較長的 DNA 片段能夠更快地通過孔，因此很容易根據大小進行分離。

生物分子的電泳遷移率 u 取決於其電荷、其大小和形狀、溶液中其他帶電物質的性質和濃度、溶劑黏度以及凝膠 (充當分子篩) 的性質。比值 u/u_0 的理論預測是一個充滿挑戰的問題，其中 u 是凝膠中的遷移率，u_0 是游離溶劑中的遷移率。在 J.-L. Viovy, *Rev. Mod. Phys.*, **72**, 813 (2000) 中，討論了此遷移率比值的各種模型 (沒有一個完全成功的模型)。

在刑事調查和遺傳學研究中使用的 DNA 指紋識別，用酶處理 DNA 樣品，該酶會在特定位點切割 DNA，產生長度因人而異的片段。藉由凝膠電泳分離這些片段，並藉由 (a) 將分離的片段印跡到膜上使所得的圖案可見。(b) 用與片段結合的放射性探針處理膜，以及 (c) 將輻射敏感照相膠片曝光到膜上。

利用常規的凝膠電泳分離具有超過 10^5 個鹼基對的 DNA 分子失敗，因為這樣的大分子遷移的速度基本上與大小無關。在脈衝場電泳中，電場方向會在短時間內週期性地反轉，這種反覆的反轉導致非常大的 DNA 片段以取決於大小的速率遷移。脈衝場電泳理論是爭論的主題。

在等電聚焦中，我們在凝膠內建立 pH 梯度。每種蛋白質遷移直至達到其等電點，從而可以分離具有不同等電點的蛋白質。

在**毛細管電泳** (capillary electrophoresis) 中，聚電解質分子不穿過凝膠平板，而是穿過狹窄 (內徑 0.01 公分) 的石英毛細管。毛細管可以充滿凝膠。更常見的是，毛細管以高濃度的聚合物 (例如聚丙烯醯胺) 溶液填充更通常地，毛細管填充有高濃度的聚合物 (例如聚丙烯醯胺) 溶液。遷移的聚電解質分子和聚合物分子之間的相互作用導致根據大小的分離。利用紫外線吸收或利用螢光檢測遷移分子。毛細管中介質的高電阻降低了流動電流的大小，並減少了產生的熱量。與使用凝膠平板時相比，這可以施加更高的電壓，從而加快分離速度。毛細管電泳特別適合用於自動化程序。用於對人類基因組進行測序的 ABI Prism 3700 自動化 DNA 分析儀是一種毛細管電泳儀。尚未完全了解 DNA 毛細管電泳涉及的物理機制 [G. W. Slater et al., *Curr. Opin. Biotechnol.*, **14**, 58 (2003)]。

輸送數

電解質溶液中離子 B 的**輸送數** (transport number)[或**遷移數** (transference number)] t_B 定義為其所載電流的分率：

$$t_B \equiv j_B/j \tag{15.71}*$$

其中 j_B 是離子 B 的電流密度,j 是總電流密度。對於 j_B 和 j 使用 (15.61) 式和 (15.49) 式,我們得到 $t_B = j_B/j = |z_B| Fv_B c_B/\kappa E$。由於 $v_B/E = u_B$ [(15.62) 式],我們得到

$$t_B = |z_B| Fc_B u_B/\kappa \tag{15.72}$$

離子的遷移數可以根據其遷移率和 κ 來計算。溶液中所有離子物種的遷移數之和必須為 1。

對於僅包含兩種離子的溶液,方程式 (15.71) 和 (15.60) 式給出 $t_+ = j_+/j = j_+/(j_+ + j_-) = z_+v_+c_+/(z_+v_+c_+ + |z_-|v_-c_-)$。使用電中性條件 $z_+ c_+ = |z_-| c_-$ 給出 $t_+ = v_+/(v_+ + v_-)$。使用 $v_+ = u_+ E$ 和 $v_- = u_- E$ [(15.62) 式] 得到 $t_+ = u_+/(u_+ + u_-)$。因此

$$t_+ = \frac{j_+}{j_+ + j_-} = \frac{v_+}{v_+ + v_-} = \frac{u_+}{u_+ + u_-}, \qquad t_- = \frac{j_-}{j_+ + j_-} = \text{etc.} \tag{15.73}$$

遷移數可以利用 Hittorf 方法進行測量 (圖 15.25a)。電解進行了一段時間後,將每個隔室中的溶液排洩並進行分析。結果可求得 t_+ 和 t_-。

圖 15.25 顯示在使用 Cu 陽極和惰性陰極電解 $Cu(NO_3)_2$ 時發生的情況。在實驗過程中令總電荷 Q 流動。則有 Q/F 莫耳的電子流動。陽極反應為 $Cu \rightarrow Cu^{2+}(aq)+2e^-$,因此 $Q/2F$ 莫耳的 Cu^{2+} 從陽極進入右隔室 R。實驗期間通過平面 B 的帶電離子的總莫耳數為 Q/F。Cu^{2+} 離子攜帶的電流分率為 t_+,在實驗過程中,Cu^{2+} 離子從 R 遷移到 M 的電荷為 t_+Q。因此,在實驗期間,$t_+ Q/2F$ 莫耳的 Cu^{2+} 從 R 進入 M。隔室 R 中 Cu^{2+} 莫耳數的淨變化為 $Q/2F - t_+Q/2F$:

$$\Delta n_R (Cu^{2+}) = (1 - t_+) Q/2F = t_- Q/2F \tag{15.74}$$

由於 NO_3^- 攜帶的電流分率為 t_-,因此在實驗過程中硝酸鹽離子從 M 遷移到 R 的電荷量為 t_-Q,且 t_-Q/F 莫耳的 NO_3^- 進入 R:

$$\Delta n_R (NO_3^-) = t_- Q/F \tag{15.75}$$

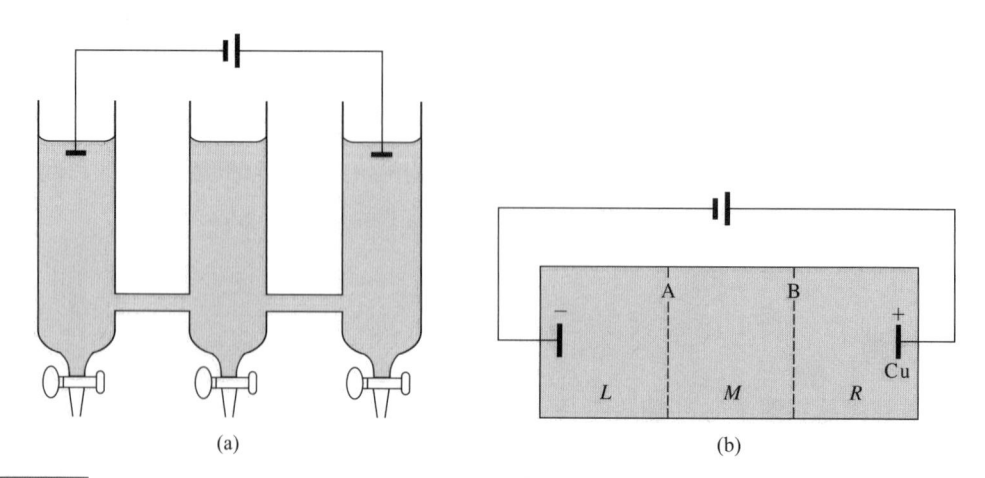

圖 15.25

(a) 測量溶液中離子的遷移數的 Hittorf 裝置。(b) 用銅陽極和惰性陰極電解 $Cu(NO_3)_2$ (*aq*)。

(15.74) 式和 (15.75) 式與 R 保持電中性的要求一致。

電荷 Q 用庫侖計測量，化學分析得出 Δn。因此，可以從 (15.74) 式中找到 t_+ 和 t_-。

由於遷移率 u_+ 和 u_- 取決於濃度，並且不一定以與 c 變化相同的速率變化，因此遷移數 t_+ 和 t_- 取決於濃度。在圖 15.26 中繪製了在 25°C 和 1 atm 的 LiCl(aq) 中的遷移數與 c 的關係。

對於大多數離子，觀察到的 t^∞ 值在 0.3 到 0.7 之間。由於 H_3O^+ 和 OH^- 具有高遷移率，因此它們在水溶液中的 t^∞ 值異常高。在 25°C 和 1 atm 下水溶液的一些值是：對於 HCl，$t^\infty(H^+) = 0.82$，$t^\infty(Cl^-) = 0.18$；對於 KCl，$t^\infty(K^+) = 0.49$，$t^\infty(Cl^-) = 0.51$；對於 $CaCl_2$，$t^\infty(Ca^{2+}) = 0.44$，$t^\infty(Cl^-) = 0.56$。

離子的莫耳電導率

溶液中電解質的莫耳電導率為 $\Lambda_m \equiv \kappa/c$ [(15.58) 式]。以此類推，我們將離子 B 的**莫耳電導率** (molar conductivity) $\lambda_{m,B}$ 定義為

$$\lambda_{m,B} \equiv \kappa_B/c_B \qquad (15.76)^*$$

其中 κ_B 是離子 B 對溶液電導率的貢獻，c_B 是其莫耳濃度。請注意，c_B 是溶液中離子 B 的實際濃度而 c 是電解質的化學計量濃度。(15.63) 式給出

$$\kappa_B = |z_B|Fu_B c_B \qquad (15.77)$$

$$\lambda_{m,B} = |z_B|Fu_B \qquad (15.78)^*$$

由於 $\lambda_{m,B} = \kappa_B/c_B$ [(15.76) 式]。因此，可以從離子的遷移率中得出其莫耳電導率 (離子 B 的等效電導率是 $\lambda_{eq,B} \equiv \lambda_{m,B}/|z_B| = Fu_B$)。

將 $\Lambda_m = \kappa/c$ 和 (15.76) 式代入 $\kappa = \Sigma_B \kappa_B$ 得到

$$\Lambda_m = \frac{1}{c} \sum_B c_B \lambda_{m,B} \qquad (15.79)$$

這將電解質的 Λ_m 與離子的 λ_m 相聯繫。對於完全解離的強電解質 $M_{\nu_+}X_{\nu_-}$，(15.79) 式變成

$$\Lambda_m = c^{-1}(c_+\lambda_{m,+} + c_-\lambda_{m,-}) = c^{-1}(\nu_+ c\lambda_{m,+} + \nu_- c\lambda_{m,-}) \qquad (15.80)$$

$$\Lambda_m = \nu_+ \lambda_{m,+} + \nu_- \lambda_{m,-} \qquad \text{強電解質，無離子對} \qquad (15.81)$$

例如，如果沒有離子對，則 $\Lambda_m(MgCl_2) = \lambda_m(Mg^{2+}) + 2\lambda_m(Cl^-)$。對於解離度為 α 的弱酸 HX，(15.79) 式給出

$$\Lambda_m = c^{-1}(c_+\lambda_{m,+} + c_-\lambda_{m,-}) = c^{-1}(\alpha c\lambda_{m,+} + \alpha c\lambda_{m,-}) \qquad (15.82)$$

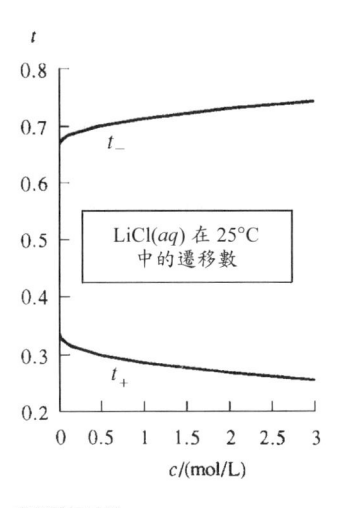

圖 15.26
LiCl(aq) 在 25°C 和 1 atm 下的陽離子和陰離子遷移數與濃度的關係。

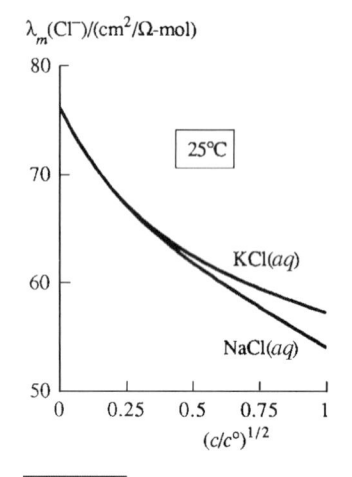

圖 15.27
KCl(aq) 和 NaCl(aq) 在 25°C 的 λ_m(Cl$^-$) 與 $(c/c°)^{1/2}$ 的關係。

$$\Lambda_m = \alpha(\lambda_{m,+} + \lambda_{m,-}) \quad \text{1:1 弱電解質} \quad (15.83)$$

對於水中的弱酸，$\alpha^\infty \neq 1$（第 11.3 節）；因此，對於水中弱酸 HX，$\Lambda_m^\infty \neq \lambda_{m,+}^\infty + \lambda_{m,-}^\infty$。

由於在非零濃度下，NaCl 溶液中的遷移率 u(Cl$^-$) 與 KCl 溶液中的 u(Cl$^-$) 略有不同，因此 NaCl 和 KCl 溶液中的 λ_m(Cl$^-$) 不同。但是，在無限稀釋的極限下，離子間力趨近於零，離子獨立移動。因此，對於所有氯化物鹽，λ_m^∞(Cl$^-$) 均相同。圖 15.27 為在 25°C 和 1 atm 下，NaCl(aq) 和 KCl(aq) 的 λ_m(Cl$^-$) 對 $c^{1/2}$ 的關係圖。

水在 25°C 和 1 atm 下的一些 λ_m^∞ 值為 (M. Spiro in *Rossiter, Hamilton, and Baetzold,* vol. II, p. 784)：

陽離子	H$_3$O$^+$	NH$_4^+$	K$^+$	Na$^+$	Ag$^+$	Ca^{2+}	Mg^{2+}
$\lambda_m^\infty/(\Omega^{-1}\text{ cm}^{-1}\text{ mol}^{-1})$	350.0	73.5	73.5	50.1	62.1	118.0	106.1

陰離子	OH$^-$	Br$^-$	Cl$^-$	NO$_3^-$	CH3COO$^-$	SO$_4^{2-}$
$\lambda_m^\infty/(\Omega^{-1}\text{ cm}^{-1}\text{ mol}^{-1})$	199.2	78.1	76.3	71.4	40.8	159.6

(15.78) 式中的 $|z_B|$ 因子傾向於使 +2 和 −2 離子的 λ_m 大於 +1 和 −1 離子的 λ_m。

從表中的 λ_m^∞ 值，我們可以計算出強電解質的 Λ_m^∞ 為 [(15.81) 式]：

$$\Lambda_m^\infty = \nu_+ \lambda_{m,+}^\infty + \nu_- \lambda_{m,-}^\infty \quad \text{強電解質} \quad (15.84)*$$

因為無限稀釋時沒有離子對。可以使用 $\lambda_{m,B}^\infty = |z_B| F u_B^\infty$ [(15.78) 式]，從 λ_m^∞ 值計算出遷移率 u^∞。從 u^∞ 值，可以使用 $t_+ = u_+/(u_+ + u_-)$ [(15.73) 式] 求出 t^∞。

無限稀釋的遷移數與莫耳電導率相關。對於強電解質 M$_{\nu_+}$X$_{\nu_-}$，我們有 $t_+ = j_+/j = \kappa_+ E/\kappa E = \kappa_+/\kappa = \lambda_{m,+} c_+/\Lambda_m c$。在無限稀釋極限，沒有離子對且 $c_+ = \nu_+ c$。因此

$$t_+^\infty = \frac{\nu_+ \lambda_{m,+}^\infty}{\Lambda_m^\infty} = \frac{\nu_+ \lambda_{m,+}^\infty}{\nu_+ \lambda_{m,+}^\infty + \nu_- \lambda_{m,-}^\infty} \quad \text{強電解質} \quad (15.85)$$

對於 t_-^∞ 也有一個類似的方程式。

由於溶劑的黏度隨溫度的升高而降低，因此離子遷移率 $u_B^\infty \approx |z_B|e/6\pi\eta r_B$ [(15.70) 式] 隨著 T 的增加而增加。因此 $\lambda_{m,B}^\infty = |z_B| F u_B^\infty \approx z_B^2 Fe/6\pi\eta r_B$ 隨著 T 的增加而增加（圖 15.28）。

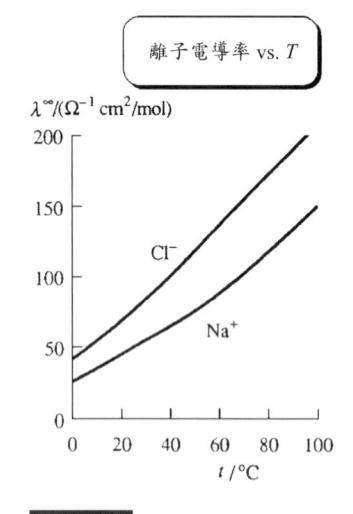

控制離子在外加電場中運動的基本分子數量是其遷移率 $u_B \equiv v_B/E$。離子的莫耳電導率是其遷移率與其莫耳電荷強度的乘積：$\lambda_{m,B} = |z_B| F u_B$。對於無離子配對的強電解質，電解質 M$_{\nu_+}X_{\nu_-}$ 的莫耳電導率 Λ_m 是陽離子和陰離子莫耳電導率貢獻之和：$\Lambda_m = \nu_+\lambda_{m,+} + \nu_-\lambda_{m,-}$。溶液的電導率 κ 與 Λ_m

圖 15.28
Na$^+$(aq) 和 Cl$^-$(aq) 的 λ_m^∞ 與溫度之關係。

的關係為 $\Lambda_m \equiv \kappa/c$。陽離子攜帶的電流分率為陽離子遷移數 $t_+ = u_+/(u_+ + u_-)$。

莫耳電導率隨濃度的變化

25°C 和 1 atm 下，NaCl 和 $HC_2H_3O_2$ 在水中的一些 Λ_m 數據是：

c/(mol dm^{-3})	0	10^{-4}	10^{-3}	10^{-2}	10^{-1}
Λ_m (NaCl)/(Ω^{-1} cm^2 mol^{-1})	(126.4)	125.5	123.7	118.4	106.7
Λ_m (CH$_3$COOH)/(Ω^{-1} cm^2 mol^{-1})		134.6	49.2	16.2	5.2

關係式 $\Lambda_m = \Sigma_B(c_B/c) \lambda_{m,B}$ [(15.79) 式] 顯示電解質的 Λ_m 隨電解質濃度的變化原因有兩個：(a) 離子濃度 c_B 可能與電解質化學計量濃度 c 不成正比，並且 (b) 離子莫耳電導率 $\lambda_{m,B}$ 隨濃度變化。

當 c 趨近於零時，醋酸等弱酸的 Λ_m 急劇增加 (圖 15.21b)，這主要是由於 c 趨近於零時解離度的迅速增加所致。參見 (15.83) 式。Λ_m 的這種快速增加使得對於弱電解質很難外插到 c_0。對於除 1:1 電解質以外的強電解質，隨著 c 的增加，Λ_m 減小的部分原因是由於形成了離子配對，這會減少離子濃度。但是，即使對於在水中未顯示明顯離子配對的 1:1 電解質，Λ_m 也會隨著 c 的增加而降低。這種降低是由於離子間的作用力引起的。我們發現，對於強電解質，在非常高的稀釋度下，Λ_m 對 $c^{1/2}$ 的關係圖是線性的，因此可以可靠地外插至 c_0。

從 (15.78) 式，離子莫耳電導率 $\lambda_{m,B}$ 等於 $|z_B|Fu_B$。如果遷移率 $u_B = v_B/E$ 與濃度無關，則 λ_m 與 c 無關。但是，由於離子間的相互作用，離子漂移速率 v_B 取決於 c。

Debye 和 Hückel 運用他們的離子相互作用理論來計算非常稀薄溶液中離子的電遷移率。1927 年，昂薩格 (Onsager) 對他們的研究進行了改進，以制定 (Debye-Hückel-)昂薩格 (Insager) 極限法。對於電解質產生 $z_+ = |z_-|$ 兩種離子的特殊情況，在 25°C 和 1 atm 的水中 Λ_m 的 Onsager 方程式為

$$\Lambda_m = (c_+/c)\{\lambda_{m,+}^\infty + \lambda_{m,-}^\infty - [az_+^3 + bz_+^3(\lambda_{m,+}^\infty + \lambda_{m,-}^\infty)](c_+/c°)^{1/2}\} \tag{15.86}$$

$a \equiv 60.6\ \Omega^{-1}$ cm^2 mol^{-1}, $b \equiv 0.230$, $z_+ = |z_-|$ 在 25°C 的水中

其中 c_+ 是陽離子的實際濃度，c 是電解質的化學計量濃度，$c° \equiv 1$ mol/dm^3 (對於當 $z_+ \neq |z_-|$ 時的推導和公式，請參見 *Eyring, Henderson, and Jost*, vol. IXA, chap. 1)。

對於沒有離子配對且 $z_+ = |z_-|$ 的強電解質，我們有 $c_+ = c$，並且 (15.86) 式變為

$$\Lambda_m = \Lambda_m^\infty - (az_+^3 + bz_+^3\Lambda_m^\infty)(c/c°)^{1/2} \quad z_+ = |z_-| \text{ 的強電解質} \tag{15.87}$$

其中使用 (15.84) 式。注意上式隨 $c^{1/2}$ 而變，與強電解質的實驗數據一致。a 和 b 項適用於離子間相互作用。省略這些項後，(15.87) 式得出無交互作用結果 $\Lambda_m = \Lambda_m^\infty$。

如果在計算 c_+ 和 c_- 時考慮到離子對，則 c_+ 小於 0.002 mol/dm^3 的 1:1 電解質溶液和非常稀薄的高價電解質溶液都可以良好地遵循 Onsager 方程式 (有關適用於比

Onsager 方程式更高濃度的電導率方程式，請參見 M. Spiro in *Rossiter, Hamilton, and Baetzold,* vol. II, pp. 673-679)。

☕ 電導率的應用

將 $\lambda_{m,B} \equiv \kappa_B/c_B$ 代入 $\kappa = \Sigma_B \kappa_B$ 得到

$$\kappa = \sum_B \lambda_{m,B} c_B$$

κ 的測量可以確定滴定的終點，因為 κ 對添加試劑體積的曲線圖在終點改變斜率。例如，如果 HCl 水溶液用 NaOH 滴定，κ 值在終點之前減小，因為 H_3O^+ 離子被 Na^+ 離子替代，並且由於 Na^+ 和 OH^- 濃度增加，κ 在終點之後增加。

電導率測量可以給出溶液中離子之間的化學反應過程中的濃度變化，從而可以跟踪反應速率。

電導率測量可用於確定離子平衡常數，例如弱酸的解離常數、溶解度積常數、水的電離常數，以及離子對形成的結合常數。考慮電解質 MX 的非常稀薄的溶液，其中存在離子平衡。使用 $\Lambda_m \equiv \kappa/c$ 的測量值，我們可以求解 Onsager 方程式 (15.86) 中的離子濃度 c_+（請參閱下一段）。根據 c_+、化學計量的電解質濃度 c 和使用 Debye-Hückel 方程式 (10.67) 計算的活性係數，我們可以找到離子平衡常數 K_c（請參見第 11 章）。

使用 $\Lambda_m = \kappa/c$ [(15.58) 式] 可以很方便地將 (15.86) 式改寫為

$$\kappa = c_+[\lambda_{m,+}^\infty + \lambda_{m,-}^\infty - S(c_+/c^\circ)^{1/2}] \quad \text{其中 } z_+ = |z_-| \tag{15.88}$$

$$S \equiv az_+^3 + bz_+^3(\lambda_{m,+}^\infty + \lambda_{m,-}^\infty), \quad c^\circ \equiv 1 \text{ mol/dm}^3 \tag{15.89}$$

其中 S 將 Onsager 校正合併到電導率中。方程式 (15.88) 是 $c_+^{1/2}$ 的三次方程式。對於人工計算，最快的求解方法是逐次逼近。我們將方程重寫為

$$c_+ = \frac{\kappa}{\lambda_{m,+}^\infty + \lambda_{m,-}^\infty - S(c_+/c^\circ)^{1/2}} \quad \text{其中 } z_+ = |z_-| \tag{15.90}$$

在 Onsager 方程式適用的高稀釋度下，離子力校正項 $S(c_+/c^\circ)^{1/2}$ 遠小於 $\lambda_{m,+}^\infty + \lambda_{m,-}^\infty$，作為初始近似值我們可以在 (15.90) 式右邊的分母中令 $c_+ = 0$。然後使用 (15.90) 式計算陽離子濃度 c_+ 的改進值，然後將其代入 (15.90) 式的右側以求得進一步改良的 c_+ 值。重複計算，直到答案收斂為止。

習題 15.39 概述了 (15.90) 式在離子平衡中的應用。

使用 (15.90) 式，必須知道 $\lambda_{m,+}^\infty$ 和 $\lambda_{m,-}^\infty$。如前所述，藉由對強電解質的遷移率或遷移數測量進行外插可求得它們。另請參閱概率。另請參閱習題 15.32。

15.7 | 總結

熱傳導、黏滯流、擴散和電傳導中，每單位截面積(通量)的熱、動量、物質和電荷的流率分別與溫度、速率、濃度和電位的梯度成正比。比例常數是熱導率 κ、黏度 η、擴散係數 D 和電導率 κ。

動力學理論與分子間相互作用的硬球模型共同給出了氣體在壓力既不是很高也不是很低的情況下的 k、η 和 D 表達式。這些表達式運作得很好，與實驗的偏離主要是由於硬球模型不能充分表示分子間力。

牛頓黏度定律的積分產生了在壓力梯度下液體和氣體流率的表達式。此類流率的測量結果可得 η。

聚合物分子量可以由測得的聚合物溶液黏度和沈降速率確定。

擴散分子在給定方向上的均方根位移由 Einstein–Smoluchowski 方程式表示為 $(\Delta x)_{rms} = (2Dt)^{1/2}$，其中 D 和 t 是擴散係數和時間。液體中的擴散係數可以由 Stokes–Einstein 方程式 $D_{iB}^\infty \approx kT/6\pi\eta_B r_i$ [(15.37) 式] 估算。

電流 I 定義為電荷流率 dQ/dt。電流密度為 $j \equiv I/\mathcal{A}$，其中 $\mathcal{A}$ 是導體的截面積。物質的電導率 κ 是內含性質，定義為 $\kappa \equiv j/E$，其中 E 是產生電流的電場強度。

化學計量濃度為 c 的電解質溶液的莫耳電導率為 $\Lambda_m \equiv \kappa/c$。離子在載流的電解質溶液中移動，漂移速度 v_B 與電場強度成正比：$v_B = u_B E$，其中 u_B 是離子 B 的電遷移率。電解質溶液的電導率由 (15.63) 式給出：$\kappa = \Sigma_B \kappa_B = \Sigma_B |z_B| F u_B c_B$。離子 B 對 κ 的貢獻與其莫耳電荷 $|z_B|$ F、遷移率 u_B 和濃度 c_B 成正比。離子的遷移數是其攜帶的電流的一部分：$t_B = j_B/j = \kappa_B/\kappa$。離子 B 的莫耳電導率 $\lambda_{m,B}$ 為 $\lambda_{m,B} \equiv \kappa_B/c_B = |z_B| F u_B$。電解質的莫耳電導率 Λ_m 與離子的莫耳電導率和濃度有關。請參閱 (15.79) 式至 (15.84) 式。

由於離子間力，莫耳電導率隨電解質濃度的增加而降低。在稀薄溶液中，可以根據 Onsager 方程式 (15.86) 計算該減少量。Onsager 方程式允許從測量的電導率中找到離子濃度，因此得出離子平衡常數。

本章討論的重要計算類型包括：

- 根據硬球動力學理論 (15.12) 式、(15.25) 式和 (15.42) 式計算氣體的導熱係數 κ、黏度 η 和自擴散係數 D_{jj}。
- 使用 (15.25) 式根據其黏度計算氣體的硬球直徑。
- 使用 Poiseuille 定律 (15.17) 式或 (15.18) 式根據黏度計算管道中液體或氣體的流率，或根據流率計算黏度。
- 使用 (15.28) 式從黏度數據計算聚合物的黏均分子量。
- 使用 Einstein–Smoluchowski 方程式 $(\Delta x)_{rms} = (2Dt)^{1/2}$ 計算擴散的 $(\Delta x)_{rms}$。
- 使用 Stokes–Einstein 方程式 (15.37) 和 (15.38) 式估算液體中的擴散係數。
- 使用 (15.45) 式從沉降係數計算聚合物分子量。

- 根據溶液的電阻和已知 κ 的 KCl 溶液在同一電池中的電阻計算電解質溶液的電導率 κ。
- 計算莫耳電導率 $\Lambda_m \equiv \kappa/c$。
- 使用 (15.70) 式從遷移率估算溶液中的離子半徑。
- 使用 $\lambda_{m,B} = |z_B|Fu_B$ 從遷移率計算離子的 λ_m 值。
- 使用 (15.84) 式從離子的 λ_m^∞ 值計算 Λ_m^∞。
- 使用 Onsager 方程式從極稀溶液中的電導率計算離子濃度和平衡常數。

習題

第 15.2 節

15.1 對或錯？(a) 相的導熱係數 k 是內含性質，取決於 T、P 和相的組成。(b) 橫過 yz 平面的熱流率 dq/dt 與該平面的溫度梯度 dT/dx 成正比。(c) 傅立葉熱傳導定律在非常低的氣體壓力下成立。

15.2 如果圖 15.1 中的熱源之間的距離為 200 cm，熱源溫度為 325 和 275 K，該物質是截面積為 24 cm^2 的鐵棒，$k = 0.80$ JK^{-1} cm^{-1} s^{-1}，且處於穩定狀態時，計算 (a) 60 秒內的熱流；(b) 在 60 秒內的 ΔS_{univ}。

15.3 使用 (15.26) 式中的 d 值，計算 He 在 1 atm 和 0°C 以及在 10 atm 和 100°C 時的導熱係數。在 0°C 和 1 atm 時的實驗值為 1.4×10^{-3} J cm^{-1} K^{-1} s^{-1}。

15.4 對於液體的導熱係數，Bridgman 推導了以下動力學理論方程式 (有關推導，請參見 *Bird, Stewart, and Lightfoot*, p. 260)：

$$k = \frac{3R}{N_A^{1/3}V_m^{2/3}}\left(\frac{C_{P,m}}{C_{V,m}\rho\kappa}\right)^{1/2}$$

其中 R 是氣體常數，ρ、κ 和 V_m 是密度，等溫壓縮係數和液體的莫耳體積。該方程式運作極佳，特別是如果因子 3 改為 2.8。使用這個方程式，將 3 更改為 2.8 估計水在 30°C 和 1 atm 下的導熱係數；使用方程式 (4.54) 及之前的數據。實驗值為 6.13 mJ cm^{-1}K^{-1}s^{-1}。

第 15.3 節

15.5 對或錯？(a) 對於圓柱管中的層流，在垂直於管軸線的平面上所有點的流速均相同。(b) 對於圓柱管中的層流，最大流速在管的中心。(c) 隨著溫度升高，通常液體的黏度降低，而氣體的黏度升高。(d) 牛頓的黏度定律在極高的流率下不成立。

15.6 雷諾數 Re 由 $Re \equiv \rho\langle v_y\rangle d/\eta$ 定義，其中 ρ 和 η 是在直徑 d 的管中以平均速率 $\langle v_y\rangle$ 流動的流體的密度和黏度 (兩個字母的符號 Re 代表一個物理量)。實驗顯示，當 $Re < 2000$ 時，流動是層流的。對於在直徑為 1.00 cm 的管道中流動的水，計算 25°C ($\eta = 0.89$ cP) 下層流 $\langle v_y\rangle$ 的最大值。

15.7 (a) 對於某種流過內徑為 0.200 cm，長度為 24.0 cm 的圓柱管的液體，當管端之間的壓降為 32.0 torr 時，在 120 s 內排出的體積為 148 cm^3。液體的密度為 1.35 g/cm^3。求液體的黏度。(b) 計算雷諾數 (習題 15.6) 並檢查流動是否為層流 (提示：證明 $\langle v_y\rangle = V/\mathcal{A}t$，其中 V/t 是流率，$\mathcal{A}$ 是截面積)。

15.8 人血的體溫黏度和密度為 4 cP 和 1.0 g/cm^3。在靜止的人中，從心臟穿過主動脈的血液流率為 5 L/min。主動脈的直徑通常為 2.5 cm。對於此流率，(a) 求出沿主動脈的壓力梯度；(b) 求出平均流率 (見習題 15.7b)；(c) 求出雷諾數 (習題 15.6)，並確定流動是層流還是亂流。重複 (c) 以 30 L/min 的流率進行操作。

15.9 在 0°C 和 1 atm 數量級內的壓力下，O$_2$ 的黏度為 1.92×10^{-4} P。當入口和出口壓力分別為 1.20 和 1.00 atm 時，通過內徑為 0.420 mm，長度為 220 cm 的管在 0°C 下計算 O$_2$ 的流率 (以 g/s 為單位)。

15.10 將 20°C、10.0 mL 的水放入 Ostwald 黏

度計中，液位從第一個標記下降到第二個標記需要 136.5 s。對於相同黏度計在 20°C、10.0 mL 的己烷，相應的時間為 67.3 s。求己烷在 20°C 和 1 atm 下的黏度。在 20°C 和 1 atm 下的數據：$\eta_{H_2O} = 1.002$ cP，$\rho_{H_2O} = 0.998$ g/cm^3，$\rho_{C_6H_{14}} = 0.659$ g/cm^3。

15.11 計算直徑為 1.00 mm，密度為 7.8 g/cm^3 的球形鋼球在 25°C 水中墜落的終端速度。將水改為甘油 (密度 1.25 g/cm^3) 重做此題。使用 (15.14) 式之後的數據。

15.12 在 1 atm，且在 0°C、490°C 和 850°C 時 $CO_2(g)$ 的黏度分別為 139、330 和 436 μP (微泊)。在每個溫度下，計算 CO_2 的表觀硬球直徑。

15.13 H_2 在 0°C 和 1 atm 的黏度為 8.53 μPa s。求 D_2 在 0°C 和 1 atm 的黏度。

15.14 對於 25°C 下的聚苯乙烯在苯中的溶液，以下相對黏度被測量為聚苯乙烯質量濃度 ρ_B 的函數：

ρ_B/(g/dm^3)	1.000	3.000	4.500	6.00
η_r	1.157	1.536	1.873	2.26

對於 25°C 的苯中的聚苯乙烯，(15.28) 式中的常數為 $K = 0.034$ cm^3/g 和 $a = 0.65$。求聚苯乙烯樣品的黏度均分子量。

第 15.4 節

15.15 對或錯？(a) 擴散是由壓力差引起的。(b) 固體中不會發生擴散。(c) 在 1 atm 下氣體中的擴散係數遠大於液體中的擴散係數。(d) 擴散分子的均方根淨位移與擴散時間成正比。(e) 對於沒有邊界壁的擴散分子的集合，$\langle \Delta x \rangle$ 為零。(f) 對於沒有邊界壁的擴散分子的集合，$\langle (\Delta x)^2 \rangle$ 為零。

15.16 (a) 在 20°C，Sb 擴散到 Ag，$(\Delta x)_{rms}$ 達到 1cm 需要多少年？有關 D 的信息，請參見 15.4 節。(b) 重複 (a)，在 20°C，Al 擴散到 Cu。

15.17 在 25°C 及 (a) 1 min；(b) 1 hr；(c) 1 day，計算稀水溶液中蔗糖分子的 $(\Delta x)_{rms}$ (有關 D，請參見第 15.4 節)。

15.18 在 0°C 和 (a) 1.00 atm；(b) 10.0 atm 下，用 (15.26) 式計算 O_2 的 D_{jj}。在 0°C 和 1 atm 下的實驗值為 0.19 cm^2/s。

15.19 在 25°C 和 1 atm 下，計算水中 N_2 的 D_{iB}^∞；使用第 15.3 節中的數據。實驗值為 1.6×10^{-5} cm^2/s。

15.20 (a) 驗證嚴格理論對硬球氣體分子 $D_{jj} = 6\eta/5\rho$ 的預測。(b) Ne 在 0°C 和 1 atm 下，$\eta = 2.97 \times 10^{-4}$ P，預測在 0°C 和 1.00 atm 下的 D_{jj}。實驗值為 0.44 cm^2/s。

15.21 假設血紅蛋白的 $V_m = 48000$ cm^3/mol，計算血紅蛋白在 25°C 的水中 ($\eta = 0.89$ cP) 的 D_{iB}。假設分子是球形的，並將分子的體積估計為 V_m/N_A。實驗值為 7×10^{-7} cm^2/s。

15.22 對於 20°C 水中的人類血紅蛋白，我們發現 $\bar{v}^\infty = 0.749$ cm^3/g，$D^\infty = 6.9 \times 10^{-7}$ cm^2/s 和 $s^\infty = 4.47 \times 10^{-13}$ s。水在 20°C 的密度為 0.998 g/cm^3。計算人類血紅蛋白的分子量。

第 15.5 節

15.23 對於橫截面積為 0.02 cm^2 的金屬線中的 1.0 A 電流，在 1.0 s 內有多少電子通過橫截面？

15.24 計算長度 250 cm，截面積 0.0400 cm^2 的銅線在 20°C 時的電阻，Cu 在 20°C 的電阻率為 1.67×10^{-6} Ω cm。

15.25 當 100 Ω 電阻器兩端之間的電位差為 25 V 時，計算電阻器中的電流。

15.26 在電解實驗中，0.10 A 的電流流經電導率 $\kappa = 0.010$ Ω^{-1} cm^{-1} 和截面積為 10 cm^2 的溶液。求溶液中的電場強度。

第 15.6 節

15.27 對或錯？(a) 水中強電解質的 Λ_m 隨著電解質濃度的增加而降低。(b) 在低濃度，水中強電解質的 κ 隨著電解質濃度的增加而增加。(c) 水中強電解質的 κ 總是隨著電解質濃度的增加而增加。(d) 對於弱酸 HX，$\Lambda_m^\infty = \lambda_{m,+}^\infty + \lambda_{m,-}^\infty$。(e) 對於 NaCl($aq$)，$\Lambda_m^\infty = \lambda_{m,+}^\infty + \lambda_{m,-}^\infty$。

15.28 在 2.00-A 電流下，計算 $CuSO_4$ 溶液在 30.0 分鐘內沉積的 Cu 的質量。

15.29 在充滿各種溶液的電導池中，在 25°C 下，觀察到以下電阻：0.741913 wt% 的 KCl 溶液為 411.82 Ω；0.001000 mol/dm^3 的 MCl_2 溶液為 10.875 kΩ；用於製備溶液的去離子水為 368.0 kΩ。

15.29 在 25°C 下，已知 0.741913% KCl 溶液的電導率為 0.012856 (U.S. int.Ω)$^{-1}$ cm^{-1}。美國國際歐姆是一個等於 1.000495 Ω 的過時單位。計算 (a) 電池常數；(b) MCl$_2$ 在 25°C、10^{-3} mol/dm^3 水溶液中的 κ；(c) MCl$_2$ 在此溶液中的 Λ_m；(d) MCl$_2$ 在此溶液中的 Λ_{eq}。

15.30 在 25°C 下使用 CdCl$_2$ 作為下方溶液，將移動邊界法應用於 0.02000 mol/dm^3 的 NaCl 水溶液。對於 1.600 mA 的恆定電流，Longsworth 發現邊界在平均截面積為 0.1115 cm^2 的管中，3453 s 內移動了 10.00 cm。此 NaCl 溶液在 25°C 時的電導率為 2.313×10^{-3} Ω^{-1} cm^{-1}。計算此溶液中的 u(Na$^+$) 和 t(Na$^+$)。

15.31 在 Hittorf 儀器中使用兩個 Ag–AgCl 電極在 25°C 電解 0.14941 wt% 的 KCl 水溶液。陰極反應為 AgCl(s) + e$^-$ → Ag(s) + Cl$^-$(aq)；陽極反應與此相反。實驗之後發現在與該裝置串聯的庫侖計中已經沉積了 160.24 mg 的 Ag，並且陰極室中含有 120.99 g 的溶液，該溶液的重量為 0.19404% KCl。計算實驗中使用的 KCl 溶液的 t_+ 和 t_-（提示：請使用以下事實：水在陰極室的質量保持不變）。

15.32 (a) 在 25°C 的甲醇溶劑溶液中求得以下 Λ_m^∞ 值，單位為 Ω^{-1} cm^2 mol^{-1}：KNO$_3$，114.5；KCl，105.0；LiCl，90.9。僅使用這些數據，計算在 25°C，LiNO$_3$ 在 CH$_3$OH 中的 Λ_m^∞。(b) 對於 25°C 的水溶液，求得以下 Λ_m^∞ 值，單位為 Ω^{-1} cm^2 mol^{-1}：HCl，426；NaCl，126；NaC$_2$H$_3$O$_2$，91。僅使用這些數據，計算 25°C 水中的 HC$_2$H$_3$O$_2$ 的 $\lambda_{m,+}^\infty + \lambda_{m,-}^\infty$。

15.33 對於 25°C 水中的 ClO$_4^-$，$\lambda_m^\infty = 67.2$ Ω^{-1} cm^2 mol^{-1}。(a) 在 25°C 的水中，計算 u^∞(ClO$_4^-$)。(b) 在 24 V/cm 的場中，計算 25°C 水中的漂移速率 v^∞(ClO$_4^-$)。(c) 估計水合高氯酸根離子的半徑。

15.34 根據第 15.6 節中列出的 λ_m^∞ 數據，計算在 25°C 水中的以下電解質的 Λ_m^∞：(a) NH$_4$NO$_3$；(b) (NH$_4$)$_2$SO$_4$；(c) MgSO$_4$；(d) Ca(OH)$_2$。

15.35 使用第 15.6 節中的 λ_m^∞ 數據，計算 t^∞(Mg^{2+}) 和 Mg(NO$_3$)$_2$(aq) 在 25°C 的 t^∞(NO$_3^-$)。

15.36 使用惰性電極電解非常稀的 AgNO$_3$(aq) 溶液，並沉積 1.00 mmol 的 Ag。使用第 15.6 節中的無限稀釋數據來估算電解過程中穿過電極之間中間平面的 NO$_3^-$(aq) 的莫耳數。

15.37 (a) 使用 (15.70) 式證明

$$\frac{d \ln \lambda_m^\infty}{dT} \approx -\frac{1}{\eta}\frac{d\eta}{dT}$$

(b) 在 1 atm 和 24°C、25°C 和 26°C 的水的黏度分別為 0.9111、0.8904 和 0.8705 cP。以 $\Delta\eta/\Delta T$ 來近似 $d\eta/dT$ 且證明對於 25°C 下水中的所有離子，(a) 中的方程式可預測 $d \ln \lambda_m^\infty/dT \approx 0.023$ K^{-1}。此數的實驗值通常為 0.018 至 0.022 K^{-1}。(c) 從表中的 25°C 值估算 35°C 和 1 atm 下 NO$_3^-$(aq) 的 λ_m^∞。

15.38 (a) 使用 Onsager 方程式，計算 25°C 和 1 atm 下 KNO$_3$ 在水中的 0.00200 mol/dm^3 溶液的 Λ_m 和 κ。(b) 在電極面積為 1.00 cm^2，間距為 10.0 cm 的電導池中，求該溶液的電阻。

15.39 在 25°C 和 1 atm 下，純水的電導率為 5.4$_7$×10^{-8} Ω^{-1} cm^{-1}。[H. C. Duecker and W. Haller, *J. Phys. Chem.*, **66,** 225 (1962)]。利用 (15.90) 式求水在 25°C 游離的 K_c。

15.40 在 25°C，飽和 CaSO$_4$ 水溶液的電導率為 2.21×10^{-3} Ω^{-1} cm^{-1}。(a) 利用 (15.90) 式求 CaSO$_4$ 在 25°C 水的濃度標度 K_{sp}。(b) 溶液中 CaSO$_4$ 離子對的存在是否會導致 (a) 的結果錯誤？

15.41 0.001028 mol/dm^3 的 HC$_2$H$_3$O$_2$ 水溶液在 25°C 的電導率為 4.95×10^{-5} Ω^{-1} cm^{-1}。使用 (15.90) 式求醋酸在 25°C 水中游離的 K_c。

第16章

反應動力學

16.1 反應動力學

我們從第 15 章開始研究非平衡程序,該程序涉及物理動力學 (輸送程序的速率和機理)。現在,我們進行研究化學動力學。

化學動力學 (chemical kinetics),也稱為**反應動力學** (reaction kinetics),是對化學反應速率和機理的研究。反應系統不是平衡的,因此反應動力學不是熱力學的一部分,而是動力學的一個分支 (第 15.1 節)。本章主要涉及反應動力學的實驗方面。

反應動力學的應用很多。在化合物的工業合成中,反應速率與平衡常數同等重要。熱力學平衡常數告訴我們,在任何給定的 T 和 P 下從 N_2 和 H_2 可獲得的最大 NH_3 產率,但是如果 N_2 和 H_2 之間的反應速率太低,該反應將難以進行。通常,在有機製備反應中,可能發生幾種競爭反應,這些反應的相對速率通常會影響每種產物的產率。只有利用大氣反應的動力學分析才能了解釋放到大氣中的污染物的情況。汽車之所以能夠工作,是因為碳氫化合物的氧化速率在室溫下可以忽略不計,而在引擎的高溫下則可以很快地氧化。就氧化而言,現代技術中的許多金屬和塑料在熱力學上都是不穩定的,但是在室溫下這種氧化的速率很慢。反應速率對於生物機體的功能至關重要。生物催化劑 (酶) 利用選擇性地加速某些反應來控制生物體的功能。總之,要理解和預測化學系統的行為,必須同時考慮熱力學和動力學。

我們從一些定義開始。**均相反應** (homogeneous reaction) 是指完全在一個相中發生的反應。**異相反應** (heterogeneous reaction) 涉及存在於兩個或多個相中的物質。第 16.1 至 16.16 節涉及均相反應。第 16.18 節涉及異相反應。均相反應分為氣相反應和液體溶液反應。第 16.1 至 16.13 節適用於氣相和溶液動力學。第 16.14 節涉及溶液中反應所特有的動力學方面。

反應速率

考慮均相反應

$$a\text{A} + b\text{B} + \ldots \rightarrow e\text{E} + f\text{F} + \ldots \tag{16.1}$$

其中 $a, b, \ldots, e, f, \ldots$ 是平衡化學方程式中的係數，而 $A, B, \ldots, E, F, \ldots$ 是化學物種。在本章中，假定反應發生在封閉系統。反應物的消耗速率與其反應係數成正比。因此

$$\frac{dn_A/dt}{dn_B/dt} = \frac{a}{b} \quad \text{且} \quad \frac{1}{a}\frac{dn_A}{dt} = \frac{1}{b}\frac{dn_B}{dt}$$

其中 t 是時間，n_A 是 A 在時間 t 的莫耳數。均相反應(16.1)式的**轉化率** (rate of conversion) J 定義為

$$J \equiv -\frac{1}{a}\frac{dn_A}{dt} = -\frac{1}{b}\frac{dn_B}{dt} = \cdots = \frac{1}{e}\frac{dn_E}{dt} = \frac{1}{f}\frac{dn_F}{dt} = \cdots \tag{16.2}$$

由於 A 消失，因此 dn_A/dt 為負，而 J 為正。處於平衡狀態時，$J = 0$。

實際上，如果反應具有多個步驟，則 $-a^{-1}dn_A/dt = e^{-1}dn_E/dt$ 的關係不必成立。對於多步驟反應，反應物 A 首先轉化為某種反應中間體，而不是直接轉化為產物。因此 dn_A/dt 和 dn_E/dt 之間的瞬間關係可能很複雜。通常，如果整個反應過程中所有反應中間體的濃度都非常小，則它們對化學計量的影響可以忽略。

轉換率 J 是外延性質，與系統的大小有關。每單位體積的轉化率 J/V 稱為**反應速率** (rate of reaction) r：

$$r \equiv \frac{J}{V} = \frac{1}{V}\left(-\frac{1}{a}\frac{dn_A}{dt}\right) \tag{16.3}$$

r 是一個內含性質，與 T、P 和均勻系統中的濃度有關。在大多數 (但不是全部) 研究的系統中，體積是恆定的或變化很小。當 V 恆定時，我們有 $(1/V)(dn_A/dt) = d(n_A/V)/dt = dc_A/dt = d[A]/dt$，其中 $c_A \equiv [A]$ 是 A 的**莫耳濃度** [(9.1) 式]。因此，對於反應 (16.1) 式

$$r = -\frac{1}{a}\frac{d[A]}{dt} = -\frac{1}{b}\frac{d[B]}{dt} = \cdots = \frac{1}{e}\frac{d[E]}{dt} = \frac{1}{f}\frac{d[F]}{dt} = \cdots \quad V \text{恆定} \tag{16.4}*$$

在本章中，我們假設體積恆定。r 的常用單位是 $\text{mol dm}^{-3}\,\text{s}^{-1}$ (其中 $1\,\text{dm}^3 = 1\,\text{L}$) 和 $\text{mol cm}^{-3}\,\text{s}^{-1}$ (通常使用符號 v 代替 r)。

例 16.1　速率表達式

對於均相反應，(a) $N_2 + 3H_2 \rightarrow 2NH_3$ 和 (b) $0 \rightarrow \sum_i v_i A_i$ [(4.94) 式]，用濃度變化率表示 r。您的答案在什麼條件下適用？

(a) 由 (16.4) 式，$r = -d[N_2]/dt = -\frac{1}{3}d[H_2]/dt = \frac{1}{2}d[NH_3]/dt$。

(b) (16.4) 式中的數 $-a, -b, \ldots, e, f, \ldots$ 是反應 (16.1) 式的化學計量數 (第 4.8 節)。因此 (16.4) 式給出 $r = (1/v_i)\,d[A_i]/dt$ 作為一般反應 $0 \rightarrow \sum_i v_i A_i$ 的速率。為了使這些表達式成立，V 必須恆定並且任何反應中間體的濃度都可以忽略不計。

速率定律

對於許多(但不是全部)反應,實驗發現在時間 t 的速率 r 與該時間 t 存在的物質濃度有關,並且可以利用以下形式表達

$$r = k[A]^{\alpha}[B]^{\beta}\ldots[L]^{\lambda} \qquad (16.5)^*$$

指數 α、β、$\cdots$、λ 通常是整數或半整數 ($\frac{1}{2}, \frac{2}{3}, \ldots$)。比例常數 k (稱為**速率常數**或**速率係數**)是溫度和壓力的函數。k 隨壓力的變化很小,通常可忽略。稱此反應對 A 為 α **階** (order),對 B 為 β 階,等等。指數 α、β、... 也稱為**部分階** (partial orders)。總和 $\alpha + \beta + \cdots + \lambda \equiv n$ 是反應的**總階**(或簡稱為**階**)。由於 r 的單位為濃度除以時間,因此 (16.5) 式中的 k 的單位為 (濃度)$^{1-n}$(時間)$^{-1}$。最常見的是,k 以 $(dm^3/mol)^{n-1}$ s^{-1} 為單位。一階 ($n = 1$) 速率常數的單位為 s^{-1},並且與濃度的單位無關。

在氣相動力學中,有時根據分子濃度而不是莫耳濃度來定義反應速率和速率常數。

在固定溫度下,r 隨濃度變化的表達式稱為**速率定律** (rate law)。在固定溫度 T 下,速率定律的形式為 $r = f([A], [B], \ldots)$,其中 f 是濃度的某些函數。一些觀察到的均相反應速率定律是

(1) $H_2 + Br_2 \rightarrow 2HBr$ $\qquad r = \dfrac{k[H_2][Br_2]^{1/2}}{1 + j[HBr]/[Br_2]}$

(2) $2N_2O_5 \rightarrow 4NO_2 + O_2$ $\qquad r = k[N_2O_5]$

(3) $H_2 + I_2 \rightarrow 2HI$ $\qquad r = k[H_2][I_2]$

(4) $2NO + O_2 \rightarrow 2NO_2$ $\qquad r = k[NO]^2[O_2]$ $\qquad (16.6)$

(5) $CH_3CHO \rightarrow CH_4 + CO$ $\qquad r = k[CH_3CHO]^{3/2}$

(6) $2SO_2 + O_2 \xrightarrow{NO} 2SO_3$ $\qquad r = k[O_2][NO]^2$

(7) $H_2O_2 + 2I^- + 2H^+ \rightarrow 2H_2O + I_2$ $\qquad r = k_1[H_2O_2][I^-] + k_2[H_2O_2][I^-][H^+]$

(8) $Hg_2^{2+} + Tl^{3+} \rightarrow 2Hg^{2+} + Tl^+$ $\qquad r = k\dfrac{[Hg_2^{2+}][Tl^{3+}]}{[Hg^{2+}]}$

其中 k 的值在很大程度上取決於溫度,並且一個反應與另一個反應不同。在反應 (1) 中,j 為常數。反應 (1) 至 (6) 為氣相;反應 (7) 和 (8) 在水溶液中。對於反應 (1),階的概念不適用。反應 (7) 的速率定律中的兩項均具有階,但是反應速率本身沒有階。反應 (5) 具有 $\frac{3}{2}$ 階。在反應 (6) 中,NO 物種加速了反應,但並未出現在整個化學方程式中,因此是**催化劑** (catalyst)。在反應 (8) 中,對 Hg^{2+} 而言為 -1 階。注意,反應 (1)、(2)、(5)、(6)、(7) 和 (8) 速率定律中的指數與平衡化學方程式中的係數不同。速率定律必須由反應速率的測量確定,而不能從反應化學計量推論。

實際上,速率定律中濃度的使用僅對理想系統嚴格正確。對於非理想系統,請參見第 16.9 節。

假設 (16.5) 式中的所有濃度的數量級均為 1 mol/dm³。對於數量級近似值 $d[E]/dt \approx \Delta[E]/\Delta t$，對於 1-mol/dm³ 的濃度，(16.4) 式和 (16.5) 式給出：$\Delta[E]/\Delta t \approx k(1 \text{ mol/dm}^3)^n$，其中 n 是反應階，e 已被省略，因為它不會影響事物的數量級。對於大量反應，$\Delta[E]$ 將具有與 [A] 相同的數量級，即 1 mol/dm³。因此，$1/k$ [乘以 $(dm^3/mol)^{n-1}$ 以使因次正確無誤] 給出了當濃度為 1 mol/dm³ 數量級時發生大量反應所需的時間數量級。例如，(16.6) 式中的反應 (3) 在 629 K 有 k = 0.0025 dm³ mol⁻¹ s⁻¹；當濃度為 1 mol/dm³ 時 (相當於 50 atm 的分壓)，發生此大量的反應將花費大約 400 s 的時間。

☕ 反應機制

方程式 (16.1) 給出了反應的總體化學計量，但沒有告訴我們實際發生反應的過程或**機制** (mechanism)。例如以 NO 為催化劑的 SO_2 的氧化氣相反應 [在 (16.6) 式中的反應 (6)]，假定以下列兩步驟進行：

$$O_2 + 2NO \rightarrow 2NO_2$$
$$NO_2 + SO_2 \rightarrow NO + SO_3 \tag{16.7}$$

由於第一步中會產生兩個 NO_2 分子，因此每次第一步進行一次，第二步都必須進行兩次。第二步乘以 2 加到第一步，可得整體化學計量為 $2SO_2 + O_2 \rightarrow 2SO_3$。整個反應不含中間物種 NO_2 或催化劑 NO (它在第一步消耗，而在第二步再生)。一種如 (16.7) 式中的 NO_2 的物種，是在機制的一個步驟中形成並在後續步驟中消耗，以致使其不出現在整個反應中的物質是**反應中間體** (reaction intermediate)。

有充分的證據證明，N_2O_5 發生氣相分解的總反應 $2N_2O_5 \rightarrow 4NO_2 + O_2$ 是經由以下多步機制產生的：

步驟 (a)： $\qquad\qquad N_2O_5 \rightleftharpoons NO_2 + NO_3$
步驟 (b)： $\qquad\qquad NO_2 + NO_3 \rightarrow NO + O_2 + NO_2$ $\qquad$ (16.8)
步驟 (c)： $\qquad\qquad NO + NO_3 \rightarrow 2NO_2$

這裡有兩種反應中間體，NO_3 和 NO。任何提議的機制都必須加起來才能得出觀察到的總反應化學計量。步驟 (c) 消耗了步驟 (b) 中產生的 NO 分子，因此對於 (b) 的每次出現，步驟 (c) 必須出現一次。步驟 (b) 和 (c) 一起消耗兩個 NO_3。由於步驟 (a) 僅產生一種 NO_3，因此對於步驟 (b) 和 (c) 的每次出現，步驟 (a) 的正向反應必須出現兩次。取步驟 (a) 2 次加步驟 (b) 1 次加步驟 (c) 1 次，可得 $2N_2O_5 \rightarrow 4NO_2 + O_2$。

對於總反應，機制中給定步驟發生的次數是該步驟的**化學計量數** (stoichiometric number) s。對於總反應 $2N_2O_5 \rightarrow 4NO_2 + O_2$，機制 (16.8) 式中步驟 (a)、(b) 和 (c) 的化學計量數分別為 2、1 和 1。不要將步驟的化學計量數 s 與化學物種的化學計量數 v 混淆。

反應機制中的每個步驟稱為**基本反應** (elementary reaction)。一個**簡單的反**

應 (simple reaction) 包括一個基本步驟。**複雜反應** (complex reaction)[或 **複合反應** (composite reaction)] 由兩個或多個基本步驟組成。N_2O_5 分解反應很複雜。人們認為將乙烯添加到丁二烯的 Diels–Alder 添加法以生成環己烯很簡單，這是一步發生的反應 $CH_2=CH_2 + CH_2=CHCH=CH_2 \rightarrow C_6H_{10}$。大多數化學反應是複合反應。

速率定律的形式是反應機制的結果。參見 16.6 節。對於某些反應，速率定律的形式隨溫度而變化，顯示機制發生了變化。有時，我們發現給定均相反應的數據符合 $r = k[A]^{1.38}$ 的表達式。這表明反應可能是以兩種不同的同時發生的機制進行的，這些機制產生不同的階。因此，很可能用 $r = k'[A] + k''[A]^2$ 這樣的表達式會更好。

虛擬階

對於蔗糖的水解，

$$C_{12}H_{22}O_{11} + H_2O \rightarrow \underset{\text{葡萄糖}}{C_6H_{12}O_6} + \underset{\text{果糖}}{C_6H_{12}O_6} \tag{16.9}$$

我們發現其反應速率為 $r = k[C_{12}H_{22}O_{11}]$。但是，由於溶劑 H_2O 參與了反應，因此我們會期望速率定律的形式為 $r = k'[C_{12}H_{22}O_{11}]^w[H_2O]^v$。由於 H_2O 是過量，因此其濃度在給定的操作過程中以及從一個操作過程到另一個操作過程中，幾乎保持恆定。因此 $[H_2O]^v$ 基本恆定，速率定律顯然 $r = k[C_{12}H_{22}O_{11}]$，其中 $k = k'[H_2O]^v$。此反應稱為**虛擬** (pseudo) 一階反應。很難確定 v，但是動力學數據顯示 $v \approx 6$（這可以用涉及蔗糖六水合物的反應機制來解釋）。

虛擬階涉及催化反應。催化劑影響反應速率而不在反應過程中消耗。蔗糖的水解是酸催化的。在給定的操作期間，H_3O^+ 濃度保持固定。然而，當 $[H_3O^+]$ 從一次操作變化到另一次操作時，發現對於 H_3O^+ 而言，水解速率實際上是一階的。因此，蔗糖水解的正確速率定律是 $r = k''[C_{12}H_{22}O_{11}][H_2O]^6[H_3O^+]$，該反應的級數為 8。但是，在給定的操作中，其表觀 (或虛擬) 階為 1。

16.2 反應速率的測量

為了測量反應速率 r [(16.4) 式]，必須遵循反應物或產物的濃度隨時間的變化。在**化學方法** (chemical method) 中，將幾個具有相同初始組成的反應容器放在恆溫槽中。每隔一段時間，就從槽中取出樣品，將其減慢或停止反應，並快速化學分析混合物。減慢反應的方法包括冷卻樣品、除去催化劑、大量稀釋反應混合物以及添加能與一種反應物快速結合的物質。氣體樣品通常使用質譜儀和氣相色譜儀進行分析。

物理方法 (Physical method) 通常比化學方法更準確，較不乏味。在此，一種方法是根據時間來衡量反應系統的物理性質。這使得反應可以隨著其進行而連續地進行。對於總莫耳數變化的氣相反應，可以跟隨氣體壓力 P。此過程的危險在於，如果發生副反應，總壓力將無法正確指示正在研究的反應進度。對於以可測量的體積變化發生

的液相反應，可以利用在膨脹計中進行反應來跟蹤 V，該膨脹計是一個裝有刻度毛細管的容器。液相加成聚合反應顯示出明顯的體積減少，而膨脹法是測量聚合速率的最常用方法。如果其中一物種具有特徵性光譜吸收帶，則可以跟隨該帶的強度。如果至少一物種具有旋光性 [蔗糖水解 (16.9) 式的確如此]，則可以跟隨旋光性。溶液中的離子反應可以利用測量電導率來進行。可以測量液體溶液的折射率作為時間的函數。

最常見的是，將反應物混合並保存在密閉容器中。這是*靜態方法* (static method)。在*流動方法* (flow method) 中，反應物連續流入反應器 (保持在恆溫)，而產物連續流出。反應進行一段時間後，在反應器中達到穩態 (第 1.2 節)，且出口處的濃度隨時間保持恆定。速率定律和速率常數可以在幾種不同入口濃度和流率下藉由測量出口濃度來求得。流動系統廣泛用於工業化學生產中。

已經提到的動力學「古典」方法僅限於半衰期至少為幾秒鐘的反應 (半衰期是將反應物的濃度減半所需的時間)。許多重要的化學反應的半衰期 (對於典型的反應物濃度) 在 10^0 到 10^{-11} s 範圍內，被稱為快速反應。例子包括其中一種反應物是自由基的氣相反應，和許多涉及離子的水溶液反應 [**自由基** (free radical) 是具有一個或多個不成對電子的物種；例如 CH_3 和 Br]。生物系統中的許多反應都是很快。例如，酶和小分子 (基材) 之間形成複合物的速率常數通常為 10^6 至 10^9 dm^3 mol^{-1} s^{-1}。在第 16.13 節中討論了用於研究快速反應的速率的方法。

動力學工作有很多陷阱。對溶液動力學的評論指出：「令人遺憾的事實是，文獻中有許多動力學數據毫無價值，而在某些重要方面還有許多錯誤數據。這些錯誤的數據可以在化學家和一些最著名的動力學家撰寫的新舊論文中找到⋯」(J. F. Bunnett in *Bernasconi*, pt. I, p. 230)。

必須確保反應物和產物是已知的。必須檢查是否有副反應。試劑和溶劑必須仔細純化。某些反應對微量雜質敏感。例如，空氣中溶解的 O_2 可能會嚴重影響自由基反應的速率和產物。微量金屬離子催化某些反應。微量水會強烈影響非水溶劑中的某些反應。為確保正確確定了速率定律，最好進行一系列改變所有濃度的操作，並盡可能地遵循反應直至完成。當反應進行至完成反應的 70％ 或 80％ 時，對於反應的前 50％，似乎位於一條直線上的數據可能會偏離該直線。

由於錯誤的來源可能很多，因此發表的速率常數通常不準確。

Benson 已開發出估算氣相速率常數量級的方法。參見 S. W. Benson and D. M. Golden in *Eyring, Henderson, and Jost*, vol. VII, pp. 57-124; S. W. Benson, *Thermochemical Kinetics*, 2d ed., Wiley-Interscience, 1976.

16.3 速率定律的積分

動力學實驗 (第 16.2 節) 得出在固定溫度下反應物種的濃度 [A], [B], ⋯ 為時間的函數。控制反應的速率定律 (第 16.1 節) 是一個微分方程，它給出反應物種濃度的

變化率 $d[A]/dt$ 等。從動力學數據推導速率定律的方法將在下一節中討論。這些方法大多數都將可能的速率定律預測的反應物種的濃度與實驗數據進行了比較。要獲得速率定律預測的濃度對時間的關係，必須對速率定律進行積分。因此，本節將常見的速率定律進行積分。在本節中，我們從假設的速率定律 $r \equiv -(1/a)d[A]/dt = f([A], [B], ...)$ 開始，其中 f 是已知函數，我們對其進行積分以找到 [A] 作為時間的函數：[A] = $g(t)$，其中 g 是某一函數。

在下面的討論中，除非另有說明，否則假定：(a) 反應在恆溫下進行。對於恆溫 T，速率常數 k 是恆定的。(b) 體積恆定。在 V 恆定的情況下，反應速率 r 由 (16.4) 式給出。(c) 反應是「不可逆的」，意味著沒有大量的逆反應反應發生。如果平衡常數非常大或僅研究初始速率，這將是正確的。

☕ 一階反應

假設 $aA \rightarrow$ 產物，是一階反應，其中 $r = k[A]$。從 (16.4) 式和 (16.5) 式可知，速率定律為

$$r = -\frac{1}{a}\frac{d[A]}{dt} = k[A] \tag{16.10}$$

將 k_A 定義為 $k_A \equiv ak$，我們有

$$d[A]/dt = -k_A[A] \qquad 其中 k_A \equiv ak \tag{16.11}$$

k_A 的下標提醒我們，該速率常數是指 A 濃度變化的速率。化學家對速率常數的定義不一致，因此在使用測得的 k 值時，必須確定該定義。

(16.11) 式中的變數是 [A] 和 t。為了求解此微分方程式，我們將 [A] 和 t 分離在等號的兩側。我們有 $[A]^{-1}d[A] = -k_A dt$。積分得到 $\int_1^2 [A]^{-1}d[A] = -\int_1^2 k_A dt$，並且

$$\ln([A]_2/[A]_1) = -k_A(t_2 - t_1) \tag{16.12}$$

對於反應期間的任意兩個時間，(16.12) 式成立。如果狀態 1 是反應開始的狀態，即當 $t = 0$ 時，$[A] = [A]_0$，則 (16.12) 式變為

$$\ln\frac{[A]}{[A]_0} = -k_A t \tag{16.13}$$

其中 [A] 是時間 t 的濃度。去對數後可得 $[A]/[A]_0 = e^{-k_A t}$，即

$$[A] = [A]_0 e^{-k_A t} \tag{16.14}*$$

對於一階反應，[A] 隨時間呈指數下降 (圖 16.1a)。由 (16.10) 式和 (16.14) 式可得 $r = k[A] = k[A]_0 e^{-k_A t}$，因此對於一階反應，速率 r 隨時間呈指數下降。

如果是一階反應，則 (16.13) 式 (乘以 -1) 顯示 $\ln([A]_0/[A])$ 對 t 作圖可得斜率為 k_A 的直線。

[A] 降至其值一半所需的時間稱為反應的**半衰期** (half-life) $t_{1/2}$。在 (16.13) 式中

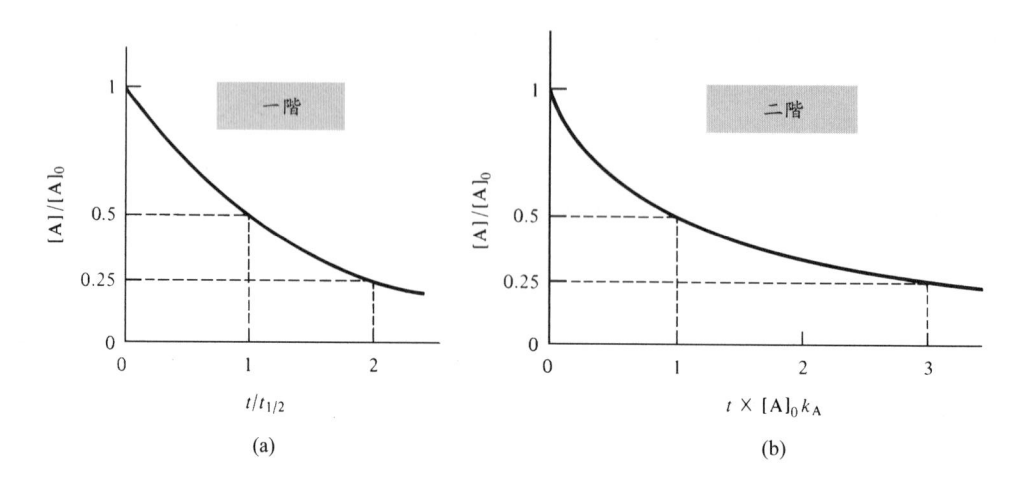

圖 16.1
反應物濃度與時間的關係 (a) 一階反應；(b) 二階反應。一階反應的半衰期與初濃度無關。

令 $[A] = \frac{1}{2}[A]_0$ 且 $t = t_{1/2}$，或在 (16.12) 式中，令 $[A]_2/[A]_1 = \frac{1}{2}$ 且 $t_2 - t_1 = t_{1/2}$，我們得到 $-k_A t_{1/2} = \ln \frac{1}{2} = -0.693$。對於一階反應，

$$k_A t_{1/2} = 0.693 \quad \text{一階反應} \tag{16.15}*$$

放射性同位素的衰減遵循一階動力學。

二階反應

二階速率定律最常見的形式是 $r = k[A]^2$ 和 $r = k[A][B]$，其中 A 和 B 是兩種不同的反應物。

假設 $aA \to$ 產物是二階反應 $r = k[A]^2$。則 $r = -a^{-1} d[A]/dt = k[A]^2$。如 (16.11) 式定義 $k_A \equiv ak$ 並分離變數，我們有

$$\frac{d[A]}{dt} = -k_A[A]^2 \quad \text{且} \quad \int_1^2 \frac{1}{[A]^2} d[A] = -k_A \int_1^2 dt$$

$$\frac{1}{[A]_1} - \frac{1}{[A]_2} = -k_A(t_2 - t_1) \quad \text{或} \quad \frac{1}{[A]} - \frac{1}{[A]_0} = k_A t \tag{16.16}$$

$$[A] = \frac{[A]_0}{1 + k_A t[A]_0}, \quad k_A \equiv ak \tag{16.17}$$

由 (16.16) 式，若 $r = k[A]^2$，則 $1/[A]$ 對 t 作圖可得斜率為 k_A 的直線。

在 (16.16) 式中令 $[A] = \frac{1}{2}[A]_0$ 和 $t = t_{1/2}$ 可求得半衰期，即

$$t_{1/2} = 1/[A]_0 k_A \quad r = k[A]^2 \text{ 的二階反應}$$

對於二階反應，$t_{1/2}$ 取決於初始 A 濃度，這與一階反應相反。當 A 濃度減半時，$t_{1/2}$ 加

倍。因此，反應從 50％完成到 75％所需的時間是從 0％完成到 50％所需時間的兩倍 (圖 16.1b)。

現在假設反應是 $a\text{A} + b\text{B} \rightarrow$ 產物，速率定律為 $r = k[\text{A}][\text{B}]$。則由 (16.4) 式可知

$$\frac{1}{a}\frac{d[\text{A}]}{dt} = -k[\text{A}][\text{B}] \tag{16.18}$$

(16.18) 式具有三個變數：[A]、[B] 和 t。為了積分 (16.18) 式，我們必須利用 [B] 與 [A] 的關係來消去 [B]。反應中 B 和 A 反應的量與反應中的係數 b 和 a 成正比，因此 $\Delta n_\text{B}/\Delta n_\text{A} = b/a$。除以體積可得 $b/a = \Delta[\text{B}]/\Delta[\text{A}] = ([\text{B}] - [\text{B}]_0)/([\text{A}] - [\text{A}]_0)$，其中 $[\text{B}]_0$ 和 $[\text{A}]_0$ 是 B 和 A 的初始濃度。求解 [B]，我們得到

$$[\text{B}] = [\text{B}]_0 - ba^{-1}[\text{A}]_0 + ba^{-1}[\text{A}] \tag{16.19}$$

將 (16.19) 式代入 (16.18) 式，並將 [A] 和 t 分離，然後積分，我們得到

$$\frac{1}{a}\int_1^2 \frac{1}{[\text{A}]([\text{B}]_0 - ba^{-1}[\text{A}]_0 + ba^{-1}[\text{A}])} d[\text{A}] = -\int_1^2 k\, dt \tag{16.20}$$

由積分表 (或網站 integrates.wolfram.com) 可得

$$\int \frac{1}{x(p+sx)}\, dx = -\frac{1}{p}\ln\frac{p+sx}{x} \qquad p \neq 0 \tag{16.21}$$

要驗證這個關係式，請微分 (16.21) 式的右側。利用 (16.21) 式，其中 $p = [\text{B}]_0 - ba^{-1}[\text{A}]_0$、$s = ba^{-1}$ 且 $x = [\text{A}]$，對於 (16.20) 式，我們得到

$$\frac{1}{a}\frac{1}{[\text{B}]_0 - ba^{-1}[\text{A}]_0}\ln\frac{[\text{B}]_0 - ba^{-1}[\text{A}]_0 + ba^{-1}[\text{A}]}{[\text{A}]}\Bigg|_1^2 = k(t_2 - t_1)$$

使用 (16.19) 式可得

$$\frac{1}{a[\text{B}]_0 - b[\text{A}]_0}\ln\frac{[\text{B}]}{[\text{A}]}\Bigg|_1^2 = k(t_2 - t_1)$$

$$\frac{1}{a[\text{B}]_0 - b[\text{A}]_0}\ln\frac{[\text{B}]/[\text{B}]_0}{[\text{A}]/[\text{A}]_0} = kt \tag{16.22}$$

在 (16.22) 式中，[A] 和 [B] 是在時間 t 的濃度，$[\text{A}]_0$ 和 $[\text{B}]_0$ 是在時間 0 的濃度。(16.22) 式左側對 t 作圖可得一條斜率為 k 的直線。反應半衰期的概念不適用於 (16.22) 式，因為當 $[\text{B}] = \frac{1}{2}[\text{B}]_0$ 時，[A] 不會等於 $\frac{1}{2}[\text{A}]_0$，除非反應物以化學計量比例混合。

(16.18) 的一個特例是，A 和 B 最初以化學計量比存在，因此 $[\text{B}]_0/[\text{A}]_0 = b/a$。(16.22) 式在這裡不適用，因為 (16.22) 式中的 $a[\text{B}]_0 - b[\text{A}]_0$ 為零。為了處理這種情況，我們認識到 B 和 A 在整個反應過程中將保持化學計量比：在任何時間 $[\text{B}]/[\text{A}] = b/a$。這是從 (16.19) 式中令 $[\text{B}]_0 = (b/a)[\text{A}]_0$ 而得。(16.18) 式變為 $(1/b[\text{A}]^2)d[\text{A}] = -k\, dt$。積分得到 [類似於 (16.16) 式]

$$\frac{1}{[A]} - \frac{1}{[A]_0} = bkt \tag{16.23}$$

☕ 三階反應

最常見的三階速率定律是 $r = k[A]^3$，$r = k[A]^2[B]$ 和 $r = k[A][B][C]$。積分的細節留給讀者練習。

將速率定律 $d[A]/dt = -k_A[A]^3$ 積分可得

$$\frac{1}{[A]^2} - \frac{1}{[A]_0^2} = 2k_A t \quad \text{或} \quad [A] = \frac{[A]_0}{(1 + 2k_A t [A]_0^2)^{1/2}} \tag{16.24}$$

速率定律 $a^{-1}d[A]/dt = -k[A]^2[B]$ 和 $a^{-1}d[A]/dt = -k[A][B][C]$ 產生複雜的表達式。

☕ n 階反應

在許多 n 階速率定律中，我們僅考慮

$$d[A]/dt = -k_A[A]^n \tag{16.25}$$

分離變數然後進行積分可得

$$\int_1^2 [A]^{-n} d[A] = -k_A \int_1^2 dt \tag{16.26}$$

$$\frac{[A]^{-n+1} - [A]_0^{-n+1}}{-n+1} = -k_A t \quad n \neq 1 \tag{16.27}$$

兩邊乘以 $(1-n)[A]_0^{n-1}$ 得到

$$\left(\frac{[A]}{[A]_0}\right)^{1-n} = 1 + [A]_0^{n-1}(n-1)k_A t \quad n \neq 1 \tag{16.28}$$

令 $[A] = \frac{1}{2}[A]_0$ 且 $t = t_{1/2}$，我們得到半衰期

$$t_{1/2} = \frac{2^{n-1} - 1}{(n-1)[A]_0^{n-1} k_A} \quad n \neq 1 \tag{16.29}$$

注意 (16.28) 式和 (16.29) 式適用於除了 1 以外的所有 n 值。特別是，這些方程式適用於 $n = 0$、$n = \frac{1}{2}$ 和 $n = \frac{3}{2}$。對於 $n = 1$，(16.25) 式的積分得到對數。當 $n = 1$ 時得到的結果是 (16.14) 式和 (16.15) 式，如下所示

$$[A] = [A]_0 e^{-k_A t}, \quad t_{1/2} = 0.693/k_A \quad n = 1 \tag{16.30}$$

☕ 可逆一階反應

到目前為止，我們已經忽略了**逆**（或**反向**）反應，該假設僅在平衡常數為無窮大的情況下才成立，但在反應的早期階段仍然適用。現在我們考慮逆向反應。

令可逆反應

$$A \underset{k_b}{\overset{k_f}{\rightleftharpoons}} C$$

(化學計量係數為 1) 在正向 (f) 和逆向 (b) 均為一階，因此 $r_f = k_f[A]$ 和 $r_b = k_b[C]$。對於正反應，A 的化學計量數是 -1，而對於逆反應，A 的化學計量數是 1。如果 $(d[A]/dt)_f$ 表示由於正反應而引起的 [A] 的變化率，則 $-(d[A]/dt)_f = r_f = k_f[A]$。由於逆反應，[A] 的變化率為 $(d[A]/dt)_b = r_b = k_b[C]$ (假設任何中間體的濃度可以忽略不計)。則

$$d[A]/dt = (d[A]/dt)_f + (d[A]/dt)_b = -k_f[A] + k_b[C] \quad (16.31)$$

我們有 $\Delta[C] = -\Delta[A]$，所以 $[C] - [C]_0 = -([A] - [A]_0)$。將 $[C] = [C]_0 + [A]_0 - [A]$ 代入 (16.31) 式得到

$$d[A]/dt = k_b[C]_0 + k_b[A]_0 - (k_f + k_b)[A] \quad (16.32)$$

上式在積分之前，我們先簡化其外觀。在 $t \to \infty$ 的極限下，系統達到平衡，正向和逆向反應速率相等。在平衡狀態下，每一物種的濃度為恆定，並且 $d[A]/dt$ 為 0。令 $[A]_{eq}$ 為 A 的平衡濃度。令 $d[A]/dt = 0$ 且 (16.32) 式中的 $[A] = [A]_{eq}$，我們得到

$$k_b[C]_0 + k_b[A]_0 = (k_f + k_b)[A]_{eq} \quad (16.33)$$

在 (16.32) 式中使用 (16.33) 式得到 $d[A]/dt = (k_f + k_b)([A]_{eq} - [A])$。使用恆等式 $\int (x+s)^{-1} dx = \ln(x+s)$ 將此方程式積分，我們得到

$$\ln \frac{[A] - [A]_{eq}}{[A]_0 - [A]_{eq}} = -(k_f + k_b)t$$

$$[A] - [A]_{eq} = ([A]_0 - [A]_{eq})e^{-jt} \quad \text{其中 } j \equiv k_f + k_b \quad (16.34)$$

從 (16.33) 式可求得 $[A]_{eq}$。注意上式與一階速率定律 (16.14) 非常相似。(16.14) 式是 (16.34) 式的特例，其中 $[A]_{eq} = 0$ 和 $k_b = 0$。[A] 對 t 的曲線類似於圖 16.1a，不同之處在於，當 $t \to \infty$ 時 [A] 趨近於 $[A]_{eq}$ 而不是 0 (圖 16.2)。

省略對階數大於 1 的可逆反應的討論。

☕ 連續一階反應

通常，一個反應的產物在隨後的反應中成為反應物。在多步反應機制中確實如此。我們僅考慮兩個連續的不可逆一階反應的簡單情況：速率常數為 k_1 的 A → B，速率常數為 k_2 的 B → C：

$$A \xrightarrow{k_1} B \xrightarrow{k_2} C \quad (16.35)$$

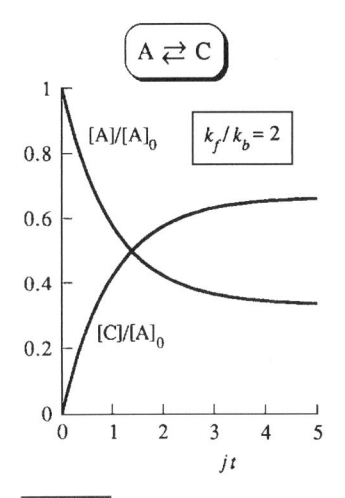

圖 16.2
可逆一階反應 A ⇌ C 的濃度與時間的關係，其中正逆向速率常數之比為 $k_f/k_b = 2$，當 $t \to \infty$，$[C]/[A] \to 2$，此為反應的平衡常數。

為了簡單起見，我們假設化學計量係數為 1。由於假設反應是一階反應，因此第一和第二反應速率分別為 $r_1 = k_1[A]$ 和 $r_2 = k_2[B]$。由第一反應和第二反應引起的 [B] 變化率分別為 $(d[B]/dt)_1 = k_1[A]$ 和 $(d[B]/dt)_2 = -k_2[B]$。因此

$$d[B]/dt = (d[B]/dt)_1 + (d[B]/dt)_2 = k_1[A] - k_2[B]$$

我們有

$$d[A]/dt = -k_1[A], \quad d[B]/dt = k_1[A] - k_2[B], \quad d[C]/dt = k_2[B] \tag{16.36}$$

假設在 $t = 0$ 時系統中僅存在 A：

$$[A]_0 \neq 0, \quad [B]_0 = 0, \quad [C]_0 = 0 \tag{16.37}$$

我們有三個聯立的微分方程式。(16.36) 式中的第一個方程式與 (16.11) 式相同，並且使用 (16.14) 式得到

$$[A] = [A]_0 e^{-k_1 t} \tag{16.38}$$

將 (16.38) 式代入 (16.36) 式的第二個方程式得到

$$d[B]/dt = k_1[A]_0 e^{-k_1 t} - k_2[B] \tag{16.39}$$

求解上式可得。

$$[B] = \frac{k_1 [A]_0}{k_2 - k_1} (e^{-k_1 t} - e^{-k_2 t}) \tag{16.40}$$

為了找到 [C]，我們使用物質守恆。存在的總莫耳數為定值，因此 $[A] + [B] + [C] = [A]_0$。利用 (16.38) 和 (16.40) 式可以得到

$$[C] = [A]_0 \left(1 - \frac{k_2}{k_2 - k_1} e^{-k_1 t} + \frac{k_1}{k_2 - k_1} e^{-k_2 t}\right) \tag{16.41}$$

對於兩個 k_2/k_1 的值，圖 16.3 繪製了 [A]、[B] 和 [C]。注意中間物種 [B] 的最大值。

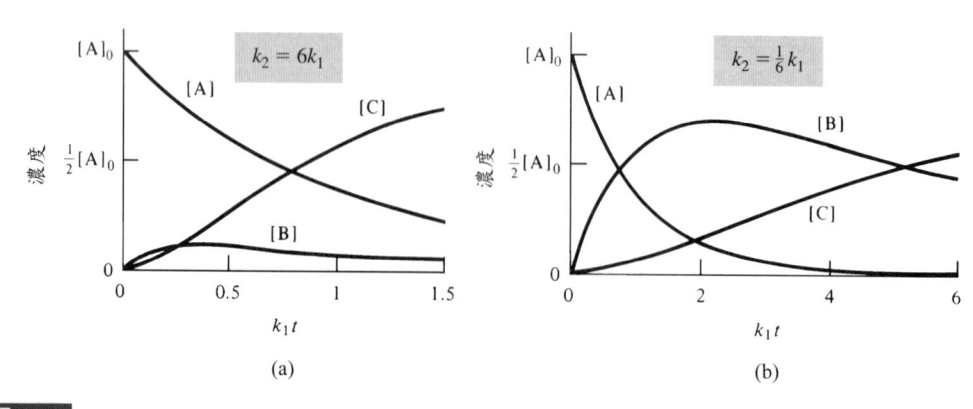

圖 16.3

連續一階反應 A → B → C 的濃度與時間的關係，速率常數為 k_1 和 k_2。(a) $k_2 = 6k_1$；(b) $k_2 = \frac{1}{6} k_1$。

競爭一階反應

通常，一個物種可以用不同的方式反應來生成各種產物。例如，甲苯可在鄰位、間位或對位被硝化。我們將考慮最簡單的情況，即兩個相互競爭且不可逆的一階反應：

$$A \xrightarrow{k_1} C \quad \text{和} \quad A \xrightarrow{k_2} D \tag{16.42}$$

為了簡單起見，將化學計量係數設為 1。速率方程式為

$$d[A]/dt = -k_1[A] - k_2[A] = -(k_1 + k_2)[A] \tag{16.43}$$

上式與 (16.11) 式相同，其中 k_A 替換為 $k_1 + k_2$。因此由 (16.14) 式可得 $[A] = [A]_0 e^{-(k_1 + k_2)t}$。

對於 C，我們有 $d[C]/dt = k_1[A] = k_1[A]_0 e^{-(k_1 + k_2)t}$。乘以 dt 並且從時間 0 (其中 $[C]_0 = 0$) 積分到任意時間 t，得到

$$[C] = \frac{k_1[A]_0}{k_1 + k_2}(1 - e^{-(k_1 + k_2)t}) \tag{16.44}$$

同理，$d[D]/dt = k_2[A]$ 的積分可得

$$[D] = \frac{k_2[A]_0}{k_1 + k_2}(1 - e^{-(k_1 + k_2)t}) \tag{16.45}$$

速率常數 $k_1 + k_2$ 的總和出現在 [C] 和 [D] 的指數中。圖 16.4 是 $k_1 = 2k_2$ 的 [A]、[C] 和 [D] 對 t 的關係圖。

將 (16.44) 式除以 (16.45) 式，得到在反應期間的任何時候

$$[C]/[D] = k_1/k_2 \tag{16.46}$$

獲得的 C 和 D 的量取決於兩個競爭反應的相對速率。測量 [C]/[D] 可找到 k_1/k_2。

在這個例子中，我們假設競爭反應是不可逆的。通常，這不是正確的，我們還必須考慮逆向反應

$$C \xrightarrow{k_{-1}} A \quad \text{且} \quad D \xrightarrow{k_{-2}} A \tag{16.47}$$

此外，產物 C 可以反應產生產物 D，反之亦然：$C \rightleftharpoons D$。如果我們等待無限長的時間，系統將達到平衡，並且比率 [C]/[D] 將由 (16.42) 式中反應的濃度尺度平衡常數的比率 K_1/K_2 確定：在 $t = \infty$ 且在假定理想系統的情況下，$K_1/K_2 = ([C]/[A]) \div ([D]/[A]) = [C]/[D]$。這種情況稱為產物的**熱力學控制** (thermodynamic control)。在此，具有最大負 $G°$ 的產物受到青睞。另一方面，在反應的早期階段，可以忽略 C 和 D 的任何逆反應或相互轉化，(16.46) 式將適用，我們對產物進行**動力學控制** (kinetic control)。如果

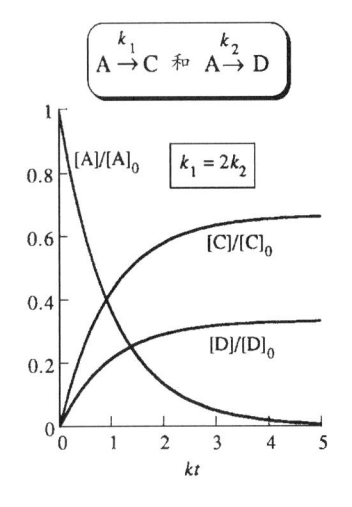

圖 16.4

一階反應 A → C 和 A → D 的濃度與時間的關係。在 $k_1/k_2 = 2$ 的情況下作圖。在反應期間，$[C]/[D] = k_1/k_2$，常數 $k \equiv k_1 + k_2$。

逆反應 (16.47) 式的速率常數 k_{-1} 和 k_{-2} 以及產物 C 和 D 相互轉化的速率常數都遠小於正反應 (16.42) 式的 k_1 和 k_2，則即使 A 幾乎被消耗掉，產物也將受到動力學控制。$k_1/k_2 \gg 1$ 且 $K_1/K_2 \ll 1$ 經常發生，因此 C 在動力學上受到青睞，而 D 在熱力學上受到青睞。然後，產物的相對產率取決於是否進行動力學或熱力學控制。

☕ 速率方程式的數值積分

速率定律給出 $d[\text{A}]/dt$，當積分時，我們可以從零時刻的已知值 $[\text{A}]_0$ 找出在任意時間 t 的 $[\text{A}]$。利用數值方式而不是利用分析方式進行積分。

16.4 尋找速率定律的方法

實驗數據給出了反應過程中不同時間的物質濃度。本節討論如何從實驗濃度對時間的數據求出速率定律 $r = f([\text{A}], [\text{B}], \ldots)$（其中 f 是某一函數）。討論僅限於速率定律具有以下形式的情況：

$$r = k[\text{A}]^\alpha [\text{B}]^\beta \cdots [\text{L}]^\lambda \tag{16.48}$$

如 (16.5) 式。通常最好先求階數 α、β、$\ldots$、λ 然後求速率常數 k。以下是求反應階數的四種方法。

1. **半衰期方法** (Half-life method)。當速率定律的形式為 $r = k[\text{A}]^n$ 時，適用此方法。因此 (16.29) 式和 (16.30) 式適用。若 $n = 1$，則 $t_{1/2}$ 與 $[\text{A}]_0$ 無關。若 $n \neq 1$，則由 (16.29) 式可得

$$\log_{10} t_{1/2} = \log_{10} \frac{2^{n-1} - 1}{(n-1)k_\text{A}} - (n-1)\log_{10} [\text{A}]_0 \tag{16.49}$$

$\log_{10} t_{1/2}$ 對 $\log_{10} [\text{A}]_0$ 作圖可得斜率為 $1 - n$ 的直線。此敘述對 $n = 1$ 亦成立。要使用此方法，繪製 $[\text{A}]$ 對 t 的圖。我們選擇任何 $[\text{A}]$ 值，例如 $[\text{A}]'$，然後找到 $[\text{A}]$ 下降到 $\frac{1}{2}[\text{A}]'$ 的點。對於初始濃度 $[\text{A}]'$，這兩點之間的時間間隔為 $t_{1/2}$。然後選擇另一個點 $[\text{A}]''$，而對此 A 濃度求 $t_{1/2}$。重複此過程幾次後，繪製一個 $\log_{10} t_{1/2}$ 對相應的初始 A 濃度的對數，並測量斜率。

半衰期方法的缺點是，若使用單次操作的數據，則必須遵循反應達到很高的完成率。一種改進是使用**分數衰期** (fractional life) t_α，它定義為 $[\text{A}]_0$ 降至 $\alpha[\text{A}]_0$ 所需的時間（對於半衰期，$\alpha = \frac{1}{2}$）。若 $r = k[\text{A}]^n$，則 $\log_{10} t_\alpha$ 對 $\log_{10} [\text{A}]_0$ 作圖是斜率為 $1 - n$ 的直線。α 的方便值為 0.75。

例 16.2　半衰期方法

在 40°C 的乙醇溶液中某腈 (化合物 A) 的二聚化 2A → A_2 的數據如下：

[A]/(mmol/dm³)	68.0	50.2	40.3	33.1	28.4	22.3	18.7	14.5
t/min	0	40	80	120	160	240	300	420

使用半衰期方法求反應的階數。

　　圖 16.5a 繪出 [A] 對 t 的關係圖。我們選擇初始 [A] 值 68、60、50、40 和 30 mmol/dm³，讀出對應於這些點的時間，並讀出對應於每個 [A] 值的一半的時間。結果是

[A]/(mmol/dm³)	68 → 34	60 → 30	50 → 25	40 → 20	30 → 15
t/min	0 → 114	14 → 146	42 → 205	82 → 280	146 → 412

(半衰期不是恆定的事實告訴我們這不是一階反應。) $[A]_0$ 和相應的 $t_{1/2}$ 值及其對數為：

$[A]_0$/(mmol/dm³)	68	60	50	40	30
$t_{1/2}$/min	114	132	163	198	266
$\log_{10}(t_{1/2}/\text{min})$	2.057	2.121	2.212	2.297	2.425
$\log_{10}\{[A]_0/(\text{mmol/dm}^3)\}$	1.833	1.778	1.699	1.602	1.477

圖 16.5b 繪出 $\log_{10} t_{1/2}$ 對 $\log_{10} [A]_0$ 的圖。該圖的斜率是 $(2.415 - 2.150)/(1.500 - 1.750) = -1.06 = 1 - n$ 而 $n = 2.06$。反應是二階反應。

習題

對於 70°C 的乙酸溶液中的 $3ArSO_2H \rightarrow ArSO_2SAr + ArSO_3H + H_2O$ 反應 (其中 Ar 代表對甲苯基)，獲得了以下數據：

[ArSO₂H]/(mmol/L)	100	84.3	72.2	64.0	56.8	38.7	29.7	19.6
t/min	0	15	30	45	60	120	180	300

使用半衰期方法，求反應的階數。
(答案：n = 2)

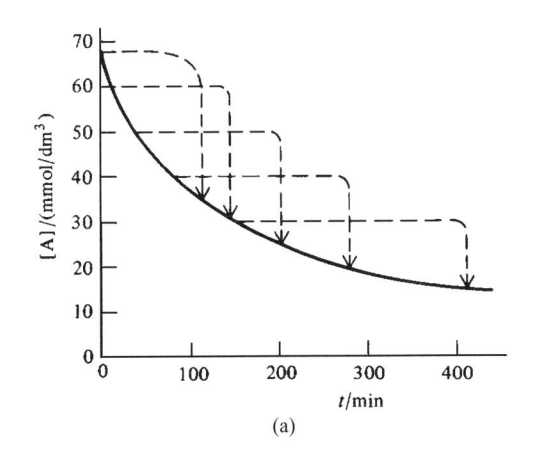

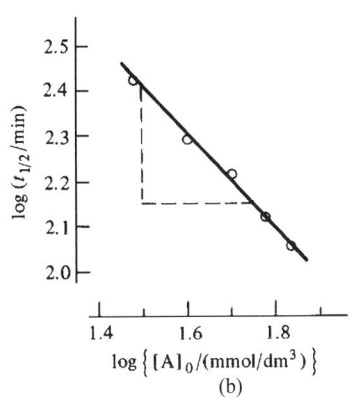

圖 16.5　以半衰期計算反應階數。

2. 鮑威爾圖法 (Powell-plot method)。當速率定律的形式為 $r = k[A]^n$ 時，適用此方法 (*Moore and Pearson*, pp. 20-21)。令無因次參數 α 和 ϕ 定義為

$$\alpha \equiv [A]/[A]_0, \qquad \phi \equiv k_A[A]_0^{n-1}t \tag{16.50}$$

α 是未反應的 A 的分率。(16.28) 和 (16.13) 式變為

$$\alpha^{1-n} - 1 = (n-1)\phi \qquad n \neq 1$$
$$\ln \alpha = -\phi \qquad n = 1 \tag{16.51}$$

對於給定的 n，對於 n 階的每個反應，α 和 ϕ 之間存在固定關係。對於 n 的常用值，這些方程式用於繪製 α 對 $\log_{10} \phi$，以給出一系列主曲線 (圖 16.6)。根據動力學實驗操作的數據，使用與主圖中相同的比例在半透明的方格紙上繪製一個 α 對 $\log_{10} t$ 的關係圖 (普通方格紙可以用一點油製成半透明。另外，也可以使用一台複印機使主曲線透明化，該複印機可以提供與原始尺寸完全相同的副本)。由於 $\log_{10} \phi$ 與 $\log_{10} t$ 相差 $\log_{10}(k_A[A]_0^{n-1})$，這是給定操作的常數，因此實驗曲線將從適用的主曲線沿水平軸偏移一個常數。一個來回滑動實驗曲線 (同時保持主圖和實驗圖的水平 $\log_{10} \phi$ 和 $\log_{10} t$ 軸重疊)，直到它與主曲線之一重合。這可得到 n。使用電子表格程式可以很容易地製作主曲線，一旦準備好主曲線，使用此方法將快速、簡便且有趣。

方法 1 和 2 似乎沒有什麼價值，因為它們僅在 $r = k[A]^n$ 時適用。但是，將方法 1 或 2 與方法 4 (如下所述) 結合使用，我們可以使用方法 1 和 2 求得速率定律的階數 (16.48)。

3. 初始速率法 (Initial-rate method)。在這裡，可以測量幾次操作的初始速率 r_0，一次改變一種反應物的初始濃度。假設我們針對兩個不同的初始 A 濃度 $[A]_{0,1}$ 和 $[A]_{0,2}$ 測量 r_0，同時保持 $[B]_0$、$[C]_0$、... 固定。在僅更改 $[A]_0$ 並假設速率定律具有形式 $r = k[A]^\alpha[B]^\beta \ldots [L]^\lambda$ 的情況下，操作 1 和 2 的初始速率之比為 $r_{0,2}/r_{0,1} = ([A]_{0,2}/[A]_{0,1})^\alpha$，

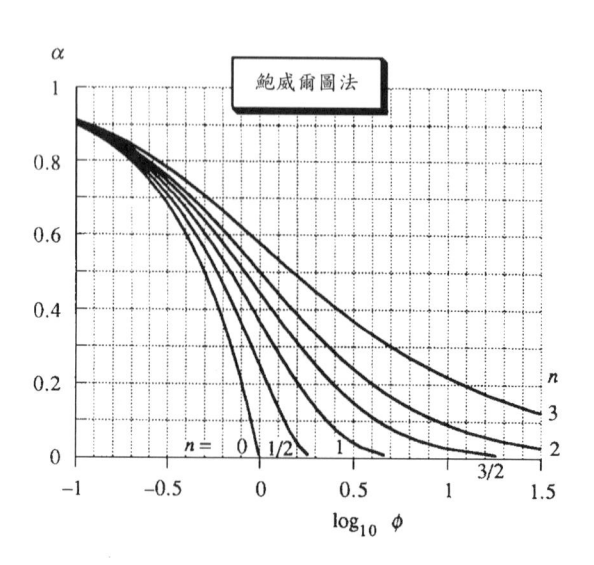

圖 16.6

鮑威爾圖主曲線。

從中容易求得 α。例如，如果發現三倍 [A]₀ 可使初始速率乘以 9，則 9 = 3^α，α = 2。利用進行多次操作，可以發現更可靠的結果，其中只有 [A] 在較大範圍內變化。由於 log r₀ = log k + α log [A]₀ + β log [B]₀ + ...，因此在 [B]₀, ... 恆定時，log r₀ 對 log [A]₀ 的關係圖具有斜率 α。[為了進一步討論，請參見 J. P. Birk, *J. Chem. Educ.*, **53**, 704 (1976)]。階數 β、γ、... 的求法類似。

欲求得初始速率 $r_0 \equiv -a^{-1} d[A]/dt|_{t=0}$ [(16.4) 式]，可以利用 [A] 對 t 的圖形，在 t = 0 處繪製切線，並求出斜率或利用 [A] 對 t 數據的數值微分 (*Chapra and Canale*, Chap. 23)。要找到準確的初始速率並不容易。

在某些情況下，初始速率方法可能會產生錯誤的結果。例如，(16.6) 式反應 (1) 的速率定律在分母中具有 1 + j [HBr]/[Br₂]。在反應開始時，產物 HBr 的濃度為零，初始速率法會給出錯誤的速率定律。如果使用初始速率法，則必須跟蹤反應直至發生大量反應，以確保觀察到的濃度隨時間變化遵循初始速率法求出的積分速率定律。如果使用初始速率法，則必須跟蹤反應直至大量的發生反應以確保觀察到的濃度對時間的關係遵循由初始速率法預測的積分速率定律。

4. **隔離法** (Isolation method)。在這裡，使反應物 A 的初始濃度遠小於所有其他物質的濃度：[B]₀ ≫ [A]₀、[C]₀ ≫ [A]₀ 等。因此，我們可以令 [A]₀ = 10⁻³ mol/dm³，而所有其他濃度至少為 0.1 mol/dm³。除 A 以外的所有反應物的濃度對時間而言將是恆定的。速率定律 (16.48) 式變為

$$r = k[A]^\alpha [B]_0^\beta \cdots [L]_0^\lambda = j[A]^\alpha \qquad \text{其中 } j \equiv k[B]_0^\beta \cdots [L]_0^\lambda \qquad (16.52)$$

其中 j 是常數。在這些條件下，反應具有虛擬 α 階。然後，使用方法 1 或 2 分析操作中的數據以求得 α。欲求 β，我們可以使 [B]₀ ≪ [A]₀、[B] ≪ [C]₀、... 並像我們求 α 一樣進行。或者，我們可以將 [A]₀ 固定為比所有其他濃度都小的值，而將 [B]₀ 更改為新值 [B]₀'。僅改變 [B]₀，我們估算對應於 [B]₀' 的表觀速率常數 j'；(16.52) 式給出 j/j' = ([B]₀/[B]₀')^β，因此可以從 j 和 j' 中求出 β。

許多書建議利用試誤法來獲得總階數，如下所示。如果速率定律為 r = k[A]ⁿ，則繪製 ln [A] 對 t，[A]⁻¹ 對 t 以及 [A]⁻² 對 t 的圖，並分別根據 n = 1、2 或 3 獲得這些圖的一條直線 [請參見 (16.13) 式、(16.16) 式和 (16.24) 式]。使用此方法很危險，因為通常很難確定這些圖中哪一個最接近線性。因此，可能會得到錯誤的階數，尤其是在反應未進行很長時間的情況下。參見圖 16.7。此外，如果階數為 $\frac{3}{2}$，則不難得出 n = 1 或 n = 2 的錯誤結論。

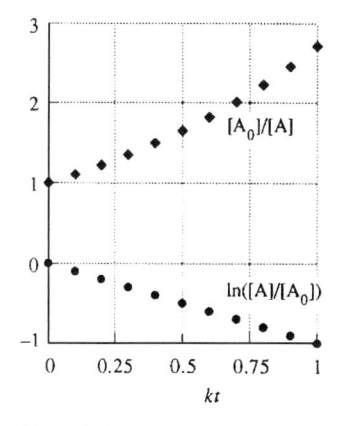

圖 16.7

速率常數為 k 的一階反應的 ln [A] 和 1/[A] 與時間的關係圖。請注意，1/[A] 對 t 的曲線對於小 t 幾乎是線性的，這可能導致一個錯誤的結論是該反應是二階的。對於小 t，由 (16.14) 式，我們有 $[A]_0/[A] = e^{kt} \approx 1 + kt$ [(8.37) 式]。

一旦利用上述方法之一獲得了關於每個物種的階數，就可以從適當圖的斜率中找到速率常數 k。例如，如果求得速率定律為 $r = k\,[A]$，則 (16.13) 式顯示 $\ln [A]$ 對 t 的曲線給出斜率為 $-k_A$ 的直線。如果 $r = k\,[A][B]$，則 (16.22) 式顯示 $\ln ([B]/[A])$ 對 t 的曲線給出了斜率為 $k(a\,[B]_0 - b\,[A]_0)$ 的直線。最好的直線擬合可以利用最小平方法求得。當變數已更改以產生線性方程式時，適當的最小平方法處理需要使用統計權重（化學家通常無法做到）；參見 R. J. Cvetanovic et al., *J. Phys. Chem.*, **83,** 50 (1979) 第 3.6 節，這是處理動力學數據的極好的參考。

不是使用未加權線性圖的斜率，而是使用 Excel 電子表格 Solver 改變 k，可以找到更準確的 k 值，從而使 [A] 的計算值與實驗值之間的偏差最小。

例 16.3　求 k

求出例 16.2 的二聚反應 $2A \rightarrow A_2$ 的速率常數。

此反應是二階的。由 (16.16) 式，$1/[A]$ 對 t 作圖得到斜率為 k_A 的直線，其中 $k_A \equiv ak = 2k$。圖 16.8 繪製了 $1/[A]$ 對 t 的關係圖（其中 [A] 轉換為 mol/L）。最小平方擬合斜率是 0.12_9 L mol^{-1} min^{-1} = 0.0021_5 L mol^{-1} s^{-1} = $2k$ 而 $k = 0.0010_7$ L mol^{-1} s^{-1}。

為了更準確地找到 k，我們建立了一個電子表格，其中 A 行是實驗 [A] 值而 B 行是 t 值。我們為 k_A 指定一個單元格，並為此輸入一個初始猜測值（一個好的初始猜測是從直線圖的斜率中找到的值，但是在這種情況下初始猜測為 0 也是可行的）。在 C 行中輸入 [A] 的公式 $[A]_0/(1 + k_A t [A]_0)$ [(16.17) 式]。在 D 行中計算對應的 A 行和 C 行之間的偏差的平方。求解器用於利用改變 k_A 來最小化 D 行值的總和（受限於 $k_A \geq 0$）。結果為 0.128_1 L mol^{-1} min^{-1}，偏差平方和等於 0.238 mol^2/L^2，而 0.128_9 線性圖值的偏差平方和為 0.295 mol^2/L^2。

習題

使用例 16.2 習題中的 ArSO$_2$H 反應數據求該反應的 k。
（答案：由直線圖可得 0.00076 L/mol-s；由最小化濃度偏差的平方可得 0.00072 L/mol-s）

圖 16.8
$1/[A]$ 對 t 的圖用於求二階速率常數。斜率為 $(66 - 20)(L/mol) \div (400 - 43)\ \text{min} = 0.12_9$ L mol^{-1} min^{-1}。

使用積分速率定律從成對的連續觀測值（或根據初始條件和每個觀測值）計算 k 值，然後對這些 k 求平均值的過程非常不準確，最好避免；見 *Moore and Pearson*, p. 69; *Bamford and Tipper*, vol. 1, pp. 362-365。

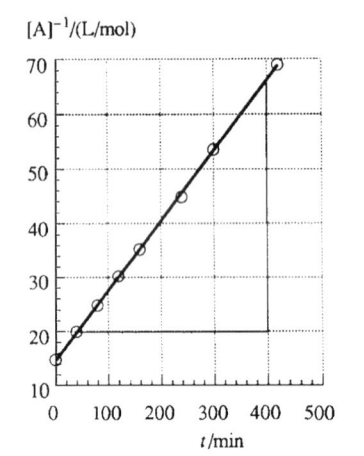

16.5 基本反應的速率定律和平衡常數

(16.6) 式中的例子證明，總反應的速率定律中的階數通常與化學計量係數不同。總反應以一系列基本步驟發生，這些步驟構成了反應的**機制** (mechanism)。現在，我們考慮基本反應的速率定律。第 16.6 節說明了整體反應的速率定律如何從其機制中得出。

在基本步驟中發生反應的分子數是基本反應的**分子性** (molecularity)。分子性僅針對基本反應而定義，不應用於描述包含多個基本步驟的總反應。基本反應 A → 產物是**單分子的** (unimolecular)。基本反應 A + B → 產物和 2A → 產物是**雙分子的** (bimolecular)。基本反應 A + B + C → 產物，2A + B → 產物和 3A → 產物是**三分子的** (trimolecular)。因為三個以上分子幾乎同時發生碰撞的可能性非常低，沒有涉及超過三個分子的基本反應是已知的。大多數基本反應是單分子的或雙分子的。由於三體碰撞的可能性低，三分子反應很少見。

考慮雙分子基本反應 A + B → 產物，其中 A 和 B 可以是相同或不同的分子。儘管並非 A 和 B 之間的每一次碰撞都會產生產物，但 (16.3) 式中的反應速率 $r = J/V$ 將與每單位體積 A–B 碰撞的速率 Z_{AB} 成正比。(14.63) 式和 (14.64) 式顯示，在理想氣體中，Z_{AB} 與 $(n_A/V)(n_B/V)$ 成正比，其中 $n_A/V \equiv [A]$ 是 A 的莫耳濃度。因此，基本雙分子理想氣體反應的 r 與 [A] [B] 成正比。$r = k$ [A] [B]，其中 k 是比例常數。同理，對於理想氣體中的三分子基本反應，反應速率將與每單位體積三體碰撞的速率成正比，因此與 [A] [B] [C] 成正比。

對於單分子理想氣體反應 B → 產物，任何特定的 B 分子在單位時間內都會分解或異構化為產物的機率是固定的。因此，單位時間內反應的分子數與 N_B 存在的數目成正比，反應速率 $r = J/V$ 與 N_B/V 成正比，因此與 [B] 成正比；我們有 $r = k$ [B]。第 16.10 節對單分子反應進行了更全面的討論。

類似的考慮適用於理想溶液或理想稀溶液中的反應。

總之，在理想系統中，基本反應 $aA + bB →$ 產物的速率定律為 $r = k[A]^a [B]^b$，其中 $a + b$ 為 1、2 或 3。對於基本反應，速率定律中的階數等於反應物的係數。不要忽略這句話中的基本 (elementary) 一詞。

非理想系統中基本反應的速率定律在第 16.9 節中討論。動力學數據通常不夠準確，除了離子反應之外，還要擔心偏離理想狀態。

現在我們檢查可逆基本反應的平衡常數與正向和逆向反應的速率常數之間的關係。考慮在理想系統中的可逆基本反應

$$aA + bB \underset{k_b}{\overset{k_f}{\rightleftharpoons}} cC + dD$$

向前 (f) 和向後 (b) 基本反應的速率定律為 $r_f = k_f[A]^a[B]^b$ 和 $r_b = k_b [C]^c [D]^d$。在平衡時，這些相反的速率相等：$r_{f,\text{eq}} = r_{b,\text{eq}}$ 或

$$k_f([A]_{eq})^a([B]_{eq})^b = k_b([C]_{eq})^c([D]_{eq})^d \quad \text{和} \quad \frac{k_f}{k_b} = \frac{([C]_{eq})^c([D]_{eq})^d}{([A]_{eq})^a([B]_{eq})^b}$$

但是最後一個方程式右邊的數是反應的濃度平衡常數 K_c。因此

$$K_c = k_f/k_b \qquad \text{理想系統中的基本反應} \tag{16.53}*$$

如果 $k_f \gg k_b$，則 $K_c \gg 1$ 而平衡位置有利於產物。16.8 節討論了複合反應的 k_f、k_b 和 K_c 之間的關係。

16.6 反應機制

觀察到的速率定律提供了有關反應機制的資訊，即任何提議的機制都必須產生觀察到的速率定律。通常無法從多步機制的微分速率方程式中精確推導速率定律，因為處理幾個相互關聯的微分方程組在數學上是有困難的。因此，通常使用兩種近似方法中的一種，即速率決定步驟近似或穩態近似。

速率決定步驟近似

在**速率決定步驟近似** (rate-determining-step approximation)[也稱為**速率極限步驟近似** (rate-limiting-step approximation) 或**平衡近似** (equilibrium approximation)] 中，假定反應機制由一個或多個可逆反應組成，這些反應在大多數反應過程中都保持接近平衡，隨後是相對較慢的速率決定步驟，然後是一個或多個快速反應。在特殊情況下，在速率決定步驟之前可能沒有平衡步驟，或者在速率決定步驟之後可能沒有快速反應。

例如，考慮以下由單分子 (基本) 反應組成的機制

$$A \underset{k_{-1}}{\overset{k_1}{\rightleftharpoons}} B \underset{k_{-2}}{\overset{k_2}{\rightleftharpoons}} C \underset{k_{-3}}{\overset{k_3}{\rightleftharpoons}} D \tag{16.54}$$

其中假定步驟 2 ($B \rightleftharpoons C$) 為速率決定步驟。為了使該假設成立，我們必須有 $k_{-1} \gg k_2$。與 $B \to A$ 相比，$B \to C$ 的緩慢速率可確保大多數 B 分子返回 A 而不是返回 C，從而確保步驟 1 ($A \rightleftharpoons B$) 保持接近平衡。此外，我們必須有 $k_3 \gg k_2$ 和 $k_3 \gg k_{-2}$，以確保步驟 2 成為「瓶頸」，並確保由 C 快速形成產物 D。然後，由速率決定步驟 $B \to C$ 控制總速率 (請注意，由於 $k_3 \gg k_{-2}$，速率決定步驟未達到平衡)。由於我們正在研究正向反應 $A \to D$ 的速率，因此我們進一步假設 $k_2[B] \gg k_{-2}[C]$。在反應的早期階段，C 的濃度將比 B 低，並且此情況成立。因此，我們忽略步驟 2 的逆反應。由於速率控制步驟基本上是不可逆的，因此速率決定步驟之後的快速步驟是否可逆是無關緊要的。觀察到的速率定律將僅取決於速率決定步驟之前的平衡性質以及該步驟本身。參見例 16.4。

k_1 與 k_2 比較的相對大小與速率決定步驟近似的成立無關。因此，速率決定步驟的速率常數 k_2 可能大於 k_1。但是，速率決定步驟的速率 $r_2 = k_2 [B]$ 必須遠小於第一步驟

的速率 $r_1 = k_1[A]$。這是根據 $k_2 \ll k_{-1}$ 和 $k_1/k_{-1} \approx [B]/[A]$（步驟 1 的條件幾乎達到平衡）。

對於逆向總反應，速率決定步驟與正向反應相反。例如，對於 (16.54) 式的逆向，速率決定步驟為 C → B。這是根據上述不等式 $k_{-2} \ll k_3$（確保步驟 D ⇌ C 處於平衡狀態）和 $k_{-1} \gg k_2$（確保 B → A 是快速的）。

例 16.4 速率決定步驟近似

溴催化水溶液反應

$$H^+ + HNO_2 + C_6H_5NH_2 \xrightarrow{Br^-} C_6H_5N_2^+ + 2H_2O$$

的速率定律是

$$r = k[H^+][HNO_2][Br^-] \tag{16.55}$$

提出的機制是

$$H^+ + HNO_2 \underset{k_{-1}}{\overset{k_1}{\rightleftharpoons}} H_2NO_2^+ \qquad \text{快速平衡}$$

$$H_2NO_2^+ + Br^- \xrightarrow{k_2} ONBr + H_2O \qquad \text{慢} \tag{16.56}$$

$$ONBr + C_6H_5NH_2 \xrightarrow{k_3} C_6H_5N_2^+ + H_2O + Br^- \qquad \text{快}$$

推導此機制的速率定律，並將 (16.55) 式中的觀測速率常數 k 與假設的機制 (16.56) 式中的速率常數相關聯。

(16.56) 式中的第二步驟是速率決定步驟。由於步驟 3 比步驟 2 快很多，我們可以將 $d[C_6H_5N_2^+]/dt$ 設為與步驟 2 中 ONBr 的生成速率相等。因此，反應速率為

$$r = k_2[H_2NO_2^+][Br^-] \tag{16.57}$$

（由於第 2 步驟是基本反應，因此其速率定律由其化學計量確定，如第 16.5 節所述。）(16.57) 式中的物種 $H_2NO_2^+$ 是反應中間體，我們想用反應物和產物來表示 r。由於步驟 1 接近平衡，因此反應的正向和逆向速率幾乎相等：

$$r_1 = r_{-1}$$

$$k_1[H^+][HNO_2] = k_{-1}[H_2NO_2^+]$$

$$[H_2NO_2^+] = (k_1/k_{-1})[H^+][HNO_2]$$

代入 (16.57) 式可得

$$r = (k_1k_2/k_{-1})[H^+][HNO_2][Br^-]$$

上式與 (16.55) 式一致。我們有 $k = k_1k_2/k_{-1} = K_{c,1}k_2$ [(16.53) 式]。觀察到的速率常數包含步驟 1 的平衡常數和速率決定步驟 2 的速率常數。速率定律不包含反應物 $C_6H_5NH_2$，該反應物在速率決定步驟後的快速步驟中出現。

從 (16.57) 式可知，總反應的速率等於速率決定步驟的速率。通常，只要速率決定步驟的化學計量數等於 1，則對於速率決定步驟每發生一次，總反應都會發生一次。

習題

對於酸性水溶液中的反應 $H_2O_2 + 2H^+ + 2I^- \to I_2 + 2H_2O$，(16.6) 式中的速率定律 (7) 表示反應是藉由兩種同時發生的機制進行的。假設一種機制是

$$H^+ + I^- \rightleftharpoons HI \qquad \text{快速平衡}$$
$$HI + H_2O_2 \rightarrow H_2O + HOI \qquad \text{慢}$$
$$HOI + I^- \rightarrow I_2 + OH^- \qquad \text{快}$$
$$OH^- + H^+ \rightarrow H_2O \qquad \text{快}$$

驗證將此機制相加可得正確的總反應。求此機制預測的速率定律。
(答案:$r = k[H_2O_2][H][I]$)

穩態近似

多步驟反應機制通常涉及一種或多種不在整體方程式中出現的中間物種。例如,機制 (16.56) 式中假定的 $H_2NO_2^+$ 是這種反應中間體。通常,這些中間體具有很高的反應性,因此在反應過程中不會大量累積;也就是說,在大多數反應過程中,[I] ≪ [R] 和 [I] ≪ [P],其中 I 是中間體,R 和 P 是反應物和產物。反應期間物種濃度的波動很少,因此我們可以假設 [I] 從 0 開始,上升到最大值 [I]$_{max}$,然後退回到 0。如果在反應過程中 [I] 保持較小,則 [I]$_{max}$ 將比 [R]$_{max}$ 和 [P]$_{max}$ 小,並且 [R]、[I] 和 [P] 對 t 的曲線將類似於 圖 16.3a,其中反應物 R 為 A,中間體 I 為 B,產物 P 為 C。請注意,除了初始時間段 (稱為誘導期),當 B 快速上升時,B 曲線的斜率遠小於 A 和 C 曲線的斜率。在 R、I、P 表示法中,我們有 $d[I]/dt \ll d[R]/dt$ 和 $d[I]/dt \ll d[P]/dt$。

因此,對於每個反應中間體通常取 $d[I]/dt = 0$ 是一個很好的近似。這是**穩態近似** [(steady-state approximation) 或**靜止態近似** (stationary-state approximation)]。穩態近似假設 (在誘導期之後) 反應中間體的形成速率基本上等於其消失速率,以便使其保持在接近恆定的穩態濃度。

例 16.5 穩態近似

將穩態近似應用於機制 (16.56) 式,去除步驟 1 和 −1 接近平衡且步驟 2 緩慢的假設。
我們有
$$r = d[C_6H_5N_2^+]/dt = k_3[ONBr][C_6H_5NH_2]$$
中間體為 ONBr 和 $H_2NO_2^+$。為了從速率表達式中消去中間體 ONBr,我們應用穩態近似 $d[ONBr]/dt = 0$。由基本步驟 2 以速率
$$(d[ONBr]/dt)_2 = k_2[H_2NO_2^+][Br^-]$$
生成 ONBR 物種,並由步驟 3 以速率
$$(d[ONBr]/dt)_3 = -k_3[ONBr][C_6H_5NH_2]$$
消耗 ONBR 物種。[ONBr] 的淨變化率等於 $(d[ONBr]/dt)_2 + (d[ONBr]/dt)_3$,我們有
$$d[ONBr]/dt = 0 = k_2[H_2NO_2^+][Br^-] - k_3[ONBr][C_6H_5NH_2]$$
$$[ONBr] = k_2[H_2NO_2^+][Br^-]/k_3[C_6H_5NH_2]$$

將上式代入上述 r 的方程式中，得到

$$r = k_2[H_2NO_2^+][Br^-] \tag{16.58}$$

為了從 r 中消去中間體 $H_2NO_2^+$，我們使用穩態近似 $d[H_2NO_2^+]/dt = 0$。在 (16.56) 式中，因為 $H_2NO_2^+$ 由步驟 1 生成並由步驟 −1 和 2 消耗，因此，我們有

$$d[H_2NO_2^+]/dt = 0 = k_1[H^+][HNO_2] - k_{-1}[H_2NO_2^+] - k_2[H_2NO_2^+][Br^-]$$

$$[H_2NO_2^+] = \frac{k_1[H^+][HNO_2]}{k_{-1} + k_2[Br^-]}$$

將上式代入 (16.58) 式可得

$$r = \frac{k_1 k_2 [H^+][HNO_2][Br^-]}{k_{-1} + k_2[Br^-]} \tag{16.59}$$

這是穩態近似法預測的速率定律。為了與觀察到的速率定律 (16.55) 式達成一致，我們必須進一步假設 $k_{-1} \gg k_2[Br^-]$，在這種情況下 (16.59) 式簡化為 (16.55) 式。假設 $k_{-1} \gg k_2[Br^-]$ 意味著 $H_2NO_2^+$ 還原回 H^+ 和 HNO_2 的速率 $k_{-1}[H_2NO_2^+]$ 遠大於 $H_2NO_2^+$ 與 Br 反應的速率 $k_2[H_2NO_2^+][Br^-]$。這是 (16.56) 式的步驟 1 和 −1 接近平衡的條件，如速率決定步驟近似。

習題

將穩態近似應用於前面習題中給出的 $H_2O_2 + 2H^+ + 2I^- \rightarrow I_2 + 2H_2O$ 的機制，以找到預測的速率定律。
(答案：$r = k_1 k_2 [H^+][I^-][H_2O_2]/(k_{-1} + k_2[H_2O_2])$)

總而言之，要應用速率決定步驟近似：(a) 將反應速率 r 等於速率決定步驟的速率 (除以速率決定步驟的化學計量數 s_{rds}，如果 $s_{rds} \neq 1$)；(b) 藉由使用速率決定步驟之前的平衡常數表達式，消去 (a) 中獲得的速率表達式中出現的任何反應中間體的濃度。

應用穩態近似：(a) 令反應速率 r 等於機制最後步驟中產物的生成速率；(b) 藉由使用 $d[I]/dt = 0$ 求出每種中間體 I 的濃度，從而消去在 (a) 中獲得的速率表達式中出現的任何反應中間體的濃度；(c) 如果步驟 (b) 引入了其他中間體的濃度，則對這些中間體應用 $d[I]/dt = 0$ 消去其濃度。

穩態近似通常比速率決定步驟近似給出更複雜的速率定律。在給定的反應中，這些近似的一個或另一個或兩者或都不成立。Noyes 已經分析了每種近似成立的條件 (R. M. Noyes, in *Bernasconi*, pt. I, chap. V)。

將多步驟機制的微分方程式精確地數值積分的計算機程式顯示，廣泛使用的穩態近似有時可能會導致相當大的誤差 [參見 L. A. Farrow and D. Edelson, *Int. J. Chem. Kinet.,* **6,** 787 (1974); T. Turányi et al., *J. Phys. Chem.,* **97,** 163 (1993)]。

從速率定律到機制

到目前為止，在本節中，我們一直在考慮如何從一種假定的反應機制推論該機制

所隱含的速率定律。現在，我們研究相反的過程，即從實驗觀察到的速率定律開始，如何設計出與該速率定律一致的可能機制。

以下規則有助於找到符合觀察到的速率定律的機制 [參見 J. O. Edwards, E. F. Greene, and J. Ross, *J. Chem. Educ.*, **45,** 381 (1968); H. Taube, ibid., **36,** 451 (1959); J. P. Birk, ibid., **47,** 805 (1970); J. F. Bunnett, in *Bernasconi,* pt. I, sec. 3.5]。規則 1 至 3 僅在速率決定步驟近似成立時適用。

1a. 如果速率定律是 $r = k[A]^\alpha[B]^\beta\ldots[L]^\lambda$，其中 α、β、$\ldots\lambda$ 是正整數，在速率決定步驟中反應物的總組成為 $\alpha A + \beta B + \ldots \lambda L$。速率決定步驟中反應物的「總組成」是指每種類型的反應物原子的總數以及反應物上的總電荷。但是，不能從速率定律推導在速率決定步驟中發生反應的實際物種。

例 16.6 設計一個機制

氣相反應 $2NO + O_2 \to 2NO_2$ 的速率定律為 $r = k[NO]^2[O_2]$。設計此反應的某些機制，此機制具有速率確定步驟，並導致此速率定律。

對於速率定律 $r = k[NO]^2[O_2]$，由規則 1a 知 A = NO，$\alpha = 2$，B = O_2，$\beta = 1$，且給出了總反應物速率決定步驟的組成為 $2NO + O_2$，等於 N_2O_4。速率決定步驟中其總反應物組成等於 N_2O_4 的任何機制都將產生正確的速率定律。總反應物組成為 N_2O_4 的一些可能的速率決定步驟為 (a) $N_2O_2 + O_2 \to$ 產物；(b) $NO_3 + NO \to$ 產物；(c) $2NO + O_2 \to$ 產物；(d) $N_2 + 2O_2 \to$ 產物。

反應 (a) 包含中間體 N_2O_2，因此在以 (a) 作為其速率決定步驟的機制中，速率決定步驟之前必須先形成 N_2O_2。速率決定步驟 (a) 的合理機制是

$$2NO \rightleftharpoons N_2O_2 \quad \text{平衡}$$
$$N_2O_2 + O_2 \to 2NO_2 \quad \text{慢} \tag{16.60}$$

以 (b) 作為其速率決定步驟的機制是

$$NO + O_2 \rightleftharpoons NO_3 \quad \text{平衡}$$
$$NO_3 + NO \to 2NO_2 \quad \text{慢} \tag{16.61}$$

第三種可能的機制是一個步驟的三分子反應

$$2NO + O_2 \to 2NO_2 \tag{16.62}$$

它以 (c) 作為其速率決定步驟。

每種機制 (16.60) 式、(16.61) 式和 (16.62) 式相加都得到正確的總化學計量 $2NO + O_2 \to 2NO_2$，並且在速率決定步驟中，每種均以 N_2O_4 作為總反應物組成。讀者可以驗證每種機制都會導致速率定律 $r = k[NO]^2[O_2]$。這些機制中的哪一種是正確的尚不清楚。

1b. 如果速率定律是 $r = k[A]^\alpha[B]^\beta\ldots[L]^\lambda/[M]^\mu[N]^\nu\ldots[R]^\rho$，其中 α、β、$\ldots$、λ、μ、ν、$\ldots$、ρ 是正整數，在速率決定步驟中反應物的總組成為 $\alpha A + \beta B + \ldots + \lambda L - \mu M - \nu N - \ldots - \rho R$。而且，物種 μM、νN、$\ldots$、ρR 在速率決定步驟之前以平衡產物出現，並且這些物質不進入速率決定步驟。

例 16.7　設計一個機制

水溶液中的 $Hg_2^{2+} + Tl^{3+} \rightarrow 2Hg^{2+} + Tl^+$ 反應具有速率定律

$$r = k\frac{[Hg_2^{2+}][Tl^{3+}]}{[Hg^{2+}]} \tag{16.63}$$

(a) 設計一種符合此速率定律的機制。(b) 當 $[Hg^{2+}] = 0$ 時，此反應速率在反應開始時是否無限大？

解：(a) 根據規則 1b，速率決定步驟的反應物的總組成為 $Hg_2^{2+} + Tl^{3+} - Hg^{2+}$，即 $HgTl^{3+}$；此外，Hg^{2+} 物質在速率決定步驟中不是反應物，而是在速率決定步驟之前處於平衡狀態的產物。一種可能的機制是

$$Hg_2^{2+} \underset{k_{-1}}{\overset{k_1}{\rightleftharpoons}} Hg^{2+} + Hg \quad 平衡$$

$$Hg + Tl^{3+} \overset{k_2}{\rightarrow} Hg^{2+} + Tl^+ \quad 慢$$

第二步驟是速率決定步驟，因此 $r = k_2[Hg][Tl^{3+}]$。為了消去反應中間體 Hg，我們令步驟 1 的正向和逆向速率相等，此為處於接近平衡狀態。我們有 $r_1 = r_{-1}$，所以

$$k_1[Hg_2^{2+}] = k_{-1}[Hg^{2+}][Hg] \quad 且 \quad [Hg] = \frac{k_1[Hg_2^{2+}]}{k_{-1}[Hg^{2+}]}$$

因此 $r = k_1k_2[Tl^{3+}][Hg_2^{2+}]/k_{-1}[Hg^{2+}]$，與 (16.63) 式一致。

(b) 關於速率定律 (16.63) 式的一個令人費解的事情是，當產物 Hg^{2+} 的濃度為零時，似乎在反應開始時就預測了 $r = \infty$。其實，(16.63) 式在反應開始時不成立。從機制推導 (16.63) 式時，我們使用了步驟 1 的平衡表達式。因此 (16.63) 式僅在建立平衡 $Hg_2^{2+} \rightleftharpoons Hg^{2+} + Hg$ 之後的時間成立。由於與速率決定的第二步驟相比，此平衡是快速建立的，因此在反應的前幾個瞬間速率與 (16.63) 式的任何偏差都不會對觀察到的動力學產生重大影響。

2. 如果通常不知道相對於溶劑 (S) 的階數，則速率決定步驟的總反應物組成為 $\alpha A + \beta B + \ldots + \lambda L - \mu M - \nu N - \ldots - \rho R + xS$，其中速率定律如規則 1b 所述，並且 x 可以為 0、±1、±2、...

    例如，反應 $H_3AsO_4 + 3I^- + 2H^+ \rightarrow H_3AsO_3 + I_3^- + H_2O$ 在水溶液的速率定律為 $r = k[H_3AsO_4][I^-][H^+]$，其中相對於 H_2O 的階數未知。速率決定步驟反應物的總組成為 $H_3AsO_4 + I^- + H^+ + xH_2O = AsIH_{4+2x}O_{4+x}$。小於 2 的任何 x 值都會給出負數的 H 原子，因此 $x \geq -2$ 且速率決定步驟反應物具有一個 As 原子，一個 I 原子，至少兩個 O 原子，並且可能還有一些 H 原子。

3. 如果速率定律具有因子 $[B]^{1/2}$，則該機制可能涉及在速率決定步驟之前將 B 分子分為兩個物種。

    半整數階數通常發生在鏈反應中 (第 16.12 節)。速率決定步驟近似通常不適用於鏈反應，但是半整數階數仍然是由於分子分裂而產生的，通常是鏈反應的第一步。

4. 分母中具有求總和的速率定律表示一種具有一個或多個反應性中間體的機制，穩態近似適用於該機制 (而不是速率決定步驟機制)。一個例子是 (16.59) 式。
5. 基本反應通常是單分子或雙分子，很少是三分子，分子性不大於 3。

16.7 速率常數隨溫度的變化

速率常數主要取決於溫度，通常隨 T 的增加而迅速增加 (圖 16.9a)。對於溶液中的許多反應，一個適用的粗略規則是，在室溫附近，溫度每升高 10°C，k 就會增加一倍或兩倍。

1889 年，Arrhenius 注意到許多反應的 $k(T)$ 數據均符合方程式

$$k = Ae^{-E_a/RT} \tag{16.64}*$$

其中 A 和 E_a 是反應常數，R 是氣體常數。E_a 是 **Arrhenius 活化能** (Arrhenius activation energy)，而 A 是**前指數因子** (pre-exponential factor) 或 Arrhenius A 因子。A 的單位與 k 的單位相同。E_a 的單位與 RT 的單位相同，即每莫耳能量。E_a 通常以 kJ/mol 或 kcal/mol 表示。Arrhenius 認為速率常數隨溫度的變化可能類似於平衡常數隨溫度的變化，得出 (16.64) 式。類似於 (6.36) 式和 (11.32) 式，Arrhenius 寫出 $d \ln k/dT = E_a/RT^2$，如果假設 E_a 與 T 無關，則將此式積分後可得 (16.64) 式。

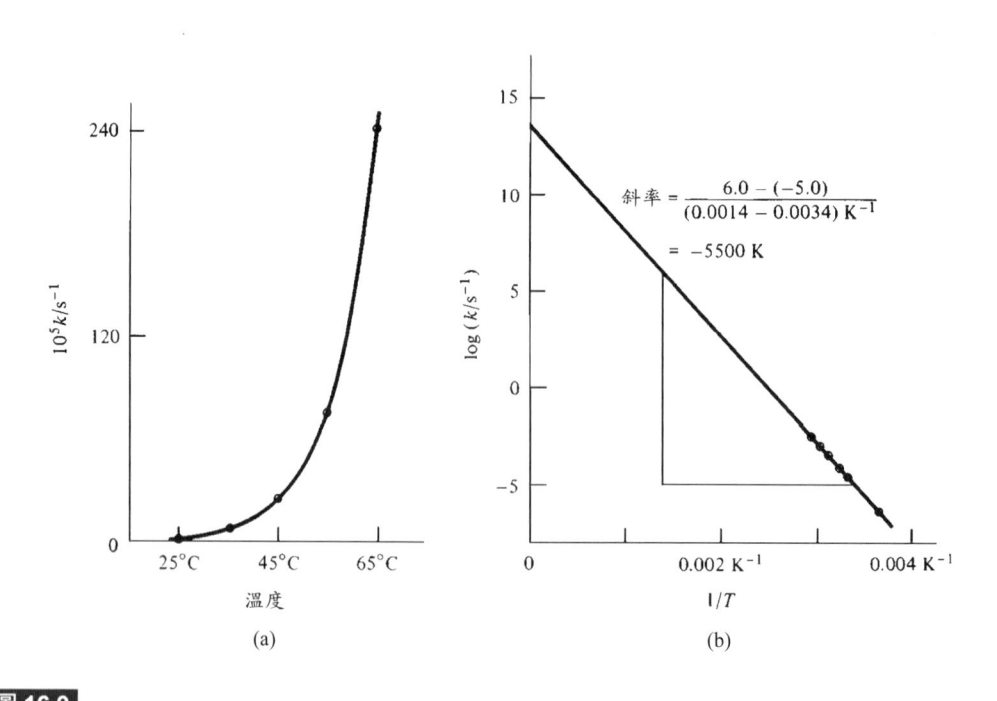

圖 16.9
(a) 氣相一階分解反應 $2N_2O_5 \rightarrow 4NO_2 + O_2$ 的速率常數對溫度圖。(b) 此反應的 $\log_{10}$ 對 $1/T$ 的 Arrhenius 曲線。注意利用外插可求 A。

取 (16.64) 式的對數,我們得到

$$\ln k = \ln A - \frac{E_a}{RT} \quad \text{或} \quad \log_{10} k = \log_{10} A - \frac{E_a}{2.303RT} \tag{16.65}$$

如果遵守 Arrhenius 方程式,則 $\log_{10} k$ 對 $1/T$ 作圖可得斜率為 $-E_a/2.303R$ 且截距為 $\log_{10} A$ 的直線。由此可求得 E_a 和 A [有關更準確的步驟,請參見 R. J. Cvetanovic et al., *J. Phys. Chem.,* **83,** 50 (1979) 第 7 節]。E_a 中的典型實驗誤差為 1 kcal/mol,A 中的典型實驗誤差為 E_a 的 3 倍。

例 16.8 由 $k(T)$ 數據求 E_a 和 A

使用圖 16.9 求 $2N_2O_5 \rightarrow 4NO_2 + O_2$ 的 A 和 E_a。

(16.65) 式稍有缺陷,因為它只能取無因次數的對數。從圖 16.9a 的垂直軸上的標籤看,該 (一階) 反應的 k 的單位為 s^{-1}。因此 (16.66) 式中的 A 的單位為 s^{-1}。對於一階反應,以因次正確的形式重寫 (16.67) 式,我們得到 $\log_{10} (k/s^{-1}) = \log_{10} (A/s^{-1}) - E_a/2.303RT$。$\log_{10} (k/s^{-1})$ 對 $1/T$ 作圖的截距為 $\log_{10} (A/s^{-1})$。圖 16.9b 給出了 13.5 的截距。因此 $\log_{10} (A/s^{-1}) = 13.5$、$A/s^{-1} = 3 \times 10^{13}$ 而 $A = 3 \times 10^{13}$ s^{-1}。圖 16.9b 中的斜率為 -5500 K,因此 -5500 K $= -E_a/2.303R$,由此可得 $E_a = 25$ kcal/mol $= 105$ kJ/mol。

習題

對於乙醇中的 $C_2H_5I + OH^- \rightarrow C_2H_5OH + I^-$ 反應,速率常數數據對 T 的關係為

$10^4 k/(L\ mol^{-1}\ s^{-1})$	0.503	3.68	67.1	1190
T/K	289.0	305.2	332.9	363.8

使用圖形求此反應的 E_a 和 A。

(答案:$21._6$ kcal/mol,1×10^{12} L $mol^{-1}\ s^{-1}$)

Arrhenius 方程式 (16.64) 適用於幾乎所有基本均相反應和大多數複合反應。對 (16.64) 式的簡單解釋是,兩個碰撞分子需要一定的最小相對運動動能才能啟動適當鍵的斷裂,並使新化合物能夠形成 (對於單分子反應,使分子異構化或分解需要一定的最小能量;這種能量的來源是碰撞;請參見第 16.10 節)。

Maxwell 分佈定律 (14.52) 式含有因子 $e^{-\varepsilon/kT}$,我們發現其中沿著碰撞線的分子的相對動能超過 ε_a 的碰撞分率等於 $e^{-\varepsilon_a/kT} = e^{-E_a/RT}$,其中 $E_a = N_A \varepsilon_a$ 是以莫耳為單位表示的分子動能。圖 16.10 繪製了 $e^{-E_a/RT}$ 對 T 和 $e^{-E_a/RT}$ 對 E_a 的關係圖。

從 (16.64) 式中注意到,低活化能表示快速反應,高活化能表示緩慢反應。隨著 T 的增加,k 的快速增加主要是由於能量超過活化能的碰撞次數增加。

在 Arrhenius 方程式 (16.64) 中,A 和 E_a 都是常數。複雜的反應速率理論得出的方程式與 (16.64) 式類似,不同之處在於 A 和 E_a 都取決於溫度。當 $E_a \gg RT$ (對於大多數化學反應都是如此) 時,除非研究較寬的溫度範圍,否則 E_a 和 A 隨溫度的變化通

常太小，無法利用可用的不準確的動力學數據來檢測。

不管 E_a 是否隨 T 變化，任何速率過程的**活化能** (activation energy) E_a 的一般定義都是

$$E_a \equiv RT^2 \frac{d \ln k}{dT} \qquad (16.66)$$

如果 E_a 與 T 無關，將 (16.66) 式積分可得 (16.64) 式，其中 A 亦與 T 無關。不管 E_a 是否與 T 無關，對於任何速率過程，定義類似於 (16.64) 式的**前指數因子** (pre-exponential factor) A 如下

$$A \equiv k e^{E_a/RT} \qquad (16.67)$$

從 (16.67) 式，我們得到 $k = A e^{-E_a/RT}$，(16.64) 式的廣義形式，其中 A 和 E_a 都可能與 T 有關。(16.66) 式中的 E_a 的簡單物理解釋由以下定理提供。在氣相基本雙分子反應中，$\varepsilon_a \equiv E_a/N_A$ 等於正在進行反應的成對的反應物分子的平均總能量（平移能與內能）減去所有成對的反應物分子的平均總能量。有關證明，請參考 *Laidler* (1987) 第 3.1.2 節。

對於大多數基本化學反應的活化能在 0 至 80 kcal/mol (330 kJ/mol) 的範圍內，對於雙分子反應，其活化能往往低於單分子反應。具有強鍵的化合物的單分子分解具有非常高的 E_a 值。例如，氣相分解 $CO_2 \rightarrow CO + O$ 的 E_a 為 100 kcal/mol。E_a 值的上限由以下事實決定：具有極高活化能的反應是反應太慢，而無法觀察到。

對於單分子反應，A 通常為 10^{12} 至 10^{15} s^{-1}。對於雙分子反應，A 通常為 10^8 至 10^{12} $dm^3\,mol^{-1}\,s^{-1}$。

兩個自由基的重組形成一個穩定的多原子分子，不需要鍵斷裂，大多數此類氣相反應的活化能為零。例如 $2CH_3 \rightarrow C_2H_6$ 和 $CH_3 + Cl \rightarrow CH_3Cl$（有關原子的重組，請參見第 16.11 節）。活化能為零時，速率常數基本上與 T 無關。如果 R 表示自由基，M 表示閉殼 (closed-shell) 分子，則對於放熱雙分子氣相反應，$R_1 + R_2$ 反應的 $E_a \approx 0$，R + M 反應的 E_a 通常為 0 至 15 kcal/mol，M + M 反應的 E_a 通常為 20 至 50 kcal/mol。[吸熱雙分子反應的 E_a 範圍可從 (16.69) 式中求得]。

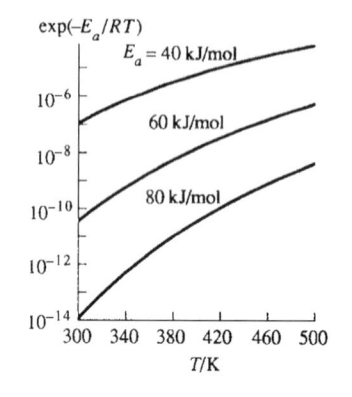

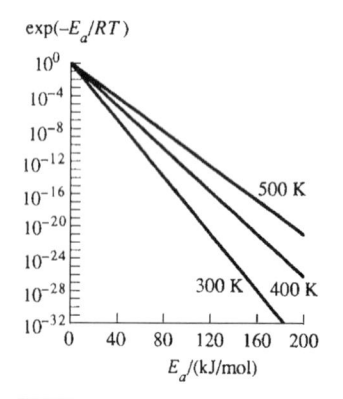

圖 16.10

相對動能超過 E_a 的碰撞分率對 E_a 和對 T 的圖。對於 20 kcal/mol ≈ 80 kJ/mol 的典型活化能，只有很小一部分碰撞的動能超過 E_a。垂直刻度是對數量度。

例 16.9　由 $k(T)$ 求 E_a

計算反應的 E_a，該反應的速率常數在室溫下因 T 增加 10°C 而加倍。然後，對於速率常數增加為原來的三倍的反應進行重複計算。

由 Arrhenius 方程式 (16.64)，可得

$$\frac{k(T_2)}{k(T_1)} = \frac{A e^{-E_a/RT_2}}{A e^{-E_a/RT_1}} = \exp\left(\frac{E_a}{R}\frac{T_2 - T_1}{T_1 T_2}\right)$$

取對數，我們得到

$$E_a = RT_1T_2(\Delta T)^{-1} \ln[k(T_2)/k(T_1)]$$
$$= (1.987 \text{ cal mol}^{-1} \text{ K}^{-1})(298 \text{ K})(308 \text{ K})(10 \text{ K})^{-1} \ln(2 \text{ 或 } 3)$$
$$E_a = \begin{cases} 13 \text{ kcal/mol} = 53 \text{ kJ/mol} & \text{二倍} \\ 20 \text{ kcal/mol} = 84 \text{ kJ/mol} & \text{三倍} \end{cases}$$

習題

若 $E_a = 30$ kcal/mol，求溫度升高 $10°C$ 對室溫速率常數的影響。
（答案：速率常數是原來的五倍）

例 16.10　E_a 對 k 的影響

計算兩個具有相同 A 值但 E_a 值相差 (a) 1 kcal/mol；(b) 10 kcal/mol 的反應的速率常數的室溫比。

Arrhenius 方程式 (16.64) 給出

$$\frac{k_1}{k_2} = \frac{Ae^{-E_{a,1}/RT}}{Ae^{-E_{a,2}/RT}} = \exp\frac{E_{a,2} - E_{a,1}}{RT}$$
$$= \exp\frac{1 \text{ kcal mol}^{-1} \text{ 或 } 10 \text{ kcal mol}^{-1}}{(1.987 \times 10^{-3} \text{ kcal mol}^{-1} \text{ K}^{-1})(298 \text{ K})}$$
$$= \begin{cases} 5.4 & (a) \text{ 部分} \\ 2 \times 10^7 & (b) \text{ 部分} \end{cases}$$

E_a 每降低 1 kcal/mol，則室溫速率乘以 5.4。

習題

如果反應 1 和 2 在室溫下具有 $A_1 = 5A_2$ 且 $k_1 = 100k_2$，求 $E_{a,1} - E_{a,2}$。
（答案：-1.8 kcal/mol）

使用例 16.9 中的方程式，圖 16.11 繪製了在 310 K 和 300 K 的速率常數的比 k_{310}/k_{300} 對活化能 E_a 的圖。從 $d \ln k/dT = E_a/RT^2$ [(16.66) 式] 可以明顯看出，E_a 值越大，k 隨著 T 的增加就越快。另請參見圖 16.10。

根據 Arrhenius 方程式，許多生理過程的速率隨 T 的變化而變化。例子包括樹蟋蟀鳴叫的速率 ($E_a = 12$ kcal/mol)，螢火蟲閃爍的速率 ($E_a = 12$ kcal/mol) 和人類 α 腦電波的頻率 ($E_a = 7$ kcal/mol) [參見 K. J. Laidler, *J. Chem. Educ.*, **49**, 343 (1972)]。

令 k_f 和 k_b 為基本反應的正向和逆向速率常數，令 $E_{a,f}$ 和 $E_{a,b}$ 為相應的活化能。(16.53) 式給出 $k_f/k_b = K_c$，其中 K_c 是反應的濃度平衡常數。因

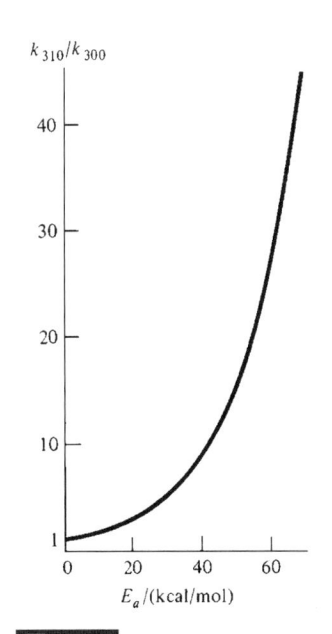

圖 16.11
310 K 和 300 K 的速率常數的比對活化能的圖。E_a 值越大，速率常數隨 T 增加的越快。

此，$\ln k_f - \ln k_b = \ln K_c$。對 T 微分可得

$$d \ln k_f/dT - d \ln k_b/dT = d \ln K_c/dT \qquad (16.70)$$

由 (16.66) 式可知 $d \ln k_f/dT = E_{a,f}/RT^2$ 和 $d \ln k_b/dT = E_{a,b}/RT^2$。理想氣體反應的 $d \ln K_c/dT = \Delta U°/RT^2$，其中 $\Delta U°$ 是反應的標準狀態莫耳內能的變化，與 $\Delta H°$ 的關係為 (5.10) 式。因此，對於理想氣體基本反應，(16.68) 式變為

$$E_{a,f} - E_{a,b} = \Delta U° \qquad \text{基本反應} \qquad (16.71)$$

圖 16.12 說明了正和負 $\Delta U°$ 值的 (16.69) 式。

現在考慮由幾個基本步驟組成的總反應的速率常數 k 隨溫度的變化。如果速率決定步驟近似成立，則 k 通常具有 $k_1 k_2/k_{-1}$ 的形式，其中 k_1 和 k_{-1} 是速率決定步驟 2 之前的平衡步驟的正向和逆向速率常數 (請參見第 16.6 節中的例 16.4)。使用 Arrhenius 方程式，我們得到

$$k = \frac{k_1 k_2}{k_{-1}} = \frac{A_1 e^{-E_{a,1}/RT} A_2 e^{-E_{a,2}/RT}}{A_{-1} e^{-E_{a,-1}/RT}} = \frac{A_1 A_2}{A_{-1}} e^{-(E_{a,1}-E_{a,-1}+E_{a,2})/RT}$$

因此，以 $k = A e^{-E_a/RT}$ 的形式寫 k，總活化能 $E_a = E_{a,1} - E_{a,-1} + E_{a,2}$。

如果反應是由兩種競爭機制進行的，則總速率常數不必遵循 Arrhenius 方程式。例如，假設反應 A → C 利用以下機制進行

$$A \xrightarrow{k_1} C \qquad \text{和} \qquad A \xrightarrow{k_2} D \xrightarrow{k_3} C \qquad (16.70)$$

其中第二種機制的第一步驟 (A → D) 是該機制的速率決定步驟。則 $r = -d[A]/dt = k_1[A] + k_2[A] = (k_1 + k_2)[A]$，總速率常數為 $k = k_1 + k_2 = A_1 e^{-E_{a,1}/RT} + A_2 e^{-E_{a,2}/RT}$，它不具有 (16.64) 式的 Arrhenius 形式。

速率常數隨溫度變化的理論表達式為 $k = CT^m e^{-E'/RT}$，其中 C、m 和 E 為常數。當在寬的 T 範圍內可獲得準確的速率常數數據時，此三參數方程式通常比兩參數 Arrhenius 方程式具有更好的吻合度。

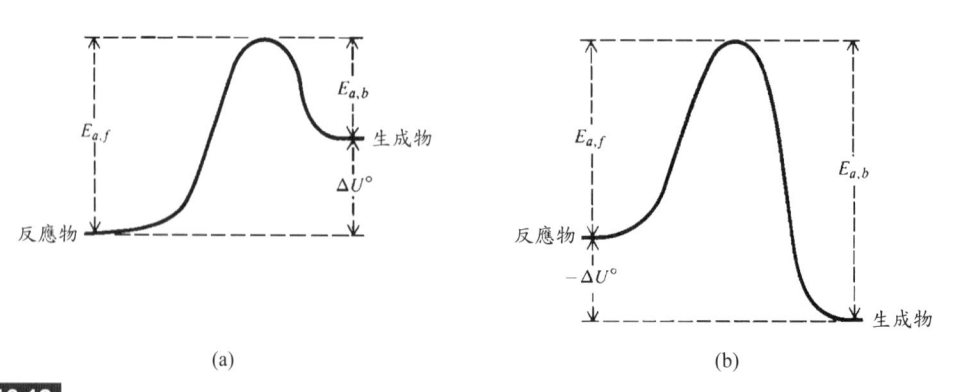

圖 16.12

對於基本反應，正向和反向活化能與 $\Delta U°$ 之間的關係。

16.8 複合反應的速率常數和平衡常數之間的關係

對於基本反應，K_c 等於 k_f/k_b [(16.53) 式]。對於由幾個基本步驟組成的複合反應，此簡單關係未必成立。深入討論 k_f、k_b 和 K_c 之間的關係很複雜 [參見 R. K. Boyd, *Chem. Rev.*, **77**, 93 (1977)]，因此本節的討論僅限於速率決定步驟近似成立且系統為理想的反應。

令總反應為 $aA + bB \rightleftharpoons cC + dD$。當速率決定步驟近似成立時，正向和逆向反應速率將具有以下形式：$r_f = k_f [A]^{\alpha_f} [B]^{\beta_f} [C]^{\gamma_f} [D]^{\delta_f}$ 和 $r_b = k_b [A]^{\alpha_b} [B]^{\beta_b} [C]^{\gamma_b} [D]^{\delta_b}$。如例 16.7 的 (16.63) 式所示，反應物和產物都可以按照正向速率定律發生。r_f 是產物濃度遠低於反應物濃度時的速率；r_b 是反應物濃度遠低於產物濃度時的速率。

在介紹 r_f、r_b 和 K_c 之間的一般關係之前，我們先看一個具體例子。反應

$$2Fe^{2+} + 2Hg^{2+} \rightleftharpoons 2Fe^{3+} + Hg_2^{2+} \tag{16.71}$$

在 $HClO_4(aq)$ 中具有正向速率定律 $r_f = k_f [Fe^{2+}][Hg^{2+}]$。符合此速率定律的合理機制是

$$Fe^{2+} + Hg^{2+} \underset{k_{-1}}{\overset{k_1}{\rightleftharpoons}} Fe^{3+} + Hg^+ \quad 慢$$
$$2Hg^+ \underset{k_{-2}}{\overset{k_2}{\rightleftharpoons}} Hg_2^{2+} \quad 快 \tag{16.72}$$

其中第 1 步驟是速率決定步驟。因此

$$r_f \equiv \tfrac{1}{2} d[Fe^{3+}]/dt = \tfrac{1}{2} k_1 [Fe^{2+}][Hg^{2+}] = k_f [Fe^{2+}][Hg^{2+}] \tag{16.73}$$

出現因素 $\tfrac{1}{2}$ 的原因是，在總反應 (16.71) 式中 Fe^{3+} 的化學計量係數為 2；參見 r 的定義 (16.4) 式。由於我們正在研究僅存在少量 Fe^{3+} 的正向速率，因此我們不包括速率決定步驟 1 的逆反應；參見第 16.6 節中的討論。同樣，在考慮以下逆反應時，我們僅考慮速率常數為 k_{-1} 的步驟 1 的逆反應。

對於逆反應 (16.71) 式，其機制與 (16.72) 式相反，即快速平衡 $Hg_2^{2+} \rightleftharpoons 2Hg^+$，然後進行具有速率常數 k_{-1} 的速率決定步驟 $Fe^{3+} + Hg^+ \rightarrow Fe^{2+} + Hg^{2+}$。逆反應的速率為 $r_b = \tfrac{1}{2} d[Fe^{2+}]/dt = \tfrac{1}{2} k_{-1} [Fe^{3+}][Hg^+]$。從平衡步驟，我們得到 $[Hg^+] = (k_{-2}/k_2)^{1/2} [Hg_2^{2+}]^{1/2}$。因此

$$r_b = \tfrac{1}{2} k_{-1} (k_{-2}/k_2)^{1/2} [Fe^{3+}][Hg_2^{2+}]^{1/2} = k_b [Fe^{3+}][Hg_2^{2+}]^{1/2} \tag{16.74}$$

在平衡時，$r_f = r_b$ 且 (16.73) 和 (16.74) 式給出

$$\frac{k_f}{k_b} = \frac{[Fe^{3+}]_{eq}([Hg_2^{2+}]_{eq})^{1/2}}{[Fe^{2+}]_{eq}[Hg^{2+}]_{eq}} = K_c^{1/2}$$

其中 K_c 是 (16.71) 式的平衡常數。

Horiuti 於 1957 年證明，對於具有速率決定步驟的反應，

$$k_f/k_b = K_c^{1/s_{rds}} \tag{16.75}$$

其中 s_{rds} 是速率決定步驟的化學計量數 (第 16.1 節)。對於反應 (16.71) 式，速率決定步驟是 (16.72) 式的步驟 1。每次出現 (16.71) 式時，步驟 1 必須出現兩次，因為步驟 1 消耗一個 Fe^{2+} 離子，而總反應 (16.71) 式消耗兩個 Fe^{2+} 離子。因此，機制 (16.72) 式和總反應 (16.71) 式的 $s_{rds} = 2$；(16.75) 式變為 $k_f/k_b = K_c^{1/2}$，如上所述。僅當 $s_{rds} = 1$ 時 $K_c = k_f/k_b$。有關 (16.75) 式的證明，請參見 J. Horiuti and T. Nakamura, *Adv. Catal.*, **17**, 1 (1967)。

總反應的平衡常數與該機制基本步驟的速率常數之間的關係 (無論是否適用速率決定步驟近似均成立)。

16.9 非理想系統的速率定律

對於理想系統中的基本反應，正向反應和逆向反應的速率都包含反應物種的濃度，平衡常數 K_c 也是如此。在非理想系統中，基本反應 $aA + bB \rightleftharpoons cC + dD$ 的平衡常數為 $K° = (a_{C,eq})^c(a_{D,eq})^d/(a_{A,eq})^a(a_{B,eq})^b$ [(11.6) 式]，其中 $a_{A,eq}$ 是 A 在平衡狀態下的活性。因此，在非理想系統中基本反應的速率定律應為

$$r_f \stackrel{?}{=} k_f a_A^a a_B^b \quad 和 \quad r_b \stackrel{?}{=} k_b a_C^c a_D^d \tag{16.76}$$

平衡時，令 $r_f = r_b$ 且利用 (16.76) 式，我們得到 $K° = k_f/k_b$。

在 1920 年代，通常認為 (16.76) 式是正確的。但是，假設我們寫的是 (16.77) 式而不是 (16.76) 式

$$r_f = k_f Y a_A^a a_B^b \quad 和 \quad r_b = k_b Y a_C^c a_D^d \quad 基本反應 \tag{16.77}$$

其中 Y 是 T、P 和濃度的某些未指定函數。則在平衡時，$r_f = r_b$ 和利用 (16.77) 式，也導致 $K° = k_f/k_b$，因為 Y 抵消了。實際上，水溶液中離子反應的動力學數據清楚地證明 (16.76) 式是錯誤的，速率定律的正確形式是 (16.77) 式。

因此，在非理想溶液中，基本反應 $aA + bB \rightarrow$ 產物的速率定律為

$$r = k^{\infty}Y(\gamma_A[A])^a(\gamma_B[B])^b \equiv k_{app}[A]^a[B]^b \quad 基本反應 \tag{16.78}$$

其中 γ 是濃度活性係數，Y 是取決於 T、P 和濃度的參數，表觀速率常數由 $k_{app} \equiv k^{\infty}Y(\gamma_A)^a(\gamma_B)^b$ 定義。關於 k 的 ∞ 上標的原因很快就會清楚。在無限稀釋溶液的極限內，達到了理想的行為，並且 r 必須等於 $k^{\infty}[A]^a[B]^b$，如第 16.5 節所述。由於無限稀釋時 γ 變為 1，因此 (16.80) 式中的 Y 必須在無限稀釋極限中變為 1。因此，可以利用測量 k_{app} 作為濃度的函數並外插到無限稀釋來確定真實的速率常數 k^{∞}。一旦知道了 k^{∞}，就可以根據 $Y = k_{app}/k^{\infty}(\gamma_A)^a(\gamma_B)^b$ 計算任何溶液組成的 Y。

速率數據的準確性通常太低，以至於無法檢測到偏離理想狀態 (離子反應除外)。

16.10 | 單分子反應

大多數基本反應是雙分子 (A + B → 產物) 或單分子 (A → 產物)。單分子反應是異構化 (isomerization)(例如，順式 CHCl=CHCl → 反式 CHCl=CHCl) 或分解 (例如，$CH_3CH_2I \rightarrow CH_2=CH_2 + HI$)。雙分子基本反應如何發生是很容易理解的：分子 A 和 B 發生碰撞，如果它們的相對動能超過活化能，則碰撞會導致鍵斷裂並形成新的鍵。但是單分子反應呢？為什麼分子會自發分裂或異構化？一個 A 分子藉由與另一個分子碰撞獲得必要的活化能似乎是合理的。然而，與觀察到的單分子反應的一階動力學相反，碰撞活化似乎暗示了二階動力學。Lindemann 在 1922 年給出了解決此問題的方法。

Lindemann 提出了以下詳細的機制來解釋單分子反應 A → B(+ C)。

$$A + M \underset{k_{-1}}{\overset{k_1}{\rightleftharpoons}} A^* + M$$

$$A^* \overset{k_2}{\rightarrow} B (+ C)$$
(16.79)

在該方案中，A* 是具有足夠的振動能分解或異構化的 A 分子 (其振動能超過反應 A → 產物的活化能)。A* 稱為激發 (energized) 分子 (A* 物種不是活化的複合物，而僅是高振動能階中的 A 分子)。藉由 A 與 M 分子的碰撞產生了激發物種 A* (步驟 1)。在這種碰撞中，M 的動能轉化為 A 的振動能。任何分子 M 都可以將 A 激發到更高的振動能階。因此，M 可能是另一個 A 分子或產物分子，或存在於氣體或溶液中但未出現在總單分子反應 A → 產物的物種的分子。一旦產生了 A*，就可以 (a) 利用將 A* 的振動能轉換為 M 分子的動能的碰撞，脫能回到 A (步驟 1)，或 (b) 利用使額外的振動能破壞適當的化學鍵以引起分解或異構化，將其轉化為產物 B + C (步驟 2)。

反應速率為 $r = d[B]/dt = k_2[A^*]$。將穩態近似應用於反應物種 A*，我們有

$$d[A^*]/dt = 0 = k_1[A][M] - k_{-1}[A^*][M] - k_2[A^*]$$

$$[A^*] = \frac{k_1[A][M]}{k_{-1}[M] + k_2}$$

將上式代入 $r = k_2[A^*]$，可得

$$r = \frac{k_1 k_2 [A][M]}{k_{-1}[M] + k_2}$$
(16.80)

速率定律 (16.80) 式沒有確定的階數。

(16.80) 式有兩種極限情況。若 $k_{-1}[M] \gg k_2$，則可將分母中的 k_2 項捨去得到

$$r = (k_1 k_2 / k_{-1})[A] \quad \text{其中 } k_{-1}[M] \gg k_2$$
(16.81)

若 $k_2 \gg k_{-1}[M]$，則省略 $k_{-1}[M]$ 項，得到

$$r = k_1[A][M] \quad \text{其中 } k_2 \gg k_{-1}[M]$$
(16.82)

在氣相反應中，(16.81) 式稱為高壓極限，因為在高壓下，濃度 [M] 大且 k_{-1}[M] 遠大於 k_2。(16.82) 式為低壓極限。

高壓速率定律 (16.81) 式是一階。低壓速率定律 (16.82) 是二階的，但比看起來更微妙。濃度 [M] 是所有存在的物質的總濃度。如果整個反應是異構化，A → B，則隨著反應的進行，總濃度 [M] 保持恆定，成為虛擬一階動力。如果整個反應是分解，即 A → B + C，則 [M] 隨著反應的進行而增加。但是，分解的產物 B 和 C 在激勵 A 時通常不如 A 效率高 (即，具有較小的 k_1 值)，這大約可以補償 [M] 的增加。因此，k_1[M] 在反應過程中保持近似恆定，我們仍然得到虛擬一階動力。

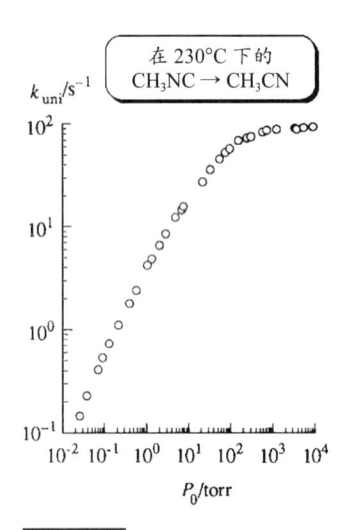

在 k_{-1}[M] $\gg k_2$ 的高壓極限下，脫能反應 A* + M → A + M 的速率 k_{-1}[A*] [M] 遠大於 A* → B + C 的速率 k_2[A*]，且步驟 1 和 −1 基本上處於平衡狀態。單分子步驟 2 是速率控制，我們得到一階動力 [(16.81) 式]。在低壓極限 k_{-1}[M] $\ll k_2$ 中，反應 A* → B + C 比脫能反應快得多，速率決定步驟是雙分子激發反應 A + M → A* + M (即由於 [M] 和 [A] 的值較低，因此速率相對較慢)，我們得到二階動力 [(16.82) 式]。

Lindemann 機制中的一個關鍵概念是 A 激發為 A* 與 A* 分解為產物之間存在時間滯後。該時間滯後使 A* 脫能回到 A，並且步驟 1 和步驟 −1 的接近平衡產生了一階動力。在 A* 的零壽命極限內，反應將變為 A + M → B(+ C)，並將成為二階反應。另請注意，在極限 $k_2 \to \infty$ 時，(16.80) 式給出了二階動力。振動激發的物種 A* 具有非零的壽命，因為該分子具有多個鍵，並且振動能需要一些時間才能集中在反應 A → 產物中斷裂的特定鍵上。因此，只有一個鍵的分子 (例如 I_2) 不能利用單分子反應分解 (另請參見第 16.11 節)。

實驗的單分子速率常數 k_{uni} 由 $r = k_{uni}$[A] 定義，其中 r 是觀察到的速率。(16.80) 式給出

$$k_{uni} = \frac{k_1 k_2 [M]}{k_{-1}[M] + k_2} = \frac{k_1 k_2}{k_{-1} + k_2/[M]} \tag{16.83}$$

k_{uni} 的高壓極限為 $\lim_{P \to \infty} k_{uni} \equiv k_{uni, P = \infty} = k_1 k_2 / k_{-1}$。隨著用於操作的初始壓力 P_0 的減小，k_{uni} 減小，因為 [M] 減小。在非常低的初始壓力下，k_{uni} 等於 k_1 [M]，k_{uni} 隨 P_0 的減小線性減小。利用測量初始速率 r_0 作為初始氣體壓力 P_0 的函數，對於單分子氣相反應，已經利用實驗證實了這種預測的 k_{uni} 下降與 P_0 降低的關係。圖 16.13 顯示了典型結果。k_{uni} 的高壓值通常會在 10~200 torr 範圍內顯著下降。

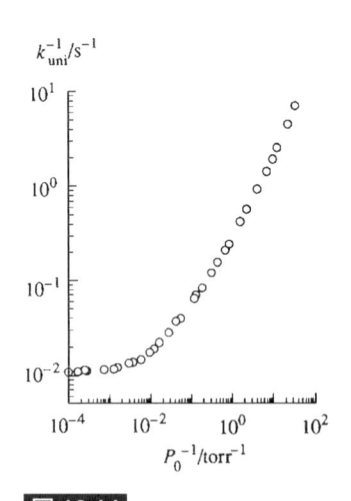

Lindemann 表達式 (16.83) 給出 $1/k_{uni} = k_{-1}/k_1 k_2 + 1/k_1$[M]，這預測 $1/k_{uni}$ 對 $1/P_0$ 的曲線將是線性的。圖 16.14 是在 230°C 下 $CH_3NC \to CH_3CN$ 的 $1/k_{uni}$ 對 $1/P_0$ 的關係圖。該圖顯示出很大的非線性。這是因為 Lindemann

圖 16.13
在 230°C 下，氣相單分子反應 $CH_3NC \to CH_3CN$ 的觀測速率常數是初始壓力 P_0 的函數，坐標採用對數刻度。

圖 16.14
$CH_3NC \to CH_3CN$ 在 230°C 的 $1/k$ 對 $1/P_0$ 的圖。

方案過於簡化，將 k_2 對於所有 A* 分子設為常數，而實際上，A* 的振動能量越大，其異構化或分解的可能性就越大。

Lindemann 機制也適用於液體溶液中的反應。但是，在溶液中，由於溶劑的存在使 [M] 保持較高，因此無法觀察到 k_{uni} 的下降。因此，在溶液中速率定律為 (16.81) 式。

Lindemann 機制 (16.79) 式的步驟 1 和 −1 不是基本化學反應 (因為沒有形成新化合物)，而是有能量傳遞的基本物理反應。這種能量傳遞過程在任何系統中都連續發生。除了步驟 2 的單分子基本化學反應外，還考慮步驟 1 和 −1 的原因是 (a) 解釋碰撞活化如何產生一階動力，以及 (b) 處理氣相單分子速率常數的低 P 下降。除非有人要處理低 P 範圍內的氣相系統，否則不必明確考慮步驟 1 和步驟 −1，單分子反應只能寫成 A → 產物。

16.11 三分子反應

三分子 (基本) 反應很少見。氣相三分子反應的最佳例子是兩個原子重組形成雙原子分子。形成化學鍵時釋放的能量變成雙原子分子的振動能量，除非存在第三者帶走該能量，分子在第一次振動時將解離為原子。因此，兩個 I 原子的重組是單個基本步驟

$$I + I + M \rightarrow I_2 + M \qquad (16.84)$$

其中 M 可以是任何原子或分子。速率定律是 $r = k[I]^2[M]$。像 $CH_3 + CH_3 \rightarrow C_2H_6$ 的反應不需要第三體，因為在形成 C_2H_6 分子時獲得的額外振動能可以分配到多個鍵的振動中，並且鍵的振動不需要足夠的能量來破壞該鍵。已知一些特殊情況，其中原子的重組可在不存在第三體的情況下發生，多餘的能量利用從分子的激發態發射光而去除。

在快速光解實驗中已經測量了 (16.84) 式的速率常數與 T 的關係 (見 16.13 節)。由於在 (16.84) 沒有鍵斷裂，因此我們會期望它的活化能為零。實際上，速率常數隨 T 的增加而減小，表示 E_a 為負 [參見 (16.66) 式]。溫度升高會增加三分子碰撞率。但是，隨著三分子碰撞能量的增加，給定的 I + I + M 碰撞將導致能量傳遞到 M 並伴隨 I_2 形成的可能性降低。原子重組 (A + B + M → AB + M) 的活化能通常為 0 到 −4 kcal/mol (0 到 −17 kJ/mol)。

I_2 (或任何雙原子分子) 的分解必須利用 (16.84) 式的逆向發生 (請參閱第 16.6 節)。因此，雙原子分子 AB 利用雙分子反應 AB + M → A + B + M 分解，其中原子 A 和 B 可以相同 (如 I_2) 或不同 (如 HCl)。由於 (16.84) 式的 E_a 略為負，因此 (16.69) 式顯示用於分解雙原子分子的 E_a 略小於用於分解的 $\Delta U°$。對於一個多原子分子分解為兩個自由基，E_a 等於 $\Delta U°$，因為重組的 E_a 為零 (如第 16.7 節所述)。

產生三原子分子的重組反應通常需要第三體 M 帶走能量。三原子分子只有兩個

鍵，並且重組產生的額外振動能量可能會迅速集中在一個鍵上，而使該分子解離，除非存在第三體。例如 O_2 和 O 的重組為 $O + O_2 + M \rightarrow O_3 + M$。此基本反應的逆轉顯示 O_3 藉由雙分子步驟分解。具有多個鍵的分子可以藉由單分子反應分解，並且在重組反應中形成時不需要第三體。

NO 與 Cl_2、Br_2 和 O_2 的氣相反應在動力學上是三階反應。有些人認為該機制是一個基本的三分子步驟（例如 $2NO + O_2 \rightarrow 2NO_2$），但其他人則認為該機制是兩個雙分子步驟，如 (16.60) 式或 (16.61) 式。一篇評論文章指出：「近年來，大多數研究人員更喜歡兩步驟機制中的一種」(16.60) 式或 (16.61) 式 [H. Tsukahara et al., *Nitric Oxide-Biol. Ch.*, **3**, 191 (1999)]。NO 分子在脊椎動物中具有主要的生理作用，可擴張血管並執行許多其他功能。

在溶液中，三分子（基本）反應也不常見。

16.12 鏈反應和自由基聚合

鏈反應 (chain reaction) 包含一系列步驟，其中消耗反應性中間體，將反應物轉化為產物，然後使中間體再生。中間體的再生使得該循環可以一遍又一遍地重複。因此，少量的中間體產生大量的產物。大多數燃燒、爆炸和加成聚合反應都是鏈反應，通常涉及自由基作為中間體。

H_2 與 Br_2 之間的反應是最容易理解的鏈反應之一。總化學計量為 $H_2 + Br_2 \rightarrow 2HBr$。在 500 至 1500 K 的溫度範圍內，該氣相反應的速率定律為

$$r = \frac{1}{2}\frac{d[HBr]}{dt} = \frac{k[H_2][Br_2]^{1/2}}{1 + j[HBr]/[Br_2]} \tag{16.85}$$

其中 k 和 j 是常數。由於 HBr 的化學計量係數為 2，因此 (16.85) 中包括一個因數 $\frac{1}{2}$ [參見 (16.4) 式]。常數 j 幾乎不隨溫度改變且等於 0.12。由於 [HBr] 的增加使 (16.85) 式中的 r 減小，因此產物 HBr 被認為抑制 (inhibit) 了反應。

R 中 $[Br_2]$ 的 $\frac{1}{2}$ 冪顯示該機制涉及分裂 Br_2 分子（請參閱第 16.6 節中的規則 3）。Br_2 只能分裂成兩個 Br 原子。然後，Br 原子可與 H_2 反應生成 HBr 和 H。每個生成的 H 原子可與 Br_2 反應生成 HBr 和 Br，從而再生反應性中間體 Br。

因此認為該反應的機制是

$$\begin{align}
Br_2 + M &\underset{k_{-1}}{\overset{k_1}{\rightleftharpoons}} 2Br + M \\
Br + H_2 &\underset{k_{-2}}{\overset{k_2}{\rightleftharpoons}} HBr + H \\
H + Br_2 &\overset{k_3}{\rightarrow} HBr + Br
\end{align} \tag{16.86}$$

在步驟 1 中，Br_2 分子與任何物種 M 碰撞，從而獲得分解為兩個 Br 原子的能量。步驟 −1 是逆向過程，其中兩個 Br 原子重組形成 Br_2，需要第三個物體 M 帶走釋

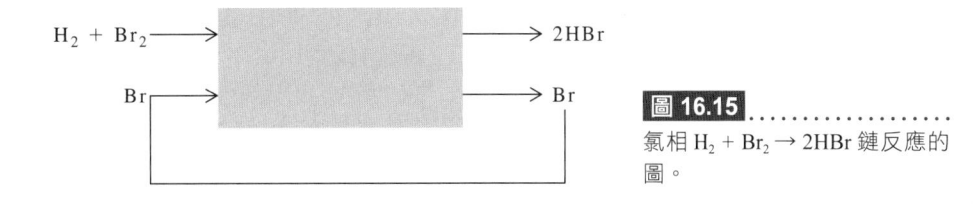

圖 16.15 氣相 $H_2 + Br_2 \to 2HBr$ 鏈反應的圖。

放的部分鍵能 (請參閱第 16.11 節)。步驟 1 是**啟動步驟** (initiation step)，因為它會生成載鏈反應性自由基 Br。步驟 −1 是**終止** (或鏈斷開) **步驟** (termination step)，因為它除去了 Br。

步驟 2 和步驟 3 形成消耗 Br 的**鏈**，將 H_2 和 Br_2 轉化為 HBr，並再生 Br (圖 16.15)。步驟 2 和 3 是**傳播步驟** (propagation step)。步驟 −2($HBr + H \to Br + H_2$) 是**抑制步驟** (inhibition step)，因為它破壞了產物 HBr，因此降低了 r。注意，從步驟 −2 和 3 中，HBr 和 Br_2 競爭 H 原子。這種競爭導致 r 的分母中的 $j[HBr]/[Br_2]$ 項。對於步驟 1 產生的每個 Br 原子，我們得到步驟 2 和 3 的許多重複 (我們將在下面看到 $k_1 \ll k_2$ 和 $k_1 \ll k_3$)。發生在鏈傳播步驟中的反應性中間體 H 和 Br 稱為**鏈載體** (chain carrier)。將步驟 2 和 3 相加，我們得到 $Br + H_2 + Br_2 \to 2HBr + Br$，與總化學計量 $H_2 + Br_2 \to 2HBr$ 一致。其他可能的步驟 (例如，反應 3 的逆向步驟) 太慢而無助於該機制。

機制 (16.86) 式給出產物生成的速率為

$$d[HBr]/dt = r_2 - r_{-2} + r_3 = k_2[Br][H_2] - k_{-2}[HBr][H] + k_3[H][Br_2] \quad (16.87)$$

其中，r_2、r_{-2} 和 r_3 是步驟 2、−2 和 3 的速率。方程式 (16.87) 包含自由基中間體 H 和 Br 的濃度。將穩態近似應用於這些反應中間體，我們得到

$$d[H]/dt = 0 = r_2 - r_{-2} - r_3 \quad (16.88)$$

$$d[Br]/dt = 0 = 2r_1 - 2r_{-1} - r_2 + r_{-2} + r_3 \quad (16.89)$$

存在因數 2 的原因是因為對於步驟 1，(16.4) 式給出了 $r_1 = \frac{1}{2}(d[Br]/dt)_1$，同理，對於步驟 −1。將 (16.88) 式和 (16.89) 式相加可得 $0 = 2r_1 - 2r_{-1}$。因此

$$\begin{aligned} r_1 &= r_{-1} \\ k_1[Br_2][M] &= k_{-1}[Br]^2[M] \\ [Br] &= (k_1/k_{-1})^{1/2}[Br_2]^{1/2} \end{aligned} \quad (16.90)$$

方程式 $r_1 = r_{-1}$ 表示起始速率等於終止速率。這是穩態近似的結果。為了求得 [H]，我們使用 (16.88) 式，得到

$$0 = k_2[Br][H_2] - k_{-2}[HBr][H] - k_3[H][Br_2]$$

將 (16.90) 式的 [Br] 代入上式並求解 [H]，我們得到

$$[\text{H}] = \frac{k_2(k_1/k_{-1})^{1/2}[\text{Br}_2]^{1/2}[\text{H}_2]}{k_3[\text{Br}_2] + k_{-2}[\text{HBr}]} = \frac{k_2(k_1/k_{-1})^{1/2}[\text{H}_2][\text{Br}_2]^{-1/2}}{k_3 + k_{-2}[\text{HBr}]/[\text{Br}_2]} \tag{16.91}$$

將 (16.91) 式和 (16.90) 式代入 (16.87) 式，我們可以得出 $d[\text{HBr}]/dt$ 是 $[\text{H}_2]$、$[\text{Br}_2]$ 和 [HBr] 的函數。為避免涉及代數，我們從 (16.88) 式可知 $r_2 = r_{-2} + r_3$。將此式代入 (16.87) 式，得到 $d[\text{HBr}]/dt = 2r_3 = 2k_3[\text{H}][\text{Br}_2]$。將 (16.91) 式的 [H] 代入可得所需的結果：

$$r = \frac{1}{2}\frac{d[\text{HBr}]}{dt} = \frac{k_2(k_1/k_{-1})^{1/2}[\text{H}_2][\text{Br}_2]^{1/2}}{1 + (k_{-2}/k_3)[\text{HBr}]/[\text{Br}_2]} \tag{16.92}$$

這與速率定律的 (16.85) 式一致。我們有

$$k = k_2(k_1/k_{-1})^{1/2} \quad \text{和} \quad j = k_{-2}/k_3 \tag{16.93}$$

可以估計此機制中各步驟的活化能。步驟 −1 的三分子重組反應必須具有一個基本上為零或甚至略微負的 E_a（參見第 16.11 節）；因此，我們取 $E_{a,-1} \approx 0$。對於步驟 1，熱力學數據給出 $\Delta U° = 45$ kcal/mol，而由 (16.69) 式得到 $E_{a,1} \approx 45$ kcal/mol。(16.93) 式中的比 k_1/k_{-1} 是基本反應 $\text{Br}_2 \rightleftharpoons 2\text{Br}$ 的平衡常數 $K_{c,1}$，而 $K_{c,1}(T)$ 可由熱力學數據中找到。根據不同溫度下對 r 的測量，得知 (16.85) 式中的速率常數 k 為 T 的函數。然後，(16.93) 式中的第一個方程式使我們能夠找到基本速率常數 k_2 為 T 的函數。然後使用 (16.66) 式給出步驟 2 的活化能。結果為 $E_{a,2} = 18$ kcal/mol。熱力學數據給出反應 2 的 $\Delta U°$ 為 17 kcal/mol；由 (16.69) 式得到 $E_{a,-2} = 1$ kcal/mol。對於常數 j，由 (16.93) 式和 (16.64) 式，我們有：

$$j = k_{-2}/k_3 = (A_{-2}/A_3)e^{(E_{a,3}-E_{a,-2})/RT}$$

由於 j 與 T 無關，因此我們必須有 $E_{a,3} \approx E_{a,-2} = 1$ kcal/mol。請注意，$E_{a,1}$ (45 kcal/mol) 遠大於 $E_{a,2}$ (18 kcal/mol) 和 $E_{a,3}$ (1 kcal/mol)。

在機制 (16.86) 式中，利用將反應混合物加熱到一定的溫度，在該溫度下某些 Br_2–M 碰撞具有足夠的相對動能使 Br_2 分解為鏈載體 Br，從而熱引發鏈反應。H_2–Br_2 鏈反應也可以利用光吸收以光化學方式引發（在低於熱反應所需的溫度下），從而將 Br_2 分解為 2Br。引發鏈反應的另一種方法是加入反應生成鏈載體的物質 [稱為**引發劑** (initiator)]。例如，添加到 H_2–Br_2 混合物中的 Na 蒸氣將與 Br_2 反應，得到鏈載體 Br： $\text{Na} + \text{Br}_2 \rightarrow \text{NaBr} + \text{Br}$。

由於鏈載體的每個原子或分子都會產生許多產物分子，因此任何少量破壞鏈載體的物質都會大大減慢（或抑制）鏈反應。例如，NO 可以與帶有鏈的自由基 CH_3 結合生成 CH_3NO。O_2 是 H_2–Cl_2 鏈反應的抑制劑，因為它與 Cl 原子結合生成 ClO_2。維生素 E 藉由與自由基 ROO 反應來抑制生物體中脂質（脂肪）的鏈反應過氧化。

H_2–Br_2 反應鏈中的每個步驟 2 和 3 消耗一個鏈載體，並產生一個鏈載體。在某些鏈反應中，鏈產生的鏈載體多於其消耗的量。這是**支鏈反應** (branching chain reaction)。對於支鏈反應，反應速率可能隨著反應的進行而迅速增加，並且這種增加可能導致爆炸。顯然，穩態近似不適用於這種情況。研究最多的支鏈反應之一是氫的燃燒：$2H_2 + O_2 \rightarrow 2H_2O$。鏈支化步驟包括：$H + O_2 \rightarrow OH + O$ 和 $O + H_2 \rightarrow OH + H$。每個反應產生兩個鏈載體，並且僅消耗一個。

如果反應的熱量沒有足夠迅速地傳遞到周圍環境，則不是鏈反應的高度放熱反應可能會導致爆炸。系統溫度的升高會增加反應速率，直到系統爆炸。

氣態烴燃燒是非常複雜的支鏈反應。CH_4 的燃燒涉及至少 22 個基本反應和 12 種物質，包括 CH_3、CH_3O、CH_2O、HCO、H、O、OH 和 OOH（請參見 Steinfeld, Francisco, and Hase, sec. 14.3）。

大氣煙霧的形成涉及氧化碳氫化合物的連鎖反應。當污染物氣體 NO_2 吸收光並解離生成 NO 和 O 時，發生光化學引發反應。O 原子與 O_2 反應生成 O_3。O_3 由高頻紫外線解離，然後得到 O_2 和 O*，其中 O* 表示在某種激發電子狀態下的 O 原子。反應 $O* + H_2O \rightarrow 2OH$ 產生帶有 OH 自由基的鏈，這些 OH 自由基攻擊污染物氣態碳氫化合物（「了解對流層化學的關鍵在於羥基自由基的反應」；J. H. Seinfeld and S. Pandis, *Atmospheric Chemistry and Physics*, Wiley, 1998, p. 240.J)。

加成聚合物利用鏈反應形成。因此，乙烯的聚合可以利用有機自由基 R·（此自由基由熱分解形成，例如有機過氧化物）引發：$R· + CH_2=CH_2 \rightarrow RCH_2CH_2·$。然後，反應性自由基產物攻擊另一個單體，生成另一個自由基：$RCH_2CH_2· + CH_2=CH_2 \rightarrow RCH_2CH_2CH_2CH_2·$。單體的加成一直持續到終止為止，例如兩個聚合自由基的結合。

☕ 自由基聚合

現在我們開發液相自由基加成聚合反應的動力學。這些可以在溶劑中或在純單體中進行，並添加一些引發劑。令 I 和 M 代表引發劑和單體。反應機制為：

$$I \xrightarrow{k_i} 2R·$$

$$R· + M \xrightarrow{k_a} RM·$$

$$RM· + M \xrightarrow{k_{p1}} RM_2·, \quad RM_2· + M \xrightarrow{k_{p2}} RM_3·, \ldots$$

$$RM_m· + RM_n· \xrightarrow{k_{t,mn}} RM_{m+n}R \quad 其中\, m = 0, 1, 2, \ldots, \quad n = 0, 1, 2, \ldots$$

在速率常數為 k_i 的引發步驟中，引發劑在較小程度上發生熱分解，從而生成 R·自由基。例如過氧化苯甲醯的分解：$(C_6H_5COO)_2 \rightarrow 2C_6H_5COO·$。在速率常數為 k_a 的加成步驟 $R· + M \rightarrow RM·$ 中，R·加成到單體上。在速率常數為 k_{p1}、k_{p2}、...的傳播步驟中，單體添加到成長鏈。在終止步驟中，鏈結合以產生聚合物分子。在某些情況下，終止主要是利用在 $RM_n·$ 和 $RM_m·$ 之間（歧化）轉移 H 原子以產生兩個聚合物分子，其中一個具有末端雙鍵。

為了簡化，我們假設自由基反應性與大小無關，因此所有傳播步驟的速率常數 k_p 均相同：

$$k_{p1} = k_{p2} = \cdots \equiv k_p$$

(有關此近似的討論，請參閱 Allcock and Lampe, pp. 283-284)。同樣，我們假定自由基大小不會影響終止速率常數。但是，$k_{t,mn}$ 確實取決於 m 是否等於 n。基本終止反應 $RM_m\cdot + RM_n\cdot \to RM_{m+n}R$ 和 $2RM_n\cdot \to RM_{2n}R$ 的反應速率 $d[RM_{m+n}R]/dt$ 和 $d[RM_{2n}R]/dt$ 與單位體積溶液中反應物自由基彼此相遇的反應速率成正比。就像 (14.64) 式的每單位體積 Z_{bb} 的碰撞率一樣利用將 $c = b$ 代入 Z_{bc} 中並乘以 $\frac{1}{2}$ 得到，與不同自由基的單位體積相遇率相比，相似自由基的單位體積相遇率含有一個額外的因數 $\frac{1}{2}$。因此，相似自由基之間終止的速率常數是不同自由基之間終止的速率常數的 $\frac{1}{2}$：$k_{t,nn} = \frac{1}{2}k_{t,mn}$，$m \neq n$。令 kt 表示相似自由基的終止速率常數，我們有

$$\text{對於所有的 } n,\ kt = k_{t,nn} \quad \text{且} \quad \text{對於 } m \neq n,\ k_{t,mn} = 2k_t \quad \textbf{(16.94)}$$

單體消耗率 r_M 為

$$r_M = -d[M]/dt = k_a[R\cdot][M] + k_p[RM\cdot][M] + k_p[RM_2\cdot][M] + \cdots$$

$$-\frac{d[M]}{dt} \approx k_p[M]\sum_{n=0}^{\infty}[RM_n\cdot] \equiv k_p[M][R_{tot}\cdot] \quad \textbf{(16.95)}$$

其中 $[R_{tot}\cdot]$ 是所有自由基的總濃度。由於在 (16.95) 式中有成百上千個項，因此將第一項的 k_a 更改為 k_p 無關緊要。

為了找到 $[R_{tot}\cdot]$ 並因此找到 $-d[M]/dt$，我們對每個自由基應用穩態近似：$d[R\cdot]/dt = 0$、$d[RM\cdot]/dt = 0$、$d[RM_2\cdot]/dt = 0$、...將這些方程式相加得到

$$d[R_{tot}\cdot]/dt = 0 \quad \textbf{(16.96)}$$

其中 $[R_{tot}\cdot] \equiv \sum_{n=0}^{\infty}[RM_n\cdot]$。

在加成步驟 $R\cdot + M \to RM\cdot$，和在每個傳播步驟，消耗一個自由基就產生一個自由基。因此，這些步驟不會影響 $[R_{tot}\cdot]$ 和 $d[R_{tot}\cdot]/dt$。因此，在應用穩態條件 $d[R_{tot}\cdot]/dt = 0$ 時，我們只需要考慮引發和終止步驟。

引發步驟對 $d[R_{tot}\cdot]/dt$ 的貢獻等於 $(d[R\cdot]/dt)_i$，即引發步驟中 $R\cdot$ 形成的速率。並非所有的自由基 $R\cdot$ 都引發聚合物鏈。一些在包圍它的溶劑「籠」中重組成 I (第 16.13 節)，而另一些與溶劑反應而消失。因此，我們寫出

$$(d[R_{tot}\cdot]/dt)_i = (d[R\cdot]/dt)_i = 2fk_i[I] \quad \textbf{(16.97)}$$

其中 f 是與 M 反應的自由基 $R\cdot$ 的分率。通常，$0.3 < f < 0.8$。

利用 $2RM_n\cdot \to RM_{2n}R$ 或 $RM_n\cdot + RM_m\cdot \to RM_{n+m}R$ 其中 $m = 0, 1, 2, \ldots$，但 $m \neq n$ 終止 $RM_n\cdot$。終止步驟對那些含有 n 個單體的自由基消失速率的貢獻為

$$\left(\frac{d[\mathrm{RM}_n\cdot]}{dt}\right)_t = -2k_{t,nn}[\mathrm{RM}_n\cdot]^2 - k_{t,mn}[\mathrm{RM}_n\cdot]\sum_{m\neq n}[\mathrm{RM}_m\cdot]$$
$$= -2k_t[\mathrm{RM}_n\cdot]\sum_{m=0}^{\infty}[\mathrm{RM}_m\cdot] = -2k_t[\mathrm{RM}_n\cdot][\mathrm{R}_{\mathrm{tot}}\cdot] \quad (16.98)$$

其中使用 (16.94) 式。終止步驟中自由基消耗的總速率是對 (16.98) 式求和得出的：

$$\left(\frac{d[\mathrm{R}_{\mathrm{tot}}\cdot]}{dt}\right)_t = \sum_{n=0}^{\infty}\left(\frac{d[\mathrm{RM}_n\cdot]}{dt}\right)_t = -2k_t[\mathrm{R}_{\mathrm{tot}}\cdot]\sum_{n=0}^{\infty}[\mathrm{RM}_n\cdot] = -2k_t[\mathrm{R}_{\mathrm{tot}}\cdot]^2 \quad (16.99)$$

將 (16.97) 式和 (16.99) 式相加並應用穩態近似，我們得到

$$d[\mathrm{R}_{\mathrm{tot}}\cdot]/dt = (d[\mathrm{R}_{\mathrm{tot}}\cdot]/dt)_i + (d[\mathrm{R}_{\mathrm{tot}}\cdot]/dt)_t = 2fk_i[\mathrm{I}] - 2k_t[\mathrm{R}_{\mathrm{tot}}\cdot]^2 = 0$$
$$[\mathrm{R}_{\mathrm{tot}}\cdot] = (fk_i/k_t)^{1/2}[\mathrm{I}]^{1/2} \quad (16.100)$$

將上式代入 (16.95) 式可得

$$-d[\mathrm{M}]/dt = k_p(fk_i/k_t)^{1/2}[\mathrm{M}][\mathrm{I}]^{1/2} \quad (16.101)$$

此反應對單體而言是一階，而對引發劑是 $\frac{1}{2}$ 階。

聚合物分子的**聚合度** (degree of polymerization) DP 是聚合物中單體的數量。假設在聚合反應的極短時間 dt 中，消耗了 10^4 個單體分子 M，並產生了 10 個具有各種鍊長的聚合物分子。由穩態近似，中間體 RM・、RM$_2$・等的濃度沒有明顯變化。因此，由物質守恆，10 個聚合物分子必須總共包含 10^4 個單體單元，並且在此時間間隔內的平均聚合度為 $\langle\mathrm{DP}\rangle = 10^4/10 = 10^3$。我們看到 $\langle\mathrm{DP}\rangle = -d[\mathrm{M}]/d[\mathrm{P}_{\mathrm{tot}}]$，其中 $[\mathrm{P}_{\mathrm{tot}}]$ 是聚合物分子的總濃度：

$$\langle\mathrm{DP}\rangle = \frac{-d[\mathrm{M}]}{d[\mathrm{P}_{\mathrm{tot}}]} = \frac{-d[\mathrm{M}]/dt}{d[\mathrm{P}_{\mathrm{tot}}]/dt} \quad (16.102)$$

由於兩個自由基結合時會形成一個聚合物分子，因此聚合物形成的速率是終止步驟中自由基消耗速率的一半：

$$d[\mathrm{P}_{\mathrm{tot}}]/dt = -\tfrac{1}{2}(d[\mathrm{R}_{\mathrm{tot}}\cdot]/dt)_t = k_t[\mathrm{R}_{\mathrm{tot}}\cdot]^2 = fk_i[\mathrm{I}] \quad (16.103)$$

其中使用 (16.99) 式和 (16.100) 式。

將 (16.101) 式和 (16.103) 式代入 (16.102) 式可得

$$\langle\mathrm{DP}\rangle = \frac{k_p[\mathrm{M}]}{(fk_ik_t)^{1/2}[\mathrm{I}]^{1/2}} \quad \text{合併終止} \quad (16.104)$$

如果終止的主要模式是歧化，則 $\langle\mathrm{DP}\rangle$ 為一半 (16.104) 式。與單體相比，引發劑濃度低有利於高 $\langle\mathrm{DP}\rangle$。

液相聚合反應通常在 k_i 為 10^{-5} 至 10^{-6} s^{-1} 的溫度下進行。在 50°C 下，k_t 通常為 10^6 至 10^9 dm^3 mol^{-1} s^{-1}（高值是由於自由基之間的高反應性），而 k_p 通常為 10^2 至 10^4 dm^3 mol^{-1} s^{-1}。對於 [M] = 5 mol/dm^3 和 [I] = 0.01 mol/dm^3，我們發現通常 [R$_{\mathrm{tot}}$・] =

10^{-8} mol/dm^3 和 $\langle DP \rangle$ = 7000。儘管有 $k_t \gg k_p$ 的事實，但是與單體相比，自由基的濃度非常低，使得自由基與單體發生反應的可能性比與另一自由基發生反應的可能性更大。因此，在終止之前，鏈長得很長。

16.13 快速反應

速率常數的取值範圍很大。在水溶液中，已知最快的二階基本反應是 H$_3$O$^+$(aq) + OH$^-$(aq) → 2H$_2$O，其中 25°C 時 k = 1.4×10^{11} dm^3 mol^{-1} s^{-1}。對於氣相反應，速率常數的上限由碰撞速率設定。使用 Z_{BC} 的 (14.63) 式，我們求得，如果在每次碰撞時都發生反應 (對於大多數反應而言並非如此)，則在 300 K 時，基本反應 B(g) + C(g) → 產物的 k 約為 10^{11} dm^3 mol^{-1} s^{-1}。氣相自由基組合反應 (例如 2Cl$_3$C・→ C$_2$Cl$_6$) 通常具有此大小的 k 值。速率常數沒有下限。可以利用放射性標記反應物，使反應進行數週，從反應混合物中分離出放射性產物並測量其放射性來測量極慢的反應速率。用這種方法測得的二階速率常數小至 10^{-12} dm^3 mol^{-1} s^{-1}，然後進行半衰期為 10^5 年的一階反應。參見 E. S. Lewis et al., *J. Org. Chem.*, **34**, 255 (1969)。

快速反應的實驗方法

許多反應太快，以至於第 16.2 節中討論的古典方法都無法遵循。研究快速反應的一種方法是使用快速流動方法。液相連續流系統的示意圖如圖 16.16 所示。通過推入注射器的柱塞，將反應物 A 和 B 快速驅動到混合室 M 中。混合發生在 $\frac{1}{2}$ 到 1 毫秒內。然後，反應混合物流過狹窄的觀察管。在沿管子的 P 點處，測量一種物質在某一波長處的光吸收，以確定該物質的濃度。對於氣相反應，用氣體 A 和 B 的燈球代替注射器，流動是由觀察管出口處的泵送引起的。

令混合物流過觀察管的速率為 v，混合室 M 與觀察點 P 之間的距離為 x。然後，規則「距離等於速率乘以時間」將反應開始後的時間 t 設為 $t = x/v$。對於典型值 v = 1000 cm/s 和 x = 10 cm，在 P 處觀察得出反應開始後 10 毫秒內物質的濃度。由於在 P 點的混合物不斷補充新混合的反應物，因此物質的濃度在 P 處保持恆定。利用改變觀察距離 x 和流率 v，我們可以在不同時間獲得反應物濃度。

連續流方法的一種修正是停止流 (stopped-flow) 方法 (圖 16.17)。在這裡，反應物在 M 處混合，並迅速通過觀察管流入接收注射器，將其柱塞推向屏障，從而停止流

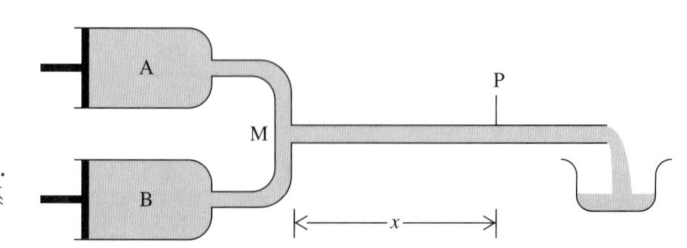

圖 16.16
具有反應物快速混合的連續流系統。

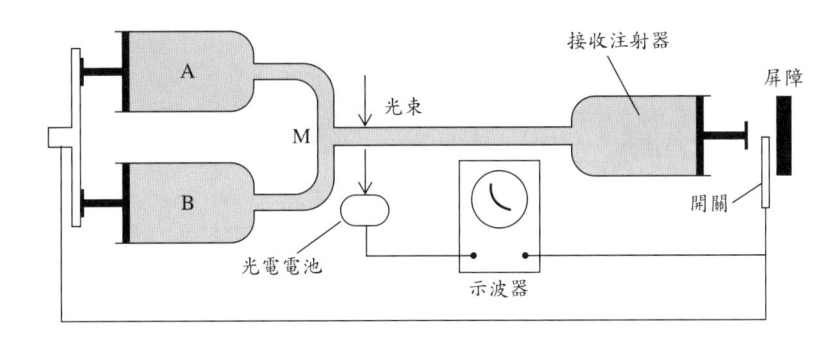

圖 16.17
停止流系統。

動。該柱塞還擊中一個開關，該開關使電動柱塞停止工作並觸發示波器掃描。我們觀察在 P 處的光吸收作為時間的函數，使用光電電池將光信號轉換為示波器屏幕上顯示的電信號。由於快速的混合和流動以及 M 和 P 之間的距離短，因此基本上從反應開始就可以觀察到反應。停止流方法實際上是一種靜態方法，具有快速混合，而不是流動方法。停止流方法僅需要非常少量的樣品 (0.1 mL 量級)，被廣泛用於研究快速的酶催化反應和蛋白質折疊。

急冷流動法是一種流動法，其中在反應混合物從管中向下流過一定長度後，利用添加合適的化學物質來停止反應，從而允許使用緩慢的方法來分析反應混合物的組成。

連續流和停止流方法適用於半衰期在 10^1 到 10^{-3} s 範圍內的反應。

快速流動技術的主要限制是由混合反應物所需的時間決定的。鬆弛方法消除了混合問題。在這裡，使系統處於反應平衡狀態並突然改變確定平衡位置的變數之一。利用遵循系統接近其新平衡位置的方法，可以確定速率常數。計算的詳細信息在本節之後給出。鬆弛方法主要用於液相反應。**鬆弛** (relaxation) 的科學含義是系統在受到干擾後到達新的平衡位置的方法。

最常見的鬆弛方法是溫度跳躍 (T-jump) 方法。在此，一個高壓電容器通過溶液突然放電，在大約 1 μs [1 微秒 (μs) = 10^{-6} s] 內將其溫度從 T_1 升高到 T_2。通常，$T_2 - T_1$ 為 3 K 到 10 K。電容器的放電會觸發示波器掃描，並顯示與停止流方法一樣，溶液的吸光度是時間的函數。拍照出示波器跡線。加熱水溶液的另一種方法是使用脈衝雷射的紅外輻射，從而在幾奈秒內將 T 升高 10 或 20 K。此方法用於研究蛋白質折疊和展開的動力學。假設 $H°$ 不為零，則 (11.32) 式證明平衡常數 $K(T_2)$ 與 $K(T_1)$ 不同。

在壓力跳躍法 (pressure-jump method) 中，P 的突然變化會移動平衡 [請參見 (11.33) 式]。在電場跳躍法 (electric-field-jump method) 中，突然施加的電場使涉及總偶極矩變化的反應平衡發生位移。

鬆弛方法的局限性在於該反應必須是可逆的，所有物質的可檢測量均處於平衡狀態。

快速流動和鬆弛技術已用於測量質子轉移 (酸鹼) 反應，電子轉移 (氧化還原) 反

圖 16.18
閃光光解實驗。

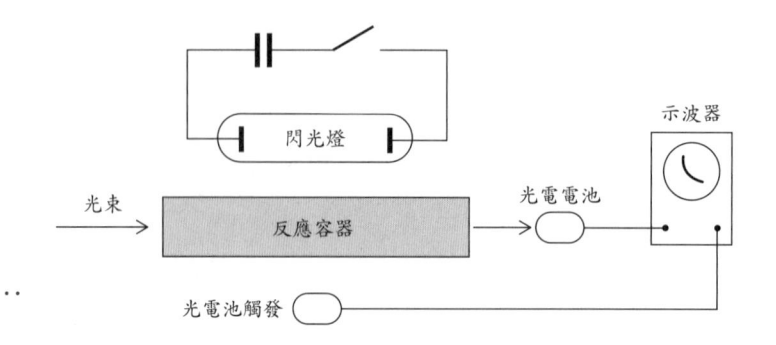

應，複合離子形成反應，離子對形成反應和酶－基材複合物的形成反應。

鬆弛方法對系統施加的擾動很小，並且不會生成新的化學物種。閃光光解法和激波管法對系統施加了較大的擾動，從而產生了一種或多種反應性物質，然後進行反應。

在閃光光解 (flash photolysis) 中（圖 16.18），我們將氣態或液態系統暴露於可見光和紫外光的高強度、短時間閃光中。吸收光的分子被分解成自由基，或被激發成高能態。藉由測量光吸收追蹤這些物種的反應。圖 16.18 中的示波器掃描是由檢測來自閃光燈的光的光電電池觸發的。使用閃光燈，閃光燈持續約 10 μs。使用雷射代替閃光燈通常會產生 10 ns 的持續時間 [1 奈秒 (ns) = 10^{-9} s]。借助特殊技術，可以產生 0.1 ps [1 皮秒 (ps) = 10^{-12} s] 的短持續時間的雷射脈衝，從而實現皮秒的速率處理研究範圍。皮秒光譜法用於研究光合作用和視覺的機制。

在激波管 (shock tube) 中，低壓反應物氣體混合物利用薄隔膜與高壓惰性氣體分離。隔膜被刺破，引起激波沿管子傳播。壓力和溫度突然大幅升高會產生激發態和自由基。然後藉由觀察物種的吸收光譜追蹤這些物種的反應。

核磁共振光譜可用於測量某些快速異構化和交換反應的速率。

☕ 鬆弛動力學

在鬆弛方法中，處於平衡狀態的系統會受到很小的擾動，從而改變了平衡常數。然後，系統鬆弛到其新的平衡位置。現在，我們將典型例子的速率定律整合在一起。

考慮可逆基本反應

$$A + B \underset{k_b}{\overset{k_f}{\rightleftharpoons}} C$$

其中正向和逆向速率定律分別為 $r_f = k_f[A][B]$ 和 $r_b = k_b[C]$。假設溫度突然變化。在溫度跳躍之後的所有時間裡，我們有

$$d[A]/dt = -k_f[A][B] + k_b[C] \tag{16.105}$$

令 $[A]_{eq}$、$[B]_{eq}$ 和 $[C]_{eq}$ 為新溫度 T_2 時的平衡濃度，並令 $x \equiv [A]_{eq} - [A]$。1 莫耳的 A

與 1 莫耳的 B 反應生成 1 莫耳的 C。因此 $[B]_{eq} - [B] = x$ 和 $[C]_{eq} - [C] = -x$。此外，$d[A]/dt = -dx/dt$。(16.105) 式變為

$$-dx/dt = -k_f([A]_{eq} - x)([B]_{eq} - x) + k_b([C]_{eq} + x)$$
$$dx/dt = k_f[A]_{eq}[B]_{eq} - k_b[C]_{eq} - xk_f([A]_{eq} + [B]_{eq} + k_b k_f^{-1} - x) \quad (16.106)$$

當達到平衡時，$d[A]/dt = 0$，由 (16.105) 式可得

$$k_f[A]_{eq}[B]_{eq} - k_b[C]_{eq} = 0 \quad (16.107)$$

由於擾動很小，因此 [A] 與其平衡值的偏差 x 很小，並且 $x \ll [A]_{eq} + [B]_{eq}$。使用 (16.107) 式並忽略 (16.106) 式中括號中的 x，我們得到

$$dx/dt = -\tau^{-1}x \qquad 其中 \tau \equiv \{k_f([A]_{eq} + [B]_{eq}) + k_b\}^{-1} \quad (16.108)$$

將上式積分可得 $x = x_0 e^{-t/\tau}$，其中 x_0 是在 t_0 處施加 T 跳躍後的瞬間的 x 值。由於 $x = [A]_{eq} - [A] = [C] - [C]_{eq}$，我們有

$$[A] - [A]_{eq} = ([A]_0 - [A]_{eq})e^{-t/\tau}$$

對於 [B] 和 [C] 具有相似的方程式。因此，每個物種達到其新平衡值的方法都是一階且速率常數為 $1/\tau$ [請參見 (16.14) 式]。當任何基本反應從平衡受到微小擾動時，此結果成立。然而，τ 的定義取決於基本反應的化學計量。常數 τ 稱為鬆弛時間 (relaxation time)。τ 是 $[A] - [A]_{eq}$ 降至初始值的 $1/e$ 所需的時間。

例 16.11 鬆弛

對於基本反應 $H^+ + OH^- \rightleftharpoons H_2O$，在 25°C 下測得的鬆弛時間為 36 μs。求 k_f。

此反應的形式為 $A + B \rightleftharpoons C$，因此適用前面的處理。由 (16.108) 和 (16.107) 式可知

$$\tau^{-1} = k_f([H^+]_{eq} + [OH^-]_{eq}) + k_b \quad 且 \quad k_b[H_2O]_{eq} = k_f[H^+]_{eq}[OH^-]_{eq}$$

消去 k_b 並使用 $[OH^-]_{eq} = [H^+]_{eq}$，我們得到

$$\tau^{-1} = k_f(2[H^+]_{eq} + [H^+]_{eq}^2/[H_2O]_{eq})$$

使用 $[H^+]_{eq} = 1.0 \times 1^{-7}$ mol/dm^3 和 $[H_2O]_{eq} = 55.5$ mol/dm^3，我們求得 $k_f = 1.4 \times 10^{11}$ dm^3 mol^{-1} s^{-1}。

習題

若純水的溫度在 1 atm 下突然從 20°C 升高到 25°C，則 $[H^+]$ 達到 0.99×10^{-7} mol/L 需要多少時間？$10^{14} K^\circ_{c,w}$ 在 25°C 為 1.00，在 20°C 為 0.67。
(答案：1.0×10^{-4} s)

16.14 液體溶液中的反應

本章前面各節的大多數概念都適用於氣相和液相動力學。現在，我們研究液體溶液中反應所特有的反應動力學。

溶劑對速率常數的影響

氣相反應和液相反應之間的區別是溶劑的存在。反應速率可以很大程度上取決於所使用的溶劑。例如，在三種不同的醯胺溶劑中，二階反應 $CH_3I + Cl^- \rightarrow CH_3Cl + I^-$ 在 25°C 的速率常數分別為 $HC(O)NH_2$ 中的 0.00005、$HC(O)N(H)CH_3$ 的 0.00014 和 $HC(O)N(CH_3)_2$ 的 0.4 $dm^3\ mol^{-1}\ s^{-1}$。因此，給定反應的速率常數 k 是溶劑和溫度的函數。

溶劑對反應速率的影響有許多來源。反應物質通常被**溶劑化** (solvated)(即與一個或多個溶劑分子結合)，溶劑化程度隨溶劑的變化而變化，從而影響 k。某些溶劑可能會催化反應。溶液中的大多數反應都涉及離子或極性分子作為反應物或反應中間體，在這裡，反應物質之間的靜電力取決於溶劑的介電常數。溶液中非常快速的反應速率可能受兩個反應物分子擴散穿過溶劑彼此相遇的速率的限制，此處溶劑的黏度會影響 k。溶劑和反應物之間的氫鍵會影響 k。

對於可能由兩種競爭機制發生的反應，溶劑的變化可能會不同地影響這些機制的速率，因此，每種溶劑的機制可能不同。

對於低極性物質之間的某些單分子反應和某些雙分子反應，從一種溶劑到另一種溶劑時，k 基本不變。例如，氣相中環戊二烯 ($2C_5H_6 \rightarrow C_{10}H_{12}$) 的雙分子 Diels-Alder 二聚化在 50°C 時的速率常數為 $6 \times 10^{-6}\ dm^3\ mol^{-1}\ s^{-1}$。在溶劑 CS_2、C_6H_6 和 C_2H_5OH 中分別為 6×10^{-6}、10×10^{-6} 和 $20 \times 10^{-6}\ dm^3\ mol^{-1}\ s^{-1}$。

當溶劑是反應物時，通常無法確定相對於溶劑的階數。

離子反應

在氣相動力學中，涉及離子的反應很少。在溶液中，離子反應豐富。差異是由於溶液中離子的溶劑化，這大大降低了離子化的 $\Delta H°$ (因此也降低了 $\Delta G°$)。

當分子離子化所需的能量由外部來源提供時，就會發生離子氣相反應。在質譜儀中，電子束的轟擊將電子從氣相分子中撞出，並且氣體中離子反應的動力學可以在質譜儀中研究。在地球的高層大氣中，光的吸收產生 O_2^+、N_2^+、O^+ 和 He^+ 離子，然後它們發生反應。在高於 10^4 K 的氣體中，碰撞會產生非常大的離子化。這種氣體稱為**電漿** (plasma)(例子包括火花和恆星的大氣)。

對於溶液中的離子反應，在分析動力學數據時必須使用活性係數 (第 16.9 節)。由於活性係數通常是未知的，因此常在反應過程中添加大量的惰性鹽以保持離子強度

(從而活性係數)恆定。然後,所獲得的表觀速率常數取決於離子強度。

溶液中的許多離子反應都非常快。參見下面有關擴散控制反應的討論。

相遇、碰撞和籠子效應

在低壓或中等壓力的氣體中,分子相距很遠,並且在碰撞之間自由移動。在液體中,分子之間幾乎沒有空隙,它們不能自由移動。反而可以將給定的分子視為被其他分子形成的**籠子** (cage) 包圍。給定的分子在籠子的「壁」上振動多次,然後由緊密堆積的周圍分子「擠壓」並擴散出籠子。因此,液體的結構在某種程度上類似於固體的結構。

液體中遷移率的降低阻礙了兩個反應溶質分子 B 和 C 在溶液中相互接觸。但是,一旦 B 和 C 確實會合,它們就會被溶劑分子的籠子包圍,使它們相互靠近並保持相對較長的時間,在此期間它們相互反覆碰撞,並與溶劑分子的籠壁碰撞。B 和 C 擴散在一起成為鄰居的過程稱為**相遇** (encounter)。溶液中的每次相遇都涉及 B 和 C 之間的許多碰撞,而它們仍被困在溶劑籠中 (圖 16.19)。在氣體中,碰撞和相遇之間沒有區別。

理論估計顯示,在室溫下的水中,溶劑籠中的兩個分子在擴散出籠之前會相互碰撞 20 至 200 次 [參見 Table I in A. J. Benesi, *J. Phys. Chem.*, **86**, 4926(1982)]。溶劑的黏度越大,每次相遇的碰撞次數就越大。儘管液體溶液中成對的溶質分子之間每單位體積的相遇率遠小於氣體中相應的碰撞率,但溶液中每次相遇的大量碰撞的補償效應使得在相當的反應物濃度下,溶液中的碰撞速率與氣體中的碰撞速率大致相同。直接的證據是某些反應從氣相到溶液的速率常數幾乎恆定 (請參閱上述有關 C_5H_6 二聚化的數據)。儘管氣體和溶液中的碰撞率大致相同,但是碰撞的模式卻大不相同,溶液中的碰撞分為幾組,任意一組的連續碰撞之間的時間間隔短,而連續的碰撞組之間的時間間隔長 (圖 16.20)。

對於籠效應,存在哪些實驗證據?1961 年,Lyon 和 Levy 用光化學方法分解了同位素物種 CH_3NNCH_3 和 CD_3NNCD_3 的混合物。光的吸收使分子解離為 N_2 和 $2CH_3$ 或 $2CD_3$。然後,甲基結合形成乙烷。當反應在氣相中進行時,所形成的乙烷由 CH_3CH_3、CH_3CD_3 和 CD_3CD_3 組成,其比例顯示在重組前 CH_3 和 CD_3 的隨機混合。當反應在惰性溶劑異辛烷中進行時,只有獲得 CH_3CH_3 和 CD_3CD_3。不存在 CH_3CD_3 表示由給定的母體分子形成的兩個甲基利用溶劑籠保持在一起直到它們重新結合。

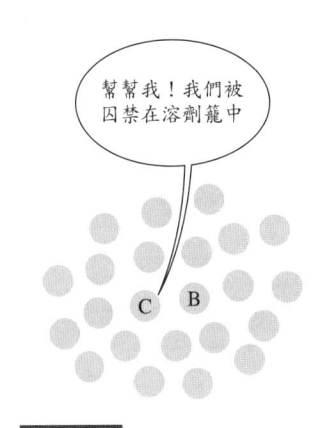

圖 16.19
分子 B 和 C 在溶劑籠中。

幫幫我!我們被囚禁在溶劑籠中

時間 ⟶

圖 16.20
液體中的碰撞模式。

擴散控制的反應

假設溶液中的雙分子基本反應 B + C →產物的活化能非常低，因此每次碰撞都有很大的發生反應的可能性。由於溶液中的每次相遇都包含許多碰撞，因此 B 和 C 每次彼此相遇時都可能會做出很好的反應。然後，由 B-C 的相遇速率來確定反應速率，而反應速率將僅由 B 和 C 通過溶劑彼此擴散的速率來確定。當 B 和 C 在溶液中相遇時發生的反應稱為**擴散控制反應** (diffusion-controlled reaction)。

1917 年，Smoluchowski 導出了基本擴散控制的反應 B + C →產物的速率常數 k_D 的理論表達式如下：

$$k_D = 4\pi N_A(r_B + r_C)(D_B + D_C) \qquad \text{其中 B} \neq \text{C，非離子} \tag{16.109}$$

在此，N_A 是 Avogadro 常數，r_B 和 r_C 是 B 和 C 分子的半徑 (為簡單起見，假定為球形)，D_B 和 D_C 是 B 和 C 在溶劑中的擴散係數 (第 15.4 節)。

擴散控制的基本反應 B + C → E + F 和 B + B → E + G 的速率 $d[E]/dt$ 均與單位體積的相遇率成正比。(比例常數為 $1/N_A$，從分子轉換為莫耳)。正如方程式 (14.64) 的每單位體積 Z_{bb} 的碰撞率是將 $c = b$ 代入 Z_{bc} 且乘以 $\frac{1}{2}$ 得出的，相較於不同分子，相似分子每單位體積的相遇率含有額外因子 $\frac{1}{2}$。

因此，將 (16.109) 式乘以 $\frac{1}{2}$ 可得到相似分子的擴散控制速率常數：

$$k_D = 2\pi N_A(r_B + r_C)(D_B + D_C) \qquad \text{其中 B} = \text{C，非離子} \tag{16.110}$$

其中 $r_B = r_C$ 和 $D_B = D_C$。

當 B 和 C 不帶電時，(16.109) 式和 (16.110) 式適用。但是，如果 B 和 C 是離子，則強大的庫侖吸引或排斥力將明顯影響相遇率。Debye 於 1942 年證明，在非常稀的溶液中進行離子擴散控制的反應，可得

$$k_D = 4\pi N_A(r_B + r_C)(D_B + D_C) \frac{W}{e^W - 1} \qquad \text{其中 B} \neq \text{C，離子} \tag{16.111}$$

$$W \equiv \frac{z_B z_C e^2}{4\pi \varepsilon_0 \varepsilon_r kT(r_B + r_C)}$$

在 W 的定義中，使用 SI 單位，ε_r 是溶劑的介電常數，z_B 和 z_C 是 B 和 C 的電荷數，k 是 Boltzmann 常數，e 是質子電荷，ε_0 是真空的介電常數。$r_B + r_C$ 與 Debye-Hückel 方程式 (10.67) 中的 a 相同。由於 a 通常範圍為 3 到 8Å，因此 $r_B + r_C$ 的合理值為 5Å = 5×10^{-10} m。使用 k、e 和 ε_0 的 SI 值以及 25°C 的水的 $\varepsilon_r = 78.4$ 值，對於 25°C 的 H_2O 以及 $r_B + r_C = 5$Å，可求得：

z_B, z_C	1, 1	2, 1	2, 2	1, −1	2, −1	2, −2	3, −1
$W/(e^W - 1)$	0.45	0.17	0.019	1.9	3.0	5.7	4.3

(16.109) 式至 (16.111) 式對溶液中的反應速率常數設定了上限。為了測試它們，我們需要活化能基本上為零的反應。兩個自由基的重組形成一個穩定的分子的 E_a

≈ 0。利用快速光解，我們可以在溶液中產生此類物質並測量其重組率。通常無法對 k_D 的方程式進行精確測試，因為此類自由基在溶液中的擴散係數未知。然而，可以利用類比具有類似結構的穩定物種來估算 D_B 和 D_C。研究的重組反應包括在 CCl_4 中的 $I + I \to I_2$，在 H_2O 中的 $OH + OH \to H_2O_2$ 和在環己烯中的 $2CCl_3 \to C_2Cl_6$。溶液中的自由基重組速率通常與擴散控制反應的理論計算值非常吻合。

為了確定反應是否為擴散控制，可以將觀察到的 k 與根據上述方程式之一計算出的 k_D 進行比較。已經使用鬆弛技術測量了溶液中許多快速反應的速率常數。發現 H_3O^+ 與鹼（例如 OH^-，$C_2H_3O_2^-$）的反應是擴散控制的。液相自由基聚合中的大多數終止反應（第 16.11 節）受擴散控制。用高能電子或 X 射線的短脈衝照射水溶液產生的水合電子 $e^-(aq)$ 的大多數反應為擴散控制。

k_D 的方程式 (16.109) 至 (16.111) 式可使用 Stokes–Einstein 方程式 (15.37) 將分子的擴散係數與它通過的介質的黏度聯繫起來：$D_B \approx kT/6\pi\eta r_B$ 和 $D_C \approx kT/6\pi\eta r_C$，其中 η 是溶劑的黏度，k 是 Boltzmann 常數。(16.109) 式變為

$$k_D \approx \frac{2RT}{3\eta}\frac{(r_B + r_C)^2}{r_B r_C} = \frac{2RT}{3\eta}\left(2 + \frac{r_B}{r_C} + \frac{r_C}{r_B}\right) \quad \text{其中 } B \neq C，非離子$$

$2 + r_B/r_C + r_C/r_B$ 的值對 r_B/r_C 相當不敏感。由於處理是近似的，我們可令 $r_B = r_C$ 得到

$$k_D \approx \begin{cases} 8RT/3\eta & \text{其中 } B \neq C，非離子 \\ 4RT/3\eta & \text{其中 } B = C，非離子 \end{cases} \quad \begin{matrix}(16.112)\\(16.113)\end{matrix}$$

對於 25°C 的水，$\eta = 8.90 \times 10^{-4}$ kg m^{-1} s^{-1}，代入 (16.112) 式，得到 $k_D \approx 0.7 \times 10^{10}$ dm^3 mol^{-1} s^{-1}，用於 $B \neq C$ 的非離子擴散控制反應。$W/(e^W - 1)$ 係數將帶相反電荷的離子的 k_D 乘以 2~10，而將帶相似電荷的離子的 k_D 乘以 0.5~0.01。因此，在 25°C 的水中，k_D 為 10^8~10^{11} dm^3 mol^{-1} s^{-1}，這取決於反應物質的電荷和大小。

液體溶液中的大多數反應不是擴散控制。只有一小部分的相遇會導致反應。這種反應稱為**化學控制** (chemically controlled)，因為它們的反應速率取決於會導致化學反應的相遇的機率。

活化能

通常在高達 1500 K 的溫度下研究氣相反應，而在高達 400 或 500 K 的溫度下研究溶液中的反應。因此，具有高活化能的反應在溶液中的速率可以忽略不計。因此，溶液中的大多數反應的活化能在 2~35 kcal/mol (8~150 kJ/mol)，而氣相反應則為 −3~100 kcal/mol (−15~400 kJ/mol)。10°C 兩倍或三倍法則（第 16.7 節）顯示溶液中的許多反應的 E_a 範圍為 13~20 kcal/mol。

對於非離子擴散控制的反應，(16.112) 式、(16.113) 式和 (16.66) 式顯示 E_a 涉及 $\eta^{-1} d\eta/dT$。對於 25°C 和 1 atm 的水，我們發現對於此類反應，$E_a \approx 4.5$ kcal/mol = 19 kJ/mol 的理論預測。

16.15 催化

催化劑 (catalyst) 是增加反應速率並且可以在反應結束時回收的物質。反應速率取決於反應機制基本步驟中的速率常數。催化劑提供了一種替代機制，該機制比沒有催化劑時的機制要快。而且，儘管催化劑參與了該機制，但必須對其進行再生。一個簡單的催化反應是

$$R_1 + C \rightarrow I + P_1$$
$$I + R_2 \rightarrow P_2 + C \tag{16.114}$$

其中 C 為催化劑，R_1 和 R_2 為反應物，P_1 和 P_2 為產物，I 為中間體。消耗催化劑以形成中間體，然後中間體進行反應以再生催化劑並得到產物。機制 (16.114) 式比不存在 C 時的機制要快。在大多數情況下，催化機制的活化能比未催化機制的活化能低。在少數情況下，催化機制具有更高的 E_a (和更高的 A 因子)；見 J. A. Campbell, *J. Chem. Educ.*, **61**, 40(1984)。

機制 (16.7) 式是 (16.114) 式的一個例子。在 (16.7) 式中，R_1 為 O_2，R_2 為 SO_2，催化劑 C 為 NO，中間體 I 為 NO_2，沒有 P_1，而 P_2 為 SO_3。另一個例子是下面的 (16.115) 式，其中催化劑是 Cl，中間體是 ClO。在許多情況下，催化機制具有多個步驟和一個以上的中間體。

在**均相催化** (homogeneous catalysis) 中，催化反應發生在一個相中。在**異相催化** (heterogeneous catalysis) 中 (第 16.18 節)，它發生在兩相之間的界面。

整個反應 $R_1 + R_2 \rightleftharpoons P_1 + P_2$ 的平衡常數由 $\Delta G°$ 確定 (根據 $\Delta G° = -RT \ln K°$)，而與反應機制無關。因此，催化劑不能改變反應的平衡常數。這樣，用於正反應的催化劑也必須是用於逆反應的催化劑。注意，若將機制 (16.114) 反轉則由此消耗催化劑以產生中間體，該中間體然後反應以再生催化劑。由於酯的水解是由 H_3O^+ 催化，所以醇的酯化也必須由 H_3O^+ 催化。

儘管催化劑不能改變平衡常數，但是均相催化劑可以改變系統的平衡組成。莫耳分率平衡常數為 $K° = \Pi_i(a_{i,eq})^{\nu_i}$，其中 $a_i = \gamma_i x_i$。與反應物和產物處於同一相的催化劑將改變活性係數 γ_i。除非反應物和產物 γ_i 值的變化恰好相互抵消，均相催化劑的存在將改變反應物和產物的平衡莫耳分率。由於催化劑通常以少量存在，因此它對平衡組成的影響通常很小。

均相催化反應的速率定律通常具有以下形式

$$r = k_0[A]^\alpha \cdots [L]^\lambda + k_{cat}[A]^{\alpha'} \cdots [L]^{\lambda'}[\text{cat.}]^\sigma$$

其中，k_0 是不存在催化劑 ([cat.] = 0) 時的速率常數，k_{cat} 是催化機制的速率常數。相對於催化劑的階數通常為 1。如果 E_a 的降低很大，則 r 中的第一項與第二項相比可忽略不計，除非 [cat.] 非常小。未催化反應和催化反應的活化能可以從 k_0 和 k_{cat} 隨溫度的變化中找到。反應 $2H_2O_2(aq) \rightarrow 2H_2O + O_2$ 具有以下活化能：未催化時為 17 kcal/mol；

利用 Fe_{2+} 催化時為 10 kcal/mol；以膠體鉑粒子催化時為 12 kcal/mol；當被肝過氧化氫酶催化時為 2 kcal/mol。從第 16.7 節的最後例子中。假設 A 因子沒有顯著變化，則 E_a 從 17 kcal/mol 降至 2 kcal/mol 可使室溫速率常數增加 $(5.4)^{15} = 10^{11}$ 的倍數。

溶液中的許多反應是由酸或鹼或兩者催化的。酯的水解是由 H_3O^+ 和 OH^- (而不是其他 Brønsted 酸或鹼) 來催化的。酯水解的速率定律通常具有以下形式

$$r = k_0[RCOOR'] + k_{H^+}[H_3O^+][RCOOR'] + k_{OH^-}[OH^-][RCOOR']$$

其中速率常數包括提高到未知冪次的水的濃度。嚴格來說，OH^- 不是酯水解的催化劑，而是反應物，因為它與產物 RCOOH 反應。

自催化反應 (autocatalytic reaction) 是產物可以將反應加速。一個例子是酯的 H_3O^+ 催化水解，$RCOOR' + H_2O \rightarrow RCOOH + R'OH$；在此，產物 RCOOH 離子化產生的 H_3O^+ 隨著反應的進行會增加 H_3O^+ 濃度，這會加快反應速率。在基本反應 $A + B \rightarrow C + 2A$ 中發生另一種自催化。速率定律是 $r = k[A][B]$。在反應過程中，A 的濃度增加，這種增加抵消了由 [B] 的減少所引起的 r 的減少。一個壯觀的例子是原子彈。這裡 A 是中子。反應序列 $A + B \rightarrow C + D$ 然後是 $C + E \rightarrow 2A + F$ 是自催化的。

對於某些包含自催化反應步驟的複雜反應，我們觀察到一種或多種物質 (中間體或催化劑) 的濃度隨時間反覆振盪。1921 年，Bray 指出，在 IO_3^- 和 I_2 存在的情況下，H_2O_2 水溶液的均勻封閉系統分解顯示 I_2 濃度反覆波動。Bray 的工作被許多化學家駁回了，他們錯誤地認為，一種物質濃度的波動會違反第二定律的要求，即在封閉系統中，當反應在恆定的 T 和 P 下達到平衡時，G 必須連續減小。最終，人們意識到反應過程中的濃度波動未必違反第二定律，並且 Belousov 和 Zhabotinskii 的實驗工作以及 Prigogine 等人在 1950~1970 年的理論工作牢固地確立了振盪反應的存在。

在封閉系統中，隨著接近平衡，振盪最終將消失。振盪可以在開放系統中無限期保持 (當然，第二定律禁止在封閉系統中圍繞平衡位置進行振盪。當 G 減小且系統趨於平衡時，觀察到的振盪就會發生)。如果不攪拌振盪的反應混合物，則由於中間體或催化劑濃度的空間變化，自催化和擴散可能在溶液中產生模式。振盪反應在生物系統中可能具有相當重要的意義 (它們可能參與心臟跳動等現象)。

抑制劑 (或負催化劑) 是少量添加時會降低反應速率的物質。抑制劑可能破壞存在於系統中的催化劑，或可能與鏈反應中的反應中間體反應。

在地球平流層 (大氣層從 10 或 15 km 到 50 km 的部分，圖 14.17) 中，臭氧的催化破壞是目前的主要問題。當 O_2 吸收紫外線並分解為 O 原子時，$(O_2 + h\nu \rightarrow 2O$，其中 $h\nu$ 表示紫外線輻射的光子－請參閱第 17.2 節) 形成平流層臭氧；O 原子與 O_2 結合形成 O_3 ($O + O_2 + M \rightarrow O_3 + M$ － 參見 16.11 節)。O_3 可以藉由吸收紫外線 ($O_3 + h\nu \rightarrow O_2 + O$) 分解為 O_2 並與 O 反應 ($O_3 + O \rightarrow 2O_2$) 分解為 O_2。這些反應的最終結果是近似穩態的 O_3 平流層濃度為百萬分之幾。平流層僅占大氣質量的 10%，但占大氣臭氧的 90%。

1974 年，F. Sherwood Rowland 和 Mario Molina 提出，Cl 原子藉由下列機制催化平流層 O₃ 的分解

$$Cl + O_3 \rightarrow ClO + O_2$$
$$ClO + O \rightarrow Cl + O_2$$
(16.115)

淨反應為 O₃ + O → 2O₂。臭氧的消耗是不良的，因為它會增加紫外線輻射到我們的量，從而增加皮膚癌和白內障的發病率，降低農作物的產量，破壞一些海洋生物，並改變氣候。

氯氟烴 CFCl₃ 和 CF₂Cl₂ 已用作冰箱和空調中的工作流體，用作清潔電子電路板的溶劑，以及用作生產絕緣泡沫的發泡劑。當釋放到大氣中時，這些氣體緩慢擴散到平流層，在平流層中它們藉由吸收紫外線 (CFCl₃ + $h\nu$ → CFCl₂ + Cl) 產生 Cl 原子。某些 Cl 原子與 CH₄ 反應生成 HCl。而且，由 (16.115) 式中的第一個反應產生的 ClO 自由基與 NO₂ 反應生成 ClONO₂。Cl + CH₄ → CH₃ + HCl 和 ClO + NO₂ → ClONO₂ 的反應束縛了「儲層」物種 HCl 和 ClONO₂ 中的大部分平流層氯，它們並沒有明顯破壞 O₃。因此，如果僅發生均相氣相反應，則平流層 O₃ 的消耗將最小。不幸的是，這種情況並非如此。

在南極冬季 (6 月至 8 月)，南極大部分地區處於黑暗中，寒冷的溫度導致形成平流層雲。極地平流層雲 (PSCs) 中的粒子包含固體硝酸三水合物、冰、固體硫酸四水合物以及 H₂O、HNO₃ 和 H₂SO₄ 的過冷液體溶液的各種組合 [D. Lowe and A. R. MacKenzie, *J. Atmos. Sol.-Terr. Phys.*, **70**, 13 (2008)]。HCl 在固體 PSC 顆粒的表面冷凝並溶解在液體 PSC 顆粒中，並且在顆粒上和顆粒中發生以下反應：

$$ClONO_2 + HCl \rightarrow Cl_2 + HNO_3$$
(16.116)

此反應將氯從儲層物種 HCl 和 ClONO₂ 轉化為 Cl₂。而且，它將氮轉化為 HNO₃，HNO₃ 不易與 Cl 或 ClO 反應。此外，N₂O₅ + H₂O → 2HNO₃ 反應發生在平流層雲表面。由於 N₂O₅ 是 NO₂ 的來源 [回顧 (16.8)]，因此 N₂O₅ 轉化為 HNO₃ 耗盡平流層中的 NO₂。將一些平流層雲沉積到較低的大氣層會除去平流層中的氮。

當春天到南極時 (9 月和 10 月)，太陽再次出現，反應產生的 Cl₂ (16.116) 式容易被紫外線輻射分解成 Cl 原子。Cl 原子與 O₃ 反應生成 ClO。由於冬季平流層雲耗盡了 NO₂，因此 ClO 不會像 ClONO₂ 那樣被束縛。南極平流層中 O 原子的濃度非常低，因此機制 (16.115) 式僅對觀測到的 O₃ 破壞貢獻約 5%。南極 O₃ 消耗的大約 75% 是由於下列的催化機制

$$Cl + O_3 \rightarrow ClO + O_2$$
$$ClO + M \rightarrow (ClO)_2 + M$$
$$(ClO)_2 + h\nu \rightarrow Cl + ClOO$$
$$ClOO + M \rightarrow Cl + O_2 + M$$
(16.117)

其中 M 為第三種原子，第一步驟的化學計量數為 2。(16.117) 式的淨反應為 2 $O_3 \rightarrow 3O_2$。南極臭氧損失的大約 20% 是由於涉及 BrO 和 ClO 的機制。北極平流層中發生了一些臭氧消耗，但遠少於南極洲。與南極平流層相比，北極冬季平流層的雲層較少且壽命較短。

在 9 月和 10 月期間，南極平流層臭氧中約 70% 被破壞。由於南極渦旋的存在，使消耗主要限於南極，南極渦旋是一圈迅速循環的空氣，傾向於隔離南極大氣。11 月，渦旋破裂，南極洲外界臭氧含量高的空氣補充了南極臭氧。

在南極和北極地區以外，已經觀察到由於氯氟烴引起的平流層臭氧大量消耗。這些中緯度損耗的原因是：(a) 來自極地的臭氧稀少的空氣擴散到中緯度；(b) 由 H_2O–H_2SO_4 溶液的液滴組成的平流層氣溶膠，將 N_2O_5 轉化為 HNO_3，並將 $ClONO_2$ 和 HCl 轉化為 Cl_2 和 HOCl，紫外線將其分解為 Cl 和 ClO；(c) 可能通過極地平流層雲處理中緯度空氣。

1992 年的一項國際條約消除了幾乎所有的氯氟烴生產。但是，氯氟烴在大氣中的長壽命意味著南極臭氧洞將持續到 2070 年左右。

關於臭氧消耗的更多資訊，參見 J. W. Anderson et al., *Science*, **251**, 39 (1991); O. B. Toon and R. P. Turco, Scientific American, June 1991, pp. 68-74; P. Hamill and O. B. Toon, Physics Today, Dec. 1991, pp. 34-42; S. Solomon, *Rev. Geophys.*, **37**, 275 (1999)。

16.16 酶催化

活生物體中發生的大多數反應都是由稱為**酶** (enzyme) 的分子催化的。大多數酶是蛋白質（某些 RNA 分子也充當酶）。酶的作用是特異性的。許多酶僅催化特定反應物使其轉化成特定產物（以及逆反應）。其他酶僅催化特定類型的反應（例如，酯水解）。酶大大加快了反應速率，在沒有酶的情況下，大多數生化反應的發生速率可忽略不計。酶作用的分子稱為**底物** (substrate)。底物與酶上的特定活性位點 (active site) 結合形成**酶－底物複合物** (enzyme–substrate complex)。與酶結合後，底物轉化為產物，然後從酶中釋放出來。一些生理毒物藉由與酶的活性位點結合而起作用，從而阻斷（或抑制）酶的作用。抑制劑的結構可能類似於酶底物的結構。氰化物藉由阻斷細胞色素氧化酶而起作用。

單細胞大腸桿菌 (*Escherichia coli*) 是一種在人結腸中繁盛的細菌，包含大約 2500 種不同的酶和總共 10^6 個酶分子。

酶催化有許多可能的方案，但我們僅考慮最簡單的機制，即

$$E + S \underset{k_{-1}}{\overset{k_1}{\rightleftharpoons}} ES \underset{k_{-2}}{\overset{k_2}{\rightleftharpoons}} E + P \tag{16.118}$$

其中 E 是游離酶，S 是底物，ES 是酶－底物複合物，P 是產物。總反應為 S → P。該酶在步驟 1 中消耗，並在步驟 2 中再生。

在大多數有關酶動力學的實驗研究中，酶濃度遠小於底物濃度：$[E] \ll [S]$。因此，中間體 ES 的濃度遠小於 S 的濃度，可以使用穩態近似值 $d[ES]/dt = 0$。通常，反應僅完成幾個百分點，然後確定初始速率。因此，[P] 將非常小，我們應該忽略步驟 -2，因為在反應的早期階段它的速率可以忽略不計。我們有

$$d[ES]/dt = 0 = k_1[E][S] - k_{-1}[ES] - k_2[ES] \tag{16.119}$$

如果 $[E]_0$ 是初始酶濃度，則 $[E]_0 = [E] + [ES]$。由於通常不知道反應期間的酶濃度 $[E]$，而 $[E]_0$ 則是已知的，因此我們以 $[E]_0 - [ES]$ 代替 $[E]$：

$$0 = ([E]_0 - [ES])k_1[S] - (k_{-1} + k_2)[ES]$$

$$[ES] = \frac{k_1[S]}{k_{-1} + k_2 + k_1[S]}[E]_0 \tag{16.120}$$

反應速率為 $r = d[P]/dt = k_2[ES]$（因為忽略了步驟 -2），因此由 (16.120) 式可得

$$r = \frac{k_1 k_2[S]}{k_1[S] + k_{-1} + k_2}[E_0] \tag{16.121}$$

令 [S] 等於其初始濃度 $[S]_0$，我們得到初始速率 r_0

$$r_0 = \frac{k_1 k_2[S]_0[E]_0}{k_1[S]_0 + k_{-1} + k_2} = \frac{k_2[E]_0[S]_0}{K_M + [S]_0} \tag{16.122}$$

其中 **Michaelis 常數** K_M 定義為 $K_M \equiv (k_{-1} + k_2)/k_1$。(16.122) 的倒數是

$$\frac{1}{r_0} = \frac{K_M}{k_2[E]_0}\frac{1}{[S]_0} + \frac{1}{k_2[E]_0} \tag{16.123}$$

(16.122) 式是 **Michaelis–Menten 方程式**，而 (16.123) 式是 *Lineweaver–Burk 方程式*。在 $[E]_0$ 保持固定的情況下，對於多個 $[S]_0$ 值測量 r_0。由於 $[E]_0$ 是已知的，因此從 $1/r_0$ 對 $1/[S]_0$ 的曲線的截距和斜率可以找到常數 k_2 和 K_M。嚴格來說，r_0 不是 t_0 時的速率，因為在建立穩態條件之前會有一個短的感應週期。但是，誘導期通常太短而無法檢測。

圖 16.21 將固定 $[E]_0$ 的 (16.122) 式中的 r_0 對 $[S]_0$ 作圖。在底物高濃度的極限下，實際上所有酶都是 ES 複合物的形式，並且該速率變為最大，而與底物濃度無關。對

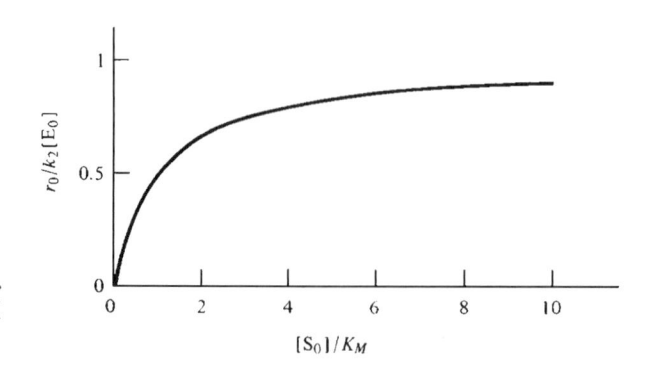

圖 16.21
Michaelis-Menten 機制的初始速率對初始底物濃度的關係。

於 $[S]_0 \gg K_M$，(16.124) 式給出 $r_{0,\max} = k_2[E]_0$。在低底物濃度下，(16.122) 式得出 $r_0 = (k_2/K_M)[E]_0[S]_0$，反應是二階的。(16.122) 式預測，只要 $[E]_0 \ll [S]_0$，則 r 與 $[E]_0$ 成正比，因此穩態條件成立。使用 (16.122) 式中的 $r_{0,\max} = k_2[E]_0$ 可得

$$r_0 = \frac{r_{0,\max}[S]_0}{K_M + [S]_0}, \qquad r_{0,\max} = k_2[E]_0$$

當 $[S]_0$ 等於 K_M 時，我們看到 $r_0 = \frac{1}{2}r_{0,\max}$，因此 K_M 等於 r_0 為其最大可能值的一半時的底物濃度。

$r_{0,\max}/[E]_0$ 是酶的**周轉數** (turnover number)(或**催化常數** k_{cat})。周轉數是 1 莫耳酶在單位時間內產生的最大產物莫耳數，也是一個酶分子在單位時間內產生的最大產物分子數。從前面段落 $r_{0,\max} = k_2[E]_0$，因此簡單模型 (16.118) 式的周轉數為 k_2 ($k_{\text{cat}} = k_2$)。酶的周轉數範圍為每秒 $10^{-2} \sim 10^6$ 個分子，典型值為 10^3 s^{-1}。一分子碳酸酐酶每秒將使 6×10^5 H_2CO_3 分子脫水；反應 $H_2CO_3(aq) \rightleftharpoons H_2O + CO_2(aq)$ 對於從肺毛細血管中排出 CO_2 至關重要。為了進行比較，異相催化的典型周轉速率 (第 16.18 節) 為 1 s^{-1}。

儘管許多關於酶動力學的實驗研究給出了與 Michaelis–Menten 方程式一致的速率定律，但機制 (16.118) 式過於簡化。一方面，有很多證據顯示，雖然底物與酶結合，但通常在釋放為產物之前會發生化學變化。因此，更好的模型是

$$E + S \rightleftharpoons ES \rightleftharpoons EP \rightleftharpoons E + P \tag{16.124}$$

模型 (16.124) 式給出的速率定律與 Michaelis–Menten 方程式的形式相同，但是常數 k_2 和 K_M 被具有不同含義的常數替代。(16.118) 式的另一個缺陷是它將催化反應作為 $S \rightleftharpoons P$，而大多數酶催化反應涉及兩種底物和兩種產物：$A + B \rightleftharpoons P + Q$。然後該酶具有兩個活性位點，每個底物一個。對於兩個底物，存在許多可能的機制。有關詳細資訊，請參見 A. R. Schulz, *Enzyme Kinetics*, Cambridge Univ. Press, 1994。

酶反應非常快，但是可以將 [E] 和 [S] 保持在低濃度而使用「古典」方法進行研究。典型值為 $[E] = 10^{-9}$ mol dm^{-3} 和 $[S] = 10^{-5}$ mol dm^{-3}。[S]/[E] 的比值必須很大以確保穩態條件。研究快速反應 (例如快速流動、鬆弛) 的現代方法比古典方法提供更多的資訊，因為可以確定多步機制中各個步驟的速率常數。

對於酶和溶液中底物之間的擴散控制反應，(16.109) 式和 (16.111) 式必須進行修正，以允許酶上的活性位點只是大分子的一小部分。已經提出了各種模型，這些模型預測了室溫下水中擴散控制的酶－底物速率常數在 $10^8 \sim 10^{10}$ dm^3 mol^{-1} s^{-1} 之間。[K. E. van Holde, *Biophys. Chem.*, **101–102**, 249 (2002); S. C. Blacklow et al., Biochemistry, 27, 1158 (1988)]。當 (16.122) 式中的 $[S]_0 \ll K_M$ 時，速率為 $r_0 = (k_2/K_M)[E]_0[S]_0$。對於許多酶催化的反應，$k_2/K_M$ 處於或接近於擴散控制範圍 $10^{9\pm1}$ dm^3 mol^{-1} s^{-1}。為了測試這些反應是否受擴散控制，可以按照 (16.112) 式的預測，向溶液中添加一種化學物質，以增加溶液的黏度，並查看速率常數是否與黏度成反比。這樣的實驗顯示，許多酶催化的反應都是受擴散控制的 [M. G. Snider et al., *J. Phys. Org. Chem.*, **17**, 586 (2004)]。

16.17 氣體在固體上的吸附

作為研究異相催化的準備 (第 16.18 節)，我們首先考慮氣體分子在固體表面的吸附。諸如 Pt、Pd 和 Ni 細分的固體的工業上重要的催化活性是由氣體的吸附引起的。吸附研究中常用的氣體包括 He、H_2、N_2、O_2、CO、CO_2、CH_4、C_2H_6、C_2H_4、NH_3 和 SO_2。常用的固體包括金屬、金屬氧化物、矽膠 (SiO_2) 和木炭形式的碳。在其表面發生吸附的固體稱為**吸附劑** (adsorbent)。被吸附的氣體是**被吸附物** (adsorbate)。吸附發生在固−氣界面，與吸收不同，在吸收中氣體滲透到整個固相。吸收的一個例子是水蒸氣與無水 $CaCl_2$ 反應形成水合物。

氣固研究的一個複雜之處在於，固體的表面是粗糙的，很難可靠地確定固體的表面積。

化學吸附和物理吸附

在固體上的吸附分為**物理吸附** (physical adsorption) 和化學吸附 (chemical adsorption or chemisorption)。兩者之間的分界線並不是很明顯。在物理吸附中，氣體分子藉由相對較弱的分子間 van der Waals 力保持在固體表面。在化學吸附中，化學反應發生在固體表面，氣體藉由相對強的化學鍵保持在表面。

物理吸附是不特定的。例如，只要溫度足夠低，N_2 就會物理吸附在任何固體上。化學吸附與普通化學反應相似，因為它具有很高的特定性。例如，N_2 在室溫下化學吸附在 Fe、W、Ca 和 Ti 上，而不在 Ni、Ag、Cu 或 Pb 上。固態金會化學吸收 O_2、C_2H_2 和 CO，但不會吸收 H_2、CO_2 或 N_2。

化學吸附的焓變通常在大小上比物理吸附的大得多。化學吸附的 ΔH_m 通常為 $-40 \sim -800$ kJ/mol($-10 \sim -200$ kcal/mol)，而物理吸附的 ΔH_m 通常為 $-4 \sim -40$ kJ/mol($-1 \sim -10$ kcal/mol)，類似於氣體冷凝焓。化學鍵可能會斷裂並形成化學吸附 (例如，H_2 作為 H 原子化學吸附在金屬上)。因此，我們可能希望 ΔH 對化學吸附同時顯示正值和負值，這與普通化學反應中的 ΔH 相似。但是，我們期望氣體化學吸附到固體上的 ΔS 具有大的負值，因此化學吸附的 ΔH 必須更為負，以使 ΔG 變為負並產生大量的化學吸附。一個例外是 $H_2(g)$ 在玻璃上的化學吸附。在這裡，由一莫耳 $H_2(g)$ 形成的兩莫耳被吸附的 H 原子在固體表面具有顯著的遷移率，並且比 $H_2(g)$ 具有更大的熵，化學吸附的 ΔH 略為正。參見 J. H. de Boer, *Adv. Catal.*, **9**, 472 (1957)。

對於化學吸附，一旦吸附氣體的單層覆蓋了固體表面，氣體 (物種 B) 和固體 (物種 A) 之間就不會發生進一步的化學反應。對於物理吸附，一旦形成單分子層，單分子層中吸附的 B 分子與氣相 B 分子之間的分子間相互作用可導致形成第二層吸附氣體。形成第一層物理吸附分子的焓變由固−氣 (A-B) 分子間作用力決定，而形成第二、第三、... 物理吸附層的焓變由 B-B 分子間作用力決定，且與氣體 B 凝結成液體的 ΔH 大約相同。儘管只能化學吸附一層，但有時會在化學吸附單層的頂部發生其他

層的物理吸附。

化學吸附發生的化學反應已經確定用於多個系統。當 H_2 被化學吸附在金屬上時，在表面上會形成 H 原子並與金屬原子鍵結，這一事實證明了化學吸附 H_2 的金屬將催化交換反應 $H_2 + D_2 \rightarrow 2HD$。$C_2H_6$ 在金屬上的化學吸附主要由於 C—H 鍵的斷裂而發生，而由於 C—C 鍵的斷裂可忽略不計；這是由比較金屬催化的交換和裂解反應 $C_2H_6 + D_2 \rightarrow C_2H_5D + HD$ 和 $C_2H_6 + H_2 \rightarrow 2CH_4$ 的速率得到的證據。化學吸附的結構是

```
   H  CH2CH3            H3C  CH3
   |   |                  \  /
  —M—M—        和       —M—M—
   |   |                  |  |
```

其中 M 是表面金屬原子。CO_2 在金屬氧化物上的化學吸附可能會隨著碳酸根離子的形成：$CO_2 + O^{2-} \rightarrow CO_3^{2-}$ 而發生。化學吸附在金屬上的 CO 的紅外光譜與羰基金屬化合物的紅外光譜的比較表明，根據所使用的金屬，會發生圖 16.22 所示的一種或兩種鍵結。在某些情況下，化學吸附的 CO 分子的碳同時鍵結到三個 M 原子。

具有未共享電子對或多個鍵的 CO、NH_3 和 C_2H_4 等物種可以被化學吸附而不會解離 [**非解離** (nondissociative) 或 **分子吸附** (molecular adsorption)]。相反，像 H_2、CH_4 和 C_2H_6 這樣的物種通常在化學吸附時會解離 [**解離吸附** (dissociative adsorption)]。一些氣體 (例如，CO、N_2) 經歷離解性吸附和非離解性吸附，這取決於所使用的吸附劑。

圖 16.23a 顯示了物理吸附在金屬 M 表面上的 H_2。圖 16.23b 顯示了 H_2 解離地化學吸附在 M 上。

☕ 吸附等溫線

在通常條件下，固體表面覆蓋著主要來自大氣氣體的吸附物質 (例如碳、碳氫化合物、氧、硫和水)。固—氣吸附研究首先要乾淨的固體表面。為了產生乾淨的表面，可以在高真空下強烈加熱固體，此過程稱為除氣 (outgassing)。但是，這樣的加熱可能不會吸收所有的表面污染物。更好的方法是在真空中蒸發固體並將其冷凝為固體表面上的薄膜。另一種清潔方法是用 Ar^+ 離子轟擊表面。或者，可以在真空中裂解晶體以產生乾淨的表面。

在吸附研究中，在給定溫度下吸附的氣體量根據與固體平衡的氣體壓力 P 進行測量。裝有吸附劑的容器在恆溫浴中，並藉由旋塞與被吸附氣體分開。固體樣品吸附的氣體的莫耳數 n 可以從樣品暴露於氣體中時觀察到的氣壓變化來計算 (使用理想氣體定律)，或者可以利用觀察懸掛了吸附劑容器的彈簧的拉伸來求出。吸附劑容器懸掛在其中 (其他用於測量很

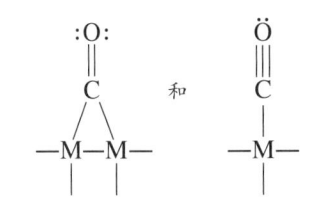

圖 16.22
CO 化學吸附在金屬表面。

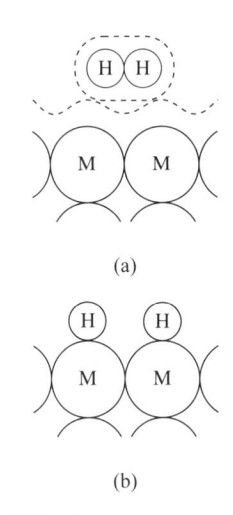

圖 16.23
(a) H_2 物理吸附在金屬表面。虛線是使用原子的 van der Waals 半徑繪製的。(b) H_2 分解化學吸附在金屬表面。

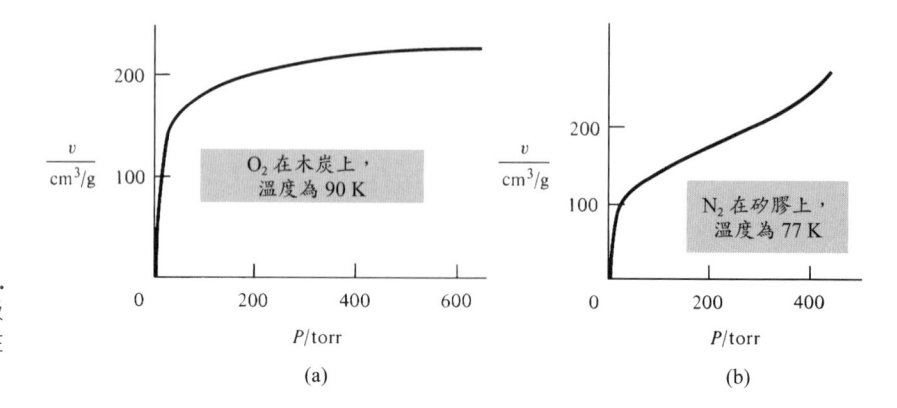

圖 16.24
(a) 在 90 K 下 O_2 在木炭上的吸附等溫線。(b) 在 77 K 下 N_2 在矽膠上的吸附等溫線。

小的質量變化的設備是電天平和石英晶體微量天平)。

利用在不同的初始壓力下重複實驗，可以得出在固定的吸附劑溫度下吸附的莫耳數 n 對平衡氣體壓力 P 的一系列值。如果 m 為吸附劑質量，則 n/m (每克吸附劑吸附的氣體莫耳數) 在固定 T 下對 P 的關係圖為**吸附等溫線** (adsorption isotherm)。由於沒有充分的理由，傳統的方法是繪製吸附等溫線，並以吸附量表示為每克吸附劑吸附的氣體體積 v (校正為 0°C 和 1 atm)。v 與 n/m 成正比。圖 16.24 顯示了兩個典型的等溫線。

對於在 90 K 木炭上的 O_2 (圖 16.24a)，吸附量隨 P 的增加而增加，直到達到極限值為止。該等溫線被稱為 I 型，其解釋是在吸附極限時，固體表面被 O_2 分子的單分子層覆蓋，此後不再吸附任何 O_2。I 型等溫線很典型用於化學吸附。圖 16.24b 中的等溫線為 II 型。在此，在基本上完成單層吸附氣體的形成之後，氣壓的進一步升高導致形成第二層吸附分子，然後形成第三層等 (多層吸附)。II 型等溫線通常用於物理吸附。

1918 年，Langmuir 使用一個簡單的固體表面模型來導出等溫線方程式。他假設固體具有均勻的表面，被吸附的分子彼此不相互作用，被吸附的分子位於特定的位置，並且只能吸附單層。

在平衡時，分子從表面的吸附和脫附速率相等。令 N 為裸露的固體表面上的吸附位點數 (例如，在金屬氧化物上化學吸附 CO_2 以產生 CO_3^{2-}，N 是表面上的氧化物離子數)。令 θ 是平衡狀態下被吸附物所占據的吸附位點的分率。脫附速率與吸附分子的數量 θN 成正比，等於 $k_d \theta N$，其中 k_d 在固定溫度下為常數。吸附速率與氣相分子與未占據的吸附位點的碰撞速率成正比，因為只能形成單層。氣體分子與表面的碰撞速率與氣體壓力 P 成正比 [方程式 (14.56)]，未占用的位點數為 $(1-\theta)N$。因此，吸附速率為 $k_a P(1-\theta)N$，其中 k_a 在固定 T 下為常數。令吸附速率和脫附速率相等並求解 θ，我們得到

$$k_a P(1-\theta)N = k_d \theta N$$

$$\theta = \frac{k_a P}{k_d + k_a P} = \frac{(k_a/k_d)P}{1+(k_a/k_d)P} = \frac{bP}{1+bP} \quad \text{其中 } b(T) \equiv k_a/k_d \quad \textbf{(16.125)}$$

由於速率常數 k_a 和 k_d 取決於溫度，b 取決於 T。在壓力 P 處占據的位點的分率 θ 等於

v/v_mon，其中 v 是在 P 處吸附的體積 (如先前定義)，而 v_mon 是單層覆蓋整個表面時在高壓極限中吸附的體積。(16.125) 式變為

$$v = \frac{v_\text{mon} bP}{1 + bP} \qquad (16.126)$$

Langmuir 等溫線 [16.126 式] 的形狀類似於圖 16.24a。在低 P 極限下，根據 $\theta \approx bP$ 可以忽略 (16.125) 式分母中的 bP，並且 θ 與 P 線性增加。在高 P 極限下，$\theta \rightarrow 1$。圖 16.25 根據 Langmuir 等溫線 (16.125) 式對 b 的多個值繪製了 θ 對 P 的關係圖 (將此圖與圖 16.26 進行比較)。

為了測試 (16.126) 式是否適合給定的數據集，我們可以取每邊的倒數得到 $1/v = 1/v_\text{mon}bP + 1/v_\text{mon}$。如果遵循 Langmuir 等溫線，則 $1/v$ 對 $1/P$ 的關係將給出一條直線。我們發現 Langmuir 等溫線在許多 (但並非全部) 化學吸附情況下均能很好地發揮作用。

在推導 Langmuir 等溫線時，我們假設只有一種氣體被化學吸附，並且這種吸附是非解離的。如果兩種氣體 A 和 B 在同一表面上進行非解離吸附，則 Langmuir 的假設給出

$$\theta_A = \frac{b_A P_A}{1 + b_A P_A + b_B P_B} \quad \text{和} \quad \frac{v}{v_\text{mon}} = \frac{b_A P_A + b_B P_B}{1 + b_A P_A + b_B P_B} \qquad (16.127)$$

其中 θ_A 是 A 分子占據的吸附位點的分率，b_A 和 b_B 是常數。

如果根據 $A_2(g) \rightleftharpoons 2A(ads)$ 解離吸附了單一氣體 (其中 ads 表示吸附)，則 Langmuir 等溫線變為

$$\theta = \frac{b^{1/2} P^{1/2}}{1 + b^{1/2} P^{1/2}} \qquad (16.128)$$

圖 16.25
對於速率常數比 $b \equiv k_a/k_d$ 的幾個值，表面覆蓋率對氣體壓力的 Langmuir 等溫線，在 $bP = 1$ 時，表面被覆蓋了 50%。

Langmuir 的大多數假設都是錯誤的。大多數固體的表面不均勻，脫附速率取決於被吸附分子的位置。相鄰吸附分子之間的作用力通常很大，如吸附熱隨 θ 的增加而變化所示。有很多證據顯示被吸附的分子可以在表面上移動。對於物理吸附的分子，其遷移率遠大於化學吸附的分子，並且隨著 T 的增加而增加。多層吸附在物理吸附中很常見。因此，不能過分認真地考慮 (16.126) 式的 Langmuir 的推導。與 Langmuir 的推導相比，Langmuir 等溫線的統計力學推導所需的假設較少。

Freundlich 等溫線

$$v = kP^a \qquad (16.129)$$

其中 k 和 a 為常數 ($0 < a < 1$)，是根據經驗在 19 世紀提出的。(16.129) 式給出 $\log v = \log k + a \log P$。$\log v$ 對 $\log P$ 作圖可得截距 $\log k$ 和斜率 a。Freundlich 等溫線可以藉由修改 Langmuir 假設來推導，以允許固體上

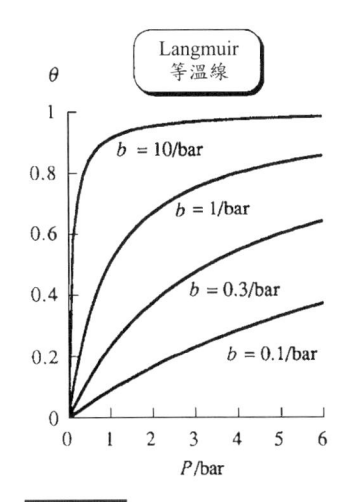

有幾種吸附位，每種吸附位具有不同的吸附熱。Freundlich 等溫線在非常高的壓力下不成立，但在中間壓力下通常比 Langmuir 等溫線更精確。

Freundlich 方程式通常用於將溶質從液體溶液吸附到固體上。在此，溶質的濃度 c 代替 P，每單位質量吸附劑吸收的質量代替 v。

Langmuir 和 Freundlich 等溫線僅適用於 I 型等溫線。1938 年，Brunauer、Emmett 和 Teller 修正了 Langmuir 的假設，為多層物理吸附 (II 型) 提供了等溫線。他們的結果是

$$\frac{P}{v(P^* - P)} = \frac{1}{v_{mon}c} + \frac{c-1}{v_{mon}c}\frac{P}{P^*} \tag{16.130}$$

其中，v 的定義如上，v_{mon} 是對應於單層的 v，c 是在固定 T 下的常數，P^* 是在實驗溫度下被吸附物的蒸氣壓 (對於 $P \geq P^*$，氣體冷凝成液體)。常數 c 和 v_{mon} 可以從 $P/v(P^* - P)$ 對 P/P^* 的曲線的斜率和截距中獲得。Brunauer–Emmett–Teller (BET) 等溫線非常適合許多 II 型等溫線，特別是在中等壓力下。一旦從 BET 等溫線獲得了 v_{mon}，就知道形成單分子層所需的分子數，並且可以藉由使用一個吸附分子所佔表面積的估算值來估算固體吸附劑的表面積。

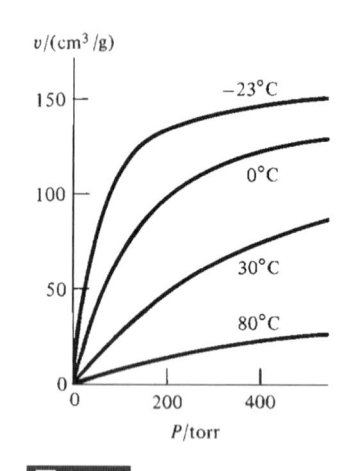

吸附幾乎是放熱的，並且隨著溫度的升高，按照勒沙特列原理 (Le Châtelier's Principle)，在給定的 P 下吸附量幾乎是減少。見圖 16.26。從一組等溫線中，可以讀出每個等溫線上的壓力，該壓力對應於 v 的固定值，因此對應於固定的表面覆蓋率 θ。這告訴我們在固定 θ 處與固體表面平衡的氣體壓力 P 如何隨 T 變化。如果氣體是理想氣體，則熱力學分析可以得出這些變量之間的以下關係 (有關推導，請參見 *Defay, Prigogine, Bellemans, and Everett*, pp. 48-50)：

$$\left(\frac{\partial \ln P}{\partial T}\right)_\theta = -\frac{\Delta \bar{H}_a}{RT^2} \tag{16.131}$$

圖 16.26
在幾個溫度下，NH_3 在木炭上的吸附等溫線。

其中，吸附的微分莫耳焓 $\Delta \bar{H}_a$ 等於 dH/dn，其中 dH 是當 dn 莫耳被吸附在覆蓋率 θ 時的最小焓變。正如溶液的微分熱 (第 9.4 節) 取決於溶液的濃度一樣，$\Delta \bar{H}_a$ 取決於表面覆蓋率的分率 θ。請注意 (16.131) 式與 Clausius–Clapeyron 方程式 $d \ln P/dT = \Delta_{vap}H_m/RT^2$ 的相似之處。

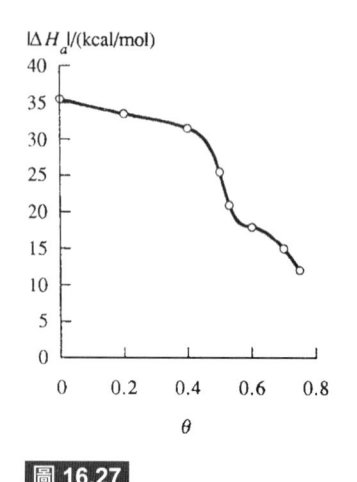

$-\Delta \bar{H}_a$ 是吸附的等規熱 (isosteric heat of adsorption)，其中「等規」是指 θ 的恆定性。由於 $d(1/T) = -(1/T^2)dT$，在固定 θ 下，$\ln P$ 對 $1/T$ 作圖，斜率為 $\Delta \bar{H}_a/R$。我們發現，隨著 θ 的增加，$|\Delta \bar{H}_a|$ 通常會顯著降低 (圖 16.27)。發生這種情況的原因是，最強的結合位點往往先被填充，並且由於 θ 的增加，吸附物質之間的排斥力也會增加。

圖 16.27
CO 在 Pd 的 (111) 表面上的吸附等位勢。

除了研究吸附等溫線外，還可以利用加熱覆蓋有被吸附物的固體並

隨著 T 的升高監測脫附氣體的壓力來獲得吸附的資訊，這一過程稱為熱脫附 (thermal desorption)。見第 16.18 節。

目前，關於固體的表面結構和吸附在固體上的物質的結構的研究呈爆炸性增長，這對於異相催化和微電子學很重要。

16.18 異相催化

許多工業化學反應是在固體催化劑存在下進行的。例子是由 N_2 和 H_2 鐵催化合成 NH_3；高分子量的烴 SiO_2/Al_2O_3 －催化裂解為汽油；將 SO_2 進行 Pt 催化 (或 V_2O_5 催化) 氧化為 SO_3，然後與水反應生成 H_2SO_4，這是領先的工業化學品 (美國年產量 10^{11} 磅)。分佈在矽藻土上的液態催化劑 H_3PO_4 用於烯烴的聚合。

固態催化可以大大降低活化能。對於 $2HI \rightarrow H_2 + I_2$，未催化的均相反應的活化能為 44 kcal/mol，以 Au 催化的活化能為 25 kcal/mol，Pt 催化的活化能為 14 kcal/mol。A 因子也已更改。

為了使固體催化劑有效，必須將一種或多種反應物化學吸附在固體上 (第 16.17 節)。物理吸附僅在某些特殊情況下 (例如自由基的重組) 在異相催化中才有意義。

僅少數幾種異相催化反應的機制是已知的。在寫這種機制時，吸附部位通常用星號表示。也許最好理解的異相催化反應是 Pt 或 Pd 催化劑上的 CO 氧化 (在汽車催化轉換器中很重要的反應)。機制是

$$CO(g) + * \rightleftharpoons \underset{*}{CO} \qquad \text{和} \qquad O_2(g) + 2* \rightarrow \underset{*}{2O}$$

$$\underset{*}{O} + \underset{*}{CO} \rightarrow CO_2(g) + 2*$$

圖 16.22 顯示了可能的 CO 吸附結構。每個星號是固體表面上的金屬原子 [在某些條件下，由於吸附的 CO 引起的金屬表面結構的可逆變化，該反應顯示出速率振盪。參見 R. Imbihl and G. Ertl, *Chem. Rev.*, **95**, 697(1995)]。

大多數異相催化劑是金屬、金屬氧化物或酸。常見的金屬催化劑包括 Fe、Co、Ni、Pd、Pt、Cr、Mn、W、Ag 和 Cu。許多金屬催化劑是具有部分空的 d 軌域的過渡金屬，可用於與化學吸附物質鍵結。常見的金屬氧化物催化劑為 Al_2O_3、Cr_2O_3、V_2O_5、ZnO、NiO 和 Fe_2O_3。常見的酸催化劑是 H_3PO_4 和 H_2SO_4。

好的催化劑應具有適中的反應物吸附焓值。如果 $|\Delta \bar{H}_{ads}|$ 非常小，則吸附很少，因此反應緩慢。如果 $|\Delta \bar{H}_{ads}|$ 很大，則反應物將非常緊密地保持在它們的吸附位，並且幾乎沒有相互反應的趨勢。

為了增加暴露的表面積，催化劑通常分佈在多孔載體的表面上。常見的載體是矽膠 (SiO_2)、氧化鋁 (Al_2O_3)、碳 (以木炭形式) 和矽藻土。載體可以是惰性的或可以貢

獻催化活性。

通過添加稱為促進劑 (promoter) 的物質，可以提高催化劑的活性並延長其壽命。NH_3 合成中使用的鐵催化劑含有少量的 K、Ca、Al、Si、Mg、Ti、Zr 和 V 的氧化物。Al_2O_3 用作阻擋層，可防止 Fe 的微小晶體結合在一起 (燒結)；形成較大的晶體會降低表面積和催化活性。

與催化劑牢固結合的少量某些物質可能使其失去活性 (或中毒)。這些毒物可能以雜質形式存在於反應物中或作為反應副產物形成。催化毒物包括具有孤單對電子的 S、N 和 P 的化合物 (例如，H_2S、CS_2、HCN、PH_3、CO) 和某些金屬 (例如，Hg、Pb、As)。因為鉛是催化毒物，所以無鉛汽油必須用於裝有催化轉換器的汽車中，該轉換器用於去除廢氣中的污染物。

消除催化劑活性所需的毒物量通常比完全覆蓋催化劑表面所需的毒物量少得多。這顯示催化劑的活性在很大程度上限於一部分表面位點，稱為活性位點 (active sites) (或活性中心)。固體表面不光滑且不均勻，在原子尺度上是粗糙的。金屬催化劑的表面包含階梯狀的跳躍，這些跳躍連接了相對光滑的平面。烴鍵主要在這些階梯而不是在光滑平面上斷裂。

在固體催化的流體相反應中，會發生以下步驟：(1) 反應物分子擴散到固體表面；(2) 在表面上化學吸附至少一種反應物；(3) 吸附在相鄰位點上的分子之間或吸附分子和與表面發生碰撞的流體相分子之間的化學反應 (4) 產物從表面脫附；(5) 產物擴散到流體中。對於在兩個吸附分子之間發生的反應，吸附分子在表面上的遷移可能發生在步驟 2 和 3 之間。

一般處理涉及所有五個步驟的速率，並且很複雜。在許多情況下，若這些步驟中有一步驟比所有其他步驟都慢得多，則只需要考慮慢速步驟的速率。我們將主要考慮氣體的固體催化反應，其中步驟 3 比所有其他步驟慢得多。

如果步驟 3 涉及化學吸附在表面上的物質之間，則稱此反應是 **Langmuir-Hinshelwood** 機制發生的。如果步驟 3 涉及化學吸附物質與流體相物質的反應，則該機制稱為 **Rideal-Eley**。人們認為 Langmuir-Hinshelwood 機制比 Rideal-Eley 機制更普遍。

步驟 3 可以包含一個以上的基本化學反應。由於表面反應的詳細機制通常是未知的，因此我們採用簡化的假設，即將步驟 3 包括一個單分子或雙分子基本反應或一個緩慢的 (速率決定) 基本反應，然後進行一個或多個快速步驟。可以將此假設與酶催化的過於簡化機制 (16.118) 式的假設進行比較。

由於我們假設每種物質的吸附和脫附速率遠大於化學反應速率，因此在反應過程中每種物質的吸附－脫附平衡得以維持。因此，我們可以使用 Langmuir 等溫線 (第 16.17 節)，該等溫線是令給定物種的吸附速率和脫附速率相等而得出的。Langmuir 等溫線假定表面均勻，這在異相催化中遠非如此，因此 Langmuir 等溫線的使用在處理中過於簡化了。

異相催化反應的轉化率 J 由 (16.2) 式定義為 $v_B^{-1} dn_B/dt$，其中 v_B 是整個反應中任何物種 B 的化學計量數 (第 4.8 節)。由於化學反應發生在催化劑表面，因此 J 顯然與催化劑的表面積 $\mathcal{A}$ 成正比。令 r_s 為催化劑**每單位表面積的轉化率**。因此

$$r_s \equiv \frac{J}{\mathcal{A}} \equiv \frac{1}{\mathcal{A}} \frac{1}{v_B} \frac{dn_B}{dt} \tag{16.132}$$

如果 $\mathcal{A}$ 未知，則使用催化劑每單位質量的轉化率。

假設表面上的基本反應是單分子步驟 A → C + D。則 r_s，即每單位表面積的轉化率將與每單位表面積吸附的 A 分子的數量成正比 $(n_A/\mathcal{A})$，而這又將與 θ_A 成正比，θ_A 是 A 分子占據的吸附位點的分率。因此，$r_s = k\theta_A$，其中速率常數 k 的單位為 mol cm^{-2} s^{-1}。由於產物 C 和 D 可能會與 A 競爭吸附位點，因此我們使用 Langmuir 等溫線的形式，該等溫線適用於吸附一種以上的物質。(16.127) 式推廣到幾種非解離吸附物種為

$$\theta_A = \frac{b_A P_A}{1 + \sum_i b_i P_i} \tag{16.133}$$

其中總和是對所有物種求和。速率定律 $r_s = k\theta_A$ 變為

$$r_s = k \frac{b_A P_A}{1 + b_A P_A + b_C P_C + b_D P_D} \tag{16.134}$$

若產物的吸附能力很弱 ($b_C P_C$ 和 $b_D P_D \ll 1 + b_A P_A$)，則

$$r_s = k \frac{b_A P_A}{1 + b_A P_A} \tag{16.135}$$

(16.135) 式的低壓和高壓極限為

$$r_s = \begin{cases} kb_A P_A & \text{低 } P \\ k & \text{高 } P \end{cases}$$

在低 P 下，反應是一階；在高 P，反應是零階。在高壓下，表面完全被 A 覆蓋，因此 P_A 的增加對速率沒有影響。注意與 Michaelis–Menten 方程式 (16.122) 的低底物和高底物極限相似。實際上，(16.122) 式和 (16.135) 式具有基本相同的形式。也比較圖 16.21 和 16.24a。在酶催化和異相催化中，都與有限數量的活性位點結合。

PH$_3$ 在 700°C 的 W 催化分解遵循速率定律 (16.135) 式，低於 10^{-2} torr 時為一階，高於 1torr 時為零階。N$_2$O 在 Mn$_3$O$_4$ 上的分解具有 $r_s = kP_{N_2O}/(1 + bP_{N_2O} + cP_{O_2}^{1/2})$；此速率定律與 (16.134) 式相似，不同之處在於 P_{O_2} 出現 $\frac{1}{2}$ 次方，表明 O$_2$ 的解離吸附，可將此速率定律與 (16.128) 式比較。產物 O$_2$ 被吸附為 O 原子，並與 N$_2$O 競爭活性位點，從而抑制了反應。

假設基本表面反應是雙分子，A + B → C + D，並且兩種反應物都吸附在表面上。在液體或氣體中，分子通過流體擴散直至發生碰撞並可能發生反應，並且基本反應速率與體積濃度 $(n_A/V)(n_B/V)$ 的乘積成正比。同樣，吸附在固體表面上的反應物分子可以從一個吸附位點遷移或擴散到另一個吸附位點，直到它們遇到並可能發生反應為

止,並且反應速率與表面濃度 $(n_A/\mathcal{A})(n_B/\mathcal{A})$ 的乘積成正比,而這又將與 $\theta_A \theta_B$ 成正比。因此,$r_s = k\theta_A \theta_B$。對於非解離吸附的物種,使用 Langmuir 等溫線 (16.133) 式可得

$$r_s = k \frac{b_A b_B P_A P_B}{(1 + b_A P_A + b_B P_B + b_C P_C + b_D P_D)^2} \tag{16.136}$$

假設反應物 B 被吸附的能力比所有其他物種強得多:$b_B P_B \gg 1 + b_A P_A + b_C P_C + b_D P_D$。則,$r_s = k b_A P_A / b_B P_B$ 而反應物 B 抑制反應。可以理解這種看似矛盾的情況,當反應物 B 比反應物 A 更強地被吸附時,被 A 占據的表面的分率趨近於零;因此 $r_s = k\theta_A \theta_B$ 趨近於零。當兩種反應物均等被吸附時,發生最大速率。由反應物抑制的一個例子是 Pt 催化的反應 $2CO + O_2 \to 2CO_2$(在本節的前面討論),其速率與 CO 壓力成反比。CO 比 O_2 與血紅蛋白中的 Fe 原子結合更牢固,因此是一種生理毒物。

對於 Rideal-Eley 雙分子機制 A(*ads*) + B(*g*) → 產物,速率與 $\theta_A P_B$ 成正比,因為 B 與表面的碰撞速率與 P_B 成正比。對於 θ_A 使用 Langmuir 等溫線 (16.133) 式得出的速率定律不同於 (16.136) 式。

促進的鐵催化劑上 NH_3 合成的速率定律不能擬合為 Langmuir 型方程式。在此,速率決定步驟是 N_2 的解離吸附(上述方案中的步驟 2)。參見 *Wilkinson*, pp. 246-247。在某些情況下,產物的脫附是速率決定步驟。

☕ 氣體在固體的吸附、脫附和表面遷移的動力學

全面理解異相催化需要了解吸附、脫附和表面遷移的動力學。

吸附反應 B(*g*) → B(*ads*)(非離解吸附)或 B(*g*) → C(*ads*) + D(*ads*)(解離吸附)的速率 $r_{ads} = -(1/\mathcal{A})(dn_B(g)/dt)$ 為 $r_{ads} = k_{ads} f(\theta)[B(g)]$,其中 $f(\theta)$ 是所占吸附位點的分率 θ 的函數。在 Langmuir 處理中(第 16.17 節),$f(\theta) = 1 - \theta$ 用於非解離吸附,$f(\theta) = (1 - \theta)^2$ 用於解離吸附,其中需要兩個相鄰的空吸附位點。吸附速率常數為 $k_{ads} = A_{ads} e^{-E_{a,ads}/RT}$,其中 $E_{a,ads}$ 是吸附的活化能,即 B 分子需要吸附的最小能量。對於清潔金屬表面上的大多數常見氣體,化學吸附被發現未活化 (nonactivated),表示 $E_{a,ads} \approx 0$。

在常壓下氣體分子與表面的碰撞率很高,而 $E_{a,ads}$ 通常為零這一事實意味著在常壓下化學吸附非常快。為了研究其動力學,受污染的背景氣體必須處於極低的壓力下 (10^{-10} torr 或更低),所研究氣體的初始壓力必須非常低(通常為 10^{-7} torr)。利用監測保持在固定溫度 T 的氣體與固體之間的接觸壓力對時間的關係,可以測量吸附速率。

吸附速率通常用黏著係數 (sticking coefficient)(或黏著機率) s 表示,定義為

$$s \equiv \frac{\text{單位面積吸附率}}{\text{單位面積的氣固碰撞率}} = \frac{r_{ads}}{P(2\pi MRT)^{-1/2}}$$

其中使用 (14.56) 式(除以 N_A 將其從分子速率轉換為莫耳速率)。$r_{ads} \equiv -(1/\mathcal{A})dn_{B(g)}/dt$ 的測量得出 s。黏著係數 s 取決於氣體、固體、固體的哪個晶面暴露、溫度以及表面的覆蓋分率 θ。當 $\theta = 1$ 時 s 變為零,因為僅單層可以被化學吸附。在 Langmuir 處理

(第 16.17 節)，對於非解離吸附，s 和 r_{ads} 與 $1 - \theta$ 成正比，但是實驗數據通常顯示較複雜的 s 隨 θ 的變化 (圖 16.28)。$s(\theta)$ 通常大於 Langmuir 表達式。我們可以假設撞擊被占據的吸附位點的分子可以在那裡進行物理吸附，然後遷移到附近的一個空位點進行化學吸附，來解釋這一點。對於發生化學吸附的溫度下的清潔金屬上的 H_2、O_2、CO 和 N_2，零表面覆蓋率 ($\theta = 0$) 下的黏著係數 s_0 通常為 0.1 至 1，但偶爾會更小。在大多數情況下，s_0 隨溫度升高而降低或保持大致相同。在少數情況下，s_0 隨著 T 的增加而增加；在這裡，化學吸附被活化：$E_{a,ads} > 0$。

脫附反應 B(ads) → B(g) 的速率為 $r_{des} = -(1/\mathcal{A})dn_{B(ads)}/dt = -d[B]_s/dt = k_{des}[B]_s$，其中 $[B]_s \equiv n_{B(ads)}/\mathcal{A}$ 是 B(ads) 的表面濃度。脫附速率常數為 $k_{des} = A_{des} e^{-E_{a,des}/RT}$，其中 $E_{a,des}$ 是脫附的活化能。對於此一級反應，B(ads) 在表面的典型壽命可以視為半衰期 $t_{1/2} = 0.693/k_{des}$。對於雙分子脫附 C(ads) + D(ads) → B(g)，我們有 $r_{des} = -d[C]_s/dt = k_{des}[C]_s^2$，因為 $[D]_s = [C]_s$。

脫附動力學可以利用熱脫附 (thermal-desorption) 實驗研究。在此，具有吸附氣體的固體在真空系統中以已知的泵速以已知的速率加熱，並隨時間監視系統壓力。質譜儀用於識別脫附的氣體。如果溫度快速升高 (dT/dt 在 10 至 1000 K/s 範圍內)，我們將進行閃速脫附 (flash desorption)；如果速度緩慢 (10 K/min 至 10 K/s)，則將進行程序升溫脫附 (temperature-programmed desorption)。分析 P 對 T 脫附曲線 (見 *Gasser*, pp. 67-71) 得出 $E_{a,des}$。由於通常很難從數據中確定 A_{des}，因此對於單分子脫附，通常假設 $A_{des} = 10^{13} \text{ s}^{-1}$。$P$ 對 T 脫附曲線通常顯示一個以上的峰，表明不止一種表面鍵結，每種鍵都有自己的 $E_{a,des}$。回顧第 16.17 節中關於 CO 與金屬的鍵結。

對於 $E_{a,ads}$ 為零的常見情況，關係 (16.69) 式顯示，$E_{a,des}$ 等於 $-\Delta U°_{ads}$，大約等於吸附焓 (熱) 的絕對值。$E_{a,des}$ 可能取決於表面覆蓋率 θ。

可以利用場發射顯微鏡 (*Gasser*, pp. 153-157) 研究被吸附物質的表面遷移，該方法可以追蹤被吸附在金屬表面的單個原子的運動。結果用表面遷移的擴散係數 (第 15.4 節) D 表示，其中 $D = D_0 e^{-E_{a,ads}/RT}$，而 $E_{a,mig}$ 是表面擴散的活化能；這是被吸附物質移動到相鄰吸附位置所需的最小能量。對於化學吸附的物質，$E_{a,mig}$ 通常是 $E_{a,des}$ 的 10% ~20%，因此，被吸附的物質從一個吸附位點移動到另一個吸附位點要比脫附容易得多。在時間 t 內，吸附物種在給定方向上的均方根位移 d 為 $d \approx (2Dt)^{1/2}$ [(15.32) 式]。

16.19 總結

在體積變化可忽略且中間體濃度可忽略的系統中，均相反應 $0 \to \Sigma_i \nu_i A_i$ 的速率 r 為 $r = (1/\nu_i)d[A_i]/dt$，其中 ν_i 是物種 A_i 的化學計量數 (反應物

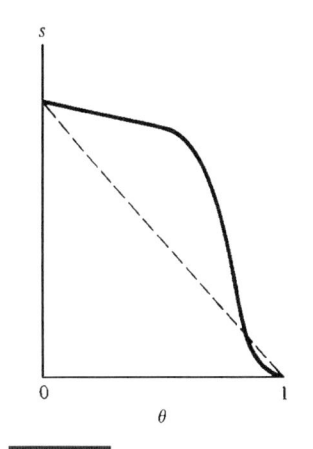

圖 16.28
黏附機率對分率表面覆蓋的典型曲線。虛線是 Langmuir 的假設，其中 s 與 $1 - \theta$ 成正比。

為負，產物為正)，$d[A_i]/dt$ 是 A_i 濃度的變化率。r 在固定溫度下作為濃度函數的表達式稱為速率定律。最常見的速率定律的形式為 $r = k[A]^\alpha[B]^\beta \ldots [L]^\lambda$，其中速率常數 k 強烈取決於溫度 (而弱取決於壓力)，而 α、β、$\cdots$、λ(部分階數) 通常是整數或半整數。總階數為 $\alpha + \beta + \cdots + \lambda$。速率定律中的部分階數可能不同於化學反應中的係數，必須由實驗獲得。

使用物理或化學方法跟踪物種的濃度對時間的變化來測量反應速率。特殊技術 (例如流動系統、鬆弛，快速光解) 用於跟踪非常快的反應。

第 16.3 節中對各種形式的速率定律進行積分。對於一階反應，半衰期與初始反應物濃度無關。

若速率定律的形式為 $r = k[A]^n$，則階數 n 可以利用分數壽命 (fractional-life) 法或 Powell 作圖法求得。利用使反應物 A 的濃度遠小於其他反應物的濃度 (孤立法)，可以將速率定律簡化為 $r = j [A]^\alpha$ 的形式，並且可以使用分數壽命或 Powell 作圖法來求部分階數 α。還可以從初始反應物濃度變化產生的初始速率變化找到部分階數。一旦找到了部分階數，就從適當的直線圖的斜率估算速率常數。

大多數化學反應是複合反應，這意味著它們由一系列步驟組成，每個步驟稱為基本反應。這一系列步驟稱為反應機制。此機制通常涉及在一個步驟中產生並在隨後的步驟中消耗的一種或多種反應中間體。

在理想系統中，基本反應 $aA + bB \rightarrow$ 產物的速率定律是 $r = k[A]^a[B]^b$。$a + b$(可以是 1、2，或很少是 3) 是基本反應的分子數。基本反應的平衡常數等於正向速率常數與逆向速率常數之比：$K_c = k_f/k_b$。對於複合反應，這些陳述均未必正確。

為了得出一種機制所預測的速率定律，通常使用速率決定步驟或穩態近似。速率決定步驟近似假定機制含有相對較慢的速率決定步驟。在此步驟之前，可以先執行接近平衡的步驟，然後再執行快速的步驟。令總速率等於速率決定步驟的速率 (假設該步驟的化學計量數等於 1)，並使用速率決定步驟之前的平衡來求解中間體的濃度，從而從速率定律中消去任何反應中間體。在穩態近似下，假定在短暫的誘導期後，每種反應中間體 I 的濃度是恆定的；令 $d[I]/dt = 0$，求解 $[I]$，然後使用 $[I]$ 的結果求出速率定律。

給出設計與觀察到的速率定律一致的機制的規則。如果反應具有速率決定步驟，則可將速率定律中的物質相加來找到此步驟的總反應物組成 (第 16.6 節中的規則 1)。

基本反應和大多數複雜反應的速率常數隨溫度的變化可以由 Arrhenius 方程式 $k = Ae^{-E_a/RT}$ 表示，其中 A 和 E_a 是指數前因子和 Arrhenius 活化能。

在單分子反應中，分子利用碰撞活化而獲得分解或異構化成高振動能態所需的能量。活化的分子在碰撞中會失去其額外的振動能，或者會反應生成產物。

鏈反應包含產生反應性中間體 (通常是自由基) 的引發步驟，消耗反應性中間體，產生產物並再生中間體的一個或多個傳播步驟，以及消耗中間體的終止步驟。討

論了 $H_2 + Br_2$ 鏈反應的動力學和自由基加成聚合。

對於在液體溶液中的反應，溶劑可能會嚴重影響速率常數。溶液中兩個反應物種 A 和 B 之間的每次相遇都涉及 A 和 B 之間的許多碰撞，同時它們被困在周圍的溶劑分子中。如果 A 和 B 分子在彼此相遇時發生反應，則反應速率受 A 和 B 彼此擴散的速率控制。已知這類擴散控制反應速率的理論方程式。

催化劑可加快反應速度，但不影響平衡常數。催化劑參與反應機制，但在反應結束時保持不變再生。生物機體的功能取決於酶的催化作用。已知酶動力學的簡單模型(Michaelis–Menten 模型)。許多工業反應是在固體催化劑存在下進行的。Langmuir 等溫線用於合理化在異相催化中觀察到的動力學行為。檢驗了氣固吸附、表面遷移和脫附的動力學。

本章討論的重要計算類型包括：

- 根據積分速率定律和初始組成，計算給定時間反應物和產物的量。
- 根據動力學數據計算反應階數。
- 根據動力學數據計算速率常數。
- 使用 Arrhenius 方程式 $k = Ae^{-E_a/RT}$ 從 k 對 T 數據求 A 和 E_a 或根據 $k(T_1)$ 以及 A 和 E_a 求 $k(T_2)$。
- 計算自由基加成聚合反應中的 $\langle DP \rangle$。
- 計算擴散控制反應的 k。
- 根據速率對濃度數據，計算 Michaelis–Menten 方程式 (16.122) 中的參數。
- 根據 $1/v$ 對 $1/P$ 的關係圖，計算 Langmuir 等溫線 (16.126) 式中的常數。
- 使用 BET 等溫線 (16.128) 式和吸附數據，計算固體的表面積。
- 根據 (16.131) 式計算吸附的等排熱 (isosteric heat)。

習題

第 16.1 節

16.1 對或錯？(a) 每個反應都有一個階數。(b) 所有速率常數都具有相同的因次。(c) 均相反應速率具有濃度除以時間的因次。(d) 部分階數始終是整數。(e) 速率常數取決於溫度。(f) 部分階數永遠不會是負。(g) 速率常數永遠不會是負。(h) 反應速率定律中出現的每種物質都必須是該反應中的反應物或產物。

16.2 對於氣相反應 $2NO_2 + F_2 \rightarrow 2NO_2F$，在 27°C，速率常數 k 為 38 $dm^3\ mol^{-1}\ s^{-1}$。反應對 NO_2 而言是一階，對 F_2 而言也是一階 (a) 如果在 27°C 將 2.00 莫耳的 NO_2 與 3.00 莫耳的 F_2 在 400-dm^3 容器中混合，計算 10.0 s 後 NO_2、F_2 和 NO_2F 的莫耳數。(b) 對於 (a) 的系統，計算初始反應速率和 10.0 s 後的速率。

16.3 對於速率定律 $r = k\,[A]^n$，若反應在有限時間內完成，則 n 的值是多少？

16.4 (a) 若反應的 $r = k\,[A]^2[B]$，且若 A 的初始濃度乘以 1.5 而 B 的初始濃度變為三倍，則初始速率乘以什麼因子？(b) 如果將 A 的初始濃度變為三倍可使初始速率變為 27 倍，則對 A 而言，階數是多少？

16.5 在 300 K 的各種初始濃度下，反應 2A + C → 產物的初始速率 r_0

$[A]_0/c°$	0.20	0.60	0.20	0.60
$[B]_0/c°$	0.30	0.30	0.90	0.30
$[C]_0/c°$	0.15	0.15	0.15	0.45
$100r_0/(c°/s)$	0.60	1.81	5.38	1.81

(a) 假設速率定率具有 (16.5) 式的形式，求部分階數。(b) 估算速率常數。(c) 解釋為什麼僅使用初始速率數據確定速率定律和速率常數有時會給出錯誤的結果。(提示：請參閱第 16.1 節)

16.6 對於反應 A + B → C + D，以 $[A]_0 = 400$ mmol dm^{-3} 和 $[B]_0 = 0.400$ mmol dm^{-3} 進行的反應給出以下數據 (其中 $c° \equiv 1$ mol/dm^3)：

t/s	0	120	240	360	∞
$10^4[C]/c°$	0	2.00	3.00	3.50	4.00

而以 $[A]_0 = 0.400$ mmol dm^{-3} 和 $[B]_0 = 1000$ mmol dm^{-3} 進行的反應給出

$10^{-3}t$/s	0	69	208	485	∞
$10^4[C]/c°$	0	2.00	3.00	3.50	4.00

求速率定律和速率常數。已經選擇使求階數變得簡單的數字。

16.7 對於反應 2A + B → C + D + 2E，當 $[A]_0 = 800$ mmol/L 和 $[B]_0 = 2.00$ mmol/L 時，反應數據為

t/ks	8	14	20	30	50	90
$[B]/[B]_0$	0.836	0.745	0.680	0.582	0.452	0.318

當 $[A]_0 = 600$ mmol/L 和 $[B]_0 = 2.00$ mmol/L 時，反應數據是

t/ks	8	20	50	90
$[B]/[B]_0$	0.901	0.787	0.593	0.453

求速率定律和速率常數。

16.8 對或錯？(a) 基本反應 A + B → 產物，在理想系統中的速率定律乘積必須是 $r = k[A][B]$。(b) 複合反應 C + D → 產物，在理想系統中的速率定律可能不是 $r = k[C][D]$。

16.9 對或錯？(a) 如果我們知道反應的機構包括基本速率常數的值，我們可以找到速率定律 (假設微分方程可以求解)。(b) 如果我們知道反應速率定律，我們可以推論其機構必定是什麼。

16.10 氣相反應 $2NO_2Cl \to 2NO_2 + Cl_2$ 的 $r = k[NO_2Cl]$。設計兩個與此速率定律一致的機制。

16.11 水溶液中的 $2Cr^{2+} + Tl^{3+} \to 2Cr^{3+} + Tl^+$ 反應具有 $r = k[Cr^{2+}][Tl^{3+}]$。設計兩個與此速率定律一致的機制。

16.12 氣相反應 $2NO_2 + F_2 \to 2NO_2F$ 的 $r = k[NO_2][F_2]$。設計與此速率定律一致的機制。

16.13 氣相反應 $XeF_4 + NO \to XeF_3 + NOF$ 的 $r = k[XeF_4][NO]$。設計與此速率定律一致的機制。

16.14 氣相反應 $2Cl_2O + 2N_2O_5 \to 2NO_3Cl + 2NO_2Cl + O_2$ 的速率定律 $r = k[N_2O_5]$。設計與此速率定律一致的機制。

第 16.7 節

16.15 對或錯？(a) 因為 Arrhenius 方程包含氣體常數 R，所以 Arrhenius 方程僅適用於氣相反應。(b) Arrhenius 方程完全成立。(c) 對於所有反應，前指數因子 (pre-exponential factor) A 具有相同的單位。

16.16 反應 $2DI \to D_2 + I_2$ 在 660 K 時的 $k = 1.2 \times 10^{-3}$ dm^3 mol^{-1} s^{-1} 和 $E_a = 177$ kJ/mol。計算此反應在 720 K 時的 k。

16.17 在各種溫度下，氣相反應 $H_2 + I_2 \to 2HI$ 的速率常數為 ($c° \equiv 1$ mol/dm^3)：

$10^3k/(c°^{-1}s^{-1})$	0.54	2.5	14	25	64
T/K	599	629	666	683	700

從圖中求出 E_a 和 A。

16.18 對於氣相反應 $2HI \to H_2 + I_2$，在 700 和 629 K 時 k 的值分別為 1.2×10^{-3} 和 3.0×10^{-5} dm^3 mol^{-1} s^{-1}。估算 E_a 和 A。

16.19 對於 $T \to \infty$，由 Arrhenius 方程預測 k 的值是多少？這個結果在物理上是否合理？

16.20 氣相反應 $2N_2O_5 \to 4NO_2 + O_2$ 具有

$k = 2.05 \times 10^{13} \exp(-24.65 \text{ kcal mol}^{-1}/RT)$ s^{-1}

(a) 求出 A 和 E_a 的值。(b) 求 $k(0°C)$。(c) 求 $-50°C$、$0°C$ 和 $50°C$ 下的 $t_{1/2}$。

16.21 對於基本氣相反應 $CO + NO_2 \to CO_2 + NO$，我們發現 $E_a = 116$ kJ/mol。使用附錄中的數據求逆反應的 E_a。

16.22 (a) 求當 T 從 300.0 K 增加到 310.0 K 時速率常數乘以 6.50 的反應的活化能。(b) 對於 $E_a = 19$ kJ/mol (4.5 kcal/mol) 的反應,當 T 從 300.0 K 增加到 310.0 K 時,k 乘以什麼因子?

第 16.14 節

16.23 對於 25°C 下 CCl_4 中的 I,擴散係數估計為 4.2×10^{-5} cm^2 s^{-1},I 的半徑約為 2Å。計算在 25°C 下 CCl_4 中的 $I + I \to I_2$ 的 k_D,並與觀察值 0.8×10^{10} dm^3 mol^{-1} s^{-1} 比較。

第 16.15 節

16.24 對或錯?(a) 在均相催化,催化劑未出現在速率定律。(b) 催化劑沒有出現在整個反應中。(c) 在均相催化,將催化劑濃度加倍不會改變速率。(d) 在均相催化,催化劑不出現在機制的任何步驟。

第 16.17 節

16.25 對於在 −77°C 下吸附在某些木炭樣品上的 N_2,每公克木炭的吸附量(重新計算至 0°C 和 1 atm)相對於 N_2 壓力為

P/atm	3.5	10.0	16.7	25.7	33.5	39.2
v/(cm^3/g)	101	136	153	162	165	166

(a) 用 Langmuir 等溫線擬合數據,並給出 v_{mon} 和 b 的值。(b) 用 Freundlich 等溫線擬合數據,並給出 k 和 a 的值。(c) 使用 Langmuir 等溫線和 Freundlich 等溫線計算 7.0 atm 的 v。

16.26 對於吸附在 W 粉上的 H_2,得到以下數據:

θ	0.005	0.005	0.10	0.10	0.10
P/torr	0.0007	0.03	8	23	50
t/°C	500	600	500	600	700

其中 t 是攝氏溫度,P 是在部分表面覆蓋度 θ 與鎢平衡的 H_2 壓力。

(a) 對於 $\theta = 0.005$,求出 500°C 至 600°C 範圍內的平均 $\overline{\Delta H_a}$。(b) 對於 $\theta = 0.10$,求出 500°C 至 600°C 和 600°C 至 700°C 範圍內的平均 $\overline{\Delta H_a}$。

第 16.18 節

16.27 對於固定質量的催化劑和固定的容器體積,在 1100°C 下 W 催化分解的 NH_3 的半衰期與 NH_3 初始壓力 P0 的關係為當 P_0 值為 265、130 和 58 torr 時,半衰期分別為 7.6、3.7 和 1.7 分鐘。求反應階數。

16.28 對於非解離吸附在 Ir(111) 平面上的 CO,$A_{des} = 2.4 \times 10^{14}$ s^{-1} 和 $E_{a,\,des} = 151$ kJ/mol。求在 (a) 300 K;(b) 700 K 下化學吸附在 Ir(111) 上的 CO 的半衰期。

16.29 對於化學吸附在 W(110) 平面上的氮原子,$D_0 = 0.014$ cm^2/s 和 $E_{a,\,mig} = 88$ kJ/mol。在 300 K 下,求這種化學吸附的 N 原子在 1 s 和 100 s 在給定方向上的 rms 位移。

16.30 對於化學吸附的分子,典型的 A_{des} 值可能是 10^{15} s^{-1}。對於化學吸附未激化的分子,如果 $|\Delta H_{ads}|$ 為 (a) 50 kJ/mol,(b) 100 kJ/mol;(c) 200 kJ/mol 則在 300 K 下估算其在吸附劑表面的半衰期。

問題

16.31 對或錯?(a) 僅對於一階反應,半衰期與初始濃度無關。(b) 一階速率常數的單位為 s^{-1}。(c) 改變溫度會改變速率常數。(d) 通常不會發生分子性 (molecularity) 大於 3 的基本反應。(e) 對於均相反應,$J = d\xi/dt$,其中 J 是轉化率,ξ 是反應進度。(f) 對於理想系統中的每個反應,$K_c = k_f/k_b$。(g) 如果部分階數與平衡反應中的係數不同,則該反應必是複合反應。(h) 如果偏階數等於平衡反應中的相應係數,則反應必是簡單反應。(i) 對於基本反應,部分階數由反應化學計量確定。(j) 對於 $E_a > 0$ 的反應,活化能越大,隨著溫度的增加,速率常數增加得越快。(k) 均相催化劑的存在不能改變系統的平衡組成。(l) 由於反應物的濃度隨時間降低,因此反應速率 r 總是隨著時間的增加而降低。(m) 對反應速率定律的了解使我們能夠明確決定機制是什麼。(n) 活化能永遠不會是負。

複習題

R16.1 對於 25° 和 1 bar 的 $O_2(g)$，計算每個分子的平均平移能和分子均方根速率。

R16.2 當溫度從 302.0 K 增加到 315.0 K 時，某個反應的速率常數 k 乘以 3.40。估算 k_{320}/k_{302}，其中下標是溫度。

R16.3 如果氣體的溫度從 300 K 升高到 600 K，平均分子速度乘以什麼因子？

R16.4 在 0°C 和 1 atm 下，乙烷氣體的黏度為 85.5 μP，求它的硬球分子直徑。

R16.5 對於 25°C 和 1 atm 的 $Mg^{2+}(aq)$，無限稀釋電遷移率為 $55.0 \times 10^{-9} \, m^2 \, V^{-1} \, s^{-1}$。估算 $Mg^{2+}(aq)$ 的離子半徑。25°C 下水的黏度為 0.89 cP。

R16.6 對於發生氣相反應 $N_2 + 3H_2 \rightarrow 2NH_3$ 的系統，$[H_2]$ 對 t 作圖在 185 s 處的斜率是 $-0.00056 \, mol \, L^{-1} \, s^{-1}$。求在此時刻的反應速率。

R16.7 使用表 13.1，求 $2Ga^{3+}(aq) + 3Zn(s) \rightarrow 2Ga(s) + 3Zn^{2+}(aq)$ 在 25°C 的平衡常數。

R16.8 NO 催化的氣相反應 $2SO_2 + O_2 \rightarrow 2SO_3$ 的速率定律為 $r = k \, [O_2] \, [NO]^2$。設計一種給出此速率定律的機制。

第17章

量子力學

現在我們開始研究將量子力學應用於化學的**量子化學** (quantum chemistry)。本章討論**量子力學** (quantum mechanics)，即討論控制諸如電子和原子核之類的微觀粒子行為的定律。

與熱力學不同，量子力學處理的系統不是日常宏觀經驗的一部分，並且量子力學的表述是非常數學和抽象的。這種抽象性需要一段時間才能習慣，並且在初讀第17章時自然會感到有些不安。

在大學物理化學課程中，不可能全面介紹量子力學。在書目中列出的量子化學教科書中，可以找到未經證明而得出的結果。

第17.1至17.4節介紹了量子力學的歷史背景。第17.5節討論了不確定性原理，該原理是量子力學和經典(牛頓)力學之間差異的基礎。量子力學使用狀態函數(或波動函數)Ψ描述系統的狀態。第17.6節和第17.7節描述了Ψ的含義以及用於求Ψ的與時間相關和與時間無關的Schrödinger方程式。第17.8、17.9、17.10、17.12、17.13和17.14節考慮了Schrödinger方程式、波函數以及幾個系統允許的量子機械能階。第17.11節和17.16討論了在量子力學中廣泛使用的算子。第17.15節介紹了一些將量子力學應用於化學的近似方法。

本質上，所有化學反應都是量子力學定律的結果。如果要了解電子、原子和分子的基本化學性質，則必須了解量子力學。辛烷的燃燒熱、液態水的25°C熵、特定條件下N_2和H_2氣體的反應速率、化學反應的平衡常數、配位化合物的吸收光譜、有機化合物的NMR光譜、有機化合物反應時形成的產物的性質、蛋白質分子在細胞中形成時折疊成的形狀、DNA的結構和功能都是量子力學的結果。

1929年，量子力學的奠基人之一狄拉克(Dirac)寫道：「量子力學的一般理論現在已接近尾聲....數學理論必需的基本物理規律...因此，整個化學過程是完全已知的，困難之處在於這些定律的精確應用導致方程式過於複雜而無法求解。」發現量子力學之後，量子力學被用於發展許多有助於解釋化學性質的概念。但是，由於將量子力學應用於化學系統所需的計算非常困難，因此量子力學在發現化學系統多年後，對

於準確計算化學系統的性質幾乎沒有實用價值。然而，如今，現代計算機的非凡計算能力使量子力學計算能夠在許多真正具有化學意義的系統中提供準確的化學預測。隨著計算機變得越來越強大，並且量子力學在化學中的應用越來越多，所有化學家都必須熟悉量子力學。

17.1 黑體輻射和能量量化

古典物理學 (Classical physics) 是 1900 年以前發展起來的物理學。它由古典力學（第 2.1 節）、Maxwell 的電、磁和電磁輻射理論、熱力學和氣體動力學理論組成（第 14 和 15 章）。在 19 世紀後期，一些物理學家認為物理學的理論結構是完整的，但是在 19 世紀的最後 25 年，獲得了各種實驗結果，而古典的物理學無法解釋這些實驗結果。這些結果導致了量子理論和相對論的發展。對原子結構、化學鍵和分子光譜學的理解必須基於量子理論，這是本章的主題。

古典物理學的一個失敗是由氣體動力學理論預測的多原子分子的 $C_{V,m}$ 值不正確（第 14.10 節）。第二個失敗是古典物理學無法解釋由熱固體發出的輻射能的頻率分佈。

固體加熱後會發光。古典物理學將光描述為由振盪的電場和磁場構成的波，即**電磁波** (electromagnetic wave)。通過真空傳播的電磁波的頻率 ν (nu) 和波長 λ (lambda) 的關係為

$$\lambda \nu = c \tag{17.1}*$$

其中 $c = 3.0 \times 10^8$ m/s 是真空中的光速。人眼對電磁波敏感，電磁波的頻率在 4×10^{14} 到 7×10^{14} cycles/s 之間。但是，電磁輻射可以具有任何頻率。我們將使用「光」一詞作為電磁輻射的同義詞，而不僅限於可見光。

在同一溫度下，不同的固體以不同的速率發射輻射。為簡化起見，處理黑體發出的輻射。**黑體** (blackbody) 是吸收落在其上的所有電磁輻射的物體。黑體的一個很好的近似是一個帶有小孔的空腔。進入孔的輻射在腔體內反覆反射（圖 17.1a）。在每次反射時，一定比例的輻射被腔壁吸收，大量的反射實際上導致所有入射輻射被吸收。當空腔被加熱時，其壁會發光，其中很小的一部分會從孔中逸出。可以看出，黑體的每單位表面積發射的輻射速率僅是其溫度的函數，並且與製造黑體的材料無關（有關證據，請參見 Zemansky and Dittman, sec. 4-14)。

使用菱鏡分離空腔發出的各種頻率，可以測量在給定的狹窄頻率範圍內發出的黑體輻射能的數量。假設發射的黑體輻射的頻率分佈由函數 $R(\nu)$ 來描述，其中 $R(\nu) d\nu$ 是單位時間和單位表面積輻射的能量，其頻率在 ν 到 $\nu + d\nu$ 範圍內（回顧第 14.4 節中有關分佈函數的討論）。圖 17.1b 顯示了一些實驗觀察到的 $R(\nu)$ 曲線。隨著 T 的增加，$R(\nu)$ 中的最大值移至更高的頻率。當金屬棒被加熱時，它首先發出紅色，然後發

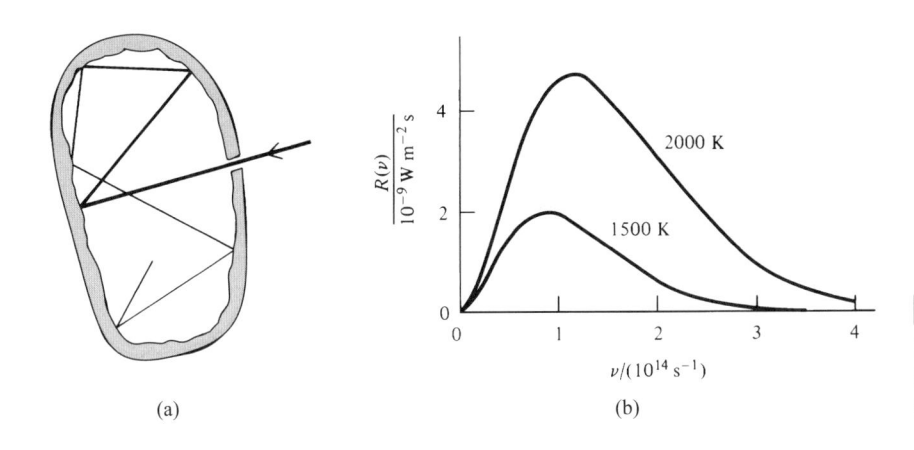

圖 17.1 (a) 充當黑體的空腔。(b) 黑體輻射在兩溫度的頻率分佈 (可見區域為 4×10^{14} 到 7×10^{14} s^{-1})。

出橙黃色，然後發出白色，然後發出藍白色 (白光是所有顏色的混合)。我們的身體還不夠熱，無法發出可見光，但我們確實會發出紅外線。

1900 年 6 月，Lord Rayleigh 嘗試導出函數 $R(\nu)$ 的理論表達式。他使用能量均分定理 (第 14.10 節) 發現古典物理學預測了 $R(\nu) = (2\pi kT/c^2)\nu^2$，其中 k 和 c 是 Boltzmann 常數和光速。但是這個結果是荒謬的，因為它預測隨著 ν 的增加，輻射能量的增加將無限制地增加。實際上，$R(\nu)$ 達到最大值，然後隨著 ν 的增加而下降到零 (圖 17.1b)。因此，古典物理學無法預測黑體輻射的光譜。

1900 年 10 月 19 日，物理學家普朗克 (Max Planck) 向德國物理學會宣布，他發現了一個公式，該公式與觀察到的黑體輻射曲線高度吻合。普朗克的公式為 $R(\nu) = a\nu^3/(e^{b\nu/T} - 1)$，其中 a 和 b 是具有特定數值的常數。普朗克利用試誤法獲得了該公式，當時還沒有理論來解釋它。在 1900 年 12 月 14 日，普朗克向德國物理學會提出了一個理論，該理論得出了他幾週前憑經驗發現的黑體輻射公式。普朗克的理論給出常數 a 和 b 為 $a = 2\pi h/c^2$ 和 $b = h/k$，其中 h 是物理學中的新常數，k 是 Boltzmann 常數 [(3.57) 式]。對於黑體輻射的頻率分佈，普朗克的理論表達式為

$$R(\nu) = \frac{2\pi h}{c^2} \frac{\nu^3}{e^{h\nu/kT} - 1} \tag{17.2}$$

普朗克認為黑體的壁中含有以各種頻率振盪 (振動) 的電荷 [Maxwell 的光電磁理論表明，電磁波是由加速的電產生的。在頻率 ν 振盪的電荷將在該頻率發射輻射]。為了導出 (17.2) 式，普朗克發現他必須假設每個振盪電荷的能量只能採用可能的值 0, $h\nu$, $2h\nu$, $3h\nu$, . . . ，其中 ν 是振盪器的頻率，h 是常數 (以後稱為 **Planck 常數**) 其因次為能量 x 時間。然後，這個假設導致 (17.2) 式 (關於普朗克的推導，請參見 M. Jammer, *The Conceptual Development of Quantum Mechanics,* McGraw-Hill, 1966, sec. 1.2)。普朗克將 (17.2) 式擬合到所觀察到的黑體曲線來獲得 h 的數值。現今的值是

$$h = 6.626 \times 10^{-34} \text{ J} \cdot \text{s} \tag{17.3}*$$

在古典物理學中，能量的取值範圍是連續的，並且系統可以損失或獲得任何量的能量。與古典物理學直接矛盾的是，普朗克將每個振盪電荷的能量限制為 $h\nu$ 的整數倍，因此將每個振盪器可能獲得或損失的能量的量限制為 $h\nu$ 的整數倍。普朗克將量 $h\nu$ 稱為能量的**量子** (quantum)(拉丁詞 Quantum 表示「多少」)。在古典物理學中，能量是一個連續變數。在量子物理學中，系統的能量是**量化的** (quantized)，這意味著能量只能取特定值。普朗克在一種情況下引入了能量量化的概念，即黑體輻射的發射。在 1900~1926 年間，能量量化的概念逐漸擴展到所有微觀系統。

普朗克的推導不是很明確，一些科學史學家認為普朗克顯然引入了能量量化僅為了數學上的便利性，使他能夠估算推導中所需的一定量，而普朗克實際上並沒有提議將能量量化作為一種物理的現實量。參見 S. G. Brush, *Am. J. Phys.*, **70,** 119 (2002); O. Darrigol, *Centaurus*, **43,** 219 (2001)—可參見 www.mpiwg-berlin.mpg.de/Preprints/P150.PDF。

17.2 光電效應和光子

認識到普朗克想法的價值的人是愛因斯坦，他將能量量化的概念應用於電磁輻射，並證明這解釋了光電效應中的實驗觀察結果。

在**光電效應** (photoelectric effect) 中，照射在金屬表面上的一束電磁輻射 (光) 使金屬發射電子。電子從光束吸收能量，從而獲得足夠的能量從金屬中逸出。實際應用是光電電池，用於測量光強度，防止電梯門壓傷人以及應用在煙霧探測器中 (煙霧顆粒散射的光導致電子發射，從而發出警報)。

1900 年左右的實驗工作證明：(a) 僅當光的頻率超過某個最小頻率 ν_0 (閾值頻率) 時才發射電子。ν_0 的值對於不同的金屬有所不同，並且對於大多數金屬而言，處於紫外線。(b) 增加光的強度增加了發射電子的數量，但不影響發射電子的動能。(c) 增加輻射的頻率增加了發射電子的動能。

使用光波的古典圖像無法理解這些有關光電效應的觀察結果。波中的能量與其強度成正比但與其頻率無關，因此人們可以期望發射的電子的動能隨著光強度的增加而增加，並且與光的頻率無關。此外，只要光足夠強，光的波圖將預測在任何頻率下都會發生光電效應。

1905 年，愛因斯坦將普朗克的能量量化概念擴展到電磁輻射來解釋光電效應 (普朗克已將能量量化應用於黑體中的振盪器，但已將電磁輻射視為波)。愛因斯坦提出，除了具有波狀特性外，光還可以被認為由粒子狀實體 (量子) 組成，每個量子的能量為 $h\nu$ 的光，其中 h 是普朗克常數，ν 是光的頻率。這些實體後來被稱為**光子** (photons)，光子的能量為

$$E_{\text{photon}} = h\nu \qquad (17.4)*$$

光束中的能量是各個光子能量的總和，因此被量化。

令頻率為 v 的電磁輻射落在金屬上。當金屬中的電子被光子撞擊時，發生光電效應。光子消失了，它的能量 hv 轉移到電子上。電子吸收的部分能量用於克服將電子保持在金屬中的力，其餘部分作為發射電子的動能。因此，能量守恆給出

$$hv = \Phi + \tfrac{1}{2}mv^2 \tag{17.5}$$

其中功函數 Φ 是電子逸出金屬所需的最小能量，而 $\tfrac{1}{2}mv^2$ 是自由電子的動能。金屬中的價電子具有能量分佈，因此某些電子比其他電子需要更多的能量才能離開金屬。因此，發射的電子顯示出動能的分佈，並且 (17.5) 中的 $\tfrac{1}{2}mv^2$ 是發射電子的最大動能。

愛因斯坦方程式 (17.5) 解釋了光電效應中的所有觀察結果。如果光頻率為使得 $hv < \Phi$，則光子的能量不足以使電子逸出金屬，而不會發生光電效應。發生效果的最小頻率 v_0 由 $hv_0 = \Phi$ 給出（功函數 Φ 對於不同的金屬是不同的，對於鹼金屬是最低的）。方程式 (17.5) 顯示發射的電子的動能隨 v 的增加而增加，而與光強度無關。在不改變頻率的情況下，增加強度會增加光束的能量，因此會增加光束中每單位體積的光子數，從而提高電子的發射速率。

愛因斯坦的光電效應理論與定性觀察一致，但是直到 1916 年 R. A. Millikan 才對 (17.5) 式進行了精確的定量測試。測試 (17.5) 式的困難在於需要保持金屬表面非常乾淨。Millikan 發現 (17.5) 式與實驗之間的準確吻合。

起初，物理學家非常不願意接受愛因斯坦關於光子的假設。光顯示出繞射和干涉現象（第 17.5 節），這些效果僅藉由波顯示，而不藉由粒子顯示。最終，物理學家們確信，只有將光視為由光子組成，才能理解光電效應。但是，只有將光視為波而不是粒子的集合才能理解繞射和干涉。

因此，光似乎表現出雙重性質，在某些情況下表現得像波，在其他情況下表現得像粒子。這種明顯的對偶在邏輯上是矛盾的，因為波動模型和粒子模型是互斥的。粒子位於空間中，而波則不在。光子圖像給出了光能的量化，而波圖像則沒有。在愛因斯坦方程式 $E_\text{photon} = hv$ 中，量 E_photon 是粒子概念，而頻率 v 是波動概念，因此從某種意義上說，這個方程式是自相矛盾的。這些明顯矛盾的解釋在第 17.4 節中給出。

1907 年，愛因斯坦將能量量子化的概念應用於固體中原子的振動，從而證明當 T 趨近於零時固體的熱容量趨近於零，這一結果與實驗一致，但與古典的等分定理不一致。

17.3 氫原子的波耳理論

能量量化的下一個主要應用是丹麥物理學家尼爾斯·波耳 (Niels Bohr) 在 1913 年提出的氫原子理論。加熱的氫原子氣體會發出僅包含某些不同頻率的電磁輻射。在 1885 年至 1910 年期間，Balmer、Rydberg 等人發現以下經驗公式正確地再現了觀察到

的 H- 原子光譜頻率：

$$\frac{\nu}{c} = \frac{1}{\lambda} = R\left(\frac{1}{n_b^2} - \frac{1}{n_a^2}\right) \qquad n_b = 1, 2, 3, \ldots; \quad n_a = 2, 3, \ldots; \quad n_a > n_b \qquad (17.6)$$

其中 *Rydberg* 常數 R 等於 1.096776×10^5 cm^{-1}。波耳 (Bohr) 工作之前，還沒有對此公式的解釋。

若一個人接受愛因斯坦的方程式 $E_{photon} = h\nu$，則 H- 原子僅發射某些頻率的光這一事實表明，與古典觀點相反，氫原子只能以某些能量狀態存在。因此波耳假設氫原子的能量是量化的：(1) 原子只能吸收某些不同的能量 $E_1, E_2, E_3, \ldots$ 波耳將這些恆定能量的狀態稱為原子的穩態。該術語並不表示電子處於平穩狀態。波耳進一步假設 (2) 處於平穩狀態的原子不會發出電磁輻射。為了解釋氫的線譜，波耳假設 (3) 當原子從能量為 E_{upper} 的穩態躍遷 (transition) 為能量為 E_{lower} 的低能穩態時，它發出光子。由於 $E_{photon} = h\nu$，所以能量守恆給出

$$E_{upper} - E_{lower} = h\nu \qquad (17.7)*$$

其中，$E_{upper} - E_{lower}$ 是躍遷所涉及的原子態之間的能量差，ν 是發出的光的頻率。同理，原子可以吸收由 (17.7) 式給出的頻率的光子，從低能狀態躍遷過到高能狀態。波耳理論沒有提供任何描述兩個穩態之間的躍遷過程。當然，穩態之間的躍遷可以藉由吸收或發射電磁輻射之外的其他方式發生。例如，一個原子在與另一個原子的碰撞中可能會獲得或失去電子能量。

方程式 (17.6) 和 (17.7) 中的下標 upper 和 lower 分別用 a 和 b 取代後可得 $E_a - E_b = Rhc(1/n_b^2 - 1/n_a^2)$，這強烈顯示 H- 原子穩態的能量可由 $E = -Rhc/n^2$ 給出，其中 $n = 1, 2, 3, \ldots$ 波耳隨後引入進一步的假設，導出 Rydberg 常數的理論表達式。他假設 (4) H- 原子穩態的電子繞原子核成圓周運動，並遵守古典力學定律。電子的能量是其動能與電子-核靜電吸引的勢能之和。古典力學表明，能量取決於軌道半徑。由於能量被量化，因此僅允許某些軌域。波耳根據一項最終假設來選擇允許的軌域。大多數書籍都將其假定為 (5) 允許的軌域是電子的角動量 $m_e\nu r$ 等於 $nh/2\pi$ 的軌域，其中 m_e 和 ν 是電子的質量和速率，r 是軌域半徑，$n = 1, 2, 3, \ldots$ 實際上，波耳使用了不同的假設，該假設小於 5，但陳述起來較不容易。波耳所使用的假設等於 5，在此省略 (如果您感到好奇，請參閱 *Karplus and Porter*, sec. 1.4)。

波耳以他的假設推導了以下有關 H- 原子能階的表達式：$E = -m_e e^4/8\varepsilon_0^2 h^2 n^2$，其中 e 是質子電荷，電常數 ε_0 出現在庫倫定律 (13.1) 中。因此，波耳預測 $Rhc = m_e e^4/8\varepsilon_0^2 h^2$ 即 $R = m_e e^4/8\varepsilon_0^2 h^3 c$。將 m_e、e、h、ε_0 和 c 的值代入得出的結果與 Rydberg 常數的實驗值非常吻合，表明 Bohr 模型給出了正確的 H 能階。

儘管波耳理論在歷史上對量子理論的發展很重要，但假設 4 和 5 實際上是錯誤的，波耳理論在 1926 年被 Schrödinger 方程式所取代，後者提供了原子和分子中電子行為的正確描述。雖然 4 和 5 的假設為假，但 1、2 和 3 的假設與量子力學一致。

17.4 德布羅意假設

在 1913 至 1925 年間，人們嘗試將波耳理論應用於具有多個電子的原子和分子。但是，使用波耳理論的擴展來推導此類系統光譜的所有嘗試均告失敗。逐漸清楚的是，波耳理論有一個基本錯誤。波耳理論對 H 起作用的事實有點偶然。

解決這些困難的一個關鍵思想是法國物理學家路易斯·德布羅意 (Louis de Broglie，1892~1987 年) 在 1923 年提出的。原子或分子的加熱氣體僅發出某些頻率的輻射這一事實顯示，原子和分子的能量被量化而僅允許某些能量值。能量的量化在古典力學中不會發生；粒子在古典力學中可以具有任何能量。量化確實在波動中發生。例如，固定在兩端的弦具有量化的振動模式 (圖 17.2)。弦可以在其基本頻率 v、在其第一泛音頻率 $2v$、在其第二泛音頻率 $3v$ 等振動。不允許頻率位於介於 v 的這些整數倍之間。

因此，德布羅意 (De Broglie) 提出，就像光既顯示波的性質又顯示粒子的性質一樣，物質也具有「雙重」性質。除了表現出粒子狀行為外，電子還可以表現出波狀行為，波狀行為表現在原子和分子中電子的量子能階上。將弦的兩端固定可量化其振動頻率。同樣，將電子限制在原子內可量化其能量。

第二泛音

第一泛音

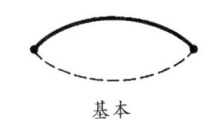

基本

圖 17.2
琴弦的基本振動和泛音振動。

德布羅意藉由類似於光子的推理，得出了與物質粒子相關的波長 λ 的方程式。我們有 $E_{photon} = hv$。愛因斯坦的狹義相對論給出了光子的能量，即 $E_{photon} = pc$，其中 p 是光子的動量，c 是光速。令這兩個 E_{photon} 的表達式相等，我們得到 $hv = pc$。但是對於光子，$v = c/\lambda$，所以 $hc/\lambda = pc$，$\lambda = h/p$。類似地，德布羅意提出了動量為 p 的物質粒子的波長 λ 為

$$\lambda = h/p \tag{17.8}$$

速率 v 遠小於光速的粒子的動量為 $p = mv$，其中 m 是粒子的靜止質量。

以 1.0×10^6 m/s 移動的電子的德布羅意波長為

$$\lambda = \frac{6.6 \times 10^{-34} \text{ J s}}{(9.1 \times 10^{-31} \text{ kg})(1.0 \times 10^6 \text{ m/s})} = 7 \times 10^{-10} \text{ m} = 7 \text{ Å}$$

此波長約為分子尺寸的數量級，表明波效應對於原子和分子中的電子運動很重要。對於質量 1.0 g 的宏觀粒子以 1.0 cm/s 的速度運動，類似的計算得出 $\lambda = 7 \times 10^{-27}$ cm。λ 的極小尺寸 (這是因為與 mv 相比普朗克常數 h 較小造成的)，導致宏觀物體的運動無法觀察到量子效應。

德布羅意的大膽假設在 1927 年由戴維森和格默 (Davisson and Germ-

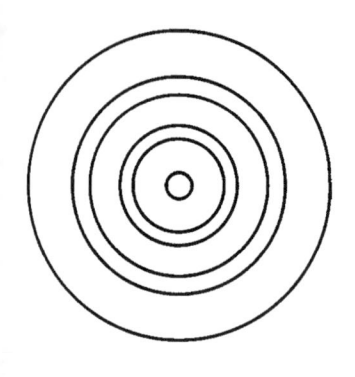

圖 17.3
當電子通過薄的多晶金屬板時，觀察到繞射環。

er) 進行了實驗證實，當電子束從鎳晶體反射時，他們觀察到了繞射效應。G. P. Thomson 觀察到電子通過金屬薄板時的繞射效應。參見圖 17.3。在中子、質子、氦原子和氫分子上也觀察到類似的繞射效應，表明德布羅意的假設不僅適用於電子，還適用於所有物質粒子。微觀粒子的波狀行為的應用是利用電子繞射和中子繞射來獲得分子結構。

電子在某些實驗中（例如，J. J. Thomson 的陰極射線實驗，第 18.2 節）顯示出粒子狀行為，而在其他實驗中顯示出波狀行為。如第 17.2 節所述，波動模型和粒子模型彼此不兼容。實體不能同時是波和粒子。我們如何解釋電子的明顯矛盾行為？困難的根源在於嘗試使用從我們在宏觀世界的經驗中發展而來的概念來描述像電子這樣的微觀實體。粒子和波的概念是從對大型物體的觀測中發展而來的，不能保證它們將在微觀尺度上完全適用。在某些實驗條件下，電子的行為就像粒子。在其他情況下，它的行為類似於波。但是，電子既不是粒子也不是波。我們無法以可視化的模型來充分描述它。

對於光，情況也類似，在某些情況下顯示出波特性，而在另一些情況下顯示出粒子特性。光起源於原子和分子的微觀世界，無法藉由人腦可視化的模型完全理解。

儘管電子和光都表現出明顯的「波粒二重性」，但這些實體之間存在顯著差異。光在真空中以速度 c 傳播，光子的靜質量為零。電子始終以小於 c 的速率行進，並且具有非零的靜止質量。

17.5 不確定性原理

物質和輻射的表觀波粒二重性對我們可以獲得的有關微觀系統的訊息施加了一定的限制。考慮沿 y 方向行進的微觀粒子。假設我們使粒子穿過寬度為 w 的窄縫並落在螢光屏上來測量其 x 坐標（圖 17.4）。如果我們在屏幕上看到一個點，就可以確定粒子穿過了狹縫。因此，我們測量了通過狹縫的精度為 w 時的 x 坐標。在測量之前，粒子的速度 v_x 為零，並且在 x 方向上的動量 $p_x = mv_x$ 為零。因為微觀粒子具有波狀性質，所以它將在狹縫處繞射。C. Jönsson, *Am. J. Phys.*, **42**,4 (1974) 中給出了單個縫隙和多個縫隙的電子繞射圖樣的照片。

繞射 (Diffraction) 是障礙物周圍的波彎曲。古典粒子將直接穿過狹縫，一束此類粒子將在它們撞擊屏幕的位置顯示出長度 w 的散佈。穿過狹縫的波將散開以給出繞射圖樣。圖 17.4 中的曲線顯示了屏幕上各個點處的波強度。最大值和最小值是源於狹縫各個部分的波之間的相長和相消干涉的結果。**干涉** (Interference) 是通過在同一空間區域傳播的兩個波的

圖 17.4
狹縫處的繞射。

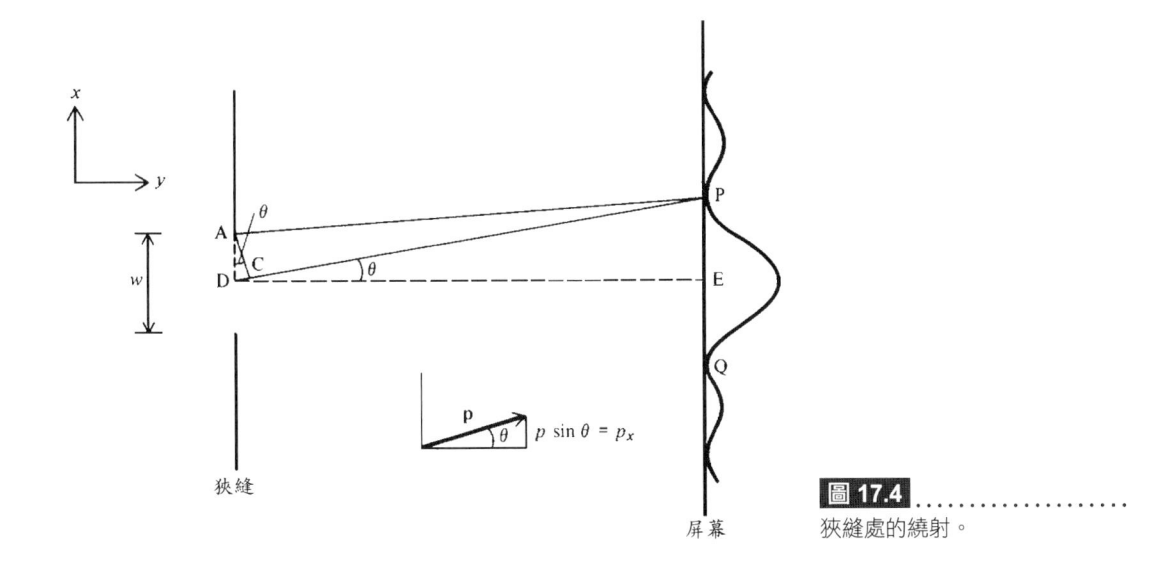

疊加產生的。當波同相(波峰同時出現)時，會發生相長干涉，其振幅相加會產生更強的波。當波異相時(一個波浪的波峰與第二個波浪的波谷重合)，就會發生相消干涉，並且強度會降低。

單縫繞射圖樣中的第一個最小值(點 P 和 Q)出現在屏幕上的位置，在這些位置上，源自狹縫頂部的波傳播的波長比源自狹縫中間的波傳播的波長少一半或更多。然後，這些波完全異相並相互抵消。類似地，源自狹縫頂部下方距離 d 的波，抵消源自狹縫中心下方距離 d 的波。則第一個繞射最小值的條件是圖 17.4 中的 $\overline{DP} - \overline{AP} = \frac{1}{2}\lambda = \overline{CD}$，其中 C 的位置為 $\overline{CP} = \overline{AP}$。因為從狹縫到屏幕的距離遠大於狹縫寬度，所以角 APC 幾乎為零，角 PAC 和 ACP 分別為 90°。因此，角 ACD 基本上為 90°。角 PDE 和 DAC 分別等於 90° 減去角 ADC。因此，這兩個角度相等，並標記為 θ。我們有 $\sin\theta = \overline{DC}/\overline{AD} = \frac{1}{2}\lambda / \frac{1}{2}w = \lambda/w$。發生第一繞射最小值的角度 θ 為 $\sin\theta = \lambda/w$。

對於穿過狹縫的微觀粒子，狹縫處的繞射將改變粒子的運動方向。粒子以角度 θ 繞射並撞擊在 P 或 Q 處的屏幕，在狹縫處 x 的動量分量為 $p_x = p\sin\theta$ (圖 17.4)，其中 p 是粒子的動量。圖 17.4 中的強度曲線顯示粒子最有可能以 $-\theta$ 到 θ 範圍內的角度繞射，其中 θ 是達到第一繞射最小值的角度。因此，該位置測量會產生由 $p\sin\theta - (-p\sin\theta) = 2p\sin\theta$ 給出的 p_x 值的不確定性。我們寫 $\Delta p_x = 2p\sin\theta$，其中 Δp_x 給出了 p_x 在狹縫處的不確定性。在上一段中我們看到了 $\sin\theta = \lambda/w$，所以 $\Delta p_x = 2p\lambda/w$。德布羅意關係 (17.8) 式給出 $\lambda = h/p$，所以 $\Delta p_x = 2h/w$。我們對 x 坐標的不確定性是由狹縫寬度給出的，因此 $\Delta x = w$。因此，$\Delta x \Delta p_x = 2h$。

在測量之前，我們不知道粒子的 x 坐標，但是我們知道它在 y 方向上移動，所以 $p_x = 0$。因此，在測量之前，$\Delta x = \infty$ 且 $\Delta p_x = 0$。寬度 w 的狹縫將 x 坐標賦予不確定性 w ($\Delta x = w$)，但引入了在 p_x 上的不確定性 $\Delta p_x = 2h/w$。由減小狹縫寬度 w，我們可以根據需要精確地測量 x 坐標，但是隨著 $\Delta x = w$ 變小，$\Delta p_x = 2h/w$ 變大。我們對 x 的了解

越少，對 p_x 的了解就越少。測量會在系統中引入不可控制且不可預測的干擾，從而將 p_x 更改未知數量。

儘管我們僅分析了一個實驗，但對許多其他實驗的分析也得出了相同的結論：粒子的 x 和 p_x 不確定性的乘積約為普朗克常數或更大的數量級：

$$\Delta x\, \Delta p_x \gtrsim h \tag{17.9}*$$

這就是**不確定性原理** (uncertainty principle)，由海森堡 (Heisenberg) 在 1927 年發現。羅伯遜 (Robertson) 在 1929 年給出了 (17.9) 式的廣義量子力學證明。類似地，我們有 $\Delta y \Delta p_y \gtrsim h$ 和 $\Delta z \Delta p_z \gtrsim h$。

由於 h 的值很小，所以不確定性原理對宏觀粒子無影響。

17.6 量子力學

電子和其他微觀「粒子」不僅表現出類似波的行為，而且表現出類似粒子的行為，這一事實表明電子不遵循古典力學。古典力學是根據觀察到的宏觀物體的行為制定的，不適用於微觀粒子。微觀系統遵循的力學形式稱為**量子力學** (quantum mechanics)，因為這種力學的一個關鍵特徵是能量的量化。量子力學定律是 1925 年由 Heisenberg、Born 和 Jordan 以及 Schrödinger 於 1926 年發現的。在討論這些定律之前，我們考慮古典力學的某些方面。

☕ 古典力學

一維古典力學系統運動的粒子受牛頓第二定律 $F = ma = m\, d^2x/dt^2$ 的控制。為了獲得隨時間變化的粒子位置 x，此微分方程式必須對於時間進行兩次積分。第一次積分得到 dx/dt，第二次積分得到 x。每次積分都會引入一個任意的積分常數。因此，$F = ma$ 的積分給出了包含兩個未知常數 c_1 和 c_2 的 x 方程式；我們有 $x = f(t, c_1, c_2)$，其中 f 是某一函數。要估算 c_1 和 c_2，我們需要有關系統的兩項資訊。如果我們知道在某個時間 t_0，粒子處於 x_0 位置並具有速度 v_0，則可以從方程式 $x_0 = f(t_0, c_1, c_2)$ 和 $v_0 = f'(t_0, c_1, c_2)$ 求出 c_1 和 c_2，其中 f' 是 f 相對於 t 的導數。因此，只要我們知道力 F 和粒子的初始位置和速度（或動量），就可以使用牛頓第二定律來預測未來任何時候粒子的位置。類似的結論適用於三維多粒子古典系統。

古典力學中系統的**狀態**是藉由指定所有作用力以及粒子的所有位置和速度（或動量）來定義的。我們在前面的段落中看到，對古典機械系統的當前狀態的了解，使得可以確定地預測其未來狀態。

Heisenberg 不確定性原理，(17.9) 式，表明對於微觀粒子不可能同時指定位置和動量。因此，在量子理論中無法獲得確定系統的古典力學狀態所需的知識。因此，與古典力學相比，量子力學系統的狀態所涉及的系統知識比較少。

量子力學

在量子力學中，系統的**狀態**由稱為**狀態函數** (state function) 或隨**時間變化的波動函數**的數學函數 Ψ (大寫 psi) 定義 (作為狀態定義的一部分，還必須指定勢能函數 V)。Ψ 是系統粒子坐標的函數，(因為狀態可能隨時間變化) 也是時間的函數。例如，對於兩粒子系統 $\Psi = \Psi(x_1, y_1, z_1, x_2, y_2, z_2, t)$，其中 x_1, y_1, z_1 和 x_2, y_2, z_2 分別是粒子 1 和 2 的坐標。狀態函數通常是一個複數；即 $\Psi = f + ig$，其中 f 和 g 是坐標和時間的實函數且 $i \equiv \sqrt{-1}$。狀態函數是一個抽象實體，稍後我們將看到它與物理可測量的量之間的關係。

狀態函數隨時間變化。對於 n 粒子系統，量子力學假設控制 Ψ 隨著 t 變化的方程式為

$$-\frac{\hbar}{i}\frac{\partial \Psi}{\partial t} = -\frac{\hbar^2}{2m_1}\left(\frac{\partial^2 \Psi}{\partial x_1^2} + \frac{\partial^2 \Psi}{\partial y_1^2} + \frac{\partial^2 \Psi}{\partial z_1^2}\right) - \cdots$$
$$-\frac{\hbar^2}{2m_n}\left(\frac{\partial^2 \Psi}{\partial x_n^2} + \frac{\partial^2 \Psi}{\partial y_n^2} + \frac{\partial^2 \Psi}{\partial z_n^2}\right) + V\Psi \quad (17.10)$$

在此方程式中，$\hbar$(**h − bar**) 是普朗克常數除以 2π，

$$\hbar \equiv h/2\pi \quad (17.11)^*$$

$i = \sqrt{-1}$；$m_1, \ldots, m_n$ 是粒子 $1, \ldots, n$ 的質量；x_1, y_1, z_1 是粒子 1 的空間坐標；V 是系統的勢能。因為位能是由於粒子位置而產生的能量，V 是粒子坐標的函數。此外，若外部施加的場隨時間變化，則 V 隨時間變化。因此，V 通常是粒子坐標和時間的函數。V 是從作用於系統的力得出的；見 (2.17) 式。(17.10) 式中的點，代表涉及粒子 2, 3, ... $n − 1$ 的空間導數的項。

(17.10) 式是一個複雜的偏微分方程式。對於本書中處理的大多數問題，都不必使用 (17.10) 式，所以不要驚慌。

狀態函數 Ψ 和 (17.10) 式的概念，由奧地利物理學家 Erwin Schrödinger (1887~1961) 在 1926 年提出。方程式 (17.10) 是**隨時間變化的薛丁格方程式** (time-dependent Schrödinger equation)。薛丁格受 de Broglie 假設的啟發，尋找一個數學方程式，該數學方程式類似於控制波動的微分方程式，並且具有給出量子系統能量能階的解。薛丁格使用 de Broglie 關係 $\lambda = h/p$ 和某些合理性參數，提出了 (17.10) 式和下面與時間無關的方程式 (17.24)。這些合理性參數在本書中已被省略。應該強調的是，這些論點充其量只能使薛丁格方程式看起來合理。它們在任何意義上都不能用於推導或證明薛丁格方程式。薛丁格方程式是量子力學的基本假設，無法推導。我們認為這是事實的原因是其預測與實驗結果非常吻合。「有人可能會說薛丁格方程式與 20 世紀科學和技術的發展有較多的關係，而不是物理學中的任何其他發現」(Jeremy Bernstein, *Cranks, Quarks, and the Cosmos,* Basic Books, 1993, p. 54)。

隨時間變化的薛丁格方程式 (17.10) 包含 Ψ 對 t 的一階導數，並且對時間一次積分可得 Ψ。因此，(17.10) 式的積分僅引入一個積分常數，若 Ψ 在某個初始時間 t_0 為已知，則可求出積分常數。因此，已知初始量子力學狀態 $\Psi(x_1, \ldots, z_n, t_0)$ 和勢能 V，我們可以使用 (17.10) 式來預測未來的量子力學狀態。隨時間變化的薛丁格方程式是牛頓第二定律的量子力學類比，它使古典力學系統的未來狀態可以從其物前狀態進行預測。但是，我們很快就會看到，量子力學中的狀態知識通常只涉及概率知識，而不是古典力學中的確定性知識。

量子力學和古典力學之間有什麼關係？實驗表明，宏觀物體遵循古典力學 (假設它們的速度遠小於光速)。因此，我們期望在古典力學中在取 $h \to 0$ 的極限時，隨時間變化的薛丁格方程式應簡化為牛頓第二定律。Ehrenfest 在 1927 年證明了這一點；對於 Ehrenfest 的證明，請參見 *Park*, sec. 3.3。

☕ 狀態函數 Ψ 的物理意義

薛丁格最初將 Ψ 視為與系統相關的某種波的振幅。很快就知道這種解釋是錯誤的。例如，對於兩粒子系統，Ψ 是六個空間坐標 x_1, y_1, z_1, x_2, y_2 和 z_2 的函數，而在空間中移動的波僅是三個空間坐標的函數。Max Born 在 1926 年給出了 Ψ 的正確物理解釋。Born 假設 $|\Psi|^2$ 給出機率密度用於在空間的給定位置找到粒子 (關於分子速度的概率密度已在第 14.4 節中進行了討論)。更準確地說，假設一個單粒子系統在時間 t' 具有狀態函數 $\Psi(x, y, z, t')$。若粒子的 x、y 和 z 坐標分別在無窮小範圍 x_a 到 $x_a + dx$、y_a 到 $y_a + dy$ 和 z_a 到 $z_a + dz$ 內，求在時間 t' 粒子在此位置的機率。這是在空間中位於點 (x_a, y_a, z_a) 且邊緣為 dx、dy 和 dz 的矩形框狀微小區域中找到粒子的機率 (圖 17.5)。Born 的假設是，機率可由下式給出

$$\Pr(x_a \leq x \leq x_a + dx, y_a \leq y \leq y_a + dy, z_a \leq z \leq z_a + dz)$$
$$= |\Psi(x_a, y_a, z_a, t')|^2 \, dx \, dy \, dz \tag{17.12}*$$

其中 (17.12) 式的左側表示在圖 17.5 的框中找到該粒子的機率。

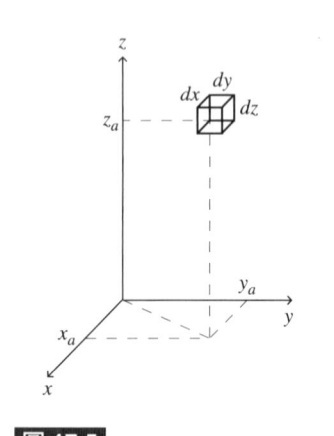

圖 17.5
空間中的無窮小框。

例 17.1 找到一個粒子的機率

假設在時間 t'，一個粒子系統的狀態函數為

$$\Psi = (2/\pi c^2)^{3/4} e^{-(x^2+y^2+z^2)/c^2} \qquad 其中 c = 2 \text{ nm}$$

[一個奈米 (nm) $\equiv 10^{-9}$ m。] 對粒子位置進行測量，可以發現粒子位於中心在 $x = 1.2$ nm、$y = -1.0$ nm 和

$z = 0$ 且邊長均為 0.004 nm 的微小立方體區域中，求在時間 t' 粒子在此位置的機率。

距離 0.004 nm 遠小於 c 的值，並且一個或多個坐標中的 0.004 nm 的變化不會顯著改變機率密度 $|\Psi|^2$。因此，將間隔 0.004 nm 視為無窮小並使用 (17.12) 式是一個很好的近似。將欲求的機率寫為

$$|\Psi|^2 \, dx \, dy \, dz = (2/\pi c^2)^{3/2} e^{-2(x^2+y^2+z^2)/c^2} \, dx \, dy \, dz$$

$$= [2/(4\pi \text{ nm}^2)]^{3/2} e^{-2[(1.2)^2+(-1)^2+0^2]/4} (0.004 \text{ nm})^3$$

$$= 1.200 \times 10^{-9}$$

習題

(a) 在這個例子中，Ψ 的機率密度在什麼時候是最大值？只需看 Ψ^2 即可回答。(b) 將 x 更改為微小立方區域中的最小值，然後將 x 更改為該區域中的最大值，重做計算。將結果與使用 x 的中心值時得到的結果進行比較。

[答案：(a) 在原點。(b) 1.203×10^{-9}，1.197×10^{-9}]

狀態函數 Ψ 是一個複數，並且 $|\Psi|$ 是 Ψ 的絕對值。設 $\Psi = f + ig$，其中 f 和 g 是實函數且 $i \equiv \sqrt{-1}$。Ψ 的**絕對值**定義為 $|\Psi| \equiv (f^2 + g^2)^{1/2}$。對於實數，$g$ 為零，而絕對值變為 $(f^2)^{1/2}$，這是實數的絕對值的通常含義。Ψ 的**複共軛** (complex conjugate) Ψ^* 定義為

$$\Psi^* \equiv f - ig \qquad \text{其中 } \Psi = f + ig \tag{17.13}*$$

為了得到 Ψ^*，我們將 Ψ 中的 i 改為 $-i$。注意

$$\Psi^*\Psi = (f - ig)(f + ig) = f^2 - i^2 g^2 = f^2 + g^2 = |\Psi|^2 \tag{17.14}$$

因為 $i^2 = -1$。因此，我們可以用 $\Psi^*\Psi$ 代替 $|\Psi|^2$。$|\Psi|^2 = \Psi^*\Psi = f^2 + g^2$ 是實數，且為非負，因為概率密度必須為非負。

在兩粒子系統中，$|\Psi(x_1, y_1, z_1, x_2, y_2, z_2, t')|^2 \, dx_1 \, dy_1 \, dz_1 \, dx_2 \, dy_2 \, dz_2$ 是在時間 t' 的機率，其中粒子 1 位於點 (x_1, y_1, z_1) 且尺寸為 dx_1、dy_1 和 dz_1 的一個微小矩形框中，同時粒子 2 位於 (x_2, y_2, z_2) 且尺寸為 dx_2、dy_2 和 dz_2 的框形區域。Born 對 Ψ 的解釋所得結果與實驗完全一致。

對於一粒子，一維系統，$|\Psi(x, t)|^2 \, dx$ 是粒子在時間 t，在 x 和 $x + dx$ 之間的概率。對 a 到 b 的區間內的無窮小機率求和，得出定積分 $\int_a^b |\Psi|^2 \, dx$，即得出它在 a 與 b 之間的區域中的機率。從而

$$\text{Pr}(a \leq x \leq b) = \int_a^b |\Psi|^2 \, dx \qquad \text{一粒子，一維系統} \tag{17.15}*$$

在 x 軸上某處找到粒子的機率必須為 1。因此，$\int_{-\infty}^{\infty} |\Psi|^2 \, dx = 1$。當 Ψ 滿足此方程式時，可以說是**歸一化** (normalized)。一粒子三維系統的歸一化條件為

$$\int_{-\infty}^{\infty}\int_{-\infty}^{\infty}\int_{-\infty}^{\infty} |\Psi(x, y, z, t)|^2 \, dx \, dy \, dz = 1 \tag{17.16}$$

對於 n 粒子三維系統，$|\Psi|^2$ 在所有 $3n$ 個坐標 $x_1, \ldots, z_n$ 上的積分等於 1，其中每個都是從 $-\infty$ 積分到 ∞。

(17.16) 式的積分是多重積分。在像 $\int_a^b \int_c^d f(x, y) dx \, dy$ 這樣的重積分中，首先在極限 c 和 d 之間將 $f(x, y)$ 對 x 積分 (同時將 y 視為常數)，然後將所得的結果對 y 積分，例如 $\int_0^1 \int_0^4 (2xy + y^2) dx \, dy = \int_0^1 (x^2y + xy^2)|_0^4 dy = \int_0^1 (16y + 4y^2) dy = 28/3$。為了計算如 (17.16) 式的三重積分，我們首先將 y 和 z 視為常數，然後對 x 進行積分，再將 z 視為常數，對 y 進行積分，最後對 z 進行積分。

歸一化的要求通常寫成

$$\int |\Psi|^2 \, d\tau = 1 \tag{17.17}*$$

其中 $\int d\tau$ 是速記符號，表示定積分是對系統所有空間坐標的整個範圍。對於一粒子，三維系統，對每個坐標，$\int d\tau$ 表示從 $-\infty$ 到 ∞ 在 x、y 和 z 上的三重積分 [(17.16) 式]。

利用代換，很容易看出，如果 Ψ 是 (17.10) 式的解，則 $c\Psi$ 也是，其中 c 是任意常數。因此，在 (17.10) 式的每個解中，都會有一個任意的乘法常數。此常數必須滿足 (17.17) 式的歸一化要求。

根據狀態函數 Ψ，當在系統上進行位置測量時，我們可以計算各種可能結果的機率。實際上，Born 的工作比這更廣義。事實證明，Ψ 提供有關系統任何性質的測量結果的訊息，而不僅僅是位置。例如，如果 Ψ 為已知，當對動量的 x 分量 p_x 進行測量時，我們可以計算出每種可能結果的機率。對於能量或角動量等的測量也是如此 (Levine, sec. 7.6 討論了從 Ψ 計算這些機率的過程)。

狀態函數 Ψ 不應被視為物理波。Ψ 是一個抽象的數學實體，它提供有關系統狀態的訊息。在給定狀態下有關系統的所有已知訊息都包含在狀態函數 Ψ 中。我們用「狀態 Ψ」來取代」函數 Ψ 描述的狀態」。Ψ 給出的訊息是系統物理性質測量的可能結果的機率。

狀態函數 Ψ 描述了一個物理系統。在本章中，系統通常是粒子、原子或分子。我們還可以考慮包含大量分子 (例如一莫耳某種化合物) 的系統的狀態函數。

古典力學是一種確定性理論，它使我們能夠預測系統粒子所走的確切路徑，並告訴我們它們在任何未來的時間將處於何處。量子力學僅給出在空間中各個位置找到粒子的機率。在與時間有關的量子力學系統中，粒子路徑的概念變得相當模糊，而消失在與時間無關的量子力學系統中。

摘要

量子力學系統的狀態由其狀態函數 Ψ 描述，狀態函數是時間和系統粒子空間坐標

的函數。狀態函數提供有關系統上測量結果的機率的訊息。例如，當在時間 t' 在單粒子系統上進行位置測量時，發現粒子坐標在 x 到 $x + dx$、y 到 $y + dy$、z 到 $z + dz$ 的範圍內的機率是由 $|\Psi(x, y, z, t')|^2 \, dx \, dy \, dz$ 給出。函數 $|\Psi|^2$ 是位置的機率密度。因為在某處找到粒子的總機率為 1，所以狀態函數被歸一化，這意味著 $|\Psi|^2$ 在所有空間坐標的整個範圍內的定積分等於 1。狀態函數 Ψ 根據與時間有關的薛丁格方程式 (17.10) 隨時間變化，從而可以從當前狀態 (函數) 中計算出將來的狀態 (函數)。

17.7 與時間無關的薛丁格方程式

對於孤立的原子或分子，作用力僅取決於系統的帶電粒子的坐標，而與時間無關。因此，對於孤立系統，位能 V 與 t 無關。對於 V 與時間無關的系統，與時間有關的薛丁格方程式 (17.10) 式具有 $\Psi(x_1, \ldots, z_n, t) = f(t)\psi(x_1, \ldots, z_n)$ 形式的解，其中 ψ (小寫 psi) 是 n 個粒子的 $3n$ 坐標的函數，f 是時間的特定函數。我們將針對一粒子一維系統進行證明。

對於 V 與 t 無關的一粒子一維系統，(17.10) 式變為

$$-\frac{\hbar^2}{2m}\frac{\partial^2 \Psi}{\partial x^2} + V(x)\Psi = -\frac{\hbar}{i}\frac{\partial \Psi}{\partial t} \tag{17.18}$$

我們欲求 (17.18) 式的解，令解的形式為

$$\Psi(x, t) = f(t)\psi(x) \tag{17.19}$$

我們有 $\partial^2\Psi/\partial x^2 = f(t)d^2\psi/dx^2$ 和 $\partial\Psi/\partial t = \psi(x)df/dt$。代入 (17.18) 式再除以 $f\psi = \Psi$ 得到

$$-\frac{\hbar^2}{2m}\frac{1}{\psi(x)}\frac{d^2\psi}{dx^2} + V(x) = -\frac{\hbar}{i}\frac{1}{f(t)}\frac{df(t)}{dt} \equiv E \tag{17.20}$$

其中參數 E 定義為 $E \equiv -(\hbar/i)f'(t)/f(t)$。

根據 E 的定義，它僅等於 t 的函數，因此與 x 無關。但是，(17.20) 式顯示 $E = -(\hbar^2/2m)\psi''(x)/\psi(x) + V(x)$，它僅是 x 的函數，並且與 t 無關。因此，E 與 t 無關且與 x 無關，因此必須為常數。由於常數 E 具有與 V 相同的因次，所以它具有能量的因次。量子力學假設 E 實際上是系統的能量。

由 (17.20) 式得知 $df/f = -(iE/\hbar)dt$，將其積分可得 $\ln f = -iEt/\hbar + C$。因此，$f = e^C e^{-iEt/\hbar} = Ae^{-iEt/\hbar}$，其中 $A \equiv e^C$ 為任意常數。可以將常數 A 作為 (17.19) 式中 $\psi(x)$ 因子的一部分，因此我們從 f 中省略了它。所以

$$f(t) = e^{-iEt/\hbar} \tag{17.21}$$

由方程式 (17.20) 式可得

$$-\frac{\hbar^2}{2m}\frac{d^2\psi(x)}{dx^2} + V(x)\psi(x) = E\psi(x) \tag{17.22}$$

這是一粒子一維系統**與時間無關的薛丁格方程式**。當位能函數 $V(x)$ 為已知時，可以解出 (17.22) 式中的 ψ。對於 n 粒子三維系統，導致 (17.19) 式、(17.21) 式和 (17.22) 式的相同過程給出

$$\Psi = e^{-iEt/\hbar}\psi(x_1, y_1, z_1, \ldots, x_n, y_n, z_n) \quad (17.23)$$

其中函數 ψ 可由求解下式而得

$$-\frac{\hbar^2}{2m_1}\left(\frac{\partial^2\psi}{\partial x_1^2} + \frac{\partial^2\psi}{\partial y_1^2} + \frac{\partial^2\psi}{\partial z_1^2}\right) - \cdots - \frac{\hbar^2}{2m_n}\left(\frac{\partial^2\psi}{\partial x_n^2} + \frac{\partial^2\psi}{\partial y_n^2} + \frac{\partial^2\psi}{\partial z_n^2}\right) + V\psi = E\psi \quad (17.24)*$$

與時間無關的薛丁格方程式 (17.24) 的解 ψ 是**與時間無關的波動函數**。由 (17.23) 式給出 Ψ 的狀態稱為**平穩狀態** (stationary state)。我們將看到，對於給定系統，(17.24) 式有許多不同的解，不同的解對應於不同的能量 E 值。通常，量子力學僅給出測量結果的機率，而不是確定值。但是，當系統處於平穩狀態時，測量其能量一定會給出對應於系統波動函數 ψ 的特定能量值。對於位能函數 $V(x_1,\cdots, z_n)$，不同的系統具有不同的形式，當針對不同的系統求解 (17.24) 式時，這會導致不同波動函數和能量的集合。接下來幾節中的例子將使所有這些變得更加清楚。

對於平穩狀態，機率密度 $|\Psi|^2$ 變為

$$|\Psi|^2 = |f\psi|^2 = (f\psi)^*f\psi = f^*\psi^*f\psi = e^{iEt/\hbar}\psi^*e^{-iEt/\hbar}\psi = e^0\psi^*\psi = |\psi|^2 \quad (17.25)$$

其中我們使用了 (17.19) 式、(17.21) 式和恆等式

$$(f\psi)^* = f^*\psi^*$$

因此，對於平穩狀態，$|\Psi|^2 = |\psi|^2$，它與時間無關。對於平穩狀態，機率密度和能量隨時間恆定。但是，這並不意味著系統的粒子在平穩狀態是靜止的。

事實證明，任何物理性質的測量結果的機率都涉及 $|\Psi|$，並且由於 $|\Psi| = |\psi|$，因此對於平穩狀態，這些機率與時間無關。因此，(17.23) 式中的係數 $e^{-iEt/\hbar}$ 影響不大，平穩狀態的狀態函數的主要部分是與時間無關的波動函數 $\psi(x_1,\cdots, z_n)$。對於平穩狀態，歸一化條件 (17.17) 式變為 $\int|\psi|^2\,d\tau = 1$，其中 $\int d\tau$ 表示對所有空間的定積分。

能量 E 的平穩狀態的波動函數 ψ 必須滿足與時間無關的薛丁格方程式 (17.24)。但是，量子力學假設並非所有滿足 (17.24) 式的函數都可以作為系統的波動函數。除了是 (17.24) 式的解外，波動函數還必須滿足以下三個條件：(a) 波動函數必須是**單值** (single-valued)。(b) 波動函數必須是**連續** (continuous)。(c) 波動函數必須是**二次可積** (quadratically integrable)。條件 (a) 表示 ψ 在空間的每個點上只有一個值。圖 17.6a 的函數在某些點上具有多個值，對於單粒子一維系統而言，可能不是波動函數。條件 (b) 表示 ψ 不會使值突然跳躍。排除了類似於圖 17.6b 的函數。條件 (c) 表示所有空間上的積分 $\int|\psi|^2\,d\tau$ 是一個有限數。函數 x^2 (圖 17.6c) 不能二次可積，因為 $\int_{-\infty}^{\infty} x^4\,dx = (x^5/5)\big|_{-\infty}^{\infty} = \infty - (-\infty) = \infty$。條件 (c) 是將波動函數乘以一常數使其歸一化，即，使 $\int|\psi|^2$

$d\tau = 1$ [如果 ψ 是薛丁格方程 (17.24) 的解，則 $k\psi$ 也是，其中 k 是任何常數]。遵循條件 (a)、(b) 和 (c) 的函數是**行為良好的** (well-behaved) 函數。

由於在薛丁格方程式 (17.24) 中 E 作為未確定的參數出現，因此由求解 (17.24) 式找到的解 ψ 將取決於 E 作為參數：$\psi = \psi(x_1, \cdots, z_n; E)$。事實證明，僅對於某些特定的 E 值，ψ 才具有良好的行為，而這些值就是允許的能階。下一節將給出一個例子。

我們將主要關注原子和分子的平穩狀態，因為它們給出了允許的能階。對於兩個分子之間的碰撞或對於暴露於電磁輻射的時變電場和磁場的分子，位能 V 取決於時間，因此必須處理與時間有關的薛丁格方程式和非平穩狀態。

摘要

在一個孤立的原子或分子中，位能 V 與時間無關，並且系統可以存在於平穩狀態，即恆定能量且機率密度與時間無關的狀態。對於平穩狀態，粒子位置的機率密度為 $|\psi|^2$，其中與時間無關的波函數 ψ 是系統粒子坐標的函數。由求解與時間無關的薛丁格方程式 (17.24) 並僅挑選那些單值、連續且二次可積的解，可以找到系統可能的平穩狀態波函數和能量。

17.8 一維框中的粒子

後兩節對量子力學的介紹非常抽象。為了使量子力學的概念更易於理解，本節研究了一個簡單系統的平穩狀態，即**一維框中的粒子** (a particle in a one-dimensional box)。這意味著質量為 m 的單個微觀粒子在一維 x 上移動並遵循圖 17.7 的位能函數，即 x 在 0 和 a 之間 (區域 II) 的位能為零，而在其他地方 (區域 I 和 III) 則無窮大：

$$V = \begin{cases} 0, & 0 \leq x \leq a \\ \infty, & x < 0 \text{ 和 } x > a \end{cases}$$

該位能將粒子限制在 x 軸上 0 到 a 之間的區域中移動。沒有一個真實系統的 V 像圖 17.7 那樣簡單，但是框中的粒子可以用作處理共軛分子中 pi 電子的原始模型。

我們僅限於考慮恆定能量的狀態，即平穩狀態。對於這些狀態，可由求解薛丁格方程式 (17.24) 來找到 (與時間無關) 波函數 ψ，該方程式對於一粒子、一維系統為

$$-\frac{\hbar^2}{2m}\frac{d^2\psi}{dx^2} + V\psi = E\psi \tag{17.26}$$

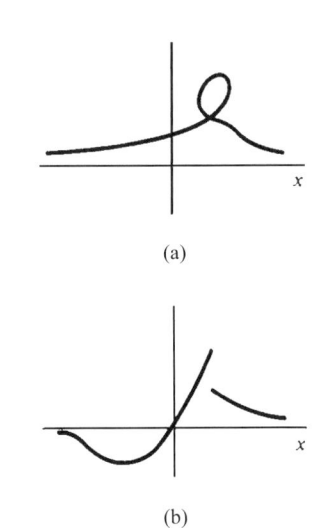

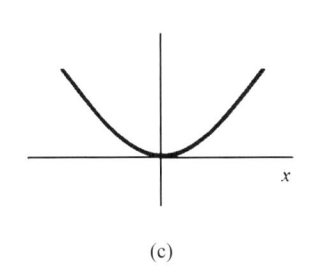

圖 17.6
(a) 多值函數。(b) 不連續函數。
(c) 不是二次可積的函數。

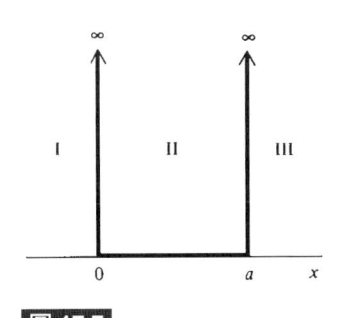

圖 17.7
一維框中的粒子的位能函數。

因為粒子不能具有無限的能量，所以在 V 為無限的區域 I 和 III 中找到粒子的機率必須為零。因此在這些區域中，機率密度 $|\psi|^2$ 以及 ψ 必須為零：$\psi_\text{I} = 0$ 和 $\psi_\text{III} = 0$，或

$$\psi = 0 \qquad x < 0 \text{ 和 } x > a \tag{17.27}$$

在框內 (區域 II)，V 為零，(17.26) 式變為

$$\frac{d^2\psi}{dx^2} = -\frac{2mE}{\hbar^2}\psi \qquad 0 \leq x \leq a \tag{17.28}$$

為了求解此方程式，我們需要一個函數，此函數的二階導數再次使我們獲得相同的函數，但要乘以一個常數。以這種方式運算的兩個函數是正弦函數和餘弦函數，因此讓我們嘗試下式作為解

$$\psi = A \sin rx + B \cos sx$$

其中 A、B、r 和 s 是常數。ψ 的微分可得 $d^2\psi/dx^2 = -Ar^2 \sin rx - Bs^2 \cos sx$。將嘗試的解代入 (17.28) 式可得

$$-Ar^2 \sin rx - Bs^2 \cos sx = -2mE\hbar^{-2}A \sin rx - 2mE\hbar^{-2}B \cos sx \tag{17.29}$$

若取 $r = s = (2mE)^{1/2}\hbar^{-1}$，可滿足 (17.29) 式。因此 (17.28) 式的解是

$$\psi = A \sin[(2mE)^{1/2}\hbar^{-1}x] + B \cos[(2mE)^{1/2}\hbar^{-1}x], \qquad 0 \leq x \leq a \tag{17.30}$$

比我們給出的更正式的推導證明，(17.30) 式實際上是微分方程式 (17.28) 的通解。

　　如第 17.7 節所述，並非薛丁格方程式的所有解都是可接受的波動函數。僅允許行為良好的函數。框中粒子薛丁格方程式的解是由 (17.27) 和 (17.30) 式定義的函數，其中 A 和 B 是積分的任意常數。為了使此函數連續，盒內的波動函數必須在框的兩端變為零，因為盒外的 ψ 等於零。我們必須要求當 $x \to 0$ 和 $x \to a$ 時 (17.30) 式中的 ψ 變為零。在 (17.30) 式中令 $x = 0$ 和 $\psi = 0$，我們得到 $0 = A \sin 0 + B \cos 0 = A \cdot 0 + B \cdot 1$，所以 $B = 0$。因此

$$\psi = A \sin[(2mE)^{1/2}\hbar^{-1}x], \qquad 0 \leq x \leq a \tag{17.31}$$

在 (17.31) 式中令 $x = a$ 和 $\psi = 0$，我們得到 $0 = \sin[(2mE)^{1/2}\hbar^{-1}a]$。當 w 等於 $0, \pm\pi, \pm 2\pi, \ldots, \pm n\pi$ 時，函數 $\sin w$ 等於零，所以我們必須有

$$(2mE)^{1/2}\hbar^{-1}a = \pm n\pi \tag{17.32}$$

將 (17.32) 式代入 (17.31) 式可得 $\psi = A \sin(\pm n\pi x/a) = \pm A \sin(n\pi x/a)$，因為 $\sin(-z) = -\sin z$。由於 A 是任意常數，因此只要考慮由 $+n$ 產生的解，而無需考慮 $-n$ 值。另外，必須排除 $n = 0$，因為它將使 $\psi = 0$ 處處都是，這意味著不可能在盒中找到粒子。因此，波動函數為

$$\psi = A \sin(n\pi x/a) \qquad 0 \leq x \leq a, \qquad \text{其中 } n = 1, 2, 3, \ldots \tag{17.33}$$

求解 (17.32) 式來獲得允許的能量 E，得到

$$E = \frac{n^2 h^2}{8ma^2}, \qquad n = 1, 2, 3, \ldots \qquad (17.34)^*$$

其中 $\hbar \equiv h/2\pi$。只有這些 E 值才能使 ψ 成為行為良好 (連續) 的函數。例如，圖 17.8 繪出當 $E = (1.1)^2 h^2/8ma^2$ 時的 (17.27) 式和 (17.31) 式的 ψ 圖。由於在 $x = a$ 的不連續性，因此這不是可接受的波動函數。

將粒子限制在 0 和 a 之間，要求 ψ 在 $x = 0$ 和 $x = a$ 為零，這將量化能量。類比是當弦的兩端保持固定時發生的弦振動模式的量化。能階 (17.34) 式與 n^2 成正比，並且相鄰能階之間的間隔隨著 n 的增加而增加 (圖 17.9)。

從 (17.17) 式和 (17.25) 式的歸一化條件：$\int |\psi|^2 d\tau = 1$，可以找到 (17.33) 式 ψ 的常數 A 的大小。由於在盒子外面 $\psi = 0$，我們僅需要從 0 到 a 積分，並且

$$1 = \int_{-\infty}^{\infty} |\psi|^2 dx = \int_0^a |\psi|^2 dx = |A|^2 \int_0^a \sin^2\left(\frac{n\pi x}{a}\right) dx$$

積分表給出 $\int \sin^2 cx\, dx = x/2 - (1/4c) \sin 2cx$，我們求得 $|A| = (2/a)^{1/2}$。**歸一化常數** (normalization constant) A 可以取絕對值為 $(2/a)^{1/2}$ 的任何數。我們可以取 $A = (2/a)^{1/2}$ 或 $A = -(2/a)^{1/2}$ 或 $A = i(2/a)^{1/2}$ (其中 $i = \sqrt{-1}$)，等等。選擇 $A = (2/a)^{1/2}$，我們得到

$$\psi = \left(\frac{2}{a}\right)^{1/2} \sin \frac{n\pi x}{a}, \qquad 0 \leq x \leq a, \qquad 其中\ n = 1, 2, 3, \ldots \qquad (17.35)$$

對於一粒子，一維系統，$|\psi(x)|^2 dx$ 是機率。由於機率沒有單位，因此 $\psi(x)$ 的因次必須為長度的 $-\frac{1}{2}$ 次方，就像 (17.35) 式中的 ψ 一樣。

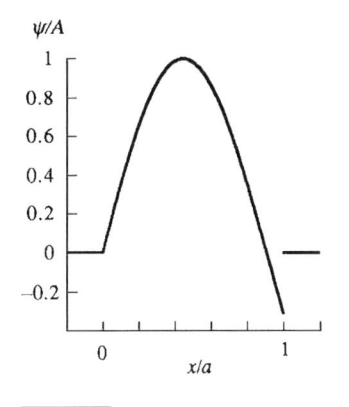

圖 17.8
$E = (1.1)^2 h^2/8ma^2$ 的框內粒子薛丁格方程式的解的圖。此解在 $x = a$ 不連續。

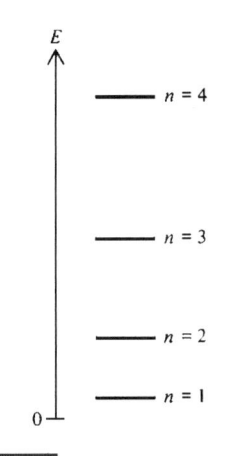

圖 17.9
一維框中粒子的最低四個能階。

例 17.2　躍遷波長的計算

求出 3Å 一維框中的 1×10^{-27} g 粒子從 $n = 2$ 到 $n = 1$ 能階時發出的光的波長。

波長 λ 可以從頻率 ν 求得。$h\nu$ 是發出的光子的能量，等於躍遷 (transition) 中涉及的兩個能階之間的能量差 [(17.7) 式]：

$$h\nu = E_{\text{upper}} - E_{\text{lower}} = 2^2 h^2/8ma^2 - 1^2 h^2/8ma^2 \qquad 且 \qquad \nu = 3h/8ma^2$$

其中使用了 (17.34) 式。利用 $\lambda = c/\nu$ 和 $1\text{Å} \equiv 10^{-10}$ m [(2.87) 式] 可得

$$\lambda = \frac{8ma^2 c}{3h} = \frac{8(1 \times 10^{-30}\text{ kg})(3 \times 10^{-10}\text{ m})^2 (3 \times 10^8\text{ m/s})}{3(6.6 \times 10^{-34}\text{ J s})} = 1 \times 10^{-7}\text{ m}$$

(質量 m 是電子的質量，波長位於紫外線)。

習題

(a) 對於某個一維框中質量為 9.1×10^{-31} kg 的粒子，$n = 3$ 到 $n = 2$ 的轉變發生在 $n = 4.0 \times 10^{14}$ s^{-1} 處。求框的長度。
(答案：1.07 nm)
(b) 證明，粒子在一維框中由 $n = 3$ 到 2 的躍遷頻率是由 $n = 2 \sim 1$ 躍遷頻率的 5/3 倍。

讓我們對比一下量子力學圖和古典圖。通常，粒子會以任何非負能量在框中四處亂動。$E_{classicl}$ 可以是從零開始的任何數字 (框中的位能為零，因此粒子的能量完全是動能。其速率 v 可以具有任何非負值，因此 $\frac{1}{2}mv^2$ 可以具有任何非負值)。量子力學上，能量只能接受 (17.34) 式的這些值。能量在量子力學中被量化，而在古典力學中則是連續的。

傳統上，最小能量為零。量子力學上，框中的粒子具有的最小能量大於零。此能量 $h^2/8ma^2$ 是**零點能量** (zero point energy)。它的存在是不確定性原理的結果。假設粒子的能量為零。由於其能量完全是動能，因此其速率 v_x 和動量 $mv_x = p_x$ 將為零。在已知 p_x 為零的情況下，不確定性 Δp_x 為零，不確定性原理 $\Delta x \Delta p_x \gtrsim h$ 給出 $\Delta x = \infty$。但是，我們知道粒子在 $x = 0$ 和 $x = a$ 之間，所以 Δx 不能超過 a。因此，對於框中的粒子，零能量是不可能的。

利用在 (17.35) 式中給出整數 n 的值來指定框中的粒子的平穩狀態。n 稱為**量子數** (quantum number)。最低能量狀態 ($n = 1$) 是**基態** (ground state)。能量高於基態的狀態是**激發態** (excited states)。

圖 17.10 繪出了框中前三個平穩狀態的波函數 ψ 和機率密度 $|\psi|^2$。對於 $n = 1$，當 x

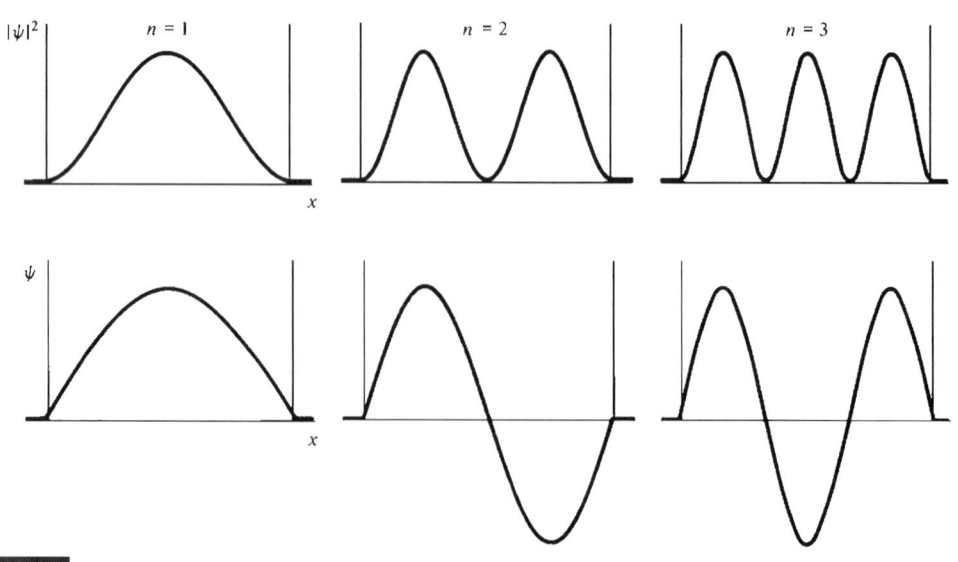

圖 17.10

框內最低的三個粒子平穩狀態的波動函數和機率密度。

從 0 變為 a 時，波動函數 (17.35) 式中的 $n\pi x/a$ 從 0 變為 π，因此 ψ 是正弦函數一個週期的一半。

傳統上，框中粒子的所有位置都是一樣的。從量子力學的角度來看，機率密度沿著框的長度不是均勻的，而是顯示振盪。在非常高的量子數 n 的極限下，$|\psi|^2$ 中的振盪越來越近，最終變得不可檢測；這對應於均勻機率密度的古典結果。關係式 $8ma^2E/h^2 = n^2$ 證明，對於宏觀系統 (E、m 和 a 具有宏觀量級)，n 非常大，因此大 n 的極限是古典極限。

$\psi = 0$ 的點稱為**節點** (node)。每增加 n，節點的數量增加 1。從古典觀點來看，節點的存在令人驚訝。例如，對於 $n = 2$ 狀態，很難理解如何在框的左半部或右半部找到粒子，而從中心找不到粒子。微觀顆粒的行為 (具有波狀) 無法用可視化模型來合理化。

波動函數 ψ 和機率密度 $|\psi|^2$ 分佈在框的整個長度上，就像波一樣 (比較圖 17.10 和 17.2)。但是，量子力學並沒有斷言粒子本身像波一樣散佈。位置的測量將為粒子提供確定的位置。波動函數 ψ (給出機率密度 $|\psi|^2$) 在空間中分佈並且遵循波動方程式。

例 17.3　機率計算

(a) 對於長度為 a 的一維框中的粒子的基態，求出粒子在點 $x = a/2$ 的 $\pm 0.001a$ 內的機率。(b) 對於量子數為 n 的框中處於平穩狀態的粒子，寫下 (但不求值) 在 $a/4$ 和 $a/2$ 之間找到粒子的機率的表達式。(c) 對於框中處於平穩狀態的粒子，在框的左半部發現粒子的機率是多少？

(a) 機率密度 (每單位長度的機率) 等於 $|\psi|^2$。圖 17.10 顯示 $n = 1$ 的 $|\psi|^2$ 在非常小的區間 $0.002a$ 上基本上是恆定的，因此我們可以將此區間視為無窮小，並將 $|\psi|^2 dx$ 作為期望的機率。對於 $n = 1$，由 (17.35) 式可得 $|\psi|^2 = (2/a)\sin^2(\pi x/a)$。對於 $x = a/2$ 和 $dx = 0.002a$，機率為 $|\psi|^2 dx = (2/a)\sin^2(\pi/2) \times 0.002a = 0.004$。

(b) 由 (17.15) 式，粒子在點 c 和 d 之間的機率為 $\int_c^d |\Psi|^2 dx$。但是對於平穩狀態 $|\Psi|^2 = |\psi|^2$ [(17.25) 式]，因此機率是 $\int_c^d |\psi|^2 dx$。所求的機率為 $\int_{a/4}^{a/2} (2/a)\sin^2(n\pi x/a)\, dx$，其中使用了 (17.35) 式。

(c) 對於框中處於平穩狀態的每個粒子，$|\psi|^2$ 的圖對稱於框的中點，因此處於左右兩半的機率相等，並且分別等於 0.5。

習題

對於粒子在長度為 a 的框中的 $n = 2$ 狀態，(a) 求粒子在 $x = a/8$ 的 $\pm 0.0015a$ 內的機率；(b) 求粒子在 $x = 0$ 和 $x = a/8$ 之間的機率。
(答案：(a) 0.0030；(b) $1/8 - 1/4\pi = 0.0454$)

若 ψ_i 和 ψ_j 是具有量子數 n_i 和 n_j 的框內粒子波函數，則 (習題 17.14)

$$\int_0^a \psi_i^* \psi_j\, d\tau = 0 \qquad n_i \neq n_j \tag{17.36}$$

其中 $\psi_i = (2/a)^{1/2}\sin(n_i\pi x/a)$ 且 $\psi_j = (2/a)^{1/2}\sin(n_j\pi x/a)$。當 $\int f^* g\, d\tau = 0$ 時，則稱函數 f 和 g

是**正交的** (orthogonal)，其中積分是在整個空間坐標範圍內的一個定積分。我們可以證明，對應於量子力學系統不同能階的兩個波函數是正交的 (第 17.16 節)。

17.9 | 三維框中的粒子

三維框中的粒子是質量為 m 的單個粒子，被框外部無限的位能限制在框的體積內。最簡單的框形狀是長方體。因此，對於在 $0 \leq x \leq a$、$0 \leq y \leq b$ 和 $0 \leq z \leq c$ 內的點，位能 $V = 0$，而在其他地方 $V = \infty$。框的尺寸是 a、b 和 c。

讓我們對平穩狀態波函數和能量求解與時間無關的薛丁格方程式。由於在框外 $V = \infty$，所以 ψ 在框外為零，就像對應的一維問題一樣。在框內，$V = 0$，薛丁格方程式 (17.24) 變為

$$-\frac{\hbar^2}{2m}\left(\frac{\partial^2 \psi}{\partial x^2} + \frac{\partial^2 \psi}{\partial y^2} + \frac{\partial^2 \psi}{\partial z^2}\right) = E\psi \qquad (17.37)$$

讓我們假設 (17.37) 式的解存在，其形式為 $X(x)Y(y)Z(z)$，其中 $X(x)$ 僅是 x 的函數，Y 和 Z 是 y 和 z 的函數。對於任意偏微分方程式，通常不可能找到變數分離的解。但是，可以利用數學證明，若我們對於 (17.37) 式成功地找到了具有 $X(x)Y(y)Z(z)$ 形式的行為良好的解，則就沒有其他行為良好的解，因此我們將找到 (17.37) 式的通解。我們假設

$$\psi = X(x)Y(y)Z(z) \qquad (17.38)$$

(17.38) 式的偏微分給出

$$\partial^2\psi/\partial x^2 = X''(x)Y(y)Z(z), \quad \partial^2\psi/\partial y^2 = X(x)Y''(y)Z(z), \quad \partial^2\psi/\partial z^2 = X(x)Y(y)Z''(z)$$

將上式代入 (17.37) 式後除以 $X(x)Y(y)Z(z) = \psi$ 可得

$$-\frac{\hbar^2}{2m}\frac{X''(x)}{X(x)} - \frac{\hbar^2}{2m}\frac{Y''(y)}{Y(y)} - \frac{\hbar^2}{2m}\frac{Z''(z)}{Z(z)} = E \qquad (17.39)$$

令 $E_x \equiv -(\hbar^2/2m)X''(x)/X(x)$。則由 (17.39) 式可得

$$E_x \equiv -\frac{\hbar^2}{2m}\frac{X''(x)}{X(x)} = E + \frac{\hbar^2}{2m}\frac{Y''(y)}{Y(y)} + \frac{\hbar^2}{2m}\frac{Z''(z)}{Z(z)} \qquad (17.40)$$

根據其定義，E_x 僅是 x 的函數。但是，(17.40) 式中的 $E_x = E + \hbar^2 Y''/2mY + \hbar^2 Z''/2mZ$ 表明 E_x 與 x 無關。因此 E_x 是一個常數，我們從 (17.40) 式得到

$$-(\hbar^2/2m)X''(x) = E_x X(x) \qquad 0 \leq x \leq a \qquad (17.41)$$

如果在 (17.28) 式中分別用 ψ 和 E 對應 (17.41) 式中的 X 和 E_x，則一維框中粒子的方程式 (17.41) 與薛丁格方程式 (17.28) 相同。此外，$X(x)$ 為連續的條件要求在 $x = 0$ 和 $x = a$ 處的 $X(x) = 0$，這是因為在框外面三維波函數為零。這些是 (17.28) 式中的 ψ 必須

滿足的相同要求。因此，(17.41) 式和 (17.28) 式的解相同。將 (17.34) 式和 (17.35) 式中的 ψ 和 E，用 X 和 E_x 替換，我們得到

$$X(x) = \left(\frac{2}{a}\right)^{1/2} \sin \frac{n_x \pi x}{a}, \qquad E_x = \frac{n_x^2 h^2}{8ma^2}, \qquad n_x = 1, 2, 3, \ldots \qquad \textbf{(17.42)}$$

其中量子數稱為 n_x。

方程式 (17.39) 對 x、y 和 z 為對稱，因此與得到 (17.42) 式的相同推理，可以得到

$$Y(y) = \left(\frac{2}{b}\right)^{1/2} \sin \frac{n_y \pi y}{b}, \qquad E_y = \frac{n_y^2 h^2}{8mb^2}, \qquad n_y = 1, 2, 3, \ldots \qquad \textbf{(17.43)}$$

$$Z(z) = \left(\frac{2}{c}\right)^{1/2} \sin \frac{n_z \pi z}{c}, \qquad E_z = \frac{n_z^2 h^2}{8mc^2}, \qquad n_z = 1, 2, 3, \ldots \qquad \textbf{(17.44)}$$

其中，與 (17.40) 式類似，

$$E_y \equiv -\frac{\hbar^2}{2m} \frac{Y''(y)}{Y(y)}, \qquad E_z \equiv -\frac{\hbar^2}{2m} \frac{Z''(z)}{Z(z)} \qquad \textbf{(17.45)}$$

我們在 (17.38) 式中假設，波動函數 ψ 是每個坐標的獨立因子 $X(x)$、$Y(y)$ 和 $Z(z)$ 的乘積。找到 X、Y 和 Z [(17.42) 式、(17.43) 式和 (17.44) 式]，我們有三維矩形框中粒子的平穩狀態波函數

$$\psi = \left(\frac{8}{abc}\right)^{1/2} \sin \frac{n_x \pi x}{a} \sin \frac{n_y \pi y}{b} \sin \frac{n_z \pi z}{c} \qquad \text{在框內} \qquad \textbf{(17.46)}$$

在框外，$\psi = 0$。

由 (17.39) 式、(17.40) 式和 (17.45) 式得到 $E = E_x + E_y + E_z$，對於 E_x、E_y 和 E_z 使用 (17.42) 式至 (17.44) 式可得能階為

$$E = \frac{h^2}{8m}\left(\frac{n_x^2}{a^2} + \frac{n_y^2}{b^2} + \frac{n_z^2}{c^2}\right) \qquad \textbf{(17.47)}$$

E_x、E_y 和 E_z 是與 x、y 和 z 方向上的運動相關的動能。

用於求解 (17.37) 式的過程稱為**變數分離** (separation of variables)。在第 17.11 節中討論了它的運算條件。

波函數具有三個量子數，因為這是一個三維問題。量子數 n_x、n_y 和 n_z 彼此獨立地變化。框中的粒子狀態利用 n_x、n_y 和 n_z 的值來指定。基態為 $n_x = 1$、$n_y = 1$ 和 $n_z = 1$。

☕ 二維框中的粒子

對於邊長為 a 和 b 的二維矩形框中的粒子，由得到 (17.46) 式和 (17.47) 式的相同過程，可得

$$\psi = (4/ab)^{1/2} \sin(n_x \pi x/a) \sin(n_y \pi y/b) \qquad 0 \leq x \leq a, 0 \leq y \leq b \qquad \textbf{(17.48)}$$

和 $E = (h^2/8m)(n_x^2/a^2 + n_y^2/b^2)$。對於具有 $b = 2a$ 的二維框，圖 17.11 顯示框中三種狀態的

圖 17.11
尺寸 2:1 的二維框中粒子的三個狀態的機率密度。狀態為 ψ_{11}、ψ_{12} 和 ψ_{21} 狀態，其中下標給出 n_x 和 n_y 值。

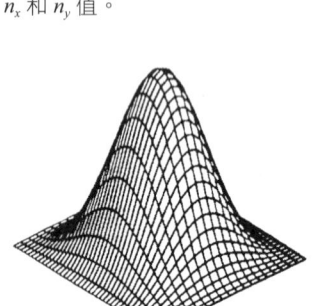

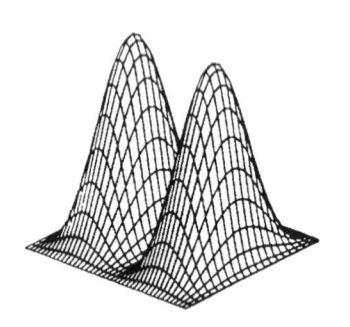

$n_x = 1, n_y = 1$　　　　$n_x = 1, n_y = 2$　　　　$n_x = 2, n_y = 1$

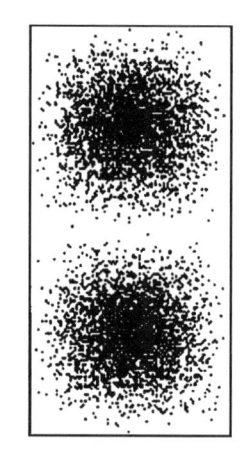

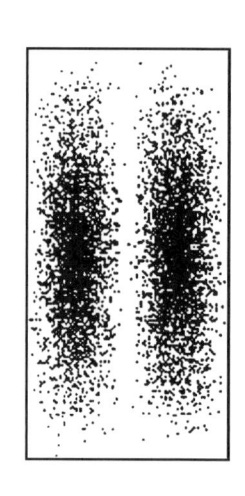

機率密度 $|\psi|^2$ 的變化。區域中點的密度越大，$|\psi|^2$ 的值越大。圖 17.12 顯示最低的兩個狀態的 $|\psi|^2$ 的三維圖。xy 平面上方的曲面高度給出點 (x, y) 的 $|\psi|^2$ 值。圖 17.13 是 ψ 在 $n_x = 1$、$n_y = 2$ 狀態下的三維圖。ψ 在框的一半處為正，另一半為負，在將這兩半分開的線上為零。圖 17.14 顯示對於 $n_x = 1$、$n_y = 2$ 狀態，$|\psi|$ 恆定的等高線圖。所示的輪廓是 $|\psi|/|\psi|_{max} = 0.9$（最裡面的環圈）、0.7、0.5、0.3 和 0.1 的輪廓，其中 $|\psi|_{max}$ 是 $|\psi|$ 的最大值。這些輪廓對應於 $|\psi|^2/|\psi|^2_{max} = 0.81$、0.49、0.25、0.09 和 0.01。

17.10 | 退化

假設上一節三維框的邊具有相等的長度：$a = b = c$。則 (17.46) 式和 (17.47) 式變成

$$\psi = (2/a)^{3/2} \sin(n_x\pi x/a) \sin(n_y\pi y/a) \sin(n_z\pi z/a) \tag{17.49}$$

$$E = (n_x^2 + n_y^2 + n_z^2)/h^2/8ma^2 \tag{17.50}$$

讓我們在 ψ 上使用數字下標來指定 n_x、n_y 和 n_z 值。最低狀態 ψ_{111} 的能量為 $E = 3h^2/8ma^2$。狀態 ψ_{211}、ψ_{121} 和 ψ_{112} 的能量分別為 $6h^2/8ma^2$。即使它們具有相同的能量，但它們是不同的狀態。在 (17.49) 式中，使用 $n_x = 2$、$n_y = 1$ 和 $n_z = 1$ 時，我們得到的波函數不同於 $n_x = 1$、$n_y = 2$ 和 $n_z = 1$ 時的波函數。ψ_{211} 狀態在 $x = a/2$ 處找到粒子的機率密度為零，而 ψ_{121} 狀態在 $x = a/2$ 處具有最大機率密度。

術語「狀態」和「能階」在量子力學中具有不同的含義。利用給予的波動函數 ψ 來指定**平穩狀態** (stationary state)。每個不同的 ψ 都是不同的

圖 17.12
具有 $b = 2a$ 的二維框的 ψ_{11} 和 ψ_{12} 狀態的 $|\psi|^2$ 三維圖。

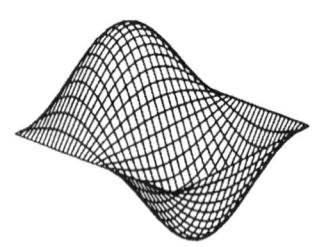

圖 17.13
在 $b = 2a$ 的二維框中，一粒子的 ψ_{12} 的三維圖。

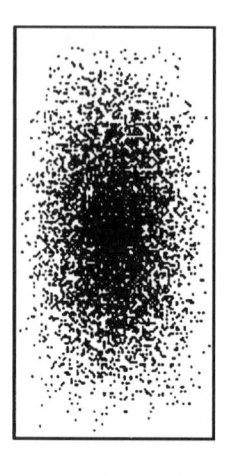

狀態。利用給予的能量值來指定**能階** (energy level)。E 的每個不同值都是不同的能階。框中三種不同的粒子狀態 ψ_{211}、ψ_{121} 和 ψ_{112} 屬於相同的能階 $6h^2/8ma^2$。圖 17.15 顯示了立方框中粒子的最低幾個平穩狀態和能階。

對應於一個以上狀態的能階被認為是**退化的** (degenerate)。屬於該能階的不同狀態的數量是該能階的**退化程度** (degree of degeneracy)。立方框中的粒子能階 $6h^2/8ma^2$ 是三倍退化。當框的尺寸相等時，會出現框中粒子的退化性。退化性通常是由系統的對稱性引起的。

17.11 算子

算子

量子力學最方便地用算子來表示。**算子** (operator) 是將給定函數轉換為另一個函數的規則。例如，算子 d/dx 將函數轉換為其一階導數：$(d/dx) f(x) = f'(x)$。令符號 $\hat{A}$ 表示任意算子 (我們使用 ^ 表示算子)。若 $\hat{A}$ 將函數 $f(x)$ 轉換為函數 $g(x)$，則寫成 $\hat{A}f(x) = g(x)$。若 $\hat{A}$ 是算子 d/dx，則 $g(x) = f'(x)$。若 $\hat{A}$ 為「乘以 $3x^2$」的算子，則 $g(x) = 3x^2 f(x)$。若 $\hat{A}$ 為 log，則 $g(x) = \log f(x)$。

兩個算子 $\hat{A}$ 與 $\hat{B}$ 的**總和**，定義為

$$(\hat{A} + \hat{B})f(x) \equiv \hat{A}f(x) + \hat{B}f(x) \qquad (17.51)^*$$

例如，$(\ln + d/dx)f(x) = \ln f(x) + (d/dx)f(x) = \ln f(x) + f'(x)$。同理，$(\hat{A} - \hat{B})f(x) \equiv \hat{A}f(x) - \hat{B}f(x)$。

算子的**平方**定義為 $\hat{A}^2 f(x) \equiv \hat{A}[\hat{A}f(x)]$。例如，

$$(d/dx)^2 f(x) = (d/dx)[(d/dx) f(x)] = (d/dx)[f'(x)] = f''(x) = (d^2/dx^2) f(x)$$

因此，$(d/dx)^2 = d^2/dx^2$。

兩個算子的**乘積**定義為

$$(\hat{A}\hat{B})f(x) \equiv \hat{A}[\hat{B}f(x)] \qquad (17.52)^*$$

符號 $\hat{A}[\hat{B}f(x)]$ 表示我們首先將算子 $\hat{B}$ 應用於函數 $f(x)$ 以獲取新函數，然後將算子 $\hat{A}$ 應用於此新函數。

如果兩個算子在對任意函數進行運算時產生相同的結果，則它們是**相等的**：若且唯若對於每個函數 f 而言，$\hat{B}f = \hat{C}f$ 則 $\hat{B} = \hat{C}$。

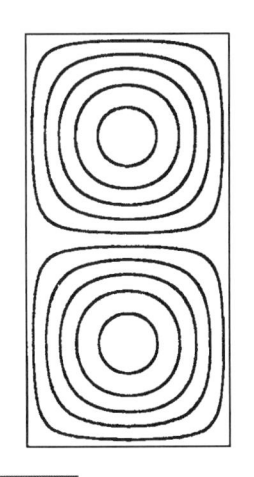

圖 17.14
圖 17.13 狀態的恆定 $|\psi|$ 的輪廓圖。

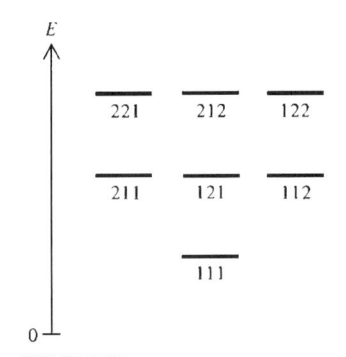

圖 17.15
立方框中粒子的最低七個穩態 (和最低三個能階)。數字是量子數 n_x、n_y 和 n_z 的值。

例 17.4　算子代數

令算子 $\hat{A}$ 與 $\hat{B}$ 定義為 $\hat{A} \equiv x \cdot$ 而 $\hat{B} \equiv d/dx$。(a) 求 $(\hat{A} + \hat{B})(x^3 \cos x)$。(b) 求 $\hat{A}\hat{B}f(x)$ 和 $\hat{B}\hat{A}f(x)$。算子 $\hat{A}\hat{B}$ 和 $\hat{B}\hat{A}$ 是否相等？(c) 求 $\hat{A}\hat{B} - \hat{B}\hat{A}$。

(a) 使用算子總和的定義 (17.51) 式，我們有

$$(\hat{A} + \hat{B})(x^3 + \cos x) = (x + d/dx)(x^3 + \cos x)$$
$$= x(x^3 + \cos x) + (d/dx)(x^3 + \cos x)$$
$$= x^4 + x\cos x + 3x^2 - \sin x$$

(b) 由算子乘積的定義 (17.52) 式可知

$$\hat{A}\hat{B}f(x) \equiv \hat{A}[\hat{B}f(x)] = x[(d/dx)f(x)] = x[f'(x)] = xf'(x)$$
$$\hat{B}\hat{A}f(x) \equiv \hat{B}[\hat{A}f(x)] = (d/dx)[xf(x)] = xf'(x) + f(x)$$

在此例中，$\hat{A}\hat{B}$ 和 $\hat{B}\hat{A}$ 運算於 $f(x)$ 時會產生不同的結果，因此 $\hat{A}\hat{B}$ 和 $\hat{B}\hat{A}$ 在這種情況下不相等。如果是數字相乘，順序無關緊要，但在算子的乘法中，順序就很重要。

(c) 為了求算子 $\hat{A}\hat{B} - \hat{B}\hat{A}$，我們檢查將其應用於任意函數 $f(x)$ 的結果。我們有 $(\hat{A}\hat{B} - \hat{B}\hat{A})f(x) = \hat{A}\hat{B}f - \hat{B}\hat{A}f = xf' - (xf' + f) = -f$，其中使用了算子差的定義和 (b) 的結果。由於對於所有函數 $f(x)$，$(\hat{A}\hat{B} - \hat{B}\hat{A})f(x) = -1 \cdot f(x)$，由算子相等的定義可知

$$\hat{A}\hat{B} - \hat{B}\hat{A} = -1$$

其中習慣上省略 -1 之後的乘法符號。

算子 $\hat{A}\hat{B} - \hat{B}\hat{A}$ 稱為 $\hat{A}$ 和 $\hat{B}$ 的**交換算子** (commutator)，並用 $[\hat{A}, \hat{B}]$ 表示；

$$[\hat{A}, \hat{B}] \equiv \hat{A}\hat{B} - \hat{B}\hat{A}$$

習題

令 $\hat{R} \equiv x^2$ 和 $\hat{S} \equiv d^2/dx^2$。(a) 求 $(\hat{R} + \hat{S})(x^4 + 1/x)$。(b) 求 $\hat{R}\hat{S}f(x)$ 和 $\hat{S}\hat{R}f(x)$。(c) 求 $[\hat{R}, \hat{S}]$。
[答案：(a) $x^6 + 12x^2 + x + 2/x^3$；(b) $x^2f''(x)$，$2f(x) + 4xf'(x) + x^2f''(x)$；(c) $-2 - 4x(d/dx)$]

量子力學中的算子

在量子力學中，系統的每個物理性質都有一個對應的算子。假設與粒子動量的 x 分量 p_x 對應的算子為 $(\hbar/i)(\partial/\partial x)$，則 p_y 和 p_z 也具有類似的算子：

$$\hat{p}_x = \frac{\hbar}{i}\frac{\partial}{\partial x}, \qquad \hat{p}_y = \frac{\hbar}{i}\frac{\partial}{\partial y}, \qquad \hat{p}_z = \frac{\hbar}{i}\frac{\partial}{\partial z} \qquad (17.53)^*$$

其中 $\hat{p}_x$ 是性質 p_x 的量子力學算子，且 $i \equiv \sqrt{-1}$。對應於粒子的 x 坐標的算子是乘以 x，而對應於 $f(x, y, z)$ 的算子是乘以該函數，其中 f 是任何函數。因此，

$$\hat{x} = x \times, \qquad \hat{y} = y \times, \qquad \hat{z} = z \times, \qquad \hat{f}(x, y, z) = f(x, y, z) \times \qquad (17.54)^*$$

為了找到與任何其他物理性質相對應的算子，我們將該性質的古典力學表達式記

為笛卡爾坐標和相應的動量的函數，然後用其相應的算子 (17.53) 式和 (17.54) 式替換坐標和動量。例如，單粒子系統的能量是其動能和位能之和：

$$E = K + V = \tfrac{1}{2}m(v_x^2 + v_y^2 + v_z^2) + V(x, y, z, t)$$

為了將 E 表示為動量和坐標的函數，我們注意到 $p_x = mv_x$、$p_y = mv_y$、$p_z = mv_z$。因此，

$$E = \frac{1}{2m}(p_x^2 + p_y^2 + p_z^2) + V(x, y, z, t) \equiv H \qquad (17.55)*$$

能量作為坐標和動量的函數的表達式稱為系統的 **Hamilton** H ([以 W. R. Hamilton (1805~1865) 的名字命名，他用 H 重新表示了牛頓第二定律)。使用 (17.53) 式和 $i^2 = -1$ 得到

$$\hat{p}_x^2 f(x, y, z) = (\hbar/i)(\partial/\partial x)[(\hbar/i)(\partial/\partial x)f] = (\hbar^2/i^2)\partial^2 f/\partial x^2 = -\hbar^2 \partial^2 f/\partial x^2$$

所以 $\hat{p}_x^2 = -\hbar^2 \partial^2 f/\partial x^2$ 而 $\hat{p}_x^2/2m = -(\hbar^2/2m)\partial^2/\partial x^2$。由 (17.54) 式，位能算子只是乘以 $V(x, y, z, t)$ (時間是量子力學中的一個參數，而沒有時間算子)。將 (17.55) 式中的 p_x^2、p_y^2、p_z^2 和 V 用它們的算子替換，我們得到一個粒子系統的能量算子或 **Hamilton 算子**

$$\hat{E} = \hat{H} = -\frac{\hbar^2}{2m}\left(\frac{\partial^2}{\partial x^2} + \frac{\partial^2}{\partial y^2} + \frac{\partial^2}{\partial z^2}\right) + V(x, y, z, t) \times \qquad (17.56)$$

為了節省書寫時間，我們用 $\nabla^2 = (\partial^2/\partial x^2) + (\partial^2/\partial y^2) + (\partial^2/\partial z^2)$ 定義 **Laplacian 算子** ∇^2 (讀作 del square)，並將單粒子 Hamiltonian 算子寫為

$$\hat{H} = -(\hbar^2/2m)\nabla^2 + V \qquad (17.57)$$

其中理解 V 之後的乘法符號。

對於多粒子系統，對於粒子 1，我們有 $\hat{p}_{x,1} = (\hbar/i)\partial/\partial x_1$，並且很容易求得 Hamiltonian 算子

$$\hat{H} = -\frac{\hbar^2}{2m_1}\nabla_1^2 - \frac{\hbar^2}{2m_2}\nabla_2^2 - \cdots - \frac{\hbar^2}{2m_n}\nabla_n^2 + V(x_1, \ldots, z_n, t) \qquad (17.58)*$$

$$\nabla_1^2 \equiv \frac{\partial^2}{\partial x_1^2} + \frac{\partial^2}{\partial y_1^2} + \frac{\partial^2}{\partial z_1^2} \qquad (17.59)*$$

$\nabla_2^2, \ldots, \nabla_n^2$ 的定義與上式相同。(17.58) 式中的項是粒子 1、2、$\cdots$ 的動能和系統位能的算子。

由 (17.58) 式，我們知道與時間有關的薛丁格方程式 (17.10) 可以寫成

$$-\frac{\hbar}{i}\frac{\partial \Psi}{\partial t} = \hat{H}\Psi \qquad (17.60)$$

與時間無關的薛丁格方程式 (17.24) 可以寫成

$$\hat{H}\psi = E\psi \qquad (17.61)*$$

其中 (17.61) 式中的 V 與時間無關。由於存在一整套穩態波函數和能量，因此 (17.61) 式通常寫為 $\hat{H}\psi_j = E_j\psi_j$，其中下標 j 標記了各種波函數 (狀態) 及其能量。

當算子 $\hat{B}$ 應用到函數 f 時，得到 c 倍的原函數，即

$$\hat{B}f = cf$$

則稱 f 是 $\hat{B}$ 的**特徵函數** (eigenfunction)，c 為**特徵值** (eigenvalue)(但是，不允許函數 $f = 0$ 為特徵函數)。(17.61) 式中的波函數 ψ 是 Hamiltonian 算子 $\hat{H}$ 的特徵函數，特徵值為能量 E。

算子代數不同於普通代數。從 $\hat{H}\psi = E\psi$ [(17.61) 式]，無法得出 $\hat{H} = E$，因為 $\hat{H}$ 是算子而 E 是數字，兩者不相等。注意，例如 $(d/dx)e^{2x} = 2e^{2x}$，但是 $d/dx \neq 2$。在例 17.4 中，我們求得 $(\hat{A}\hat{B} - \hat{B}\hat{A})f(x) = -1 \cdot f(x)$ (其中 $\hat{A} = x \cdot$ 和 $\hat{B} = d/dx$) 並得出 $\hat{A}\hat{B} - \hat{B}\hat{A} = -1 \cdot$。由於此方程式適用於所有函數 $f(x)$，因此在此處刪除 $f(x)$ 是成立的。但是，方程式 $(d/dx)e^{2x} = 2e^{2x}$ 僅適用於函數 e^{2x}，因此函數 e^{2x} 不能刪去。

例 17.5 特徵函數

對於一維框中的粒子，驗證 $\hat{H}\psi = E\psi$。

對於此一維問題，在框內 (圖 17.7)，$V = 0$ 且由方程式 (17.56) 得到 $\hat{H} = -(\hbar^2/2m)d^2/dx^2$。由 (17.35) 式給出波函數為 $\psi = (2/a)^{1/2} \sin(n\pi x/a)$。我們使用 (17.11) 式，可得

$$\hat{H}\psi = -\frac{\hbar^2}{2m}\frac{d^2}{dx^2}\left[\left(\frac{2}{a}\right)^{1/2}\sin\frac{n\pi x}{a}\right] = -\frac{h^2}{4\pi^2(2m)}\left(\frac{2}{a}\right)^{1/2}\left(-\frac{n^2\pi^2}{a^2}\right)\sin\frac{n\pi x}{a}$$

$$= \frac{n^2h^2}{8ma^2}\left(\frac{2}{a}\right)^{1/2}\sin\frac{n\pi x}{a} = E\psi$$

其中 $E = n^2h^2/8ma^2$ [(17.34) 式]。

習題

驗證函數 Ae^{ikx} 是算子 $\hat{p}_x$ 的特徵函數，其中 A 和 k 為常數。特徵值為何？
(答案：$k\hbar$)

對應於量子力學中物理量的算子是線性。對於所有函數 f 和 g 以及所有常數 c，滿足以下兩個方程式的算子 $\hat{L}$ 稱為**線性算子** (linear operator)：

$$\hat{L}(f + g) = \hat{L}f + \hat{L}g \quad \text{且} \quad \hat{L}(cf) = c\,\hat{L}f$$

算子 $\partial/\partial x$ 是線性，因為 $(\partial/\partial x)(f + g) = \partial f/\partial x + \partial g/\partial x$ 且 $(\partial/\partial x)(cf) = c\,\partial f/\partial x$。算子 $\sqrt{\ }$ 為非線性，因為 $\sqrt{f + g} \neq \sqrt{f} + \sqrt{g}$。

如果函數 ψ 滿足與時間無關的薛丁格方程式 $\hat{H}\psi = E\psi$，則函數 $c\psi$ 也是，其中 c 是任何常數。這證明來自 Hamiltonian 算子是線性算子的事實。我們有 $\hat{H}(c\psi) = c\hat{H}\psi = cE\psi = E(c\psi)$。將 ψ 乘以常數使我們可以對 ψ 進行歸一化。

☕ 測量

將 $\hat{H}\psi = E\psi$ [(17.61) 式] 乘以 $e^{-iEt/\hbar}$ 可得 $e^{-iEt/\hbar}\hat{H}\psi = Ee^{-iEt/\hbar}\psi$。對於平穩狀態，$\hat{H}$ 不涉及時間且 $e^{-iEt/\hbar}\hat{H}\psi = \hat{H}(e^{-iEt/\hbar}\psi)$。使用 $\Psi = e^{-iEt/\hbar}\psi$ [(17.23) 式]，我們有

$$\hat{H}\Psi = E\Psi$$

因此對於平穩狀態，Ψ 為 $\hat{H}$ 的特徵函數，E 為特徵值。平穩狀態具有確定的能量，對系統能量的測量將給出系統處於平穩狀態時的單個可預測值。例如，對於 $n = 2$ 的框中粒子平穩狀態，能量的測量將得出 $2^2 h^2/8ma^2$ [(17.34) 式] 的結果。

能量以外的性質又如何呢？令算子 $\hat{M}$ 對應於性質 M。量子力學假設，如果系統的狀態函數 Ψ 恰好是 $\hat{M}$ 的特徵函數，而 c 為特徵值 (即 $\hat{M}\Psi = c\Psi$)，則 M 的測量值一定會得出 c 的結果 (當我們在第 18.4 節中考慮角動量時會給出例子)。如果 Ψ 不是 $\hat{M}$ 的特徵函數，則無法預測測量 M 的結果 (但是，可以從 Ψ 計算測量 M 的各種可能結果的機率，但是省略了有關如何執行此操作的討論)。對於平穩狀態，Ψ 的本質部分是與時間無關的波動函數 ψ，在本段前二列的敘述中可用 ψ 替換 Ψ。

☕ 平均值

根據 (14.38) 式，一粒子一維量子力學系統的 x 平均值等於 $\int_{-\infty}^{\infty} xg(x)dx$，其中 $g(x)$ 是在 x 和 $x + dx$ 之間找到粒子的機率密度。但是，Born 的假設 (第 17.6 節) 給出 $g(x) = |\Psi(x)|^2$。因此，$\langle x \rangle = \int_{-\infty}^{\infty} x|\Psi(x)|^2 dx$。由於 $|\Psi|^2 = \Psi^*\Psi$，我們有 $\langle x \rangle = \int_{-\infty}^{\infty} \Psi^* x \Psi dx = \int_{-\infty}^{\infty} \Psi^* \hat{x} \Psi \, dx$，其中使用了 (17.54) 式。

一般量子力學系統的任意物理性質 M 的平均值如何？量子力學假設狀態函數為 Ψ 的系統其任何物理性質 M 的平均值為

$$\langle M \rangle = \int \Psi^* \hat{M} \Psi \, d\tau \tag{17.62}$$

其中 $\hat{M}$ 是性質 M 的算子，而積分是對所有空間的定積分。在 (17.62) 式，$\hat{M}$ 對 Ψ 進行運算以產生結果 $\hat{M}\Psi$，此為一函數。然後將函數 Ψ^* 乘以 $\hat{M}\Psi$，並將得到的函數 $\Psi^* \hat{M} \Psi$ 對系統空間坐標的整個範圍積分。例如，(17.53) 式給出 p_x 算子為 $\hat{p}_x = (\hbar/i)\partial/\partial x$，以及狀態函數為 Ψ 的一粒子三維系統，其 p_x 的平均值為 $\langle p_x \rangle = (\hbar/i) \int_{-\infty}^{\infty} \int_{-\infty}^{\infty} \int_{-\infty}^{\infty} \Psi^*(\partial\Psi/\partial x)dx \, dy \, dz$。

M 的平均值是在相同系統上對 M 進行的大量測量結果的平均值，每個系統在測量之前處於相同狀態 Ψ。

如果 Ψ 恰好是 $\hat{M}$ 的特徵函數，其中 c 為特徵值，則 $\hat{M}\Psi = c\Psi$，且 (17.62) 式變為 $\langle M \rangle = \int \Psi^* \hat{M} \Psi d\tau = \int \Psi^* c \Psi d\tau = c \int \Psi^* \Psi d\tau = c$，因為 Ψ 已歸一化。此結果是有道理的，因為如最後一小節所述，若 $\hat{M}\Psi = c\Psi$ 則 c 是 M 的唯一測量結果。

對於平穩狀態，Ψ 等於 $e^{-iEt/\hbar}\psi$ [(17.23) 式]。由於 $\hat{M}$ 不影響 $e^{-iEt/\hbar}$ 因子，我們有

$$\Psi^* \hat{M} \Psi = e^{iEt/\hbar} \psi^* \hat{M} e^{-iEt/\hbar} \psi = e^{iEt/\hbar} e^{-iEt/\hbar} \psi^* \hat{M} \psi = \psi^* \hat{M} \psi$$

因此，對於平穩狀態，

$$\langle M \rangle = \int \psi^* \hat{M} \psi \, d\tau \tag{17.63}*$$

例 17.6　平均值

對於處於一維框平穩狀態的粒子，請給出 $\langle x^2 \rangle$ 的表達式。

對於一粒子一維問題，$d\tau = dx$。由於 $\hat{x}^2 = x^2$，我們有

$$\langle x^2 \rangle = \int_{-\infty}^{\infty} \psi^* x^2 \psi \, dx = \int_{-\infty}^{0} x^2 |\psi|^2 \, dx + \int_{0}^{a} x^2 |\psi|^2 \, dx + \int_{a}^{\infty} x^2 |\psi|^2 \, dx$$

由於 $\psi^*\psi = |\psi|^2$ [(17.14) 式]。對於 $x < 0$ 和 $x > a$，我們有 $\psi = 0$ [(17.27) 式] 而在框內 $\psi = (2/a)^{1/2} \sin(n\pi x/a)$ [(17.35) 式]。因此

$$\langle x^2 \rangle = \frac{2}{a} \int_{0}^{a} x^2 \sin^2 \frac{n\pi x}{a} \, dx$$

積分的計算留作家庭作業。

習題

計算一維框平穩狀態下的粒子的 $\langle p_x \rangle$。
[答案：$(2n\pi\hbar/ia^2) \int_{0}^{a} \sin(n\pi x/a) \cos(n\pi x/a) dx = 0$]

☕ 變數分離

設 q_1、q_2、$\cdots$、q_r 是系統的坐標。例如，對於兩粒子系統，$q_1 = x_1$、$q_2 = y_1$、$\cdots$、$q_6 = z_2$。假設 Hamiltonian 算子的形式為

$$\hat{H} = \hat{H}_1 + \hat{H}_2 + \cdots + \hat{H}_r \tag{17.64}$$

其中算子 $\hat{H}_1$ 僅涉及 q_1，算子 $\hat{H}_2$ 僅涉及 q_2，依此類推。一個例子是三維框中的粒子，我們有 $\hat{H} = \hat{H}_x + \hat{H}_y + \hat{H}_z$，其中 $\hat{H}_x \equiv -(\hbar^2/2m)\partial^2/\partial x^2$，依此類推。我們在第 17.9 節中看到，對於這種情況，$\psi = X(x)Y(y)Z(z)$ 且 $E = E_x + E_y + E_z$，其中 $\hat{H}_x X(x) = E_x X(x)$、$\hat{H}_y Y(y) = E_y Y(y)$、$\hat{H}_z Z(z) = E_z Z(z)$ [(17.41) 和 (17.45) 式]。

與第 17.9 節中使用的相同類型的論點顯示，當 $\hat{H}$ 是每個坐標的獨立項之和時，

如 (17.64) 式，則每個平穩狀態波函數是每個坐標的獨立因子的乘積且每個平穩狀態能量是每個坐標的能量之和：

$$\psi = f_1(q_1)f_2(q_2)\cdots f_r(q_r) \qquad (17.65)*$$

$$E = E_1 + E_2 + \cdots + E_r \qquad (17.66)*$$

其中 $E_1, E_2, \ldots$ 以及函數 $f_1, f_2, \ldots$ 是經由求解下式得到

$$\hat{H}_1 f_1 = E_1 f_1, \quad \hat{H}_2 f_2 = E_2 f_2, \quad \ldots, \quad \hat{H}_r f_r = E_r f_r \qquad (17.67)$$

實際上，(17.67) 式中的方程式為單獨的薛丁格方程式，每個坐標對應一個。

☕ 非相互作用粒子

應用變數分離的一個重要情況是 n 個非相互作用粒子的系統，這意味著粒子之間不會施加力。對於這樣的系統，古典機械能是單個粒子能量的總和，因此古典 Hamiltonian H 和量子力學 Hamiltonian 算子 $\hat{H}$ 的形式分別為 $H = H_1 + H_2 + \ldots + H_n$ 且 $\hat{H} = \hat{H}_1 + \hat{H}_2 + \ldots + \hat{H}_n$，其中 $\hat{H}_1$ 僅涉及粒子 1 的坐標，僅 $\hat{H}_2$ 涉及粒子 2 的坐標，等等。在這裡，類似於 (17.65) 式至 (17.67) 式，我們有

$$\psi = f_1(x_1, y_1, z_1)f_2(x_2, y_2, z_2)\cdots f_n(x_n, y_n, z_n) \qquad (17.68)*$$

$$E = E_1 + E_2 + \cdots + E_n \qquad (17.69)*$$

$$\hat{H}_1 f_1 = E_1 f_1, \quad \hat{H}_2 f_2 = E_2 f_2, \quad \ldots, \quad \hat{H}_n f_n = E_n f_n \qquad (17.70)*$$

對於非相互作用粒子的系統，每個粒子都有一個單獨的薛丁格方程式，波函數是單個粒子的波函數的乘積，能量是單個粒子的能量之和 (對於非相互作用的粒子，機率密度 $|\psi|^2$ 是每個粒子的機率密度的乘積：$|\psi|^2 = |f_1|^2 |f_2|^2 \ldots |f_n|^2$。這與定理一致，即幾個獨立事件全部發生的機率是單獨事件的機率的乘積)。

| 17.12 | 一維諧波振盪器

一維**諧波振盪器** (harmonic oscillator) 是處理雙原子分子振動的有用模型，並且還與多原子分子振動和晶體的振動有關。

☕ 古典處理

在檢視諧波振盪器的量子力學之前，我們回顧一下古典處理。考慮質量為 m 的粒子，該粒子沿一維運動並且被與原點的位移成比例的力吸引到坐標原點：$F = -kx$，其中 k 稱為**力常數** (force constant)。當 x 為正時，力在 $-x$ 方向，當 x 為負時，F 在 $+x$ 方向。物理例子是附著在無摩擦彈簧上的質量，x 是從平衡位置開始的位移。由 (2.17) 式，$F = -dV/dx$，其中 V 是位能。因此，$-dV/dx = -kx$ 而 $V = \frac{1}{2}kx^2 + c$。位能為零的選擇是任意的。選擇積分常數 c 為零，我們得到 (圖 17.16)

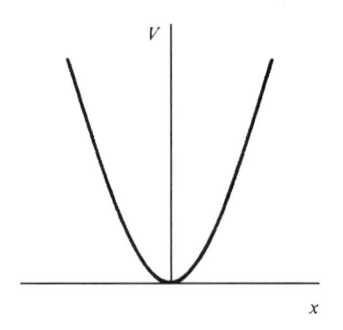

圖 17.16 一維諧波振盪器的位能函數。

$$V = \tfrac{1}{2}kx^2 \tag{17.71}$$

牛頓第二定律 $F = ma$ 給出 $m\, d^2x/dt^2 = -kx$。這個微分方程式的解是

$$x = A \sin [-(k/m)^{1/2}t + b] \tag{17.72}$$

可以將此解代入微分方程式來驗證。在 (17.72) 式中，A 和 b 是積分常數。正弦函數的最大值和最小值分別為 +1 和 -1，因此，粒子的 x 坐標在 $+A$ 和 $-A$ 之間來回振盪。A 是運動的振幅。

振盪器的週期 τ(tau) 是完成一振盪循環所需的時間。對於一個振盪循環，(17.72) 式中正弦函數的自變數必須增加 2π，因為 2π 是正弦函數的週期。因此，週期滿足 $(k/m)^{1/2}\tau = 2\pi$ 而 $\tau = 2\pi(m/k)^{1/2}$。**頻率** ν 是週期的倒數，等於每秒的振動次數 ($\nu = 1/\tau$)；因此

$$\nu = \frac{1}{2\pi}\left(\frac{k}{m}\right)^{1/2} \tag{17.73}*$$

諧波振盪器的能量為 $E = K + V = \tfrac{1}{2}mv_x^2 + \tfrac{1}{2}kx^2$。利用 (17.72) 式可得 $v_x = dx/dt = (k/m)^{1/2}A \cos[(k/m)^{1/2}t + b]$ 導致

$$E = \tfrac{1}{2}kA^2 \tag{17.74}$$

(17.74) 式表明古典能量可以具有任何非負值。隨著粒子的振盪，其動能和位能不斷變化，但總能量保持恆定在 $\tfrac{1}{2}kA^2$。

傳統上，粒子被限制在區域 $-A \leq x \leq A$。當粒子達到 $x = A$ 或 $x = -A$ 時，其速度為零 (因為它在 $+A$ 和 $-A$ 處反轉了運動方向)，並且其位能最大，等於 $\tfrac{1}{2}kA^2$。如果粒子移動超過 $x = \pm A$，則其位能將增加到 $\tfrac{1}{2}kA^2$ 以上。這對於古典粒子是不可能的。總能量為 $\tfrac{1}{2}kA^2$ 且動能為非負，因此位能 ($V = E - K$) 不能超過總能量。

量子力學處理

現在進行量子力學處理。將 $V = \tfrac{1}{2}kx^2$ 代入 (17.26) 式得到與時間無關的薛丁格方程式為

$$-\frac{\hbar^2}{2m}\frac{d^2\psi}{dx^2} + \tfrac{1}{2}kx^2\psi = E\psi \tag{17.75}$$

諧波振盪器薛丁格方程式 (17.75) 的求解很複雜，因此在本書中省略 (請參閱任何量子化學教科書)。在這裡，我們查看結果。我們發現 (17.75) 式的二次可積 (第 17.7 節) 解僅對於以下 E 值才會存在：

$$E = (\nu + \tfrac{1}{2})\, h\nu \qquad \nu = 0, 1, 2, \dots \tag{17.76}*$$

其中振動頻率 τ 由 (17.73) 式給出，並且量子數 ν 具有非負整數值 [不要

混淆印刷上相似的符號 v(nu) 和 v(vee)]。能量被量化。允許的能階 (圖 17.17) 等距分佈 (不同於框中的粒子)。零點能量為 $\frac{1}{2}hv$。(對於一組處於熱平衡狀態的諧波振盪器，當溫度達到絕對零度時，所有振盪器都將降至基態；因此，將其命名為零點能量)。對於除了 (17.76) 式之外的所有 E 值，我們發現 (17.75) 式的解隨著 x 趨於 $\pm\infty$ 變為無窮大，因此這些解不是二次可積 (quadratically integrable)，並且不可作為波動函數。

(17.75) 的行為良好的解其形式為

$$\psi_v = \begin{cases} e^{-\alpha x^2/2}(c_0 + c_2 x^2 + \cdots + c_v x^v) & v \text{ 為偶數} \\ e^{-\alpha x^2/2}(c_1 x + c_3 x^3 + \cdots + c_v x^v) & v \text{ 為奇數} \end{cases}$$

其中 $\alpha \equiv 2\pi v m/\hbar$。乘以 $e^{-\alpha x^2/2}$ 的多項式僅包含 x 的偶數次冪或僅包含奇數次冪，具體取決於量子數 v 是偶數還是奇數。最低的波動函數 ψ_0、ψ_1、ψ_2 和 ψ_3 的顯式形式 (其中 ψ 的下標給出量子數 v 的值) 在圖 17.18 中給出，該圖繪製了這些 ψ。與一維框中的粒子一樣，每增加一個量子數，節點的數量就會增加一個。注意圖 17.18 和 17.10 中波動函數的定性相似。

當 $x \to \pm\infty$ 時，諧波振盪波函數呈指數下降到零。但是請注意，即使對於非常大的 x 值，波動函數 ψ 和機率密度 $|\psi|^2$ 也不為零。有可能在無限大的 x 值找到粒子。對於具有能量 $(v + \frac{1}{2})hv$ 的古典機械諧波振盪器，

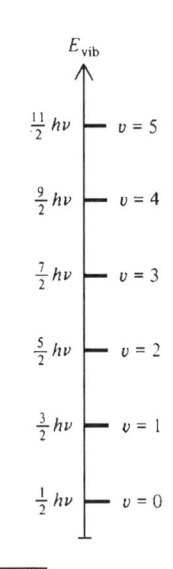

圖 17.17
一維諧波振盪器的能階。

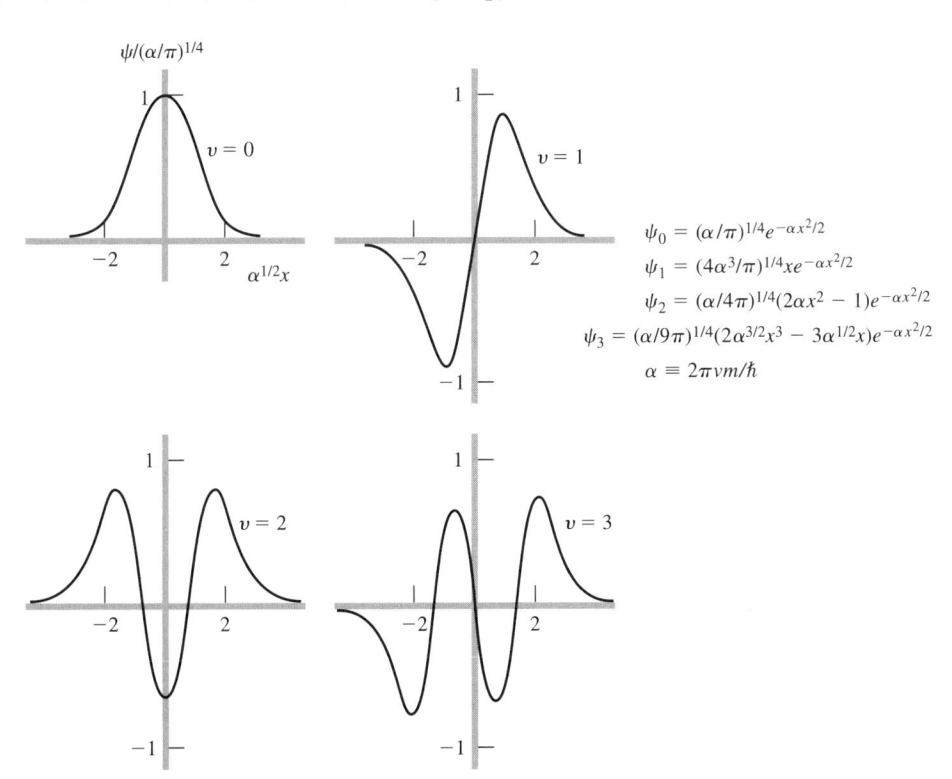

$$\psi_0 = (\alpha/\pi)^{1/4} e^{-\alpha x^2/2}$$
$$\psi_1 = (4\alpha^3/\pi)^{1/4} x e^{-\alpha x^2/2}$$
$$\psi_2 = (\alpha/4\pi)^{1/4}(2\alpha x^2 - 1) e^{-\alpha x^2/2}$$
$$\psi_3 = (\alpha/9\pi)^{1/4}(2\alpha^{3/2} x^3 - 3\alpha^{1/2} x) e^{-\alpha x^2/2}$$
$$\alpha \equiv 2\pi v m/\hbar$$

圖 17.18
最低的四個諧波振盪器平穩狀態的波動函數。

(17.74) 式給出 $(v+\frac{1}{2})hv = \frac{1}{2}kA^2$，而 $A = [(2v+1)hv/k]^{1/2}$。古典振盪器限於 $-A \le x \le A$ 區域。但是，量子力學振盪器有可能在古典禁區 (classically forbidden) $x > A$ 和 $x < -A$ 中被發現，此禁區位能大於粒子的總能量。這種進入古典禁區的滲透稱為**隧道效應** (tunneling)。越小的粒子質量，越容易發生隧道效應，並且在電子、質子和 H– 原子的化學反應中最重要。隧道效應影響涉及這些物種的反應速率。電子隧道效應是掃描隧道顯微鏡的基礎，此顯微鏡是一種出色的設備，可顯示固體表面上的原子圖片。儘管兩個氫核之間存在電斥力，但隧道效應使氫核與太陽中的氦核融合成為可能。

17.13 兩粒子問題

考慮兩粒子系統，其中粒子的坐標為 x_1, y_1, z_1 和 x_2, y_2, z_2。**相對 (或內部) 坐標** x, y, z 定義為

$$x \equiv x_2 - x_1, \quad y \equiv y_2 - y_1, \quad z \equiv z_2 - z_1 \tag{17.77}$$

這些是坐標系中粒子 2 的坐標，其原點附著到粒子 1 並隨其移動。

在大多數情況下，兩粒子系統的位能 V 僅取決於相對坐標 x, y 和 z。例如，如果粒子帶電，則粒子之間相互作用的庫侖定律位能僅取決於粒子之間的距離 r，而 $r = (x^2 + y^2 + z^2)^{1/2}$。我們假設 $V = V(x, y, z)$。令 X、Y 和 Z 為系統質心的坐標；X 為 $(m_1 x_1 + m_2 x_2)/(m_1 + m_2)$，其中 m_1 和 m_2 是粒子的質量 (*Halliday and Resnick*, sec. 9-1)。如果用內部坐標 x、y 和 z 和質心坐標 X、Y 和 Z 代替 x_1、y_1、z_1、x_2、y_2 和 z_2 來表示系統的古典能量 (即古典 Hamiltonian)，結果為

$$H = \left[\frac{1}{2\mu}(p_x^2 + p_y^2 + p_z^2) + V(x, y, z)\right] + \left[\frac{1}{2M}(p_X^2 + p_Y^2 + p_Z^2)\right] \tag{17.78}$$

其中 M 是系統的總質量 ($M = m_1 + m_2$)，**折合質量** (reduced mass) μ 定義為

$$\mu \equiv \frac{m_1 m_2}{m_1 + m_2} \tag{17.79}*$$

(17.78) 式中的動量定義為

$$\begin{aligned} p_x &\equiv \mu v_x, & p_y &\equiv \mu v_y, & p_z &\equiv \mu v_z \\ p_X &\equiv M v_X, & p_Y &\equiv M v_Y, & p_Z &\equiv M v_Z \end{aligned} \tag{17.80}$$

其中 $v_x = dx/dt$ 等，以及 $v_X = dX/dt$ 等。

(17.55) 式表明，Hamiltonian (17.78) 式是質量為 μ 且坐標為 x, y, z 具有位能 $V(x, y, z)$ 的虛擬粒子的 Hamiltonian 與質量為 $M = m_1 + m_2$ 且坐標為 X, Y, Z 具有 $V = 0$ 的第二個虛擬粒子的 Hamiltonian 之和。而且，這兩個虛擬粒子之間沒有任何相互作用的項。因此，(17.69) 式和 (17.70) 式證明了兩粒子系統的量子力學能量 $E = E_\mu + E_M$，其中 E_μ 和 E_M 經由求解下式獲得

$$\hat{H}_\mu \psi_\mu(x, y, z) = E_\mu \psi_\mu(x, y, z) \quad \text{且} \quad \hat{H}_M \psi_M(X, Y, Z) = E_M \psi_M(X, Y, Z)$$

Hamiltonian 算子 $\hat{H}_\mu$ 由 (17.78) 式中第一對括號中的項形成，而 $\hat{H}_M$ 由第二對括號中的項形成。

引入相對坐標 x、y 和 z 以及質心坐標 X、Y 和 Z 可以將兩粒子問題簡化為兩個單獨的單粒子問題。我們對質量為 μ 的虛擬粒子在位能 $V(x, y, z)$ 的作用下移動的薛丁格方程式進行求解，並且我們對質量為 $M(= m_1 + m_2)$ 且其坐標為系統質心坐標 X、Y 和 Z 的虛擬粒子求解單獨的薛丁格方程式。Hamiltonian $\hat{H}_M$ 僅涉及動能。如果將兩個粒子限制在一個框中，我們可以將框中粒子能量 (17.47) 式用於 E_M。能量 E_M 是整個兩粒子系統的平移能量。Hamiltonian $\hat{H}_\mu$ 涉及粒子彼此之間相對運動的動能和位能，因此 E_μ 是與此相對運動或「內部」運動相關的能量。

系統的總能量 E 是其平移能量 E_M 與其內能 E_μ 的總和。例如，框中氫原子的能量是原子通過空間的平移能與原子內能之和，內能由電子與質子之間相互作用的位能和電子相對於質子運動的動能組成。

17.14 兩粒子剛性轉子

兩粒子剛性轉子 (two-particle rigid rotor) 由質量為 m_1 和 m_2 的粒子組成，這些粒子被限制為彼此保持固定的距離 d。這是處理雙原子分子旋轉的有用模型。系統的能量完全是動能，且 $V = 0$。由於 $V = 0$ 是 V 的特例，V 僅是粒子的相對坐標的函數，因此適用前一節的結果。量子力學能是系統整體的平移能和一個粒子相對於另一個粒子的內部運動能之和。粒子間的距離是恆定的，因此內部運動完全由粒子間軸的空間方向的變化組成。內部運動是兩粒子系統的旋轉。

求解內部運動的薛丁格方程式很複雜，因此我們僅引用結果而不證明(有關推導，請參見例如 *Levine*, sec. 6.4)。允許的旋轉能量被證明是

$$E_{\text{rot}} = J(J+1)\frac{\hbar^2}{2I} \qquad \text{其中 } J = 0, 1, 2, \ldots \quad (17.81)*$$

其中轉子的**慣性矩** (moment of inertia) I 為

$$I = \mu d^2 \quad (17.82)*$$

其中 $\mu = m_1 m_2/(m_1 + m_2)$。相鄰旋轉能階之間的間距隨著量子數 J 的增加而增加 (圖 17.19)。沒有零點旋轉能量。

旋轉波函數最方便地用角度 θ 和 ϕ 表示，這些角度給出了轉子的空間方向 (圖 17.20)。我們發現 $\psi_{\text{rot}} = \Theta_{JM_J}(\theta)\Phi_{M_J}(\phi)$，其中 Θ_{JM_J} 是 θ 的函數，其形式取決於兩個量子數 J 和 M_J，且 Φ_{M_J} 是 ϕ 的函數，其形式取決於 M_J。這些函數將不在此處提供。

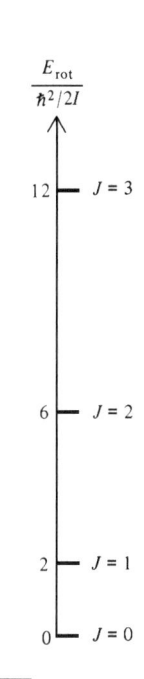

圖 17.19
兩粒子剛性轉子的最低四個能階。每個能階由 $2J + 1$ 個狀態組成。

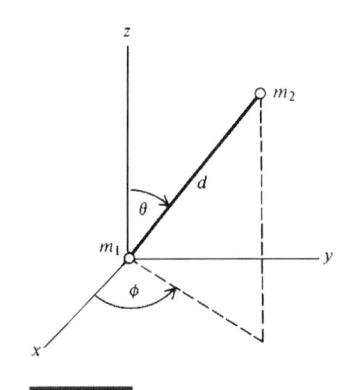

圖 17.20
兩粒子剛性轉子。

通常，兩粒子系統內部運動的波動函數是三個坐標的函數。但是，由於粒子間距離保持固定這個問題，ψ_{rot} 是僅兩個坐標 θ 和 ϕ 的函數。由於有兩個坐標，因此有兩個量子數 J 和 M_J。M_J 的可能值從 $-J$ 到 J，間隔為 1：

$$M_J = -J, -J+1, \ldots, J-1, J \tag{17.83}*$$

例如，如果 J 為 2，則 $M_J = -2$、-1、0、1、2。對於給定的 J，有 $2J+1$ 個 M_J 值。量子數 J 和 M_J 決定旋轉波函數，但是 E_{rot} 僅取決於 J。因此，每個旋轉能階是 $(2J+1)$ 倍退化。例如，值 $J=1$ 對應於一個能階 ($E_{rot} = \hbar^2/I$)，並且對應於三個 M_J 值 -1、0、1。因此，對於 $J=1$，有三個不同的 ψ_{rot} 函數，即三個不同的旋轉狀態。

例 17.7　旋轉能階

求 $^1\text{H}^{35}\text{Cl}$ 分子的兩個最低旋轉能階，將其視為剛性轉子。在 HCl 中的鍵距為 1.28 Å。原子質量列於書後的表。

旋轉能量 [(17.81) 和 (17.82) 式] 取決於方程式 (17.79) 的折合質量 μ。μ 中的原子質量 m_1 等於莫耳質量 M_1 除以亞佛加厥常數 N_A。使用原子質量表，我們有

$$\mu = \frac{m_1 m_2}{m_1 + m_2} = \frac{[(1.01 \text{ g/mol})/N_A][(35.0 \text{ g/mol})/N_A]}{[(1.01 \text{ g/mol}) + (35.0 \text{ g/mol})]/N_A} = \frac{0.982 \text{ g/mol}}{6.02 \times 10^{23}/\text{mol}}$$
$$= 1.63 \times 10^{-24} \text{ g}$$
$$I = \mu d^2 = (1.63 \times 10^{-27} \text{ kg})(1.28 \times 10^{-10} \text{ m})^2 = 2.67 \times 10^{-47} \text{ kg m}^2$$

最低的兩個旋轉能階分別為 $J=0$ 和 $J=1$，並且 (17.81) 式給出 $E_{J=0} = 0$ 且

$$E_{J=1} = \frac{J(J+1)\hbar^2}{2I} = \frac{1(2)(6.63 \times 10^{-34} \text{ J s})^2}{2(2\pi)^2 (2.67 \times 10^{-47} \text{ kg m}^2)} = 4.17 \times 10^{-22} \text{ J}$$

習題

$^{12}\text{C}^{32}\text{S}$ 的兩個最低旋轉能階之間的距離為 3.246×10^{-23} J。計算 $^{12}\text{C}^{32}\text{S}$ 中的鍵距。
(答案：1.538 Å)

17.15　近似法

對於多電子原子或分子，位能 V 中的電子間排斥項使得無法求解薛丁格方程式 (17.24)。必須採用近似法。

☕ 變異法

最廣泛使用的近似法是**變異法** (variation method)。根據量子力學的假設，可以推導出以下定理。設 $\hat{H}$ 為量子力學系統與時間無關的 Hamiltonian 算子。如果 ϕ 是系統

粒子坐標的任何歸一化 (normalized)、行為良好 (well-behaved) 的函數，則

$$\int \phi^* \hat{H} \phi \, d\tau \geq E_{gs} \quad \text{對於 } \phi \text{ 歸一化} \quad (17.84)$$

其中 E_{gs} 是系統的真實基態能量，並且定積分遍及整個空間 (不要將變異函數 ϕ 與圖 17.20 中的角度 ϕ 混淆)。

為了應用變異方法，需要採用許多不同的歸一化、行為良好的函數 $\phi_1, \phi_2, \ldots$，並對它們中的每一個計算**變異積分** $\int \phi^* \hat{H} \phi \, d\tau$。變異定理 (17.84) 式顯示，給出 $\int \phi^* \hat{H} \phi \, d\tau$ 最小值的函數提供了最接近基態能量的近似值 (圖 17.21)。此函數可以用作真實基態波函數的近似值，並且可以用於計算除能量 (例如，偶極矩) 以外的基態分子性質的近似值。

假設我們很幸運地猜到了真實的基態波函數 ψ_{gs}。將 $\phi = \psi_{gs}$ 代入 (17.84) 式，並使用 (17.61) 式和 (17.17) 式給出變異積分，如 $\int \psi_{gs}^* \hat{H} \psi_{gs} \, d\tau = \int \psi_{gs}^* E_{gs} \psi_{gs} \, d\tau = E_{gs} \int \psi_{gs}^* \psi_{gs} \, d\tau = E_{gs}$。然後我們會獲得真正的基態能量。

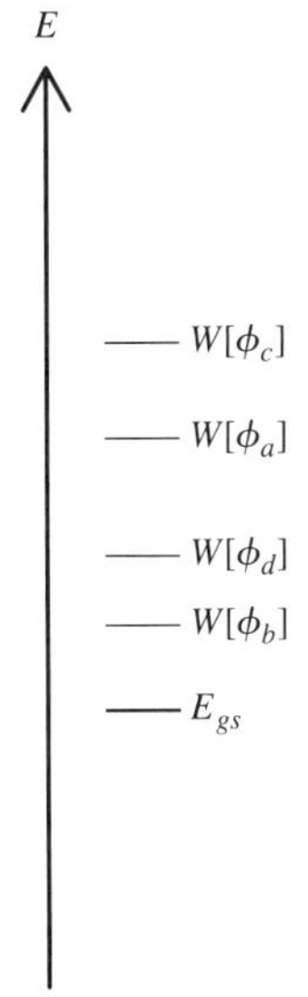

如果變異函數 ϕ 未歸一化，則必須將其乘以歸一化常數 N 才能在 (17.84) 式中使用。歸一化條件為 $1 = \int |N\phi|^2 \, d\tau = |N|^2 \int |\phi|^2 \, d\tau$。因此，

$$|N|^2 = \frac{1}{\int |\phi|^2 \, d\tau} \quad (17.85)$$

使用歸一化函數 $N\phi$ 代替 (17.84) 式中的 ϕ 得到 $\int N^* \phi^* \hat{H}(N\phi) \, d\tau = |N|^2 \int \phi^* \hat{H} \phi \, d\tau \geq E_{gs}$，其中我們利用 $\hat{H}$ 的線性 (第 17.11 節) 將 $\hat{H}(N\phi)$ 寫成 $N\hat{H}\phi$。將 (17.85) 式代入最後一個不等式，得到

$$\frac{\int \phi^* \hat{H} \phi \, d\tau}{\int \phi^* \phi \, d\tau} \geq E_{gs} \quad (17.86)^*$$

其中 ϕ 不必歸一化，但必須行為良好。

圖 17.21
變異積分不得小於真實的基態能量 E_{gs}。對於歸一化函數 ϕ_a、ϕ_b、ϕ_c 和 ϕ_d 而言，$W[\phi_a]$、$W[\phi_b]$、$W[\phi_c]$ 和 $W[\phi_d]$ 是 (17.84) 式中的變異積分的值。在這些函數中 ϕ_b 給出最低的 W，因此其 W 最接近 E_{gs}。

例 17.8 試驗變異函數

在一維框中設計粒子的試驗變異函數，並使用它來估算 E_{gs}。

框中的粒子是完全可解的，因此無需求助於近似方法。出於說明目的，我們假裝不知道如何求解框中粒子的薛丁格方程式。我們知道在框外真實的基態波函數為零，因此我們將框外的變異函數 ϕ 設為零。僅當 ϕ 是行為良好的函數時，(17.84) 式和 (17.86) 式才成立，而這要求 ϕ 是連續的。為了使 ϕ 在框的端點連續，在 $x = 0$ 和 $x = a$ 處必須為零，其中 a 是框的長度。對框內的區域，欲獲得在 0 和 a 處等於零的函數，最簡單的方法也許是取 $f = x(a - x)$。如上所述，在框外 $\phi = 0$。由於我們沒有對 ϕ 進行歸一化，所以必須使用 (17.86) 式。對於框中的粒子，在框內 $V = 0$ 且 $\hat{H} = -(\hbar^2/2m)d^2/dx^2$。我們有

$$\int \phi^* \hat{H} \phi \, d\tau = \int_0^a x(a-x) \left(\frac{-\hbar^2}{2m} \right) \frac{d^2}{dx^2} [x(a-x)] \, dx$$

$$= \frac{-\hbar^2}{2m} \int_0^a x(a-x)(-2) \, dx = \frac{\hbar^2 a^3}{6m}$$

此外，$\int \phi^*\phi d\tau = \int_0^a x^2(a-x)^2 dx = a^5/30$。變異定理 (17.86) 式變為 $(\hbar^2 a^3/6m) \div (a^5/30) \geq E_{gs}$，或

$$E_{gs} \leq 5h^2/4\pi^2 ma^2 = 0.12665 h^2/ma^2$$

根據 (17.34) 式，真實基態能量為 $E_{gs} = h^2/8ma^2 = 0.125 h^2/ma^2$。變異函數 $x(a-x)$ 的 E_{gs} 誤差為 1.3%。

圖 17.22 繪出歸一化變異函數 $(30/a^5)^{1/2} x(a-x)$ 和真實基態波函數 $(2/a)^{1/2} \sin(\pi x/a)$。圖 17.22 還繪出相對於 x 的變異函數與真實波動函數的百分比偏差。

習題

下列哪個函數可以用作框中粒子的試驗變異函數？框外的所有函數均為零，給出的表達式僅適用於框內。(a) $-x^2(a-x)^2$；(b) x^2；(c) x^3；(d) $\sin(\pi x/a)$；(e) $\cos(\pi x/a)$；(f) $x(a-x)\sin(\pi x/a)$。
[答案：(a)，(d)，(f)]

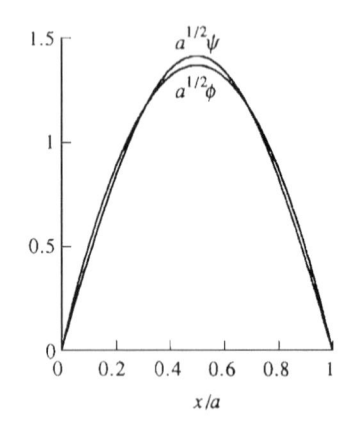

如果歸一化的變異函數 ϕ 包含參數 c，則變異積分 $W \equiv \int \phi^* \hat{H} \phi d\tau$ 將是 c 的函數，並且令 $\partial W/\partial c = 0$ 可將 W 最小化。

例 15.1　具有參數的變異函數

將變異函數 e^{-cx^2} 應用於諧波振盪器，其中 c 是一參數，其值選擇為最小化變異積分。

諧波振盪器位能 (17.71) 式為 $\frac{1}{2}kx^2$，Hamiltonian 算子 (17.56) 式為 $\hat{H} = -\hbar^2/2m (d^2/dx^2) + \frac{1}{2}kx^2$。我們有

$$\hat{H}\phi = -\frac{\hbar^2}{2m}\frac{d^2(e^{-cx^2})}{dx^2} + \frac{1}{2}kx^2 e^{-cx^2} = -\frac{\hbar^2}{2m}(4c^2x^2 - 2c)e^{-cx^2} + \frac{1}{2}kx^2 e^{-cx^2}$$

$$\int \phi^* \hat{H}\phi\, d\tau = \int_{-\infty}^{\infty} \left[-\frac{\hbar^2}{2m}(4c^2x^2 - 2c)e^{-2cx^2} + \frac{1}{2}kx^2 e^{-2cx^2} \right] dx$$

$$= \frac{\hbar^2}{m}\left(\frac{\pi c}{8}\right)^{1/2} + \frac{k}{4}\left(\frac{\pi}{8c^3}\right)^{1/2}$$

其中使用第 14.4 節的表 14.1 計算積分。此外

$$\int \phi^*\phi\, d\tau = \int_{-\infty}^{\infty} e^{-2cx^2} dx = \left(\frac{\pi}{2c}\right)^{1/2}$$

$$W \equiv \frac{\int \phi^* \hat{H}\phi\, d\tau}{\int \phi^*\phi\, d\tau} = \frac{\hbar^2 c}{2m} + \frac{k}{8c}$$

現在我們求使 W 最小的 c 的值：

$$0 = \frac{\partial W}{\partial c} = \frac{\hbar^2}{2m} - \frac{k}{8c^2}$$

我們有 $c^2 = mk/4\hbar^2$ 而 $c = \pm(mk)^{1/2}/2\hbar$。c 的負值將在變異函數 $\phi = e^{-cx^2}$ 中給出正指數；當 x 趨近於 $\pm\infty$ 時，ϕ 將變為無窮大，而 ϕ 將不是二次可積。

圖 17.22
上圖繪製了變異函數 $\phi = (30/a^5)^{1/2} x(a-x)$ 和一維框中粒子的真實基態波函數 ψ_{gs}。下圖顯示此 ψ 與真實 ψ_{gs} 的百分比偏差。

因此，我們拒絕 c 的負值。當 $c = \pm(mk)^{1/2}/2\hbar$ 時，變異積分 W 變為

$$W = \frac{\hbar^2 c}{2m} + \frac{k}{8c} = \frac{\hbar k^{1/2}}{4m^{1/2}} + \frac{\hbar k^{1/2}}{4m^{1/2}} = \frac{hk^{1/2}}{4\pi m^{1/2}} = \frac{h\nu}{2}$$

其中 $\nu = (\frac{1}{2}\pi)(k/m)^{1/2}$ [(17.73) 式]。值 $h\nu/2$ 是諧波振盪器的真實基態能量 [(17.76) 式]，對於 $c = (mk)^{1/2}/2\hbar = \pi\nu m/\hbar$，試驗函數 e^{-cx^2} 與諧波振盪器的非歸一化基態波函數相同 (圖 17.18)。

習題

在此例中驗證積分結果。

量子力學中變異函數的常見形式是**線性變異函數** (linear variation function)

$$\phi = c_1 f_1 + c_2 f_2 + \cdots + c_n f_n$$

其中 $f_1, \ldots, f_n$ 是函數，而 $c_1, \ldots, c_n$ 是變異參數，其值利用最小化變異積分來確定。令 W 為 (17.86) 式的左側。則，W 最小值的條件是 $\partial W/\partial c_1 = 0$, $\partial W/\partial c_2 = 0, \cdots$, $\partial W/\partial c_n = 0$。這些條件導致一系列方程式，可以找到 c。事實證明，存在 n 個不同的係數 $c_1, \cdots, c_n$ 滿足 $\partial W/\partial c_1 = \cdots = \partial W/\partial c_n = 0$，因此我們得到 n 個不同的變異函數 ϕ_1, $\ldots, \phi_n$ 和 n 個不同值 $W_1, \cdots, W_n$，其中 $W_1 = \int \phi_1^* \hat{H} \phi_1 d\tau / \int \phi_1^* \phi_1 \, d\tau$ 等。如果按能量遞增的順序對這些 W 進行編號，則可以證明 $W_1 \geq E_{gs}$、$W_2 \geq E_{gs} + 1$ 等，其中 E_{gs}、$E_{gs} + 1$、$\cdots$ 是基態、下一個最低狀態等的真實能量。因此，使用線性變異函數 $c_1 f_1 + \cdots + c_n f_n$ 可以使我們近似了系統中最低 n 個狀態的能量和波動函數 (在使用這種方法時，我們將分別處理具有不同對稱性的波動函數)。

擾變理論

近年來，擾變理論逼近法在分子電子結構計算中變得重要。令 $\hat{H}$ 為系統的與時間無關的 Hamiltonian 算子，我們欲求解其薛丁格方程式 $\hat{H}\phi_n = E_n\phi_n$。在擾變理論近似，我們將 $\hat{H}$ 分為兩部分：

$$\hat{H} = \hat{H}^0 + \hat{H}' \tag{17.87}$$

其中 $\hat{H}^0$ 是系統的 Hamiltonian 算子，其薛丁格方程式可以精確求解，而 $\hat{H}'$ 是影響很小的項。Hamiltonian 為 $\hat{H}_0$ 的系統稱為無擾變系統 (unperturbed system)，$\hat{H}'$ 稱為擾變 (perturbation)，而 Hamiltonian 為 $\hat{H} = \hat{H}^0 + \hat{H}'$ 的系統稱為擾變系統 (perturbed system)。我們發現擾變系統的狀態 n 的能量 E_n 可以寫成

$$E_n = E_n^{(0)} + E_n^{(1)} + E_n^{(2)} + \cdots \tag{17.88}$$

其中 $E_n^{(0)}$ 為無擾變系統的狀態 n 的能量，而 $E_n^{(1)}, E_n^{(2)}, \ldots$ 稱為一階、二階、$\ldots$ 能量校正 (有關此方程式和其他擾變理論方程式的推導，請參閱量子化學課文)。若問題適

合於擾變理論，則 $E_n^{(1)}, E_n^{(2)}, E_n^{(3)}, \ldots$ 隨擾變校正次數的增加而減小。

為了找到 $E_n^{(0)}$，我們求解無擾變系統的薛丁格方程式 $\hat{H}^0 \phi_n^{(0)} = E_n^{(0)} \phi_n^{(0)}$。

擾變理論證明，一階能量校正 $E_n^{(1)}$ 為

$$E_n^{(1)} = \int \psi_n^{(0)*} \hat{H}' \psi_n^{(0)} d\tau \tag{17.89}$$

由於已知 $\phi_n^{(0)}$，因此容易計算 $E_n^{(1)}$，而 $E_n^{(2)}, E_n^{(3)} \ldots$ 的公式很複雜，因此省略。

例 17.10　擾變理論

假設一粒子一維系統具有

$$\hat{H} = -(\hbar^2/2m)\, d^2/dx^2 + \tfrac{1}{2}kx^2 + bx^4$$

其中 b 很小。應用擾變理論獲得此系統平穩狀態能量的近似值。

如果我們取 $\hat{H}^0 = -(\hbar^2/2m)d^2/dx^2 + \tfrac{1}{2}kx^2$ 且 $\hat{H}' = bx^4$，則無擾變的系統是一諧波振盪器，其能量和波函數為已知（第 17.12 節）。由 (17.76) 式，我們有 $E_n^{(0)} = (n+\tfrac{1}{2})h\nu$，$n = 0, 1, 2, \ldots$ 且 $\nu = (\tfrac{1}{2}\pi)(k/m)^{1/2}$，其中量子數符號從 v 更改為 n 以符合本節的表示法。僅包括對 E_n 的一階校正，由 (17.76) 式和 (17.89) 式，我們有

$$E_n^{(1)} = \int \psi_n^{(0)*} \hat{H}' \psi_n^{(0)} d\tau \tag{17.90}$$

其中 $\phi_{n,\text{ho}}$ 是量子數為 n 的諧波振盪波函數。將已知的 $\phi_{n,\text{ho}}$ 函數（圖 17.18）代入可以求得 $E_n^{(1)}$。

習題

對於基態，估算 (17.90) 式中的 $E_n^{(1)}$。使用表 14.1。
（答案：$3bh^2/64\pi^4\nu^2 m^2$）

17.16 | HERMITIAN 算子

第 17.11 節指出，量子力學中的算子是線性的。對應於物理性質的量子力學算子除線性外還必須具有另一種性質，即它們必須是 Hermitian。本節討論 Hermitian 算子及其性質。本節的內容對於全面理解量子力學很重要，但是對於理解本書其餘各章中的內容不是必不可少的，因此，如果時間不允許，可以將其省略。本節的抽象內容可能會引起頭暈，讀者最好以小劑量研究。

☕ Hermitian 算子

物理量 M 的量子力學平均值 $\langle M \rangle$ 必須是實數。為了取數字的複共軛，我們以 $-i$ 取代 i。實數不包含 i，因此實數等於其複共軛：若 z 是實數則 $z = z^*$。因此，$\langle M \rangle = \langle M \rangle^*$。我們有 $\langle M \rangle = \int \Psi^* \hat{M} \Psi d\tau$ [(17.62) 式] 和 $\langle M \rangle^* = \int (\Psi^* \hat{M} \Psi)^* d\tau = \int (\Psi^*)^* (\hat{M}\Psi)^* d\tau = \int \Psi (\hat{M}\Psi)^* d\tau$，因此

$$\int \Psi^* \hat{M} \Psi \, d\tau = \int \Psi(\hat{M}\Psi)^* \, d\tau \tag{17.91}$$

(17.91) 式必須適用於所有可能的狀態函數 Ψ，即適用於連續、單值和二次可積的所有函數。對於所有行為良好的函數，遵循 (17.91) 式的線性算子稱為 **Hermitian 算子** (Hermitian operator)。如果 $\hat{M}$ 是 Hermitian 算子，則從 (17.91) 式可得

$$\int f^* \hat{M} g \, d\tau = \int g(\hat{M}f)^* \, d\tau \tag{17.92}*$$

其中 f 和 g 是任意行為良好的函數 (不一定是任何算子的特徵函數)，並且積分是所有空間上的定積分。儘管 (17.92) 式比 (17.91) 式看起來更嚴格，但這實際上是 (17.91) 式的結果。因此，Hermitian 算子遵循 (17.92) 式。對於量子力學算子 $x \cdot$ 和 $(\hbar/i)(\partial/\partial x)$，Hermitian 性質 (17.92) 式容易得到驗證。

Hermitian 算子的特徵值

第 17.11 節指出，當 Ψ 是 $\hat{M}$ 的特徵函數時，其中 c 為特徵值，對 M 的測量將得出 c 值。由於測量值是實數，因此我們期望 c 為實數。現在，我們證明 Hermitian 算子的特徵值是實數。為了證明此定理，我們取 (17.92) 式的特例，其中 f 和 g 是相同的函數，而此函數是 $\hat{M}$ 的特徵函數，b 為特徵值。由於 $f = g$ 且 $\hat{M}f = bf$，(17.92) 式變為

$$\int f^* bf \, d\tau = \int f(bf)^* \, d\tau$$

使用 $(bf)^* = b^* f^*$ 並將常數取在積分之外，我們得到 $b \int f^* f \, d\tau = b^* \int f f^* \, d\tau$ 或

$$(b - b^*) \int |f|^2 \, d\tau = 0 \tag{17.93}$$

$|f|^2$ 不為負。定積分 $\int |f|^2 d\tau$ (這是非負無窮小量 $|f|^2 d\tau$ 的無限和) 為零的唯一方法是函數 f 為零。但是，函數 $f = 0$ 不允許作為特徵函數使用 (第 17.11 節)。因此 (17.93) 式要求 $b - b^* = 0$ 而 $b = b^*$。只有實數等於其複共軛，因此特徵值 b 必為實數。

特徵函數的正交性

我們在 (17.36) 式中注意到，一維框粒子的平穩狀態波函數 (是 $\hat{H}$ 的特徵函數) 是正交的，這意味著當 $i \neq j$ 時 $\int \psi_i^* \psi_j \, d\tau = 0$。這是下列定理的例子，此定理為：對應於不同的特徵值，Hermitian 算子的兩個特徵函數是正交的。證明如下。

Hermitian 性質 (17.92) 式適用於所有行為良好的函數。尤其是，當 f 和 g 為 Hermitian 算子 $\hat{M}$ 的兩個特徵函數時 (17.92) 式成立。對於 $\hat{M}f = bf$ 和 $\hat{M}g = cg$，Hermitian 性質 $\int f^* \hat{M} g \, d\tau = \int g(\hat{M}f)^* \, d\tau$ 變為

$$c \int f^* g \, d\tau = \int g(bf)^* \, d\tau = \int g b^* f^* \, d\tau = b \int g f^* \, d\tau$$

因為 Hermitian 算子的特徵值為實數。我們有

$$(c - b) \int f^* g \, d\tau = 0$$

若特徵值 c 和 b 相異 ($c \neq b$)，則 $\int f^* g \, d\tau = 0$，定理得證。

若特徵值 b 和 c 恰好相等，則正交性不一定成立。回想一下，當我們討論三維立方框中的粒子的退化能階和剛性兩粒子轉子時 (第 17.10 和 17.14 節)，我們看到了具有相同特徵值的不同特徵函數的例子。因為量子力學算子 $\hat{M}$ 是線性的，所以可以證明，若函數 f_1 和 f_2 是具有相同特徵值的 $\hat{M}$ 的特徵函數，即若 $\hat{M}f_1 = bf_1$ 和 $\hat{M}f_2 = bf_2$，則任何線性組合 $c_1 f_1 + c_2 f_2$ (其中 c_1 和 c_2 是常數) 是具有特徵值 b 的 $\hat{M}$ 的特徵函數。對具有相同特徵值的特徵函數進行線性組合，可以使我們選擇常數 c_1 和 c_2 從而給出正交特徵函數。從這裡開始，我們將假定這些都已經完成，因此我們處理的 Hermitian 算子的所有特徵函數都是正交。

令函數集 $g_1, g_2, g_3, \ldots$ 是 Hermitian 算子的特徵函數。由於這些函數是正交 (或可以選擇正交)，因此當 $j \neq k$ (即 g_j 和 g_k 是不同的特徵函數) 時，我們有 $\int g_j^* g_k \, d\tau = 0$。我們將歸一化算子的特徵函數，所以 $\int g_j^* g_j \, d\tau = 1$。這兩個表示正交和歸一化的方程式可以寫成一個方程式

$$\int g_j^* g_k \, d\tau = \delta_{jk} \tag{17.94}$$

其中 **Kronecker delta** δ_{jk} 是一個特殊符號，當 $j = k$ 時定義為等於 1，而當 $j \neq k$ 時則定義為等於 0：

$$當 j = k, \delta_{jk} \equiv 1 \qquad 當 j \neq k, \delta_{jk} \equiv 0 \tag{17.95}$$

正交且歸一化的函數集是**正交集** (orthonormal set)。

☕ 完全的特徵函數集

函數 $g_1, g_2, g_3, \ldots$ 的集合稱為**完全集合** (complete set)，如果取決於與 g 相同的變數，並且遵循與 g 相同的邊界條件的每個行為良好的函數都可以表示為 $\Sigma_i c_i g_i$，其中 c 是常數，其值取決於所表達的函數。已經證明，在量子力學中出現的許多 Hermitian 算子的特徵函數集是完全的，並且量子力學假設表示物理量的 Hermitian 算子的特徵函數集是一個完全集。若 F 是行為良好的函數，而集合 $g_1, g_2, g_3 \ldots$ 是對應於物理性質 R 的 Hermitian 算子 $\hat{R}$ 的特徵函數集合，則

$$F = \sum_k c_k g_k \tag{17.96}$$

我們稱 F 用 g 的集合展開。

我們如何找到展開 (17.96) 式中的係數 c_k？以 g_j^* 乘以 (17.96) 式得到 $g_j^* F = \Sigma_k c_k g_j^* g_k$。在整個坐標範圍內對此方程式進行積分，可得

$$\int g_j^* F \, d\tau = \int \sum_k c_k g_j^* g_k \, d\tau = \sum_k \int c_k g_j^* g_k \, d\tau = \sum_k c_k \int g_j^* g_k \, d\tau = \sum_k c_k \delta_{jk}$$

其中使用了 Hermitian 算子的特徵函數的正交性 [(17.94) 式]，並且使用了總和的積分等於積分的總和的事實。Kronecker delta δ_{jk} 為零，除非 $k = j$。因此，除了 $k = j$ 的這一項，總和 $\Sigma_k c_k \delta_{jk}$ 中的每一項都是零：因此，$\Sigma_k c_k \delta_{jk} = c_j \delta_{jj} = c_j$ [(17.95) 式]。因此

$$c_j = \int g_j^* F \, d\tau$$

將上式中的 j 改為 k 並代入展開式 (17.96)，我們有

$$F = \sum_k \left(\int g_k^* F \, d\tau \right) g_k \tag{17.97}$$

其中定積分 $\int g_j^* F d\tau$ 是常數。(17.97) 式顯示如何根據已知的完全函數 $g_1, g_2, g_3, \ldots$ 來展開任何函數 F。

假設對於我們感興趣的系統，無法求解薛丁格方程式。我們可以將未知的基態波函數表示為 $\psi_{gs} = \Sigma_k c_k g_k$，其中 g 是一組已知的完全函數。然後，我們使用線性變異法 (第 17.15 節) 求解係數 c_k，從而獲得 ψ_{gs}。這種方法的困難在於，一組完全函數通常包含無限數量的函數。因此，我們被迫將自己限制在展開和的函數是有限數量，從而將誤差引入到我們對 ψ_{gs} 的計算中。

考慮一個例子。令函數 F 定義為當 x 在 0 和 a 之間，$F = x^2(a - x)$ 而其他位置的 $0 < x < a$，$F = 0$。我們是否可以使用框中粒子穩態波函數 $\psi_n = (2/a)^{1/2} \sin(n\pi x/a)$ [(17.35) 式] 來展開 F？函數 F 行為良好，並且滿足與 ψ_n 相同的邊界條件，即，在框的端點 F 為零。函數 ψ_n 是 Hermitian 算子 (框中粒子 Hermitian 算子 $\hat{H}$) 的特徵函數，因此是一個完全的集合。因此我們可以將 F 表達為 $F = \Sigma_{n=1}^{\infty} c_n \psi_n$，其中係數 c_n 在 (17.97) 式中給出為

$$c_n = \int \psi_n^* F \, d\tau = \int_0^a \left(\frac{2}{a}\right)^{1/2} \sin \frac{n\pi x}{a} x^2(a - x) \, dx \tag{17.98}$$

可對 c_n 求值，並顯示出總和 $\Sigma_n c_n \psi_n$ 如何隨著總和中包含更多項而變得越來越精確。

變異定理 (17.84) 的證明使用了如 (17.96) 式所示的變異函數 ϕ 的展開。

☕ 摘要

對應於物理性質的量子力學算子是 Hermitian 算子，這意味著它們對於所有行為良好的函數 f 和 g 都滿足 (17.92) 式。Hermitian 算子的特徵值是實數。Hermitian 算子的特徵函數是正交 (或可以選擇是正交)。Hermitian 算子的特徵函數形成一個完全集合，這意味著任何行為良好的函數都可以根據它們進行展開。

17.17 總結

頻率為 ν 和波長為 λ 的電磁波在真空中以速度 $c = \lambda \nu$ 傳播。藉由查看由光子組成的電磁輻射 (例如黑體輻射、光電效應、原子和分子光譜)，可以理解涉及電磁輻射

吸收或發射的過程，每個光子的能量為 hv，其中 h 是普朗克常數。當原子或分子吸收或發射光子時，它會在兩個能階 E_a 和 E_b 之間發生躍遷，這兩個能階的能量差為 hv。$E_a - E_b = hv$。

德布羅意 (De Broglie) 提出諸如電子之類的微觀粒子具有波狀性質，這藉由觀察電子繞射得到了證實。由於這種波－粒對偶性，不可能同時測量微觀粒子的精確位置和動量 (Heisenberg 不確定性原理)。

量子力學系統的狀態由狀態函數 Ψ 描述，狀態函數是粒子坐標和時間的函數。Ψ 隨時間的變化受與時間有關的薛丁格方程式 (17.10)[或 (17.60) 式] 控制，這是古典力學中牛頓第二定律的量子力學類比。求系統粒子的機率密度為 $|\Psi|^2$。例如，對於兩粒子一維系統，$|\Psi(x_1, x_2, t)|^2 dx_1 dx_2$ 是在時間 t 同時找到 x_1 和 $x_1 + dx_1$ 之間的粒子 1 和 x_2 和 $x_2 + dx_2$ 之間的粒子 2 的機率。

當系統的位能 V 與時間無關時，系統可以以許多可能的平穩狀態之一存在。對於靜止狀態，狀態函數為 $\Psi = e^{-iEt/\hbar}\psi$。(與時間無關) 波函數 ψ 是粒子坐標的函數，並且是 (與時間無關) 薛丁格方程 $\hat{H}\psi = E\psi$ 的行為良好的解，其中 E 是能量，而 Hamiltonian 算子 $\hat{H}$ 是對應於古典量 E 的量子力學算子。為了找到對應於古典量 M 的算子，我們用直角坐標和動量寫下 M 的古典力學表達式，然後用它們相應的量子力學算子：$\hat{x}_1 = x_1 \times$，$\hat{p}_{x,1} = (\hbar/i)\partial/\partial x_1$ 等替換坐標和動量。對於平穩狀態，$|\Psi|^2 = |\psi|^2$ 而且機率密度和能量與時間無關。

根據機率解釋，狀態函數歸一化以滿足 $\int |\Psi|^2 d\tau = 1$，其中 $\int d\tau$ 表示粒子坐標的整個範圍內的定積分。對於平穩狀態，歸一化條件變為 $\int |\psi|^2 d\tau = 1$。

對於處於平穩狀態 ψ 的系統，性質 M 的平均值為 $\langle M \rangle = \int \psi^* \hat{M} \psi d\tau$，其中 $\hat{M}$ 為性質 M 的量子力學算子。

以下系統的平穩狀態波函數和能量可以求出。

(a) 一維框中的粒子 (對於 0 和 a 之間的 x，$V = 0$；其他位置 $V = \infty$)：$E = n^2h^2/8ma^2$，$\psi = (2/a)^{1/2}\sin(n\pi x/a)$，$n = 1, 2, 3,\cdots$。
(b) 尺寸為 a、b、c 的三維矩形框中的粒子：$E = (h^2/8m) \cdot (n_x^2/a^2 + n_y^2/b^2 + n_z^2/c^2)$。
(c) 一維諧波振盪器 ($V = \frac{1}{2}kx^2$)：$E = (v + \frac{1}{2})hv$，$v = (\frac{1}{2}\pi)(k/m)^{1/2}$，$v = 1, 2,\cdots$。
(d) 兩粒子剛性轉子 (在固定距離 d 且能量完全為動能的粒子)：$E = J(J + 1)\hbar^2/2I$，$I = \mu d^2$，$J = 0, 1, 2, \ldots$；$\mu \equiv m_1 m_2/(m_1 + m_2)$ 是折合質量。

當一個以上的狀態函數對應於相同的能階時，該能階被認為是退化。立方框中的粒子和兩粒子剛性轉子都有退化性。

對於非相互作用粒子系統，平穩狀態波函數是每個粒子的波函數的乘積，而能量是單個粒子能量之和。

變異定理指出，對於任何行為良好的試驗變異函數 ϕ，具有 $\int \phi^* \hat{H} \phi \, d\tau / \int \phi^* \phi \, d\tau \geq E_{gs}$，其中 $\hat{H}$ 是系統的 Hamiltonian 算子，E_{gs} 是其真實的基態能量。

本章討論的重要計算類型包括：

- 使用 $\lambda v = c$ 從頻率計算光的波長，反之亦然。
- 當量子力學系統在兩個狀態之間進行躍遷時，使用 $E_{upper} - E_{lower} = hv$ 來計算發射或吸收的光子的頻率。
- 使用能階公式，例如框中粒子的 $E = n^2 h^2/8ma^2$，或諧波振盪器的 $E = (v + \frac{1}{2})hv$，計算量子力學系統的能階。
- 對於一粒子一維平穩狀態系統，使用 $|\psi|^2 dx$ 計算在 x 和 $x + dx$ 之間找到粒子的機率，使用 $\int_a^b |\psi|^2 dx$ 計算在 a 和 b 之間找到粒子的機率。
- 使用 $\langle M \rangle = \int \psi^* \hat{M} \psi d\tau$ 計算平均值。
- 使用變異定理來估算量子力學系統的基態能量。

習題

第 17.1 節

17.1 (a) 使用 $\int_0^\infty [z^3/(e^z - 1)] dz = \pi^4/15$ 證明黑體單位面積每秒發射的總輻射能為 $2\pi^5 k^4 T^4/15c^2 h^3$。請注意，此數量與 T^4 (Stefan 定律) 成正比。(b) 太陽的直徑為 1.4×10^9 m，其有效表面溫度為 5800 K。假設太陽為黑體，估算太陽輻射引起的能量損失率。(c) 使用 $E = mc^2$ 計算 1 年中太陽輻射所損失的光子的相對質量。

第 17.2 節

17.2 K 的功函數為 2.2 eV，Ni 的功函數為 5.0 eV，其中 1 eV = 1.60×10^{-19} J。(a) 計算這兩種金屬的閾值 (threshold) 頻率和波長。(b) 波長 4000 Å 的紫光會在 K 中或在 Ni 中引起光電效應嗎？(c) 計算 (b) 中發射的電子的最大動能。

17.3 計算波長為 700 nm 的紅光光子的能量 (1nm = 10^{-9} m)。

17.4 一個 100 瓦的鈉蒸氣燈發出波長為 590 nm 的黃光。計算每秒發射的光子數。

17.5 Millikan 在 Na 中發現了以下光電效應數據：

$10^{12} K_{max}$/ergs	3.41	2.56	1.95	0.75
λ/Å	3125	3650	4047	5461

其中 K_{max} 是發射電子的最大動能，λ 是入射輻射的波長。繪出 K_{max} 對 v 的圖形。根據斜率和截距，計算 h 和 Na 的功函數。

第 17.4 節

17.6 計算德布羅意波長。(a) 中子以 6.0×10^6 cm/s 的速度運動；(b) 50 g 粒子以 120 cm/s 的速度運動。

第 17.6 節

17.7 驗證，若 Ψ 是與時間有關的薛丁格方程式 (17.10) 的解，則 $c\Psi$ 也是一解，其中 c 是任意常數。

17.8 驗證例 17.1 中的 Ψ 是歸一化。

第 17.8 節

17.9 計算當長度為 6.0 Å 的框中的 1.0×10^{-27} g 粒子從 $n = 5$ 能階到 $n = 4$ 能階時，發射的光子的波長。

17.10 (a) 對於長度為 a 的一維框的平穩狀態 n 的粒子，求出該粒子在 $0 \leq x \leq a/4$ 範圍內的機率。(b) 計算 $n = 1$、2 和 3 的機率。

17.11 對於一框中的 1.0×10^{-26} g 粒子 (框的端點分別為 $x = 0$ 和 $x = 2.000$ Å)，若 (a) $n = 1$；(b) $n = 2$，計算該粒子的 x 坐標在 1.6000 Å 和 1.6001 Å 之間的機率。

17.12 對於某個一維框中的電子，觀察到的最低躍遷頻率為 2.0×10^{14} s^{-1}。求框的長度。

17.13 如果某框中粒子系統的 $n = 3$ 至 4 躍遷發生在 4.00×10^{13} s^{-1}，求此系統中 $n = 6$ 至 9 躍遷的頻率。

17.14 對於框中粒子波函數，驗證正交方程式 (17.36)。

17.15 對於框中的粒子，將 (17.35) 式代入 (17.28) 式，檢查波動函數 (17.35) 式是否滿足薛丁格方程式 (17.28) 式。

第 17.10 節

17.16 對於長度為 a 的立方框中的粒子，給出能量為 (a) $21h^2/8ma^2$；(b) $24h^2/8ma^2$ 的能階退化度。

17.17 對於邊長為 a 的立方框中的粒子：(a) 多少個狀態的能量在 0 到 $16h^2/8ma^2$ 之間？(b) 在此範圍內有多少能階？

第 17.11 節

17.18 對或錯？(a) $(\hat{A} + \hat{B})f(x) = \hat{A}f(x) + \hat{B}f(x)$。(b) $\hat{A}[f(x) + g(x)] = \hat{A}f(x) + \hat{A}g(x)$。(c) $\hat{B}\hat{C}f(x) = \hat{C}\hat{B}f(x)$。(d) $[\hat{A}f(x)]/f(x) = \hat{A}$，其中 $f(x) \neq 0$。(e) $3x$ 是 $\hat{x}$ 的特徵值。(f) $3x$ 是 $\hat{x}$ 的特徵函數。(g) $e^{ikx/\hbar}$ 是 $\hat{p}_x$ 的特徵函數，特徵值為常數 k。

17.19 如果 f 是一函數，請指出以下表達式何者等於 $f*\hat{B}f$。(a) $f*(\hat{B}f)$。(b) $\hat{B}(f*f)$。(c) $(\hat{B}f)f*$。(d) $f*f\hat{B}$。

17.20 設 $\hat{A} = d^2/dx^2$ 且 $\hat{B} = x\times$。(a) 求 $\hat{A}\hat{B}f(x) - \hat{B}\hat{A}f(x)$。(b) 求 $(\hat{A} + \hat{B})(e^{x^2} + \cos 2x)$。

17.21 (a) 將這些算子分別分類為線性或非線性：$\partial^2/\partial x^2$、$2\partial/\partial z$、$3z^2\times$、$(\ )^2$、$(\ )^*$。(b) 驗證 (17.58) 式中的 $\hat{H}$ 為線性。

17.22 說明以下每個實體是算子還是函數：(a) $\hat{A}\hat{B}g(x)$；(b) $\hat{A}\hat{B} + \hat{B}\hat{A}$；(c) $\hat{B}^2f(x)$；(d) $g(x)\hat{A}$；(e) $g(x)\hat{A}f(x)$。

17.23 (a) 函數 $\sin 3x$、$6\cos 4x$、$5x^3$、$1/x$、$3e^{-5x}$、$\ln 2x$ 中何者為 d^2/dx^2 的特徵函數？(b) 對於每個特徵函數，寫出特徵值。

17.24 對於處於一維框平穩狀態的粒子，證明 (a) $\langle p_x \rangle = 0$；(b) $\langle x \rangle = a/2$；(c) $\langle x^2 \rangle = a^2(1/3 - 1/2n^2\pi^2)$。

17.25 對於在長度為 a 的一維框中質量為 m_1 和 m_2 的兩個非相互作用粒子的系統，請給出平穩狀態波函數和能量的公式。

第 17.12 節

17.26 計算當頻率為 6.0×10^{13} s^{-1} 的諧波振盪器從 $v = 8$ 變為 $v = 7$ 能階時發出的輻射的頻率。

17.27 求出在 (a) $v = 0$；(b) $v = 1$ 的狀態下諧波振盪器的 x 的最可能值。

17.28 對於諧波振盪器的基態，計算 (a) $\langle x \rangle$；(b) $\langle x^2 \rangle$；(c) $\langle p_x \rangle$。見表 14.1。

17.29 彈簧上的 45 克質量以每秒 2.4 次的頻率振動，振幅為 4.0 cm。(a) 計算彈簧的力常數。(b) 若對系統進行量子力學處理，則量子數 v 是多少？

第 17.13 節

17.30 將 (17.79)、(17.80) 式和 $M = m_1 + m_2$ 代入 (17.78) 式並驗證 H 可簡化為 $p_1^2/2m_1 + p_2^2/2m_2 + V$，其中 p_1 是粒子 1 的動量。

第 17.14 節

17.31 將 ^{12}C^{16}O 分子看成是一個兩粒子剛性轉子，其 m_1 和 m_2 等於原子質量，且粒子間距離固定為 CO 鍵長 1.13 Å。(a) 求折合質量。(b) 求轉動慣量。(c) 求四個最低旋轉能階的能量，並給出每個旋轉能階的退化性。(d) 計算當 ^{12}C^{16}O 分子從 $J = 0$ 階變為 $J = 1$ 階時吸收的輻射的頻率。重複 $J = 1$ 至 $J = 2$。

第 17.15 節

17.32 (a) 將變異函數 $x^2(a - x)^2$ 應用於方框中的粒子，其中 x 介於 0 和 a 之間，並估算基態能量。計算 E_{gs} 的百分比誤差。(b) 解釋為何函數 x^2 (x 介於 0 和 a 之間) 不能用作框中粒子的變異函數。

17.33 對或錯？(a) Hermitian 算子的所有特徵值是實數。(b) 同一 Hermitian 算子的兩個特徵函數是正交。(c) $\delta_{jk} = \delta_{kj}$。(d) Hermitian 算子不能包含虛數 i。(e) $\sum_n b_m c_m \delta_{mn} = b_n c_n$。

第 17.16 節

17.34 若 $\hat{M}$ 為線性算子，而 $\hat{M}f_1 = bf_1$ 且 $\hat{M}f_2 = bf_2$，我們定義 g_1 和 g_2 為 $g_1 \equiv f_1$ 和 $g_2 \equiv f_2 + kf_1$，其中 $k \equiv -\int f_1^* f_2 \, d\tau / \int f_1^* f_1 \, d\tau$，驗證 g_1 和 g_2 正交。

一般問題

17.35 對或錯？(a) 在古典力學中，了解孤立系統的目前狀態可以確定地預測未來狀態。(b) 在量子力學中，對孤立系統當前狀態的了解可以確定地預測未來狀態。(c) 對於平穩狀態，Ψ 是時間函數和坐標函數的乘積。(d) 粒子質量的增加會降低框中粒子和諧波振盪器的基態能量。(e) 對於非相互作用粒子系統，每個平穩狀態波函數等於每個粒子的波函數總和。(f) 一維諧波振盪器能階是退化的。(g) Ψ 必須是實數。(h) 任何兩個光子的能量必相等。(i) 在變異法中，變異函數 ϕ 必須是 $\hat{H}$ 的特徵函數。

習題解答

第 1 章

1.1 (a) 錯 ; (b) 對 ; (c) 對 ; (d) 錯 ; (e) 錯 . **1.2** (a) Closed nonisolated. **1.3** (a) 3; (b) 3. **1.4** (a) 19300 kg/m^3. **1.5** (a) 對 ; (b) 對 ; (c) 錯 ; (d) 對 ; (e) 錯 ; (f) 對 . **1.6** (a) 5.5×10^6 cm^3; (b) 1.0×10^4 bar; (d) 1.5×10^3 kg/m^3. **1.7** 652.4 torr. **1.8** (a) 33.9 ft; (b) 0.995 atm. **1.9** (a) 2.44 atm; (b) 16%. **1.10** 30.1 g/mol, 30.1. **1.11** 0.767 g/L. **1.12** 82.06$_5$ cm^3 atm mol^{-1} K^{-1}. **1.13** 31.0$_7$. **1.14** 0.133 mol N$_2$, 0.400 mol H$_2$, 1.33 mol NH$_3$. **1.15** 1800 kPa. **1.16** (a) 17.5 kPa; (b) 0.857 for H$_2$. **1.17** 32.3 cm^3. **1.18** 0.60 mol and 0.40 mol. **1.19** (a) 2.5×10^{19}; (b) 3.2×10^{10}. **1.20** 0.0361 g and 0.619. **1.21** 0.247. **1.22** (a) P_{N_2} = 0.78 atm; (b) m_{N_2} = 75 kg. **1.23** 2.44×10^4 cm^3/mol. **1.25** (a) 18.233 cm^3/mol; (b) 18.15 cm^3/mol. **1.27** 2.6×10^{-4} K^{-1}, 4.9×10^{-5} atm^{-1}, 5.3 atm/K. **1.28** 23 atm.

第 2 章

2.1 (a) 對 ; (b) 錯 . **2.2** (a) J; (b) J; (c) m^3; (d) N; (e) m/s; (f) kg. **2.3** (a) 1 kg m^2 s^{-2}; (b) 1 kg m^{-1} s^{-2}; (c) 10^{-3} m^3; (d) 1 kg m s^{-2}. **2.4** (a) 15.2 J; (c) 14.0 m/s. **2.5** 1.00 Pa. **2.6** (a) 錯 ; (b) 對 ; (c) 對 ; (d) 錯 ; (e) 錯 ; (f) 錯 ; (g) 錯 . **2.7** 18.0 J. **2.8** (a) 0.107 cal/g-°C. **2.9** (a) 對 ; (b) 對 ; (c) 錯 ; (d) 對 ; (e) 錯 . **2.10** 18.001°C. **2.11** (a) 對 ; (b) 錯 . **2.12** No. **2.13** (a) 對 ; (b) 對 . **2.14** (a) U; (b) H. **2.15** 15°C. **2.16** (a) 246 J/m^3. **2.19** (a) 真 ; (b) 假 ; (c) 假 ; (d) 真 ; (e) 真 . **2.20** (a) 5.48 kJ, -5.48 kJ, 0, 0. **2.21** (a) 300 K, 0.500 atm; (b) 189 K, 0.315 atm. **2.22** (a) 0, 98.9 J, 98.9 J, 138.5 J. **2.23** (a) 假 ; (b) 真 ; (c) 假 ; (d) 假 ; (e) 假 . **2.24** (a) 過程 ; (b) 性質 ; (c) 過程 ; (d) 過程 . **2.25** (a) $q > 0$, $w < 0$, $\Delta U > 0$, $\Delta H > 0$; (b) $q > 0$, $w > 0$, $\Delta U > 0$, $\Delta H > 0$; (c) $q = 0$, $w < 0$, $\Delta U < 0$, $\Delta H < 0$; (d) $\Delta H = 0$, $\Delta U = 0$, $w < 0$, $q > 0$. **2.26** (a) $w = 0$, $q = 0$, $\Delta U = 0$. **2.27** (a) $q = 1447$ cal, $w = -397$ cal, $\Delta U = 1050$ cal, $\Delta H = 1447$ cal. **2.28** (a) 6010 J, 0.165 J, 6010 J, 6010 J; (b) 7.55 kJ, -0.080 J, 7.55 kJ, 7.55 kJ; (c) 40655 J, -3101 J, 37554 J, 40655 J. **2.29** (a) 6240 J, 10400 J. **2.30** 增加 . **2.31** (a) Intensive, kg/m^3; (b) extensive, J; (c) intensive, J/mol. **2.32** (a) 錯 ; (b) 錯 ; (c) 錯 ; (d) 錯 ; (e) 錯 ; (f) 錯 ; (g) 錯 ; (h) 對 ; (i) 錯 ; (j) 錯 ; (k) 錯 ; (l) 對 ; (m) 錯 ; (n) 錯 ; (o) 錯 ; (p) 對 .

第 3 章

3.1 (a) 對 ; (b) 對 ; (c) 對 ; (d) 錯 . **3.2** (a) 74.6%; (b) 746 J, 254 J. **3.3** 2830 K. **3.4** (c) 15 J. **3.5** (a) 錯 ; (b) 對 ; (c) 對 ; (d) 對 ; (e) 對 ; (f) 錯 ; (g) 錯 ; (h) 錯 ; (i) 錯 ; (j) 對 ; (k) 對 . **3.6** (a) 17.9 cal/K; (b) -2.24 cal/K. **3.7** 4.16 cal/K. **3.8** 160.26 J/K. **3.9** (a) 6.66 J/K; (b) 14.1 J/K. **3.10** -2.73 cal/K. **3.11** (a) 32.0°C; (b) -1.59 cal/K; (c) 1.87 cal/K; (d) 0.28 cal/K. **3.12** 8.14 J/K. **3.13** -2.03×10^{-5} cal/K. **3.14** (a) 錯 ; (b) 錯 ; (c) 對 ; (d) 對 ; (e) 對 ; (f) 錯 ; (g) 對 ; (h) 錯 . **3.15** (a) 正數 ; (b) 正數 ; (c) 零 ; (d) 正數 . **3.16** (a) 373.2°M; 199.99°M. **3.19** (a) 可逆 ; (b) 不可逆 ; (c) 不可逆 . **3.20** (a) The 10 g; the 10 g. **3.21** (a) 0; (c) 0.008 cal/K. **3.22** (a) J/K; (e) 沒有單位 ; (f) kg/mol. **3.23** (c), (e). **3.24** (a) 錯 ; (b) 對 ; (c) 錯 ; (d) 錯 ; (e) 對 ; (f) 錯 . **R3.1** (a) 冰在 0°C 和 1 atm 下融化 . (其他答案是可能的) (d) 不可能 . (f) 卡諾循環 . **R3.2** 49.1 g/mol.

R3.3 (a) 假．(b) 假．(c) 假．(d) 真．(e) 真．(f) 假．**R3.4** (a) kg; (b) kg/m^3; (c) J mol^{-1} K^{-1}; (d) K^{-1}. (g) N/m^2 = Pa. **R3.5** ΔU = 1.09 kJ, ΔH = 1.82 kJ, q 和 w 無法計算．**R3.6** q = 19.6 kJ = ΔH, ΔS = 69.4 J/K. **R3.7** 16.1$_5$ kg, 0.21 bar, no. **R3.8** (a) 0, 0, 0, 正；(b) 正，正，正，正；(c) 負，負，負，負．**R3.9** $\Delta U/n = (a - R)(T_2 - T_1) + \frac{1}{2}b(T_2^2 - T_1^2) + c(T_1^{-1} + T_2^{-1})$. **R3.11** 正數，負數，正數．

第 4 章

4.1 (a) 對；(b) 錯；(c) 對；(d) 錯；(e) 錯；(f) 對．**4.2** (a) ΔG = 0, ΔA = 0.330 J. **4.3** (a) C_V. **4.4** 72 J mol^{-1} K^{-1}. **4.5** (a) 150 J mol^{-1} K^{-1}; (b) 3.5 J mol^{-1} atm^{-1}; (c) 300 J/cm^3; (d) 0.50 J mol^{-1} K^{-2}; (e) -0.005 J mol^{-1} K^{-1}atm^{-1}. **4.12** (a) 對；(b) 對．**4.13** -3220 J, -3220 J. **4.14** -840 J, -840 J. **4.15** 302 J. **4.16** (a) 對；(b) 對；(c) 錯；(d) 對；(e) 錯；(f) 對；(g) 錯．**4.17** (a) 錯；(b) 錯；(c) 對；(d) 錯．**4.18** (a) Gas; (b) neither; (c) liquid; (d) solid. **4.19** -5 for O$_2$. **4.20** -0.45 mol. **4.21** (a) No; (b) no; (c) no; (d) yes; (e) yes; (f) no. **4.22** (a) All are 0; (b) ΔU = 0. **4.23** (a) 錯；(b) 對；(c) 錯；(d) 錯；(e) 錯；(f) 對；(g) 錯；(h) 錯；(i) 對；(j) 錯；(k) 對；(l) 錯；(m) 錯；(n) 錯；(o) 錯．

第 5 章

5.1 (a) 錯；(b) 錯；(c) 錯．**5.2** (a) 錯；(b) 對；(c) 對；(d) 對．**5.3** (a) -638 kJ/mol; (b) -1276 kJ/mol; (c) 319 kJ/mol. **5.4** (a) 錯；(b) 對；(c) 對．**5.5** (a) 對；(b) 對；(c) 對；(d) 對；(e) 錯．**5.6** (a) -1124.06 kJ/mol; (b) -1036.04 kJ/mol; (c) -956.5 kJ/mol. **5.7** (a) -3718.5 J/mol; (b) -3716.7 J/mol. **5.8** -248 kJ/mol, -239 kJ/mol. **5.9** -558 kJ/mol, -546 kJ/mol. **5.10** $-196\frac{1}{2}$ kcal/mol. **5.11** (b) -4.6 J/mol. **5.12** (a) 0; (b) 288.2 J/mol. **5.13** (a) 對；(b) 對；(c) 錯；(d) 錯．**5.14** 錯．**5.15** -197.35 kJ/mol. **5.16** (a) Pa; (b) J. **5.17** (a) 對；(b) 錯；(c) 錯．

第 6 章

6.1 -6.9 kJ. **6.2** (a) 對；(b) 對；(c) 對．**6.3** (a) 3.42, -10.2 kJ/mol. **6.4** 0.0709, 13.2 kJ/mol. **6.5** 24.0, -8.55 kJ/mol. **6.6** (a) $\Delta H°$ = 94.8 kJ/mol, $\Delta G°$ = -3.05 kJ/mol, $\Delta S°$ = 183 J mol^{-1} K^{-1}. **6.9** (a) T; (b) F. **6.10** 22.2. **6.11** 1.50 mol CO$_2$, 0.50 mol CF$_4$, 0.0008 mol COF$_2$. **6.13** 0.633 mol, 2.633 mol, 2.367 mol. **6.14** 3.0×10^{-7}, 0.50; x_{Cl_2} = 0.36$_6$. **6.17** (a) 否；(b) 否；(c) 否；(d) 否；(e) 否；(f) 否；(g) 是；(h) 否；(i) 是．**6.18** $\Delta S°$ = 34.5 cal mol^{-1} K^{-1}, $\Delta C_P°$ = 0.

R6.1 -87.5 kJ/mol, -295 J mol^{-1} K^{-1}. **R6.2** -302.5 kJ/mol, -291.4 kJ/mol. **R6.3** (c). **R6.4** (a) 0.037 mol N$_2$O$_4$; (b) 0.017 mol NO$_2$. **R6.5** (a) 固體蔗糖．(b) 等於．**R6.6** (a) J; (b) J/mol; (c) 沒有單位．**R6.7** ΔH = -6010 J, ΔG = 0. **R6.8** 0.053 J mol^{-1} K^{-1}. **R6.9** (a) $\mu^{sucrose(s)} = \mu^{sucrose(aq)}$.

第 7 章

7.1 (a) 錯；(b) 錯．**7.2** (a) 3; T, P, 蔗糖莫耳分率；(b) 4; (c) 3; (d) 2; (e) 1. **7.3** (a) 對；(b) 對；(c) 錯；(d) 錯；(e) 對；(f) 對；(g) 對；(h) 對；(i) 對．**7.4** (a) 液體；(b) 氣體．**7.5** (a) 1; (c) 0. **7.6** (a) 0.130 g 液體 and 0.230 g 蒸氣；(b) 0.360 g 蒸氣．**7.7** (a) 氣體；(b) 固體；(c) 氣體．**7.8** (a) Ar; (b) H$_2$O. **7.9** (a) 對；(b) 對；(c) 錯；(d) 對；(e) 錯；(f) 錯．**7.10** 545 torr. **7.11** (a) $-38.4°$C. **7.12** 42.7 kJ/mol. **7.13** (a) 1481 torr; (b) 85°C. **7.14** (c) 350°C. **7.15** (a) 15.4 torr, 200 K; (b) 7.9 kJ/mol. **7.16** (a) 對；(b) 對．**7.17** (a) 4.8 cm^2; (b) 1.0×10^6 cm^2. **7.18** 0.022 mJ. **7.19** 20.2 mN/m. **7.20** (a) 錯；(b) 對．**7.21** 762.7 torr. **7.22** 22.6 dyn/cm. **7.23** 3.22 cm. **7.24** 18.0 cm. **7.28** (a) 對；(b) 對；(c) 對；(d) 對；(e) 對；(f) 對；(g) 對；(h) 錯；(i) 錯．

第 8 章

8.1 (a) Pa m^6/mol^2 and m^3/mol. **8.3** (a) 19.5 atm; 23.5 atm; (b) 1272 cm^3, 1465 cm^3. **8.4** (a) 317 atm; (b) 804 atm; (c) 172 atm. **8.5** (b) 0.375. **8.6** 49 atm, 565 K, 260 cm^3/mol. **8.9** (a) 錯；(b) 錯．

第 9 章

9.1 (a) mol/m^3; (b) mol/kg; (c) no units. **9.2** c_i; c_i. **9.3** (a) 錯；(b) 錯；(c) 錯；(d) 對；(e) 對；(f) 錯；(g) 錯；(h) 對；(i) 對. **9.4** 40.19 cm^3/mol. **9.7** (a) 14.0 cm^3/mol, 40.7 cm^3/mol; (b) 16.5 cm^3/mol, 40.2 cm^3/mol. **9.8** (a) 錯；(b) 對；(c) 對；(d) 錯. **9.9** 否. **9.10** (a) 對；(b) 對；(c) 錯；(d) 錯；(e) 錯；(f) 對. **9.11** -3.98 kJ, 0, 13.6 J/K, 0. **9.12** (a) 40.4 torr, 10.2 torr; (b) 0.798, 0.202. **9.13** 0.211, 0.789. **9.14** 173 torr, 60.8 torr. **9.15** 0.8729 g/cm^3. **9.16** (a) 171.03 torr, 6.92 torr; (b) 0.9611$_1$ and 0.0388$_9$; (c) 692 torr; (d) 183.14 torr. **9.17** (b) 433.90 torr; (c) 903 torr. **9.18** (a) $6.8_2 \times 10^4$ atm; (b) 164 mg. **9.19** 2.40 atm, 0.83. **9.20** (a) 對；(b) 錯；(c) 錯；(d) 對；(e) 錯；(f) 對.

R9.1 (a) 0; (b) 1; (c) 2. **R9.2** $RT \ln(P_2/P_1) + B(P_2 - P_1)$. **R9.3** 8.20 kJ/mol, 111.$_8$ K. **R9.4** (a) 錯. (b) 對. (c) 錯. (d) 對. **R9.5** 226 torr, 81 torr. **R9.6** (a) 水：兩者都不符；乙醇：兩者都不符. (b) 丙酮：拉午耳定律；水：亨利定律. **R9.7** (a) 2, T 和苯在液體中的莫耳分率. (c) 3.

第 10 章

10.1 (a) 對；(b) 對；(c) 對；(d) 對；(e) 錯. **10.2** (a) 否；(b) 是；(c) 是；(d) 是. **10.3** (a) 對；(b) 對. **10.4** (a) 1.11, 2.04; (c) -702 J; (d) -1.28 kJ. **10.5** (a) 0.9823. **10.6** 1.327, 0.0349, 1.94. **10.7** (a) 1, 1, 1, -1; (b) 1, 2, 2, -1; (e) KCl. **10.8** 0.330 mol/kg. **10.10** 0.630. **10.12** (a) 0.997, 0.928; (b) $f_i = 2.32$ atm. **10.14** (a) 15.69 kJ; (b) 17.1 kJ. **10.15** (a) 0.9841, 0.9776, 0.9810, 0.9841. **10.16** (a) 對；(b) 錯；(c) 對；(d) 對；(e) 錯；(f) 錯.

第 11 章

11.1 (a) 對；(b) 對. **11.2** (a) 錯；(b) 錯；(c) 錯；(d) 錯. **11.3** (b) **11.4** (a) 0.0064$_2$ mol/kg; (b) 0.0079 mol/kg; (c) 0.000169 mol/kg. **11.5** 1.27×10^{-7} mol/kg. **11.6** 1.34×10^{-7} mol/kg. **11.7** 1.05×10^{-7} mol/kg. **11.8** 4.28×10^{-4} mol/kg. **11.9** 2.2×10^{-9} mol/kg. **11.10** 1, 1.01, 1.11, 2.98. **11.11** 0.00805 mol/kg. **11.12** (a) 8.7; (b) 0.61. **11.13** 2.51×10^{-5} mol^2/kg^2. **11.14** 1.4×10^{-23}. **11.15** 2.72 mol Fe$_3$O$_4$. **11.19** (a) 錯；(b) 對；(c) 錯；(d) 錯；(e) 錯；(f) 錯；(g) 錯.

第 12 章

12.1 (a) 對；(b) 對. **12.2** (a) 對；(b) 錯. **12.3** 1073.4 torr. **12.4** (a) 對；(b) 錯；(c) 錯；(d) 對；(e) 對；(f) 對；(g) 對. **12.5** 2.51°C. **12.6** 339. **12.7** (a) 180; (b) 10.8 kcal/mol. **12.8** 6.89 kcal/mol. **12.9** 0.027 mol 萘., 0.014 mol 蒽. **12.10** 錯. **12.11** (a) 6.78 atm; (b) 0.99431, 0.99969. **12.12** 56000. **12.13** 736 cm. **12.14** 55500. **12.15** 29.0. **12.17** (a) $x_{B,v} = 0.75$; (b) $x_{B,l} = 0.04$.

第 13 章

13.1 (a) 是；(b) 否. **13.2** 4.6×10^{-8} N. **13.3** (a) 3.6×10^{10} V/m; (b) 0.90×10^{10} V/m. **13.4** -3.60 V. **13.5** (a) 5.79×10^5 C; (b) -5.79×10^4 C. **13.6** 1×10^4 J/mol. **13.7** (a) 錯；(b) 對；(c) 錯. **13.8** (a) 對；(b) 對；(c) 對；(d) 錯. **13.9** (a) 2; (b) 1; (c) 2; (d) 6; (e) 2. **13.10** -0.458 V. **13.13** (a) 錯；(b) 對. **13.14** (a) 0.355 V; (b) 0.38 V. **13.15** (a) 2.1×10^{41}; (b) 5.0×10^{-27}. **13.17** (b) -0.164 V. **13.18** (b) 0.354 V; (c) 0.273 V. **13.19** 1.157 V. **13.20** -0.74 V. **13.21** 1.093 V. **13.22** (a) 0.0389 V. **13.23** -0.0205 V. **13.24** (a) T; (b) F. **13.25** (b) 0.0458 V; (c) 0.0458 V; (d) 8.84 kJ/mol, 10.6 kJ/mol, 65.2 J mol 1 K 1. **13.26** 2. **13.27** 8×10^{-9}. **13.28** (a) -54.4 kJ/mol, 3×10^9; (b) -27.2 kJ/mol, 6×10^4. **13.29** -0.152 V. **13.30** 0.84. **13.31** -131.2 kJ/mol, -131.2 kJ/mol.

第 14 章

14.1 (a) 對；(b) 錯. **14.2** (a) 對；(b) 錯；(c) 對；(d) 對. **14.3** (a) 3720 J. **14.4** (a) 1.18×10^{-20} J. **14.5** 1.366.

14.7 18.5 K. **14.8** $1.3_7 \times 10^7$ J. **14.9** (a) 0 to ∞; (b) $-\infty$ to ∞. **14.10** (a) 對；(b) 錯；(c) 對；(d) 錯. **14.11** (a) 1.1×10^{18}; (b) 7.45×10^{17}. **14.12** 1.24×10^{-6}. **14.13** (a) 5.32×10^4 cm/s; (b) 4.90×10^4 cm/s; (c) 4.35×10^4 cm/s. **14.19** C_3H_6. **14.20** 6.5 mg. **14.21** (a) 對；(b) 錯. **14.22** (a) 7.1×10^9 s^{-1}; (b) 8.7×10^{28} s^{-1} cm^{-3}. **14.23** (b) 5.1×10^5 Å. **14.24** 458 torr. **14.25** 0.80 torr. **14.31** (a) 假；(b) 真；(c) 真；(d) 假；(e) 假；(f) 真；(g) 假.

第 15 章

15.1 (a) 對；(b) 對；(c) 錯. **15.2** (a) 288 J; (b) 0.161 J/K. **15.3** 0.142 and 0.166 J K^{-1} m^{-1} s^{-1}. **15.4** 6.05 mJ K^{-1} cm^{-1} s^{-1}. **15.5** (a) 錯；(b) 對；(c) 對；(d) 對. **15.7** (a) 5.66 cP; (b) 187. **15.8** (a) -35 Pa/m; (b) 17 cm/s; (c) 1100, 6400. **15.9** 0.58 mg/s. **15.10** 0.326 cP. **15.11** 420 cm/s, 0.37 cm/s. **15.12** 4.59 Å, 3.85 Å, 3.69 Å. **15.13** 1.20×10^{-4} P. **15.14** 390000. **15.15** (a) 錯；(b) 錯；(c) 對；(d) 錯；(e) 對；(f) 錯. **15.16** (a) 2×10^{13} yr. **15.17** (a) 0.025 cm; (b) 0.19 cm; (c) 0.95 cm. **15.18** (a) 0.16 cm^2/s; (b) 0.016 cm^2/s. **15.19** 2.0×10^{-5} cm^2/s. **15.20** (b) 0.40 cm^2/s. **15.21** 9.2×10^{-7} cm^2/s. **15.22** 6.3×10^4. **15.23** 6.2×10^{18}. **15.24** 0.0104 Ω. **15.25** 0.25 A. **15.26** 1.0 V/cm. **15.27** (a) 對；(b) 對；(c) 錯；(d) 錯；(e) 對. **15.28** 1.19 g. **15.29** (c) 472.21 cm^2 Ω^{-1} mol^{-1}. **15.30** 4.668×10^{-4} cm^2 V^{-1} s^{-1}, 0.3894. **15.31** $t_+ = 0.4883$. **15.32** (a) 100.4 Ω^{-1} cm^2 mol^{-1}; (b) 391 Ω^{-1} cm^2 mol^{-1}. **15.33** (a) 6.99×10^{-4} cm^2 V^{-1} s^{-1}; (b) 0.017 cm/s; (c) 1.37 Å. **15.34** (b) 307 Ω^{-1} cm^2 mol^{-1}. **15.35** 0.426, 0.574. **15.36** 0.536 mmol. **15.37** (c) 89.9 Ω^{-1} cm^2 mol^{-1}. **15.38** (a) 140.7 cm^2 Ω^{-1} mol^{-1}, 0.000281 Ω^{-1} cm^{-1}; (b) 35.5 kΩ. **15.39** $9.9_7 \times 10^{-15}$ mol^2/L^2. **15.40** (a) 3.6×10^{-5} mol^2/L^2. **15.41** 1.74×10^{-5} mol/L.

第 16 章

16.1 (a) 錯；(b) 錯；(c) 對；(d) 錯；(e) 對；(f) 錯；(g) 對；(h) 錯. **16.2** (a) 0.030 mol NO$_2$, etc.; (b) 1.44×10^{-5} mol L^{-1} s^{-1}. **16.3** $n < 1$. **16.4** (a) 6.75; (b) 3. **16.5** (b) 0.33 dm^6 mol^{-2} s^{-1}. **16.34** 0.036 L^2 mol^{-2} s^{-1}. **16.7** 0.0188 L^3 mol^{-3} s^{-1}. **16.8** (a) 對；(b) 對. **16.9** (a) 對；(b) 錯. **16.15** (a) 錯；(b) 對；(c) 錯. **16.16** 0.018 L mol^{-1} s^{-1}. **16.17** 7×10^{10} L mol^{-1} s^{-1}, 162 kJ/mol. **16.18** 45.5 kcal/mol, 1.9×10^{11} L mol^{-1} s^{-1}. **16.20** (b) 3.87×10^{-7} s^{-1}; (c) 2.36×10^{10} s, 8.95×10^5 s, 795 s. **16.21** 342 kJ/mol. **16.22** (a) 145 kJ/mol; (b) 1.28. **16.23** 1.3×10^{10} L mol^{-1} s^{-1}. **16.24** (a) 錯；(b) 對；(c) 錯；(d) 錯. **16.25** (a) 179 cm^2/g, 0.36 atm^{-1}. **16.26** (a) -210 kJ/mol. **16.27** 0. **16.28** (a) 5.6×10^{11} s. **16.29** 3.7×10^{-9} cm, 3.7×10^{-8} cm. **16.30** (b) 180 s. **16.31** (a) 對；(b) 對；(c) 對；(d) 對；(e) 對；(f) 對；(g) 對；(h) 錯；(i) 對；(j) 對；(k) 錯；(l) 錯；(m) 錯；(n) 錯. **R16.1** 6.17×10^{-21} J, 482 m/s. **R16.2** By 5.29. **R16.3** $2^{1/2}$. **R16.4** 5.32 Å. **R16.5** 3.47 Å. **R16.6** 0.00019 mol L^{-1} s^{-1}. **R16.7** 4.0×10^{21}.

第 17 章

17.1 (b) 4.0×10^{26} J/s; (c) 1.4×10^{17} kg. **17.2** (a) 5.3×10^{14} s^{-1}, $1.2_1 \times 10^{15}$ s^{-1}, 5.7×10^{-5} cm, 2.5×10^{-5} cm. **17.3** 2.8×10^{-19} J. **17.4** 2.97×10^{20}. **17.6** (a) 6.6×10^{-10} cm. **17.9** 1.4×10^{-5} cm. **17.10** (b) 0.0908, 0.2500, 0.3031. **17.11** (a) 3.45×10^{-5}; (b) 9.05×10^{-5}. **17.12** 1.2 nm. **17.17** (a) 17; (b) 6. **17.18** (a) 對；(b) 錯；(c) 錯；(d) 錯；(e) 錯；(f) 錯；(g) 對. **17.20** (a) $2f'(x)$. **17.21** (a) 3 是線性，2 個非線性. **17.22** (a) 函數；(b) 算子. **17.23** (a) 其中三個是 d^2/dx^2 的特徵函數；(b) $-9, -16, 25$. **17.27** (a) 0. **17.28** (a) 0; (b) (2a) 1. **17.29** (a) 10.2 N/m; (b) 5.1×10^{30}. **17.31** (a) 1.14×10^{-23} g; (b) 1.45×10^{-46} kg m^2; (d) 1.16×10^{11} s^{-1}, 2.32×10^{11} s^{-1}. **17.32** (a) 22%. **17.33** (a) 對；(b) 錯；(c) 對；(d) 對；(e) 對. **17.35** (a) 對；(b) 對；(c) 對；(d) 對；(e) 錯；(f) 對；(g) 錯；(h) 錯；(i) 錯.

名詞索引

Arrhenius 活化能 (Arrhenius activation energy) 492
Clapeyron 方程式 (Clapeyron equation) 193
Debye–Hückel 極限定律 (Debye–Hückel limiting law) 287
Fick 擴散第一定律 (Fick's first law of diffusion) 440
Hermitian 算子 (Hermitian operator) 577
Maxwell 分佈定律 (Maxwell distribution laws) 405
Ostwald 黏度計 (Ostwald viscometer) 435
P-V 功 (P-V work) 44

一畫

一托 (torr) 12
一維框中的粒子 (a particle in a one-dimensional box) 553

二畫

二次可積 (quadratically integrable) 552
二階導數 (second derivative) 21
力常數 (force constant) 567

三畫

三分子的 (trimolecular) 485
三次狀態方程式 (cubic equations of state) 222
三相點 (triple point) 189
凡德瓦方程式 (van der Waals equation) 24, 214
大氣壓 (atmosphere, atm) 12
干涉 (Interference) 544

四畫

不可逆熱力學 (irreversible thermodynamics) 3
不可滲透的 (impermeable) 4
不定積分 (indefinite integral) 28
不連續 (discontinuous) 20
不對稱約定 (unsymmetrical convention) 268
不確定性原理 (uncertainty principle) 546
互溶間隙 (miscibility gaps) 342
內含 (intensive) 5
內含狀態 (intensive state) 184
內能 (internal energy) 48
分子吸附 (molecular adsorption) 523
分子性 (molecularity) 485
分子量 (molecular weight) 9
分子質量 (molecular mass) 9
分佈函數 (distribution function) 399
分散介質 (dispersion medium) 206
分數衰期 (fractional life) 480
分壓 (partial pressure) 17
化勢 (chemical potential) 122
化學反應 (chemical reaction) 375
化學計量數 (stoichiometric number) 470
化學動力學 (chemical kinetics) 425, 467
化學控制 (chemically controlled) 515
化學量 (chemical amount) 10
升 (liter) 12
反滲透 (reverse osmosis) 331
反應中間體 (reaction intermediate) 470
反應平衡 (reaction equilibrium) 101
反應動力學 (reaction kinetics) 425, 467
反應商 (reaction quotient) 176, 377
反應速率 (rate of reaction) 468
反應進度 (extent of reaction) 128
引發劑 (initiator) 504
支鏈反應 (branching chain reaction) 504
比 (specific) 54
比容 (specific volume) 54

名詞索引 589

比焓 (specific enthalpy) 54
比熱 (specific heat) 47
比熱容 (specific heat capacity) 47, 54
毛細上升 (capillary-rise) 204
毛細管電泳 (capillary electrophoresis) 457
水合作用 (hydration) 280
牛頓 (newton, N) 38
牛頓第二運動定律 (Newton's second law of motion) 38
牛頓黏度定律 (Newton's law of viscosity) 432

五畫

主動輸送 (active transport) 331
加速度 (acceleration) 38
功 (work) 39, 42
功函數 (work function) 104
半反應 (half-reactions) 369
半衰期 (half-life) 473
半衰期方法 (Half-life method) 480
半電池 (half-cell) 370
半導體 (semiconductor) 448
卡路里 (cal) 47
卡諾循環 (Carnot cycle) 79
可逆 (reversible) 66
可逆過程 (reversible process) 43
可滲透的 (permeable) 4
古典力學 (classical mechanics) 37
古典物理學 (Classical physics) 538
外延 (extensive) 5
外界 (surroundings) 3
平均自由徑 (mean free path) 415
平均莫耳質量 (number average molar mass) 331
平均莫耳體積 (mean molar volume) 216, 237
平均速率 (average speed) 408
平衡 (equilibrium) 4
平衡近似 (equilibrium approximation) 486
(平衡)蒸氣壓 [(equilibrium) vapor pressure] 188
平衡熱力學 (equilibrium thermodynamics) 3
平穩狀態 (stationary state) 552, 560
正交的 (orthogonal) 558
正常沸點 (normal boiling point) 188
正常熔點 (normal melting point) 189
生物傳感器 (biosensor) 375
示踪劑擴散係數 (tracer diffusion coefficient) 441
立方膨脹係數 (cubic expansion coefficient) 26

六畫

亥姆霍茲自由能 (Helmholtz free energy) 104
亥姆霍茲函數 (Helmholtz function) 104
亥姆霍茲能 (Helmholtz energy) 104
伏打電池 (voltaic cell) 367
伏特 (volt, V) 359
光子 (photons) 540
光電效應 (photoelectric effect) 540
全微分 (total differential) 22
共沸物 (azeotrope) 340
共晶停止 (eutectic halt) 351
共晶溫度 (eutectic temperature) 346
共晶點 (eutectic point) 345
吉布斯分界面 (Gibbs dividing surface) 202
吉布斯方程式 (Gibbs equations) 109, 123
吉布斯自由能 (Gibbs free energy) 105
吉布斯函數 (Gibbs function) 105
吉布斯能量 (Gibbs energy) 105
同質的 (homogeneous) 5
向量 (vectors) 38
安培 (ampere, A) 446
自由度 (degrees of freedom) 184
自由基 (free radical) 472
自然對數 (natural logarithms) 32
自催化反應 (autocatalytic reaction) 517
自擴散係數 (self-diffusion coefficient) 441
行為良好的 (well-behaved) 553

七畫

亨利定律 (Henry's law) 258
亨利定律常數 (Henry's law constant) 258
位能 (potential energy) 40
伽凡尼電池 (galvanic cell) 367
吸附等溫線 (adsorption isotherm) 524
吸附劑 (adsorbent) 522
吸熱 (endothermic) 145
均方根速度 (root-mean-square speed) 398
均相反應 (homogeneous reaction) 467
均相催化 (homogeneous catalysis) 516
完全互溶 (completely miscible) 341
完全集合 (complete set) 578
宏觀觀點 (macroscopic) 1
局部平衡假設 (hypothesis of local equilibrium) 427
局部狀態原理 (principle of local state) 427

抑制步驟 (inhibition step) 503
步驟 (termination step) 503
汞齊電極 (amalgam electrodes) 373
沉降 (sedimentation) 208
沉降係數 (sedimentation coefficient) 446
系統 (system) 3
辛醇／水分配係數 (octanol/water partition coefficient) 344

八畫

乳液 (emulsion) 206
亞佛加厥常數 (Avogadro constant) 10
亞佛加厥數 (Avogadro's number) 9
依數性質 (colligative properties) 321
函數 (function) 18
周轉數 (turnover number) 521
孤立系統 (isolated system) 3
定積分 (definite integral) 29
帕斯卡 (pascal) 12
底物 (substrate) 519
拉午耳定律 (Raoult's law) 253
拖曳力 (drag) 435
放熱 (exothermic) 145
昇華 (sublimation) 191
波茲曼分佈定律 (Boltzmann distribution law) 419
法拉第常數 (Faraday constant) 361, 449
沸點 (boiling point) 188
泡沫 (foam) 206
物理吸附 (physical adsorption) 522
物理動力學 (physical kinetics) 425
物質的量 (amount of substance) 10
狀態 (state) 419
狀態方程式 (equation of state) 24
狀態函數 (state function) 6, 547
狀態的改變 (change of state) 66
初始速率法 (Initial-rate method) 482
表面張力 (surface tension) 200
表面層 (surface layer) 199
金屬－不溶性‐鹽電極 (metal–insoluble-salt electrodes) 373
金屬－金屬離子電極 (metal–metal-ion electrodes) 373
非金屬非氣體電極 (nonmetal nongas electrodes) 374
非剛性的 (nonrigid) 4
非理想溶液 (nonideal solution) 266

非揮發性 (nonvolatile) 321
非絕熱 (nonadiabatic) 4
非解離 (nondissociative) 523

九畫

前指數因子 (pre-exponential factor) 492, 494
封閉系統 (closed system) 3
恆容 (constant-volume) 66
恆容熱容量 (heat capacity at constant volume) 53
恆壓 (constant-pressure) 66
恆壓熱容量 (heat capacity at constant pressure) 53
流體 (fluid) 219
流體相 (fluid phase) 137
活化能 (activation energy) 494
活性 (activity) 266, 303
活性平衡常數 (activity equilibrium constant) 304
活性係數 (activity coefficient) 266
界面 (interface) 199
界面區域 (interphase region) 199
界面張力 (interfacial tension) 200
界面層 (interfacial layer) 199
相 (phase) 6, 183
(相互) 擴散係數 [(mutual) diffusion coefficient] 440
相平衡 (phase equilibrium) 101
相律 (phase rule) 185
相遇 (encounter) 513
相圖 (phase diagram) 188
相對論力學 (relativistic mechanics) 37
相轉變 (phase transition) 67
相變 (phase change) 67
相變環路 (phase transition loop) 348
重量分率 (weight fraction) 234
重量百分比 (weight percent) 234
重量 (或質量) 平均莫耳質量 [weight (or mass) average molar mass] 438
重量莫耳濃度 (molality) 234
重量莫耳濃度活性係數 (molality-scale activity coefficient) 279
重量莫耳濃度離子強度 (molality-scale ionic strength) 286

十畫

剛性的 (rigid) 4
原子質量 (atomic mass) 9
原子質量單位 (atomic mass units, amu) 9

容積莫耳濃度 (molarity) 233
庫侖 (coulomb, C) 357
氣溶膠 (aerosol) 206
氣凝膠 (aerogel) 209
氣體 (gas) 219
氣體常數 (gas constant) 16
氣體電極 (gas electrodes) 374
氧化 (oxidation) 370
氧化還原電極 (redox electrodes) 373
泰勒級數 (Taylor series) 229
特勞頓規則 (Trouton's rule) 191
特徵函數 (eigenfunction) 564
特徵值 (eigenvalue) 564
真空介電常數 (permittivity of vacuum) 358
純量 (scalars) 38
能斯特方程式 (Nernst equation) 377
能階 (energy level) 561
退化的 (degenerate) 561
退化程度 (degree of degeneracy) 561
馬克斯威爾 (Maxwell) 關係式 (James Clerk Maxwell) 110
高斯分佈 (gaussian distribution) 406

十一畫

偏導數 (partial derivative) 21
動力－分子理論 (kinetic–molecular theory of gases) 393
動力學 (kinetics) 1, 425
動力學控制 (kinetic control) 479
動力學理論 (kinetic theory) 393
動能 (kinetic energy) 40
動態力學 (dynamics) 425
參考形式 (reference form) 137
參數 (parameter) 31
國際系統單位 (International System of Units) 38
基本反應 (elementary reaction) 470
基態 (ground state) 556
密度 (density) 6
常用對數 (common logarithms) 32
常態分佈 (normal distribution) 406
接觸角 (contact angle) 204
啟動步驟 (initiation step) 503
斜率 (slope) 19
梯度 (gradient) 426
氫電極 (hydrogen electrode) 374

液界電位 (liquid-junction potential) 380
液體 (liquid) 219
液體的表面張力 α (surface tension of liquid α) 200
液體連接 (liquid junction) 373
混合規則 (mixing rule) 216
理想 (ideal) 12
理想的氣體混合物 (ideal gas mixture) 163
理想的稀薄 (或理想稀薄) 溶液 [ideally dilute(or ideal-dilute) solution] 255
理想氣體 (perfect gas) 59
理想稀薄 (ideal dilute) 255
理想溶液 (ideal solution) 247, 250
異相反應 (heterogeneous reaction) 467
異相催化 (heterogeneous catalysis) 516
異質的 (heterogeneous) 6
疏液溶膠 (lyophobic sols) 207
移動能量 (translational energy) 394
第二、第三、... 維里係數 (second, third, ... virial coefficients) 214
統計力學 (statistical mechanics) 1
組成 (composition) 5
莫耳 (mole) 10
莫耳內能 (molar internal energy) 49
莫耳分率 (mole fraction) 233
莫耳電導率 (molar conductivity) 450, 459
莫耳熱容量 (molar heat capacities) 54
莫耳質量 (molar mass) 10
莫耳熵 (molar entropy) 83
莫耳凝固點下降常數 (molal freezing-point-depression constant) 324
莫耳濃度 (molar concentration) 167, 233
莫耳體積 (molar volume) 24
被吸附物 (adsorbate) 522
被積分的數 (integrand) 28
通量 (flux) 447
連結線 (tie line) 335
連續 (continuous) 20, 552
速度 (velocity) 38
速率 (speed) 394
速率決定步驟近似 (rate-determining-step approximation) 486
速率定律 (rate law) 469
速率極限步驟近似 (rate-limiting-step approximation) 486
部分互溶 (partially miscible) 341

部分莫耳內能 (partial molar internal energy) 239
部分莫耳體積 (partial molar volume) 235
部分階 (partial orders) 469
陰極 (cathode) 370
焓 (enthalpy) 52, 191

十二畫

傅立葉熱傳導定律 (Fourier's law of heat conduction) 426
最可能的速率 (most probable speed) 408
單分子的 (unimolecular) 485
單值 (single-valued) 552
循環 (cyclic) 66
循環過程 (cyclic process) 50
焦耳 (joule, J) 39
焦耳－湯姆生係數 (Joule–Thomson coefficient) 57
焦耳－湯姆生實驗 (Joule-Thomson experiment) 56
無限稀釋 (infinite-dilution) 239
無滑移條件 (no-slip condition) 431
等溫 (isothermal) 66
等溫過程 (isothermal process) 25
等溫線 (isotherm) 25
等溫壓縮係數 (isothermal compressibility) 26
等壓線 (isobar) 25
絕對理想氣體溫度 (absolute ideal-gas temperature) 14
絕熱 (adiabatic) 4, 66
絕熱彈式卡計 (adiabatic bomb calorimeter) 141
絕熱線 (adiabats) 78
虛擬變數 (dummy variable) 30
超臨界流體 (supercritical fluid) 220
逸散 (effusion) 412
逸壓 (fugacity) 296
逸壓係數 (fugacity coefficient) 297
量子 (quantum) 540
量子力學 (quantum mechanics) 37, 537, 546
量子化學 (quantum chemistry) 1, 537
量子數 (quantum number) 556
量化的 (quantized) 540
開放系統 (open system) 3
開爾文 (kelvin) 14
階 (order) 469
陽極 (anode) 370
黑體 (blackbody) 538

十三畫

亂流 (turbulent) 432
傳播步驟 (propagation step) 503
催化劑 (catalyst) 469, 516
微分 (differentials) 20
微觀觀點 (microscopic) 1
極限 (limit) 18
溶解度積 (solubility product, sp) 311
溶膠 (sol) 206
溶質 i 的標準狀態 (standard state for solute i) 256
溶劑 A 的標準狀態 (standard state of the solvent A) 256
溶劑化 (solvated) 280, 512
溫度 (temperature) 7
溫度計 (thermometer) 7
節點 (node) 557
解離吸附 (dissociative adsorption) 523
路徑 (path) 66
過渡 (transition) 191
過程 (process) 66
隔離法 (Isolation method) 483
電化學反應 (electrochemical reaction) 375
電化學系統 (electrochemical system) 362
電化學電池 (electrochemical cell) 372
電化學電位 (electrochemical potential) 364
電池反應 (cell reaction) 370
電池電動勢 (cell emf) 370
電位差 (electric potential difference) 359
電泳 (electrophoresis) 456
電阻 (resistance) 447
電阻率 (resistivity) 447
電流 (electric current) 446
電流密度 (electric current density) 446
電動勢 (emf) 366
電動勢源 (source of electromotive force, emf) 366
電常數 (electric constant) 358
電荷數 (charge number) 362
電場 (強度)[electric field (strength)] 358
電絕緣體 (electrical insulator) 448
電極 (electrodes) 367
電解池 (electrolytic cell) 372
電解質 (electrolyte) 280
電磁波 (electromagnetic wave) 538

電漿 (plasma) 512
電遷移率 (electric mobility) 452
零點能量 (zero point energy) 556

十四畫

圖 (diagram) 370
對比溫度 (reduced temperature) 225
對比壓力 (reduced pressure) 225
對比體積 (reduced volume) 225
對流 (convection) 427
對稱約定 (symmetrical convention) 267
對數 (logarithm) 32
對應狀態定律 (law of corresponding states) 225
慣性矩 (moment of inertia) 571
截距 (intercept) 19
槓桿規則 (lever rule) 336
漂移速率 (drift speed) 452
滲透 (osmosis) 331
滲透壓 (osmotic pressure) 327
熔化熱 (heats of fusion) 191
熔點 (melting point) 189
端子 (terminals) 366
算子 (operator) 561
維里狀態方程式 (virial equation of state) 214
聚合度 (degree of polymerization) 507
酸 (acid) 305
銀－氯化銀電極 (silver–silver chloride electrode) 373

十五畫

層流 (laminar) 432
摩擦係數 (friction coefficient) 435
數均莫耳質量 (number average molar mass) 438
標準反應焓 (變化) [standard enthalpy (change)] 136
標準平衡常數 (standard equilibrium constant) 166, 304
標準生成焓 (standard enthalpy of formation) 137
標準生成熱) 137
標準吉布斯生成能 (standard Gibbs energy of formation) 157
標準吉布斯能量變化 (standard Gibbs energy change) 157, 303
標準狀態 (standard state) 163, 250
標準狀態化勢 (standard-state chemical potential) 266
標準電動勢 (standard emf) 377
標準熱容量變化 (standard heat-capacity change) 147
標準燃燒焓 (standard enthalpy of combustion) 141
標準壓力平衡常數 (standard pressure equilibrium constant) 166
歐姆 (ohm) 448
歐姆定律 (Ohm's law) 448
歐拉互換關係 (Euler reciprocity relation) 110
潛熱 (latent heat) 191
熱力學 (thermodynamics) 1, 3
熱力學狀態 (thermodynamic state) 6
熱力學控制 (thermodynamic control) 479
熱力學第一定律 (first law of thermodynamics) 49
熱力學第二定律的凱爾文－普朗克的說法 (Kelvin-Planck statement of the second law of thermodynamics) 76
熱力學第三定律的能斯特－西蒙聲明 (Nernst–Simon statement of the third law of thermodynamics) 151
熱平衡 (thermal equilibrium) 5
熱容量 (heat capacity) 53
熱量 (heat) 47
熱機 (heat engine) 77
熱膨脹係數 (thermal expansivity) 26
線性算子 (linear operator) 564
線積分 (line integral) 44
膜電極 (membrane electrodes) 374
膠束 (micelles) 207
膠體 (colloid) 206
膠體系統 (colloidal system) 206
膠體顆粒 (colloidal particles) 206
膠體懸浮液 (colloidal suspension) 206
複共軛 (complex conjugate) 549
複合反應 (composite reaction) 471
複雜反應 (complex reaction) 471
質量濃度 (mass concentration) 233
遷移數 (transference number) 457
熵 (entropy) 82

十六畫

凝固點 (freezing point) 189
凝固點下降 (freezing-point depression) 324
凝聚相 (condensed phase) 137
凝膠 (gel) 208
凝膠電泳 (gel electrophoresis) 456

導數 (derivative) 20
導熱 (thermally conducting) 4
導熱係數 (thermal conductivity) 426
整體相 (bulk phase) 199
機制 (mechanism) 470, 485
機械平衡 (mechanical equilibrium) 5
機械能 (mechanical energy) 41
機率密度 (probability density) 399
濃差電池 (concentration cell) 385
親液性的 (lyophilic) 206
諧波振盪器 (harmonic oscillator) 567
輻射傳遞 (radiative transfer) 427
輸送數 (transport number) 457
隧道效應 (tunneling) 570
隨時間變化的薛丁格方程式 (time-dependent Schrödinger equation) 547
靜止態近似 (stationary-state approximation) 488
鮑威爾圖法 (Powell-plot method) 482

十七畫

壓力 (pressure) 5
壓縮因子 (compressibility factor or compression factor) 213
總莫耳分率 (overall mole fraction) 332
臨界狀態 (critical state) 224
臨界(莫耳)體積 (critical molar volume) 219
臨界溶液溫度 (critical solution temperature) 342
臨界溫度 (critical temperature) 190, 219
臨界膠束濃度 (critical micelle concentration, cmc) 207
臨界壓力 (critical pressure) 190, 219
臨界點 (critical point) 190
還原 (reduction) 370
黏度 (viscosity) 432

十八畫

擴散 (diffusion) 439
擴散控制反應 (diffusion-controlled reaction) 514
歸一化 (normalized) 549
歸一化常數 (normalization constant) 555
簡單的反應 (simple reaction) 470
繞射 (Diffraction) 544
轉化率 (rate of conversion) 468
雙分子的 (bimolecular) 485
鬆弛 (relaxation) 509

十九畫

穩態近似 [(steady-state approximation) 488
鏈載體 (chain carrier) 503

二十一畫

攝氏溫標 [(Celsius (centigrade) scale] 15

二十三畫

變異法 (variation method) 572
變數分離 (separation of variables) 559
體積 (volume) 5
體積狀態方程式 (volumetric equation of state) 24
籠子 (cage) 513

二十四畫

鹼 (base) 305
鹽橋 (salt bridge) 380

二十五畫

酶 (enzyme) 519
酶-底物複合物 (enzyme–substrate complex) 519

1 1A																	18 8A
1 **H** 1.008	2 2A											13 3A	14 4A	15 5A	16 6A	17 7A	2 **He** 4.003
3 **Li** 6.941	4 **Be** 9.012											5 **B** 10.81	6 **C** 12.01	7 **N** 14.01	8 **O** 16.00	9 **F** 19.00	10 **Ne** 20.18
11 **Na** 22.99	12 **Mg** 24.31	3 3B	4 4B	5 5B	6 6B	7 7B	8	9 8B	10	11 1B	12 2B	13 **Al** 26.98	14 **Si** 28.09	15 **P** 30.97	16 **S** 32.07	17 **Cl** 35.45	18 **Ar** 39.95
19 **K** 39.10	20 **Ca** 40.08	21 **Sc** 44.96	22 **Ti** 47.88	23 **V** 50.94	24 **Cr** 52.00	25 **Mn** 54.94	26 **Fe** 55.85	27 **Co** 58.93	28 **Ni** 58.69	29 **Cu** 63.55	30 **Zn** 65.38	31 **Ga** 69.72	32 **Ge** 72.64	33 **As** 74.92	34 **Se** 78.96	35 **Br** 79.90	36 **Kr** 83.80
37 **Rb** 85.47	38 **Sr** 87.62	39 **Y** 88.91	40 **Zr** 91.22	41 **Nb** 92.91	42 **Mo** 95.96	43 **Tc** (98)	44 **Ru** 101.1	45 **Rh** 102.9	46 **Pd** 106.4	47 **Ag** 107.9	48 **Cd** 112.4	49 **In** 114.8	50 **Sn** 118.7	51 **Sb** 121.8	52 **Te** 127.6	53 **I** 126.9	54 **Xe** 131.3
55 **Cs** 132.9	56 **Ba** 137.3	57 **La** 138.9	72 **Hf** 178.5	73 **Ta** 180.9	74 **W** 183.8	75 **Re** 186.2	76 **Os** 190.2	77 **Ir** 192.2	78 **Pt** 195.1	79 **Au** 197.0	80 **Hg** 200.6	81 **Tl** 204.4	82 **Pb** 207.2	83 **Bi** 209.0	84 **Po** (209)	85 **At** (210)	86 **Rn** (222)
87 **Fr** (223)	88 **Ra** (226)	89 **Ac** (227)	104 **Rf** (267)	105 **Db** (268)	106 **Sg** (271)	107 **Bh** (272)	108 **Hs** (270)	109 **Mt** (276)	110 **Ds** (281)	111 **Rg** (280)	112	113	114	115	116	(117)	118

58 **Ce** 140.1	59 **Pr** 140.9	60 **Nd** 144.2	61 **Pm** (145)	62 **Sm** 150.4	63 **Eu** 152.0	64 **Gd** 157.3	65 **Tb** 158.9	66 **Dy** 162.5	67 **Ho** 164.9	68 **Er** 167.3	69 **Tm** 168.9	70 **Yb** 173.0	71 **Lu** 175.0
90 **Th** 232.0	91 **Pa** 231.0	92 **U** 238.0	93 **Np** (237)	94 **Pu** (244)	95 **Am** (243)	96 **Cm** (251)	97 **Bk** (247)	98 **Cf** (251)	99 **Es** (252)	100 **Fm** (257)	101 **Md** (258)	102 **No** (259)	103 **Lr** (262)

Atomic Numbers and Atomic Weights[a]

Element	Symbol	Z	Atomic Weight	Element	Symbol	Z	Atomic Weight
Actinium	Ac	89	(227)	Mercury	Hg	80	200.59
Aluminum	Al	13	26.981538	Molybdenum	Mo	42	95.96
Americium	Am	95	(243)	Neodymium	Nd	60	144.24
Antimony	Sb	51	121.760	Neon	Ne	10	20.1797
Argon	Ar	18	39.948	Neptunium	Np	93	(237)
Arsenic	As	33	74.92160	Nickel	Ni	28	58.6934
Astatine	At	85	(210)	Niobium	Nb	41	92.90638
Barium	Ba	56	137.327	Nitrogen	N	7	14.00674
Berkelium	Bk	97	(247)	Nobelium	No	102	(259)
Beryllium	Be	4	9.012182	Osmium	Os	76	190.23
Bismuth	Bi	83	208.98040	Oxygen	O	8	15.9994
Boron	B	5	10.811	Palladium	Pd	46	106.42
Bromine	Br	35	79.904	Phosphorus	P	15	30.97376
Cadmium	Cd	48	112.41	Platinum	Pt	78	195.08
Calcium	Ca	20	40.078	Plutonium	Pu	94	(244)
Californium	Cf	98	(251)	Polonium	Po	84	(209)
Carbon	C	6	12.011	Potassium	K	19	39.0983
Cerium	Ce	58	140.116	Praseodymium	Pr	59	140.90765
Cesium	Cs	55	132.90545	Promethium	Pm	61	(145)
Chlorine	Cl	17	35.453	Protactinium	Pa	91	231.03588
Chromium	Cr	24	51.9961	Radium	Ra	88	(226)
Cobalt	Co	27	58.93320	Radon	Rn	86	(222)
Copper	Cu	29	63.546	Rhenium	Re	75	186.207
Curium	Cm	96	(247)	Rhodium	Rh	45	102.90550
Dysprosium	Dy	66	162.50	Rubidium	Rb	37	85.4678
Einsteinium	Es	99	(252)	Ruthenium	Ru	44	101.07
Erbium	Er	68	167.26	Rutherfordium	Rf	104	(267)
Europium	Eu	63	151.964	Samarium	Sm	62	150.36
Fermium	Fm	100	(257)	Scandium	Sc	21	44.95591
Fluorine	F	9	18.998403	Selenium	Se	34	78.96
Francium	Fr	87	(223)	Silicon	Si	14	28.0855
Gadolinium	Gd	64	157.25	Silver	Ag	47	107.8682
Gallium	Ga	31	69.723	Sodium	Na	11	22.989769
Germanium	Ge	32	72.64	Strontium	Sr	38	87.62
Gold	Au	79	196.96657	Sulfur	S	16	32.065
Hafnium	Hf	72	178.49	Tantalum	Ta	73	180.9479
Helium	He	2	4.002602	Technetium	Tc	43	(98)
Holmium	Ho	67	164.93032	Tellurium	Te	52	127.60
Hydrogen	H	1	1.0079_4	Terbium	Tb	65	158.92535
Indium	In	49	114.818	Thallium	Tl	81	204.3833
Iodine	I	53	126.90447	Thorium	Th	90	232.0381
Iridium	Ir	77	192.22	Thulium	Tm	69	168.93421
Iron	Fe	26	55.845	Tin	Sn	50	118.710
Krypton	Kr	36	83.798	Titanium	Ti	22	47.867
Lanthanum	La	57	138.9055	Tungsten	W	74	183.84
Lawrencium	Lr	103	(262)	Uranium	U	92	238.0289
Lead	Pb	82	207.2	Vanadium	V	23	50.9415
Lithium	Li	3	6.941	Xenon	Xe	54	131.29
Lutetium	Lu	71	174.967	Ytterbium	Yb	70	173.05
Magnesium	Mg	12	24.3050	Yttrium	Y	39	88.90585
Manganese	Mn	25	54.93805	Zinc	Zn	30	65.38
Mendelevium	Md	101	(258)	Zirconium	Zr	40	91.224

[a]From "Atomic Weights of the Elements 2007" (www.chem.qmul.ac.uk/iupac/AtWt/). A value in parentheses is the mass number of the longest-lived isotope.

Fundamental Constants[a]

Constant	Symbol	SI value	Non-SI value
Gas constant	R	8.3145 J mol^{-1} K^{-1}	8.3145 × 10^7 erg mol^{-1} K^{-1}
		8.3145 m^3 Pa mol^{-1} K^{-1}	83.145 cm^3 bar mol^{-1} K^{-1}
			82.057$_5$ cm^3 atm mol^{-1} K^{-1}
			1.9872 cal mol^{-1} K^{-1}
Avogadro constant	N_A	6.022142 × 10^{23} mol^{-1}	
Faraday constant	F	96485.34 C mol^{-1}	
Speed of light in vacuum	c	2.99792458 × 10^8 m s^{-1}	
Planck constant	h	6.626069 × 10^{-34} J s	
Boltzmann constant	k	1.38065 × 10^{-23} J K^{-1}	
Proton charge	e	1.6021765 × 10^{-19} C	
Electron rest mass	m_e	9.109382 × 10^{-31} kg	
Proton rest mass	m_p	1.672622 × 10^{-27} kg	
Electric constant	ε_0	8.85418782 × 10^{-12} C^2 N^{-1} m^{-2}	
	$4\pi\varepsilon_0$	1.112650056 × 10^{-10} C^2 N^{-1} m^{-2}	
	$1/4\pi\varepsilon_0$	8.98755179 × 10^9 N m^2 C^{-2}	
Magnetic constant	μ_0	4π × 10^{-7} N C^{-2} s^2	
Gravitational constant	G	6.674 × 10^{-11} m^3 s^{-2} kg^{-1}	

[a]Adapted from P. J. Mohr, B. N. Taylor, and D. B. Newell (2007), "CODATA Recommended Values of the Fundamental Physical Constants: 2006" (physics.nist.gov/constants and arxiv.org/abs/0801.0028).

Defined Constants

Standard gravitational acceleration $g_n \equiv 9.80665$ m/s^2
Zero of the Celsius scale $\equiv 273.15$ K

Greek Alphabet

Alpha	A	α	Iota	I	ι	Rho	P	ρ	
Beta	B	β	Kappa	K	κ	Sigma	Σ	σ	
Gamma	Γ	γ	Lambda	Λ	λ	Tau	T	τ	
Delta	Δ	δ	Mu	M	μ	Upsilon	Y	υ	
Epsilon	E	ε	Nu	N	ν	Phi	Φ	ϕ	
Zeta	Z	ζ	Xi	Ξ	ξ	Chi	X	χ	
Eta	H	η	Omicron	O	o	Psi	Ψ	ψ	
Theta	Θ	θ	Pi	Π	π	Omega	Ω	ω	

Conversion Factors[a]

1 atm ≡ 101325 Pa
1 torr ≡ $\frac{1}{760}$ atm = 133.322 Pa
1 bar ≡ 10^5 Pa = 0.986923 atm
      = 750.062 torr
1 dyn = 10^{-5} N
1 erg = 10^{-7} J
1 cal$_{th}$ ≡ 4.184 J

1 eV = 1.6021765 × 10^{-19} J
1 Å ≡ 10^{-10} m = 10^{-8} cm
1 L ≡ 1000 cm^3 = 1 dm^3
1 D ≜ 3.335641 × 10^{-30} C m
1 P = 0.1 N s m^{-2}
1 G ≜ 10^{-4} T

[a]The symbol ≜ means "corresponds to."

SI Prefixes

10^{-1}	deci	d	10	deca	da
10^{-2}	centi	c	10^2	hecto	h
10^{-3}	milli	m	10^3	kilo	k
10^{-6}	micro	μ	10^6	mega	M
10^{-9}	nano	n	10^9	giga	G
10^{-12}	pico	p	10^{12}	tera	T
10^{-15}	femto	f	10^{15}	peta	P
10^{-18}	atto	a	10^{18}	exa	E
10^{-21}	zepto	z	10^{21}	zetta	Z

Properties of Some Isotopes[a]

Isotope	Abundance, %	Atomic mass	I	g_N
^{1}H	99.988	1.0078250	1/2	5.58569
^{2}H	0.012	2.014102	1	0.85744
^{11}B	80.1	11.009305	3/2	1.7924
^{12}C	98.9	12.000...	0	—
^{13}C	1.1	13.003355	1/2	1.40482
^{14}N	99.64	14.003074	1	0.40376
^{15}N	0.36	15.00011	1/2	−0.56638
^{16}O	99.76	15.994915	0	—
^{19}F	100	18.998403	1/2	5.25774
^{23}Na	100	22.98977	3/2	1.47844
^{31}P	100	30.97376	1/2	2.2632
^{32}S	95.0	31.972071	0	—
^{35}Cl	75.8	34.968853	3/2	0.547916
^{37}Cl	24.2	36.965903	3/2	0.456082
^{39}K	93.26	38.96371	3/2	0.261005
^{79}Br	50.7	78.91834	3/2	1.40427
^{81}Br	49.3	80.91629	3/2	1.51371
^{127}I	100	126.90447	5/2	1.1253

[a]Abundances are for the earth's crust. Atomic masses are the relative masses of the neutral atoms on the ^{12}C scale.